中国石油科技进展丛书（2006—2015年）

钻完井工程

主 编：石 林

副主编：周英操 刘乃震 滕学清

石油工业出版社

内 容 提 要

本书详细介绍了中国石油在2006—2015年期间钻完井工程技术与装备方面取得的主要攻关成果和新进展。内容主要包括深井超深井钻完井工程技术、页岩气和致密油钻完井工程技术、煤层气钻完井工程技术、钻完井新装备新工具、钻完井基础理论研究、超前技术储备以及海外重点地区钻完井技术等，最后对钻完井工程技术的发展进行了展望。

本书可供从事与钻完井技术及装备相关工作的工程技术人员、科研管理人员等阅读参考，也可供高校师生教学参考。

图书在版编目（CIP）数据

钻完井工程/石林主编. — 北京：石油工业出版社，2019.1

（中国石油科技进展丛书. 2006—2015年）

ISBN 978-7-5183-3003-4

Ⅰ.①钻… Ⅱ.①石… Ⅲ.①油气钻井-完井-研究 Ⅳ.①TE257

中国版本图书馆CIP数据核字（2018）第273069号

出版发行：石油工业出版社
（北京安定门外安华里2区1号 100011）
网 址：www.petropub.com
编辑部：（010）64523583 图书营销中心：（010）64523633
经 销：全国新华书店
印 刷：北京中石油彩色印刷有限责任公司

2019年1月第1版 2019年1月第1次印刷
787×1092毫米 开本：1/16 印张：34.25
字数：860千字

定价：280.00元
（如发现印装质量问题，我社图书营销中心负责调换）

《中国石油科技进展丛书（2006—2015年）》

编　委　会

专　家　组

《钻完井工程》编写组

主　　编：石　林

副 主 编：周英操　刘乃震　滕学清

编写人员：（按姓氏笔画排序）

于永金　马汝涛　马青芳　王　刚　王　玺　王　磊
王合林　王治中　王建华　毛为民　方太安　平立秋
申瑞臣　田中兰　史肖燕　毕文欣　曲从锋　乔　磊
伍贤柱　任建民　任荣权　刘　伟　刘寿军　刘岩生
刘硕琼　齐奉忠　闫　铁　孙成芹　孙宝江　李　杰
李　荣　李　勇　李　黔　李万军　李雪辉　李颖颖
杨国彬　杨恒林　杨智光　吴达华　何爱国　余金海
邹来方　汪海阁　张全立　张顺元　陈　勉　陈　雷
陈若铭　屈沅治　赵　庆　查永进　贺会群　袁进平
夏　焱　徐学军　徐显广　高文凯　高远文　黄衍福
盛利民　崔龙连　葛云华　蒋光忠　蒋宏伟　韩　飞
韩　琴　程荣超　温　欣　窦修荣　翟小强　熊育坤

序

习近平总书记指出，创新是引领发展的第一动力，是建设现代化经济体系的战略支撑，要瞄准世界科技前沿，拓展实施国家重大科技项目，突出关键共性技术、前沿引领技术、现代工程技术、颠覆性技术创新，建立以企业为主体、市场为导向、产学研深度融合的技术创新体系，加快建设创新型国家。

中国石油认真学习贯彻习近平总书记关于科技创新的一系列重要论述，把创新作为高质量发展的第一驱动力，围绕建设世界一流综合性国际能源公司的战略目标，坚持国家“自主创新、重点跨越、支撑发展、引领未来”的科技工作指导方针，贯彻公司“业务主导、自主创新、强化激励、开放共享”的科技发展理念，全力实施“优势领域持续保持领先、赶超领域跨越式提升、储备领域占领技术制高点”的科技创新三大工程。

“十一五”以来，尤其是“十二五”期间，中国石油坚持“主营业务战略驱动、发展目标导向、顶层设计”的科技工作思路，以国家科技重大专项为龙头、公司重大科技专项为抓手，取得一大批标志性成果，一批新技术实现规模化应用，一批超前储备技术获重要进展，创新能力大幅提升。为了全面系统总结这一时期中国石油在国家和公司层面形成的重大科研创新成果，强化成果的传承、宣传和推广，我们组织编写了《中国石油科技进展丛书（2006—2015年）》（以下简称《丛书》）。

《丛书》是中国石油重大科技成果的集中展示。近些年来，世界能源市场特别是油气市场供需格局发生了深刻变革，企业间围绕资源、市场、技术的竞争日趋激烈。油气资源勘探开发领域不断向低渗透、深层、海洋、非常规扩展，炼油加工资源劣质化、多元化趋势明显，化工新材料、新产品需求持续增长。国际社会更加关注气候变化，各国对生态环境保护、节能减排等方面的监管日益严格，对能源生产和消费的绿色清洁要求不断提高。面对新形势新挑战，能源企业必须将科技创新作为发展战略支点，持续提升自主创新能力，加快构筑竞争新优势。“十一五”以来，中国石油突破了一批制约主营业务发展的关键技术，多项重要技术与产品填补空白，多项重大装备与软件满足国内外生产急需。截至2015年底，共获得国家科技奖励30项、获得授权专利17813项。《丛书》全面系统地梳理了中国石油“十一五”“十二五”期间各专业领域基础研究、技术开发、技术应用中取得的主要创新性成果，总结了中国石油科技创新的成功经验。

《丛书》是中国石油科技发展辉煌历史的高度凝练。中国石油的发展史，就是一部创业创新的历史。建国初期，我国石油工业基础十分薄弱，20世纪50年代以来，随着陆相生油理论和勘探技术的突破，成功发现和开发建设了大庆油田，使我国一举甩掉贫油的帽子；此后随着海相碳酸盐岩、岩性地层理论的创新发展和开发技术的进步，又陆续发现和建成了一批大中型油气田。在炼油化工方面，“五朵金花”炼化技术的开发成功打破了国外技术封锁，相继建成了一个又一个炼化企业，实现了炼化业务的不断发展壮大。重组改制后特别是“十二五”以来，我们将“创新”纳入公司总体发展战略，着力强化创新引领，这是中国石油在深入贯彻落实中央精神、系统总结“十二五”发展经验基础上、根据形势变化和公司发展需要作出的重要战略决策，意义重大而深远。《丛书》从石油地质、物探、测井、钻完井、采油、油气藏工程、提高采收率、地面工程、井下作业、油气储运、石油炼制、石油化工、安全环保、海外油气勘探开发和非常规油气勘探开发等15个方面，记述了中国石油艰难曲折的理论创新、科技进步、推广应用的历史。它的出版真实反映了一个时期中国石油科技工作者百折不挠、顽强拼搏、敢于创新的科学精神，弘扬了中国石油科技人员秉承“我为祖国献石油”的核心价值观和“三老四严”的工作作风。

《丛书》是广大科技工作者的交流平台。创新驱动的实质是人才驱动，人才是创新的第一资源。中国石油拥有21名院士、3万多名科研人员和1.6万名信息技术人员，星光璀璨，人文荟萃、成果斐然。这是我们宝贵的人才资源。我们始终致力于抓好人才培养、引进、使用三个关键环节，打造一支数量充足、结构合理、素质优良的创新型人才队伍。《丛书》的出版搭建了一个展示交流的有形化平台，丰富了中国石油科技知识共享体系，对于科技管理人员系统掌握科技发展情况，做出科学规划和决策具有重要参考价值。同时，便于科研工作者全面把握本领域技术进展现状，准确了解学科前沿技术，明确学科发展方向，更好地指导生产与科研工作，对于提高中国石油科技创新的整体水平，加强科技成果宣传和推广，也具有十分重要的意义。

掩卷沉思，深感创新艰难、良作难得。《丛书》的编写出版是一项规模宏大的科技创新历史编纂工程，参与编写的单位有60多家，参加编写的科技人员有1000多人，参加审稿的专家学者有200多人次。自编写工作启动以来，中国石油党组对这项浩大的出版工程始终非常重视和关注。我高兴地看到，两年来，在各编写单位的精心组织下，在广大科研人员的辛勤付出下，《丛书》得以高质量出版。在此，我真诚地感谢所有参与《丛书》组织、研究、编写、出版工作的广大科技工作者和参编人员，真切地希望这套《丛书》能成为广大科技管理人员和科研工作者的案头必备图书，为中国石油整体科技创新水平的提升发挥应有的作用。我们要以习近平新时代中国特色社会主义思想为指引，认真贯彻落实党中央、国务院的决策部署，坚定信心、改革攻坚，以奋发有为的精神状态、卓有成效的创新成果，不断开创中国石油稳健发展新局面，高质量建设世界一流综合性国际能源公司，为国家推动能源革命和全面建成小康社会作出新贡献。

王宜林

2018年12月

从书前言

石油工业的发展史，就是一部科技创新史。“十一五”以来尤其是“十二五”期间，中国石油进一步加大理论创新和各类新技术、新材料的研发与应用，科技贡献率进一步提高，引领和推动了可持续跨越发展。

十余年来，中国石油以国家科技发展规划为统领，坚持国家“自主创新、重点跨越、支撑发展、引领未来”的科技工作指导方针，贯彻公司“主营业务战略驱动、发展目标导向、顶层设计”的科技工作思路，实施“优势领域持续保持领先、赶超领域跨越式提升、储备领域占领技术制高点”科技创新三大工程；以国家重大专项为龙头，以公司重大科技专项为核心，以重大现场试验为抓手，按照“超前储备、技术攻关、试验配套与推广”三个层次，紧紧围绕建设世界一流综合性国际能源公司目标，组织开展了50个重大科技项目，取得一批重大成果和重要突破。

形成40项标志性成果。（1）勘探开发领域：创新发展了深层古老碳酸盐岩、冲断带深层天然气、高原咸化湖盆等地质理论与勘探配套技术，特高含水油田提高采收率技术，低渗透/特低渗透油气田勘探开发理论与配套技术，稠油/超稠油蒸汽驱开采等核心技术，全球资源评价、被动裂谷盆地石油地质理论及勘探、大型碳酸盐岩油气田开发等核心技术。（2）炼油化工领域：创新发展了清洁汽柴油生产、劣质重油加工和环烷基稠油深加工、炼化主体系列催化剂、高附加值聚烯烃和橡胶新产品等技术，千万吨级炼厂、百万吨级乙烯、大氮肥等成套技术。（3）油气储运领域：研发了高钢级大口径天然气管道建设和管网集中调控运行技术、大功率电驱和燃驱压缩机组等16大类国产化管道装备，大型天然气液化工艺和20万立方米低温储罐建设技术。（4）工程技术与装备领域：研发了G3i大型地震仪等核心装备，“两宽一高”地震勘探技术，快速与成像测井装备、大型复杂储层测井处理解释一体化软件等，8000米超深井钻机及9000米四单根立柱钻机等重大装备。（5）安全环保与节能节水领域：

研发了 CO_2 驱油与埋存、钻井液不落地、炼化能量系统优化、烟气脱硫脱硝、挥发性有机物综合管控等核心技术。（6）非常规油气与新能源领域：创新发展了致密油气成藏地质理论，致密气田规模效益开发模式，中低煤阶煤层气勘探理论和开采技术，页岩气勘探开发关键工艺与工具等。

取得 15 项重要进展。（1）上游领域：连续型油气聚集理论和含油气盆地全过程模拟技术创新发展，非常规资源评价与有效动用配套技术初步成型，纳米智能驱油二氧化硅载体制备方法研发形成，稠油火驱技术攻关和试验获得重大突破，井下油水分离同井注采技术系统可靠性、稳定性进一步提高；（2）下游领域：自主研发的新一代炼化催化材料及绿色制备技术、苯甲醇烷基化和甲醇制烯烃芳烃等碳一化工新技术等。

这些创新成果，有力支撑了中国石油的生产经营和各项业务快速发展。为了全面系统反映中国石油 2006—2015 年科技发展和创新成果，总结成功经验，提高整体水平，加强科技成果宣传推广、传承和传播，中国石油决定组织编写《中国石油科技进展丛书（2006—2015 年）》（以下简称《丛书》）。

《丛书》编写工作在编委会统一组织下实施。中国石油集团董事长王宜林担任编委会主任。参与编写的单位有 60 多家，参加编写的科技人员 1000 多人，参加审稿的专家学者 200 多人次。《丛书》各分册编写由相关行政单位牵头，集合学术带头人、知名专家和有学术影响的技术人员组成编写团队。《丛书》编写始终坚持：一是突出站位高度，从石油工业战略发展出发，体现中国石油的最新成果；二是突出组织领导，各单位高度重视，每个分册成立编写组，确保组织架构落实有效；三是突出编写水平，集中一大批高水平专家，基本代表各个专业领域的最高水平；四是突出《丛书》质量，各分册完成初稿后，由编写单位和科技管理部共同推荐审稿专家对稿件审查把关，确保书稿质量。

《丛书》全面系统反映中国石油 2006—2015 年取得的标志性重大科技创新成果，重点突出“十二五”，兼顾“十一五”，以科技计划为基础，以重大研究项目和攻关项目为重点内容。丛书各分册既有重点成果，又形成相对完整的知识体系，具有以下显著特点：一是继承性。《丛书》是《中国石油“十五”科技进展丛书》的延续和发展，凸显中国石油一以贯之的科技发展脉络。二是完整性。《丛书》涵盖中国石油所有科技领域进展，全面反映科技创新成果。三是标志性。《丛书》在综合记述各领域科技发展成果基础上，突出中国石油领先、高端、前沿的标志性重大科技成果，是核心竞争力的集中展示。四是创新性。《丛书》全面梳理中国石油自主创新科技成果，总结成功经验，有助于提高科技创新整体水平。五是前瞻性。《丛书》设置专门章节对世界石油科技中长期发展做出基本预测，有助于石油工业管理者和科技工作者全面了解产业前沿、把握发展机遇。

《丛书》将中国石油技术体系按 15 个领域进行成果梳理、凝练提升、系统总结，以领域进展和重点专著两个层次的组合模式组织出版，形成专有技术集成和知识共享体系。其中，领域进展图书，综述各领域的科技进展与展望，对技术领域进行全覆盖，包括石油地质、物探、测井、钻完井、采油、油气藏工程、提高采收率、地面工程、井下作业、油气储运、石油炼制、石油化工、安全环保节能、海外油气勘探开发和非常规油气勘探开发等 15 个领域。31 部重点专著图书反映了各领域的重大标志性成果，突出专业深度和学术水平。

《丛书》的组织编写和出版工作任务量浩大，自 2016 年启动以来，得到了中国石油天然气集团公司党组的高度重视。王宜林董事长对《丛书》出版做了重要批示。在两年多的时间里，编委会组织各分册编写人员，在科研和生产任务十分紧张的情况下，高质量高标准完成了《丛书》的编写工作。在集团公司科技管理部的统一安排下，各分册编写组在完成分册稿件的编写后，进行了多轮次的内部和外部专家审稿，最终达到出版要求。石油工业出版社组织一流的编辑出版力量，将《丛书》打造成精品图书。值此《丛书》出版之际，对所有参与这项工作的院士、专家、科研人员、科技管理人员及出版工作者的辛勤工作表示衷心感谢。

人类总是在不断地创新、总结和进步。这套丛书是对中国石油 2006—2015 年主要科技创新活动的集中总结和凝练。也由于时间、人力和能力等方面原因，还有许多进展和成果不可能充分全面地吸收到《丛书》中来。我们期盼有更多的科技创新成果不断地出版发行，期望《丛书》对石油行业的同行们起到借鉴学习作用，希望广大科技工作者多提宝贵意见，使中国石油今后的科技创新工作得到更好的总结提升。

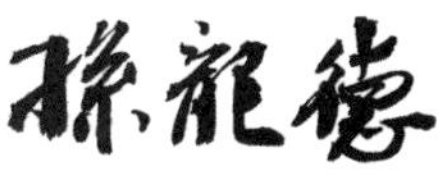

2018 年 12 月

前言

2006—2015年，特别是“十二五”期间，中国石油天然气集团公司（简称集团公司）依托国家油气重大专项、国家973计划项目、集团公司重大科技项目及重大科技工程专项组织科研攻关，钻完井工程技术得到长足发展，在深井钻完井工程技术、页岩气及致密油气钻完井工程技术、煤层气钻完井工程技术、钻井新装备新工具、钻井新技术新方法、海外重点地区钻完井技术等方面取得重要进展，研发了一批钻完井核心装备、工具、工作液和相关软件等。

“十二五”期间，中国石油一批钻完井技术取得重大突破：“精细控压钻井系统研制”成功解决了安全钻井难题（2011年）；“超深井钻井技术装备研发”取得重大进展和突破（2012年）；“工厂化钻井与储层改造技术”助推非常规油气规模有效开发（2013年）；“四单根立柱9000米钻机现场试验”取得重大突破（2014年）；“高性能水基钻井液技术”取得重大进展，成为页岩气开发油基钻井液的有效替代技术（2015年）。累计获省部级及以上奖励164项，包括国际奖1项、国家级科技奖励3项、省部级一等奖19项，其中，“水平井钻完井多段压裂增产关键技术及规模化应用”获得2012年国家科技进步一等奖。一批重大核心技术与装备的自主成功研发，填补了国内空白，降低了钻完井综合成本，提高了装备自给率，增强了核心竞争力。例如自主研发了精细控压钻井成套装备，有效解决了“溢漏同存”的钻井难题，降本增效成效显著；气体/欠平衡钻井技术与装备不断完善，防漏治漏及应对出水地层的能力不断提升，支撑川渝等地区复杂地层钻井提速。同时，深井超深井安全优快钻完井配套技术不断完善，事故复杂不断下降，大幅度缩短了塔里木、川渝地区超深井钻井周期，有效支撑库车山前和四川安岳等重点地区规模增储和快速上产，7000m深井钻完井技术走向成熟，并步入国际先进行列，为勘探开发主营业务增储上产和降本增效提供了强有力的技术支撑。

为了全面、准确地反映2006—2015年，特别是“十二五”期间中国石油钻完井工程技术的发展和创新成果，更好地推广应用相关技术，促进技术的升级换代，根据中国石油天然气集团公司科技管理部的部署，组织专家编写《中国石油科技进展丛书（2006—2015年）·钻完井工程》，旨在总结2006—2015年，特别是"十二五"以来的钻井应用基础研究、钻井新技术开发、钻井装备研制、钻井新技术推广与应用等方面取得的成果和形成的特色技术，提炼在钻完井技术发展中形成的新理念和新思路，进一步理清今后钻井技术发展的思路和工作方向，以便更好地把握未来钻井技术发展趋势。

参与本书编写的作者主要来自中国石油集团工程技术研究院有限公司、长城钻探工程有限公司和塔里木油田公司等单位。由石林任主编，周英操、刘乃震、滕学清任副主编。各章具体编写人员如下：第一章：石林、周英操、蒋宏伟；第二章：石林、周英操、蒋宏伟、熊育坤、程荣超、赵庆、刘伟、翟小强、窦修荣、崔龙连、王建华、于永金、史肖燕、温欣，由石林、周英操、滕学清、蒋宏伟、徐学军、陈若铭、杨智光、闫铁、李黔审阅；第三章：查永进、袁进平、田中兰、葛云华、曲从锋、何爱国、杨恒林、乔磊、夏焱，由邹来方、伍贤柱、王合林、蒋光忠、李杰、陈勉、申瑞臣审阅；第四章：王玺、陈雷、张顺元、李万军、平立秋、杨国彬、王治中、李荣、王刚，由余金海、张全立、王玺审阅；第五章：马青芳、齐奉忠、李颖颖、盛利民、刘寿军、韩飞、王磊、任建民、孙成芹、高文凯、马汝涛、屈沅治、李勇、韩琴、毛为民、毕文欣，由刘岩生、刘乃震、李雪辉、刘硕琼、汪海阁、徐显广、高远文、方太安、贺会群、任荣权、黄衍福、孙宝江、吴达华审阅；第六章：石林、周英操、蒋宏伟。全书由石林、周英操、蒋宏伟负责策划和统稿，最后由苏义脑、高德利、孙宁和谢正凯审查定稿。在此，对这些作者和审稿人员所付出的辛勤劳动表示衷心的感谢，同时对为本书的编写提供资料的专家表示诚挚的谢意。

在编写过程中，中国石油天然气集团公司科技管理部、中国石油集团工程技术研究院有限公司给予了关心和指导，在此表示感谢。

由于编者水平有限，书中难免出现不妥之处，敬请广大读者批评指正。

目录

第一章 绪 论

2006—2015 年，特别是“十二五”期间，中国石油天然气集团公司（简称中国石油）钻完井技术取得了显著成绩，形成了系列特色钻完井技术，解决了中国石油深井钻完井技术存在的瓶颈问题；7000m 钻完井技术基本成熟、8000m 钻完井技术获得突破，大幅度提升了中国石油深井钻完井技术水平。

第一节 中国石油钻完井技术难题

深井、超深井钻完井技术是勘探开发深部油气资源必不可少的关键技术，深井、超深井钻完井技术是衡量一个国家（或石油公司）钻井技术水平的重要标志之一。国内外围绕深井、超深井钻完井技术一直在开展持续不断的攻关，主体技术基本能够满足勘探开发的需要。随着钻完井技术、装备与工具，尤其是窄密度窗口安全钻井技术、新型随钻测量技术、钻完井液新材料新技术等的不断完善和应用，复杂深井钻完井技术正向快速、低成本和低风险方向发展。尽管我国深井钻完井能力逐年在增强，但在复杂地层深井钻井中仍然频繁遇到了恶性漏失、窄密度窗口安全钻进难、深部海相高压高产高含硫化氢气层安全钻进风险、复杂地层井壁容易失稳、深井高温高矿化度高密度钻井液性能不能满足需求、钻井废弃物环保处理效果不理想、高温高压及复杂天然气井环空带压问题突出、固井质量差、一次固井质量及水泥环长期密封性能难以保证等重大难题，这些问题导致深井钻井速度慢、复杂事故多、钻井周期长、成本高。在煤层气和非常规钻井技术的推广过程中，也遇到了不同的技术难题。

一、深井钻完井技术

随着油气资源勘探开发向深层、复杂地层发展，其瓶颈问题突显，中国石油深部油气资源勘探开发面临的主要钻井技术难题：窄密度窗口安全钻井、深井随钻测录、山前高陡构造地区安全防斜打快、气藏钻井高效安全打快、深井抗高温钻井液与抗高温高压固井、钻井信息数据综合管理及实时应用等。

中国石油西部油气田储层埋藏深，具有高地应力、巨厚盐膏层、高压盐水层等复杂地质条件特征，表现为地层倾角大，井斜控制极其困难，深井盐膏层与高压盐水层钻井难度大，安全快速钻井问题突出，井下复杂与事故频繁，建井周期长，工程费用高。

海相碳酸盐岩和火山岩地层具有地质年代老、埋藏深、地层硬，气藏温压变化大、富含 H_2S 和 CO_2 等有毒腐蚀性气体，储层溶洞、孔洞、裂缝发育等特点，存在的突出问题是上部大井眼及深部高研磨性地层钻井速度低，酸性气藏安全钻完井技术不完善，气藏伤害机理与保护技术措施针对性差，碳酸盐岩、火成岩及酸性气藏固井质量差等技术难题。

窄密度窗口钻井问题广泛存在于深层、复杂地层，是造成西部风险探井事故频繁、井下复杂的主要原因，已成为影响和制约石油勘探开发进程与钻井施工的技术瓶颈。窄密度窗口安全钻井靠传统钻井工艺的手段，取得了一定的效果，但不能从根本上解决。国外在装备、工艺和技术方面加大了研究与应用力度，逐步发展成为当今的窄密度窗口安全钻井配套装备与技术。国内在“十二五”期间开展了相关装备的研制，仅处于样机研发阶段，还没进入试验与应用，装置的控制精度、压力级别、可靠性和自适应控制能力都有待进一步验证、改进和提高。

先进的随钻测量、录井、测试技术与装备是增强我们石油工程技术服务能力、提高石油工业技术水平、勘探开发深层油气资源必不可少的技术和装备。经过多年的研究发展，中国石油的钻录测试技术已经具备了一定的基础，但是与国外技术相比，仍然存在着高端产品不配套、不齐全，关键装备技术水平偏低等问题，无法满足日益增长的油气资源勘探开发需要。总体来看，国内随钻测量技术拥有自主知识产权的技术较少、产品相对单一、技术水平与国外差距较大，特别是多参数随钻测量系统尚属空白。国内随钻录井实现了井场计算机网络系统与数据资源的共享，形成了录井基础理论和设备制造技术，但在软件和传感器采集、信号处理、数据管理和应用上与国外相比都有差距。酸性气层测试从地面计量设备研制到井下测试工具配套都需要做大量工作，目前国内还没有形成一套完善的测试系统及数据传输系统来满足高温高压井酸性气层测试要求。

与国际钻井软件研发的先进水平相比，我国的钻井软件研发与国外存在较大差距。国内自主研发的软件在某一方面有其自身优势，但都没有形成规模化和集成化，也没有形成综合各种钻井工程设计的统一的钻井工程设计信息系统。充分利用风险分析技术、网络技术、信息技术、数据库技术和综合性软件集成技术，开发一套钻井远程实时监控和技术决策系统，实现井队数据的采集、传输、发布、监控、处理、决策等信息化流程，提高生产效率，降低生产成本，有效预防和控制事故的发展是必要和紧迫的任务。

二、页岩气、致密油气钻完井工程技术

页岩具有脆性强、孔隙结构复杂、渗透性差等地质特点，页岩气勘探开发工程经常面临井壁垮塌、井眼净化清洁困难、固井质量差及页岩气井完井产能不足等问题，并最终导致页岩气开发成本高，效益低下。因此，低成本钻成长井段规则水平井及高密度缝网改造是页岩气开发的核心关键技术，也是严重制约页岩气规模化开发、亟需突破的技术瓶颈。工厂化钻井是降低成本，提高效率的配套技术和方法，需要不断创新提高。

我国页岩气面临地面环境及地质条件复杂，导致钻完井成本远高于美国。美国页岩气与致密油气的开发经验不能照搬到我国，引进国外的产品与服务也面临成本太高的问题。因此必须研发具有自主知识产权的技术，降低钻完井成本，提高投入产出比，推动页岩气大规模商业开发。

由于单井产量低，需要采用丛式水平井加多段压裂技术进行致密油气开发，为提高作业效率，降低成本，和页岩气一样需要采用工厂化钻完井技术。但与页岩气不同，在某些情况下，如果存在多层叠置油气藏，丛式定向井技术也是可选的技术。

三、煤层气钻完井技术

煤层气钻完井技术是实现煤层气低成本、高效开发的关键。从工程角度看，影响我国

煤层气大规模开发的主要因素是单井产量低、钻井成本高、钻井技术不配套、专用工具及装备匮乏等，制约了煤层气的增储上产，给煤层气的高效经济开发带来了严峻挑战。主要体现在：煤储层伤害机理认识不清，储层保护和井壁失稳措施严重滞后；煤层气钻井方式相对单一；没有掌握煤层气水平井、多分支水平井的核心技术；煤层气欠平衡配套钻井技术的应用受到限制；缺乏煤层气钻井专用的配套工具与装备（如煤层气水平井地质导向工具、远距离穿针技术与工具、煤层气专用钻机等）。

四、钻井新装备与新工具

国外针对日益突出的油气需求，钻井新装备与新工具得到迅速发展，凸现出总的发展趋势是朝着实时化、信息可视化、自动化、智能化、集成化和低成本的方向发展。同时，随着勘探的需求，适用于特殊环境（深海、山地等）的装备也逐步发展起来，为油气勘探提供了装备保障。但是，国内目前钻井装备与工具发展与之存在很大的差距，主要是在钻机自动化配套、钻井技术的整体集成配套、特殊环境下使用的装备以及海洋钻井装备等方面。“十二五”期间钻井装备与工具的配套能力取得了重要进展，支撑了主营业务发展，但仍有一些不足和需要进一步解决的问题：(1) 钻机运移性及自动化水平低。提高管柱处理效率，减轻工人劳动强度；减少钻台、二层台的操作管理人员，降低钻井作业劳动力成本；实现井口无人操作，提高作业安全性。(2) 钻井随钻测量与控制系统抗温抗压能力低，测量参数少，精度低，特别是高端装备仍依赖国外。通过高精度、多参数随钻技术的攻关，可以实现最大限度地保护油气藏、提高窄密度窗口安全钻井能力，实现随钻油气藏精细描述，从而提高水平井储层钻遇率，有效提高单井产量。(3) 连续管钻井技术国内仍然是空白。通过连续管钻井技术与装备的攻关，可有效增加水平井单井的油藏裸露面积，有效提高油井产量，可以通过老井侧钻开发老油田剩余油气，同时解决常规钻具的规格限制问题，减少作业风险，降低生产成本。

五、钻井新技术新方法

国内勘探与开发地质条件越来越复杂，向低渗透、深层、难钻地区发展，对钻井技术提出了新的挑战。大量低效、难动用油气藏的开发，对降低钻井成本提出了更大的挑战，主要表现：(1) 满足勘探开发新形势下降低成本的需要：复杂地表、非常规等新资源动用需要创新钻探技术，三低储层、页岩气等非常规资源需要探索最大限度提高产量技术，深层钻井持续提速工程需要新的提速技术。(2) 提升钻井工程技术支撑保障能力的需要：“十二五”期间，钻井新技术新方法取得了重要进展，支撑了主营业务发展，但整体上与国外相比还存在一定差距，钻井新技术新方法前沿技术储备不足，在钻井核心与前沿技术研究方面还基本处于跟踪模仿阶段。(3) 抢占高端市场，提升核心竞争力的需要：钻井新技术新方法的研究是持续发展的有效途径、勘探开发的有力保障、提高采收率的有效手段和抢占高端市场的利器。(4) 赶超国际先进，引领未来技术发展方向的需要：提高钻井技术自主创新能力和研发实力是推动企业发展，引领未来发展方向的唯一途径。国内钻井新技术与国外相比还存在一定差距，“十二五”期间需倡导自主创新，加强技术储备，实现技术超越，提升钻井工程技术核心竞争力，引领未来技术发展方向。

六、海外重点地区钻完井技术

中国石油海外油气业务建成中亚、中东、非洲及拉美地区等油气合作区，成功地完成了在全球的战略布局，为保障国家能源安全和集团公司国际化做出了重大的贡献。海外项目油气田开发地质地貌复杂、油藏类型多、储层物性及流体差异大、井型及完井方式多样化，需针对不同特点匹配先进适用的钻完井工程技术实现油气田有效开发。中亚地区以阿姆河气田为代表，构造类型多，地质条件复杂，具有高压盐水层、高压目的层、高产储层、巨厚盐膏岩等“三高一厚”特征，安全高效钻完井难度大，钻井易发生恶性井漏、井喷、卡钻、盐水侵、固井质量差等复杂情况和事故，导致非生产时间增多，钻井成本升高；中东地区伊朗北阿油田钻井作业多处于湿地，且需要勘察排雷，钻前工程难度大，建设费用高昂，钻遇地层存在多套易垮塌的页岩层和严重漏失地层，且含有异常高压层，安全钻井密度窗口窄，钻井难度大，固井质量也难以保证；非洲地区乍得H区块自然条件恶劣，环保要求高，井场建设和井场恢复费用高，钻前工程施工周期长，成本高，花岗岩潜山裂缝、孔洞发育，压力窗口窄，漏涌反复交替出现，钻井易遇到井眼缩径、井壁坍塌、机械钻速慢、钻井周期长等难题；拉美地区委内瑞拉胡宁区块储层埋藏浅，需要采用丛式、三维、大位移水平井开发，水平位移大（1300m以上），水垂比高（3.1~4.5），井眼曲率大（7°/30m ~10°/30m），钻井作业面临井壁稳定性差、井眼轨迹控制难、摩阻扭矩大以及尾管下入困难等技术难点。

第二节　中国石油“十二五”钻完井技术进展概况

“十二五”期间，中国石油依托国家油气科技重大专项、集团公司重大科技项目等科研项目和课题，经过攻关，在钻完井工程技术方面取得了如下重大的新进展：

（1）在深井超深井钻完井工程技术方面，取得进展为：

①通过窄密度窗口安全钻完井配套装备研制攻关，完成了国内首套精细控压钻井装置研制并进行了现场应用，进入海外市场；

②完成连续循环钻井装置和环空压力随钻测量系统研制，并进行了室内和现场试验；

③完成随钻中子孔隙度测量系统、新型随钻电阻率和伽马测量系统、井下安全监控系统研制并进行了现场试验；

④完成了新型录井装备及智能采集系统、深井酸性气层自控测试工具及数据传输装置研制；

⑤配套完善了深层气体钻井技术和自动垂直钻井系统；

⑥形成了复杂地质条件下深井钻井液、深井高温高压固井等技术；

⑦研发了1套钻井工程设计和工艺软件系统；

⑧形成了深井钻完井工程重大技术。

（2）在页岩气和致密油钻完井工程技术方面，我国页岩气和致密油气面临地面环境及地质条件复杂，导致钻完井成本高。“十二五”期间针对页岩气和致密油气钻井存在的复杂事故多、周期长等问题，通过开展井身结构、地质工程一体化、工厂化钻井技术、钻井液及固井等方面的技术攻关，形成了适合于页岩气和致密油气钻井的井身结构优化及提速技术、地质工程一体化技术、工厂化钻井技术、页岩气水平井油基/水基钻井液、页岩气固井水泥浆体系及隔离液、页岩气固井配套技术、钻井废弃物处理技术，为页岩气和致密油气可持续发展提供了技术保障。

（3）在煤层气钻完井工程技术方面，立足于煤层气井壁垮塌与储层保护、中高阶煤层气高产水平井设计及钻井工艺等几大关键技术与瓶颈问题，从煤层气钻井基础理论、水平井和欠平衡钻井、核心工具与装备三个层面展开技术攻关。

重点研究煤储层伤害及井壁稳定技术、煤层气水平井钻井技术、欠平衡钻井技术、电磁波地质导向工具、远距离穿针工具和千米车载钻机。

通过室内试验、理论研究、技术及工具的研发、现场试验和完善、技术集成等方面紧密结合，依托“山西沁水盆地煤层气水平井开发示范工程”“鄂尔多斯盆地东缘煤层气开发示范工程”等示范工程开展技术试验和应用，逐步推动水平井钻井工程现场集成试验及规模推广应用，最终形成一套适合我国中高阶低渗煤层气特点的钻井工程技术与配套装备。

（4）在钻完井新装备新工具上得到了很好的发展，解决了现场生产实际问题，提升了我国钻完井技术装备核心竞争力，并为钻完井技术持续创新能力提供了技术和装备保障。

①开发了 8000m 超深井钻机和四单根 9000m 交流变频钻机、新型顶部驱动钻井装置、顶驱下套管装置及钻机管柱自动化处理系统，研制了 120m 水深海洋钻井平台。

②形成了新型复合钻头、膨胀式尾管悬挂器、膨胀管封堵技术及工具、衡扭矩钻井工具、全金属井下动力钻具、可循环钻柱旋转系统、遇油/水封隔器、免钻分级注水泥器、岩屑清除工具等系列钻完井工具。

③开发了 LG360/50 大管径连续管作业机以及连续管喷砂射孔环空压裂和钻磨等连续管井下工具，进行了连续管分段/分层压裂、拖动酸化以及长水平井段钻磨桥塞等的应用。

④研制了连续管钻机和系列连续管钻井井下工具，开展了连续管老井加深和连续管侧钻现场试验。

⑤自主研制的高速大容量信息传输钻杆及声波信息传输技术可实现井下或地面信号快速传输。

⑥随钻动态方位自然伽马测量工具将伽马测井技术与方位测量技术相结合，可有效获取地层层位信息，提高目的层钻遇率；新型录井仪集工程参数测量、监控于一体，可使工程技术人员及时获得钻井参数和 H_2S 参数，为安全钻井提供可靠的保证。

（5）在钻完井基础理论研究、超前技术储备方面，为了提升钻完井技术支撑保障能力，进行了钻井新技术新方法的研究。通过深入攻关，在机理探索、材料研发、工具研制、室内研究和现场试验等方面取得重要进展，提升了中国石油钻完井技术研发能力，基础研究攻关成效显著，为新材料研制、钻完井新技术发展提供了新思路。

高效破岩技术取得重大突破，为高研磨及复杂地层钻井提速提供了新手段；初步构建井筒完整性控制理论与技术体系，为油气井高效安全开发奠定基础；26 种新材料为井筒工作液新材料新体系研发奠定了理论、试验和物质基础；开发的新型井筒工作液体系提高了解决复杂问题及井筒密封性的能力；现场试验成效显著，提升了工程技术服务能力，为勘探开发提供了保障力。

（6）在海外重点地区钻完井技术方面，针对海外项目油气田开发地质地貌复杂，油藏类型多，储层物性及流体差异大，井型及完井方式多样化，需针对不同特点匹配先进适用的钻完井工程技术实现油气田有效开发。

围绕海外重点地区钻完井技术难题，开展了浅层丛式三维大位移水平井钻井平台布井优化、以地层三压力分析为核心的复杂地层井身结构优化、丛式三维水平井及盐层水平井轨迹设计与控制技术优化、以提高可钻性差的花岗岩潜山地层钻井速度为目的的钻头优选、适应地层特点的强抑制封堵防塌钻井液、盐膏层钻井液及多压力体系储层保护钻井液技术、钻井液不落地处理工艺技术、提高多漏层段固井质量及抗盐岩蠕变固井配套技术、井下复杂及事故控制技术等科技攻关与技术集成，形成了委内瑞拉浅层丛式三维水平井钻井技术、乍得 H 区块优快钻井技术、伊朗北阿地区复杂储层安全快速钻完井技术及阿姆河气田大斜度井钻井技术等海外油气田综合配套技术。

第二章　深井钻完井工程技术

随着油气资源勘探开发向深层、复杂地层发展，其瓶颈问题突显，我国深部油气资源勘探开发面临的主要钻井技术难题：窄密度窗口安全钻井、深井随钻测录、山前高陡构造地区安全防斜打快、气藏钻井高效安全打快、深井抗高温钻井液与抗高温高压固井、钻井信息数据综合管理及实时应用等。只有攻克上述技术瓶颈问题，才能实现深部油气资源的高效勘探开发目标。为此，2006—2015 年，特别是“十二五”期间，依托国家科技重大专项项目和集团公司科技重大专项项目，通过科研攻关，经过室内试验、现场试验和应用，完成了窄密度窗口安全钻完井配套装备和复杂深井随钻测录配套装备等重大装备的研制，形成了深层高效破岩、复杂地质条件下深井钻井液、深井高温高压固井等深井钻完井特色技术，研发了 1 套钻井工程设计和工艺软件。研究成果解决了我国深井钻完井技术存在的部分瓶颈问题，7000m 钻井技术基本成熟、8000m 钻井技术获得突破，大幅度提升了我国深井钻完井技术水平；研究成果已在塔里木、川渝、渤海湾及海外等地区得到推广，创造了显著的社会经济效益，应用前景广阔。

第一节　钻机与配套装备

“十二五”期间，基于塔里木山前等地区特殊油气藏深井超深井勘探开发的需要，在钻井大型成套装备及配套工具方面取得了较大的进步，包括研制和纳入石油企业标准的 8000m 超深井钻机、具有自主知识产权的四单根立柱 9000m 交流变频钻机、新型顶部驱动钻井装置、顶驱下套管装置，以及实用多功能钻机管柱自动化处理系统。这些装备为油田的高效开发、安全快速作业、多功能生产、更高自动化水平等做出了贡献，改变了传统的技术和作业观念，形成了新的特殊设备工艺的作业指导和安全施工等规范性文件，大幅提升了钻完井装备的能力和水平。

一、8000m 超深井钻机

塔里木油田库车山前地区是油气的富集区，随着塔里木油田开发的推进，勘探开发存在深、高、难、多、险、低六大难题，即钻井越来越深、钻井面临的高温、高压情况多、巨厚砾石层、盐膏层安全快速钻进难度大、储层类型多、钻井风险大且低孔隙低渗透等问题越来越严重。塔里木油田山前地区超深井作业难题，需要采用更高性能的钻机加以解决。

8000m 超深井钻机应用了 BOMCO 多项自主创新技术，采用了 5850kN 钩载的天车、游车，配套了大功率绞车、钻井泵等新产品，井架有效高度为 48m。钻机可满足塔里木山前地区下大吨位套管需要，克服了 7000m 钻机下套管能力的不足及 9000m 钻机设备使用成本高的矛盾。其结构紧凑、重量较轻、操作安全。相对 ZJ70/4500 钻机而言，ZJ80/5850 钻机钩载增加了 1350kN，在保证提升能力的前提下，既不能使绞车结构外形尺寸增加过大，又使绞车的输入功率增加不要太多，将天车主滑轮由6个增加到7个，提升系统最大绳系由7×6增加到8×7。尽管载荷增加了30%，快绳的拉力只增加了11.5%，绞车输入功率的增加量明显减少。钻机配套的2200hP或1600hP高压钻井泵（F－2200HL或F-1600HL）使整个钻井过程实现了大排量、高泵压钻进，提速效果明显。

1. 8000m钻机总体设计方案

1）ZJ80/5850DB交流钻机总体设计方案

钻机采用4台CAT 3512B柴油发电机组作为主动力，发出总功率为5240kW、电压为600V、频率为50Hz的交流电，经变频单元（VFD）变为交流电分别驱动绞车、转盘和钻井泵的交流变频电机。绞车由2台1000kW 0~2600r/min的交流变频电动机驱动，经2台两挡齿轮减速箱减速后驱动绞车滚筒。绞车配有1台45kW独立自动送钻装置，布置在绞车右侧。转盘采用独立电动机驱动方式，由一台800kW的交流变频电动机经Ⅰ挡齿轮箱驱动，装有钳盘式惯刹。3台F-2200HL钻井泵各由2台900kW交流变频电动机驱动（根据用户要求，也可配3台F-1600HL钻井泵、各由2台900kW交流变频电动机驱动的）[1]。

井架为前开口、K型结构，底座为新型旋升式结构，绞车为两挡无级变速绞车，主刹车采用液压盘式刹车，辅助刹车采用交流变频电动机能耗制动，最大提升钩速在14绳数时可达到1.7m/s。绞车减速箱为两挡气动换挡，采用齿轮传动，绞车所有控制均集中在司钻控制房内。游动系统为7×8结构，采用顺穿绳方式，钢丝绳采用ϕ38mm压实股钻井钢丝绳，提升设备最大负荷能力为5850kN。转盘采用ZP375Z转盘，由1台800kW交流变频电动机经齿轮箱一对锥齿轮副实现减速，使转台获得一定范围内的转速和扭矩输出。钻井液循环系统，配备3台F-2200HL高压钻井泵装置及1套高压钻井液循环管汇。固控系统采用五级钻井液净化控制。4台发电机组控制柜控制4台柴油发电机组并网运行。MCC系统采用GCS型柜体控制辅助柴油发电机组或变压器。采用全数字矢量控制交流变频调速装置。电传动系统采用“公共直流母线”方式，驱动和控制绞车、转盘、钻井泵主电动机，实现无级调速，利用变频装置的能耗制动功能实现绞车电机的四象限运行和转盘的动力制动功能。

钻机配置集电、液、气控制，显示与监视，通信及人机界面（触摸屏）一体化等技术于一体，采用人性化设计的司钻控制房，智能化司钻操作系统具有机、电、液、气操作和运行监控、故障报警与显示等功能、工业监视系统等，司钻坐在控制房可对钻机实现全面监控。

气源系统提供经干燥处理的气源，处理量7.2m^3/min，完成如下功能：盘刹控制、气动旋扣器控制、转盘电动机控制、自动送钻控制、绞车主电动机控制、送钻电动机控制、防碰释放控制、绞车左右减速箱换挡、锁挡/解锁控制、转盘惯刹控制、游车防碰和故障显示及报警等。

2）ZJ80/5850D直流钻机总体设计方案

钻机采用4台CAT3512B柴油发电机组作为主动力，经SCR柜整流后变为0~750V直流电，分别驱动为绞车、转盘和钻井泵提供动力的串励直流电动机；绞车由2台800kW电动机驱动；转盘由1台800kW电动机，采用独立驱动；3台F-1600HL钻井泵各由2台800kW电动机驱动。

钻机采用前开口井架，K型结构，新型旋升式底座。底座前高后低，绞车低位安装，低位工作。JC-80D 绞车由两台 800kW 直流电动机驱动，经输入轴并车，链条箱传递动力。绞车主刹车为水冷液压盘式刹车，辅助刹车为水冷式电磁涡流刹车。绞车所配自动送钻装置由一台 45kW（61hp）的交流变频电动机（卧置）提供动力，经一台卧式齿轮减速机减速后，通过链条驱动传动轴、滚筒轴，实现自动送钻功能。钻机游动系统为 7×8 结构，采用顺穿绳方式，和交流变频钻机一样，采用 ϕ38mm 压实股钻井钢丝绳。转盘采用 ZP375Z 转盘，由 1 台 800kW 直流电动机经齿轮箱一对锥齿轮副实现减速，使转台获得一定范围内的转速和扭矩输出。钻井液循环系统，配 3 台 F-1600HL 高压钻井泵装置及 1 套高压钻井液循环管汇。

电传系统采用一对二控制方式，AC-SCR-DC 传动。SCR 系统以西门子 PLC（S7-300）为控制核心，通过现场总线将数字化设备组成 PROFIBUS-DP 网络，实现 4 台发电机控制柜、5 台直流整流柜、智能远程司钻监控、电子防碰等控制系统间的高速通信。智能化司钻操作系统具有机、电、液、气操作和运行监控、故障报警与显示等功能，并且具有应急操作模式。钻机配置集电、液、气控制，显示与监视，通信及人机界面（触摸屏）一体化等技术于一体，采用人性化设计的司钻控制房，司钻坐在控制房可对钻机实现全面监控。

气源系统提供经干燥处理的气源，处理量 7.2m³/min，完成如下功能：盘刹控制、气动旋扣器控制、转盘电动机控制、自动送钻控制、绞车主电动机控制、送钻电动机控制、防碰释放控制、绞车左右减速箱换挡、锁挡/解锁控制、转盘惯刹控制、游车防碰（三种）和故障显示及报警等。

2. 8000m 钻机主要技术参数

8000m 深井钻机技术参数见表 2-1。

表 2-1 8000m 深井钻机技术参数表

序号	名称	技术参数
1	名义钻深（5in（127mm）钻杆）	8000m
2	最大钩载	5850kN
3	最大钻柱重量	2700kN
4	绞车额定功率	交流：2000kW（2720hp）； 直流：1600kW（2175hp）
5	绞车挡数	交流变频驱动：Ⅱ+ⅡR 无级调速； 直流电动机驱动：4 正 4 倒 无级调速
6	提升系统绳系	7×8
7	钻井钢丝绳直径	38mm
8	水龙头中心管通径	102mm
9	钻井泵型号及台数	F-2200 HL 3 台； 或 F-1600HL 3 台
10	转盘开口名义直径	952.5mm
11	转盘挡数	交流：Ⅰ+ⅠR 交流变频电动机驱动，无级调速； 直流：2+2R 挡无级调速

续表

序号	名称	技术参数
12	井架型式及有效高度	K 型：48m
13	底座型式及钻台高度	旋升式：10.5m
14	动力传动方式	交流：AC-DC-AC 全数字变频； 直流：AC-SCR-DC
15	柴油发电机组型号	CAT 3512B/SR4B
16	机组台数×输出功率	4×1750kV · A
17	柴油机功率	1310kW
18	柴油机转速	1500r/min
19	发电机型号及参数	SR4B，600V，50Hz，$\cos\varphi=0.7$，无刷励磁
20	辅助发电机组台数×功率	1×400kW，1500r/min，400V，50Hz，三相
21	主电动机台数×功率	交流变频钻机配置电动机： 2×1000kW（绞车、连续），1×800kW（转盘、连续），6×900kW（钻井泵、连续）； 直流钻机配置电动机： 2×800kW（绞车、连续），1×800kW（转盘、连续），6×800kW（钻井泵、连续）
22	输入电压	600V（AC）
23	输出电压、电流、频率	交流控制：0~600V，0~120Hz（可调）； 直流控制：0~750V（DC）可调；1150A（DC）（连续）
24	MCC 系统	600V/400V/230V，50Hz
25	自动送钻系统	变频电动机 400V 1×45kW
26	高压管汇	ϕ102mm×70MPa
27	固控系统有效容积	≥550m^3
28	气源及净化系统	2 台电动螺杆压缩机组（每台容积流量 5.6m^3/min，额定压力 1.0MPa）、1 台微热再生式空气干燥机、1 台冷启动空压机、2 个 2.5m^3 储气罐

3. 主要技术特点与技术创新

8000m 钻机技术创新主要表现在以下方面：

（1）钻机设计源于标准，高于标准。采用 5in 钻杆钻深 8000m，设计高于标准，钻机提升钻柱能力强。

（2）最大承载能力为 5850kN 的井架和底座。井架采用“K”型结构，有效高度为 48m，井架支脚在底座低位基座上，依靠绞车动力整体起放；底座为前高后低旋升式结构，前台工作高度 10.5m，后台底座用于安放绞车。底座设计采用平行四边形机构的运动原理，从而实现了高台面设备的低位安装，同时底座设计吸收了新型旋升式结构底座的优点，实现了井架的低位安装，增强了钻机的整体稳定性；井架、底座的承载能力均经过全新校核计算和应力分析，优化了部分结构设计和设备安装。钻台面设备、司钻偏房、转盘等附件低位安装，采用绞车动力，利用大钩通过绳系使底座前台从低位整体起升到工作位置，减少了设备安装强度和高位安装安全风险，可实现快速拆装。

（3）JC80DB 绞车和 JC80D 绞车。一是优化传动结构，绞车采用机械换挡和电动机无级调速相结合的传动模式设计，扩展了调速范围，增强了绞车的提升能力，同时也提高绞车钩速，有效地解决了绞车提升能力和钩速相互制约的设计问题，传动比及扭矩满足提起最大钩载 5850kN 的要求，其中 JC80DB 绞车在 14 绳系时最大提升钩速可达 1.7m/s；二是加长滚筒长度，提高其缠绳容量；三是采用一体化绞车设计，减少了现场安装难度，重量轻，便于整体运输。

（4）ZP375Z 加强型转盘。加强型 ZP375Z 转盘不仅可以与普通 ZP375 转盘的通用易损件进行互换，还大幅度提升了转盘扭矩和静承载能力，其扭矩和承载能力与 ZP495 转盘相当。

（5）新型天车和游车。根据 API Spec 8C 规范的设计和制造要求，通过对现有游车结构优化设计，全新设计了 5850kN 的天车和游车，即满足了 5850kN 的井架、底座配套设备要求，又有效地减轻了游吊系统设备的重量。

（6）采用了 F-2200HL 或 F-1600HL 高压钻井泵，实现 35MPa 以上高压钻井液喷射钻井。钻机配套的 F-2200HL 或 F-1600HL 高压钻井泵，额定工作均为 52MPa，在塔里木山前油气井可以实现 35MPa 以上高压钻井液喷射钻井技术，极大提高了钻机的机械钻速。根据塔里木油田工业试验数据显示，一开钻井可以提高机械钻速 105.4%~190%，二开钻井提速 85%~108.6%，5000m 以上深井和超深井段，高压喷射钻机比“PDC 钻头+螺杆钻具”的钻速提高约 40%。

（7）钻机采用高压钻井液循环系统。钻机配 1 套高压钻井液循环管汇，高压管汇及水龙带额定工作压力为 70MPa，满足了超深井高压钻井需要，提高了高压管汇的可靠性及使用寿命。

（8）压实股钻井钢丝绳首次应用到深井钻机（大吨位钻机）上。为了解决在井架高度不变，游吊系统绳系增加，给绞车滚筒缠绳容量不足的问题，选用金属密度大、强、抗磨损性更好的面接触的压实股钢丝绳。压实股钢丝绳最外层为扁平状，钢丝绳与滑轮绳槽接触面积增加，减少了钢丝绳与轮槽之间的接触应力和相互机械磨损，也减少了切滑大绳次数；承载能力强，安全系数高。压实股钢丝绳是普通钢丝绳承载能力的 1.2~1.5 倍，与只靠增加钢丝绳直径来提高承载能力的方案相比较，用不改变钢丝绳直径而提高承载能力的方案，可以减轻钢丝绳的重量。同时在相同承载能力要求下，可以采用更小直径的钢丝绳，降低绞车滚筒盘绳容量，从而减轻了绞车重量和体积。压实股钢丝绳抗疲劳性能是同型号普通钢丝绳的 1.2 倍以上，从而使钢丝绳寿命提高[2]。

4. 关键部件与配套技术

1）井架

8000 米钻机的井架为 K 型结构，主要由井架主体、二层台、套管扶正台、油管台、起升装置、笼梯总成、平台等组成，同时还配有立管台、登梯助力机构、防坠落装置、死绳固定器、死绳稳定器、井架起升液压缓冲装置，大钳平衡重及吊钳滑轮等辅助装置。

井架整体采用自起升方式，为了起升与下放平稳，在井架的左右人字架上各设置一套液压缓冲装置，通过左右支腿上的缓冲液缸的伸缩，起到缓冲作用，实现井架升降的平稳控制。为了井架工方便、省力地爬上二层台和天车台，在井架上设置了登梯助力机构，井架工登梯时，操作人员身上系着安全带，通过导绳滑轮及配重平衡器，在钢丝绳上滑动，使登梯省力且安全。

2）底座

底座主要由底座主体（基座、上座、立柱、立根台、转盘梁、绞车梁和后台底座、配重水箱等）与坡道、猫道、斜梯、旋转斜梯、低位后台斜梯、安全滑道、栏杆总成、铺台总成、低位绞车后台、BOP吊装移运导轨总成、BOP液压移动装置、储气罐及其支架、电缆铺设槽、防风和保温设施等附件组成。

8000m超深井钻机底座采用了新型旋升结构，既保留了弹弓式底座，可使钻台面构件及司钻偏房、司钻控制房、转盘等全部设备一次低位完成安装并整体起升的特点，兼有传统旋升式底座结构稳定性好的优点。其特点在于井架、底座支脚均在底座下基座中，起升人字架在底座基座上，绞车的安装和工作均位于底座后台低位，不随钻台前台起升。底座采用了高台面、大空间的结构：前台底座较高，满足深井钻机对井口安装防喷器高度的要求，并可使钻井液回流管有足够的回流高度。后台底座较低，适应于安装较重的主绞车和传动机组。

3）绞车

8000m钻机绞车分为直流电驱动绞车（JC-80D）和交流变频电驱动绞车（JC-80DB）两种配置。

（1）JC-80D绞车。JC-80D绞车为内变速、墙板式、全密闭、链条传动的三轴直流电驱动绞车，主要由电动机、绞车主体、链传动装置、换挡机构、自动送钻装置、液压盘刹装置、辅助刹车（电磁涡流刹车或伊顿刹车）、气控系统和润滑系统等组成。绞车主刹车为液压盘式刹车，配双刹车盘，设常闭、常开刹车钳；配置自动送钻装置，置于绞车的上部，由一台交流变频电动机提供动力，经一台齿轮减速机减速后驱动滚筒实现自动送钻功能。绞车滚筒为整体开里巴斯槽式滚筒，并配有过圈防碰系统。绞车的所有控制（电、气、液）均集中在司钻控制房内。

（2）JC-80DB绞车。JC-80DB绞车是一种交流变频控制的单轴齿轮传动绞车，它主要由交流变频电动机、减速箱、液压盘刹、滚筒轴、绞车架、自动送钻装置、空气系统、润滑系统等单元组成。绞车由两台功率1000kW、转速0~2600r/min的交流变频电动机驱动，分别经一台二级齿轮减速箱减速后，驱动绞车滚筒。绞车调速通过操作主电动机交流变频控制系统实现。绞车为两挡无级变速，主刹车采用液压盘式刹车，配双刹车盘；辅助刹车采用交流变频电动机能耗制动。绞车减速箱为两挡气动换挡，采用齿轮传动，齿轮和减速箱轴承润滑采用强制润滑方式，密封采用机械式密封。绞车配有自动送钻装置，自动送钻装置由一台45kW的ABB交流变频电动机提供动力。

4）钻井泵组

用户可根据钻井工艺的实际需要，在ZJ80钻机上选择配套F-1600HL钻井泵或F-2200HL钻井泵。钻井泵组由底座、钻井泵、电动机、传动装置（窄V皮带和皮带轮、皮带张紧装置、护罩等）、润滑装置、喷淋系统、灌注系统等配套组成。钻井泵为卧式三缸单作用泵。

钻井泵液缸采用“L”型结构，由合金钢锻造制成，具有耐压能力高、更换方便的优点。缸套采用优质双金属缸套，内套用耐磨高含量铬铸铁制造，具有耐磨、耐腐蚀性能。

缸套内孔直径有多种规格，针对不同钻井工况下的排量或压力要求，应选用不同内径的缸套。当泵工作压力小于或等于 35MPa 时，使用与活塞相配的缸套；当泵工作压力高于 35MPa，使用与柱塞配套的缸套。

5）电控系统

ZJ80DB 钻机采用交流变频调速技术，ZJ80D 钻机采用 AC-SCR-DC 电传动方式。

（1）ZJ80DB 钻机电控系统。

为了满足绞车功率和起下钻精准控制要求，钻机采用先进的全数字化交流变频控制技术。两台 1000kW 绞车电动机分别由两台 1200kW 逆变器驱动，电动机上的防爆增量式编码器与逆变柜构成闭环控制，再经变频控制单元 CU320 与 PLC 的通信、采集和运算，从而实现了游车位置的精准控制、绞车电动机的正反转、输出电流和转速等的保护功能。

ZJ80DB 钻机电控系统主要包括柴油发电机组控制系统、交流变频调速系统、PLC 控制系统、司钻控制系统及交流电动机控制中心等部分[3]。钻机配置两栋 VFD 控制房，房内安装有柴油机发电柜、整流柜、逆变柜、PLC 柜、MCC 开关柜等。柴油发电机控制柜由进线断路器、速度及负荷控制器、电压调节器、测量回路、保护回路、同期控制、电力监视、二次操作回路、24V 稳压电源等组件构成。交流变频调速控制系统采用西门子 S120 全数字矢量交流变频调速装置，将固定频率交流电变换成频率可调的交流电，实现对钻机绞车、转盘、钻井泵及自动送钻交流变频电机的速度、扭矩控制。交流变频调速装置采用“一对一”的方式驱动交流变频电机，具有输入电压失压、过流过载、短路等保护和故障报警指示等功能。图 2-1 为 ZJ80DB 变频电驱动钻机电传动系统原理图。

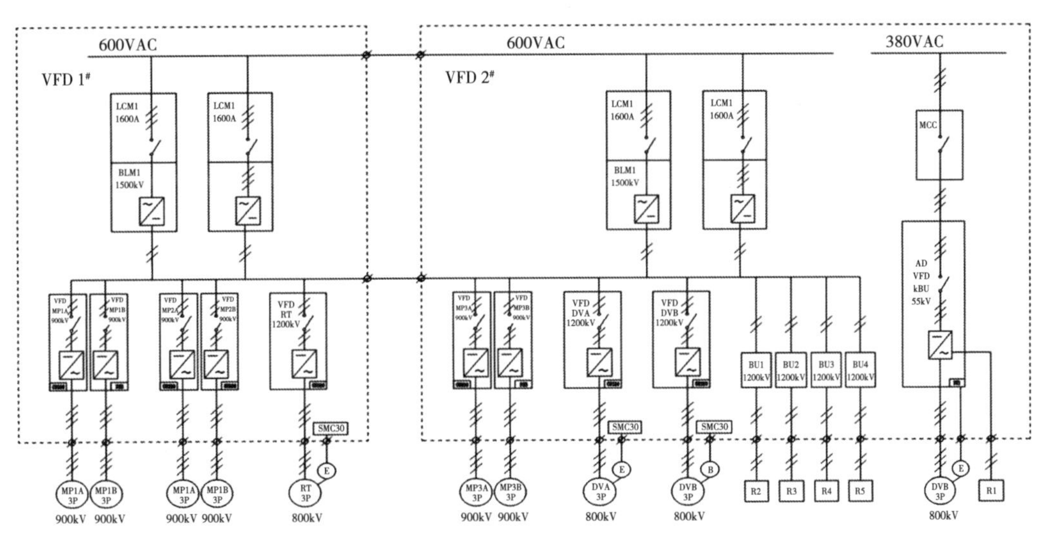

图 2-1　ZJ80DB 变频电驱动钻机电传动系统原理图

PLC 控制系统及司钻控制系统作为 ZJ80DB 钻机的控制中心，通过与工控机、变频器传动设备、司钻控制系统、气控阀岛系统的通信及连接，实现了钻机电、气、液的控制、显示、存储、记录等的一体化。PLC 控制系统采用两套 S7-300，互为备用，PLC 主站安装在电控房内，从站安装在司钻控制台里，PLC 主站通过 PROFIBUS 总线网络连接至司钻操作台，与司钻操作台上的 PLC 从站及触摸屏进行数据交换，将控制命令下达到各变频柜及相关电磁阀，完成对所有钻井功能进行控制。钻机司钻控制台上不仅安装有人机界面，还安装有硬件操作开关，通过硬件开关，可控制钻井泵、绞车、转盘、自动送钻等主要设备的启停。人机界面不仅具有同样硬件操作功能，还具有钻井参数、发电机柜的实时显示、电气系统运行监控与显示、整流柜及钻台传感器的数据采集、控制和报警、故障显示等。两个人机界面显示面板分别设置在电控房和司钻控制台。通过软件组态显示设备运行状态以及各个电机的运行逻辑状态，监控现场设备的运行。设有故障页显示便于故障的定位和维护。

（2）ZJ80D 钻机电控系统。

ZJ80D 钻机电控系统采用 AC-SCR-DC 电传动方式。该系统由交流发电控制单元、直流控制单元、PLC 控制单元、电磁涡流刹车控制单元、自动送钻控制单元和 MCC 电机控制中心等组成。图 2-2 为 ZJ80D 直流电驱动钻机电传动电传动系统原理图。

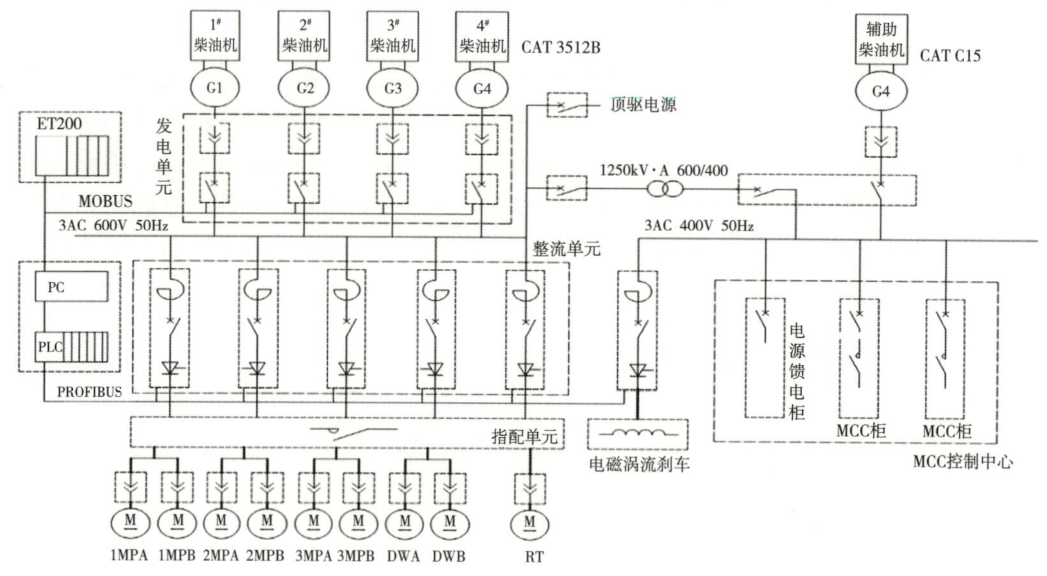

图 2-2 ZJ80D 直流电驱动钻机电传动系统原理图

ZJ80D 钻机配置两台 SCR 控制房，房内安装有柴油发电柜、整流柜、PLC 柜、MCC 开关柜等。ZJ80D 钻机柴油发电系统是由 4 台模拟式柴油发电机组控制柜控制 4 台卡特 3512B 柴油发电机组并网运行，为交流母排上的整流单元提供动力。每台柴油发电机控制柜能对柴油发电机组的速度和电压进行精准的控制，能使 4 台机组间进行均衡的负荷分配和自动并车，并能精确地显示机组运行时各数据项。

直流控制系统由 5 个 1400 型 SCR 传动控制柜组成，分别将 600V 交流电压整流成 0~750V 连续可调的直流电压，并通过对各柜中直流接触器的逻辑控制，切换成不同的指配关系，分别驱动钻井泵、绞车、转盘。每套直流控制系统包括晶闸管整流桥、浪涌抑制电路、接触器控制电路、直流控制组件和皮带轮滑动防护电路等。

ZJ80D 钻机采用一套自动送钻装置安装在绞车上部，其控制部分由 1 台 55kW 的变频器来驱动 1 台 45kW 自动送钻变频电机，电动机轴端装有一只编码器，用于检测电动机转速。变频器、电动机、编码器及 PLC 系统一起组成有速度传感器矢量控制的速度闭环系统，实现送钻过程中对送钻电动机速度的精确控制。

ZJ80D钻机司钻控制台是钻机各直流驱动功能的主要控制装置，其上不仅安装有人机界面，还安装有硬件操作开关。通过硬件开关，可控制钻井泵、绞车、转盘、自动送钻等主要设备的启停。人机界面不仅具有同样硬件操作功能，还具有钻井参数、发电机柜的实时显示、电气系统运行监控与显示、整流柜及钻台传感器的数据采集、控制和报警、故障显示等。

5. 现场应用情况

8000m超深井钻机是专门为塔里木油田山前作业区量身打造的。作为建设“新疆大庆”的关键装备，能够满足塔里木油田山前作业区下大口径大吨位套管和高压钻井的需要，是一种经济实用、性价比高的新型钻机。随着中深井油气资源开采量的减少，油气资源勘探开发逐步向超深层延伸，特别在一些地质构造复杂的地区，下套管层数多，大吨位套管重量普遍在5000~5500kN，ZJ70钻机已无法满足钻井工艺的要求。而9000m钻机的钩载为6750kN，钻这一井深范围内的井，其钩载能力又富足有余。8000m钻机不仅解决了7000m钻机能力不够的问题，而且与9000m钻机相比，还可以节省20%的钻机购置费用，降低能耗。

我国已经投入使用的8000m超深井钻机共有22台，经近五年来的现场应用来看，取得较好的效果。据不完全统计，2012—2016年在塔里木山前地区投入的8000m钻机共完钻52口井，共节省钻井综合日费约9亿元。这种低成本性价比高的8000m超深井钻机呈现出广阔的市场前景。

二、四单根立柱9000m超深井钻机

为提高塔里木地区钻井速度、减少钻井事故、降低综合成本，由中国石油集团钻井工程技术研究院、宝鸡石油机械有限责任公司、渤海钻探工程有限公司等联合研制开发了ZJ90/6750DB-S新型超深井钻机。这是国际首台可实施四单根立柱钻井作业的新型陆地钻机。四单根立柱钻机可显著降低超深井钻机的起下钻频次、减少钻井泵的停泵时间并降低复杂井下事故多发，减少钻具在井下的静止时间和停止循环时间；延长了连续钻进时间，可提高快速钻过盐膏层和缩颈井段的几率，降低复杂地层钻井事故多发风险；节省起下钻时间，缩短钻井周期，降低钻井综合成本，提高综合经济效益。

1. 结构与原理

四单根立柱超深井钻机由提升系统、旋转系统、钻井液循环系统、动力及控制系统、传动系统、井电照明系统、辅助设备、固控系统等组成[4]。

（1）钻机采用五台1900kV·A的CAT3512B柴油发电机组作为主动力，发出交流电经变频单元（VFD）驱动绞车、转盘和钻井泵的交流变频电动机。一体化电控系统采用SIEMENS全数字矢量控制交流变频调速装置，电传动系统采用“公共直流母线”方式驱动和控制绞车、转盘、钻井泵主电动机，实现无级调速，利用变频装置的能耗制动功能实现绞车电动机的四象限运行和转盘的动力制动功能。

（2）游动系统采用7×8结构，高强度材料结构和优化的滑轮组，以及高性能钢丝绳，满足了钻机承载及降低起升力矩的效果。

（3）井架采用前开口K型结构，底座为新型旋升式结构，利用绞车动力整体起升。

（4）绞车低位安装，由两台 1100kW、0～2200r/min 的交流变频电动机驱动，经两台两挡齿轮减速箱减速后驱动绞车滚筒，绞车刹车采用液压盘式（双盘）刹车与电动机能耗制动相组合方式，配有独立自动送钻装置。

（5）转盘采用独立电动机驱动方式，由一台 800kW 的交流变频电动机经一挡齿轮箱驱动；三台钻井泵各由一台 1200kW 交流变频电动机驱动。

（6）钻机配置集电、液、气控制，显示与监视，通信及人机界面（触摸屏）一体化等技术于一体，采用人性化设计的司钻控制房，司钻坐在控制房可对钻机实现全面监控。

（7）钻机布置满足防爆、安全、钻井工程及设备安装、拆卸、维修方便的要求。

2. 钻机主要技术参数

四单根立柱钻机的主要技术参数见表 2-2 所示。

表 2-2 ZJ90/6750DB-S 四单根立柱钻机主要技术参数

序号	名称	技术参数
1	名义钻深（ϕ127mm 钻杆）	9000m
2	最大钩载	6750kN
3	最大钻柱重量	3250kN
4	提升系统绳系	7×8
5	提升系统滑轮外径	1400mm
6	井架型式、节数及有效高度	“K”型，6 节，57.5m
7	钻机立根盒容量（37.5m 长立根）	ϕ1275mm 钻杆：9000m（四单根立柱） ϕ88.9mm 钻杆：500m（二单根立柱）
8	底座型式及钻台面高度	旋升式，12m
9	转盘梁底面高度	10.4m
10	绞车输入额定功率	2200kW
11	绞车挡数	Ⅱ+ⅡR 挡 交流变频电动机驱动，无级调速
12	钻井钢丝绳直径、类型	42mm；压实股钢丝绳
13	钻井泵型号及台数	F-1600HL，3 台
14	钻井泵最高工作压力	51.9MPa
15	转盘开口名义直径	952.5mm
16	转盘挡数	Ⅰ+ⅠR 挡 交流变频电动机单独驱动，无级调速
17	动力传动方式	AC-DC-AC 交流变频矢量控制
18	柴油发电机组型号	CAT 3512B/SR4B
19	机组台数×输出功率	5×1900kV · A
20	柴油机功率	1310kW
21	柴油机转速	1500r/min
22	发电机型号及参数	SR4B，1900kV · A，600V，50Hz，0.7 PF 无刷励磁
23	辅助发电机组台数×功率	1×400kW 1500r/min，400V，50Hz，3 相

续表

序号	名称	技术参数
24	交流变频电动机台数×功率	2×1100kW（绞车电动机）; 3×1200kW（钻井泵电动机）; 1×800kW（转盘电动机）; 2×45kW（自动送钻电动机）
25	交流变频控制单元（VFD）	公共直流母线控制
	输入电压	600V（AC）
	输出电压、频率	0~600V，0~150Hz（可调）
	MCC 系统	600V/400V（3 相）/230V（单相），50Hz
26	MCC 系统	600V/400V/230V，50Hz
	自动送钻系统	变频电动机 400V，2×45kW（连续）
	变频控制单元	0~400V，0~100Hz
27	钻井液管汇	ϕ102mm×70MPa
	固井管汇	ϕ70mm×70MPa
	立管	ϕ103mm×70MPa，双立管
28	气源压力	0.7~0.9MPa
	储气罐	$2\times2m^3+2.5m^3$（带止回阀）
29	固控罐有效容量	$733m^3$

3. 钻机主要技术特点

（1）使用新型优选材料。钻机的井架、底座主承载部件选用的低合金高强度结构钢为 Q420E 和 Q345E 耐低温材料，天车台主体采用 Q420E、游车侧板采用 Q460E 高强度结构钢组焊而成，具有较高的抗拉强度和屈服强度。Q420E 材料抗拉强度达到 690MPa，屈服强度达到 420MPa，比普通 Q345B 材料强度指标分别增加约 30%；而 Q420E 材料伸长率保持在 17%~22%，仍然为塑性材料，具有较好的冲击功和抗低温性能。高强度材料的应用，提高了材料利用率，有效控制了部件结构尺寸，实现了结构减重，有效降低了整个钻机的起升载荷，提高了构件的起升安全性及稳定性，满足了塔里木油田冬季低温环境要求。

（2）井架采用“K”型结构。由于配套的超深井钻机的游车、大钩、水龙头、顶驱等游吊系统部件尺寸相对较大，该井架满足了这些部件的安装和运输要求。井架优选分为 6 段，井架总长度达到 66m，有效高度 57.5m。井架高度空间的增大，满足了 4 单根 1 钻柱的排放和作业要求。二层台安装高度为 34.5m、35.5m，在 16m 高度设置了辅助二层台，改进了排放钻杆配套工况，满足 4 单根 1 立柱的超长立柱安全靠放与扶正要求。二层台靠放 ϕ127mm 钻杆时，排放方式可行；辅助二层台靠放 ϕ114.3mm 钻杆时，辅助支撑效果明显；改进后的二层台及辅助二层台满足四单根立柱的排放要求。

（3）井架和井架人字架的低位整体安装。井架和人字架支脚布置作用在底座基座上，增强了钻机的整体稳定性。独特设置的两副液压缸支撑在人字架左、右后腿，多级液缸将人字架整体由低位后台支撑起升至竖直工作位置。此作业操作方便、安全，避免了高空施工的风险。

（4）采用了一种新型悬升式井架底座。此结构的特点在于井架、底座支脚均在底座下基座中，起升人字架在底座基座上，井架的载荷可由井架立柱和支脚直接传递到底座基座和基础面上，使底座整体受力状况较好。绞车的安装和工作均位于底座后台低位，不随钻台前台起升，减少了因绞车体积和质量增加过大带来的安装、检修难度，减低了底座整体起升载荷，降低了底座起升风险。底座前台依据平行四边形原理依靠绞车动力由低位整体起升至工作位置，底座起升仅需起升底座台面和台面设备及司钻偏房等，无须再携带井架一同起升，相对于双升式底座其起升载荷明显减小。既保留了弹弓式底座的特点可使钻台面构件及司钻偏房、司钻控制房、转盘等全部设备一次低位完成安装并整体起升，兼有传统旋升式底座结构稳定性好的优点，使高位钻台面宽敞、操作视线良好，并且减少了钻台面噪声，改善了操作人员工作环境。

（5）全新设计的 JC90DB 绞车。由于四单根井架有效高度比普通 9000m 钻机增加 9.5m（普通 9000m 井架有效高度 48m，四单根井架有效高度为 57.5m），为了解决钻机高容绳量问题，全新设计了 ZJ90/6750DB-S 四单根立柱钻机的 JC90DB 绞车。绞车由两台 1100kW 交流变频电动机驱动，经两台两挡齿轮减速箱驱动滚筒轴，配自动送钻。

配备压实股钢丝绳，减轻了天车、游车及绞车外形尺寸与重量。两挡齿轮箱气动远程换挡的设计，并加装电子行程开关信号反馈和进行 PLC 逻辑运算控制，实现了换挡和锁挡的准确性和可靠性，也避免了换挡误操作的风险。绞车为两挡无级调速，输入转速在 0~2200r/min 范围内可无级调速。可根据工况需要选择电动机使用个数和挡位（低速挡一般用在下套管、解卡等特殊情况，高速挡用于正常钻井和作业），满足了各种钻井工况下对钩速和载荷的要求，提高了减速箱的工作时效和利用率，也提高了部件的工作寿命和绞车运行的节能经济性。

（6）钻机采用 ZP375Z 加强型转盘，转盘扭矩和静承载能力增大。ZP375Z 转盘齿轮表面进行强化处理，提高了耐磨性；转盘箱体采用高强度结构钢，增加了箱体的强度和耐冲击性能。优化设计后的 ZP375Z 转盘不仅可以与普通 ZP375 转盘的通用易损件进行互换，还达到了 ZP495 转盘的扭矩和承载能力。

（7）转盘驱动箱采用齿轮传动箱与传统的链条传动箱相比具有诸多优点：传动效率高、结构紧凑、传动比稳定、工作寿命长，运行维护经济性好；转盘驱动装置的气胎式离合器改为钳盘式刹车，避免了气胎式刹车气囊耗气量大、响应时间滞后的缺点；解决了使用气胎离合器安装体积大、检修维护空间狭小、困难的制约；钳盘式刹车制动力矩大、刹车能力强、响应迅速、安装空间小、可靠性高。

（8）优化天车、游车设计。根据 API Spec 8C 规范的设计和制造要求，通过对现有提升系统优化设计，天车、游车的滑轮由常规 9000m 钻机使用的外径由 1524mm 改为 1400mm，钻井钢丝绳直径由 45mm 改为 42mm，采用绳槽尺寸适合直径为 42mm 钢丝绳的滑轮，这样即满足了天车、游车滑轮用钢丝绳对缠绳滑轮直径的要求、降低了整个天车、游车的体积、质量和惯性矩，满足了 ZJ90/6750DB-S 四单根立柱钻机绞车高容绳量的要求，而且满足了 6750kN 的承载要求，减少了整个钻机的起升力矩。

（9）采用 F-1600HL 高压钻井泵，实现了 35MPa 以上钻井液高压喷射钻井。

（10）钻机采用高压钻井液循环系统，高压管汇及水龙带额定工作压力为 70MPa，满足超深井高压钻井需要，提高了高压管汇的可靠性及使用寿命。

（11）压实股钻井钢丝绳成功地应用到四单根超深井钻机上，以解决井架增高给绞车滚筒盘绳容量不足带来的问题。

(12) 先进完善的控制系统。司钻控制房内集成化的司钻操作座椅依据人机工程学原理及司钻操作的实际情况，在司钻座椅的左右扶手上集成了控制绞车调速、换挡以及自动送钻、盘刹、液压猫头等常用的操作件，可以使司钻方便地进行各种操作。相比以前的司钻台操作，有效地减少了司钻的人手操作范围，使司钻在不用大幅度移动身体的情况下完成对钻机的相关操作。

(13) 采用数码防碰仪自控装置。应用了现代先进的智能化逻辑程序控制原理，并采用了表面贴片安装、超大规模集成电路、数码信息编、译码处理、传输等新技术；光电藕合、固态器件、贴片元件、进口密封免维护 UPS 电瓶等新材料；“光、机、电一体化”的新工艺；对起、下钻作业能够进行自动监测、运算处理、智能化提醒司钻、主机内部故障的自行诊断、自动刹车控制，能够有效地防止“碰天车”事故。

4. 关键部件与配套技术

1) JJ675/57-K 型井架

9000m 四单根立柱钻机（ZJ90/6750DB-S 钻机）配套使用 JJ675/57-K 型井架，安装在 DZ675/12-X 底座的基座上，井架有效高度为 57.5m，总长度达到 66m，二层台安装高度 34.5m 或 35.5m，在 16m 高度油管台位置设置辅助二层台，满足 4 单根 1 立柱钻井要求和对超长立柱安全靠放与扶正要求。井架为低位水平安装的梁式大腿前开口 K 型结构，立柱采用大截面 H 型钢，承载能力强。井架支脚生根在底座基础上，增加了井架、底座的整体稳定性。

井架支脚在低位基座上，低位水平安装，采用人字架起升方式，依靠绞车的动力，通过快绳、大钩及起升三脚架等拉动起升大绳，实现井架由水平位置起升到垂直位置。井架起升时为了能够使井架平稳的靠放在人字架上，同时下放井架时又能使井架重心前移，从而依靠井架本身自重下落，在人字架上设有液压缓冲装置，通过液缸的伸缩来实现对井架的控制。

钻机配的高位二层台上设有四组挡杆架，用于排放钻杆。挡杆架可向上翻起，便于起升井架前穿钻井钢丝绳，挡杆架末端设有挡住钻杆的环链。在二层台三面设屏风墙，用于防风防沙；二层台还配有逃生装置和逃生门，井架工在紧急情况下可以借此逃生。利用油管台的安装位置（距钻台面 16m 高），改造设置了一个辅助二层台，它由左、右及前部构成的三周框架和操作台组成，其框架内没有挡杆。它能够对四单根立柱的中下部起到可靠的辅助支撑扶正作用，也可以作为小直径钻杆（二单根立柱）的二层台使用。

2) DZ675/12-X 底座

底座主要由底座主体（基座、上座、立柱、立根台、转盘梁和后台底座等）与坡道、猫道、斜梯、旋转斜梯、低位后台斜梯、安全滑道、栏杆总成、铺台总成、低位绞车后台、BOP 移运导轨总成、液压防喷器移动装置、储气罐及其支架、电缆铺设槽、防风和保温设施等附件组成。

底座为前高后低新型旋升式结构，前台工作高度 12m，转盘梁底面高度 10.4m，后台低位底座高度 1.83m。绞车安放在后台底座上，低位安装，低位工作，起升人字架设置在底座基座上，采用低位安装，液缸起升至工作位置。井架起升完成后，转盘、司钻控制房、司钻偏房等随同前台底座在起升系统的作用下，依据平行四边形原理依靠绞车动力由低位整体起升至工作位置。

3）JC-90DB3 绞车

绞车主要由交流变频电动机、减速器、液压盘刹、滚筒轴总成、绞车支架、自动送钻装置、空气系统、润滑系统等单元部件组成。绞车总体上可分为3个独立的运输单元：绞车主电机、减速器、自动送钻装置安装在一个小底座上，构成一个独立运输单元（左、右各一个单元），滚筒轴总成及刹车系统安装在一个大底座上构成一个运输单元，如图2-3所示。

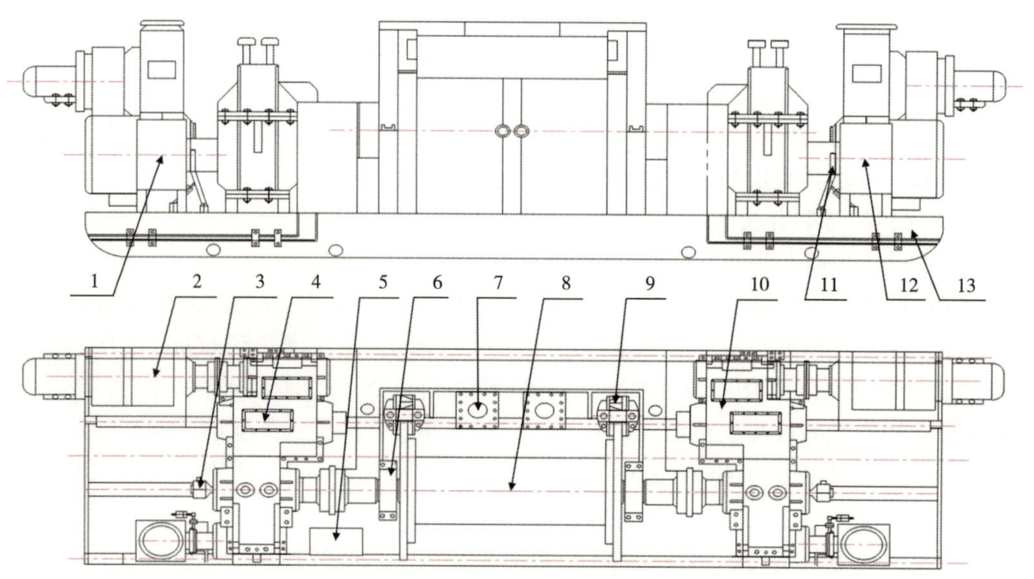

图2-3　四单根钻机绞车结构布置示意图

1—自动送钻装置；2—主电动机；3—仪表装置；4—左主减速箱；5—气控系统；6—绞车支架；7—机油润滑系统；8—滚筒轴总成；9—液压盘式刹车装置；10—右主减速箱；11—自动送钻离合器；12—右自动送钻装置；13—绞车底座

绞车由2台1320kW（1100kW连续功率）0~2200r/min的交流变频电动机分别经1台齿轮减速箱减速后，驱动单轴绞车滚筒。齿轮箱为二挡无级变速，减速箱总传动比：低速挡 $i=8.76$，高速挡 $i=5.72$；通过气缸实现自动换挡，可以根据工况需要选择电动机和挡位（低速挡一般用在下套管、解卡等特殊情况。高速挡用于正常钻井工况，不需要频繁换挡），功率大，变频调速范围宽。可在司钻房实现绞车换挡机构远程控制，挂合状态信号均在司钻控制房中显示，换挡和锁挡挂合的信号检测和反馈由安装在减速箱换挡手柄旁的行程开关和电控PLC实现，防止了误操作并且减轻了司钻往返于钻台和绞车后台处的操作。变速箱不仅是采用以上的气动换挡，另外还备有手动换挡装置，正常工作时将手动换挡杆取下，当气动换挡出现故障时，可装上手动换挡杆作为应急。

4）ZP375Z 转盘及其驱动装置

转盘及其驱动装置是钻机的重要旋转设备之一，其主要功能为：在钻井和修井过程中，转动井内钻具，为钻柱提供必要的扭矩和转速；下套管或起下钻时，承受井内套管柱或钻杆柱重量；用转盘钻进或处理事故时用于旋转钻柱；涡轮或螺杆钻具钻进时承受钻柱上的反作用力矩；定向钻井时用于调整和控制井下钻头的方位。

ZJ90/6750DB-S 钻机使用的是ZP375Z加强型转盘，工作时，电动机水平轴方向的旋转动力经齿轮减速器减速后传递给转盘输入轴的一对锥齿轮副，并把水平轴旋转运动改变为垂直方向的旋转运动，使转盘转台驱动井下钻具旋转，给钻杆和钻头传递转速和扭矩。

5）F-1600HL 钻井泵组

四单根 9000m 立柱钻机配备 3 台 F-1600HL 高压钻井泵组，泵额定工作压力为 51.9MPa。钻井泵输送的钻井液除起到冷却钻头、携带岩屑、保护井壁、平衡地层压力的作用外，主要是为了满足超深井钻井过程中钻头喷射破碎岩石的钻井工艺要求。

6）电控系统

钻机电气传动系统采用最先进的交流变频调试技术，该技术是电动钻机的核心控制部分，具有生产效率高、工作稳定、动态性能好、负荷均衡、操作简便、自动化程度高、显示齐全、安全保护功能完善等特点。

交流变频钻机电气传动系统控制原理：柴油发电机组发出 600V 交流电源，由整流单元将交流母排上的 600V 交流电转换成 810V（DC）直流电，输出到公共直流母排上，再由 8 台逆变单元将直流母排上的 810V（DC）直流电转换成电压 0～600V、频率 0～150Hz 连续可调的交流电，从而来驱动交流变频电动机。钻机控制系统以 PLC 为控制核心，通过现场总线与工控机、变频器传动设备、司钻控制系统、气控阀岛系统通信及连接，实现了钻机电、气、液的控制、显示、存储、记录的一体化。

该系统包括柴油发电机组控制系统、交流变频调速系统、PLC 控制系统、司钻控制系统及交流电动机控制中心等部分。

7）柴油发动机组动力系统

钻机柴油发电系统是由 5 台柴油发电机组控制柜控制 5 台卡特 3512B 柴油发电机组并网运行，向交流母排输出 600V 电网，为交流母排上的整流单元提供动力。每台柴油发电机控制柜能对柴油发电机组的速度和电压进行精准的控制，能使 5 台机组间进行均衡的负荷分配和自动并车，并能精确地显示机组运行时各数据项。

8）司钻控制房

司钻控制房主体采用不锈钢结构，房壁具有隔热、阻燃、隔音能力，房门开启方向正对钻台前侧逃生跑道和后侧梯子。为了司钻有大范围的视野，在靠近井口的三面墙体和房顶处安装有防弹玻璃。司钻控制房内部结构主要由仪表显示台、司钻座椅操作台和内部电控柜组成，配置有钻机电控箱、液压盘刹操作手柄等各种操作手柄及旋钮、电控触摸屏、各种液气压力表及信号显示、工业监视控制系统、转椅、防爆电器（灯）、防爆一体式单冷空调、麦克风扩音机等。还配备应急荧光灯、防爆暖风机、防爆视孔灯等辅助设施。司钻房还配置了正压防爆系统和烟雾报警系统，为司钻提供了一个安全又舒适的工作环境。

司钻房控制系统包括气控系统、液控系统、电控系统、顶驱控制操作系统等。钻机气控系统采用电控气阀岛控制，阀岛的电磁线圈与司钻房 PLC 连接，控制转盘惯性刹车、自动送钻电机离合器、水龙头旋转、天车防碰、喇叭、雨刮器等设备以及气路的保护，从而实现了气控系统的智能控制。液控部分主要用于操作井口机械化工具和液压盘式刹车。司钻控制房内的电控系统由电控柜、触摸屏、绞车速度给定手柄、转盘、钻井泵调速手轮及连接电缆组成，完成钻井工艺的逻辑控制功能、保护功能、钻井参数检测显示功能及其他辅助功能。顶驱控制系统主要由整流柜、逆变柜、PLC 控制柜、操作控制台、电缆、辅助控制电缆等几大部分组成，整套系统操控灵活，并具有很强的连锁保护功能，防止各种误操作。补给罐的电机开启和停止可在司钻房内进行控制。

5. 现场应用情况

2013 年 5 月至 2016 年 9 月共进行了 3 口井的现场试验。经过实际跟踪和对比，当钻机的机械钻速越高，四单根立柱钻井工艺提速效果越明显，机械钻速为 60m/h 时，四单根较一单根钻井工艺提速 25.86%、较三单根钻井工艺提速 3.73%。四单根立柱钻机较三单根钻机在起下钻作业过程中提速效率基本在 20%~30%之间，具体提速效果跟井底钻具组合和尺寸、游吊系统自重、滑轮绳系等参数有关。现场统计资料表明：四单根立柱钻机同三单根立柱钻机相比，起下钻时间减少 20%，钻井周期缩短 6%。

钻机配套的 F2200HL 或 1600HL 高压钻井泵额定工作压力均为 52MPa，配合 52MPa 高压钻井泵，在塔里木油田山前油气井可以实现 35MPa 以上高压大排量喷射钻井技术，极大提高了钻机的机械钻速。根据塔里木油田工业试验数据显示，一开钻井可以提高机械钻速 105.4%~190%，二开钻井提速 85%~108.6%，5000m 以上深井和超深井段，高压喷射钻机比“PDC 钻头+螺杆钻具”的钻速提高约 40%。

三、顶部驱动钻井装置与顶驱下套管装置

石油钻机顶部驱动钻井装置，简称“顶驱装置”。是 20 世纪 80 年代出现的一种钻井装备，国际上生产顶驱装置的公司主要有 Varco 公司、MH 公司、Tesco 公司、Canrig 公司等。我国从 2004 年开始进行商业化生产和应用，目前已形成系列产品。

顶驱下套管装置是一种基于顶部驱动钻井系统，集机械、液压于一体的新型下套管装置，代替套管钳等下套管设备，不仅可实现套管柱的自动化连接，而且还可以提供旋转套管以及循环钻井液，大大减少下套管遇卡、遇阻等潜在的安全危害，极大地提高了下套管作业的成功率，同时还减少了下套管需要的人员，具有安全、高效等特点。

1. 顶部驱动钻井装置新技术

1）安全提升技术

采用钻井与起下钻工况独立载荷传递的顶驱装置双负荷提升通道结构。正常钻井时的钻柱负荷是通过主轴直接传递到减速箱内的主轴承上，起下钻或下套管时吊环的提升负荷则通过特殊设计，作用在旋转头内部的止推轴承上，不通过减速箱主轴承，能够有效延长主轴承的使用寿命。提供一种带有载荷传感器的顶驱钻机提环装置，该装置能实现进行钻杆或钻柱的起下作业，并且在提环装置上增加载荷传感器，实现对钻井过程中提环装置承受负载进行实时监测，根据实际负载情况调整钻井参数，指导钻井作业，使钻机提升系统在应用过程中更加安全可靠。

2）智能控制技术

（1）转速扭矩智能控制技术。研制了一种基于顶驱装置的转速扭矩智能控制技术。能够根据顶驱转速扭矩的设定值与井下钻柱反馈的实际值，自动辨识钻井工况，对顶驱主轴的转速扭矩输出特性进行实时调整，减少了钻头黏滞状况的发生，在保持转速和钻压稳定的前提下提升机械钻速，有效抑制由于井下扭矩突变而导致的钻柱冲击、钻具扭断或脱扣现象，大大降低了钻柱失效和钻头磨损风险，延长钻柱和钻头的使用寿命，优化井眼轨迹。

钻井作业时，由于地层特性、转速、钻压的实时变化，易出现井下扭矩和钻速发生突变，导致钻具疲劳失效、钻井效率降低、事故风险增加。通过收集分析钻井现场数据，建

立井下振动、扭矩冲击模型，提出井下振动和扭矩冲击的主动干预算法，设计基于顶驱转速扭矩的智能控制系统，对突发扭矩冲击进行缓冲，对有害振动进行干预和抑制。

在此之前的控制系统，是由人工通过调节手轮等方式设定顶驱装置的限定转速和限定扭矩，转速和扭矩的设定相互独立且不随钻井工况的变化而变化。通过攻关，取得的主要技术成果包括：对钻井工况的识别和干预技术，对扭矩冲击的识别和缓冲技术，对振动现场的识别和抑制技术，对转速扭矩的主动控制技术与顶驱控制系统集成的一体化控制技术，旋转部件信号无线传输技术等，使顶部驱动钻井装置的性能更加优化。

（2）导向钻井滑动控制技术。研制了一种基于顶驱装置导向钻井滑动控制技术。为定向井工程师提供了精确快速调整工具面的手段，并在确保定向不受影响的前提下，通过钻柱的正向、反向往复摇摆，减小定向井钻井作业中钻柱与井壁间的摩擦阻力与黏滞，平稳钻压，延长钻头寿命，提高了机械钻速、缩短了钻井周期。

在定向钻井作业滑动钻进工况下采用马达配合随钻测量系统这一常规方法进行作业时，随着井深、井斜的增加，使钻柱需要克服的摩擦阻力与扭矩不断增加，钻进时托压和马达失速的现象频发，致使钻压不能持续的施加到钻头上，井下工具面和方位角极有可能会偏离预期，最终导致机械钻速下降、作业纯钻效率降低、工程成本增加。对常规定向作业方法的特点与局限性进行分析，结合顶驱装置转速、扭矩输出精确控制的优势，借用顶驱装置自身数据采集与监视控制及安全作业特点，分析钻柱运动规律、摩擦阻力释放、扭矩控制等原理，开发了一种基于顶驱装置安全操作与控制的、设计安全科学的、采用独立可编程控制器控制的地面控制技术。

取得的主要技术成果包括：基于顶驱的扭摆滑动钻进工艺技术，滑动钻进摩阻分析和扭矩控制方法；基于顶驱装置的扭摆滑动钻进控制系统等。

（3）主轴旋转定位控制技术。研制了一种基于顶驱装置的主轴旋转定位控制技术。实现了对顶驱装置主轴旋转方向、圈数或角度的精确控制。在定向钻井时，可通过顶驱装置调整钻柱的工具面和方位角，取代了传统人工调整或扳转盘作业方式，有效提高方位控制精度；不停机的连续控制，提升了作业效率和安全性；通过与近钻头地质导向钻井系统（CGDS）结合使用，可以实现闭环连续控制。

取得的主要技术成果包括：顶驱装置主轴角度圈数精确控制方法，将旋转角度误差控制在1°以内。

（4）钻机一体化控制接口技术。研制开发了现代钻机智能一体化联锁控制技术，实现快速建立顶驱装置与钻机传动部件、循环系统、井下仪器等部分装置/设备间的数据采集、状态监视和逻辑控制，有效解决目前陆地钻井普遍存在的钻具处理劳动强度大、作业危险性高、作业效率低、易发生事故等问题，从而大大提高钻机的机械化、智能化水平。

取得的成果包括：顶驱装置 IBOP 开闭与钻井泵启停进行连锁控制，避免在 IBOP 关闭时启动钻井泵造成事故，或者在钻井泵运行期间误关 IBOP 造成不必要的机械磨损；吊环倾斜机构监测与防碰技术实现顶驱装置吊环倾斜机构的位置状态进行数据交换，避免上提钻具时误撞二层台或者下放钻具时误撞钻台面；吊环旋转与倾斜机构互锁技术实现避免在吊环伸出状态下旋转吊环造成人员损伤。在原有控制方法的基础上，通过在顶驱装置提环系统中加入载荷传感器，将提升系统的载荷（悬重和钻压）参数引入顶驱控制系统，用于判断钻井工况，并根据载荷变化情况自动对顶驱装置的转速和扭矩设定值进行及时调整。在钻井作业中，一般要求钻压保持恒定。根据钻井工况的变化及时调整转速和扭矩设定值，可以增强顶驱装置的自动化程度，同时减少人为因素对钻井作业的影响，提高了生产效率和安全性。

现代钻机智能一体化联锁控制技术具有常规钻机的人力处理模式无法比拟的优势。采用该系统进行钻井作业，预计每个生产班可减少井架工和钻工 2~3 人。

3）动力水龙头

动力水龙头是一种新型的石油钻/修井作业装置，是集机械、液压、气动于一体的装备，由液压站、动力水龙头本体和辅助控制系统等三大部分组成，可以替代常规转盘驱动钻具旋转钻进，动力水龙头装置除用于套铣、磨铣、钻水泥塞、桥塞、打捞等修井作业外，还可用于开窗侧钻、钻裸眼井和取心等钻井作业。与常规钻井方式相比，采用动力水龙头装置主轴运动平稳，扭矩输出大，操作方便，具有节省时间，提高效率、增强安全性等众多优点，广泛应用于钻/修井作业。BS 系列动力水龙头采用液压驱动，配置柴油发电机，采用集装箱整体橇装式结构，便于运移及安装调试。

4）液压驱动与控制技术

率先开创了独立式液压源与微循环加热技术。液压源独立放置于地面上，通过液压管线与本体连接为顶驱提供液压动力。在恶劣的工作条件下，尤其是跳钻、震击时不会对管线、接头和阀门等造成威胁。采用冗余设计，有两套泵组，两个电动机分别驱动独立的液压泵，能分别独立地进行工作，既保证了钻井过程中安全可靠，又方便设备的检修维护；在超低温应用环境下，液压源应用电磁阀具有失电不失位设计和溢流加热控制技术，在保护电磁阀的前提下，无须启动顶驱液压系统，实现对液压油的流动预热。

2. 顶驱下套管装置

国际上，Tesco、NOV、Weatherford、Exxon Mobil、ConocoPhillips、Hughes Christensen 等公司在大位移井、深井、超深井中已成功应用顶驱下套管装置，技术较为成熟，已取得良好的经济效益。

中国石油集团钻井工程技术研究院北京石油机械厂开发的内、外卡式顶驱下套管装置已形成系列化产品，产品覆盖 ϕ114. 3mm ~ ϕ508mm 套管，产品性能达到了国外同类产品的先进水平，填补了国内空白，在国内外成功应用并出口至加拿大、美国等国家。

1）结构及工作原理

顶驱下套管装置根据套管尺寸的不同可分为套管内卡和套管外卡两种结构。当套管直径为 140mm 或更小时采用外部卡紧式驱动装置，当套管直径为 168mm 或更大时采用内部卡紧式驱动装置，两种装置都包含以下主要结构：与顶驱相连的连接螺纹、用以驱动卡瓦复位或张开的液压驱动机构、用以传递工作载荷（拉力和扭矩）的卡瓦机构、用以实现循环钻井液的密封机构以及便于与套管对中的导向头，其中内卡式结构如图 2-4 所示，外卡式结构如图 2-5 所示。

该装置上端与顶驱主轴相连接，可以通过顶驱控制下套管作业时套管的上扣扭矩。其工作原理如下：通过顶驱的液压源，使驱动机构的上/下油腔充油并升压至额定压力，活塞通过上/下运动来驱动卡瓦机构复位/张开，进而松开/卡紧套管，以传递旋转及提升载荷，完成上扣及提放套管动作。该装置采用自封式皮碗密封套管，可以在下套管作业的同时循环钻井液，以减少或避免复杂事故的发生。

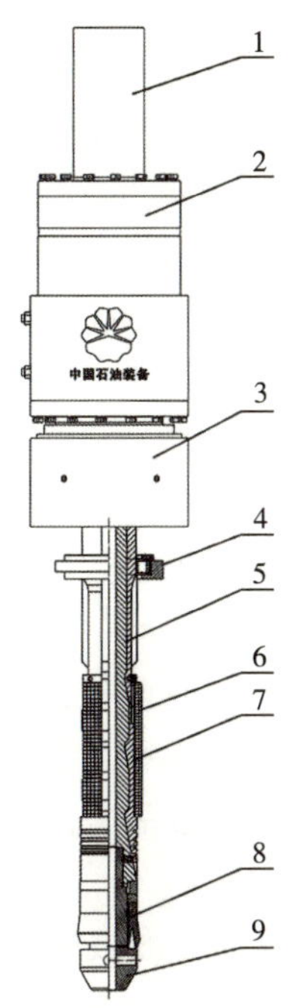

图 2-4 内卡式顶驱下套管装置结构示意图

1—心轴；2—驱动缸；3—推拉卡环；4—限位套；
5—卡瓦心轴；6—卡瓦；7—卡瓦托；
8—密封皮碗；9—导向头

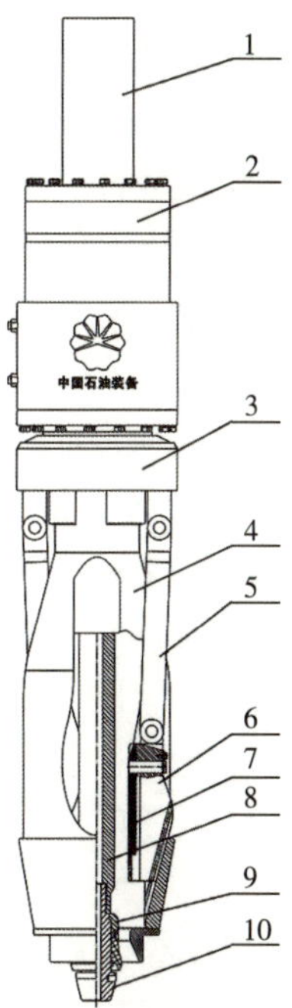

图 2-5 外卡式顶驱下套管装置结构示意图

1—心轴；2—驱动缸；3—推拉卡环；4—卡瓦筒体；
5—连杆；6—卡瓦托；7—卡瓦；
8—中心管；9—密封皮碗；10—导向头

顶驱下套管的安全性至关重要，因此该装置使用了液压锁技术和卡瓦自锁结构，从设计上确保该产品的安全性和可靠性。液压锁技术即在顶驱下套管装置上安装液控阀门，当液压源失效或者液压软管意外被扯断等情况发生时，驱动缸中的压力保持稳定不变，这就防止了由于压力波动而可能产生的意外。

2）主要性能与技术参数

顶驱下套管装置的主要技术参数见表 2-3。

表 2-3 顶驱下套管装置主要技术参数

产品型号	XTG140	XTG168	XTG244	XTG340
作用方式	外卡		内卡	
适用套管，mm	114～140	168～244	244～340	340～508
水眼直径，mm	25.4	31.75	50.8	76
最大抗拉载荷，kN	3,600	2,250	4,500	4,500
最大工作扭矩，kN·m	35	35	50	65
水眼密封耐压，MPa	35	35	35	15
上端接头螺纹	API 4 1/2 IF 或 6 5/8 REG BOX			
液压源压力，MPa	16			
液压源流量，L/min	40			
系统高度，mm	2540			

3）相关配套技术

为了提高使用顶驱下套管装置作业的自动化和智能化水平，确保作业的安全与高效，顶驱下套管装置配备了控制系统及软件，在辅助系统设计中集成了视频监控系统。

（1）控制系统及软件。

使用顶驱下套管装置和顶驱配套作业时，集成度高、使用方便。可将顶驱背钳的液压源提供给下套管装置，旋紧、松开螺纹扭矩通过顶驱的 PLC-VFD 交流变频技术精确控制，实现一体化作业。

可选配套系统中提供了预装下套管作业软件的防爆笔记本电脑，软件内含有符合 API Spec. 5CT 的套管数据库智能支持，使用时可选定套管规格，系统自动设定最佳螺纹连接扭矩。作业时扭矩曲线实时显示，可定时回放追溯；作业完成可生成数据曲线报表。

（2）频监控系统。

为了提高下套管作业的可视化程度，减少劳动作业强度，实时监控顶驱下套管装置插进及下入套管情况，确保作业的精准性，可选配套系统中提供了视频监控系统：在井架上安装红外防爆一体化彩色摄像机，监视器及画面控制器安放在司钻房，实施点对点画面监控。

摄像机安装高度约为从钻井平台起单根套管长度，摄像机对准被提升起的套管接箍处，套管提升、下套管装置下放及插入、卡瓦打开、旋转套管（柱）、下放套管柱、循环等过程以及卡瓦受损情况、皮碗磨损情况均在系统的监控下。

4）核心机构

（1）液压驱动控制机构总成。该机构主要由活塞和驱动缸组成，配以双液控单向阀，在液力作用下，实现缸体双向直线运动，驱动卡瓦变径机构实现径向尺寸的变化（图 2-6）。对于下套管作业来说，安全至关重要，因而液压控制系统的安全性是重中之重。考虑到意外情况（如液压源失效或者液压管线被扯断）的发生，特别设计了双液控单向阀，即使发生意外，液压缸也会保持原来的动作，不会发生活塞的滑动，确保卡瓦处于夹持套管状态。

（2）卡瓦变径锁紧机构总成。卡瓦变径锁紧机构的主要作用是在液压驱动下，卡瓦与卡瓦心轴发生相对位移，卡瓦沿着卡瓦心轴的斜坡向上运动，卡瓦张开直径随之增大，直到卡紧到套管内壁。随着液压力的增大，卡瓦与卡瓦心轴相对静止，卡瓦与套管牢牢抱紧，达到了夹持套管、传递扭矩、提升管柱重量的目的（图 2-7）。

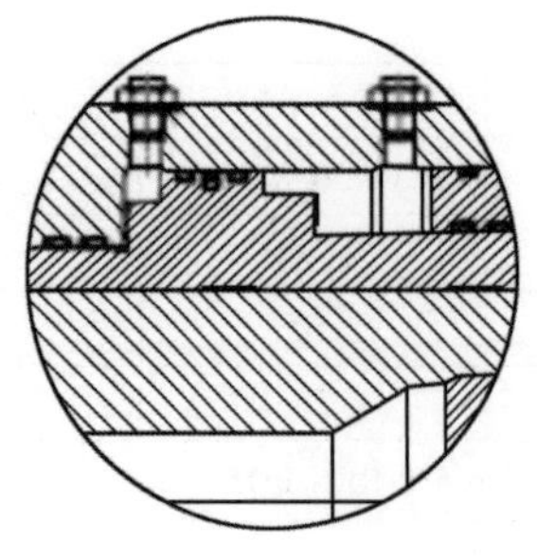

图 2-6　液压驱动控制机构示意图

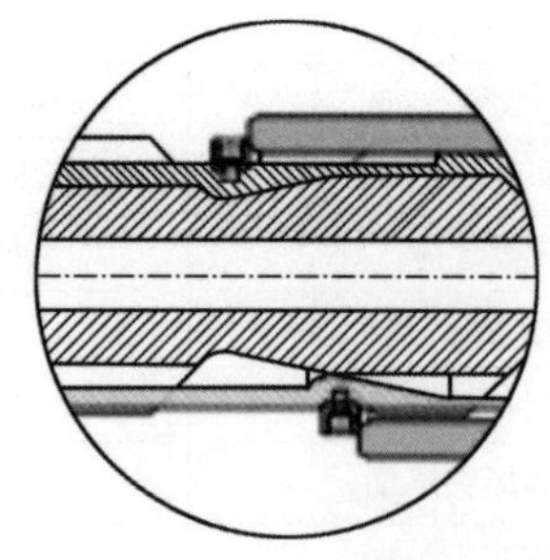

图 2-7　卡瓦变径锁紧机构示意图

（3）下部密封机构总成。下部密封机构是顶驱下套管装置插入到套管内径后装置与套管间密封建立的部件，其性能直接影响到钻井液的循环以及井下复杂状况发生时实施井控的安全性。其主要结构是安装于导向头上的自封式密封总成，密封体是杯状结构，与套管内壁是微过盈配合，在液体压力作用下，皮碗进一步膨胀，实现高压密封的作用（图 2-8）。

（4）卡瓦约束机构总成。套管卡瓦机构是装置与套管工作直接接触的部位，为了确保四片卡瓦的对中性和动作同步性，实现对四瓣卡瓦的有效约束，提高作业效率，设计了卡瓦约束机构（图 2-9）。该约束机构的核心是弹簧刚度的设计和弹簧的安装定位。

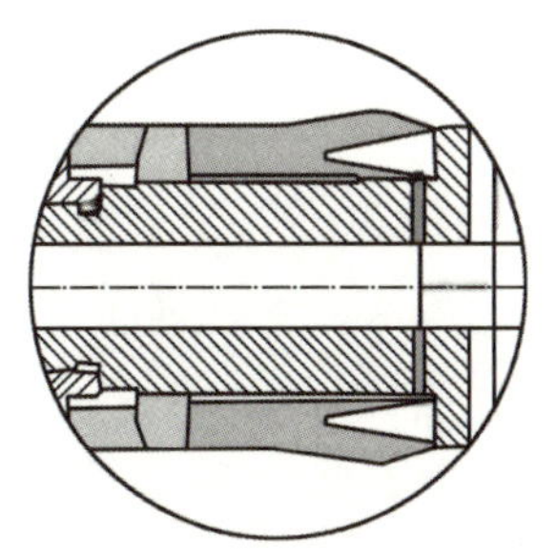

图 2-8 下部密封机构总成示意图

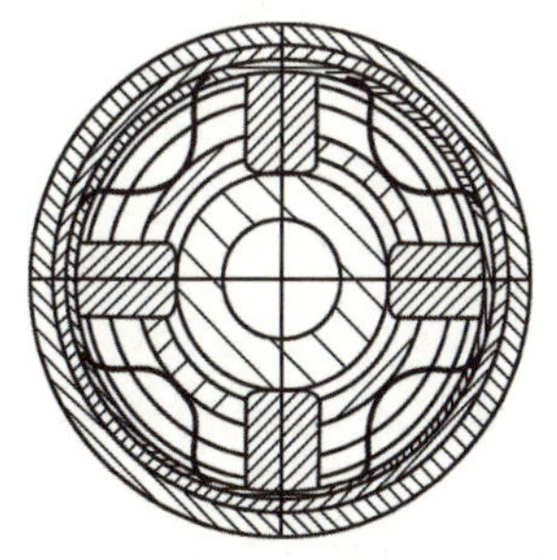

图 2-9 卡瓦约束机构总成示意图

5）技术特点

（1）吊环承载（提升/下放管柱）。同国际同类产品采用单一卡瓦提升套管柱相比，采用吊环和卡瓦双通道承载，以吊环提升为主、卡瓦提升为辅的设计，改善了套管的受力状况，更好地保护了套管不受损伤，大大提高了作业的安全性。

（2）安装便捷。与不同顶驱的兼容性设计，快速连接技术满足现场需要。

（3）可更换卡瓦结构设计满足一体多用。卡瓦可更换设计使得一个本体可以下入若干不同规格的套管，提高了产品的适用性。可更换卡瓦结构如图 2-10 所示。

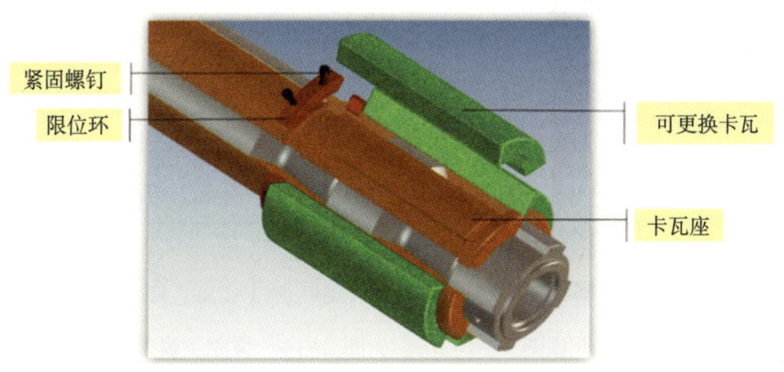

图 2-10 可更换卡瓦结构示意图

（4）密封可靠。可更换皮碗保证了不同规格套管的密封，满足循环钻井液要求，密封压力最高可达 70MPa。

（5）运移架。集包装、运输、安装于一体，可重复使用，其外观如图 2-11 所示。

（6）反扭矩托座。连接总成实现了顶驱下套管装置与顶驱的有效连接，除了顶驱下套管装置本身的心轴和顶驱主轴的连接，顶驱下套管装置液压缸应相对于顶驱静止，以防液压管线被旋绕扯断，连接总成一边与顶驱挂臂连接，另一端箍在液压缸上，防止液压缸旋转，确保液压控制管线正常工作，其外观如图 2-12 所示。

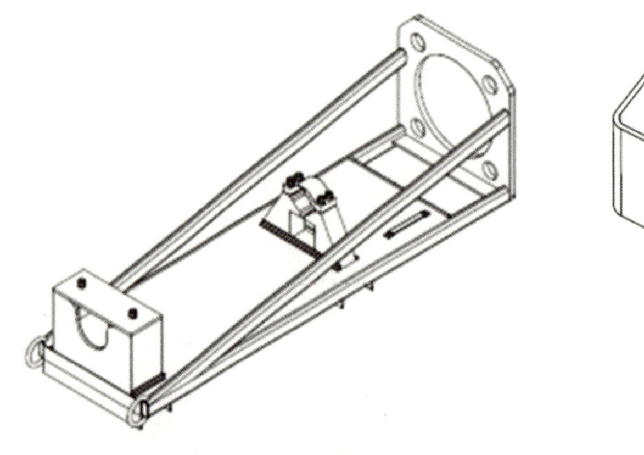

图 2-11　运移架外观图

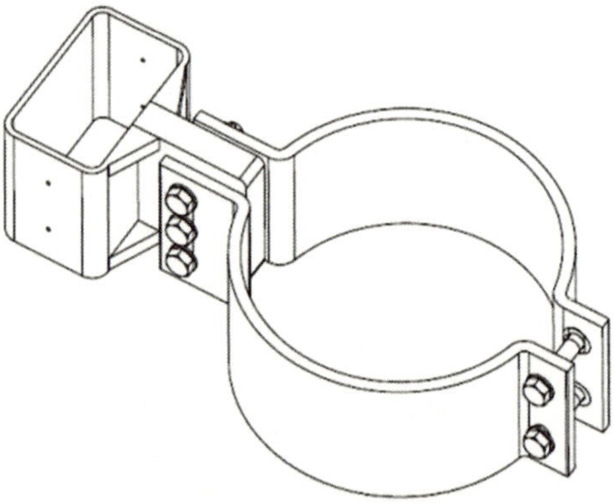

图 2-12　连接总成示意图

（7）井口管柱扶正装置。在下套管作业中，代替人工扶持套管对正，提高作业效率，保证人身和设备安全，其外观如图 2-13 所示。

（8）智能作业软件。符合行业标准的套管数据库智能支持。选定套管规格，系统自动设定最佳上扣扭矩；扭矩曲线实时显示，定时回放追溯；提示（报警）信息实时显示。该软件界面如图 2-14 所示。

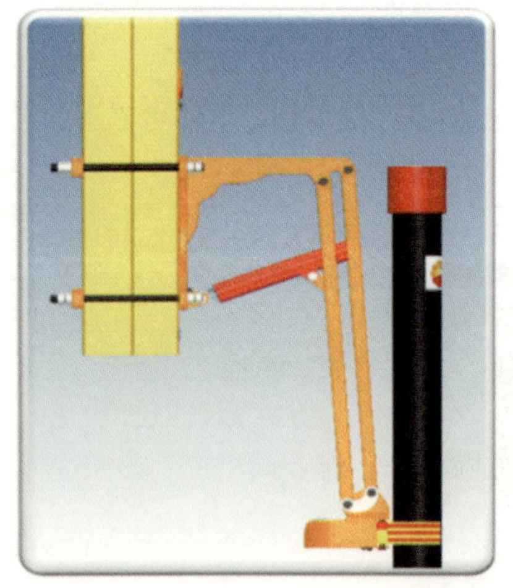

图 2-13　井口管柱扶正装置示意图

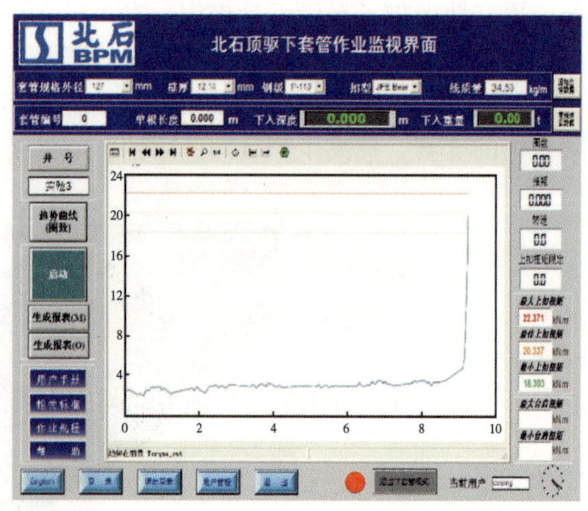

图 2-14　顶驱下套管装置作业软件界面图

6）应用效果分析

（1）西南油气田应用。

为了验证产品的各项功能能否满足应用要求，进一步完善产品设计和应用工艺，顶驱下套管装置工业产品在西南油气田进行了现场试验。现场试验井队是中国石油集团川庆钻探工程有限公司 70516 钻井队。套管类型：7in 套管，壁厚 11.51mm，钢级 TP-110TS，螺纹 TP-CQ；井身结构：水平井，井斜 94.4°。作业表现：3050.47m 长的套管柱（其中顶驱下套管作业逾 300m）顺利下放到预定深度，所有螺纹均按照最佳上扣扭矩一次连接完成。

（2）加拿大萨斯喀彻温省应用。

北石顶驱下套管装置成功出口到加拿大。加拿大原本是顶驱下套管作业技术与装备的发源地，对该项技术有着很好地掌握，在各油田普遍使用顶驱下套管替代常规利用套管钳上扣作业。北石顶驱下套管装置先后在加拿大中南部萨斯喀彻温省的三口井中成功地进行了 7in 套管的作业，已累计下入套管近 5000m。

（3）华北油田应用。

2012 年 3 月，在华北油田，由渤海钻探公司 50252 钻井队作业，下套管类型：9⅝in 套管，壁厚 10.03mm，钢级 N80，螺纹为长圆螺纹。井身结构：定向井，井斜 59.42°。作业表现：1923.49m 长的套管柱（总重约为 111.5 t）顺利下放到预定深度，累计灌注钻井液 50 余次，所有螺纹均按照最佳扭矩一次连接完成，平均下放速度 6min/根（含灌注循环）。

（4）富顺长宁页岩气项目应用。

2013 年 10 月，施工井队为川庆钻探公司 50043 钻井队。套管类型：5in 套管，壁厚 12.14mm，钢级 P110，JFE-Bear 及 Tenaris H513 无接箍。井身结构：水平井。作业表现：根据井身结构设计，5in 套管下放至 5348.52m 井深，悬重超 1400kN，整个作业过程顺利圆满。

（5）美国得克萨斯州应用。

2015 年 1 月，甲方为美国 NOMAC，施工方为 Tomahawk services。所下套管类型：5in、5½in 套管。井身结构：水平井、垂直井。作业表现：服务公司 Tomahawk 共计订购北石顶驱下套管装置 3 套，设备受到了客户的高度认可。

顶驱下套管装置扩大了顶驱装置的应用范围，应用顶驱下套管装置可以大大减少下套管作业复杂的发生，提高下套管质量和效率，降低钻井综合成本，提高固井质量和井筒寿命，因而具有良好的发展前景和重要的推广价值。

四、钻机管柱自动化处理系统

钻机管柱处理系统是一种新型的钻井装备，管柱处理系统主要完成钻杆、钻铤、套管等钻井管柱的机械化输送及立根、管柱排放等作业，实现高效、安全、低作业强度的钻具处理作业模式，有效解决钻具处理劳动强度大、作业危险性高、作业效率低、易发生人身伤亡事故的状况，大大降低了钻工的劳动强度，提高钻机的机械化、智能化水平。

管柱处理系统设备主要以机构运动为主，不同的设备机构复杂程度不一样。设备主要以移动、仰摆、回转为主，以实现夹持、推拉、旋转、提升等功能。采用电、液、气一体化控制系统，通过各种传感器和预先编制程序进行控制。主要设备均有独立的 PLC 控制，可单独控制，也可集成控制。管柱处理系统一般需与顶驱和液压吊配合使用。

陆地管柱处理系统主要根据立根的处理方式进行命名，主要有：推扶式排放管柱处理系统、悬持式排放管柱处理系统和复合式排放管柱处理系统。海洋钻井平台管柱处理系统主要根据处理立根设备的结构型式进行命名，主要有：柱式管柱处理系统和桥式管柱处理系统，这两种管柱立根的处理方式均为悬持式。各种管柱处理系统功能基本相同，结构原理大同小异。

1. 陆地管柱处理系统

各种管柱处理系统的主要区别在于管柱排放设备和方式不同，但机械化输送、建立根的方式大同小异。机械化输送主要由动力猫道将管柱从堆场或钻杆盒输送到钻台面；建立根主要由铁钻工和动力鼠洞等完成；立根解卡和扣合主要由安装在顶驱的液压吊卡实现。

1）悬持式排放管柱处理系统

悬持式管柱处理系统立根处理采用悬持方式，立根采用近似竖直的排放方式。可实现钻机管柱输送、建立根、管柱排放等作业的机械化。悬持式排放管柱处理系统主要由动力猫道、缓冲机械手、铁钻工、液压翻转式吊卡、气动指梁二层台、自动井架工、动力卡瓦、副司钻房、CCTV（工业电视监控系统）、液压系统、集成控制系统等组成。

图 2-15　缓冲机械手

悬持式管柱处理系统通过自动井架工悬持立根实现立根在井口、指梁之间的传递。起钻时立根通过游吊提升后，自动井架工夹持钳夹紧立根中间管柱，扶持钳扶持立根上段管柱，将立根从井口悬持至气动指梁内。重复上述动作实现起钻作业，反之实现下钻作业。液压吊卡安装在顶驱吊环上，配合自动井架工进行远程解卡和扣合。CCTV 用于二层台及自动井架工的监控，指梁采用气动指梁。管柱上钻台或甩钻时需要用缓冲机械手（图 2-15）进行缓冲或推扶持。副司钻控制单元及监控系统安装在副司钻司钻控制房内，用于整个系统的控制和监视。创新点如下：

（1）双司钻控制平台。主要包括全新集成控制平台设计，将钻井和管柱处理操作手两个工位操作平台进行有效集成，实现了钻井和管柱处理装置操作的集中控制。

（2）管柱处理完全无人化。通过一套完整的管柱处理设备实现管柱处理的机械化、自动化，大大降低了工人劳动强度、作业风险，综合效益显著。

（3）管柱自动化集成控制系统。应用工业自动化技术、通信技术进行电、气、液一体化设计，通过 PLC 实现自动控制、智能防碰、逻辑互锁等。

悬持式管柱处理系统在油田作业中证明：钻杆立根排放效果较好，底端不需要人扶正，受到现场工人的欢迎。

2）推扶式排放管柱处理系统

推扶式管柱处理系统立根处理采用推拉方式，完全模仿人工排放立根的功能。可实现钻机管柱输送、建立根、管柱排放等作业的机械化。推扶式排放管柱处理系统主要由动力猫道、钻台机械手、铁钻工、液压翻转式吊卡、弹簧指梁二层台、二层台机械手、动力卡瓦、副司钻房、CCTV（工业电视监控系统）、液压系统、集成控制系统等组成。

起钻时立根通过游吊提升后，下端通过钻台机械手推拉至立根盒后，二层台推扶机械手扶持立根上端，液压吊卡解卡后二层台推扶机械手将立根推拉至弹簧指梁内。重复上述动作实现起钻作业，反之实现下钻作业。液压吊卡安装在顶驱吊环上，配合二层台机械手进行远程解卡和扣合。副司钻房主要用远程人机操作，CCTV 用于二层台及二层台机械手的监控，指梁采用弹簧指梁+部分气动指梁相结合。

弹簧指梁二层台低位安装在井架下段，二层台机械手低位安装在井架上段，可随井架一起起升；副司钻控制单元及监控系统安装在副司钻司钻控制房内，用于整个系统的控制和监视；液压系统随部件安装在不同的区域。

创新点如下：

（1）模仿人进行立根排放。通过分析井架工操作和钻台钳工操作的方式，推扶式管柱处理系统立根处理采用推拉方式，完全模仿人进行立根排放。

（2）管柱处理完全无人化。通过一套完整的管柱处理设备实现管柱处理的机械化、自动化，大大降低了工人劳动强度、作业风险，综合效益显著。

推扶式管柱处理系统已有 2 套在油田作业，效果较好，深受现场工人的欢迎，它可以用于新钻机配置，也可用于旧钻机改造。

3）复合式排放管柱处理系统

为了解决悬持式排管系统悬持重量较重的钻铤立根产生的钢结构变形导致气动指梁内出现重复性差的问题，推出了复合式。复合式思路是对重量轻的钻杆进行悬持排放，对较重的钻铤进行推拉排放。实际上是悬持与推扶功能的结合。复合式排放管柱处理系统主要由动力猫道、铁钻工、液压翻转式吊卡、弹簧指梁二层台、气动指梁二层台、自动井架工、动力卡瓦、副司钻房、CCTV（工业电视监控系统）、液压系统、集成控制系统等组成。

悬持式自动井架工以夹持钳作为悬持钳头，扶持钳作为扶持钳头进行钻杆的悬持排放。通过调整伸缩臂的角度以推扶钳头作为推扶钳头实现较重钻铤的推拉排放，推扶位置在指梁下部钻铤部位，而推扶式推扶位置在指梁上部管子位置。无论采用弹簧指梁二层台还是气动指梁二层台均可实现低位安装在井架下段，可随井架一起起升。而自动井架工重量相对较大，只能在高位安装。副司钻控制单元及监控系统安装在副司钻司钻控制房内，用于整个系统的控制和监视。

创新点如下：

（1）模仿人进行立根排放。通过分析井架工操作和钻台钳工操作的方式，推扶式管柱处理系统立根处理采用推拉方式，完全模仿人进行立根排放。

（2）管柱处理完全无人化。通过一套完整的管柱处理设备实现管柱处理的机械化、自动化，大大降低了工人劳动强度、作业风险，综合效益显著。

（3）保留人工操作舌台。自动井架工安装在二层平台下方，主要用来代替人工进行立根的排放作业（图 2-16）。自动井架工故障时，不需拆除即可进行常规人工排放立根作业。

图 2-16 安装在二层台下方的自动井架工

复合式管柱处理系统优势主要体现在：

（1）采用弹簧指梁二层台和自动井架工对井架起升影响不大，大多数可在井架起升前安装，并随井架一起起升。

（2）对于旧钻机改造，弹簧指梁二层台和自动井架工相对重量轻，对井架受力影响较小。

（3）智能防碰、检测及控制技术使得管柱处理更安全。

（4）结合了悬持和推扶两种管柱排放系统的优点。

2. 海洋钻井平台管柱处理系统

海洋钻井平台管柱处理系统设备主要包括抓管吊机、水平动力猫道及轨道式铁钻工等。

1）抓管吊机

图 2-17　抓管吊机

抓管吊机用来在管柱堆场与水平动力猫道之间吊运管柱。主要有基座式和轨道式，基座式结构一般安装在悬臂梁靠近动力猫道侧，随悬臂梁一起移动；轨道式安装在垂直于管柱排放的方向上。宝石机械有限责任公司生产的抓管吊机采用基座式结构（图 2-17）。

（1）技术参数：

作业半径：3～25m；

作业半径 25m 时最大负载：5.5t（不含钳头质量）；

管柱长度：3.5～14m；

管柱直径：$2\frac{7}{8}$～30in；

转动角度：±180°。

（2）主要特点：

① 配有视屏监视系统、照明系统、喊话系统、风速计、航空障碍灯、吊爪、吊具。辅助带有起重吊具。

② 液压系统能够保证任意两个动作以最大速度运动。

③ 高效的 X-Y 直线运动：为了提高抓管吊机工作效率，通过程序对抓管吊机的归集进行解算控制，使得正常工作时吊爪在垂直方向和水平方向做直线运动，吊爪与吊机同步反向旋转。

④ 高效的抓取吊爪：吊爪上设计有不同的挡位，吊爪一次可吊多根 $2\frac{7}{8}$～$6\frac{5}{8}$in 管柱至猫道装载板备用，8in 及以上管柱直接吊至猫道输送。

⑤ 安全功能：配有称重传感器，当重量超过设计载荷时控制房将显示过载报警，达到一定过载后将无法工作；液压、电气系统出现故障时，可通过手动泵实现主吊臂释放到最低，主回转释放至不影响工作的区域；系统具有液压爆管、断电自锁。在设备运行或调试过程中可按下设置在控制箱、液压站、控制房内的任何一个急停按钮，使设备即可停止运行。

2）水平动力猫道

水平动力猫道是集机、电、液一体化的高技术产品，用于海洋钻井平台管柱堆场至钻台区之间管柱的输送，具有自动输送和扶持钻柱的功能。主要由猫道本体、液压系统、电气控制系统等组成。

（1）技术参数：

最大运输管柱长度：15240mm；

最大运输管柱直径：965.2mm；

滑车总成额定载荷：20000kgf；

装载板管柱容量：5 根；

机械臂最大导向管径：762mm；

机械臂额定工作载荷：2200kgf。

（2）主要特点：

① 猫道装载板一次可装载多根管柱。滑车总成的一侧并排设计有 4 个尺寸形状完全相同的装载板，装载板的工作通过液压缸来实现。抓管机可一次抓取多根钻杆放至在装载板上，工作时装载板与卸载板配合实现单根进入 V 形滑道，然后由小车驱动单根钻杆沿 V 形滑道向井口方向移动。

② 可实现一键操作。控制系统采用可编程控制器为核心，通过便携式遥控装置（自带电池）或司钻房触摸屏、手柄/开关实现对全部系统设备的远程控制，可实现按预定程序的自动化操作。

3）轨道式铁钻工

轨道式铁钻工是海洋固定和浮式平台自动化钻机的主要配套设备之一，整体采用电控液方式，通过 PLC 程序控制设备作业，具有“遥控手操盒”+“本地应急”两种控制方式，能够使铁钻工准确对正井口中心，安全、高效、智能的完成钻具的上卸扣作业（图 2-18）。

（1）技术参数：

适应管径：3½～9¾in 范围的钻杆、钻铤的上扣、卸扣作业；

拧紧力矩：140kN·m；

松扣力矩：200kN·m；

滚轮力矩：4700N·m。

（2）主要特点：

① 夹持范围大、上卸扣能力强。TZG93/4-200GF 铁钻工能夹持 3½～9¾in 范围内钻具（无须更换钳牙），上扣扭矩达到 140kN·m，卸扣扭矩达到 200kN·m，其技术参数与国际同类产品基本一致，达到了国际技术水平。

② 可升降的旋扣钳。用于安装固定旋扣钳的背架上具有“油缸+链轮+起升链+导轨”组成的升降机构，可进行垂直升降运动（图 2-19）。能够增大作业范围，防止旋扣钳滚轮对钻具固定位置的磨损，延长钻具使用寿命。

③ 可扶持、对正钻具。冲扣钳上具有扶正器机构，主要用于扶持上端钻具准确对正下端钻具接头。能够准确对正管柱，提高效率。

3. idriller 集成司钻控制系统

成套钻机的钻探作业离不开司钻的控制，司钻控制系统一般分为三大类：第一类是纯机械、液压和气动控制的模式，通过在司钻房内安装各类液压或气动控制手柄、仪表和按钮等实现对钻井设备的监测和操控，此种模式常见于机械驱动型钻机和复合驱动钻机；第二类是“一对一”的物理开关控制模式，即每一个设备均通过一个唯一手柄、手轮、开关

图 2-18　轨道式铁钻工

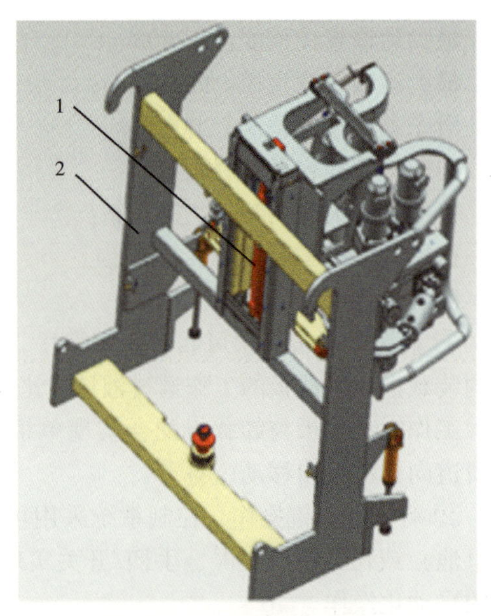

图 2-19　可升降的旋扣钳

1—背架；2—升降机构

或按钮来实现操作，并辅以配套多个仪表实现对钻井设备的监测，此种模式常见于直流电驱动和交流变频驱动钻机；第三类是集成司钻控制模式，通过配套有多功能手柄、多功能键盘以及触摸屏，并辅以数字化仪表的一体化操控座椅，基于“一键多能，功能复用”的方式实现对钻井设备的监测和操控，此种模式可提高钻井设备的自动化、智能化、信息化水平，优化钻机操作流程，提高作业效率和操作的安全性，可推广应用于各类钻机。

1）结构与原理

idriller 集成司钻控制系统根据配套内容的不同，又可以分为 idriller-K 和 idriller-T 两种型式。

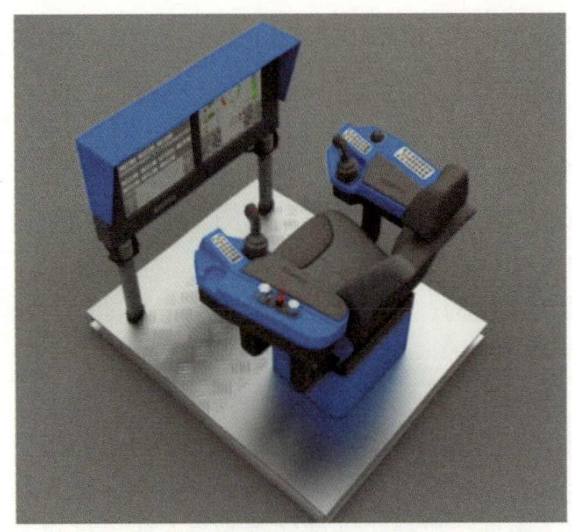

图 2-20　idriller-K 型集成司钻座椅

（1）idriller-K 型集成司钻控制系统。

idriller-K 型集成司钻控制系统主要由座椅主体、多功能手柄、多功能键盘、数字键盘、轨迹球、模式选择开关、急停按钮、显示屏及控制软件等组成（图 2-20）。

座椅主体是集成司钻控制系统的主体，提供座椅和其他电气元件的固定和支撑。在座椅左、右两侧扶手各配套一个多功能手柄，多功能手柄上集成有多个开关量和模拟量控制，采取功能复用的模式实现对不同工况、不同设备的操作；在左、右两侧扶手各配套一个多功能键盘，其各个键的功能于计算机键盘对应功能一致，方便司钻管理人机界面的显示画面和设备参数设定；模式选择开关的每一种模式对应一种工况，在模式开关上配套有模式锁定钥匙，可以实现模式的锁定，有效防止非操作人员更改模式和误触发；急停按钮位于左侧扶手上，独立于系统控制器与服务器，用于紧急情况下关断或终止运动的设备，确保系统和作业的安全；显示屏用于显示所有被控设备的参数设定、仪表显示、状态参数等，以及作为当前座椅手柄、功能键盘控制功能提示，一般每套座椅由主副两个显示屏构成，根据钻机的集成化程度和被控设备的多少，也可以配套单显示屏；控制软件为专门针对钻机开发的主控制程序和wincc人机界面程序，配合配套的硬件实现对钻井设备的监视和控制。

（2）idriller-T型集成司钻控制系统。

idriller-T型集成司钻控制系统主要由座椅主体、多功能手柄、模式选择开关、急停按钮、触摸屏及控制软件等组成（图2-21）。座椅主体、多功能手柄、模式选择开关、急停按钮、控制软件等与idriller-K型集成司钻座椅对应功能一致。触摸屏用于显示所有被控设备的参数设定、仪表显示、状态参数等，以及参数设定、控制指令的触发输出。一般每套座椅由主副两个显示屏构成，根据钻机的集成化程度和被控设备的多少，也可以配套单显示屏。

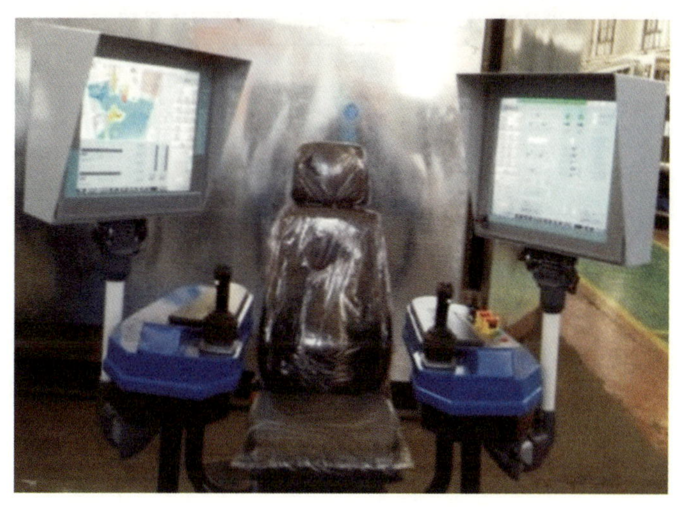

图2-21 idriller-T型集成司钻座椅

（3）双集成司钻控制系统。

在实际的钻机配套中，根据钻机的集成化程度不同，可以为钻机配套单集成司钻一体化座椅或双集成司钻一体化座椅（图2-22）。

主司钻主要完成钻井相关的设备控制：绞车、顶驱、转盘、钻井泵、MCC、液压盘刹、液压吊卡、液压卡瓦、液压猫头等设备；副司钻主要完成管柱处理相关的设备控制：动力猫道、铁钻工、动力鼠洞、缓冲机械手、钻井液收集盒、自动井架工、气动指梁、液压站等设备。

2）技术参数

钻机集成控制系统的基本技术参数见表2-4。

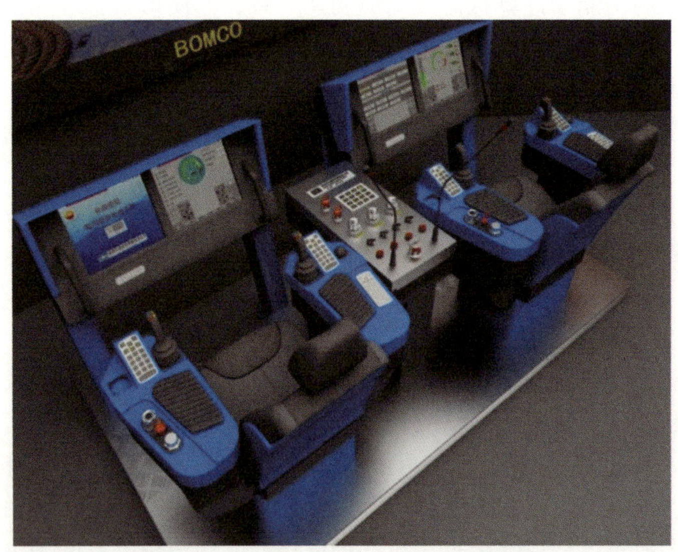

图 2-22　双集成司钻一体化座椅效果图

表 2-4　idriller 集成司钻控制系统技术参数

序号	名称	技术参数
1	适用钻机级别	钻深 1500~12000m 钻机
2	司钻操作终端站	2 套（互为冗余）
3	集成子站数量	50 个（最多）
4	系统通信协议	ETHERNET
5	环网通信形式	MRP
6	环网重构时间	0. 2s
7	网络架构方式	C/S 架构
8	系统响应时间	0. 15s
9	安全管理机制	三级

3）创新点

（1）国内首次研制开发出基于 IPC 和 PLC 的石油钻机环网耦合通信架构，实现各设备集成化、网络化操控和监视，解决了传统钻机各设备控制独立、缺少统一监管、安全性差的问题。

（2）行业内首创可互备互换的集成双司钻操作终端，将传统基于物理开关和机械式仪表的钻机操控模式变革为全数字化操作和显示。解决了传统钻机操作分散、可靠性差、司钻无法按操作习惯分配任务等问题；首次提出了"一键多能、功能复用"的全新操作理念。

（3）开发了具有运动轨迹规划、防碰撞管理及数据自动归档等功能的智能化软件，本质提升钻机安全性和可靠性；同时使钻机具有了"黑匣子"功能，可实现设备故障分析有据可查。

4）应用与效果

2012—2016 年，宝鸡石油机械有限责任公司研制开发的 idriller 集成司钻控制系统先后成功配套于新研制或改造的 3000m、5000m、7000m、8000m、9000m 系列电动钻机上。

idriller 集成司钻控制系统产品为钻井作业提供了“利器”，实现了钻井作业的提质提效。配套 idriller 集成司钻控制系统的各系列钻机已完成了苏 14-15-34H1 井、磨溪 109 井、徐深 7-平 1 井等数口井的钻井作业。通过上述钻机的油田作业现场的工业化应用表明，idriller 集成司钻控制系统实现了绞车、转盘、钻井泵、顶驱、机械化工具、管柱自动化处理设备等钻井装备的集成化控制；实现了视频监控系统、仪表系统等在司钻房的集成化显示，完成了钻机的一体化监控，各项性能指标和功能满足现代钻井作业的需求；解决了传统钻机各设备控制相互独立、布局凌乱、操作复杂的问题，大大提升了钻机的自动化水平；安全互锁设计，有效避免误操作发生，提高作业安全性；作业过程中可通过程序控制实现设备的一键操作，有效提高起下钻等作业效率，减少钻井周期。

idriller 集成司钻控制系统国内外技术水平对比见表 2-5。

表 2-5　idriller 集成司钻控制系统与国内外同类产品技术的比较

序号	项目	指标	idriller 石油钻机集成控制系统	国内同等产品	国外同等产品	对标结论
1	集成双司钻操作终端	通信方式	ETHERNET 环网耦合通信	无	DP FDL 通信	国内领先 国际先进
		带宽	100M	无	12M	
		冗余容错	控制站热冗余，以太网环网耦合冗余，在线诊断	无	DP 环网冗余，在线监测	
		互备互换	主副司钻可互为备用	无	主副司钻互为备用	
		急停机制	三级急停	两级急停	三级急停	
2	集成控制软件	通信保护	通信故障保护	通信故障保护	通信故障保护	国内领先 国际先进
		防碰保护	多设备防碰	上碰下砸防碰	设备防碰	
		轨迹规划	运动轨迹规划	无	运动轨迹规划	
		互锁保护	安全互锁保护	安全互锁	安全互锁	
		数据存档	数据自动归档	无	数据归档	

第二节　窄密度窗口安全钻井技术与装备

针对复杂地质条件下的窄密度窗口钻完井难题，完成了窄密度窗口安全钻井技术与装备的研制，形成了适合深井窄密度窗口安全钻井技术，满足复杂地层条件下钻井工况要求，有效避免窄密度窗口造成的井漏、井涌、井壁失稳、卡钻等深井井下复杂和事故。2008 年开始，中国石油集团天然气集团公司组织科研攻关团队，依托国家科技重大专项项目自主研发，在精细控压钻井成套工艺装备等方面取得重大突破，填补了国内空白，使中国成为少数掌握该项技术的国家。中国石油集团钻井工程技术研究院于 2010 年研发了 PCDS（Pressure Control Drilling System，简称 PCDS）精细控压钻井装备与技术。“PCDS 精细控压钻井装备与技术”2012 年获国家优秀产品奖、入选中国石油十大科技进展，2013 年获省集团公司科技进步特等奖，2014 年评为中国石油自主创新重要产品，2015 年获中国专利优秀奖，2016 年入选中国石油“十二五”十大工程技术利器。中国石油集团川庆钻探工程有限公司 2011 年成功研发了 CQMPD 精细控压钻井系统，2011 年入选中国石油十大科技进展，2014年评为集团公司自主创新重要产品。中国石油集团西部钻探工程有限公司于2010年配套完成XZMPD型控压钻井系统第一台工业样机，在新疆油田、青海油田狮子沟区块、乌兹别克斯坦明格布拉克油田进行了应用，在解决钻井溢漏复杂、保护发现油气上取得了显著效果。窄密度窗口安全钻井技术与装备的研究成果在现场应用后创造了多项钻井纪录，其中在TZ721-8H井创造了国内碳酸盐岩储层水平段1561m、目的层钻进日进尺150m新纪录。

2008年开始，中国石油集团钻井工程技术研究院依托国家科技重大专项项目开展了连续循环钻井系统研制。2010年，通过自主创新成功开发出国内首台连续循环钻井系统样机，在主机结构设计等关键技术上取得了突破。在对首台连续循环钻井系统样机进行大量测试、改进和试验的基础上，研制了1台工业改进样机，具备了连续循环钻井和起下钻能力，关键性能指标得到了提升，整体接近国际同类产品的先进水平。

一、PCDS精细控压钻井装备与应用

中国石油集团钻井工程技术研究院自主研制了PCDS-I、PCDS-II、PCDS-S精细控压钻井系列装置，集恒定井底压力控制与微流量控制于一体，井底压力控制精度0.2MPa，达到国际同类技术产品先进水平。

1. PCDS精细控压钻井系统组成

PCDS精细控压钻井系统是集恒定井底压力与微流量控制功能于一体的控压钻井装备，主要由自动节流系统、回压补偿系统、自动控制系统、随钻环空压力测量装置、控压钻井软件等系统组成。

精细控压钻井系统与现场钻机的钻井液循环系统形成闭环控制回路，随钻环空压力测量装置（PWD）实时采集地层压力信号传输至地面控制中心，水力计算模块分析井口所需回压值，并通过在线智能监控的自动控制软件，实时精确调节井口补偿压力，确保在钻进、接单根、起下钻等不同钻井工况下，井底压力均在最佳的设定范围内。当钻进过程中发生井下溢流时，精细控压钻井系统可自动检测并实时控制、调节自动节流系统节流阀开度，及时控制溢流，可适用于过平衡、近平衡及欠平衡状态下的精细控压钻井作业。

自动节流系统由高精度自动节流阀、主辅节流通道、高精度液控节流控制操作台等部分组成，具备多种操作模式、安全报警、出口流量实时监测等功能。

回压补偿系统由三缸柱塞泵、交流变频电机及高精度质量流量计等部分构成。可在钻井循环或停泵的作业中进行流量补偿，以维持节流阀最佳功能。

2. PCDS精细控压钻井系统关键设备

PCDS精细控压钻井系统关键设备包括自动节流管汇橇、回压泵橇、控制中心及配件房等。自动节流管汇橇和回压泵橇分别安装一个现场控制站（置于防爆控制柜中），分别实现对自动节流管汇和回压泵的控制，在控制中心房放置一台工程师站（兼有操作员站和OPC通信的功能），实现对两个橇装上设备的集中监控。在节流橇上，节流操作台和现场控制站进行互连和通信；在回压泵橇上，现场控制站和软启动器进行互连和通信。

1）自动节流管汇橇

（1）自动节流管汇组成。自动节流管汇橇主要由自动节流管汇、高精度液控节流控制操作台以及控制箱组成，如图2-23所示。

图 2-23 自动节流管汇橇

自动节流管汇有三个节流通道，备用通道增强了系统的安全性。

主节流通道：钻井液流经节流阀 A；

备用节流通道：钻井液流经节流阀 B；

辅助节流通道：钻井液流经节流阀 C。

每个通道由气动平板阀、液动节流阀、手动平板阀、过滤器组成。气动平板阀适用于切换节流通道，节流阀用于调节井口回压，手动平板阀用于关闭通道，在线维护维修时使用，过滤器用于过滤大颗粒，防止流量计堵塞憋压而损坏。

节流阀 A、B 为大通径的节流阀，供正常钻井大排量时使用，A 为主节流阀，正常钻井时使用；在节流阀 A 工作异常或堵塞时，才自动启动节流阀 B，并通过平板阀关闭节流阀 A 的通道。节流阀 C 为辅助节流阀，通径较小，在钻井小排量或钻井泵停止循环时，启动回压泵，节流施加回压使用。

自动控制的气动平板阀，在不同钻井工况下转换时，用于切换节流通道。其他阀门在管汇中正常工作时均处于常开或常关状态。

流量计可以精确计量钻井出口流量，用于测量排量变化，为实时计算环空压耗，及时调整回压提供实时数据；流量计的另一个作用是微流量判断，判断井下是否存在微量的溢流和漏失。

(2) 自动节流管汇技术参数：

高压端额定压力：35MPa；

低压端管汇压力：14MPa；

管汇通径：主、备 $4\frac{1}{16}$in，辅助 $3\frac{1}{8}$in。

(3) 节流阀技术参数。

节流阀作为完成节流控压的核心部件，主要技术参数为：

额定压力：35MPa；

最佳节流控制压力：0~14MPa；

钻井液密度、流量范围：0.8~2.4g/cm^3、6~45L/s；

主、备节流通径：2in，通道通径 4$\frac{1}{16}$in；

辅助节流阀通径：1$\frac{1}{2}$in，通道通径 3$\frac{1}{8}$in；

节流压力控制精度：±0.2MPa；

控制方式：液压马达驱动。

（4）自动节流管汇控制模式：

①节流阀控制：液压马达驱动，自动控制/本地控制；

②自动平板阀：气缸驱动，自动控制/本地。

另外，由于自动节流管汇橇是 PCDS-I 精细控压钻井系统的压力控制部分，所以必须经过严格的压力测试，在出厂时要完成规定的静水压力测试，运到现场后要完成规定的静水压测试。

2）回压泵橇

回压泵橇主要由一台电动三缸泵、一台交流电机、一条上水管线和一条排水管线组成。交流电动机采用软启动器控制启动，由系统自动控制；上水管线装有过滤器、入口流量计；排水管线有空气包、截止阀、单流阀，如图 2-24 所示。

图 2-24 回压泵橇

回压泵是一个小排量的电动三缸泵，交流电动机驱动，采用软启动器，由系统进行自动控制。回压泵的主要作用是流量补偿，它能够在循环或停泵的作业过程中进行流量补偿，提供节流阀工作必要的流量。它也能在整个工作期间，排量过小时，对系统进行流量补偿，维持井口节流所需要的流量，其目的是维持节流阀有效的节流功能。回压泵循环时是地面小循环，不通过井底。自动控制的回压泵系统采用动态过程控制，能快速响应，在钻井工况需要时有自动产生回压的功能。

回压泵与自动节流管汇连接，在控制中心的控制下工作，其主要作用就是在控压钻井过程中，在需要时以恒定排量提供钻井液，钻井液流经辅助节流阀，控制中心通过调整节流阀控制回压。正常钻进时，自动节流管汇由钻井泵提供钻井液，控制回压。当钻井泵流速下降（如接单根时），井眼返出流量无法满足节流阀的正常节流，控制中心会自动启动回压泵，回压泵向自动节流管汇提供钻井液，流经节流阀，使节流阀工作在正常的区间内，以保持回压，维持井底压力在安全窗口内。为了保证安全，回压泵的管路中设计泄压阀、单流阀，防止压力过高和井口回流。

基本功能：流量补偿、自动或手动控制、软启动、入口流量监测和安全泄压、防回流。

回压泵主要技术参数：

输入功率：160kW；

额定压力：35MPa；

工作压力：最大 12MPa；

工作流量：12L/s。

3）控制中心及配件房

控制中心是精细控压钻井系统的大脑，可实现数据采集的资料汇总、处理，实时水力计算以及控制指令的发布；配件房则用于存放精细控压钻井系统配备的工具和配件。PCDS-I 精细控压钻井系统控制系统结构和硬件配置如图 2-25 所示。

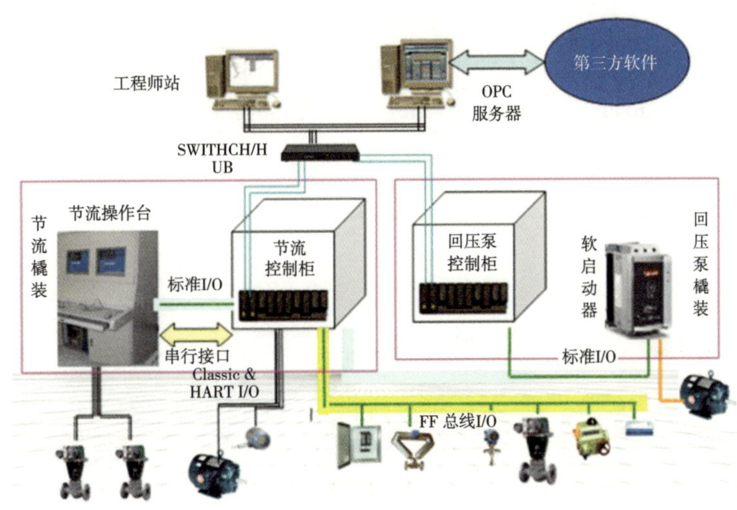

图 2-25 PCDS-I 精细控压钻井系统控制系统结构和硬件配置图

3. PCDS 精细控压钻井装备在塔中 721-8H 井的应用[2]

PCDS 精细控压钻井系统先后在塔里木油田、西南油气田、大港油田、冀东油田、华北油田、辽河油田、致密砂岩气大宁-吉县区块、印度尼西亚 B 油田等油田现场试验与推广应用 40 多口井，取得显著效果。解决了发现与保护储层、提速提效及防止窄密度窗口井筒复杂的难题，实现了深部裂缝溶洞型碳酸盐岩、高温高压复杂地层的安全高效钻井作业，有效解决了“溢漏共存”钻井难题，深部缝洞型碳酸盐水平井水平段延长了 210%，显著提高了单井产能。提出“欠平衡控压钻井”理念，在保证井下安全的前提下，更大程度地暴露油气层，边溢边钻，储层发现和保护、提高钻速效果明显。在 TZ26-H7 井目的层全程欠平衡精细控压钻进，实现占钻进总时长 80.4%“持续点火钻井”的创举，与常规钻井相比平均日进尺提高 93.7%，创当时塔里木油田最长水平段纪录（水平段 1345m、水平位移 1647m），创目的层钻进单日进尺 134m 最高纪录。在塔中 721-8H 井创造了复杂深井单日进尺 150m、水平段长 1561m（5144~6705m）多项新纪录。

1）基本情况

该井设计完钻井深 6740m，设计造斜点在 4680m，井眼采用直—增—平结构，设计水平段长 1557m，最大井斜角 89.63°，设计二开中完井深 4955m，三开用 6⅝ in（ϕ168.3mm）钻头钻进。该井于 2013 年 2 月 21 日一开钻进，二开直井眼钻至 5130m，回填后进行定向造斜、增斜，至斜导眼中完时最大井斜约 53°。三开井斜增加至 89.63°后稳斜钻进。设计在进入 A 点（5183m）前 150m（5033m）处开始使用精细控压钻井技术钻进。2013 年 4 月 17 日调整井眼轨迹，打直导眼段，设计井深 5180m，因钻井过程中石灰岩顶深比设计的提前 50m，所以该井提前完钻，完钻井深 6705m，完钻层位为良里塔格组良三段。井身结构和套管设计如表 2-6、图 2-26 所示。

表 2-6　塔中 721-8H 井井身结构

井筒名	开钻次序	井段 m	钻头尺寸 mm	套管尺寸 mm	套管下入地层层位	套管下入井段 m	水泥封固段 m
主井筒	一开	1500	406.4	273.05	古近系底	0～1500	0～1500
	二开	5180	241.3				
水平井筒	二开	4955	241.3	200.03	良里塔格组	0～4953	0～4953
	三开	6740	168.3	127	良里塔格组	4500～6738	4500～6738
备注	设计井深预测以实测补心海拔 1097.67m（补心高：9.0m）计算，开钻后的各层位深度以平完井场后的复测海拔和补心高度重新计算值为准						

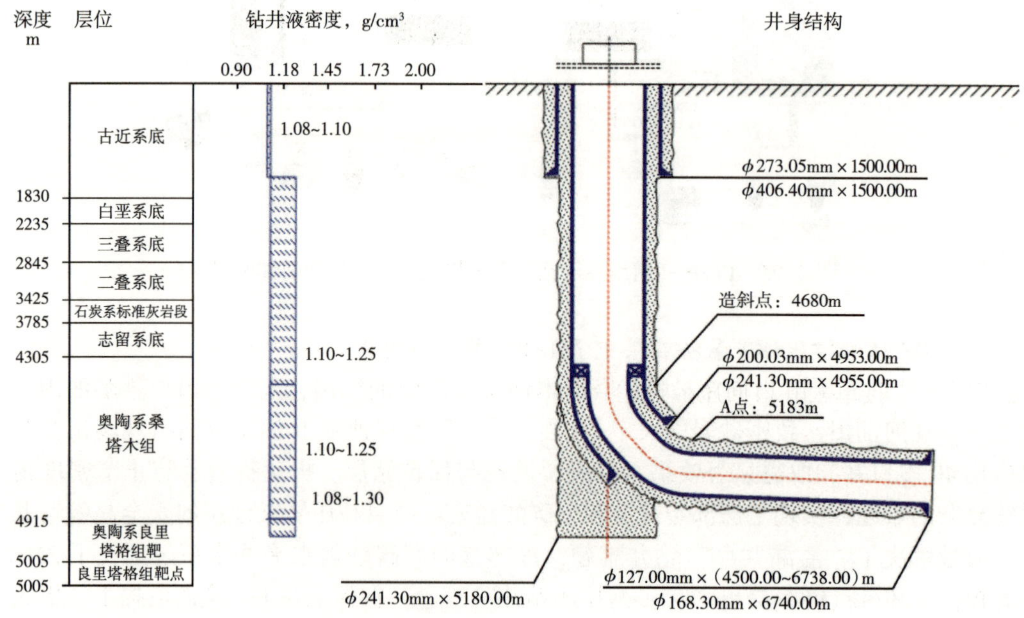

图 2-26　塔中 721-8H 井井身结构图

2）施工情况

（1）施工难点。

①考虑钻遇缝洞型碳酸盐岩地层可能存在的钻井难题，特别是压力敏感、窄密度窗口等问题，有时涌漏共存经常发生，如何分析井筒压力及井底压力，并随钻进行预调整，由实时监测和控制压力得到的实际压力对井底压力进行调整。

②如何有效延长碳酸盐岩窄密度窗口水平井段长度，需要考虑安全密度窗口、旋转防喷器的工作压力、循环总压力损失应小于泵的额定压力、窄密度窗口在水平段的位置和可能的多重窄密度窗口等多个问题。

（2）技术对策。

在深部地层中，为了取得较快的钻速，井底地层较稳定的情况下，可以采用微流量欠平衡控压钻井钻进。微流量欠平衡控压钻井既能保证较快的钻速钻进，又能保证井口及井底压力的自动控制，达到安全快速钻进目的。微流量欠平衡控压钻井保持井筒进气在一定的范围内。随着水平段越来越长，产层暴露的越来越多，井底进气量越来越大。保证井底一定范围内的恒定进气的步骤为：①首先提高井口回压；②当井口回压达到一定高值后，提高钻井液密度。在保证井下安全的条件下，利用出入口流量变化、综合录井气测值等变化，调整井口回压，当新油气层出现时气测值升高，待钻穿后及时加压，使之降低；一旦再次升高，说明新的油气层出现。

（3）施工过程。

钻具组合：6⅝in M1365D 钻头+1.25°螺杆+3½in 浮阀+MWD 短节+PWD 短节+ϕ127mm 无磁钻铤+3½in 无磁抗压缩钻杆+3½in 加重钻杆+HT40 内螺纹接头×311+4in 钻杆+HT40 外螺纹接头×310+3½in 加重钻杆+311×HT40 内螺纹接头+4in 钻杆+下旋塞+浮阀+4in 钻杆。

钻进参数见表 2-7。

表 2-7 钻进参数表

钻压，tf	泵压，MPa	钻井液排量，L/s	转速，r/min	钻井液密度，g/cm^3
2~3	20~21	18	40	1.11

控压钻进井口控压值 0.8~1.5MPa，井底压力为 58.7MPa 控压钻进，井底 ECD 为 1.21 g/cm^3，接单根井口回压控制在 3.3~3.5MPa，控压起钻控制井口回压在 4MPa，共发现多个油气层。

各工况控压钻井的基本情况如图 2-27~图 2-31 所示。

3）应用效果评价

应用 PCDS 精细控压钻井系统在该井（井段 5033~6705m）进行微流量控压钻井作业，共发现气层 42 个，储层发现效果明显；采用微流量控压钻井后机械钻速较常规钻井大幅度提高，纯钻进时间达到 42%，具体每趟钻钻时统计见表 2-8，时效分析见表 2-9。

该井所处地区缝隙发育，典型窄密度窗口地层，易漏易喷，井口控压微小变化就会造成井底压力波动和液面变化。因为 PCDS 精细控压钻井设备检测灵敏度较高，实际钻进中，采取井口压力低限控制，一旦出口流量增加，迅速调高井口压力，有效控制井底气体侵入，保证井下、井口安全。

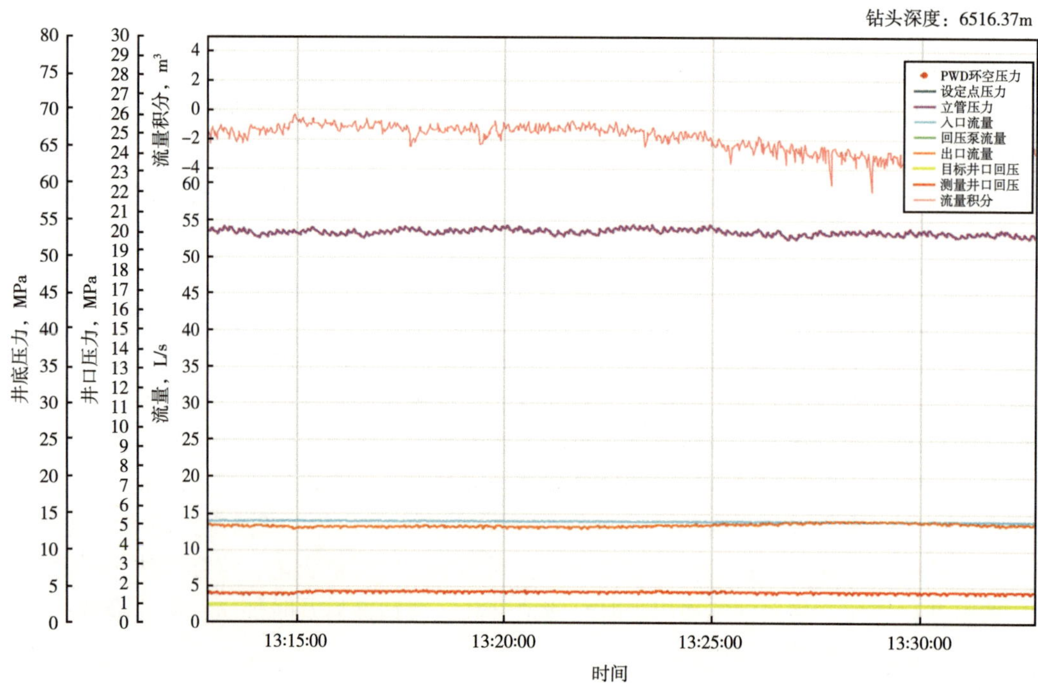

图 2-27　控压钻进时压力、流量变化曲线

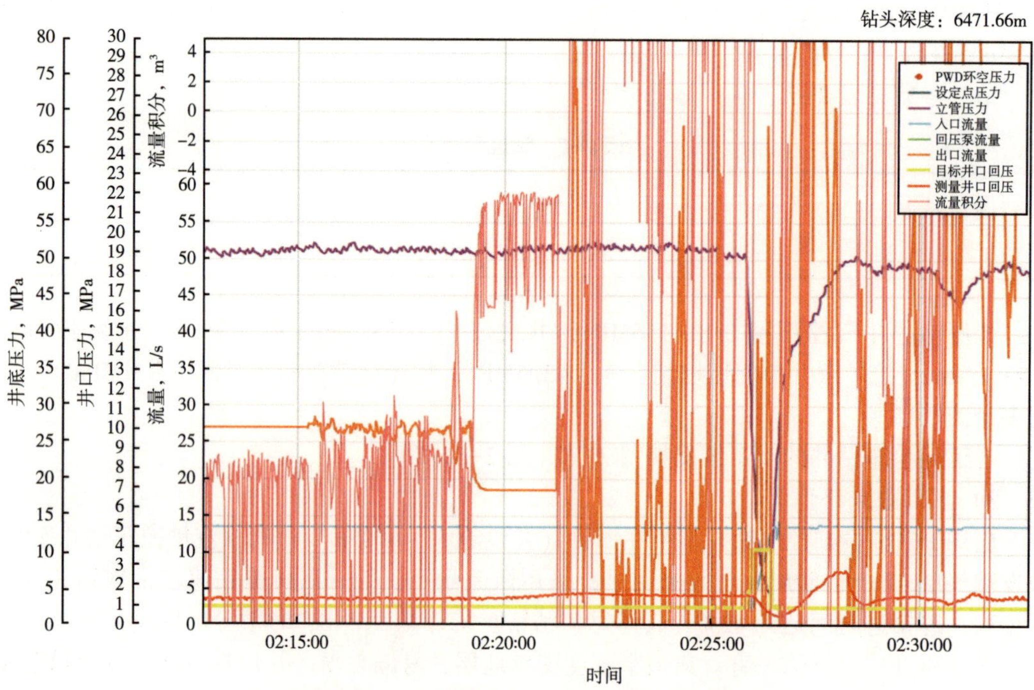

图 2-28　检测到后效时压力、流量变化曲线

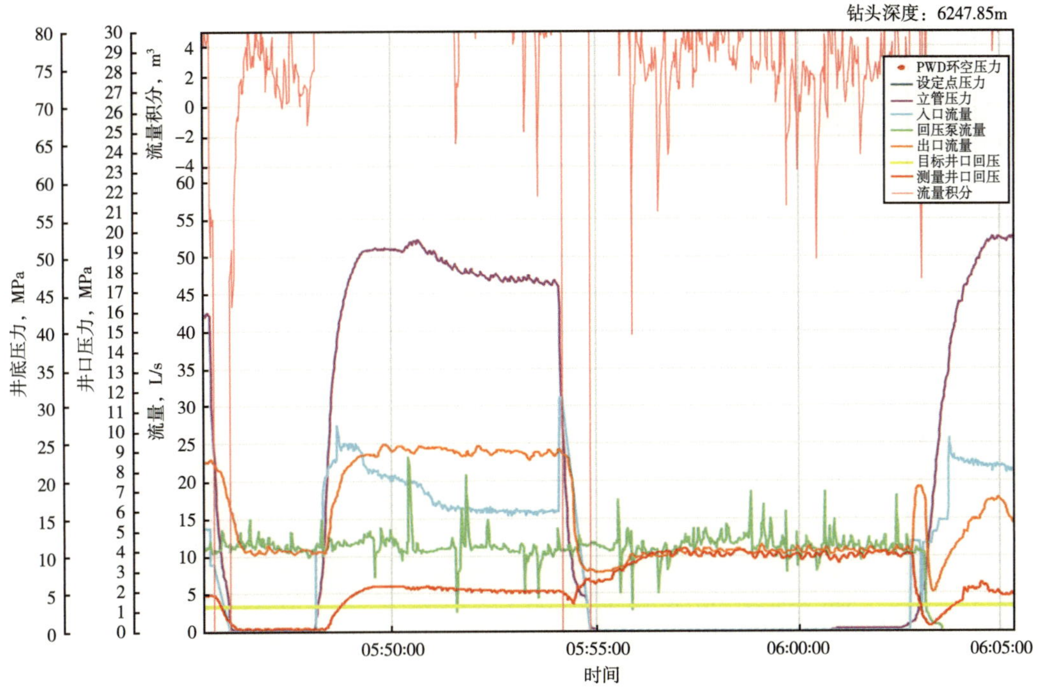

图 2-29 控压接单根过程中压力、流量变化曲线

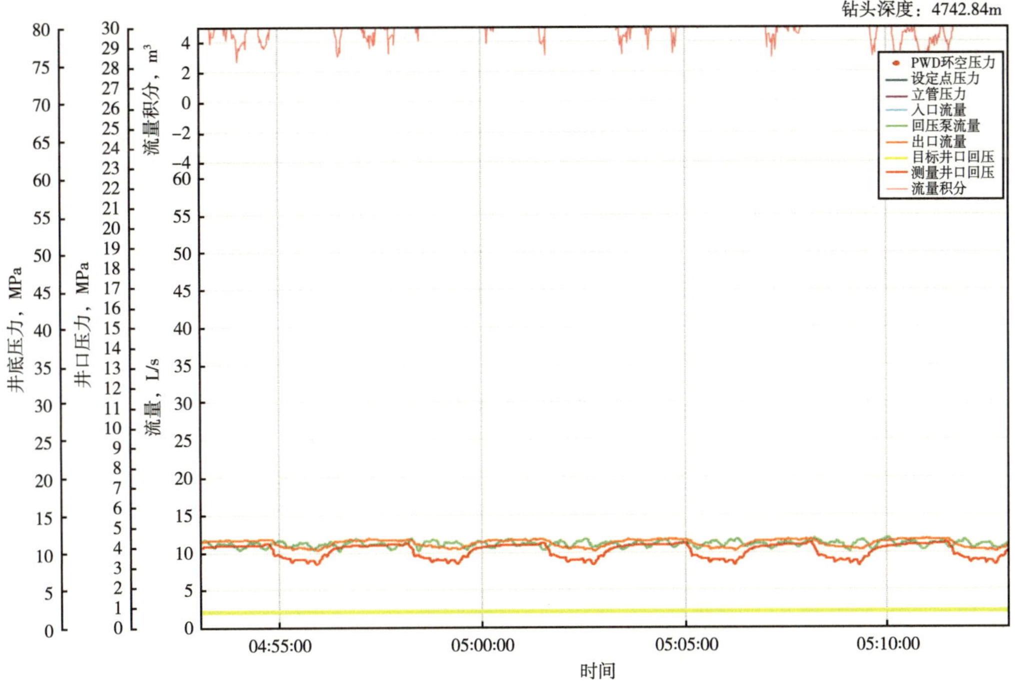

图 2-30 控压起钻过程中压力、流量变化曲线

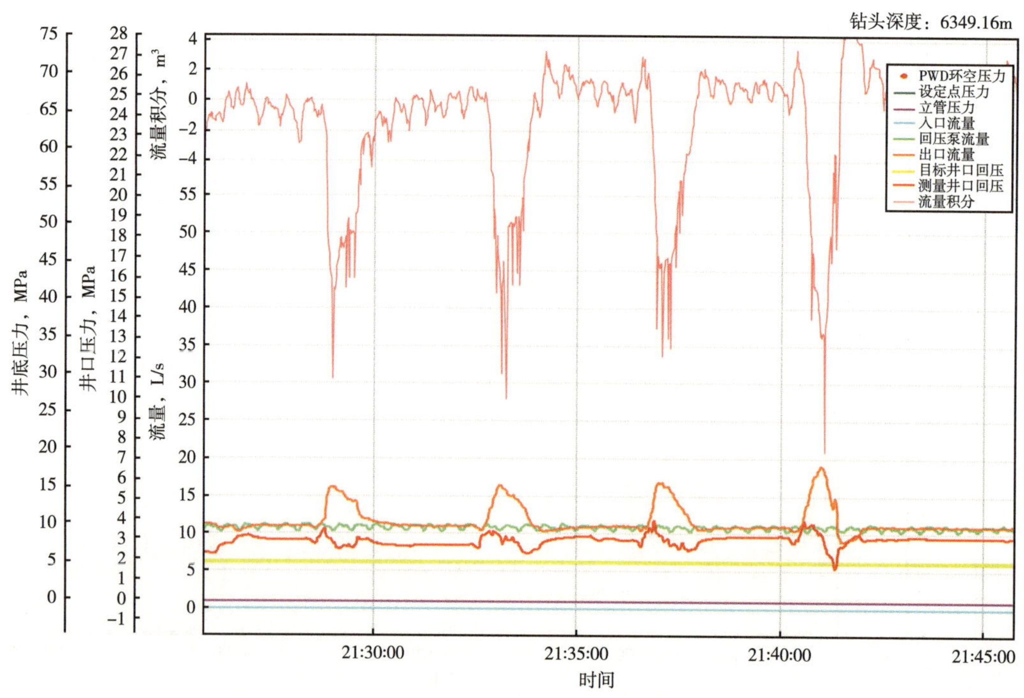

图 2-31　控压下钻过程中压力、流量变化曲线

表 2-8　控压钻进期间每趟钻钻时统计

序号	尺寸 mm	钻头 类型	钻进井段 m	进尺 m	所钻 地层	机械 钻速 m/h	纯钻 时间 h	钻进参数			
								钻压 tf	转速 r/min	排量 L/s	泵压 MPa
1	168.3	M1365D	5312~5445	132	灰色灰岩	3.67	35.9	2~3	40	13~15	20~21
2	168.3	M1365D	5445~5795	350	灰色灰岩	5	70	2~3	40	13~15	20~21
3	168.3	M1365D	5795~6045	250	灰色灰岩	5	50	2~3	40	13~15	20~21
4	168.3	M1365D	6045~6206	161	灰色灰岩	4.02	49	2~3	40	13~15	20~21
5	168.3	M1365D	6206~6550	344	灰色灰岩	5.29	65	2~3	40	13~15	20~21
6	168.3	M1365D	6550~6705	155	灰色灰岩	5.74	27	2~3	40	13~15	20~21

表 2-9　控压钻井井段时效分析

项　目		时间，h	时效，%
生产时间	纯钻进	262.37	42
	起下钻	97.92	15.6
	接单根	35.60	5.67
	洗井	0	0
	换钻头	4	0.64
	循环	70	11.15
	辅助	158	25.16
	小计	627.89	100

续表

项　目		时间，h	时效，%
非生产时间	修理	0	0
	组停	0	0
	事故	0	0
	复杂	0	0
	其他	0	0
	小计	0	0
合　计		627.89	100

在保证安全的同时，更加积极主动地应对井下复杂情况。根据井下压力随钻测量系统（PWD）实测井底压力和地面质量流量计的变化，综合分析井下情况，积极做出判断和措施应对井下复杂情况的发生。

在该井的实际生产中，通过调整井口控压，观察井底压力和井口出入口流量变化，寻找压力平衡点。该井完钻时确定地层平衡压力在 1.20g/cm^3，通过调整井口控压值保持井底 ECD 在 1.21~1.22g/cm^3，控压期间通过井口压力变化和钻井液的溢漏情况，钻穿通过多个薄弱层。

（1）微流量控压钻井时若允许少量溢流、可实现有效防漏治漏。发挥精细控压钻井设备的优势，当大量后效返出时，适时加压，通过自动节流阀，控制溢流量在 1m^3 以内，实现有效排出，避免关井、压井、人工节流所带来的井下复杂的发生。如：钻进至井深 6572m 时，监测到溢流，最大溢流量 0.7m^3，经过井口逐步调整控压值由 1MPa 调高到 3MPa，既保证不发生严重溢流，也及时控制井底压力的持续升高而诱发井漏，实现了小溢流量状况下的安全作业，规避了重钻井液压井导致井漏的风险。

（2）尽量在缝洞系统走低限，边点火边控压钻进，井口控压变化 0.5MPa 就会造成井底压力波动和液面变化。该井所处地层缝隙、溶洞发育，是典型窄密度窗口地层，易漏易涌，实际钻井地层压力极其敏感。根据设计原则在缝洞系统走低限，边点火边控压钻进，并且在长时间点火下持续钻进，焰高 2~8m，累计点火时间 30h。图 2-32 为控压点火钻进时压力、流量变化曲线。

（3）在安装有 PWD 时，可利用 PWD 数据校正的水力学模型保证足够的井底压力计算精度，满足控压钻井要求。在该井的微流量控压钻井作业过程中，PWD 仪器下入井底四趟，其他趟钻均在无 PWD 条件下采用微流量模式控压钻进，说明在经过 PWD 数据校正的水力学模型能够满足井底压力计算要求，满足控压钻井要求。正常钻进控压水力学模型计算结果与 PWD 实测值误差可以满足控压钻井作业要求。

在无 PWD 情况下，出入口流量和液面变化是最直观监测溢流的手段。高精度质量流量计具有能测量瞬时过流质量、过流体积、密度和温度的特点。在控压钻井作业过程中，质量流量计能最先监测到气体排出量的情况（图 2-33），可以很明显监测到出口流量逐渐增加，此时液面升高并不明显；当大量气体出现时，则出口流量变得极不稳定，监测液面开始上涨，此时已不是真实的出口流量，但此时出口液体密度的变化仍能反映出气量的变化趋势和大小。

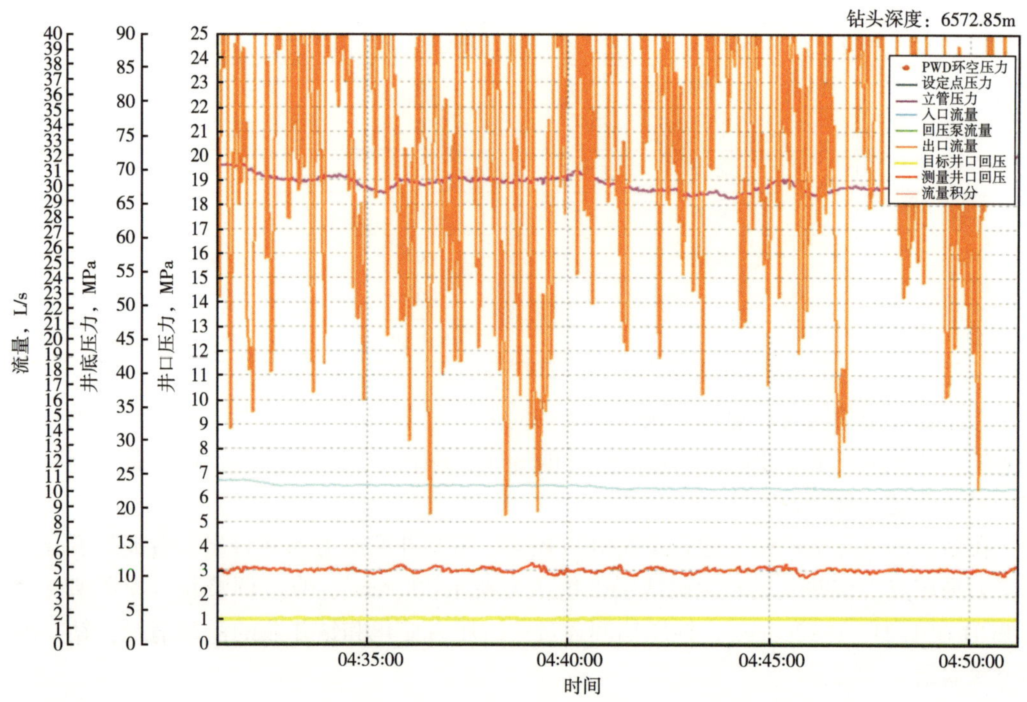

图 2-32　控压点火钻进时压力、流量变化示意图

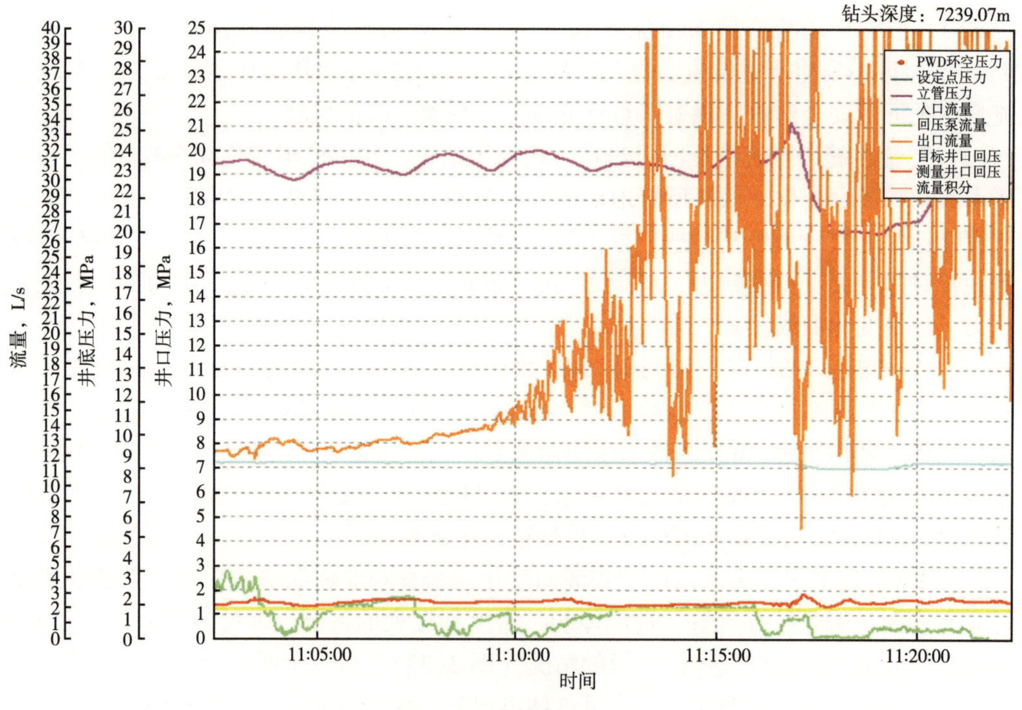

图 2-33　气侵监控图

（4）调整井口回压时，要保证一定的观察周期，避免人为造成井下复杂。控压钻井过程中，每次提高或降低井口控压值都应该至少有 15～20min 的观察期，即至少两次液面报告观察时间，以便对井底情况综合判断分析，避免调整过频造成的人为井下复杂。及时微量的井口回压调整，有利于发现油气层。通过及时调整井口控压值，为更好地保护和发现油气层发挥了重要作用。在保证井下安全的条件下，适时调整井口控压值；特别是通过摸索，利用出入口流量变化、综合录井气测值等变化，调整井口回压，当新油气层出现时气测值升高，待钻穿后及时加压，使之降低；一旦再次升高，说明新的油气层出现，体现了微流量控压钻井在地质发现方面的价值。

（5）调整井口控压值，寻找压力平衡点，顺利钻穿薄弱层。在实际生产中，通过调整井口控压值，观察井底压力和井口出入口流量变化，寻找压力平衡点。在塔中 721-8H 中，通过这种方法确定地层平衡压力梯度在 1.21～1.22g/cm^3，并且通过观察与控制井口压力变化和钻井液的溢漏情况，顺利钻穿多个薄弱层。

二、CQMPD 控压钻井装备与应用

CQMPD 精细控压钻井系统采用模块化、可组合策略，具有微流量和井底动态压力监控双功能，可实现压力闭环、快速、精确控制，井底压力控制精度±0.35MPa，能有效避免井涌、井漏等钻井复杂情况，尤其适宜于窄密度窗口地层的安全钻进。2011—2017 年 CQMPD 精细控压钻井技术先后在川渝、冀东、土库曼斯坦成功应用 70 余口井，有效解决了这些地区的涌漏复杂难题，取得了显著效果。

1. CQMPD 控压钻井系统的组成

CQMPD 精细控压钻井装备包括四大核心装备：自动节流控制系统、回压补偿系统、井下压力随钻测量系统和监测与控制系统等。

1）自动节流控制系统（ACS）

两自动一手动和一直通节流管汇、在线热备份自动控制，并与高精度质量流量计集成，如图 2-34 所示，实现套压自动、精确、快速和安全控制，以及出口流量和密度监测。

自动节流控制系统性能指标：

（1）额定节流压力：10MPa；

（2）井底压力控制精度：±0.35MPa；

（3）节流阀驱动方式：电动；

（4）全通径节流截止阀，有效通径：103mm；

（5）能过堵漏材料、流量监测一体。

2）回压补偿系统（BPCS）

在接立柱、短起等停止钻井泵情况下实现井口局部循环，变化井口控制套压，实现井底压力与钻进时相近。该系统自带动力，不需要井场提供动力，适用于各种钻机；排量调节范围大，能满足各种井眼尺寸补偿回压需求。如图 2-35 所示。

回压补偿系统性能指标：

（1）驱动方式：柴油机；

（2）额定输出压力：15MPa；

（3）输出排量：0～21L/s。

图 2-34　自动节流控制系统

图 2-35　回压补偿系统

3）井下压力随钻测量系统（PWD）

自主研发了 PWD 系统（图 2-36），实时传输测量井下环空压力及温度参数（表 2-10），可与现有 MWD 兼容，实现定向井、水平井精细控压钻井。

表 2-10 井下压力随钻测量系统指标

规格 in	压力 MPa	压力测量精度 %	温度 ℃	温度测量精度 ℃	抗振性能 g	数据采样周期 s	传输方式
6¾	140	±0.1	125	±2	20	4~220	钻井液正脉冲
4¼							

图 2-36 井下压力随钻测量系统

4）监测与控制系统（MCS）

采用四层结构、模块化及集中双重控制理念，研发了自适应、高精度、响应迅速的 CQMPD 监测与控制系统（图 2-37）。对钻井过程中的工程参数进行实时监测（实时共享录井和 PWD \ LWD 数据、实时采集控压设备参数）、分析与决策，达到井筒压力自动控制；并实现设备运行状态的在线诊断，确保精细控压钻井系统安全可靠运行。

2. CQMPD 控压钻井系统在 GS19 井的应用

1）基本情况

GS19 井是四川盆地乐山—龙女寺古隆起高石梯潜伏构造震顶构造东南端的一口预探井，位于四川省资阳市安岳县，在磨溪—高石梯区块四开 ϕ215.9mm 井眼裸眼段较长，从嘉陵江至筇竹寺组地层压力较高，油气显示层位多，且存在多个压力系统，部分层位含硫化氢，常规钻井作业使用钻井液密度高，普遍存在井下涌漏复杂。

GS19 井于 2014 年 2 月 17 日从井深 2865m 采用 ϕ215.9mm 钻头，2.15g/cm^3 钻井液开始四开钻井作业。2014 年 3 月 7 日，钻至井深 4013.69m，钻遇高压裂缝层，溢、漏复杂交替发生，常规堵漏方式处理困难，导致钻探作业无法有效进行，后被迫采用水泥浆封堵裂缝层。截至 2014 年 4 月 3 日，该井段漏失 2.30~2.60g/cm^3 钻井液累计 1862.8m^3，处理复杂及辅助时间达到 28d，造成钻探成本大幅增加、作业进度严重滞后。虽然采用水泥浆成功封堵裂缝层，而下部栖霞组至筇竹寺井段钻遇新裂缝层的可能性极大，从而再次造成井下复杂。为确保下部井段钻探作业安全顺利实施，减少钻井液漏失，缩短钻井作业时

图 2-37 监测与控制系统

间，因此在下部井段（栖霞组至筇竹寺组）采用了精细控压钻井技术。

（1）地层压力系数及温度。

本井栖霞组设计压力系数 2.0，洗象池至龙王庙设计压力系数 1.60，沧浪铺至筇竹寺设计压力系数 2.0（表 2-11）。

表 2-11 GS19 井地层压力设计表

层位	垂深，m	地层孔隙压力，MPa	压力系数
栖霞组—奥陶系	4000~4550	89.19	2.0
洗象池—龙王庙	4550~4960	77.78	1.6
沧浪铺—筇竹寺	4960~5290	103.68	2.0

根据邻近构造数据分析，温度梯度约 3.25℃/100m，本井栖霞组至筇竹寺组温度130~169℃（表 2-12）。

表 2-12 邻井地层温度

井号	层位	井深，m	测温情况		备注
			日期	温度,℃	
AP1 井	茅三段	4115	1992.8.20	125	测井温度
	九老洞	5037	1993.4.17	137	
	灯四段	5390	1993.9.15	150	
AK1 井	沧浪铺	4859.16	1999.6.25	144	中途测试
MX1 井	长兴	3831	2007.11.1	113	
HS1 井	筇竹寺	5367	2012.9.20	169	测井温度

（2）油气水显示及井漏情况。

从邻井 GS1、GS2、GS3、GS6 井情况分析，从栖霞组至沧浪铺组有较好的油气显示，龙王庙具有良好气储量，该井段基本不含油水（表 2-13）。

表 2-13 邻井油气水显示情况

井号	层位	井段，m	显示类别	录井显示
GS1 井	栖一段	4206.50~4207.00	气侵	密度 2.03g/cm^3，全烃 0.4970%↑62.1428%，C_1 0.1009%↑50.4851%；密度 2.03g/cm^3↓1.97g/cm^3、漏斗黏度 70s↑74s，池体积上涨 0.6m^3，钻进观察至井深 4210.11m，循环恢复正常
	龙王庙组	4503.00~4506.00	气测异常	密度 2.17g/cm^3，全烃 0.5486%↑2.2454%，C_1 0.2770%↑1.5450%
	沧浪铺组	4738.00~4745.00	气测异常	密度 2.17g/cm^3，全烃 1.6745%↑8.5179%，C_1 0.9958%↑4.8219%
GS2 井	栖一段	4285.5~4288	气侵	密度 2.12g/cm^3，全烃 7.3910%↑87.1564%，C_1 5.2129%↑83.5691%；密度 2.12g/cm^3↓2.08g/cm^3，漏斗黏度↑65s，液面气泡占 20%，池体积上涨 0.4m^3，集气点火燃，橘黄色焰高 3.0cm，续钻恢复正常
	洗象池组	4460~4464.5	气测异常	密度 2.18g/cm^3，全烃 0.3875%↑7.8448%，C_1 0.2100%↑7.4804%
	洗象池组	4485.5~4491.5	气测异常	密度 2.18g/cm^3，全烃 0.5829%↑11.8346%，C_1 0.4836%↑10.4324%
	龙王庙组	4562.5~4563.5	气测异常	密度 2.24g/cm^3，全烃 0.8553%↑4.8511%，C_1 0.8548%↑4.4691%
	龙王庙组	4627.5~4628	气测异常	密度 2.22g/cm^3，全烃 1.5826%↑6.3175%，C_1 1.5465%↑5.2244%
	沧浪铺组	4672.5~4673	气测异常	密度 2.22g/cm^3，全烃 1.8613%↑14.7171%，C_1 1.7772%↑13.8098%
	沧浪铺组	4694~4694.5	气测异常	密度 2.15g/cm^3，全烃 2.8691%↑6.6173%，C_1 2.6000%↑6.1308%
	沧浪铺组	4729~4730.5	气测异常	密度 2.19g/cm^3，全烃 0.3398%↑3.3799%，C_1 0.1831%↑3.1676%
	沧浪铺组	4779.5~4782	气测异常	密度 2.18g/cm^3，全烃 2.8407%↑8.9125%，C_1 2.7728%↑8.1953%
GS6 井	栖一段	4196~4199	气侵	密度 2.17g/cm^3，全烃 2.9160%↑52.1520%，C_1 1.9978%↑46.6039%，密度 2.17g/cm^3↓2.13g/cm^3，漏斗黏度 65s↑68s，槽面集气点火燃，焰高 0.5~1.0cm，槽面气泡率 40%，续钻恢复正常
	高台组	4513~4514	气测异常	密度 2.18g/cm^3，全烃 0.6155%↑4.0098%，C_1 0.5668%↑3.5435%

续表

井号	层位	井段，m	显示类别	录井显示
GS6 井	龙王庙	4523～4524	气测异常	密度 2.15g/cm³，全烃 6.9652%↑14.6311%，C_1 6.2919%↑11.1189%
	龙王庙	4541～4542	气测异常	密度 2.16g/cm³，全烃 0.5243%↑2.8747%，C_1 0.3764%↑2.4699%
	沧浪铺	4760～4761	气测异常	密度 2.17g/cm³，全烃 0.9336%↑6.5935%，C_1 0.6827%↑5.4312%

邻井在栖霞组至沧浪铺组使用 2.01～2.19g/cm³ 的钻井液，GS2 井在洗象池组发现井漏现象（表 2-14）。

表 2-14 邻井井漏情况

井号	层位	井段，m	显示类别	岩性	录井显示
GS2 井	洗象池组	4413.5～4414.5	井漏	浅灰褐色白云岩	密度 2.18g/cm³ 钻进至井深 4413.74m，井漏，累计漏失钻井液 64.4m³

邻井资料表明，本构造栖霞组至沧浪铺组井段地层漏失压力系数高于 2.15，但本井因为钻遇高压，钻井液密度较高，在目前该地层未有高密度钻井液钻井的先例，因此在下部地层存在井漏的情况极大。

（3）含硫化氢情况。

磨溪—高石梯构造的井从栖霞组至沧浪铺组在钻井过程中未见硫化氢显示，但是以龙王庙为目的层的井在完井测试过程中见硫化氢显示（表 2-15），可见此地层属于高含硫地层。

表 2-15 邻井硫化氢情况

序号	井号	层位	井段，m	H_2S 含量，g/m³	备注
1	GS3 井	龙王庙	4555～4577、4606.5～4622	0.62	完井试油
2	GS6 井	龙王庙	4522～4530	61.11	完井试油
3	MX8 井	龙王庙下段	4697.5～4713.0	10.53	完井试油
4	MX8 井	龙王庙上段	4646.5～4675.5	9.64	完井试油
5	MX9 井	龙王庙组	4581.5～4607.5	7.22	完井试油
6	MX10 井	龙王庙组	4680～4697	6.03	完井试油
7	MX11 井	龙王庙下段	4723～4734	6.7	完井试油
8	MX11 井	龙王庙上段	4684～4712	6.36	完井试油

（4）井身结构和套管尺寸。

GS19 井井身结构见表 2-16 和图 2-38。

表 2-16　GS19 井井身结构

开钻次序	井段 m	钻头尺寸 mm	套管尺寸 mm	套管程序	套管下入 地层层位	套管下入井段 m	水泥返深 m
一开	30	660.4	508	导管	遂宁组	0~29	地面
二开	500	444.5	339.7	表层套管	沙二	0~498	地面
三开	2830	311.2	244.5	技术套管	嘉二³	0~2828	地面
四开	5293	215.9	177.8	油层回接		0~2628	地面
			177.8	油层悬挂	灯四段	2628~5291	2528
五开	5520	149.2	127	尾管悬挂	灯三段	5091~5518	4991

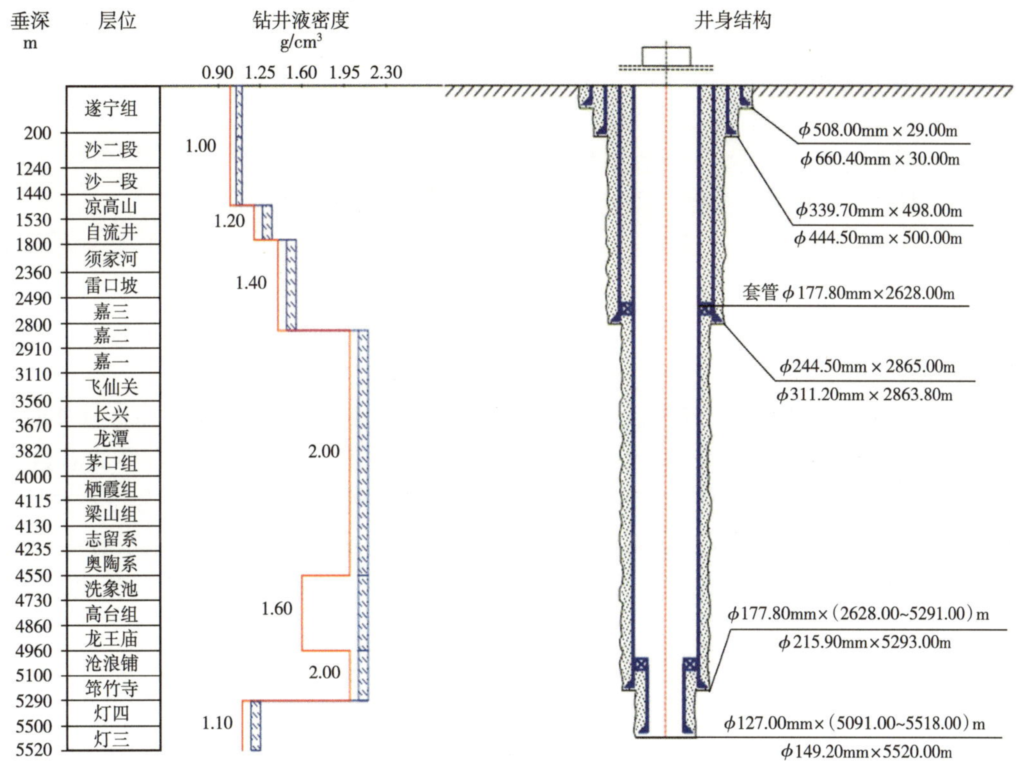

图 2-38　GS19 井井身结构图

2）难点及对策

（1）地层裂缝发育、压力系数高，井漏、溢流频繁交替发生，安全施工难度大。前期初步分析地层裂缝压力系数 2.20~2.24，由于堵漏及钻井液的大量漏失，实际地层压力系数约为 2.39，漏失压力系数约 2.44，压力系数高，且窗口较窄。

对策：采用控压钻井技术控制当量密度 2.4~2.43g/cm³，略大于地层压力系数，实施近平衡钻进（微过平衡钻进）。若井漏较严重，逐渐降低当量密度至微漏或不漏状态；若溢流，立即提高井口控压值循环排气，避免过多气体进入井筒，并重新调节循环当量密度至安全密度窗口内。

（2）地层温度较高，暂时无法使用 PWD。由于该井温度梯度高，约 3.25℃/100m，井底温度达到 130℃，限制了 PWD 系统的使用。

对策：

①采用存储式井下压力计采集井底压力、温度数据，校核水力学模型。

②控压钻进过程采用水力模型计算井底压力变化。

③采用微流量监测仪加强井漏、溢流监测。

（3）栖霞组至筇竹寺组含硫化氢。根据高石梯构造已钻井分析，栖霞组至筇竹寺组属于高含硫地层，在已钻井过程中未见硫化氢显示，但是仍然需要做好硫化氢防护措施。

对策：

①用控压钻井技术进行微过平衡钻进，防止地层流体进入井筒。

②施工作业中钻井液除硫剂含量保持在 1%~3%，pH 值保持在 10.5 以上；发现硫化氢后，合理控制回压，有控制地将进入井筒的含硫气体循环至地面进行有效处理，同时补充除硫剂和缓蚀剂。

③采用微流监测装置及时发现溢流，控制溢流量。

④加强硫化氢监测与防护，做好硫化氢应急处置措施。

⑤采用抗硫钻具，避免循环排气中因钻具腐蚀断裂造成井控风险。

（4）安全密度窗口窄，无法正常附加钻井液密度，起钻难度大。由于安全密度窗口窄，无法正常附加钻井液密度压稳地层后实施常规起钻作业。

对策：起钻前根据地层安全密度窗口带压起钻至套管内，注入重钻井液帽，使井筒当量密度略高于地层孔隙压力系数，再连续吊灌起钻。

（5）栖霞组至沧浪铺组裸眼段长，存在多压力系统且差异大，可能发生严重井漏或压差卡钻。本井栖霞组—奥陶系设计地层压力系数 2.0，洗象池—龙王庙地层压力系数 1.6，沧浪铺地层压力系数 2.0，但前期钻井在栖霞组钻遇异常高压，处理复杂过程中钻井液密度高达 2.4~2.6g/cm^3，虽然经过水泥封堵，但下部低压的洗象池—龙王庙地层极易发生井漏。由于客观存在上下两井段压力系数差异大，导致无法采用一套钻井液密度完成施工作业。

对策：

①继续控制当量密度 2.4~2.43g/cm^3 控压钻进，钻遇井漏后先堵漏再进行后期施工作业。

②释放上部地层压力，最大程度降低钻井液当量密度，避免严重井漏，减小压差卡钻几率。

3）施工情况

（1）阶段一：确定安全密度窗口。

在有效封堵了上部多处漏层后，2014 年 4 月 9 日下钻探得水泥塞面井深 2899.59m，开泵循环划眼并钻塞，钻井液密度为 2.33g/cm^3，控制套压 1~1.5MPa，此时液面处于平稳状态，循环时全烃最高至 25%，但出口点火未燃，井底 ECD 为 2.38~2.4g/cm^3。为摸索安全密度窗口，保持排量不变的情况下，提高控压值至 2.8~2.9MPa，液面开始降低，平均每 5min 漏失钻井液 0.4m^3，并且漏速在逐渐加快，此时井底 ECD 为 2.44~2.45g/cm^3，判断井底在当前处于漏失状态，初步判断地层压力系数为 2.38~2.4，漏失压力系数为 2.44~2.45，本趟钻首先探索裸眼井段压力分布情况，为下步控压钻进井底 ECD 的确定提供了依据。

(2) 阶段二：精细控压钻进作业。

在随后的钻进过程中随着钻头位置的逐步加深，录井出口全烃值一直处于缓步上升的趋势，井口控压值也随之上涨至最高 3.8MPa，此时的井底 ECD 为 2.49~2.5g/cm³。继续钻进至井深 4178.1m 处关井，钻井液密度为 2.34~2.35g/cm³，关井后套压由 7.5MPa 逐渐降低至 6.5MPa 时液面平稳，平稳时井底 ECD 为 2.5~2.51g/cm³，所以判断地层压力系数为 2.48~2.49，漏失压力系数为 2.52~2.53，相对于上部处理复杂井段地层压力系数和漏失压力系数有明显的提高。

本趟钻钻进过程中于井深 4145.13m 和 4232.22m 处出现井漏，循环后效均点火燃烧，火焰 5~8m，最大瞬时流量 2000m³/h。井底 ECD 在 4145.13m 和 4232.22m 处均约为 2.47g/cm³，说明该处的井底漏失压力系数相比之前有所降低，所以在后期钻进过程中逐步降低了控压值。堵漏方案采用随堵方式，泵入钻井液随堵后漏止，堵漏过程中每次均打入 20 多立方米堵漏钻井液，当循环堵漏钻井液刚出钻头时，提高井口套压，增大地层漏失量，将堵漏钻井液漏失 10m³ 挤入地层裂缝，这样更易封堵漏层，然后再利用原钻井液顶替堵漏钻井液并循环出地面，总体堵漏效果良好。

2014 年 4 月 24 日钻进至设计井深 4236.29m（五峰组）后，根据井下情况确定起钻方案为先控压起钻至套管鞋处，然后正反推加重钻井液并按常规方式起钻，原则上保证整个起钻过程处于微漏状态。由于考虑到前期钻进过程中控压值较高，所以决定先将密度提升至 2.42g/cm³，以降低控压起钻过程中的控压值，减小控压起钻时的井控风险。精细控压钻井作业方案流程如图 2-39 所示。

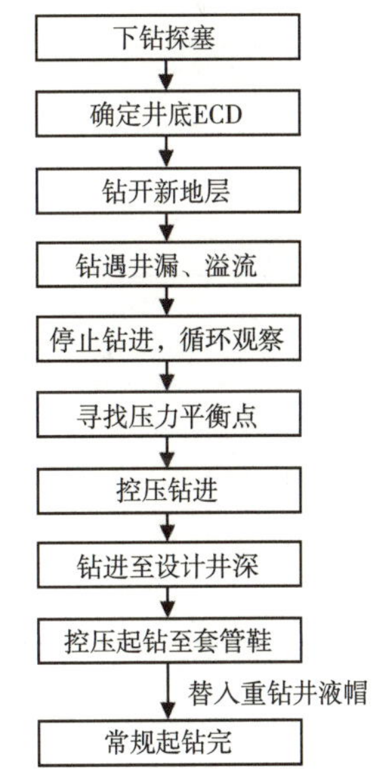

图 2-39 精细控压钻井作业方案流程图

控压起钻前期由于控压值由 4.4MPa 逐渐上升至 6MPa，继续控压起钻难度大，且易造成井控风险，所以决定降低控压值循环排气释放地层能量，并重新求得地层安全密度窗口为 2.43~2.46g/cm³，钻井液密度由 2.35g/cm³ 提高至 2.45g/cm³，并加入了适量的堵漏剂。而后，井口控压 1MPa 起钻，带压起钻过程始终保持实际灌入量大于理论灌入量，控压起钻至井深 3681m 注入 2.6g/cm³ 的加重钻井液 12m³，然后采用 2.45g/cm³ 的钻井液常规起钻，每起一柱钻具灌钻井液一次，最终安全顺利完成起钻作业。起钻过程漏失钻井液共计 20m³。

(3) 阶段三：配合作业。

为了对栖霞组及上部储层进行重新评估，决定对 GS19 井实施固井作业，虽然已经完成了精细控压钻井作业，但此时井下仍处于窄安全密度窗口状态，起下钻、通井和下套管等后续作业仍面临巨大的井控风险。作为固井作业的预备安全措施，2014 年 4 月 24 日—5 月 5 日通过精细控压钻井设备控制井口压力保证了施工作业安全。

4) 应用分析

2014 年 4 月 5 日—5 月 7 日 GS19 井在井段 4019.69~4236.29m 实施了精细控压钻井技

术。施工作业期间，通过前期的技术准备和现场调研，合理地调整钻井液密度，提出了适宜的控压值，钻水泥塞过程中严格控制井底 ECD 通井下钻到底，减少了钻井液的漏失量及井下复杂情况的发生，保证了井控安全。钻进新地层后继续以各项钻井参数为指导标准，摸索地层孔隙压力和漏失压力，寻找安全密度窗口，并控制井底 ECD 在该窗口内顺利钻进，解决了常规钻井无法钻进的难点。精细控压钻进期间，在 2 处发现井漏，处理井漏复杂共漏失钻井液 184m^3，比前期减少了 92.67%，处理井漏复杂用时 19.92h，比前期缩短了 97.23%，达到了预期目标。最后配合井队、电测作业队以及下套管固井作业队做好了本井后期工作，精细控压钻井技术应用取得了显著的效果。

（1）成功解决了前期复杂。GS19 井前期复杂处理过程中未使用精细控压钻井技术，复杂处理具有较大的工程难度和井控风险，并且现场处理复杂时间较长，处理过程中漏失大量钻井液，既耽误本井勘探开发的进度，又增加了成本（表 2-17）。采用精细控压钻井技术之后首先根据现场实际情况制定了相应的复杂处理措施和下步继续钻进的施工方案，然后按照制定的措施，迅速有效地完成了本井井下复杂的处理（图 2-40），解决了溢漏交替发生的井下复杂，减少了钻井液的消耗，节约了钻井成本，缩短了钻井周期（表 2-18），并且为下步顺利钻开新地层做好了充分的前期准备。

表 2-17　GS19 井前期处理复杂统计

钻井液类型	密度，g/cm^3	漏失量，m^3	复杂处理时间，h
钾聚磺钻井液	2.24～2.55	2412.3	720
堵漏钻井液	2.1～2.41	98.6	
合计		2510.9	720

表 2-18　控压钻进期间钻遇井漏统计

井深，m	井漏状况	平均漏速，m^3/h	漏失量，m^3	处理时间，h
4145.13	未失返	30	110.9	12.67
4232.22	未失返	12	73.1	7.25
合计			184	19.92

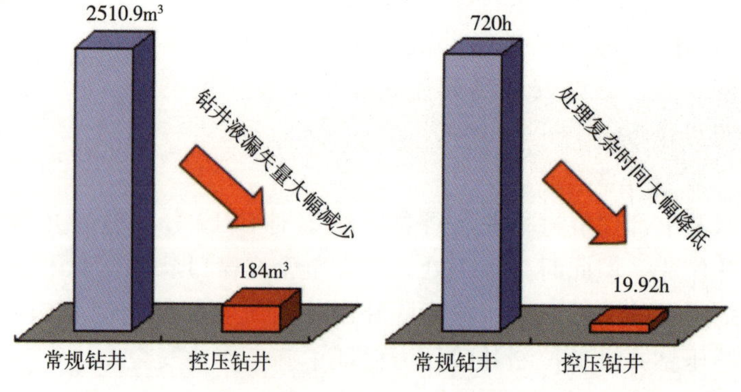

图 2-40　控压钻井与常规钻井处理复杂时效对比

（2）顺利实施了新地层的钻进。GS19 井前期复杂处理过程中未使用精细控压钻井技术，复杂处理效果不好，无法实施继续钻进作业。采用精细控压钻井技术后，在成功解决井下复杂的情况下，安全顺利地钻开了下部新地层。在下部井段钻遇井漏和井漏显示时精确控制井底压力，减少了井下复杂的发生概率，降低了井控风险，为后期能够实现 GS19 井地质目标做出了贡献。

三、XZMPD 控压钻井装备与应用

在钻井过程中，XZMPD 控压钻井系统通过钻井参数监测子系统、决策分析子系统、电控子系统、地面自动节流控制及回压补偿等子系统联动，可围绕井筒进行压力管理，实现钻井全过程的压力控制以及工序转换（钻进、起下钻、接单根）过程中的井底压力控制平稳衔接，精确控制井筒环空压力剖面，维持井底压力处于安全压力窗口以内。

1. XZMPD 控压钻井系统的组成

XZMPD 控压钻井系统包括五大分系统：钻井参数监测系统（包括井底压力随钻测量系统，简称 PWD）、决策分析系统、电控系统、自动节流控制管汇及回压补偿泵系统。该系统通过室内测试、现场试验及推广应用验证，具备以下功能：

（1）通过装备配套的高精度质量流量计的流量监测与节流压力进行微溢流与微漏失测试，现场可实时确定目标地层压力窗口，提高对压力窗口预测困难地层井漏、溢流的处理和控制能力。

（2）决策分析系统具有自学习功能，可利用 PWD 实测井底压力数据实时校正理论计算结果，显著提高装备的压力控制精度。

（3）通过钻井参数监测、自动决策及指令执行，可实时精确控制井筒环空压力剖面，控制井底压力处于安全压力窗口以内，解决窄密度窗口井常规钻井时静态溢、动态漏的问题，降低钻井风险和复杂发生，减少非生产作业时间。

主要技术指标：

适用环境温度：−30~70 ℃；

适用排量范围：8~60L/s；

适用密度范围：1.0~2.6g/cm^3；

装备压力控制精度：0.35MPa；

井底压力随钻测量系统：ϕ121mm/140MPa/150℃、ϕ172mm/140MPa/150℃；

适用井型：直井、定向井、水平井。

2. XZMPD 控压钻井系统在白 28 井的应用

1）基本情况

白 28 井是新疆油田勘探事业部在准噶尔盆地西北缘部署的一口设计井深 3460m 的直井、预探井[5]。

构造名称：准噶尔盆地西部隆起中拐凸起；

构造位置：位于准噶尔盆地西部隆起克百断裂带；

钻井目的：落实 381 井北佳木河组断鼻圈闭的含油气性；

目的层位：二叠系佳木河组（P_1j）。

为保证钻井安全和实现勘探发现的目标，三开使用控压钻井技术。

（1）设计井身结构。白 28 井设计井身结构如图 2-41 所示。

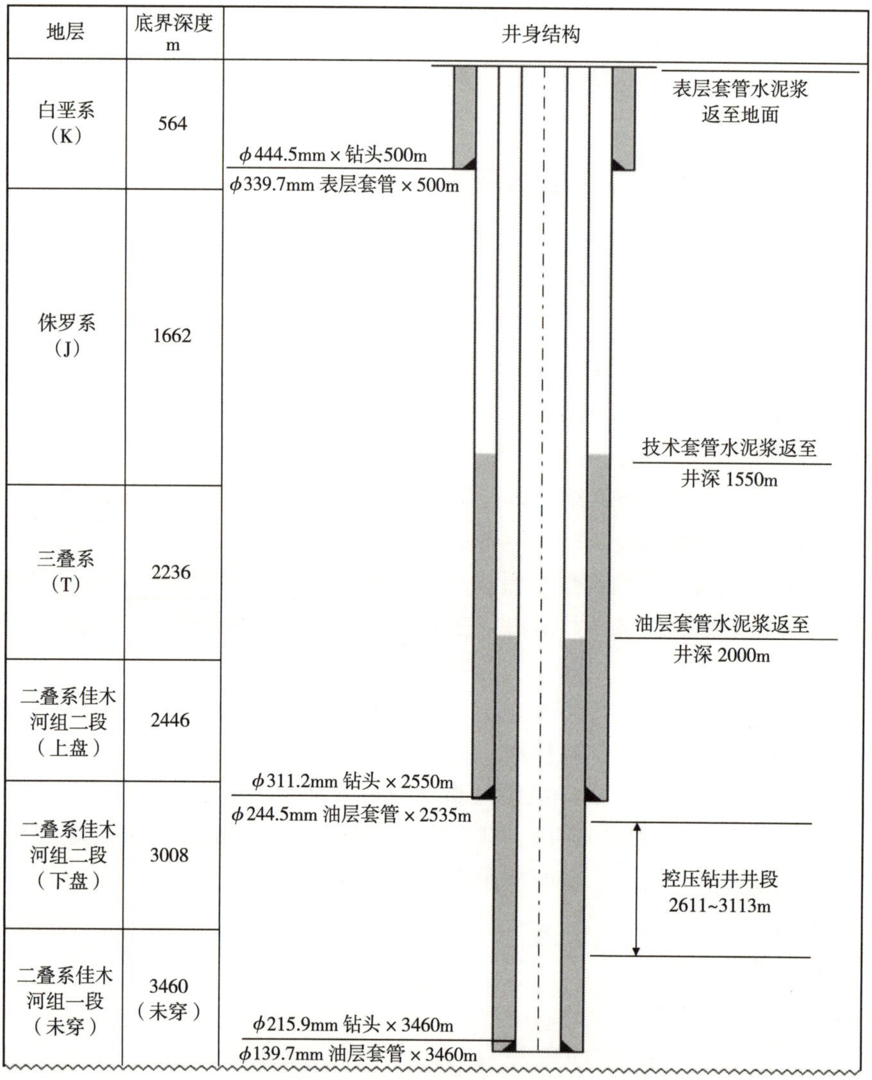

地层	底界深度 m	井身结构
白垩系（K）	564	
侏罗系（J）	1662	
三叠系（T）	2236	
二叠系佳木河组二段（上盘）	2446	
二叠系佳木河组二段（下盘）	3008	
二叠系佳木河组一段（未穿）	3460（未穿）	

表层套管水泥浆返至地面
ϕ444.5mm × 钻头500m
ϕ339.7mm 表层套管 × 500m
技术套管水泥浆返至井深 1550m
油层套管水泥浆返至井深 2000m
ϕ311.2mm 钻头 × 2550m
ϕ244.5mm 油层套管 × 2535m
控压钻井井段 2611~3113m
ϕ215.9mm 钻头 × 3460m
ϕ139.7mm 油层套管 × 3460m

图 2-41　白 28 井设计井身结构图

（2）地质分层及目标井段（储集层）特征分析。白 28 井主探二叠系佳木河组，根据邻井 563 井、381 井、807 井、克 502 井、481 井等井的录井、测井实验分析数据和地质综合研究结果，对佳木河组储集体特征进行分析和预测。预测地质分层及地层岩性见表 2-19。

（3）邻井地层岩性情况。邻井克 301、克 305 两井的 P_1j 顶部地层的岩性显示，均为泥岩夹凝灰质砂岩，仅沉积厚度有所差异。克 82 井为凝灰质泥岩，据该段地层黏土矿物组分分析数据显示，伊蒙混层比达 90%。

预测白 28 井佳木河组发育碎屑岩与火山岩的混积沉积，佳二段上部岩性以冲积扇砂砾岩为主，佳二段下部岩性为火山岩和碎屑岩共存，火山岩主要为火山溢流相的安山岩、凝灰岩并局部发育火山爆发相的火山角砾岩。

表 2-19　白 28 井预测地质分层及地层岩性

<table>
<tr><th colspan="5">地层</th><th colspan="2">设计地层</th><th rowspan="2">地层岩性</th></tr>
<tr><th>界</th><th>系</th><th>统</th><th>组</th><th>段</th><th>底界深度
m</th><th>厚度
m</th></tr>
<tr><td rowspan="6">中生界
Mz</td><td>K</td><td></td><td></td><td></td><td>587</td><td>587</td><td></td></tr>
<tr><td>J</td><td></td><td></td><td></td><td>1690</td><td>1103</td><td></td></tr>
<tr><td>T</td><td></td><td></td><td></td><td>2230</td><td>540</td><td></td></tr>
<tr><td rowspan="3">P</td><td rowspan="3">下统
P_1</td><td rowspan="3">佳木河组
P_1j</td><td>P_1j_2/</td><td>2505</td><td>275</td><td>上部主要为灰褐色砂砾岩夹灰黑色泥岩，下部为凝灰质角砾岩、砾岩、砂岩与安山岩互层</td></tr>
<tr><td>/P_1j_2</td><td>2985</td><td>480</td><td>以凝灰岩为主，中间夹凝灰质角砾岩、砂砾岩、流纹岩与安山岩互层</td></tr>
<tr><td>P_1j_1</td><td>3460
（未穿）</td><td>475</td><td>主要以大套中基性火山岩（玄武岩、安山岩、霏细岩）为主，局部有花岗岩，夹火山碎屑岩类的火山角砾岩和凝灰岩以及正常沉积的砂砾岩等</td></tr>
</table>

邻区邻井钻遇佳二段井较少，主要取心集中在佳三段。安山岩分析孔隙度为 0.67%~20.40%，平均 10.10%，渗透率为 0.01~44.50mD，平均 0.678mD，为低孔低渗储层。火山角砾岩分析孔隙度为 6.38%~23.62%，平均 12.59%，渗透率为 0.07~91.88mD，平均 1.081mD，为低孔低渗储层。通过对邻区碎屑岩储层的物性进行统计，孔隙直径 13~109μm，平均为 72.5μm，面孔率为 0.01%~1.66%，平均为 0.49%。油气层孔隙度变化范围为 8%~18%，平均为 10.63%。渗透率变化较大，油气层渗透率为 13~2545mD，平均为 214.5mD。属于小孔隙、渗透率中等、分选差的储层。

381 井北二叠系佳木河组断鼻圈闭整体上是由 808 井东断裂挤压运动而形成，808 井东断裂是一条佳木河组内部的基底卷入的断裂，主要活动在佳木河组三段、二段以及佳木河组一段顶部，并且产生大量伴生断裂。邻井 556 井取心多段见到裂缝发育，倾角 10°~80°，部分岩心发育网状缝，裂缝密度为 2~4 条/10cm，被方解石和沸石充填或半充填。推测白 28 井佳木河组裂缝较发育，发育较多斜劈缝和网状缝。

白 28 井目的层储集体的主要特征预测结果见表 2-20。

表 2-20　白 28 井目的层储集体特征预测结果表

层位	深度范围 m	厚度 m	岩性	相类型	孔隙度 %	孔隙类型
P_1j	3000~3400	400	火山角砾岩、 安山岩、砂砾岩	近火山口相、 冲积扇相	8~15	粒内溶孔、气孔、 微裂缝和裂缝

（4）含油气分析。白 28 井所钻探的圈闭 381 井北佳木河组断鼻圈闭是佳木河组内部一套地层较为平缓的大型鼻状构造，该断鼻圈闭地层平缓，通过邻井地震相对比分析，发育较好的火山岩岩相，且该鼻状构造因断裂挤压引起，裂缝相对较为发育，根据该区佳木河组丰富的含油气性以及邻区中拐地区佳木河组二段多发育气藏的特点，认为该构造是规模天然气成藏的有利平台，因此，推测白 28 井在佳木河组内部的断鼻圈闭内获天然气概

率较大。另外，白 28 井也可钻遇断裂上盘的地层尖灭带。根据之前邻井油气显示、试油情况及老井复查结果分析，预测白 28 井在二叠系上佳木河组 2200～2460m、3000～3400m 井段均会有良好的油气显示。预测在主要目的层佳木河组获得油气的概率在 80%以上。

（5）地层压力预测。根据邻井克 019、克 88、克 502 等井的钻井液密度使用情况（表 2-21），以及克拉玛依地区钻井试油压力情况，分析认为该区侏罗系八道湾组以上地层连通性好，不存在压力异常区，在三叠系、二叠系有较高压力，故预测工区侏罗系八道湾组以上地层压力系数在 1.0～1.25 之间，三叠系压力系数在 1.25～1.34 之间，二叠系佳木河组压力系数在 1.35～1.43 之间，见表 2-22。

表 2-21　白 28 井邻井钻井液使用情况表

井号	井段，m	钻井液密度，g/cm^3
克 019	299～1560	1.14～1.18
	1560～1712	1.14～1.18
	1712～1955	1.18～1.26
	1955～2000	1.15～1.32
	2000～2330	1.32～1.34
克 88	500～2250	1.17～1.25
	2250～3057	1.17～1.25
	3057～3700	1.04～1.07（欠平衡钻井）
克 502	0～300	1.12～1.18
	300～670	1.11～1.18
	670～1020	1.21～1.29
	1020～1348	1.30～1.34
	1348～2229	1.35～1.40

表 2-22　白 28 井压力系数预测表

深度，m	地层	压力系数
500～1690	K_1tg～J_1b	1.0～1.25
1690～2230	T_3b～T_1b	1.25～1.34
2230～3460	P_1j	1.34～1.43

（6）井壁稳定性分析。利用克 301、克 82、克 305 井的测井资料，综合考虑了各段钻井液密度使用情况、该区多口已钻井的破裂压力数据规律以及邻井钻井过程中的复杂情况等信息，运用井壁稳定软件进行了克 301、克 82、克 305 井地层坍塌、破裂压力计算。

由于克 301、克 82、克 305 井分别在不同小断块内，因此，地层坍塌压力主要以克 301 井为依据，而克 82、克 305 井的坍塌压力仅作为参考。

由克 301 井地层坍塌、破裂压力剖面可知：该区纵向上地层坍塌压力的分布规律为二叠系佳木河组除顶部坍塌压力有异常外，整体上，坍塌压力系数值在 0.9～1.02 之间，顶部地层的坍塌压力系数值达到 1.1～1.25。该区纵向上地层破裂压力的分布规律为破裂压力系数自上而下基本在 1.6 左右。

从克 301、克 82、克 305 井坍塌压力数据显示可看出，由于三井分别位于不同的小断块内，在具体数值上有所不同。但作为中拐—五八区区域性大地质构造背景下的井，三口井各地层的破裂压力、坍塌压力，尤其是在 P_1j 地层中表现出的趋势具有一致性，即，在 P_1j 顶部有一段井壁不稳定段，而其下部地层井壁稳定性较好。

克 301、克 82 井在 P_1j 组使用钻井液密度均在 1.30g/cm^3 以上，在过平衡钻井条件下满足了力学支撑井壁的需要，实钻过程反映作业顺利，没有复杂情况发生。而在同钻井液密度条件下，与上下井段相比，P_1j 组顶部井段有井径相对扩大的现象，该段地层主要为泥岩或凝灰质泥岩，与钻井液性能及泥岩黏土矿物组分中各水敏性矿物含量有关。

综上所述，P_1j 组顶部的一段地层应属于不稳定的地层，其下部地层在力学上为相对稳定地层。

（7）邻井钻井复杂分析。按钻井工程施工需要，分段叙述可能钻遇的断层、漏层、超压层、位置和井段等。

556 井：钻至井深 2227.27m（P_1j）下取心钻头于井深 2225m 遇阻，提钻换牙轮钻头至井底时发生井塌，钻具被卡，经上提下放活动钻具解卡，钻井液密度由 1.22g/cm^3 上升为 1.32g/cm^3。

钻至井深 2519.10m（P_1j）发生井漏，共漏失钻井液 30m^3，漏失钻井液密度 1.31g/cm^3。钻至井深 2624.49m（P_1j）发生井漏，共漏失钻井液 40m^3，漏失钻井液密度 1.28g/cm^3。两次井漏均经降低钻井液密度恢复正常。

563 井：钻揭佳木河组时，在井深 2123.13m、2131.91m、2139.53m、2159.96m、2163.49m、2169.92m、2174.62m、2188.64m、2241.80m 发生多次油气侵，经循环钻井液后恢复下正常。

根据邻井复杂情况，结合本区地层结构与岩性分析，预测本井二叠系、三叠系可能发生井漏及油气侵。因此，白 28 井应控制好钻井液性能，严密监测压力变化，提前调整钻井液密度，防止井漏、井喷等复杂情况发生。

（8）作业井段压力窗口预测。白 28 井作业窗口预测见表 2-23。

表 2-23　白 28 井作业窗口预测

井段，m	坍塌压力系数	破裂压力系数	地层压力系数	漏失压力系数	安全密度窗口，g/cm^3
2500~2650	1.10~1.20	1.60	1.35	1.28~1.39	1.20~1.28
2650~3000	1.0	1.60	1.35~1.38		1.38~1.50
3000~3460	0.8~0.9	1.60	1.38~1.43		1.38~1.50

预测 2500~2650m 井段，控压作业的重点是保持井底目标压力平稳，防止井塌与井漏复杂发生；2650~3000m 井段，控压钻井的重点是防漏；3000~3460m，压力窗口不明确，控压作业重点为预防井漏与井涌。

2）施工难点分析

根据邻井克 301 井、克 82 井、克 305 井的物性分析、测井资料、钻井液密度使用情况以及实钻反映出的情况，通过对比分析认为佳木河（P_1j）组顶部地层主要为泥岩或凝灰质泥岩，存在井径相对扩大的现象。

根据 381 井北二叠系佳木河组断鼻圈闭裂缝发育特征及邻井 556 井取心情况，分析认为白28井佳木河组裂缝较发育，发育较多斜劈缝和网状缝，孔隙度为8%~15%。结合邻井556井实钻过程中在2519.10m、2624.49m发生井漏及邻井563井在井段2123~2241m发生多次油气侵，预测本井三开实施钻井作业存在井漏及油气侵的风险。

根据邻井克019、克88、克502等井的钻井液密度使用情况，以及克拉玛依地区钻井试油压力情况，分析认为二叠系有较高压力，三开井段地层漏失压力认识不清，钻遇该地层带来极大的不确定性，增加了钻井的风险。

为保障钻井安全，使用控压钻井技术，利用控压钻井系统配套有高精度质量流量计，在现场通过实时调整套压进行微溢流与微漏失测试，从而准确确定所钻井段地层压力窗口，提高对压力窗口预测困难地层井漏、溢流的处理和控制能力；使用控压钻井技术，在维持井壁稳定的前提下使用低限钻井液密度钻进，防止钻井漏失且有利于实现勘探发现的目标；通过钻井参数监测、自动决策及指令执行，可实时快速发现溢流、井漏，有效控制钻井涌、漏等复杂问题，减少非生产作业时间，增强钻井安全。

3）控压钻井施工

2011年11月2日白28井自井深2611m实施三开控压钻井作业，至11月16日井深3113m停止控压钻井技术服务，控压进尺502m，钻井液密度1.15~1.20g/cm³，井口施加套压0.5~1.2MPa，井底压力当量密度控制在1.25~1.27g/cm³，控压施工过程中压力控制合理，无井涌、井漏等复杂情况发生，实现了钻井安全和勘探开发的目标。

本区块地层裂缝较发育，采用常规钻井，在井筒循环状态下（钻进）和循环停止状态下（接单根、起下钻）井底压力波动大，易发生井涌与井漏，白28井使用控压钻井技术，在控压钻进工况下井口压力波动控制在0.2MPa以内，控压停泵和起下钻工况下井口压力波动控制在0.5~0.8MPa，井底压力波动控制在1.0~1.5MPa，保持井底压力当量密度在控制的范围内，实现了控压钻井的目标。图2-42为控压钻进—停泵压力流量曲线。

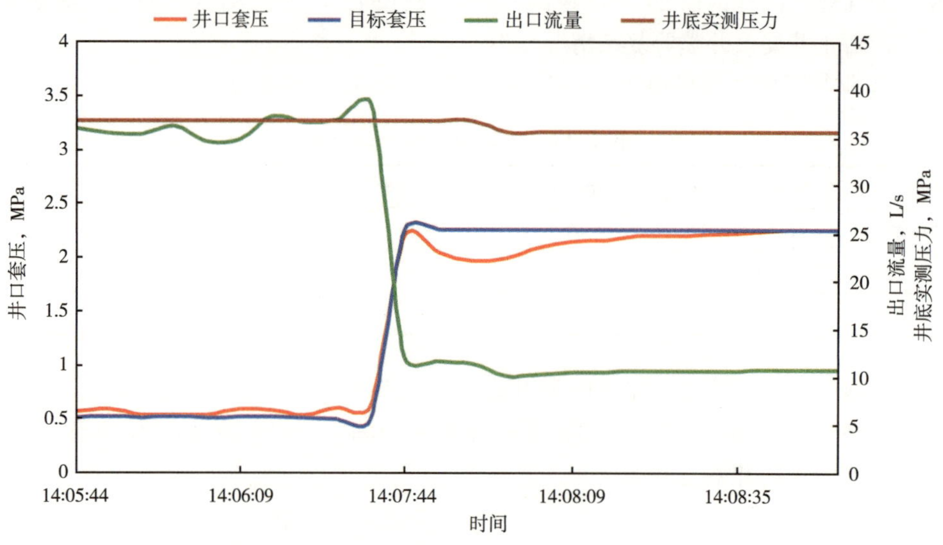

图2-42　控压钻进—停泵压力流量曲线

由于地层漏失压力认识不清，在控压钻井施工过程中利用控压钻井系统配套的高精度质量流量计和随钻井筒压力测量仪进行微溢流和微漏失测试，求得实测地层压力和地层漏失压力，准确确定所钻地层的压力窗口，为控压钻井钻井液密度、井口回压、井底 ECD 等参数的调整及井筒压力的优化控制提供数据支持。图 2-43 为控压钻进至 3012m 时进行微漏失压力测试的曲线图，钻井液密度 1.18g/cm^3，井口回压由 0.7MPa 逐渐试压至 3.8MPa，未发生漏失，根据 PWD 采集井底压力由 37.6MPa 上升为 41.1MPa，计算该地层漏失压力系数为 1.39。

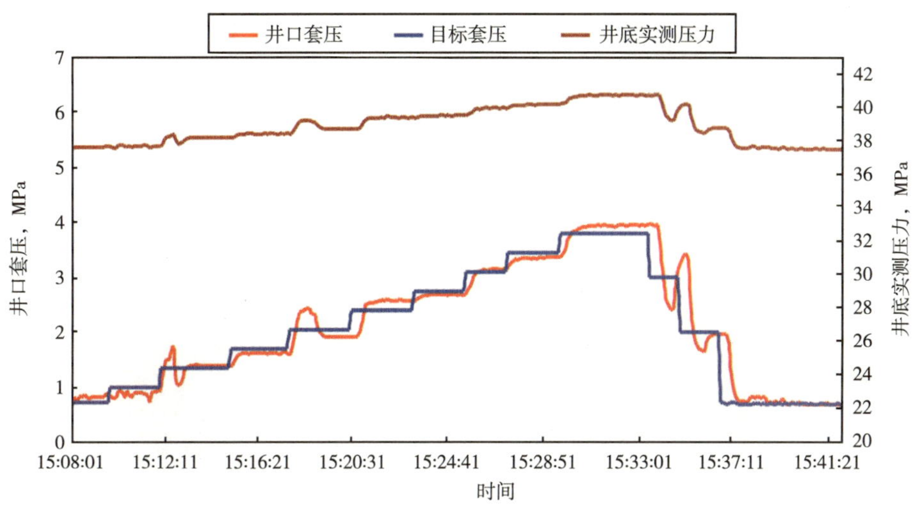

图 2-43 微漏失压力测试曲线

4）应用分析

白 28 井通过使用控压钻井技术，准确确定了施工井段的地层压力窗口，并配合数据监测系统和高精度质量流量计的使用，在整个施工过程中压力控制合理，能够快速发现溢流、井漏等复杂并进行有效控制，确保了施工过程的安全，实现了钻井安全和勘探开发的目标。

四、连续循环钻井技术与装备

连续循环钻井系统能够在接单根或立柱时保持钻井液的不间断循环，因此可以在整个钻进期间实现稳定的当量循环密度和不间断的钻屑排出，避免了停泵和开泵循环时引起的井底压力波动，全面改善了井眼条件和钻井安全。连续循环钻井系统适用于窄密度窗口井、大位移井、水平井，可避免或减少井塌、卡钻等钻井事故，提高机械钻速。

连续循环钻井系统主要由主机、分流装置、液压系统、电控系统等组成。液压系统包括液压站、主机和分流装置阀站等；电控系统包括控制中心、主机和分流装置分站等，液压站和控制中心集中安装在一个液压与电控房内[6]。如图 2-44 所示。

连续循环钻井系统主要技术参数如下：

主机开口通径：9in；

适用钻杆规格：3½~5½in；

最大工作压力：35MPa；

最大循环流量：≥ 3000L/min；

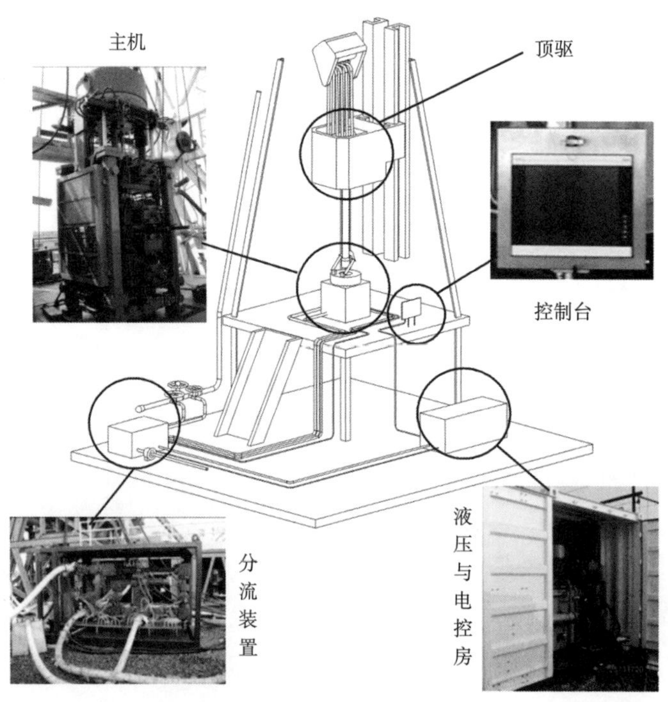

图 2-44　连续循环钻井系统组成

主机外形尺寸：1.8m×2.0m×3.6m；

平衡补偿起下力：600kN；

最大旋扣扭矩：10kN · m；

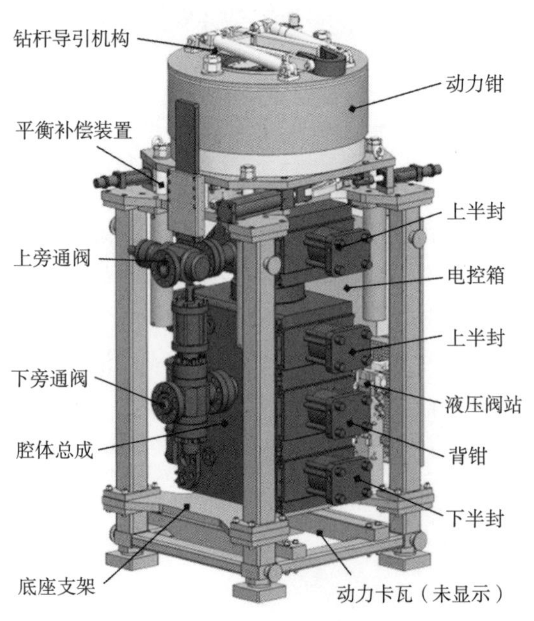

图 2-45　主机总体结构

最大旋扣转速：40r/min；

最大上扣扭矩：67kN · m；

最大卸扣扭矩：100kN · m；

最大悬持载荷：2250kN；

液压系统工作压力：21MPa；

系统总功率：90kW。

1. 主机

主机是连续循环钻井装置的核心设备，主要部件包括钻杆导引机构、动力钳、腔体总成、平衡补偿装置和动力卡瓦等，如图 2-45 所示。

主机具有两大功能：一是通过关闭腔体总成上、下半封将钻杆接头封闭在压力腔内，在钻杆接头分离后，利用中间全封开合来控制上、下压力腔室的连通与隔离，并与分流装置配合动作，完成压力腔内钻井液通道的切换；二是利用动力钳、平衡补偿装置、腔内背钳和动力卡瓦的协同动作，在压力腔内实现钻杆的自动上卸扣操作。

（1）钻杆导引机构。钻杆导引机构由支撑油缸、回转臂和导引器组成，如图 2-46 所示。钻杆导引机构用于引导钻杆与主机腔体中心对中，有利于提高加接钻杆的速度和效率。

（2）动力钳。动力钳主要由夹紧机构、上卸扣机构、旋扣机构和壳体四部分组成，如图 2-47 所示。其主要功能是：①利用夹紧机构夹紧钻杆，根据钻杆上卸扣扭矩要求调整夹紧力；②利用上卸扣机构实施上卸扣操作，根据钻杆规格调整上卸扣扭矩；③利用旋扣机构驱动钻杆回转旋扣，根据需要调整旋扣转速。

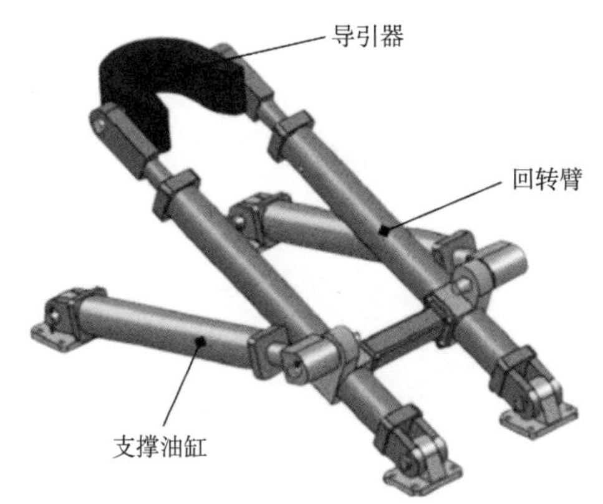

图 2-46　钻杆导引机构

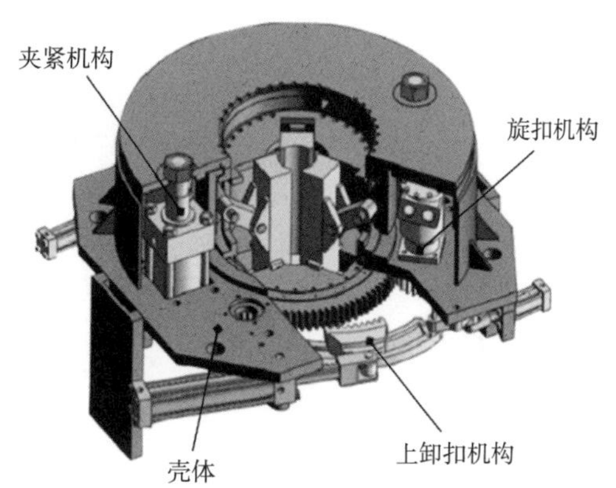

图 2-47　动力钳

（3）腔体总成。腔体总成由上半封、全封、背钳和下半封组成。当关闭上、下半封闸板时，腔体总成内部就形成了一个密闭压力腔，当中间全封闸板闭合时，密闭压力腔就被分隔为上、下两个腔室，背钳用于夹持钻杆母接头，可通过更换牙座和牙板夹持 $3\frac{1}{2}\sim5\frac{1}{2}$in 钻杆接头。两个旁通孔上的旁通阀通过高压胶管与分流装置连接。

（4）平衡补偿装置。平衡补偿装置由四个油缸组成，其缸体对称固定安装在底座支架的上连接板上，而活塞杆则与动力钳壳体的底板连接，通过四个油缸驱动动力钳升降，使其能够克服钻井液上顶力等外部阻力，强行驱动钻杆平稳上、下运动，在确保螺纹不受损伤的情况下，完成钻杆接头的准确对扣与上卸扣操作。

（5）动力卡瓦。动力卡瓦外形结构如图 2-48 所示，动力卡瓦安放在转盘补心上，在动力卡瓦的壳体上设置有卡槽，卡槽放置在底座支架的承载梁上。动力卡瓦具有以下两大功能：一是承受整个钻柱重量；二是平衡钻井液上顶力作用，消除上顶力对主机的不利影响。

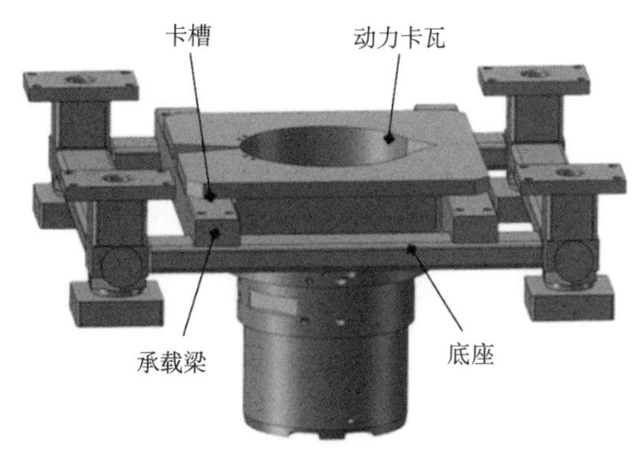

图 2-48　动力卡瓦

2. 分流装置

分流装置采用集成化设计、立体组装，整个设备安装在单独的框架上，其结构如图 2-49 所示，其中液动平板闸阀用于控制管道通断，液动节流阀用于控制流量，减小切换时循环压力波动。分流装置具有充填、增压和分流切换功能，采用电液控制方式，可实现立管和旁通两个钻井液通道的无扰动切换。

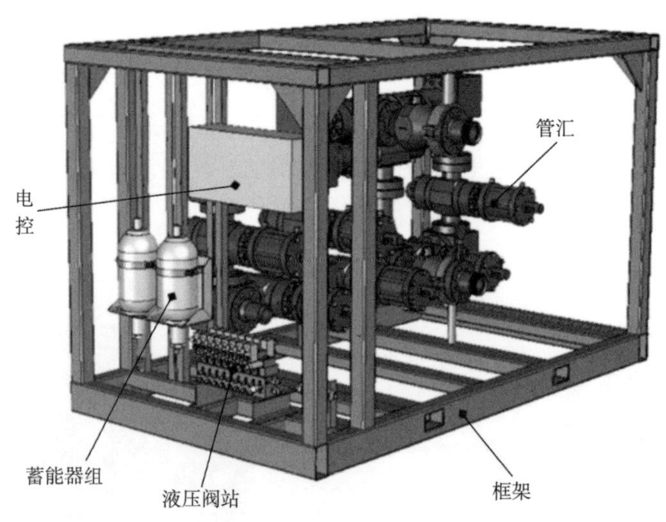

图 2-49 分流装置结构

3. 液压系统

液压系统分为液压站、主机阀站和分流装置阀站三部分，其结构如图 2-50 所示。液压站配备有泵组、控制阀组、冷却/加热装置以及油箱等；主机阀站用于控制钻杆导引机构、动力钳、平衡补偿装置和腔体总成等；分流装置阀站则用于控制液动平板闸阀和液动节流阀。液压系统采用电磁/比例控制方式，通过电控系统实现远程操作和自动控制。

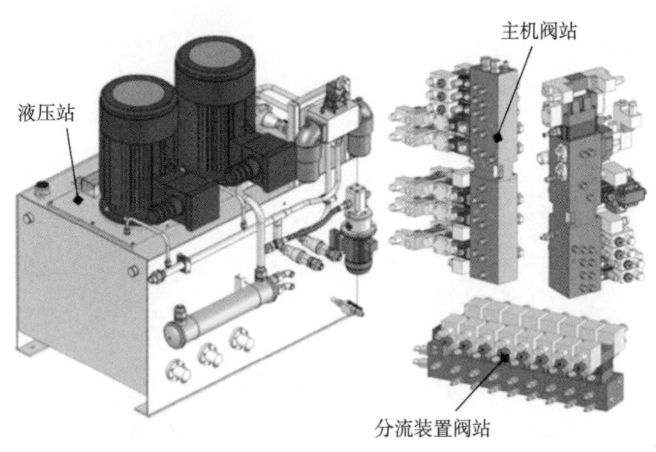

图 2-50 液压站与阀站

4. 电控系统

如图 2-51 所示，具有参数检测、显示，动作指令发布、反馈，安全监控、互锁等控制功能。控制台由一台触摸屏和一台远程屏组成。控制台既可以实时显示系统的各种状态参数和信息，还可以输入控制指令，便于远程遥控。控制中心包括一台工控机和一个 PLC 冗余总站，工控机与冗余总站之间通过以太网进行通信，而冗余总站则利用总线与主机、分流装置上的分站建立信号连接。

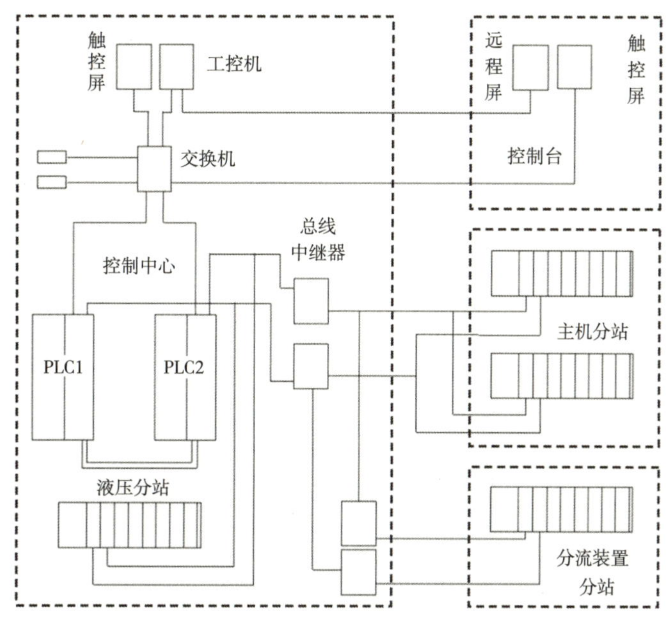

图 2-51　电控系统配置

第三节　钻井工程设计和工艺软件

中国石油石油勘探开发呈现全球化特点，钻井施工区域遍布世界各地，并广泛分布于沙漠、沼泽、丘陵、山区、海洋等复杂地表和复杂地下地质条件，钻井施工的复杂程度和钻井施工过程的不确定性，对钻井工程设计、风险分析与控制技术提出了更高的要求，复杂井的钻井工程数据分析、钻井风险分析与控制、钻井方案实时优化等，都需要钻井工程设计软件提供技术支撑，钻井工程设计软件在提高钻井效益、增强钻井作业安全等方面发挥着越来越重要的作用。中国石油集团钻井工程技术研究院与中国石油各大钻探公司、石油高校联合研发的钻井工程设计和工艺软件包括钻井工程设计集成系统、钻井工程专用分析软件、钻井实时监控与技术决策系统、钻井工程软件集成平台等，具有钻井数据管理、钻井工程设计、钻井专用分析及工程计算、钻井风险实时监控和预测等特色功能，可以进行全面的钻井方案设计、工程计算和工艺分析[7,8]。

一、钻井工程设计集成系统

钻井工程设计集成系统（图 2-52）是一套面向钻井工程设计部门，辅助钻井工程师完成直井、定向井、水平井等多种井型工程设计的钻井系统软件。系统基于钻井工程软件平台架构和统一的数据库，遵循中国石油勘探与生产分公司的钻井设计文本，结合中国石油各个油田的最新钻井设计格式要求，优化钻井设计流程、细化软件设计界面，提高了钻井设计数据的使用效率。具有井眼轨迹设计及防碰扫描、井身结构编辑与绘图、套管柱设计及下套管分析、钻头及钻井参数设计、钻柱设计及阻力扭矩分析、钻井液与完井液设计计算等功能，可根据用户需要自动生成定制格式的钻井工程设计文本[9]。现场应用表明，软件的功能模块和计算准确性与国际同类钻井软件相当，可满足钻井工程设计与分析要求。该钻井工程设计集成系统提高了我国钻井工程设计和工艺软件的自主创新能力和原创性技术研发能力，增强了中国石油钻井工程核心竞争力，可以促进中国石油钻井技术的信息化、自动化和智能化。

图 2-52 钻井工程设计集成系统登录界面

1. 钻井工程设计集成系统研发思路

结合计算机技术的发展现状和未来软件发展趋势，钻井工程设计集成系统选择了 .NET 技术，延续性较好。.NET 的 WPF 和配套的 Prism 框架较为符合钻井软件开发的需求。WPF 是在 .Net 3.0 开始提供的新一代图形系统，为用户界面、2D/3D 图形、文档和媒体提供了统一的描述和操作方法。WPF 基于 DirectX 技术，可以充分利用图形硬件加速功能。

集成系统采用数据层—平台层—应用层 3 层架构设计，有效地将计算机与钻井专业知识结合，降低了软件开发难度，延长了软件生命周期。设计特点是采用基于构件的多层软件架构，利用模块化方法，将复杂的难以维护的系统分解为互相独立、协同工作的构件，在计算模块开发时可直接调用这些构件。

该架构设计为软件的应用和普及提供了诸多便利，优点如下：

（1）统一的数据底层。采用先进的 Entity Framework 软件技术，开发类似于 EDM 服务的统一的数据访问层，为上层应用提供统一的数据访问接口，开发效率较高，易于学习和维护。

（2）模块化集成平台框架。在统一的底层数据库及 Prism 的模块化框架基础上，结合先进的界面组件库，实现了具有现代风格的窗口化集成框架，支持模块化方法挂接，各种不同的钻井设计及工艺算法可以按照模块的方式灵活挂接，集成到统一的平台。

2. 钻井工程设计集成系统主要模块

钻井工程设计集成系统开发了丰富的软件模块，包括五大软件功能模块及其 7 个钻井设计计算应用软件和工作包。

1）钻井设计项目管理模块

钻井设计项目管理模块主要是项目设计井基本信息管理、井权限管理、设计专业组工作权限分配、设计专业组人员信息管理。项目设计井基本信息管理用于管理待设计井信息；井权限管理用于分配待设计井设计任务；设计专业组工作权限分配用于分配不同专业组可以浏览或修改的信息；设计专业组人员信息管理用于管理设计人员基本信息及所属专业。利用该模块件可进行设计任务分配，设计过程结果实时审查，动态管理设计进度，实现钻井设计管理计算机化。

2）井数据管理导航模块

井数据管理导航模块包括井浏览器、邻井井号选择、数据备份、数据回放模块。井浏览器用于新建、选择、删除当前井的设计方案。邻井井号选择用于设置条件，让软件自行选择符合条件的邻井作为数据横向传递的资料井，也可通过人工操作，再一次对符合条件的井进行筛选。数据备份是有数据管理权限的账户可以直接通过对 SQL Server 数据库数据进行备份操作，降低使用者对数据库操作技术的要求。数据回放用于还原已备份的数据，确保特殊情况下（如服务器死机、突然断电等）的数据安全。

3）钻井设计计算应用模块

根据钻井工程设计需求开发，包括 7 个重点计算模块，主要功能详见表 2-24。

表 2-24 钻井工程设计集成系统主要模块

计算模块	功能	备 注
井眼轨道设计及防碰扫描计算模块	靶区编辑与计算	满足不同井型（直井、定向井、水平井）对于不同靶区的录入及实时图形化显示需求
	井眼轨道设计	涵盖常用的二维、三维轨道设计模型，能够根据不同需要实现全井设计和逐点设计，实现定向井、水平井等井眼轨道设计及图形化显示
	实钻数据编辑与处理	具有文本数据导入和 Excel 数据导入功能，满足现场计算需要
	防碰扫描分析	具有邻井扫描、邻井选择、防碰计算及图形化显示功能，实现多井防碰计算和分段防碰计算
井身结构编辑与绘图模块	井身结构设计	可完成常规井身结构设计，也可完成尾管完井、筛管完井和多级注水泥等设计
	井身结构绘图	可完成直井、定向井、水平井等井身结构绘制，并可根据用户需要进行标注
套管柱设计及下套管分析计算模块	套管柱设计	抗挤设计时，提供了单向应力等 3 种强度计算方法；计算有效内压时，考虑了管外流体类型为钻井液、盐水、清水和试压注气 4 种情况；抗拉设计时，给出了考虑浮力和不考虑浮力两种情况
	套管扶正器设计	提供了扶正器安放位置和扶正器指定位置两个计算模块，可以在套管柱处于不同运动状态（下入、上提及静止）下进行套管扶正器设计
	下套管过程摩阻与井口载荷预测	可在套管处于不同运动状态（下入、旋转下入）和变密度情况下计算摩阻和预测井口载荷

续表

计算模块	功能	备　注
钻头及钻井参数设计计算模块	钻头设计	设计钻头尺寸、型号，通过进尺和钻进时间计算机械钻速
	钻井参数设计	包括钻进参数设置和水力参数设计，钻进参数主要设置钻压、转速、排量和立管压力等，水力参数设计考虑了流体的幂律模式等 5 种流变模式和不同喷嘴组合方式，给出了常见的喷嘴组合类型
钻柱设计及阻力扭矩分析计算模块	钻具组合设计	提供两种设计思路：一是选择常用钻具组合数据字典或邻井的整套钻具组合；二是通过钻具数据字典，快速编辑非常规或有特殊要求的钻具组合
	钻具组合强度校核	运用拉力余量法，在钻柱的不同运动状态下，对各套钻具组合依次进行抗拉、抗挤、抗扭等强度校核分析（图 2-53）
	钻柱载荷计算	实现钻柱在不同运动状态下，对钻柱轴向载荷、扭矩、侧向载荷的计算
	起下钻井口载荷预测	模拟出钻柱在不同运动状态下井口载荷及井口扭矩的情况
钻井液与完井液设计计算模块	钻井液设计	包括钻井液配方设计、钻井液参数设置和处理及维护方法，满足了常规钻井液设计要求，实现了同一开次不同配方、同一配方、不同体系的钻井液设计特殊要求
	钻井液用量计算	根据不同油田情况，采用相应的钻井液用量计算方法，同时计算时还考虑了剩余固相率和稀释参数等因素
水泥浆及前置液用量计算模块	水泥浆设计及用量计算	实现水泥浆配方设计、水泥浆参数设置，满足包括多级注水泥在内的水泥浆设计，还考虑了复合井眼、复合套管、多级注水泥等情况下的环空体积计算
	前置液设计及用量计算	实现前置液配方设计和前置液相关参数设置，前置液用量计算考虑了复合井眼、复合套管、多级注水泥等情况下的环空体积计算

4）设计文本编辑及标准化输出功能模块

以中国石油勘探与生产分公司油勘【2013】141、173 号文件通知的钻井设计文本格式及各个油田的最新钻井设计文本格式为蓝本，构建一套完整的数据库系统，实现了不同类型的钻井工程设计文本标准化输出。根据钻井工程设计工作流程将钻井设计文本数据分为封面、设计扉页、审批扉页、设计依据、井眼轨迹设计、井身结构设计、钻井液与完井液设计、固井与完井设计、工程设计、SHE、生产资料及施工设计要求，每部分的数据纵向继承与选择性横向继承都做了多次优化处理，确保在不同的设计要求情况下都能够按需求进行数值传递，帮助设计者在尽量短的时间内高效完成设计任务，且不容易因失误输错数据。可根据用户需要，自动生成用户定制格式的钻井工程设计文本，减少烦琐的文档编辑，提高设计效率。

5）设备材料数据编辑导航模块

针对施工现场的材料数据进行个性化编辑存储，灵活修改设备材料信息，方便设计与管理。具体包含钻铤、钻杆、套管、钻机、地层代码、主要钻井液材料、水泥浆材料等数据。

3. 钻井工程设计集成系统主要特色

（1）开发架构先进、软件风格独特。钻井工程设计集成系统采用 Visual Studio 平台最新的 Windows Presentation Foundation 框架，在界面设计、控件设计方面灵活性强，软件界

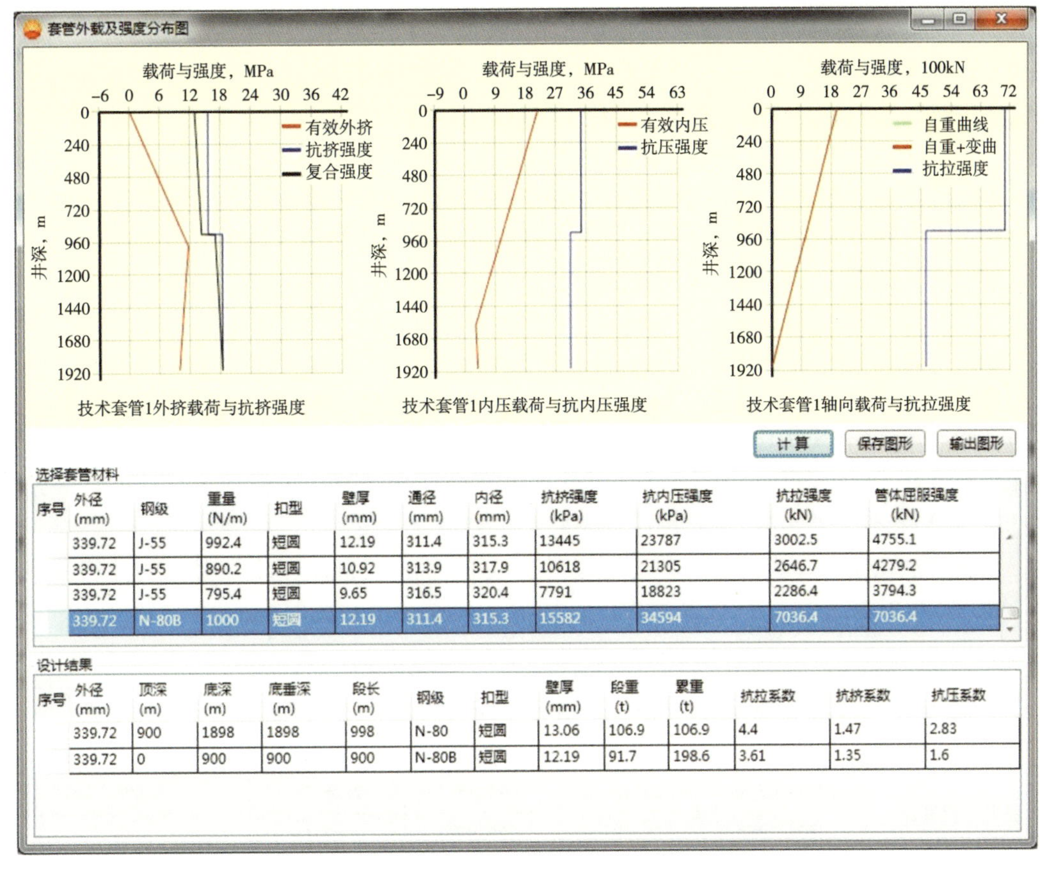

图 2-53　钻井工程设计集成系统套管柱强度校核图

面美观，人机交互反馈较好。突破传统工程计算软件设计风格，所有页面均采用主流文本软件输入风格，用户容易上手。

（2）科学配置的软件功能，满足了设计要求及计算机化管理。钻井工程设计集成系统除配置了满足钻井设计要求的功能外，还增加了项目设计井基本信息管理、井权限管理、设计专业组工作权限分配、设计专业组人员信息管理。实现了设计任务分配，设计过程管理、设计结果提交的计算机化管理。

（3）设计方法与规范兼容，符合国际惯例。钻井工程设计集成系统设计轨迹计算方法和设计模型符合 SY/T 5435《定向井轨道设计与轨迹计算》及国际惯例；套管柱设计符合 SY/T 5724《套管柱结构与强度设计》；钻井水力学设计符合 SY/T 6613《钻井液流变学与水力学计算程序推荐作法》，设计符合现场引用要求。

（4）兼容各类钻井工程设计，设计结果符合规范。钻井工程设计集成系统满足现场对不同井别（探井、开发井）、不同井型（直井、定向井、水平井）、不同井组类别（单井、分支井、丛式井、SAGD 水平井等）的不同钻井工程设计要求，提供配套的钻井工程设计软件模型；拥有多方案设计功能，以实现对同一井眼的多方案设计要求。特别是钻井环境数据建模功能模块提供了多项扩展软件的链接，实现丰富的数据交换功能，可进一步拓展软件功能。

（5）设计效率高、操作失误低。钻井工程设计集成系统数据库，实现最佳的纵向继承（本井数据传递）及横向继承（邻井数据选择性传递）工作程序，最大限度地降低人为机械操作；系统在统一的数据库平台下运行，确保数据可靠，运行稳定；避免了使用多套软件设计需要进行数据的多次导入、导出，加快了设计速度，减少了数据的重复录入和录入错误。

（6）具有强大的井身结构示意图。钻井工程设计集成系统可满足复合井眼、复合套管、多级注水泥、尾管完井、筛管完井、裸眼完井套管回接、多层次套管等复杂结构的井身结构设计，设计示意图自动生成。钻井设计文本插图自动绘制，满足各种井型设计插图的绘制要求，降低了设计人员的劳动强度。

4. 钻井工程设计集成系统应用情况

2011年钻井工程设计集成系统成为中国石油十大工程技术利器之一，截至目前，钻井工程设计集成系统在辽河油田、新疆油田、大港油田、大庆钻探、长城钻探、渤海钻探等单位共完成1650井次现场测试应用。应用结果表明，软件计算准确率高，功能模块全面，操作界面友好。与国际领先的Landmark软件钻井设计功能对比表明，本软件的设计功能和计算结果与之相当，且更满足国内用户钻井工程设计需求。

以新疆油田某口井为例，钻井工程设计集成系统和Landmark软件对比的计算结果见表2-25和表2-26。

表2-25　新疆油田某口井三维五段制轨迹设计对比结果

钻井软件名称	井深，m	井斜角，(°)	方位角，(°)	垂深，m	全角变化率，(°)/30m
钻井工程设计集成系统	2500	0	75.85	2500	0
	2639.07	23.18	75.85	2635.31	5
	2804.78	23.18	75.85	2787.65	0
	3349.85	87.93	231.74	3171.47	6
	4845.48	87.93	231.74	3225.49	0
Landmark软件	2500	0	0	2500	0
	2639.03	23.17	75.86	2635.27	5
	2804.81	23.17	75.86	2787.68	0
	3349.85	87.93	231.74	3171.47	6
	4845.48	87.93	231.74	3225.49	0

表2-26　新疆油田某口井套管强度校核精度对比

套管程序	井段 m	尺寸 mm	长度 m	钢级	壁厚 mm	抗外挤安全系数		抗内压安全系数		抗拉安全系数	
						钻井工程设计集成系统	Landmark软件	钻井工程设计集成系统	Landmark软件	钻井工程设计集成系统	Landmark软件
表层套管	0~2198	339.72	2198	P-110	18.26	1.71	1.71	2.04	2.04	5.33	5.33
技术套管	0~4098	244.47	4098	C-90	19.05	1.20	1.20	1.13	1.13	2.55	2.54
回接技套	0~3948	193.67	3948	T-95	20.32	1.51	1.51	1.19	1.19	2.90	2.88
钻进尾管	3948~5528	177.8	1580	Q-125	14.99	1.17	1.17	4.39	4.75	9.54	9.49
生产尾管	5378~6178	127	800	Q-125	12.7	1.22	1.22	10.31	10.28	19.08	19.06

由表 2-25 可以看出，钻井工程设计集成系统与 Landmark 软件在井眼轨道设计方面的计算结果一致，只存在舍入误差。

由表 2-26 可以看出，钻井工程设计集成系统与 Landmark 软件在套管强度校核方面，计算的安全系数完全一致。

以应用实例可以得出如下结论：

（1）钻井工程设计集成系统是一套具有自主知识产权的钻井工程设计软件，支持设计过程网络化管理，实现了任务分配、过程管理、设计提交网络化，提高了钻井工程设计计算机化应用水平；同时，支持复合井眼等复杂井身结构条件下的钻井设计和特殊水平井“工厂化”的钻井设计；形成了面向钻井软件的开发平台及一体化数据库，可作为开发其他钻井软件的技术基础；软件界面友好，设计过程与编写钻井工程设计书的流程一致，完成设计即可得到符合标准的钻井设计文本。

（2）钻井工程设计集成系统的现场应用表明，该软件遵循了中国石油不同井别（探井、开发井）、井型（直井、定向井、水平井）的钻井设计要求，满足了油田单位的钻井设计需求。

（3）钻井工程设计集成系统提高和增强了中国石油钻井工程设计书自动化水平、钻井设计管理过程标准化程度、钻井工程数据利用效率，进一步保障了中国石油钻井数据信息安全，提高了我国石油钻井工程软件的自主创新能力和原创性技术研发能力，为我国石油钻井技术的信息化、自动化和智能化发展提供了有力的技术支持。

二、钻井工程专用分析软件

中国石油集团钻井工程技术研究院联合中国石油集团长城钻探工程有限公司、中国石油集团大庆钻探工程公司、中国石油大学（北京）、西南石油大学、东北石油大学、长江大学共同承担了国家科技重大专项“钻井工程设计和工艺软件”课题，研发了钻井工程专用分析软件，主要包括井身结构设计与分析系统、井眼轨道设计与分析系统、钻井液设计与分析系统、固井设计与分析系统、井控设计与分析系统、钻井周期成本分析系统、岩石力学分析系统、地层压力预测分析与监测系统、钻柱力学分析系统、欠平衡/气体钻井设计与分析系统、钻井数据仓库与数据挖掘系统。

1. 井身结构设计与分析系统

井身结构设计与分析系统的主要功能模块包括井身结构数据管理、地层压力数据导入与剖面绘制、套管层次与下深设计、井身结构安全性等。

井身结构设计与分析系统可通过自上而下和自下而上两种方法设计钻头下深、套管下深、优选钻头与套管配合尺寸，与 landmark 井身结构设计模块 CasingSeat 功能一致，满足了油田井身结构设计需求（图 2-54）。此外，本软件创新性地开发了井身结构安全性分析模块，可对井漏、井涌、井塌、卡钻安全性进行风险分析。

井身结构设计与分析系统在吉林油田查 58-3 井、查平 4 井、伏 12-37 井、伏 242 井、乾 247 井、乾平 20 井、让平 9 井等井进行了现场应用。应用结果表明，井身结构设计与分析系统满足油田钻井工程设计与分析需要，计算结果符合工程设计要求，有助于提高井身结构设计的便捷性和科学性。

2. 井眼轨道设计与分析系统

井眼轨道设计与分析系统（图 2-55）包括井眼轨道设计、实钻轨迹测斜计算、防碰

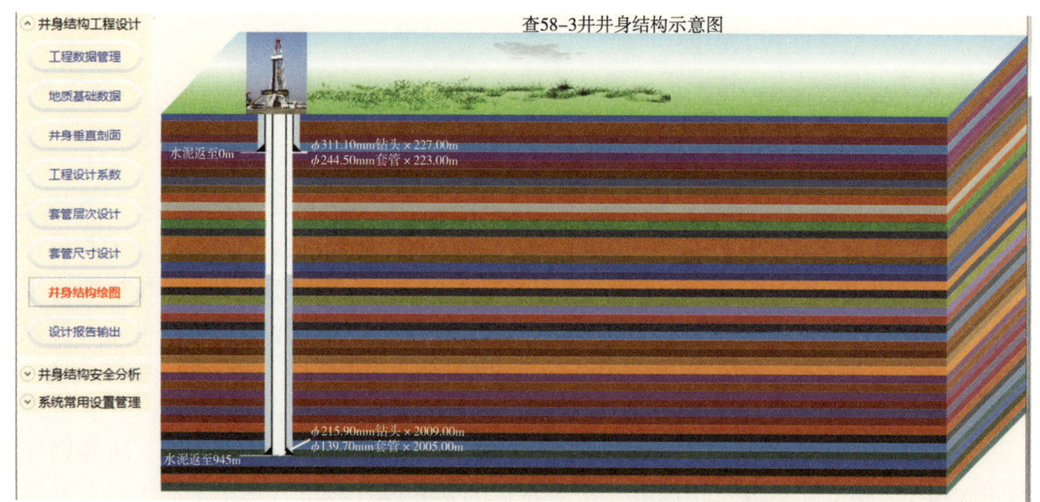

图 2-54　井身结构设计与分析系统绘制的井身结构图

扫描分析三大功能模块，具有适用于直井、定向井和水平井的轨道设计、实钻轨迹计算和防碰扫描分析等功能；系统在三维柱面井眼轨道设计中，改进了水平投影图与垂直剖面图设计结果的结合方法，可适合任意多个段数组合的问题。

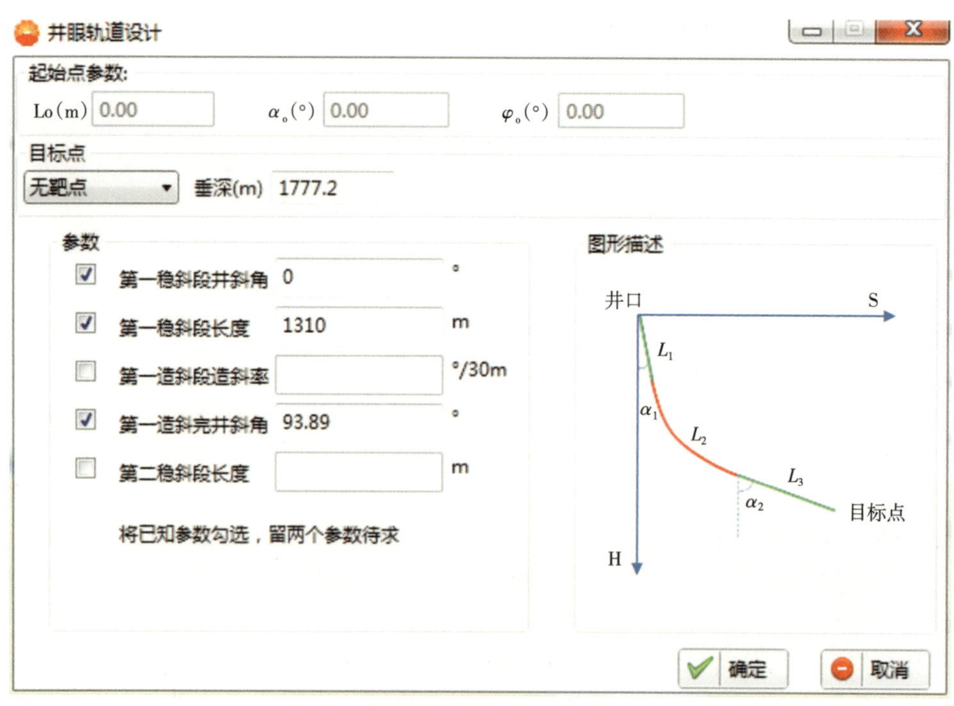

图 2-55　井眼轨道设计与分析系统界面

井眼轨道设计与分析系统实现了两个创新点：(1) 建立了无约束轨道设计方法，即采用分段设计思想，对每段轨道进行单独设计，这样能够实现多靶点、对分支和多侧钻井轨道设计，不受到靶点数量、分支数量和侧钻井数量的限制，能应对各种复杂井设计；(2) 改进了柱面轨道设计方法，即在三维柱面井眼轨道设计中，利用圆柱螺线插值模型的优化方法，改变了双图法设计方法中水平投影图、垂直剖面图设计结果的结合方式，避免了原方法出现的组合爆炸现象。

井眼轨道设计与分析系统在吉林油田长深平 8 井、长深平 12 井、长深平 14 井等井进行了现场试验和应用，在应用过程中，计算结果比较准确，操作方便、能够满足工程需求。

3. 钻井液设计及分析系统

钻井液设计及分析系统（图 2-56）的主要功能模块包括油井钻井液设计、邻井数据查询、钻井液常用计算、作业数据采集、作业数据上传、作业数据分析、作业报表输出和知识库管理等。

钻井液设计与分析系统能根据输入的基础数据，对油井所使用的钻井液体系、性能、配方进行设计，并能计算材料费用，输出设计文档。该系统形成了 3 个主要创新点：(1) 建立了目前国内数据类型最多、数据较全的钻井液数据库；(2) 建立了基于数据仓库的多维数据分析模型，为系统提供良好的分析环境，克服了传统数据库技术的信息系统分析能力不足；(3) 所建立的系统软件架构，实现了异构数据的有效集成，增强了系统和数据的共享性、扩展性和维护性。

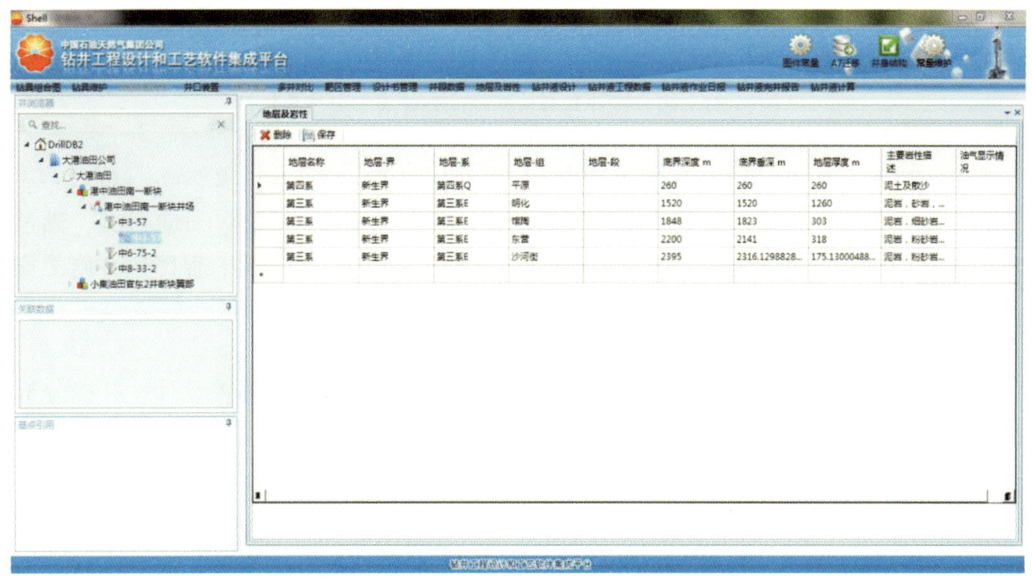

图 2-56 钻井液设计及分析系统界面

钻井液设计与分析系统在中国石油集团渤海钻探工程公司泥浆技术服务公司得到有效应用，推广应用 67 口井，与现场工程符合度达到 90%。

4. 固井设计与分析系统

固井设计与分析系统（图 2-57）包括基础数据模块、固井工程设计模块、固井事后分析模块和固井数据库模块。

固井设计与分析系统可用于常规井、水平井、深井超深井、含塑性蠕变地层井、小井眼井等多种井型的套管柱强度设计、套管居中设计、下套管设计与模拟、管串结构设计、固井流体性能设计、用量计算、注水泥流变性设计、注水泥模拟、气窜预测、挤水泥设计、固井工程事后分析，并可输出符合石油天然气行业标准的固井施工设计报告、固井施工报告及固井工程事后分析报告，能满足现场固井工程设计与施工的需要。应用该软件功能模块可提高注水泥施工设计的科学性与准确性，能较好地满足固井施工设计需要。

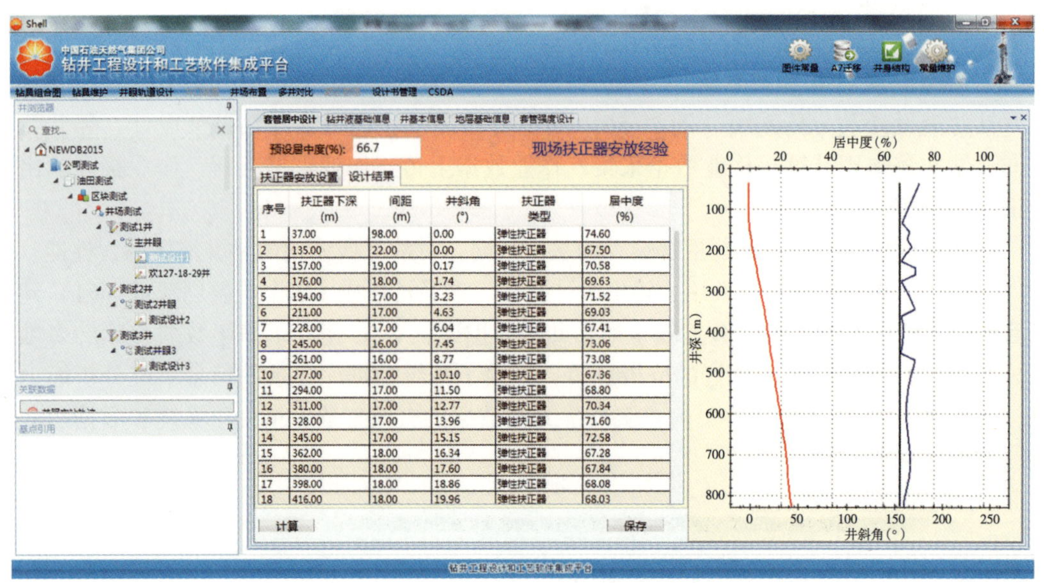

图 2-57　固井设计与分析系统的套管居中设计界面

固井设计与分析系统在辽河油田高古 15 井、奈 1-58-k54 井、锦 2-2-A115 井等 75 口井进行了现场应用。应用结果表明，固井设计与分析系统功能全面，计算准确，满足固井施工设计与分析需要，为固井设计人员提供了便捷有效的计算工具，保障固井施工安全和提高固井质量。

5. 井控设计与分析系统

井控设计与分析系统（图 2-58）包括系统管理、数据管理、井控设计、井控分析和压井设计这五大功能模块。

井控设计与分析系统可进行数据库基本信息操作；维护、游览设计井的地质分层数据、地层三压力剖面数据、井身结构设计（实钻）数据、钻具组合使用设计（实钻）数据、钻具组合组件设计（实钻）数据、钻井液性能设计（实钻）数据、各层次套管串结构设计（实钻）数据；进行井控设计、井控分析、压井设计；并输出符合石油天然气行业标准的压井施工设计报告，能满足现场井控设计与施工的需要。

井控设计与分析系统已在塔里木、四川和准噶尔等盆地复杂深井钻井设计和现场施工作业分析中进行了 56 井次应用，符合率达到 80%以上。

6. 钻井周期成本分析系统

钻井周期成本分析系统（图 2-59）包括钻井周期预测子系统和钻井成本预测子系统。钻井周期预测子系统包括周期预测项目模板建立与维护、周期预测算法建立与维护、周期定额数据建立与维护、单井周期预测、历史井数据管理五大功能模块；钻井成本预测子系

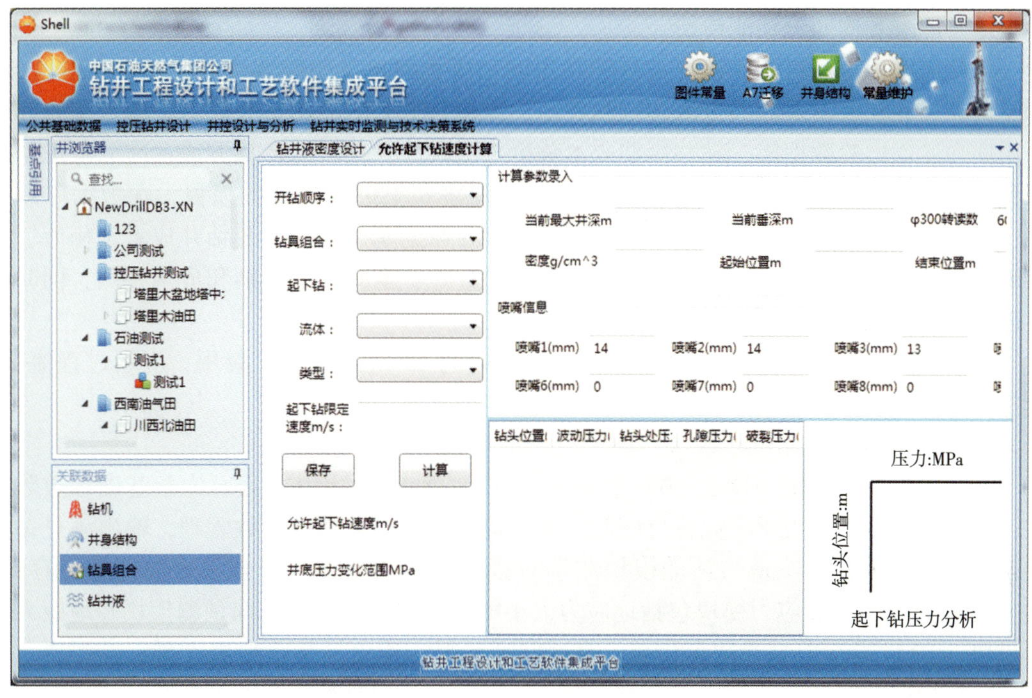

图 2-58　井控设计与分析系统界面

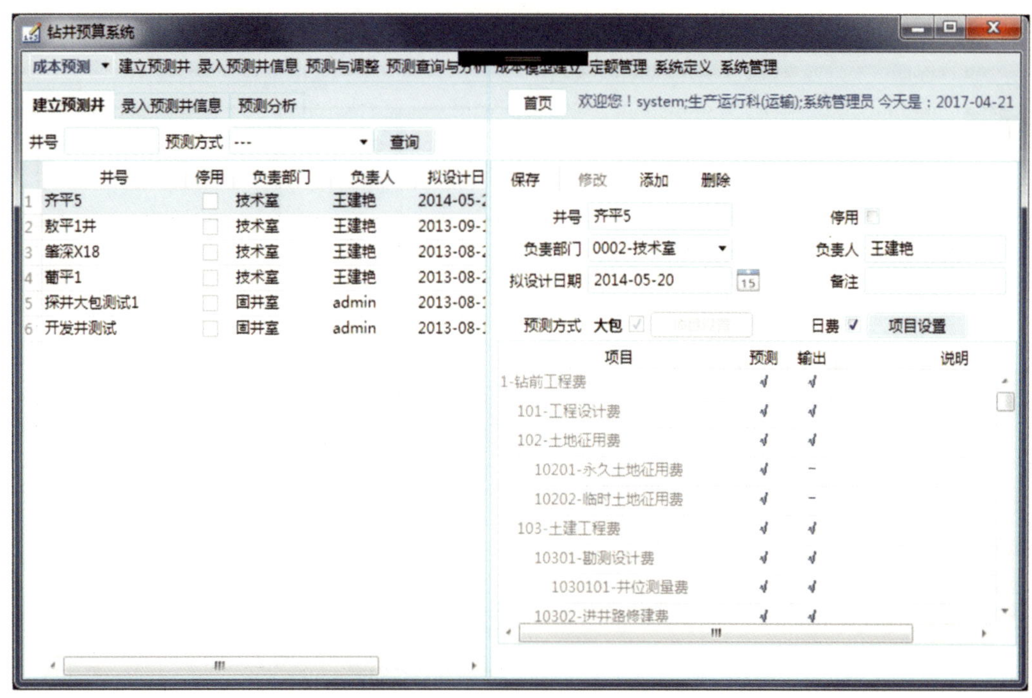

图 2-59　钻井周期成本分析系统

统包括成本预测项目模板建立与维护、成本预测算法建立与维护、成本定额数据建立与维护、单井成本预测四大功能模块。

钻井周期成本分析软件系统支持钻井周期和成本项目及预测算法的灵活设置和变动，以及钻井周期和成本定额的灵活调整和变动，并建立了大庆油田钻井成本定额数据库和钻井周期和成本经验数据库。钻井周期成本分析系统软件，在软件计算方法上充分考虑了不同井型周期成本预测方法与内容的不同，并分别建立了可以勾选的模板，在数据库编辑上，根据单井关键数据分别建立了钻井周期历史井数据库、定额库及钻井成本定额库、材料库。适用于探井、开发井、评价井等井别下的直井、定向井的周期和成本预测，同时还可以对预测数据进行周期及成本分析。

利用钻井周期成本分析系统软件对设计完成的43口井进行了应用，应用过程流畅，软件可操作性强，具有操作简单，数据处理及维护方便的特点。

7. *岩石力学分析系统*

岩石力学分析系统（图2-60）主要包括如下功能模块：（1）岩石力学基础参数数据库：形成了具有岩石力学专业特色的数据库，实现岩石力学基础参数管理，输出满足钻井设计的针对性数据，实现与功能模块成功对接，方便数据录入查询，提取计算与存储。（2）地应力模块：地应力模块包括地应力大小解释模块，地应力方向预测模块和地应力反演模块。（3）岩石力学参数多信息、多井联动解释：建立了复杂地层（砾石、泥岩、盐膏岩、裂缝性地层）岩石力学参数解释模型及求解参数数据库，开发了多井联动岩石力学参数解释功能，增加了软件的交互性。（4）井壁稳定模块：形成一套功能全面与地层压力系统相结合的井壁稳定分析流程，可直接从岩石力学数据库调用测井数据和解释数据，分

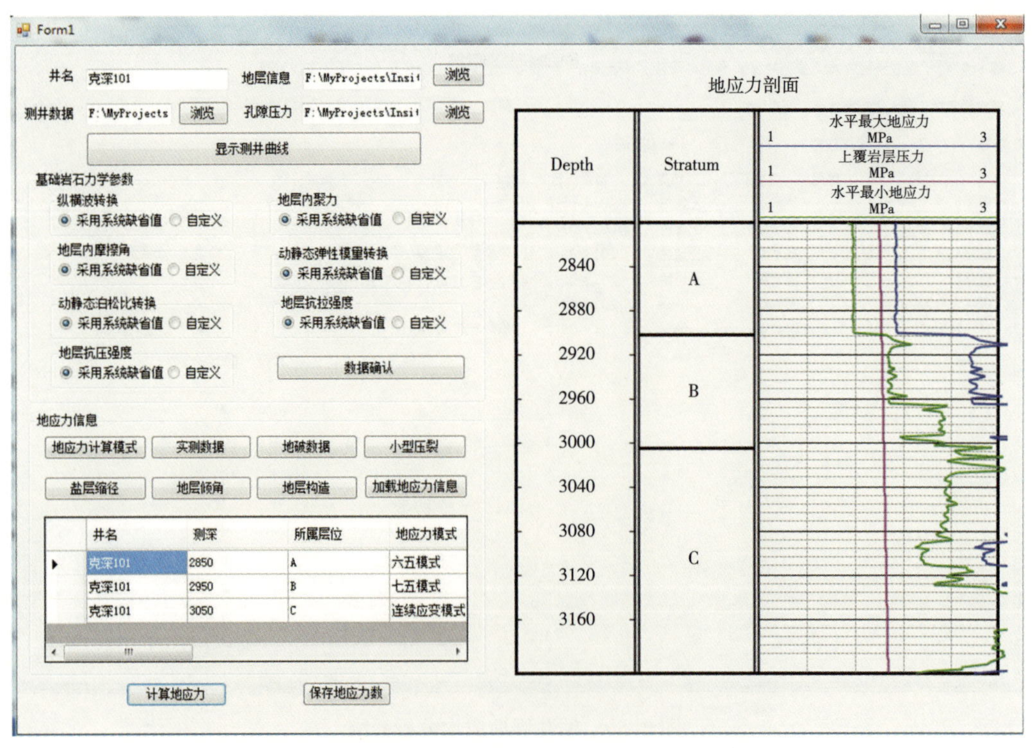

图2-60　岩石力学分析系统地破试验曲线解释地应力

层段优选应力—应变模型与破坏模型，结合单点分析调整参数设置，获取各层段井壁稳定分析结果。

岩石力学分析系统利用全井段测井数据进行分层的孔隙压力、坍塌压力和破裂压力计算以及定向井井壁坍塌和破裂风险分析。系统可用于解决当前深井、超深井钻井碰到的岩石力学难题，分析井眼轨迹对定向井井壁稳定的影响，建立盐膏层钻井液密度图版，并对岩石的可钻性做出预测分析。本系统主要形成以下创新成果：（1）实钻资料反演地应力大小和方向；（2）井壁崩落椭圆解释地应力方位；（3）盐膏层缩径与钻井液性能的关系图版；（4）小型压裂曲线解释最小地应力；（5）裂缝性地层坍塌与漏失风险。

本软件系统在塔里木油田克深、大北区块 38 口重点井，塔里木油田塔中区块 56 口井和青海油田东坪、华北油田牛东区块 40 余口重点井进行了应用，应用结果显示软件计算结果与实验测试误差在 10%以内。

8. 地层压力预测分析与监测系统

地层压力预测分析与监测系统（图 2-61）主要包括数据预处理、上覆压力/测井压力分析、录井压力分析、地震压力预测和单井剖面输出等功能模块。

地层压力预测分析与监测系统的主要功能是分别利用测井、录井、地震等资料确定地层压力，并建立了利用声速检测地层压力的 Fan 简易方法和 Fan 综合解释方法，还可利用

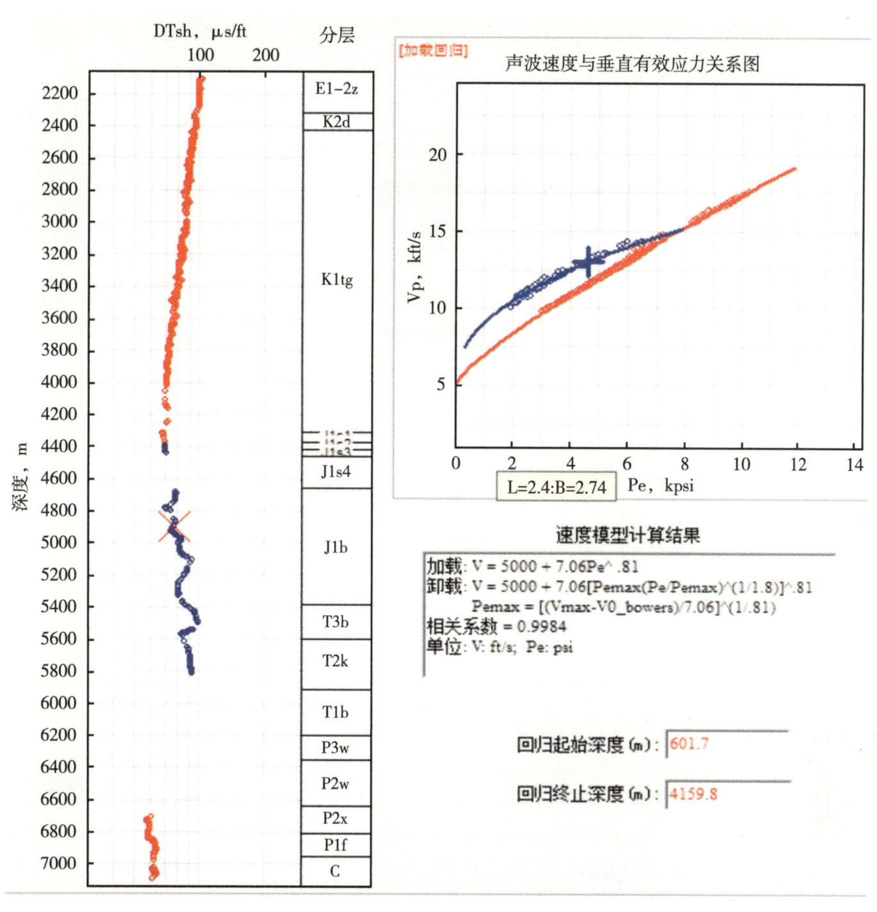

图 2-61　地层压力预测分析与监测系统界面

层速度资料进行压力计算及压力结果的可视化分析。实现从原始数据的计算机获取、资料自动处理及人机交互处理、地层压力分析计算、显示打印结果图件等一体化作业。不仅可以提高地层压力计算精度，而且可以减少人工资料处理工作量。地层压力预测分析与监测系统还取得了一些创新：

（1）优化了测井数据分层取值、过滤平滑、声波各向异性校正方法；建立了基于测井资料对比和波速—密度交汇图的异常高压形成机制判断方法。

（2）研究了利用密度和电阻率测井数据计算地层孔隙压力、Bowers 卸载模型计算地层孔隙压力的方法，提出了考虑岩石密度的修正综合解释法。

（3）开发了地震资料预测地层压力的综合预测算法；优化了地震速度谱拾取方法、二维/三维上覆岩层压力、地层破裂压力、流体势等的计算方法。

（4）增加了利用“泥页岩密度”和“泥页岩电阻率”计算地层孔隙压力的方法；增加了二维/三维上覆岩层压力的计算方法。

地层压力预测分析与监测系统在吐哈油田、新疆油田、玉门油田等进行了现场应用，应用结果表明软件功能满足现场工程需求。

9. 钻柱力学分析系统

钻柱力学分析系统（图 2-62）用于直井、定向井和水平井的钻柱设计、计算及分析，

图 2-62　钻柱力学分析系统界面

建立了钻柱摩阻扭矩、钻柱振动和钻柱极限延伸模型，可对定向井等不同井型的钻柱设计与分析提供整套的解决方案。系统主要功能包括：钻柱摩阻扭矩分析、振动分析、强度分析、底部钻具组合力学分析及钻柱下入极限深度分析等，为实现钻前设计和现场施工提供了依据。

钻柱力学分析系统软件集成钻柱摩阻扭矩分析、钻柱强度分析、钻柱振动分析、钻柱下入极限深度预测、底部钻具组合力学分析及钻柱组合设计。在现有理论基础上，利用有限元分析方法，考虑不同钻井液的影响，研究建立定向井、水平井、大位移井等复杂井型的钻柱三维耦合振动模型，并进行了规律分析；对钻柱进行极限延伸能力分析，建立钻柱下入极限深度预测准则，并对钻柱的下入极限深度进行预测。

钻柱力学分析系统在大庆油田徐深 211 井、龙 26-平 5 井、古深 2 井等井进行了现场应用，应用的计算结果比较准确，操作方便、能够满足工程要求，为油田施工提供了技术支持。

10. 欠平衡/气体钻井设计与分析系统

欠平衡/气体钻井设计及分析系统（图 2-63）主要包括气体欠平衡钻井模块、雾化欠平衡钻井模块、泡沫欠平衡钻井模块、充气欠平衡钻井模块、液相欠平衡钻井模块和钻井知识库系统。

欠平衡/气体钻井设计与分析软件可以对多种欠平衡钻井方式进行钻前设计、随钻监控和完钻分析等全过程欠平衡钻井设计；优选了欠平衡钻井水力参数计算模型，简化并修

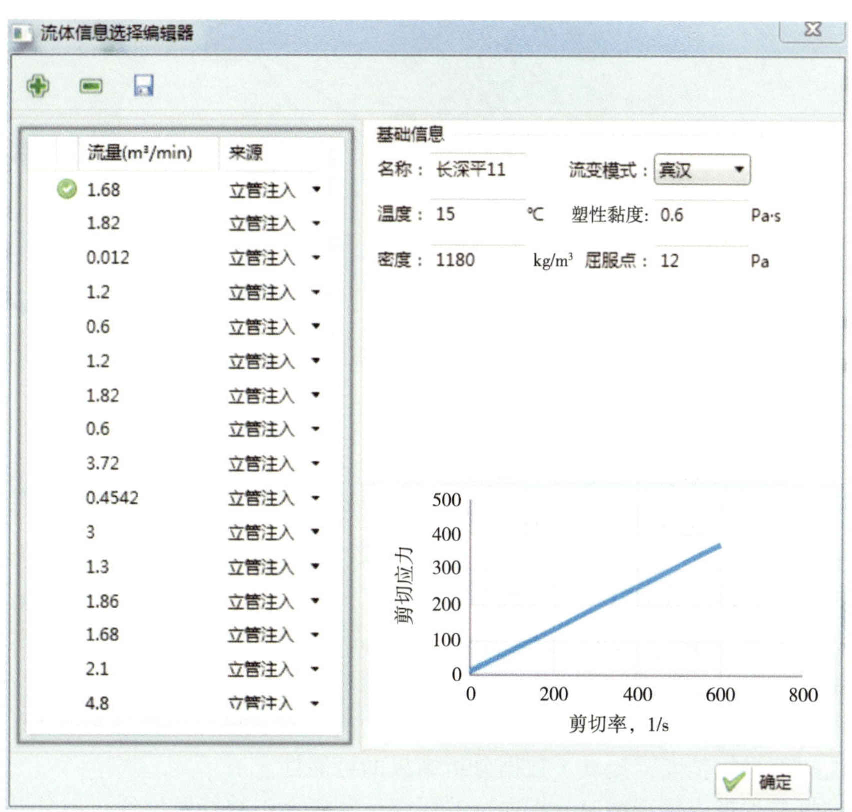

图 2-63　欠平衡/气体钻井设计与分析系统界面

正了精度较高、可行性较好的模型，可对环空、钻柱的水力参数进行分段计算，更适合工程实际应用；具有动态设计、安全报警等功能；独有的欠平衡钻井知识库系统能够实现欠平衡钻井相关资料（包括中英文文献、专利、标准、实例库、相关技术手册等）的浏览、查询、筛选等功能，为用户了解国内外欠平衡钻井相关信息提供了一个便利的平台[10,11]。

欠平衡/气体钻井设计与分析系统中的欠平衡钻井水力学参数设计、欠平衡钻井地层适应性评价、欠平衡钻井循环排量优化、欠平衡钻井动态模拟四个功能模块，在大庆油田徐深43井、南扶273-平253井，吉林油田龙深7井、查深1井，大港油田埕57井、滨29X1井等进行了现场应用，应用计算结果准确，操作方便、能够满足工程实际要求。

11. 钻井数据仓库与数据挖掘系统

钻井数据仓库与数据挖掘系统（图2-64）包括钻井数据仓库和基于钻井数据仓库的数据挖掘系统两大功能模块。

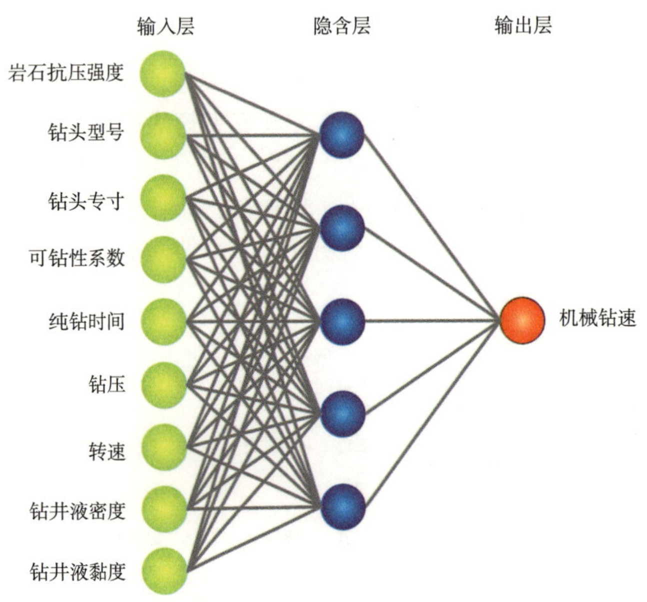

图2-64 钻井数据仓库与数据挖掘系统基于神经网络的钻速预测模型

钻井数据仓库与数据挖掘系统实现了以下功能：

（1）提出混合数据仓库体系结构设计方法，建立完善的钻井工程多维数据表，并确定表间关系，提出基于元数据的ETL数据处理策略，提高钻井数据仓库的运行效率。

（2）提出基于钻井多维数据集的数据透视技术，按照用户需求生成交互性强的数据透视表，实现用户对钻井数据仓库中的数据进行直观、可视化的统计分析。

（3）提出基于AHP-BP组合模型的钻井速度预测方法，提高了算法的收敛速度和准确度，对钻井优化设计能够给出指导意见。

（4）提出模式搜索遗传混合算法对钻井参数进行优选，该算法提高了迭代收敛的稳定性以及算法局部寻优精度，提高了数据分析结果的可靠性。

数据挖掘技术被应用于钻速分析方法的研究，利用人工神经网络通过对邻井钻井数据的分析建立钻速预测模型。

三、钻井实时监控与技术决策系统

钻井实时监控与技术决策系统是及时分析钻井施工状况、预防和减少井下事故与复杂发生、保障钻井安全的工具，具有邻井数据管理、钻井实时数据显示、钻井风险因素分析和钻井风险推理等功能。建立了钻井风险评价模型和钻井风险 BP 神经网络分析模型，利用录井、随钻测量的地面和井下数据以及其他数据，分析各种钻井风险因素的变化，监测钻井风险及其变化趋势，及时评价钻井风险等级，为采取合理的钻井施工措施提供技术保障；搭建了系统框架，为系统扩展奠定了基础；开发出了具有数据包加密和解密功能的数据远程传输子系统；开发了井漏风险和地层流体侵入风险综合评价预测软件，并进行了现场应用[5]；与哈里伯顿公司的 RTOC 系统及斯伦贝谢公司的 NDS 系统相比，钻井实时监测与技术决策系统同样具有智能化辅助分析钻井事故复杂风险的功能。

1. 钻井实时监控与技术决策系统总体功能

钻井实时监控与技术决策系统利用数据远程传输系统传输井场专用客户机截取到的实时数据（包括井下随钻测量仪器、地面数据采集设备采集到的实时数据），基地接收到远程数据后，存储在数据库服务器上，各客户端可通过钻井实时数据监控软件连接到数据库服务器，实时浏览、分析各井场发送的实时数据，预测、识别和评价各种钻井风险，总体功能结构如图 2-65 所示。

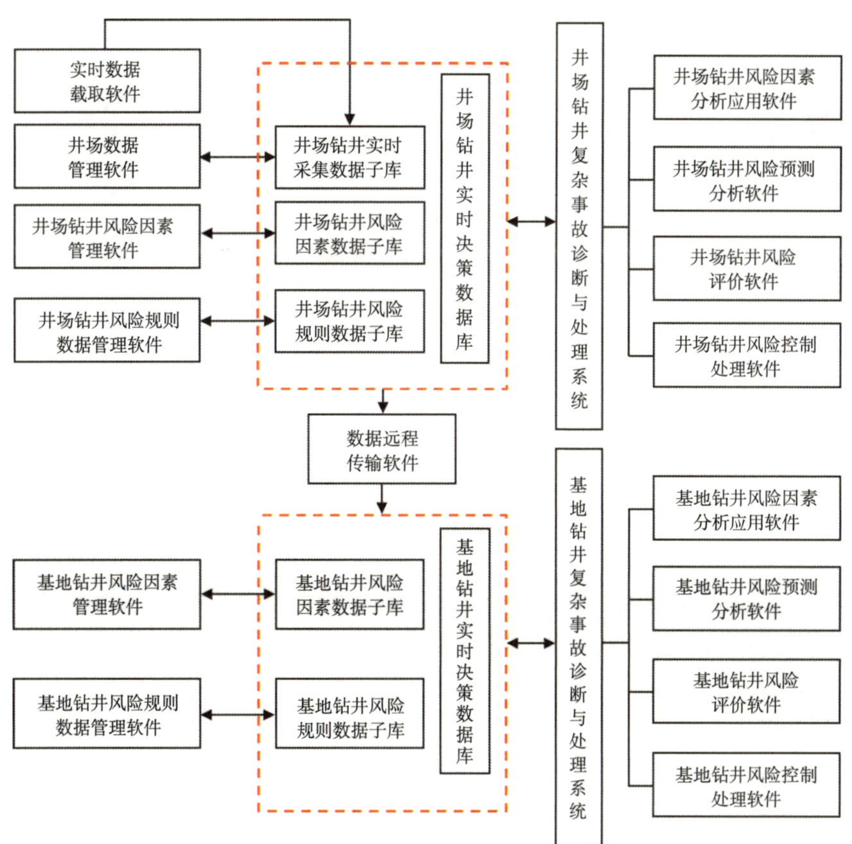

图 2-65 钻井实时监控与技术决策系统总体功能结构图

钻井实时监控与技术决策系统在现场实际应用过程中，合理部署物理元件和网络配合软件系统的可靠性、可伸缩性等要求是非常重要的，而且物理元件的选择也会直接影响整个系统运行的经济性和稳定性。因此，设计了适合于钻井实时监控与技术决策的系统现场物理架构。

钻井实时监控与技术决策系统总体物理架构的核心是数据库服务器，如图 2-66 所示。为了保证数据库服务器运行的稳定性，该架构中将现场的井下随钻测量数据采集软件及综合录井数据采集软件分别配置在独立的客户机中，客户机中装有网卡，一方面通过网线与对应的数据采集设备相连，配置相对应的 IP 地址；同时通过网线及交换机与数据库服务器相连组成局域网。服务器只安装系统配套数据库，客户机的配套软件将实时采集到的数据存储到服务器的数据库中。

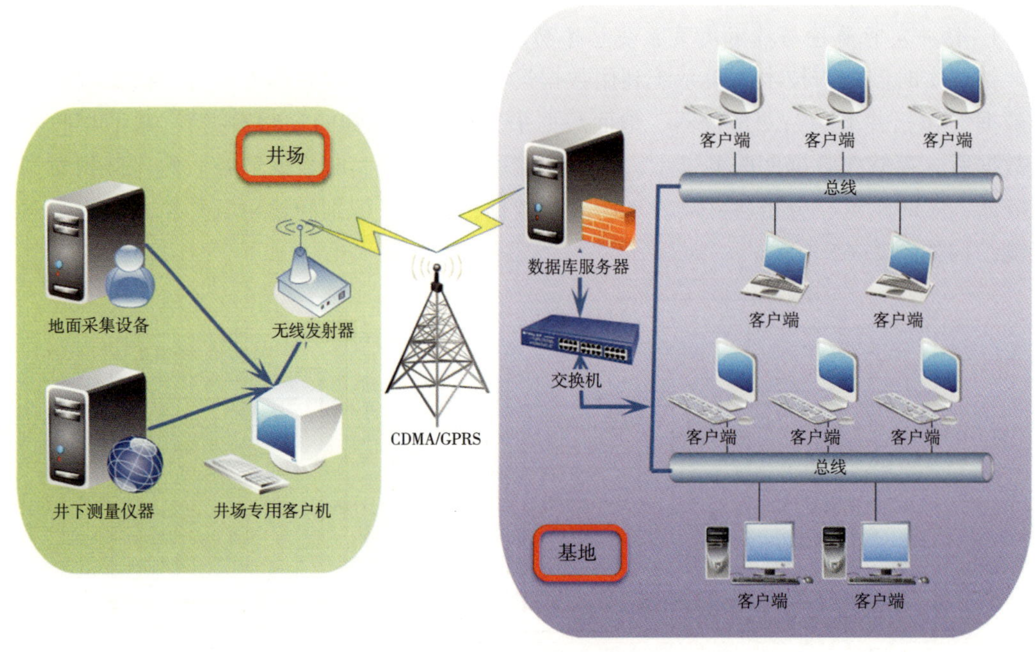

图 2-66　钻井实时监控与技术决策系统总体物理架构图

2. 钻井实时监控与技术决策系统组成

钻井实时监控与技术决策系统包括 4 个子系统。

1）远程数据无线传输子系统

远程数据无线传输子系统有 3 个模块：CDMA 无线信道的数据远程传输模块，支持 CDMA 无线信道的数据远程传输；GPRS 无线信道的数据远程传输模块，支持 GPRS 无线信道的数据远程传输；基地数据接收模块，能够自动接收来自于井场的监测数据。

2）数据管理子系统

数据管理子系统包括地层三压力剖面数据、地层分层数据编辑、井眼轨迹编辑、井身结构编辑、套管串结构编辑、钻具组合结构编辑、钻井液性能数据编辑、综合录井实时数据管理、邻井综合录井数据管理等模块，用于钻井工程数据和综合录井实时数据的编辑、管理及展示。其中录井数据管理模块，提供工程实时数据、地质实时数据、钻井液实时数据，可分别按井深和时间曲线浏览回放，并可实时更新数据。

3）钻井风险因素分析子系统

钻井风险因素分析子系统包括岩石力学参数计算模块、地层压力预测分析模块和钻柱力学分析模块。岩石力学参数计算模块，根据测井数据计算沿井深的岩石力学参数，并将各参数绘制成曲线；地层压力预测分析模块，根据测井数据计算的各岩石力学参数及地应力沿井深的分布以及三压力大小（包括坍塌压力、孔隙压力和破裂压力），将这三个压力大小沿井深绘制成三压力剖面曲线；钻柱力学分析模块，根据基本数据和一些计算参数对钻柱进行受力分析，计算出钻柱的轴向载荷、扭矩载荷、侧向载荷，并调用综合录井数据显示出地面测量的实时载荷，将这些载荷大小沿井深绘制成曲线；井底压力计算预测模块，根据已存入数据库的基本数据，实时计算和预测井底压力。

4）钻井复杂事故诊断与处理子系统

钻井复杂事故诊断与处理子系统包括钻井风险诊断分析模块、钻井风险预测分析模块和钻井风险综合评价模块。钻井风险诊断分析模块，通过神经网络算法进行样本学习和训练，得到合理的风险权值与阈值，然后录入随钻诊断井段风险因素，进而对相应井段的钻井风险进行诊断分析；钻井风险预测分析模块，实现井漏风险评价参数的趋势预测，预测出下部井段井漏风险评价参数值，为后面的井漏风险随钻预测提供恰当的井漏风险评价参数预测值；钻井风险综合评价模块，利用层次分析法与模糊综合评价法预测钻井风险，首先建立综合评价模型，然后计算风险因素权重、设置评价系数和设置算子系数，最后启动判识是否有风险。

3. 关键技术

基于风险推理分析理论研究，建立了钻井风险因素实时分析和数学推理两种方法相结合的钻井风险评估方法——钻井风险模糊综合评价法和钻井风险 BP 神经网络识别法。这两种钻井风险推理方法可以相互弥补对方的不足，使得钻井风险推理更具参考性和准确性。

1）钻井风险模糊综合评价法

钻井存在各种各样的风险，不仅需要分析每一因素，还需在综合各因素的基础上进行综合评价，基于 AHP 与模糊综合评价相结合的风险评价模型，能较好地考虑风险评价中的不确定性和模糊性，它不仅参考专家的主观经验，还依据数学模型进行计算评价，可实现风险评价的定量化，评价结果可为钻井工程提供决策支持。模糊综合评价过程中应用层次分析法，确定各风险因素之间的权重分配，使得评价方法更完善，评价结果更科学、合理。

该方法结合了钻井风险因素的实时分析结果，以钻井风险因素实时分析及风险因素逻辑关系为基础进行风险推理，能够预测钻井工程风险发生的可能性，并对风险进行评价。先运用层次分析法确定各指标（风险因素）的权重，然后结合定义的评价等级分层次进行模糊综合评价，最后综合出总的评价结果。该方法可将模糊性语言描述进行量化，从而可利用数学方法进行分析处理，其评价结果可精确地定量表示。

2）钻井风险 BP 神经网络识别法

基于 AHP 与模糊综合评价相结合的风险评价模型包含了专家的主观经验，钻井风险识别评价的结果受人为主观因素影响，为弥补模糊综合评价法这一不足，选用 BP 神经网络与之互补。

BP 神经网络算法是通过神经网络对样本的自学习、记忆和分类，获取信息之间的内在联系机制，对蕴含在钻井工程运行中的规律进行映射。通过对可靠历史样本数据的学习，不断提高推理分析模型的拟合度，逼近实际的钻井过程，因此这种风险评价方法不存在人为主观因素的影响，对于钻井风险的多输入多输出特性可以较好地体现出来。

BP 神经网络是一种采用了误差反向传播的数学方法，即网络学习及训练过程主要是信号正向传播与误差逆向传播两个过程。信号在正向传播时，经过数据预处理进入输入层，经隐含层激励函数处理后，进入误差逆向传播过程，将输出误差按特定形式，经过隐含层向输入层逐层返回，并分配给各层的所有神经单元，从而获得各层神经单元的参考误差，即误差信号，以作为修改各单元权值的依据。权值不断调整修改的过程，也就是网络学习过程。此过程一直持续到网络输出误差减少到可接受的精度或达到设定的学习次数为止。

3）井漏风险和地层流体侵入风险综合评价预测软件[12]

建立了井漏风险和地层流体侵入风险模糊综合评价递阶层次结构模型。并在此基础上，建立了钻井风险综合评价预测分析方法模型，开发了钻井风险综合评价预测软件，软件利用层次分析法与模糊综合评价法预测钻井风险，建立综合评价模型，计算风险因素权重、设置评价系数和设置算子系数，启动判识是否有风险；通过神经网络算法进行样本学习和训练，得到合理的风险权值与阈值，然后录入随钻诊断井段风险因素，进而对相应井段的钻井风险进行诊断分析。

在井漏风险和地层流体侵入风险发生机理研究基础上，运用钻井风险 BP 神经网络识别法，建立了井漏风险和地层流体侵入风险 BP 神经网络识别法模型，开发了井漏风险和地层流体侵入风险 BP 神经网络识别法诊断、预测软件。经现场应用测试，验证了系统的稳定性和可靠性，且在样本选择合理的情况下，能实时诊断出钻井复杂情况，帮助现场钻井人员作出正确的决策。

4. 现场应用

钻井实时监控与技术决策系统在油田进行了应用，结果表明：该系统具有邻井邻区数据管理、钻井实时数据显示、钻井风险因素分析和钻井风险推理等功能，系统功能全面、计算准确，可为规避钻井风险和制定风险防范预案提供依据。软件界面简洁明了、操作方便，符合 WINDOWS 操作系统的操作习惯。

以某井施工为例，在钻至 2823m 时，风险推理分析软件提前识别出一处井漏，系统提示井漏风险可能性较大，为此加强了钻井液池体积监测。在钻至 2825m 时，现场人员发现井漏，起钻堵漏。软件预测结果与钻井现场实际情况完全吻合。计算分析结果如图 2-67 所示。

四、钻井工程软件集成平台

钻井工程软件集成平台支持多个单项钻井软件有机协同完成钻井工程设计，避免大量数据在不同钻井软件模块中重复输入，提高钻井设计自动化水平和钻井工程设计、分析和施工管理工作效率，减少油田用户学习时间，减少单项钻井软件的开发时间和维护成本。钻井工程软件集成平台是各个单项钻井软件的基础，可以提供丰富的集成接口、常用的钻

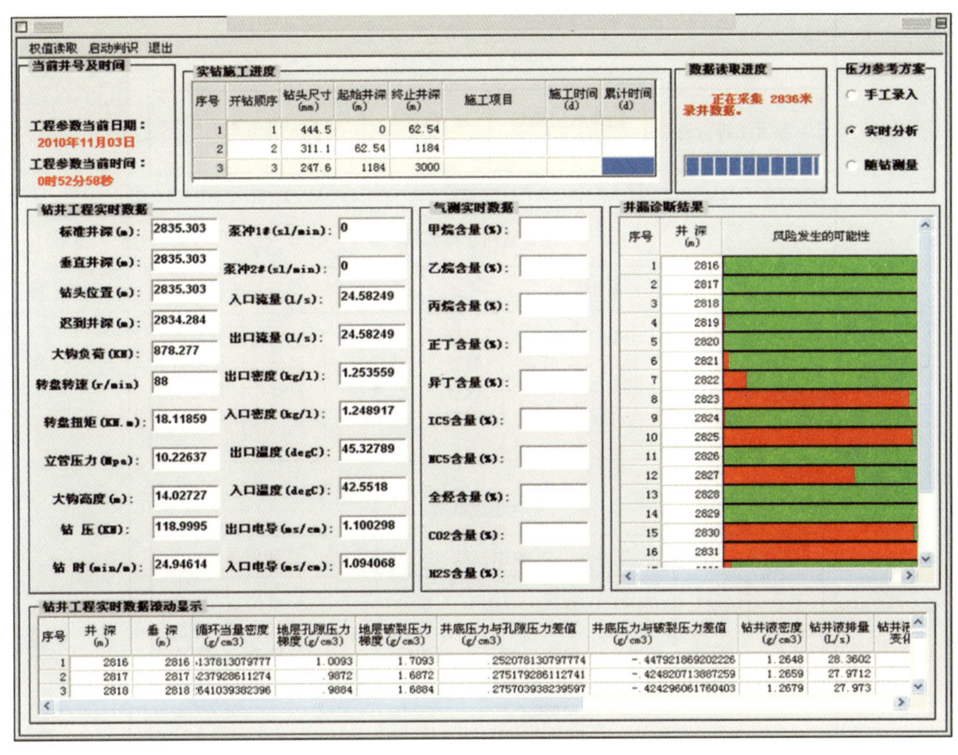

图 2-67 钻井实时监控与技术决策系统井漏风险实时诊断界面

井功能模块和一致的钻井软件界面。

1. 钻井工程软件集成平台总体架构

钻井工程软件集成平台需要建立一体化的钻井工程数据库、钻井软件集成框架和钻井通用基础模块，支持“钻井工程设计和工艺软件”中单项钻井软件数据共享和一体化集成，使上层各个单项钻井软件子系统能够共享丰富的钻井工程数据和钻井可视化通用组件，相互协作和补充，组成一系列完整的钻井工程设计和分析流程。如图 2-68 所示。

2. 钻井工程软件平台集成架构

钻井工程软件平台的集成架构采用动态加载式插件技术，通过配置文件定义加载不同的单项钻井软件插件模块，可以根据业务需求定制不同的钻井设计与分析流程；各个插件可以在系统中动态添加和删除，单个插件的维护升级不影响系统的总体运行和其他插件功能，从而减少系统整体维护成本；各个插件模块之间没有相互干扰和影响，有利于各个单项钻井软件的独立开发和集成协同应用。

钻井工程软件平台在总体架构上对上层各单项钻井工程应用软件子系统提供平台集成接口和基于公共图形界面、数据管理和应用服务的钻井通用基础模块支持，对下层一体化钻井工程数据库通过统一的数据控制功能组件进行访问。

钻井工程软件平台集成架构主要包括：

（1）平台界面组件库。基于对基础界面组件的二次开发，用户界面组件库提供若干常用的用户界面控件，从而统一各钻井工程设计软件子系统的用户界面风格。

（2）模块加载控制组件。具有强大可扩展性和稳定性的钻井软件集成框架及主应用程

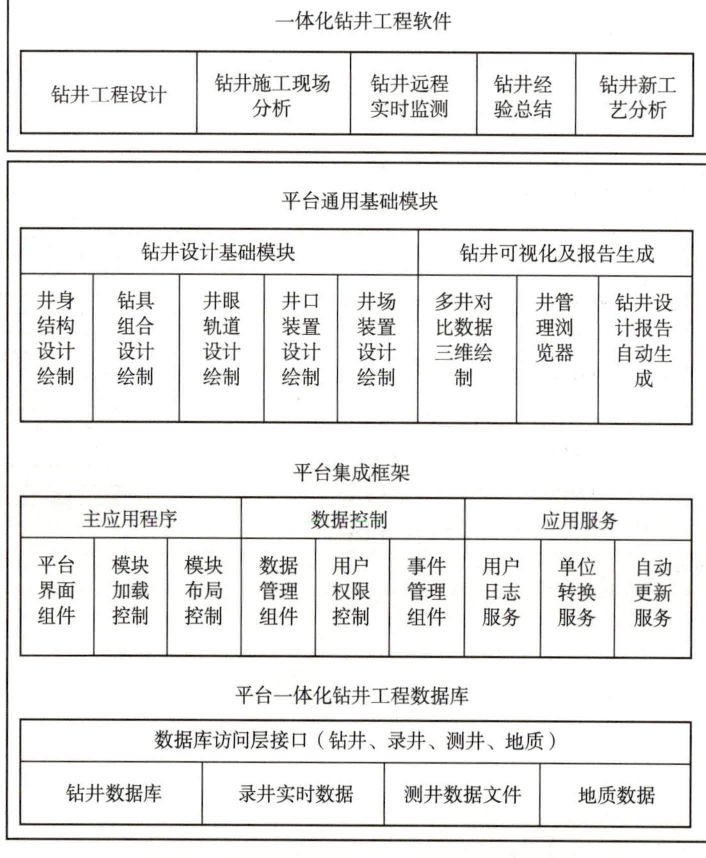

图 2-68　钻井工程软件集成平台总体架构

序，动态加载平台之上的各个单项钻井软件。

（3）模块布局控制组件。初始化各单项钻井软件模块、创建并显示具有现代风格的主应用界面框架，包括可扩展功能菜单、工具条、状态条、可停靠窗口、输出窗口等。

（4）数据管理组件。支持高效便捷访问和操作钻井工程集成平台数据库、录井实时数据、测井数据文件和地质数据。

（5）用户权限控制组件。对不同模块向不同层面的管理人员、设计人员及其他人员的使用权限进行区别化管理，包括钻井设计权限、设计审批权限、设计浏览权限等。

（6）数据事件管理组件。支持事件发送机制，以自动通知在平台上集成的其他单项钻井软件，某个单项钻井软件通过数据库访问层增加、删除、修改的数据库中某项数据。

（7）用户日志服务组件。当用户在使用一体化钻井工程软件过程中，平台自动记录用户对各钻井软件模块的使用过程，从而支持钻井设计经验总结分析。

（8）单位转换服务组件。支持在公制、英制、用户自定义单位制等多种不同单位制系统下各种单位的自动转换计算，可以为底层数据访问接口进行数据库数据存取及钻井软件模块界面数据显示提供单位转换服务。

（9）自动更新服务组件。钻井工程软件集成平台中每一个单项钻井软件模块都可能不定时修改更新，以解决现场应用中反馈的各种新问题，软件模块远程自动更新服务组件支持对大量推广测试应用的钻井工程软件集成平台自动更新为最新的软件版本，而无须人工联系手动分发安装。

3. 钻井工程软件平台通用组件

开发了包括数据库访问层、井浏览器等 9 个通用组件的钻井工程软件平台，平台具有统一的设计规范、界面规范和数据库结构（表 2-27），符合国家行业标准。

表 2-27　钻井工程软件平台通用组件

组件名称	组件功能
数据库访问层	统一大型钻井数据库访问，功能高效稳定可靠，支持单位制转换，具有完备的事件机制，预留与 A7 数据库对接接口，支持与兰德马克软件通过 XML 文件数据导入导出
井浏览器	支持 7 层钻井工程数据结构，每一层节点都支持新建、修改属性、删除、关联附件、展开所有节点、闭合所有节点操作，还包括井眼轨迹、地层描述、地温梯度、钻机、钻井复杂等编辑器
钻具组合编辑及绘制模块	支持丰富的钻具库，预置数千项各类钻具，根据用户在钻具库中的自由查询和选择，自动绘制完整的钻具组合矢量图并支持拖拽移动
井身结构编辑及绘制模块	编辑表格分为开次和钻井流程两个层次，并自动绘制定向井、水平井井身结构示意图及自定义标注，包括套管层次、尺寸、下深等
井眼轨迹设计及绘制	支持直线段、柱面法、斜面法、柱面圆弧段、斜面圆弧段、悬链线、柱面向导法共 7 种轨迹设计方式
多井对比及二维三维可视化绘制	支持绘制地质对比图、油藏剖面图、栅状连通图、三维展示图，可以展示地层数据、砂体数据、测井数据
钻井工程设计报告自动生成	支持预定义、自定义编辑钻井工程设计报告模板，钻井设计文本插图自动绘制，支持设计书模板的保存、导入、导出功能
井场装置编辑及绘制模块	具有模拟井场装置布局的功能，提供标准的井场装置图元，并提供井场示意图图元管理功能
井口装置编辑及绘制模块	提供标准的井口装置图元，区分彩色和黑白两种图元类型，并提供井口图元管理功能

1）钻井数据库访问层

钻井数据库访问层基于 SQL Server 2008 数据库技术，在充分研究钻井工程数据库数据模型和各钻井软件模块专业应用需求的基础上，基于 Visual Studio 2010 中的 ADO. NET Entity Framework4. 0 技术、LINQ 技术定义并实现钻井数据库访问接口集合，以供上层应用模块方便使用。对大型钻井工程数据库访问接口及其实现具有如下特征：

（1）定义的数据访问接口符合钻井工程专业标准，对于数据库访问高效：能够高效访问钻井工程数据库中来自钻井、录井、测井、地质等的大量数据，在数据库中各数据表数据空白率低于 10%，数据库整体数据库数据容量达到 20G 的情况下，数据库内存使用及数据库访问速度，能满足钻井工程设计和钻井实时施工的实际需要。

（2）数据库访问接口设计及实现完备，支持读写接口的单位制自动转换：可以对数据库中任意数据进行增加、删除、修改、查询；并支持在进行增加、删除、修改、查询操作时，根据上层钻井软件模块要求的单位制和数据库中实际存储的单位制进行单位自动转换计算，从而能满足上层钻井软件模块应用的具体需求。

（3）数据库访问接口的实现稳定可靠：满足上层多个钻井软件子系统模块同时（尤其是在实时监测模块中，数据被实时接收存储到数据库中，并由多个计算模块并发计算读写数据库）访问数据库中同一表中的同一数据时，确保写数据可以由数据库访问层自动实现加锁、解锁操作，保证数据访问的并发加锁机制。

（4）具有完备、高效的事件机制：当上层某个钻井子系统通过数据库访问层增加、删除、修改了数据库中的数据时，数据库访问层会发送事件，以通知上层其他钻井软件模块底层数据被创建、删除和修改。

（5）支持与中国石油天然气集团公司 A7 数据库系统对接：支持将中国石油天然气集团公司 A7 数据库中的全部数据，按照与本模块中的钻井工程数据库数据模型之间的对应关系，正确的迁移到本软件包的钻井工程数据库中；同时也支持将本模块中的钻井工程数据库中的全部数据，按照与中国石油集团 A7 数据库数据模型之间的对应关系，正确的迁移到 A7 数据库中。

（6）采用先进灵活的体系架构：充分考虑未来数据库组成及结构的变化，在支持基于 SQL Server 2008 数据库的基础上，也可以扩展支持基于 SQL Server 2005 数据库，或者 SQL Server 更新版本的数据库。因此，将数据库访问层与具体的底层数据库解耦，可以在数据库访问层中扩展数据库接口，而上层钻井软件模块不需要直接访问底层数据库。

2）井浏览器

井浏览器模块对应于 Landmark 最常用的 Well Explorer，它用来浏览、选择钻井数据库模型中的各种基础对象，并可方便地调用（通过鼠标点击或者右键菜单选择）与该对象相关联的各种功能操作（图 2-69）。

基本钻井数据管理控件包括一系列用于进行钻井数据对象管理的控件，并与井浏览器紧密联系，从井浏览器中触发打开，显示在集成平台框架的工作区间。

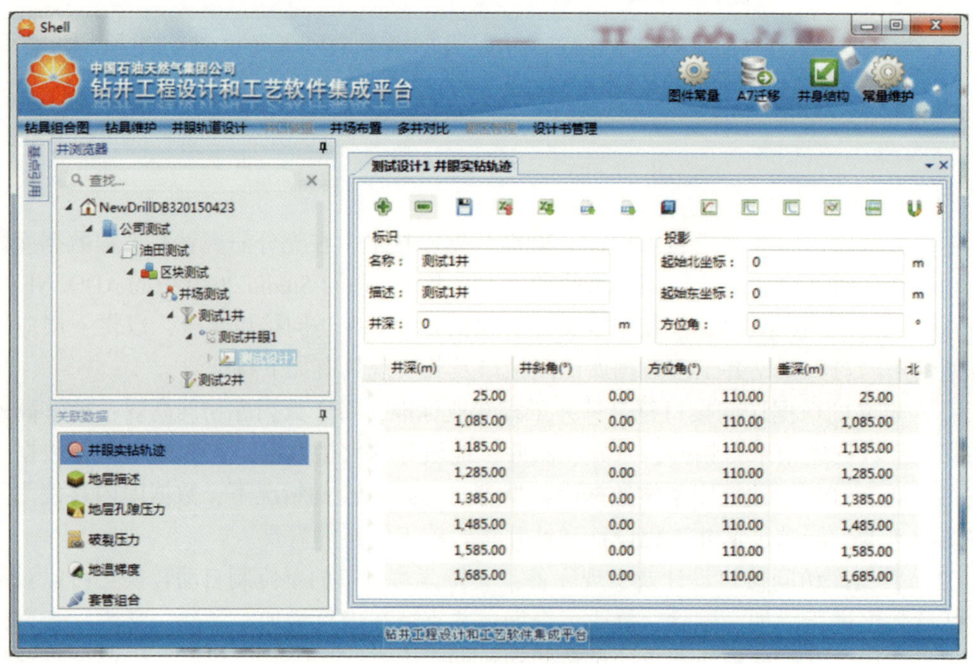

图 2-69 井浏览器界面

钻井数据库中包含大量的客户信息、井信息、钻井施工信息。对某些用户来说，提供一个方便快捷的数据浏览查看工具非常有意义。钻井数据查看控件通过井浏览器来组织各数据对象，并可快捷调度该对象的显示控件，从而实现各种钻井数据对象的查看功能。

因此，总体上井浏览器创建、设置的数据齐全完备；对用户输入数据的合法性进行检测；大量使用选择，而不是键盘输入，以提高输入效率；创建、编辑有权限控制。

3）钻具组合设计绘制组件

钻具组合控件用来组合钻具，包括一个编辑表格及一个钻具组合图。编辑表格每一行表格代表一个钻具，如钻头、钻铤、钻杆等类型，这些类型都是数据库中预定义支持的类型，行中的每一列的数值如无例外都可以修改。钻具组合图包括两栏，一栏是各种钻具类型（如钻头、钻铤、钻杆等）的示意图元，另一列是钻具组合后的图示。

用户可以用以下方式组合钻具，在钻具编辑列表中点击右键添加一个钻具，然后钻具目录查询与选择控件自动弹出，让用户选择一款具体的钻具，并将其属性保存到钻具编辑列表中，同时在钻具组合图中相应位置上自动添加钻具的图元。

在钻具组合被编辑的同时，钻具组合图显示控件显示当前编辑的钻具组合图，并自动完成各钻具图块的对齐、标注等工作。

该控件是与钻具编辑控件绑定的控件，每当钻具组合中的一个钻具被编辑时，钻具组合显示控件都要自动更新。

钻具查询与选择控件可以根据钻具类型（钻头、钻铤、钻杆等）、钻具外径、钻具内径、钻具线重等条件再查询钻具库，每次用户修改了以上查询条件，对于钻具库的查询结果自动更新显示在钻具查询结果列表中。用户可以在查询出的结果中选择一个具体钻具，点击确定按钮，从而结束在钻具库中的查询和选择（图 2-70）。

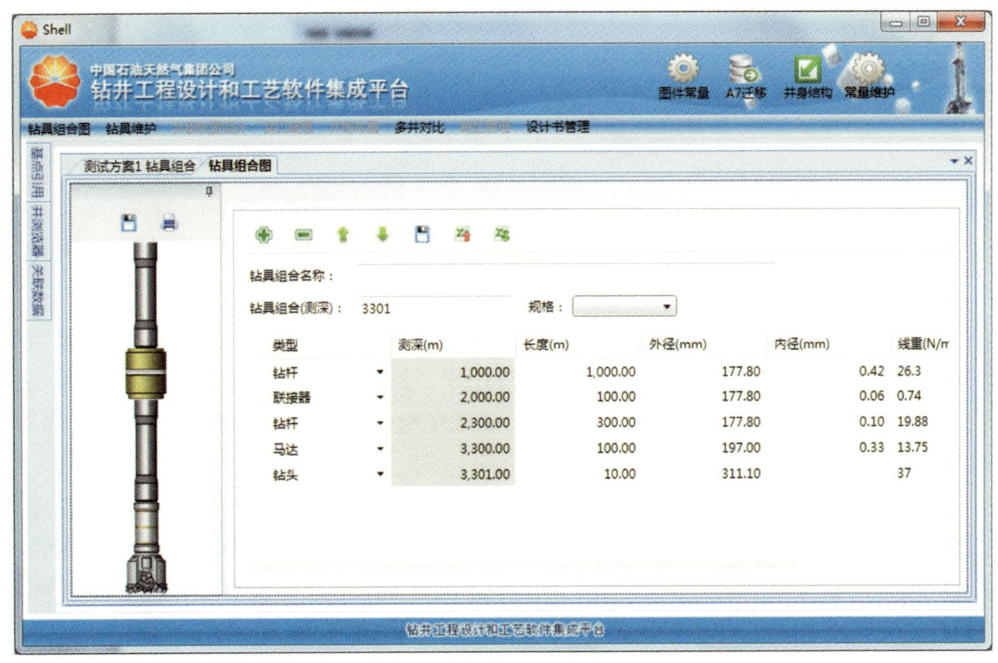

图 2-70 钻具组合编辑与显示模块

4）井身结构编辑及绘制组件（图 2-71）

井身结构编辑控件用来编辑井身结构表格，表格分两个层次，第一个层次是开次，一个开次占一行，每一个开次中展开子表格，子表格中每换一个钻具组合新建一行，下套管也新建一行，每一行包含外径、内径、起始井深、终止井深等内容。

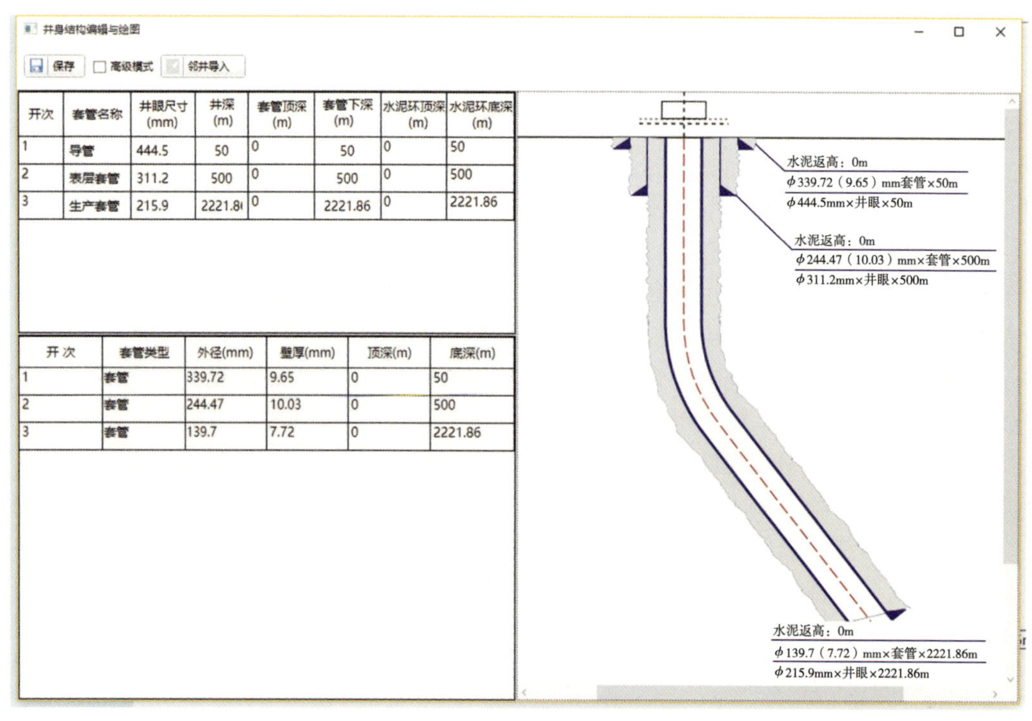

图 2-71　井身结构编辑及绘制模块

井身结构显示控件根据井身结构编辑控件编辑的井身结构数据，显示井的井身结构示意图，其主要功能是显示套管层次、尺寸、下深等参数，从而形象美观地展示井的基本结构，并可以根据测斜数据显示定向井、水平井井身结构。

井身结构编辑控件与井身结构显示控件可以分开使用，两个控件底层依赖于井身结构数据对象。井身结构显示控件是一个通用用户控件，上层应用模块可以通过引用该控件来实现井身结构方便快捷的显示。

对井身结构图显示控件具有以下特点：井身结构图形象美观，字体、线条等显示效果可设置；可显示、编辑地层的地质信息；支持用户自绘图形显示与编辑；支持打印及打印预览；支持剪贴板操作；可输出图像文件；可将井身结构保存为 XML 的文档文件导出，并可以在平台中导入井身结构的 XML 文件。

5）井眼轨道设计及绘制组件

井眼轨迹设计及绘制模块可以帮助定向井工程师合理地设计一个井的轨道，在轨迹控制过程中进行实钻计算和轨迹分析（图 2-72），它分为轨道设计、实钻计算分析和防碰扫描子模块。

轨道设计模块提供多种设计模型，可以进行任何灵活的轨道设计。同时展现设计轨道分段点（节点）数据及轨迹图（垂直投影图、水平投影图）（设计轨道、靶点、实钻轨

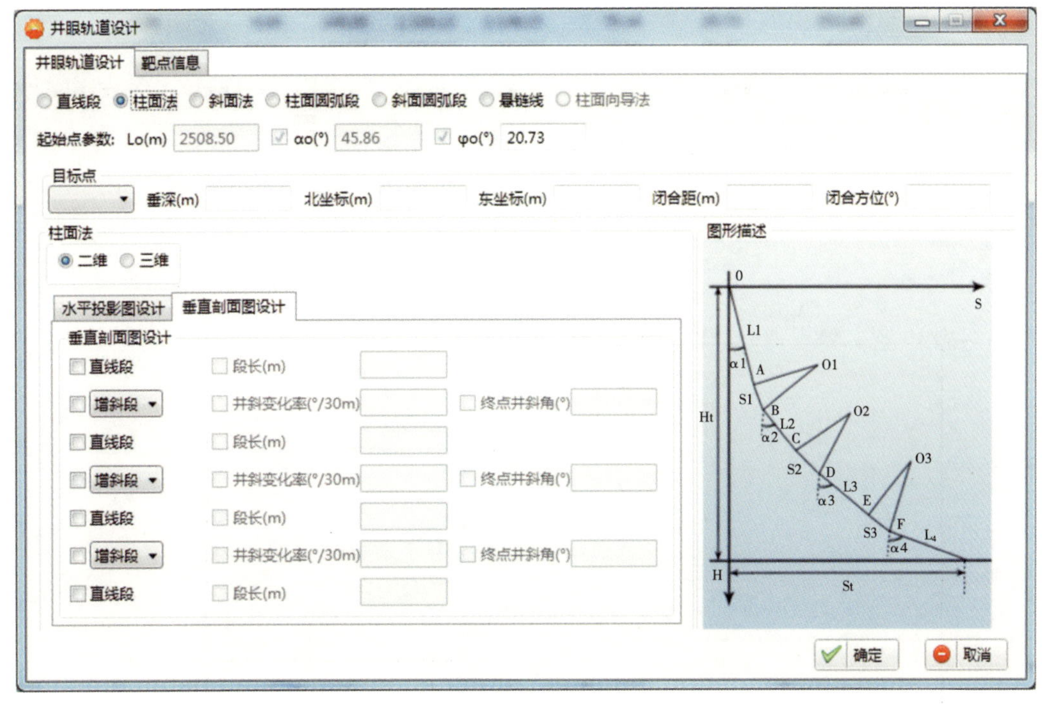

图 2-72 井眼轨迹设计方法选择界面

迹），能够很好地辅助用户的轨道设计工作，如图 2-73 所示。轨迹图实现易用性好的放大、缩小及平移功能。

三维轨迹图能显示当前井、当前井组或多口井的三维轨迹图、靶区三维显示。

防碰扫描计算和显示能够计算并绘制选定的一口井（参考井）和一定距离范围内邻井的防碰扫描图，包括三种算法（水平扫描、垂面扫描、最小距离扫描）的距离示意图（距离随参考井测深的变化），并可以根据用户设定的偏移量阈值（例如防碰扫描发现小于 5m）进行防碰预警提示。

6）井场装置设计绘制模块

对井场布置图元进行添加、删除功能，用户可根据需要自行对图元进行替换、删除、添加。图元类型包括井架、压井管汇、节流管汇、气液分离器、振动筛、钻井泵、钻井液罐等，如图 2-74 所示。

用户可在井场布置图元列表自由选择图元，加入画布，并可对井场装置进行标注等。支持对用户自定义图片的加载、显示与文字编辑，形成与其他预定义井场装置图元相同的效果。井场布置全部成图后保存入数据库，支持打印及打印预览，并可输出图像文件。

该部分为通用用户控件，上层应用模块可以通过引用该控件来实现井场布置图方便快捷的显示。显示用户在井场布置编辑部分成图后内容，用户可进行复制、另存为 jpg 等类型的图片格式。并支持打印及打印预览功能。

7）井口装置设计绘制模块

井口装置及井场布置编辑与绘制模块用来以可视化交互方式编辑生成井口装置图和井场布置图。用户可以从井口装置库中选择指定的装置加入到当前井口装置组合中及从井场

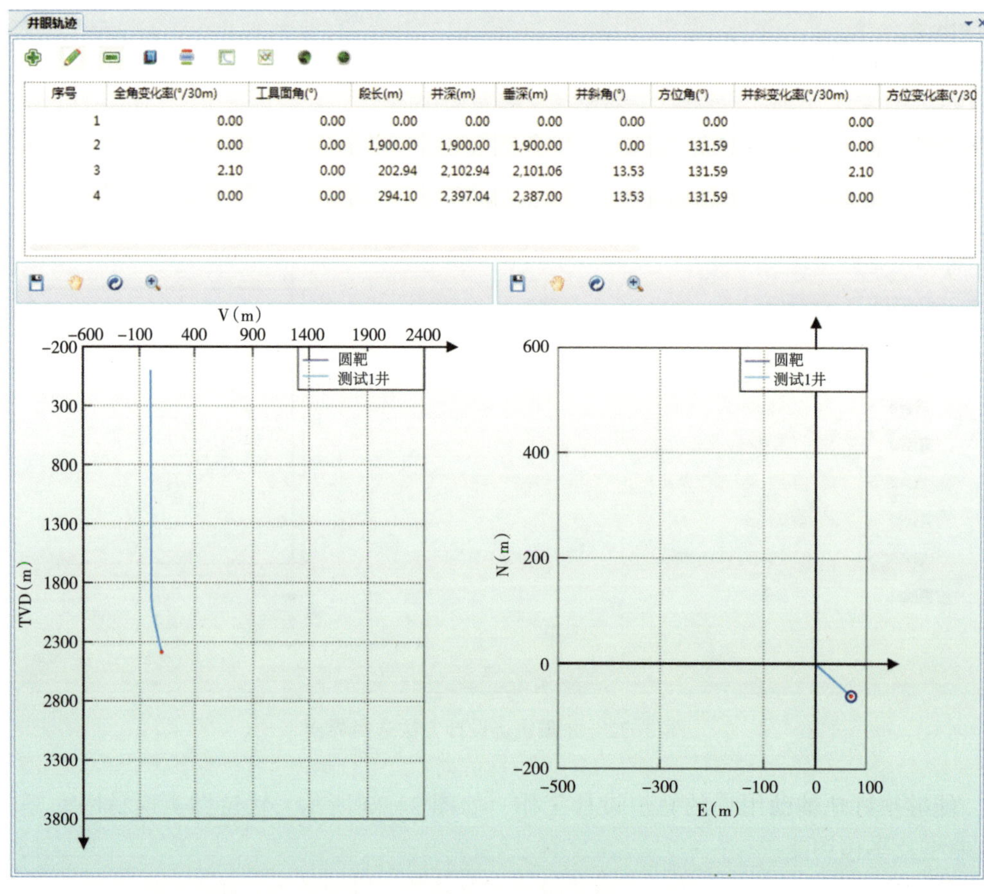

序号	全角变化率(°/30m)	工具面角(°)	段长(m)	井深(m)	垂深(m)	井斜角(°)	方位角(°)	井斜变化率(°/30m)	方位变化率(°/30
1	0.00	0.00	0.00	0.00	0.00	0.00	0.00	0.00	
2	0.00	0.00	1,900.00	1,900.00	1,900.00	0.00	131.59	0.00	
3	2.10	0.00	202.94	2,102.94	2,101.06	13.53	131.59	2.10	
4	0.00	0.00	294.10	2,397.04	2,387.00	13.53	131.59	0.00	

图 2-73　设计轨道分段点数据及轨迹图

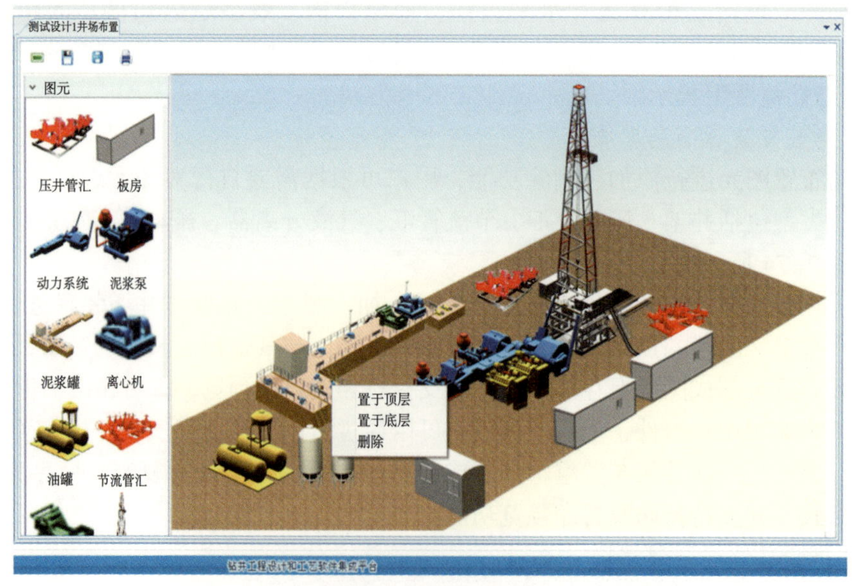

图 2-74　井口装置及井场布置编辑与绘制模块

装置库中选择指定的装置加入到当前井场布置组合中。

井口装置图元管理对井口装置图元进行添加、删除功能，用户可根据需要自行对图元进行替换、删除、添加。图元类型包括单闸板防喷器、双闸板防喷器、环形防喷器、旋转防喷器、四通、套管头等，如图 2-75 所示。

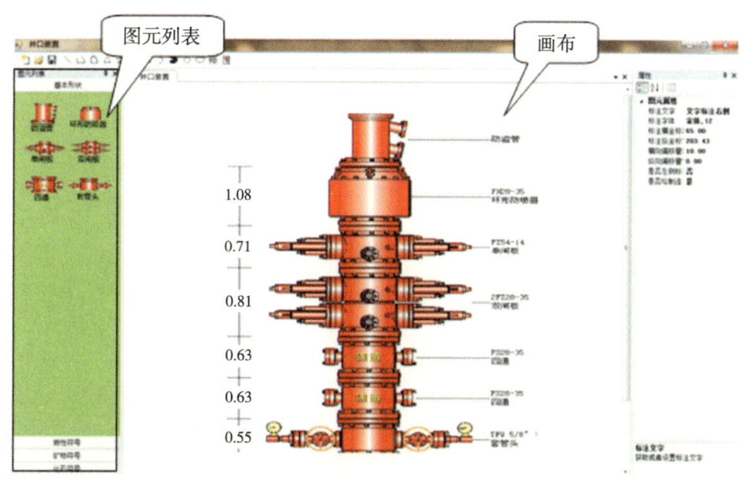

图 2-75　井口装置及井场布置编辑与绘制模块

第四节　随钻测量、录井、测试技术与装备

“十二五”期间，中国石油针对复杂深井在钻、测、录、试和井下安全等方面存在的技术难题和生产需求，研发了适用于 8½in 和 12¼in 井眼的旋转导向钻井系统样机、适用于 8½in 井眼的新型随钻电阻率和自然伽马测量系统工业样机、适用于 8½in 井眼的非化学源随钻中子孔隙度测量系统、适用于 8½in 井眼的井下安全监控系统、新型录井装备及智能采集系统、酸性气层测试井下配套工具和酸性气层测试井下无线传输装置。形成的特色技术包括旋转导向控制及双向通信技术、复杂深井井眼轨迹精确控制技术、随钻电磁波电阻率及非化学源中子孔隙度测量技术、录井和钻井一体化工程应用实时远程传输与监控技术、酸性气层安全评价方法及井下测试安全性评价技术，以及随钻测量与井下安全实时分析一体化监控技术。研究成果在大港、长庆、冀东、华北、塔里木和新疆等油田成功进行了现场试验和生产应用，累计完成 491 井次，取得良好试验和应用效果。

一、井下安全监控系统

井下安全监控系统通过钻进过程中收集各种井下及地面实时信息以预测钻井过程中可能出现的风险，并给出减小或消除风险的措施，从而可有效解决复杂深井安全钻井问题，大幅提高钻井时效、降低复杂时率。

目前，国际上井下安全监控系统以 Schlumberger 公司的无风险钻井系统（NDS，no drilling surprise）、Halliburton 公司的 ADT 系统以及 Baker Hughes 公司的井下随钻诊断系统（CoPilot）为代表。NDS 通过钻前设计、随钻测量校正、随钻决策、钻后研究等技术步骤来降低钻井风险。

1. 井下安全监控系统结构与工作原理

井下安全监控系统工作原理如图 2-76 所示，通过井下工具实时测量钻井动态参数，经过井下数据处理后以钻井液无线脉冲的方式将这些参数实时传输到地面，再通过地面数据采集、综合分析软件对这些数据进行实时分析，对井下钻井作业进行风险预测、评估，进而给出风险提示及消减措施，实现井下监测、井上控制，避免风险发生，实现无风险钻井。在进行数据测量、传输的同时井下系统具备数据存储功能，待仪器出井后进行井下存储数据的分析及井下工况的进一步判断。

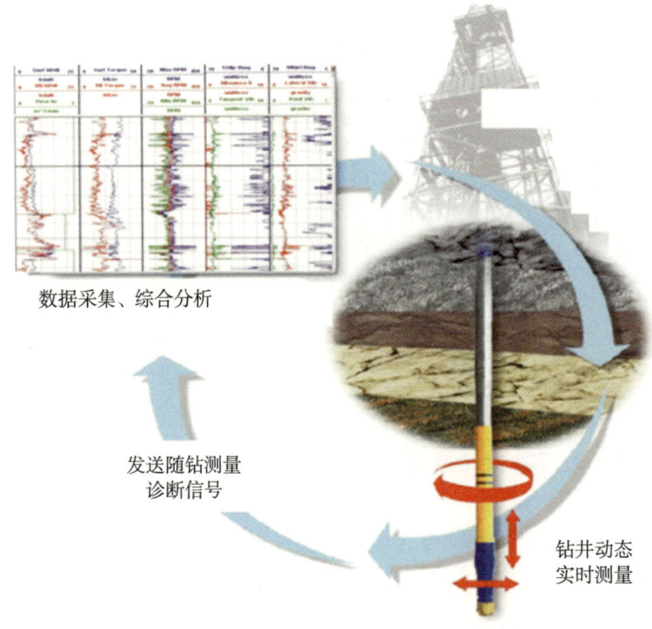

图 2-76　井下安全监控系统工作原理图

井下安全监控系统由井下测量工具和地面软件系统两大部分组成。其中井下工具负责进行井下动态参数的测量及数据的处理、发送[13]，如图 2-77 所示；地面软件系统分监测

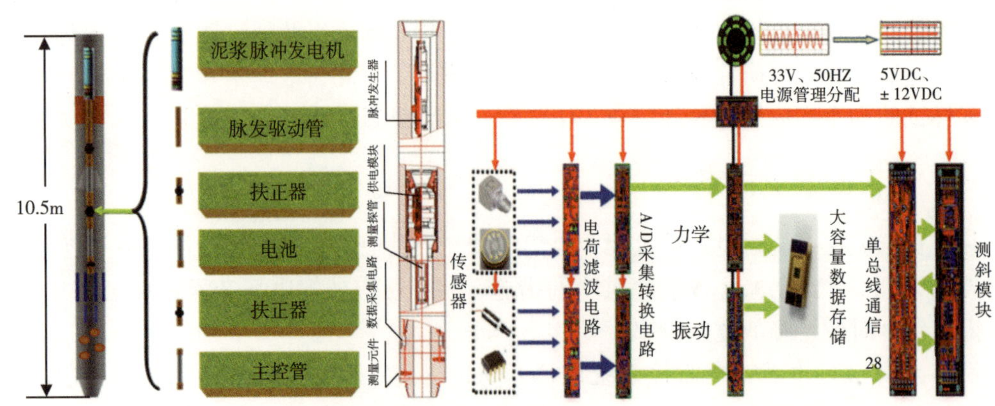

图 2-77　井下安全监控系统井下测量工具机械结构及电路结构

系统与风险分析评估系统两部分，如图 2-78 所示，其中地面监测系统负责进行井下上传数据的接收与数据解码，监测与风险分析评估系统负责依据监测系统解码的数据进行井下工况的诊断与风险评估，并给出预警与消减措施。

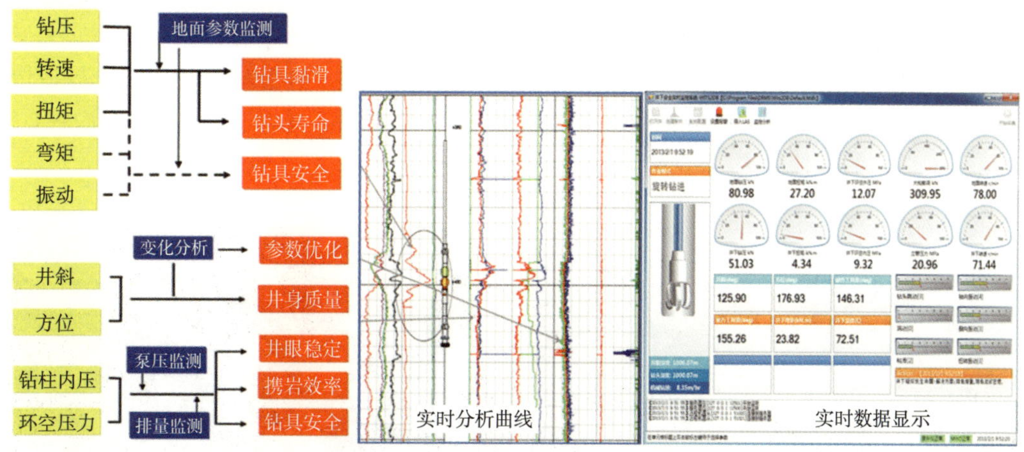

图 2-78　地面软件系统构架及软件显示界面

自主研发的井下安全监控系统主要技术性能与参数指标见表 2-28。

表 2-28　井下安全监控系统主要性能与参数

项　　目	技　术　参　数
公称外径	172mm
适用井眼尺寸	216mm（8½in）
井下测量参数	钻压，扭矩，弯矩，振动，转速，环空压力，钻具内液柱压力，井斜，方位
钻压、扭矩、弯矩采集精度	4.7%FS
井斜、方位测量精度	±0.1°，±1°
脉冲发生器类型	钻井液正脉冲
数据上传速率	0.5~1.5bit/s
最高工作温度	150℃
最高耐压	138MPa
井下工具长度	10.5m
井下工具压耗	2MPa
工作排量范围	214.2~41L/s

通过技术攻关，取得的主要创新：

（1）突破近钻头力学及工程参数的“测、传、解”难题，国内首次研制井下智能安全监控系统，形成一体化的井下测传分析技术，实现井下复杂工况实时监测和风险评估，填补了国内技术空白。

（2）在井下有限空间内，实现 9 参数实时精准测量和过螺纹信号的快速可靠传输（传输效率提高 20%以上），开发出具有不同接口、多种模式的风险分析评估软件，是实现科学钻井的关键支撑，对其他随钻测试装备的研发到重要借鉴作用。

2. 室内测试与现场应用及效果分析

井下安全监控系统室内测试主要包括：元器件合格性测试、电路整体联调、数据采集试验、脉发信号程序调试、系统软件整体调试、传感器标定测试、压力传感器与电路板的温度拟合和系统室内联调试验等（图 2-79~图 7-82），逐步解决了数据传输不稳、力学数据不准等问题。2015 年应用了 3 口井（表 2-29 和图 2-83），最大下深 5590m，最长工作时间 177h，应用结果表明：系统性能稳定，能及时发现井下异常，分别取得了 1.1 倍、1.4 倍和 1.3 倍的提速效果。

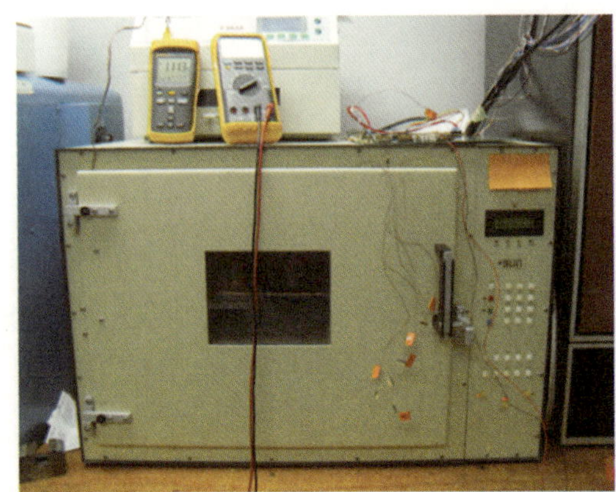

图 2-79　高温测试和振动测试

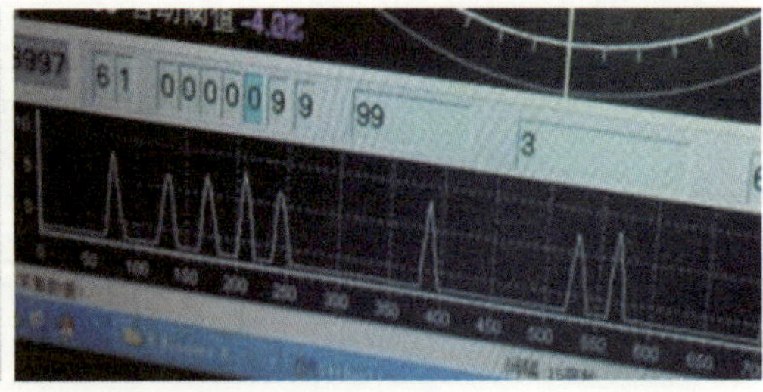

图 2-80　系统软件整体调试

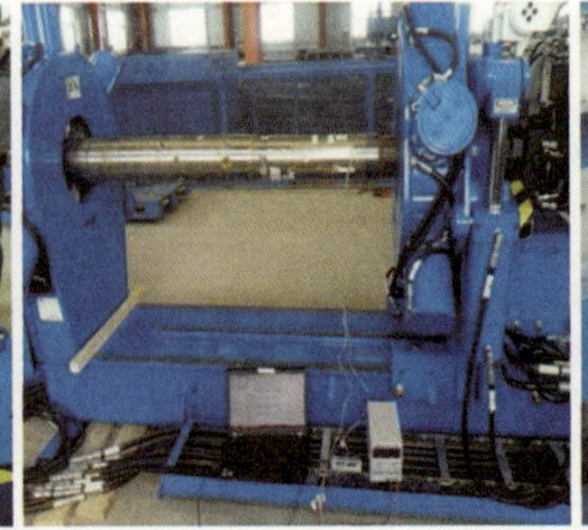

图 2-81　钻压标定、扭矩标定和弯矩标定

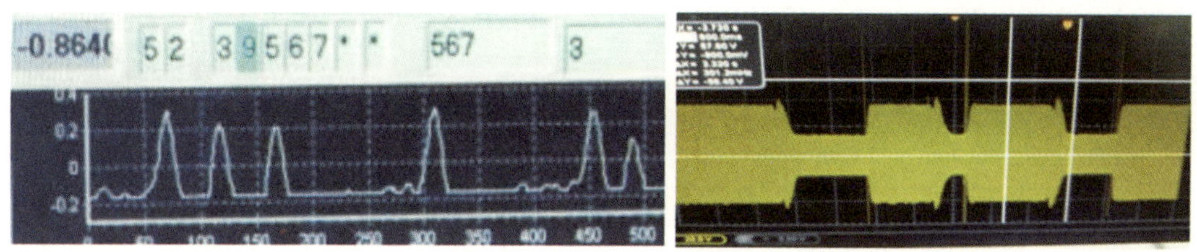

图 2-82 发电机电压与钻井液脉冲压力的波形图

表 2-29 井下安全监控系统现场应用 3 口井概况

序号	油田	井号	施工时间	试验井段，m	工作时间，h	平均提速
1	新疆油田	玛 607 井	2015 年	3446~3453 3676~3821	53 158	1.1 倍
2	新疆油田	BT1185 井	2015 年	1800~2380	177	1.4 倍
3	塔里木油田	英买 49	2015 年	5510~5590	108	1.3 倍

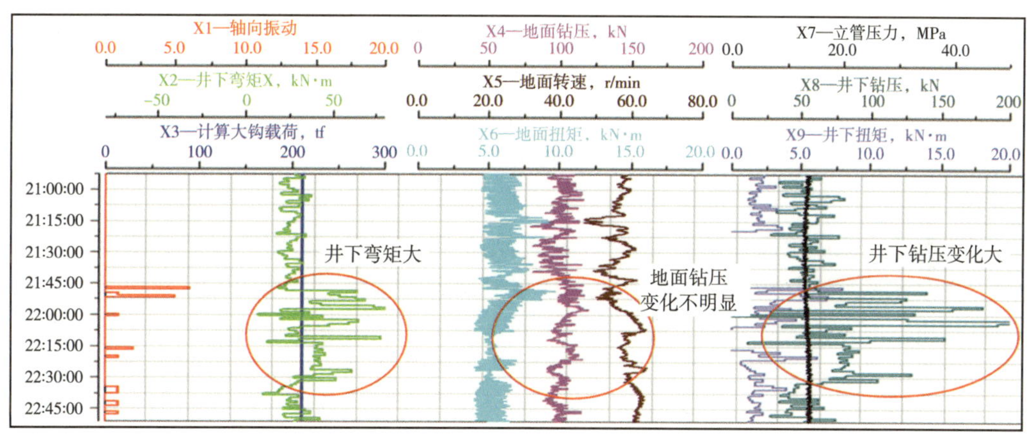

图 2-83 井下安全监控系统现场应用及时发现井下异常情况实例

二、非化学源随钻中子孔隙度测量系统

非化学源随钻中子孔隙度测量系统采用可控中子发生器源实现在钻井过程中获取地层孔隙度参数，并与其他随钻测量参数一起用于实时地层评价，尤其适用于碳酸盐岩地层的地质导向和随钻地层评价。常规随钻中子孔隙度测量系统采用性能稳定的天然放射源，其井下测量仪器结构及其测控电路系统相对简单，但存在安全和环保巨大风险。该系统选用非化学源，可克服上述不足，但由于中子发生器的中子产额没有化学源稳定，系统模型、测控电路和数据处理相对复杂，标定刻度要求高，产品开发难度大。

1. 系统结构与原理

非化学源随钻中子孔隙度测量系统主要由 DRMWD 钻井液正脉冲无线随钻测量系统、

涡轮发电机供电单元、随钻中子孔隙度测量短节以及地面系统软件包等组成[14,15]，如图 2-84 所示。

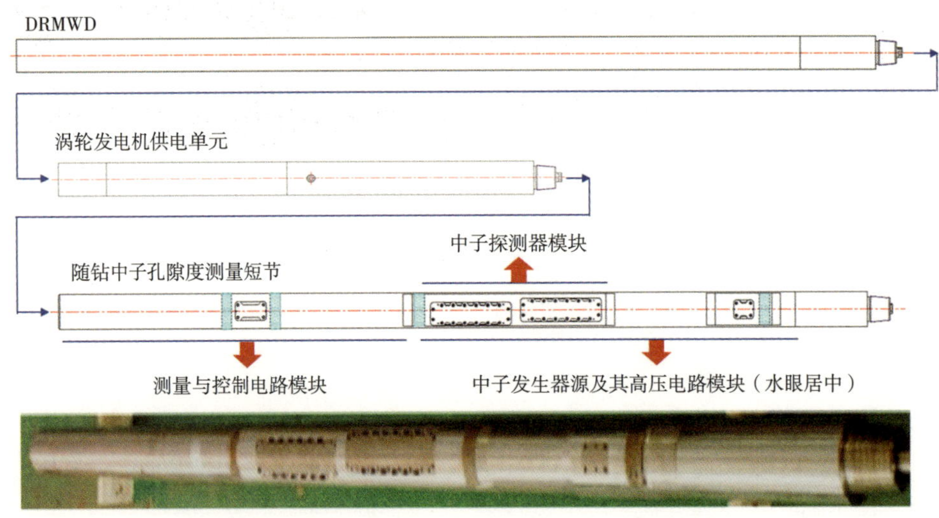

图 2-84　井下仪器组成及随钻中子孔隙度测量短节

随钻中子孔隙度测量短节各模块自上而下为上数据对接器（居中）、测量与控制电路模块（居中）、热中子和超热中子探测器模块（侧壁）、在探测器同轴向位置附近的“中子发生器及其高压电路模块+下数据对接器”（居中），此结构布置保证了中子发生器能够方便拆装，并且拆装时对其他模块不产生较大影响，其中测量与控制电路模块是该短节的核心。

随钻中子孔隙度测量与控制电路模块的作用是将中子探测器组测量得到的电信号转化为中子孔隙度参数，然后将其存储在仪器内或输出到传输单元，包括主控模块、中子孔隙度测量模块、超声井径偏心测量模块三大模块；涉及的电路主要包括中子发生器电路、中子输出监测电路、探测器高压电路、近远探测器信号处理电路、方位测量及方位计数、CPU 控制及处理电路、通信和存储电路和仪器供电电路等。井下系统软件主要包括三个电路模块的 MCU 软件，即主控模块、孔隙度测量模块、多功能模块（实时时钟、电源管理、中子发生器控制模块）等。地面系统软件主要用于命令/数据通信、测量控制、结果显示、数据存储和输出。

在此电路系统中，为解决中子源的安全性问题以及中子发射监测和控制难题，保障现场操作和施工作业安全性，提出并实现了一种随钻中子孔隙度测量的中子发射控制方法，具体是实时监测中子孔隙度随钻测量过程的起/下钻状态，生成对应的起钻状态信号或下钻状态信号；监测快中子强度，生成对应的快中子强度信息；根据起钻状态信号控制加速器中子源关闭以停止发射中子；获取关闭加速器中子源后的快中子强度信息，如果快中子强度信息为监测到快中子，则再次控制加速器中子源关闭以停止发射中子；根据下钻状态信号控制加速器中子源开启以发射中子；获取开启加速器中子源后的快中子强度信息，如果快中子强度信息为未监测到快中子，则再次控制加速器中子源开启以发射中子。

非化学源随钻中子孔隙度测量系统的性能与参数指标见表 2-30。

表 2-30 非化学源随钻中子孔隙度测量系统的性能与参数

总体性能及技术参数	
公称外径	172mm
适用井眼尺寸	216~244mm（8½~9⅝in）
测量参数	井斜角、方位角和工具面角，地层孔隙度，温度
传输深度	4500m
脉冲发生器类型	钻井液正脉冲
最高数据上传速率	5bit/s
连续工作时间	200h
最高工作温度	150℃
最高耐压	140MPa
抗振动	$200m/s^2$，5~1000Hz（随机）
抗冲击	$<5000m/s^2$（0.2ms，1/2sin）
井下涡轮发电机输出功率	80W
井下涡轮发电机单元长度	2.4m
随钻中子孔隙度测量短节长度	4.2m
DRMWD 测量参数与性能指标	
方位角	范围：0°~360°，精度：±1°（>6°）、±1.5°（3°~6°）、±2°（0°~3°）
井斜角	范围：0°~180°，精度：±0.15°
工具面角	范围：0°~360°，精度：±1.5°（>6°）、±2.5°（3°~6°）、±3°（0°~3°）
温度	范围：0°~150℃，精度：2.5℃
最大含砂量	<1%
最大狗腿度	10°/30m（旋转），20°/30m（滑动）
孔隙度测量性能指标	
测量范围	1~200PU
精度	±1PU（0PU~20PU），±5%（20PU~50PU）
探测深度	0.125m

2. 创新点

（1）突破了基于可控中子发生器源随地层孔隙度测量的理论建模和测量方法等基础性研究难题，开发了数值模拟软件，形成了较系统的设计方法，为自主研发井下测量仪器及后续产品规格扩型和功能扩展奠定了基础。

（2）突破了中子产额动态监测、热中子高灵敏探测和孔隙度换算高速处理等关键技术，自主研发了井下测量与控制电路系统，实现了基于可控中子发生器源的地层孔隙度测量。

（3）形成了随钻多参数测量仪器模块化集成设计方法，依据此方法研发的产品不仅能够满足核测量仪器在组装、操作和维护等方面高安全性的苛刻要求，而且在结构上易实现功能扩展和集成，研发出与孔隙度参数融合的多参数综合测量仪器。

3. 应用效果及推广前景

2012年至2013年在CPL陇东项目部实验井进行了4次现场试验，采用不同的测量方法以及不同测量模式分别进行现场试验，结果表明：仪器的测井曲线一致性较好，仪器的测井曲线与电缆测井曲线变化趋势基本一致（图2-85）。

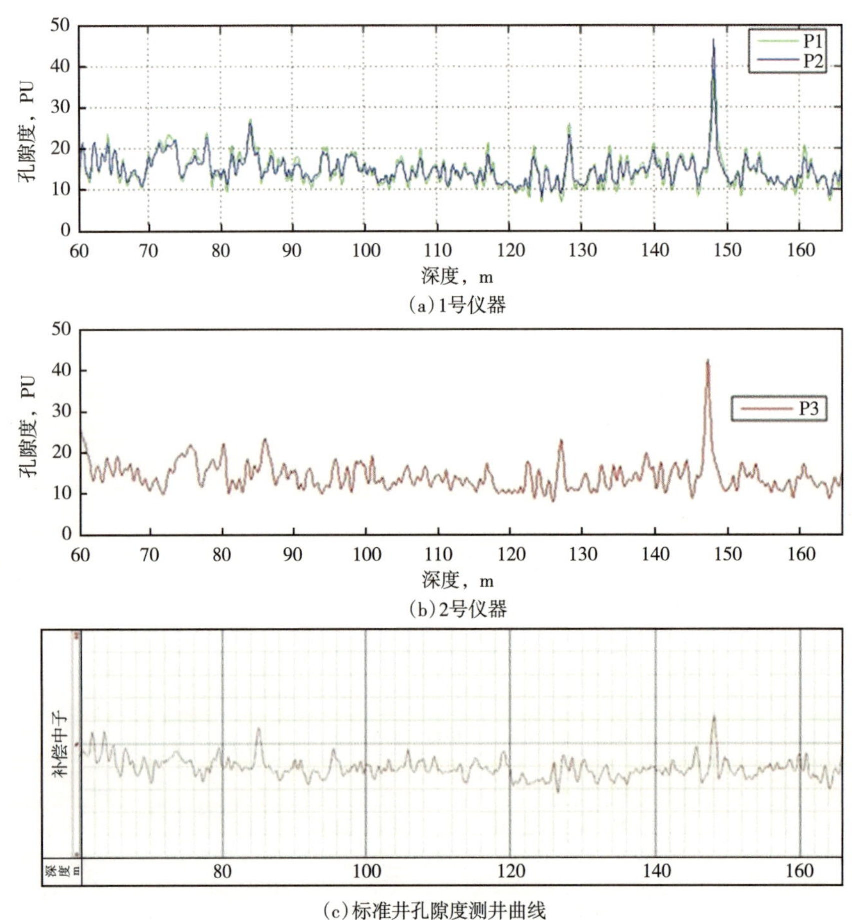

图2-85　试验现场测试数据与标准井数据对比

2014年12月、2015年6月分别在任平19井、官1503井完成了3井次的现场试验，均取得了良好效果。其中在任平19井连续入井2次，试验井段2608～2732m，总进尺124m，累计入井时间82h，井下有效工作时间40h，分析两台仪器采集到的有效数据，表明3道中子计数率变化趋势一致，数据较为稳定，如图2-86和图2-87所示；比较试验井段地质特性，随钻测量曲线能够反映地层孔隙度变化情况。

自主研发的非化学源随钻中子孔隙度测量系统与Schlumberger公司的EcoScope与NeoScope系统的中子孔隙度测量技术指标进行了对比，技术水平相当，填补了国内空白。

地层孔隙度是用于随钻地层评价和随钻地质导向钻井的重要参数，该系统拥有自主知识产权，容易扩展径向尺寸形成系列产品，满足各种井眼尺寸、不同区块水平井钻井的需要，随着在应用中逐步成熟，将为我国提供高性价比的非化学源随钻中子孔隙度测量产品，具有广阔的应用前景。

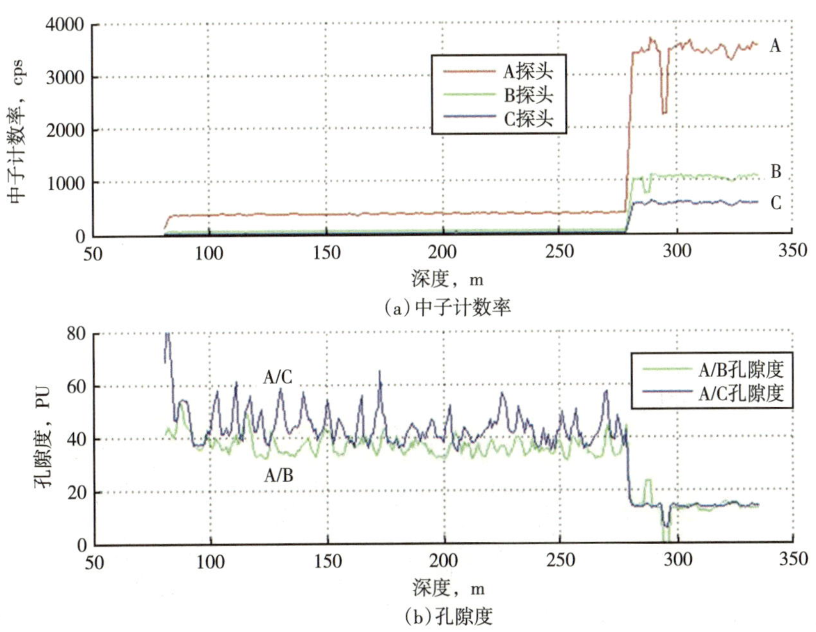

(a)中子计数率

(b)孔隙度

图 2-86 1号仪器中子计数率与孔隙度

注：A道探头与B道、C道探头距离不等，故测得的孔隙度曲线为A/B和A/C

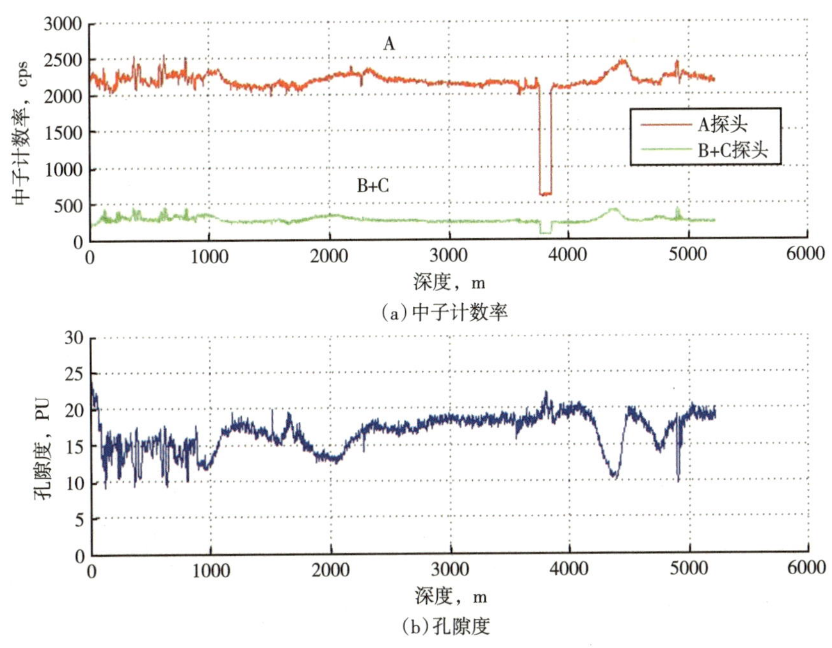

(a)中子计数率

(b)孔隙度

图 2-87 2号仪器中子计数率与孔隙度

注：A道探头与B道、C道探头距离相等，故测得的孔隙度曲线为A/(B+C)

三、深井新型录井装备及综合解释评价系统

“十二五”期间，中国石油开展新型录井装备及综合解释评价系统的自主研发，更新

现有录井装备，在信息共享与利用以及工程实时监测应用方面缩短了与国际水平的差距，实现具有自主知识产权的综合录井信息解释技术及配套软件。

1. 新型综合录井仪

自主研制的新型综合录井仪如图2-88所示，由现场采集处理、网络平台、基地服务器、基地监控终端等组成。现场采集处理主要包括：钻台区数据采集处理箱、罐区数据采集处理箱、快速气体分析仪、现场采集服务器和现场传输等；网络平台主要包括：3G、卫星和扩频网络平台，带宽要求不小于2M；基地服务器主要包括：接收服务器、云录井管理服务器和云录井代理服务器等；基地监控终端主要包括：虚拟综合录井仪、远程监控、WEB数据发布IE浏览及智能手机浏览等。

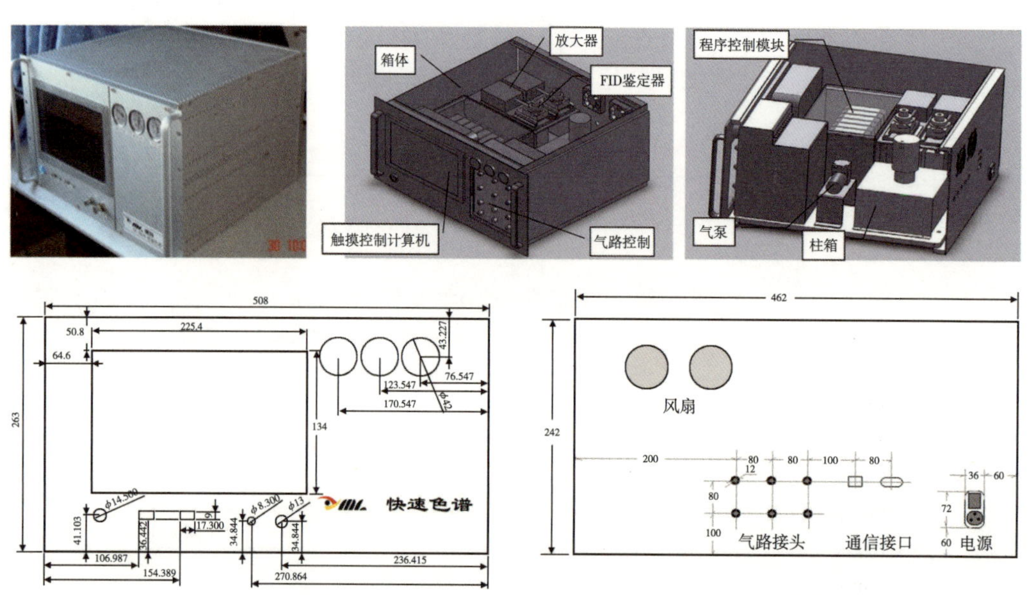

图2-88 新型综合录井仪结构组成

钻台区数据采集处理箱采集大钩高度、1#泵冲、2#泵冲、3#泵冲、转盘转速、大钩负荷、立管压力、套管压力、转速、转盘扭矩、顶驱（电）扭矩、钻台区硫化氢1、硫化氢2、出口流量、出口电导率等，并传输至现场录井处理。罐区数据采集处理箱采集大钩高度、1#泵冲、2#泵冲、3#泵冲、1#池体积、2#池体积、3#池体积、4#池体积、5#池体积、入口密度、入口温度、入口电导率、罐区硫化氢3、硫化氢4等，并传输至现场录井处理。现场采集服务器，兼容RS485通信协议，满足上述所有参数采集处理功能及衍生参数的换算入库、数据分类入库，数据库采用SQLSERVER2005数据库，并具有报警功能。气体分析系统对钻井液中的气体（特别是烃类气体）进行检测和分析，色谱采用研制的快速色谱仪，具有行业领先水平，可在25s内分析C_1~C_5，以及CO_2等8种成分，为现场快速钻进和小层、薄层提供解释依据。现场传输，将现场数据处理各种数据和传感器信号值（实时物理量），向基地服务器发送数据信息。

接收服务器负责接收现场数据和传感器信号值，并对其进行解析，向下级云管理服务器发送数据及WEB发布模块，云录井管理服务器将接收服务器的实时数据和传感器信号分配给云录井代理服务器，各功能模块如图2-89和图2-90所示。

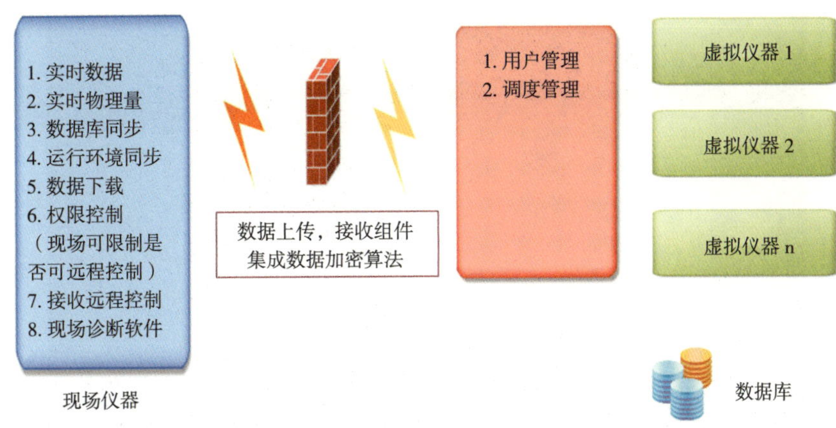

图 2-89　接收服务器软件功能模块

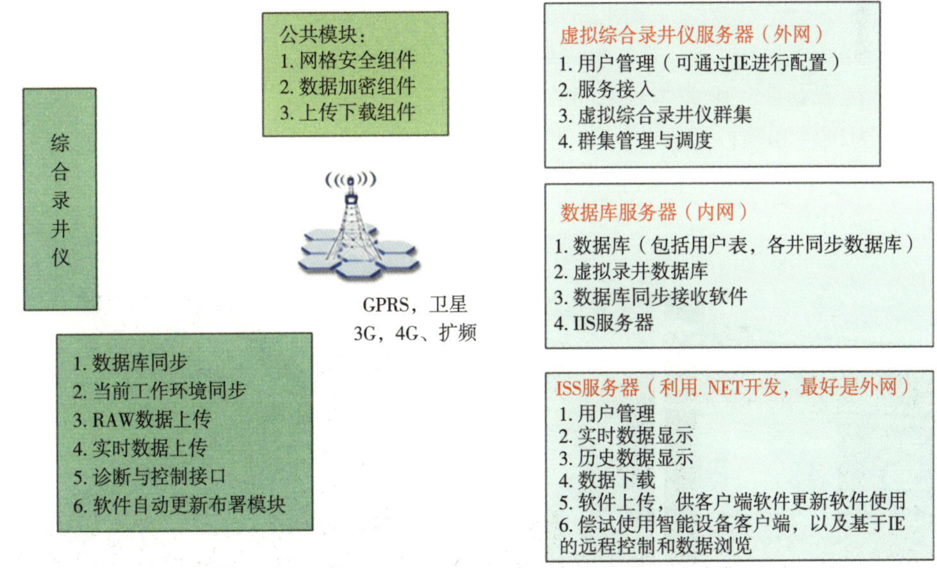

图 2-90　云录井管理服务器软件功能模块

2. 智能实时录井解释评价系统

智能实时录井解释评价系统（图 2-91）主要包含岩性地层油气藏录井油气水响应特征、非常规储层录井识别与评价方法以及储层流体性质评价方法三部分。其中，岩性地层油气藏录井油气水响应特征主要包括：常规地质录井油气水响应特征、气测录井油气水响应特征、定量荧光录井油气水响应特征和地化录井油气水响应特征；非常规储层录井识别与评价方法主要包括：非常规储层识别和非常规储集层的优选，通过综合页岩油气的形成和富集条件的特点及薄层致密油藏的特点，结合录井技术自身的特点，形成了产生高产油气的非常规储集层的优选方法；储层流体性质评价方法主要包括：气测录井储层流体性质评价方法、气测解释图板、定量荧光录井储层流体性质评价方法、地化录井油气水评价方法和录井解释评价标准等。

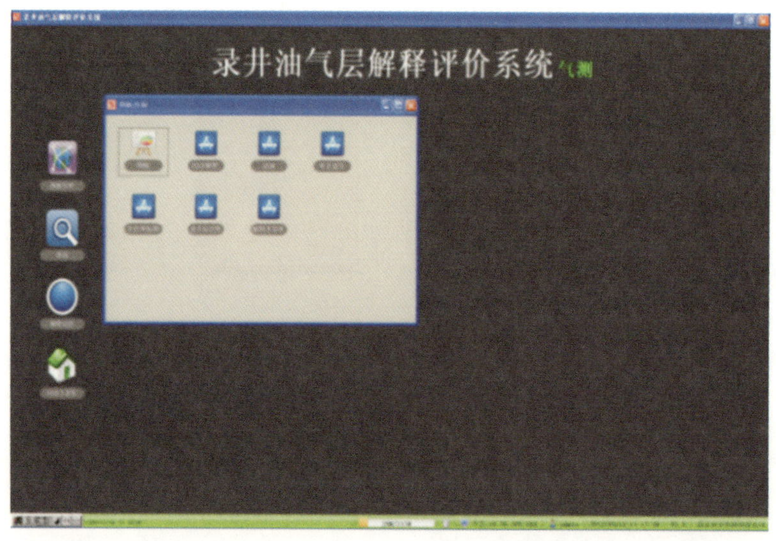

图 2-91　录井解释评价系统界面

3. 实时远程钻井、录井工程应用系统

系统分为硬件和软件两部分，硬件主要指远程监控中心（图 2-92），软件分为实时监控（图 2-93）、轨迹跟踪、防碰监测、钻具组合、数据曲线、三维展示、预警中心、轨迹预测和工程应用等。

图 2-92　实时远程钻井、录井工程应用系统监控中心

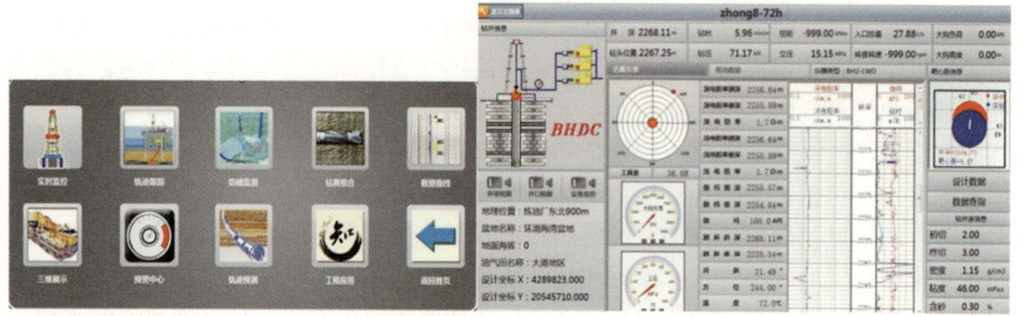

图 2-93　远程监控主界面和实时监控界面

在该系统中含有自主研发的9项核心技术，分别是：10种定向井仪器数据截取传输、6种仪器界面、实时立体展示井眼轨迹与综合井身结构、防碰监测与设计、现场钻具组合及井下钻进仿真模拟、三维展示、轨道预测设计、设计井轨迹图、实时监控仿真界面数据显示及曲线跟踪技术以及数据存储备份技术。其中，数据截取传输的10种定向井仪器为：BH1-MWD、BH2-MWD、Halliburton-MWD、BH-MWD（+gamma）、Halliburton-MWD（+gamma）、FE-LWD、BH-LWD、Baker Hughes-LWD、SL6000-LWD和GE-LWD。

综上所述，取得如下创新点：

（1）自主研制出无线远程录井系统。将云技术引入录井工程，形成云录井理论；研制了新型氢火焰色谱仪、网络采集模块；开发了氢火焰色谱软件；开发了无线远程录井系统软件；实现了实时远程控制、网络远程发布录井数据等功能，发挥基地技术人员作用；发布了无线远程录井系统企业标准。

（2）自主开发出实时录井解释评价系统。开发了油气层解释评价系统，通过深层致密油录井显示特征研究，可形成深层致密油录井评价方法。

（3）自主开发出实时远程钻井和录井工程应用系统。包含9个功能模块，将录井数据、LWD数据、立体仿真井身结构、地层岩性、钻具组合等以实时曲线、图表、数字等形式准确、全面、实时的再现到基地专家面前，实现远程专家会诊和决策。

4. 现场应用及效果分析

深井新型录井装备及综合解释评价系统工业化应用407井次。其中，无线远程录井系统在大港油田、伊拉克等16个区块进行现场技术服务184井次，实时录井解释评价系统在新疆油田、长庆油田、黄海等5个区块应用86井次，实时远程钻井和录井工程应用系统在大港油田、伊拉克等4个区块服务137井次。通过现场应用及技术服务，提高了随钻录井服务质量，提升了工程技术服务市场竞争力。

四、深井酸性气层测试技术与工具

我国酸性气藏的勘探与开发对测试和试油技术提出了更高技术要求，但是国内现有测试技术尚不能满足酸性气层勘探开发的需求。“十二五”期间，中国石油自主研制成功具有井下无线双向通信能力的数据传输新型试井系统、系列超高温高压井酸性气层测试工具，并形成了酸性气层安全评价方法及井下测试安全性评价技术。

1. 测试系统数据传输技术与装置

自主研制的具有井下无线双向通信能力的新型试井系统，采用基于低频电磁波的无线传输方式，井下无线通信距离30m以上，实现井下数据在关井时的跨测试阀传送，并配合长距离电缆传输到地面。井下温度和压力采集精度为0.2‰，耐温150℃，具有低能耗和高可靠性，能够满足绝大多数油气井的测试需求。井下无线传输试井系统结构组成及工作原理如图2-94所示。

该系统由高精度电子压力计、接收/发射器、井下非接触传输装置、电池筒、绞车、地面控制器、计算机和录取软件等所组成。其通信系统的主要功能模块可分为井下1、井下2及地面接收三部分。各部分结构及组成如下：井下1为阀下测量与无线收发器系统，主要包括压力、温度测量系统、通信和电源密封接头、电源或电池单元、阀下无线通信模块、阀下收发天线等；井下2为阀上无线中继和电缆传输系统，主要包括阀上收发天线、

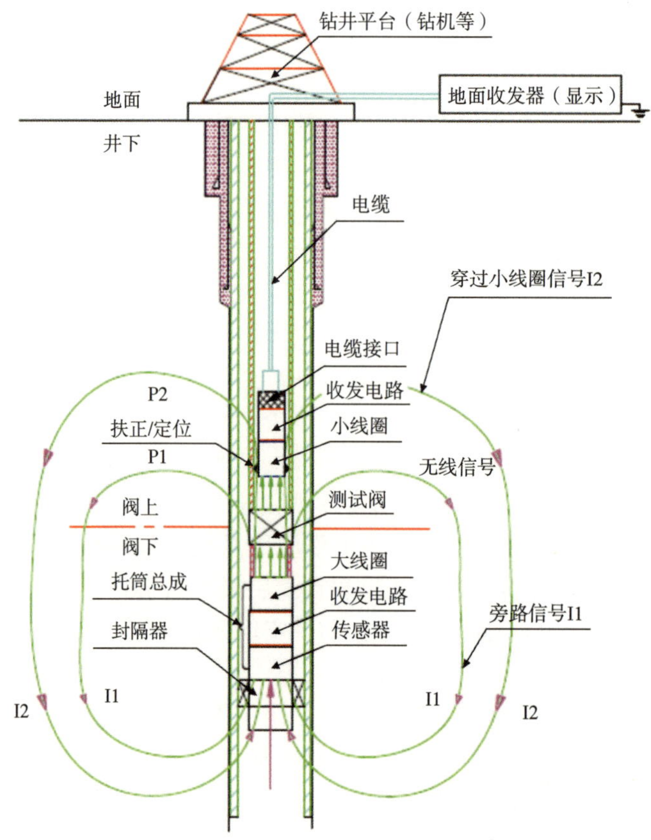

图 2-94　井下无线传输试井系统结构组成及工作原理示意图

阀上无线通信模块、电缆通信模块、电源与通信电缆、密封接头等；地面接收部分用于与井下系统进行双向数据通信和处理，主要包括：数据接收模块、PC 机接口模块、应用软件等。总体性能参数指标见表 2-31。

表 2-31　井下无线传输试井系统总体性能参数

载体	外径：3⅞~4in（98~102mm）；内径：32~38mm；载体长度：3.15m；螺纹：2⅞in EUE 内螺纹×2⅞in EUE 外螺纹
小线圈	外径：32~38mm，长度：0.35m；适用电缆：≥ 7000m、5.6mm~8mm 单芯电缆
最高耐压	100MPa
最高耐温	150℃
供电电源	井下：±10.8V 双供电；地面：交流 50Hz 160~240V
无线通信距离	≥30m
无线通信速率	64bit/s
电缆通信	最大 115.20kbit/s
井下数据采样间隔	井下存储压力计数据采样间隔可以取值 1s 至 6h，默认值 6s
井下存储容量	133 万个数据点

2. 酸性气层测试工具

为满足超高温高压井的技术需要，在进行井筒技术评价和管柱力学分析的基础上，自主研发了系列酸性气层测试工具，主要包括高温高压裸眼封隔器及胶筒、BH-CYF 测试阀、BH-CJF 全通径测试阀、BH-C 解脱装置、智能测试阀等实现了国产化。

1）高温高压裸眼封隔器

如图 2-95 所示，由滑动接箍、滑动头、坐封心轴、胶筒、金属杯、支承座及下接头组成。技术指标为：外径 120.7mm，通径 19mm，长度 1822mm，工作压力 105MPa，抗拉强度 1008kN，抗内压强度 254MPa，抗外压强度 227MPa，工作温度-20～230℃。

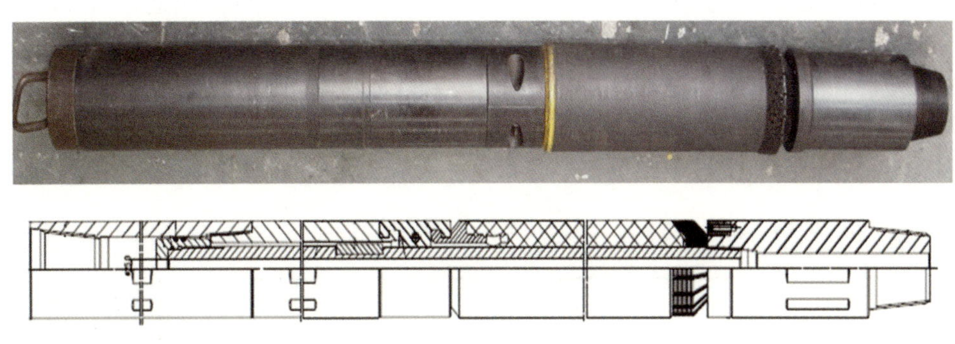

图 2-95 高温高压裸眼封隔器结构

2）BH-CYF 测试阀

为井下一次开关阀，如图 2-96 所示，主要由上接头、球阀部分、球阀外筒、连接爪、剪切心轴、心轴外筒、下接头组成。主要技术指标为：外径 99mm、127mm，内径 45.7mm、57mm，球阀最大开启压差 70MPa，工作压力 105MPa，抗拉强度 1002kN，工作温度-20～230℃。

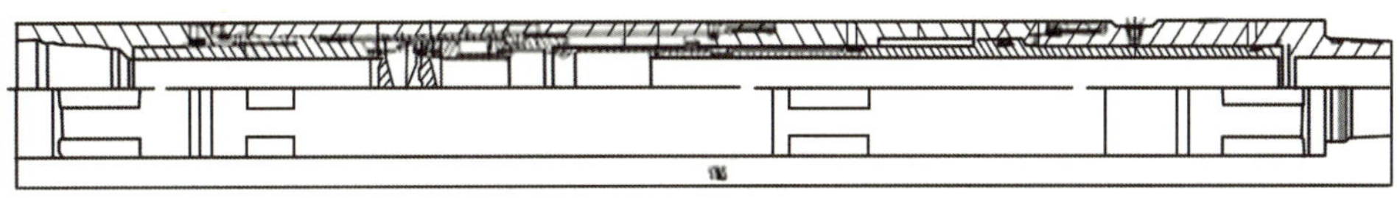

图 2-96 BH-CYF 测试阀结构

3）BH-CJF 全通径测试阀

如图 2-97 所示，由上接头、球阀部位、换位部位、油室计量部位、调节延时部位、下接头组成。主要技术指标为：外径 127.5mm，内径 57.0mm，总长 2927mm，工作压力

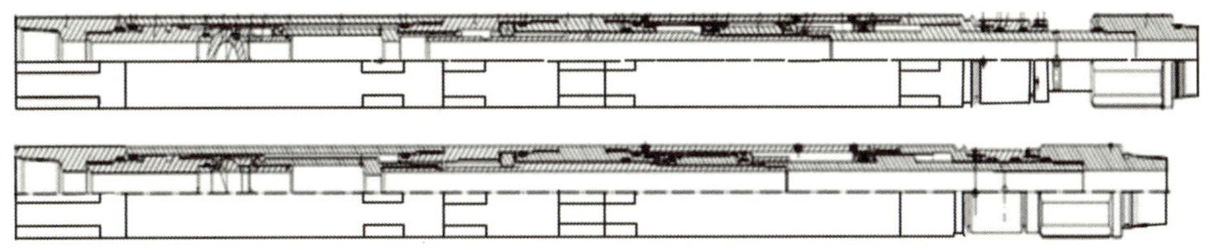

图 2-97 BH-CJF 全通径测试阀

105MPa，抗拉强度 1884kN，工作温度-40～230℃，适用环境为含 H_2S 和酸。

4）BH-C 解脱装置

主要由上接头、左舷螺母、外筒、连接接头、拉套和下接头组合而成的。主要技术指标为：外径 127.5mm，通径 57mm，总长 1957.5mm，工作压力 105MPa，抗拉强度 1884kN，工作温度-40～230℃，工作行程 1000mm，适用环境为含 H_2S 和酸。

5）智能测试阀

结构如图 2-98 所示，由电动机推动总成、机械开关装置和压力检测部分组成。它上下通过油管螺纹直接与油管相连。电动机推动总成中的控制电路能通过定时控制或压力信号控制其正转或反转，达到对该开关器的控制；开关器的本层液体进出通道与各层公用的主流道是分开的，在关闭某个开关器时，不会影响该开关器下方其他各层的液体从主流道被举升到地面；一个开关器可以根据需要携带一到两支压力计，用于测试该层的流压、静压，压力曲线同时能用作质量监测。其主要技术指标为：外形尺寸 ϕ89mm×440mm，压力范围 0～60MPa，温度范围-20～150℃，最大通液量 120t/d，通液孔 10mm，密封方式为 T 型圈密封。

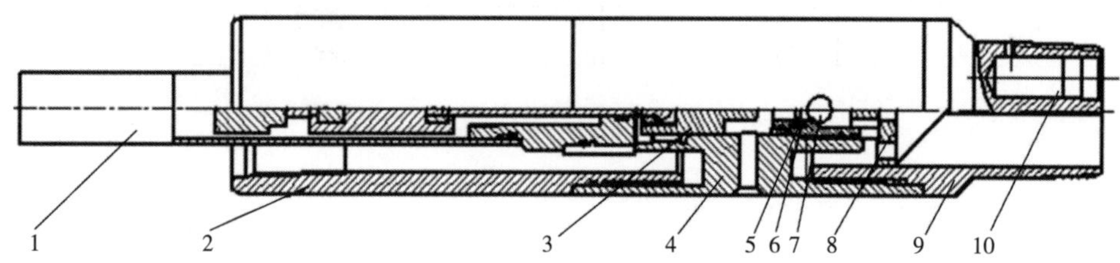

图 2-98 智能测试阀结构图

1—电动机；2—上接头；3—推杆；4—开关器主体；5—球座；6—T 型密封圈；7—钢球；8—挡板；9—下接头；10—压力计安装孔

3. 酸性气层安全评价方法及井下测试安全性评价技术

酸性气层安全评价方法包括测试地层储层特性及流体特性对测试参数获取的安全性分析，以及地面测试流程安全监控工艺技术。其中，测试地层储层特性及流体特性对测试参数获取的安全性分析主要包括：出砂地层对测试参数获取的安全性分析、出水地层对测试参数获取的安全性分析、应力敏感地层对测试参数获取的安全性分析、原油脱气对测试参数获取的安全性分析、反凝析地层对测试参数获取的安全性分析以及气体对测试参数获取的安全性分析等；地面测试流程安全监控工艺技术主要包括：井筒水合物堵塞物理模型、水合物膜生长速率、水合物颗粒受力分析、水合物堵塞预测模型、堵塞影响因素分析以及模型预测图版等。

井下测试安全性评价技术主要包括：轴向力引起的伸缩、温度效应、流动效应、流体密度对油管屈曲长度的影响、井口控制压力对油管屈曲长度的影响、井底压力对油管屈曲长度的影响、井口关井与井下关井的区别、加载顺序对油管轴向力的影响、温度变化对油管轴向力的影响以及安全性的影响等。

4. 创新点

（1）自主研发出井下无线传输装置，突破了井下环境自适应阻抗匹配技术，实现了井下远距离无线传输，可与地面进行全双工双向通信，实时采集测试阀以下的温度和压力数据。

（2）通过隔热系统、高温电路、机械结构以及密封材料的技术攻关，研制了适合酸性气层的测试阀、封隔器、安全解脱装置、230℃压力计和选层器等系列酸性气层测试工具。

（3）通过管柱力学分析，优化了测试工艺，形成了180℃套管井MFE测试管柱、210℃ MFE选层锚测试管柱、200℃套管井APR测试管柱、200℃ MFE裸眼支撑测试管柱、200℃ MFE膨胀跨隔测试管柱、210℃ MFE选层锚测试管柱和230℃裸眼井测试管柱等7种酸性气层测试工艺。

（4）通过对电控开关阀的技术攻关，研制了井下智能测试工具，形成了以该工具为核心的井下多层智能测试工艺。

5. 现场应用及效果

该测试装备在华北、塔里木、吉林及冀东油田进行了58井次的地层测试，见表2-32，测试一次成功率98.3%，解决了深井及酸性气层测试技术难题，新增预测储层2461×10^4t。

表2-32　测试装备现场应用的酸性气层井及深井井位表

序号	酸性气层井	区块	序号	深井	区块
1	长春1-2井	吉林油田	11	务古4井C2-1	华北油田
2	长春4井		12	务古4井C3-1	
3	长春6井		13	牛东101井C1-1	
4	中古518井S1酸1	塔里木油田	14	牛东101井C1-4	
5	中古518井S2酸1		15	牛东101井C2-3	
6	中古15-H3		16	高深1井C1-1	
7	中古15-H3		17	高深1井C2-1	
8	中古431-H1		18	牛东102井C1-1	
9	中古511-2		19	固416x井C1-1	
10	南堡286	冀东油田	20	固420x井C1-1	

第五节　复杂地质条件下深井钻井液技术

针对我国深井超深井的地质条件复杂、井壁不稳定突出问题，从钻井液角度出发，开发核心处理剂，形成强抑制高润滑水基钻井液、高温高密度水基钻井液、油基/合成基钻井液等体系，解决井壁失稳、恶性漏失和高温高压盐膏层卡钻等技术难题。复杂地质条件下深井钻井液技术保证了塔里木、四川、渤海湾、中亚等目标区安全、环保、高效勘探开发。

一、大位移井强抑制高润滑水基钻井液技术

国内大位移井钻井液技术相对问题较多，表现为井壁垮塌、井眼净化困难、泥包钻头、起下钻困难、定向井托压等，国外钻井液体系相对低事故复杂率，表现出抑制性强，

井眼净化效果好，钻井液性能稳定等优势。高性能水基钻井液作为一种新的钻井液体系类型，代表了钻井液技术发展的趋势和需求。

1. 大位移井强抑制高润滑水基钻井液核心处理剂

1）强抑制剂

强抑制剂为胺类抑制剂，功能基团采用胺基（$-NH_2$）和醇羟基（-OH）。该抑制剂采用本体聚合的方法，由于制备反应中所使用的单体种类较多，涉及的工艺条件也较多，因此，通过“正交试验法”考察制备反应中各影响因素对产物使用性能影响程度的大小，再进一步通过“单因素法”（即通过固定其中几种工艺条件而改变另一种工艺条件来确定最佳工艺条件）优化出新型页岩抑制剂的最佳制备反应条件。

SD-A 合成反应流程如图 2-99 所示，反应过程中典型的压力和温度变化如图 2-100 所示。

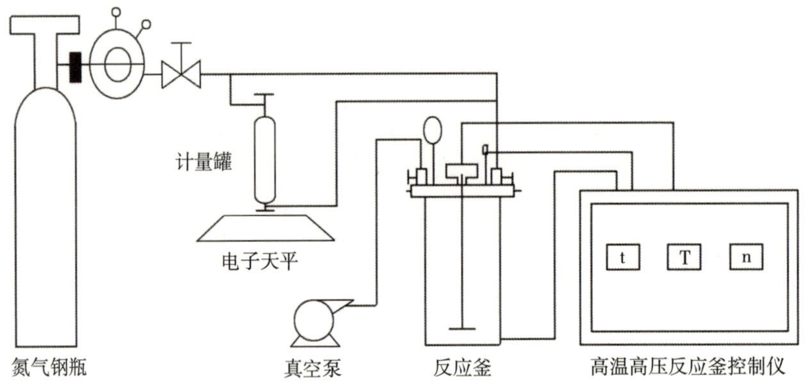

图 2-99　SD-A 合成反应流程图

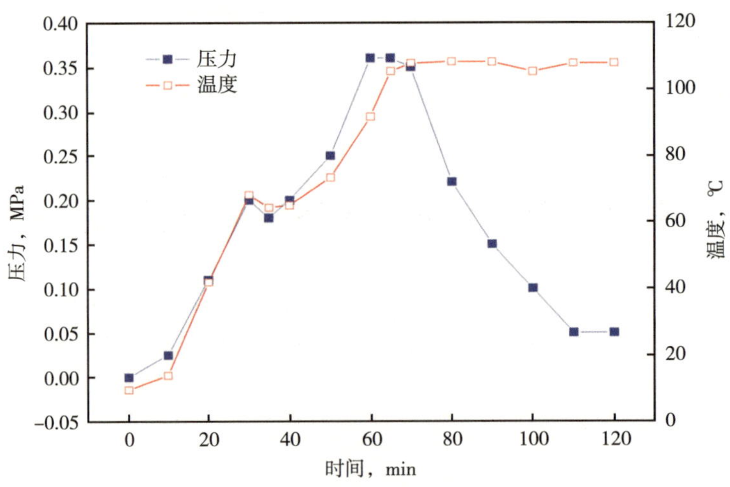

图 2-100　反应釜内压力、温度随时间的变化

相对分子质量测定：采用一点法进行相对分子质量测定，测试结果见表 2-33。

从表 2-33 看出，SD-A42 和 Ultrahib 相对分子质量接近，SD-A38 的相对分子质量相对较高。

表 2-33　相对分子质量测定结果

样品	溶质浓度，g/mL	平均测定时间，s	相对分子质量
溶剂		98.8	
Ultrahib	0.0042	101.16	479.15
SD-A38	0.0042	101.41	572.68
SD-A42	0.0041	101.10	477.90

从图 2-101～图 2-103 可知，强抑制剂 SD-A 抑制膨润土膨胀的能力较强，优于 Ultrahib；SD-A 对 Φ_3 读数的稳定作用在膨润土加量高达 17.5%时与 Ultrahib 相当，表明 SD-A

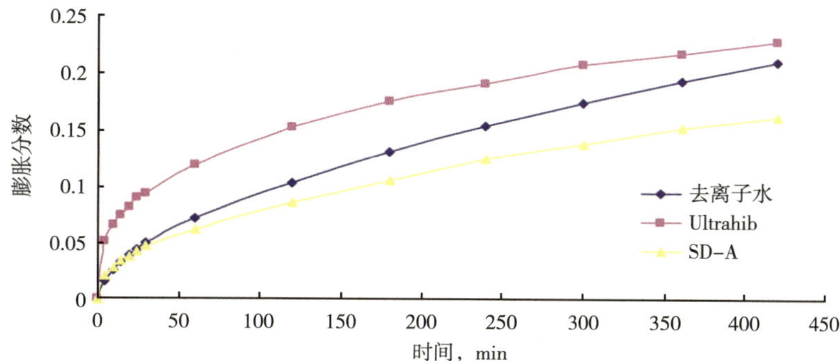

图 2-101　SD-A 抑制膨润土膨胀性能评价结果

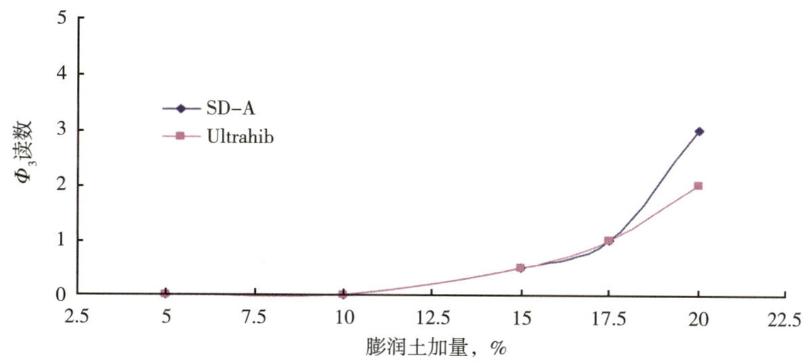

图 2-102　对 Φ_3 读数的稳定作用评价结果

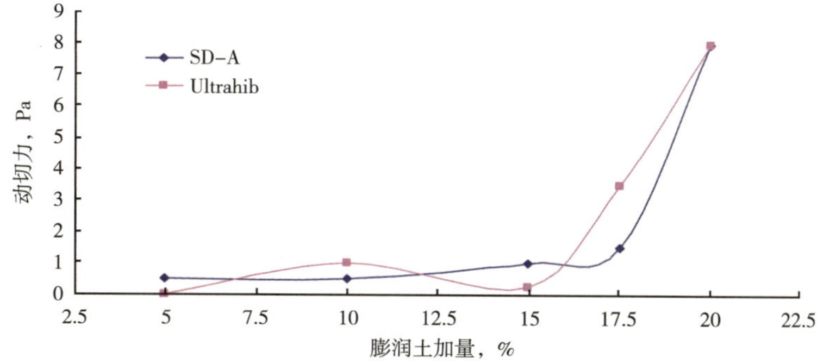

图 2-103　对动切力的稳定作用评价结果

具有较强抑制膨润土造浆的性能；SD-A 对动切力的稳定作用在膨润土加量从 5% 至 20% 范围内优于 Ultrahib，表明 SD-A 具有较强抑制膨润土造浆的性能。

2）强包被剂

采用反相乳液聚合方法，制备出低相对分子质量聚合物强包被剂 SDB，其相对分子质量较小、阳离子度适中。见表 2-34。

表 2-34　新型强包被剂 GDC 测试相对分子质量结果

Mn	Mw	MP	多分散性指数	Mz（Daltons）	Mz+1（Daltons）
100805	184200	220981	1. 827287	231995	267004

表 2-35 测试结果表明，新型强包被剂 SDB 的阳离子度平均为 15. 7%。

表 2-35　新型强包被剂 SDB 阳离子度测试结果

测试次数	第一次	第二次	第三次	平均值
阳离子度,%	13. 6	17. 8	15. 7	15. 7

图 2-104 表明在相同浓度下，SDB 对钻井液流变性影响较小。

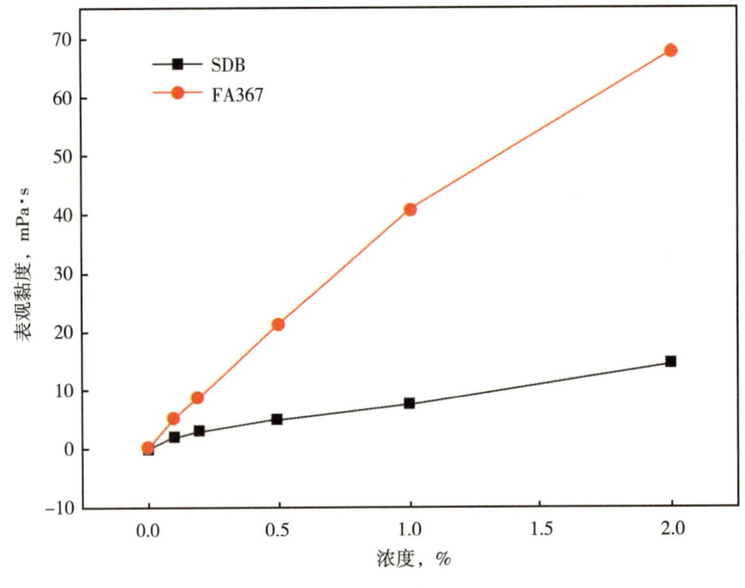

图 2-104　SDB 溶液表观黏度随浓度的变化

图 2-105 表明，新型强包被剂 SDB 页岩膨胀分数最小，表明其抑制效果最好。

图 2-106 表明，新型强包被剂 SDB 的页岩回收率最高，表明其包被抑制能力最强。

采用水溶液聚合法合成的新型强包被剂，为一定低分子量的阳离子度的聚合物，具有优异的抑制性能，能有效抑制泥页岩水化分散。

3）高效润滑剂

高效纳米润滑剂 SD-NR 基础油为天然菜籽油，其理化性能见表 2-36。

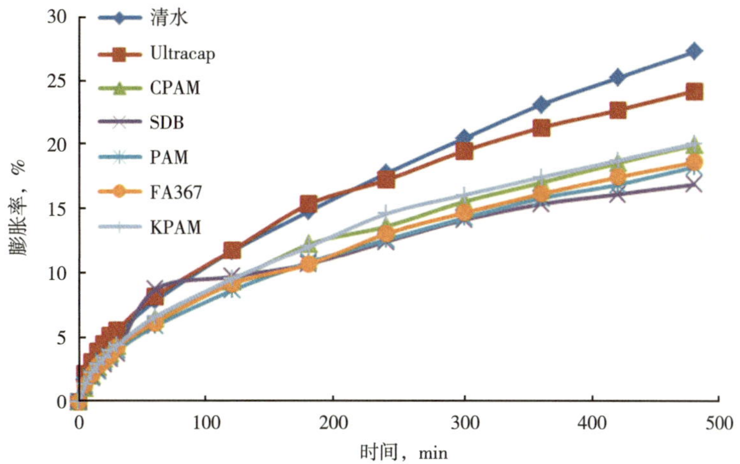

图 2-105 不同包被剂抑制泥页岩水化膨胀能力

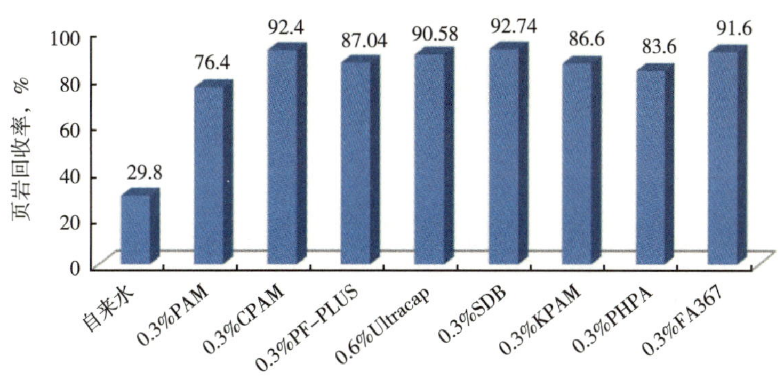

图 2-106 不同包被抑制剂的页岩回收率

表 2-36 润滑剂 SD-NR 的理化性能

项目	标准	测定结果
外观	—	淡黄色液体
密度，g/cm^3	0.85~1.05	1.02
pH 值	7~9	8
$\eta_{25℃}$，mPa·s	—	7~11
$\eta_{-10℃}$，mPa·s	—	8~12
凝固点,℃	<15	-48
荧光级别	≤4	1~2
负荷磨损指数，N	≥441	983
烧结负荷，N	≥2450	3567
磨斑直径，mm	≤0.35	0.12
毒性	低（无）毒	无毒

从表 2-37 表明 SD-NR 与各种钻井液体系的配伍性良好。

表 2-37　SD-NR 对钻井液流变性、滤失量及润滑性的影响

体系	SD-NR %	*AV* mPa · s	*PV* mPa · s	*YP* Pa	G_{10}''/G_{10}' Pa/Pa	FL_{API} mL	ρ g/cm³	K_f	K_f 下降率 %
6%土浆	0	27	23	4.1	1/2	22.6	1.03	0.41	—
	1	26	23	3.1	1/2	21.3	1.03	0.11	73.2
	1.5	27	22.5	4.6	1/2	20.4	1.03	0.04	90.2
	2	27	22.5	4.6	1/2	20.1	1.03	0.02	95.1
聚合物钻井液	0	29	21	8.2	2/9	4.9	1.19	0.30	—
	1	30	22	8.2	2/9	4.8	1.19	0.10	66.7
	1.5	31	24	7.2	3/9.5	4.5	1.19	0.07	76.7
	2	33	26	7.2	3/10	4.2	1.19	0.05	83.3
聚磺钻井液	0	22	8	14.3	3/10	4.5	1.20	0.31	—
	1	22	8	14.3	3/10	4.3	1.20	0.09	71.0
	1.5	21	7	14.3	3/11	4.3	1.20	0.07	77.4
	2	21	7	14.3	4/12	4.1	1.20	0.04	87.1
正电胶钻钻井液	0	20	11.5	8.7	6/13	5.6	1.17	0.41	—
	1	20	11	9.2	6/13	5.6	1.17	0.13	68.3
	1.5	19	10	9.2	6/13.5	5.5	1.17	0.09	78.0
	2	18	9	9.2	6/14	5.5	1.17	0.06	85.4
甲酸盐钻井液	0	27	24	3.1	3/9	2.4	1.40	0.34	—
	1	27	24	3.1	3/9	2.2	1.40	0.12	64.7
	1.5	28.5	26	2.6	4/9.5	2.2	1.40	0.08	76.5
	2	29	27	2.0	4/10	2.1	1.40	0.07	79.4

表 2-38 表明与国内外同类产品相比，润滑剂 SD-NR 有较高的负荷磨损指数和烧结负荷，磨斑直径较小，极压抗磨性能较突出。

表 2-38　润滑剂四球机实验结果

润滑剂	负荷磨损指数	烧结负荷，N	磨斑直径，mm
润滑剂（1#）	430	1532	0.93
润滑剂（2#）	368	1468	0.79
SD-NR	983	3567	0.12

SD-NR 中的表面活性剂成分对金属表面或岩石表面有强润湿性，改变钢铁、岩石表面能，使具有 100~500mJ/m² 高能表面向 100mJ/m² 以下低能表面转化。在钻杆表面、滤饼表面憎水膜的形成，使金属与金属、金属与岩石的直接接触变成了憎水膜之间的接触，从而降低摩擦系数。

4）流型调节剂

在司班 80、白油和亚硫酸钠氧化还原引发剂体系中，采用丙烯酰胺、丙烯酸、苯乙烯磺酸钠等单体，制备出共聚物流型调节剂产品 CNRJ。该聚合物具有良好的提切能力，热滚后聚合物的动塑比值较之前没有大幅度的变化，具有良好的抗温能力和一定的抗盐性和配伍性。

5）携屑剂

采用 C12 烷醇聚氧乙烯醚、正己烷、四丁基溴化铵和无水碳酸钾等原料，制备出携屑剂产品，测定不同硅石对两种携屑剂的吸附曲线如图 2-107 所示。浮选钻井液体系性能见表 2-39。

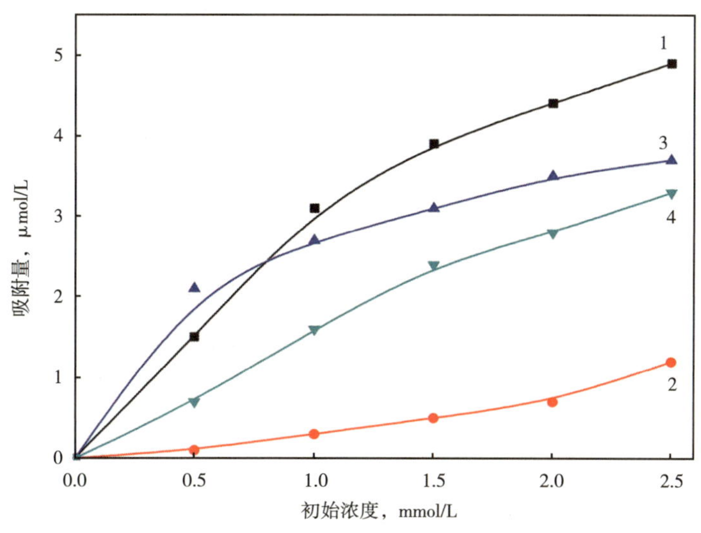

图 2-107 硅石粉吸附溶剂量与初始浓度的关系

1—水湿硅石吸附自制捕收剂；2—水湿硅石吸附十二烷基苯磺酸钠；3—油湿硅石吸附自制捕收剂；4—油湿硅石吸附十二烷基苯磺酸钠

表 2-39 浮选钻井液体系性能

实验条件		*AV*，mPa·s	Φ_6/Φ_3，Pa/Pa	*YP/PV*，Pa/mPa·s
实验温度 *T*,℃	热滚时间 *t*，h	31	5.7/6.9	1.05
140	16	34	5.4/6.7	1.21
160	16	29	5.3/7.6	1.32
180	16	32	5.6/6.9	1.24

通过流变实验可以发现，在配制的基浆中加入自研的携屑剂和起泡剂能与基浆配伍，并且流变性良好。

2. 大位移井强抑制高润滑水基钻井液体系

1）配方

大位移井强抑制高润滑水基钻井液体系各组实验配方 150℃/16h 老化前后的流变性、滤失性及抑制性测试结果见表 2-40，DPRT-5 在 150℃/16h 老化前后的流变性、滤失性较好，老化后的页岩分散回收率最高，确定为最优配方。

DPRT-5 具体配方如下：4%土浆+3%SD-A+0.5%SDB+1%PAC-LV+0.3%PAC-HV+3%SD-NR。

表 2-40　配方优化实验结果

配方	实验条件	AV，mPa·s	PV，mPa·s	YP，Pa	FL，mL	回收率，%
DPRT-1	老化前	68.5	41	27.5	6.8	87.92
	老化后	52	28	24	5.4	
DPRT-2	老化前	91.5	25	66.5	5.6	87.86
	老化后	113	68	45	5.6	
DPRT-3	老化前	131.5	52	79.5	6.4	93.9
	老化后	125	66	59	6.2	
DPRT-4	老化前	57.5	22	35.5	6.4	95.96
	老化后	49	16	33	5	
DPRT-5	老化前	65.5	34	31.5	6.4	98.87
	老化后	73	44	29	7.0	

注：所用岩样为沙河街组沙三段泥页岩岩心。

2）新聚胺高性能钻井液抗污染性能

抗盐能力评价见表 2-41。

表 2-41　新聚胺高性能钻井液配方抗盐评价结果

NaCl 加量，%	测试条件	Φ_6	Φ_3	AV，mPa·s	PV，mPa·s	YP，Pa	YP/PV Pa/mPa·s	FL_{API}，mL
0	老化前	21	18	65.5	34	31.5	0.93	6.4
	老化后	24	21	73	44	29	0.66	7.0
5	老化前	14	12	54	33	21	0.64	4.4
	老化后	25	22	81.5	47	34.5	0.73	5.4
10	老化前	10	8	40	32	8	0.25	5.0
	老化后	13	11	61	42	19	0.45	4.8
15	老化前	10	8	36	23	13	0.57	3.6
	老化后	12	9	57.5	36	21.5	0.60	4.6
20	老化前	9	7	39.5	25	14.5	0.58	4.0
	老化后	10	8	50.5	37	13.5	0.36	4.0
饱和	老化前	9	7	48.5	34	14.5	0.43	3.4
	老化后	13	11	59	38	21	0.55	2.6

新聚胺高性能钻井液配方抗盐达到20%以上，具有较强的抗盐能力。

抗钙能力评价见表 2-42 所示。

表 2-42　新聚胺高性能钻井液配方抗钙能力评价结果

$CaCl_2$ 加量，%	测试条件	Φ_6	Φ_3	AV，mPa·s	PV，mPa·s	YP，Pa	YP/PV Pa/mPa·s	FL_{API}，mL
0	老化前	21	18	65.5	34	31.5	0.93	6.4
	老化后	24	21	73	44	29	0.66	7.0

续表

$CaCl_2$ 加量，%	测试条件	Φ_6	Φ_3	AV，mPa·s	PV，mPa·s	YP，Pa	YP/PV Pa/mPa·s	FL_{API}，mL
0.5	老化前	22	20	54.5	28	26.5	0.95	7.2
	老化后	13	11	35	19	16	0.84	7.2
1.0	老化前	18	16	47.5	27	20.5	0.76	5.4
	老化后	27	24	44.5	31	13.5	0.44	8.8
1.5	老化前	14	12	43	24	19	0.79	5.4
	老化后	16	14	30.5	15	15.5	1.03	7.8

新聚胺高性能钻井液配方抗钙能力达到2.0%以上，具有较强的抗钙能力。

抗劣土能力评价实验结果见表2-43，新聚胺高性能钻井液配方抗劣土污染能力达到10%以上，具有较好的抗劣土污染能力。

表2-43 新聚胺高性能钻井液配方抗劣土能力评价结果

劣土加量，%	测试条件	Φ_6	Φ_3	AV，mPa·s	PV，mPa·s	YP，Pa	YP/PV Pa/mPa·s	FL_{API}，mL
0	老化前	21	18	65.5	34	31.5	0.93	6.4
	老化后	24	21	73	44	29	0.66	7.0
5	老化前	20	16	74	42	32	0.76	5.4
	老化后	11	9	53.5	32	21.5	0.67	5.4
10	老化前	15	12	67.5	41	36.5	0.89	5.8
	老化后	15	12	75.5	46	29.5	0.64	6.2
15	老化前	13	10	60	36	24	0.67	5.8
	老化后	10	7	69.5	41	28.5	0.70	6.0
20	老化前	16	12	77.5	50	27.5	0.55	5.0
	老化后	14	11	92	61	31	0.51	4.3

3. 大位移井强抑制高润滑水基钻井液技术现场应用

1）BH-ERD大位移井钻井液

使用BH-ERD大位移井钻井液技术完成了庄海8Ng-H1K井、庄海8Es-H8等13口井的钻井液现场施工，完成井最大位移3731.4m、最大井斜94.3°、最大水垂比3.01，有效地解决了大位移井钻井施工井壁稳定、井眼净化、润滑防卡等技术难题。试验井综合情况见表2-44。

表2-44 BH-ERD大位移井钻井液试验井综合情况统计表

序号	井号	完钻井深，m	井底位移，m	水垂比	最大井斜，(°)	事故复杂
1	庄海8Ng-H3K	3945	3268.3	2.57	94.3	无
2	庄海8Ng-H1K	3964	3236.23	2.55	91.58	无
3	庄海8Es-H8	4223	3567.55	2.32	90.67	无
4	庄海8Ng-H6	3500	2930.17	2.29	93	无
5	庄海8Es-L5	4340	3731.4	2.41	84.3	无

续表

序号	井号	完钻井深，m	井底位移，m	水垂比	最大井斜，(°)	事故复杂
6	庄海 8Ng-H9	3415	2879.92	2.26	91.86	无
7	庄海 8Es-L4	3820	3032.31	1.92	83.5	无
8	庄海 8Es-L6	3408	2743	1.75	75.3	无
9	庄海 8Ng-L1	3950	3102	2.12	90.7	无
10	庄海 8Es-L11	4230	3659.16	2.33	78.9	无
11	庄海 8Ng-H9k	3305	2757.29	2.17	92.37	无
12	庄海 8Nm-L9	3868	3231.22	3.01	89.6	无
13	庄海 8Nm-L7	3325	2730	2.54	88.12	无

BH-ERD 大位移井钻井液有效地解决了埕海油田一区上部泥岩地层造浆的技术难题，满足了井眼净化、定向无托压、钻井液零排放等技术要求事故复杂明显降低。

2）聚胺有机盐钻井液

基本配方：淡水+（6%~8%）KCl+（1%~2%）聚胺抑制剂+（0.3%~0.5%）包被剂+（0.3%~0.5%）流型调节剂+（0.7%~1.2%）降滤失剂+（1%~1.5%）防塌剂+（1%~1.5%）成膜降滤失剂+（2%~4%）润滑剂+0.2%消泡剂。

华北油田很多探井和开发井二开长裸眼段，连续穿越明化、馆陶、东营和沙河组地层，裸眼段长，地层压力系数变化大，而且水平位移大，井下面临井壁失稳、大段紫红色钻井液造浆和水平井摩阻大、定向托压高等问题。应用聚胺有机盐钻井液，较好地解决了上述问题，现场实验结果见表 2-45 及表 2-46。

表 2-45　现场试验井

序号	井号	完钻井深，m	最大井斜，(°)	事故复杂
1	高 44 平 1 井	3215	92.3	无
2	高 44 平 2 井	2931	80.67	无
3	洪 54 平 1 井	1950	80.4	无
4	阿密 1H 井	2700	84	无
5	雁 63 平 10 井	3388	88.5	无

表 2-46　试验效果

应用体系	井径扩大率	抑制性	保护储层
常规聚合物钻井液	一般≥15%，部分井段≥30%	大段泥岩段难以控制地层造浆	为稳定井壁，一般密度偏高
高性能强抑制钻井液	普遍控制在 10%以下，平均 5%	高效抑制泥岩水化体系性能稳定	完井密度一般比常规体系低 0.05g/cm³ 以上

阿密 1H 井为致密油水平井探井，该井 1000m 水平段以硬脆性泥页岩、砂泥岩为主，完井作业电测时间长达 20 多天，先后进行了 6 次测井和 2 次水平井取心作业，每趟都一次到位（图 2-108）。

(a)浸泡5min

(b)浸泡30min后

图 2-108 邻井下部同地层泥页岩浸泡测试

二、深井高密度高温水基钻井液技术

国内高温高密度钻井液一般使用磺化钻井液或聚磺钻井液体系，特点是热稳定性好，但抗温能力有限，通常不超过200℃。加入其他处理剂后，抗温能力有所提高，密度小于2.0g/cm^3、抗温能力在220℃以内的钻井液技术国内已有相关储备，但是当钻井液密度大于2.0g/cm^{3}时，其抗温能力骤降。实际工程中已经遇到230℃甚至更高温度的地层，可抗230℃的盐水基钻井液技术尚未成熟。

国外深井、超深井抗高温水基钻井液形成了多种抗高温聚磺钻井液体系，这些钻井液体系的共同特点是：由无机盐、$Ca(OH)_2$或KCl、有机聚合物包被剂及高温稳定剂组成，热稳定性能好，抗温达200℃以上。

1. 高密度钻井液流变性与滤失造壁性控制技术

1）高密度钻井液流变性控制

流变参数下限：钻井液环空流速必须满足比颗粒沉降速度大0.1~0.15m/s，否则很难保证有效清洗井底岩屑[16,17]，即在环空返速确定的条件下，岩屑沉降速度需满足如下条件：

$$v_s \leqslant v_a - (0.1 \sim 0.15)$$

式中 v_s——颗粒沉降速度；

v_a——钻井液环空流速。

流变参数上限：通过调节钻井液黏切性能以保证循环过程中的沿程摩阻总量低于额定泵压。满足这一条件时的（钻井泵刚好在额定泵压和额定排量下工作时）临界动切力和塑性黏度即为各自调控窗口上限。

2）高密度钻井液滤失造壁机理及评价系统

现有钻井液流变性及滤失造壁性调控机理研究思路如图2-109所示。图2-110表明由于蒙脱石水化过程中，吸附了大量自由水充填在片层之间，分子间范得华力和蒙脱石吸附水化作用力共同构成一道阻碍流体及颗粒滤失的屏障，从而降低样品滤失量。

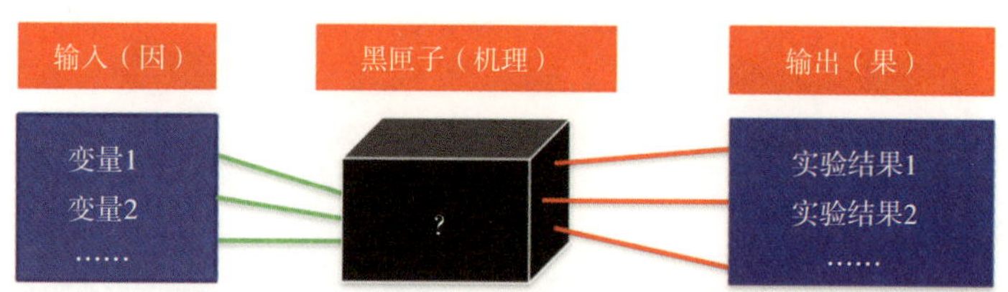

图 2-109　现有流变性及滤失造壁性调控机理研究思路示意图

如图 2-111 所示，当样品加入 2%GJL-2 处理剂后，聚合物处理剂通过配价键吸附在黏土颗粒断键边缘的铝离子处，同时由于处理剂分子含有大量亲水基团，可吸附大量自由水，使黏土颗粒边缘水化层厚度增加，打乱了黏土颗粒间的片层结构。

图 2-110　2%膨润土所形成的滤饼经冷冻干燥处理后的微观结构

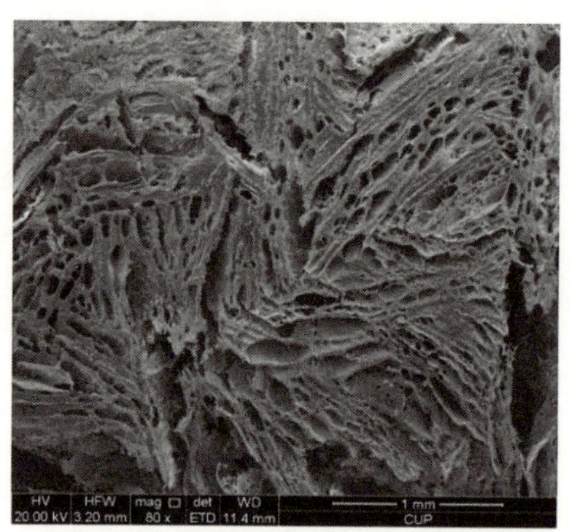

图 2-111　“2%膨润土+2%GJL-2”样品冷冻干燥处理后的微观结构

老化温度对钻井液流变性能的影响见表 2-47。

表 2-47　老化温度对钻井液流变性的影响

实验编号	实验条件	AV，mPa·s	PV，mPa·s	YP，Pa	YP/PV Pa/mPa·s	G_{10}''/G_{10}'	FL_{API}，mL
1#	常温	5	3.5	1.5	0.43	3/5	23
2#	常温	15	3	12	4	11/12	143
	80℃/16h	16.5	8	8.5	0.94	8.5/9	159
	120℃/16h	11.8	3.5	8.3	2.37	8/10	147.5
	150℃/16h	7	3.5	3.5	1	14/16	163.5
	180℃/16h	11.5	7	4.5	0.64	3.5/5	198.5
	200℃/16h	14	8.5	5.5	0.65	3.5/6	208

注：1#：预水化 4%膨润土浆；2#：1#+ 7%KCl+ 22%NaCl。

图 2-112 表明，由于人工钠基化抗高温稳定性不太强，高温作用下去钠基化引起颜色的变化。

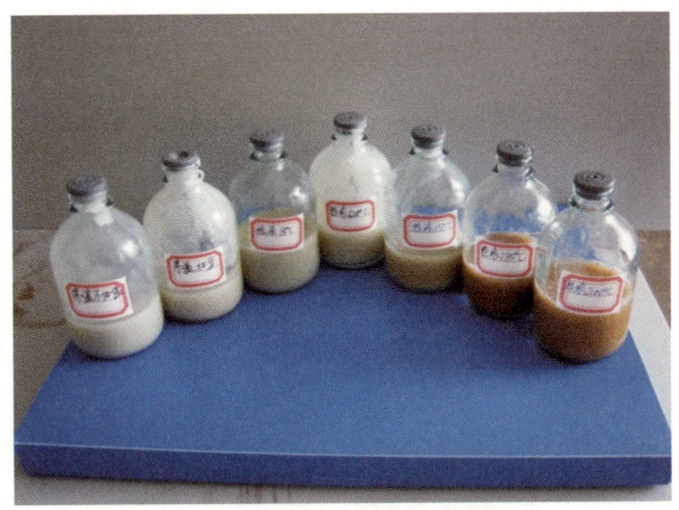

图 2-112 样品老化后颜色差异

加重剂对流变性的影响：分别测试了四个阶段钻井液样品的流变性及滤失量，以分析其变化过程，见表 2-48 和表 2-49。

表 2-48 钻井液配方

编号	配 方
1#	2%夏子街土
2#	1#+12.0%GJL-2 +1.0%GJL-4+ 0.6%NaOH + 0.4% Na_2SO_3+ 3.0%白油+0.2%ABSN +0.3%SP-80
3#	2#+7%KCl+22%NaCl（ρ=1.22g/cm^3）
4#	3#+ 加重材料［重晶石:铁矿粉=1:1］（ρ=1.50g/cm^3）

钻井液滤失造壁性能的好坏直接依赖于钻井液密度及流变性，如表观黏度、塑性黏度及动切力的大小。结果见表 2-49。

表 2-49 钻井液配制过程中的常规性能测试

样品	ρ g/cm^3	AV mPa·s	PV mPa·s	YP Pa	G_{10}''/G_{10}'	FL_{API} mL	FL_{HTHP} mL	滤饼厚度 mm	摩擦系数
基浆	—	2	1	1	0/0	71	—	—	—
基浆+GJL-2		6	5	1	0/0	—		—	—
基浆+GJL-4		13	11	2	0/0	—		—	—
基浆+白油		12.5	10	2.5	0/0	—		—	—
基浆+ABSN&SP-80		13	11	2	0/1.5	6.8		0.6	0.0963
基浆+KCl		17.5	15	2.5	1/3.5	—		—	—
基浆+NaCl		13.5	12	1.5	0/0.3	3.4		0.35	0.1317
基浆+加重剂	1.50	55	42	13	6.5/25.5	3.2	—	3	0.0963
150℃热滚后	1.50	50	38	12	3/18.5	2	12	6	0.0963

结果表明，除加重剂对体系黏度增幅明显之外，其他处理剂对流变性的影响不大。

钻井液密度对钻井液粒度分布的影响：将配方：2.0%铁矿粉+12.0%GJL-2+1.0%GJL-4+0.6%NaOH+0.4%Na_2SO_3+3.0%白油+0.2%ABSN+0.3%SP-80+7%KCl+22%NaCl+加重材料（重晶石∶铁矿粉＝1∶1）作为基础配方，配制不同密度钻井液样品。同时，研究考察了钻井液密度对粒度分布的影响。

表 2-50 结果表明，随钻井液密度的提高，钻井液颗粒粒度分布呈现向细分散转变的趋势。高温高压滤饼如图 2-113～图 2-116 所示。

(a) 2000×　　(b) 5000×

图 2-113　高温高压滤饼 SEM（5#）

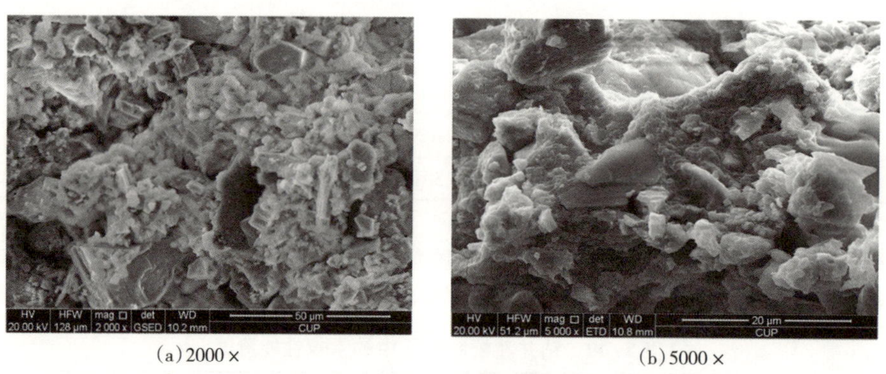

(a) 2000×　　(b) 5000×

图 2-114　高温高压滤饼 SEM（6#）

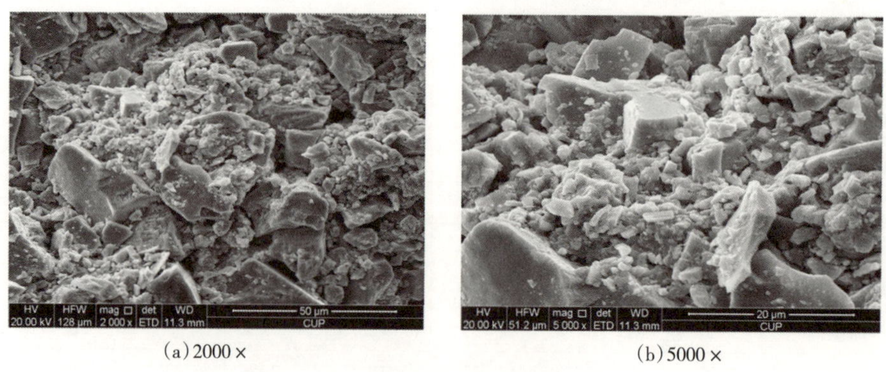

(a) 2000×　　(b) 5000×

图 2-115　高温高压滤饼 SEM（7#）

(a) 1000×

(b) 5000×

图 2-116 高温高压滤饼 SEM（8#）

表 2-50 不同密度条件下钻井液常规性能测试

样品编号	ρ g/cm³	实验条件	*AV* mPa·s	*PV* mPa·s	*YP* Pa	G_{10}''/G_{10}'	API 滤失 *FL* mL	API 滤失 滤饼厚度 mm	HTHP 滤失 *FL* mL	HTHP 滤失 滤饼厚度 mm	摩擦系数
5#	1.50	室温	55	42	13	6.5/25.5	3.2	3	—	—	0.0963
		150℃	50	38	12	3/18.5	2	0.5	12	6	0.0963
6#	1.80	室温	61	46	15	5.5/20.5	3	1	—	—	—
		150℃	56	43	13	4/15.5	2	1	10	5.5	0.1317
7#	2.10	室温	67	49	18	10/32	6	4	—	—	0.0963
		150℃	66	47	19	12/35	5	4	21	9	0.1317
8#	2.30	室温	83	61	22	10/26	3.4	2	—	—	0.1317
		150℃	75	50	25	13/33	5	3	36	15	—

钻井液高温高压滤失量随 Si 含量（wt%）的增大而增大。当钻井液样品耐高温性能不足时（如 7#、8# 样品），导致加重剂等固体颗粒中粒径较粗的部分率先沉降（表 2-51）。

表 2-51 元素分析结果 （单位：wt%）

元素	5#	6#	7#	8#
CK	8.47	8.74	8.09	9.18
OK	17.31	14.66	13.2	14.87
NaK	14.29	14.58	14.73	13.72
MgK	0.32	0.96	1.09	0.32
AlK	1.18	1.50	1.83	2.16
SiK	3.05	3.74	4.50	5.13
SK	5.64	5.70	4.82	5.49
ClK	14.04	14.51	11.82	13.3
KK	2.78	1.88	1.8	2.64
CaK	0.71	1.09	0.67	1.22
BaL	14.9	14.62	16.01	13.06
FeK	17.31	18.01	21.44	18.91

高密度钻井液滤失造壁机理：在一定的温度、压力条件下，高浓度加重剂颗粒因自身密度及粒径较大而率先沉降，形成第一层滤饼的骨架，膨润土和处理剂胶粒充当填充物；加重剂颗粒之间形成的孔隙越大，形成致密滤饼所需要的填充粒子越多，成饼时间越长，则滤饼厚度及滤失量越大。

2. 抗高温抗盐钻井液处理剂

1）抗高温抗盐降滤失剂

降滤失剂（GJL-3）在淡水基浆中的降滤失效果很好，并且具有很好的热稳定性，如图 2-117 所示。

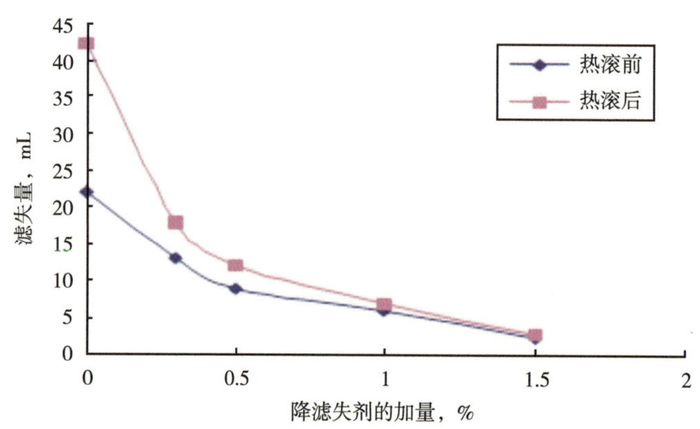

图 2-117　降滤失剂对淡水基浆热滚前后 API 滤失量的影响

2）抗高温钻井液降黏剂

与常用的降黏剂 GD181、XY27、FCLS 等进行对比评价，测定 GJN-1 性能，见表 2-52。

表 2-52　抗温老化能力

老化温度，℃	流出时间，s
30℃	209
120	206
150	245
180	200
220	202
240	203

注：流出时间用乌氏毛细管黏度计测定，$t_0=56s$。

GJN-1 水溶液即使在 180℃的高温下老化 16h，其黏度下降不明显。对钻井液的降黏效果见表 2-53。

表 2-53　降黏剂 GJN-1 在淡水钻井液中的降黏效果

钻井液		*AV*，mPa · s	*PV*，mPa · s	*YP*，Pa	*Gel*，Pa	Φ_{100}	降黏率，%
基浆	老化前	38	16	22	10	30	
	老化后	太稠未测					

续表

钻井液		AV，mPa·s	PV，mPa·s	YP，Pa	Gel，Pa	Φ_{100}	降黏率，%
0.5%GJN-1	老化前	3.5	3.5	0	0	1	96.6
	老化后	8	8	0	0	3	
0.5%GD181	老化前	9	7	2	0	2	93.3
	老化后	11	7	4	1	4	
0.5%XY-27	老化前	5	4	1	0	2	93.3
	老化后	9	9	0	0	4	
0.5%FCLS	老化前	17	9	8	13	16	46.6
	老化后	太稠无法测定					

注：300mL 钻井液加入 33%NaOH 溶液 2mL；老化条件：240℃×16h。降黏率=（$\Phi_{基浆}-\Phi_{100}$）/$\Phi_{基浆}$×100%。

3. 抗高温高密度水基钻井液体系

1）穿越盐膏层高密度盐水钻井液体系

配方：2%夏子街+0.5%~1.5%NaOH+4%~6%GJL-3+2%~3%SPNC+1%~3%SMP-3+2%~3%FT-1A+ 4%PRH+0.5%SP-80+7%KCl+25%NaCl+加重剂（塔北重晶石：铁矿粉=2∶1）。钻井液性能见表 2-54。

表 2-54 抗 180℃高密度盐水钻井液性能

密度 g/cm³	条件	FL_{HTHP}	G_{10}''/G_{10}'	Φ_{600}/Φ_{300}	Φ_{200}/Φ_{100}	Φ_6/Φ_3	PV mPa·s	YP Pa	n	K
2.37	常温	—	1/8	130/70	48/27	3/2	60	5	0.89	139
	150℃/16h	7.2	0.75/9	113/62	41/23	1.5/1	51	5.5	0.87	139
	180℃/16h	8.4	1/12.5	94/52	37/22	2/1.5	42	5	0.85	132
	150℃/72h	7	0.5/11.5	94/50	35/20	2/1	44	3	0.91	87
	180℃/72h	11.2	6.75/21	105/66	50/36	24/21	39	13.5	0.67	13

2）“井壁稳定与储层保护”一体化钻井液新体系

配方：0.5%膨润土浆+1%HTSi-01+0.3%PAC-LV+9%GJL-3+0.5%FA-367+3%SMP-2+3%SPNH+2%FT-1A+3%聚合醇+7%KCl+22%NaCl+0.65%NaOH+加重剂（重晶石∶铁矿粉=1∶1）。分别对沉降稳定性、润滑性、抗钙能力、渗透率恢复率和抗温性能进行测试，测试结果见表 2-55~表 2-59。图 2-118 给出了人工岩心在不同液体中浸润时膨胀高度变化。

表 2-55 “井壁稳定与储层保护”一体化钻井液沉降稳定性（2.36g/cm³）

时间，h	上部钻井液密度，g/cm³	下部钻井液密度，g/cm³	密度差，g/cm³
16	2.36	2.36	0
48	2.35	2.37	0.02

表 2-56 API 滤饼润滑性评价

编号	滤饼黏滞系数	编号	滤饼黏滞系数
1#	0.0349	3#	0.0437
2#	0.0437	4#	0.0787

表 2-57 抗钙能力评价

$CaCl_2$ 加量 %	密度 g/cm³	实验条件	AV mPa·s	PV mPa·s	YP Pa	G_{10}''/G_{10}' Pa/Pa	FL_{API} mL	滤饼厚度 mm	pH 值
0	2.36	高温前	70	35	35.8	12.3/25.6	0.5	0.5	8~9
		180℃/16h	48.5	39	9.7	2.0/22.0	2	1	8~9
0.25	2.36	高温前	77.5	55	23.0	9.2/22.5	1.6	0.5	8~9
		180℃/16h	51.5	33	18.9	2.6/18.4	1.7	1	8~9
0.5	2.36	高温前	90	68	22.5	10.2/23.5	2	1	8~9
		180℃/16h	54	40	14.3	1.5/12.3	2.2	1	8~9
1	2.36	高温前	114.5	89	26.1	15.3/43.4	6	2	8~9
		180℃/16h	70.5	41	30.2	7.2/21.0	7	4	8~9

表 2-58 一体化配方渗透率恢复率

实验温度，℃	侵入深度，mm	K_o，mD	K_{od}，mD	R_d，%
60	4	26.425	22.855	86.49

注：K_o—岩心初始油相渗透率；K_{od}—岩心被钻井液污染后油相渗透率；R_d—岩心渗透率恢复率。

表 2-59 高温高密度钻井液抗温性能

密度 g/cm³	条件	AV mPa·s	PV mPa·s	YP Pa	G_{10}''/G_{10}' Pa/Pa	FL_{HTHP} mL	pH 值
1.5	滚前	33.5	30	3.5	2.5/1.5	—	9
	滚后	35	28	7	1.5/5	10	9
1.7	滚前	55	46	9	1/3.5	—	9
	滚后	52.5	40	6.5	6.5/7.5	9.6	9
1.8	滚前	56.5	46	10.5	1/4	—	9
	滚后	58	42	16	8.5/9	11.8	9
2	滚前	60	50	10	1.5/5	—	9
	滚后	61.5	47	14.5	7.5/10	11	9
2.3	滚前	92.5	82	10.5	2/5	—	9
	滚后	109	90	19	8.5/11	7	9
注：热滚条件 240℃×16h							

注：高温高压水基钻井液体系配方：2%膨润土+0.5%KPAN+6%GJL-3+6%GJL-1+4%GFD+2%CMJ-2。

以上系列测试结果表明，该钻井液体系可大幅度抑制黏土颗粒的水化分散、膨胀，保护储层效果优越，伤害后的岩心渗透率恢复值可达86.49%。

4. 深井高密度高温水基钻井液技术现场应用

1）库车山前高陡构造高密度钻井液技术现场应用

克深8井四开地层压力系数预计在2.1~2.5之间，设计钻井液密度2.0~2.3g/cm³，若钻遇超高压盐水层，密度将达到2.3~2.4g/cm³；从邻井资料预测，该井段井底最高温度将达到170℃，预计在6500~6687m钻遇膏盐岩地层。

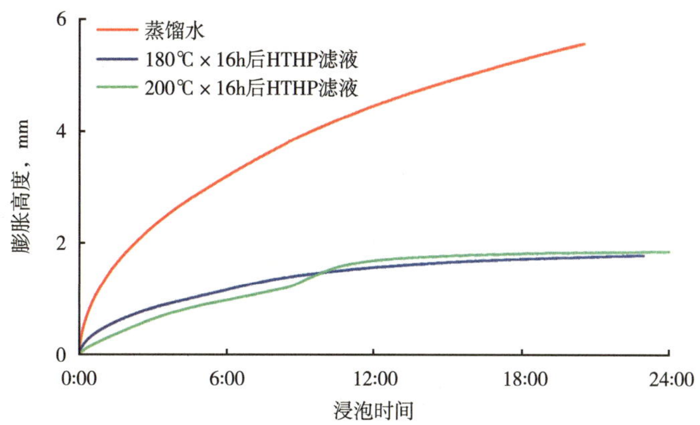

图 2-118 人工岩心在不同液体中浸泡时的膨胀高度

高密度欠饱和盐水钻井液在克深 8 井四开井段（6445~6684m）得到了成功应用，钻井液密度 2.28~2.32g/cm³，Cl^-浓度维持在 172000 ~180000mg/L 之间，有效解决了盐膏层塑性蠕变问题，顺利完钻，电测一次成功。电测井径曲线如图 2-119 所示。

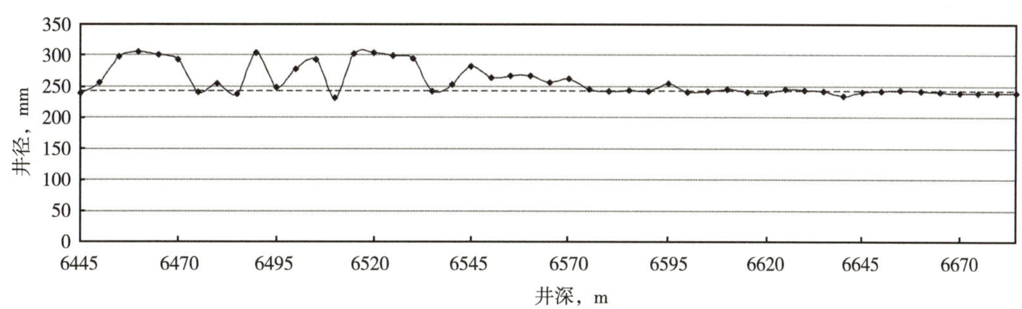

图 2-119 克深 8 井四开井段电测井径曲线

2）伊朗北阿地区高密度饱和盐水钻井液技术现场应用

伊朗北阿地区三开井段存在石膏层、岩盐层和高压高含钙盐水层，特别是 Gachsaran 层泥岩夹高压盐水层，富含膏、盐，而且 G 层厚达 400m 左右，高压盐水层矿化度极高，从北到南，Gachsaran 地层压力从异常高压变为正常压力，北阿区块钻井液密度最高达 2.3g/cm³。复杂的地质条件对钻井液体系提出了严峻挑战。三开钻井液配方见表 2-60。

表 2-60 三开钻井液配方

处理剂	功能	浓度
NaOH	调节 pH 和控制水硬度	1~3g/cm³
纯碱	调节 pH 和控制水硬度	1~3g/cm³
改性淀粉	降滤失剂	20~40g/cm³
KPAM	页岩抑制剂和增黏剂	1~3g/cm³
PAC-LV	降滤失剂	3~6g/cm³
GJL-3	降滤失剂	10~30g/cm³

续表

处理剂	功能	浓度
Super-4	降滤失剂	10～30g/cm^3
KCl	页岩抑制剂	10～30g/cm^3
NaCl	页岩抑制剂	260～340g/cm^3
铁矿粉	加重剂	按需要
重晶石	加重剂	按需要

钻井液性能设计见表 2-61。

表 2-61　钻井液性能设计

密度 g/cm^3	*FV* s	*PV* mPa·s	*YP* Pa	静切力 Pa	氯离子浓度 mg/L	钙离子浓度 mg/L	FL_{API} mL
1.9～2.27	65～100	24～30	10～20	3～5/13～20	饱和	3000～5000	3～6.0

高密度饱和盐水钻井液技术在北阿地区共应用完成 20 口井，施工作业效果较好，平均钻井周期下降了 28%。

三、油基/合成基钻井液技术

1. 油基/合成基钻井液关键处理剂

1）有机土 GW-GEL

有机土 GW-GEL 的成胶率及流变性见表 2-62，热滚温度对有机土 GW-GEL 性能影响见表 2-63，GW-GEL 满足白油基钻井液的配浆要求，成胶率达到 90%以上。

表 2-62　有机土 GW-GEL 成胶率和流变性评价

有机土试样号	成胶率，%	*AV*，mPa·s	*PV*，mPa·s	*YP*，Pa	Φ_6	Φ_3
1	95	8.5	7	1.5	2	1.5
2	100	9	7	2	3	2.5
3	100	9	6	3	3	2.5
4	100	9.5	6	3.5	2.5	2
5	100	9	5	4	3	2

表 2-63　热滚温度对有机土 GW-GEL 性能影响

温度，℃	成胶率，%	*AV*，mPa·s	*PV*，mPa·s	*YP*，Pa	Φ_6	Φ_3
室温	95	13.5	11	2.5	3	2.5
120℃/16h	100	14.5	11	3.5	4	5
150℃/16h	100	14.5	12	2.5	7.5	7
180℃/16h	100	14.5	11	3.5	7	6.5
200℃/16h	100	13	10	3	7	6.5

2）降滤失剂 GW-OFL Ⅰ

GW-OFL Ⅰ与同类型产品对比结果见表 2-64 和表 2-65，GW-OFL Ⅰ加量对滤失量的影响见表 2-66。

表 2-64　GW-OFL Ⅰ与其他降滤失剂性能对比

降滤失剂及加量	FL_{API} mL	AV mPa·s	YP Pa	Φ_6	Φ_3	试验条件
基浆	13	31.5	6.5	11	10	180℃/16h
基浆+2%降滤失剂（汉科）	8	33	9	12	11	180℃/16h
基浆+ 2%降滤失剂（香港联技）	1.3	25	7	11	10	180℃/16h
基浆+2%降滤失剂（GW-OFL Ⅰ）	0.5	58	9	14	14	180℃/16h
基浆+2%降滤失（RGANOLIG 印尼）	1.2	27	9	12	11	180℃/16h

表 2-65　不同产地油基钻井液降滤失剂

降滤失剂及加量	FL_{API} mL	AV mPa·s	YP Pa	Φ_6/Φ_3	FL_{HTHP} mL	试验条件
1#降滤失剂 2%（GW-OFL Ⅰ）	0.8	34	3	1/0.5	18	室温
	1.0	22.5	2.5	1/0.5		180℃/16h
2#降滤失剂 2%（汉科）	2	49	8	2/1	27	室温
	1.2	35.5	4.5	1.5/1		180℃/16h
3#降滤失剂 2%（菲利普斯）	1	16	6	6/5	16	室温
	1.5	22.5	2.5	1.5/1		180℃/16h
7#降滤失剂 2%（麦克巴）	2	17.5	6.5	8/7.5	18	室温
	1.4	16	5	4/3.5		180℃/16h

表 2-66　GW-OFL Ⅰ加量对滤失量的影响

降滤失剂及加量	FL_{API} mL	AV mPa·s	PV mPa·s	YP Pa	Φ_6/Φ_3	FL_{HTHP} mL	试验条件
基浆	23	11	9	6.5	6/5	76	室温
	20	19	9.5	9.5	15/14		150℃/16h
0.6%	5	25.5	17	8.5	10/8	24	室温
	6	27.5	21	6.5	7/6		150℃/16h
0.9%	3	28	22	6	4/3	20	室温
	5	36	20	16	14/13		150℃/16h
1.2%	0.6	36.5	31	5.5	3/2	16	室温
	4	30.5	23	7.5	5/4		150℃/16h
1.5%	0	38.5	33	5.5	2/1	10	室温
	0	59	46	13	6/4		150℃/16h
2.0%	0	36.5	31	5.5	3/2	7	室温
	0	38.5	33	5.5	3/2		150℃/16h

注：配方 5#白油+3%有机土 GW-GEL+1.5%天然沥青粉+0.5%CaO+3%$CaCO_3$+降滤失剂。

3）有机褐煤降滤失剂 GW-OFLⅡ

同类型产品进行对比结果，见表2-67及表2-68。

表2-67 不同产地有机褐煤对比

降滤失剂名称 %	*AV* mPa·s	*PV* mPa·s	*YP* Pa	Φ_6	Φ_3	FL_{API} mL	FL_{HTHP} mL	试验条件
基浆	19	9.5	9.5	5	4	42	90	150℃/16h
GW-OFLⅡ	16.5	15	1.5	1	0.5	7	30	150℃/16h
FLB-6	17.5	17	0.5	1	0.5	12	46	150℃/16h
TP-3215	11	11	0	0	0	35	84	150℃/16h
SWACO	20	20	0	0	0	10	37	150℃/16h
CA	21	21	0	0	0	12	43	150℃/16h

配方：5#白油+3%有机土+0.5%CaO+10%$CaCO_3$+5%降滤失剂。

表2-68 GW-OFL Ⅱ加量对滤失量的影响

降滤失剂加量 %	*AV* mPa·s	*PV* mPa·s	*YP* Pa	Φ_6	Φ_3	FL_{API} mL	FL_{HTHP} mL	试验条件
0	19	9.5	9.5	15	14	42	90	150℃/16h
2	17	14	3	2.5	2	21	56	150℃/16h
3	16	14	2	1.5	0	15	44	150℃/16h
4	17	16	1	0.5	0	10	34	150℃/16h
5	16.5	15	1.5	1	0.5	7	30	150℃/16h

配方：5#白油+3%有机土+0.5%CaO+ 10%$CaCO_3$+ GW-OFLⅡ。

4）有机土激活剂 GW-OGA

GW-OGA性能评价见表2-69。图2-120为加入GW-OGA配制的凝胶。

表2-69 有机土加入激活剂前后性能对比

序号	有机土	加GW-OGA前成胶率，%	加GW-OGA后成胶率，%
1#	浙江天龙有机土	18	100
2#	浙江天龙有机土	25	98
3#	天津有机土	20	97
4#	美国麦克巴有机土	42	100
5#	香港联技有机土	95	100
6#	浙江天龙有机土	25	100
7#	新乡富邦有机土	22	100

5）润湿剂 GW-WET

GW-WET的润湿率见表2-70，GW-WET润湿剂的各项性能指标在同类产品中处于国际先进水平。

图 2-120 加入 GW-OGA 配制的凝胶

表 2-70 GW-WET 润湿剂的润湿率

GW-WET 润湿剂	上层清液体积，mL	润湿率，%
润湿剂小样	5	96.7
润湿剂大样	7.5	95

6）增黏提切剂 DR-TQGL

增黏提切剂性能见表 2-71，DR-TQGL 抗温见表 2-72。

表 2-71 增黏提切剂 DR-TQGL 的性能评价

配方名称	温度 ℃	*AV* mPa·s	*PV* mPa·s	*YP* Pa	G_{10}''/G_{10}' Pa/Pa	破乳电压 V
基础配方	50	25	20	5	5/6	1953
加量 0%	150	27	22	5	5/6	>2000
对比配方	50	35	27	8	9/15	>2000
加量 2%	150	35	30	5	8/19	>2000

实验配方：360mL 柴油+3%主乳化剂 DREM-1+3%辅乳化剂 DRCO-1+ 2%提切剂 DR-TQGL+2%有机土 DR-ZGEL+40mL 水（20%$CaCl_2$ 溶液）+2%CaO+4%降滤失剂 DR-FLHA+重晶石（密度为 1.5g/cm^3）。

表 2-72 增黏提切剂 DR-TQGL 抗温性能评价

温度,℃	*AV*，mPa·s	*PV*，mPa·s	*YP*，Pa	G_{10}''/G_{10}'，Pa/Pa	破乳电压，V
50	35	27	8	9/15	>2000
150	35	30	5	8/19	>2000
180	34	30	4	7/18	1981
200	32	29	3	5/12	1826
220	30	28	2	3/7	1447

实验配方：360mL 柴油+3%主乳化剂 DREM-1+3%辅乳化剂 DRCO-1+2%提切剂 DR-TQGL+40mL 水（20%$CaCl_2$ 溶液）+2%有机土 DR-ZGEL+2%CaO+4%降滤失剂 DR-FLHA+重晶石（密度为 1.5g/cm^3）。

7）主乳化剂 DREM-1 及辅乳化剂 DRCO-1

DREM-1 和 DRCO-1 在气制油中乳化率和电稳定性能见表 2-73。

表 2-73　主乳化剂 DREM-1 和辅乳化剂 DRCO-1 性能测定

实验温度	乳化剂类别	乳化率，%	破乳电压，V
150℃	DREM-1	95	886
	DRCO-1	99	803
180℃	DREM-1	93	867
	DRCO-1	98	752
200℃	DREM-1	92	851
	DRCO-1	95	748
220℃	DREM-1	87	835
	DRCO-1	93	728

2. 油基/合成基钻井液体系性能

1）全油基钻井液体系

全油基钻井液的基本配方：5#白油+0.5%CaO+2%~3%GW-GEL+0.3%~0.5%GW-OGA+2%~3%GW-OFL Ⅰ +0~1.0%GW-OEM+1%~2%GW-WET+3.0%碳酸钙+重晶石（密度 0.95~2.00g/cm^3）。

全油基钻井液的性能评价包括：含水率、沉降稳定性、电稳定性、抗温性能、抗污染性能、抑制性、润滑性、毒性以及储层保护性能等。不同密度的全油基钻井液性能见表 2-74~表 2-78。

表 2-74　GW-AMO 环保型全油基钻井液性能实验数据

密度 g/cm^3	热滚温度	实验条件	AV mPa·s	YP Pa	Φ_6/Φ_3	G_{10}''/G_{10}' Pa/Pa	FL_{API} mL	FL_{HTHP} mL
0.95	80℃	滚前	8	1	1/0	0.5/0		
		滚后	26	7	7/6	3/2	5.2	8.0
1.10	80℃	滚前	11	2	4/4	2/2		
		滚后	28.5	7.5	6/5	3/2.5	5.4	6.8
1.20	150℃	滚前	14.5	2.5	4/4			
		滚后	28	7	6/5	3/2.5	5.0	6.2
1.30	80℃	滚前	49.5	8.5	10/9			
		滚后	35.0	7.0	6/5	3.5/5	1.2	1.6
	150℃	滚前	41.5	6.5	7/6			
		滚后	47.0	14.0	10/8	9/14	4.0	6
1.40	80℃	滚前	46.0	9.0	8/7			
		滚后	43.5	9.5	9/8	5/7.5	1.2	2.2
	150℃	滚前	40.5	6.5	6/5			
		滚后	47.5	14.5	11/9	9.5/14	4.2	6.2

续表

密度 g/cm³	热滚温度	实验条件	AV mPa·s	YP Pa	Φ_6/Φ_3	G_{10}''/G_{10}' Pa/Pa	FL_{API} mL	FL_{HTHP} mL
1.50	80℃	滚前	45.0	7.0	8/7			
		滚后	47.0	10.0	9/8	5/7.5	1.4	3.0
	150℃	滚前	44.5	6.5	7/6			
		滚后	51.5	14.5	22/20	10/17	4.8	6.8
1.68	80℃	滚前	51.0	9.0	8/7			
		滚后	56.0	13.0	11/10	6/10	1.8	3.4
	150℃	滚前	57.5	6.5	6/5			
		滚后	56.5	18	23/21	11/19	4.2	7.0
2.00	80℃	滚前	65.5	12.5	9/8			
		滚后	63.0	13.0	12/11	8/11.5	2.0	3.6
	150℃	滚前	70.0	7.0	7/5			
		滚后	62.5	10.5	9/7	4/5.5	3.8	7.0

注：热滚 16h，流变性测定温度为 50℃。

表 2-75 不同密度全油基钻井液含水量和电稳定性

密度，g/cm³	80℃		150℃	
	E_s，V	含水量，%	E_s，V	含水量，%
0.95	>2000	2.5	>2000	2.3
1.10	>2000	2.6	>2000	2.5
1.20	>2000	2.7	>2000	2.5
1.30	>2000	2.8	>2 000	2.6
1.40	>2000	2.6	>2 000	2.4
1.50	>2000	2.3	>2 000	2.2
1.68	>2000	2.0	>2 000	1.9
2.00	>2000	2.2	>2 000	1.8

表 2-76 全油基钻井液抗温性能

密度 g/cm³	温度 ℃	AV mPa·s	PV mPa·s	YP Pa	G_{10}''/G_{10}' Pa/Pa	Φ_6	Φ_3	FL_{HTHP} mL
1.80	室温	53	44	9	3.5/4.5	9	8	7.8
	180	35	30	5	3.5/4.5	16	10	4.8
	200	36	30	6	5.5/9	15	9	6.4
2.00	室温	76.5	55	21.5	12/16	23	21	8.0
	180	54.5	43	11.5	8/10	12	9	6.2
	200	57	44	13	8/11.5	13	10	5.0
2.20	180	56	44	12	7/9	9	8	5.2
	200	61	54	7	8/10	11	9	4.3

注：热滚 16h，流变性测定温度为 50℃。

表 2-77　密度 2.2g/cm³ 的 GW-AMO 全油基钻井液高温高压性能

温度，℃	100	130	150	180	200
压力，MPa	42	63	72	90	105
PV，mPa·s	29	26	22	19	17
YP，Pa	7	7.5	6.5	5.5	4
G_{10}'，Pa	5.5	5	4	3.5	3
G_{10}''，Pa	7	7	6	5	4.5

表 2-78　钻井液体系的抑制性能对比

钻井液体系	滚动回收率，%	老化条件
全油基钻井液	98.6	120℃×16 h
油包水钻井液	97.2	120℃×16 h
硅酸盐钻井液	84.3	120℃×16 h
聚合醇钻井液	87.2	120℃×16 h
KCl 聚合物钻井液	85.4	120℃×16 h

2）柴油油包水钻井液体系

油水比 90:10 的配方，基本组成主要有乳化剂、有机土、降滤失剂、结构剂，润湿剂等。图 2-121 给出了不同乳化剂乳化效果。

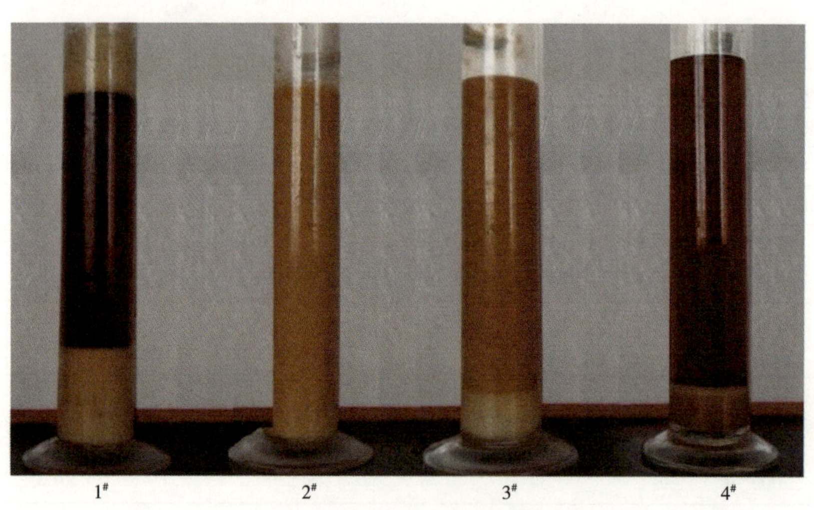

1# 2# 3# 4#

图 2-121　不同乳化剂乳化效果对比

由图 2-121 可见，2#乳化剂乳化效果较好，该主乳化剂由乙烯基单元化合物及脂肪酸等化合物聚合改性复配而成。筛选有机土、降滤失剂、结构剂，润湿剂，最终配方确定配方：90%柴油+10%$CaCl_2$（20%w/w）+1%主乳剂+1%的辅乳化剂+1.5%有机土+1%降滤失剂+2%CaO+1%提切剂+1.0%润湿剂+重晶石。

油水比 80:20 的配方：70%柴油+4%主乳化剂+4%辅乳化剂+2%高温乳化剂+1.5%有机土+1.5%1502+2%CaO+30%$CaCl_2$（20%w/w）+0.5%润湿剂+重晶石。

3）合成基钻井液体系

气制油合成基钻井液体系高温性能见表 2-79。

表 2-79 气制油合成基钻井液体系 DR-SBDF 高温性能评价结果

温度 ℃	油水比	密度 g/cm^3	PV mPa·s	YP Pa	YP/PV Pa/mPa·s	G_{10}''/G_{10}' Pa	破乳电压 V	FL_{HPHT} mL
150	80:20	1.5	40	11	0.38	10/14	1256	2.5
180	80:20	1.8	46	13	0.39	12/15	1237	4.8
200	85:15	2	57	15	0.36	12/17	1037	7.1
220	90:10	2.2	78	17	0.28	10/14	1048	9.4

实验配方：320~360mL 气制油（Saraline185V）+2%~3%自研主乳化剂+2%~4%自研辅乳化剂+40~80mL 水（20%$CaCl_2$ 溶液）+2%自研有机土+ 2%CaO+4%降滤失剂+重晶石。

3. 油基/合成基钻井液现场施工要求

1）配制和使用过程中的设备及安全环保要求

（1）设备要求：开钻前要清洁循环罐，疏通管线、钻井液所接触到的所有橡胶元件均换成耐油件。用清水测试循环系统，检查各钻井液管线、各闸阀、循环罐仓间的密封情况。

（2）安全环保要求。安全环保必须注意以下几个方面：不准带火种进入井场，动明火必须上报审批并持动火许可证；钻井平台配备防爆灯、防爆开关等；罐区、钻台、机房等配备好消防设备；电缆必须做防止接触保护；油基钻井液施工的污水池与岩屑池必须做到防渗处理；油基钻井液钻井所有岩屑必须进行无害化处理；员工必须穿戴橡胶手套等劳保用品，同时应戴好护目镜。

2）现场施工要求

油基钻井液由油基钻井液厂配制好后运往井场。钻井过程中防止水侵入钻井液。用白油冲洗振动筛。利用固控设备严格控制固相，要求振动筛筛目在 120 目以上，保证有效清除钻屑，减少对流变性的影响。用白油、有机土、流型调节剂和润湿剂来调整流变性。通常破乳电压大于 2000V，控制 API 滤失量不大于 3mL，HTHP 滤失量不大于 8mL。

3）复杂情况预防及处理要求

钻井液性能要保持良好、均匀、稳定，保持良好的流动性。使用合理的泵排量，坚持短起下钻，当井斜大于 45°后每钻进 50~100m 短起下钻 1 次，每钻进 200~300m 进行较长井段的起钻。施工中保持合适的钻井液密度，并保证钻井液的量充足。控制钻速，循环好钻井液，控制起下钻速度及开泵程序。一旦发生井漏，首先要降低排量，并适当降低钻井液密度。漏失较大时要进行堵漏作业，起钻时连续灌好钻井液并配制足量新浆储备。

4. 油基/合成基钻井液现场试验

1）全油基钻井液现场试验

全油基钻井液在苏 10-32-45 井进行了现场试验，苏 10-32-45 及邻井地层压力数据见表 2-80。

表 2-80　苏 10-32-45 及邻井地层压力数据

井号	气层中部深度，m	地层压力，MPa	地层压力系数	测压日期
苏 10-34-46	3267.5	23.057	0.7201	2007.03.31
苏 10-32-45	3274.6	28.984	0.9032	2007.04.06
苏 10-34-49	3272.6	28.783	0.8975	2006.12.15
苏 10-34-44	3303.5	28.440	0.8786	2007.04.16
苏 10-32-43	3302.5	25.237	0.7798	2009.3.23

采用分级压裂管柱完井；开窗侧钻位置在 3000m，窗口套管上下接箍位置分别为：2996.08m 和 3006.81m；ϕ118mm 复式铣锥开窗，开窗井段为 3000～3004m；ϕ118mmPDC 钻头完成全部开窗后井段钻进，井身结构见表 2-81、图 2-122。

难点：携带铁屑问题；防漏。

表 2-81　苏 10-32-45CH 井身结构

钻头尺寸，mm	井段，m	套管尺寸，mm	套管下深，m	完井方式	备注
118	3531.4～4230.20	139.7	3374.93	裸眼	不固井

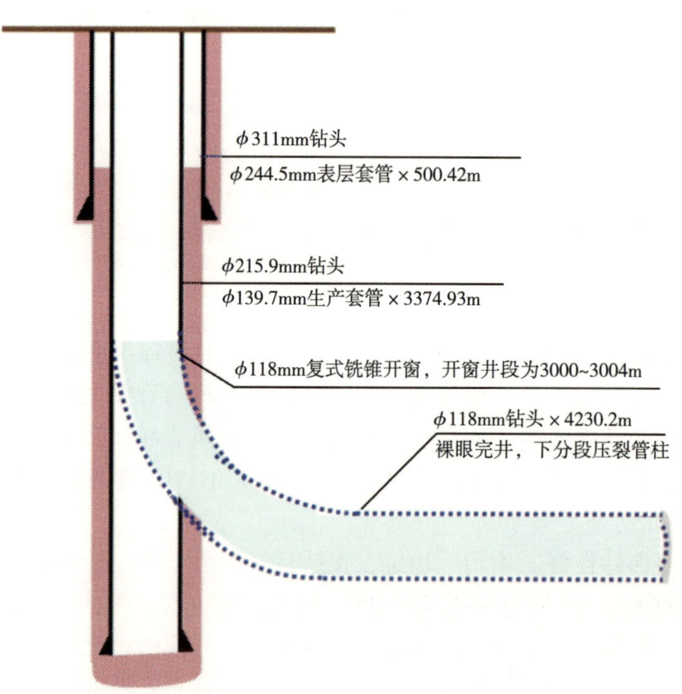

图 2-122　苏 10-32-45CH 井井身结构示意图

现场钻井液配方：白油+3%GW-GEL+0.55% GW-OGA+1.95%GW-OFLⅡ+1.46%GW-OFLⅠ+0.72%GW-OEM+2.9%氧化钙+2.9%碳酸钙+重晶石（密度 1.15g/cm^3）。配制后油基钻井液性能见表 2-82，性能能够满足钻井要求。

表 2-82 现场配制后油基钻井液性能

测试条件	密度 g/cm³	Φ_{600}	Φ_{300}	AV mPa·s	PV mPa·s	YP Pa/Pa	G_{10}''/G_{10}' Pa/Pa	FL_{API} mL	FL_{HTHP} mL	E_s V
18℃	1.15	115	71	57.5	44	13.5	5/8	2.0	7.0	2047
50℃	1.15	47	27	23.5	20	3.5	3/4	0	5.0	2047
100℃，16h	1.15	50	30	25	20	5	4/5	0	6.0	2047

现场施工：全油基钻井液施工井段为3000～4293m，井段长1293m，施工过程中钻井液性能稳定，满足了现场施工需求。部分井段钻井液性能见表2-83。

油基钻屑无害化处理：进行了全油基钻井液油基钻屑无害化处理现场试验，实现了含油钻屑不落地处理，全井共处理二开 ϕ118mm 井眼3000～4233m 钻屑80余吨，含油钻屑堆积体积约37m³，甩干机甩出的液体部分再经离心机处理离出的固相含油量在19.5%～27.2%，部分经甩干机底流甩出的岩屑经微生物处理在30天内含油量达到2%以内。

表 2-83 苏 10-32-45CH 井部分井段全油基钻井液性能

井深 m	密度 g/cm³	温度 ℃	FV s	FL_{API} mL	PV mPa·s	YP Pa	n	K mPa·sⁿ	Φ_6	Φ_3	G_{10}'' Pa	G_{10}' Pa	FL_{HTHP} mL
3241	1.08	常温	75	2	28	11.5	0.63	479	9	8	4	6	
		50℃	57	2	21	10	0.59	487	8	6	3	5	
		80℃	37		13	6.5	0.58	327	4	2.5	2	3	7
3453	1.09	常温	71	2	31	10.5	0.68	367	8	7	4	5	
		50℃	51	2	23	7.5	0.69	253	6	5	3	5	
		80℃	37		15	5.5	0.66	205	3	2	2	3	8
3998	1.09	50℃	72	2	28	11	0.64	468	13	10	6	8.5	
		90℃	56	2	18	9.5	0.57	535	8	6	4	6	6

该井采用全油基钻井液钻进，井壁稳定，顺利钻成 ϕ118mm 侧钻小井眼水平井，水平段长700m，顺利钻达设计井深；采用全油基钻井液钻进时获得了较高的机械钻速，部分井段平均机械钻速达到10m/h以上。与使用水基钻井液相比，在钻压平均低10kN、泵压低1～4MPa的情况下，使用全油基钻井液时的机械钻速仍比使用水基钻井液更高，对比数据见表2-84。

表 2-84 全油基钻井液与水基钻井液机械钻速对比

井号	苏 10-32-45CH（全油基钻井液）		苏 10-32-46CH（水基钻井液）
井段，m	3619～3650	3677～3688	3621～3658
钻头类型	PDC，ϕ118mm	PDC，ϕ118mm	PDC，ϕ118mm
钻压，kN	20～30	20～30	30～50
泵压，MPa	18.95～19.05	22.14～22.54	23～25
排量，L/min	6～7	6～7	7～9
平均机械钻速，m/h	10.99	10.18	8.16

2）油包水钻井液现场试验

HOVSAN 地区三开井段地层较新，沉积松散，岩性以泥岩为主，主要成分为蒙皂石和伊利石，水敏性强，容易水化膨胀，造成起下钻遇阻卡，泥包钻头等，以往在此地区施工几乎每次起下钻都会倒划眼，划眼，井眼在正划、倒划 3～4 次遇阻现象才会消失。且地层中存在硬脆性泥页岩，易发生井壁掉块、坍塌现象，该层段扩大率较大，井壁会出现坍塌或缩径的现象。

1865 井三开 8½in 井眼段使用柴油油包水钻井液体系，钻井液（油水比 80:20）配方：柴油+氯化钙水溶液（30%）+1. 75%SINOL PE+1%SINOL SE+1. 25%SINOL GEL+1. 5%SINOL FL+2. 5%CaO+重晶石。

现场油包水钻井液性能见表 2-85。油包水钻井液流动性好（图 2-123），岩屑棱角分明，可以明显观察到钻头切削的痕迹（图 2-124）。

表 2-85　现场油包水钻井液性能

井深，m	密度 g/cm^3	G_{10}''/G_{10}' Pa/ Pa	AV mPa · s	PV mPa · s	YP Pa	FL_{HTHP} mL	E_s V
2000	1. 24	2. 5/4. 0	36	31	5	5. 5	336
2325	1. 26	4. 0/7. 0	36	29	7	6	448
2592	1. 26	4. 5/7. 0	34	27	7	5. 6	490
2710	1. 26	4. 0/7. 0	37. 5	29	8. 5	4. 8	539
2969	1. 27	5. 5/9. 0	37	27	10	4	595
3225	1. 27	8. 0/12. 5	46	31	15	4	625
3500	1. 26	7. 0/14. 0	40	27	13	4. 4	648
3820	1. 27	8. 0/12. 5	39. 5	27	12. 5	4. 4	650
3970	1. 27	8. 0/14. 0	43	28	15	4. 5	630
4046	1. 27	9. 5/15. 5	46	29	17	4	710
4212	1. 27	7. 5/12. 5	45	30	12	4. 8	711
4296	1. 28	7. 0/12. 5	46	33	13	4. 8	696

图 2-123　油包水钻井液流动性良好

图 2-124　1865 井岩屑

与以往应用水基钻井液相比，在保证钻进速度较快的情况下，保证了井下安全，起下钻顺畅，井径扩大率小，仅为 4.5%。

3）合成基钻井液现场试验

印尼 JABUNG 区块 NEB Basement-1 是一口重点探井，设计井深 8268ft，井斜 52°，设计完钻层位基岩（花岗岩）。钻探目的层为基岩风化壳。实际完钻井深 8269ft，垂深 6624ft，完钻层位 Basement（未打穿）。

三开（4983~8268ft）井段使用气制油合成基钻井液（表 2-86），实钻钻井液密度 0.88 g/cm^3。三开下部井段地层破裂压力当量密度 8.7ppg；全井钻井液施工总体上正常，性能满足了地质录井及钻井工程的要求。配制气制油合成基钻井液至 2013 年 9 月 4 日完井，中间 10 余次起下钻都能下到预定部位，无卡阻显示。钻井液经 40 天的高温环境，性能稳定，很好地满足了工程需要。

表 2-86　NEB Basement-1 井使用的气制合成基钻井液性能

井段 m	*FV* s	*YP* Pa	*YP/PV* Pa/mPa·s	G_{10}''/G_{10}' Pa/ Pa	中压滤失量 mL	油水比	E_s V
1866	47	12.5	1.04	8.4/12.5	0	95:5	702
2063	45	12.5	0.83	6.3/16.7	0	93:7	2000
2230	43	12.5	0.89	10.5/12.5	0	97:3	2000
2520	48	14.6	0.77	12.5/23.0	0	97/3	2000

第六节　深井高温高压固井技术

高温高压深井固井面临井深、高温、高压、长封固段、井漏等技术难题，一次固井质量及水泥环长期密封性能难以保证，对固井水泥浆、水泥石综合性能及配套技术措施要求高。因此，针对复杂地质条件下深井、超深井固井技术难题开展固井技术攻关，形成了预防环空带压固井技术、大温差固井水泥浆体系、抗高温水泥浆体系、复杂深井固井配套技术及防漏堵漏固井工艺技术，现场应用效果良好，有效保证了复杂深井、超深井固井质量。

一、预防环空带压的固井技术

1. 预防环空带压的目的与作用

1）环空带压产生的原因

环空带压一般称为 SCP（sustained casing pressure），有时也称为 SAP（sustained annular pressure），通过对不同地区及不同井的综合分析，认为环空带压的原因主要有以下四个方面：

（1）油管或套管泄漏：油管的泄漏会导致严重的环空带压问题，封隔器、滑套密封失效或内管柱螺纹连接差、管体腐蚀、热应力破裂或机械断裂都会产生气体泄漏。生产套管是用来防止油管气体泄漏的，如果由于泄漏气体产生的压力使生产套管密封失效，会造成很大风险。

（2）固井顶替效率差：提高顶替效率是保证层间封隔和防止环空带压问题的一项重要措施，如果驱替钻井液不彻底，就会在封固的产层间形成连续窜槽，从而使层与层之间窜通，影响封固质量，水泥胶结和密封的持久性也与顶替效率有关，防止环空带压的第一步就是要提高固井时的顶替效率。

（3）水泥浆设计不合理：水泥浆设计不合理主要表现在以下几个方面：水泥浆失水量高、浆体稳定性差、自由水量高、水泥石体积收缩大、设计水泥浆时只考虑其性能满足施工要求，未考虑水泥石（如弹性模量、泊松比等）的力学性能在井下温度、压力等变化的情况是否满足长期封隔的需要。

（4）由于井下条件变化导致水泥环密封失效：环空带压可在固井后较长一段时间内发生，有时候固井质量很好，可是由于后期钻井作业的影响，或后期增产作业的影响，在没有化学侵蚀的条件下，水泥环的机械损坏、套管与水泥之间的胶结失效或水泥与地层之间的胶结失效都可以破坏层间封隔，水泥环的机械破坏可能由井内压力增加（试压、钻井液密度增大、套管射孔、酸化压裂、天然气开采等）所引起，还可能由于井内温度较大升高或地层载荷（滑移、断层、压实）所造成，出现层间封隔失效的另一种原因是微环隙形成，可能是因井内温度或压力变化使套管发生径向位移而引起，特别是当水泥凝固后井内压力或温度降低时，水泥石收缩会引起外微环隙出现。

2）预防环空带压的作用

随着国内外天然气需求量的日益增多及勘探开发工作的不断深入，井下地质条件和井身结构也越来越复杂，固井后环空带压或井口窜气问题也越来越突出，气井环空带压会带来很大的危险性，尤其是高含 H_2S 的天然气井，一旦由于环空带压或井口窜气导致 H_2S 泄漏将对人身及环境造成危害，严重时需要关井甚至停产。因此，预防环空带压是保证天然气井长期安全高效开发的重点工作。

2. 预防环空带压的水泥环密封机理及预防环空带压水泥浆体系

1）水泥环密封机理

针对井筒内复杂温度、压力变化条件下水泥环密封失效问题，建立了考虑水泥环塑性特征的套管—水泥环—围岩组合体密封完整性力学模型，可以模拟压力加载、卸载过程，实现了对套管、水泥石受力及界面微环隙的定量分析，从而可以定量解释环空带压的产生原因，该理论模型采用摩尔—库仑准则，作为水泥石屈服及破坏准则，考虑了水泥石屈服后的体积应变及第一、第二界面微环隙发展，考虑了界面胶结强度的影响及多层套管受力状态等因素，计算结果更加准确[18]。

2）预防环空带压水泥浆体系

（1）韧性改造水泥浆体系。

高性能增韧材料、韧性改造水泥浆体系及水泥环密封改性是保证水泥环密封性能，预防环空带压的关键技术。韧性改造水泥浆体系需要解决水泥石韧性与抗压强度之间的矛盾、与增韧材料及配套外加剂配伍性之间的矛盾问题。为提高水泥浆的浆体性能及水泥石的韧性，设计水泥浆由增韧材料、超细活性材料及配套外加剂组成。增韧材料主要用来提高水泥石的韧性，同时增韧材料和水泥浆具有良好的配伍性，和其他外加剂体系兼容；在水泥浆中加入超细活性材料的目的是提高水泥浆的悬浮稳定性及综合性能，同时提高水泥石抗压强度。在此基础上，根据具体的井况对水泥浆及水泥石的性能进行具体调整，既满足安全施工的需要，又满足对环空封隔及长期交变载荷条件下长期安全运行的需要。

根据以上原则，在室内进行了大量实验研究，开发出多种水泥石增韧材料（DRT-100L、DRT-100S、DRE-100S、DRE-200S、BCG-300S、BCG-310S、SD77、SD66 等），最高使用温度可达 200℃，水泥石弹性模量较常规水泥石降低 20%～40%。韧性膨胀水泥技术总体达到国际先进水平。

胶乳 DRT-100L 与乳胶粉 DRT-100S 都能起一定的防窜和增韧的作用，在温度低于 120℃时，乳胶粉能保持较好的弹性，并能起一定填充作用；而胶乳在高温下依然能有较出色的性能，故考虑在中低温条件下使用乳胶粉 DRT-100S、高温下使用胶乳 DRT-100L，提高水泥浆的防窜与增韧性能。

弹性材料 DRE-100S、DRE-200S 都是利用橡胶颗粒填充降低水泥石的脆性。DRE-100S 的“拉筋”作用能很好的阻止裂缝发展，自身具有较好的弹性；DRE-200S 材料本身抗高温性能强可达 200℃。因此，考虑在中低温条件下使用 DRE-100S、高温条件下使用 DRE-200S，对水泥石进行韧性改造。

BCG-300S、BCG-310S 增韧材料可改善水泥石韧性，在 50～150℃条件下该水泥具有一定的膨胀性；且掺入 4.5%BCG-300S 增韧剂后，水泥石的抗冲击功提高 16.2%。

通过采用 SD77 聚合物充填并与水泥石基体形成“互穿”结构，同时以 SD66 复合矿物纤维的“增韧阻裂”作用增强水泥石的抗冲击韧性，提高水泥石的抗拉强度，降低水泥石的弹性模量。适量刚性膨胀增加水泥石在限制条件下的膨胀应力，提高水泥石抗载和化解外力的能力；开发出密度 1.20～2.40g/cm^3 的韧性防窜水泥浆体系，适用于 170℃井底温度以下的油气井，水泥石的弹性模量小于 6.0GPa，抗拉强度较原浆提高 50%左右，抗冲击韧性提高 30%以上，抗压强度大于 18MPa，其水泥浆性能见表 2-87。水泥石的密实性显著提高，气测渗透率达 1×10^{-3}mD 水平。

根据每口井的具体情况，通过水泥环密封完整性模型对水泥环进行分析，确定出能承受井生产寿命期间内钻完井、增产和生产作业期间应力变化的水泥石的力学性能（如弹性模量、泊松比等）。

表 2-87 韧性膨胀水泥浆性能参数

关键技术性能	参数
使用温度,℃	200
韧性膨胀水泥弹性模量较常规水泥石降低率,%	20~40
线性膨胀率，%	0~2
水泥浆密度，g/cm^3	1.5~2.5

（2）防窜水泥浆体系。

常用的防窜水泥浆体系有：可压缩水泥、膨胀水泥、触变性水泥、高胶凝强度水泥、直角稠化水泥、延缓胶凝强度水泥、MTC 体系、不渗透水泥等。

目前，国际公认的具有良好防窜效果的水泥浆体系是胶乳水泥浆体系，水泥浆体系的流动性好（大于 20cm）、初始稠度小于 30Bc、浆体上下密度差小于 $0.03g/cm^3$、API 失水量小于 50mL、稠化时间与缓凝剂掺量线性关系较好、过渡时间短于 10min、早期抗压强度发展快，具有良好的综合性能，可满足高压气井固井施工要求。

国外开发的胶乳产品有：哈里伯顿公司开发的 Latex 2000 丁苯胶乳、斯伦贝谢公司开发的 D500、D600、D700 系列胶乳、BJ 公司开发的 BA-86L 胶乳等。据斯伦贝谢公司介绍，其开发的胶乳水泥浆具有很好的降滤失和防气窜性能，适用温度分别为 27~71℃（D500）、66~121℃（D600）、121~191℃（D700）。

为此开发出了 BCT-800L 胶乳，具有良好的耐温性能，适用温度可达 200℃以上，具有良好的综合性能，见表 2-88。

表 2-88 胶乳水泥浆综合性能

条件	温度,℃	90	100	120	120	140	140	160	180
	压力，MPa	40	40	50	50	70	70	70	70
水泥浆性能	密度，g/cm^3	1.85	1.85	1.85	1.85	1.85	1.85	1.85	1.85
	稠化时间，min	275	296	270	345	405	397	474	383
	过渡时间，min	5	4	3	3	3	2	2	2
	API 失水，mL	20	20	20	19	22	20	20	20
	游离液,%	0.2	0.1	0.1	0.1	0.1	0	0	0
	24h 强度，MPa	18.2	20.5	22.3	21.0	23.0	22.2	23.0	22.0

（3）自愈合水泥浆体系。

自愈合水泥浆技术已经成为目前解决环空窜流、环空带压的重要技术之一，该技术可以通过水泥石中的自愈合剂与油气作用产生体积膨胀，封堵水泥环界面微环隙或水泥环内部窜流通道。为此开发出了兼具弹性的 BCY-200S 自愈合水泥，具有良好的综合性能，可以起到预防环空带压的作用（表 2-89）。

（4）防酸性气体腐蚀水泥浆体系。

酸性气体对水泥的腐蚀作用的根本原因在于水泥水化产物本身组分及水泥石的微观结构，水泥石致密、低的氢氧化钙含量等可有效保持较高的抗腐蚀能力。目前常用的几种防酸性气体腐蚀水泥浆体系（表 2-90）为：

表 2-89　BCY-200S 自愈合水泥浆综合性能

温度，℃		70	70	90	90	120	120	150	150
水泥浆配方	胜滩 G 水泥	800	800	600	600	600	600	600	600
	硅粉，g	0	0	210	210	210	210	210	210
	BCY-200S，g	80	80	80	80	80	80	80	80
	淡水，g	—	—	—	—	—	—	—	—
	BXF-200L（AF），g	24	24	24	24	30	30	30	30
	BCR-260L，g	1.2	1.8	1.6	2.4	4.8	6	12	15
水泥浆性能	水泥浆密度，g/cm^3	1.75	1.75	1.75	1.75	1.77	1.76	1.76	1.77
	游离液量,%	0	0	0	0	0	0	0	0
	API 失水量，mL	28	—	30	—	—	—	—	—
	稠化时间，min	182	245	211	249	182	242	361	483
	24h 抗压强度，MPa	—	—	26.4	—	—	—	23.1	—

表 2-90　100℃、120℃和 150℃下常规水泥石与抗腐蚀水泥石的腐蚀性能对比

养护条件		水泥种类	7d 腐蚀变化率，%		7d 腐蚀深度 mm	30d 腐蚀变化率，%		30d 腐蚀深度 mm
温度 ℃	压力 MPa		质量	体积		质量	体积	
100	5	常规 1#	8.33	0.26	4	10.8	-0.18	10
		抗腐蚀 2#	10.2	0.56	0.01	10.5	0.52	0.03
120	5	常规 1#	9.1	-5.26	5	12.9	-0.2	10
		抗腐蚀 2#	9.9	1.3	0.01	10.8	0.96	0.03
150	5	常规 1#	4.8	0.19	3.5	5.25	-0.10	5.3
		抗腐蚀 2#	10.1	0.46	2	10.8	0.52	2.1

实验配方：

1#：嘉华 G 级水泥+高温稳定剂+微硅粉+消泡剂+0.44W/S，密度：1.90g/cm^3；

2#：嘉华 G 级水泥+25%高温稳定剂+60%BCE-750S 防腐蚀材料+消泡剂+0.42W/S，密度：1.90g/cm^3。

①掺入特定级别粉煤灰，利用粉煤灰活化玻璃体与水泥水化产物的进一步作用及粉煤灰微细颗粒对水泥石内部空隙的填充作用来改善水泥石的抗腐蚀性能。

②降低水灰比，添加活性硅质材料来反应水泥中游离石灰或填充水泥石中的小孔隙空间，有助于降低 CO_2 对水泥的腐蚀速度，与同样条件下的波特兰水泥相比，50∶50 火山灰与水泥混合物，水化时形成对碳酸的渗滤不敏感的化合物，在较长的时间内保持低的渗透率。

③高铝酸盐水泥、环氧树脂密封材料及各种合成硅质成分对 CO_2 腐蚀性显示出彻底的抑制性，但存在破裂、表面剥落及溶剂渗滤等现象，导致渗透率增加。

④采用磷酸盐水泥，通过酸碱反应产生磷酸钙，具有高强度、低渗透和优异的抗 CO_2 腐蚀能力。

⑤水泥中掺入丁苯胶乳可明显提高水泥石的耐腐蚀能力，水泥石耐碳酸氢钠腐蚀的能力明显强于原浆，当胶乳：水泥＝（1～1.5）∶10 时，水泥石渗透率最小，在酸中的质量

损失也最低。

综上所述，预防环空带压固井液体系技术主要创新点：开发出了能够预防环空带压的自愈合水泥，具有良好的综合性能，且对油气具有刺激响应性，可修复水泥环损坏后形成的窜流通道，防止环空气窜的发生，水泥石还具有一定的弹性特征，可适当补偿钻井液密度下降后套管的收缩，防止微环隙的产生，填补了国内空白。

3. 预防环空带压的固井配套技术

1）气密封检测保证油管和套管的密封性能

为防止天然气井环空带压，首先要保证油管和套管螺纹本身的加工质量，另外注意清洗、涂螺纹油、上扣检测及对扣、上紧等施工环节，并加强对入井油管和套管的气密封性检测，确保每根入井套管螺纹密封性。其检测原理是利用氦气分子直径很小、在气密封扣中易渗透的特点，精确地检测出油套管的密封性。检测工艺是从管柱内下入有双封隔器的测试工具，向测试工具内注入氦氮混合气，工具坐封，加压至规定值，稳压一定时间，后泄压，通过高灵敏度的氦气探测器在螺纹外探测氦气有无泄漏，来判断螺纹的密封性。

2）固井环节防止环空带压的主要措施

（1）提高顶替效率。首先要保证井眼条件好，钻井液性能优异，下套管前认真通井、洗井，充分调整钻井液性能；下套管时保证有较高的套管居中度，筛选综合性能好隔离液体系；设计合适的固井施工排量，强化配套技术措施。

（2）平衡压力固井“三压稳”。天然气井固井施工中必须保证“三压稳”，即固井前、固井过程中和候凝过程中水泥浆失重时的压稳，一般容易忽略水泥浆凝固失重条件下的压稳，这也是影响天然气井固井质量的一个主要原因。

（3）设计满足封固要求的水泥浆体系。根据封固地层的特性及井下条件设计出满足封固质量要求的水泥浆体系。水泥浆性能要求：防窜性好，能适应注替过程、凝固过程及长期封隔等方面的需要。水泥浆有较低的失水量（小于 50mL）、较低的基质渗透性、短的过渡时间和快的强度发展，同时浆体稳定性好，水泥石体积不收缩。

3）预应力固井技术

套管内外压力变化、水泥石自身体积收缩、温度变化都会使套管—水泥环—地层之间产生微间隙。为解决水泥与套管、水泥与地层的密封问题，提出应用弹性力学理论，从套管、地层应力应变特性出发，采用预应力固井技术，通过施加外挤压力使套管、地层具备弹性能，在水泥石发生径向体积收缩时，释放弹性能，弥补体积收缩产生的微间隙，使地层—水泥环—套管结合更紧密，从而提高固井质量，保障水泥环长期整体密封性能，消除环空气窜通道。现场应用表明，该技术行之有效，能够显著提高固井质量和减缓环空带压。因此，在现场井下和装备条件允许的情况下，顶替液宜全部采用清水和环空憋压候凝。

4）管外封隔器应用技术

为提高技术套管、油层套管与地层环空的封闭性，固井时还应用了管外封隔器。管外封隔器是接在套管柱上，通过液压膨胀坐封，使套管与裸眼环空形成永久性桥堵的装置，可有效地封隔层间窜流，也可防止钻井液及水泥浆漏失。管外封隔器的安装位置应根据地层性质和注水泥设计等因素设计，其具体使用注意事项如下：管外封隔器应坐封在井径规则、岩石坚硬致密处；下套管过程中严禁上提下放时猛烈活动套管串，防止破坏胶筒；在管外封隔器上、下各装 2 根套管，每根套管加 1 只套管扶正器，保证管外封隔器居中。

4. 现场应用效果

酒东区块自 2005 年以后才开始加大勘探开发力度，但由于地层复杂、井眼条件差、高压盐水层的存在、封固段长、上下温差大、尾管悬挂固井等条件的影响，完井固井质量一直不理想，这已成为制约该区块发展的瓶颈。2010—2011 年预防环空带压水泥浆体系尾管固井 32 井次，固井合格率 100%，声幅测井优质段所占比例达到 56. 5%，固井质量合格率和优质率较往年有大幅度提升，13 口井射孔后均未发生油水窜现象，油水层得到有效封隔。

2014—2015 年，预防环空带压水泥浆体系在徐探 1、徐深 6-303、宋深 11、汪深 1-4、莺深 5、莺深 6 等 14 口井进行了现场应用，14 口井的固井质量合格率全部达到 100%。防腐蚀固井技术在黑 79 区块推广应用 16 口井，伊 59 区块推广应用 4 口井，固井质量合格率 100%，不仅为 CO_2 驱高效开发提供环空保障，而且解决环空腐蚀难题，延长 CO_2 驱注气井寿命。长深气田天然气中 CO_2 含量在 5%~80%之间，平均含量 22. 92%。高含 CO_2 的危害需要应用防腐水泥浆技术和抗高温隔离液技术，保证环空水泥的长期密封性能，现场应用 10 口井，与 2010 年直井相比，固井质量优质率提高 10%。自愈合水泥浆在西南油气田磨溪—高石梯区块现场应用 3 口井，经过试压、压裂、试油、采气结果显示，层间封隔效果良好，没有出现环空带压或层间窜通现象，证明了自愈合水泥浆的有效性。

针对高温高压气井、长裸眼段油气显示活跃、生产期间存在温度及应力变化等固井难题的井，预防环空带压的固井液技术可有效提高水泥环完整性，减缓甚至解决环空带压的风险，延长井的使用寿命，该技术已经在储气库井、页岩气井、高温高压气井等得到良好的推广应用，具有广阔的推广应用前景。

二、大温差水泥浆体系

针对深井长封固段大温差固井水泥顶面超缓凝、层间窜流、固井质量差等技术难题，通过水泥水化机理研究，结合水泥外加剂分子结构设计，开发出适用于长封固段大温差条件固井的水泥浆降失水剂及缓凝剂，攻克水泥外加剂抗高温难题及缓凝剂晶相转化点两侧的吸附难题，设计适合不同温差范围的水泥浆体系，满足长封固段大温差固井封固要求。

大温差水泥浆体系可以有效解决长封固段大温差条件下水泥顶面超缓凝技术难题，为深井、超深井、长封固段水泥浆一次上返固井提供了新的水泥浆技术，并且通过套管安全下入、大温差水泥浆体系、高效冲洗隔离液体系、提高顶替效率技术、平衡压力固井等先进适用技术的集成，形成大温差固井配套工艺技术，为简化井身结构、节约成本、缩短建井周期、提高固井质量提供了技术保障。

1. 大温差水泥浆体系作用机理及性能

大温差水泥浆体系作用机理有三个方面：大温差水泥浆体系的核心为设计出具备在大温差条件下使用的缓凝剂，即在大温差缓凝剂聚合物分子链中引入宽温带缓凝控制基团，克服大温差条件下水泥顶面超缓凝难题；提高高温降失水剂聚合物分子链刚性以提高降失水剂的抗高温能力以及高温条件下降失水剂聚合物分子链对水泥粒子吸附能力，有效控制水泥浆在高温条件下的失水量；通过水泥浆体系中颗粒紧密堆积提高体系堆积密实度，提高水泥浆浆体稳定性及水泥石力学性能，有效保证封固质量。

基于以上大温差水泥浆体系作用机理，开发出了两种大温差缓凝剂，即：缓凝剂DRH-200L和缓凝剂BCR-260L，并分别以两种大温差缓凝剂为核心，形成了两套大温差水泥浆体系。

1）以DRH-200L缓凝剂为核心的大温差水泥浆体系

表2-91对以缓凝剂DRH-200L为主剂的水泥浆在不同温度点进行了稠化试验测试。从表中可知，缓凝剂DRH-200L具有很好的耐高温性能，在70~200℃范围内能有效地控制水泥浆的稠化时间，且过渡时间短，稠化时间易调；并且在130~180℃范围内，缓凝剂加量并未因为温度的升高而大幅度增大，同时低温下稠化时间对缓凝剂DRH-200L的加量不敏感，便于水泥浆稠化时间调节。

表2-91 缓凝剂DRH-200L的缓凝性能评价

DRH-200L加量，%	测试条件	稠化时间，min	过渡时间，min
0.2	70℃/40MPa	337	9
0.5	90℃/45MPa	353	8
1.0	110℃/55MPa	301	7
1.5	120℃/60MPa	283	8
2.0	130℃/65MPa	326	6
2.5	130℃/65MPa	397	6
2.5	140℃/70MPa	356	5
2.5	150℃/75MPa	313	3
2.5	160℃/75MPa	292	2
3.0	160℃/75MPa	360	3
3.0	170℃/80MPa	309	2
3.5	180℃/80MPa	315	2
4.0	200℃/90MPa	303	2

水泥浆基本配方：胜潍G级油井水泥+35%石英砂+4%降失水剂DRF-120L+X%缓凝剂DRH-200L+0.6%分散剂DRS-1S+48.3%水。

考察了缓凝剂DRH-200L在120~200℃范围内对温度的敏感性，如图2-125所示。从图中可以看出，缓凝剂DRH-200L对温度敏感性较小，且具有良好的耐温性能，在循环温度为200℃时仍具有良好的缓凝性能；在相同DRH-200L加量下，水泥浆稠化时间随着实验温度的升高而缩短，且具有良好的线性关系；在同一实验温度下，水泥浆的稠化时间随缓凝剂DRH-200L加量的增大而延长，也基本呈线性关系。因此，能够根据不同的要求，通过调整缓凝剂DRH-200L的加量来较容易地调节水泥浆的稠化时间。

从图2-126可以看出，水泥浆在不同温度下的稠化过程中没有出现“鼓包”和“闪凝”等异常现象；水泥浆初始稠度约为20Bc，具有良好的流动性能；水泥浆稠化过程中

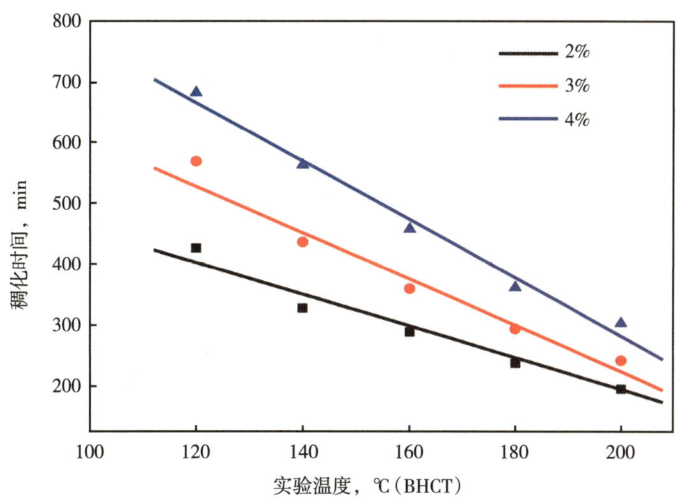

图 2-125 不同缓凝剂 DRH-200L 加量下水泥浆稠化时间与温度的关系

稠度曲线走势平稳，没有严重的下降趋势，这能定性地说明浆体高温稳定性良好；且稠化曲线过渡时间很短，呈“直角”稠化，有利于防止环空油气水窜，可以满足高温深井的固井施工要求。

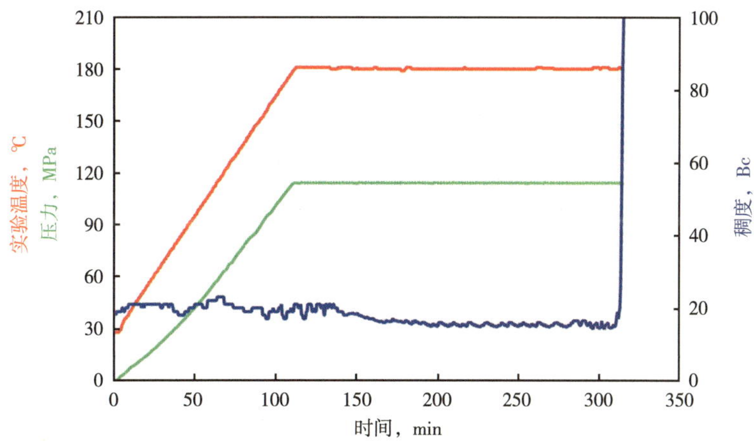

图 2-126 180℃条件下水泥浆稠化曲线

以缓凝剂 DRH-200L 为核心的大温差水泥浆体系主要是针对目前越来越多的深井超深井、长封固、大温差固井而开发出来的一套水泥浆体系，旨在解决目前国内外加剂抗温抗盐综合性能差，大量高温固井水泥浆外加剂需要进口的现状。尤其对 4000m 以上甚至 6000m 的井深，温差 50℃以上的全封固固井起到积极的推进作用[19,20]，对该水泥浆体系抗高温、大温差环境的实验评价结果见表 2-92。从表中可以看出，以缓凝剂 DRH-200L 为主剂的水泥浆综合性能良好，水泥浆流动度介于 20~23cm，API 失水量能控制在 100mL 以内，稠化时间可调，过渡时间短，并且可适用于高密度水泥浆体系和低密度水泥浆体系中，大温差下水泥柱顶部强度发展良好，能够满足大温差固井施工的各项要求。

表 2-92　含缓凝剂 DRH-200L 的大温差水泥浆综合性能

循环温度 ℃	DRH-200L 加量 %	密度 g/cm³	流动度 cm	API 失水量 mL	稠化时间 min	顶部温度 ℃	48h 强度 MPa
110	1.0	1.88	22	48	301	30	11.2
120	1.5	1.88	23	62	313	30	7.4
120	1.5	1.55	22	74	362	60	9.6
120	1.5	2.10	21	68	343	60	10.8
130	2.0	1.88	22	64	326	60	8.9
150	2.5	1.88	21	72	313	60	7.2
160	2.5	1.88	22	84	292	90	17.2
170	3.0	1.88	23	80	287	90	14.6
180	3.5	1.88	20	68	315	90	9.3

2）以缓凝剂 BCR-260L 为核心的大温差水泥浆体系

为了评价缓凝剂 BCR-260L 缓凝性能，在 70～180℃温度范围内选取了温度点进行稠化试验，测试其缓凝性能，试验结果见表 2-93。从表中稠化性能数据可知，BCR-260L 具有很好的耐高温性能，在 70～180℃范围内均能控制水泥浆稠化时间，且过渡时间短[21]。

表 2-93　缓凝剂 BCR-260L 缓凝性能评价数据

BCR-260L 加量，%	测试条件	稠化时间，min	过渡时间，min
0.2	70℃/40MPa	215	9
0.7	90℃/50MPa	350	7
1.1	120℃/70MPa	200	6
1.3	120℃/70MPa	294	7
1.7	120℃/70MPa	372	8
2.1	130℃/70MPa	360	7
2.6	150℃/70MPa	384	5
2.6	160℃/80MPa	270	6
3.0	180℃/80MPa	300	7

水泥浆基本配方：胜潍 G 级油井水泥+35%硅粉+5%降失水剂 BXF-200L+X%缓凝剂 BCR-260L+水，水灰比为 0.44。

图 2-127 为 110℃条件下稠化时间与缓凝剂 BCR-260L 加量之间的关系。从图中可知，缓凝剂加量和稠化时间具有一定的线性关系，稠化时间易调节。

图 2-128 为水泥浆在 150℃时的稠化曲线，从该曲线中可以看出在稠化过程中没有出现“闪凝”“鼓包”等现象，稠化曲线基本呈“直角”，可以满足高温深井固井施工要求。

表 2-94 为以缓凝剂 BCR-260L 为核心的大温差水泥浆在不同条件下的性能数据。从表中数据可以看出，水泥浆 API 失水量低，稠化时间可调，且在大温差条件下水泥顶面强度发展快，48h 顶部强度均超过 3.5MPa，没有超缓凝现象，适用温度范围可达 70～180℃。

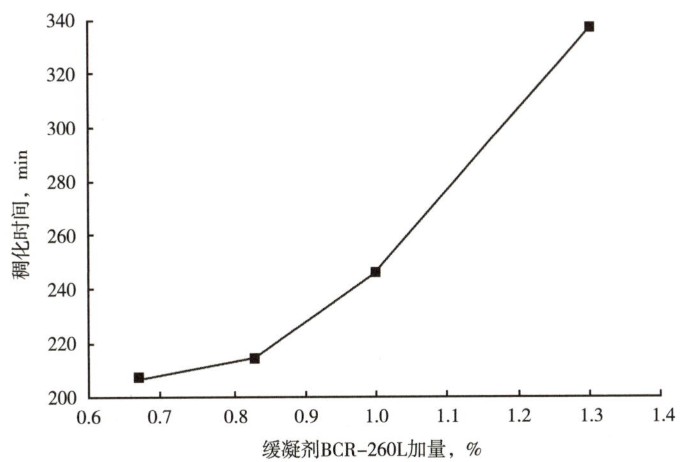

图 2-127 110℃条件下水泥浆稠化时间与缓凝剂 BCR-260L 加量的关系

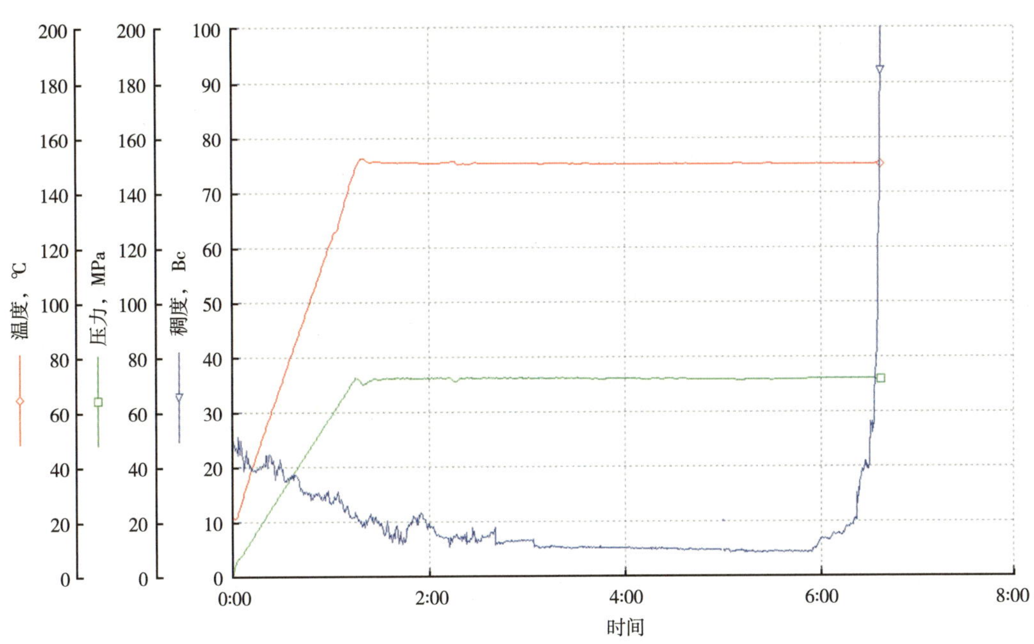

图 2-128 150℃条件下水泥浆稠化曲线

表 2-94 含缓凝剂 BCR-260L 的大温差水泥浆综合性能

循环温度 ℃	BCR-260L 加量 %	密度 g/cm³	90℃ API 失水量 mL	稠化时间 min	顶部温度 ℃	48h 顶部强度 MPa	72h 顶部强度 MPa
70	0.3	1.90	25	275	25	5	9
90	0.6	1.90	24	340	—	—	—
120	1.1	1.90	26	264	80	12	15
120	1.3	1.90	26	280	—	—	—
120	1.7	1.90	32	341	70	8	12.4

续表

循环温度 ℃	BCR-260L 加量 %	密度 g/cm^3	90℃ API 失水量 mL	稠化时间 min	顶部温度 ℃	48h 顶部强度 MPa	72h 顶部强度 MPa
130	1.9	1.90	30	240	—	—	—
130	2.2	1.90	28	270	80	4.1	10
140	2.2	1.90	29	259	—	—	—
150	2.5	1.90	34	320	100	9	14
150	2.7	1.90	40	384	—	—	—
160	2.7	1.90	50	270	—	—	—
180	3.3	1.90	50	355	—	—	—

注：① 顶部强度为超声波强度；② “—” 表示未做该试验。

2. 大温差固井配套工艺技术

大温差固井技术是以大温差固井水泥浆体系为核心，集成配套井眼准备、套管安全下入、钻井液性能调整、高效前置液体系、提高顶替效率等技术，形成大温固井配套工艺技术。

（1）下套管前的最后一趟通井，采用原钻具组合，重点对缩径段、起下钻遇阻遇卡段认真划眼，坚持通井钻具组合与所下套管刚度对等原则；井眼畅通后，下钻到底，先用单泵小排量顶通，循环一个迟到时间，充分破坏钻井液结构力，后逐步提高至正常钻进排量，循环两周；以循环系统所能承受的最大排量至少循环一周，考验井壁承受能力；通井起钻前，在井底以上 200m 井段打入高黏度钻井液以利悬砂，防止套管下不到井底。

（2）合理优化套管扶正器数量及安放位置，软件模拟套管居中度，确保居中度大于 67%。

（3）根据井眼情况调整钻井液性能，降低钻井液黏度及动切力。

（4）长封固段大温差固井采用双凝（或多凝）水泥浆技术，有利于尾浆失重时，领浆仍能够传递液柱压力，有效压稳地层。

（5）长封固段水泥浆设计至地面的井，固井施工时建议水泥浆返出地面 5~10m^3，有效保证上部井段封固质量。

（6）采用冲洗隔离效果好的高效前置液体系，同时适当加大高效前置液用量，提高界面清洗效率，优化施工工艺参数，提高固井顶替效率。

3. 大温差水泥浆体系技术创新点

（1）通过聚合物分子结构优化设计，缓凝剂分子链中引入宽温带缓凝控制基团及特殊功能基团，自主研发了适用温差高于 80℃ 的两种高温大温差缓凝剂 DRH-200L 与 BCR-260L，克服了常规缓凝剂适用温差范围窄、大温差条件下水泥顶面超缓凝的难题。

（2）通过聚合物分子结构优化设计，降失水剂分子链中引入链刚性及强吸附性官能团，自主研发了抗温达 200℃ 的高温降失水剂，可以有效控制水泥浆在高温条件下的 API 失水量低于 100mL。

（3）通过紧密堆积理论优化设计，形成了以 DRH-200L 缓凝剂为核心及以 BCR-260L 缓凝剂为核心的 2 套大温差水泥浆体系，解决了高温条件下水泥浆体系稳定性差、抗压强度发展缓慢、胶结质量差的难题，达到国内领先与国际先进的水平。

4. 应用效果

经过攻关，研制出了抗 200℃高温的降失水剂及适用高温温差 80℃以上的大温差缓凝剂。解决了目前降失水剂抗高温、抗盐能力差，缓凝剂高温超缓凝及大温差条件下水泥浆长期不凝的问题，可应用于高温（180℃）温差（70~100℃）下固井。大温差固井技术在塔里木、西南、长庆、大港、辽河、华北、冀东、吐哈等油气田累计推广应用超过 1000 口井，固井成功率 100%。

1）在塔里木油田的应用

塔里木油田加大了复杂地质构造勘探开发力度，深井超深井也越来越多，固井施工的难度越来越大。形成的密度为 1. 20~1. 40g/cm^3 的大温差低密度水泥浆体系，解决了水泥浆稳定性差及顶部强度发展慢两大关键难点。大温差固井技术在塔中、英买力、轮南、克深及大北等区块成功应用 200 多口井，一次封固段长超过 6000m 的井有 20 多口井，封固段长超过 5000m 的井有 40 多口井，固井成功率 100%。其中热普 501 井 ϕ200. 03mm 套管一次封固段长 6907m，温差 125℃，领浆密度 1. 30g/cm^3，创低密度水泥浆长封固段及固井一次封固段长的纪录。该项技术解放了井身结构设计思路，简化了作业程序，提高了固井质量，满足了塔里木一次封固 6000m 以上易漏井段的生产需要，保障了塔里木油田的增储上产。

2）在川渝地区的应用

近年来，四川盆地勘探开发不断向纵深化和低渗透方向发展，所面临的油气藏日趋复杂，以龙岗、高石梯—磨溪、川东石炭系为代表的高温、高压、高含硫气藏固井工作面临较大挑战。通过大温差固井配套技术的集成，在高石梯—磨溪、龙岗、九龙山、剑阁、莲花山等地区成功应用 100 多口井，其中莲花 002-X1 井 ϕ177. 8mm 套管一次封固段长达 4834. 78m，创川渝地区固井纪录。大温差固井配套技术保障了固井施工安全及固井质量，较好地满足后期增产改造需要，防止了环空带压或井口窜气问题的发生，保证了天然气井的长期安全运行，有效支撑了四川天然气基地建设。

3）在长庆油田的应用

长庆油田坚持向高精端目标发展，提出“少井高效”战略，仅在定边长南区块就布下数百口 4000m 以上深井。高性能低密度大温差水泥浆体系、综合防漏、提高顶替效率等措施在现场集成应用 100 多口井，苏 381 井 ϕ177. 8mm 套管一次封固段长 4195. 92m，温差 97℃，大温差固井配套技术提供了强有力的工程技术保障。

4）在海外中亚地区的应用

乌兹别克斯坦费尔甘纳盆地属于典型的“四高一超”油气藏，固井难度大，要求高，以前在该地区没有此类复杂深井固井成功的先例。形成的大温差固井配套技术在费尔甘纳盆地的吉达 3 井、吉达 4 井以及南贡 1 井进行了成功应用。南贡 1 井创中国石油海外 ϕ244. 5mm 套管下入最深纪录（5305. 49m）、一次封固段最长（5305. 49m）、固井温差最大（125℃）的纪录，保证了安全顺利钻进及成功试油，为费尔甘纳盆地深层油气勘探提供了强有力的工程技术保障。大温差固井配套技术已在伊朗的南阿、北阿油田，伊拉克的绿洲、鲁迈拉、哈法亚项目，以及中亚的哈萨克斯坦、土库曼斯坦进行了广泛的推广应用。

通过深入攻关形成的大温差固井配套技术，解决了大温差水泥浆超缓凝难题，有效提高了深井长封固段大温差井的固井质量，延长了井筒寿命，为简化井身结构、降低成本、实现提速提效及深层油气资源勘探开发的可持续发展提供了技术保障。

三、抗高温水泥浆体系

针对深井超深井井底高温高压导致的水泥浆失水量大、稠化时间难以调节、稳定性差等水泥浆综合性能差的技术难题，开发了适用于高温高压条件下的降失水剂及缓凝剂，克服了水泥浆高温条件下失水量大及稠化时间难以调节的难题，同时优选抗高温的水泥浆稳定剂，提高高温条件下水泥浆的沉降稳定性，保证深井超深井固井施工安全，满足高温高压固井封固要求。

抗高温水泥浆体系可以有效解决深井超深井面临的高温高压对水泥浆性能要求高的难题，为高温高压深井超深井固井施工安全提供了技术保障，并且通过深井超深井安全下套管、提高固井顶替效率、平衡压力固井、耐高温高压配套固井工具等技术集成，形成高温高压深井超深井固井综合配套技术，为深层超深层油气资源安全高效开发提供技术支撑。

1. 抗高温水泥浆体系作用机理及性能

1）抗高温水泥浆体系作用机理

抗高温水泥浆体系的核心为抗高温降失水剂及抗高温缓凝剂。抗高温降失水剂高温降失水作用机理：抗高温降失水剂 DRF-120L 及 BXF-200L 是通过水溶液自由基聚合反应制备的多元高分子聚合物，分子主链上引入了磺酸基团、羧基基团及链刚性基团等，磺酸基具有良好的热稳定性和耐盐性能，同时具有很强的水化能力，这使得制备的共聚物降失水剂具有良好的抗高温、抗盐能力，羧基基团提高了高温下降失水剂分子对水泥粒子的吸附能力，从而提高了降失水剂在高温条件下对水泥浆失水的控制能力，链刚性基团单体使得降失水剂分子链在高温条件下的热运动变慢，提高了抗温能力，同时通过优化聚合工艺，得到具有最佳的分子量和分子量分布。降失水剂 DRF-120L 及 BXF-200L 可改变水泥浆滤饼结构，使之形成致密、低渗的滤饼从而降低失水量。

抗高温缓凝剂作用机理：抗高温水泥浆体系中的抗高温缓凝剂包含合成聚合物类缓凝剂和糖类化合物两种，其中合成聚合物类缓凝剂的缓凝作用是通过缓凝剂吸附于水泥水化产物表面而实现的，此吸附层可以屏蔽水泥颗粒与水的接触从而降低水泥水化速度，从而起到缓凝的作用；糖类化合物主要是通过螯合水泥浆中的 Ca^{2+}，阻止成核，从而起到缓凝作用。

2）抗高温水泥浆体系性能

通过大量室内研究，开发了抗高温降失水剂、高温缓凝剂、分散剂以及抗高温水泥浆配套外加剂，以上述外加剂为基础，开发了抗高温水泥浆体系，抗温能力可达 200℃，具有高温稳定性好、失水量低、稠化曲线平稳和高温强度无衰退等特点，综合性能良好。

抗高温水泥浆外加剂主剂为降失水剂和缓凝剂，降失水剂选用 DRF-120L 和 BXF-200L，两种产品均为 AMPS 多元共聚物，不增稠，具有适度的分散作用，耐温达 200℃以上，可以保证水泥浆稠化曲线具有“直角”稠化的特征；缓凝剂可选用 DRH-200L、BXR-200L、BCR-300L 或 BCR-260L。BXR-200L 是中高温缓凝剂，为小分子有机物，使用温度为 50~120℃；BCR-300L 是高温缓凝剂，为小分子有机物，使用温度为 120~200℃。DRH-200L 和 BCR-260L 为合成聚合物类缓凝剂，具有适用温度范围宽，可适用 180℃高温，对水泥浆稀释作用弱，具有掺量随温度和掺量不敏感等特点。

（1）开发了以降失水剂 DRF-120L 为主剂的抗高温水泥浆体系，不同试验温度下，对以 DRF-120L 为主剂的水泥浆综合性能进行了评价，稠化时间的调节由缓凝剂 DRH-200L 来调节。试验配方及水泥浆综合性能见表 2-95、表 2-96。

表 2-95　以 DRH-200L 为主剂抗高温常规密度水泥浆配方　　（单位：g）

配方	胜潍 G 级水泥	石英砂	微硅	降失水剂 DRF-120L	缓凝剂 DRH-200L	分散剂 DRS-1S
1	100	35	5	3	1.5	0.2
2	100	35	5	3	2.0	0.2
3	100	35	5	3	2.2	0.2
4	100	35	5	5	2.5	0.2
5	100	35	5	6	4.0	0.2
6	100	35	5	7	6.0	0.2

表 2-96　DRF-120L 水泥浆性能综合性能

配方	密度 g/cm³	温度 ℃	流动度 cm	API 失水量 mL	稠化时间 min	过渡时间 min	24h 抗压强度 MPa
1	1.88	120	22	65	185	13	—
2	1.88	120	22	—	252	12	—
3	1.88	120	—	76	305	14	22.1
4	1.88	150	21	82	272	10	24.3
5	1.88	180	22	83	304	9	25.8
6	1.88	200	21	72	355	10	31.0

说明：表中“—”代表没有测量试验数据。

从表中数据可以看出，以 DRF-120L 为主剂的水泥浆综合性能良好，水泥浆的流动性好；API 失水量可以控制在 100mL 以内；水泥浆稠化时间可调；过渡时间短，基本上呈“直角”稠化，24 h 抗压强度均高于 22MPa，满足高温高压固井施工要求。

（2）开发了以降失水剂 BXF-200L 为主剂的抗高温水泥浆体系，对常规密度水泥浆 100~200℃综合性能进行了评价，试验配方及试验结果见表 2-97、表 2-98。从表中数据可以看出：常规密度水泥浆耐高温性能好（达 200℃，稠化曲线见图 2-129）、水泥浆流动性合适、API 失水量低（<100mL）、稠化时间与缓凝剂掺量线性关系较好、过渡时间短（≤10min）、抗压强度较高，具有良好的综合性能，可以满足深井、超深井固井施工要求。

表 2-97　以 BXF-200L 为主剂抗高温常规密度水泥浆配方　　（单位：g）

配方	G 级水泥	石英砂	降失水剂 BXF-200L	缓凝剂 BXR-200L	缓凝剂 BCR-260L	缓凝剂 BCR-300L	消泡剂 G603
1	100	35	5	0.3			0.1
2	100	35	5	0.5			0.1
3	100	35	5		1.1		0.1

续表

配方	G级水泥	石英砂	降失水剂 BXF-200L	缓凝剂 BXR-200L	缓凝剂 BCR-260L	缓凝剂 BCR-300L	消泡剂 G603
4	100	35	5		1.7		0.1
5	100	35	5		1.7		0.1
6	100	35	5		2.5		0.1
7	100	35	5		2.5		0.1
8	100	35	5		3.5		0.1
9	100	35	5			2.0	0.1
10	100	35	5			4.0	0.1
11	100	35	5			3.0	0.1
12	100	35	5			5.0	0.1

表2-98 以BXF-200L为主剂抗高温常规密度水泥浆性能

配方	密度 g/cm^3	温度 ℃	流动度 cm	游离液 %	API失水量 mL	稠化时间 min	过渡时间 min	24h抗压强度 MPa
1	1.88	100	24.0	0	—	210	6	—
2	1.88	100	24.0	0	40	400	8	16.5
3	1.88	120	24.0	0	—	193	7	—
4	1.88	120	24.0	0	48	397	8	16.7
5	1.88	140	24.0	0	—	206	7	—
6	1.88	140	25.0	0	60	387	9	18.5
7	1.88	160	25.0	0	—	192	8	—
8	1.88	160	25.0	0	62	425	10	18.8
9	1.88	180	25.0	0	—	188	7	—
10	1.88	180	25.0	0	78	460	9	19.1
11	1.88	200	24.5	0	—	175	8	—
12	1.88	200	25.0	0	96	410	10	19.0

2. 抗高温水泥浆体系固井配套工艺技术

（1）下套管前，保证钻井液性能，正常循环洗井返砂，防止垮塌。

（2）加强通井技术措施，保证套管顺利安全下入；固井前进行模拟下套管通井，充分循环返砂，保持井底畅通无阻。

（3）采用抗高温高性能的冲洗液和稳定性好的冲洗隔离液，并增加其用量，保证提高顶替效率。

（4）采用综合性能好的加砂抗高温稳定性好的双凝双密度水泥浆，保证环空良好的胶结和有效封固。

（5）入井前，检查固井工具的可靠性，为固井施工的顺利提供保障。

（6）建议固井前做承压试验，如有漏失应进行堵漏，直至满足地层承压条件。

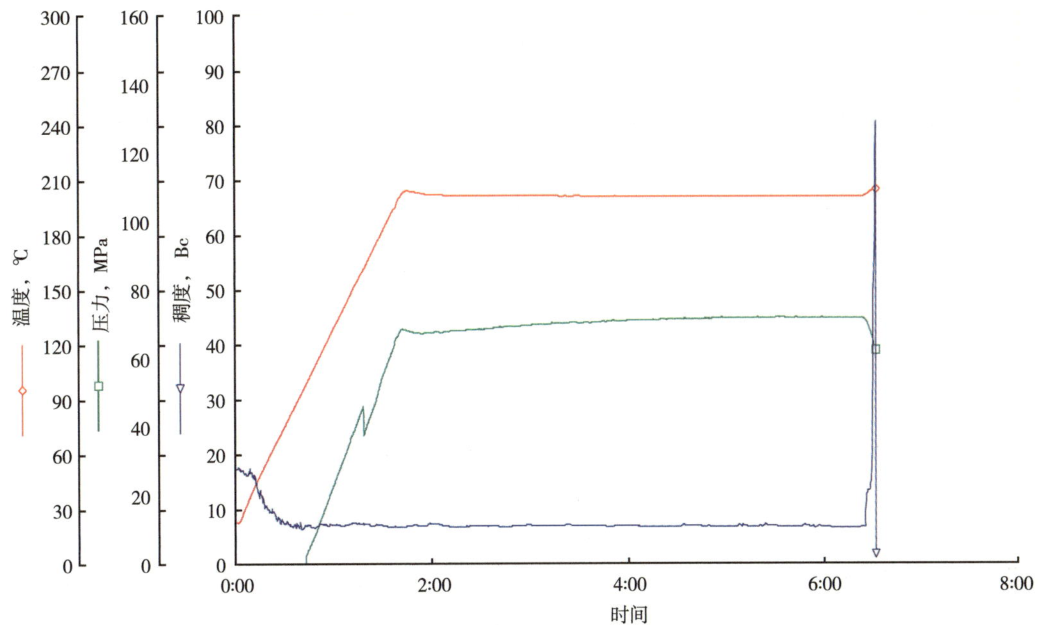

图 2-129 以 BXF-200L 为主剂抗高温常规密度水泥浆在 200℃下稠化曲线

（7）固井防漏施工：控制固井注水泥及顶替排量，根据大排量洗井情况和井下漏失情况，确定固井施工排量，并注意泵压的变化，随时调节排量控制；水泥浆注替过程中，注意井口返出情况，及时反馈。

（8）平衡压力固井技术，实现固井前、固井中、固井后的三压稳。

（9）优化调整固井顶替排量，尽量减少环空摩阻。

3. 抗高温水泥浆体系技术创新点

（1）通过聚合物分子结构优化设计，以 AMPS 为主链，降失水剂分子链中引入链刚性及强吸附性官能团，自主研发了抗温达 200℃的两种高温降失水剂 DRF-120L 和 BXF-200L，可以有效控制水泥浆在高温条件下的 API 失水量低于 100mL。

（2）通过缓凝剂作用机理，开发出了适用于不同温度段的缓凝剂 DRH-200L、BXR-200L、BCR-260L、BCR-300L 等。

（3）通过抗高温水泥浆配方优化设计，形成了以 DRF-120L 降失水剂为核心及以 BXF-200L 降失水剂为核心的 2 套抗高温水泥浆体系，解决了高温条件下水泥浆体系稳定性差、综合性能不能满足高温深井固井要求的难题，达到国内领先水平。

4. 应用效果与应用前景

1）在华北油田高温深井固井应用

牛东潜山构造是华北油田最深的潜山，顶部深度在 5635～6350m，完钻井深 6000～6900m，井底温度超过 200℃。牛东潜山深井采用五开井身结构，其中四开为 ϕ215.9mm 井眼下入 ϕ177.8mm 套管，采用尾管固井，存在着地层压力高、油气活跃、气侵与漏失现象频繁、井底温度高等难题，采用抗高温水泥浆体系及配套固井技术很好地解决了 ϕ177.8mm 尾管固井技术问题，配套技术现场应用 3 井次，固井质量全部合格，攻克了该区块固井技术难题，为后期新区块固井作业提供了成功经验，为牛东潜山的安全高效开发奠定了基础。

抗高温水泥浆配套固井技术在风险探井安探1X井ϕ127mm尾管固井中进行了成功应用，该井存在小间隙、短尾管、温度高、工况复杂等难点，是近年华北油田最复杂的一口风险探井。四开ϕ152.4mm井眼下入尾管至5494m，井底温度达187℃，固井质量合格，为华北油田冀中坳陷廊固凹陷河西务构造勘探开发提供了工程技术支撑。

2）在大港油田高温深井固井应用

新港1井是大港油田一口高危地区重点井，该井五开完钻井深6716m，采用152.4mm钻头，悬挂ϕ127mm尾管。该井井底静止温度达190℃，对水泥浆性能要求高；环空间隙窄（3.42mm），过流面积小，流动阻力大，固井施工压力高；下套管后，循环排量小（小于0.6m^3/min），沉砂不易携带出，存在固井过程沉砂憋高压风险；尾管固井工艺复杂，风险性高；采用抗高温水泥浆体系及配套固井技术有效保证了该井固井质量。

3）应用前景

抗高温水泥浆体系综合性能良好，抗温可达200℃，可满足复杂深井、超深井固井技术需求。通过集成抗高温水泥浆体系、抗高温高效冲洗隔离液体系、平衡压力固井设计及优化现场配套技术措施，有效保证了高温深井固井安全及固井质量，为油田安全高效开发提供了技术支撑。抗高温水泥浆体系具有良好推广应用前景。

四、防漏堵漏固井工艺技术

井漏是在钻井、固井、测试或者修井等各种井下作业过程中，各种工作液（包括钻井液、水泥浆、完井液及其他工作流体等）在压差作用下漏入地层的现象。井漏是影响钻井作业安全的复杂情况之一，井漏的发生不仅会给钻井工程带来不便和损失，如耗费钻井时间、损失钻井液和堵漏材料、引起卡钻、井喷、井塌等一系列复杂情况，甚至导致井眼报废，而且还会对产层造成伤害，导致重大经济损失。根据漏失地层的特点，可将井漏分为渗透性漏失、裂缝性漏失和溶洞性漏失三类，由于井漏问题的复杂性，井漏问题一直是困扰国内外勘探开发的重大工程技术难题，至今未能完全解决。

国际上对固井漏失问题开展了大量研究，如针对低压易漏地层及窄密度窗口固井问题，斯伦贝谢公司开发了一种新型的防漏水泥浆CemNET，能够有效防止固井过程中的漏失。纤维材料在水泥浆中配伍性好，分散性好，能应用于不同温度及不同水泥浆密度。该体系先后在中东地区、亚洲的印尼、北海英国海域、北海挪威海域、北美地区得到广泛应用，有效解决了循环漏失问题。

目前国内针对固井漏失问题同样是采用纤维防漏水泥浆体系，有利于纤维及体系中颗粒材料在地层孔隙或裂缝中架桥来达到防漏堵漏的作用。固井过程中一旦发生漏失，水泥浆将无法上返至设计位置，影响固井封固质量，严重时将无法封固油气水层，因此，针对易漏失地层，固井防漏堵漏是保证水泥浆顺利上返至设计位置，有效封固油气水层，保证层间封隔质量的重要技术手段。

1. 防漏堵漏原理及防漏堵漏水泥浆体系

1）防漏堵漏作用原理

纤维防漏剂BCE-200S起到架桥的作用，形成基本骨架，水泥浆中粗固相颗粒在骨架上进行充填，形成堵塞隔墙，从而阻止水泥浆中固相细颗粒的漏失；助防漏剂 BCG-200S 可与水泥浆中固相颗粒、纤维材料在压差下相互作用形成致密结构，从而阻止水泥浆中液相的漏失；防漏剂 BCE-200S 和助防漏剂 BCG-200S 协同作用，在漏失通道口迅速形成致密而结实的堵塞，从而提高易漏失地层的承压能力（图 2-130）。

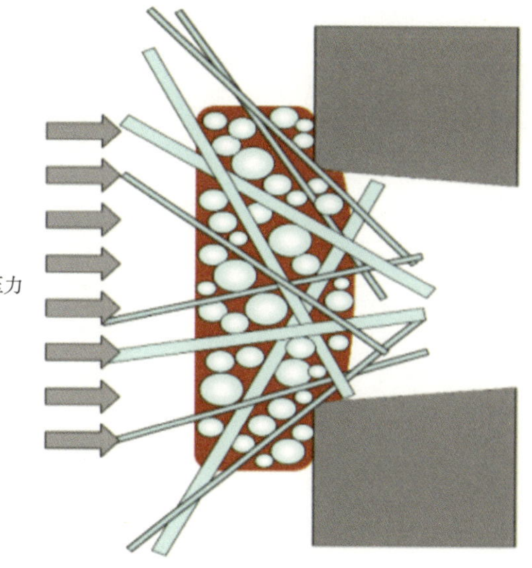

图 2-130　防漏外加剂堵漏示意图

2）防漏堵漏模拟评价模拟装置

（1）非裂缝性漏失地层纤维堵漏体系堵漏评价模拟装置。

在水泥浆高温高压失水仪基础上加工改造了一套模拟试验装置（图 2-131），用于测试水泥浆堵漏性能。该装置具有可加热、用浆量少、操作方便等特点，有利于油田推广应用。

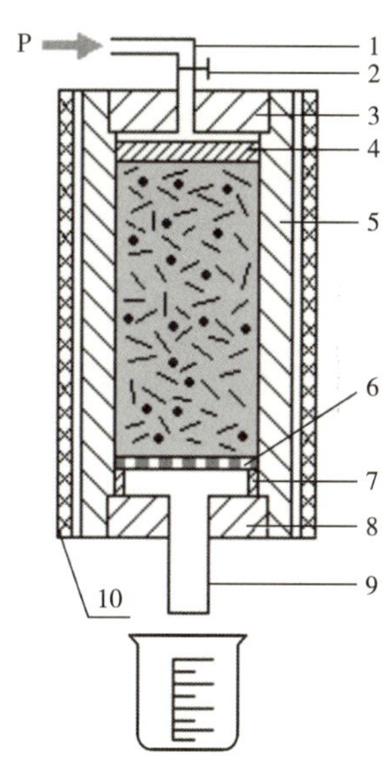

图 2-131　水泥浆堵漏模拟试验装置示意图
1—进气口；2—阀门；3—顶盖；4—活塞；5—漏失筒；6—模块；7—支撑环；8—底盖；9—排液口；10—加热套

同时，设计加工了用于该堵漏试验装置的不同孔隙（1~4mm）、不同缝隙（0.5~4mm）模块（图 2-132），用于模拟漏失地层孔隙及缝隙。模块具有不同的孔隙率和缝隙率，模块直径均为 53.5mm，厚度均为 6.4mm。

水泥浆堵漏试模拟验装置测试方法分为动态法和静态法。其中：动态法试验步骤为：①在漏失筒底盖上放入支撑环，然后在支撑环上放置模块，将漏失筒放入加热装置中预热；②制备水泥浆并放入常压稠化仪中，在预定温度下搅拌 20min；③取出预热漏失筒，倒入搅拌好的水泥浆 380mL，然后在水泥浆上部放入活塞，活塞与顶盖之间间隔应小于 5mm，漏失筒装好后放入加热装置中；④将漏失筒顶盖上的进气针阀关闭；⑤封堵阶段：将气源压力调至 0.7MPa，快速打开进气针阀，同时启动计时器，如果封堵成功，记录 10min 流出的浆体体积 $FL_{0.7MPa}$；⑥承压阶段：启动计时器，以 2MPa/min 的升压速率升压至 3.5MPa，或者至封堵失败且筒内浆体流完为止，记录最大压力值；如果承压成功，并记录 20min 流出的浆体体积 $FL_{3.5MPa}$。

静态法试验步骤为：①前三个步骤同动态法；②将漏失筒顶盖上的进气针阀打开；③封堵阶段：启动计时器，以 1MPa/min 的升压速率升压至 0.7MPa，如果封堵成功，并

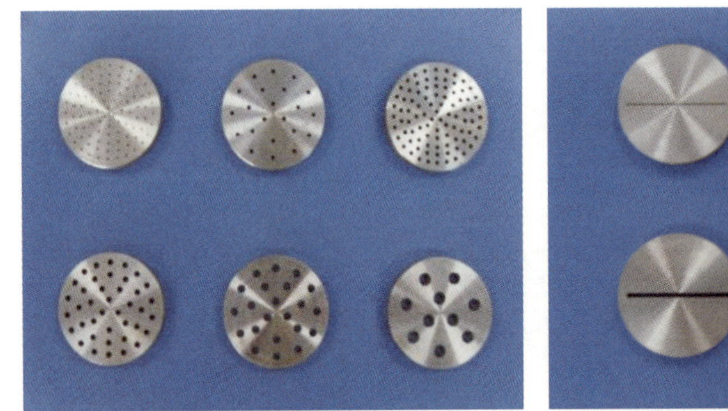
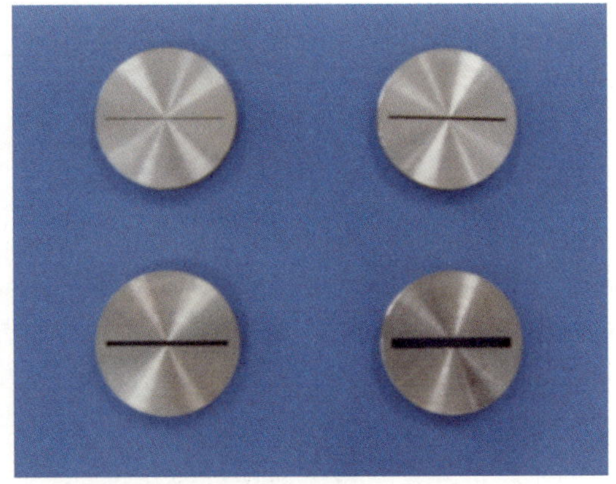

图 2-132　用于堵漏试验装置的不同孔隙及不同缝隙的模块

记录 10min 流出的浆体体积 $FL_{0.7MPa}$；④承压阶段：同动态法。

（2）裂缝性漏失地层体积膨胀堵漏体系堵漏评价模拟装置。

该模拟装置的作用是对钻井过程中流动性漏失地层进行堵漏评价，能够对所用的堵漏材料及其体系的堵漏效果进行室内评价，为后续堵漏及工艺改进提供评价手段，模拟装置简图及原理示意图如图 2-133、图 2-134 所示。

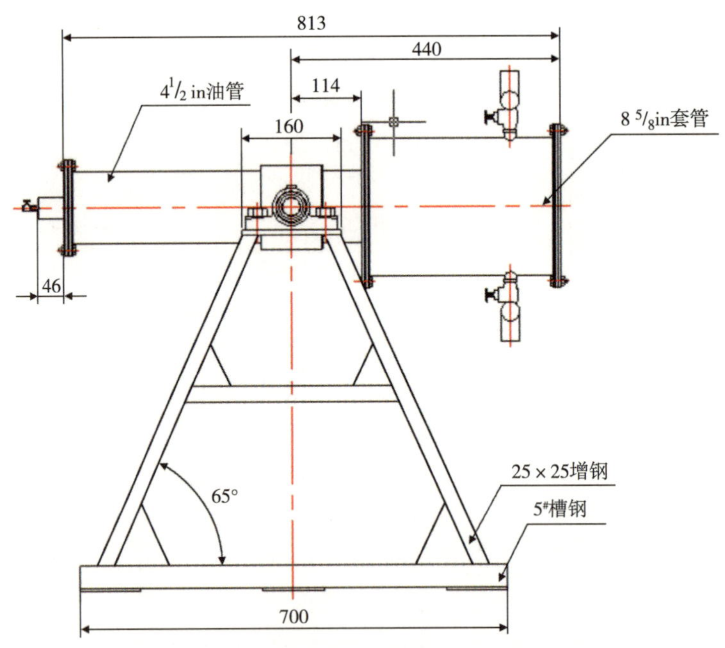

图 2-133　裂缝性漏失地层模拟评价装置简图

3）防漏堵漏水泥浆体系

（1）纤维防漏堵漏水泥浆体系。

防漏外加剂组成：纤维防漏水泥浆体系主要靠纤维防漏剂 BCE-200S 及助防漏剂 BCG-200S 两种外掺料起到防漏堵漏的作用，其中：纤维防漏剂 BCE-200S 主要由长度 3～9mm

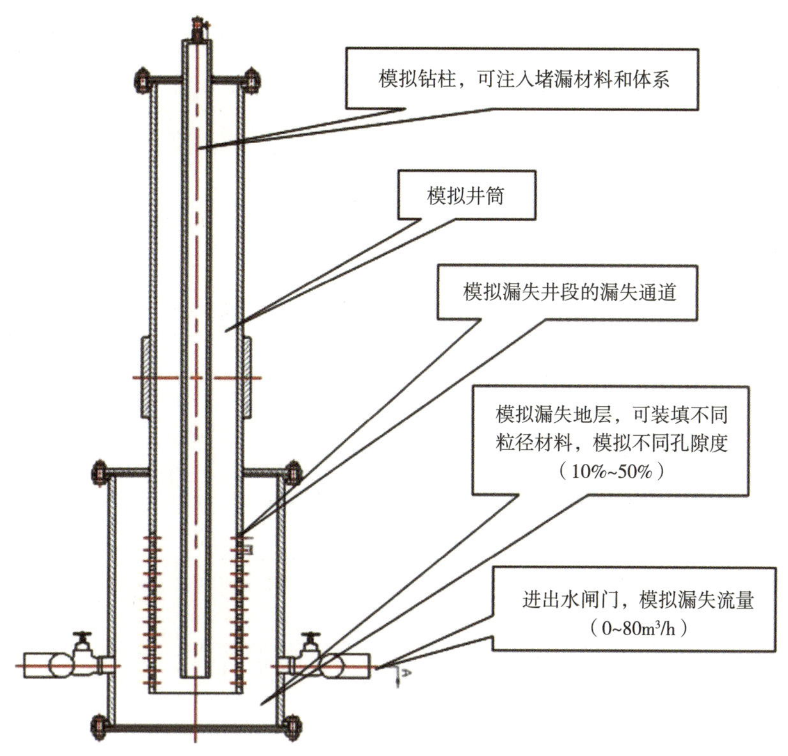

图 2-134　裂缝性漏失地层模拟评价装置原理示意图

特种纤维组成，并且特种纤维由圆柱状和片状两种形状纤维混杂而成，经过亲水处理，不结团，易分散，与水泥胶结良好（图 2-135、图 2-136）；助防漏剂 BCG-200S 可以悬浮稳定纤维，保证纤维在水泥浆中均匀分散，并与水泥颗粒及纤维相互作用，形成网络结构，从而大幅提高防漏剂的堵漏能力。

图 2-135　BCE-200S 产品外观图

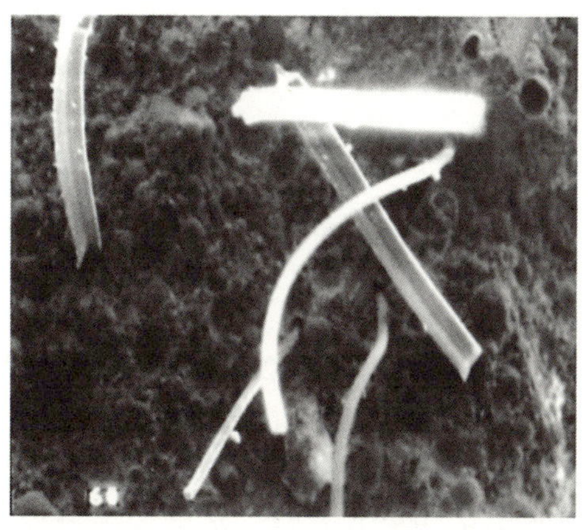

图 2-136　BCE-200S 在水泥中均匀分散

按照刚性体的紧密堆积模型来设计高性能高密度水泥浆，体系中各组分按平均粒径由大到小为：硅粉（150~180μm）、钛铁矿粉（50~75μm）、水泥（20~40μm）、BCW-500S

加重剂（1~10μm）；按照脆性体的紧密堆积模型来设计高性能低密度水泥浆，体系中各组分按平均粒径由大到小为：漂珠（80~120μm）、水泥（20~40μm）、超细增强剂（5~10μm）。按紧密堆积模型设计的高、低密度水泥浆掺入防漏纤维后具有较好的防漏堵漏功能，此外，水泥浆具有较小的液固比，流动性及稳定性好，水泥石结构致密且抗压强度高。

考察了高温助防漏剂 BCG-200S、高温缓凝剂与纤维防漏 BCE-200S 组合形成的高温防漏水泥浆体系的堵漏效果，水泥浆配方见表 2-99。

表 2-99 常规密度防漏水泥浆配方（1.90g/cm³）

配方	水泥浆配方	备注
1	水泥+36%水+3%降失水剂 BXF-200L+5%胶乳 BCT-800L	不含防漏剂
2	水泥+31%水+3%降失水剂 BXF-200L+10%胶乳 BCT-800L	
3	水泥+2.1%防漏剂 BCE-200S +41%水+3%降失水剂 BXF-200L +0%胶乳 BCT-800L	BXF-200L+BCT-800L 体系
4	水泥+2.1%防漏剂 BCE-200S +36%水+3%降失水剂 BXF-200L +5%胶乳 BCT-800L	
5	水泥+2.1%防漏剂 BCE-200S +31%水+3%降失水剂 BXF-200L +10%胶乳 BCT-800L	
6	水泥+2.1%防漏剂 BCE-200S +1.4%助防漏剂 BCG-200S +44%水	BCG-200S 体系
7	水泥+2.1%防漏剂 BCE-200S +36%水+3%降失水剂 BXF-200L +5%胶乳 BCT-800L+0.2%缓凝剂 BXR-200L	BXF-200L+BCT-800L 体系含中高温缓凝剂
8	水泥+2.1%防漏剂 BCE-200S +31%水+3%降失水剂 BXF-200L +10%胶乳 BCT-800L+0.2%缓凝剂 BXR-200L	
9	水泥+2.1%防漏剂 BCE-200S +1.8%助防漏剂 BCG-200S +44%水+0.2%缓凝剂 BXR-200L	BCG-200S 体系含中高温缓凝剂
10	混合灰（水泥+35%硅粉）+2.1%防漏剂 BCE-200S +34%水+4%BXF-200L+5%胶乳 BCT-800L+1%缓凝剂 BCR-260L	BXF-200L+BCT-800L 体系含硅粉及中高温缓凝剂
11	混合灰（水泥+35%硅粉）+2.1%防漏剂 BCE-200S +29%水+4%降失水剂 BXF-200L+10%胶乳 BCT-800L+1%缓凝剂 BCR-260L	
12	混合灰（水泥+35%硅粉）+2.1%防漏剂 BCE-200S +1.8%助防漏剂 BCG-200S +43%水+1%缓凝剂 BCR-260L	BCG-200S 体系含硅粉及中高温缓凝剂

堵漏评价结果见表 2-100，从表中数据可以看出，在不加入防漏剂的情况下，水泥浆中助防漏剂的加量再大也堵不住 0.5mm 缝或 1mm 孔模板；在加入防漏剂的情况下，降失水剂 BXF-200L+胶乳 BCT-800L 体系中随着胶乳掺量增大，水泥浆堵漏效果明显增强，可以堵住 1mm 孔、1mm 缝，甚至 2mm 孔模板；当水泥浆中加入硅粉，水泥浆堵漏能力有所下降，须适当加大助防漏剂掺量；当 BCG-200S 助防漏剂加量较少时，就能显著增强 BCE-200S 防漏纤维的堵漏效果，与高掺量胶乳体系堵漏效果接近。

堵漏效果如图 2-137 所示。

表 2-100　常规密度防漏水泥浆堵漏性能测试结果

配方	温度 ℃	0.5mm 缝动态		1mm 孔动态		1mm 缝动态		2mm 孔动态	
		$FL_{0.7MPa}$ mL	$FL_{3.5MPa}$ mL	$FL_{0.7MPa}$ mL	$FL_{3.5MPa}$ mL	$FL_{0.7MPa}$ mL	$FL_{3.5MPa}$ mL	$FL_{0.7MPa}$ mL	$FL_{3.5MPa}$ mL
1	50	全漏	—	全漏	—	—	—	—	—
2	50	全漏	—	全漏	—	—	—	—	—
3	50	10	5	15	11	全漏	—	全漏	—
4	50	5	2	4	7	全漏	—	全漏	—
5	50	—	—	—	—	4	2	3	2
6	50	—	—	—	—	4	2	7	4
7	80	3	4	7	7	全漏	—	全漏	—
8	80	—	—	5	7	5	3	全漏	—
9	80	—	—	3	1	20	3	全漏	—
10	90	4	2	6	7	全漏	—	全漏	—
11	90	—	—	5	3	6	4	全漏	—
12	90	3	2	15	1	全漏	—	全漏	—

(a) 1mm孔堵漏效果图（水冲洗后）

(b) 1mm孔堵漏滤饼

(c) 1mm缝堵漏效果图（水冲洗后）

(d) 1mm缝堵漏滤饼

图 2-137　孔堵漏及缝堵漏效果图

高性能低密度水泥浆配方及高性能高密度水泥浆配方见表 2-101、表 2-102。

表 2-101　高性能低密度水泥浆配方（1.50g/cm³）

配方	水泥浆配方	备注
1	混合灰（水泥+50%减轻材料 BXE-600S）+42.2%水+4.7%降失水剂 BXF-200L +4.7%胶乳 BCT-800L+0.2%缓凝剂 BXR-200L	不含防漏剂
2	混合灰（水泥+50%减轻材料 BXE-600S）+2.8%防漏剂 BCE-200S +46.8%水+4.7%降失水剂 BXF-200L+0.2%缓凝剂 BXR-200L	含防漏剂不含胶乳
3	混合灰（水泥+50%减轻材料 BXE-600S）+2.8%防漏剂 BCE-200S +42.2%水+4.7%降失水剂 BXF-200L+4.7%胶乳 BCT-800L+0.2%缓凝剂 BXR-200L	含防漏剂含胶乳

表 2-102　高性能高密度水泥浆配方（$2.20g/cm^3$）

配方	水泥浆配方	备注
1	水泥+35%硅粉+40%钛铁矿+13%加重剂 BCW-500S+48%水+4%降失水剂 BXF-200L+4%胶乳 BCT-800L+1.5%分散剂 BCD-210L+1.5%缓凝剂 BCR-260L	不含防漏剂
2	水泥+35%硅粉+40%钛铁矿+13%加重剂 BCW-500S+3%防漏剂 BCE-200S +51%水+5%降失水剂 BXF-200L+1.5%分散剂 BCD-210L+1.5%缓凝剂 BCR-260L	含防漏剂不含胶乳
3	水泥+35%硅粉+40%钛铁矿+13%加重剂 BCW-500S+3%防漏剂 BCE-200S +48%水+4%降失水剂 BXF-200L+4%胶乳 BCT-800L+1.5%分散剂 BCD-210L+1.5%缓凝剂 BCR-260L	含防漏剂含胶乳

从堵漏性能测试结果可知（表 2-103、表 2-104），在不加入防漏剂的情况下，水泥浆中助防漏剂加量再大也堵不住 0.5mm 缝或 1mm 孔模板；在加入防漏剂的情况下，水泥浆的堵漏效果明显，可以堵住 1mm 孔或 1mm 缝模板，助防漏剂中随着胶乳掺入，漏失量有所减小，但仍然堵不住 2mm 孔模板。

表 2-103　高性能低密度防漏水泥浆堵漏性能测试结果

配方	温度 ℃	0.5mm 缝动态		1mm 孔动态		1mm 缝动态		2mm 孔动态	
		$FL_{0.7MPa}$ mL	$FL_{3.5MPa}$ mL	$FL_{0.7MPa}$ mL	$FL_{3.5MPa}$ mL	$FL_{0.7MPa}$ mL	$FL_{3.5MPa}$ mL	$FL_{0.7MPa}$ mL	$FL_{3.5MPa}$ mL
1	50	全漏	—	全漏	—	—	—	—	—
2	50	3	1	10	6	4	3	全漏	—
2	80	3	1	6	3	7	3	全漏	—
3	50	—	—	6	3	3	2	全漏	—
3	80	—	—	5	2	4	1	全漏	—

表 2-104　高性能高密度防漏水泥浆堵漏性能测试结果

配方	温度 ℃	0.5mm 缝动态		1mm 孔动态		1mm 缝动态		2mm 孔动态	
		$FL_{0.7MPa}$ mL	$FL_{3.5MPa}$ mL	$FL_{0.7MPa}$ mL	$FL_{3.5MPa}$ mL	$FL_{0.7MPa}$ mL	$FL_{3.5MPa}$ mL	$FL_{0.7MPa}$ mL	$FL_{3.5MPa}$ mL
1	90	全漏	—	全漏	—	—	—	—	—
2	90	—	—	3	2	3	1	全漏	—
3	90	—	—	2	1	2	1	全漏	—

（2）恶性漏失井体积膨胀堵漏水泥浆体系。

裂缝型漏失井利用传统堵漏方法成功率低，难以有效封堵。因此，通过筛选堵漏材料，优选出体积膨胀堵漏剂（HSW-1），体积膨胀堵漏材料在现场条件下可顺利膨胀结网、架桥成塞，对后期成功堵漏形成先决条件，然后注水泥封堵。用一定的堵漏材料配制成浆液，用投送工具将其灌入地层或缝隙中逐渐胶凝或固化，从而提高基础结构作用力。

体积膨胀堵漏水泥浆体系主要由以下几种材料组成：①水溶性聚氨酯，主要成分为端基含有过量游离异氰酸根基团（-NCO）的高分子化合物；②催化剂（三乙醇胺）：加速浆液与水反应；③稀释剂（丙酮）：降低浆液黏度，提高浆液流动性；④乳化剂（吐温-80）：提高催化剂在浆液中的分散性及浆液在水中的分散性；⑤稳定剂：提高泡沫稳定性和改善泡沫结构。

体积膨胀堵漏剂（HSW-1）配方组成范围见表2-105。

表2-105 堵漏剂组成范围

原材料	聚氨酯	三乙醇胺	丙酮	硅油	吐温-80
用量，%	65~80	0.05~0.10	15~30	1	1

为了寻找堵漏剂的最佳性能，在原有生产工艺不变的情况下，通过调整5种原材料的配比，调配出4个配方A、B、C、D，并对4个平行样进行试验评价。试验表明：A、B、C、D配方稀释剂依次递增，随着稀释剂掺量递增，相对密度总体呈下降趋势。从灌浆材料角度来看，相对密度越接近1，浆液的流动性就越好，故C配方较优（表2-106）。

表2-106 不同配比的相对密度对比

配方号	A	B	C	D
相对密度	1.116	1.096	1.081	1.083

通过膨胀材料与水按不同比例混合，测试浆液体积膨胀率，试验结果如下，从试验结果可以看出：浆液体积膨胀率均在500%~800%，C配方浆液膨胀率最大（表2-107）。

表2-107 不同配比的浆液体积膨胀率结果

项目	浆液体积膨胀率，%		
浆液：水（体积比）	2:1	1:1	1:2
A	556	518	542
B	660	520	650
C	797	625	655
D	682	622	548

浆液遇水反应生成凝胶（固化）的时间为胶凝时间。选取浆液与水的体积比分别为2:1、1:1、1:2，A、B、C、D浆液分别与以上3种体积比混合，测定其胶凝时间。试验温度20±3℃，用秒表计时。4种不同配比的胶凝时间测定结果见表2-108，从表中数据可以看出：浆液固化时间在2~6min，从防水堵漏施工角度考虑，堵漏剂固化时间太长，不易将水堵住，C配方浆液胶凝时间较合适。

表2-108 不同配比的浆液胶凝时间对比

项目	浆液胶凝时间，min		
	浆液:水（体积比）2:1	浆液:水（体积比）1:1	浆液:水（体积比）1:2
A	5.50	5.18	5.75
B	3.38	3.17	3.65
C	3.12	2.42	2.88
D	2.97	2.80	3.08

从图2-138可知：膨胀堵漏剂在模拟井筒中成功建立了一定的结构作用力，达到了堵漏效果。

图2-138　膨胀堵漏剂试验结果

2. 防漏堵漏固井工艺技术创新点

（1）设计开发出了非裂缝性漏失地层纤维堵漏体系堵漏评价模拟装置及裂缝性漏失地层体积膨胀堵漏水泥浆体系堵漏评价模拟装置，其中：非裂缝性漏失地层纤维堵漏水泥浆体系堵漏评价模拟装置可动态及静态评价水泥浆防漏堵漏性能；裂缝性漏失地层体积膨胀堵漏水泥浆体系堵漏评价模拟装置可对钻井过程中流动性漏失地层进行堵漏评价，能够对所用的堵漏材料及其体系的堵漏效果进行室内评价，为后续堵漏及工艺改进提供评价手段。

（2）开发出了纤维防漏水泥浆体系及恶性漏失井体积膨胀堵漏水泥浆体系，其中：纤维防漏水泥浆体系可对1mm孔或1mm缝进行有效封堵；恶性漏失井体积膨胀堵漏水泥浆体系在恶性漏失井上堵漏效果良好。

（3）体积膨胀堵漏工艺技术：体积膨胀堵漏技术是通过体积膨胀送入工具将体积膨胀堵漏剂（HSW-1）挤注在环空及漏层裂缝中，使其在进入漏失通道后与水发生反应生成滞流体，降低漏失速度；且由于体积膨胀材料中引入了惰性颗粒、纤维等复合材料，提高架桥成网作用，并在静液柱压力下逐步堆积，最终形成紧密堆积的强网结构聚合物，相互黏接填孔，最终形成一种“凸”形塞子有效地封堵孔隙或裂缝；且胶凝强度不断增加，使漏层承压能力逐渐提高，从而达到堵漏的目的。

3. 现场应用效果

自2011年，防漏低密度水泥浆体系开始现场试验以来，该体系已在长庆气井水平井、延长富黄探区、中石化华北局定北区块、新疆克拉玛依等油田推广应用2000井次以上，施工顺利，固井质量合格。

针对恶性漏失，体积膨胀堵漏技术已在彭291-77井上完成堵漏试验，封堵效率100%，最大堵漏深度4800m，最低漏层压力当量密度0.75g/cm^3，浆体使用密度范围：1.20~1.45g/cm^3。该工艺的成功试验，证明体积膨胀堵漏技术具有可靠性，该技术对大型恶性漏失井的堵漏效果明显，填补了国内技术空白。

形成的防漏堵漏工艺技术，能够有效封堵地层裂缝，提高地层承压能力，防止漏失，为漏失地层的顺利钻完井提供有效的技术支撑，保障了易漏区块的产能建设开发，具有广阔的推广应用前景。

第七节 塔里木库车山前复杂地层安全快速钻井技术

塔里木库车山前超深井钻井技术属于世界级难题，与“十一五”相比，“十二五”钻探目标更深，温度压力更高，地质条件更复杂，钻井难度更大。针对我国塔里木库车油气田高陡、高地应力、窄密度窗口、巨厚盐膏层、高压盐水层等突出技术难题，开展了自动垂直钻井系统、深井盐膏层与高压盐水层钻井工艺等技术攻关，研制成功自动垂直钻井工具、井下钻柱减振增压钻井工具等工具，形成垂直钻井技术、苛刻井井身结构优化技术、井下钻柱减振增压提速技术、高压盐水层控制工艺技术、盐膏层与高压盐水层配套安全钻井工艺技术等技术，在库车山前现场试验取得显著成效，保证了超7000m复杂深井安全快速钻井，加快了复杂区块及新区块超深井钻井进程[22]。

一、苛刻井井身结构优化设计技术

井身结构设计是否合理直接影响到钻井的成败。在库车山前地区，2003年前主要采用常规20in×13⅜in×9⅝in×7in×5in结构。但是，由于塔里木库车山前地区地质环境的复杂性，加之钻前地质预测精度低，地质卡层困难，在同一裸眼井段往往钻遇多套压力系统和复杂地层，尤其是7000m以上超深井钻井的数量和深度不断增加，常规5层套管结构难以满足油气发现、地质资料的录取和地质评价的需要，甚至不能实现地质目的。

从2003年开始，塔里木油田先后与国内科研院校和宝钢、天钢等大型钢厂合作，创新开发出了20in×13⅜in×9⅜in×8⅛in×6¼in×4½in塔标Ⅱ结构，与常规五层结构相比，增加了一层套管，提升了超深井钻井过程中应对复杂事故的能力。2004年，新开发的6层套管结构在却勒101和羊塔克502井进行了应用，取得了良好效果，但在应用中发现，要顺利下入8⅛in、6¼in、4½in套管，必须进行大段的扩眼作业，由于深部地层可钻性差，导致扩眼的周期长，成本高。2005年，塔里木油田对现有结构再次进行了改进，形成了现用的20in×14⅜in×10¾in×8⅛in×6¼in×4½in塔标Ⅱ结构，2008年，改进后的结构首次在克深2井应用成功，其后在库车山前地区规模化应用。塔标Ⅱ结构能够实现五开5½in套管完井，遇到复杂可六开4½in套管完井。但是，随着勘探开发目标的不断深入，往往钻遇两套及以上盐层，为满足后期改造与开发要求，2010年，又在塔标Ⅱ结构的基础上研发了塔标Ⅱ-B结构。塔标Ⅱ-B结构能应对两套盐层，六开5½in套管完井，并可实现七开4⅛in裸眼完井，满足了资料录取、测井、完井改造、后期修井等需要。

1. 工程地质预测技术

钻前工程地质预测是采用地质手段预测或动态（阶段）跟踪评价钻井等工程应用参数，如地层岩性、层位变化，以及与钻井井眼稳定性相关联的岩石机械特征、强度、孔隙压力、三轴应力、钻井液安全窗口等。在预测工程参数的过程中，将已有井的分析结果与区域地震数据结合起来，又可以将井点上存在的工程事件（参数与问题）拓展到平面或空间上，以达到钻前工程地质预测的目的。

以建立基本应力模型为起点，通过对关键井的预处理，验证模型是否有效，并加以调整。同时，实现速度与关键处理参量的转换；对孔隙压力及井壁稳定性结果进行刻度；建立地震和测井速度之间的关系，提取地震信息，实现钻前预测，如图2-139所示。

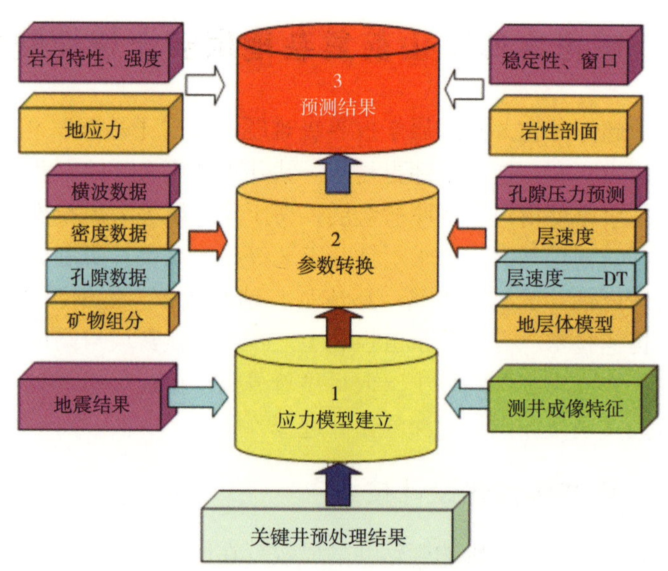

图2-139　钻前工程地质预测流程图

1）井点法（静态）钻前预测

主要是在区域上已经有井存在，地质构造、地层层序比较清楚的条件下，开展新井的钻前预测工作。其思路是：以关键井进行控制，建立地震层速度与测井声波、密度等关系，对预测井提取的层速度等参数校正，实现钻前预测三压力剖面的目的。在地震不可信的情况下，直接使用已有井的压力剖面评价结果作为新井的参考。

2）区域法钻前预测

主要目的是进行区域地面地震钻前预测。其思路是：由过井地震进行初步层速度提取，然后根据区域可能的岩性特征进行粗略的层速度校正以及DEN、VSH、POR转换（在区域已经有井的条件下，实现校正比较容易；在正钻井获得中完等测井数据的情况下，也可以再重新建立层速度与声波的关系，完善中完层段的评价及对下部未钻层段的重新预测结果修正），从而达到实现初步岩石机械特性、强度、应力、三压力剖面数据体的转换预测；并在准备钻井井点，按工程要求提取压力剖面，如图2-140所示。此方法在无井数据约束的条件下，预测结果可能存在较大的偏差。

3）动静结合预测

动静结合预测方案包括井点（邻井）及区域预测结果，在此基础上结合随钻或阶段资料结果，完善随钻评价及对下部地层的预测。通常随钻及阶段资料包括：LWD（含DT、GR、DEN、RT、钻井液及压力等）数据、VSP（阶段）数据、随钻校正地面地震和录井岩性数据。在简单应力的构造环境下，单井评价结果、区域结果可以直接用于钻井实际；但在复杂构造应力作用的区域，存在很大的不确定性，有时很靠近的两口井应力也会存在较大的差别，如山前复杂构造带。在复杂构造带的预测结果往往存在难以预料的情况，钻前评价与实际情况可能存在较大的偏差，这就要采用随钻评价结果对压力剖面给出正确的判断。

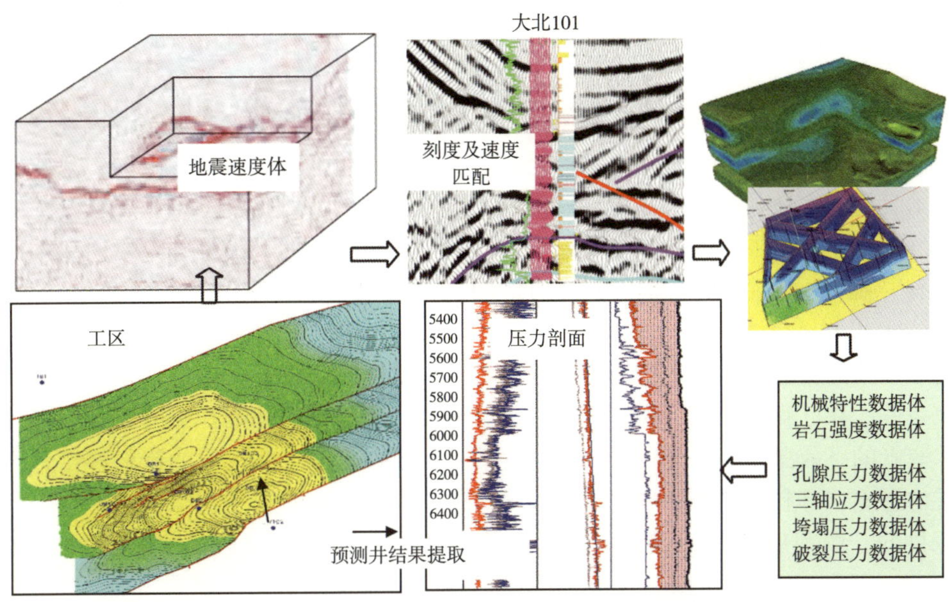

图 2-140　区域法静态钻前预测方案

动态数据的评价过程与静态评价基本相似，其主要环节为孔隙压力评价及基本数据转换（如缺失横波补偿、密度补偿等）。LWD 部分即是测井评价、井段增加、结果逐渐更新的过程；VSP 为阶段评价结果，其评价过程在测井资料层段需要校正、拟合，在钻头之下即为超前预测，其结果比地面地震要准确得多。预测方案如图 2-141 所示。

三压力剖面的工程预测方案是进行工程应用实战的基础。方案给出的是由简到难、由静到动的分层次的预测过程，可以根据实际资料、需求情况进行选择。需要说明的是，在

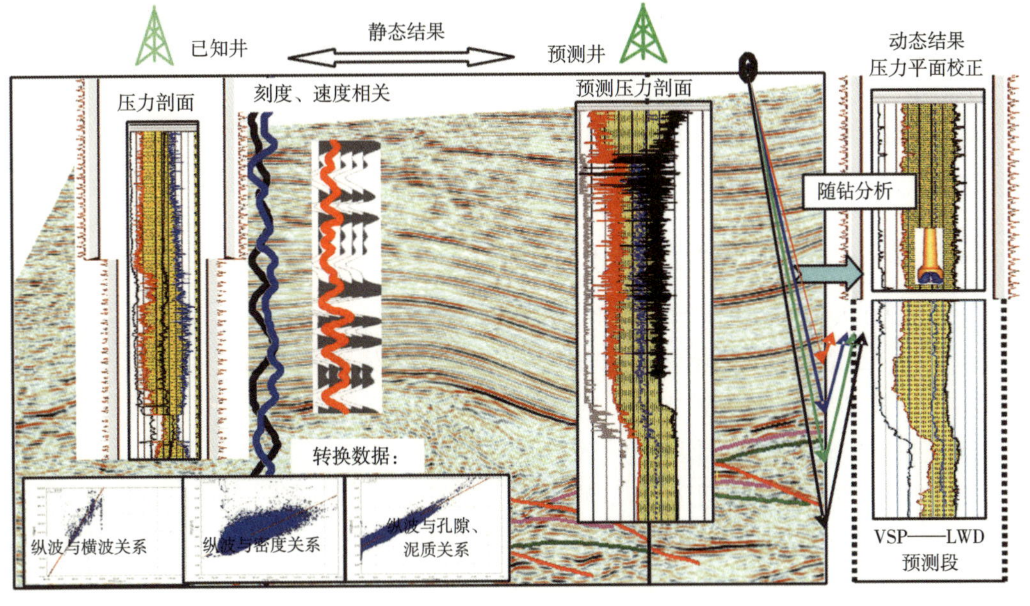

图 2-141　动静结合法预测方案

地震区域评价中，地震品质是关键的参考因素，低品质的数据不可能获得高质量的预测评价结果，而动态跟踪过程直接与钻井过程相结合，需要多方有机协作才能完成。

2. 多压力体系超深井井身结构设计

对于超深井的井身结构设计，必须具备足够的套管层次储备，井身结构设计应留有余地，以便遇到复杂层位时及时封隔。但是，目前的套管和钻头系列是有限的，只能有两到三层技术套管，在钻井过程中只能封隔两到三个复杂层位，因此要求每一层套管都要最大限度地发挥作用，要求上部裸眼尽量长，上部大尺寸套管尽量下深一些，以便在下部地层钻进时有一定的套管层次储备，在钻到目的层时有足够大的完钻井眼，不至于小井眼完井。

建立了新的自上而下的井身结构设计方法。根据裸眼井段安全钻进必须满足的压力平衡约束条件，在已确定了表层套管下深的基础上，从表层套管鞋处开始向下逐层设计每一层技术套管的下入深度，直至目的层位。套管下深根据上部已钻地层的资料确定，不受下部地层的影响，有利于井身结构的动态设计。每层套管下入的深度越深，越有利于保证实现钻探目的，顺利钻达目的层位。与传统设计方法相结合，可以给出套管的合理下深区间。

井身结构设计实质是确定相邻两层套管下入深度之差，这取决于裸眼井段的长度。在传统井身结构设计方法中，主要保证钻井过程和井涌压井时不会压裂地层而发生井漏，并在钻井和下套管时不发生压差卡钻。新的自上而下设计方法成功地解决了盐岩蠕变压力剖面问题，从理论和实践两方面入手，为盐岩地层井身结构设计工作摆脱不定型的状态提供了条件。

1）设计准备工作

（1）确定设计系数。（2）确定地层压力剖面；确定地层破裂压力剖面（如不知，可以通过已知的地压系数计算求得）。（3）如有盐岩层，确定盐岩蠕变压力剖面，与地层压力剖面对比；在盐岩层段，若盐岩蠕变压力大于地层压力，则地层压力取盐岩蠕变压力；反之，地层压力不变。（4）如有地质复杂层，确定其井深位置。

2）设计步骤

（1）根据区域地质情况，确定按正常作业工况或溢流工况选择计算公式。

正常作业情况：
$$\rho_{\mathrm{pmax}} + S_{\mathrm{k}} + S_{\mathrm{g}} + S_{\mathrm{f}} \leqslant \rho_{\mathrm{fmin}} \tag{2-1}$$

溢流工况：
$$\rho_{\mathrm{pmax}} + S_{\mathrm{k}} \times H_{\mathrm{x}}/H + S_{\mathrm{g}} + S_{\mathrm{f}} \leqslant \rho_{\mathrm{fmin}} \tag{2-2}$$

式中 ρ_{pmax}——中间套管以下井段最大地层压力等效密度，g/cm^3；

ρ_{fmin}——上部地层不被压裂所应有的地层破裂压力梯度，g/cm^3；

S_{g}——激动压力梯度当量密度，g/cm^3；

S_{f}——地层破裂安全增值当量密度，g/cm^3。

（2）中间套管下入深度初选点 H_{n} 的确定。

套管下入深度的依据是：下部井段钻井中预计的最大井内压力梯度不致使上层套管鞋处的裸露地层压裂，根据井内最大压力梯度可求得 ρ_{fmin}。

正常作业时：
$$\rho_{\mathrm{fnr}} = \rho_{\mathrm{pmax}} + S_{\mathrm{k}} + S_{\mathrm{g}} + S_{\mathrm{f}} \tag{2-3}$$

井涌发生时：
$$\rho_{fnr}=\rho_{pmax}+S_k+S_g+S_f\times H_{pmax}/H_n \tag{2-4}$$

式中 ρ_{fnr}——中间套管以下井段下钻时，上部地层不致压裂所应有的压力梯度，g/cm^3；

ρ_{fnk}——中间套管以下井段发生井涌时，上部地层不致被压裂所应有的地层破裂压力梯度，g/cm^3；

H_n——中间套管下入深度的初选点，m。

对比上两式可知，$\rho_{fnr}<\rho_{fnk}$，所以，一般用 ρ_{fnk} 设计，在肯定不会发生井喷时，用 ρ_{fnr} 设计，对中间套管，可用试算法试取 H_n 值代入式中求 ρ_{fnk}，然后由设计井的地层破裂压力梯度曲线上求得 H_n 深度时的实际地层破裂梯度，如计算的 ρ_{fnk} 与实际的相差不大或略小于实际值，则 H_n 即为初选点，否则，另选一值计算，直到满足要求为止。

（3）校核中间套管下到初选点深度时，是否会发生压差卡钻。

先求出该井段最大钻井液密度与最小地层压力之间的最大静止压差 Δp_{rn} 为：

$$\Delta p_{rn}=0.00981H_{mm}\times(\rho_m+S_w-\rho_{pmin}) \tag{2-5}$$

式中 Δp_{rn}——中间套管钻进井段实际的井内最大静止压差，MPa；

ρ_m——该井段最大地层压力梯度等效密度，g/cm^3；

H_{mm}——该井段内最小地层压力梯度的最大井深，m；

ρ_{pmin}——该井段内最小地层压力对应的等效密度，g/cm^3；

S_w——抽汲压力梯度当量密度，g/cm^3。

比较 Δp_{rn} 和 Δp_n 与 Δp_a 的大小，当 $\Delta p_{rn}<\Delta p_n$ 或 $\Delta p_{rn}<\Delta p_a$ 时，则不会发生压差卡钻，即为该层套管的下入深度，反之则可能发生压差卡钻，这时下入深度应小于初选点深度，其 H_n 的计算如下，令 $\Delta p_{rn}=\Delta p_a$ 或 $\Delta p_{rn}=\Delta p_n$，则允许的最大地层压力的当量密度 ρ_{per} 为：

$$\rho_{pr}=102\times\Delta p_n/H_{mm}+\rho_{pmin}-S_w \tag{2-6}$$

由地层压力梯度曲线上查出 ρ_{per} 所在的井深，即为中间套管的下入深度 H_n。

（4）当中间套管下入深度小于初选点时，则需要下入尾管并要确定尾管下深 H_{n+1}，由中间套管鞋处地层破裂压力梯度 ρ_{fn} 可求得允许的最大地层压力梯度 ρ_{per}：

$$\rho_{per}=\rho_{fn}-S_w-S_f-S_k\times H_{n+1}/H_n \tag{2-7}$$

式中 ρ_{fn}——中间套管鞋处的地层破裂压力梯度，g/cm^3；

ρ_{per}——中间套管鞋处地层破裂压力梯度为 ρ_{fn} 时，所允许的最大地层压力梯度，g/cm^3；

H_n——中间套管的下入深度，m；

H_{n+1}——尾管下入深度的初选点，m。

校核尾管下入初选点深度时，是否会发生压差卡钻，校核方法与前述相同。

先求出该井段最大钻井液密度与最小地层压力之间的最大静止压差 Δp_{rn} 为：

$$\Delta p_{rn}=0.00981H_{mm}\times(\rho_m+S_w-\rho_{pmin}) \tag{2-8}$$

式中 Δp_{rn}——尾管钻进井段实际的井内最大静止压差，MPa；

ρ_m——该井段最大地层压力梯度等效密度，g/cm^3；

H_{mm}——该井段内最小地层压力梯度的最大井深，m；

ρ_{pmin}——中间套管鞋处的地层压力对应的等效密度，g/cm³。

比较 Δp_{rn} 和 Δp_n 与 Δp_a 的大小，当 $\Delta p_{rn}<\Delta p_n$ 或 $\Delta p_{rn}<\Delta p_a$ 时，则不会发生压差卡钻，H_n 即为该层套管的下入深度，反之则可能发生压差卡钻。

（5）计算表层套管下入深度 H_1。

根据中间套管鞋处地层压力 p_{ph2}，在给定 S_k 的溢流条件，用试算法计算表层套管的下入深度，即：

$$\rho_{fd} = p_{ph2} + S_w + S_f + S_k \times H_3/H_1 \tag{2-9}$$

式中 ρ_{fd}——设计地层破裂压力梯度，其工程意义为溢流压井时，表层套管鞋处承受的有效液柱压力梯度的当量密度；

p_{ph2}——中间套管鞋处地层压力，MPa；

H_3——中间套管下入的深度，m；

H_1——表层套管下入的深度，m。

（6）校核表层套管下入深度 H_1 是否有卡套管的危险。

如果 $\rho_{ph1}-\rho_{fd}=0\sim0.024$，则不会卡套管，即符合设计要求。油层套管下入到目的层，即 H_{max} 处，应进行压差卡钻和溢流条件校核：

$$\Delta p = 0.00981 \times H_3 \times (\rho_{pmax} + S_w - \rho_{mod}) \tag{2-10}$$

如果 $\Delta p<\Delta p_a$，则油层套管无卡钻危险。

3）设计校核

对于有地质复杂层的情况，可以将地质复杂层作为必封点，进行井身结构初步设计，然后按上述过程进行校核；如果通不过，再对井身结构进行修改，再校核，直至通过为止。事实上，设计校核是生产单位用的最多的井身结构设计方法，实用性、灵活性、可靠性得到了有机的统一。

3. 必封点的确定

裸露井眼中满足地层—井内压力系统条件的极限长度井段定义为可行裸露段，可行裸露段的长度是由工程和地质条件决定的井深区间，其顶界是上一层套管的必封点，底界为该层套管的必封点。

1）正常作业工况（起下钻，钻进）条件

在满足近平衡压力钻井条件下，某一层套管井段钻进中所用最大钻井液密度 ρ_m 应大于或等于该井段最大地层压力梯度当量密度 ρ_{pmax} 与该井深区间钻进中可能产生的最大抽汲压力梯度当量密度 S_w 之和，以防止起钻中抽汲造成溢流。即：

$$\rho_m \geqslant \rho_{pmax} + S_w \tag{2-11}$$

式中 ρ_{pmax}——该层套管钻进区间最大地层压力梯度当量密度，g/cm³；

S_w——抽汲压力梯度当量密度，g/cm³。

下钻中使用这一钻井液，用激动压力梯度当量密度 S_g 表示。因此在一定钻井条件（井身结构、钻柱组合、钻井液性能等）下，井内有效液柱压力梯度当量密度为：

$$\rho_{mE} = \rho_{pmax} + S_w + S_g \tag{2-12}$$

有效液柱压力梯度当量密度 ρ_{mE} 必须小于或等于该裸露井段中最小地层破裂压力梯度当量密度 ρ_{fmin}。即：

$$\rho_{pmax} + S_w + S_g \leqslant \rho_{fmin} \tag{2-13}$$

考虑地层破裂压力检测误差，给予一个安全系数 S_f。则该层套管可行裸露段底界（或该层套管必封点深度）由下式确定：

$$\rho_{pmax} + S_w + S_g + S_f \leqslant \rho_{fmin} \tag{2-14}$$

式中 S_g——激动压力梯度当量密度，g/cm³；

S_f——地层压裂安全增值当量密度，g/cm³。

当然，任何一个已知的 ρ_{fmin} 也可以向下开辟一个可行裸露井深区间，确定可以钻开具有多大地层压力梯度当量密度的地层。ρ_{pmax} 的数值为：

$$\rho_{pmax} \leqslant \rho_{fmin} - (S_w + S_g + S_f) \tag{2-15}$$

2）溢流约束条件下必封点的确定

裸露井深区间内地层破裂强度（地层破裂压力）均应承受这时井内液柱的有效液柱压力，考虑地层破裂安全系数，即：

$$\rho_{fmin} \geqslant \rho_p + S_w + S_f + \frac{H_x}{H} S_k \tag{2-16}$$

由于溢流可能出现在任何一个具有地层压力的井深，故其一般表达式为：

$$\rho_{fmin} \geqslant \rho_{pmax} + S_w + S_f + \frac{H_x}{H} S_k \tag{2-17}$$

同样，也可以由套管鞋部位的地层破裂压力梯度，下推求得满足溢流条件下的裸露段底界，此时 H_x 为当前井深，它对应于 ρ_{fmin}，H 为下推深度，其数学表达式如下：

$$\rho_{pmax} \leqslant \rho_{fmin} - \left(S_w + S_f + \frac{H}{H_x} S_k\right) \tag{2-18}$$

3）压差卡钻约束条件下必封点的确定

下套管中，钻井液密度为（$\rho_p + S_w$），当套管柱进入低压力井段会有压差粘附卡套管的可能，故应限制压差值。限制压差值在正常压力井段为 Δp_N，异常压力地层为 Δp_a，即钻开高压层所用钻井液产生的液柱压力不能比低压层所允许的压力高于 Δp_N 或 Δp_a，即：

$$p_m - p_{pmax} \leqslant p_N (\text{或 } \Delta p_a) \tag{2-19}$$

在井身结构设计中，由正常作业工况条件或溢流约束条件设计出该层套管必封点深度后，一般用压差卡钻约束条件来校核是否能安全下到必封点位置。

4. 含可信度的地层压力体系及钻井液安全密度窗口预测

1）含可信度的地层孔隙压力计算

由于地层孔隙压力在钻前是不可直接测量的量，因此，在缺乏和缺少邻井、邻区资料的前提下，提出了基于 Fillippone 与 Eaton 法联合计算可信度的孔隙压力的方法：（1）正常压实条件下的层速度值可依据 Philiiphon 方法求得；（2）反算 Eaton 指数 n 的值。根据该方法得出的 Eaton 指数每一深度处并不是相同的数值，而是一个范围。对这些数据进行统计分析，寻求分布进行拟合，从而剔出不合理数据。根据计算得出的 Eaton 指数数值，选取分布形式进行拟合，根据 Eaton 指数的特性，在某一区块甚至是构造上，差别不大，是地质参数的函数。因此，其值应成正态分布状态，但其与地震层速度的质量紧密相关，若计算出来的结果较为分散，或所计算出的数值个数统计量较小，在剔除差别过大的数据和经过统计之后，若按照正态分布拟合的效果不佳，可选择采用主观的三角分布和均匀分布处理。

2）含可信度的地层破裂压力计算

钻前求取含可信度地层破裂及坍塌压力主要分为以下步骤：（1）相似构造选择，根据物探提供的地质构造和地层岩性解释资料，寻求待钻目标井附近的具有相似构造的已钻井，做层间对比分析，寻求相似度较高的井；（2）通过对相似构造井的测井资料、岩心室内实验数据以及 LOT 数据，得出每一口相似构造井所在构造的构造应力系数，随后对这些系数进行概率统计分析，得出其值的分布范围和状态；（3）根据相似构造井的资料，确立相关的岩石力学参数模型，然后应用待钻目标井的层速度资料进行岩石力学参数的确定工作，此时岩石力学参数的结果也不再是单一的数值，而是具有分布形式的范围；（4）将求出的带有概率分布信息的各个岩石力学参数和构造应力系数代入地层坍塌及破裂压力的计算公式中，即可计算出含可信度的地层坍塌及破裂压力。通过上述步骤，计算出地层坍塌及破裂压力值的范围，这样得出的坍塌及破裂压力就不再是单一的曲线，而是一个具有分布形式的范围，最终得出了具有可信度信息的坍塌及破裂压力剖面，这点与上述含可信度地层孔隙压力剖面的确立方法类似。

3）含可信度安全钻井液密度窗口的建立

根据前面的研究，可以得到不同类型地层压力含可信度的地层压力剖面，累积概率为 j_0 的地层压力曲线（均用当量钻井液密度表示）表达式为：

$$f_{j=j_0}(p_t,h)=\begin{cases}(p_t)_{h_i,j_0} & (h=h_i,\quad i=1,2,3,\cdots,n)\\ \dfrac{(p_t)_{h_{i+1},j_0}-(p_t)_{h_i,j_0}}{h_{i+1}-h_i}h+\dfrac{(p_t)_{h_i,j_0}h_{i+1}-(p_t)_{h_{i+1},j_0}h_i}{h_{i+1}-h_i} & (h_i<h<h_{i+1}\quad i=1,2,3,\cdots,n-1)\end{cases} \tag{2-20}$$

式中 $f_{j=j_0}(p_t,\ h)$——深度为 h、累积概率为 j_0 时地层压力 p_t 的值；

p_t——不同种类的地层压力（当 $t=p_p$ 表示地层孔隙压力，$t=p_{cmin}$ 表示最小地层坍塌压力，$t=p_{cmax}$ 表示最大地层坍塌压力，$t=p_f$ 表示地层破裂压力）。

根据概率统计理论，可得每一深度处地层压力的概率密度函数 $P_{t(h)}[p_{t(h)}]$ 和累积概率分布函数 $F_{t(h)}[p_{t(h)}]$ 解析解表达式。

通过上述步骤，即可建立起地层压力（包括地层孔隙压力、地层破裂压力、地层坍塌压力）随深度的概率分布模型。

最终建立含可信度安全钻井液密度窗口，如图 2-142 所示。

5. 套管层次、下深的确定及风险评价

1）套管层次与下深确定

目前，套管层次及下深主要依据井眼与地层的压力平衡与稳定来确定，这种以井内压

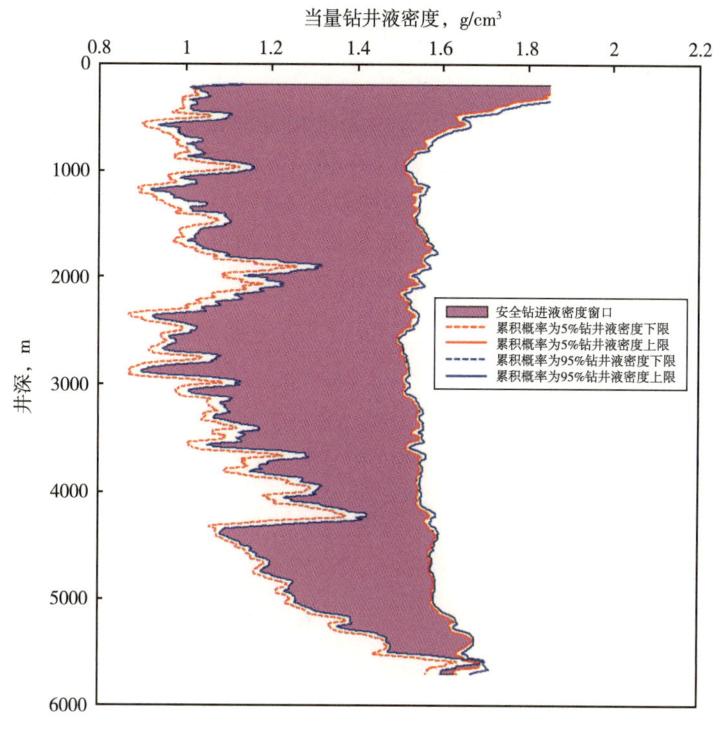

图 2-142　大北 1 井安全钻井液密度窗口

力平衡为基础，以压力剖面为依据的计算，并没有将井身结构设计的所有因素考虑进来，这些未包括进来的因素是以必封点的形式引入井身结构设计中的。必封点深度的选择在井身结构设计中具有重要意义，是对以压力剖面及设计系数为基础的设计方法的补充和完善。

选好一口井的套管程序很重要，另外还要考虑每层套管的下入深度，将该封的层位要下够深度封过，如果有一层套管深度下得不够，没有封过该封的地层，就不会起到封隔复杂层段的目的，实际上等于少下一层套管。要将套管深度下够，除去按正常设计步骤进行外，还应研究分析附近已钻井的资料，充分考虑邻井遇到的问题，再结合本井情况确定套管下深。

2）套管层次及下深风险评价模型及风险评价

（1）套管层次及下深风险评价模型建立。

根据安全钻井液密度上下限及其分布状态，5 种风险分别表示为：井涌风险 R_k、井壁坍塌风险 R_c、钻进井漏风险 R_L、压差卡钻风险 R_{sk}、发生井涌后的关井井漏风险 R_{kL}。其定义如下：

$$R_{k(h)} = P(\rho_d < \rho_{k(h)}) = 1 - F_{\rho_{k(h)}}(\rho_d) \tag{2-21}$$

$$R_{c(h)} = \max\{P(\rho_d < \rho_{c1(h)}),\ P(\rho_d < \rho_{c2(h)})\} = \max\{1 - F_{\rho_{c1(h)}}(\rho_d),\ F_{\rho_{c2(h)}}(\rho_d)\} \tag{2-22}$$

$$R_{sk(h)} = P(\rho_d < \rho_{sk(h)}) = F_{\rho_{sk(h)}}(\rho_d) \tag{2-23}$$

$$R_{L(h)} = P(\rho_d > \rho_{L(h)}) = F_{\rho_{L(h)}}(\rho_d) \tag{2-24}$$

$$R_{kL(h)} = P(\rho_{kick} > \rho_{L(h)}) = F_{\rho_{L(h)}}(\rho_{kick}) \tag{2-25}$$

式中 $R_{k(h)}$、$R_{c(h)}$、$R_{sk(h)}$、$R_{L(h)}$、$R_{kL(h)}$ ——分别表示深度 h 处的井涌风险、井壁坍塌风险、钻进井漏风险、压差卡钻风险和发生井涌后的关井井漏风险；

ρ_d——钻进时的钻井液密度，g/cm^3；

ρ_{kick}——井涌关井时环空压力梯度，用当量钻井液密度表示，g/cm^3。

由公式（2-21）可知，某一深度 h 处的井涌风险值即为钻进时的钻井液密度 ρ_d 小于此深度处防井涌钻井液密度下限值 $\rho_{k(h)}$ 的概率值 $p_{k(h)}(\rho_d < \rho_{k(h)})$，根据概率基础理论，如图 2-143 所示，$P_{k(h)}(\rho)$ 为防井涌钻井液密度上限值的概率密度分布函数，因此钻井液密度小于防井涌钻井液密度上限值的概率 $P(\rho_d < \rho_{k(h)})$ 即为图 2 - 143 中阴影部分的面积，其值即为 $1 - F_{\rho_{k(h)}}(\rho_d)$，其中 $F_{\rho_{k(h)}}(\rho)$ 为防井涌钻井液密度上限值的累积概率分布函数，$F_{\rho_{k(h)}}(\rho_d)$ 即为防井涌钻井液密度上限值 $\rho_{k(h)}$ 等于钻进时钻井液密度 ρ_d 的累积概率。

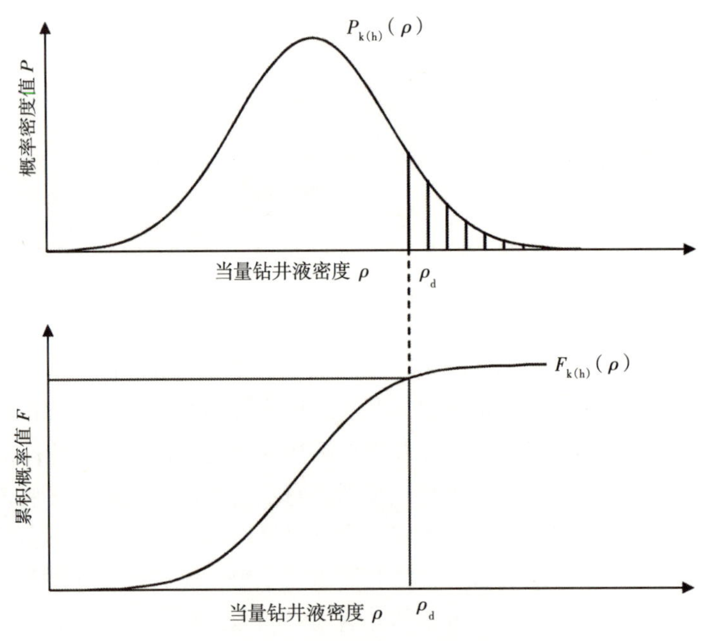

图 2-143　井涌风险定义示意图

在实际工程设计中，某些分布（例如正态分布）无法取无穷值进行计算，因此工程设计人员通常取累积概率接近 0 或接近 1 的变量值近似作为累积概率为 0 和 1 的边界值，这样可以有效的缩小其值范围，减小不确定域，但仍能满足工程应用。因此分别取累积概率为 j_{min} 和 j_{max} 时的各压力值 $\rho_{k(h),\ j_{min}}$、$\rho_{k(h),\ j_{max}}$、$\rho_{c1(h),\ j_{min}}$、$\rho_{c1(h),\ j_{max}}$、$\rho_{c2(h),\ j_{min}}$、$\rho_{c2(h),\ j_{max}}$、$\rho_{sk(h),\ j_{min}}$、$\rho_{sk(h),\ j_{max}}$、$\rho_{L(h),\ j_{min}}$、$\rho_{L(h),\ j_{max}}$ 作为各钻井液密度上下限值的最大和最小边界值，并定义：

$$\begin{cases} P(\rho < \rho_{m(h),\ j_{min}}) = 0 \\ P(\rho > \rho_{m(h),\ j_{max}}) = 0 \end{cases} \tag{2-26}$$

上式表示钻井液密度 ρ 小于 $\rho_{m(h),\ j_{min}}$ 和大于 $\rho_{m(h),\ j_{max}}$ 的概率都为 0，式中 m 可分别为 k、c1、c2、sk 和 L 表示不同种类的钻井液密度上限或下限值。

(2) 套管层次及下深风险评价。

根据上述模型，即可对某一套管层次及下深设计结果进行全井段的风险评价，下面以井涌风险、钻进井漏风险和关井井漏风险为例介绍其评价过程。

根据不同深度处防井涌钻井液密度上限值和防井漏钻井液密度上限值的累积概率分布函数取累积概率分别为 j_0 接近 0 和 j_1 接近 1 时的防井涌钻井液密度下限值 $\rho_{k(h),j_0}$、$\rho_{k(h),j_1}$ 和防井漏钻井液密度上限值 $\rho_{L(h),j_0}$、$\rho_{L(h),j_1}$ 作为各自范围的上下界限，且满足定义式(2－26)，从而得出防井涌钻井液密度下限值曲线 L_{k,j_0}、L_{k,j_1} 构成的防井涌钻井液密度下限剖面，以及由防井漏钻井液密度上限曲线 L_{L,j_0}、L_{L,j_1} 构成的防井漏钻井液密度上限剖面，如图 2-144 所示。

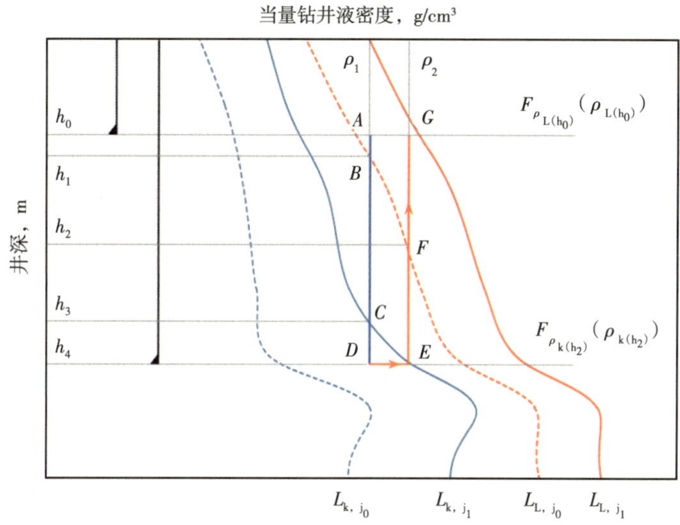

图 2-144 井涌风险、钻进井漏风险和关井井漏风险的评价过程

如图 2-144 所示，设定上一层套管下深为 h_0，下一层套管设计下深为 h_4，设计钻井液密度为 ρ_1，从上一层套管下深 h_0 处开始，按照钻深逐渐增加的顺序，评价井深 h_0 至 h_4 间井段的钻井井涌、钻进井漏和井涌关井井漏的风险。在井深 h_0 处(图中的点 A) 以密度为 ρ_1 的钻井液开始向下钻进，由于 $\rho_1 > \rho_{L(h_0),j_0}$，因此在井深 h_0 存有钻进井漏风险，由于井深 h_0 处的防井漏钻井液密度上限分布函数为 $F_{\rho_{L(h_0)}}(\rho)$(图 2－145)，则此处的钻进井漏风险值为 $F_{\rho_{L(h_0)}}(\rho_1)$，继续钻进至井深 h_1 处(图 2－144 中点 B 处)，从此深度开始，$\rho_1 < \rho_{L_{h_0},j_0}$，因此其钻进井漏风险值为 0，从而可以得知存有钻进井漏风险的井段为 h_0 至 h_1 井段(图中 AB 段)，其风险值为：

$$R_{L(h)} = F_{\rho_{L(h)}}(\rho_1), \ h \in [h_0, h_1] \tag{2-27}$$

继续钻进至井深 h_3 处时，由于 $\rho_1 < \rho_{k(h_3),j_1}$，因此具有井涌风险，由于井深 h_3 处的防井涌钻井液密度下限分布函数为 $F_{\rho_{k(h_3)}}(\rho)$(图 2－146)，其风险值为 $1 - F_{\rho_{k(h_3)}}(\rho)$；钻进至设计井深 h_4 处，由于 h_3 至 h_4 井段，始终存有：

$$\rho_1 < \rho_{k(h),j_1}, \ h \in [h_3, h_4] \tag{2-28}$$

因此此井段均存有井涌风险，其风险值为：

$$R_{k(h)} = 1 - F_{\rho_{k(h)}}(\rho_1),\ h \in [h_3,\ h_4] \tag{2-29}$$

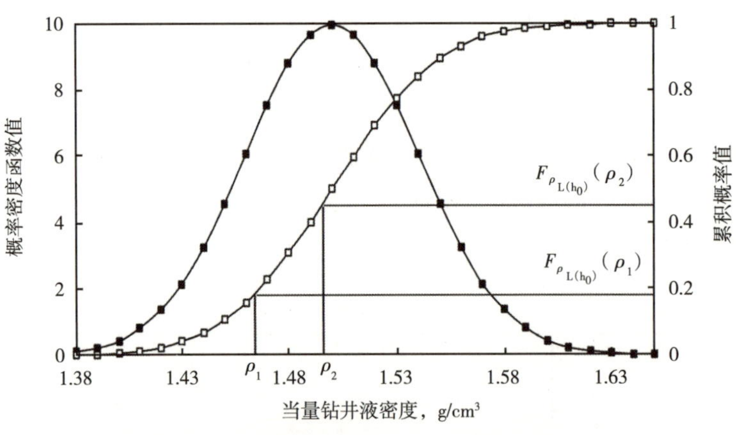

图 2-145　深度 h_0 处的防井漏钻井液密度上限的概率密度及累积概率分布示意图

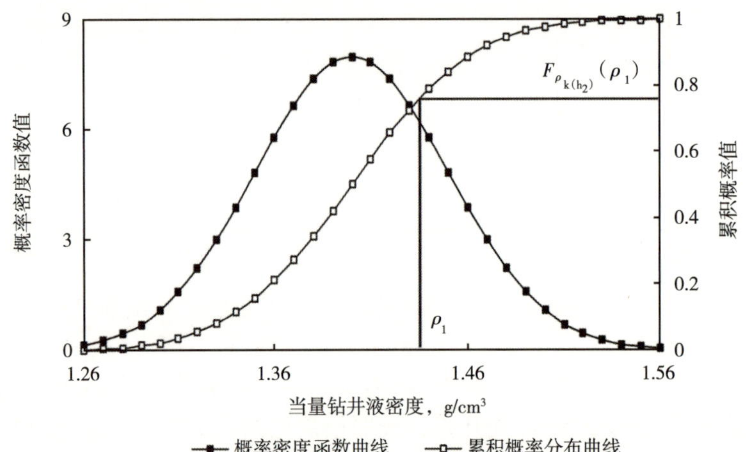

图 2-146　深度 h_3 处的防井涌钻井液密度下限的概率密度及累积概率分布示意图

按照设计结果，若钻进至井深 h_4 发生井涌，则关井平衡地层压力后井筒中的钻井液液柱压力（用当量钻井液密度表示）应为：

$$\rho_{kick} = \max\{\rho_{k(h),\ j_1}\},\ h \in [h_3,\ h_4] \tag{2-30}$$

图中设定的 $\rho_{kick} = \max\{\rho_{k(h),\ j_1}\} = \rho_{k(h_4)j_1} = \rho_2$，则关井后，$h_0$ 至 h_2 井段 $\rho_{kick} > \rho_{L(h),\ j_0}$，因此存有关井井漏风险，其风险值：

$$R_{kL(h)} = F_{\rho_{L(h)}}(\rho_2),\ h \in [h_0,\ h_2] \tag{2-31}$$

由图 2-146 可知，在上层套管管鞋 h_0 处关井井漏风险值最大，其风险值为 $F_{\rho_{L(h_0)}}$（ρ_2）。

通过上述分析可知，此套管层次及下深设计方案在 h_0 至 h_4 井段存有井涌、钻进井漏及井涌关井井漏的风险，风险类别和井段以及风险值见表 2-109。

表 2-109　h_0 至 h_4 井段风险评价结果

风险井段	风险类别	风险值
$h_0 \sim h_1$	钻进井漏风险	$R_{L(h)} = F_{\rho_{L(h)}}(\rho_1)$，$h\in[h_0, h_1]$
$h_0 \sim h_2$	井涌关井井漏风险	$R_{kL(h)} = F_{\rho_{L(h)}}(\rho_2)$，$h\in[h_0, h_2]$
$h_3 \sim h_4$	井涌风险	$R_{k(h)} = 1 - F_{\rho_{k(h)}}(\rho_1)$，$h\in[h_3, h_4]$

当具备了防压差卡钻钻井液密度上限剖面、防坍塌钻井液密度下限和上限剖面之后，类似上述方法，即可得出每一套管层次下深范围内的风险井段、相应的风险类别和风险值。最终可以得出整个井身结构设计方案的工程风险评价结果，如图 2-147 所示。

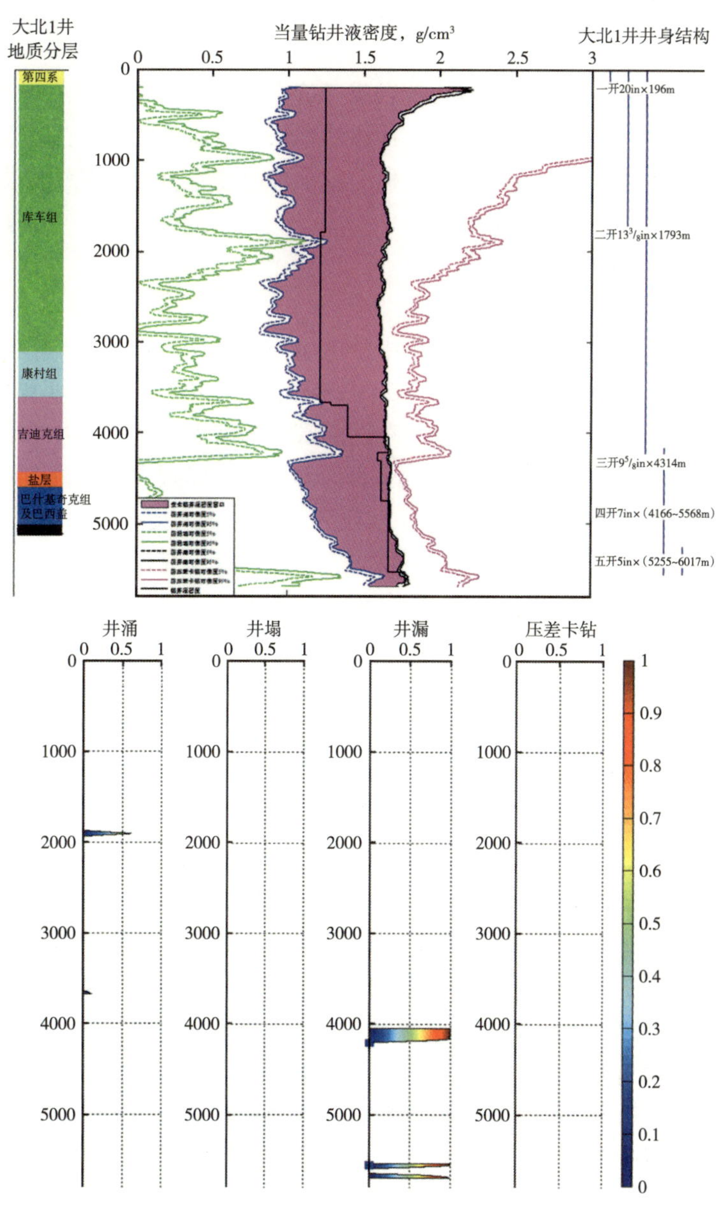

图 2-147　大北 1 井风险评价剖面

二、深井盐膏层与高压盐水层钻井技术

盐膏层钻井，特别是深井盐膏层和复合盐层钻井，是一个世界级的技术难题。而盐膏层是塔里木油田钻井过程中经常钻遇的地层，从盐层分布看，塔里木油田盐膏层的类型最全，有潟湖陆相沉积的新近—古近系盐膏层，也有滨海相沉积的石灰系和寒武系盐膏层，其中，新近—古近系复合盐层最复杂、钻井难度最大。

针对深井盐膏层钻井遇到的复杂情况，在分析盐内特殊岩层岩性特征、成因及分布，以及盐膏层在不同条件下蠕变规律、蠕变机理的基础上，优化盐膏层地质卡层技术，研发和推广应用盐膏层钻井相适应的钻井液体系，确定合理的钻井液密度，研究高压盐水层钻井工艺技术和盐膏层安全钻井技术，实现盐膏层及高压盐水层安全快速高效钻井。

1. 盐膏层特殊岩层特征及分布

库车坳陷的膏盐岩层不是十分纯的膏岩或者盐岩，其内部夹有碎屑岩和碳酸盐岩，因此岩性序列较为复杂。而某些特殊岩层的存在使本来相对简单的钻井工程复杂化，根据大部分已完钻探井的资料统计，盐层钻进过程中复杂情况频发，导致整个钻井周期较长，因此加强这些特殊岩层的分析尤为重要。

1）盐膏层特征及分布

（1）盐膏层分布。

塔里木盆地新近—古近系盐层比较集中的区域为库车坳陷克拉苏构造带。库车坳陷克拉苏构造带盐层段东西长 200km，南北宽 21~25km，区域内盐膏层厚度变化较大，但仍具有一定规律性，盐层主要表现为中部厚、东西两端薄的特点。盐层集中在沉积中心大宛齐构造北侧，克拉 4 井附近，在断层附近盐层有局部聚集增厚现象，至北部山前盐层急剧减薄。克拉苏构造带西段存在两个聚集区：大宛齐、吐北。大宛齐—大北，盐层逐渐减薄；大北—吐北，盐层逐渐增厚；局部盐层厚度大，为盐刺穿。克拉苏构造带东段克深区带盐层最厚，向北部克拉区带减薄。克拉苏构造带东段盐层较厚区域比克拉苏西段更靠近山前。

（2）盐膏层岩性特征。

塔里木盆地盐膏层分布较广，新近—古近系盐层目前主要分布在库车坳陷及塔北隆起西北部，埋深一般在 1526~7850m 之间，属盐岩、膏岩和“软泥岩”等组成的复合盐岩层。克拉苏构造带古近系库姆格列木群组泥土矿物主要以伊利石为主（35%~80%），其次为绿泥石含量为 10%~30%，再次为高岭石含量为 10%~20%，绿泥石和高岭石混层比为 40%~60%。从伊利石的结晶度来看，多数结晶度较高，说明该地区地层矿物中伊利石多为自生黏土矿物。膏泥岩层段硬石膏 10%~60%，黏土矿物 10%~30%，石盐 10%~30%。

2）高压盐水层特征及分布

（1）高压盐水层分布。

高压盐水层多数是夹于厚层膏盐岩内部的一些薄层粉砂岩或者白云岩，在埋藏过程中孔隙水未脱出（成岩程度低，孔渗好），在埋深中承受静地层压力而出现异常高压，形成高压盐水层。而且膏泥岩段中高压盐水层的出现频率较高，岩性多为粉砂岩、泥质粉砂岩、细砂岩和白云岩。

克深地区高压盐水层也多出现在膏泥岩段，但频率较大北地区低，岩性为粉砂和白云岩，夹在膏盐岩之间（图 2-148），压力系数比大北地区较小，但也属于高压。

总体上，高压盐水层多分布于膏盐岩厚度大（古盐湖中心）、深度较大（膏泥岩段中下部）、顶底都存在膏盐岩封隔、且发育薄层粉砂岩或白云岩灰岩的地方。主要在大北地区（因其膏盐岩厚、旋回多、白云岩灰岩及粉砂岩多），克拉和克深地区少（虽然砂岩发育、膏盐岩厚度小、白云岩之下无盐），厚度分布与高钻时泥岩也是相反，即分布规律与高钻时泥岩相反。

高压盐水层纵向上主要分布在膏泥岩段中上部（即 1 亚段和 2 亚段），下部（3 亚段以下）较少；平面上主要集中在大北地区；岩性上多为膏盐岩内部夹的白云岩、粉砂岩，部分为膏岩、泥岩。高压盐水层既要满足膏盐岩发育，也要满足渗透性盐层发育，所以根据这些分布规律，预测在大北地区和克深地区靠近湖泊中心的斜坡位置上发育高压盐水层的风险较大。

（2）高压盐水层的岩性特征。

根据钻井分析，高压盐水层多发育在膏盐岩层下部，盐层脱出的盐水汇集在物性较好的特殊岩层中就能形成高压盐水层。高压盐水层一方面是高压，另一方面是盐水，高压容易溢流，盐水容易污染钻井液，引发其他复杂情况。而这种特殊岩层可以是砂岩，可以是石灰岩或白云岩，有时候甚至是膏泥岩。

2. 盐膏层地质卡层技术

1）大北—克深区块库姆格列木群地层划分及岩性特征

古近系库姆格列木群（$E_{1-2}k$）指不整合于白垩系巴什基奇克组之上的一套含石膏及盐岩的潟湖相夹陆相的海陆交互沉积。库姆格列木群厚度变化较大，最大地层厚度达 4344m，岩性以大套的膏盐和膏泥岩沉积为主。根据岩性（表 2-110），将库姆格列木群自上而下划分为五个岩性段：泥岩段、膏盐岩段、白云岩段、膏泥岩段、砂砾岩段。其中白云岩段（为广义白云岩段）厚度横向分布稳定，是重要的对比标志层和克深区块盐底卡层标志层。

2）库姆格列木群地层精细对比及卡层层位研判

（1）克深区块库姆格列木群地层精细对比及卡层层位研判。

克深区块共有探井和评价井 20 口井以上，通过库姆格列木群及盐底地层东西向对比可以看出：

①库姆格列木群膏盐岩段地层存在明显的两分性，上部以沉积巨厚层盐岩为特征，下部以沉积巨厚层褐色泥岩夹盐岩和膏岩薄层为特征。

②白云岩段地层仍然好识别，其内部夹有白云岩层。

③盐底卡层以克深 202 井为界，以东的克深 206 井—克深 201 井白云岩段底部无盐，膏泥岩段内无盐并普遍夹有高钻时褐色泥岩，盐底卡层层位可以直接定在白云岩段底部膏岩层内，这样可以避免钻遇下部高钻时褐色泥岩时因为钻井液密度过高或钻遇裂缝造成井漏。

④克深 202 井以西白云岩段底部有盐、膏泥岩段地层增厚，内部有盐岩夹层；因此在这一区域地质卡层工作变的较困难，但最后一层盐岩之下往往有一层厚度不等的高钻时褐色泥岩层有助于卡准盐底。

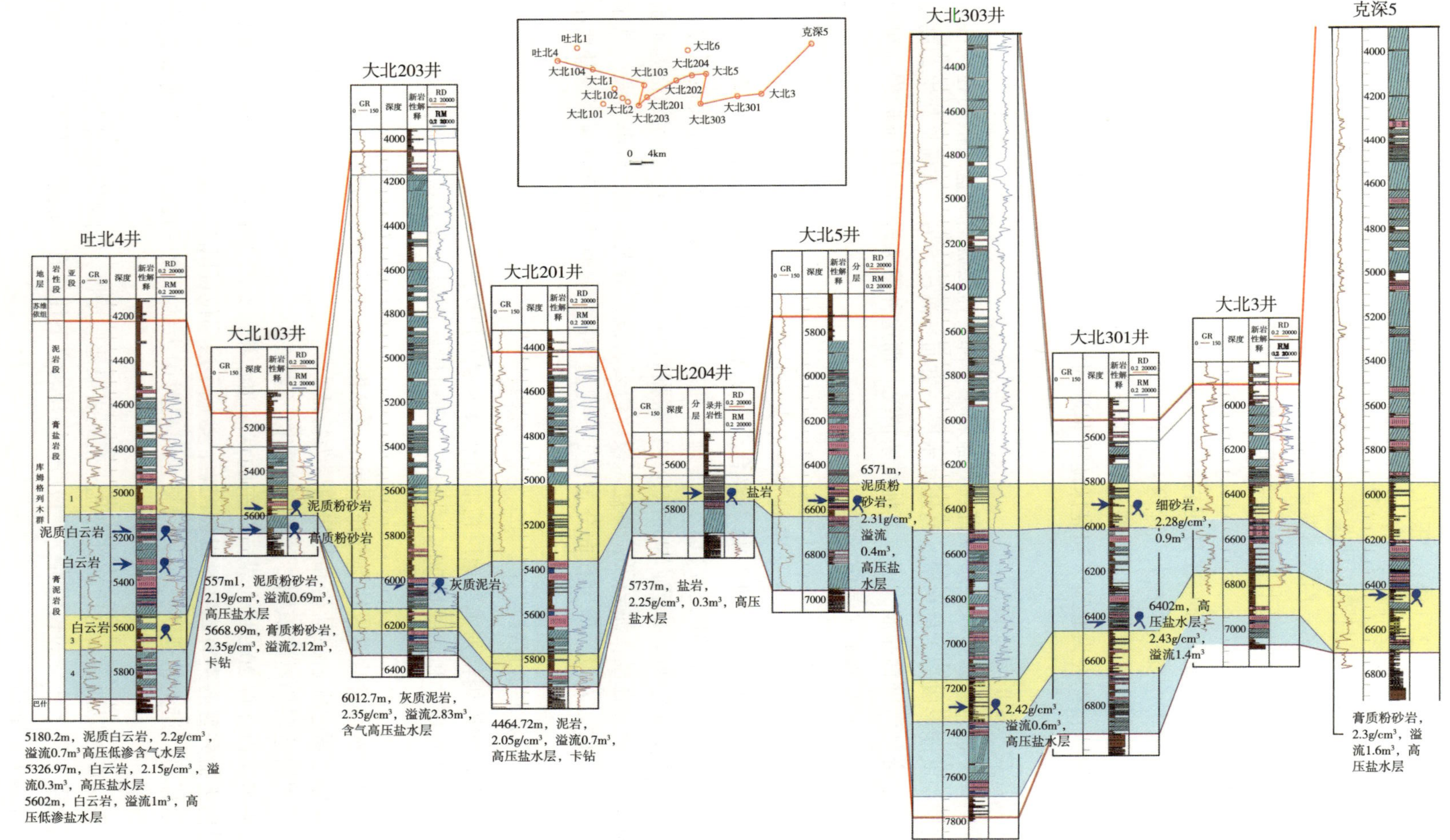

图 2-148 大北地区高压盐水层溢流情况统计剖面

表 2-110 大北—克深地区古近系库姆格列木群地层划分简表

地层						地层岩性特征
系	统	组		段	亚段	
古近系	始新统	苏维依组（$E_{2-3}s$）				中—厚层状褐色泥岩与薄层状浅灰色、灰白色泥质粉砂岩、粉砂岩、含砾砂岩互层，底部为厚层状灰白色、褐色粉砂岩
		库姆格列木群（$E_{1-2}k$）	小库孜拜组	泥岩段		中厚—厚层状褐色泥岩、中厚层状灰褐色膏质泥岩为主，夹中厚～厚层状粉砂岩
				膏盐岩段	膏盐亚段	岩性以巨厚层状盐岩、膏岩、泥岩及三者的交互为特征，其中上部以发育巨厚层盐岩为特征，下部以发育巨厚层褐色泥岩夹膏盐岩为特征
					膏泥亚段	
	古新统		塔拉克组	白云岩段	云膏亚段	白云岩段为广义白云岩段，特指膏盐岩段底部以膏岩、盐岩为主夹薄层白云岩层的一套地层。岩性以厚层灰白色膏岩、盐岩、云质膏岩为主夹褐灰色白云岩、膏质云岩和薄层褐色膏泥岩和灰质泥岩、泥灰岩
					云岩亚段	
					膏盐亚段	
				膏泥岩段		以厚层状褐色泥岩为主夹薄—中厚层状褐色含膏泥岩、膏岩、盐岩、粉砂质泥岩。顶部为深灰色灰质泥岩及灰白色泥膏岩
				砂砾岩段		中厚层状褐灰色砾岩、含砾中、粗砂岩夹薄—中厚层状灰色泥质粉砂岩
白垩系	下统	巴什基奇克组（K_1bs）				薄中厚层状灰褐色、褐灰色中砂岩、细砂岩为主夹薄层褐色—紫褐色泥岩、泥质粉砂岩，底部发育含砾砂岩、砂砾岩

（2）盐底高钻时褐色泥岩卡层标志层分布特征及成因分析。

按照已钻井并且有钻时资料的井统计，大北—克深区带库姆格列木群盐底普遍存在一层高钻时褐色泥岩层，岩性为褐色泥岩、膏质泥岩、含膏质泥岩，泥岩层厚度在 3～28m 之间变化，钻时在 55～280min/m 之间变化。

大北地区膏泥岩段内高钻时褐色泥岩层的岩性从对比剖面来判别看仍然是比较纯的泥岩地层，碳酸盐含量指标未升高，说明不是钙质泥岩，伽马值和电阻率曲线也反应为泥岩特征。但高褐泥的分布层位很特殊，几乎所有井在钻穿高褐泥后以下地层中就不夹盐岩层，并且很快就会钻遇砂岩地层，因此高褐泥的成因只能与成岩压实作用有关，高褐泥和以下的砂岩地层同属于正常成岩压实作用系统，盐底泥岩因为遭到强压实作用的影响而变硬，造成钻时较高。

大北地区高钻时褐色泥岩层以下无盐岩夹层，因此高褐泥就成为大北盐底地质卡层的最后标志层。而在没有高褐泥的井如大北 102 井盐底卡层就存在一定的困难性，需要根据邻井出现地层来判断盐底地层，不排除见砂或见砂井漏中完的可能性。

大北—克深区带高钻时褐色泥岩对比分析：大北—克深区带库姆格列木群膏泥岩段内普遍存在厚度 3～28m 的高钻时褐色泥岩，分布层位就在砂岩或砂砾岩的上部泥岩层内。并且高钻时褐色泥岩主要发育在膏盐岩层之下向泥岩过渡的地带，再向下已经无盐岩地层，因此高褐泥已经成为盐底卡层的最后标志层，且克深区块高钻时褐色泥岩钻时普遍比大北地区稍高。

3. 盐膏层井壁稳定与钻井液密度设计

1）盐膏层井壁稳定

以上从大北、克深地区超深井盐膏层实钻情况出发，分析了盐膏层井壁失稳具体特点，下面从盐膏层成分方面研究盐膏层井壁失稳机理。

①以石膏、膏泥岩主的地层。这类地层主要的矿物组分是石膏和黏土矿物，而石膏的主要成分是硬石膏，它遇水就会发生化学反应，生成有水石膏 $CaSO_4 \cdot H_2O$。实验室结果表明，硬石膏在非自然压实状态下吸水后，其轴向膨胀量为 26%；若将实验室压制的硬石膏岩心放入饱和盐水或饱和的 $CaSO_4$ 溶液中都可观察到明显的水化分散、解体现象。

②含盐膏、泥岩地层。这类地层井壁失稳原因主要有三个方面：一是以高矿化度（饱和盐水）、高密度钻井液钻遇这种地层，由于盐岩在高密度下的低蠕变，加之膏盐、泥岩吸水膨胀、分散造成缩径或掉快等现象；二是低矿化度的钻井液钻遇这类地层时，盐岩溶解及石膏吸水膨胀、分散等，使井下发生严重垮塌；三是高地应力会加剧夹杂在盐膏层间的泥岩、砂岩及硬质石膏地层的垮塌，由于层状盐岩层间不同的蠕变速率，使得盐岩在蠕变过程中夹层泥岩、砂岩及硬质石膏地层垮塌。

③软泥岩地层。软泥岩以黏土矿物为主，同时含有少量盐（2%～10%）和石膏(8%～19%)。黏土矿物以伊利石为主，含量大约为 26%，其次是伊蒙混层和绿泥石，不含蒙脱石。通过理化性能试验得知，这类泥土矿物的吸水性、膨胀性和分散型相对较弱，这类地层表现出的分散型和吸水膨胀，主要因为其中含的膏、盐所造成的，膏、盐含量越大，表现出的分散性和吸水膨胀性越强，在高的地应力下，就表现出塑性流动。

④纯盐层。纯盐层的井壁失稳主要表现为塑性流动（蠕变），盐岩蠕变与下面几个因素密切相关：

a. 盐层的埋藏深度：对于较纯的盐层来说，埋藏越深，上覆盐层压力越大，蠕变越快；但是，对于复合盐膏层，随着深度增加，蠕变速率受盐岩成分和构造应力有关。

b. 非构造应力：当岩性相同的情况下，有效上覆盐层压力梯度和地层温度一定的情况下，影响盐岩蠕变的主要因素为构造应力系数，构造应力系数越大，水平地应力越大。水平地应力大小将直接影响井眼闭合速度和井眼缩径率。最小地应力方向表现为扩径，最大地应力方向上表现为缩径，地应力差值越大，井眼椭圆度越严重，阻卡越严重。

c. 钻开盐层的时间：随着钻开盐层的时间的增加，盐层蠕变也随之增加，从而造成井眼缩径遇阻卡钻。

d. 盐层厚度：盐层厚度不同，盐层各处的井壁位移（井眼缩径）与时间基本成线性关系。井眼附近应力场在短时间内变化有限，因此蠕变速度基本是稳定的，但是盐层厚度不同的情况下，盐层的流动受到上下地层砂岩的共同牵制，从而降低了井眼截面和井眼直径的收缩速率；一般情况下，盐层中部的蠕变最厉害。

e. 盐层组分和成因：各类盐类在相同压差下产生塑性变形的速率不相同，氯化钠的膨胀百分数高于氯化钾。复合盐较纯盐更容易发生塑性变形，盐岩的塑性变形还与盐岩的成因有关系。盐岩的变形能力还与其晶粒粗细、含水多少及压实程度有关。

2）盐膏层钻井液密度设计

（1）力学模型。

钻井液密度的选择对复合盐膏层井眼稳定至关重要，多数盐层卡钻和复杂情况的产生都应归咎于钻井液密度不合适。对超深井油井深部的井壁围岩的温度和应力条件，盐岩的流变机制属于位错滑移的范畴，其蠕变本构方程可用下式来描述：

$$\varepsilon = A \cdot \exp(-\frac{Q}{RT})\sinh(B\sigma) \tag{2-32}$$

式中 A，B，Q——岩石的流变参数；

ε——蠕变速率；

σ——应力；

T——温度。

视盐岩地层地应力为均匀的，其值 $p_0=\sigma_H$，井内钻井液柱压力为 p_i，井眼半径为 a；假设盐岩地层为各向同性，且为平面应变问题；静水压力不影响盐岩的蠕变；广义蠕变速率 ε_{ij}与应力偏量 S_{ij}具有相同的主方向。根据上述假设可得到蠕变问题的力学基本方程。

平衡方程：

$$\frac{d\sigma_r}{dr} + \frac{\sigma_r - \sigma_\theta}{r} = 0 \tag{2-33}$$

几何方程：

$$\varepsilon_r = \frac{du}{dr} \qquad \varepsilon_\theta = \frac{u}{r} \tag{2-34}$$

物理方程：

$$\varepsilon_\theta = \frac{\sqrt{3}}{2}A \cdot \exp(-\frac{Q}{RT})\sinh[B\frac{\sqrt{3}}{2}(\sigma_\theta - \sigma_r)] \qquad \varepsilon_r = -\varepsilon_\theta \tag{2-35}$$

边界条件：

$$\sigma_r = p_i，当\ r = a$$
$$\sigma_r = \sigma_H，当\ r = b \to \infty$$
$$\sigma_r = \sigma_h，当\ r = b \to \infty$$

当 $r=a\to\infty$，$\sigma_r=\sigma_H=\sigma_h$ 时，若令井眼的缩径率为 n，则确定维持给定井眼缩径率所需的安全钻井液密度下限的力学模型为：

$$\rho_1 = 100\left\{\sigma_H - \int_a^\infty \frac{2}{\sqrt{3}} \times \frac{1}{Br}\ln\left[\frac{Da^2n(2-n)}{2}\left(\frac{a}{r}\right)^2 + \sqrt{\left(\frac{Da^2n(2-n)}{2}\right)^2\left(\frac{a}{r}\right)^4 + 1}\right]dr\right\}/H$$

$$D = \frac{2}{\sqrt{3}A \cdot a^2}\exp\left(\frac{Q}{RT}\right) \tag{2-36}$$

式中 A，B，Q——岩石的流变参数；

a——井半径，m；

H——井深，m；

σ_H——水平最大地应力，MPa；

σ_h——水平最小地应力，MPa；

n——井眼缩径率。

对于不同层系的盐层，可根据不同温度、压力条件下的蠕变试验确定蠕变特性参数

A、B、Q，则控制盐岩蠕变的钻井液密度就可确定。

（2）适合不同钻井工艺盐膏层钻井液密度。

盐岩层钻进过程中，钻井液密度过小常导致缩径卡钻，钻井液密度过大，易发生井漏，引起压差卡钻等复杂情况发生。因此，合理设计钻遇岩盐层的钻井液密度十分重要。对于均匀地应力情况下钻井液密度对岩盐层井眼缩径的影响，可以采用前述数学模型进行计算分析。相关资料表明，克拉苏地区岩盐层段的地应力状态较复杂，两向水平地应力不等。为此，需要采用有限元力学模型分析非均匀地应力下钻井液密度对岩盐层井眼缩径的影响，为岩盐层井眼钻井液密度设计提供依据。

若岩盐层井壁处于非均匀地应力状态，井眼缩径变形后为一椭圆。以 X 方向为椭圆短轴方向，Y 方向为椭圆长轴方向。为了使选取的研究节点具有代表性，选取盐层中 X—Y 方向上的井壁节点，通过改变井内钻井液静液柱压力，求解得到该点在不同钻井液密度下随蠕变时间变化的井径数据。如图 2-149 所示。

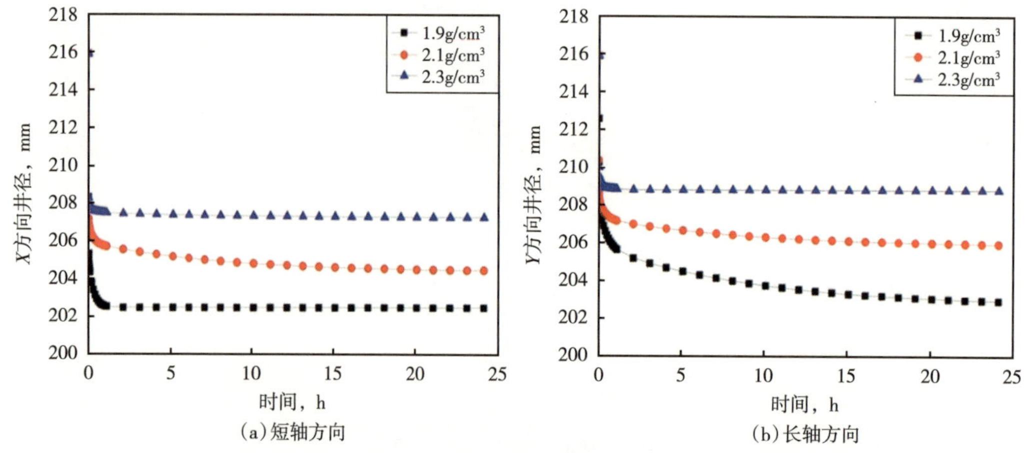

(a)短轴方向　　(b)长轴方向

图 2-149　钻井液密度对井眼缩径的影响（8½in 钻头）

由图 2-149 缩径曲线可知，随着钻井液密度的增大，井眼缩径速率减小，且当钻井液密度为 2.3g/cm³ 时，基本可以抑制岩盐层井眼的缩径。通过对比图 2-149（a）、（b）的缩径曲线可以发现：井眼在初始蠕变阶段蠕变缩径很快，易导致卡钻；随着时间的推移，井眼缩径趋于稳定，且钻井液密度越大，趋于稳定的时间越短。

综合上述分析，可得以下结论：

①井眼的初始蠕变阶段缩径量较大，缩径速率快，容易导致卡钻；

②通过随钻扩眼或反复划眼，可以消除初始蠕变，减少卡钻事故的发生；

③增加钻井液密度，可有效地减少井眼缩径量；

④控制满足工程安全的缩径率的条件下，实用钻井液密度与地应力分均匀系数有关，非均匀系数越小，钻井液密度越低，钻井越安全。

（3）超深井盐膏层漏封段钻井液密度确定。

对于以盐为主成分的盐膏层，可采用常规近饱和盐水钻井液体系，合理确定氯根离子含量，把钻井液密度降下来，这在盐下钻井遭遇盐层漏封段时安全钻进与保护油气层具有重要意义。

确定盐层漏封段钻井液密度：首先要明确所处地层温度 T 和划眼的时间间隔 t，一般来说缩径 2%可通过划眼来消除，计算单位小时缩径率 n：

$$n=\frac{2}{t} \tag{2-37}$$

假设地层温度 150°，划眼时间间隔 $t=40\text{h}$，则 $n=0.05$，查图 2-150 氯根浓度与钻井缩径率关系图版，得氯根浓度［Cl^-］$=12\times10^4$mg/L。再查图 2-151 氯根浓度与钻井液密度关系图版，得钻井液密度为 1.86g/cm^3。

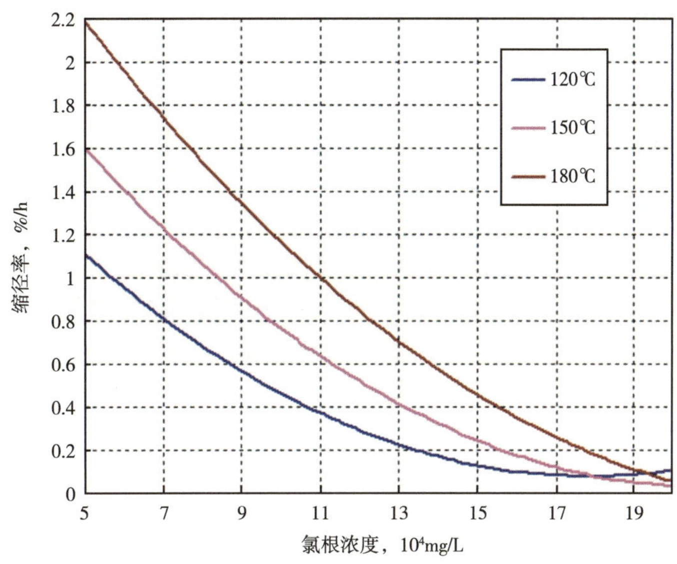

图 2-150　氯根浓度与缩径率关系图版

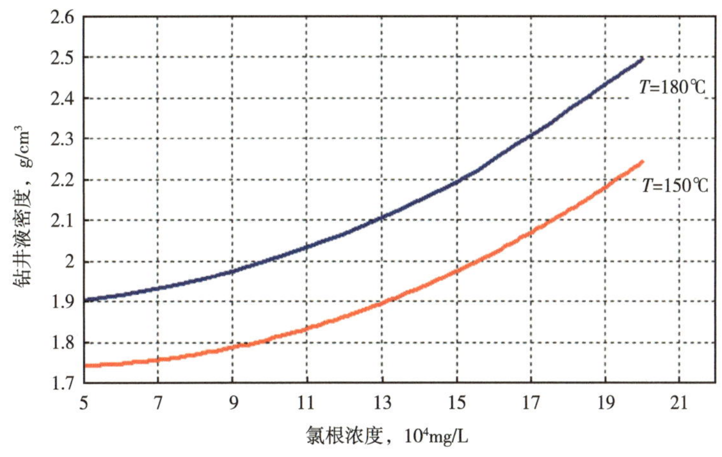

图 2-151　氯根浓度与钻井液密度关系图版

4. 盐膏层钻井液体系

塔里木油田山前地区盐膏层埋藏深，地层压力大，钻井液密度高，常规水基钻井液钻井实践中性能调控维护极其困难，卡钻等事故频繁，极大地增加了钻井风险，为克服常规水基钻井液实践中的问题，对钻井液体系进行了攻关研究，形成了高密度、抗高温、抗饱和盐等特性的油基钻井液体系和高密度有机盐钻井液体系及配套技术，成功解决了山前盐膏层钻井液常规钻井液带来的问题。

1）高密度油基钻井液技术

高温高密度油基钻井液技术是塔里木油田根据山前深井超深井地层特点，并结合现场钻井需要，在引进油基钻井液技术基础上，通过一系列的改进、完善，最终形成的具有高密度、抗高温、抗饱和盐等特性的油基钻井液体系及其配套技术。

（1）油基钻井液体系情况。

在塔里木油田山前地区规模化应用的油基钻井液主要为两套体系：一套是以哈里伯顿公司的 INVERMUL 油基钻井液体系改进完善后的体系；另一套以 MI－SACO 公司的 VERSACLEAN 油基钻井液体系优化而来。INVERMUL 油基钻井液体系以柴油为基础油，采用了抗高温的 INVERMUL NT、EZMUL NT、DURATONE HT 和 GELTONE V 等主要添加剂。2014 年在早期的 INVERMUL 体系基础上又引进了哈里伯顿的无土相油基钻井液 INNOVERT 体系。INNOVERT 体系主要采用了抗温的 EZMUL NT、FACTANT、RHEMOD、ADAPTA-450 、TAUMOD 等为主要添加剂，该钻井液主要解决高压、高温（204 ℃）和高密度（2.2g/cm^3）条件下重晶石的沉降问题。VERSACLEAN 油基钻井液体系属于低毒逆乳化油包水钻井液，主要的添加剂是 VERSAMUL、VERSACOAT HF、VERSAGELHT、VG-PLUS、VERSATROL 等。INVERMUL 体系、VERSACLEAN 体系共同构成了塔里木油田高密度油基钻井液体系。

① INVERMUL 钻井液体系。经过不断的改进和优化，形成的 INVERMUL 钻井液基本性能见表 2-111。

表 2-111　INVERMUL 油基钻井液基本性能

性质	参数
相对密度	2.00 ~2.40
油/水比	80/20 ~ 95/5
破乳电压，V	≥500
HTHP 滤失（30min/180°C/500psi），mL	≤6.0
YP，Pa	6~18
静切力（10s/10min），Pa	2~5/ 5~18
低固相,%	≤5
EX Lime 过量石灰	≥5

INNOVERT 体系特点如下：a. 高温条件下（≥200℃），乳化剂稳定性强，确保体系仍表现良好的流变性能、滤失性能和泥饼质量；b. 高油水比能抗较大量的水或盐水浸污，具有优良的抗污染性；c. 超强抑制性，使井壁稳定性更好，井眼更规则；d. 对高压页岩地层，可以用更低的密度进行钻进；e. 优良的润滑性；防腐抗磨性能好，对井下工具、泵和管线的伤害降到最低；f. 不改变油气层的润湿性，具有更好的油气层保护效果；g. 维护简单，维护量小；h. 回收重复利用率高，降低综合成本。

② INNOVERT 钻井液体系。INNOVERT 油基钻井液基本性能见表 2-112。

表 2-112　INNOVERT 油基钻井液基本性能

性质	参数
相对密度	2.00~2.40
油/水比	80/20~95/5
破乳电压，V	≥500
HTHP 滤失（30min/180°C/500psi），mL	≤4.0
YP，Pa	6~18
静切力（10s/10min），Pa	2~5/ 5~18
低固相，%	≤5
EX Lime 过量石灰	≥5

INNOVERT 体系除具有 INVERMUL 体系的特点外，还拥有如下特点：a. 无黏土，有利于保护储层；b. 良好的触变性，压力激动和波动小，降低漏失风险；c. 更好的固相和水相相容性；d. 维护处理更快更直接；e. 现场所需要的处理剂更少。

上面两种体系的主要缺点是：非规模化应用价格昂贵、井漏成本高、环保问题难处理。

③ VERSACLEAN 钻井液体系。VERSACLEAN 油基钻井液体系属于低毒逆乳化油包水钻井液，基本性能见表 2-113。

表 2-113　VERSACLEAN 油基钻井液基本性能

性质	参数
相对密度	2.0~2.45
油/水比	85/15~90/10
破乳电压，V	>500
HTHP 滤失（30min/180°C/500psi），mL	<6
YP，Pa	4~10
静切力（10s/10min），Pa	4~6/6~10
EX Lime 过量石灰	≥1

与其他油包水钻井液相比，VERSACLEAN 油基钻井液主要优点如下：该体系的油水比范围更广，从 98:2~50:50，一般正常水含量从 5%~40%；高温稳定性达到 260℃以上；更好的乳化稳定性；高温高压滤液中无水；良好的热稳定性，流变性，失水控制和抗污染能力；与常规标准非水基产品匹配，配制方法简单。

（2）体系优化改进。

在油基钻井液推广应用中，优化了原有钻井液的油水比，由原有的 95:5 优化为异常高压盐水层 90:10，盐膏层 80:20，钻井液流变性、高温高压滤失量会有小幅上升，破乳电压会下降，但仍能满足现场生产需求，有效降低了钻井液单方成本，见表 2-114。

为了适应克深 9、克深 10 等区块高压盐水层污染的恶劣井下情况，在此基础上又进行了加重剂基本体系的优化，形成了超微加重高密度油基钻井液体系，该体系将常规重晶石加重材料采用先进的超微纳米化方法处理后，消除了重晶石沉降风险，克服了高密度油基钻井液高黏低切的缺点，ECD降低幅度达到30%以上，同时由于超微重晶石的强化乳化作用，高密度油基钻井液的高温稳定性和抗污染能力大幅度提高，为油田高密度油基钻井液应对高压盐水层钻进提供了特色技术储备。

表2-114 不同油水比下油基钻井液性能

油水比	*PV*，mPa·s	*YP*，Pa	G_{10}''/G_{10}'，Pa/Pa	FL_{HTHP}，mL/mm	E_s，V
95:5	82	6.5	4/6	3/1.5	1360
90:10	91	7	4.5/7.5	3.2/1.5	1170
85:15	92	7.5	5/8	3.4/1.5	1020
80:20	93	9	6/9	3.6/1.5	930
75:25	95	9	5/8	3.5/1.5	870

（3）油基钻井液回收利用无害化处理。

①油基钻井液回收利用技术。

依托油基钻井液回收储存站对使用的油基钻井液进行回收利用。目前塔里木油田已经建成2座油基钻井液储存处理站，回收能力达到2200m³，单井平均回收280m³，多井重复使用，降低油基钻井液平均单井成本和综合成本，推动规模应用。

②油基钻井液无害化处理技术（LRET处理技术）。

柴油油基钻井液含油钻屑浸取无害化处理与油回收资源化利用技术（LRET技术，Leaching & reused enviorment Technology）是用专用溶剂浸渍固体混合物以分离可溶组分及残渣的无害化处理技术。该技术核心为高选择性、低沸点专门浸取剂。其技术原理是：利用高选择性、不溶于水的溶剂将柴油基含油钻屑中的油分抽提到溶剂相中，分离液体和固体，最后通过传质分离回收溶剂和油。处理后的固体可直接堆填或作为生产水泥或石膏的原料，溶剂可循环使用，油可回收再次利用。

2）有机盐钻井液技术

针对油基钻井液环保处理困难和影响测井等问题，开发了抗高温高密度有机盐钻井液，完成了有机盐体系配套处理剂优选、配方研究及性能评价。高密度有机盐钻井液体系在抑制性、流变性、高温稳定性以及抗污染能力等方面均优于目前在用的饱和盐水磺化钻井液。

通过大量的室内单剂优选、加量确定及复配性能的优选配伍实验，得到了高密度甲酸钾聚磺钻井液在160℃条件下的基本配方为：

4%膨润土浆+0.1%D300+0.5%K_2CO_3+1.0%KOH+12%复合磺化处理剂+2%封堵剂+2%SP80+30%-100%甲酸钾+重晶石粉

将此基本配方在160℃温度下热滚16h后进行常规性能测试，测试结果见表2-115。由测试结果可知，基本配方密度高达2.25g/cm³，在保证高密度的同时钻井液的流变性优良，黏度适中，切力较小，高温高压滤失量低，该基本配方具备良好的常规性能。

表2-115 甲酸盐体系基本配方160℃高温滚动后常规性能测试结果

测试条件	ρ g/cm³	*AV* mPa·s	*PV* mPa·s	*YP* Pa	G_{10}''/G_{10}' Pa/Pa	FL_{HTHP} mL	滤饼厚度 mm	pH值
160℃×16h	2.25	48.5	44.0	4.5	2.5/13.0	8.2	2.0	8.0

该有机盐钻井液体系已经在乌泊1井、克深208井等井完成了现场试验，现场试验结果表明，该体系在超深巨厚盐层钻井中性能优良稳定，井径扩大率<10%，电测等作业均一次成功，取得了较好的效果。

有机盐包括甲酸盐、乙酸盐、柠檬酸盐等，在钻井中主要用作液体加重材料。使用有机盐钻井液与油基钻井液相比，还可以消除重晶石絮沉和甲烷进入井眼这两个问题的发生，大大降低井控风险。

5. 高压盐水层控制工艺技术

克拉苏构造带盐水层普遍发育，且压力系数普遍较高，溢流发生率高。统计2011—2015年克拉苏构造带钻井107口，发生高压盐水溢流井数26口，溢流概率25%，压井液密度高，压井液密度普遍在2.40~2.60g/cm^3。储存高压盐水的盐膏层压力敏感性强，发生溢流后压井液密度高，密度窗口窄，漏失严重，漏失量最大的克深903井盐膏层溢流漏失达1670m^3，损失巨大，克拉苏构造带盐水层溢流和井漏已成为该地区安全快速钻井的瓶颈问题。为此，2014年起，探索采用了控压钻井（参见本章第二节）、放水降压、高压盐水溢流封堵等技术。

根据实钻经验，结合地层特点以及探索试验结果，按照高压盐水层压井钻井液密度不同，设计钻遇盐间高压盐水层处理技术路线图如图2-152所示。依据技术路线提出了放水降压、承压堵漏、控压钻井三种技术方案。

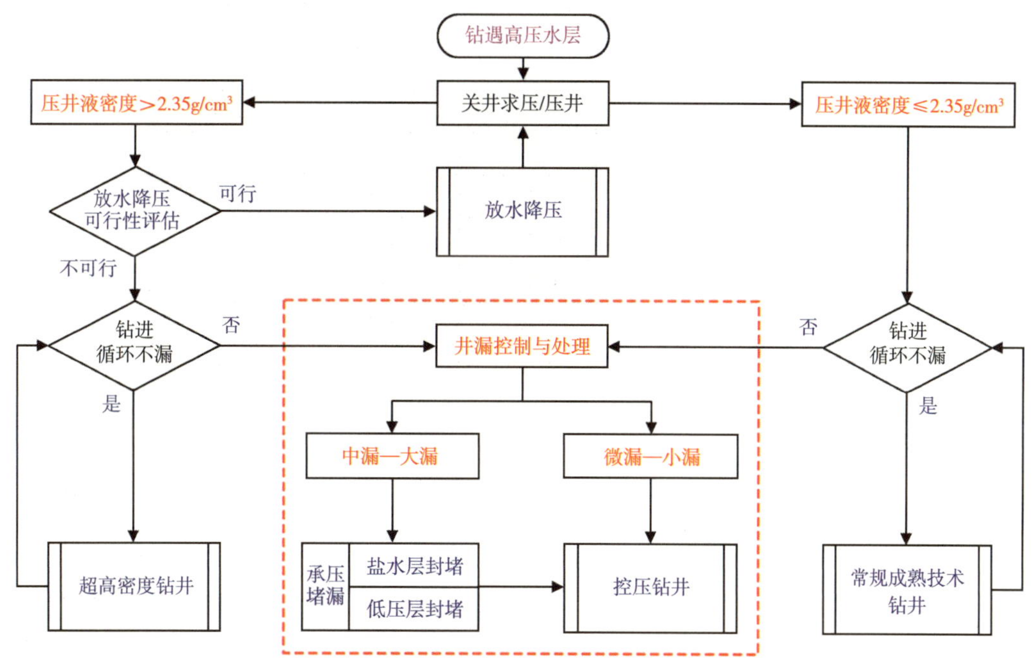

图2-152　钻遇盐间高压盐水层处理技术路线图

1）放水降压技术

放水减压技术是根据液体压缩量极小，释放少量的液体其压力就能够部分降低的原理进行处理的技术。放水降压实施的总体原则是盐间圈闭的高压盐水体积有限，适当放出盐水，降低压力系数，且一口井放水，邻井受益。放水降压总体思路为控压、控量、分次放。放水方法可按照降密度放水，每次 0.02～0.03g/cm^3，也可控套压放水，5MPa 以内（每次 3～5m^3），循环调整受污染钻井液。

根据容量限划分和实验数据，制定出了不同钻井液受不同盐水浸污的影响图版（表2-116），可以指导现场放水工艺的施工。

表 2-116　钻井液受盐水浸污影响图版

钻井液体系		饱和盐水加量，%	密度 g/cm^3	密度差 g/cm^3	终切值 Pa	FL_{HTHP} mL	破乳电压 V
KCl 聚磺盐水		0	2.24	0.05	17	0	—
		5	2.19	0.11	10.5	2.3	—
		10	2.15	0.15	7	7	—
		15	2.11	0.17	6	10.7	—
		20	2.07	0.18	5	12.9	—
		25	2.03	0.18	5	21.5	—
		30	2.00	0.19	4	48.5	—
有机盐盐水	120℃	0	2.15	0.01	5	0	—
		5	2.11	0.01	6.5	0.8	—
		10	2.06	0.01	8	3.8	—
		15	2.03	0.02	8.5	9.8	—
		20	1.99	0.03	5.5	13.8	—
		30	1.93	0.05	5.5	22.8	—
	150℃	0	2.15	0.18	5	0	—
		5	2.11	0.20	2.5	2.2	—
		10	2.06	0.205	2.5	7.7	—
		15	2.03	0.23	2	12	—
		20	1.99	0.27	1.5	16	—
		30	1.93	0.3	1.5	27	—
油基钻井液		0	2.51	—	5.5	—	445
		5	2.45	—	6	—	410
		10	2.40	—	7	—	380
		15	2.34	—	5.5	—	305
		20	2.29	—	6	—	295
		30	2.21	—	6	—	263
		40	2.13	—	18	—	225

表中：红色为不安全区，黄色为警告区，蓝色为安全区。

2）高压盐水溢流封堵技术

克深克深地区高压盐水层常规堵漏中采用的随钻堵漏剂和水基核桃壳堵漏只是起到了支持地层裂缝或井壁的作用，堵漏以后都有堵漏层反向承受能力不足的问题，所以造成了多次堵漏情况不理想。为此，在充分分析堵漏机理的基础上，调研各种堵漏工艺和材料，优选、研发出专用的耐温抗盐封窜堵漏堵水剂（LTTD），开展了一系列的实验，制定了现场使用方案，可对克深地区高压盐水层封堵提供一个方法。

高密度耐温抗盐封窜堵漏堵水剂堵剂配方见表 2-117，堵漏剂和隔离液的性能数据见表 2-118。

表 2-117 高密度耐温抗盐封窜堵漏堵水剂堵剂配方

名 称		型号	加 量,%
堵剂	干混		100
加重剂		JZ-Ⅲ	170.0
高温强度稳定剂		GW-1	35.0
降水水剂	湿混	BS100L-G	3.0
缓凝剂		BS200-G	7.0
减阻剂		BS300-J	2.0
消泡剂		BP-1A	0.5
液固比			0.25
干混造浆率			0.50

表 2-118 高密度堵漏剂和隔离液性能实验数据

名称	Φ_{600}	Φ_{300}	Φ_{200}	Φ_{100}	Φ_{6}	Φ_{3}
堵剂浆	>300	65	184	98	11	8
隔离液	80	58	139	104	8	6

三、自动垂直钻井系统

自动垂直钻井系统是集机电液一体化的井下闭环系统，是钻井领域的高端技术。在钻井过程中，不受钻压的影响能够精确控制钻头在垂直方向的轨迹，钻出垂直而平滑的井眼，减少钻井复杂和事故的发生[23]。

图 2-153 所示为自动垂直钻井系统的结构示意图。主要由电源分系统、测控分系统、执行分系统三部分组成。电源分系统主要包括钻井液涡轮发电机、整流逆变单元及旋转变压器；测控分系统由电子节构成，包含有测量模块和控制模块；执行分系统主要包括液压模块及护板。

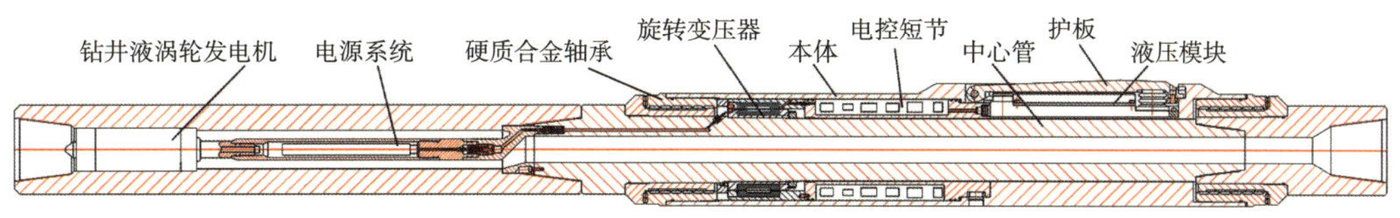

图 2-153 自动垂直钻井系统结构示意图

自动垂直钻井系统工作原理如图2-154所示。实际钻进过程中，当钻井液流经涡轮发电机时驱动电机发电，电流经过整流逆变，再通过非接触传输子系统为测控分系统和执行分系统提供电能。当井斜大于门限值时，井下测控分系统经过计算、分析、判断，向执行分系统发出指令使相应的柱塞伸出。在井壁反力的作用下，在钻头上产生一个指向井斜低边的侧向力，使钻头沿纠斜方向钻进，从而产生降斜效果。执行分系统中的3个柱塞成120°夹角分布，通过不同柱塞压力的匹配实现了纠斜力的方向始终与井斜高边一致。当井斜小于门限值时，测控分系统向执行分系统发出指令，柱塞收回，纠斜力消失，钻头保持垂直钻进。在井下形成的自动闭环控制，不仅提高了井眼轨道的控制精度，还节约了调整钻具所用的时间，达到了防斜打快的目的。

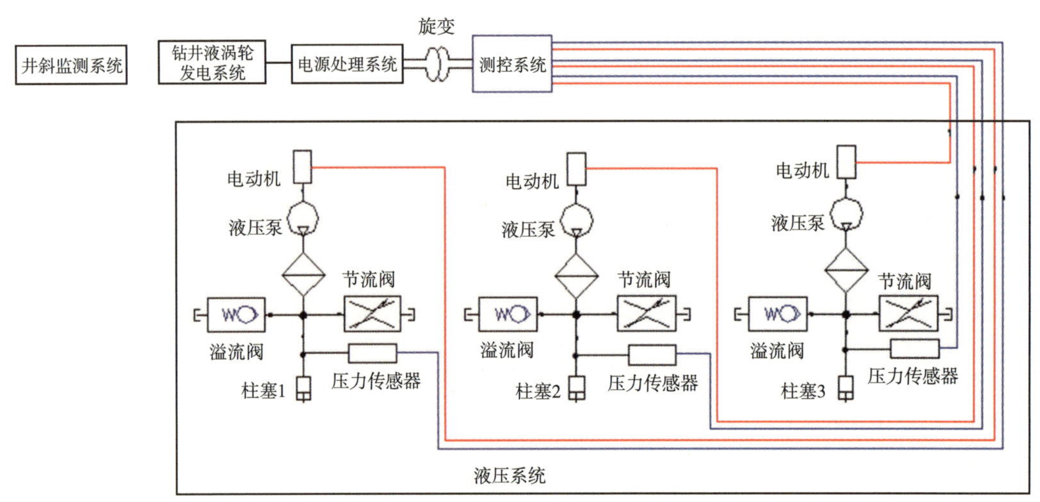

图2-154　自动垂直钻井系统控制原理图

1. 自动垂直钻井系统结构设计

自动垂直钻井系统构成如图2-155所示。

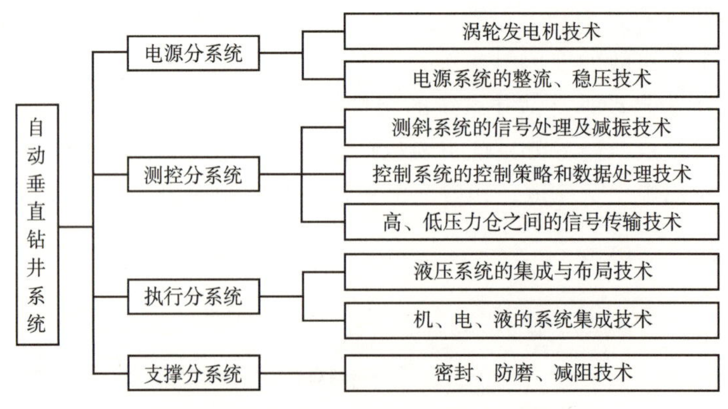

图2-155　自动垂直钻井系统构成图

1）电源分系统

电源分系统分为钻井液涡轮发电机、整流逆变单元、旋变系统和电子节电源变换单元几部分，具体关系如图 2-156 所示。

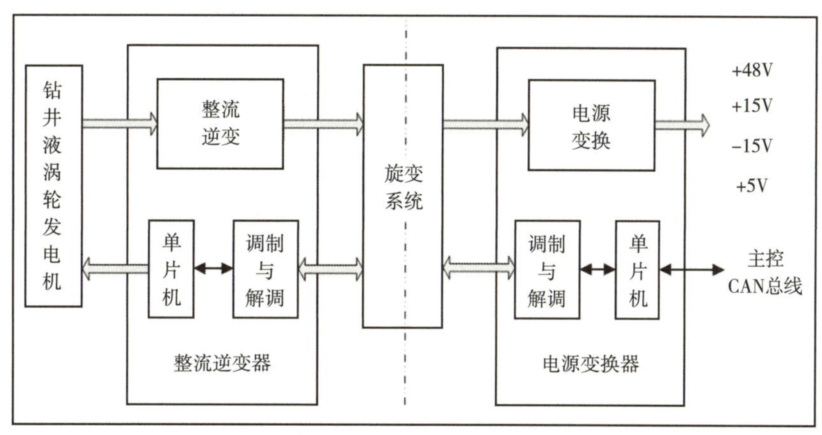

图 2-156　电源分系统整体框图

（1）钻井液涡轮发电机。

钻井液涡轮发电机位于自动垂直钻井系统的上部，单独安置在一个短钻铤内，与其他系统的连接通过钻具螺纹与自动垂直钻井系统中心管连接。主要由导流筒、上钻井液轴承、钻井液涡轮、耦合磁钢、下钻井液轴承、电机转子磁钢、电机定子线圈等组成，如图 2-157 所示。

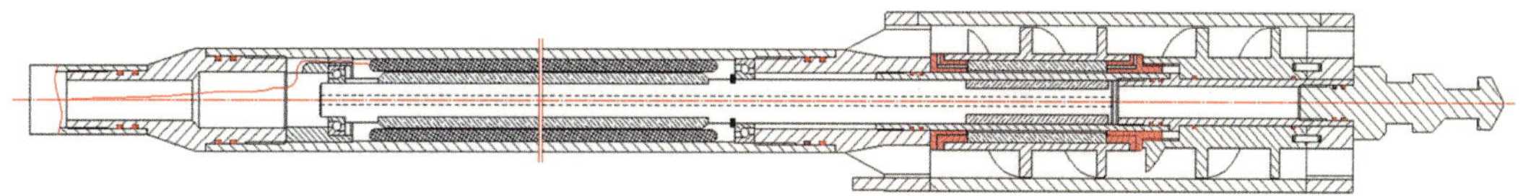

图 2-157　钻井液涡轮发电机结构示意图

钻井液涡轮发电机叶轮由前导叶、主叶轮和后导叶组成。采用前导叶—主叶轮—后导叶的结构布局，主叶轮与磁力耦合器采用一体化结构，通过磁力耦合器将主叶轮获得的转速和转矩传递给发电装置。

前导叶的主要作用是为进入主叶轮的钻井液提供一个预旋，使钻井液在与叶轮开始作用之前即具备一个轴向的动量矩，从而使钻井液在流经主叶轮时为主叶轮提供足够的转矩。主叶轮的作用是通过与钻井液的相互作用获得一定的转矩和转速，为钻井液发电机提供动力。后导叶的作用是将流过主叶轮的钻井液进行疏导，消除钻井液的旋转，使钻井液沿轴向流动以备后续部分使用。

磁力耦合器由外磁转子、内磁转子和隔离套组成。磁力耦合器安放在主叶轮的轮毂中，外磁转子与主叶轮固定，内磁转子与发电机主轴固定，隔离套位于外磁转子和磁转子之间，起密封作用。

钻井液涡轮发电机的工况极其恶劣：高温、高压、高强度振动的钻井液环境。并且钻井液叶轮和磁力耦合器的安装空间有限，元件配置需要高度的小型化集成化。为确保钻井液叶轮和磁力耦合器在以上的环境条件下安全可靠的工作，需要采用以下几个关键技术。

①轴承技术。钻井液叶轮和磁力耦合器的环境压力最大为 80MPa，环境温度最高 125℃，主叶轮承受最大 500N 左右的轴向力，最高回转速度接近 4000r/min，轴承在这样的恶劣条件下的使用寿命直接决定系统的工作效率。采用高温耐磨滑动轴承，并在轴承的内环外侧开螺旋排污槽，一方面可以容纳进入轴承间隙的细砂，另一方面利用轴承高转速下产生的泵送作用可以将沟槽内的细砂排出轴承之外。

②动平衡设计。动平衡的设计关系到滑动轴承的寿命，钻井液叶轮的最高回转速度接近 4000r/min，高的转速势必会对主叶轮的动平衡提出高的要求。而且工作环境中钻井液叶轮的各个部分可能存在磨损不均匀等偶然性因素造成的动平衡问题，在使用过程中进行维护时有必要对动平衡进行重新修正。采用理论计算+试验检测的方式进行动平衡设计，以确保不影响轴承的寿命。

③结构防松设计。由于系统在井下工作时需要承受持久的剧烈振动，在这样的工况下普通的螺栓紧固极易出现松动。因此在钻井液涡轮发电机叶轮和磁力耦合器的设计中需要针对各个部位的具体情况进行防松设计。

④磁力耦合器隔离套装置设计。磁力耦合器的隔离套是组成磁力耦合器的磁路组件，同时也是安放钻井液涡轮叶轮和钻井液涡轮发电机等元件的结构件，其内外两侧压力最大为 80MPa。它的性能不仅影响磁传动的质量，还对钻井液发电机系统的正常工作起着决定性作用，是系统中的关键元件。选用高强度的不锈钢用作隔离套材料，以优先满足隔离套作为结构件的使用要求，并通过合理的结构设计，将隔离套的涡损水平控制在可以接受的合理范围内，以提高磁力耦合器的效率。

（2）整流逆变单元。

整流逆变器安装在钻井液涡轮发电机的探管中，钻井液涡轮发电机发出的三相交流电经过整流滤波转换为直流电，再经过 ZVZCS 变换控制，向旋变系统的原边输出交流信号，实现能量的耦合传输，如图 2-158 所示。

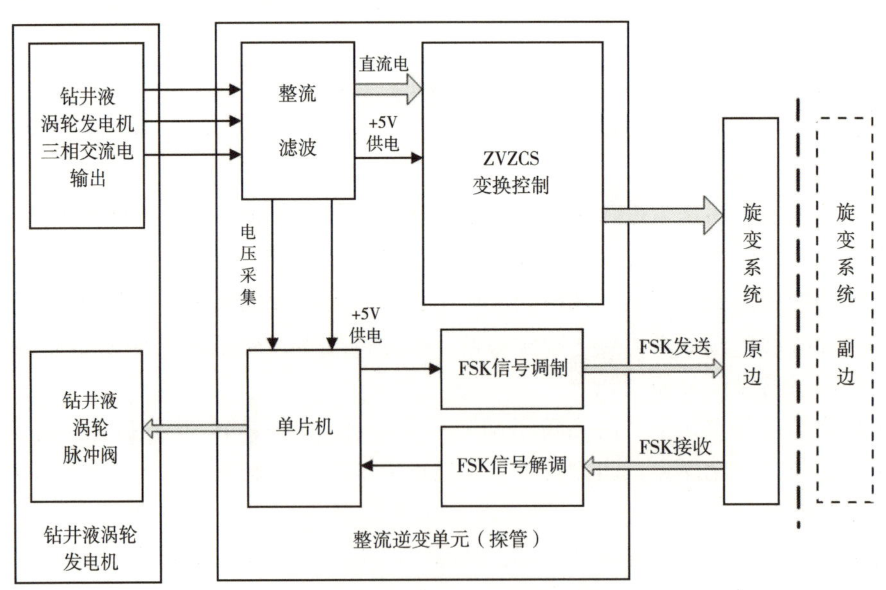

图 2-158　钻井液涡轮发电机探管中的整流逆变单元框图

为方便导向钻井时的指令下传和数据钻井液脉冲上传，在整流逆变器中，采用FSK信号调制、解调技术，把钻井液涡轮发电机的电压通过旋变载波传输给电子节，电子节又把相关状态信息载波传输给钻井液涡轮发电机，以备后续钻井液脉冲阀发送。

电源变换器位于电子节中，作为电源系统的第二道环节，主要为测斜模块、主控模块、电机驱动模块供电。

旋变系统输出的单相高频交流电，经整流滤波转换为纹波较大的直流电，通过全桥ZVZCS变换控制，将此直流电转变为恒定+48V直流电，常态功率为150W；同时输出+5V、+15V、−15V直流电，如图2-159所示。

电源变换器同时配置有单片机和FSK通信电路，用于FSK载波通信和电源管理。

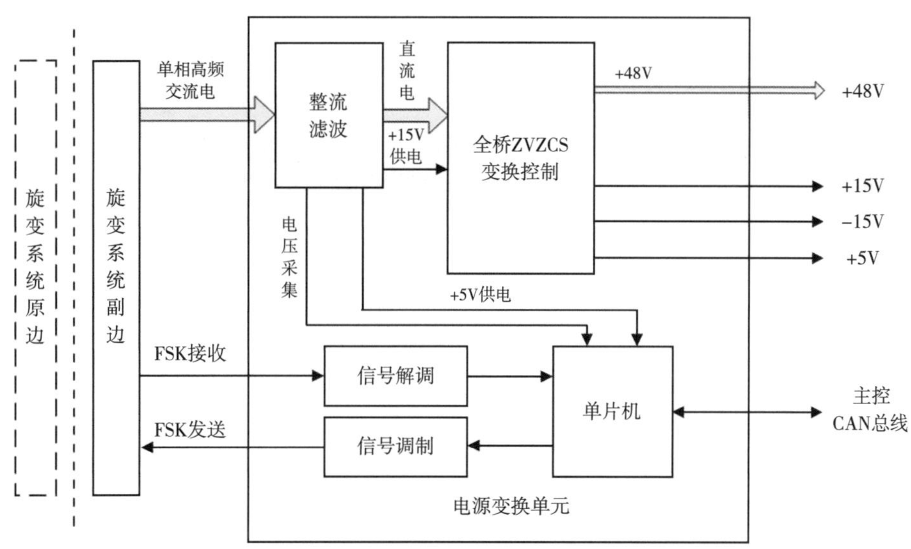

图2-159　电子节中的电源变换单元框图

(3) 旋转变压器（旋变系统）。

非接触式电能传输技术以电磁感应理论与变压器理论为基础，结合电力电子技术与自动控制技术，实现了电能的无接触传输。

非接触式电能传输系统由六部分组成，包括交流电源、整流电路、高频逆变电路、可分离变压器、初次级补偿电路、负载。钻井液涡轮发电机发出的交流电经过整流滤波成直流，向高频逆变电路提供平稳的直流电流，该电流通过高频逆电路后，在初级绕组中产生高频交流电流，根据法拉第电磁感应定律，初级绕组周围产生高频的交变磁场，次级绕组通过该磁场以松耦合感应的方式产生了相应的感应电动势，最后次级绕组将所产生的感应电动势经过整流滤波后提供给负载，从而达到了电能的非接触传输。可分离变压器的初级绕组和次级绕组是可分离的，初级和次级保持相对运动的状态。在该系统中，可分离变压器是实现非接触电能传输的关键。

非接触式电能传输技术集电磁感应理论、变压器理论、电力电子与自动控制等技术为一体。与传统的变压器和感应电机相比，系统中可分离变压器为松耦合结构，初、次级间存在着一个较大的气隙，漏感较大，系统的传输能力有限，传输效率过于低下是限制其发展的主要原因。已研制出600~1000W，传输效率为70%的非接触电能传输系统原理样机，如图 2-160 所示。

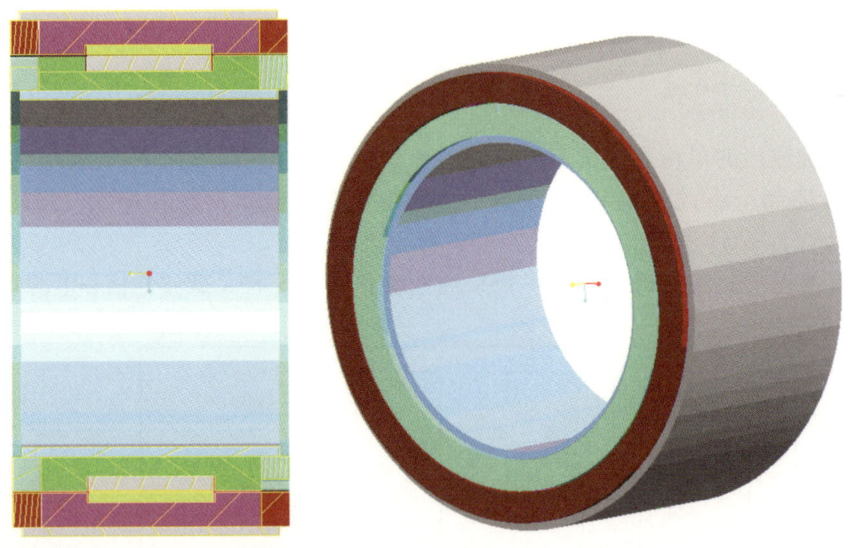

图 2-160　可分离变压器安装示意图

2）测控分系统

测控分系统位于工具本体的上端，由测斜单元、主控单元、3 路电动机控制驱动单元、电子节本体及密封部件、外测孔密封盖、2 路旋变副边输入高压密封插针、3 路电动泵控制密封连接器等组成。测控分系统是自动垂直钻井系统的神经中枢，向执行分系统发出指令。

（1）测斜单元。测斜单元主要是加表传感器分体式布置，把测斜模块划分为加表传感器、测斜模拟板和测斜数字板三个部分，提高强干扰、强振动条件下的测量准确度，优化电路结构以简化标定流程。

（2）主控单元。主要实现获取测斜单元的测量数据，运算闭环控制算法，通过 Can 总线发出指令，控制电动泵的启停；定时采集测斜、电动泵驱动器、电源变换单元的状态数据和下传指令，按日历时钟提供的时标存储在数据存储芯片中，或按照下传指令执行相应动作。主控电路的功能框图如图 2-161 所示。

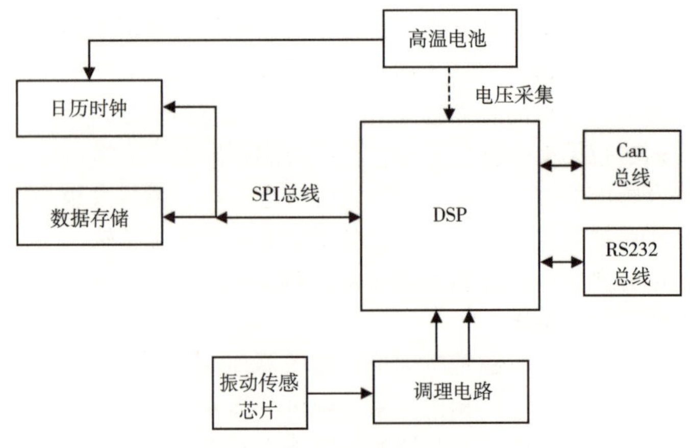

图 2-161　主控电路功能框图

主控电路主要功能包括测斜、电动泵等状态信息采集和控制信息计算及发送；同时增加振动测量功能；为了掌握电子节在井下的振动情况，主控单元上增加振动测量功能，DSP 将振动信号处理，提取统计信息并将统计信息保存，见表 2-119。

表 2-119　主控功能描述表

功能名称	功　能　描　述
地面测试	地面测试中，需要通过主控了解各个其他电子节和电动机的工作情况。此外主控单元为测斜提供通信转包服务，能将测斜模块需要的各种命令通过主控传递给测斜，不需要单独对测斜进行操作
纠斜策略控制	主控通过定时读取测斜模块的井斜角等参数，控制三个电动机的启停情况，通过这些操作达到系统井下纠斜的目的
数据保存	随钻井斜、高边工具面角、压力、温度、振动数据保存

（3）电动泵驱动单元。电动泵驱动单元主要包括电源变换电路和电动泵驱动电路，如图 2-162 所示，其中电源变换电路实现为整个电动泵驱动单元提供高质量电能。电动泵驱动电路包括中央处理器 DSP、CAN 总线接口、信号调理电路、三相逆变电路、旋变解码电路、电流检测和温度检测电路，以及保护电路。中央处理器作为核心，负责无刷直流电动机的电子换相、闭环、CAN 总线通信等任务；信号调理电路将压力信号调理为电压信号，通过 DSP 采集；旋变解码电路负责将电动机旋变传感器的转子位置信号解码，传输给 DSP 进行闭环；电流检测、温度检测和保护电路为电动泵驱动单元提供过流、过热保护功能。

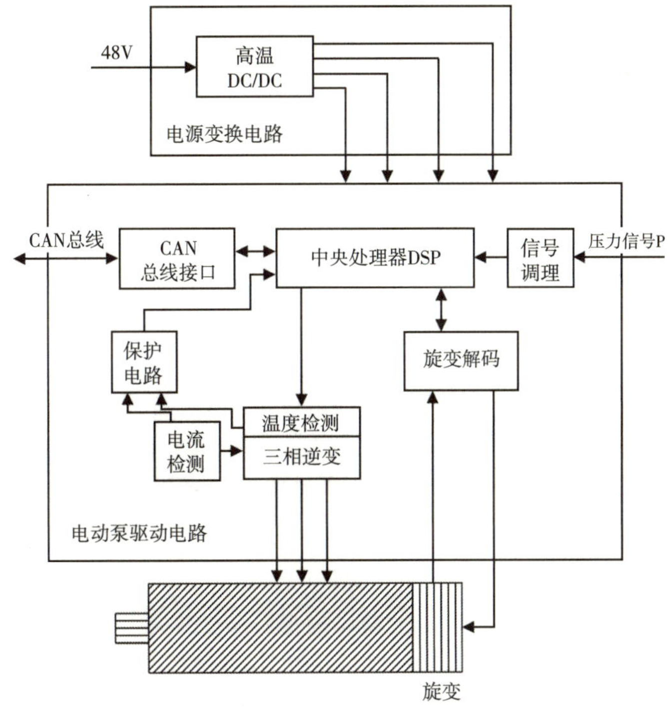

图 2-162　电动泵驱动单元总体框图

自动垂直钻井系统在钻进过程中，测斜单元实时测量近钻头处（距离钻头约1m）工具的倾斜角和高边工具面角。当井斜角大于门限值时，把该测量数据经CAN总线传输给主控单元；主控单元根据当前工具的高边工具面角，运行闭环控制策略，计算出需要动作的液压节编号，并把相应转速指令发送给对应电动机驱动板，由电动机驱动板负责驱动对应液压节中的电动机带动柱塞泵工作，液压柱塞伸出推靠护板作用井壁，产生纠斜力，使垂钻工具恢复到垂直钻进状态。

当井斜小于门限值时，测控单元向执行分系统发出指令，柱塞收回，纠斜力消失，钻头保持垂直钻进。为了提高纠斜效率和防止钻出螺旋井眼，测控系统分别控制液压模块的三台直流电动机以各自的速度旋转，在柱塞上产生不同的推力，其合力的方向始终与井斜高边一致，确保自动垂直钻井系统沿井眼纠斜方向钻进。

3）执行分系统

执行分系统由三个完全相同的液压模块组成，每个模块均为独立的液压单元，通过螺栓连接在本体上，与电子仓通过电连接器相连。

单个液压模块包含微型电动机、联轴器、油泵、安全阀、压力平衡橡胶套、抽真空加注活门、耐高压插针、压力传感器、作动活塞、油滤组件、减振等，液压模块结构如图2-163所示，液压系统原理如图2-164所示。

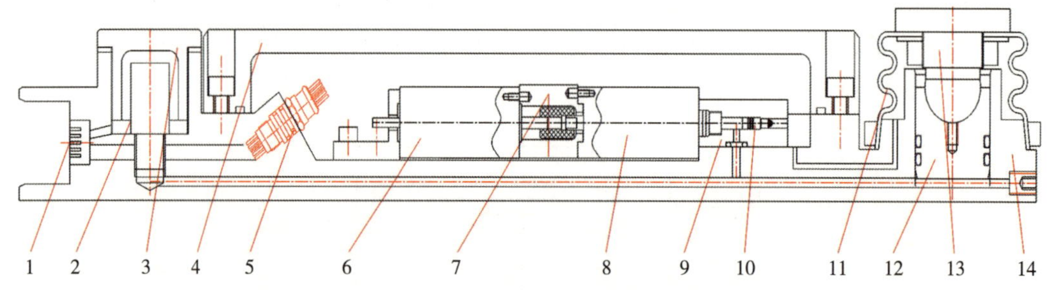

图2-163 执行分系统液压模块结构图

1—耐高压插针；2—压力传感器；3—压力传感器密闭腔端盖；4—液压腔端盖；5—耐高压电连接器；6—电动机；7—联轴器；8—液压泵；9—集成阀块；10—油滤；11—压力平衡橡胶套；12—作动活塞；13—作动活塞附件；14—液压模块本体

液压模块由传感器安装腔和液压腔组成。传感器由于不能耐高压，单独安装在与液压和外部钻井液隔离的密封腔体内。液压腔内部集成电动机、油泵、安全阀等部件。电动机和油泵采用联轴器连接，由电动机直接驱动油泵。安全阀和油滤组件安装在集成阀块中，集成阀块通过螺钉固定在液压腔底部。抽真空加注活门和作动活塞安装于液压腔体侧壁上。压力平衡橡胶套则罩在作动活塞外部，通过油路与液压腔内部油液相通，既能传递外部钻井液压力，又能防止钻井液对动作活塞的污染。

液压系统的工作原理：下井后，三个电机均不启动，根据控制策略，当需要某一个或两个液压模块建立压力时，由主控模块向相应电机驱动器发出控制指令，启动电动机、油泵至额定转速，通过溢流阀保证系统压力16MPa；当纠斜完成时，停下电动机、油泵，此时作动活塞在外力的作用下可以回复到缩回状态；当系统遇到异常，压力突然增大时，通过安全阀卸荷，从而保证系统的安全。

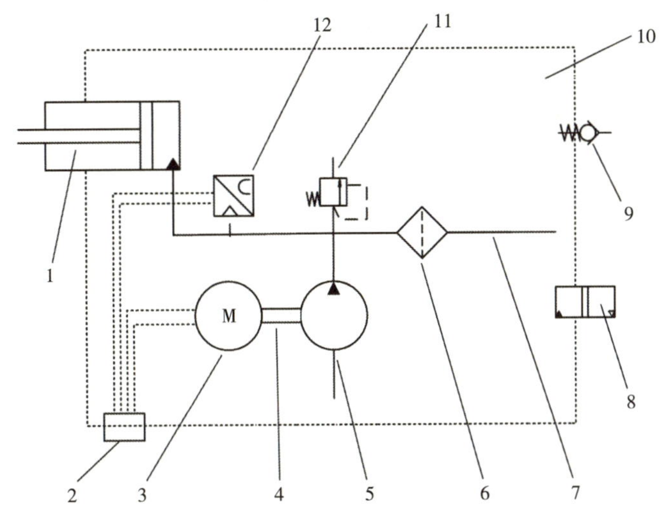

图 2-164 执行分系统液压系统原理图

1—作动活塞；2—耐高压插针；3—电动机；4—联轴器；5—油泵；6—过滤器；7—回油；8—压力平衡橡胶套；9—抽真空加注活门；10—封闭油箱；11—安全阀；12—压力传感器

另外液压模块的工作环境为井下高强度振动环境，因此液压模块还需要考虑结构的防松设计。

液压模块的工况极其恶劣：高温、高压、高强度振动的钻井液环境。并且液压模块的安装空间有限，元件配置需要高度的小型化集成化。为确保液压模块在以上的环境条件下安全可靠的工作，液压模块的关键技术：

①密封技术。液压模块的环境压力最大为 80MPa，环境温度最高 125℃，液压模块的各个密封部位在这种恶劣条件下的性能直接决定系统能否正常工作。按照密封部位压差分为 20MPa 压差、80MPa 压差、0MPa 压差三种。其中 20MPa 压差有：油泵出油口与集成阀块的密封、安全阀的密封、集成阀块与油箱的密封、作动活塞的密封；80MPa 压差有：电机控制线引出用的耐高压密封插针密封、压力传感器所在的密闭安装腔的密封；0MPa 压差有：压力平衡橡胶套的密封、油箱盖的密封。各个密封件的设计和选用将结合密封部位的结构进行详细设计。

②结构防松设计。液压模块在井下工作时需要承受持久的剧烈振动，在这样的工况下普通的螺栓紧固极易出现松动。因此在液压模块的设计中需要针对各个部位的具体情况进行防松设计。

③钻井液压力传递装置设计。液压系统中引入外部钻井液的压力作为油泵的入口压力。而钻井液压力传递装置除了传递外部钻井液压力外，还需要在油液热胀冷缩时起到平衡作用。在作动活塞外部加上平衡橡胶套，平衡橡胶套内部与油箱相连。该结构既能满足油液的热胀冷缩、平衡油箱内外压力，还能避免钻井液与作动活塞的动摩擦副相接触。考虑到液压模块恶劣的工作环境，平衡橡胶套需具有耐温、耐压、防腐、抗磨等特性。考虑采用橡胶套外表面镀层处理，以此来提高橡胶套的防腐、抗磨等性能。

④安全阀可靠性设计。安全阀采用直动式安全阀，考虑垂直钻井系统的振动较大，结构设计时将安全阀的轴线与垂直钻井系统的轴线垂直，减小安全阀中弹簧共振的影响；安

全阀沿用 12.2in 和 16in 溢流阀的直动滑阀结构；安全阀中的关键元件弹簧选用 0Cr12Mn5Ni4Mo3Al（69111）B 组材料，滑阀阀芯材料选用耐磨性材料 Cr12MnV。此形式的设计方案已在 12.2in 和 16in 垂直钻井系统的溢流阀结构上采用，经过垂直钻井系统下井的实际考核，性能满足使用要求，因此比直动滑阀式安全阀设计可靠。

⑤电动机启动峰值电流抑制技术。电动机在系统不工作时为停机状态，当需要纠斜时，由控制器发出指令信号启动电动机，由于电动机启动时的峰值电流较大，同时钻井液涡轮发电机的功率和旋变的效率较小，这样就可能造成电源模块的电压降低，避免影响到系统其他用电模块的正常工作。

4）支撑分系统

支撑分系统主要包括本体、中心管、TC 轴承和护板。中心管下端与钻头连接，上端与钻柱连接，传递钻压和扭矩，同时也是钻井液循环的通道。它与本体之间通过 TC 轴承连接。测控分系统与执行分系统合理的布置在支撑分系统的中心管与本体之间，从而通过各部分的有机协作，实现自动垂直钻井的功能。

该系统主要有以下优点：

（1）采用 TC 轴承，既耐磨，又解决了动密封的难题。

（2）可以根据护板磨损情况，方便快捷的更换护板。

（3）可以实现工具的快速组装，测试和拆卸均方便。

2. 测试系统

自动垂直钻井系统在室内整体组装前，各分（子）系统、单元、模块必须先通过单项测试。在单项测试合格后，才可以进行全系统整体组装。组装完成后，工具必须整体进行测试，不仅可以检验工具组装的好坏，也为现场应用提供必要的基础数据。

自动垂直钻井系统配套技术与设备主要有：地面循环测试系统、地面监控系统及地面钻柱动力学分析系统等。

1）地面循环测试系统

地面循环测试系统主要包括可调式测试立架、循环装置。可调式测试立架可任意调整垂直钻井系统的井斜、方位，以便测试垂直钻井系统的工作状况。循环装置可根据要求任意调节排量，排量范围 20~70L/min。地面循环测试系统可以对组装好的垂直钻井系统进行总体测试，监测垂直钻井系统的运行状态，测试获得的数据是现场试验的基础。

2）地面监控系统

地面监控系统由自备电源（带充电电池）、测控箱和笔记本电脑组成。当无须钻井液涡轮发电机供电时，可用自备电源为地面监控系统供电。

测控箱主要功能如下：

（1）利用 220V 市电向垂直钻井系统的电源变换器输入级提供+60V/150W 的供电功能；

（2）利用自身蓄电池向垂直钻井系统的电源变换器输出级提供+48V 的供电功能；

（3）可以实时显示+48V、+60V 供电电压及供电电流，以检测垂直钻井系统供电状态；

（4）为测试笔记本提供 CAN 总线和 RS232 总线的接口转接。

编制了一套监控软件，可人工干预垂直钻井系统的工作参数，实现了室内测试参数的可视化，如图 2-165 所示。

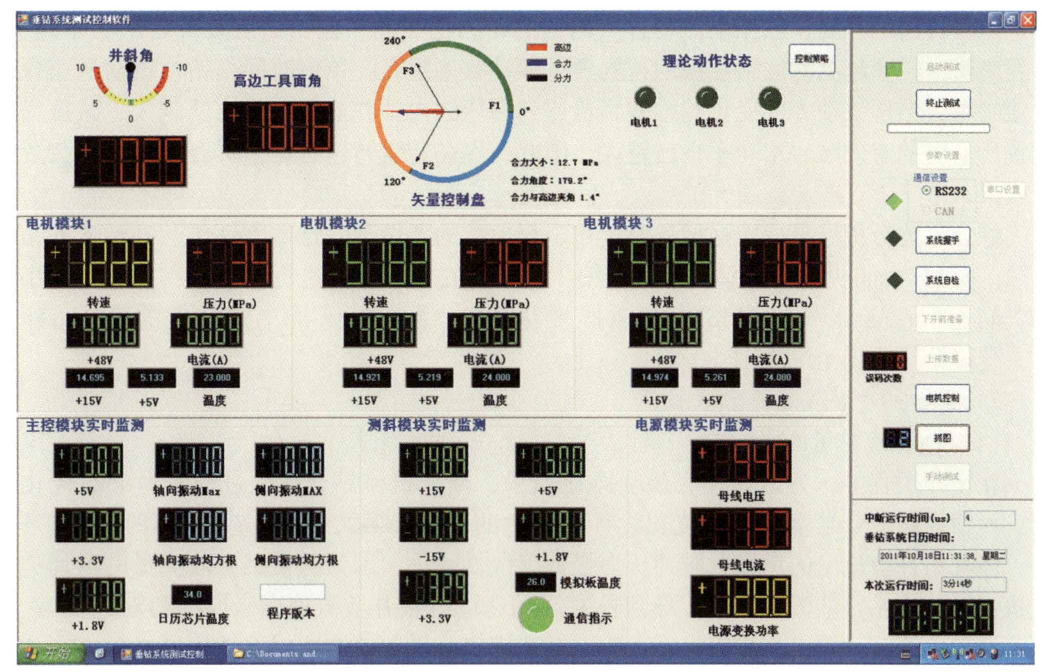

图 2-165 测试界面截图

3）地面钻柱动力学分析系统

地面钻柱动力学分析系统可根据垂直钻井系统记录的数据，分析垂直钻井系统在井下的受力和振动状况，以便确定合理的钻具组合，评估垂直钻井系统的寿命。分析系统还可绘制井斜曲线、井斜高边方位曲线、柱塞压力曲线，根据这些曲线技术人员可分析垂直钻井系统在井底的工作状况。

四、钻井提速工具

1. 钻井参数优化设计

井下减振增压装置及吸振脉冲装置工作过程中，钻井施工参数如钻井液排量、转速及钻压等对该装置的工作特性有重要影响，基于该装置的工作原理建立数学模型并进行了仿真分析，对以上参数的影响规律进行了分析研究，对工具现场使用时的钻进参数进行了优选[24]。

1）减振增压装置钻进参数推荐

（1）钻压对减振增压装置工作特性的影响规律。

随着钻压的增大，减振增压装置输出的压力值越高，输出的有效破岩水功率越大。在不同喷嘴直径条件，有效破岩水功率随钻压的变化其变化幅度不同，喷嘴直径越大，有效破岩水功率随钻压变化的幅度也越大，即压力—钻压关系曲线的斜率越大。钻压波动力作为激励柱塞往复运动的动力源，激励力越大柱塞运动速度越快，传递到增压缸内钻井液的能量也就越高，减振增压装置输出的压力值及有效破岩水功率也越大。因此，装置使用过程中，适当提高钻压值有助于提升装置的工作性能。

（2）转速对减振增压装置工作特性的影响规律。

随着转速的升高，减振增压装置所输出的压力值越高，输出的有效破岩水功率越大。研究表明，转速越高井底钻柱振动越剧烈，振动频率越高，单位时间内钻柱振动所蕴含能量值越高，钻压波动力的变化越剧烈，传递到增压缸内钻井液的能量也就越大，减振增压装置所输出的有效破岩水功率也就越大，因此，提高转盘转速有助于提升减振增压装置使用效果。

综合上述分析结果，减振增压装置在工程允许的条件下，选取大钻压、高转速的钻进参数。ϕ311.1mm 井眼推荐钻进参数：钻压 10tf 左右，在需要进行纠斜时，建议钻压小于 6tf，转速 80r/min 以上；ϕ215.9mm 井眼推荐钻进参数：钻压 8tf 左右，在需要进行纠斜时，建议钻压小于 4tf，转速 80r/min 以上。

2）吸振脉冲装置钻进参数推荐

（1）钻井液排量的影响。

在钻井工程中，为达到井底最优净化效果，提高机械钻速，须进行水力参数优化设计，而钻井液流量是水力参数优化设计过程中的重要参数之一，在钻头压降一定的条件下，随着钻井液流量的增加，脉冲压力幅值呈线性减小。因为随着钻井液流量的增加流经装置液压缸的钻井液流速变大，导致柱塞运动速度与钻井液流速两者间的相对速度减小，由装置工作原理可知，只有当柱塞下行运动速度高于钻井液流速时，液压缸内的压力才会增大，并且两者间的相对速度越大，在液压缸内产生的增压效果越显著，液压缸内的最大压力与最小压力之差也就越大、即压力脉冲幅值越大，因此，随着钻井液流量的增大，压力脉冲幅值是减小的。

（2）钻压的影响。

在钻头压降一定的条件下，随着钻压的增加，脉冲压力幅值呈线性增大，并且钻头压降越大，增大幅度越高。因为随着钻压增大钻压波动力随之增大，钻压波动力作为活塞运动的动力源，该力的变大促使活塞运动速度加快，在钻井液流速一定的情况下，活塞运动速度与钻井液流速两者的相对速度变大，液压缸内产生的增压效果就越显著，装置所调制的脉冲压力幅值也就越大。因此，装置使用过程中，适当提高所施加的钻压值有助于装置提速效果的进一步发挥。

（3）转速的影响。

随着转速的升高，脉冲压力幅值也随之增大，但增长幅度逐渐减缓。随着转盘转速的升高井底钻柱纵向振动频率随之升高，单位时间内钻柱振动所蕴含能量值更高，钻压波动力的变化越剧烈，从而使液压缸内压力在周期时间内压力震荡更剧烈，脉冲压力幅值也就更大。因此，在现场施工条件允许的条件下，提高转盘转速有助于提升装置使用效果。

综合上述分析结果，吸振式液压脉冲发生装置在工程允许的条件下，选取大钻压、高转速的钻进参数。ϕ311.1mm 井眼推荐钻进参数：钻压 10tf 左右，在需要进行纠斜时，建议钻压小于 6tf，转速 80r/min 以上，排量 40~50L/s；ϕ215.9mm 井眼推荐钻进参数：钻压 8tf 左右，在需要进行纠斜时，建议钻压小于 4tf，转速 80r/min 以上，排量 26~30L/s。

2. 钻井提速工具结构及工作原理

1）减振增压装置的基本结构及工作原理

井下钻柱减振增压装置，从实现的功能上分为两个系统，即上部的减振系统和下部的钻井液增压系统。减振系统可将钻柱振动的能量分解为三部分：第一部分用于实现部分钻井液的增压；第二部分消耗于弹簧压缩及复位产生的热能；剩余的部分可以起到冲击钻井的效果。该系统在实现能量分散的同时，还可以保证整套装置的复位冲程大小。钻井液增压系统的功能是将减振系统分解出的第一部分能量转移给一小部分钻井液，实现钻井液的增压，来达到超高压射流辅助或直接破岩的目的。为了实现上述功能，设计了装置整体结构，主要由上部转换接头、弹簧上封堵接头、弹簧外筒、弹簧、弹簧下封堵接头、中心轴、花键外筒、活塞轴、锁紧螺母、进水阀、密封总成、增压缸、增压缸扶正筒、增压缸外筒、出水阀、高压流道、下部转换接头等组成，如图 2-166 所示。

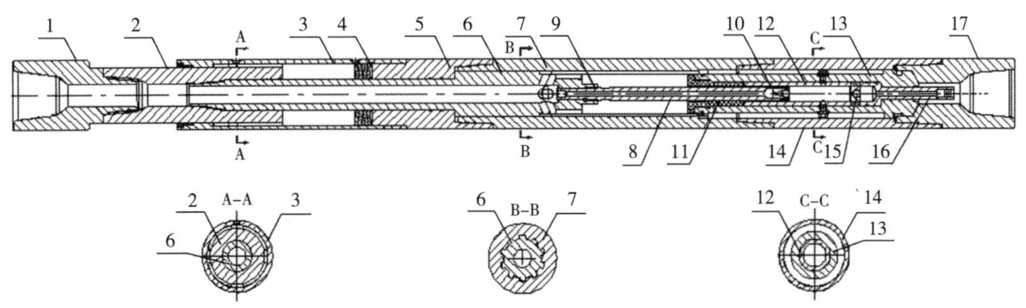

图 2-166 井下钻柱减振增压装置结构图

1—上部转换接头；2—弹簧上封堵接头；3—弹簧外筒；4—弹簧；5—弹簧下封堵接头；6—中心轴；7—花键外筒；8—活塞轴；9—锁紧螺母；10—进水阀；11—密封总成；12—增压缸；13—增压缸扶正筒；14—增压缸外筒；15—出水阀；16—高压流道；17—下部转换接头

井下减振增压装置的原理是：利用钻井过程中由于钻柱纵向振动所引起的井底钻压波动作为能量来源。通过钻柱的纵向振动带动井下柱塞泵的柱塞上下运动，利用钻压波动压缩钻井液使之增压并通过钻头上的某一特制喷嘴产生超高压射流（可达 100MPa 以上）。既减小了钻柱振动，保护了钻头和钻柱，又提高了射流压力，实现水力破岩。

2）井下吸振脉冲增压工具基本结构及工作原理

利用钻柱的纵向振动及钻压波动，周期性压缩柱塞缸里面的钻井液从而产生脉冲射流。当钻压增大时，柱塞缸内体积减小，弹性复位元件压缩蓄能，柱塞的运动速度先增加再减小，当该速度大于柱塞缸内钻井液的流速时，控制单向阀关闭，此时柱塞缸内的钻井液与弹性复位元件共同来分担钻压的增大，柱塞缸内的钻井液压力增加；当该速度小于柱塞缸内钻井液的流速时，控制单向阀开启，钻井液常压流入钻头喷射；当钻压减小时，柱塞相对于柱塞缸向上运动，弹性复位元件释放能量并加速工具的复位，控制单向阀开启，钻井液进入柱塞缸内，由于流道的截面效应，柱塞缸内压力低于正常压力，压力周期性增大与降低的射流即为脉冲射流。为了实现上述功能，设计了装置整体结构，主要由上部转换接头、弹簧上封堵接头、弹簧外筒、弹簧、弹簧下封堵接头、中心轴、花键外筒、活塞轴、锁紧螺母、进水阀、密封总成、增压缸、增压缸扶正筒、增压缸外筒、出水阀、高压流道、下部转换接头等组成，如图 2-167 所示。

井下吸振脉冲增压工具工作原理：利用钻柱的纵向振动及钻压波动，周期性压缩柱塞缸里面的钻井液从而产生脉冲射流，利用高压脉冲射流改善井底受力状态及清岩效果从而提高钻井速度。该工具调制的脉冲射流幅值较高，并且能量源随着井深的增加而增加，工

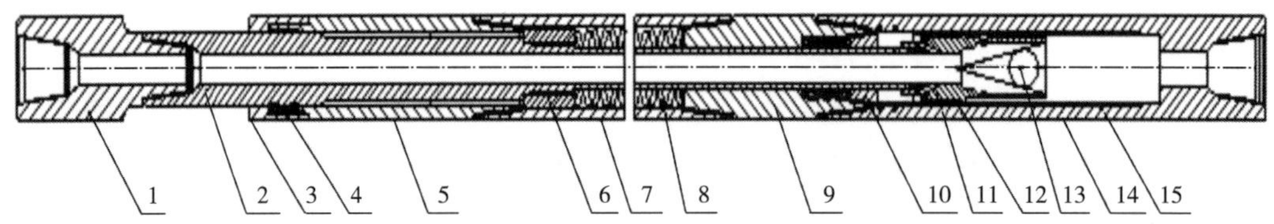

图 2-167　井下吸振脉冲增压工具结构图

1—上部转换接头；2—花键芯轴；3—上封阻接头；4—组合密封；5—花键外筒；6—限位结构；7—花键外筒；8—弹性复位元件；9—下封阻接头；10—调节块；11—滑动密封总成；12—延长芯轴；13—单向阀；14—柱塞缸外筒；15—柱塞缸

具的使用效果更显著。

3. 超高压射流破岩钻头选型及高压连接装置

1）超高压喷嘴优选

超高压喷嘴的安装位置及组合方式是影响高压射流效率充分发挥的重要因素之一，为了充分利用超高压射流进行辅助破岩，对超高压钻头喷嘴的组合方式，安装位置及喷嘴直径进行了优选设计。

超高压喷嘴是超高压射流喷射的执行元件，射流压力的大小与超高压喷嘴直径尺寸紧密相关，装置输出最高压力值随着喷嘴直径的增大而减小，但其输出的有效破岩水功率随着喷嘴直径的增大呈先增大后减小的趋势。

2）超高压钻头连接装置

井下减振增压工具产生的超高压射流主要起到辅助破岩提速的目的，只有在保证原有钻头破岩能力的基础上增加辅助破岩能力才能有较好的提速效果，因此井下减振增压装置采用对常规钻头改造的方式，通过设计加工钻头连接机构，实现超高压射流到井底的传输，钻头连接机构示意图如图 2-168 所示。

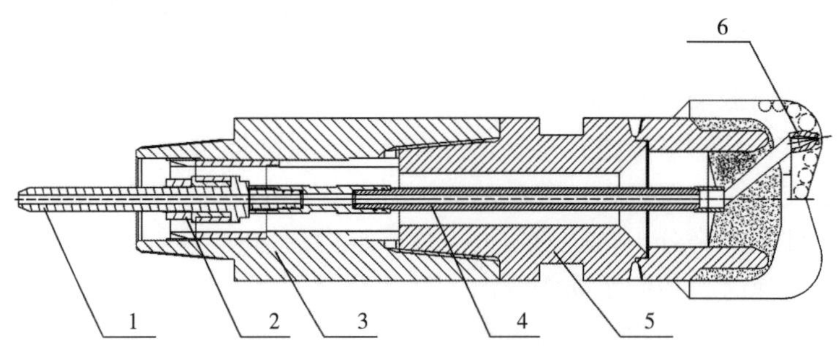

图 2-168　钻头连接机构示意图

1—超高压过流上流道；2—防扭扶正装置；3—转换接头；4—超高过流硬管；5—PDC 钻头；6—超高压喷嘴

如图 2-168 所示，钻头连接机构由超高压钻井液流道、防扭扶正装置、转换接头等组成。其中，转换接头用于连接井下钻柱减振增压装置与钻头，防扭扶正结构用于居中固定超高压钻井液流道，承受在与井下增压装置安装过程中超高压钻井液流道所受的轴向力及扭矩，超高压钻井液流道则将从增压装置输出的超高压钻井液输送到井底，超高压钻井液流道由超高压过流上流道、超高压过流弯管组成。

井下增压装置输出的超高压钻井液由超高压流道输送到井底，实现超高压射流辅助破岩或直接破岩的目的，而普通钻井液则通过超高压流道与转换接头的环形空间、防扭扶正结构的过流孔以及超高压流道与钻头腔体间的环形空间通过钻头上的普通喷嘴喷出到达井底，发挥其正常功用。

3）常规喷嘴组合优选

常规喷嘴组合对吸振式液压脉冲发生装置的工作特性有重要影响，常规钻井过程中，在钻井液排量、钻井液性能及喷嘴结构一定的条件下，钻头压降值由当量喷嘴面积唯一决定，即某一钻头压降值对应唯一的当量喷嘴面积。为直观的分析当量喷嘴面积对装置工作性能的影响，以常规钻井过程中的钻头压降值作为衡量当量喷嘴面积大小代表量。以下分析中所述钻头压降值均指常规钻井过程中的钻头压降值，其中在钻井液密度为 1.2g/cm^3 条件下，钻头压降与当量喷嘴面积的对应关系见表 2-120。

表 2-120　钻头压降与不同钻井液排量下当量喷嘴面积的对应关系

压力 MPa	当量喷嘴面积，mm^2				
	26L/s	28L/s	30L/s	32L/s	34L/s
1	670	721	773	824	876
2	474	510	546	583	619
3	387	416	446	476	506
4	335	361	386	412	438
5	300	323	346	369	392
6	273	294	316	337	358
7	253	273	292	312	331
8	237	255	273	291	310
9	223	240	258	275	292

在钻井液流量一定的条件下，随着钻头压降的增大，脉冲压力幅值不断增大，但增长幅度逐渐降低，也就是说，脉冲压力幅值随钻头喷嘴当量面积的增大而不断减小，但降低幅度逐渐降低。当钻头压降在 1～3MPa 之间时，压力脉冲幅值随钻头压降的增大而增大，并且增幅较大；当钻头压降高于 3MPa 后，压力脉冲幅值随钻头压降的变化趋势不变，但增幅趋于平稳。钻头压降值代表着当量喷嘴面积的大小，钻头压降的增大，意味着当量喷嘴面积的减小，钻头喷嘴作为装置液压缸的泄流口，在其他同等条件下，泄流口面积越小液压缸内产生的压力震荡越大，因此随着钻头压降的增大，脉冲压力幅值不断增大。因此，建议选择钻头喷嘴组合时，应保证钻头压降在 3MPa 以上。

第八节　碳酸盐岩、火成岩及酸性气藏高效安全钻井技术

“十二五”期间，针对我国碳酸盐岩、火成岩和酸性气藏勘探开发存在的高效安全钻井问题，中国石油研究形成了 6 项气体钻井装备、2 种高效破岩工具，形成了 5 项安全高效钻井配套技术，成功研制了大排量雾化泵、高压力级别旋转防喷器和气体钻井循环系统等 6 项气体钻井装备，整体达国际先进水平，促进了气体钻井装备的进一步完善和国产

化，显著增强了气体钻井技术核心竞争力；成功研制了用于火成岩的复合切削钻头、个性化 PDC 钻头，同比提速 20%以上，深层高效破岩工具进一步完善，为碳酸盐岩、火成岩快速钻井提供了新手段；形成了溢流早期监测、管柱安全性评价及管材优选等 5 项配套技术，并实现有形化推广应用。研究成果在磨溪、高石梯、大北—克深、塔中等构造深井集成应用 139 口井，机械钻速显著提高，钻井周期大幅缩短，与“十一五”相比，4000m 以上应用井同比周期缩短 41.5%~65.8%，有效支撑了碳酸盐岩、火山岩及酸性气藏高效安全钻井。

一、气体钻井技术与配套装备

针对出水地层气体钻井、深井小井眼气体钻井、气体钻井定向井/水平井装备配套不完善，研制了大排量雾化泵、大通径旋转防喷器，为大尺寸井眼实施雾化/泡沫钻井提供了装备支撑；自主研发了高压力级别旋转防喷器、动密封压力达 21MPa，升级配套了高压增压机，实现压力级别由 17MPa 提高至 25MPa、35MPa，有效提升了深井小井眼充气欠平衡钻井的能力；独创气体钻井用导向式空气锤，为气体钻定向井、水平井提供了新的井下动力钻具关键装备。

1. 大排量雾化泵的研制

在雾化、泡沫钻井中，雾化泵是关键设备，其排量、工作压力等参数直接关系到施工的成败[25]。前期所使用的雾化泵均为国产 T100-3 或 165T-5M 型，排量低、上水效果差（低于 50%）、工作稳定性差（易损件连续工作时间不足 24h），设备维护、检修时间长，不能满足雾化/泡沫钻井的需求。根据生产实际，确定了不同钻井方式下所需雾化泵主要性能参数：理论排量不低于 10L/s，压力不低于 10MPa，能够实现无级调速，且持续作业时间长。

雾化泵主体由冷却器、发动机、液力耦合器、减速器、联轴器、高压往复泵、蓄水箱、仪表控制系统等组成（图 2-169）。发动机提供动力源，耦合器为调速机构，经减速机减速后驱动往复泵。雾化泵核心部件为高压往复泵和调速型液力耦合器。

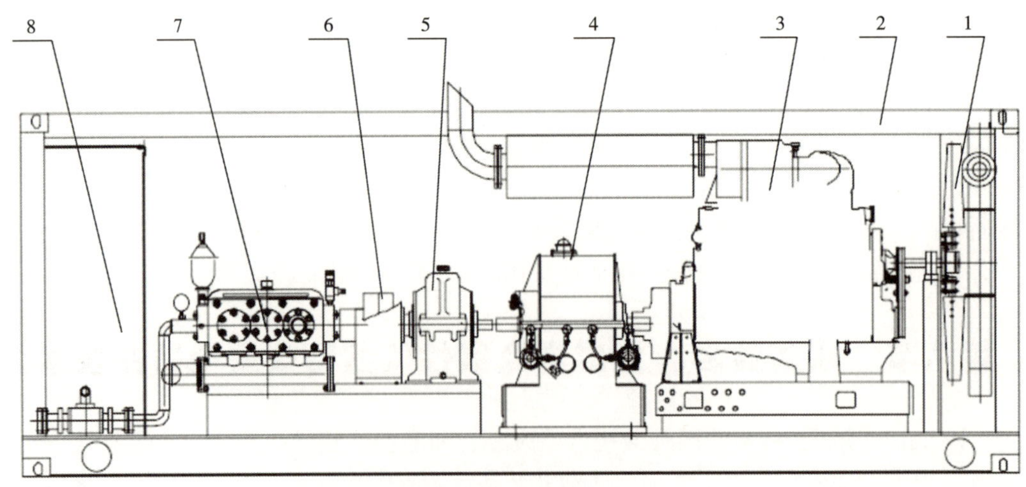

图 2-169 雾化泵平面布置图

1—冷却器；2—橇装；3—发动机；4—液力耦合器；5—减速器；6—联轴器；7—高压往复泵；8—蓄水箱

高压往复泵是雾化泵最基本的配置单元，为达到 10L/s 排量和 15MPa 压力要求，选用柱塞泵。柱塞泵与齿轮泵和叶片泵相比优点如下：第一，构成密封容积的零件为圆柱形的柱塞和缸孔，加工方便，可得到较高的配合精度，密封性能好，在高压工作仍有较高的容积效率；第二，只需改变柱塞的工作行程就能改变流量，易于实现变量；第三，柱塞泵中的主要零件均受压应力作用，材料强度性能可得到充分利用。

采用 YOT CGP560-1500 型调速型液力耦合器来实现发动机和柱塞泵的对接，该液力耦合器配置在柴油发动机和柱塞泵之间，可手动、自动或 PLC 控制无级调速，通过调整柱塞泵的输入转速，实现不同条件下柱塞泵的输出流量。该液力耦合器的调速范围为 500~1500r/min，则对于柱塞泵来说，最低转速可在 100r/min 上使用，最高为 300r/min，其间全是无级调速，调速过程柔和平滑，输出转速平稳，动力传递可靠。

新型雾化泵特点及技术参数（表 2-121）：

（1）排量大：38m^3/h；

（2）排水压力最高可达 15MPa；

（3）100~500r/min 无级调速；

（4）整体橇装结构，吊装、安装方便；

（5）工艺流程简洁、实用，满足现场实际需要；

（6）仪表控制系统集中控制。

表 2-121 新型雾化泵与前期使用雾化泵技术参数对比

技术参数	新型雾化泵	165T-5M	T100-3
最高排量，m^3/h	38	21.6	10.8
上水效率,%	≥80	≤50	≤50
最高排水压力，MPa	15	15	10
持续工作时间，d	5	2~4	1~2
调节方式	无级调速	换挡变速	换挡变速

新型雾化泵排量进一步提升，相比 165T-5M 和 T100-3 型雾化泵，排量提高了 17.6m^3/h 和 27.2m^3/h；由于工艺流程的合理性，其上水效率提高到 80%以上，且实现了无级调速，解决了前期雾化钻井因排量低引发的携屑不畅、卡钻等井下复杂事故。通过 5 口井现场试验完善和 9 口井的推广应用，很好地满足了雾化、泡沫钻井的需求。

2. 高压力级别旋转防喷器的研制

为满足“高压力级别旋转防喷器：静密封压力 35MPa、动密封压力 21MPa，使用寿命>120h”的设计要求，研制了 XK-21/35（220）型旋转防喷器，主要由旋转总成、密封胶芯、底座壳体、液动卡箍、液控装置等组成。其工作原理是随钻封隔井口环空和钻柱，旋转导流钻井介质，达到控制井口压力的目的。主要技术指标如下：

额定动密封压力：双胶芯旋转总成结构 21MPa，单胶芯旋转总成结构 10.5MPa；

额定静密封压力：35MPa；

钻具通过密封直径：215.9mm；

壳体主通径：346.1mm；

额定动密封寿命：21MPa 室内试验 200h；

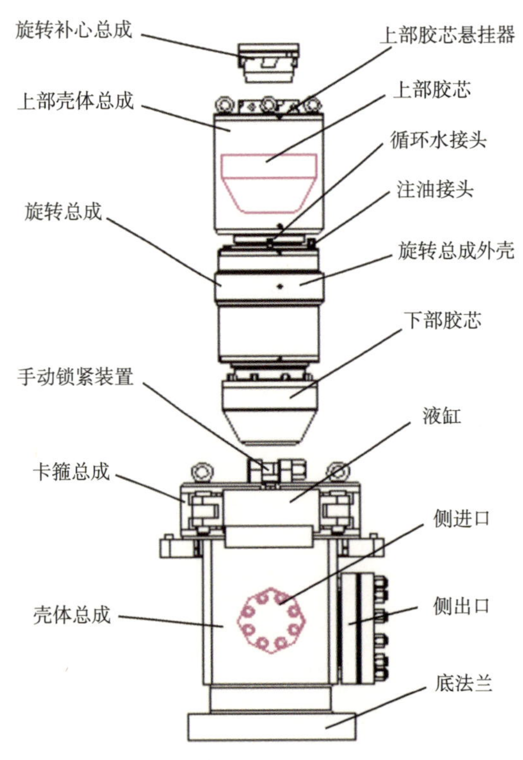

图 2-170　旋转防喷器（主机）结构图

现场使用寿命：单套累计使用寿命>600h，胶芯使用寿命>100h。

1）整体结构

在工作过程中，方钻杆通过旋转防喷器上的驱动补芯总成，带动上部壳体总成、上部胶芯悬挂器及上、下部胶芯与钻柱一起旋转[26]。上、下胶芯依靠自身的弹性变形和井压助封来对钻柱周围实施密封，旋转总成内部由上、下动密封组件与总成外部进行密封（图 2-170）。此种旋转防喷器通过更换胶芯可密封 2⅜~6⅝in 钻杆，如下胶芯密封失效，上胶芯可以继续工作，实现双重保护。

2）高压大直径旋转密封总成

旋转防喷器密封通径为 220mm，决定了其旋转动密封直径大、工作线速度高、摩擦热量大；而动密封压力 21MPa，又致使其径向承压强度要求高的问题。通过调研和试验测试，研制出一组采用特殊材料组合密封、具有间隙补偿的旋转动密封机构，创新采用三层隔离密封油、水、尘渣，克服了大直径高压条件下摩阻大、不易散热、容易污染等技术难题，使 21MPa 状态下密封寿命达到 200h 以上(图 2-171)。

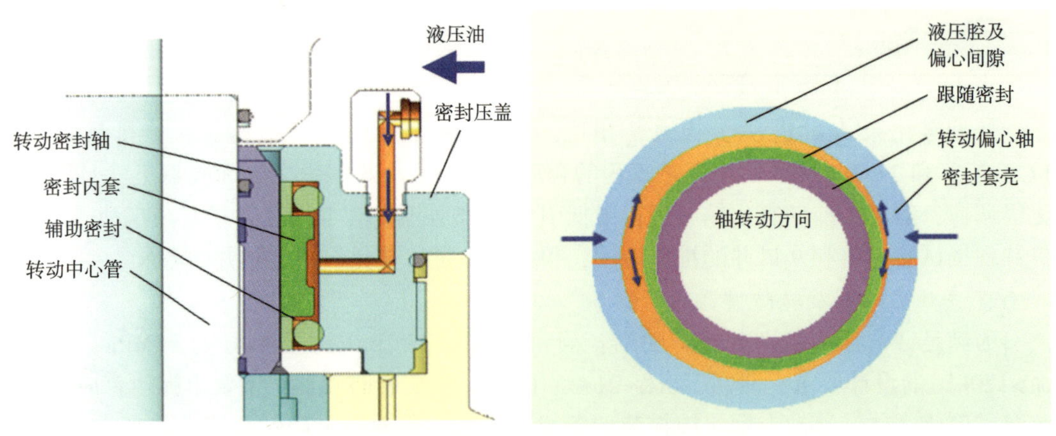

图 2-171　旋转动密封原理示意图

3）抗硫密封胶芯

通过有限元分析和材料浸没、拉伸等试验，选择氢化丁晴材料替代常规橡胶材料，同时在胶芯硫化过程中添加改良材料，提高胶芯的力学性能和抗硫指标。三种规格胶芯弹性密封范围：73~133mm、101.6~171mm、139.7~215.9mm（图 2-172）。

图 2-172　密封胶芯有限元分析

新研制的高压力级别旋转防喷器，与国际先进产品比较，达到国际先进水平。XK-21/35（220）高压旋转防喷器及其系列化改型产品先后在川渝、塔里木、渤海等油气田的金溪 2 井、龙岗 022-H3 井、长宁 H6 井、珙县 YS111 井等 6 口井进行气体、欠平衡及控压钻井作业，累计使用 2473h，应用效果良好，施工过程中未发生控压失效、密封泄漏事故。

3. 连续循环气体钻井技术

针对大出水地层气体钻井生产时效低，中断循环后可能引起卡钻等井下复杂，充气钻井井底压力波动大、井控风险高等问题，发展了阀式连续循环气体钻井技术，实现了接单根、起下钻作业过程中钻井介质连续循环，消除因循环中断造成的井下复杂等问题，为深层、复杂地层勘探开发提速、提效提供了有力的技术支撑[27]。

技术原理：通过连续循环地面控制系统控制连续循环阀在不同钻井工况下，根据需要实现正循环、侧循环转换，正循环时侧循环自动关闭和密封，侧循环时正循环自动关闭和密封，保持接单根、起钻过程钻井介质始终处于连续循环状态。

连续循环硬件系统：包括连续循环阀（图 2-173）和地面控制系统。连续循环阀随钻具一起入井，其抗拉、抗扭强度均高于相应的 S135 钻杆强度。连续循环控制系统适用于纯气体、纯液体及气液两相循环介质，气密封 35MPa、液密封 50MPa，系统安装、操作简便。

连续循环钻井工艺（图 2-174）：连续循环钻井接立柱工艺：（1）正循环，准备接立柱；（2）连接侧循环管线；（3）打开侧循环，关闭正循环；（4）卸扣，上提钻具；（5）顶驱接立柱；（6）打开正循环，关闭侧循环；（7）断开侧循环管线，恢复正循环钻进。卸立柱与接立柱操作步骤相反。

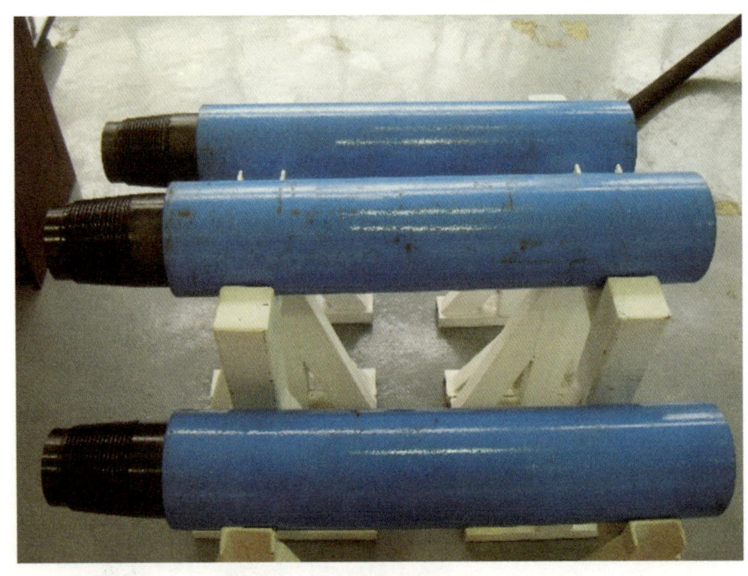

图 2-173　气体钻井连续循环阀

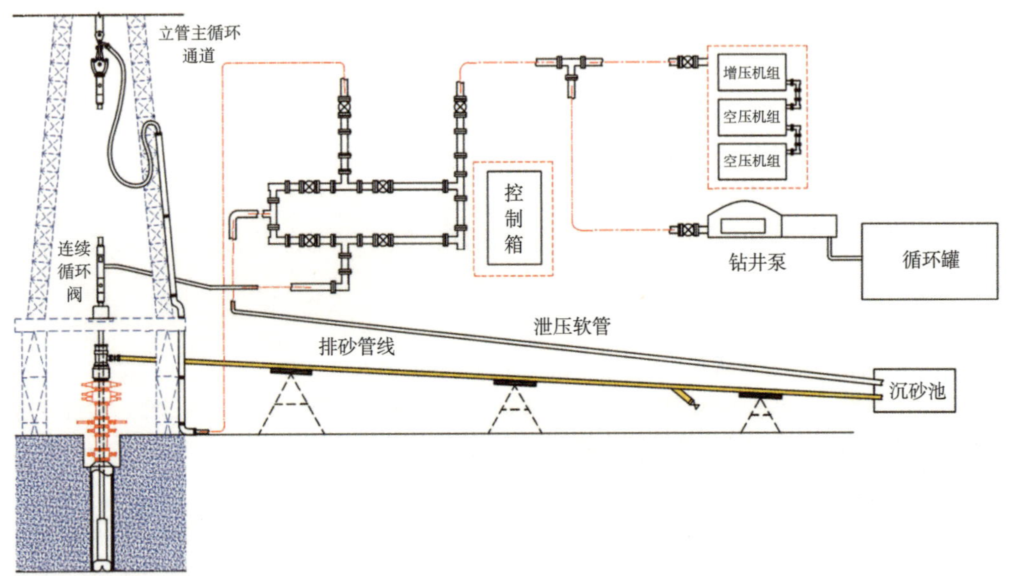

图 2-174　连续循环接单根（立柱）工艺

应用领域：连续循环钻井技术可用于气体钻井和钻井液钻井。用于气体钻井主要是延长大出水地层、沉砂多地层的气体钻井进尺，提高充气钻井效率和安全性。用于钻井液钻井主要是提高窄密度窗口井的安全性，消除欠平衡井储层气体聚集的风险，降低中断循环后掉块回落卡钻的风险，改善大位移水平井井眼清洁条件。

2012 年以来，连续循环钻井技术共进行现场应用 16 井次，其中气体钻井 11 井次、充气钻井 3 井次、钻井液钻井 2 井次，在减小接单根压力波动、避免井下复杂、延长气体钻井进尺、提高钻井时效和安全性等方面取得了显著效果。

二、酸性气藏安全、优快钻井关键技术

1. 基于随钻测量的溢流早期监测技术

1）溢流早期监测

溢流早期监测技术是在钻井过程中，利用随钻测量信息识别井下气侵状态，实现溢流早期监测预警的一项技术[28]。在碳酸盐岩地层，由于地层压力的变化范围大，井与井之间的地层压力差异大，目前还没有一套成熟的碳酸盐岩地层压力预测方法，致使钻井过程中钻井液密度使用不一定满足要求，现场经常会遇到钻井液密度过低不足以平衡地层压力而发生气侵的情况。气侵发生后，由于气体在井底高压状态下膨胀系数低，膨胀不明显，而当地面溢流监测装置检测到溢流时，地层侵入的气体往往已经到达井筒的中部以上，给井控安全带来威胁。基于随钻测量的溢流早期监测技术，利用井下随钻测量参数快速上传地面的优势，及时对井下信息进行分析判断，做出预警，避免了地面溢流监测滞后时间过长带来的不足，为井控措施的采取赢得时间，保证井控安全。气侵早期监测系统组成示意图如图 2-175 所示。

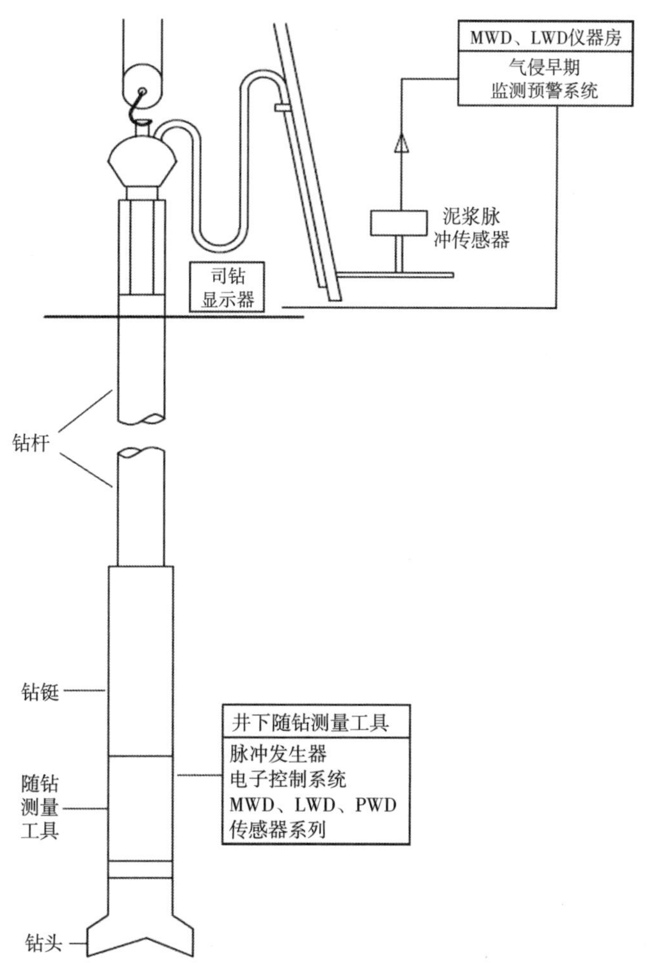

图 2-175　基于随钻测量信息的溢流早期监测系统组成示意图

气侵发生时，钻井液的含气率将发生变化，随钻测量参数值也会发生不同程度变化。大量的注气数模、实验井筒注气模拟和现场充氮气试验等表明，不同含气量条件下，随钻电阻率、随钻伽马、随钻井温、随钻井底压力等都将发生相应的变化且存在一定的变化特征规律，地面个别录井参数如钻时等也会发生相应的变化。利用这些实验数据建立起不同含气率条件下随钻电阻率、随钻伽马、随钻井温、随钻井底压力等的变化特征图版，就能根据井底传上来的这些数据点落在这些图版中的趋势和位置，迅速判断气侵及气侵量的大小。通常这些参数变化特征的识别只需在其发生偏离正常趋势后 4~5 个数据点即可做到。而这 4~5 个数据点从井底到地面的传输只需约 4min 时间，而用地面溢流监测，则往往需要 30min 以上，因此，利用随钻信息便可实现气侵的早期识别预警。基于 PWD 信息的气侵早期监测流程如图 2-176 所示。

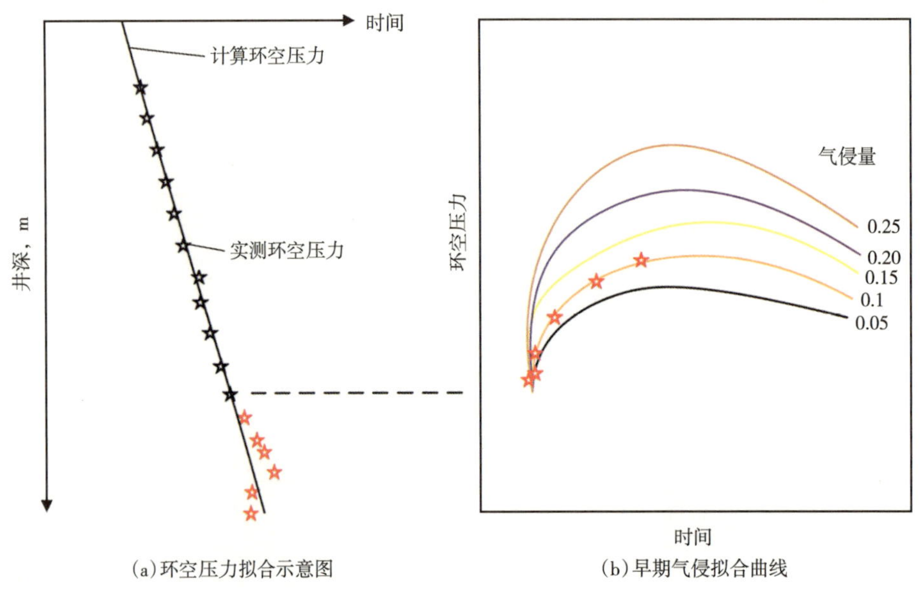

图 2-176　基于 PWD 的气侵早期监测流程示意图

当正常钻进时，井底环空压力计算值总是等于 PWD 实测值，两条曲线是重合的，为了保证井底环空压力计算值准确，可利用 PWD 钻杆内循环压力值来校核水力模型，直至与实测值保持一致。当发生气侵或其他事件时，实测压力点将偏离两条重合线，预示着井下异常。将实测压力点绘制在气侵特征图版上，就可根据前 4~5 数据点勾画出的形态特征，做出气侵量的判断与预警。

溢流早期监测技术能为 5000m 井预警时间提早 15min 以上，单参数预警符合率 80%，三参数以上预警准确率达到 100%。溢流早期监测技术优势比传统的地面录井监测预警时间早，为钻井优化和井控措施实施赢得时间。

2）气侵规律研究

为研究气侵的规律和特征，针对常规 4500m 深 8½in 井眼，模拟了不同气侵速度下的钻井液池液体增量、气体运移、返出流量和井筒压力变化特征。

气侵对钻井液池液体增量影响如图 2-177 所示。受气体膨胀和运移规律影响，钻井液池液体增量曲线表现为先平缓上升，后迅速增加的特征。在气泡达到井口之前，钻井液池液体增量曲线近似于一抛物线。在气泡到达井口以后，井筒内的流动到达稳定，井筒内的气体分布不再发生变化，钻井液池液体不再增加。气体运移速度变化也是造成钻井液池液体非均匀增长的原因之一。气体在井筒中的移动速度是非均匀分布的。

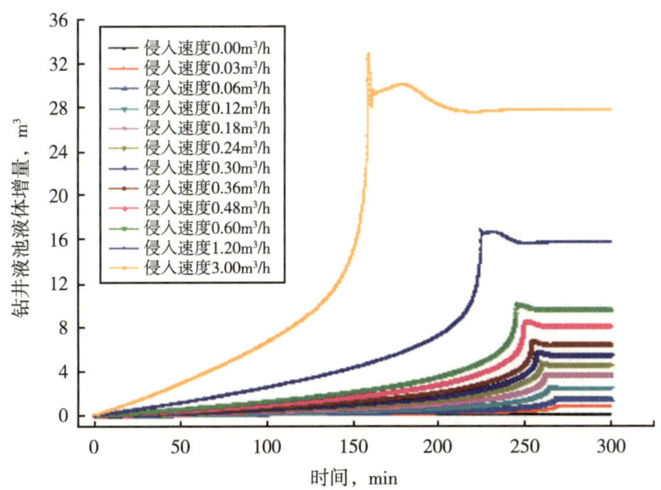

图 2-177 钻井液池液体增量随时间变化情况

气侵过程中井底压力的变化情况是研究的重点，也是实现气侵早期监测和识别的关键。图 2-178 是气侵量对井底压力变化影响。在气侵速度较小的情况下（气侵速率小于 0.3m^3/h），气侵以后井底压力急剧升高，以气侵速度 0.18m^3/h 为例，井底压力从 61.1MPa 迅速上升到 63.1MPa 后基本保持稳定，待气泡膨胀到一定程度后下降到 62.8MPa 并保持稳定。

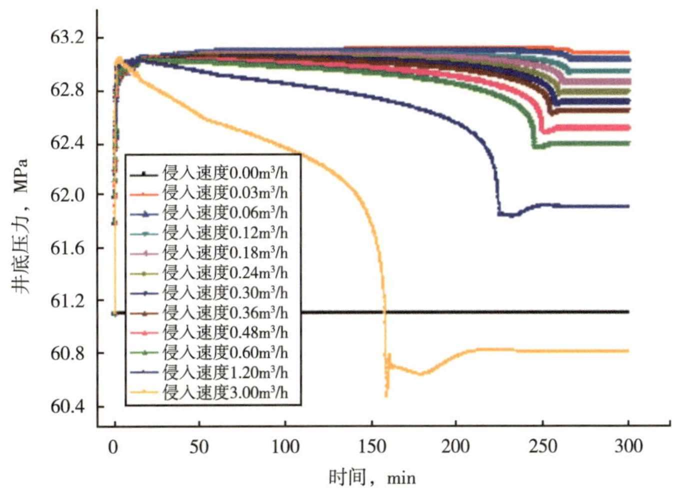

图 2-178 气侵量对井底压力变化影响

当气侵速度中等时（气侵速率小于 0.3~0.6m^3/h），井底压力的变化规律和气侵速度较小的状态下相似，只是数值上存在较小的差别；以气侵速度 0.6m^3/h 为例，井底压力从 61.1MPa 迅速上升到 63.1MPa 后基本缓慢降低，待气泡膨胀到一定程度后下降到 62.4MPa

并保持稳定。

当气侵速度增大到一定程度时（气侵速率大于 0.6m^3/h），井底压力先急剧升高，之后又快速下降到一稳定值；以气侵速度 3m^3/h 为例，井底压力从 61.1MPa 骤然增加到 62.8MPa 后，快速降低，待气泡到达井口后降低到 60MPa 并保持稳定（图 2-179）。

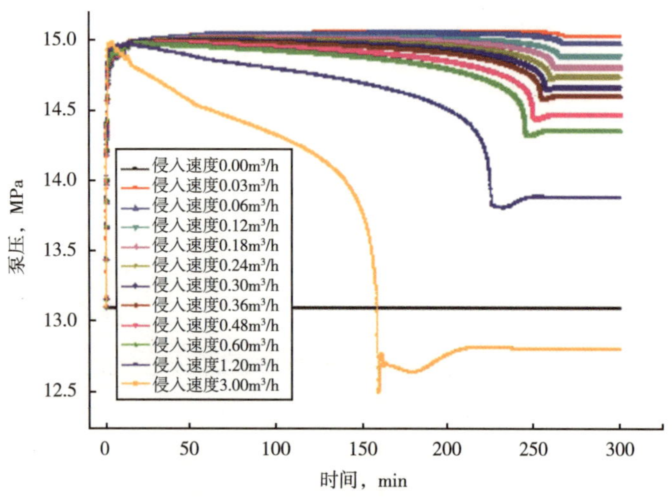

图 2-179　气侵量对泵压变化影响

图 2-179 是气侵量对立管压力影响。立管压力的变化规律和井底压力的变化规律完全相同。证明，气侵过程中井底压力的变化是由于环空摩阻的变化引起的。由于立管压力理论上等于钻柱内和环空的压力损失和 U 形管两段的静压差，因而通过 PWD 测量得到的钻柱内外压力值可结合立管压力值有效地识别井底压力的变化原因，为井涌识别提供依据。例如在钻柱内井底压力变化不大的情况，立管压力和环空井底压力发生大的变化，则预示着井下出现了复杂。

3）气侵早期监测软件开发与现场试验

应用上述模拟结果，开发了气侵早期监测预警系统软件，将井下 LWD/MWD/MUD-LOG 的动态数据及时、准确、完整的传输到实时监测数据库中，以供历史数据的回放显示和分析决策，同时为现场井下异常情况提供实时监测功能。构建用于监测、分析的数据平台，是系统的关键。针对井场数据不同类型、不同格式、不同来源和采集量大、采集时间长等特点，需要建立专门的数据接口对各种来源数据进行转换处理，才能供实时监测系统使用。软件系统的数据流图如图 2-180 所示。

在数据接口处理方面，建立公共数据来源处理模块，使多方面的数据能够相互校正、相互补充，更精确的监测井眼状况。实时监测数据来源主要包括以下三个方面：

（1）录井数据接口：由于录井是随钻作业，录井数据全过程记录了大量、丰富的钻井工程信息和地质信息，对油气层的快速识别、工程事故的预测等都有重大意义，因此在井场信息中占首要地位。录井仪的计算机专业化管理也为系统的实现提供了技术基础。

（2）PWD/LWD 数据接口：PWD/LWD 数据是井下近钻头处的测量数据，其实时数据对井下情况的分析具有非常重要作用。

（3）ECD 实时计算数据：分别由环空内计算和实测数据计算井底循环压力，对这两个压力值进行对比分析，实时判断井下情况，其计算、判断结果传递给公共数据源模块，以统一分析、处理。

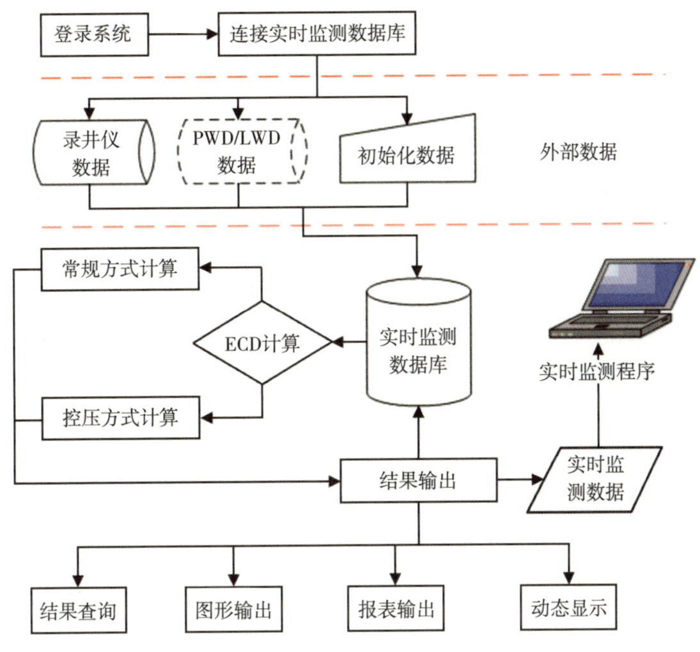

图 2-180 气侵早期监测软件系统数据流图

2015 年在玉门油田青西矿区青 2-76 井三开欠平衡井段两次下入 PWD 随钻压力测量系统试验井涌早期监测系统。井深 4440m，系统监测到压力异常，18min 后地表钻井液池体积升高约 $1m^3$。测算 5000m 预警时间比地面溢流监测提早 20.27min，如图 2-181 所示。

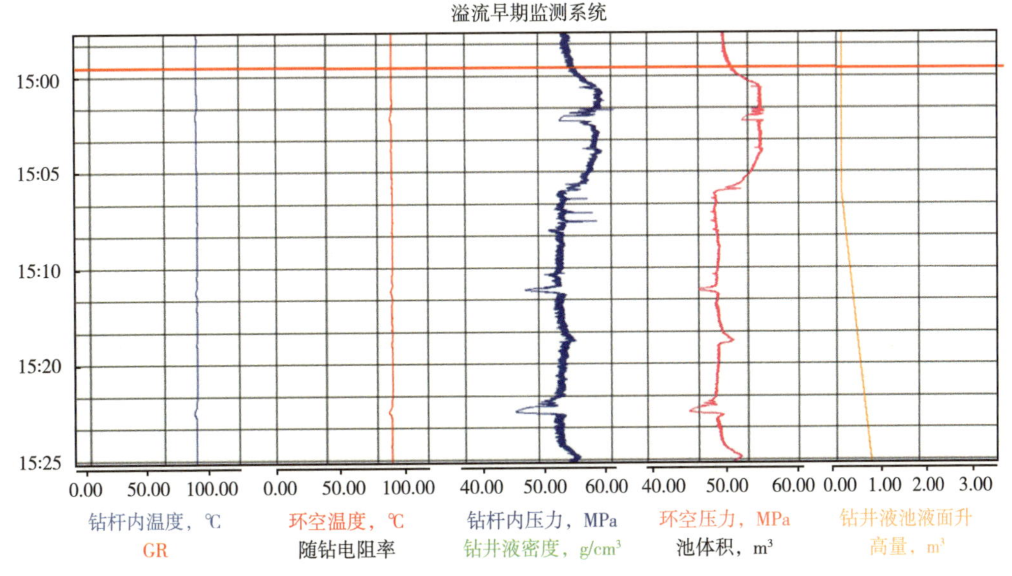

图 2-181 井涌早期监测技术在青 2-76 井现场应用

2. 高含硫化氢和二氧化碳气藏管材（钻具和套管）优选技术

1）酸性环境特征

川渝地区气田腐蚀环境恶劣，重点对油套管腐蚀情况进行了调研，分析了罗家寨、龙岗、威远等气田34口气井的现场腐蚀环境参数，发现大多数气井的腐蚀环境都较为苛刻。H_2S 最高含量150.575g/m^3，CO_2 最高含量208.98g/m^3，Cl^-最高含量45580mg/L。

川渝地区发生失效的油套管材料多为80或90钢级，腐蚀类型主要包括电化学的局部腐蚀。腐蚀部位主要为油管外壁、油管接箍外壁和端部。包括接箍的应力腐蚀开裂、接箍的腐蚀，以及管体与接箍连接处的腐蚀穿孔等[29]。

塔里木油气田多个区块都含有不同程度的 H_2S 和 CO_2。其中 H_2S 含量最高可达579625mg/m^3（中古9井），硫化氢体积百分含量38%，有超过10余口井 H_2S 含量均处于30000mg/m^3 以上（体积百分含量2%以上）。地层水的矿化度大部分在10000mg/L以上，最高达356200mg/L；氯离子含量大部分都超过50000mg/L，最高达到199300mg/L。油气田环境具有高压、含 H_2S、含 CO_2，以及含 Cl^-、地层水等恶劣的腐蚀介质。以塔中I油气田为例：塔中I号油气田包含塔中82、62、24-26、83和中古几个井区。每个井区都含有不同程度的 H_2S 和 CO_2。

对27例酸性环境下发生失效的钻具案例进行了统计分析。在27例失效中，钻杆接头15例，钻杆管体12例。其中，S135钻杆21管体11例，接头10例；G105钻杆管体1例，接头5例。在15例接头中，外螺纹接头断裂8例全部为横向刺漏或断裂，7例内螺纹接头全部为纵向开裂。在12例管体中，2起纵裂，9例横向，1例腐蚀。经统计分析，钻杆发生硫化氢应力腐蚀开裂的工况往往处于非正常的钻进状态，即往往是在钻井过程中出现井下复杂时，在处理事故期间中发生的。因此，为了减少和预防钻具发生硫化氢应力腐蚀开裂，可采用如下的预防措施：

（1）在处理过程中，在确保井壁安全范围内，打入重钻井液，预防地层中的 H_2S 或 CO_2 气体从地层溢出；

（2）在保证钻柱提升余量的情况下，优先选用低钢级钻杆或抗硫钻杆；

（3）在钻井液中添加除硫剂；

（4）提高钻井液的pH值。

2）高酸性气井管柱（钻柱和套管柱）安全性评价技术

钻柱安全性评价：主要包括腐蚀环境预测、最大载荷预测、材料的常规性能评价、材料的 CO_2 腐蚀评价和硫化氢应力腐蚀开裂（SSCC）评价、钻柱完整性评价、现场检测与评价，并建立了相应的评价方法。

套管柱安全性评价：主要包括腐蚀环境预测、材料常规性能评价、施工前套管强度评价、完井后套管柱剩余强度评价、完井后套管剩余使用寿命预测等内容。

形成了管柱失效预防及控制措施：

（1）钻柱：在含酸性油气田进行钻井作业时，除根据腐蚀环境等级选择相应的钻杆材料/严格按钻井规范操作、加强对钻杆的现场监测等，还应加强以下控制，以减少钻杆失效事件，提高钻柱安全：

①钻柱最大许可操作的拉伸力、压缩力和扭转力的控制。

②钻柱与套管或井壁磨损的控制。

③推荐采用下列环境控制方法的一种或几种，以降低硫化氢等的危害：

a. 保持足够高的钻井液密度。

b. 推荐采用油基钻井液。

c. 当采用水基钻井液时，钻井液的 pH 值不低于 10，以便有效溶解硫化物。

d. 加入脱硫剂，以中和硫化氢。

e. 使用缓蚀剂，保护钻杆在短期接触硫化氢情况下不会发生损伤。

f. 钻杆使用后应将内、外表面的钻井液残留清洗干净，并存放在干燥的环境中。

（2）套管柱：对于酸性油气田井，除根据腐蚀环境等级进行选材/严格按规范操作之外，还应加强以下控制，以减少套管失效事件，提高套管柱安全：

①对存在杂散电流腐蚀的井，应进行排流设计。

②固井时充分保证水泥浆返高。

③控制钻柱与套管间的磨损。

④推荐采用下列环境控制方法的一种或几种，以降低硫化氢等的危害：

a. 推荐采用油基环空保护液；

b. 当采用水基环空保护液时，环空保护液的 pH 值不应低于 10，以中和进入环空的 H_2S、CO_2 等腐蚀介质。

c. 定期加入缓蚀剂、除氧剂、脱硫剂等，降低套管在接触硫化氢等腐蚀介质情况下发生的损伤。

d. 采取阴极保护措施。

e. 使用涂镀层套管。

f. 在条件允许的情况下，对井况实施在线监测或定期抽样分析，以跟踪套管的服役情况。

3. 火成岩个性化钻头

松辽盆地营成组有大段的火山岩，包含流纹岩、凝灰岩、安山岩、英山岩和角砾岩等各种类型的火山岩类。松辽盆地营成组火成岩具有如下特点：

（1）主要岩性有砾岩、流纹岩、角砾岩和凝灰岩等岩性，沿横向和纵向各岩性分布极不均匀，存在一些薄夹层，造成钻头适应性差。即使同一块岩性非均质性非常强，不同位置强度差异非常大，易造成钻头蹩钻、断齿和断刀翼[30]。

（2）地层高硬度、高强度和强研磨性。硬度主要分布在 1000~5000MPa，塑性系数一般在 1~1.3，属中到硬脆性地层；牙轮钻头可钻性级值分布在 4.87~10 级，多分布在 8 级以上，地层可钻性很差，极难钻进；SiO_2 多分布在 65%以上，内摩擦角多分布在 30°以上，最高可达 62°，岩石强研磨性，钻头易发生早期磨损。

1）切削齿

通过楔形齿、柱状齿、PDC 齿组合设计有效提升钻头破岩效率。为高效钻进该类地层，设计了三种切削齿（GHI 楔形齿、GHI 柱状齿、PDC 齿），联合破碎岩石（图 2-182）。

（1）GHI（热压金刚石孕镶块）齿。依据不同齿形破岩模拟试验，优选了破岩效率较高的楔形齿，齿的直径为 13mm，夹角为 60°。

（2）GHI（热压金刚石孕镶块）柱状齿。齿的直径为 13mm，和楔形齿交替布置，能够限制楔形齿吃入深度，避免横向的各向异性，引发齿的折断。

(a) GHI楔形齿　(b) GHI柱状齿　(c) PDC齿

图 2-182　三种切削齿型

（3）PDC 齿，齿的直径为 13mm。布置在钻头心部，提高破岩效率，避免反取心。破岩过程中，当钻遇较软地层，GHI 齿和 PDC 齿吃入并切削岩石，在硬地层利用金刚石颗粒磨削岩石，进而实现研磨—切削复合结构破岩。

2）中心水眼

中心水眼配合辐射深水槽的水力结构实现流道压差高、提高钻头冷却效果好、延长使用寿命长。在金刚石钻头工作过程中，钻井液对钻头体表面的冲洗、冷却和润滑是保证钻头正常工作的一个非常重要的条件，对孕镶金刚石钻头而言，水力结构设计的重要性尤其突出。高低压水道的过流方式，使钻头拥有较高的井底压降，有效的冷却和清洗刀翼上每颗金刚石，使钻头不易泥包，延长钻头使用寿命。运用 CFD 进行了水力学三维数值模拟和优化设计，采用中心水眼+辐射深水槽的水力结构，钻头总过流面积（TFA）9. 6cm^2。

3）TSP（硬质合金齿）保径设计

有效防止钻头规径磨小。金刚石保径层的设计，对钻头寿命有十分重要的作用。许多钻头就是由于工作层的保径效果不理想，而导致钻头提前退出使用。不同的地层采用不同的保径方式，针对松辽盆地北部火成岩强研磨性硬地层特性，进行了保径设计。（1）采用加长保径设计，提高井下平稳性；（2）采用 TSP 保径，防止规径磨小。

研制的火成岩个性化钻头在松辽古深 3 井营城组，达深 15 井登娄库组、营城组等进行 5 井次试验，入井最长工作时间 255. 34h，同比牙轮钻头单只进尺分别提高 3. 50~5. 96 倍，机械钻速提高 20. 5%~114. 7%。

参 考 文 献

[1]《石油钻机》编委会. 石油钻机［M］. 北京：石油工业出版社，2012.

[2] 磊岳，康先智，支宇堃，等. 压实股石油钻井用钢丝绳［J］. 金属制品，2009，35（5）：22-25.

[3] 朱奎林. 西门子新一代驱动器-SINAMICSS120［J］. 电气时代，2011（11）：72-73.

[4] 王进全，贾秉彦. 9000 米交流变频钻机研制［J］. 石油机械，2007，35（9）：81-84.

[5] 赵庆，刘岩生，蒋宏伟，等. 钻井实时监控与技术决策系统研发进展［J］. 石油科技论坛，2013（3）：11-14.

[6] 胡志坚，马青芳，邵强，等．连续循环钻井技术的发展与研究［J］．石油钻采工艺，2011，33（1）：1-6.
[7] 石林，蒋宏伟，周英操，等．钻井工程设计与工艺软件 ANYDRILL1.0 的研发与应用［J］．石油天然气学报，2012，34（6）：108-111.
[8] 刘岩生，赵庆，蒋宏伟，等．钻井工程软件的现状及发展趋势［J］．钻采工艺，2012，35（4）：38-40.
[9] 赵庆，蒋宏伟，翟小强，等．钻井工程设计集成系统研发及应用［J］．石油科技论坛，2015，34（2）：51-55.
[10] 刘岩生，蒋宏伟，周英操，等．欠平衡/气体钻井设计与分析软件［J］．石油机械，2012，40（9）：15-18.
[11] 蒋宏伟，刘岩生，赵庆，等．欠平衡钻井软件发展现状与建议［J］．石油科技论坛，2014（2）：9-13.
[12] 赵庆，蒋宏伟，石林，等．国内外钻井工程软件对比及对国内软件的发展建议［J］．石油天然气学报，2014，36（5）：1-6.
[13] 赵继斌，陈若铭，李晓军．井底数据传输技术研究［J］．数字技术与应用［J］，2015（2）：33-34.
[14] 艾维平，邓乐，宋延淳．随钻中子孔隙度测量系统中高压电源的研制［J］．电力电子技术，2010，44（3）：53-54，59
[15] 贾衡天，艾维平，高文凯，等．随钻中子孔隙度测量装置设计［J］．2015，23（11）：3592-3595.
[16] 蒲晓林，石磊等．深井高密度水基钻井液流变性、造壁性控制原理［J］．天然气工业，2001，21（6）：48-51.
[17] 李公让，赵怀珍，薛玉志，等．超高密度高温钻井液流变性影响因素研究［J］．钻井液与完井液，2009，26（1）：12-14.
[18] 初纬，沈吉云，杨云飞，等．连续变化内压下套管—水泥环—围岩组合体微环隙计算［J］．石油勘探与开发，2015，42（3）：379-385.
[19] 于永金，靳建洲，刘硕琼，袁进平，等．抗高温水泥浆体系研究与应用［J］．石油钻探技术，2012，40（5）：35-39.
[20] 于永金，刘硕琼，刘丽雯，靳建洲，等．高温水泥浆降失水剂 DRF-120L 的制备及评价［J］．石油钻采工艺，2011，33（3）：24-27.
[21] 赵宝辉，邹建龙，刘爱萍，等．新型缓凝剂 BCR-260L 性能评价及现场试验［J］．石油钻探技术，2012，40（2）：55-58.
[22] Teng Xueqing, Li Ning, Zhou Bo, et al. 2014. Integrated Drilling Breakthroughs Enable More Efficient Development in the Most Challenging Ultra-deep Formations in Tarim Basin, West China［C］. SPE 170486.
[23] 管志川，魏凯．利用已钻井资料构建区域地层压力剖面的方法［J］．中国石油大学学报（自然科学版），2013，37（5）：71-75.
[24] 尹达，叶艳，李磊，等．塔里木山前构造克深 7 井盐间高压盐水处理技术［J］．钻井液与完井液，2012，29（5）：6-8.
[25] 刘业文．雾化泵在气体钻井中的应用［J］．科技资讯，2009（5）：148-149.
[26] 曹强．高压旋转控制头轴承总成设计［D］．青岛：中国石油大学，2008.
[27] 许期聪，邓虎，周长虹，等．连续循环阀气体钻井技术及其现场试验［J］．天然气工业，2013，33（8）：83-87.
[28] 卓鲁斌，葛云华，张富成，等．碳酸岩盐油气藏气侵早期识别技术［J］．石油学报，2012，33（S2）：174-180.
[29] 刘永刚，崔顺贤，李方坡，等．酸性气田钻具失效研究［J］．钻采工艺，2011，34（5）：83-85.
[30] 苏鹏．松辽盆地北部火成岩地层岩石可钻性与钻头选型研究［D］．大庆：东北石油大学，2010.

[31] 胡志坚，马青芳，侯福祥．钻井液连续循环系统过程控制关键技术分析与探讨［J］，石油机械，2010，38（2）：62-65.

[32] 周英操，杨雄文，方世良，等．国产精细控压钻井系统在蓬莱 9 井试验与效果分析［J］. 石油钻采工艺，2011，11：19-22.

[33] Wei Liu，Lin Shi，Yingcao Zhou， et al. The Successful Application of a New-style Managed Pressure Drilling（MPD）Equipment and Technology in Well Penglai 9 of Sichuan & Chongqing District［C］. SPE 155703，2012.

第三章　非常规油气水平井钻完井工程技术

非常规油气是指致密油气、页岩气、煤层气等油气资源，这类油气资源开发时，采用常规钻完井方式存在单井产量低，投入产出比达不到商业开发的边界条件问题，为此需探索利用钻完井手段提高单井产量的成套技术，大幅度提高单井产量，才能实现商业开发。

美国在 20 世纪 90 年代形成了以洞穴完井、分支水平井等为代表的煤层气钻完井技术，大幅度提高了煤层气单井产量，实现了煤层气产量快速增长。到 2001 年时，产量达到接近 $400\times10^8m^3$，占总天然气产量的 1/4 以上。此后，美国持续探索页岩气、致密油气钻完井技术，最终形成了以长水平段丛式水平井加多段大规模体积压裂为主体技术的“页岩气革命”。

中国石油自 2009 年开始进行致密油气与页岩气开发工程技术探索，引进美国“页岩气革命”的主体技术，加大自主攻关的力度，形成了自主知识产权的丛式水平井设计、施工配套技术，研发了关键装备、工具与仪器，推动了页岩气与致密油气示范区建设，初步形成了成套技术系列。同时，持续开展煤层气技术攻关，完善了煤层气钻完井技术。

第一节　致密油气水平井钻完井技术

致密油气由于单井产量低，需要采用丛式水平井加多段压裂技术进行开发。为提高作业效率，降低成本，需要采用工厂化钻完井技术，但与页岩气不同，如果存在多层叠置油气藏，可能丛式定向井技术也是可选的技术。致密油气钻完井技术涉及集中布井平台优化、轨道优化、优快钻完井与工厂化压裂技术等。

一、丛式井平台集中布井技术

采用工厂化钻完井技术是降低钻井成本，提高开发效益的重要途径。为有效组织进行工厂化作业，应对整个油藏进行系统布井，通过前期的勘探与开发评价，确定单井的作用范围、水平主地应力方向、压裂的缝网分布等参数，在此基础上进行整体集中布井，确定开发方案。

由于致密砂岩压裂后形成条状裂缝为主，主裂缝方向宜设计成与水平段井眼方向垂直，通过多级压裂形成缝网，因此水平段延伸方向宜与最小水平主地应力方向一致，多级压裂后缝网结构如图 3-1 所示。

水平段长度与压裂级数取决于压裂工具的性能、水平井钻井技术限制等因素决定，对于区块面积较大的油气藏，近年来国际上致密油气发展趋势是水平段越来越长，压裂级数越来越多，水平段长度超过 2000m 较为普遍，并有超过 3000m 的趋势。其原因在于随着水平段延长，虽然压裂成本线性增长，但钻完井成本增长并不显著，而压裂级数增多时，由于资源的共享，其单级成本也有下降的趋势。当然实际布井时还要考虑区块的范围、油

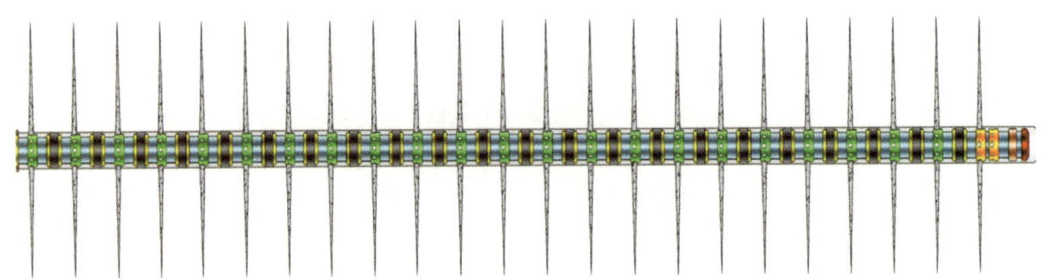

图 3-1　水平井压裂后主缝网结构

气藏的类型与性质。如道达尔公司在苏南地区针对多层叠置气藏，甚至采用大斜度丛式井进行开发。

水平井的水平段间距取决于有效主缝的导流能力与作用范围，同时考虑采油、采气速度与采收率指标，综合考虑以上因素，致密油水平段间距：一般油井在 300m 左右，致密气井在 400~500m，具体数据根据油气藏特性进行调整。

油藏工程数值模拟研究结果普遍认为，丛式水平井网采用平行均匀布井方式开采效果要高于辐射布井及其他非均匀布井方式，而辐射井网主要用于地层水平井最优延伸方位的先导性试验。四川、长庆、涪陵等地区平行均布丛式水平井网比较常见，如图 3-2 为四川页岩气区块正在建丛式水平井网水平投影图。

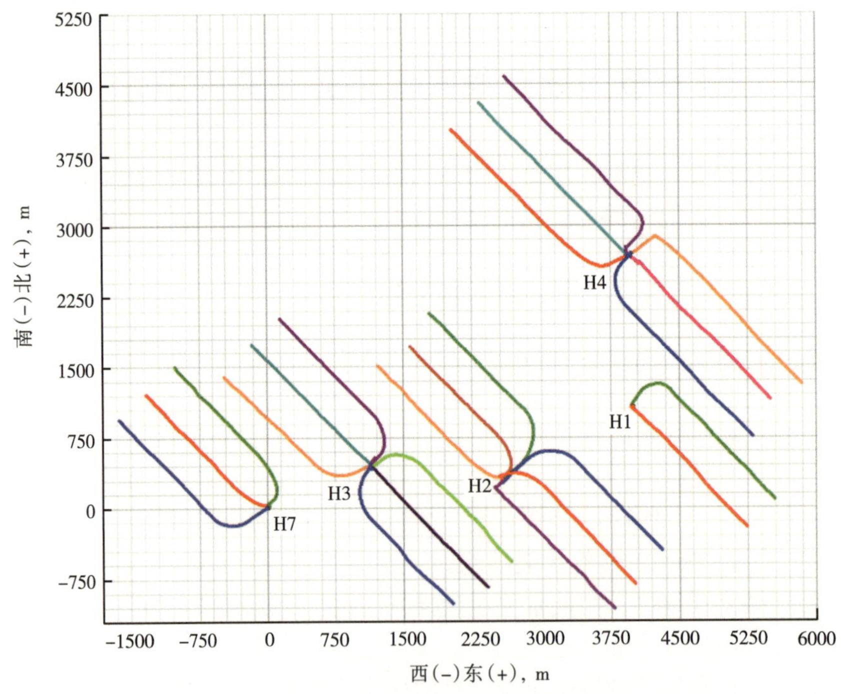

图 3-2　四川页岩气区块在建丛式水平井网水平投影图

丛式水平井组井场布置需要考虑工程和环境的影响，在满足施工的同时，占地面积应尽量小。图 3-2 所示的井网中，H2、H3、H4 三个平台由同一井场每两口设计方位相反的六口水平井组成的米字形井网，为目前水平井钻井工艺技术水平及山地条件下比较常见的平台布置方式。

出于井工厂作业要求，井场多为预装导轨或整拖机制的钻机，使其打出的井口成线性排布，多为双钻机双排布局。井槽间距多为3~10m，井口排间距根据地面条件与钻机并行作业、相互独立的需要，多为30~60m；地下水平井网的水平段长可达1500m，水平段间距由压裂设计定值300~600m，井口布局概念设计如图3-3所示。受地面条件的约束，井口布局还可以设计成如图3-4所示的几种变形。

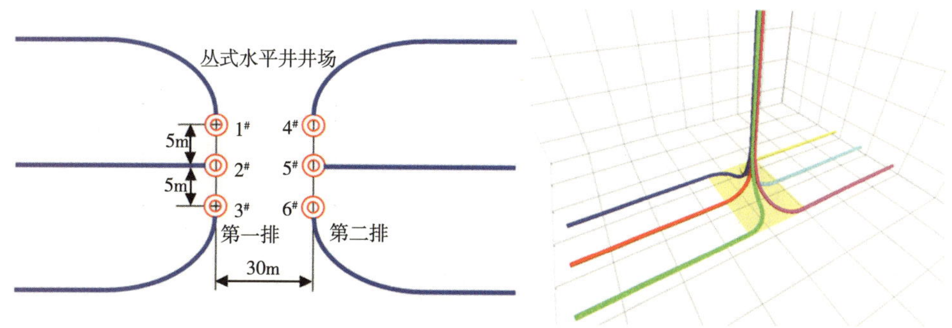

图3-3 米字形井网井口概念布局水平投影及立体示意图

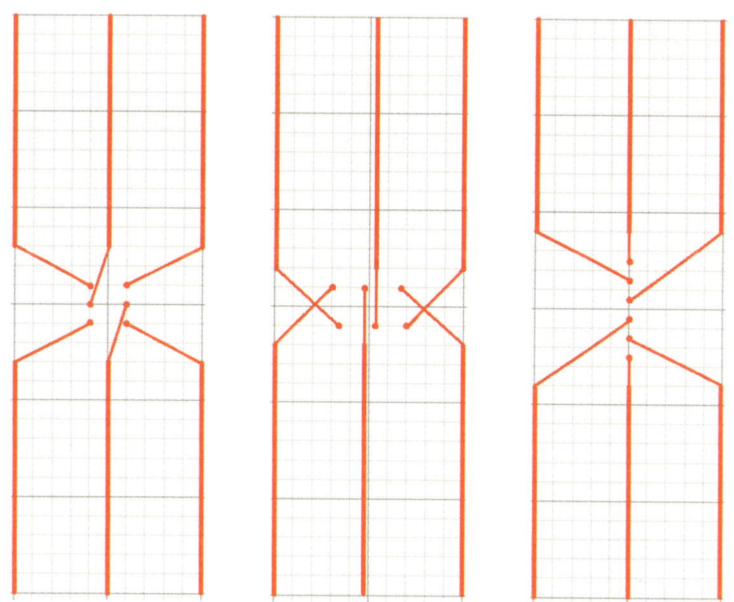

图3-4 米字形井网井口概念布局几种变形的水平投影示意图

由于丛式井钻进矢量入靶需要增斜造扭，垂直靶前距至少300m，以400m的水平段间距为例，则六口丛式水平井在平台下方不可避免地形成至少600m×800m面积的储量无法动用，形成开发盲区。而如果在盲区打加密井则大大增加防碰控制难度。为实现区域全部储量整体开发，减少储量动用盲区，最大限度地提高开发效益，有必要对丛式水平井整体开发布局方式进行优化。

为此设计了三种全储量开发布井方案，分别为四个平台12口井“3-3-3-3/6”顺序布局、三个平台12口井“5-4-3”交叉布局、两个平台12口井“6-6”交叉布局，具体如下。

（1）四个平台12口井“3-3-3-3/6”顺序布局。

采用四个小平台，每个平台3口井“一字型”同方向排列布局，水平井段覆盖整个开发区域，动用全部储量；概念设计如图3-5所示。这种方式需要平台数多，但平台面积可以小一些，第四个平台还可以布6口井。

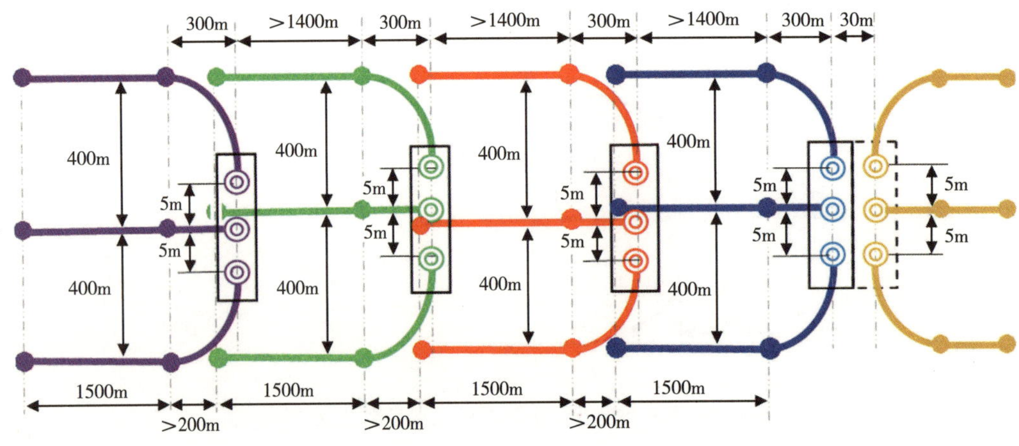

图3-5 四个平台“3-3-3-3/6”顺序布局示意图

（2）三个平台12口井“5-4-3”交叉布局。

采用3个平台，每个平台分别布5口井、4口井和3口井，三个平台井口均为一字型布局，地下井眼互相嵌插形成类米字形井网，分别用一口水平井开发盲区储量，水平井段基本覆盖整个开发区域，动用更多储量。概念设计如图3-6所示。

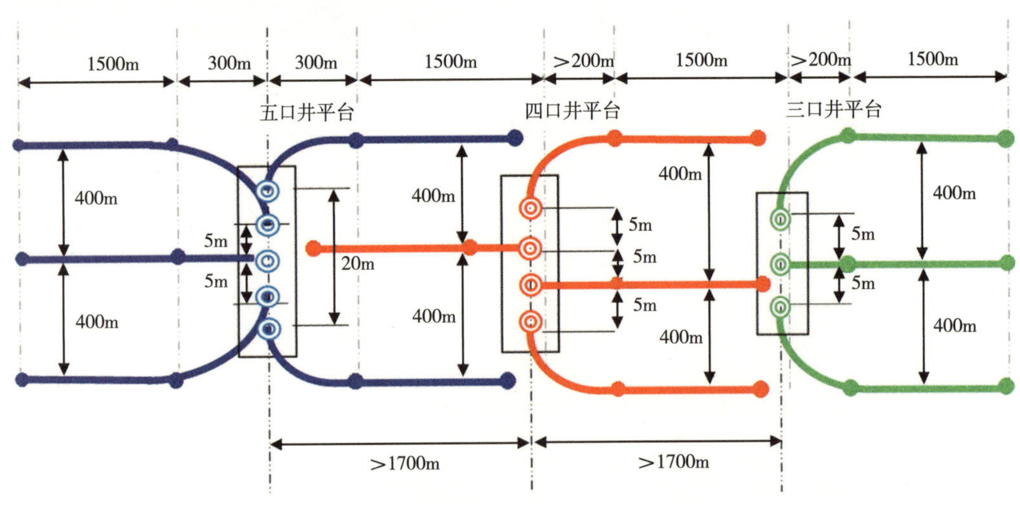

图3-6 三个平台12口井“5-4-3”交叉布局示意图

（3）两个平台12口井“6-6”交叉布局。

采用两个平台、每个平台6口井、双排交叉式布井，利用两个水平井组单侧三口井互相对平台的开发盲区进行开发，相关概念设计如图 3-7 所示。这种方式需要增大垂直靶前距来与水平段长度相匹配。如水平段长 1500m，则垂直靶前距需要 750m 左右。这样造斜率小一些，工程难度将有一定程度降低。同时为防止井间压裂贯通，需要将两平台井网横向错开 200m 左右。如出于井网规则排列考虑，适当缩短水平段距离，同样可以采用对插布局方式使井排呈线性规则排列，如图 3-7 所示。

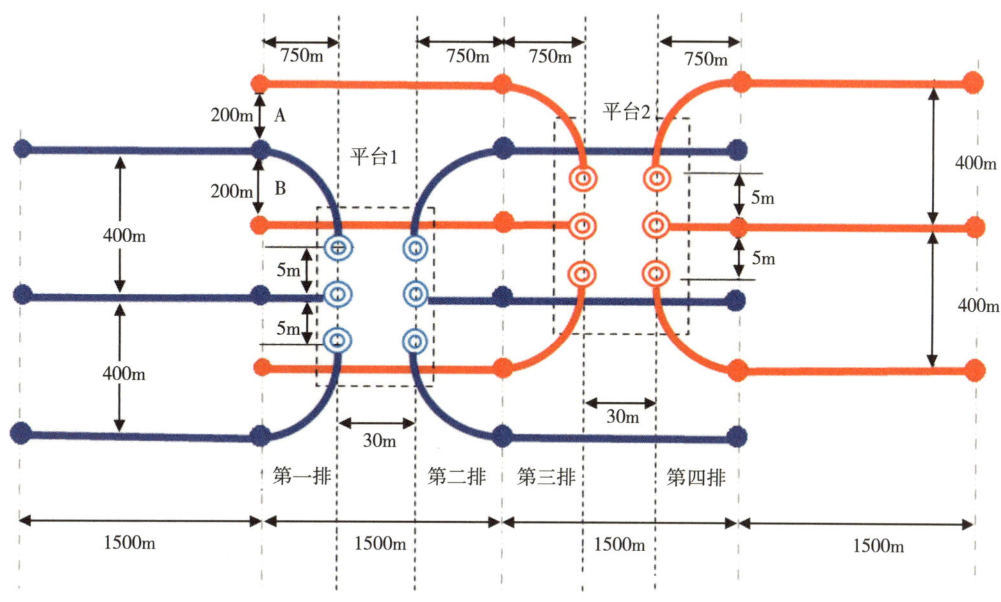

图 3-7 两个平台 12 口井“6-6”交叉布局示意图

假设区块储层垂深 3500m，造斜垂深 3000m，方案一和方案二垂直靶前距为 300m，方案三垂直靶前距为 750m，水平巷道间距为 400m，单只水平段长 1500m，按常规增稳增剖面计算三种方案的相关参数见表 3-1、表 3-2。

表 3-1 三种方案相关参数指标对比（3500m 储层垂深）

方案	开发面积 km^2	井数 口	平台数 个	靶前距 m	总进尺 m	水平段长 10^4m	造斜点以下最短中心距，m	最大狗腿度 (°)/30
方案一	7.3	12	4	300	63523	1.8	11.31	6.60
方案二	6.8	12	3	300	63523	1.8	52.26	6.60
方案三	6	12	2	750	67242	1.8	44.06	3.60

表 3-2 三种方案摩阻扭矩参数对比（3500m 储层垂深）

方案	最大狗腿度 (°)/30m	钻柱最大扭矩 kN·m	滑动钻进最大摩阻，tf	最大起钻摩阻，tf	最大下钻摩阻，tf	下套管最大扭矩，kN·m	下套管最大摩阻，tf
方案一	6.60	14.82	24.32	18.66	18.64	9.18	18.03
方案二	6.60	14.82	24.32	18.66	18.64	9.18	18.03
方案三	3.60	15.95	24.57	16.98	20.26	10.35	19.72

经对比可知，“3-3-3-3/6”式丛式井组布井方案总进尺较小，但经过防碰扫描计算发现中间井眼在 5183m 测深位置（矢量入靶前缘）与近井的中心距仅有 11.31m，有很高

的井眼碰撞风险，因此钻进水平井眼时要注意错开已钻井眼来保证防碰和压裂的正常进行；对于“5-4-3”式布井方法进尺最少，而且狗腿度和摩阻扭矩相对较低，此外该方案井眼造斜点以下最短中心距为 52.26m，防碰绕障效果最佳；“6-6”式布井方案由于拉长靶前距，进尺较长，虽然狗腿度较小但摩阻扭矩依然偏大。

三种方案同单平台 6 口水平井一样在理论上是可行的，各参数都能控制在合理范围内，在现场中也有实际执行的案例。例如两个平台 12 口井“6-6”交叉布局。

均布井网平台布置的选择上没有固定的方案，一般要考虑开发方案、地面油气集输和地形条件的要求。在实际施工中还有很多比较灵活的平台布置方案。苏 53 区块采取同平台开发不同层位，在一个平台部署了 13 口井，包括水平井 10 口（目的层盒 8 段 6 口、山 1 段 4 口）、定向井 2 口和直井 1 口，形成了两套开发层系的井网，如图 3-8 所示，以较小的占地条件下最大限度提高控制储量和动用程度。

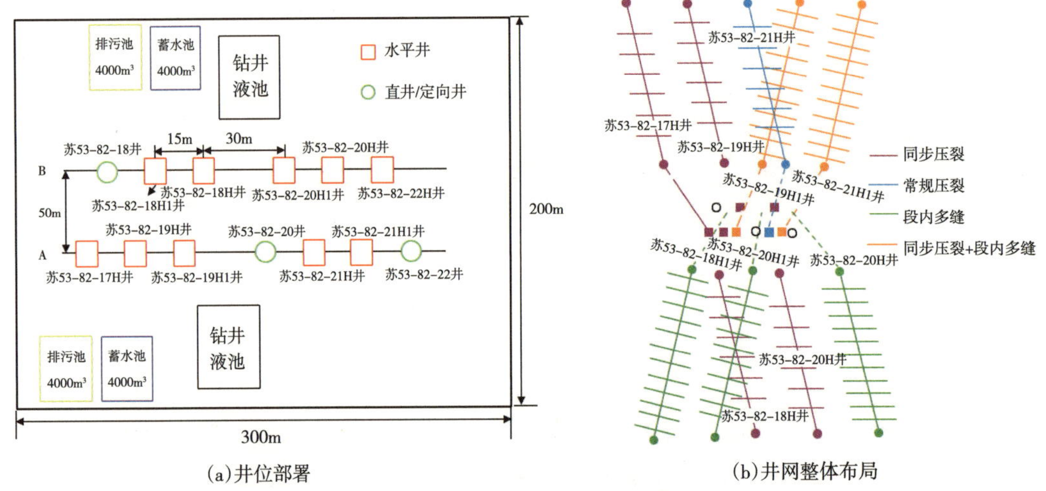

(a)井位部署　　(b)井网整体布局

图 3-8　苏 53 区块大平台井位部署与井网整体布局示意图

长庆油田庄 230 井区是长庆油田丛式三维水平井组开发的先导试验区，该区块布井以“山字型”井网分布，以庄 230 井区林平 35-1 井井组为例，该井场双机作业布井 8 口，圆柱形靶 3 个、水平靶 5 个，开发目的层长 6、长 63。井场布置与地下井眼延伸如图 3-9 所示。

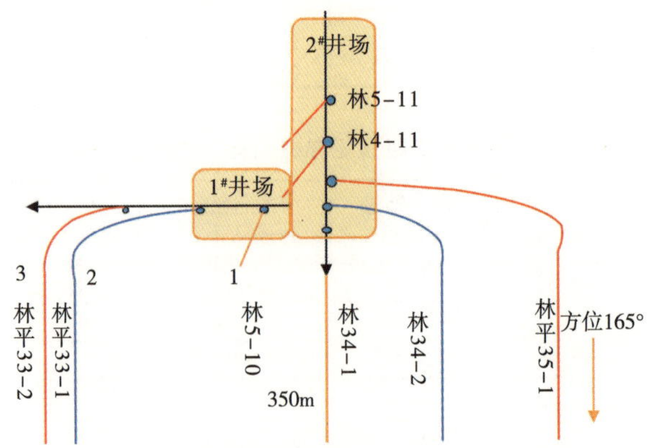

图 3-9　林平 35-1 井井组布置水平投影示意图

二、致密油水平井井身结构与井眼轨迹优化设计技术

靶段水平位移和延伸方位已知，对应的地面平台井口也已规划完成。有了起点和终点，下一步就要设计一个合理的钻前轨道，为钻进完井和后期生产改造提供良好的施工环境。钻前井身剖面设计是实际钻进导向航道的重要参考，水平井实际钻进过程中涉及造斜点选取、造斜率选择、增降稳扭段位等，为此，通过攻关所得到的规律性的认识可以应用于钻前井身剖面设计。

井身剖面设计的方向是从靶点开始，根据设计的各靶点入靶井斜方位对上方井眼轨道予以约束。国内现行的定向井轨道设计与轨迹计算行业标准（SY/T 5435）中明确指示具有两个及以上靶点的井眼宜优先设计目标区的井身剖面。对于水平井而言一定为多靶点井眼，实际的水平靶段也并不一定是平直轨迹。由于水平段调整造斜率较小且入靶区井斜一般控制在 80°～100°范围内，为方便分析，在对远离靶点的中上部井眼进行剖面设计研究时均假设水平段为井斜 90°的直线段。

造斜点是从直井段开始定向钻井的起点位置，工程上造斜点垂深相对于目的层的垂深的选取有高有低。直观分析可知，高造斜点（浅造斜）优点为实钻调整弹性空间大，井眼整体狗腿度小，缺点是需要控制较大的靶前距，斜井段长造斜控制工程量大；低造斜点（深造斜）优点为靶前距小，斜井段短造斜控制井段缩小，效率提高，缺点是狗腿度大，靶前调整空间小，摩阻扭矩大。

在工程实际中存在各种造斜点深度，有时出于防碰绕障考虑，不同造斜点深度会同时出现在同一个丛式水平井平台，邻井造斜点深度相互错开，造斜点如果选得过高，在绕障确认后一般要降斜至直井段，以便加快钻进并控制靶前距。

对于大偏移距长水平段水平井，以中半径造斜居多，有时出于工程考虑会进行长半径造斜。现选取中长半径造斜的几组造斜率，分别为 5°/30m、6°/30m、8°/30m、10°/30m，概念性地以恒定的造斜率建立井眼，假设储层垂深 1500m，水平段长 1500m，横向偏移距 300m，纵向靶前距跟随造斜率的选择而变化，控制其他条件相同，不同的造斜率就会有不同的造斜点深度。按造斜率不同建立四组井眼。

对四种造斜率井眼样本分别生成三开钻井全过程中的大钩载荷对比、复合钻进地面扭矩对比如图 3-10、图 3-11 所示。

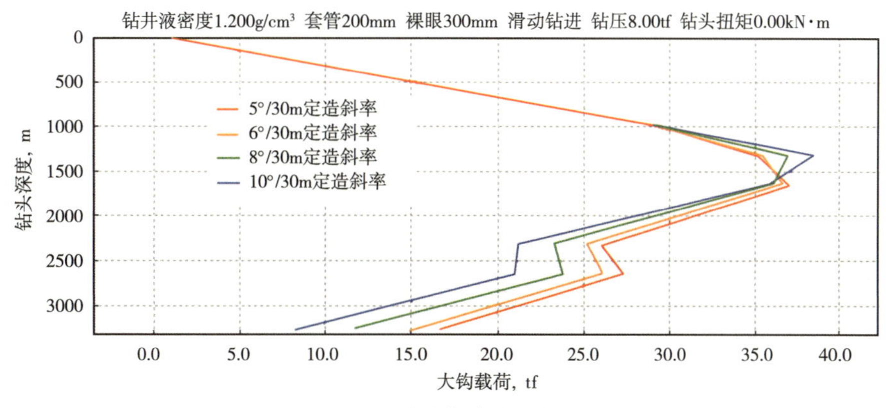

图 3-10　四种造斜率大钩载荷对比

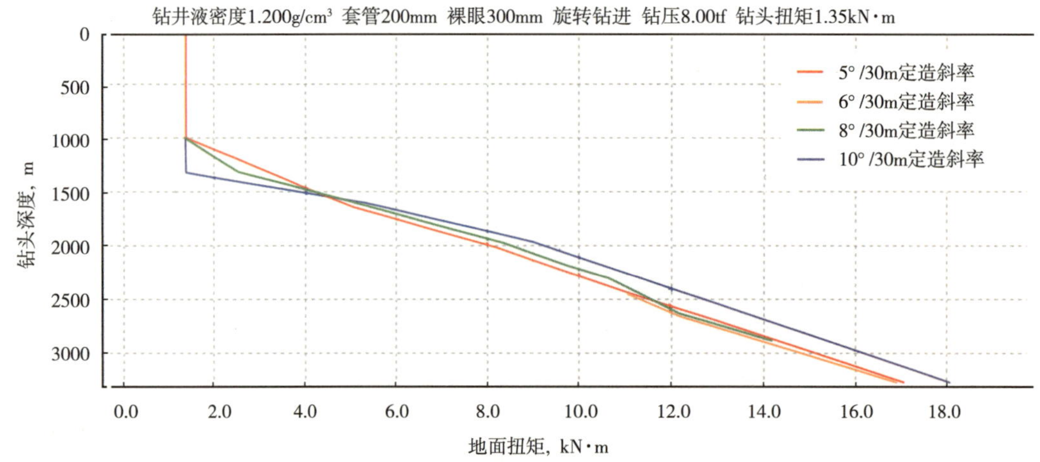

图 3-11 四种造斜率旋转钻进地面扭矩对比

通过三开钻进及下套管管柱力学对比结果可知，造斜率越大，造斜半径越小，造斜点越深，钻柱及套管的摩阻扭矩情况越严重。

另外，如果储层垂深较深，造斜点的选取则在井眼浅部或者深度都有可能出现，现假设目标靶段垂深 2500m，井口相对于靶窗的纵向靶前距 300m、偏移距 400m。选取 400、1200、2200m 的高、中、低三种代表性造斜点进行概念性分析。

对三种造斜点深度分别生成三开钻井全过程中滑动钻进钻柱摩阻对比、复合钻进地面扭矩对比如图 3-12、图 3-13 所示。

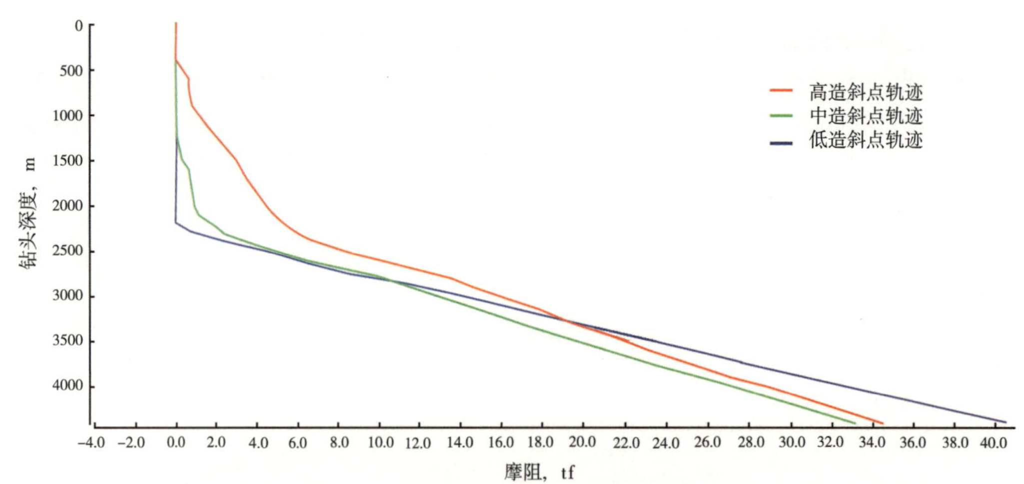

图 3-12 三类造斜点三开滑动钻进钻柱摩阻对比

三类造斜点钻柱和生产套管侧向力均处于安全限以内，中、高造斜点管柱不会发生应力屈曲，而低造斜点钻柱钻进和下生产套管过程中有正弦屈曲和螺旋屈曲的风险。

从以上得到的三类造斜点样本的数据图表，可以得到以下规律：

（1）高造斜点井眼狗腿度不一定很小，同样地，经过优化的低造斜点井眼狗腿度不一定很大。

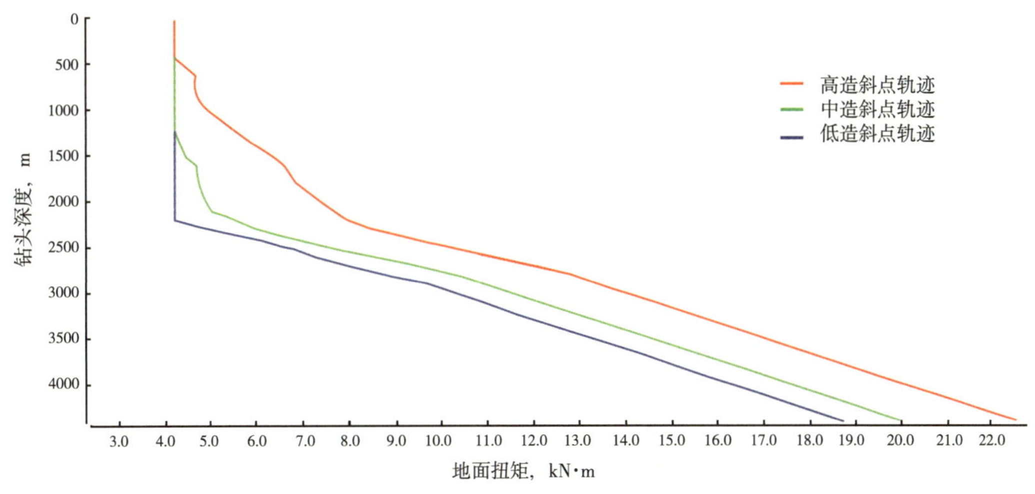

图 3-13 三类造斜点三开复合钻进地面扭矩对比

（2）造斜点越低，井眼长度一般越长，斜井段越短。

（3）造斜点越低，钻柱或套管处于同一井深处时的扭矩传递效果越好，而滑动钻进时的摩阻增加更为严重。

（4）造斜点过低，钻柱和生产套管有屈曲风险。

以上对比只针对水基钻井液工况下的参数预测，对于页岩气、煤层气储层的三开钻进一般用油基钻井液。为保证比选可信度，需要研究三开油基钻井液钻进工况下的造斜点比选组合。

对比已钻井眼钻时，发现低造斜点井完钻钻时比高、中造斜点井要短，进度更快。主要原因是低造斜点井眼斜井段短，上部直井段不需太多的导向控制，直井段快打使其在整体上缩短了完钻工时；而高造斜点除了斜井段长导向控制段更长之外，上部井眼尺寸一般很大，导向迟滞性明显。虽然低造斜点钻进钻时短，但是现场操作时经常会发生卡套管现象，通常会采用"套管打桩"这种易破坏性的操作解决问题，套管完整度难以保证。

根据以上规律和认识，水基钻井液钻开储层的水平井眼推荐采用中造斜点；油基钻井液钻开储层的水平井眼推荐采用中偏低造斜点或者低造斜点。

造斜点的优选垂深区域已经确定，区域内造斜点具体垂深还要根据实际情况而定，具体遵循的原则如下：

（1）丛式井组内相邻井眼造斜点尽量错开 50m；

（2）技术套管封隔了复杂地层，可以在技术套管鞋以下的稳定地层造斜；

（3）造斜点距离上层套管鞋应保持 50m 以上的间距，防止造斜时破坏套管；

（4）尽可能利用或避免地层的自然规律的优势与劣势（造斜和方位漂移）。

井身结构的选择和钻柱组合设计的差异对摩阻扭矩的影响很大，但控制条件变化下的摩阻扭矩参数变化规律基本趋同，因此以摩阻扭矩的变化规律为分析重点，对于 1500m 水平段长、2000m 储层垂深、油基钻井液工况下的摩阻扭矩敏感性及屈曲风险分析数据及图谱可得到以下规律：

（1）偏移距大于 100m 时，纵向靶前距越长即造斜率越小时，钻柱摩阻越小；

（2）偏移距小于 100m 时，纵向靶前距越长造斜率越小时，钻柱摩阻反而越大；

（3）生产套管摩阻变化规律与钻柱摩阻变化规律相似；

（4）复合钻进钻柱扭矩随靶前位移的延伸而增大，全方向延伸的扭矩增速一致；

（5）控制纵向靶前距不变，钻柱和生产套管摩阻随偏移距的增加而增大；

（6）钻柱在近水平段趾部滑动钻进时，靶前距越小，钻柱屈曲越严重、风险越高；

（7）不开转盘下生产套管至水平段趾部位置时，套管屈曲规律同钻柱；

（8）各钻进样本的旋转钻进钻柱和扭摆下套管在理论上都不会发生屈曲。

从以上认识规律可知，对于二维或者类二维水平井，靶前距在 100~800m 全区域内变化的井下管柱力学环境均表现良好，代表着二维水平井的造斜率根据实际需求可大可小，但是造斜率不能过小，对应着靶前距不能过短，过短的靶前距会有钻柱和套管严重屈曲的风险。

对于偏移距大于 200m 的大偏移距水平井，偏移距越大，靶前距小于 200m（造斜率大于 9°/30m）时的井下管柱力学环境越为恶化。当偏移距超过 900m 时，恶化加剧。当纵向靶前距比较大时，井下管柱摩阻情况良好，但扭矩传递较差，且井眼长造斜率过小造成斜井段过长，不能达到钻井施工所提倡的“短平快”原则。

结合以上规律和认识，对于储层垂深在 2000m 附近的长水平段大偏移距水平井眼总结了几点结论如下：

（1）控制造斜率小于 8°/30m 是科学合理的；

（2）纵向靶前距建议控制在 200~700m 的范围内；

（3）油基钻井液工况下设计井眼的最大偏移距建议不超过 800m。

打开储层时所用的钻井液类型不同，摩阻系数就会不同，相应的井下管柱力学环境就会存在差异。分析水基钻井液工况下的摩阻扭矩敏感性，根据经验，将套管摩阻系数设定为 0.2，裸眼摩阻系数设定为 0.3，其他基础控制条件不变，用 Wellplan 硬模型计算摩阻扭矩参数，并通过 Matlab 生成的摩阻扭矩敏感性分析图谱与油基钻井液工况下的相似，摩阻扭矩整体提高 20%~60%。

直—增—平是二维水平井从地面钻至储层的最基本最简单的造斜制度，增斜段只单纯实现井斜的调整即可，而三维井眼由于井眼迹线不在同一竖直平面上，为实现从地面垂直钻进至储层着陆，需要增加扭方位的过程，使得增斜段至少为两段。有时为了平稳着陆，在近靶区井段还要实施微增探顶，入靶以后在靶区内还要进行造斜微调，此外还会有稳斜段穿插在造斜段之间，为实际钻进预留调整空间。实现不同功能的造斜、稳斜段在实际钻进过程中如何实施是钻前轨道设计的重点研究内容。

可将整个井眼轨道分割成两段，近靶区井段（测点到储层垂深间距小于 50m）为一段，远离靶区的上部井段为一段进行单独分析。先分析上部井段，当前假设水平段为井斜 90°的平直线靶。上部井段终点井斜假设为 90°。单纯分析各造斜段，对远靶区的上部着陆段造斜的实施，现有如下四个方案：

方案 1：增斜走偏移—稳斜扭方位—增斜；

方案 2：增斜走偏移至水平井斜—稳斜扭方位；

方案 3：增斜走偏移—同增同扭；

方案 4：自然增斜走偏移—降斜打直—增斜。

研究四种剖面的参数、摩阻扭矩示意图可知：

（1）方案1、方案2、方案3、方案4的最大造斜率分别为6.61°/30m、7.16°/30m、5.81°/30m、5.74°/30m；

（2）钻至靶尾时钻柱摩阻由小到大对应的方案排序情况为方案4、方案3、方案1、方案2；

（3）方案1、方案2、方案3井眼复合钻进地面扭矩差别较小，方案4井眼地面扭矩较前者高很多，扭矩传递较差，方案排序为方案3、方案2、方案1、方案4；

（4）不用转盘下生产套管至井眼中间位置附近时（本组井眼样例对应3000m附近测深）摩阻差异较大，按套管摩阻由小到大对应的方案排序情况为方案2、方案3、方案1、方案4；

（5）用转盘扭摆下套管时各方案随着套管深入地面扭矩平稳增加，地面扭矩按由小到大对应的方案排序为方案2、方案3、方案1、方案4；

（6）各造斜制度方案在各自造斜段区域的侧向力增加明显，方案之间差异很大，方案2侧向力超标，按侧向力整体表现情况由优到劣对方案的排序为方案3、方案4、方案1、方案2。

为了从中优选方案并对四个方案进行综合排序，可将以上各指标下的方案的好与差进行分项打分，并以相等的各指标权重累积各分项综合得分，各指标分项排名第方案1、方案2、方案3、方案4的方案分别给分方案3、方案4、方案2、方案1。打分情况见表3-3。

表3-3　四个造斜方案各项得分明细及综合得分

分项得分	方案1 增—扭—增	方案2 增—扭	方案3 增—同增同扭	方案4 增—降—增
井眼总长	3	1	2	4
斜井段长	1	4	3	2
最大造斜率	2	1	3	4
钻柱摩阻	2	1	3	4
钻柱扭矩	2	3	4	1
套管摩阻	2	4	3	1
套管扭矩	2	4	3	1
管柱轴向力	4	4	4	4
管柱侧向力	2	1	4	3
综合得分	20	23	29	24

根据得分情况，从四个方案中优选第三个方案，即“先增斜走偏移再同增同扭”作为造斜优选方案。各方案综合排序情况为方案3>方案4>方案2>方案1。具体操作时可考虑增斜走偏移—稳斜调整—增斜扭方位—微增/稳斜探顶—进靶。

三、致密油气水平井优快钻井技术

致密油气钻完井技术核心是动用工厂化作业程序配合优快钻完井技术，大幅度缩短钻完井周期。其中工厂化核心是充分利用可快速移动式机，通过钻机的快速移动，节省固井、候凝、电测等时间。而优快钻完井技术则是在充分考虑三维大偏移距水平井的施工特点基础上，充分利用高效钻头与一趟钻技术，实现钻井周期的大幅度降低。

1. 工厂化钻井技术

工厂化钻完井的优势一方面可以大幅度节省时间；另一方面可以大大提高钻井液等材料的重复利用水平，减少废弃物的排放。

（1）提高钻机移动效率。快速移动钻机采用模块化设计，移动方式主要有轨道式、步进式和整体拖动式三种。提高钻机自动化水平（加 13.5m 单根钻机），使用交流变频电驱动，自动化程度高，配有顶驱、自动化井口设备、自动排管系统、自动送钻、数字化司钻操控系统等。

（2）优化井下系统，多项关键技术集成应用。工厂化钻井中，广泛应用先进的钻头、导向钻井液马达、旋转导向钻井系统、随钻测井仪器等井下工具。

（3）优化井场布局实施集中作业，有效减少非生产时间。工厂化钻井井组多为并行排列、每个井场 4~32 口井，通过集中装置实施集中作业，包括压裂集中、水处理集中、服务和供应集中，利用管理优化方法实现有效减少井场布置和钻机装卸及钻完井等作业的非生产时间。

（4）多方协调作业，实现各专业环节均无缝衔接。工厂化钻井强调通过油公司、钻井承包商和技术服务公司的多方协作，实现各个作业环节的无缝衔接，以减少或避免非生产时间，包括地质资料和方案的共享及作业方和物资材料供应各方的协调优化管理等。通过实施优化的工厂化的同步作业，省去了大量的水泥候凝时间和测井时间，有效提高了工厂化钻井效率，降低了总成本。

（5）应用自动化和远程监控技术，实现多井场作业实时管理。应用自动化和远程控制技术，实时监控和管理钻完井作业的每一道工序，实现一个团队同时管理多个井场作业的目标，保证了施工安全，节省了作业时间，大幅度降低了作业成本。

（6）表层钻井时间一般较短，但固井候凝时间却较长，表层钻井深度一般较低，且表层钻井液可以通用。为降低表层段钻井成本，加快钻井速度，一般采用车载小型钻机批量钻表层。这类钻机在钻完表层后，可以立即进行下套管作业，完成下套管后就可以将套管坐放在井口后可以立即移动到下一口井进行钻进。由于表层通常需要采用高膨润土含量、高黏度的钻井液，这类钻井液与二开有显著不同，可以重复利用，避免反复转化，从而可大大节省钻井液的成本与废弃物排放量。

车载钻机钻表层另一个优势是小钻机的日费水平低，通常 ZJ30 以下钻机的日费仅不到 ZJ70 钻机的一半，采用小钻机批量钻表层有非常重要的意义。

2. 应用 PDC 钻头，采用一趟钻技术

钻头与钻具组合密切相关，采用 PDC 钻头可以充分提高机械钻速，使一趟钻可以钻进更多的进尺。同时由于 PDC 钻头可以采用更小的钻压，一般 PDC 钻头钻压仅为牙轮钻头的 1/4 以下，在水平井中，这一点更为重要。常规水平井钻进过程中，为提供足够的钻压，在斜井段应采用适量的加重钻杆，防止普通钻杆在小井斜与直井段因为受压而发生屈曲。而随着钻进的进行，钻头不断向前推进，加重钻杆向下移动，当加重钻杆到达水平段时，加重钻杆就不再能提供钻压，此时加重钻杆只会导致旋转摩阻的增加。此时就需要起

钻，将上部部分普通钻杆倒到加重钻杆以下，再继续钻进。一趟钻能钻进的进尺取决于水平井有一定井斜以下的斜井段长度。

而 PDC 钻头的低钻压特点可以使有一定井斜的斜井段以下的普通钻杆都可以提供 PDC 钻头钻进的钻压。因此水平井的钻具组合可以不必设计加重钻杆，使水平段一趟钻成为可能。

目前一趟钻的钻具组合基本结构是：

（1）直井段与斜井段：钻头+弯螺杆钻具+稳定器+MWD+加重钻杆+普通钻杆。

（2）水平段：钻头+弯螺杆钻具+稳定器+MWD+加重钻杆 1 根+普通斜坡钻杆。

与一趟钻技术相配套，水平井钻进时大量采用复合钻井技术，控制较低的转盘（顶部驱动系统）转速时，依靠井下动力钻具，提高钻头的工作转速，依靠钻头的高转速来实现较高的机械钻速。

由于滑动钻进没有办法控制实际施加到钻头上的钻压，从而滑动钻进的效率通常远低于复合钻进，所以在轨道设计时应尽可能减少滑动钻进的井段，依靠复合钻井来提高钻井速度。

3. 提高钻井液抑制封堵性，保证井眼质量

水平井携岩的基本条件是保证钻井液在环空的流态。紊流流态可以使岩屑床产生翻滚与跳跃，从而使岩屑床得以运移。而局部的井壁扩大将导致该处的钻井液流速下降，使钻井液难以达到紊流流态。虽然在钻杆转动的搅动之下，可能岩屑床有一定的运移，但效率已大幅度降低。只有岩屑床的厚度达到一定程度后，使得此处的环空截面积减少，钻井液达到紊流，才能形成新的动态平衡。而一定厚度的岩屑床的存在无疑会大幅度增加摩阻力。判断是否存在岩屑床的途径是将预测的摩阻与实际摩阻进行对比。当发现实际的摩阻显著大于根据修正的摩阻系数预测的摩阻时，可能就是存在了岩屑床。此时解决的途径是进一步提高排量，提高钻具转速。必要时在钻具适当位置加入岩屑床清除工具。为避免岩屑床的产生，根本途径是提高钻井液的抑制与封堵性能，保证井眼质量。

水平井钻井中，随着水平段的延长，因为开停泵以及起下钻具引起井底 ECD 变化幅度将更大，因此水平井设计钻井液的密度附加值应在直井油井附加 0.05~0.10g/cm^3、气井附加 0.07~0.15g/cm^3 基础上，按测深与垂深比的比例增加。因此对钻井液安全密度窗口产生影响，同时也对水平井的储层产生压差。因此水平井的储层保护更为重要。

4. 优选扭矩稳定性，保径性能好的钻头

为适应长水平段钻进时钻头受侧向磨损严重、常规钻头外径易产生磨损，这样下只钻头入井时，不能下入已磨损钻头钻出的小尺寸井眼，因此致密油气长水平段钻井首先需要有加强保径的钻头。PDC 钻头适应于泥岩与不含砾石的砂岩，而致密油气存在于含泥质、细砂质的地层中，这类地层极适合于 PDC 钻头钻进，而 PDC 钻头在这种地层的长寿命、高钻速也使一只钻头钻成数千米的斜井段与水平段成为可能。

致密油气定向与水平段钻进对定向控制提出很高的要求，一般钻头大切削齿的切削深度比较深，极易产生瞬间扭矩，导致司钻无法有效控制工具面角。致密油气水平井钻头在保证工具面角控制能力的前提下，对机械钻速不产生任何反作用。

底部钻具组合振动会引起诸多钻井问题，从而导致非生产时间。应减少并合理分配切削齿上的载荷、减少底部钻具组合振动，保证钻头采用最为合理的布齿结构以确保钻进中

的稳定性。

在三维大偏移距水平井钻井中，为进一步提高机械钻速，提高钻进效率，使用旋转导向系统是总体发展趋势。

第二节　页岩气水平井钻完井技术

页岩具有脆性强、孔隙结构复杂、渗透性差等地质特点，页岩气勘探开发工程经常面临井壁垮塌、井眼净化清洁困难、固井质量差及页岩气井完井产能不足等问题，并最终导致页岩气开发成本高，效益低下。因此，低成本钻成长水平段水平井及储层改造是页岩气开发的核心关键技术，也是严重制约页岩气规模化开发、亟需突破的技术瓶颈。

我国页岩气面临地面环境及地质条件复杂，导致钻完井成本高，页岩气与致密油气的经验也不能照搬，必须研发具有自主知识产权的技术，降低钻完井成本，提高投入产出比，推动页岩气大规模商业开发。“十二五”期间，针对南方海相页岩气长宁—威远、昭通等页岩气区块钻井存在的复杂事故多、周期长、成本高等问题，通过开展井身结构、地质工程一体化、工厂化钻井技术、钻井液及固井等方面的技术攻关，形成了适合于国内南方海相山地页岩气的钻井技术，为页岩气可持续发展提供了技术保障。

一、页岩气水平井井身结构优化及提速技术

1. 页岩气水平井井身结构优化

合理的井身结构设计既能最大限度地避免涌、漏、塌、卡等工程事故的发生，又能最大幅度地减少钻井工程费用，因此，对井身结构优化设计研究具有重要的意义[1]。

中国石油南方海相页岩气田长宁—威远、昭通等区块出露地层主要为侏罗系—三叠系，出露最新地层为中侏罗统沙溪庙组；根据已钻井地质揭示，从地表至基底，地层层序依次为侏罗系、三叠系须家河组、雷口坡组、嘉陵江组、飞仙关组，二叠系长兴组、龙潭组、茅口组、栖霞组、梁山组，志留系韩家店组、石牛栏组、龙马溪组，奥陶系五峰组、宝塔组、大乘寺组、罗汉坡组，寒武系洗象池组、沧浪铺组、筇竹寺组和震旦系（表 3-4）。通过分析影响井身结构设计的因素，在设计时应根据具体地层情况，再结合传统的设计方法确定技术套管、表层套管和油层套管的尺寸和下深，以确定该井的具体井身结构。

五峰组—龙马溪组一段为南方海相页岩气勘探的主要目的层段。五峰组厚度较薄，一般 2～13m。龙马溪组厚度 0～373m。

表 3-4　南方海相页岩气区块钻遇地层简表

<table>
<tr><th>界</th><th>系</th><th>统</th><th>组</th><th>段</th><th>代号</th><th>主要岩性</th><th>厚度
m</th><th>构造
旋回</th></tr>
<tr><td rowspan="6"></td><td rowspan="6">侏罗系</td><td>中统</td><td>沙溪庙组</td><td></td><td>J_2s</td><td rowspan="6">紫红、灰绿、深灰色泥岩，灰绿色粉砂岩，黑色页岩及薄层灰岩</td><td rowspan="6">0～425</td><td rowspan="6">燕山旋回</td></tr>
<tr><td rowspan="5">下统</td><td>凉高山组</td><td></td><td>J_1l</td></tr>
<tr><td rowspan="4">自流井组</td><td>大安寨—马鞍山</td><td>J_1dn～J_1m</td></tr>
<tr><td>东岳庙</td><td>J_1d</td></tr>
<tr><td>珍珠冲</td><td>J_1z</td></tr>
</table>

续表

界	系	统	组	段	代号	主要岩性	厚度 m	构造旋回
	三叠系	上统	须家河组		T_3x	细—中粒石英砂岩及黑灰色页岩不等厚互层夹薄煤层	0~435	印支旋回
		中统	雷口坡组		T_2l	深灰、褐灰色泥—粉晶云岩及灰质云岩，灰、深灰、浅灰色粉晶灰岩，云质泥岩，夹薄层灰白色石膏	0~105	
		下统	嘉陵江组		T_1j	泥—粉晶云岩及泥~粉晶灰岩、石膏层，夹紫红色泥岩、灰绿色灰质泥岩	0~541	
			飞仙关组		T_1f	紫红色泥岩，灰紫色灰质粉砂岩、泥质粉砂岩及薄层浅褐灰色粉晶灰岩，底部泥质灰岩夹页岩及泥岩	0~487	
上古生界	二叠系	上统	长兴组		P_2ch	灰色含泥质灰岩及浅灰色灰岩，中下部为黑灰色、深褐灰色灰岩、泥质灰岩夹页岩	0~60	海西旋回
			龙潭组		P_2l	上部为灰黑色页岩、黑色碳质页岩夹深灰褐色凝灰质砂岩及煤；中部为深灰、灰色泥岩夹深灰褐、灰褐色凝灰质砂岩；下部为灰黑色页岩、碳质页岩夹黑色煤及灰褐色凝灰质砂岩；底为灰色泥岩（含黄铁矿）	0~142	
		下统	茅口组		P_1m	为浅海碳酸盐岩沉积，褐灰、深灰、灰色生物灰岩	0~306	
			栖霞组		P_1q	浅灰色及深褐灰色石灰岩、深灰色石灰岩含燧石	0~133	
			梁山组		P_1l	灰黑色页岩	0~21	
下古生界	志留系	中统	韩家店组		S_2h	灰色、绿灰泥岩、灰质泥岩夹泥质粉砂岩及褐灰色灰岩	0~619	加里东旋回
		下统	石牛栏组		S_1s	顶部为灰色灰质粉砂岩；上部为深灰色灰质页岩、页岩及灰色灰质泥岩夹灰色灰岩、泥质灰岩；中部为灰色灰岩；下部为灰色泥质灰岩	0~375	
			龙马溪组		S_1l	上部为灰色、深灰色页岩，下部灰黑色、深灰色页岩互层，底部见深灰褐色生物灰岩	0~373	
	奥陶系	上统	五峰组		O_3w	泥岩、白云质页岩、泥灰岩	0~5	
		中统	临湘—宝塔组		O_2b	上部为深灰色灰岩、生物灰岩	0~35	

“三压力”剖面根据昭通地区已完钻的测井资料，利用 GMI 软件，根据 Eaton 公式用纵波时差预测，韩家店—石牛栏组上部的地层的压力系数基本属于正常压力系统，下部地层为高压地层。典型的三压力剖面如图 3-14 所示。

（1）套管必封点。前期钻井试验和示范区实践取得以下认识：

必封点一：嘉陵江及以上地层存在易漏层，飞仙关—长兴组地层钻井过程中出现过气侵、气测异常情况，表层套管要封固上部嘉陵江组易漏层，为下部二开可能钻遇浅层气做好井控准备。

必封点二：茅口、栖霞组为气层溢流、井漏同存地层，下部龙马溪组为高压地层，即

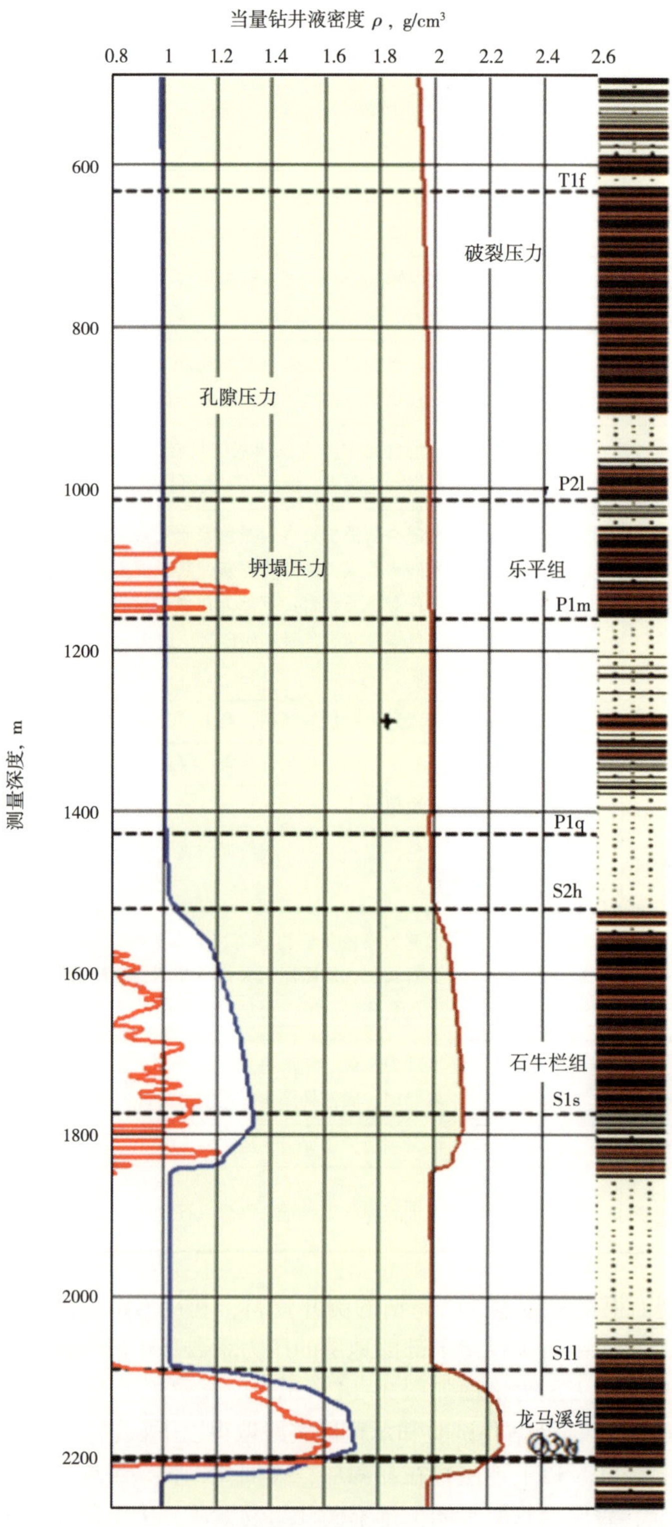

图3-14　南方海相页岩气井典型三压力剖面

龙马溪组上下属于两个压力系统。技术套管需要封隔上部易漏层和低压层，为下部三开高密度钻井液钻进创造井筒条件。

（2）井身结构方案。前期钻井过程曾采用 ϕ127mm 油层套管的非标井身结构，钻井没有问题。但根据压裂改造论证结果和现场实践显示，在 ϕ127mm 油层套管内采用 15m^3/min 大排量体积压裂时，管柱摩阻大，施工压力高，对套管及压裂装备的压力级别要求极高。根据气藏工程和采气藏工程方案要求，油层套管设计为 ϕ139. 7mm 套管，据此结合实钻经验，提出三套井身结构方案，见表 3-5。

表 3-5 常规井身结构和非标井身结构尺寸对比

方案	表层套管		技术套管		生产套管	
	钻头尺寸 mm	套管尺寸 mm	钻头尺寸 mm	套管尺寸 mm	钻头尺寸 mm	套管尺寸 mm
方案一（常规）	444. 5	339. 7	311. 2	244. 5	215. 9	139. 7
方案二（非标）	340	298. 4	269. 9	219. 1	190. 5	139. 7
方案三（非标）	333. 38	273. 05	241. 3	219. 1 （无接箍）	190. 5	139. 7

方案一为常规结构，工具配套成熟；方案三为前期主推非标结构（ϕ127mm 油层套管），只将技术套管尺寸加大为 ϕ219. 1mm（无接箍），以满足下开采用 ϕ139. 7mm 油层套管的下入；而方案二尺寸介于前两种方案之间。各方案优缺点对比见表 3-6。

表 3-6 井身结构方案对比

方案	优点	缺点
方案一	工具配套成熟	（1）周期最长、成本最高； （2）大尺寸井眼定向扭方位较小井眼尺寸困难
方案二	（1）较方案一周期短、成本低； （2）较方案一 ϕ269. 9mm 井眼扭方位更容易，ϕ219. 1mm 套管下入更容易； （3）较方案三，ϕ219. 1mm 套管下入容易，固井质量更好	（1）材料工具不配套，需重新定制； （2）较方案三，周期长、成本高； （3）ϕ190. 5mm 井眼旋转导向工具不配套
方案三	（1）工具相对配套成熟； （2）扭方位作业最容易； （3）周期最短、成本最低	（1）ϕ219. 1mm 套管为无接箍套管，强度低，相关附件也需专门准备，下入速度慢、固井质量不易保证； （2）ϕ190. 5mm 井眼旋转导向工具不配套

从前期区块工程地质难点来看，表层套管必须用于封隔浅表恶性漏层，兼顾下部地层、特别是龙马溪组可能钻遇异常压力，下深 450m 左右较为合适。因此，关键点是确定技术套管的下深。从地层压力和套管必封点分析来看，技术套管的下深存在很大的可变性，下在韩家店组顶或石牛栏组顶可行，下至龙马溪组顶亦可行。

目前页岩气水平井水平段长大于 1500m，若技术套管下至 A 点附近，封隔上部复杂层段（垮、漏），尽可能实现水平段的专层专打则是最为理想的状态，但实施过程中存在诸多难点：

①井斜 50°~60°井眼较易垮塌，为保证下步水平段安全钻进，应考虑将其封隔。

②二叠系茅口、栖霞组承压能力不足，不能完全满足稳定页岩井壁所需的高钻井液密度，防漏防塌难以兼顾，进入龙马溪后钻深过大井下状况将较为复杂。

③龙马溪组主产层可能存在异常高压。二开钻深过大将增大钻遇风险，表层套管井控能力不足。

④韩家店—石牛栏组地层可钻性差，无法实施气体钻井来提速。

⑤斜井段常规定向“托压”严重、钻速慢，而目前又无大尺寸（ϕ311.2mm、ϕ241.3mm）井眼强增斜旋转导向工具。

同时 ϕ311.2mm 大尺寸井眼定向增斜能力低、扭方位作业困难，ϕ244.5mm 技术套管通过能力较差、井眼轨迹狗腿度较大时下至 50°~60°可能有一定难度，因此，要求 ϕ311.2mm 井眼定向增斜及扭方位作业狗腿度不能过大，这就需要采用勺型井眼轨迹，下开 ϕ215.9mm 井段定向狗腿度势必较大。若考虑将技术套管下入位置上提至增斜扭方位作业之前，用 ϕ215.9mm 井眼进行扭方位及增斜，则一定程度上能够解决上述问题，还可以在韩家店—石牛栏可钻性差的地层采用气体钻井和更早采用旋转导向工具发挥优势，减少 ϕ311.2mm 大井眼滑动钻进井段，提速提效。钻井现场通过不断摸索，持续优化，形成了现阶段将技术套管下至韩家店顶的最优方案。

综上所述，推荐采用方案一（钻头程序 ϕ444.5mm×ϕ311.2mm×ϕ215.9mm；套管程序 ϕ339.7mm×ϕ244.5mm×ϕ139.7mm）作为南方海相页岩气水平井井身结构，具体方案见表 3-7、图 3-15。

表 3-7　井身结构设计说明

开钻次序	套管程序	套管尺寸 mm	设计说明
导管		508	导管下深 30~50m 左右，封隔地表疏松漏层。若距离河流较远且地表邻井未发生严重漏失，可不下入导管
一开	表层套管	339.7	表层套管下深原则进入飞仙关 50~80m，封隔嘉陵江漏层及水层，具体深度根据实钻情况调整
二开	技术套管	244.5	技术套管设计下至韩家店顶部，封隔上部可能存在的漏、垮等复杂层段，为斜井段水平段高密度钻进提供有利条件
三开	油层套管	139.7	全井下入油层套管，水泥返至地面

采用 ϕ139.7mm 油层套管是根据现阶段套管和压裂装备承压能力、体积压裂施工排量要求来确定的。在条件成熟的前提下可开展 ϕ127mm 油层套管试验。目前，南方海相页岩气井基本都采用此套井身结构方案，满足了现有条件下安全快速钻井的需要。

2. 页岩水平井提速技术

钻井速度是影响钻井成本的主要因素之一。因此钻井提速技术是实现页岩气效益最大化并实现科学生产的关键因素。南方海相页岩气地质特征及钻井提速技术难点包括：

（1）防漏堵漏工作贯穿整个钻井过程，低压层漏失以孔隙性渗漏与微裂缝漏失为主，主要目的层为高压易漏失层，钻井液密度安全窗口较窄，海相碳酸盐岩地层为常见的垂直型、大倾角型裂缝漏失、孔隙漏失和溶洞漏失等。如昭通地区某井一开钻至井深 89.00~

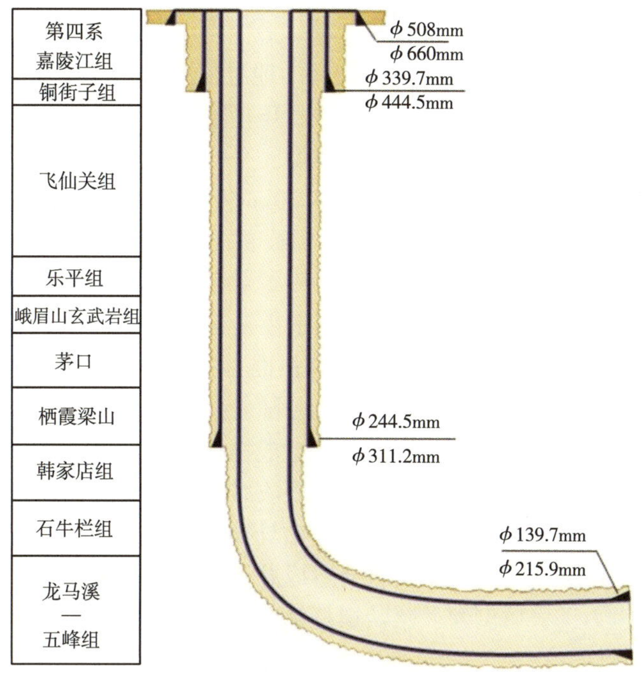

图 3-15 井身结构示意图

154.00m 共漏失钻井液 164.00m^3，平均漏失速度为 2.73m^3/h；二开钻至 1010~1180.00m 井段，多次发生失返性漏失，共计漏失钻井液 10650m^3。

（2）随着井深的增加，岩性越来越硬，地层可钻性极差，跳钻现象十分突出，造成钻头、钻具先期破坏，给下部施工增加了难度。如峨眉山玄武岩组及石牛栏组存在致密砂岩夹层，前期钻井过程中钻速仅为 0.4~1m/h。

（3）目的层深，地层岩性变化大，地层压力预测及检测准确性差。如毛坝 1 井飞仙关组预测压力系数为 1.15~1.25，实际压力系数为 1.90。

（4）地层承压能力低，井下复杂情况多。双庙 1 井由于裸眼中有多个漏失层，承压能力较低，致使多次提高地层承压能力后，钻进过程中还是出现了喷、漏现象。受地下不可预见因素和目前供应等实际情况限制，套管设计困难、井身结构及钻井液密度难以确定。

同时，钻井提速又是一项系统工程，多部门协作完成的工作。主要取决于生产组织、装备应用、井下工具、钻井技术（包括定向、钻井液等）、测井作业和固井施工等因素。每个环节出现问题都会影响整口井施工进度。所以在钻井施工过程中要强化生产组织、设备性能，优化技术方案达到安全、快速、优质、高效地完成钻井工程中的各项环节，从而达到提速目的。具体措施如下：

（1）优化剖面设计。适当提高造斜点，在二开易漏地层采用自然降斜的钻具组合，上部剖面采用直—增—稳—微降剖面，降低全井最大井斜，减少施工难度，减少了下部调整风险，提高钻井速度，在满足螺杆钻具和 PDC 钻头的前提下，多复合少滑动，提高施工效率，实现二开一趟钻。同时，适当提高造斜点，增大了中靶范围，早期在上部地层形成的位移由于趋于靶点，使下部井斜方位变化范围增大，降低了施工难度，提高施工的准确性和轨迹预测能力。下部井段钻进过程中采用旋转导向工具，保证井眼轨迹平滑，降低后期钻进及下套管难度。

（2）优选钻头。上部一开井段可钻性较好的地层采用5或者6刀翼19mm切削齿钻头（IADC：M223），有利于提高机械钻速速度。二开井段采用6刀翼16mm切削齿钻头，增加布齿密度，适当增加和地层接触的切削齿数量，平均每个齿的切削量，提高钻头使用寿命。三开针对石牛栏地层抗压强度较高（10～30kpsi）、以砂岩为主，夹杂其他岩性的地层，其硬度高、研磨性强，因此采用7或8刀翼13mm切削齿钻头，解决单只钻头进尺少，钻头磨损严重的问题，选择抗研磨性强、刀翼数量较多的钻头可以适当延长钻头使用寿命。储层页岩井段采用5或6刀翼16mm切削齿钻头，提高钻头使用的效益。

（3）螺杆选用与现场使用的流量应该控制在推荐的范围内，马达的输出扭矩与马达的压降成正比，输出转速与流入钻井液量成正比，随着负荷的增加，钻具转速有所降低，排量过大可导致转速过高，加快橡胶磨损，提前造成螺杆损坏。

单弯螺杆应严格按照钻具的使用期限进行回收维修，避免造成井下事故，新螺杆使用期限为120h，维修螺杆使用时间为80h。螺杆钻具操作时要送钻平稳，瞬时动载过大，易造成螺杆螺纹部分出现裂纹，发现不及时会造成井下事故。下钻速度过快，使得螺杆钻具外腔压力大于内腔压力，岩屑倒灌，憋断螺杆钻具。防止堵漏剂等杂物造成螺杆憋断。

（4）其他措施：

①导管和表层：孔洞和（或）裂缝性漏失；浅层冲蚀和井壁掉块阻卡。采用预水化坂土浆钻进，储备适当防漏堵漏材料，如发生严重失返性漏失，应清水强钻，结合稠浆间断清扫井眼。

②上部直井段提速技术措施：直井段推荐使用长寿命螺杆+高效PDC钻头提速技术，如果地层有增斜趋势，建议采用MWD+弯螺杆提速技术，解放参数，提高机械钻速。

使用马达，钻头转速增加，机械钻速会有大幅度提高；使用MWD能及时监测和调整井眼轨迹；井眼比较规则，形成较高的井眼扩大率，起下钻不容易发生阻卡；直井段能一趟钻完成，可以减少测单点时间，可以及时调整钻压，保持较高的机械钻速。

③定向段和储层水平段钻井提速措施：

a. 提高钻井液的润滑性能，控制摩阻系数低于0.07。

b. 采用旋转导向+高效PDC钻头提速，尤其是三维水平井在定向段推荐使用旋转导向提速技术。为进一步降低成本，试验了MWD+长寿命螺杆提速技术（加水力振荡器）。力争实现定向段一趟钻，同时水平段采用优选的PDC钻头，1000～1500m水平段实现1只钻头打完进尺。

c. 提高钻井液的防塌性能，加大抑制剂和防塌剂含量，防止页岩的垮塌，同时，提高钻井液的润滑性能和携砂性能，防止水平段岩屑堆积造成卡钻。

d. 充分发挥地质专家的作用，派遣经验丰富的地质专家进驻现场，与钻井队、定向队、录井队工程师合署办公，结合现场录取资料和实钻井眼轨迹，卡准入窗位置，确保准确着陆。

④石牛栏组空气钻井提速措施。石牛栏组含有大段研磨性砂岩地层，常规PDC钻头+螺杆复合钻进提速效果不理想，采用气体钻井提速，二者的提速效果对比如图3-16所示。

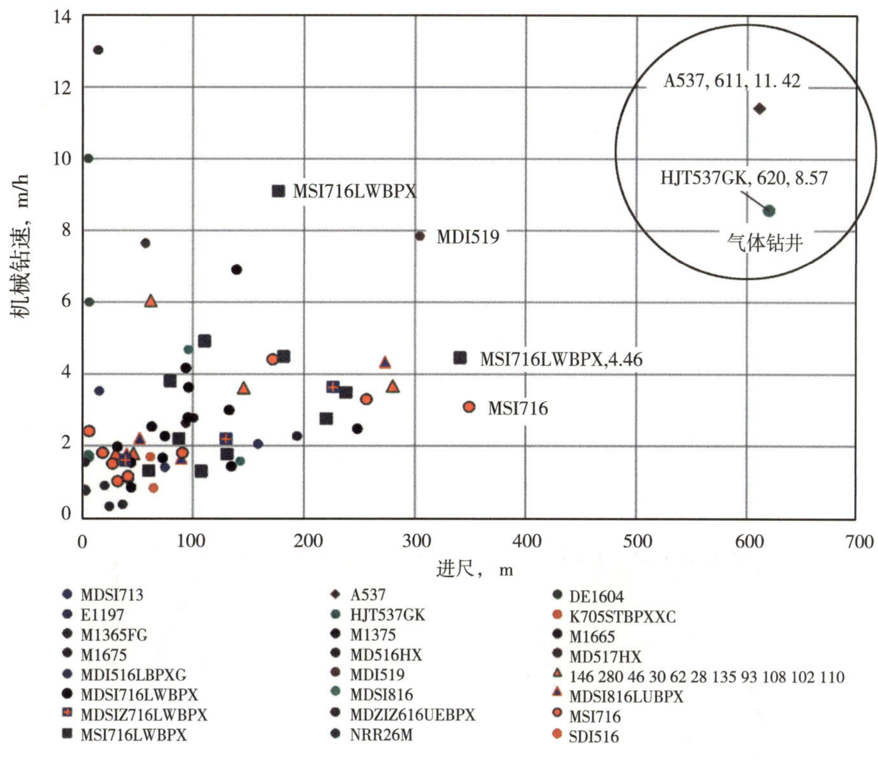

图 3-16 石牛栏组研磨性砂岩地层气体钻井与常规钻井提速效果对比

二、页岩气水平井地质工程一体化导向技术

四川地区页岩气由于工区内地质差异大，各平台之间地质条件不同导致钻井工程施工的难点和风险也不尽相同，因此在钻井工程设计前根据地震、测井资料建立了三维地质模型，实现了工程地质一体化开发。

1. 井眼轨道剖面优化设计技术

密集丛式水平井开发平台轨道剖面设计至关重要，轨道设计要达到页岩气藏规模开发与减小工程难度的要求。已钻丛式水平井平台布局主要为双排部署的 6 口水平井，在平台 6 口井地面布置中，偏移距较小的水平井通常采用常规二维轨迹剖面，类型为“直—增—稳”剖面，结构简单，能满足开发要求；而对于边缘的偏移距较大的水平井，目前通常采用的类型为“直—增—稳—增（扭）—水平”的空间三维双增剖面，施工难度大。在已完钻井的三维井眼剖面井中，依据不同情况对井身剖面进行了优化设计，主要包括以下三种类型：

（1）Ⅰ类：高造斜点，采用“直—增—降—增—稳”的双二维轨迹剖面。该剖面类型将造斜点提高到 300~500m，提前利用小井斜消除偏移距的影响，有效降低狗腿度，将三维井眼变为双二维，最大狗腿度控制在 6°/30m 以下。

（2）Ⅱ类：中造斜点，常规“直—增—稳—增（扭）—水平”轨迹剖面。该剖面类型将造斜点选在井壁较为稳定的韩家店组，稳斜穿过难钻的石牛栏组，下部采用旋转导向进行增斜及扭方位作业，最大狗腿度控制在 8°/30m 左右。

（3）Ⅲ类：低造斜点，“直—增—稳—增（扭）—水平”轨迹剖面。该剖面类型储层以上采用直井，提高机械钻速，进入龙马溪储层段后开始造斜，采用旋转导向全力增斜扭方位，最大狗腿度 10°/30m 左右。

通过现场应用，Ⅰ类井眼剖面由于在上部大尺寸井眼段过早造斜又降斜，造成机械钻速低，钻井周期较长，但施工难度较小，不易发生复杂情况；Ⅱ类井眼剖面在韩家店组—石牛栏组坚硬地层既增斜又扭方位，定向工具面控制较难，也不利于提速，施工难度适中；Ⅲ类井眼剖面由于造斜点在三开井段龙马溪组，扭方位段的造斜率和狗腿度较高，虽采用旋转导向提高了机械钻速，但易发生复杂情况。现场实钻过程中要根据地层的实际情况优化选择井眼剖面。

2. 三维地质模型的工程化应用

根据建立的三维地质模型提示钻井施工中出现的风险，龙马溪储层的页岩微裂缝发育、构造变化大，前期钻井过程中多口井出现井漏、钻遇率差等问题，依据三维地质模型中的微裂缝预测结果，为预防井漏、轨迹设计提供了依据，如图 3-17 所示。

图 3-17　三维地质模型预测的断层及裂缝

由于工区内采用密集丛式水平井开发，平台轨道剖面设计至关重要，轨道设计要达到页岩气藏规模开发与减小工程难度的要求。已钻丛式水平井平台布局主要为双排部署的 6 口水平井，对于边缘的偏移距较大的水平井，采用常规“直—增—稳—增（扭）—水平”的空间三维双增剖面，施工难度大。因此基于三维地质模型，精细化设计，将三维双增剖面优化设计为双二维剖面，优化造斜点深度，避开复杂地层，减低复杂情况的发生。

另外，三维地质模型可有效指导水平井地质导向控制技术。对于呈波浪起伏状的储层，可根据三维地质模型有效控制靶前距、优化水平段轨道，确保储层钻遇率和井眼光滑，为保证后期套管下入和有效增产提供了保障。

3. 地质工程一体化应用实例

以四川地区一口页岩气井为例，在完成该地区三维地质模型后，根据三维地质模型通过对平台内水平井三开井段三压力剖面和裂缝发育程度的预测（图 3-18），龙马溪储层段的压力系数在 1.8 左右，且裂缝发育，因此钻井液密度设计为 1.85~2.0g/cm^3。同时，根据预测的储层裂缝情况，指导钻井设计，制定相应的应对措施（表 3-8），该井实钻过程中因准备充分，未发生复杂情况，最终完钻井深 4020m，水平段长 1460m，创造了该地区最短钻井周期，安全高效地完成了该井钻井作业。

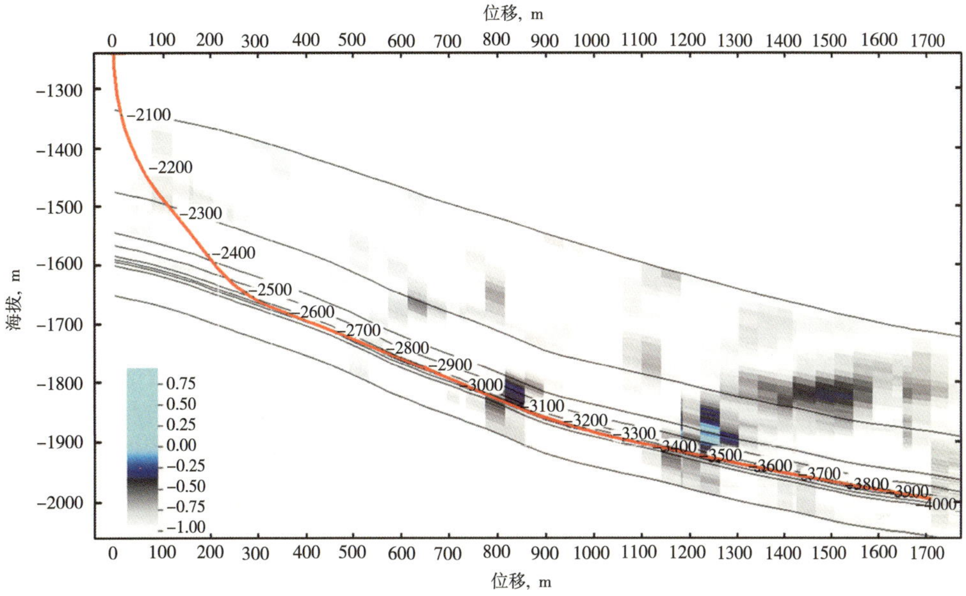

图 3-18 根据三维地质模型预测的裂缝分布情况

根据邻井测井资料、实钻情况及建立的三维地质模型预测的 YS108H4-2 井钻井风险见表 3-8。

表 3-8 钻井风险及处理措施

井段，m	风险描述	监测方法	预防措施	处理措施
2690~2734	钻井液漏失 详细信息：附近有裂缝发育，地层破裂压力较低，易压漏地层	监测钻井液池液面高度及井孔返出的钻井液量	调整钻井液参数，适当减小钻井液密度并提高黏度，准备好堵漏剂	可以事先加入或准备好堵漏剂。控制钻井液的密度和性质
2820~2900	井壁崩落 详细信息：附近有裂缝发育，且地层压力较高，在钻井过程中需注意井壁崩落及气窜	监测钻屑和井壁掉块，监测 ECD，监测扭矩和摩阻及大钩荷载变化趋势。监测气测异常	控制钻井液性能，提高钻井液对泥岩的水化膨胀分散的抑制性。减小钻具的振动，控制起钻速度，避免井下压力波动；不宜过高提高钻井液密度	控制钻井液性质。良好的携带岩屑措施
3035~3123	钻井液漏失 详细信息：钻遇裂缝集中发育带，易引起钻井液漏失	监测振动筛以密切了解掉块形状。监测是否有钻井液漏失及井下钻井参数的异常变化	降低钻具的振动，减慢起下钻速度，避免引起井底压力波动，提高携岩效率	可以事先加入或准备好堵漏剂。控制钻井液的密度和性。缓慢划眼或倒划眼。尽量避免倒划眼

续表

井段，m	风险描述	监测方法	预防措施	处理措施
3035～3123	钻井液漏失 详细信息：钻遇裂缝集中发育带，导致地层破裂压力降低，易压漏地层	监测钻井液池液面高度及井孔返出的钻井液量	调整钻井液参数，适当减小钻井液密度并提高黏度，准备好堵漏剂	可以事先加入或准备好堵漏剂。控制钻井液的密度和性质
～3100	定向托压 详细信息：地层倾角逐渐降低，利用螺杆+LWD定向时存在拖压、摩阻大等问题	据随钻监测的伽马曲线，随时调整钻井方式，控制井斜、方位的变化	控制狗腿度，保持井眼平滑。调整钻井液参数，提高钻井液润滑性和携岩能力	活动钻具、短起下钻及划眼，控制钻井液性能，保持良好的润滑性和携岩能力
3330～3415	钻井液漏失 详细信息：附近有裂缝发育，地层破裂压力较低，易压漏地层	监测钻井液池液面高度及井孔返出的钻井液量	调整钻井液参数，适当减小钻井液密度并提高黏度，准备好堵漏剂	可以事先加入或准备好堵漏剂。控制钻井液的密度和性质
3414～3536	钻井液漏失 详细信息：钻遇裂缝集中发育带，易引起钻井液漏失	监测振动筛以密切了解掉块形状。监测是否有钻井液漏失及井下钻井参数的异常变化	降低钻具的振动，减慢起下钻速度，避免引起井底压力波动提高携岩效率	可以事先加入或准备好堵漏剂。控制钻井液的密度和性质。缓慢划眼或倒划眼。尽量避免倒划眼
4028～井底	钻井液漏失 详细信息：钻遇裂缝集中发育带	监测振动筛以密切了解掉块形状。监测是否有钻井液漏失及井下钻井参数的异常变化	降低钻具的振动，减慢起下钻速度，避免引起井底压力波动提高携岩效率	可以事先加入或准备好堵漏剂。控制钻井液的密度和性质。缓慢划眼或倒划眼。尽量避免倒划眼

三、页岩气工厂化钻井技术

南方海相页岩气所处的四川盆地主要以丘陵、山区条件为主，周围民房、人口、农田众多，交通不便，井场规模受限，丛式井组选址、环境保护等工作有一定困难，为达到经济开发页岩气藏的目的，必须考虑在单个井场开展丛式井组钻井，依靠在一个井场多钻井来降低综合成本，同时还要优化地面井网布置以实现储层最大化开发。丛式井组地面井位布置基本原则要利于地面工程建设、利于钻机搬迁拖动、减少井眼相碰风险、利于储层最大化开发、满足工程施工能力等。页岩气丛式井钻井平台按照 4 口、6 口、8 口井/平台布局，满足钻井、压裂试气、投产的要求。钻井作业完成后移交压裂试气投产作业。

同时为缩短投产周期，钻井模式采用“工厂化”模式，钻机依次完成每口井的一、二开钻井作业，然后再进行各井三开作业，即分井段实施批量钻井；井场尽可能交叉作业，多项作业交替进行并无缝衔接，提高设备利用率。

南方海相页岩气山地作业特点，遵循“集群化建井、批量化实施、流水线作业、一体化管理”的工厂化作业总体思路。开展了多台钻机（两台或多台）批量化的钻井试验，在实践中不断探索、总结和优化，完成了关键技术攻关与装备配套，形成了一套比较成熟的“工厂化”作业方式，现已在区块内开始规模应用。为实现页岩气工厂化作业，采取以下方案：

1. 采用双钻机同场作业

根据地勘情况，井场采用双排或单排布井，有条件的实施双钻机同场作业，降低综合成本、提高作业效率、加快勘探开发进度。图 3-19 为典型的双钻机作业时井场布置图。

配套措施及优势：

（1）集中管理，采用一套管理人员；

（2）井队可减少一般工作人员；

（3）专业技术服务队伍实施单独配置；

（4）设备、工具、材料、钻井液等共享。

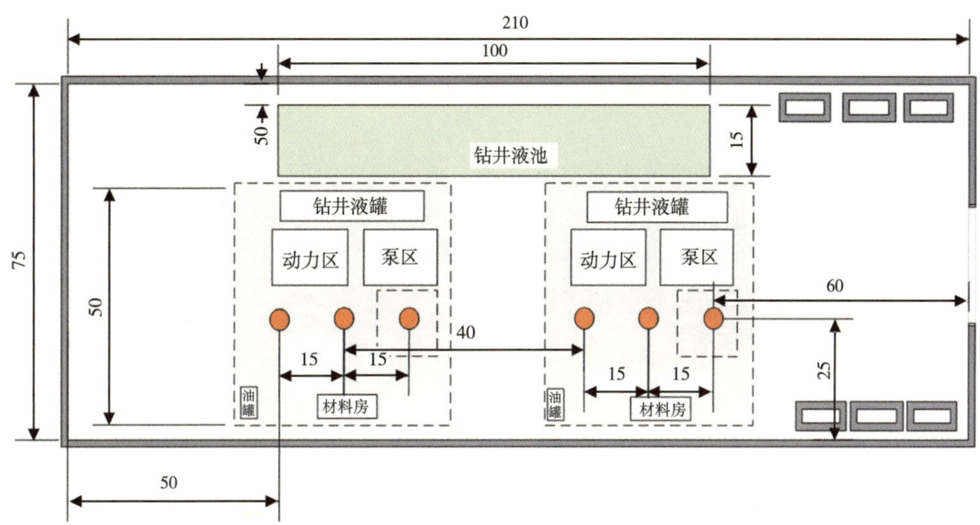

图 3-19 同场双钻机井场布置示意图

2. 批量钻井和交叉作业

实施分开次、分工艺的流水化钻井作业，集中使用工具材料和技术措施，提高作业效率。平台多口井依次一开、二开，固井；再依次三开，固井，如图 3-20 所示。

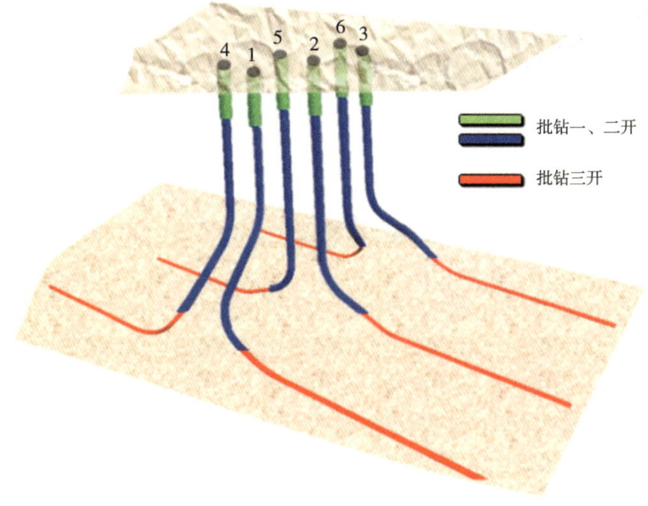

图 3-20 批量钻井示意图

在形成页岩气专项作业规范基础上，依靠钻机的高运移性和灵活井场布局，多项作业交替进行并无缝衔接，提高设备利用率，缩短作业时间。

（1）缩短钻井时间：钻井、固井、测井交叉作业。固井后即可搬迁进行下口井钻井作业，同时进行上口井的固井候凝、电测及安装井口等作业工序。

（2）缩短投产时间：钻前+钻井+压裂交叉作业。井场及技术条件成熟时，可以考虑同一井场钻完第一排井后，实施压裂，在第一排井排液过程中同时实施第二排井的钻井作业。实现边钻井、边排液、边生产，提高钻机利用率，缩短投资回报期。

3. 改造快速移动电动钻机

对常规钻机实施改造，延长上水管线和回流管线等，同时配备快速平移装置，通常采用滑轨式液压移动装置（图 3-21）或者步进式液压移动装置（图 3-22），同场 2h 以内钻机移动到位，半天内完成钻机整体平移和开钻。逐步实现钻机带钻具整体移动。

钻机配套系统改造：

（1）循环罐、液气分离器等系统定点放置，减少搬安时间。

（2）溢流管线采用加长软管。

（3）钻井液过渡槽加长、电缆加长。

（4）防喷管线采用高压软管，便于拆卸安装。

（5）配套 52MPa 高压管汇。

图 3-21　滑轨式液压移动装置

图 3-22　步进式液压移动装置

四、页岩气水平井油基/水基钻井液

通过对现场岩心、岩屑进行室内试验研究，分析出其页岩理化性能及井壁失稳机理，研发了部分油基钻井液和水基钻井液的外加剂，设计出适合于国内南方海相页岩气的油基钻井液和水基钻井液体系。现场试验表明，强封堵油基钻井液有效解决水平段大段页岩的井壁失稳，已全面推广使用。页岩气水基钻井液成功应用于 YS108H4-2 井和 YS108 H8-1 井的三开段，解决了高密度条件流变性困难、摩阻大和井壁易失稳的难题，填补了国内空白[2]。

1. 页岩理化性能及井壁失稳机理

1) 页岩理化性能分析

威远—长宁龙马溪和筇竹寺页岩主要以石英和黏土矿物为主，页岩全岩矿物分析数据见表 3-9。

表 3-9 威远—长宁页岩全岩矿物分析

井号	井段 m	层位	矿物种类和含量,%							黏土矿物总量,%
			石英	钾长石	斜长石	方解石	白云石	黄铁矿	重晶石	
宁 201	2517	龙马溪	47.0	—	3.4	24.9	5.4	2.3	—	17.0
宁 203	2300	龙马溪	45.0	—	3.9	13.1	12.4	3.7	—	21.9
威 201	2767	筇竹寺	38.6	5.4	20.8	5.4	2.2	—	—	27.6
威 201	2671	筇竹寺	32.3	1.7	23.9	6.3	—	3.5	—	32.3
威 201	2697	筇竹寺	30.1	1.9	18.8	7.6	—	3.7	—	37.9
威 201	1452	龙马溪	31.0	—	3.2	1.5	—	—	—	64.3
威 201	1508	龙马溪	41.6	—	3.4	21.5	13.9	3.3	—	16.3
宁 201-H1	2980	龙马溪	32.9	—	4.5	7.3	2.7	3.9	2.5	46.2

具体黏土矿物分析数据见表 3-10。

表 3-10 威远—长宁岩屑黏土矿物分析

井号	井段 m	层位	岩 性	黏土矿物相对含量,%						混层比,%S	
				S	I/S	I	K	C	C/S	I/S	C/S
宁 201	2517	龙马溪	页岩	—	18	68	6	8	—	20	—
宁 203	2300	龙马溪	页岩	—	15	69	5	11	—	20	—
威 201	2767	筇竹寺	页岩	—	13	49	6	32	—	20	—
威 201	2671	筇竹寺	页岩	—	12	58	6	24	—	20	—
威 201	2697	筇竹寺	页岩	—	17	54	6	23	—	15	—
威 201	1452	龙马溪	页岩	—	10	60	4	26	—	15	—
威 201	1508	龙马溪	页岩	—	12	75	4	9	—	20	—
宁 201-H1	2980	龙马溪	页岩	—	—	76	4	20	—	—	—

采用宁 201-H1 井 2980~3331m 处掉块，页岩岩屑理化性能数据如下：在清水中热滚回收率为 80%，常温常压下清水中 16 h 膨胀率为 15%，阳离子交换容量为 9 mmol/100g 土。岩屑阳离子交换容量较低，不易分散，具有一定的膨胀性。

宁 203 井（2300.69~2301.01m）龙马溪和威 201 井（2767.13~2767.31m）筇竹寺页岩进行电镜扫描，结果如图 3-23 所示。

宁 203 井龙马溪页岩微裂缝发育，裂缝宽度在几个微米甚至更小；威 201 井筇竹寺页岩面板致密，存在相互联通的微裂缝。总的来说，裂缝微裂缝十分发育。

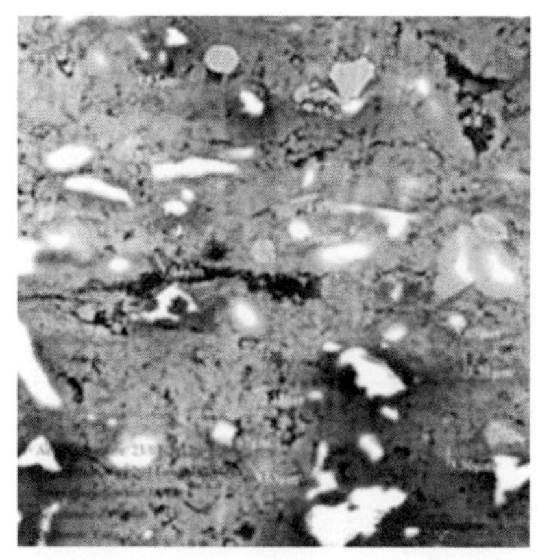

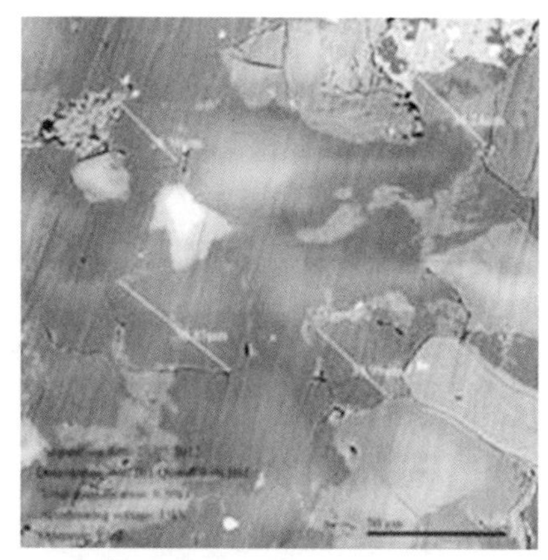

（a）宁203井（2300.69~2301.01m）龙马溪页岩　　（b）威201井（2767.13~2767.31m）筇竹寺页岩

图 3-23　页岩扫描电镜图（1000倍）

采用宁201-H1井2980~3331m短起掉块页岩，润湿性分析如图3-24所示，将掉块从中间锯开得新鲜端面，分别将水、白油和柴油滴到断面上，观察液滴铺展情况；定性结果分析表明页岩亲油性强于亲水性。

（a）水　　（b）5#白油　　（c）0#柴油

图 3-24　页岩润湿性实验

2）页岩井壁失稳机理

根据威远—长宁龙马溪和筇竹寺页岩理化性能分析，得出井壁失稳机理如下：裂缝和微裂缝发育，钻井液液柱压力传入微裂缝，增加孔隙压力。页岩孔隙毛细管自吸作用，孔隙压力增加，导致脆性泥页岩分散、剥落、垮塌。钻井液滤液侵入，造成井壁失稳。随着滤液的侵入，近井壁带孔隙压力随时间的增加而增加，当钻井液液柱压力不足以支撑孔隙压力时，井壁围岩的应力超过岩石本身的强度而产生剪切强度破坏，从而导致井壁失稳。

2. 页岩气油基钻井液技术及应用

1）页岩气油基钻井液综合性能评价

（1）白油基钻井液综合性能评价。

优选形成高密度配方：4%主乳化剂+4%辅乳化剂+2%丰虹有机土+3%CaO+$CaCl_2$水+4%氧化沥青+重晶石。不同密度的油基钻井液性能见表3-11。

表 3-11 不同密度油基钻井液性能评价

配方		AV mPa·s	PV mPa·s	YP Pa	Φ_6/Φ_3	G_{10}''/G_{10}' Pa/Pa	FL_{HTHP} mL	E_S V
1.8g/cm^3 油水比 80:20	滚前	48	41	7	8/7	7/8		832
	滚后	48	41	7	6/8	6/8	1.4	766
2.2g/cm^3 油水比 90:10	滚前	62	53	9	8/7	7/9		1317
	滚后	60	52	8	8/7	7/8	1.2	1052

注：热滚条件 100℃，16h。

由表 3-11 可知，研制的白油基钻井液配方在高密度条件下流变性稳定，高温高压滤失量低，满足威远—长宁地区页岩气钻井的需要。

在上述配方基础之上，通过不同老化时间，评价油基钻井液性能，结果见表 3-12。

表 3-12 不同老化时间油基钻井液性能评价（2.2g/cm^3）

配方		AV mPa·s	PV mPa·s	YP Pa	Φ_6/Φ_3	G_{10}''/G_{10}' Pa/Pa	E_S V
0h	滚前	62	53	9	8/7	7/9	1317
16h	滚后	60	52	8	8/7	7/8	1230
72h	滚后	59	53	6	6/5	5/8	1052

注：热滚条件：100℃，16h。

由表 3-12 可知，研制的高密度白油基钻井液配方连续热滚 72h 后性能稳定，抗老化能力强。

不同油水比下的油基钻井液性能，其实验效果数据见表 3-13。

表 3-13 不同油水比油基钻井液性能评价（2.1g/cm^3）

配方		AV mPa·s	PV mPa·s	YP Pa	Φ_6/Φ_3	G_{10}''/G_{10}' Pa/Pa	FL_{API} mL	FL_{HTHP} mL	E_S V
油水比 90:10	滚前	52	46	6	7/6	5.5/6			776
	滚后	54	47	7	7/6	6/7	0.5	1.0	1361
油水比 80:20	滚前	76	62	14	11/9	8.5/10			661
	滚后	89	74	15	12/10	10/11	0	3.2	889
油水比 70:30	滚前	113.5	90	23.5	19/16	15.5/17			784
	滚后	123	100	23	17/14	13/17	0.6	1.0	894

注：热滚条件：100℃，16h。

通过测试国外油基钻井液的性能，对比自主研发油基钻井液性能，试验具体结果见表 3-14。

表 3-14　国外油基钻井液性能评价（2.1g/cm³）

配方		AV mPa·s	PV mPa·s	YP Pa	Φ_6/Φ_3	G_{10}''/G_{10}' Pa/Pa	FL_{HTHP} mL	E_S V
Baroid（O/W：70:30）	滚前	68.5	60	8.5	6/4	—		646
	滚后	88	74	14	12/10	6/10	0	682
MI（O/W：85:15）	滚前	57	48	9	8/7	—		1533
	滚后	61.5	53	8.5	7/6	3.5/5	4.0	1055
Baker（O/W：85:15）	滚前	52.5	46	6.5	7/6	—		1600
	滚后	51.5	46	5.5	6/5	3/4	4.4	1712
Petroking（O/W：90:10）	滚前	64.5	52	12.5	12/10	—		1658
	滚后	60.5	54	6.5	7/6	5/7.5	3.8	1309

注：热滚条件：100℃，16h。

自主研发的白油基钻井液性能与国外水平相当，但处理剂成本仅为一半，性价比较高。

（2）柴油基钻井液综合性能评价（表 3-15～表 3-17）。

优选形成了高密度配方：3%～4%主乳化剂+3%～4%辅乳化剂+1%～2%丰虹有机土+3%CaO+$CaCl_2$ 水+3%～4%氧化沥青+重晶石。形成了密度达 2.4g/cm³，抗温达 150℃柴油基钻井液体系。

表 3-15　不同密度柴油基钻井液性能评价（油水比 90:10）

密度		AV mPa·s	PV mPa·s	YP Pa	Φ_6/Φ_3	G_{10}''/G_{10}' Pa/Pa	FL_{HTHP} mL	E_S V
2.0g/cm³	滚前	47	38	9	8/7	3.5/4		1447
	滚后	48	39	9	9/8	4/4.5	3.2	1526
2.2g/cm³	滚前	56	46	10	9/7	3.5/4		1786
	滚后	58	48	10	11/10	4/5	3.4	2047
2.4g/cm³	滚前	97	84	13	13/11	5.5/6		2047
	滚后	100	86	14	14/12	6/7	3.6	2047

注：热滚条件：150℃，16h。

表 3-16　不同油水比柴油基钻井液性能评价（2.2g/cm³）

油水比		AV mPa·s	PV mPa·s	YP Pa	Φ_6/Φ_3	G_{10}''/G_{10}' Pa/Pa	FL_{HTHP} mL	E_S V
80:20	滚前	95	73	22	15/16	8/9		650
	滚后	100	78	22	19/20	9/11	3.0	786
90:10	滚前	56	46	10	9/7	3.5/4		1786
	滚后	58	48	10	11/10	4/5	3.4	2047
95:5	滚前	40	34	6	7/6	3/4		2047
	滚后	38	33	5	6/5	2.5/3	4.0	2047

注：热滚条件：150℃，16h。

表 3-17 不同老化时间柴油基钻井液性能评价（2.2g/cm³）

老化时间		AV mPa·s	PV mPa·s	YP Pa	Φ_6/Φ_3	G_{10}''/G_{10}' Pa/Pa	E_S V
0h	滚前	56	46	10	9/7	3.5/4	1786
16h	滚后	58	48	10	11/10	4/5	2047
32h	滚后	56	47	9	10/9	4.5/5	2047
72h	滚后	57	48	9	10/9	4.5/5	2047

注：热滚条件：150℃，16h。

2）页岩气油基钻井液现场应用

2012—2015 年油基钻井液在页岩气井中使用情况见表 3-18。

表 3-18 2012—2015 年油基钻井液在页岩气井中使用情况统计

区块	基液类型	井数，口	井号
长宁	白油	4	长宁 H4-2、长宁 H4-3、长宁 H4-3 和长宁 H4-5
涪陵	柴油	48	焦页 1-2HF、焦页 1-3HF、焦页 12-2HF、焦页 12-3HF 等，焦页 16-1HF 井、焦页 21-2HF、焦页 42-1HF 井、焦页 40-3HF、焦页 42-2HF 井、焦页 21-1HF、焦页 20-2HF 井、焦页 18-2HF、焦页 16-2HF、焦页 56-6HF、焦页 20-1HF、焦页 23-3HF 井、焦页 50-5HF、焦页 23-2HF 井、焦页 37-3HF、焦页 54-3HF 井、焦页 19-5HF、焦页 25-2HF 井、焦页 59-1HF、焦页 59-3HF、焦页 54-2HF 井、焦页 49-4HF、焦页 12-1HF 井、焦页 38-1HF、焦页 12-4HF 井、焦页 47-3HF、焦页 27-1HF 井、焦页 37-4HF、焦页 27-4HF、焦页 19-4HF、焦页 26-1HF、焦页 25-1HF、焦页 26-2HF、焦页 19-1HF、焦页 40-1HF、焦页 19-2HF、焦页 27-2HF、焦页 60-2HF、焦页 27-3HF、焦页 54-5HF、焦页 26-4HF、焦页 61-2HF、焦页 54-1HF 和焦页 44-5HF
黄金坝	柴油	2	YS108H3-1、YS108H3-2

（1）高密度白油基钻井液在长宁地区应用。长宁 H4-4 井是平台第一口井，也是完钻最深的井，该井采用三开井身结构（图 3-25），一开、二开采用水基钻井液钻进，韩家店组和石留栏组采用空气钻进，造斜段和水平段采用自主研发的高密度白油基钻井液钻进，完钻井深达 4800m 以上。

长宁 H4-4 井三开开始使用油基钻井液钻进，历时 36 天完钻，油基钻井液在井下性能稳定，携岩能力强，滤失量接近于 0mL，封堵性能强，井下未出现复杂情况，维护处理次数少。见表 3-19。

表 3-19 长宁 H4-4 井油基钻井液性能

项目	油水比	密度 g/cm³	漏斗黏度 s	AV mPa·s	PV mPa·s	YP Pa	Φ_6/Φ_3	G_{10}''/G_{10}' Pa/Pa	FL_{HTHP} mL	E_S V
压井液	79:21	2.47	—	84	74	10	8/7	3.5/5	5.0	955
钻井液	80:20	2.10	55	54.5	45	9.5	4/3	2/3	5.0	800
	80:20	2.09	53	44	40	4	4/3	1.5/2	5.0	1010

续表

项目	油水比	密度 g/cm³	漏斗黏度 s	AV mPa·s	PV mPa·s	YP Pa	Φ_6/Φ_3	G_{10}''/G_{10}' Pa/Pa	FL_{HTHP} mL	E_S V
钻井液	80:20	2.10	53	45.5	41	4.5	4/3	1.5/2.5	4.0	1010
	80:20	2.10	56	44	38	6	5/4	2/4	3.0	1100
	80:20	2.11	56	40.5	35	5.5	5/4	2/4	3.0	1300
	80:20	2.11	50	44	36	8	7/6	3/4	0.2	1350

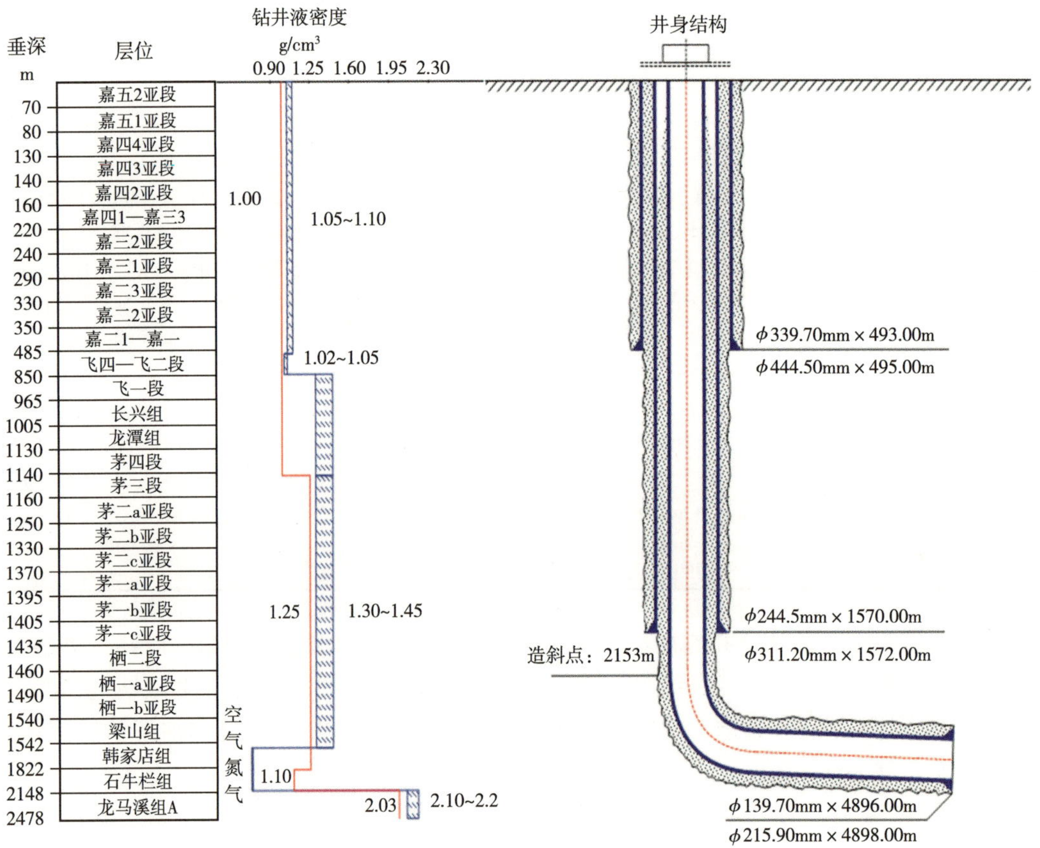

图3-25　长宁H4-4井身结构图

平均井径扩大率5.8%，井径规则，未出现井下漏失，电测一次到底，下套管顺利，井径曲线如图3-26所示。

（2）柴油基钻井液在涪陵地区应用。四川涪陵地区是国家页岩气示范区（表3-20），自主研发的柴油基钻井液在涪陵地区页岩气井中成功应用48口井，完钻水平井水平段最长2138m（焦页12-4HF井）。焦页12-4HF采用三开井身结构，页岩储层位于龙马溪组，采用强封堵油基钻井液钻进。

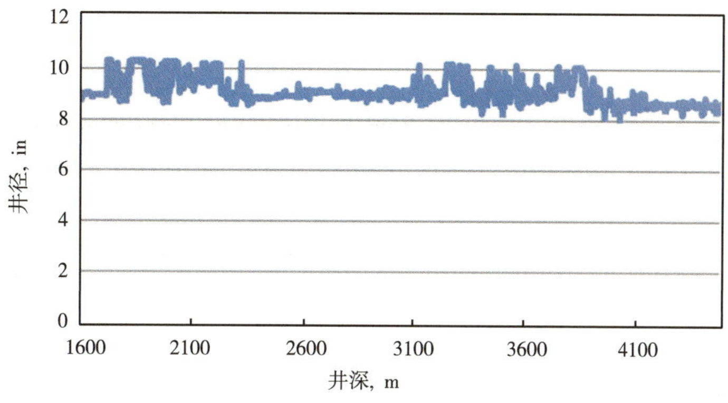

图 3-26　长宁 H4-4 井井径曲线

表 3-20　焦页 12-4HF 井地质分层和主要岩性

地层				设计深度，m		实钻深度，m		实钻岩性描述
系	统	组	段	底界斜深	底界垂深	底界斜深	底界垂深	
		龙马溪组	A：	2579	2388	2590	2389	深灰色碳质泥岩
			B：	4710	2416	4700	2415	深灰色碳质泥岩
			完钻	4730	2416	4720	2415	

焦页 12-4HF 井设计井深 4730m，实际完钻井深 4720m，油基钻井液施工井段 2377~4720m（表 3-21），长 2343m。焦页 12-4HF 井，12 天完成水平段钻进，最高日进尺 214m，平均机械钻速 6.59m/h，平均井径扩大率 2.19%。

表 3-21　三开钻井液分段性能

井深 m	密度 g/cm³	*FV* s	*YP* Pa	G_{10}''/G_{10}' Pa/Pa	E_S V	*FL* mL	滤饼厚度 mm	$V_s/V_o/V_w$ %
2350	1.48	80	32	3.5/5.0	1207	0.2	0.4	25/66/9
2550	1.53	68	32	4.5/7	1114	0.2	0.4	25/67/8
3100	1.52	66	32	4.5/8	1224	0.2	0.4	25/66/9
3700	1.53	63	32	5/8	1142	0.2	0.4	25/67/8
4100	1.53	68	32	4.5/7	1214	0.2	0.4	25/67/8
4420	1.55	70	32	5/8	1142	0.2	0.4	25/67/8
4720	1.58	86	32	4.5/7	1164	0.2	0.4	25/67/8

注：$V_s/V_o/V_w$ 分别表示固相、油相和水相含量，%。

图 3-27 为三开部分井径、钻时曲线。图 3-28 为水平段井口清洗后的岩屑，可以看出岩屑规则。

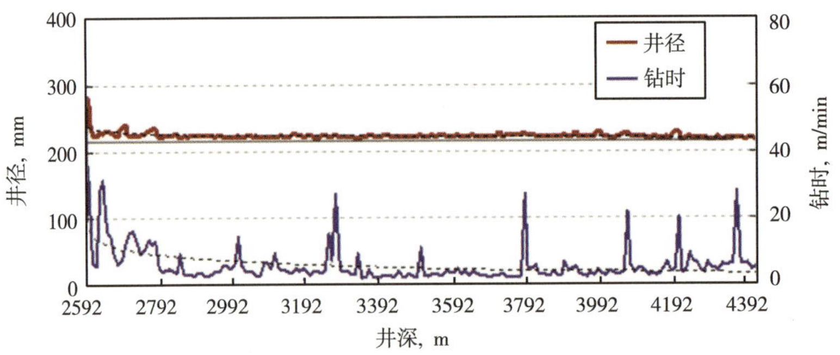

图 3-27　三开部分井径、钻时曲线

图 3-28　水平段井口清洗后的岩屑

3. 页岩气水基钻井液技术

1）页岩气水平井水基钻井液综合性能

自主研制的高润强抑性高性能水基钻井液体系基本配方为：基浆+0.6%～1%JS-1+3%JS-2+2%～3%NBG+3%～4%FD +3%～6%FTYZ-1+3%～6%复合无机盐+3%～5%TRH-1+1%～3%TRH-2+0.4%～0.6%TXS-1+0.2%～0.5% WD+重晶石。不同密度的水基钻井液性能见表 3-22。

表 3-22　不同密度水基钻井液性能（100℃/16h）

密度 g/cm³	*AV* mPa·s	*PV* mPa·s	*YP* Pa	G_{10}''/G_{10}' Pa/Pa	FL_{API} mL	FL_{HTHP} mL
1.51	55	42	13	2.5/4.5	0	3
1.82	64	52	12	3/5.5	0	3.6
2.02	71	58	13	3.5/6	0.4	4
2.21	83	68	15	3.5/7	0.6	4

注：HTHP 滤失量测试温度为 100℃，其他测试温度为室温。

由表 3-22 数据可知，钻井液 100℃老化 16h 后，钻井液具有良好的流变性和稳定性，较低的中压和高温高压滤失量，表明其可减少进入地层滤液，有利于页岩地层的井壁稳定。

高性能水基钻井液配方进行了常规性能测试见表 3-23。

表 3-23 不同水基钻井液的基本性能对比

配方	条件	*AV* mPa·s	*PV* mPa·s	*YP* Pa	G_{10}''/G_{10}' Pa/Pa	FL_{API} mL	FL_{HTHP} mL	备注
研制配方	100℃老化 16h 前	79.5	60	19.5	4/7	0.6	—	
	100℃老化 16h 后	83	68	15	3.5/7	0.6	4	无沉降
国外 A 公司配方	100℃老化 16h 前	84	70	14	2.5/4.5	3.6	—	
	100℃老化 16h 后	86	69	17	2/4	0.6	8	无沉降
国外 B 公司配方	100℃老化 16h 前	65	44	11	13/17	2.4	—	
	100℃老化 16h 后	82	76	6	7.5/11	2	8.6	有软沉
威远地区现场用油基钻井液		84.5	69	15.5	7/7	0	0.4	

注：钻井液密度为 2.2g/cm^3，老化条件为 100℃/16h。

高性能水基钻井液的抑制性，钻井液密度为 2.2g/cm^3，实验数据如图 3-29 所示。

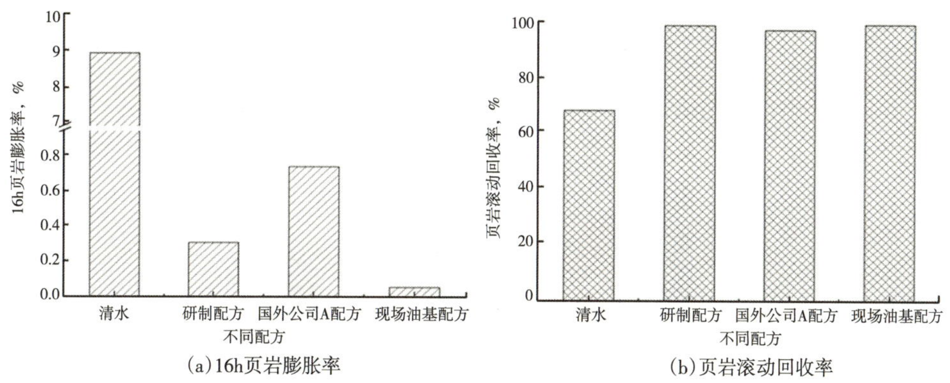

图 3-29 高性能水基钻井液的抑制性实验结果

页岩压力传递技术实验结果如图 3-30 所示。

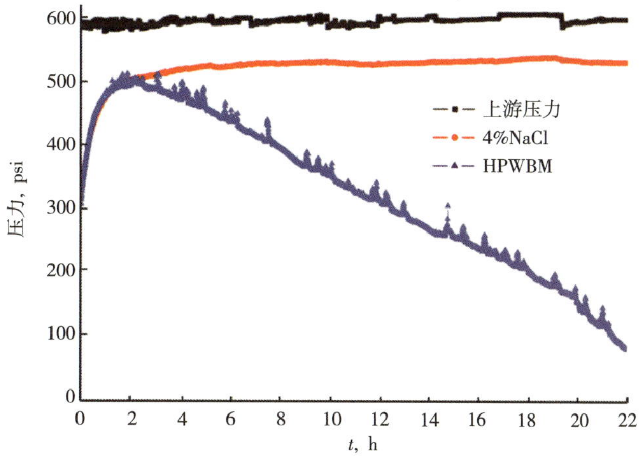

图 3-30 页岩压力传递技术实验结果

进一步利用扫描电镜对压力传递实验前后的岩心截面进行观察，结果如图 3-31 所示。

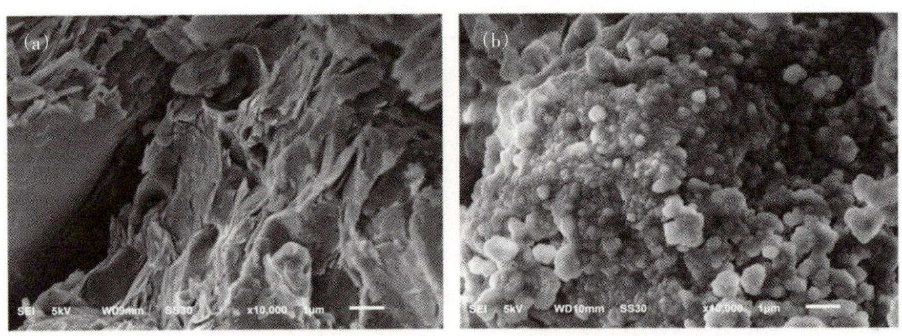

图 3-31　压力传递实验前后页岩岩心截面 SEM 对比

（a）压力传递实验前的岩心截面；（b）压力传递实验后的岩心截面

润滑性实验结果如图 3-32 所示。

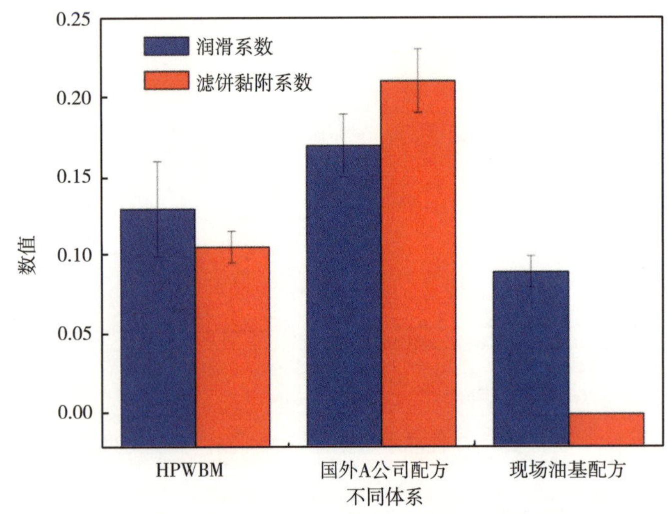

图 3-32　高性能水基钻井液润滑性实验评价数据

高性能水基钻井液抗钻屑、抗膨润土和抗盐污染实验，结果见表 3-24～表 3-26，高温稳定性见表 3-27。

表 3-24　抗膨润土污染实验结果

钻屑加量 %	实验条件 100℃/16 h	AV mPa · s	PV mPa · s	YP Pa	G_{10}''/G_{10}' Pa/Pa	FL_{API} mL	FL_{HTHP} mL	备注
0	老化前	79.5	60	19.5	4/7	0.6	—	
	老化后	83	68	15	3.5/7	0.6	4	无沉降
5	老化前	83	66	17	2/6	1.8	—	
	老化后	77.5	65	11.5	2/6	2.8	10	无沉降

续表

钻屑加量 %	实验条件 100℃/16 h	*AV* mPa·s	*PV* mPa·s	*YP* Pa	G_{10}''/G_{10}' Pa/Pa	FL_{API} mL	FL_{HTHP} mL	备注
10	老化前	89	66	23	2.5/8	2.2	—	
	老化后	101	84	17	3.5/6.5	3.2	12	无沉降
15	老化前	91	75	16	2/5	2	—	
	老化后	96	81	15	2/4	2.6	10	无沉降

注：钻井液密度为 2.2g/cm^3；钻屑为过 100 目的威远地区龙马溪露头页岩。

表 3-25　抗膨润土污染实验结果

膨润土加量 %	实验条件 100℃/16 h	*AV* mPa·s	*PV* mPa·s	*YP* Pa	G_{10}''/G_{10}' Pa/Pa	FL_{API} mL	FL_{HTHP} mL	备注
0	老化前	79.5	60	19.5	4/7	0.6	—	
	老化后	83	68	15	3.5/7	0.6	4	无沉降
5	老化前	83.5	62	21.5	4/8	1	—	
	老化后	83.5	62	21.5	2/11	1	6	无沉降
10	老化前	91.5	72	19.5	6.5/10.5	1.2	—	
	老化后	105	87	18	7/13	1.4	10	无沉降

表 3-26　抗 $CaCl_2$ 盐污染实验结果

加量 %	实验条件 100℃/16 h	*AV* mPa·s	*PV* mPa·s	*YP* Pa	G_{10}''/G_{10}' Pa/Pa	FL_{API} mL	FL_{HTHP} mL	备注
0	老化前	79.5	60	19.5	4/7	0.6	—	
	老化后	83	68	15	3.5/7	0.6	4	无沉降
0.5	老化前	90.5	71	19.5	2/8	2	—	
	老化后	68.5	56	12.5	3/7.5	2.4	10	无沉降
1	老化前	105	90	15	2/10	1.8	—	
	老化后	76.5	65	11.5	4.5/12	3.2	14	无沉降

表 3-27　连续老化实验结果

时间	100℃/16h	*AV* mPa·s	*PV* mPa·s	*YP* Pa	G_{10}''/G_{10}'	FL_{API} mL	FL_{HTHP} mL	备注
1 天	滚前	79.5	60	19.5	4/7	0.6		
	滚后	83	74	9	3/6	0.6	4	无沉
2 天	滚前	83.5	68	15.5	4.5/8	1.2		
	滚后	68.5	55	13.5	1.5/4	1.2	7	无沉
3 天	滚前	86	66	20	9/9.5	1		
	滚后	47.5	45	2.5	1.5/2	1.8	8	无沉
4 天	滚后	55.5	51	4.5	1/2.5	1.4	6	无沉

续表

时间	100℃/16h	AV mPa·s	PV mPa·s	YP Pa	G_{10}''/G_{10}'	FL_{API} mL	FL_{HTHP} mL	备注
5 天	滚后	67.5	60	7.5	1.5/2.5	1	6	无沉
6 天	滚后	60	55	5	1/2	1	4.8	无沉
7 天	滚后	65	59	6	1.5/2	0.6	6	无沉
8 天	滚后	76.5	71	5.5	1.5/1.5	1	5.5	无沉
9 天	滚后	70	65	5	1/1.5	0.4	4.2	无沉
10 天	滚后	60	55	5	1.5/1.5	0.6	4.8	无沉

单轴岩石力学实验测试岩心强度变化，观察岩心外观变化，结果见表 3-28、表 3-29 和如图 3-33、图 3-34 所示。

表 3-28　页岩岩心抗压强度实验

岩心标号	浸泡液体	岩心抗压强度，MPa
2-3-11	未浸泡	198.95
2-1-17	研制高性能水基钻井液	140.29
2-3-5	油基钻井液	195.1

注：岩心浸泡时间为 10 天，浸泡温度为 90℃。

表 3-29　页岩岩心三轴抗压强度实验

条件	岩心标号	抗压强度，MPa	泊松比	弹性模量，GPa
研制的水基钻井液浸泡 20 天/90℃	2-1-18	276.18	0.302	23.635
	2-1-19	226.24	0.3905	24.2
未浸泡	2-1-33	189.164	0.1682	16.148
	2-3-10	287.85	0.3126	33.244

(a)页岩岩心在浸泡后外观对比

(b)浸泡后的岩心单轴承实验后的外观对比

图 3-33　页岩岩心实验后的外观对比

2）页岩气水平井水基钻井液现场试验

该体系应用于 YS108H4-2 井和 YS108 H8-1 井三开水平段，施工结果表明，该体系在钻进过程中性能稳定，携岩返砂正常，润滑性良好，无掉块，起下钻、下套管和固井施工作业均比较顺利，电测一次成功，固井优质率达 100%，全井安全无事故，成本控制合理，成功解决了水基钻井液钻页岩气长水平段水平井存在的技术难题。

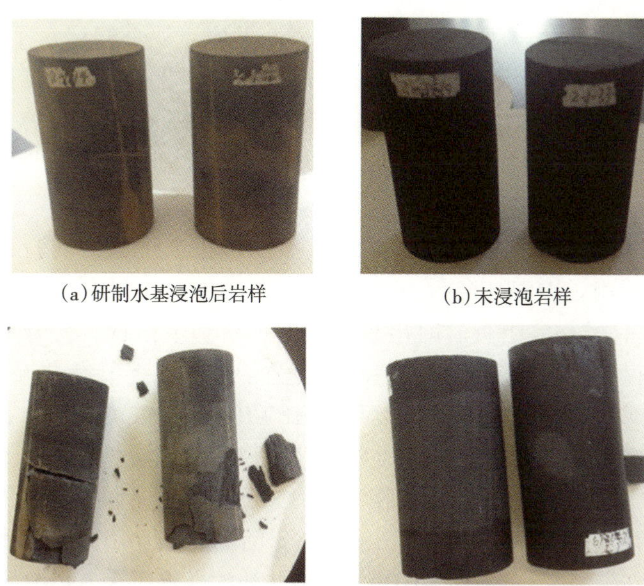

(a)研制水基浸泡后岩样　(b)未浸泡岩样

(c)水基浸泡后岩样的三轴实验结果　(d)未浸泡岩样的三轴实验结果

图 3-34　岩心浸泡后的三轴实验结果

(1) 页岩气水基钻井液在黄金坝 YS108H4-2 井应用。

黄金坝 YS108H4-2 井是部署在四川台坳川南低陡褶带南缘罗场复向斜建武向斜西翼构造的一口页岩气开发井，钻探目的层为下古生界志留系龙马溪组—奥陶系五峰组页岩气储层。采用三级井身结构（图 3-35），三开井眼为 ϕ215.9mm，设计水平段长 1500m，设

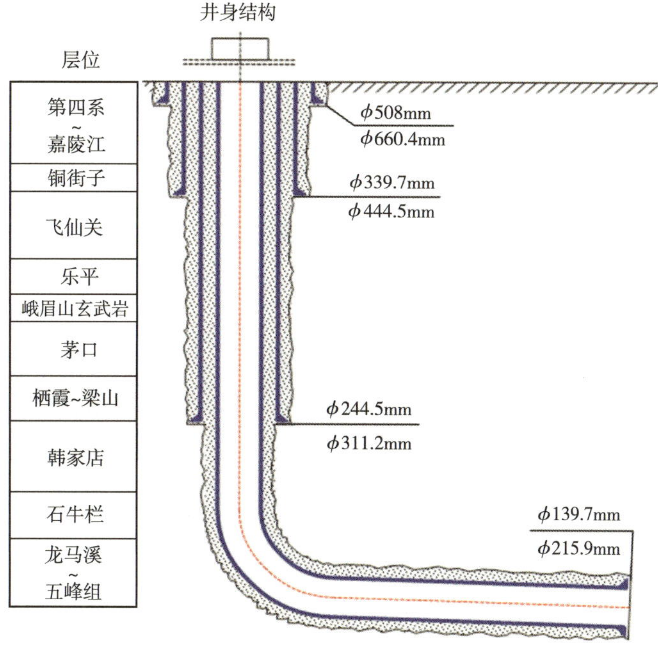

图 3-35　YS108H4-2 井的井身结构示意图

计水平段用钻井液密度为2.0～2.2g/cm^3。根据邻井钻探资料及区域资料分析，YS108H4水平井组下志留统龙马溪组岩性主要为厚层泥岩、页岩，泥页岩层水平层理和裂缝发育，脆性明显，易发生垮塌；在水平段中段可能钻遇裂缝发育带，存在井漏的风险；特别是水平井钻进过程中，钻井液与地层接触时间长，假如钻井液失水大，更容易产生垮塌。另外该井设计水平段长，在大斜度井段及水平段钻进中，摩阻扭矩增大，易形成岩屑床，导致沉砂卡钻。

针对黄金坝YS108H4-2井存在的上述钻井难点，在进行室内实验和技术论证的基础上，三开井水平段采用了HPWBM钻井液进行施工。在三开井由油基钻井液转换成HPWBM钻井液之前，钻龙马溪组页岩时出现了大的掉块和卡钻现象，分析原因是由于地层自身的复杂性以及存在较多微裂缝所致。因此，为了应对以上复杂井况，在保证HPWBM钻井液的切力和低滤失量的前提下，适当调整HPWBM钻井液流变性，提高钻井液携砂能力。在水平段转换成HPWBM后，钻进过程中性能稳定，无增稠现象，无卡钻现象，无掉块，短起下钻顺利，以该地区创纪录的最短37.17天的钻井周期安全高效地完成了该井钻井作业，最终完钻井深4020m，水平段长1460m，创国内陆上用高密度水基钻井液钻页岩气水平井水平段的新纪录。不同层段HPWBM钻井液的性能见表3-30。

表3-30　黄金坝YS108H4-2井三开水平段HPWBM钻井液性能

井段 m	密度 g/cm^3	漏斗黏度 s	PV mPa·s	YP Pa	G_{10}''/G_{10}' Pa/Pa	FL_{API} mL	FL_{HTHP} mL	摩擦系数
2560～3180	1.81～1.82	79～105	60～64	15～20	3.5～4.5/9～13	0～0.4	5～7	0.1～0.12
3180～3596	1.80～1.81	85～115	58～65	16～22	4～5.5/9～15	0～0.4	5～6	0.1～0.12
3596～3833	1.79～1.80	80～120	61～66	15～22	4～6/12～17	0～0.4	4～6	0.1～0.12
3833～4020	1.79	80～116	59～65	17～21	4～6/11～15	0	4～6	0.1～0.12

黄金坝YS108H4-2井三开水平井段实钻结果表明，HPWBM钻井液钻进过程中性能稳定，流变性良好，携岩返砂正常，润滑性良好，无掉块，起下钻、下套管和固井施工作业均比较顺利，电测一次成功，井径规则，平均井径扩大率6%（图3-36），与油基钻井液钻进很接近，水平段固井质量检测为优质，成功解决了水基钻井液钻页岩气长水平段水平井存在的技术难题，为实现水基钻井液替代油基钻井液的目标奠定了坚实的基础，也为

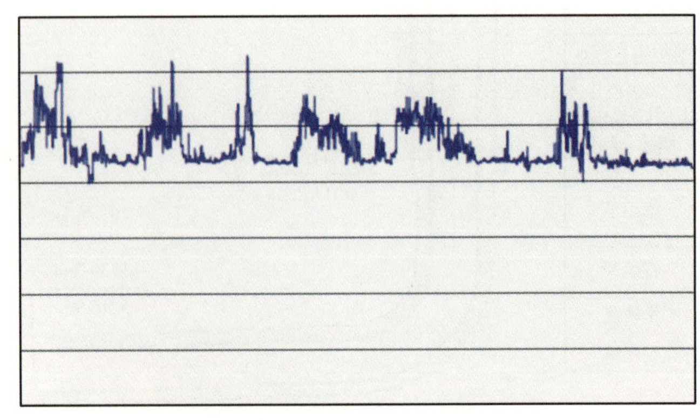

图3-36　黄金坝YS108H4-2井三开水平段井径曲线

国内其他地区的页岩气水平井用水基钻井液钻井施工提供一定的借鉴意义。

（2）页岩气水基钻井液在黄金坝 YS108H8-1 井应用

YS108H8-1 井自 1500m 开始侧钻，1840 m 处转换成研制的 HPWBM 高性能水基钻井液体系，钻到 2070m 下旋转导向，完钻井深 4240m，全井井径变化情况如图 3-37 所示。可以看出，井径扩大率小，井径规则。

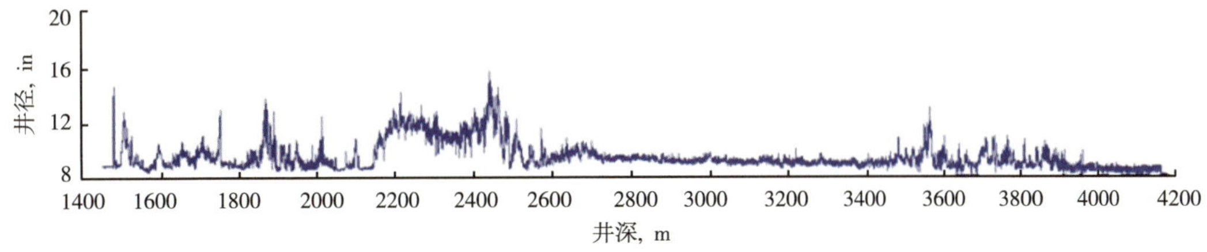

图 3-37 YS108H8-1 井井径曲线

现场应用效果表明，整个钻进过程中 HPWBM 钻井液体系性能稳定，无增稠现象，无掉块，作业顺利。HPWBM 钻井液体系在现场应用过程中浸泡长达 40 余天，井壁稳定，井径规则，起下钻顺利，电测一次成功，下套管顺利，固井优质率 100%。期间多次定向成功（包括 1600m 水平段），优质储层钻遇率 100%。完全满足页岩油气水平井现场施工的技术要求。

与 HPWBM 钻井液体系同期进行现场试验的有川庆钻探工程公司研制的阳离子硅氟聚酯高性能水基钻井液，在长宁页岩气区块成功进行了现场试验。两种体系对比情况见表 3-31。浙江昭通区块地层稳定性相对于长宁区块较差，但 HPWBM 钻井液体系在昭通区块的现场应用情况优于川庆在长宁区块的应用情况。而国外尚无高性能水基钻井液在页岩气水平井的应用案例报道，表明该技术的各项主要技术指标达到国内领先水平。

表 3-31 HPWBW 钻井液与国内同类技术现场应用对比情况

井号	试验井段 m	转换时 返砂情况	钻进中 返砂情况	完钻后 清砂情况	电测井径 扩大率，%	井眼稳定 评价	套管下入情况
YS108H4-2	2606～4020 （水平段）	无掉块	无掉块	极少量掉块	5.71	稳定	顺利下到井底
YS108H8-1	1840～4240 （增斜—定向—完井）	无掉块	无掉块	极少量掉块	—	稳定	顺利下到井底
长宁 H9-4	2890～4225 （水平段）	极少量掉块	无掉块	极少量掉块	未电测	稳定	下套管至遇阻无法下入，打入油基封闭液
长宁 H13-3	2242～4250 （定向—完井）	极少量掉块	无掉块	有掉块	7.76	基本稳定	下至长时间循环，无法下入，换油基钻井液后顺利下至井底

五、页岩气水平井固井水泥浆体系及隔离液

1. 油基钻井液驱油前置液体系

为防止页岩吸水膨胀后垮塌，保持钻进过程中井壁稳定，南方页岩气水平井钻井一般采用高密度油基钻井液体系，但在固井过程中为了保证施工安全及水泥环良好胶结，需要在注水泥作业前注入针对油基钻井液的驱油前置液，清除二界面上存留的油膜及油浆，改变井壁及套管壁上的润湿性能，保证后期水泥环界面胶结质量[3]。

油包水钻井液的化学冲洗隔离液产品已向多种类、系列化发展，如美国道威尔公司的CW-8、CW-8ES、CW-101、CW101ES等，国内现有的用于油包水钻井液前置液品种还较为单一，可选性差，虽然对油包水钻井液有一定的冲洗效果，但还存在着一定的局限性，无论从冲洗效率和抗温性上，还是与油包水钻井液的相容性上均无法满足固井质量的要求，因此开发研制一种新型高效的冲洗液势在必行。

为此开展了全面深入的室内研究，针对页岩气井采用的油基钻井液体系及现场工况，研究确定了新型驱油前置液。该体系不仅对界面上的油膜能产生较强的渗透冲洗力，而且能增加界面胶结亲和程度，并解决了冲洗液与油包水钻井液的相容性问题。

1）驱油前置液体系组分

驱油前置液体系主要由前置液悬浮剂、前置液高温悬浮剂、前置液冲洗剂、前置液冲洗剂及加重材料等组成。其中前置液悬浮剂保证体系具有良好的悬浮稳定性能，前置液冲洗剂中含有表面活性剂、有机溶剂等成分，提高对油基钻井液的清洗能力。

2）驱油前置液体系性能评价

（1）体系沉降稳定性评价。

由表3-32中数据可知，2.10~2.30g/cm^{3}密度范围驱油前置液在90℃及120℃条件下均具有良好的沉降稳定性，上下密度差均低于0.03g/cm^{3}满足固井施工要求。

表3-32 高密度驱油前置液沉降稳定性表

序号	驱油前置液密度 g/cm^3	90℃上下密度差 g/cm^3	120℃上下密度差 g/cm^3
1	2.10	0.01	0.03
2	2.20	0.01	0.02
3	2.30	0	0.02

（2）驱油前置液体系界面润湿反转及冲洗效果评价。

通过定性及定量两种方法评价了驱油前置液对钢板表面润湿反转情况。方法1：如图3-38所示，图3-38（a）所示为清水在洁净钢板表面的润湿情况；图3-38（b）为洁净钢板浸泡过油基钻井液后清水在钢板表面的润湿情况，从图3-38（b）可以明显看出，浸泡油基钻井液后钢板表面粘附油成分，清水在钢板表面润湿明显变差；图3-38（c）为浸泡油基钻井液后用驱油型前置液清洗后清水在钢板表面的润湿情况，从图3-38（c）可以看出，用驱油前置液清洗浸泡油基钻井液的钢板表面后，由于钢板表面由亲油状态转化为亲水状态，清水在钢板表面润湿性能明显转好。

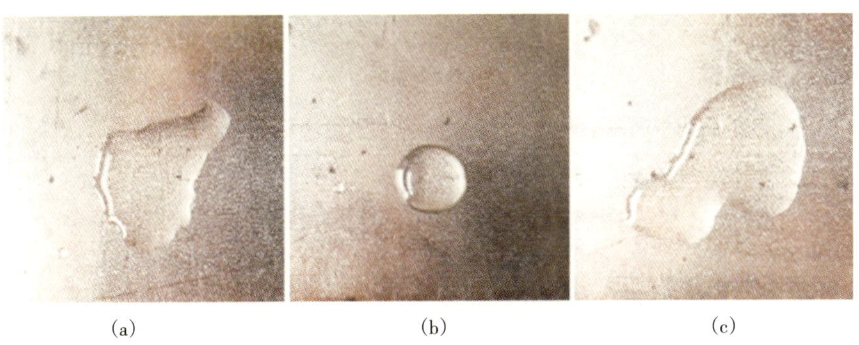

(a) (b) (c)

图 3-38 清水在不同状态钢板表面的润湿情况图

方法 2：将图 3-38 中三种情况测定表面接触角，实验结果见表 3-33。清水在表面的接触角，表征了清水在表面的铺展能力，接触角越小表明铺展能力越高，表面润湿性越好，驱油型前置液能够明显降低浸油基钻井液的表面接触角，表明驱油前置液的润湿反转能力强。

表 3-33 清水在钢板表面润湿情况表

钢板序号	接触角，(°)	备注
a	22	润湿性好
b	74	润湿性差
c	15	润湿性好

采用六速旋转黏度计法将驱油前置液（密度 2.20g/cm³）对油基钻井液（密度 2.10g/cm³）冲洗效果进行了评价，从图 3-39 中可以看出，图 3-39（a）为油基钻井液浸泡后的黏度计外筒，采用驱油前置液对油基钻井液冲洗 2min 后［图 3-39（b）］再用清水冲洗 1min［图 3-39（c）］，旋转黏度计筒壁上基本冲洗干净，冲洗效率基本上达到 100%。由此说明，驱油前置液体系针对油基钻井液的冲洗效果良好，可在较短时间内达到较高的冲洗效率。

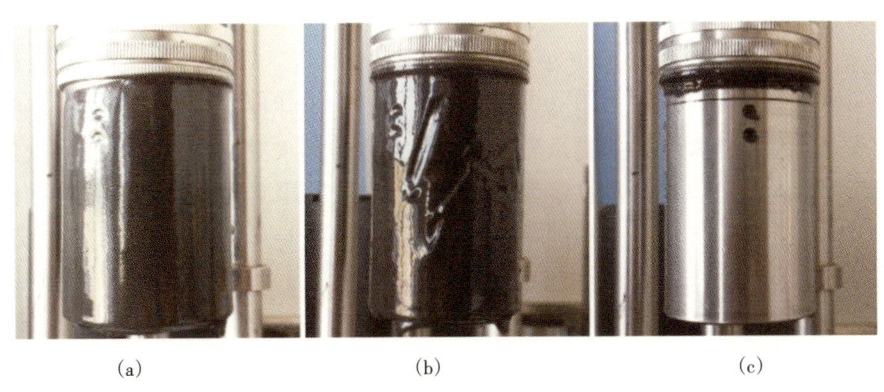

(a) (b) (c)

图 3-39 驱油型前置液对油基钻井液冲洗效果图

（3）驱油前置液与油基钻井液及水泥浆的相容性评价。

油基钻井液（密度 2.10g/cm³）、水泥浆（密度 2.25g/cm³）及驱油前置液（密度 2.20 g/cm³）的相容性评价结果见表 3-34。

表 3-34 油基钻井液、水泥浆及驱油前置液相容性评价结果表

混合流体（体积比）			黏度计刻度盘读数					
油基钻井液	水泥浆	隔离液	Φ_{600}	Φ_{300}	Φ_{200}	Φ_{100}	Φ_6	Φ_3
100%	0	0	—	282	205	124	37	35
0	100%	0	—	224	168	104	28	26
0	0	100%	135	93	92	70	32	30
95%	0	5%	—	233	172	105	35	32
75%	0	25%	—	217	161	100	25	22
50%	0	50%	—	197	150	95	17	11
25%	0	75%	94	160	128	91	34	29
5%	0	95%	200	152	132	96	41	35
0	95%	5%	—	223	170	104	20	15
0	75%	25%	—	230	170	105	20	15
0	50%	50%	—	235	180	123	36	31
0	25%	75%	291	209	173	127	50	48
0	5%	95%	85	141	135	99	40	36
33.3%	33.3%	33.3%	—	—	270	179	54	46

从表 3-34 中数据可以看出，驱油前置液与油基钻井液及高密度水泥浆均具有良好的相容性，满足固井施工要求。

该驱油前置液在昭通、长宁—威远页岩气区块累计现场应用 40 余井次，现场应用效果表明高效冲洗液体系具有良好的抗温性和化学稳定性、无毒、低泡，且配制工艺简单；具有较强的渗透、破乳、冲刷能力，对界面油浆可以形成快速有效的冲洗效果；增强了界面的亲水性，提高了水泥环的界面胶结强度；与油包水钻井液及水泥浆体系均具有较好的相容性；特别是冲洗液中的成分能有效螯合油包水钻井液中的金属离子，而不会产生絮凝、沉淀、增稠等现象。

2. 适合于页岩水平段的水泥浆体系

国内页岩气井井深、温度压力高、压裂压力高，对固井提出更高要求，保证井筒完整性难度更大。降低杨氏模量或提高水泥石抗压强度是防止水泥发生破坏及产生微环隙的有效手段。近年来国内开发部分韧性水泥，增韧材料种类有限且作用单一；这些材料不同程度地解决了一些现场应用中存在的问题，但所固有的弊端是显而易见的：适用性差、配伍性差和膨胀时间的协调性差。对这些问题进行了深入研究，研制新型的增韧材料，以期从根本上解决气井固井后的环空带压或气窜问题，为保证页岩气井的长期安全提供安全保障。

水泥石的力学性能表现为脆性，对水泥石中添加柔性材料进行改性是提高其力学性能的最有效手段。改性方法为颗粒填充增韧机理和超混复合材料机理，颗粒填充增韧机理以添加胶乳乳液为代表，超混复合材料机理以添加纤维材料为代表。

1）胶乳增韧材料

胶乳是用于描述一种乳化聚合物的通用名称。这种材料通常是以很小的球状聚合物颗粒的乳状悬浮液的形式提供的。胶乳中聚合物胶粒的粒径在0.05~0.5μm范围。大多数乳胶悬浮液含有大约50%的固相。大量的单体包括醋酸乙烯酯、氯化乙烯、聚丙烯、乙烯、苯乙烯和丁二烯等，经乳化聚合而配制成工业胶乳。根据所用乳化剂种类的不同，胶乳可分为阳离子型（带正电）、阴离子型（带负电）及非离子型（不带电）。加入胶乳后的水泥被称为胶乳水泥，一般来说，阴离子型胶乳因缺乏稳定性而不适于作油井水泥外加剂。用于油井水泥的绝大多数是非离子型或阳离子型胶乳，曾被用于和正用于水泥外加剂的胶乳有：聚醛酸乙烯指、聚苯乙烯、氯苯乙烯、氯乙烯共废物、苯乙烯—丁二烯共废物（SBR）、氯丁二烯—苯乙烯共废物及树脂胶乳等。

首次将胶乳用于波特兰水泥是在20世纪20年代，当时是将天然橡胶乳加入砂浆和混凝土中，提高混凝土的抗渗、抗腐蚀能力。1957年Rouins和Ddalidson研究胶乳水泥浆体系在固井中的应用，他们提出的胶乳水泥浆体系具有以下几个优点：（1）减小水泥环体积收缩，改善水泥环与套管、地层间的胶结情况；（2）降低射孔时水泥环的破裂度，水泥石韧性性能好；（3）提高防钻井液的污染能力；（4）具有良好的防气窜性能；（5）降低水泥环失水量；（6）延长油井寿命。胶乳水泥的代表体系主要是苯乙烯—丁二烯胶乳体系，1985年Parcevaux等证实苯乙烯—丁二烯胶乳可作为环空气窜的有效添加剂，此后其研究取得了较大的进步，在温度高达176℃的情况下仍然有效。通过测定各种油井水泥浆的失水量与胶乳含量的对应关系，认为常规密度的水泥浆只需少量的胶乳即可达到预定的失水量。而含有添加料或加重剂的水泥浆，特别是那些固相含量低（加入硅酸钠）的水泥浆，需要较多的胶乳。胶乳水泥浆在养护时，其体积收缩减少。这类产品有道威尔的D600和D134。在亚太地区，1996年6月，SSB/SSPC钻井并完成了第一口用胶乳水泥注水泥固井的多底井。

胶乳添加到水泥浆中后，以一种很小的球状聚合物颗粒乳状液的形式存在，均匀分散在水泥浆体系中影响水泥的水化机理，提高水泥浆的综合性能。因为普通水泥浆在一种内部结构上存在着大量的空隙和微孔道，特别是水泥在凝结时往往伴随着体积收缩更使空隙增大，渗透率也随之增高，水泥石在宏观材料特性上表现为脆性和多孔道，而胶乳水泥浆体系则不然，由于聚合物大分子链节可以自由旋转运动，使聚合物具有弹性和缩性，当水泥和胶乳溶液一经混合，聚合物胶粒即分散于水泥浆中，在水泥水化过程中，这些胶粒聚集并包裹在水泥水化物表面，最终形成的聚合物薄膜覆盖了C-S-H凝胶，同时，由于胶乳在水泥微缝隙间形成桥接并抑制了缝隙的发展从而增强了水泥石的弹性，提高了抗冲击性能；同时，水泥石抗渗透率降低，提高了抗底水腐蚀的能力。

2）纤维增韧材料

现代复合材料水泥所用的纤维种类繁多，按其材料可分为：金属纤维、石棉纤维、玻璃纤维、硼纤维、碳纤维等。其中，聚丙烯纤维抗拉强度中等，耐酸碱，不吸水，干态、湿态纤维强度无变化，价格便宜，不与水泥基体材料发生化学反应，被认为是最有工业价值的纤维品种之一。

聚丙烯纤维在低纤维掺量下，对砂浆混凝土的抗冲击性能、韧性、耐疲劳性能、抗渗性能等方面都有明显的改善。聚丙烯纤维增韧水泥得到了国内外的广泛关注。聚丙烯纤维的化学性质不活泼，其表面特性表现为憎水型，对水泥基体的亲和力不够理想。为增强聚丙烯纤维对水泥的附着力，对纤维进行了表面改性，改善纤维表面的润湿特征。改善后的纤维与水泥石基体胶结性能良好，能提高水泥石的抗压抗折强度，改善水泥石力学性能。纤维在水泥石中形成三维网状结构，当水泥石受到外力作用时，利用纤维对负荷的传递，增加水泥石的抗折抗冲击能力。

3）增韧材料的开发

理想的增韧材料必须具备以下的性能：（1）与水泥浆的良好亲和性，即溶于水泥浆体系；（2）良好的弹塑性性能，即增强水泥石的弹性性能；（3）良好的耐温耐碱性能；（4）良好的粒度分布，即均匀分散在水泥浆体系中；（5）与水泥浆配套外加剂配伍，无副作用。中国石油集团钻井工程技术研究院经过大量室内实验，研发了以 DRT-100L 作为弹性水泥浆的增韧材料，其性能能够兼顾胶乳和纤维两种增韧材料的性能，提高水泥石的弹性。

增韧材料加入水泥浆中后，均匀的分散到水泥浆中，水泥浆固化后，增韧材料均匀地填充在水泥石的晶体中，并与水泥石晶体形成良好胶结。当水泥石受到冲击后，均匀分散在水泥石中的增韧材料以其弹性将冲击能均匀分散、吸收，提高水泥石的弹性模量。同时，增韧材料可以起到微筋作用，加强水泥环柱的弯曲、剪切和断裂强度，改善了粘附能力，加强了各界面的胶结。增塑和微筋加强的联合作用，提高了动力条件下和震动条件下水泥环柱的变形能力，在射孔和震击条件下增加抗冲击和抗破碎性能。

4）增韧材料粒度的设计

在确定了增韧材料的种类后，还应当考虑到增韧材料的形态、粒径等物理性能对水泥浆性能的影响。水泥浆静止后，期望水泥浆处于稳定凝结硬化状态，即在候凝过程中，浆体固相颗粒不发生分层和井眼环空中不产生回落。在加入增韧材料的水泥浆中，由于选取的增韧材料密度低于水泥浆的密度，增韧材料在水泥浆中呈现上浮趋势，这种趋势将给固井工程带来巨大的隐患。经研究发现增韧材料的上浮速率与颗粒直径的平方成正比，与浆体的塑性黏度成反比。因此选择增韧材料时，应尽可能选择颗粒较细的，这与静切力的影响因素得出的结论是一致的。另一方面，在满足施工对流动性要求的前提下，可适当提高浆体的黏度，使减轻剂的上浮趋势降低，保持浆体的稳定。

综合上述分析，选择弹性水泥浆体系的增韧材料应尽量选择颗粒尺寸较小的球形材料，在掺量的允许下，密度与浆体密度相接近。加入不同粒度增韧材料的水泥浆稳定性情况见表 3-35。

表 3-35　增韧材料的水泥浆配浆实验

增韧材料粒度	配浆过程	浆体稳定性
20 目	良好	增韧材料上浮
30 目	良好	增韧材料略有上浮
40 目	良好	浆体稳定
60 目	配浆困难	浆体稳定

配浆：600g 水泥+120g 微硅+90g 增韧材料+12g 降失水剂+8g 分散剂+320g 水。

从增韧材料的配浆情况来看，增韧材料在相同掺量下，颗粒越粗上浮趋势越大，颗粒越细上浮趋势越小；同时，颗粒越粗配浆过程越容易，颗粒越细配浆过程越困难。这与上述的理论分析是一致的。因此最终选择粒度为 40 目的增韧材料。

5）增强外掺料的优化级配研究

为了提高水泥石的弹性，水泥浆体系中加入了大量的增韧材料充填于水泥浆中。增韧材料的尺寸较大（达到 500μm），远远大于水泥的颗粒尺寸（50μm），在增韧材料和水泥颗粒之间存在较大的空隙。这既增大了体系的需水量和含水量，又降低了体系的密实程度，从而使体系的稳定性和强度受到一定的不利影响，在一定的水灰比下配浆，很容易发生分层离析的现象，而且表观上稠度较高。为了能配成流动性较好的水泥浆，一方面要加大水灰比，同时要增加一些低黏的物质如水溶性聚合物等，以维持浆体自身的稳定性和水泥石的长期密封性能，但水泥石的强度较低。

为了提高水泥浆的综合性能，通过对胶凝材料的宏观力学与微观力学的研究，提出了以紧密堆积和材料颗粒大小分布来提高材料的宏观力学性能，即使单位体积的水泥浆中含有更多的固相，提高体系的堆积密度，减小水泥颗粒间的充填水。进行充填的矿物微粒应该是充填性好、比表面积相对较低、表面光滑致密、化学活性较高的具有减水作用的高性能矿物掺合料。

弹性水泥浆体系中引入活性增强材料。它是由 3 种密度较低、具有合理颗粒级配的活性超细胶凝材料组成，比表面在 8000～20000cm^2/g。活性增强材料掺入水泥浆中，不仅能发生凝硬性反应，还可进一步充填水泥石孔隙，形成更加致密的水泥石，可显著提高低密度水泥浆的强度、稳定性等综合性能。同时，由于微填颗粒的滚珠效应，即使在较低的水固比条件下，也能获得良好流变性能。根据水泥、增韧材料的粒径分布和紧密堆积理论，整个体系的粒径分布为 40～250μm 、10～60μm、0.1～20μm 。体系基本实现了不同粒径球形粒子堆积空隙率最小，有效地提高和改善水泥浆的综合性能。

6）水泥浆体系流变性及稳定性研究

在弹性水泥浆体系中，由于增韧材料与水泥浆密度相差较大，很容易分层离析导致体系不稳。因此在设计的弹性水泥浆体系中引入了大量超细活性粉末材料，各成分通过颗粒级配，提高水泥浆的稳定性。在超低密度水泥浆体系中，随活性超细增强材料的增加，水泥浆体系的悬浮稳定性加强，游离液减少（表 3-36）。

表 3-36 超细材料的掺量对水泥浆稳定性的影响（设计密度 1.80g/cm^3）

超细材料占固相材料百分比,%	游离液，mL	备注
0	1	不稳定
5	1	不稳定
10	0.0	略有漂浮
20	0.0	稳定
30	0.0	稳定

使用 12 速旋转黏度计测定了水泥浆的流变性，结果见表 3-37 和图 3-40。同时，测定了水泥浆的流动度，弹性水泥浆的流动度大于 20cm。

表 3-37 弹性水泥浆体系的流变性

Φ_3	Φ_6	Φ_{100}	Φ_{200}	Φ_{300}	Φ_{600}
4	7	74	134	174	320
n=0.8583　K=0.4306Pa					

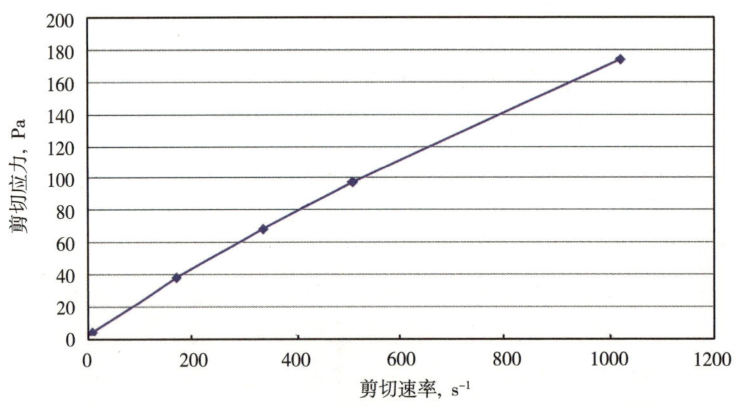

图 3-40 弹性水泥浆体系剪切应力与剪切速率关系图

使用沉降稳定性模拟模具进行了 1.80g/cm³ 水泥浆的 BP 稳定性实验，实验结果如图 3-41 所示。BP 稳定性实验表明，水泥浆养护后上下密度相差很小。

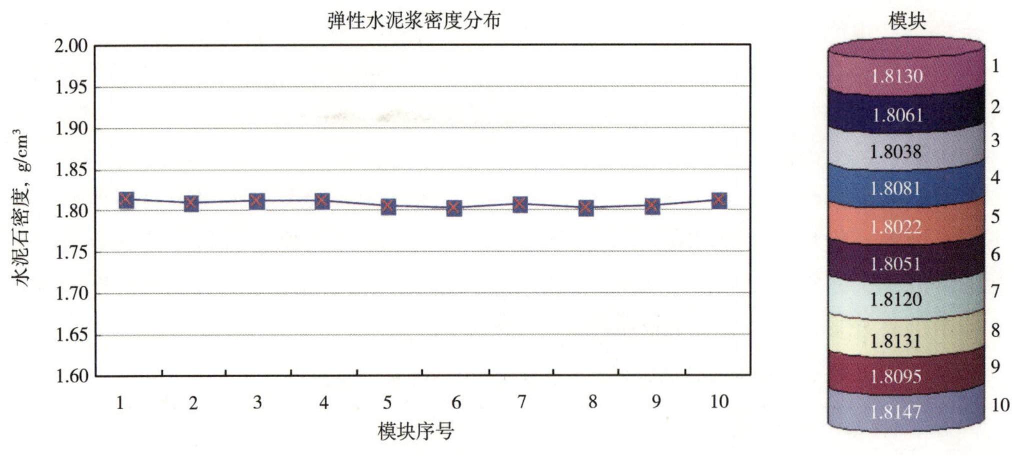

图 3-41 弹性水泥浆体系 BP 稳定性实验

7）韧性水泥浆体系性能评价

（1）常规密度韧性水泥浆体系。

从表 3-38 可以看出，常规密度韧性水泥浆综合性能良好，API 滤失量可以控制在 50mL 以内，上下密度差低于 0.03g/cm³，无游离液，满足页岩气水平井水平段固井要求。

表 3-38 常规密度韧性水泥浆综合性能表

配方	温度 ℃	API 失水量 mL	稠化时间 min	上下密度差 g/cm³	游离液
1 号	100	43	228	0.02	0
1 号	110	45	198	0.02	0
1 号	120	46	186	0.03	0

（2）高密度韧性水泥浆体系。

从表 3-39 可以看出，高密度韧性水泥浆综合性能良好，API 滤失量可以控制在 50 mL 以内，上下密度差低于 0.03g/cm^3，无游离液，满足页岩气水平井直井段固井要求。

表 3-39 高密度韧性水泥浆综合性能表

配方	温度 ℃	API 失水量 mL	稠化时间 min	上下密度差 g/cm³	游离液
2 号	100	36	279	0.02	0
3 号	100	38	264	0.02	0
2 号	110	38	286	0.02	0
3 号	110	40	313	0.02	0
2 号	120	42	295	0.03	0
3 号	120	40	348	0.03	0

（3）韧性水泥石力学性能评价。

对不同密度的水泥石抗压强度及杨氏模量进行了评价，结果见表 3-40。

表 3-40 韧性高密度水泥石力学性能表

水泥浆密度 g/cm³	120℃抗压强度 72h/MPa	杨氏模量 GPa	备注
1.90	40.5	8.8	未韧性改造
1.90	32.2	6.0	韧性改造
2.15	28.2	8.4	未韧性改造
2.15	24.8	5.7	韧性改造
2.30	27.6	8.3	未韧性改造
2.30	24.3	5.8	韧性改造

从表 3-40 中数据可以看出，经韧性改造后的常规密度（1.92g/cm^3）水泥石与未经韧性改造的水泥石相比，水泥石抗压强度降低 20%，而水泥石杨氏模量降低了 32%；经韧性改造后的高密度（2.15g/cm^3）水泥石与未经韧性改造的水泥石相比，水泥石抗压强度降低 12%，而水泥石杨氏模量降低了 32%；经韧性改造后的高密度（2.30g/cm^3）水泥石与未经韧性改造的水泥石相比，水泥石抗压强度降低 12%，而水泥石杨氏模量降低了 30%。这说明常规密度水泥石与高密度水泥石韧性改造效果良好，有利于保证水泥石在分段压裂过程中的力学完整性。

六、页岩气水平井固井配套技术

页岩气水平井油层套管固井难度较大，要充分考虑油基钻井液破乳、水平段套管居中、环空间隙大等因素。页岩气水平井固井存在的主要难题有水平段长致使下套管摩阻大，井眼稳定性差，井径不规则，井底沉砂多，井眼清洁难度大，导致套管下入困难；固井工作液设计难度大；钻井液与水泥浆兼容性差，前置液选择困难。井壁油湿，需采用高效冲洗液水泥浆设计；大规模增产作业，对水泥石的力学性能要求高；套管居中度低，提高顶替效率难度大；钻井液密度高、黏度大、切力大，施工泵压高，施工参数设计困难。

因此要想固好井，必须从各方面入手，采取有效措施，降低每一项因素对固井质量的影响，以达到压稳、替净、胶结良好的目的。固井施工过程要遵循5个原则［居中、压力平衡、清洗（润湿反转等）、顶替（大排量）、增加水泥石强度与柔韧性（后期压裂）］。主要技术要求包括以下几点：

（1）进入A点之前务必做地层承压试验，以确保上部地层的承压能力达到固井条件。

（2）把好井身质量关，下套管以前必须带扶正器通井，在阻卡井段反复进行短起下作业，必要时进行划眼，保证井眼畅通。全井采用平均密度1.9 g/cm^3 钻井液做地层承压试验，如有井漏，先堵漏后固井。通井完成起钻前在钻井液中加入1%的塑料小球。要求固井专业施工队伍做模型试验。

（3）下套管时保证有较高的套管居中度，筛选综合性能好隔离液体系；设计合适的固井施工排量，强化配套技术措施。

（4）采用与油基钻井液相匹配的高效冲洗隔离液，页岩气水平井均采用油基钻井液钻进，界面亲油憎水，常规冲洗液和隔离液不能对油基钻井液条件下界面高效清洗，同时油基钻井液与水泥浆兼容性差，接触变稠影响顶替效率，影响施工安全，同时混有油基钻井液的水泥石强度受到极大影响，因此必须选用高效冲洗隔离液，提高顶替效率及防止水泥浆被污染，才能保证固井质量。

（5）设计满足封固要求的水泥浆体系，因页岩气水平井后期要进行大型水力压裂，对水泥石的性能要求高。因此水泥浆性能要求：①防窜性好，能适应注替过程、凝固过程及长期封隔等方面的需要；②水泥浆有较低的失水量（小于50mL）、较低的基质渗透性、短的过渡时间和快的强度发展；③采用浆体稳定性好的韧性水泥浆体系，保证水泥石体积不收缩且弹性模量较低，保证后期大型压裂过程中不被压碎。

另外，针对页岩气水平井油层套管固井的特点，形成了以下固井配套技术[4]：

（1）有利于井筒密封工艺技术的清水顶替工艺技术。

采用清水作为顶替液，相比采用高密度钻井液作为顶替液，套管承受更小周向应力，套管形变量大幅减少，有利于后期压裂过程中保证套管完整性，同时清水顶替增加了套管内外压差，相当于预应力固井，有利于提高水泥石早期强度、降低孔隙度，降低或减弱套管的径向伸缩扩张带来的微间隙，提高第一、二界面固井胶结质量。

（2）安全下套管及保证套管居中技术措施。

①加强通井的技术措施，采用不低于套管刚度的钻具组合通井，通井到底后充分循环，确保井眼干净，达到底边干净无沉沙、起下钻摩阻正常、不涌不漏后才能进入下套管

作业。

②软件模拟下套管过程中摩阻及套管居中度，确保套管安全下入及居中度大于67%，下完套管后小排量顶通，逐渐加大至正常钻进排量循环，按要求调整钻井液性能，循环至少2周。

③严格控制下放速度，上层套管内每根套管下放时间不少于30s，出上层套管鞋每根套管下放时间不少于50s，下部井段每根下放时间控制在30~60s。

④采用旋转引鞋（图3-42），保证套管顺利下入到位。

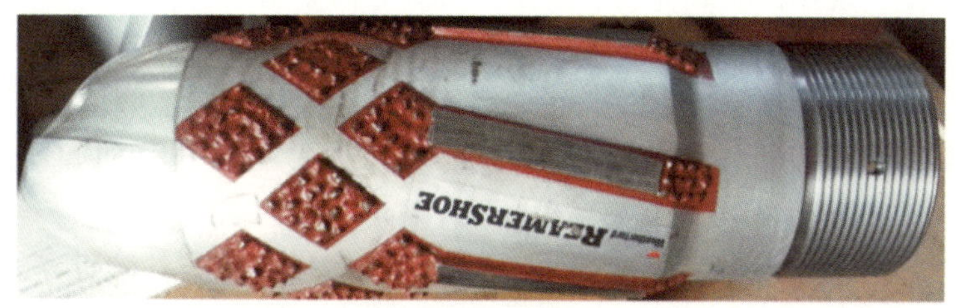

图3-42　旋转引鞋

⑤扶正器安放：水平裸眼段内每根套管安放1只扶正器，刚性与半刚性交替安放，确保水平段套管居中度。

⑥若无法解决水平段留长水泥塞问题，建议采用复合胶塞，防止磨损导致胶塞失效。

（3）其他配套技术措施：

①由于清水顶替施工压力高，需采用压裂车顶替，同时配套高级别的固井装备。

②采用高反向承压能力的浮箍。

固井配套技术在长宁—威远、昭通等区块页岩气水平井已现场应用超过30井次，水平段平均固井优质率大于90%，且后期压裂效果良好，为国内页岩气高效开发提供了技术支撑。

第三节　煤层气钻完井技术

煤层气是实现常规天然气储量接替的重要资源之一。我国是世界煤炭资源大国，拥有丰富的煤层气资源，资源量达$36.81\times10^{12}m^3$，但煤储层具有低压（储层压力系数平均为0.88）、低渗透（小于0.1mD的低渗煤储层占69%）、低饱和（含气量$<4m^3/t$的煤储层占80%）的“三低”特点。我国从20世纪80年代末开始进行煤层气勘探开发和试验工作，经过近30年的探索，通过前期技术储备和市场培育，中国煤层气产业雏形已形成。

煤层气钻完井工程技术是实现煤层气低成本、高效开发的关键。从工程角度看，影响我国煤层气大规模开发的主要因素是单井产量低、钻井成本高、钻井技术不配套、专用工具及装备匮乏等，制约了煤层气的增储上产，给煤层气的高效经济开发带来了严峻挑战。主要体现在：煤储层伤害机理认识不清，储层保护和井壁失稳措施严重滞后；煤层气钻井方式相对单一；没有掌握煤层气水平井、多分支水平井的核心技术；煤层气欠平衡配套钻井技术的应用受到限制；缺乏煤层气钻井专用的配套工具与装备等。只有通过对上述重大技术问题进行研究与突破，解决煤层气钻井工程中的相关技术难题，才能满足日益增长的技术需求，才能进行大规模的煤层气开发。为此，“十二五”期间中国石油组织了中国石油集团钻井工程技术研究院、煤层气公司、渤海钻探公司等单位，依托中国石油重大科技攻关项目，开展了煤层气钻井工程技术及核心装备的攻关与现场应用。

研究立足于煤层气井壁垮塌与储层保护、中高阶煤层气高产水平井设计及钻井工艺等几大关键技术与瓶颈问题，从煤层气钻井基础理论、水平井和欠平衡钻井、核心工具与装备三个层面展开技术攻关，重点研究煤储层伤害及井壁稳定技术、煤层气水平井钻井技术、欠平衡钻井技术、电磁波地质导向工具、远距离穿针工具；从室内试验、理论研究、技术及工具的研发、现场试验和完善、技术集成等方面紧密结合，依托“山西沁水盆地煤层气水平井开发示范工程”“鄂尔多斯盆地东缘煤层气开发示范工程”等示范工程开展技术试验和应用，逐步推动水平井钻井工程现场集成试验及规模推广应用。

经过系列研究与攻关，煤层气钻完井工程技术在“十二五”期间取得了以下重大突破：

（1）煤层气钻井基础理论研究取得突破。立足于室内实验与基础研究，开展煤岩有机储层物理化学性质和岩石力学性质系统评价与测试研究，提出了以渗透率和解吸量为评价指标的储层伤害评价方法、煤岩力学参数随钻及钻后工程评价方法，揭示了煤储层伤害和井壁失稳内在机理和影响因素，并首创了煤层破碎带预测技术。形成保护储层稳定井壁的钻井配套工艺技术，在煤层气直井与水平井开发中示范应用并完善提高，实现了减小煤层气储层伤害与钻井风险，提高煤层气单井产量的目的。

（2）形成煤层气水平井、多分支水平井钻井配套技术，实现了规模推广应用。集成创新了适合我国中高阶煤层气开发的水平井钻井系列配套技术，独创了煤层顶板泥岩导向及轨迹控制技术、复合造穴工艺、双底多分支井技术、仪器打捞技术等，实现了沁水煤层气田的整体效益开发，水平井平均单井产量提升53.6%，钻井成本平均降低50%。

在山西沁水示范工程应用26口井，取得了显著的经济技术及社会效益。多分支水平井单井组降低钻井成本600万元，促进了华北油田郑庄区块$9\times10^8m^3$产能的建设。该技术目前已在国内其他煤层气区块广泛推广应用，对我国煤层气产业的发展起到了推动作用。

（3）形成煤层气欠平衡钻井配套技术，储层保护及增产效果明显。研制出煤层气可循环微泡钻井液体系，密度0.7~1.0g/cm^3，抗温-20~120℃，体系承压能力≥20MPa；能实现欠平衡和近平衡两种状态的钻进作业，体系中的微泡能够对煤层的裂隙进行封堵，提高井筒的承压能力，降低漏失发生的风险，可在一定程度上保护煤储层并减少井漏问题的产生，有利于提高单井产量及钻井工程的整体效率；可循环微泡钻井液现场应用18口井，产气量较邻井高，部分井日产超万立方米。

（4）自主研发了DRMTS型远距离穿针装备、DREMWD煤层气电磁波地质导向工具，解决了煤层气水平井两井精确对接和地质导向难题，实现了煤层气钻井核心装备的国产配套和系列化。DRMTS煤层气远距离穿针装备填补了国内技术空白，探测范围为1~80m，磁场测量精度0.1nT，测量误差小于5%，具有5m内超近距离测量和三维立体导向的优点，并形成了不同规格的磁导向仪器系列，装备的性能指标达到国际领先水平。4¾in DREMWD电磁波地质导向工具，具有电磁波传输通道、上下伽马测量、可打捞三大技术优点，创新了融合井下、地面信息的钻井实时监控与技术决策系统，形成了煤层气低成本地质导向技术。比用常规MWD节约钻时14%，最高数据传输速率达11bit/s，无接力传输井深 2876m，优于国际同类产品技术指标。解决了煤层气水平井轨迹测控依赖高端装备导致成本高、仪器落井风险大、不能规模应用的难题。

上述创新成果大幅提升了我国煤层气钻井技术整体水平，推进了煤层气商业化开发和利用进程，已成为中国石油煤层气产能建设的主体技术。“十二五”期间系列成果累计应用 2243 口井，取得了良好的经济效益和社会效益。

一、煤层气储层保护和井壁稳定技术

我国煤储层井壁稳定与储层保护问题矛盾突出、煤层气水平井钻井风险高，以室内测试与评价、模型分析与计算等手段，评价了钻井液对煤岩伤害规律，建立了煤储层伤害评价方法，揭示了钻井工程多因素综合作用对煤储层的伤害机理；研究了应力与渗流耦合条件下煤岩的力学特性，揭示了煤岩的变形破坏特征，并提出了井壁稳定技术对策；开发出适合不同煤体结构的保护储层、稳定井壁一体化钻井液；形成了煤层钻井井壁坍塌风险分级预测方法，建立了煤层井壁坍塌风险分析模型，开发了煤储层钻井风险评价软件。

1. 煤层气储层保护技术

1）煤岩孔渗特征与表面性质

（1）微观孔隙结构特征。

煤层气富集成藏受地质因素或地质条件的控制，煤层气藏形成和演化有其自身的规律和机制，导致不同煤阶煤层气储层特征呈现出明显的差异。研究不同煤阶煤岩的孔隙、渗透率特征及其表面性质是煤层气储层伤害的基础。

分别对凤凰山（高阶）、寺河（高阶）、长畛（高阶）、郑庄 3#煤（高阶）、韩城象山（中、高阶）和新疆（低阶）等 6 个矿区的 37 块煤岩样品进行了扫描电镜观测，分析了不同煤阶煤岩的微观孔隙结构特征[5]（图 3-43）。煤岩演化程度的不同，微观孔隙结构有明显差异。低变质的煤体，大孔占主要地位且连通性好；高变质的煤体，小孔占主要地位。中高阶煤的内生裂隙较发育，高阶煤中裂隙发育程度比中高阶煤差。

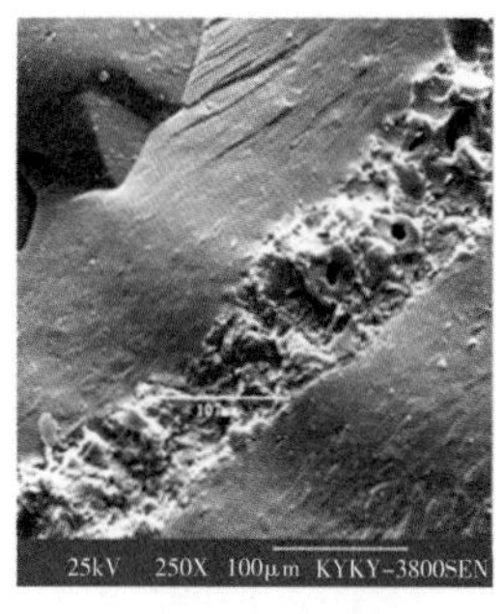

(a)高阶（郑庄3#煤）

(b)中高阶（韩城）

(c)低阶（新疆）

图 3-43　不同煤阶煤岩微观孔隙结构扫描电镜照片

（2）孔隙度特征。

煤岩是双重孔隙介质，含有基质孔隙和割理孔隙。割理孔隙是流体运移的通道，割理孔隙度在气、水产出阶段，与煤中可流动水的饱和度以及气、水流动特征密切相关。采用气驱水法测定不同煤阶煤岩样品的割理孔隙度见表 3-41，根据总孔隙度和割理孔隙度间接求取了基质孔隙度。低阶煤中具有很大的相互连通的孔隙网络，随着煤化程度的增高，煤中的原生大孔隙急剧减少，孔隙网络遭受破坏，煤化程度在中高煤阶附近时，孔隙度出现极小值，高煤阶时，煤中小孔、微孔增多，煤的孔隙度出现回升现象。

表 3-41　不同煤阶煤岩的孔隙度

采样地点	最大镜质组反射率，%	煤阶	平均孔隙度，%
郑庄	2.8	高阶	4.59
长治	2.1	中高阶	4.25
新疆	0.4	低阶	28.40

（3）渗透率特征。

煤层渗透率的影响因素较为复杂，大致分为定量和定性两类。煤阶、煤岩类型、煤岩组分和煤体结构等属于定性因素，主要是通过割理的发育特征及开启程度影响煤储层的渗透性。定量因素中，有效应力、煤层埋深等对渗透率的影响是通过原地应力来体现的。

通过试井资料和室内实验分别研究了郑庄、长治、安泽、新疆等区块不同煤阶 193 块煤样岩心的渗透率见表 3-42。随着煤阶的升高，煤岩渗透率逐渐降低。低煤阶煤的孔隙网络发育，连通性好，具有高渗透特征；中高煤阶煤中大孔隙减少，但割理发育，煤渗透率有所下降；高煤阶煤的割理宽度和割理数减小，煤的渗透率进一步下降。

表 3-42　不同煤阶煤岩的渗透率测试结果

区块	层位	煤阶	测试岩心块数	最大渗透率，mD	平均渗透率，mD
郑庄	3#	高阶	65	2.375	0.271
长治	3#	中高阶	62	32.469	1.538
安泽	3#	中高阶	62	32.241	3.718
新疆	—	低阶	4	594.272	389.065

（4）润湿性特征。

利用毛细作用原理，测试了不同煤阶煤粉的润湿性，并与强水湿砂岩润湿性进行了对比，如图 3-44 所示。不同煤阶煤岩的亲水性不同，煤岩润湿性与煤阶有关，低煤阶亲水

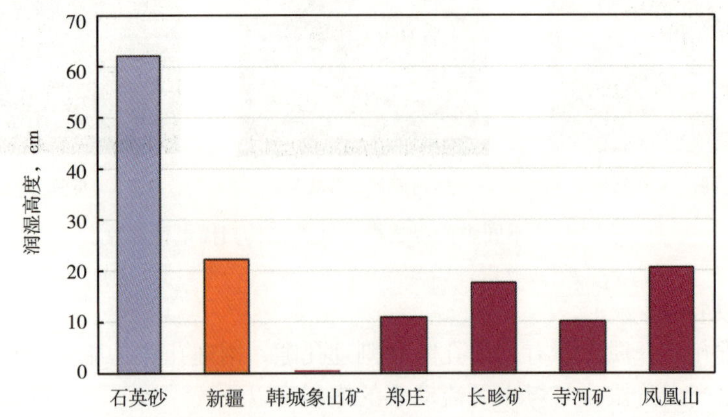

图 3-44　不同煤阶煤岩 24h 的平均自吸速度以及与强水湿石英砂的对比

性比高煤阶高；煤岩的润湿性具有非均质性，煤岩亲水性比砂岩弱[2]。

2）钻井工程多因素煤储层伤害机理

（1）压力波动导致煤岩渗透率降低。

煤层气钻井过程中，钻柱在充满钻井液的井眼中上下运动，钻井液柱压力发生波动，导致井壁煤岩受力发生变化，煤层裂隙发生变形，降低储层的渗透率[4]。

采用恒压法将标准盐水注入煤岩岩心，某一时刻突然增大岩心入口压力，模拟钻井过程中的压力激动，并记录该时刻煤样的渗透率及出口端钻井液的滤失量。压力波动对裂缝宽度的影响如图3-45所示，钻井压力波动时，井筒附近煤岩中裂缝的宽度发生变化：压力增大时裂缝宽度增大，压力减小，裂缝宽度减小。压力波动幅度越大，裂缝宽度变化越大。压力波动对煤岩的渗透率产生伤害，压力波动的幅度越大，对煤岩渗透率伤害越大。

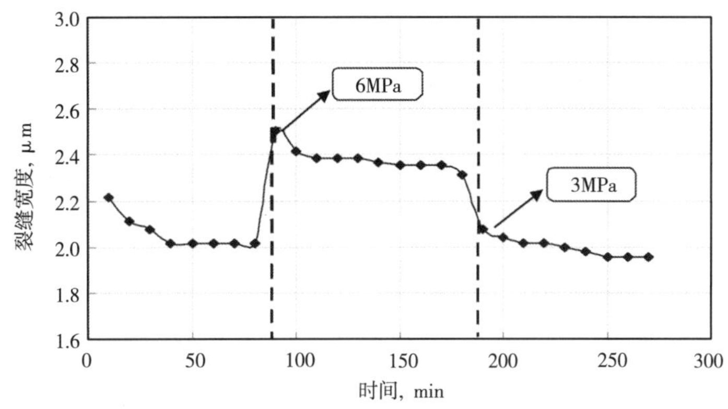

图3-45 压力波动对裂缝宽度的影响（压力波动幅度为3MPa）

（2）压力波动导致钻井液侵入量增加。

钻井起下钻过程中钻柱的运动引起井筒压力产生波动，当井筒压力高于地层压力时，钻井液会侵入地层，由于煤储层的应力敏感性较强，在压力突然升高的情况下，煤储层中的裂缝的张开度更大。

分别测定了井筒压力波动和井筒压力无变化时，不同钻井液对裂缝性煤岩岩心的伤害情况，同时测定了不同条件下钻井液向岩心裂缝中的侵入量。

钻井液向煤样裂缝中的侵入量见表3-43。钻井压力波动使钻井液向裂缝性煤岩中的侵入量大大增加。压力增大的一瞬间，钻井液的滤失速率陡增，这是由于压力突然增大时，煤岩中的裂缝被撑开。

表3-43 不同类型钻井液在压力波动时的侵入量

岩心号	初始渗透率 mD	钻井液污染后储层渗透率 mD	钻井液注入压力 MPa	钻井液类型	钻井液总滤失量 mL
FF40	2.968	1.438	2	清水钻井液	99.6
FF41	4.316	3.391	2→4→2→4→2		896.5
FF42	4.596	3.488	2	聚合物钻井液	22.24
FF43	5.757	5.757	2→4→2→4→2		96.28

续表

岩心号	初始渗透率 mD	钻井液污染后储层渗透率 mD	钻井液注入压力 MPa	钻井液类型	钻井液总滤失量 mL
FF44	5.461	2.196	2	含固相聚合物钻井液	4.33
FF45	2.815	0.267	2→4→2→4→2		22.04
FF46	7.268	2.180	2	泡沫钻井液	4.23
FF49	6.958	3.247	2→4→2→4→2		5.49

（3）不同类型钻井液对裂缝性煤储层的伤害。

以达西定律为基础，通过测定煤岩受污染前后渗透率的变化来确定不同类型钻井液对煤储层的伤害程度。实验中设置两种裂缝宽度来模拟煤层中的裂隙及构造裂缝，并选取煤层气钻井时常用的四种钻井液进行测试。

不同类型钻井液对煤岩渗透率伤害如图 3-46 所示，裂缝宽度越小，钻井液的伤害越大；裂缝宽度越大，钻井液越容易滤失。煤储层中的微裂隙更容易受到钻井液的伤害，钻井液对微裂隙储层的伤害程度大小依次为：含固相聚合物钻井液>无固相聚合物钻井液>泡沫钻井液>清水钻井液，综合考虑钻井液侵入量、伤害程度与井壁稳定，使用泡沫钻井液最佳。

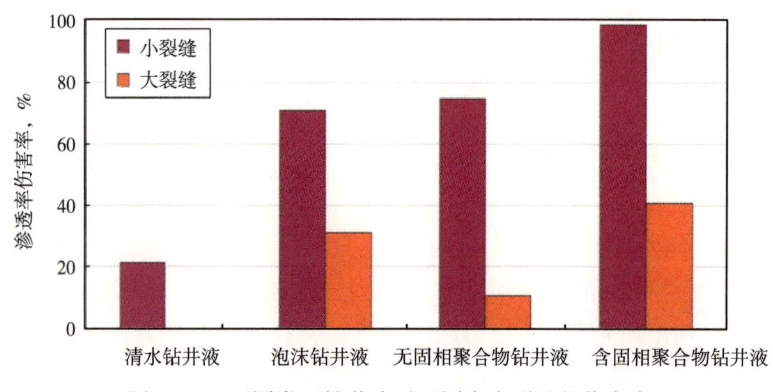

图 3-46　不同类型钻井液对不同宽度裂缝的伤害率

（4）表面活性剂吸附对煤岩的伤害。

钻井过程中，井壁煤岩浸泡于钻井液中，钻井液中包括表面活性剂、絮凝剂等，钻井液的 pH 值也不相同，钻井液中的各种添加剂与煤岩表面接触，使其表面性质发生变化。通过研究钻井液中表面活性剂对煤岩润湿性的影响，揭示表面活性剂吸附对煤岩的伤害机理。

采用煤粉自吸速度法，利用毛细作用原理，研究了五种浓度为 0.1%的表面活性剂的煤层水对煤样自吸速度的影响，并与未添加表面活性剂的煤层水进行对比，自吸水高度越高，亲水性越强。

阴离子型表面活性剂在煤岩表面吸附后，使煤岩亲水性增强，阳离子表面活性剂对润湿性改变不大。阴离子型表面活性剂在煤岩表面吸附后，气相相对渗透率降低，液相相对渗透率升高。建议在使用活性剂时优先选择吸附量小的阳离子活性剂。

（5）钻井液组分对煤层气储层伤害。

以山西长治地区李村煤矿和晋城地区长畛煤矿的山西组 3#煤岩为研究对象，采用煤层气钻井使用的钻井液组分，淀粉类包括 0.2%黄原胶 XC、1.5%羧甲基淀粉 CMS、1.5%预胶化淀粉 API；纤维素类包括 0.5%高黏羧甲基纤维素钠盐 Hv-CMC、0.3%羟乙基纤维素 HE；盐类包括 3%氯化钾、含 0.5%助排剂 GPA 和絮凝剂 PXA 的氯化钾。钻井液组分对煤层气渗透率、解吸率伤害评价实验结果如图 3-47 所示，蒸馏水的伤害率最小；盐类对煤岩中黏土膨胀起到抑制作用，但对渗透率和解吸率产生一定的伤害；纤维素和淀粉对煤岩渗透率伤害率在 50%以上，解析率伤害率在 40%以上，磺化类对煤岩的伤害率最大[6]。

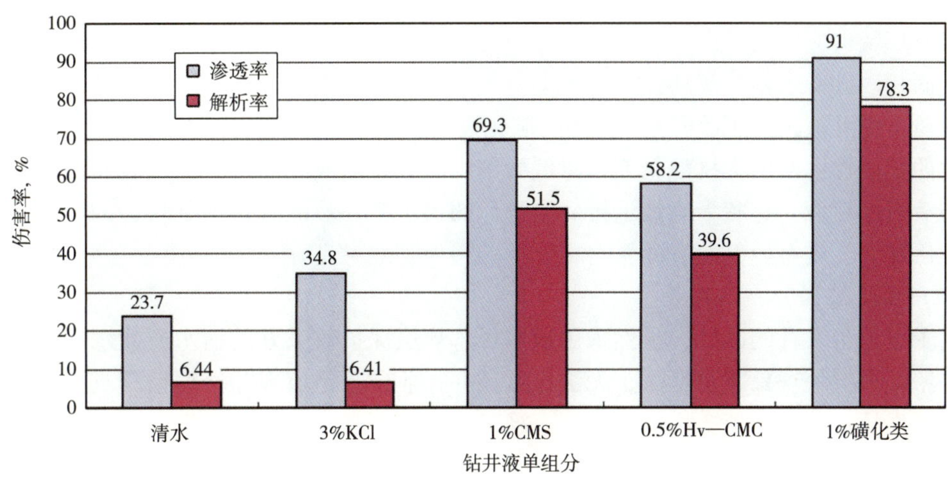

图 3-47　钻井液对煤层气渗透率和解吸率伤害评价

（6）钻井工程多因素对煤层气储层伤害机理。

从单因素角度出发，钻井过程中煤层气储层伤害机理主要有钻井液侵入水锁伤害，钻井液中固相颗粒对煤储层的堵塞，高分子聚合物吸附堵塞煤层孔隙以及钻井液与煤储层不配伍引起的伤害。由于储层伤害机理直接与储层特征有关，不同特征储层有不同的潜在伤害因素。综合考虑地质因素和工程因素对煤储层的伤害机理研究，见表 3-44，钻井过程中的压力波动是煤储层伤害的主要因素，其次是钻井液侵入引起的大分子吸附、水敏性伤害、固相堵塞和贾敏效应对煤层气储层造成的伤害。

表 3-44　钻井工程多因素对煤层气储层伤害机理综合分析表

伤害因素	伤害程度	防治方法
钻井压力波动	★★★★★	降低井筒压力波动
高分子聚合物堵塞	★★★★	采用可降解聚合物或不用聚合物
水敏性伤害	★★★★	加防膨剂
固相颗粒堵塞	★★★★	控制煤粉产出、降低钻井液中固相含量
毛细管阻力，贾敏效应	★★★★	降低气液界面张力
润湿性反转	★★★	选用吸附量小的活性剂
无机垢	★★	控制钻井液 pH
碱敏	★★	控制钻井液 pH
细菌堵塞	★	控制钻井液细菌含量

3）钻井液体系开发与应用

（1）无固相改性清水钻井液。

煤层气钻井现场多使用清水打开储层，因其低密度、不含固相及各种常用的钻井液添加剂、中性的 pH 环境，避免了对煤层气储层的多种伤害，但也正因如此，无法形成有效的滤饼，增加了滤液侵入储层的量，同样给储层带来了一定的伤害。为弥补清水钻井液的不足之处，需要添加一些储层保护材料对其进行改进，这样，改性后清水钻井液既保留了清水钻井液无固相优点，又最大限度地保护了煤储层，而且增加的成本低，在煤层气水平井中具有广阔的应用前景。

无固相改性清水钻井液从提高矿化度、增强配伍性、提高絮凝能力、提高返排能力四方面对清水钻井液进行了改善[7-9]。提高矿化度可抑制水敏性伤害；引入防垢剂可提高与地层水的配伍性；使用无机混凝剂可降低微细固相颗粒造成的堵塞；引入表面活性剂可增强气—液表面活性，有利于滤液返排。改进后的清水钻井液能有效抑制煤岩的膨胀，与地层水配伍性好，具有较低的表面张力，总体储层保护效果良好。

（2）可降解聚合物钻井液。

对于破碎带发育的区域，虽然采用成本低、煤层保护效果好的清水或盐水钻井液，但煤层井壁垮塌掉块现象非常严重，无法正常钻井作业，甚至出现井垮埋钻具及井下工具等恶性井下事故；若采用聚合物类钻井液，稳定煤层井壁能力强，但对煤层污染较严重，造成煤层气产量低，甚至于不出气。

可降解聚合物钻井液采用特殊聚合物降低水相活度，阻止或延缓水相与煤岩相互作用，通过提高钻井液黏度和成膜性保证钻井过程中的煤层井壁稳定，在后期完井时采用降解破胶技术来解除钻井过程中聚合物类处理剂造成的煤层伤害，从而达到最大程度保护煤层和释放煤层气产能[10,11]。

（3）钻井液对煤层气渗透率伤害评价。

无固相改性清水钻井液和可降解聚合物钻井液对煤岩渗透率伤害评价表明。无固相改性清水钻井液伤害率低于20%；可降解聚合物钻井液在30℃、2h 条件下可以将聚合物钻井液完全降解掉。

（4）应用情况。

无固相改性清水钻井液在郑4平-16HV、CLH-07H 多分支水平井和郑4平-12、SNO15-3H、SNO15-5H 等3口U型水平井进行了现场试验，应用结果表明，该钻井液具有防塌能力强、性能维护方便、携岩能力强，储层保护效果显著[12]。可降解聚合物钻井液在郑平02-1N、郑村410平1等4口多分支水平井和 CLU-02H、QYN1-12 等7口U型水平井进行了现场试验，应用结果表明，该钻井液具有较强的稳定水平段煤层井壁能力，携岩屑和润滑效果好，破胶液现场应用明显等特点，具有较好的推广应用前景。

2. 煤储层井壁稳定性分析技术

1）煤岩强度与渗透率演化特征

（1）煤岩强度特征。

采用 MTS 三轴岩石力学实验机，按照 GB/T 23561.9《煤和岩石物理力学性质测定方法》，采用轴向应变控制加载速率，测试煤岩岩石力学参数特征。

①煤岩呈现显著的脆性特征。煤岩破坏脆性强，延展性、韧性差。应力—应变曲线在

达到峰值强度后，有一段快速降低的过程，表现出强烈的应变软化效应。

②煤岩力学性质呈现出强烈的非均质性与各向异性。煤岩岩心的单、三轴抗压强度存在较大的离散性，力学性质呈现出强烈的非均质性与各向异性。一是由于煤岩内部割理、裂隙发育，且割理、裂隙分布不均匀导致宏观力学性质呈现出强烈的不均匀性。二是煤岩的矿物组分、煤岩微损伤发育程度及发育方向对其力学非均质性起决定性作用。三是裂隙的发育方向还会使煤岩的力学性质表现出各向异性，裂隙面的存在，导致了煤岩力学特性的不连续、各向异性。

煤样中含有大量的裂隙，裂隙面的滑移会影响其变形，围压增加，裂隙面上的正应力就增加，增大了裂隙面的摩擦力同时抑制了裂隙面的滑移，能够提高煤样的峰值强度。煤岩的峰值强度平均值、残余强度平均值如图 3-48、图 3-49 所示，随围压的增加而增大，线性相关性较好，可以采用 Mohr-Coulomb 模型描述其强度随围压的变化。

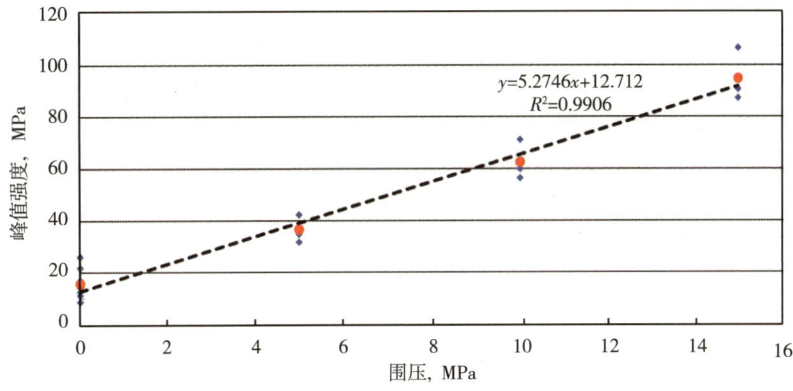

图 3-48 煤岩峰值强度平均值随围压变化情况

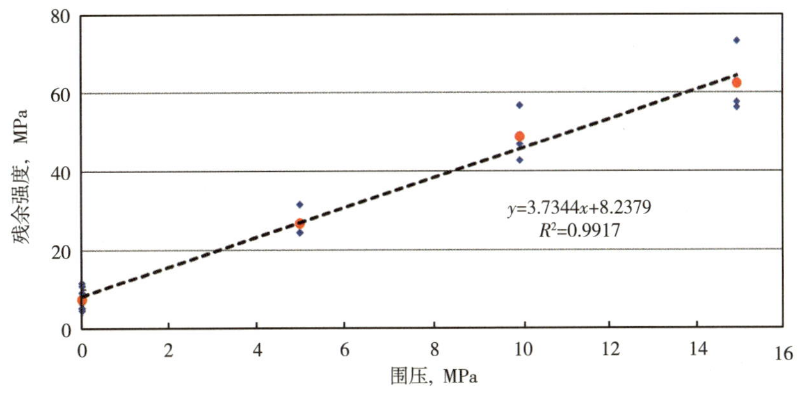

图 3-49 煤岩残余强度平均值随围压变化情况

（2）煤岩渗透率演化特征。

煤层井眼变形破坏过程伴随着钻井液向地层渗流或者地层流体向井眼内的流动，井壁的失稳实际上是应力—损伤—渗流的多因素耦合过程（图 3-50）。井眼钻开后，井周应力发生重分布，局部的应力集中可能导致井壁附近煤岩发生损伤破坏，而应力重分布与损伤

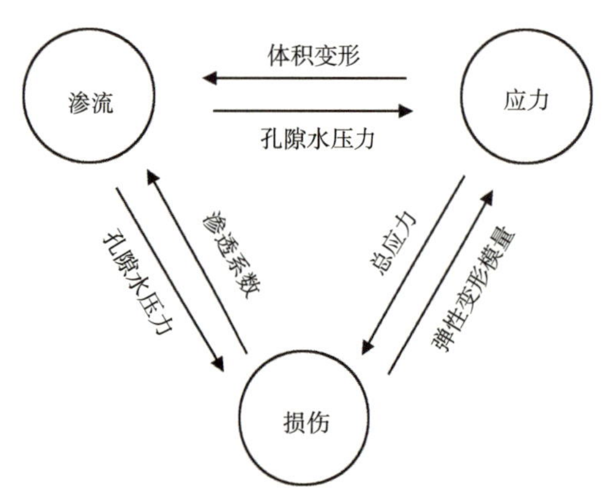

图3-50　多因素耦合作用过程

破坏将导致煤岩渗透率的变化。因此，开展煤层钻井井壁稳定分析需要考虑煤层受力变形、损伤破坏与孔隙流体渗流等多因素的耦合，进行应力场与渗流场的耦合分析，必须深入研究不同应力水平和损伤程度下的煤岩渗透率变化规律，通过全应力—应变加载过程渗透试验建立渗透率与应力、应变和损伤耦合关系。

煤岩全应力应变过程的渗流特性实验曲线如图3-51所示，渗透率峰值呈典型的同步型，即渗透率峰值出现在峰值强度附近，在初始阶段，煤岩由于受到压缩，原始存在的微裂隙闭合，随正应力的增大，煤岩渗透系数减小；在进入弹性阶段时，由于继续压缩，岩石产生新的微裂隙，体积应变缓慢增加，导致渗透率缓慢增加；达到峰值强度及软化阶段后，煤岩渗透系数突跳增大，但并未突跳规模超过数量级。

煤岩渗透率在峰值强度之前依赖于煤岩的体积应变，而峰后由于损伤发展而出现突跳现象，根据实验结果建立了煤岩的渗透率系数在峰前与峰后的演化方程，该演化方程考虑了体积应变和渗透率的相关规律，引入了峰后渗透率突变系数，针对沁水盆地煤岩的测试结果表明，其峰后渗透率突变系数 m 可取为2。

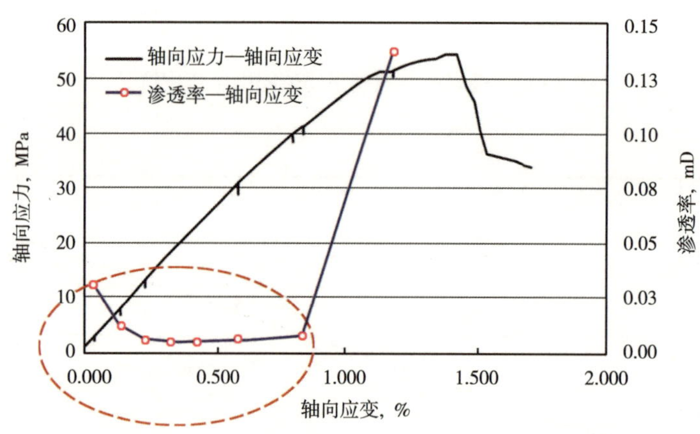

图3-51　全应力—应变与渗透率关系典型特征曲线

2）煤储层井壁稳定分析与对策

（1）井壁稳定需同时提高钻井液封堵性能与密度。

井壁封堵不良条件下，提高钻井液密度容易导致钻井液向地层侵入，引起孔隙压力升高，有效应力降低，导致井壁损伤破坏，坍塌崩落（图3-52）；单纯依靠提高钻井液密度无法解决井壁坍塌问题。

（2）压力波动对于煤层气井壁稳定性的影响。

钻井过程中，钻井液的开关、循环波动压力和起下钻的抽吸、激动压力等都会造成井

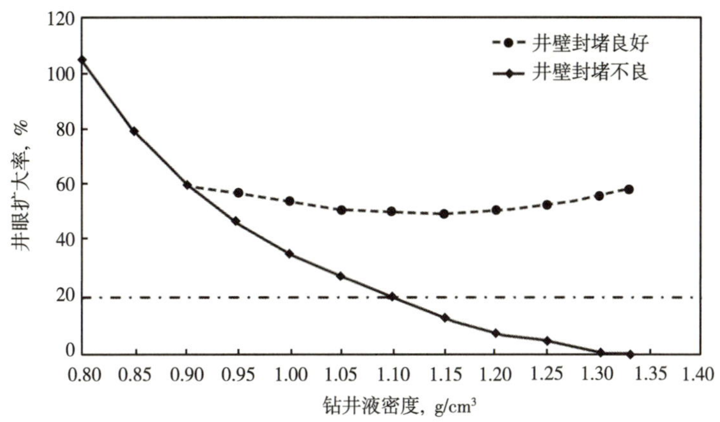

图 3-52 钻井液封堵性对煤层井壁稳定性的影响

底压力发生动态变化，波动压力一方面会改变井底径向支撑力，造成井周煤岩受到的围压也随之变动，导致井周煤岩内部裂隙的扩展、贯通，产生疲劳损伤，随时间逐渐累积，降低了井周煤岩强度；另一方面会改变井筒与地层之间的压力差，引起钻井液侵入地层的压力、渗透速率随时间变化。

假设钻井液和地层岩石为微可压缩介质，采用非稳态渗流理论分析钻井液在地层中的渗流过程，综合考虑钻井液渗入地层后造成的有效应力和强度改变以及循环载荷作用下煤岩的疲劳损伤，对井眼周围地层损伤破坏情况随不同压力波动幅度、不同压力波动周期下而变化的情况进行了分析计算。计算过程中模拟的井底压力波动情况如图 3-53 所示，其中压力以当量密度的性质给出。在井壁封堵良好的条件下，井底压力的波动导致对井壁壁面支撑的增加和减小，其中井底压力降低的阶段内，井壁支撑降低，导致煤层形成无法恢复的损伤破坏，在井底压力增加的过程并不能恢复。此外，循环载荷作用还容易导致疲劳，引起煤岩劣化、强度降低。井底压力波动越大，则井壁损伤破坏的范围越大，反之则井壁损伤破坏的范围越小。

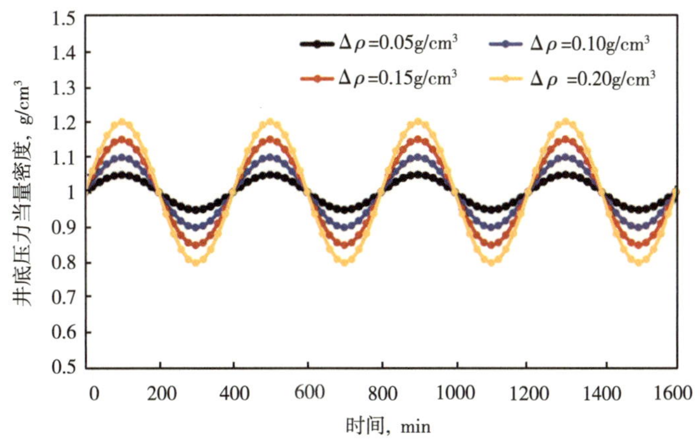

图 3-53 井底压力波动情况

（3）煤层井壁稳定周期预测。

基于所发展的数值计算模型，结合钻井液浸泡导致煤岩强度降低的实验拟合关系，可以预测煤层井壁损伤破坏随时间的发展过程，分析井壁长期稳定性，确定井壁稳定周期。

井壁封堵良好条件下，足够的钻井液密度可以确保井壁长期处于稳定；井壁封堵不良的条件下，即使初期稳定的井壁随着井眼钻开时间增加也可能失稳，如图 3-54 所示。

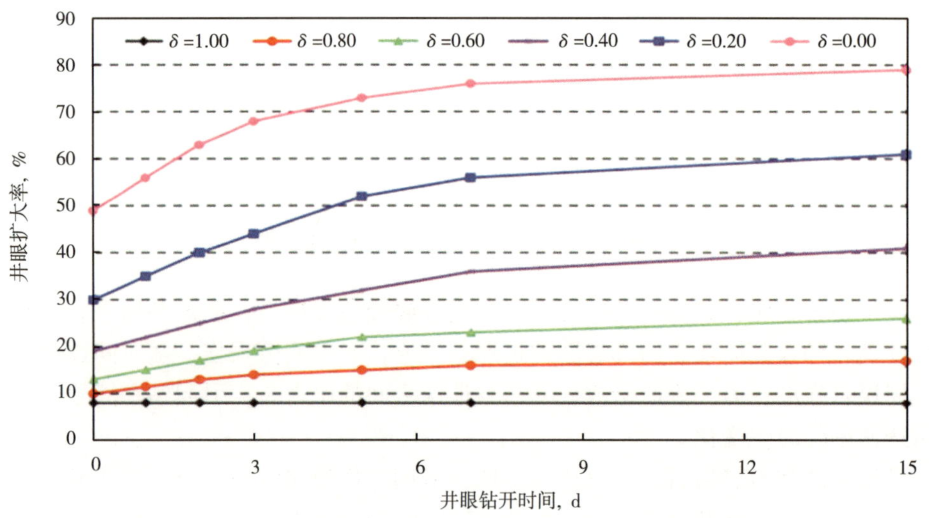

图 3-54　钻井液封堵性能对于井壁稳定长期稳定性的影响

（4）煤层气井壁稳定分析与应用。

①良好的钻井液封堵性能：防止压差作用下钻井液滤液渗入井周煤岩导致井周孔隙压力增加、煤岩强度降低而引发的煤层井壁坍塌。

②合理的钻井液密度：恰当的钻井液密度才能保证对于井壁具有足够的支撑，以保持煤岩应力处于平衡状态，降低井壁应力集中。

③严格控制井底压力波动：降低转速和钻速，控制起下钻速度，尽量减小波动与抽汲压力，减少因旋转钻具和压力激动造成的垮塌。

④防止钻井液冲蚀井壁：保证钻井液的流变特性，降低流动阻力，防止钻井液冲蚀井壁。加入适量的表面活性剂，降低毛细管效应，保证钻井液良好润滑性，减少钻具与泥饼之间的摩擦力，减少起下钻阻卡。

对华北油田安泽—马必自营区块安 1-43 井、安 15 井、沁 7-15 井、沁 8-9 井、沁 19-10 井等 5 口已钻直井进行了钻后分析，并对该区块钻多分支水平井井壁稳定性问题进行研究，分析预测了水平井坍塌风险，提出该区块多分支水平井的钻井液密度窗口。

3. 煤储层钻井风险评价技术

煤层钻井风险评价技术在掌握煤岩自身因素的基础上，分析外界因素对钻井风险的影响。同时，考虑到随钻信息不仅可以反映煤层的特征参数，体现机械钻具因素及人为控制因素，引入随钻信息形成基于煤岩破碎分级模型的钻井风险实时评价技术。针对煤层割理裂隙极度发育、易破碎特点，考虑到煤层气钻井过程中缺少实时风险评价及监控技术的问题，提出基于煤岩破碎分级随钻预测模型的钻井风险实时评价技术。应用 Hoek-Brown 准则、岩石断裂力学理论、可靠性方法、多目标优化反演原理及破碎统计力学，结合随钻录井信息、地震、地质、地应力、测井试井资料，建立基于随钻信息的煤层破碎带分级可靠性预测模型，分析煤岩破碎分级预测模型与钻井失效风险的变化关系，形成钻井风险评价技术，开发煤层气水平井钻井风险评价软件。

1）煤岩力学参数概率密度与钻井风险分级

煤岩力学参数的尺寸效应分析表明，试样尺寸较小时，强度差异大，近似呈均匀分布；当试样尺寸较大时，强度差异变小，实验结果主要集中在平均值附近；借助概率统计方法确定，煤岩力学参数的分布类型满足正态分布[13,14]。

煤岩垂向岩心黏聚力与内摩擦角解释数据见表 3-45，从黏聚力拟合结果来看，煤岩的黏聚力较低。当 $GSI=85$ 时，拟合得到完整煤岩单轴抗压强度变化范围：17.0～47.65MPa。

表 3-45 煤层垂向煤岩岩心黏聚力与内摩擦角解释数据

煤层	摩尔—库仑参数				霍克—布朗参数				
	峰值强度		残余强度						
	黏聚力 C MPa	内摩擦角 ϕ' (°)	黏聚力 C' MPa	内摩擦角 ϕ (°)	GSI	单轴抗压强度 UCS，MPa	m	m_b	S
阜新盆地	3.4	33.5	2.2	30.3	85	17	15.2	8.9	0.19
晋城矿区	7.3	31.5	2.5	27.3	85	45.5	6.2	3.6	0.19
韩城矿区	5	39.8	1.8	30.8	85	42.3	19	11.1	0.19
郑1平-3H井垂直	6.8	33.7	1.9	30.8	85	47.65	7.6	4.4	0.19
郑1平-3H井水平	5.4	40	4	24.9	85	39	7.5	4.3	0.19
ZS59井组	8	30.8	3.1	13.1	85	39.7	6.7	3.9	0.19

注：GSI 为煤岩体地质强度值；m、S 为煤岩特征经验系数［m 反映岩石的软硬程度，其取值范围在 0.0000001～25 之间，对严重扰动岩体取 0.0000001，完整坚硬岩体取 25；S 反映岩体破碎程度，其取值范围在 0～1 之间，破碎岩体取 0，完整岩体取 1。$m_b=m_i\exp\left(\frac{GSI-100}{28-14D}\right)$ D 为地层扰动系数］。

2）煤储层钻井风险预测模型与方法

（1）煤储层钻井风险预测模型

在煤层钻井过程中，任何一种风险因素的变化都会影响钻井风险，因此需要分析各类风险因素贡献的煤层钻井风险失效概率。以煤层的地质风险因素为例，引入可靠性方法、Hoek-Brown 准则，建立了煤层钻井井壁坍塌风险地质因素的可靠性模型。

煤层钻进过程中，井壁失稳坍塌与钻井液液柱压力关系密切。设 p_i、p_{ci} 分别为钻井液压力及坍塌压力，当 $p_i>p_{ci}$ 时井壁稳定，反之井壁坍塌。此时煤层钻井坍塌风险可靠性模型功能函数 y 可表示为：

$$y=p_i-\frac{2ac+m_b\sigma_{ci}(1-\delta f)-\sqrt{m_b\sigma_{ci}(1-\delta f)[(4ac+m_b\sigma_{ci}(1-\delta f)]4a^2\sigma_{ci}(m_b\delta fp_p+S\sigma_{ci})}}{2a^2} \tag{3-1}$$

$$a=2-\delta\xi-\delta f;\ c=3\sigma_H-\sigma_h-(\xi+f)\delta p_p$$

式中 p_i——井筒内钻井液液柱压力，MPa；

σ_{ci}——完整煤岩的单轴抗压强度；

p_p——地层孔隙压力；

f——地层的孔隙度；

δ——系数（井壁有渗流时 $\delta=1$，否则 $\delta=0$）；

m、S——煤岩特征经验系数。

煤层钻井过程中大排量钻井液漏失引起煤岩强度降低，进而影响坍塌压力预测。为此，利用实验结果拟合得到的折减后煤岩强度参数 σ'_{ci} 可表示为：

$$\frac{\sigma'_{ci}}{\sigma_{ci}}=0.15977e^{\left(\frac{-t}{9.00285}+\frac{-L}{141.11407}\right)}+0.23536e^{\left(\frac{-t}{9.00285}\right)}+0.25394e^{\left(\frac{-L}{141.11407}\right)}+0.37407 \tag{3-2}$$

式中 t——钻井液浸泡煤岩时间，h；

L——煤层段钻井液漏失量，m^3。

考虑到煤岩参数及地应力参数的不确定性，选取完整煤岩单轴抗压强度 σ_{ci}、煤岩特征参数 m_i、S 及地应力载荷 σ_H、σ_h 等5个参数作为煤层钻井坍塌风险可靠性模型的随机变量。

设函数 y 的均值、标准差为 μ_y、S_y，结合可靠性理论及概率方法，给出了联结方程的表达式为：

$$Z=\frac{\mu_y}{S_y}=\frac{\mu_{pi}-\mu_{pci}}{\sqrt{S_{pi}^2+S_{pci}^2}}=\frac{p_i-\mu_{pci}}{S_{pci}} \tag{3-3}$$

式中 μ_{pi}、μ_{pci}、S_{pi}、S_{pci}——分别为 p_i、p_{ci} 的均值及标准差。由于 p_i 为确定量，因而 $\mu_{pi}=p_i$、$S_{pi}=0$。

由可靠度理论可知，煤层钻井坍塌风险的可靠度指标 R 可表示为 Z 的函数，即：

$$R=\Phi(Z)=\Phi\left(\frac{p_i-\mu_{pci}}{S_{pci}}\right) \tag{3-4}$$

式中 Φ（·）——不同分布类型的累积分布函数；

Z——可靠度系数。

在引入煤层钻井坍塌风险可靠性模型的基础上，根据失效概率大小将风险等级划分为五个等级，表3-46给出了煤层钻井风险分级标准[15-17]。

表3-46 煤层钻井风险分级标准

风险等级	描述	失效概率
Ⅰ	风险低	[0，0.4]
Ⅱ	风险较低	[0.4，0.7)
Ⅲ	风险中	[0.7，0.9)
Ⅳ	风险较高	[0.9，0.95)
Ⅴ	风险高	[0.95，1)

（2）钻遇煤层断层的钻井坍塌风险分析。

煤层气水平井钻进过程中，钻遇断层将极大增大钻井风险，钻头钻入断层后，井眼扩孔现象较为严重，坍塌风险较高；钻头钻出断层后，井眼扩孔现象逐渐消失，坍塌风险降低。

（3）节理参数对煤层钻井井壁坍塌风险分析：

①面割理与最大主应力交角对煤层钻井井壁坍塌风险的影响分析。在面割理法向刚度不变的条件下，随着面割理与最大主应力夹角的增加，煤层钻井井壁坍塌风险失效系数呈非线性增加；随着面割理刚度的减小，煤岩煤层钻井井壁坍塌风险失效系数增长趋势明显加快。

②割理组间距对煤层钻井井壁坍塌风险的影响分析。随着面割理法向刚度系数的增大，煤层钻井井壁坍塌风险失效系数随着割理组间距增大而下降的趋势逐渐变缓；曲线族在煤岩割理组间距较大的尾部近似收敛于一点；煤层钻井井壁坍塌风险失效系数与割理组间距呈负乘幂函数关系。

③非均匀地应力系数对煤层钻井井壁坍塌风险的影响分析。在面割理法向刚度系数一定的前提下，随着非均匀地应力系数比值的增大，煤层钻井井壁坍塌风险失效系数呈非线性增大，且增长趋势逐渐加剧；随着面割理刚度系数降低，煤岩破碎系数值增大。

④煤层钻井井壁坍塌风险影响因素灵敏度分析。研究得到灵敏度大小排序：地应力>节理刚度>节理倾角>抗剪强度>节理间距>抗压强度>节理长度>抗拉强度>煤层倾角>地层水条件>煤岩密度；地应力影响最大，煤岩密度影响最小（图3-55）。

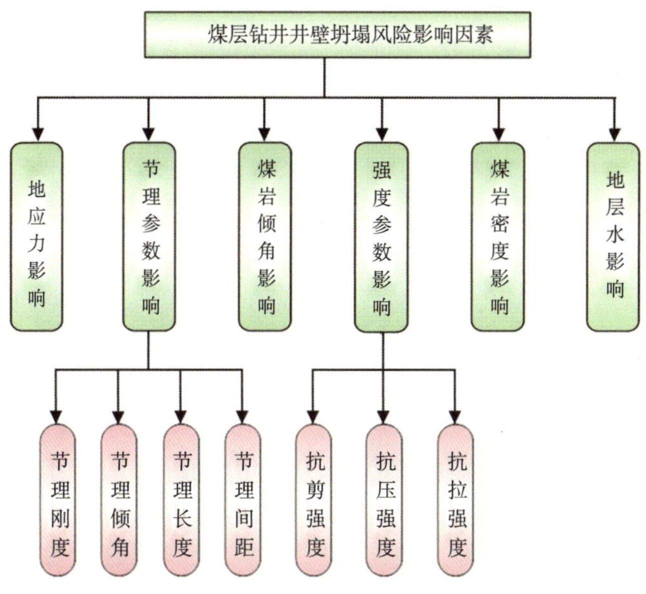

图3-55 煤岩煤层钻井井壁坍塌风险影响因素

二、煤层气设计优化与钻完井工艺技术

煤层气多分支水平井是煤层气工业发展过程中将油气井水平井技术与煤层地质特征相结合发展起来的一种新的煤层气开采技术。多分支水平井钻井技术是由地面垂直向下钻至

造斜点后以中曲率半径侧斜钻进，在目的煤层形成主水平井，再从主井两侧不同位置水平侧钻分支井。井眼沿煤层延伸，使煤层泄气面积最大化，从而达到单井控制最大采气面积、降低成本、提高产量及采收率的目的。煤层气多分支水平井技术具有四大技术优势：（1）单井产量高，多分支水平井单井产量为直井的6~10倍；（2）采气速度高，直井一般需20年采出可采出储量的80%，用多分支水平井仅需5~8年；（3）有利于采煤作业，多分支水平井不下套管，便于今后的采煤，是先采气后采煤的最佳配套技术，并保障原煤的安全开采；（4）减少了地面建设和占用的土地，节约成本、有利于环保。

近年来，由于受到油价低迷的影响，低成本开发煤层气成为必然。因此，“L”型井（即单一水平井）、U型井（一口水平井与一口直井在储层连通）开发煤层气变得更加期待，这类新型水平井在实践中也有不小的进展。随着国际油气价格的抬升和国内天然气需求的持续增加，采用水平井和多分支水平井开发煤层气，提高单井产量和开发效益，其经济和社会意义显著。

1. 煤储层参数与井型结构方案的关系

1）不同煤阶煤层气开采井型适应性分析

煤储层物性是影响煤层气富集的关键因素，随着煤演化程度的提高，煤储层物性呈现出规律性变化，原生孔隙减少，大—中孔减少，微孔增加，比表面积增加，割理—裂缝增加。煤储层物性的变化直接导致了煤吸附/解吸特征、煤层气地球化学特征、煤层气藏地质特征及不同煤阶煤层气开发方案的差异。高、低煤阶煤储层物性的差异是导致高、低煤阶煤层气藏差异的主要原因。表3-47给出了我国不同煤阶的煤孔隙度。

表3-47　我国不同煤阶的煤孔隙度值

煤阶	褐煤	长焰煤	气煤	肥煤	焦煤	瘦煤	贫煤	无烟煤
孔隙度，%	8.05~16.32	2.11~11.46	3.20~6.32	0.70~8.68	1.33~7.32	2.26~13.22	1.15~8.18	2.92~7.69
孔隙度平均值，%	10.36	6.52	4.33	3.45	2.96	4.68	3.16	5.38

随着煤阶增高，煤的热演化程度增高，生成的气量增加，造成煤的含气量也随之增高；与此同时，煤阶越高，煤层硬度逐渐增大，密度也增高，相应的孔隙度和渗透率都有降低的趋势。高煤阶煤层气主要采用直井压裂和水平井开发，水平井已演变为多分支、“U”型、“L”型、仿树型等更为复杂的井型。

低煤阶煤层机械强度低，压裂易形成大量煤粉堵塞割理。对于厚煤层，可根据煤层在应力发生变化时易坍塌的特点造洞穴，扩大煤层裸露面积；并且低煤阶高渗透煤层多为低压区，采用空气钻井可防煤层污染，提高单井产量。空气钻井裸眼洞穴完井技术在美国粉河盆地的运用，使低煤阶煤层气单井产量大幅提高，工程成本得以降低，成功实现了经济开采煤层气的目的。

2）渗透率对煤层气开采井型的影响

在研究渗透率对开采井型的控制作用之前，首先要确定渗透率的量化标准，按照标准，煤层气储层大于0.5mD为高或较高渗透率；大于0.1且小于0.5mD为中等渗透率；小于0.1mD为低渗透率。据此可以将储层分为三种类型，即高渗储层、中渗储层和低渗储层。

高渗储层以美国的圣胡安及黑勇士盆地为例，储层基质渗透率多达 5mD 以上，高者可达 10 ~605mD，此类储层厚度大，含气量大，可以是低或高煤阶，适用的井型为直井酸化压裂或是直井裸眼洞穴完井。

中渗储层以我国鄂尔多斯盆地煤层气储层为例，中低煤阶，厚度较薄，适用井型为简单或复杂水平井。

低渗储层又可分成两种类型：一种是绝对的低渗储层，另一种是相对的低渗储层。前者渗透率小于 0.5mD，且割理不是很发育，而后者如沁水盆地潘庄及樊庄区块煤储层，其割理发育，网状割理系统成为完善的导流通道，使这类储层具有较高的裂缝渗透率，它们经过压裂改造及分支井沟通后可以成为良好的储层。绝对低渗储层适用于直井压裂，有一定产能即可；而相对低渗储层则既可适用简单或复杂水平井，而在一定条件下也可以钻直井，辅之以压裂措施。

3）煤层厚度对开采井型方案的影响

根据实际煤层资料及煤层气的有关标准，制定了煤储层重要参数量化标准（表 3-48），根据此标准，煤储层厚度大于 5m 为厚储层，而小于 2m 为薄储层。

表 3-48　煤储层重要参数评价及量化标准

评价参数	低	中	高
煤阶	褐煤、泥炭、长焰煤，气煤	肥煤、瘦煤	半无烟煤、无烟煤、贫煤
渗透率，mD	<0.1	0.1~0.5	>0.5
煤层厚度，m	<5	2~5	>5
含气量，m^3/t	高煤阶煤<12 中煤阶煤<8 低煤阶煤<3	高煤阶煤 12~17 中煤阶煤 8~12 低煤阶煤 3~5	高煤阶煤>17~18 中煤阶煤>12 低煤阶煤>5
地层压力	压力系数 0.7~1	压力系数 1~1.2	压力系数大于 1.2

不考虑其他因素，厚储层比薄煤储层赋存更多煤层气量，拥有较大产能，产能优势使其具有更大的钻井适应性，既可使用直井压裂或洞穴完井，也可采用水平井，获取较高的产能和经济效益。

开发薄储层，为了获得更多的煤层气量及最大的产能，有两个因素必须考虑，即产能和厚度。薄煤层较低的产能不利于供给范围相对较小的直井系列，如直井压裂、直井扩孔及裸眼洞穴完井；而较小的厚度对保持煤层中钻进技术及地质导向技术要求极高，因此对一些复杂结构的钻井，比如多分支水平井或是鱼骨井等，并不适合，但对一些具有简单结构，长度不大的“L”型水平井或是“U”型井比较适合。

综上所述，厚煤层拥有较多的煤层气资源量，可选的井型较多，既可以考虑直井，也可使用多分支水平井，视情况而定；而薄煤层为了获取经济产量则优选简单水平井或“U”型井。

4）含气量对开采井型方案的影响

含气量的高低与煤阶紧密相关，通常高煤阶的煤层含气量也高。对于高含气量的煤储层，其单位体积的储层提供的煤层气量远远高于低含气量的煤储层，因此需要更加通畅的渠道有效排出，可以考虑高分支水平井或是多分支水平井，而对于低含气量的储层要获得最佳的产能，可选用直井压裂或低分支水平井。

5）压力对开采井型方案的影响

对开采井型方案影响的压力分为地层压力和临界解析压力，又分为几种情况：第一种情况是地层压力和临界解析压力均高的煤储层，这类储层是优质储层，这类储层具有原始高输送能量，具有充足的天然气来源，且在相对短时间就可解析出来运送到井筒附近，这类储层可以考虑直井或是单一水平井；第二种情况具有原始高的地层压力及低的临界解析压力，这类储层原始能量高，含气量高，但解析所需时间也长，若钻水平井，为了获得合适产能可以适当增加分支数，比如二分支或三分支水平井，若用直井必须进行大规模压裂；第三种情况是地层压力和临界解析压力均低，比如沁水盆地樊庄、郑庄区块的煤储层，这类储层没有充足的能量，也没有长时间开发的潜力，要想获得可靠产量，必须使用多分支水平井，充分沟通原始割理，增加导流能力。

2. 煤储层类型与井型结构方案的关系

依据上述论证并结合影响储层的关键参数，其中包括煤储层渗透率、煤层厚度、煤层原始地层压力、含水量、储层产状等，初步确定了煤层气的分类方案及对应钻井方案（表3-49）。

表3-49 煤储层分类方案

大类	储层类型	煤储层特点	最佳钻井（完井）方案选择	典型煤储层实例
Ⅰ类储层	高压高渗厚层状富气储层	超压或高压，临界解析压力也高，试井综合渗透率大于0.5mD，面割理和端割理呈网状或半网状，煤储层厚度在5~10m	直井水力压裂，裸眼洞穴完井	美国圣胡安盆地
	高压高渗多层储层	超压或高压，临界解析压力也高，试井综合渗透率大于0.5mD，面割理和端割理呈网状或半网状，多套煤层	二分支及三分支叠状水平井或反向水平井	美国黑勇士盆地
	高压高渗高含水储层	高压或超压，高临界解析压力，含水量高	低分支（1分支~3分支）水平井，也可用“U”型井	沁水盆地、宁武盆地中的高压高渗区（甜点），如潘庄区块
Ⅱ类储层	高压中渗厚层状低含气储层	储层处于高压或超压状态，渗透率中等偏低，割理组合方式为孤立状，储层厚度大，中~低煤阶及低含气量	直井压裂或是3分支~4分支水平井	海拉尔盆地及二连盆地
	高压高渗低含气厚层状储层	储层压力、渗透率高，但割理发育（尤其是端割理），煤阶低，含气量低	直井压裂，“U”型井，裸眼洞穴完井	准噶尔及吐哈盆地
	低压中渗富气储层	储层压力不足，割理发育，中等渗透率，煤阶中等，含气量较高	2分支~3分支水平井或是“U”型井	鄂尔多斯盆地部分煤储层
	低压高渗低含气厚层	压力不足，渗透率高，低煤阶，低含气量厚层，高含水	直井扩孔，电潜泵排水	美国粉河盆地

续表

<table>
<tr><th>大类</th><th>储层类型</th><th colspan="2">煤储层特点</th><th>最佳钻井（完井）方案选择</th><th>典型煤储层实例</th></tr>
<tr><td rowspan="5">Ⅲ类储层</td><td rowspan="2">低压低渗厚层储层</td><td>高含气量割理发育</td><td>储层压力低，临界解析压力也偏低，透性较差，但割理较发育，具高含气量</td><td>直井压裂及二分支以上的水平井或多分支水平井</td><td rowspan="5">沁水盆地、鄂尔多斯盆地、宁武盆地部分储层</td></tr>
<tr><td>低含气量割理不发育</td><td>储层压力与临界解析压力偏低，端割理发育水平不好，渗透性较差，储层厚度多在5~10m</td><td>多分支水平井，主井2分支~3分支，分支井采用多分支，每个主井建洞穴直井，欠平衡钻井</td></tr>
<tr><td>低压低渗多层储层</td><td colspan="2">孔渗性差，压力水平低，具目的多层</td><td>多分支水平井及丛式井</td></tr>
<tr><td>低压低渗高起伏储层</td><td colspan="2">孔渗性差，压力水平低，储层起伏多变</td><td>多分支水平井，主支、分支顺煤层上倾方向钻入，地质导向钻井</td></tr>
<tr><td>低压低渗高含水储层</td><td colspan="2">孔渗性差，压力水平低，含水量较高</td><td>多分支水平井，主支和分支造洞穴直井，以实现较长时间的排水采气，可钻“U”型井</td></tr>
</table>

表3-49所列举方案将煤储层分为三大类：Ⅰ类储层特点是高压（高于对应深度静水压力）、高渗（大于0.5mD）、厚层（大于5m），含气量可高可低，以美国圣胡安盆地为典型，此类储层物性较好，产能较高，从经济上考虑，不需要钻水平井即可达到较高产量，多用直井加水力压裂增产措施即可；若钻水平井，用低分支（1分支~3分支）可获较高产能。Ⅱ类煤储层与Ⅰ类相比，三个最关键参数渗透率、压力及含气量有一两项中等或偏低，代表性储层包括准噶尔盆地、吐哈盆地及美国的粉河盆地，其关键参数值有所降低，若钻水平井，用3分支~4分支水平井，其他针对不同储层适合井型包括直井加裸眼洞穴完井，直井压裂等。Ⅲ类储层渗透率、压力较低，含气饱和度较低，煤储层可能较薄，此类储层代表为沁水盆地郑庄、樊庄区块及鄂尔多斯盆地部分储层，为获得较高产能，多钻水平井且用多分支水平井，以提高供气面积，沟通更多的割理，获得较大的生产能力。

3. 多分支水平井优化设计

1）主支长度

由产能数模研究和实钻效果表明，煤层气多分支水平井主支长度在800~900m有个产量的飞跃，考虑到目前国内钻井的技术经济条件，过千米后技术成本将会成倍增加，因此初步给定一般主支长度为800~900m的范围。对于多分支水平井，由于分支数较多，且分支之间需要保持一定的分支间距，其主支长度需要增加。图3-56是利用ECLIPSE煤层气模块模拟了不同长度主支产气量、产水量及每米进尺产气量，考虑到简单水平井与多分支水平井主分支所起的作用都是产气的主通道，具有相似的渗滤及产气功能，而若按多分支水平井模拟，主支长度变化，分支的长度和支数也要变化，无法了解产量变化是由主支长度变化引起还是由其他原因造成的，因此用简单水平井长度变化来近似了解多分支水平井长度变化。模拟了500m、800m、1000m、1200m、1500m、2000m 6种不同主支长度米进尺的产气量变化情况，可以看出随着主支长度递增，产气量和累产气量都在递增，但是考虑到千米后的钻井成本，主支长度 1500m 时每米产气量最高。

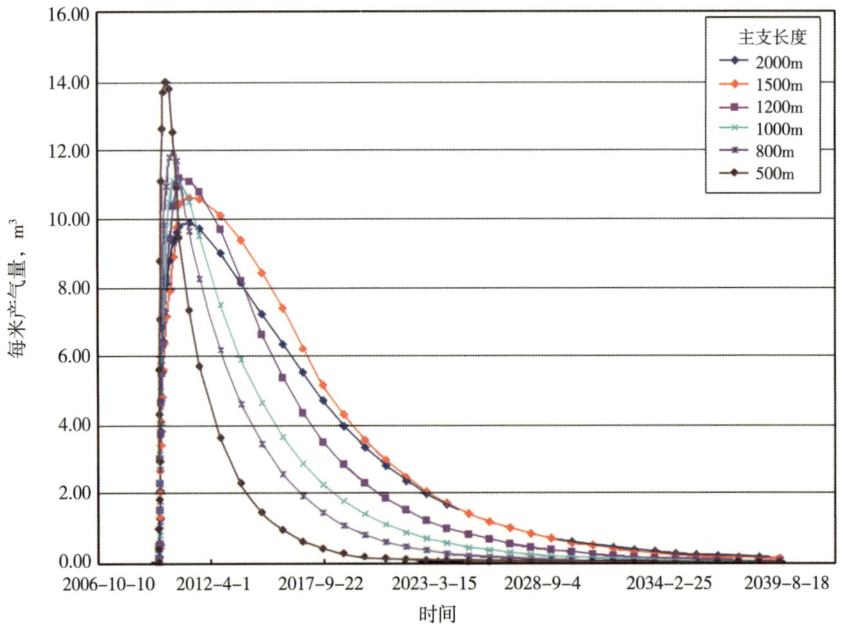

图 3-56　不同主支长度每米产气量对比

分支选最为简单的类型即双对称分支，使其长度变化分别为 300m、500m、800m、1000m 进行产能模拟。可以看出，随着分支长度增加，产气量递增，但从米进尺产气量和累产气量上可以清晰看出，500m 分支长度具有最高米产气量，其次是 800m，而 300m 较低，1000m 最低。考虑到成本，分支长度可以在 200～800m 间变化，一般不要超过 800m（图 3-57）。

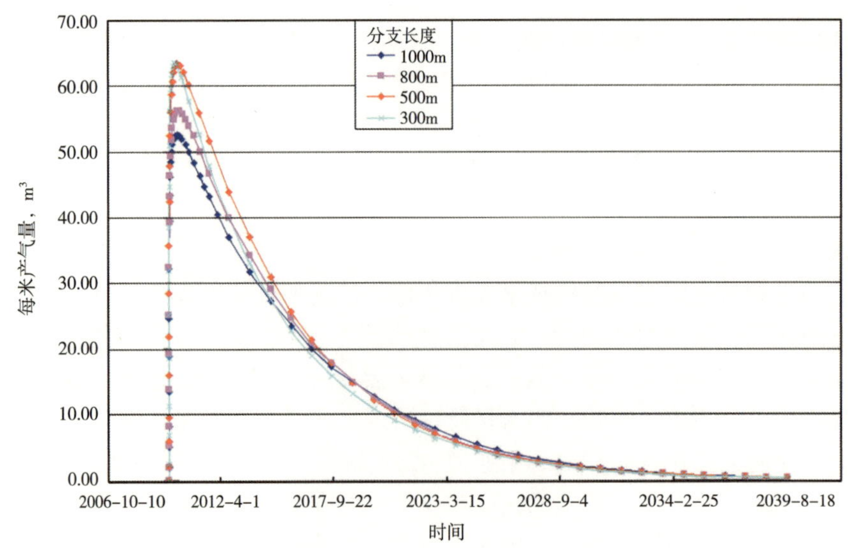

图 3-57　不同分支长度每米产气量

2）分支角度与分支间距

在对双对称分支这类井型优化时，分别考虑了 30°、45°和 60°三种角度。图 3-58 展示了不同分支角度的产能，可以看出，在分支间距一定的前提下，随着角度增加，产能明显增加，同时考虑到钻到 60°造斜非常困难，而且对于具有非均质性储层来说，45°角可以实现面割理和端割理两个方向的沟通，因此优选 45°角。

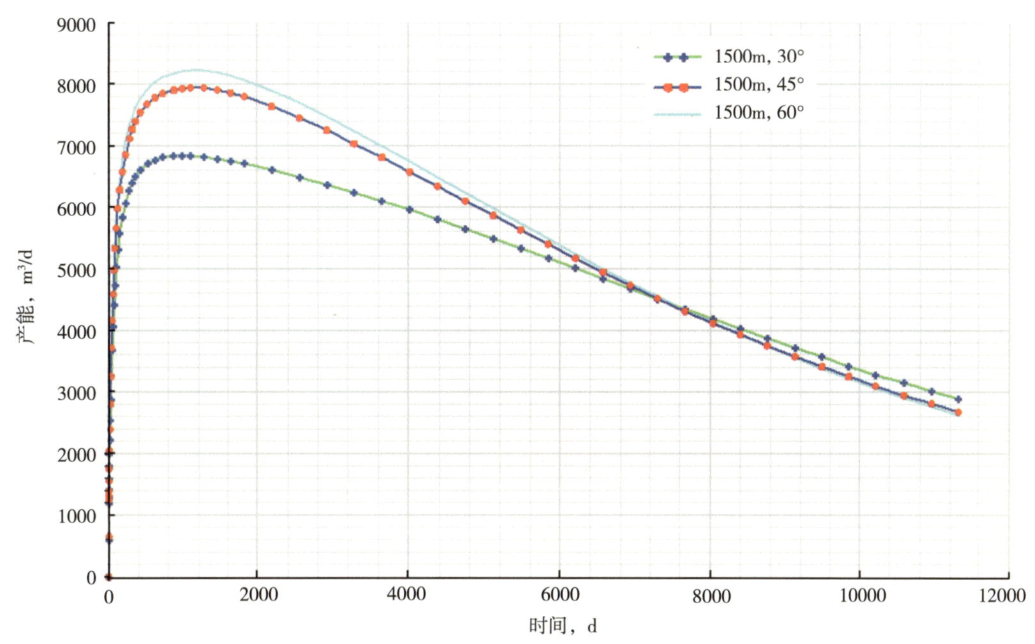

图 3-58 不同分支角度的产能比较

同时，分别模拟分支间距为 150m、200m、300m、400m 时的产气量，模拟结果可以看出，日产气量随间距增大而增大，但米进尺产气量在分支间距为 300m 时最佳，因此分支间距可以考虑 250~300m（图 3-59）。

3）分支数

在“主支控域，分支沟通”的思路指导下，主支长度及控制面积一旦确定，分支数取决于控制面积内煤层的非均质程度，非均质程度越高，需要的分支数越大，当进尺数一定的情况下，增加分支数意味着降低分支的长度，因此对于类似沁水盆地来讲，其非均质程度不是太高，而且在主支 1500m 左右，分支间距 250~300m 之间的条件限制下，分支数取 8 分支~10 分支即可。

4. 煤层气水平井钻井工艺技术

水平井多分支水平井钻井工艺最重要的是轨迹控制技术，核心是地质导向。轨迹控制重在随钻分析和提前调整，而且需要选择合理的钻具结构，实钻时利用可靠的分析软件实时对轨迹数据进行分析和预测，并给定可行的后续控制指令。轨迹控制的核心是地质导向。水平井地质导向主要有四个关键技术环节：一是钻前分析区域、邻井资料，了解岩性、目的层（深度、厚度、倾角、走向）以及盖层、底层等相关情况，掌握对比标志层、区域油气显示特征；二是上直段和增斜段施工过程中通过垂直剖面恢复等方法跟踪对比已

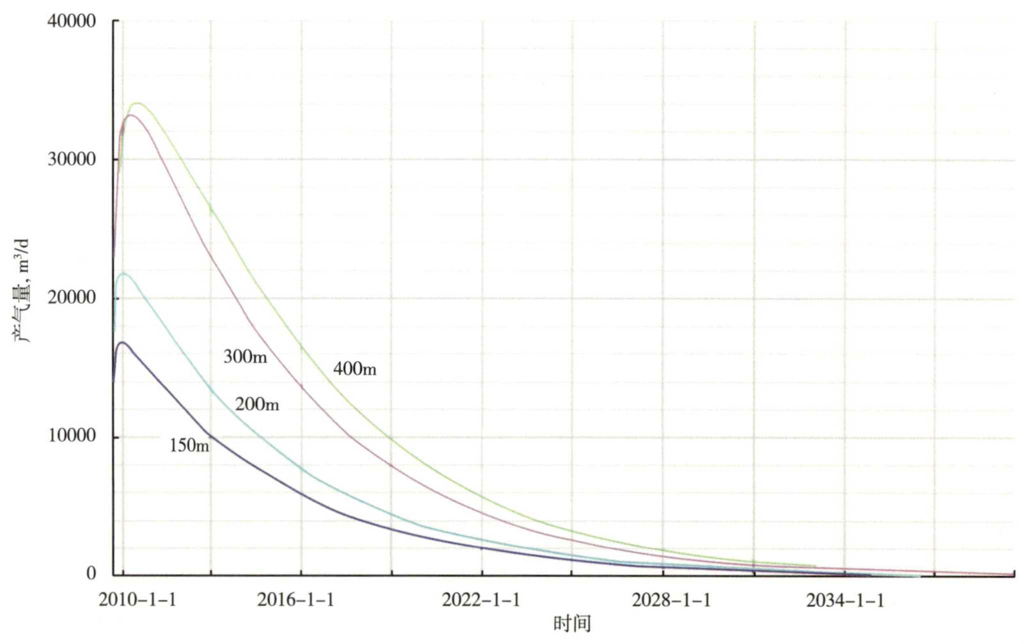

图 3-59　不同分支间距产气量对比

揭开地层，预测着陆点位置，并根据钻时、气测、岩性变化判断着陆点；三是着陆后，通过收集分析钻时、气测、岩屑、电测曲线等定性参数，以及油层的地层深度、油层厚度、地层角度等“三度”定量参数，根据油层顶底及油层中部隔夹层的各项资料变化特征规律，分析判断钻头处于油层中的位置；四是较为准确的进行随钻和完钻油气显示识别与油气层解释评价，为水平井的后续钻探和开发提供依据[18]。

1）地层倾角预测

掌握地层倾角是进行顺利实施轨迹控制和地质导向的前提。因此，施工前利用各项资料较准确预测地层倾角大小以及变化，对高质量完成水平钻探任务极为重要。通过施工过程中地层倾角探索研究，总结出地震测线法、构造等高线法、井震结合法等三种钻前地层倾角预测方法。

2）目标层深度精细预测

利用水平井钻探一般处于开发老区、控制井多的特点，在就近原则及对沉积相分析的基础上，找出区域上较为稳定的标志层、辅助标志层、特殊岩性等标志，掌握井间高低关系、标志层深度、厚度变化以及目的层的厚度、深度变化等情况，推测正钻井的标志层、目的层深度及厚度。在水平井钻探的过程中，及时计算垂深，在绘制斜深录井剖面同时，及时归位绘制垂深剖面进行对比分析，预测着陆点深度，指导轨迹控制。

3）目标层着陆轨迹调控

水平井着陆要求：一是在地质设计的要求范围内中靶；二是要求入层轨迹与地层产状成一合理角度差（5°~8°），保证入层轨迹的调整，即“软着陆”。水平井施工常用三种着陆方式，即导眼井着陆、复杂断块着陆和稳定目标层着陆，不同着陆方式的选择常取决于地质条件。

4）着陆点卡取技术

（1）地层对比法：中完井深（着陆点）准确卡取的关键是随钻进行精确地层对比，传统上一般使用等深对比推测法，但该方法是基于地层倾角为0°的情况或对井身要求不是特别精确的前提，为了满足连通需要，引入地层倾角，建立了地层对比计算推测法，使着中完井深（着陆点）的预测结果更为精确。

（2）气测特征法：水平井的目的层均为显示层，在受钻井液混入原油或其他有机物影响小的条件下，揭开目的层后气测全烃、烃组分有明显变化，根据其变化可及时卡准着陆点。

（3）钻时特征法：钻时录井有较好的实时性，能及时反应地下岩石的可钻性，进而推测岩性及钻头位置，在钻井参数稳定的情况下，揭开储层后，钻时将明显下降，钻时曲线呈逐渐下降的趋势，钻时平稳后，钻头全部进入目的层。

（4）岩性识别法：根据邻井直井地层岩性特征，掌握目的层岩性特点，根据颜色变化、岩性组合以及荧光录井情况可综合判断着陆，但由于PDC钻头条件下岩屑颗粒较为细小，荧光观察受混油影响，且前几包岩屑砂岩百分含量变化少，需要通过精细描述以及镜下观察前后对比精细识别。

（5）电性对比法：由于目标层的含油性、岩性与上覆地层的差异，一般进入目的层会出现GR值降低、电阻率升高等。

（6）井震结合法：施工井井眼轨迹投影至地震剖面上，将井底测量盲区进行预测后，与邻井目标层所确定的地震反射轴对比判断。

（7）综合判断法：由于水平井其独特的工艺特点，对每个单项的着陆点判断识别办法都有影响，如气测值的活跃程度与钻速、井眼尺寸、循环压力与地层压力压差等因素相关，钻时受钻压、定向钻进和导向钻进等因素影响，岩性受到破碎程度、钻井液性能等方面干扰，因此在实际判断着陆点位置时，要利用好区域、邻井资料，排除干扰因素，综合分析。

5）水平段轨迹控制技术

（1）钻时曲线形态法：钻头在水平段储层内钻时相对较低且曲线形态平稳，当钻头在储层上下进入泥岩时，钻时将明显增加。而当储层上下围岩的可钻性存在差异时，钻时曲线的形态变化规律就会出现不同，因此在钻井参数相对稳定的条件下，可根据钻时变化判断是否出层进行导向。

（2）气测特征法：依据油气藏成因理论和重力分异机理，认为在均质储层“上气、中油、底水”的典型油气藏中，在油藏顶部轻烃组分相对富集，越往下游离气体越少。

（3）岩性特征法：利用区域、邻井资料，提前掌握目的层段的岩性变化规律或特征，特别是在储层内部存在粒度韵律或储层上下围岩颜色或岩性有明显差异时，能够准确判断顶出、底出或即将顶出、底出。

（4）垂深增量法：垂深增量导向法的原理是对于目的层厚度已知的地层，采用单位位移地层深度变化量与井眼轨迹深度变化量的关系，判断钻头在目的层中的位置。如图3-60所示，假设地层为下倾，对比井钻遇厚度h_3，地层地层倾角为α，单位位移采用单根长度10m，则地层单位位移深度变化量h_2为：$h_2=10\sin\alpha$；井眼轨迹单位位移深度变化量h_1为：$h_1=h_2+h_3=10\cos$（井斜角）；h_3为井眼轨迹单位位移深度变化量与地层单位位移深度变化量之差，当根据其他参数判断即将出层时，就可依据h_3值进行顶出、底出判断。

（5）电性特征法：随钻自然伽马测井与传统的自然伽马测井原理相同，随钻测井具有准确性高、实时性强和适用性广等优势。

（6）综合判断法：由于陆相地层构造复杂，且录井参数受多种因素干扰，用单一方法分析判断钻头位置难度大，且精确度低，因此应该采取多种方法联合使用的办法。

水平井钻探轨迹控制不仅仅是判断顶出、底出进而告知定向井向上还是向下调整，其主要任务是根据随钻资料及时判断井斜角是否合适，并适时调整，保证水平段井眼轨迹在波浪式前行中顺势进行轨迹调整，实现地质目的，达到“低峰长波”穿行（图3-61）。实现“低峰长波”可以减少钻井定向的调整次数，因为定向钻进的机械钻速比复合钻进慢3~5倍，减少了定向井段，就相对提高了总体机械钻速，同时减少水平井段的“轨迹峰谷”总数，从而降低井眼中钻具的摩阻[19,20]。

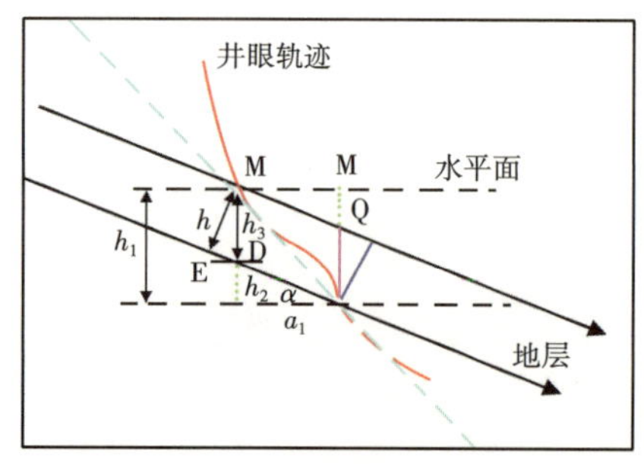

图3-60 垂深增量法示意图

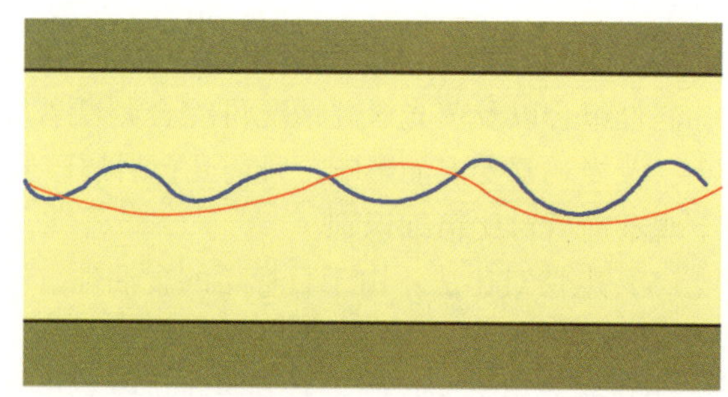

图3-61 井眼轨迹“低幅长波”示意图

5. 水平井PE筛管完井技术

“十二五”期间，煤层气水平井完井方式主要形成了裸眼完井、PE筛管完井、玻璃钢筛管完井、常规套管完井、金属筛管完井以及洞穴完井等技术，不同的完井方式在不同的区块起到了一定的作用，收到了比较好的效果[27,28]。

1）PE筛管结构设计

主要特点是PE筛管连续（卷装1000~1500m），筛眼为长条形，筛眼剖面呈梯形，相位分布均匀。

可阻挡大、中、小块状煤、大的粒煤，不能防细粉煤以及小的粒煤；能形成稳定、渗透率高、流动能力好的“煤粒架桥”；结合GB/T18煤炭粒度分级，粉煤粒度值<6mm，粒煤粒度值为13mm，根据1/3~2/3架桥原理，缝宽大小W为6mm<W<13mm；割缝筛管割缝数量取割缝开口总面积为筛管外表面积的2%~6%。PE筛管结构如图3-62所示。

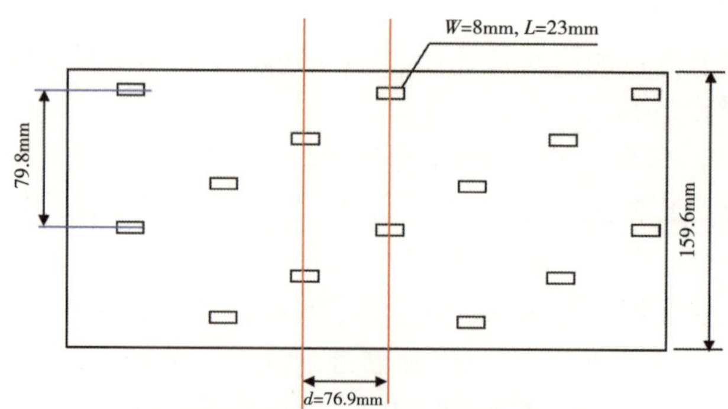

图3-62 PE筛管结构示意图

2）PE 筛管尺寸规格

（1）2in PE 筛管结构尺寸。

相位角：60°，过流面积比：3%，缝宽：8mm，缝长：23mm，外径：50.8mm，壁厚：4.6mm（图 3-63）。

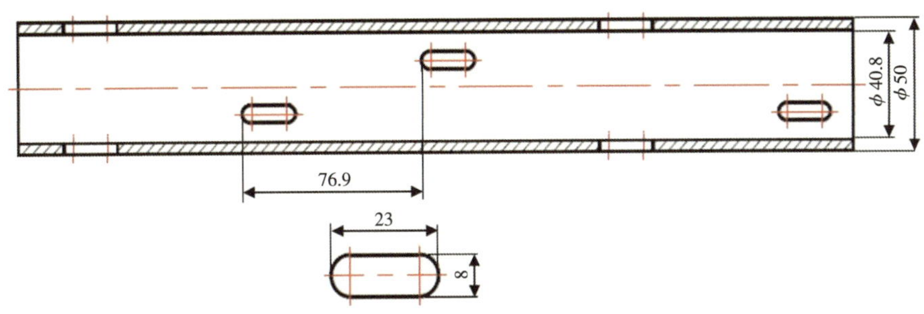

图 3-63 2in PE 筛管结构示意图

（2）3½in PE 筛管结构尺寸。

相位角：60°，过流面积比：3%，缝宽：10mm，缝长：28mm，外径：88.9mm，壁厚：8mm（图 3-64）。

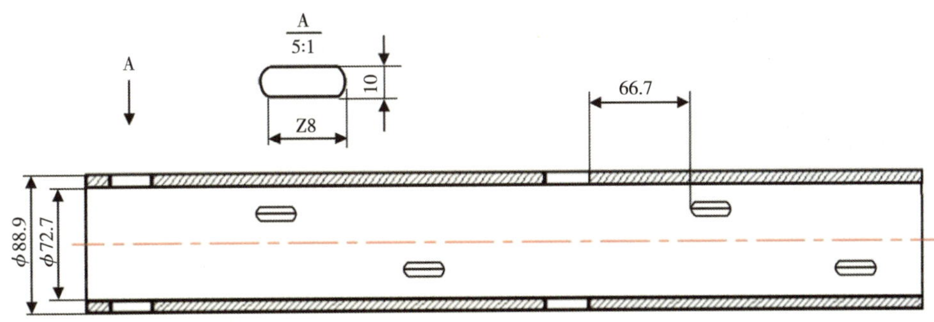

图 3-64 3½in PE 筛管结构示意图

（3）4in PE 筛管结构尺寸。

相位角：60°，过流面积比：3%，缝宽：12mm，缝长：33mm，外径：101.6mm，壁厚：9.2mm（图 3-65）。

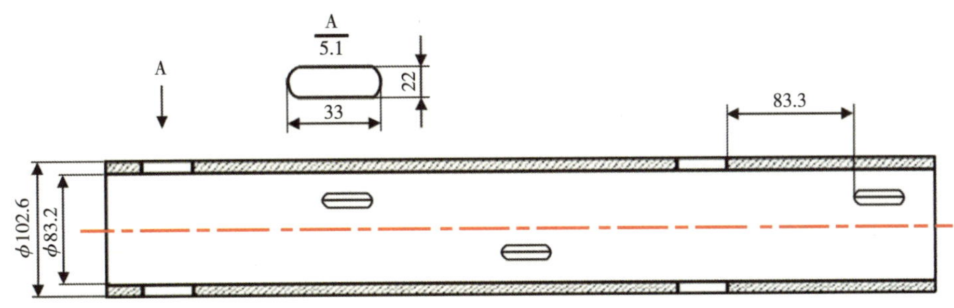

图 3-65 4in PE 筛管结构示意图

3）PE 筛管完井辅助工具研制

（1）井口注入装置。

注入管采用皮带摩擦传动，三条皮带按一定角度分布在注入管周围，每条皮带分别由一组（两个）皮带轮带动，每组皮带轮由一组（两个）支撑板支撑，支撑板由螺栓组固定，其中两组皮带轮支撑板通过角钢固定为一体，然后通过焊接的方式与框架固定。

另一组皮带轮支撑板为活动式，通过安装在框架上的丝杠机构上下移动，从而加紧或松开注入管。另外，在框架的一端设有钻杆夹持头，用以注入时固定钻杆，将钻杆与注入机构连为一体（图 3-66）。

（2）筛管导引与固定装置。

注入管引导与固定机构（图 3-67）引导杆管外径与被注入塑料管外径一致，分为两节，之间通过螺纹连接。前面的一节设有一套张开机构，后面的一节设有三套张开机构（呈 120°角均匀分布）。

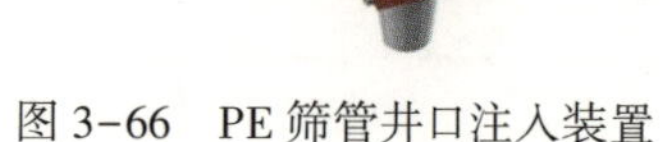

图 3-66　PE 筛管井口注入装置

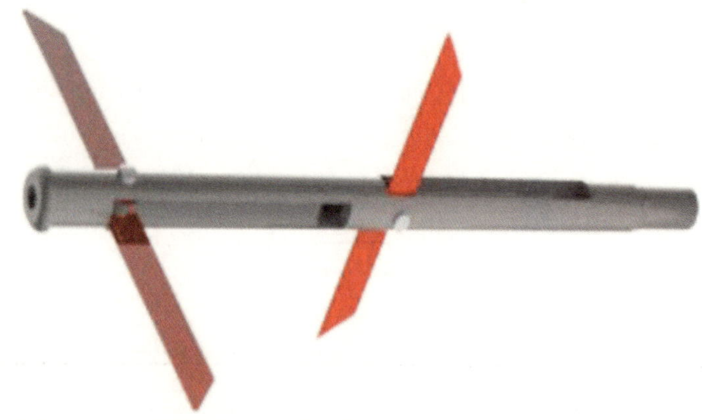

图 3-67　筛管导引与固定装置

张开机构为两片张开翅，由弹簧张开，通过销钉固定在引导杆上。张开翅前端设有倒角，便于插入地层。前面引导杆的前端设有承压抬肩，用以在钻杆和注入管之间打压时憋压，辅助注入管的下入。

4）PE 筛管完井工艺

连续注入与泵冲工艺：基于筛管连续的特性，建立了利用钻杆作为通道进行筛管连续注入，并依靠流体冲击力将筛管泵冲到井底的工艺方法（图 3-68）。

分段筛管井下自动锚定工艺：利用“卡簧液压接头”原理，通过一组弹性卡簧实现筛管在井下的自动对接，成功实现井下一整根筛管完井作业的施工要求（图 3-69）。

在 2011 年到 2015 年期间，煤层气水平井、多分支水平井钻井技术在山西煤层气开展了 63 井次的现场试验应用，包括完成多分支水平井 42 口井、“U”型井 5 口、“L”型井 15 口、复杂结构水平井 1 口。单井组煤层进尺 9408m，平均煤层钻遇率 94. 33%；塌埋等事故复杂率 19. 05%，较“十一五”期间的 32. 65%下降 13. 6%；钻井成功率 100% 。多分支水平井“十二五”平均完井周期缩短 38. 18%，“十二五”末平均完井周期 37. 66 天，最短钻井周期 23. 67 天，平均每井组节约钻井成本 150 万元以上。

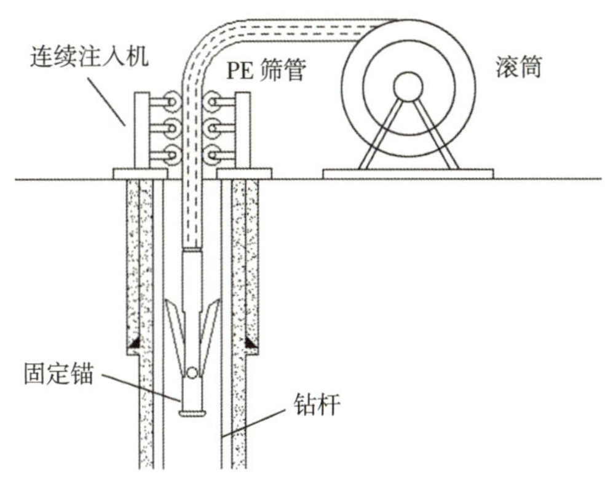

图 3-68　PE 筛管连续注入示意图

图 3-69　卡簧式对接工具

三、煤层气欠平衡钻井配套技术

国外煤层气欠平衡钻井技术起步较早，20 世纪 80 年代美国率先利用空气循环进行欠平衡钻进，黑勇士盆地和粉河盆地 90%的煤层气开发井采用气体、雾化或泡沫钻井，均获得很好的经济效益[21]。“十二五”期间，中国石油开发出煤层气钻井的专用欠平衡钻井设备和井下工具，降低了煤层气欠平衡钻井的成本，提高了开发效益。国内煤层气欠平衡钻井技术仅进行了充气钻井液欠平衡钻井尝试，泡沫、空气等技术还没有规模化应用。

1. 充气欠平衡钻井技术

1）充气欠平衡钻井流体参数设计

（1）多相流的流动模型。

在多相流体力学分析计算中，常采用简化的多相流流动模型进行处理，以便探讨其流动规律。常用的模型有均相流模型、分相流模型和漂移流动模型等。

①均相流模型。均相流模型是将多相流体视为一种均匀的混合介质，流动参数按多相介质相应参数的平均值考虑，具有计算简单、使用方便的特点，因而在工程中获得广泛应用。均相流模型不考虑各相流体的相间作用，对于分散泡流、泡沫流和高流速的雾状流具有一定精度，对于其他流型则存在较大误差。

②分相流模型。分相流是将每相流体看成都有各自的平均流速和独立的物性参数，各相间的联系是通过相界面间的相互作用关系来进行耦合的。分相流模型在研究和应用上较均相流模型复杂，但能较好地分析和处理具有分层流动特征的多相流动，如层状流、环状流等。

③漂移流动模型。漂移流动模型中，既考虑了各相之间的相互作用和相对运动，同时又考虑了相分布和流速沿流通断面的分布规律，因此能更为准确地描述多相流体的本质特征，特别是在各相流体存在较为明显的速度差的情况下。

由此可见，漂移流动模型是真正意义上的多相流动模型。

（2）多相流的基本控制方程。

①质量守恒方程。根据质量守恒定律，物体在运动过程中，其系统的质量应始终保持不变，也即系统质量随时间的变化率恒等于零，即

$$\frac{\mathrm{d}m}{\mathrm{d}t}=0 \tag{3-5}$$

此时系统属性物理量 N 为系统质量，即 $N=m$，$\zeta=1$。

将其代入高斯公式：

$$\frac{\mathrm{d}N}{\mathrm{d}t}=\sum_{k=1}^{n}\iiint_{cv}\left[\frac{\partial}{\partial t}(\zeta\rho_k E_k)+\nabla(\zeta\rho_k E_k\bar{v}_k)\right]\mathrm{d}v \tag{3-6}$$

可直接求得多相流动质量守恒方程：

$$\sum_{k=1}^{n}\iiint_{cv}\left[\frac{\partial}{\partial t}(\rho_k E_k v)+\nabla(p_k E_k\bar{v}_k)\right]\mathrm{d}v=0 \tag{3-7}$$

因为控制体 cv 是任意选定的，所以式（3-7）应在任何情况下成立。因此，方程中控制体积分的被积函数应等于0。由此可得到质量守恒相微分方程组：

$$\frac{\partial}{\partial t}(\rho_k E_k)+\nabla(\rho_k E_k\bar{v}_k)=0 \tag{3-8}$$

其中，$k=1$，2，3，…，n。

根据积分和微分求和运算规则，式（3-7）又可变成

$$\iiint_{cv}\left[\frac{\partial}{\partial t}\left(\sum_{k=1}^{n}\rho_k E_k\right)+\nabla\left(\sum_{k=1}^{n}\rho_k E_k\bar{v}_k\right)\right]\mathrm{d}v=0 \tag{3-9}$$

或者

$$\frac{\partial}{\partial t}\left(\sum_{k=1}^{n}\rho_k E_k\right)+\nabla\left(\sum_{k=1}^{n}\rho_k E_k\bar{v}_k\right)=0 \tag{3-10}$$

令 $\rho_M=\sum_{k=1}^{n}\rho_k E_k$，$\sum_{k=1}^{n}\bar{v}_k=\bar{v}_M$，则可得到多相流质量守恒方程：

$$\frac{\partial\rho_M}{\partial t}+\nabla(\rho_M\bar{v}_M)=0 \tag{3-11}$$

②动量守恒方程。根据动量定理：物体动量对时间的变化率等于其所受的合外力，即

$$\frac{\mathrm{d}}{\mathrm{d}t}(m\bar{v})=\sum\bar{F} \tag{3-12}$$

根据定义有 $N=m\bar{v}$，$\zeta=m\bar{v}/m=\bar{v}$ 代入式（3-6）可得：

$$\sum_{k=1}^{n}\iiint_{cv}\left[\frac{\partial}{\partial t}\left(\sum_{k=1}^{n}\rho_k E_k\right)+\nabla\left(\sum_{k=1}^{n}\rho_k E_k\bar{v}_k\right)\right]\mathrm{d}v-\sum\bar{F}=0 \tag{3-13}$$

式中合外力由体力（质量力）和面力组成，可表示为：

$$\sum_{k=1}^{n}\iiint_{cv}[\rho_k E_k\bar{f}+\nabla(E_k[T_k])]\,\mathrm{d}v=\sum\bar{F} \tag{3-14}$$

式中 $\bar{f}$——单位质量力；

$[T_k]$ ——二阶应力张量。

$$[T_k]=\begin{pmatrix}P_{xx} & P_{xy} & P_{xz}\\ P_{yx} & P_{yy} & P_{yz}\\ P_{zx} & P_{zy} & P_{zz}\end{pmatrix} \tag{3-15}$$

代入后可得：

$$\sum_{k=1}^{n}\iiint_{cv}\left[\frac{\partial}{\partial t}(\sum_{k=1}^{n}\rho_k E_k)+\nabla(\sum_{k=1}^{n}\rho_k E_k\bar{v}_k)-\rho_k E_k\bar{f}-\nabla(E_k[T_k])\right]dv=0 \tag{3-16}$$

同理，可得多相流动动量守恒方程组：

$$\frac{\partial}{\partial t}(\sum_{k=1}^{n}\rho_k E_k)+\nabla(\sum_{k=1}^{n}\rho_k E_k\bar{v}_k)-\rho_k E_k\bar{f}-\nabla(E_k[T_k])=0 \tag{3-17}$$

其中，$k=1$，2，3，…，n。

能量守恒方程，根据热力学第一定律，可以得到：

$$\mathrm{d}E=\mathrm{d}Q+\mathrm{d}W \tag{3-18}$$

式中 $\mathrm{d}E$——流体系统总能量增量；

$\mathrm{d}Q$——外界流入或流出流体系统的能量；

$\mathrm{d}W$——外界对流体系统所作的功。

系统的能量守恒和转换定律在式（3-18）中得到了反映。微分表达式为：

$$\frac{\mathrm{d}E}{\mathrm{d}t}=\frac{\mathrm{d}Q}{\mathrm{d}t}+\frac{\mathrm{d}W}{\mathrm{d}t} \tag{3-19}$$

令 $n=E$，$\zeta=E/m=e$ 有：

$$e=u+\frac{v^2}{2}+gz \tag{3-20}$$

式中 e——比能量；

u——比内能；

$\frac{v^2}{2}$——比动能；

gz——密度力势能。

将式（3-20）代入式（3-5）中，得到：

$$\sum_{k=1}^{n}\iiint_{cv}\left[\frac{\partial}{\partial t}(\sum_{k=1}^{n}\rho_k E_k)+\nabla(\sum_{k=1}^{n}\rho_k E_k\bar{v}_k)\right]dv=\frac{\mathrm{d}Q}{\mathrm{d}t}+\frac{\mathrm{d}W}{\mathrm{d}t} \tag{3-21}$$

式（3-21）中外力包含质量力、压力、剪应力，它们都对流体系统作功。系统中存在热传递，一般用热流矢量 $\bar{q}$ 来表示，则式（3-21）右边两项（$\frac{\mathrm{d}Q}{\mathrm{d}t}+\frac{\mathrm{d}W}{\mathrm{d}t}$）可表示为：

$$\frac{\mathrm{d}Q}{\mathrm{d}t}+\frac{\mathrm{d}W}{\mathrm{d}t}=\sum_{k=1}^{n}\iiint_{cv}\left[\rho_k E_k\bar{f}v_k+\nabla(E_k[T_k]\bar{v}_k-E_k\bar{q})\right]dv \tag{3-22}$$

由上式可以得到：

$$\sum_{k=1}^{n}\iiint_{cv}\left[\frac{\partial}{\partial t}(e_k\rho_k E_k)+\nabla(e_k\rho_k E_k\bar{v}_k)-\rho_k E_k\overline{fv}_v-\nabla(E_k[T_k]\bar{v}_k-E_k\bar{q})\right]\mathrm{d}v=0 \quad (3\text{-}23)$$

或者多相流动能量守恒方程：

$$\frac{\partial}{\partial t}(e_k\rho_k E_k)+\nabla(e_k\rho_k E_k\bar{v}_k)-\rho_k E_k\overline{fv}_k-\nabla(E_k[T_k]\bar{v}_k-E_k\bar{q})=0 \quad (3\text{-}24)$$

式（3-11）、式（3-17）和式（3-24）分别为用来描述多相流体流动热力学、动力学和运动学方面守恒规律的基本表达式。对于气相、液相和固相组成的多相流动体系来说，在上面的公式中分别取 $k=g$，l，s。

（3）模拟计算方法。

为能准确地研究井内多相流体的本质特征，拟采用漂移流动模型。既考虑各相之间的相互作用和运动，又考虑相分布和流速沿流通断面的分布规律。采用 CFX 软件进行井下气液固多相流动的模拟计算，CFX 软件是广泛应用于航天、能源、石油化工、汽车、生物技术、环保等领域的大型 CFD 软件，该软件采用有限容积法、结构或非结构网格，可计算不可压缩及可压缩流动、耦合传热问题、多相流、化学反应、气体燃烧等问题。该研究首先使用三维软件 Pro/E 建立计算域模型，然后利用 Gambit 软件完成计算域的网格划分，最后使用流体仿真软件 ANSYS-CFX11.0，完成欠平衡钻井三相流动的计算求解。

（4）漂移流动理论分析。

①环空内固相迁移速度随注气量变化。

图 3-70 给出不同注气量井筒环空内固相迁移速度随井深变化曲线图。由于水平段注气点之前是固液两相流，固相的迁移速度主要与钻井液量有关；同时可以看到，当注气量增加时，固相迁移速度有轻微的加速；在注气的作用下，固相以很高速度进入弯管段，而由于弯管的阻力作用，固相迁移速度有大幅度的衰减，随后在竖直段固相的迁移速度缓慢减小直至到达出口；同时可以明显看出，随着注气量的增加，固相的迁移速度单调增加，说明注气可以提升固相的迁移速度，有利于井筒的快速净化。

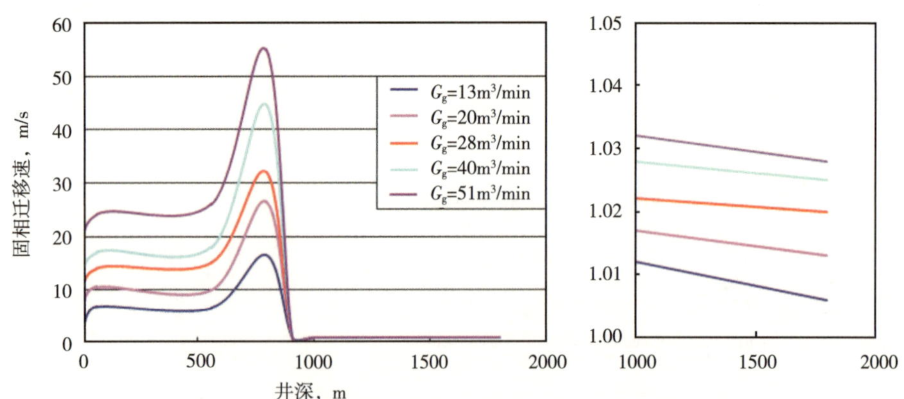

图 3-70　井筒环空内固相迁移速度随井深变化曲线图

（右侧为 1000~2000m 井段固相迁移速度放大展示图）

（钻井液排量：12L/s，钻井进度：2.4min/m）

②环空内固相迁移速度随注液量变化。

图 3-71 给出不同钻井液排量井筒环空内固相迁移速度随井深变化曲线图。由图可知，在同一注气量下，固相的迁移速度随钻井液排量增大而单调增大。固相迁移速度最大值出现在水平段与弯道连接处。注气点之前，固相迁移速度随钻井液排量变化并不明显（变化幅度很小），但是注气点之后，随着注气量的增加，固相迁移速度有明显增加，说明注气对提高井筒携岩能力有很大帮助。

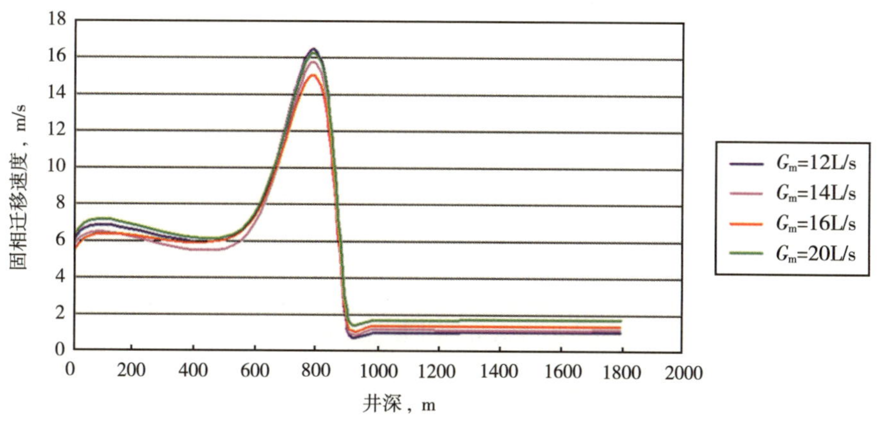

图 3-71 井筒环空内固相迁移速度随井深变化曲线图

（注气量：13m³/min；钻井进度：2.4min/m）

③固相浓度变化规律。

图 3-72 给出不同注气量固相浓度随井深变化曲线图。由图可知，在注气点之前水平井段固相平均浓度基本保持稳定，注气点之后固相平均浓度急剧下降，在弯管处缓慢上升到直井段达到稳定。

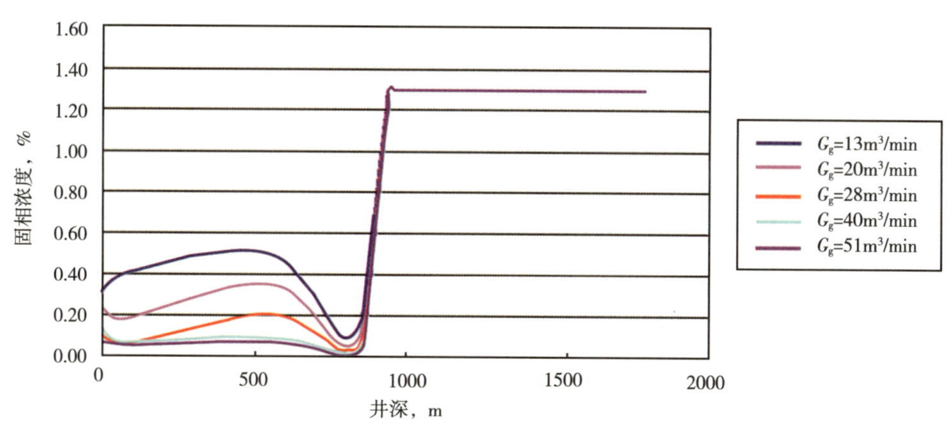

图 3-72 同心钻井模型固相浓度随井深变化曲线图

（钻井液排量：12L/s，钻井进度：2.4min/m）

④垂直井段至地面出口固相迁移速度。

为考察不同固体颗粒大小对固体迁移速度的影响，计算了不同固体颗粒粒径 d_p 到达地面出口的颗粒迁移速度。图 3-73 给出下垂直段地面出口固相迁移速度随固相颗粒粒径变化曲线图。横坐标表示固体颗粒粒径，纵坐标表示地面出口固相的迁移速度，由图可知：在同一注气量下，地面出口固相的迁移速度随固相颗粒粒径增大而减少。

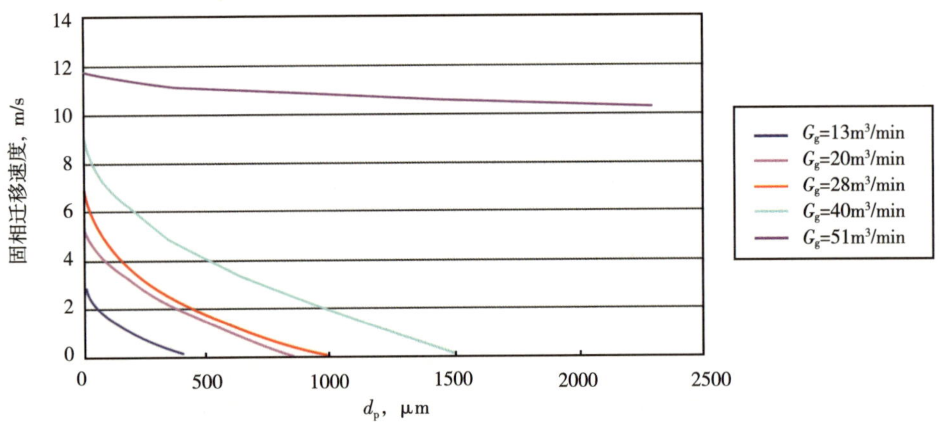

图 3-73 垂直段地面出口固相迁移速度随固相颗粒粒径变化（同心模型）
（注液量：16L/s，钻井进度：2.4min/m）

（5）充气欠平衡钻井工艺参数分析。

充气欠平衡钻井过程中钻井液压力、注气压力、钻井排量和注气量等参数对钻井效率和钻井质量的影响非常大。结合当前钻井工况模拟了这些钻井参数沿井程的分布，以及满足欠平衡钻井需要控制的参数。

①注气压力。

图 3-74 给出地面注气压力 p_g 随注气量 G_g 的变化规律，同时反映出不同钻井液量 G_m 对注气压力 p_g 的影响。由图可以看出，当钻井液量 G_m 一定，注气压力 p_g 随注气量 G_g 的增加而单调下降，注液量对注气压力影响不大。

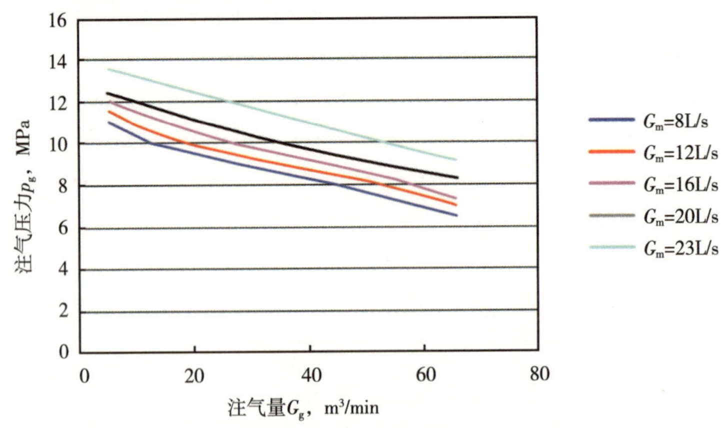

图 3-74 注气压力 p_g 与注气量 G_g 的关系

图 3-75 给出注气压力 p_g 与钻井液量 G_m 的关系，从图可以看出同一注气量 G_g 下，注气压力 p_g 随钻井液量 G_m 增加也有一定幅度单调增大。

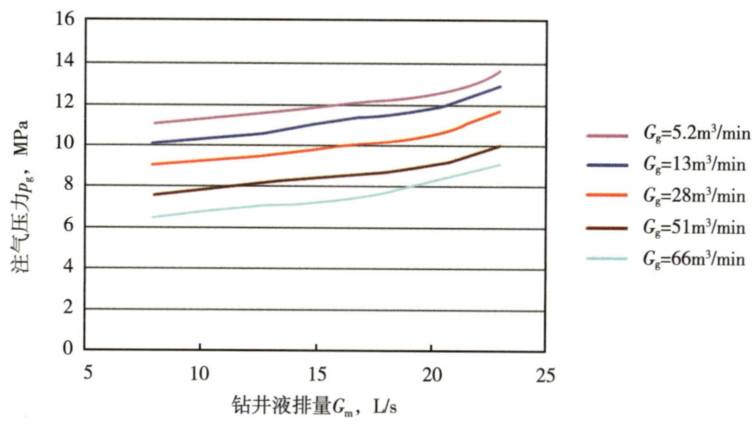

图 3-75 注气压力 p_g 与钻井液排量 G_m 的关系

②注液压力。

图 3-76 给出地面注液压力 p_m 的变化规律。在地面注气量 G_g 一定时，地面注液压力 p_m 随着钻井液排量 G_m 的增大而单调增加。在同一钻井液排量 G_m 下，注气量 G_g 增大，所需的地面注液压力 p_m 也随之减小。

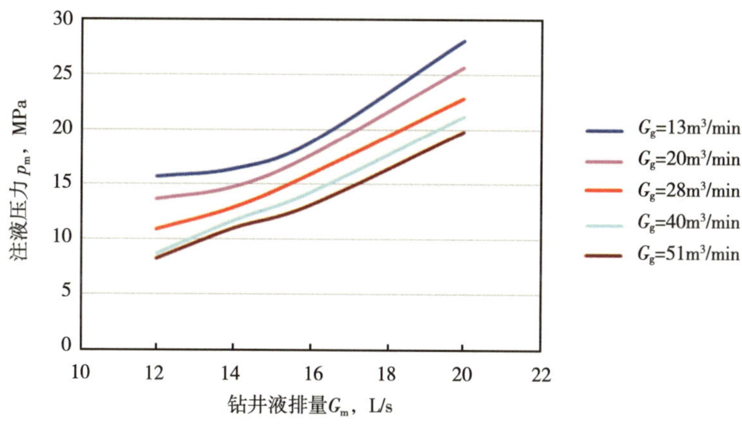

图 3-76 注液压力 p_m 与钻井液排量 G_m 的关系（进尺：2.4 min/m）

③沿井深环空压力变化规律。

为能更细致地了解环空系统中的静压分布，图 3-77 给出环空管中心位置压力沿着井深的压力分布曲线，其中横坐标起点 0 代表地面井口，终点代表井底末端。图中给出了正常地层压力 6.96MPa（地层压力系数为 1g/cm³）。由图可见，因管路存在阻力损耗，环空水平段的压力以一定的速率下降，到达洞穴井后静压值骤然下降，即注气对井下起到大幅降压作用；在环空弯道前沿静压值达到静压最低值（以下采用井底压力 p_d 定义）后平缓过渡，然后沿着环空竖直段部分继续平稳下降直到地面压力。同时可以明显看出不同注气量下井底压力值不同，注气量在 28m³/min 以上井底压力值低于正常地层压力，井底呈现负压差（$-0.78\text{MPa} \leqslant \Delta p \leqslant -0.05\text{MPa}$）。说明充气对井底起到降压作用，有利于对储层的开发与保护。

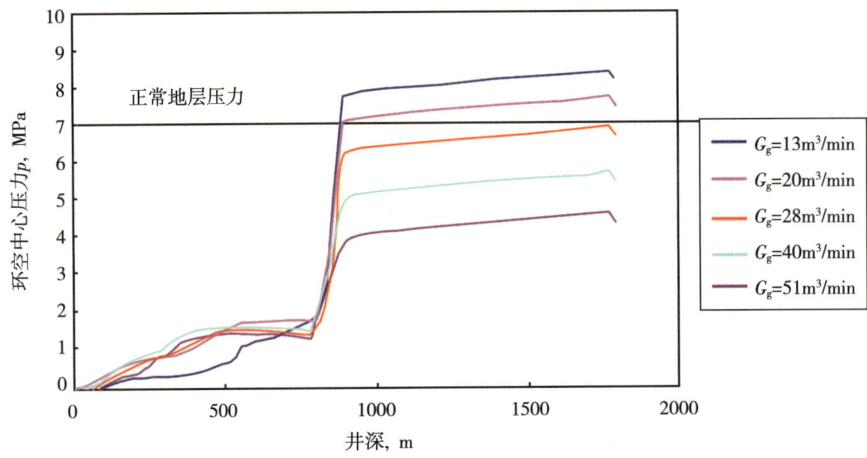

图 3-77　环空中心点压力随井深变化曲线（钻井液量：16L/s，进尺：2.4 min/m）

④注气后相浓度变化规律。

图 3-78 给出气相流体浓度随井深变化曲线图。由图可知：在注气点（井深 = 910m）之前，水平井环空区域内主要是液固两相流，气相浓度为 0；注气点之后，由于气体的注入，环空区域内的气相浓度急剧攀升，到达弯道处，因弯道的阻力作用气相浓度有明显的减少，在竖直井段基本达到稳定。同时可以明显看出，在不同注气量下，注气量越大，气相浓度越大。

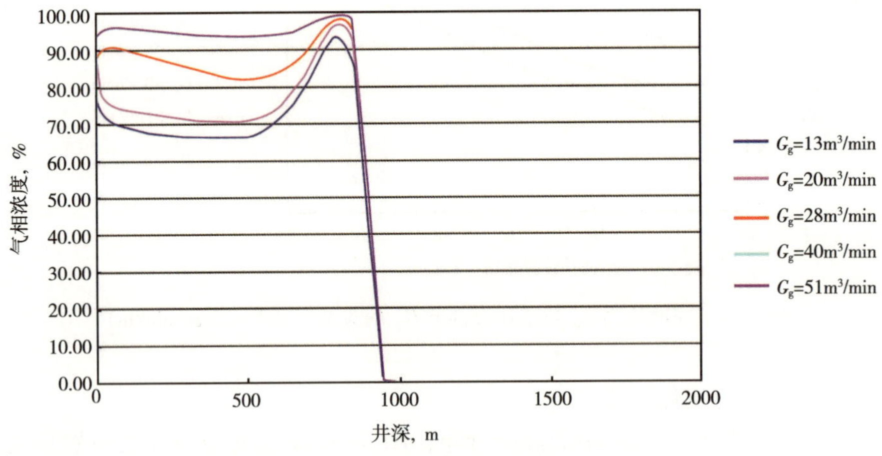

图 3-78　气相浓度随井深变化曲线

⑤井筒内多相流密度变化规律。

图 3-79 给出的是环空多相流平均密度随井深的变化曲线图。由图可知：钻井环空多相流平均密度在注气点之前基本保持不变，注气点之后，由于气体的大量注入，钻井环空多相流平均密度快速下降，弯道段有所上升直到竖直段达到稳定。同时，注气量越大，钻井环空多相流平均密度越小。

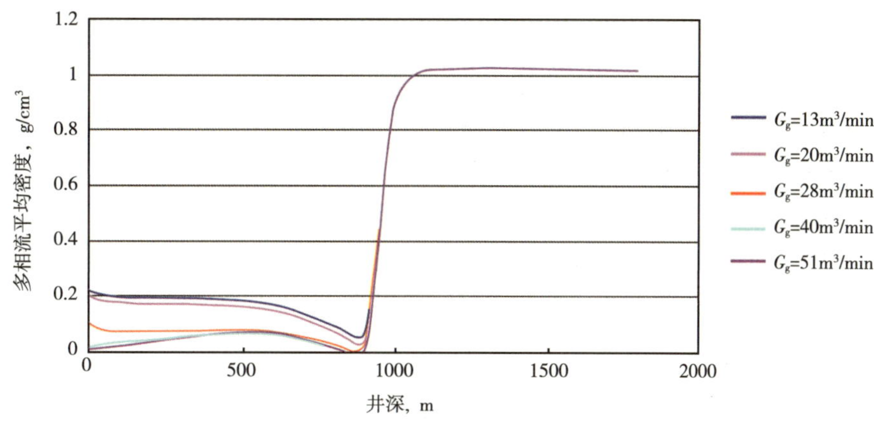

图 3-79 环空多相流平均密度随井深的变化曲线图

（钻井液量：12L/s，进尺：2.4min/m）

2）充气欠平衡施工工艺技术

煤层气为吸附气，钻井过程中不会进入井筒，故在煤层气充气钻井中可选择空气作为充入气体，钻井液为水基钻井液。出于无线随钻和后期排采考虑，注入方式多为洞穴井注入，通过压缩机和增加机，将带有一定的压力气体经过洞穴井油管进入环空，与基液混合，一起由井眼环空返到井口，经四通、节流管汇、液气分离器进行液、气分离，气体直接由燃烧管线排入大气中。分离出的含有固相的液体，经振动筛，把固相分离出去，钻井液经砂泵抽到常规固控系统进一步固控，然后重新进入井内，实现循环[30]。充气欠平衡注气设备布置连接如图 3-80 所示。

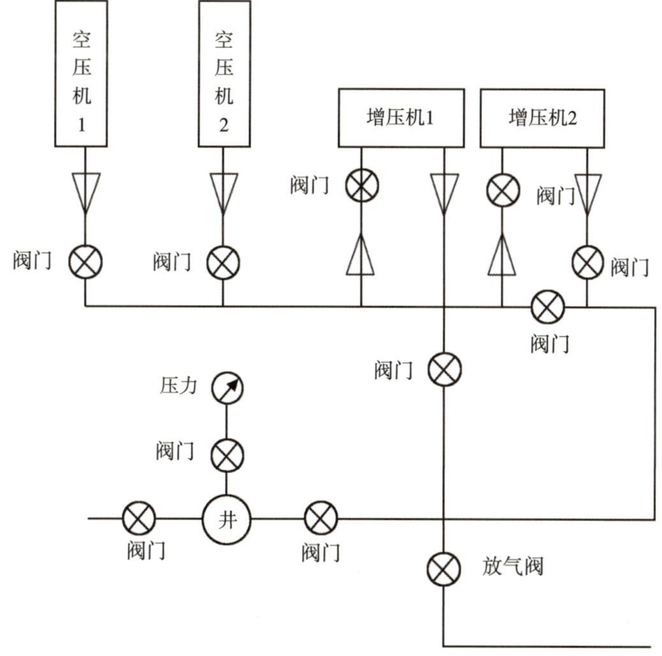

图 3-80 充气欠平衡注气设备布置连接示意图

3）充气欠平衡钻井现场应用

现场共开展了 16 口井的充气欠平衡现场试验，有效解决了钻井液漏失，提高了钻井液携岩能力，保护了储层，以其中 CLH-06H 井试验实例介绍。

（1）CLH-06H 井钻进层位：山西组 4#煤层；2012 年 12 月开钻，钻井周期：14 天，纯钻时间：199.25h，煤层进尺：4070m，机械钻速：20.4m/h。

（2）钻具组合：ϕ130.18mmPDC 钻头+旋转磁铁测距系统+ ϕ101mm 马达+ϕ101mm 浮阀+ ϕ101mmXO（SHL90×231）转换接头+ϕ101mm 定向接头+ ϕ101mm 无磁钻铤+无线随钻悬挂短节+ϕ101mm 无磁钻铤×2 根+XO（SDL90×210）+ ϕ68.58mm 钻杆×2 根+ϕ101.6mm 钻杆（外平）。

（3）欠平衡施工。

①连通后第一次建立欠平衡操作时，下钻到底后，先小排量顶通，恢复正常排量，返出正常后，再开始注气建立欠平衡操作（第一次注气或停止循环时间较长，需要建立欠平衡重新注气时，必须保证井眼畅通）。

②正常施工时操作原则：先停气，后停泵；先开气，后开泵。如果设备等原因无法循环，应及时停气防止吹空井眼。

③起钻到侧钻点位置后，先小排量顶通井眼后，再建立欠平衡操作。

（4）分支数据：CLH-06H 井共钻进 6 个分支、1 个主支（表 3-50）。见煤井深 503m，连通井深 550.2m。

表 3-50　CLH-06H 煤层钻遇统计

分支名称	侧钻井深，m	完钻井深，m	煤层进尺，m	纯钻时间，h
L1	562	1262	700	26
L2	866	1408	542	28
L3（L1）	649	1230	581	39
L4（L3）	931	1420	489	26
L5（L3）	743	1512	769	34.25
L6（L3）	818	1408	590	27
M	903	1302	399	19
合计			4070	199.25
煤层进尺 4070m，纯钻时间 199.25h，机械钻速 20.4m/h				

（5）钻井参数。

钻井液体系：清水，钻井液密度 1.01g/cm^3，钻压 2~3tf，排量 9L/s，注气压力 2.6~3.0MPa，注气量 25~27m^3/min。

（6）小结：

①直井下入管串结构：油管短节+单流阀+封隔器+油管串+油管悬挂器，封隔器下深范围：距洞穴顶 3~10m。

②正常钻进时，时刻观察注气压力、泵压、岩屑返出情况，若注气压力迅速降低，说明连通点后井段环空不畅或堵塞；若注气压力迅速上升，说明连通点前环空不畅或堵塞。

③在设备修理等原因停泵时间较长时，保证井眼畅通后方可注气；首先停泵，开始注气，注气起始时间以注气压力变化为准，兼顾水平井返液，减少压力波动；注气后，第一

股气体返出时，注意观察返砂情况，与平稳注气后的返砂情况对比判断井下工况，无异常后方可钻进。

④起下钻作业总的原则为："起钻以下放为主、下钻以上提为主"；煤层中起钻必须控制速度（1~2min/根），严格禁止在裸眼段高速起下钻。

⑤起钻井段长度接近300m时必须中途循环，循环时间不少于一循环周，视返砂情况而定，中途循环要选择合理循环点，避开易坍塌井段、掉块井段、煤层破碎带，距离侧钻点大于100m等。

2. 可循环微泡欠平衡钻井技术

1）可循环微泡钻井液体系开发与优选

（1）发泡剂优选。

开展无固相可循环泡沫钻井用发泡剂测试实验，实验步骤如下：

①用量筒量取100mL的蒸馏水，配制可循环微泡钻井流体基液。

②将配制好的基液在室温条件下静置2h。

③四种发泡剂分别加入0.05%，以2000r/min分别搅拌20min。

④将搅拌好的样品倒入红外动态扫描稳定测试仪的样品池中。

⑤设定好程序，间隔3min扫描一次，实验进行24h。

⑥实验结束后，记录总体的TSI指数及其稳定的时间（Turbiscan Stability Index，稳定性动力学指数，TSI越高越不稳定）。

⑦调整不同的转速，进行配浆转速对比实验。

针对四种不同类型发泡剂，每种发泡剂进行了一套配浆转速对比时间，实验数据如图3-81和图3-82所示。

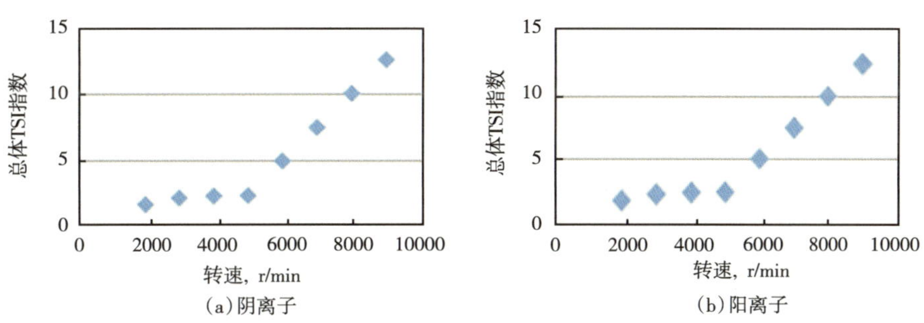

图3-81　阴、阳离子发泡剂总体TSI指数随配浆转速的变化曲线图

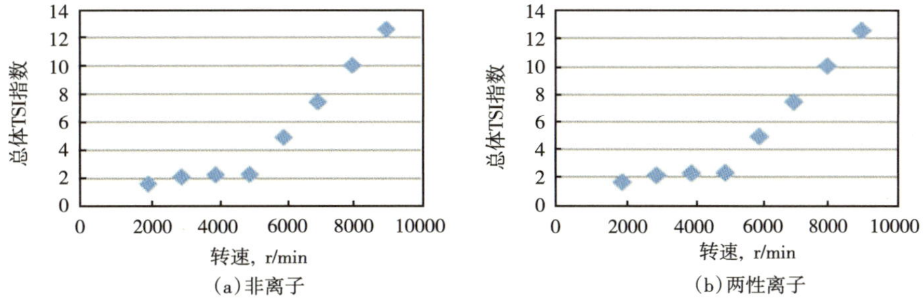

图3-82　非离子、两性离子发泡剂总体TSI指数随配浆转速的变化曲线图

分析图3-81和图3-82实验结果，结合现场配制可循环微泡钻井流体过程特点，流体配制转速为4000~5000r/min。因此，在接下来的实验中，以4500r/min配制泡沫流体。

开展无固相可循环泡沫钻井用发泡剂稳泡性评价实验，实验步骤如下：

①用量筒量取100mL的蒸馏水，配制可循环微泡钻井流体基液。

②将配制好的基液在室温条件下静置特定的时间。

③四种发泡剂分别加入0.05%，以4500r/min的配浆转速搅拌20min。

④将搅拌好的样品倒入红外动态扫描稳定测试仪的样品池中。

⑤设定好程序，间隔3min扫描一次，实验进行24h。

⑥实验结束后，记录总体的TSI指数及其稳定的时间。

⑦调整不同的泡沫流体基液静置时间，进行基液静置时间对比实验。

共进行了24组配浆转速对比时间，绘制样品总体TSI指数随基液静置时间的变化曲线，如图3-83所示。

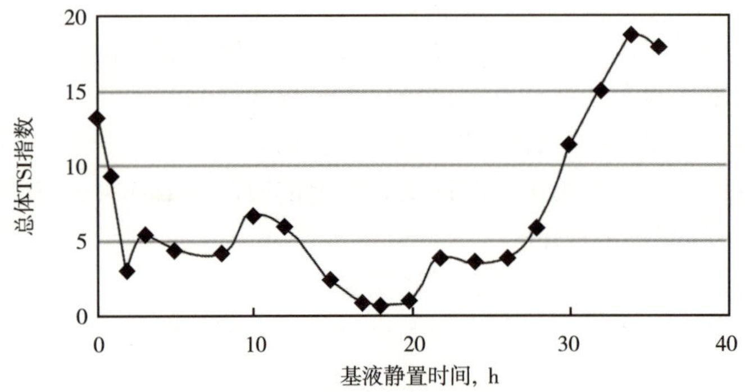

图3-83　总体TSI指数随基液静置时间的变化曲线图

由图3-83观察基液静置时间对可循环微泡泡沫稳定性影响。根据实验评价结果，评价阴离子、阳离子、非离子及两性离子四种发泡剂发泡能力及稳泡能力得到如下结论：

①配浆转速对溶液总体的TSI指数影响较大。在转速超过5000r/min时，四种发泡剂体系的稳定程度逐渐变差，这是因为转速过大，体系中的很多泡沫并不是发泡剂本身所发出的泡，而是由于搅拌机的搅动而产生的虚泡。这种虚泡是极其不稳定的。由图中可以观察到，当转速在4000~5000r/min时，样品体系的稳定性是比较好的。

②基液静置时间对溶液总体TSI指数的影响不确定性突出。不难发现，随着基液静置时间的增加，样品的总体TSI指数大致是先减小后增加，可见，样品由不稳定变为稳定，继而又呈现出不稳定的现象。但是其中也有几处细节上的变化。所以，基液静置时间与溶液总体TSI指数的变化规律难以用一个特定的数学函数来表征。

③仔细观察17~20h处的TSI指数，可以看出，处于这个时间阶段的TSI指数明显是比较小的，也就是说，样品的整体是比较稳定的。所以，在配制泡沫流体时，建议先将泡沫流体的基液静置17~20h再加入发泡剂进行配制。这个发现对于泡沫流体行业来说有着重要的指导意义。

（2）稳泡剂优选。

实验评价阴离子、阳离子、非离子、两性离子等四种无固相可循环泡沫钻井用稳泡剂稳泡能力和半衰期测试，具体实验步骤如下：

①配制可循环微泡钻井流体用基液。

②分别选择阴离子、阳离子、非离子及两性离子四种稳泡剂，从 0.02%逐渐加入至 0.5%，测量流体密度变化。

③当流体密度变化幅度超过 5%，认为此时稳定时间为泡沫半衰期。

加入四种类型稳泡剂后，测定体系密度和稳定时间。密度和稳定时间随着密度稳定剂加量的变化规律，如图 3-84 所示。

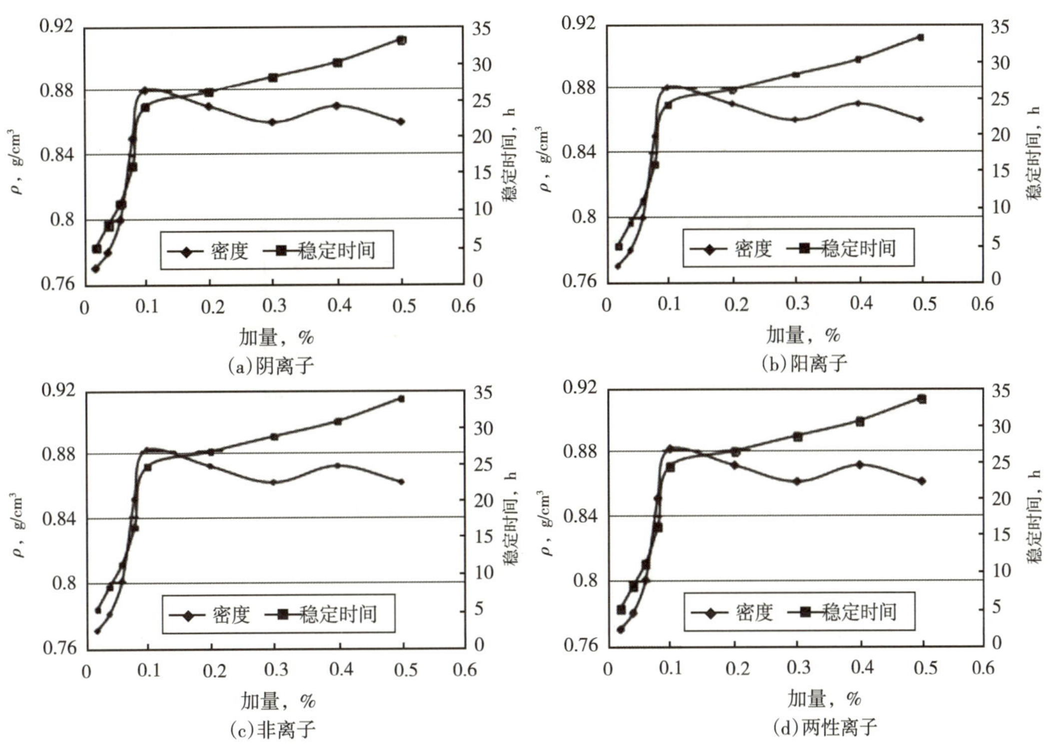

(a)阴离子　(b)阳离子

(c)非离子　(d)两性离子

图 3-84 不同离子加量下流体密度及半衰期变化图

对比四种稳泡剂发泡能力及半衰周期。从实验数据中可以看出，密度稳定剂对微泡体系的密度影响是先升高、后稳定的过程，也即稳定剂对微泡先压缩，达到压缩极限后，作用强度变弱。根据现场用可循环微泡钻井流体稳泡能力来分析，无论是稳泡能力还是稳泡周期长度，使用非离子稳泡剂效果较好。

（3）流型调节剂优选。

室内开展阴离子、阳离子、非离子、两性离子无固相可循环泡沫钻井用流型调节剂流变性测试。

①利用可循环微泡钻井流体基液，分别加入适量的阴离子、阳离子、非离子及两性离子四种流型调节剂。

②向四种胶液中加入 0%~15%的 NaCl，并测定不同浓度下流体流变性。

③收集实验数据，计算不同浓度 NaCl 含量条件下流体流变性参数。

对四种类型可循环泡沫钻井流体流型调节剂抗盐能力评价实验数据进行计算，得到对应流变性评价实验结果。为了更清楚地研究四种流型调节剂抗盐能力，制作不同 NaCl 加量下，流体流变性参数变化规律，如图 3-85 所示。

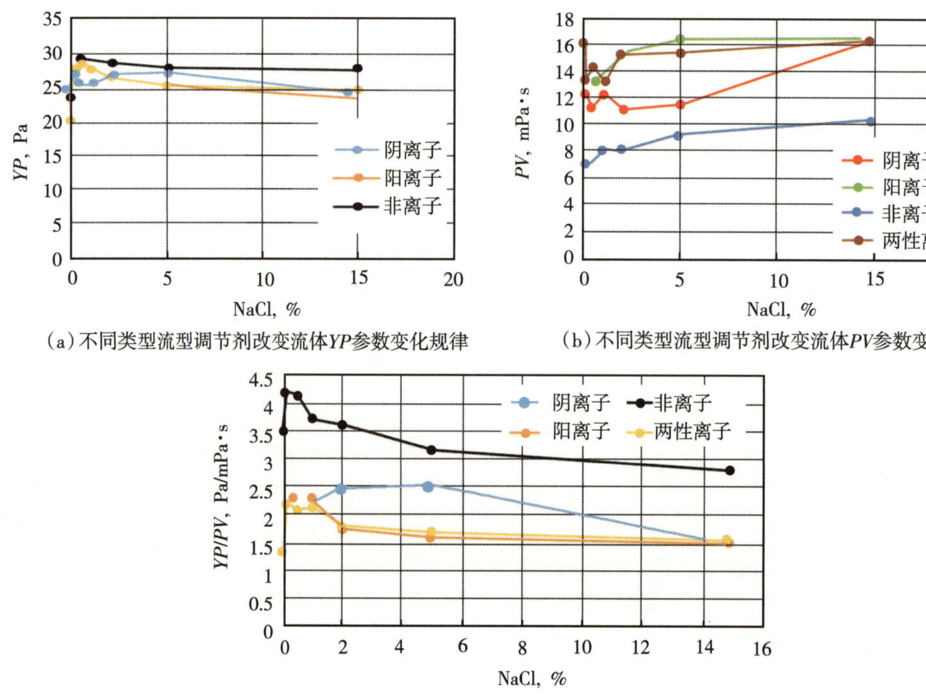

(a) 不同类型流型调节剂改变流体YP参数变化规律

(b) 不同类型流型调节剂改变流体PV参数变化规律

(c) 不同类型流型调节剂改变流体YP/PV参数变化规律

图 3-85　四种流型调节剂抗盐能力动切力变化规律

四种处理剂塑性黏度变化总体上讲有增大的趋势，但是规律性较差。四种流型调节剂的动切力在盐的加量为 1%以内急剧增大，但随着盐加量逐渐增加，很快下降或趋于稳定。得到结论：

①四种流型调节剂都具有较强的抗盐能力，它们各自的溶液塑性黏度随盐的增加而增加，但不是直线增加，基本上呈现先减小后增加的规律；动切力随盐的增加而降低，也不是直线降低，大体上呈现先增加后降低的规律；动塑比随盐的增加而降低，降低不是线性的，也是呈现先增加后降低的规律。

②通过实验研究，认为阴离子和非离子可以作为微泡钻井液的优选对象。

2）微泡钻井液施工工艺

（1）微泡钻井液配制、维护工艺。

①按照配方配制所需性能钻井液。

配制方法一：在钻井液罐中加入所需连续相，使用加料漏斗按配方顺序依次缓慢加入各种处理剂，加料完毕后，继续开动加料漏斗使钻井液在钻井液罐与加料漏斗间循环 2h 至处理剂完全溶解，或将钻井液打入井内进行循环。测量钻井液性能，若不能满足现场施工要求，加入合适处理剂进行调整。

配制方法二：若在加料漏斗中加料困难或现场无加料漏斗，使用钻井液泵作为循环动力源，通过钻井液泵使钻井液罐中液体进行循环。循环同时，在钻井液罐液面剪切较充分处按配方依次缓慢加入各种处理剂，加料完毕后，继续开动钻井液泵使钻井液在钻井液罐与钻井液泵间循环 2h 至处理剂完全溶解，或将钻井液打入井内进行循环。测量钻井液性能，若不能满足现场施工要求，加入合适处理剂进行调整。

②配制完成后，使用钻井泵将钻井液打入井内，循环 3 周以上使体系与地层充分接触，直到体系密度稳定。

③钻井期间以维持密度为主要测定性能参数，及时补充胶液，正常时用配制的胶液维护。

根据现场施工要求，配制微泡钻井液并进行维护。维护处理的工艺技术必须根据现场施工的具体情况进行，按照下列方法进行维护：

①配制固体处理剂胶液。若需调整性能时，根据情况加入胶液，防止钻井液性能有较大波动。

②严格控制钻井液中固相含量，要求现场配备完整的四级固控设备，特别是在钻进复杂的水平井和多分支井时。若有害固相进入钻井液，可通过固控设备及时予以清除，控制钻井液密度。

③若钻井液在井下停留时间较长，应在钻井液中加入适量缓蚀剂，最大程度减轻钻井液对套管和井下工具的腐蚀。

④严格控制钻井液 pH 值。pH 值达不到要求，应加入 Na_2CO_3 或 NaOH 调节。

⑤加强井下监测和钻井液池面的观察等各项井控工作。按设计储备足够有效高密度钻井液和加重材料。

⑥作业完成，可根据要求加入破胶剂，加速破胶返排投产。

⑦微泡钻井液可循环使用。当完井后，钻井液所含处理剂均无毒性。可根据无毒钻井液处理措施采取适宜的处理办法。

⑧实时监测钻井液性能，若发生变化，应根据现场情况进行调整。

（2）微泡钻井液气侵控制工艺技术。

气侵为地层内气体侵入钻井液，这些气体包括甲烷、二氧化碳、硫化氢等。现场施工必须根据具体的气侵类型进行处理[23,24]。

①甲烷。甲烷侵入钻井液，如果侵入量较大，地面需增添钻井液除气设备。除气后的钻井液进入钻井液罐，搅拌后可重新自然造泡形成微泡，不会对钻井液性能产生影响。

②二氧化碳。二氧化碳为弱酸性气体，当地层产气中出现二氧化碳时，可通过在钻井液中加入氢氧化钠，除去该气体。

③硫化氢。硫化氢为有毒气体，因此应重点防范。钻井液应详细收集地质资料，若预测钻进层位含有硫化氢，应在钻井液中提前加入碱式碳酸锌，以除去地层内侵入钻井液中的硫化氢气体。

在采取上述措施同时，若地层内出气量大，应加入成膜剂适当调高钻井液密度，增加液柱压力，减少或阻止气体的继续侵入。

（3）微泡钻井液加重能力研究。

煤层气井虽多为低压井，但钻井时仍可遇到高压水层出现涌水现象，为防止井涌等情况发生，研究了微泡钻井液的加重能力。

微泡钻井液可用多种加重材料加重，且加重能力强，使用常规加重材料均可加重到

1.2g/cm^3 以上的密度。但是所用的材料不同，加重耗费的材料数量不同，而且加重后的钻井液的性能明显不同。

甲酸钠为无固相加重，钻井液的流变性较好，但是所耗费的材料达到了70%；重晶石加重较为常见，耗费材料只有30%，而且在加重到1.2g/cm^3 的密度时，流变性变化不是很大，在钻井液系要求为低固相是可以接受的。而碳酸钙只能作为保护储层的加重后暂堵材料。

3）微泡欠平衡钻井现场应用

煤层气可循环微泡沫钻井液作业区起于山西柳林，后在山西乡宁、山西长治、山西蒲县、山西吉县、山西沁水、内蒙古包头、陕西彬县等八个煤层气田，“十二五”期间29口井的现场试验表明，微泡钻井液不仅具有较好的漏失封堵效果、有效提高机械钻速，还具有较好的储层保护效果。

（1）CLY-22井应用。

该井是一口煤层气生产直井，一开空气钻进，二开空气与煤层气可循环微泡沫钻井液处理剂配合钻进，三开可循环微泡沫钻井液钻进。将空气与煤层气可循环微泡沫钻井液处理剂相结合应用于钻井作业，是煤层气可循环微泡沫钻井液处理剂一种新型的作业方式。

现场应用表明：

①空气泡沫钻进，钻进过程顺利，无复杂情况发生，破岩效率高，能够有效提高机械钻速至200m/d。

②空气钻在柳林地区的最大进尺是600m，煤层气可循环微泡沫钻井液处理剂空气钻进，提高了携岩能力，将空气钻的最大进尺增加了71.6m，创造当时新纪录。

③空气泡沫钻进避免了使用水基钻井液可能造成的漏失，减少了钻井液向储层渗漏的机会，有效控制储层伤害。

该井最大井斜角2.77°，最大全角变化率0.51°/25m，井底水平位移18.62m。全井平均扩大率4.68%，煤层平均井径扩大率23.33%。符合煤层气钻井井身质量评级标准中全井平均井径扩大率小于20%、煤层井径扩大率小于30%的优良标准。

CLY-22井全井平均机械钻速为11.04m/h，钻机月速1800m，历时11.87天，比设计周期缩短了7.98天，降低了成本。同时，煤层气可循环微泡沫钻井液钻进中无复杂事故发生，取得了较好的工程效果。

（2）CLY-31井应用。

该井是一口煤层气生产试验井，一开采用膨润土钻井液，二开前段采用清水钻井液钻至山西组、太原组煤段时发生轻微漏失，后段改用可循环微泡沫钻井液，顺利完钻。该井最大井斜角2.03°，最大全角变化率0.35°/25m，井底水平位移18.92m；全井平均井径扩大率15.79%，煤层平均井径扩大率4.72%。符合煤层气钻井井身质量评级标准中全井平均井径扩大率小于20%、煤层井径扩大率小于30%的优良标准。

CLY-31井钻井机械钻速为2.22m/h，钻井月速为860.22m/台月。同时可循环微泡沫钻井液克服了清水钻井液漏失状况，取得了较好的工程效果。

（3）可循环微泡沫完钻井产气效果。

①微泡完钻井见气时间较早。

柳林CLY-34井见气时间62天，较邻井CLY-36井59天晚3天；CLY-37井见气时间 287 天，较邻井 CLY-38 井早 6 天；CLH-04V 井见气时间 14 天，较邻井 CLH-03V 井 7 天晚 7 天；大佛寺 DFS-02 井见气时间 7 天，较邻井 DFS-01 井 14 天早 7 天。柳林、大佛寺地区地层压力低，排水期较短，微泡完钻井与邻井见气时间基本一致。

大宁—吉县吉 U2 井见气时间 1018 天，较邻井吉 U1 井 550 天晚 468 天。这是由于吉 U2 井所处构造部位含水率较高，排水期较长所致。

延川南 5 口微泡完钻井见气时间在 160~380 天之间，3 口邻井见气时间在 200~350 天之间，2 口邻井排采 212 天、347 天均未产气。其中，延 3-U1 井见气时间最早 160d，比邻井最早见气井延 6-4-28U 井 200 天早 40 天。整体来看，延川南区微泡完钻井见气时间较早。

马必 MBS26-11 井见气时间 189 天，较邻井 MBS26-10 井 360 天早 171 天；郑庄沁 12-11-3V 井见气时间 148 天，较邻井沁 12-11-62 井 463 天早 315 天；樊庄樊试 U1 井见气时间 155 天，樊试 U2 井见气时间为 102 天，由于邻井投产时间未知，不能准确确定产气时间，但邻井在统计时间内排采 661 天产气。马必、郑庄、樊庄区块微泡完钻井见气时间较早。如图 3-86 所示。

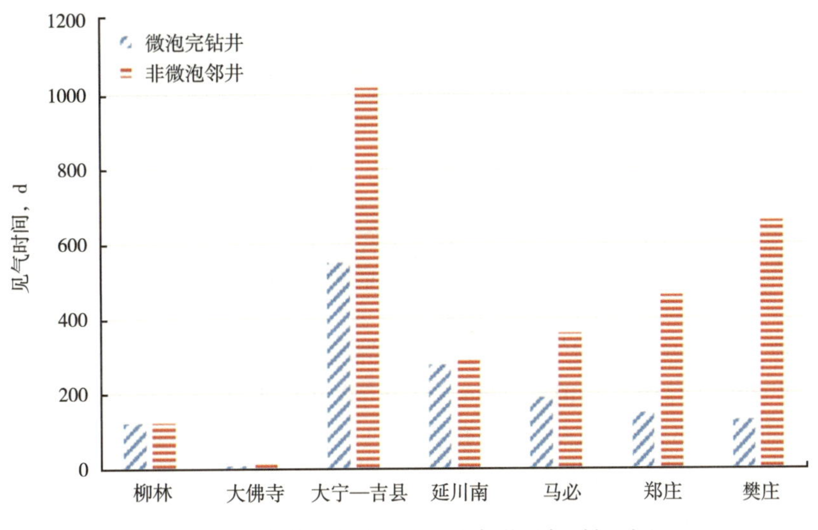

图 3-86 微泡完钻井与非微泡邻井见气时间对比

从图 3-86 可以看出，各区块微泡完钻井见气时间均比非微泡邻井早。整体微泡完钻井产气时间在 7~380d，平均产气时间 210.11d；非微泡邻井见气时间在 14~463d，平均见气时间 282.17d。微泡完钻井平均见气时间比非微泡邻井早 72.06d。

②微泡完钻井产气峰值较高。

柳林 CLY-34 井产气峰值 4354m^3，是邻井 CLY-36 井 1040m^3 的 4.19 倍；CLY-37 井产气峰值 759m^3，是邻井 CLY-38 井 1507m^3 的 50%；CLH-04V 井产气峰值 16800m^3，是邻井 CLH-03V 井 9744m^3 的 1.72 倍；大佛寺 DFS-02 产气峰值 16582m^3，是邻井 DFS-01 井 1796m^3 的 9.37 倍。柳林、大佛寺地区微泡完钻井产气峰值较高。

大宁—吉县吉 U2 井见气 98d，尚处于产量上升期。2015 年 3 月 17 日，吉 U2 井日产气 3231m^3/d，是邻井吉 U1 井产气峰值 4508m^3 的 71%。延川南延 3-U1 井产气峰值

2577m³，延 1-U1 井产气峰值 656m³。延 1-52-38U 井达到日产气量 2662m³/d，延 3-V1 井日产气量 3076m³/d，延 5-V1 井日产气量 3309m³/d。相信继续排采，大宁-吉县、延川南微泡完钻井产气峰值将进一步提高。

马必 MBS26-11 井产气峰值 768m³，是邻井 MBS26-10 井 707m³ 的 1.09 倍；郑庄沁 12-11-3V 井产气峰值 500m³，是邻井沁 12-11-62 井 235m³ 的 2.2 倍；樊庄樊试 U2 井产气峰值 2415m³，是邻井 ZP05-1 井 488m³ 的 4.94 倍。马必、郑庄以及樊庄区块微泡完钻井产气峰值较高。如图 3-87 所示。

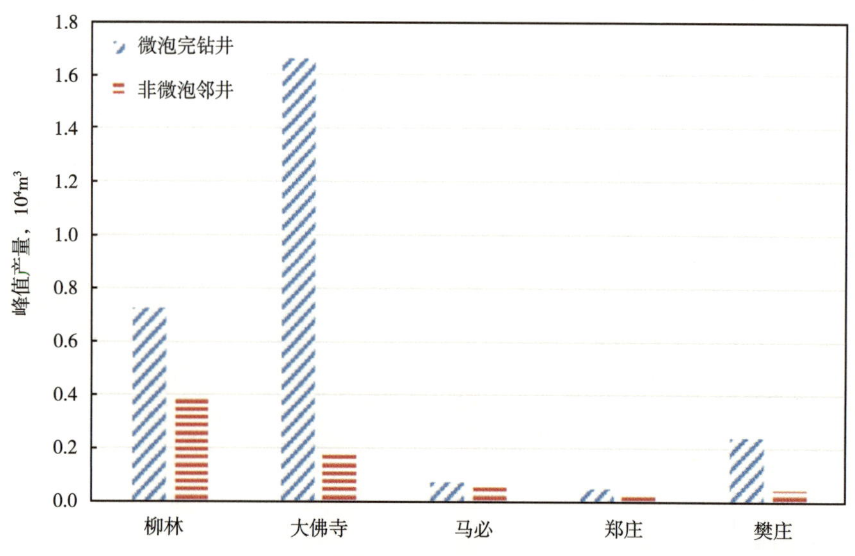

图 3-87 煤层气微泡完钻井与非微泡邻井产气峰值对比

从图 3-87 可以看出，煤层气微泡完钻井产气峰值在 500～16582m³ 之间，平均产气峰值 5499m³；非微泡邻井产气峰值在 235～9744m³ 之间，平均产气峰值 1429m³；微泡完钻井产气峰值是非微泡邻井的 1.09～9.37 倍，平均 3.84 倍。

③微泡完钻井累计产气量较大。

柳林 CLY-34 井累计产气 32.29×10⁴m³，是邻井 CLY-36 井的 14.45×10⁴m³ 的 2.23 倍；CLY-37 井累计产气 12.26×10⁴m³，是邻井 CLY-38 井的 18.69×10⁴m³ 的 66%；CLH-04V 井累计产气 568.28×10⁴m³，是邻井 CLH-03V 井的 165.34×10⁴m³ 的 3.44 倍；大佛寺 DFS-02 累计产气为 503.51×10⁴m³，是邻井 DFS-01 井的 41.16×10⁴m³ 的 12.23 倍。柳林、大佛寺微泡完钻井累产气量较大。

大宁—吉县吉 U2 井还处于产量上升期，截止到 2015 年 3 月 17 日累计产气 39.66×10⁴m³，是邻井吉 U1 井的 155.7×10⁴m³ 的 25%；延川南 5 口井组累计产气 321.47×10⁴m³。大宁—吉县、延川南微泡完钻井累产气量将进一步增大。

马必 MBS26-11 井累计产气 3.05×10⁴m³，是邻井 MBS26-10 井的 12.62×10⁴m³ 的 24%；郑庄沁 12-11-3V 井累计产气 1.61×10⁴m³，是邻井沁 12-11-62 井的 2.49×104m³ 的 65%。马必、郑庄微泡完钻井累产气量较低。

樊庄樊试 U2 井累计产气为 35.98×10⁴m³，是邻井 ZP05-1 井 13.74×10⁴m³ 的 2.67 倍，樊庄区块微泡完钻井累产气量较大。如图 3-88 所示。

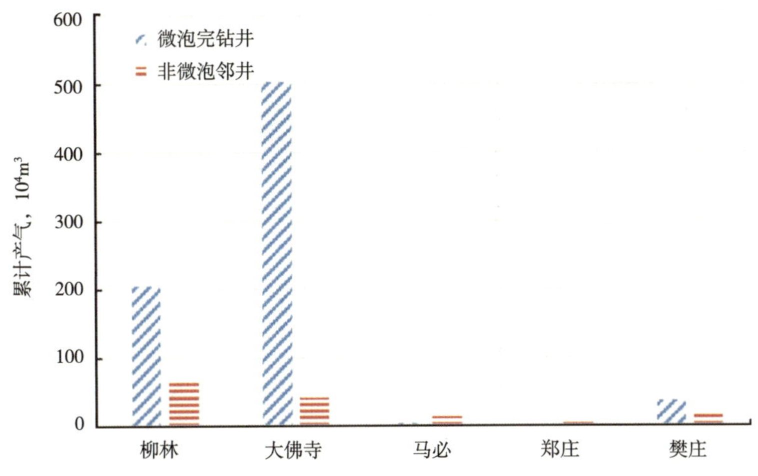

图 3-88　煤层气微泡完钻井与非微泡邻井累计产气对比

从图 3-88 可以看出，煤层气微泡完钻井累计产气在（1.61~503.51）$\times10^4m^3$，平均累计产气 149.68$\times10^4m^3$；非微泡邻井累计产气在（2.49~66.16）$\times10^4m^3$，平均累计产气在 27.18$\times10^4m^3$；煤层气微泡完钻井累计产气是非微泡邻井的 0.24~12.23 倍，平均为 5.51 倍。

因此，由于煤层气微泡完钻井所处构造部位、排采方式等因素影响下，煤层气微泡完钻井产量有高有低。但是，与非微泡邻井相比，煤层气微泡完钻井产气效果明显较好。7 个区块不同井型的煤层气微泡完钻井产气效果均较好，说明煤层气可循环微泡沫钻井液在不同地区不同井型应用储层保护效果均较好[25,26]。

四、煤层气钻井专用工具与装备

煤层气的低成本高效开发需要自主研发的工具、仪器和设备支撑，以降低水平井施工成本，提高煤层气开采效益。“十二五”期间，针对煤层气钻井作业所涉及的特殊工具和装备进行了技术攻关和推广应用，主要包括小尺寸 EM-MWD、DRMTS 煤层气水平井远距离穿针工具、低成本旋转控制头等。

1. DRMTS 煤层气水平井远距离穿针工具

1）工具的作用和必要性

我国煤层气藏普遍具有低压、低渗透、低含水的储层特性，从提高采收率和经济效益方面考虑，煤层气水平井、多分支水平井是最佳开发模式。基于以上煤层气开发的特殊性和排采方式等，煤层气水平井通常需额外打一口直井，并将该井与水平井连通（图 3-89），以便于下入螺杆泵、有杆泵等排水采气。远距离穿针技术及装备是实现远距离精确连通两口井的关键技术之一，也是煤层气多分支/“U”型井钻井的必须技术。

目前常规的钻井井眼轨迹控制技术主要采用无线随钻测斜仪（MWD）对钻头进行井下定位和控制，但煤层气水平井钻井工艺要求实现水平井和直井连通，因此对井眼轨迹测量与控制提出了更高的要求。传统的 MWD 测量技术主要有以下几点不足：（1）MWD 测量传感器位于钻头后部 6~10m，实时测量参数远远滞后于钻头位置；（2）MWD 测量误差偏大，在 50m 的钻井进尺中，误差椭圆半径可达到 3m 以上；（3）由于洞穴直井采用多点

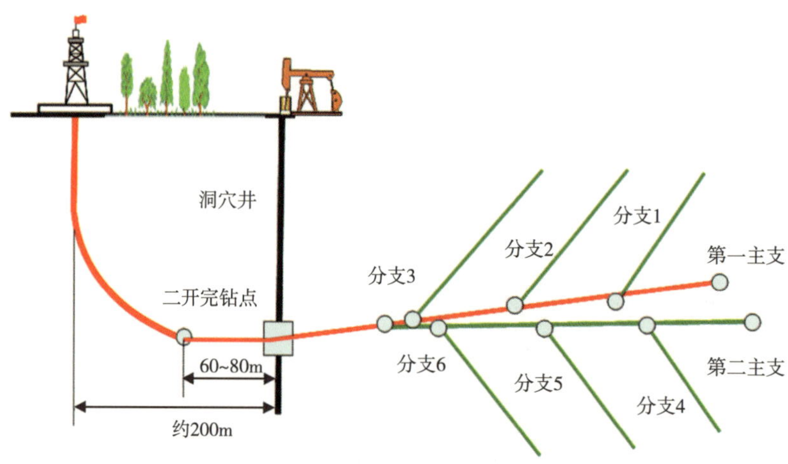

图 3-89 煤层气水平井开采示意图

测斜仪进行标定，洞穴位置存在不确定性，通常靶点误差范围在 1m 以上。由于直井洞穴处的靶区为 0.5m×（4~8）m 的窄矩形框，MWD 测量方式远不能满足煤层气水平井的轨迹测控要求。

旋转磁场测距系统（Rotating Magnetic Ranging System）主要由磁性短节、探管（包括磁阵列传感器和测量电路短节）、地面工控系统以及计算软件等组成，如图 3-90 所示。磁性短节安放在钻头末端，包含几个与钻柱轴线垂直或平行的永久磁体。磁阵列传感器由三轴重力加速度计、可测量直流磁场和交流磁场的磁力计所组成。将其下放至直井洞穴处。当钻头和磁短节开始旋转钻进时，传感器记录由磁体的旋转产生的随时间变化的磁场，测量数据通过电缆传到地面，系统软件对数据进行处理，进而对两井之间的相对距离和方位进行确定。

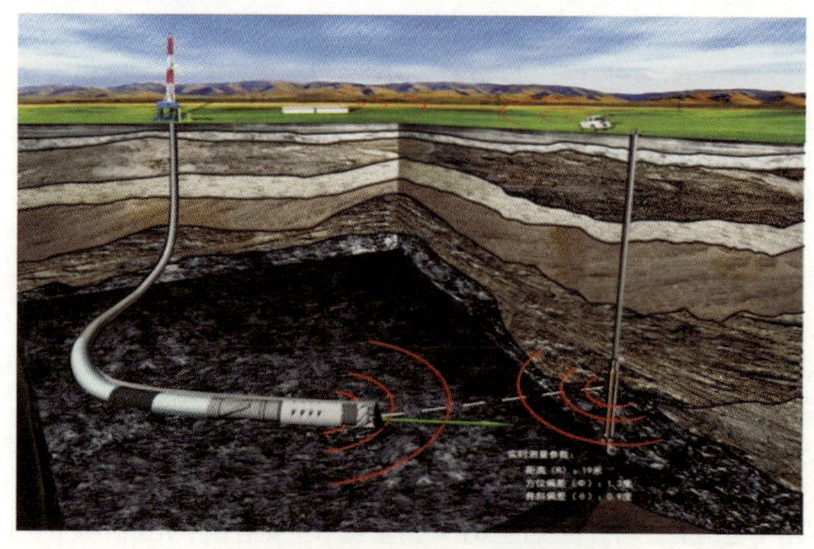

图 3-90 远距离穿针系统结构原理图

2）设计结构和技术指标

煤层气水平井远距离穿针工具主要由磁性短节、磁阵列传感器、测量电路短节、地面供电电源和工控机等组成，如图3-91所示。磁性短节本体由无磁材料加工制成，并在短节上镶嵌一些强磁圆柱体，其主要作用是在钻柱旋转时形成一个“旋转磁场”，频率与钻柱旋转频率相同，为2~5Hz。探管主要用来探测旋转磁场信号（Hx、Hy、Hz），并将测量的信号采集、放大，通过电缆传输到洞穴井井口。最后通过建立的磁场测量模型计算钻头与洞穴的距离和方向偏差。DRMTS-Ⅲ型远距离穿针工具设计探测范围110m，系统方位测量误差小于0.4°，距离测量误差小于5%，可实现1~5m以内的近距离测量功能，信号不饱和、不失真（表3-51）。

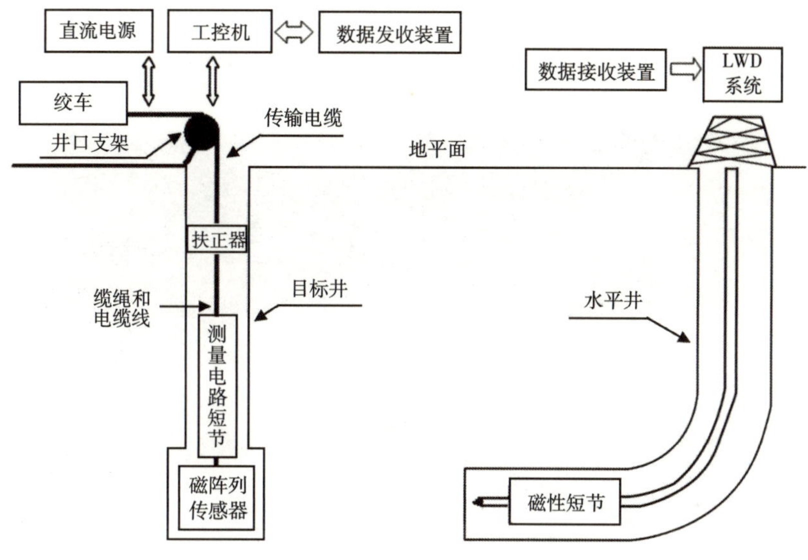

图3-91 远距离穿针工具结构示意图

表3-51 DRMTS远距离穿针装备性能指标

参数	DRMTS-Ⅰ	DRMTS-Ⅲ
磁场测量	0.2nT	0.05nT
探测范围	50m	110m
规格系列	4¾in	4¾in、3½in、4½in
应用领域	煤层气对接井	煤层气、稠油SAGD水平井、地热井

（1）磁性短节。

磁性短节由无磁钢制短节和若干永磁体所组成。圆柱状永磁体同向镶嵌，构成了一个组合磁源，如图3-92所示。施工过程中，磁性短节安装在钻头后面，磁性短节中心点到钻头中心点的距离不超过0.5m。只要计算出磁性短节的位置，就可以获得钻头的准确位置。

目前性能较好、使用较广泛的永磁体是铷铁硼永磁体。从产品的使用性能、体积限制以及成本等方面综合考虑，选择型号为N45的铷铁硼永磁体。根据实际煤层井下无磁钻铤钢的

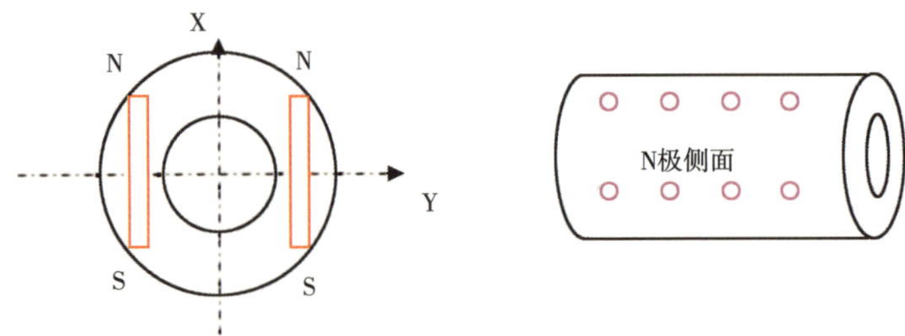

图 3-92　磁性短节示意图

尺寸限制，设计磁性短节，加工成品如图 3-93 所示。该磁性短节可插入 18 节 ϕ30×44mm 永磁体。通过估算，18 节该尺寸的 N45 型铷铁硼永磁体经过最大负荷充磁后，在 50m 外产生磁感应强度为 0.6nT，可以被磁传感器识别，满足工程需要。

图 3-93　磁性短节

（2）DRMTS 磁测量探管。

磁通门传感器利用电磁感应原理来实现对磁场的检测，将地磁信号转换为电信号。任意偶次谐波可作为被测磁场的量度，由于二次谐波幅值最大，故通常选取其二次谐波电压量度为被测磁场。三端式磁通门传感器的主要特点是测量、反馈、激励三组线圈共用为一组线圈。跑道型骨架两边的线圈匝数、阻值、电感量、分布电容相等，两边的干扰（包括基波分量）可以抵消，从而提高磁传感器的灵敏度，降低噪声。磁通门传感器采用三端式磁通门结构设计，其激励为 5kHz 的方波。由于激励绕组和测量绕组为同一线圈，因此必须使用隔离变压器。隔离变压器采用推挽输出方式，次级中心端接地，磁通门传感器输出的变压器效应相互抵消，故外界磁场产生的磁通门效应增加，其输出为随环境磁场而变化的偶次谐波增量。磁通门信号处理电路包括选频放大器、相敏检波电路、积分环节、反馈环节等组成。磁通门检测到的环境磁场强度经以上几个环节后，输出一个与环境磁场成比例的直流电压信号。

三分量磁传感器是采用三个单分量磁传感器封装在正交传感器骨架内，三个磁传感器相互正交、相互独立，其激励方式与单分量磁传感器相同。传感器共有三组输出，红、黄、蓝分别为南北、东西、地轴方向的磁传感器的输出端，另外两线为激励电压，结构如图 3-94 所示。

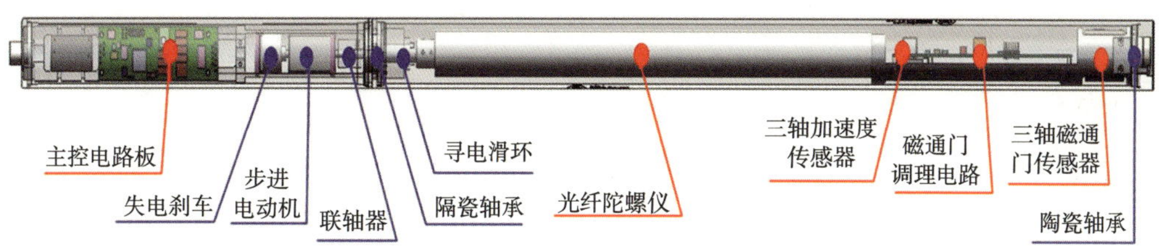

图 3-94 DRMTS 磁测量探管

3）现场应用情况及效果评价

煤层气水平井远距离穿针工具是国内自主研制的首套煤层气水平井和洞穴直井连通工具，在 DRMTS-Ⅰ和 DRMTS-Ⅱ型穿针装备的基础上，完成 DRMTS-Ⅲ远距离穿针装备的研制。在距离 110~1m 范围可进行精确定位导向作业，具有点对点精确定位导向能力，可完成煤层气水平井与排采直井玻璃钢套管连通作业。截至 2016 年 12 月底，远距离穿针工具全年在华北油田沁水盆地郑庄区块、陕西彬县区块等累计完成了 55 井次连通作业，一次连通成功率 100%。

（1）彬县 DSFC-03 井应用。

MTS-I 型远距离穿针工具在位于鄂尔多斯盆地彬县区块的 DSFC-03 井进行了一次远距离穿针施工作业。DFS-C03 井是一口 “U” 型井，两井间距 880m。在井深 1213m 处，磁场信号开始出现，通过数据采集计算，方位偏差 4.48°，计算距离为 69.72m；基于以上计算结果，在井深 1213~1219m 和 1222~1225m 处进行扭方位作业，至井深 1235m 处方位偏差变为-0.34°；考虑到方位偏差角小于 1°范围，在 1252.4~1261.4m 井段进行了复合钻进，在 1261.4m 处（距离洞穴为 23.16m）发现方位偏差角存在增大趋势，开始进行扭方位作业；但是随着钻头逐渐靠近洞穴，方位偏差角会急剧增大，因此扭方位作业一直持续到两井连通；在井深 1284.2m 处将方位偏差角稳定在-2.63°，误差半径为 0.16m，其中洞穴直径为 0.5m；在井深 1284.2m 处，立管压力突然下降，钻井液失返，表明两井连通。具体连通测量过程详见表 3-52。

表 3-52 DSFC-03 井施工作业过程

井深 m	MTS 测量结果			备注
	距离，m	方位偏差，(°)	靶点井斜角，(°)	
1213	69.72	4.48	67.29	部分井段进行了扭方位作业，工具面 90°~120°之间
1220	61.24	0.4	79.08	
1235	49	-0.34	81.81	
1252.6	31.05	1.4	80.57	复合钻进
1261.4	23.16	-2.1	80.66	

续表

井深 m	MTS 测量结果			备注
	距离，m	方位偏差，(°)	靶点井斜角，(°)	
1268	16.33	-2.3	80.42	连续滑动钻进， 工具面，250°~270°之间
1275.5	8.96	-2.89	78.9	
1278.9	5.23	-2.6	76.26	
1280.8	3.5	-2.63	81.5	
1284.2	连通			

(2) 郑试平 6 井应用。

2011 年 11 月，中国石油集团钻井工程技术研究院研制的 4¾in DRMTS-Ⅰ远距离穿针装备成功实现了郑试平 6 井组“点对点”精确连通技术服务，如图 3-86 所示。

与常规洞穴连通相比，该连通作业具有井眼轨迹测控要求高、施工作业风险大的特点。钻头从距离排采直井 50~80m 远的井段直接击中 7in 玻璃钢套管，靶区范围由原来的 0.5m×3.8m 矩形靶缩小至点靶；同时，由于连通段地层位于顶板泥岩中，若一次未能连通，不能进行憋压连通等补救技术措施。

该作业井组位于山西沁水盆地郑庄区块，为多分支水平井，两井井口相距 194.7m，煤层位于垂深 832.1~836.4m 井段。2011 年 9 月，完成了该井组在排采直井洞穴处的连通作业。在煤层段水平井主井眼的钻进过程中，该井组发生了严重煤层垮塌及埋钻，鱼头位于主井眼距离洞穴 8m 处，原连通井眼作废，不得不另选连通窗口进行二次作业。为了确保二次连通成功，连通窗口选择在原连通点上部 1.8m、钢套管下 0.9m 的 7in 玻璃钢套管上（图 3-95）。研制的 4¾in DRMTS-Ⅰ远距离穿针装备在距离洞穴 51.76~1.5m 井段进行了磁定位施工作业，入井后即采集磁场信号并开始导向，此时测量的方位偏差为 9.2°；在距离直井 1.5m 时方位偏差调整为-1.7°，靶心距为 4.5cm，成功击中预设的煤层顶部 1.4m 处玻璃钢套管，开创了两井连通不再预先造穴，实现点对点准确连通的先河，填补了作业技术的空白。DRMTS 远距离穿针装备点对点精确定位技术的突破将为煤层气水平

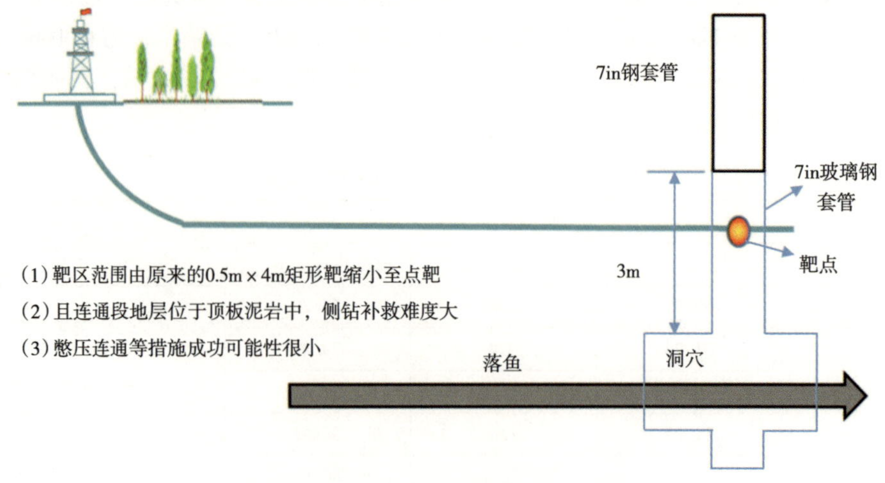

图 3-95 郑试平 6 井连通作业示意图

井开发带来技术革新，未来的煤层气排采井可不再需要造洞穴、填沙作业，有利于解决一直困扰钻井及排采期间的洞穴处井壁垮塌难题，建井成本和钻井周期将同比下降。

2. 煤层气电磁波地质导向工具

随钻电磁波无线测量技术是通过在井下发射电磁波，电磁波穿过地层向地面传输数据，它不受钻井液介质、井斜角大小、钻井方式（旋转钻或滑行钻）等条件的限制，传输地层参数及井眼轨迹的速度快、数据量大，并且使用成本较水力脉冲方式更低（图 3-96）。其主要缺点是电磁波传输的质量受钻井设备的电磁干扰以及电阻率较低地层的影响，但在工程应用方面较水力脉冲 MWD 的传输通道有自己独特的优势[27,28]。

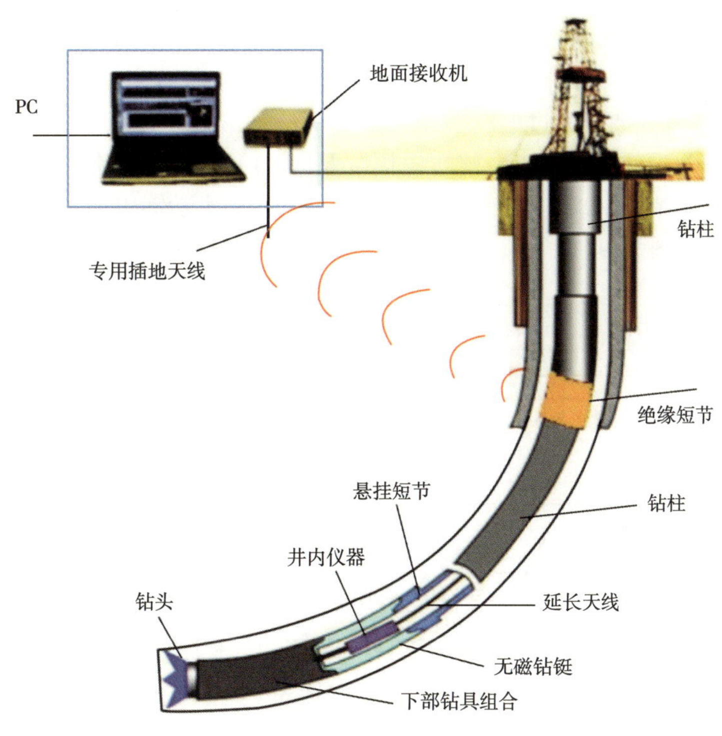

图 3-96 电磁波随钻测量系统示意图

1）技术特点分析

根据电磁场理论对媒质特性，$\frac{\sigma}{\omega\varepsilon}<\frac{1}{100}$媒质表现为电介质（绝缘），$\frac{1}{100}<\frac{\sigma}{\omega\varepsilon}<100$ 媒质表现为半电介质（半绝缘），$\frac{\sigma}{\omega\varepsilon}>100$ 媒质表现为导电体。

其中：σ 为电导率，S；ε 为介电常数，F/m；ω 为媒质中电磁场的角频率，rad/s。

通常地层多表现为半电介质特性，在电磁波传输通道中，钻柱是回路中的导线，地层相当于回路中的电阻，电流信号在钻柱和地层所构成的回路中传导，由于钻柱是导电体，在钻井过程中通过钻井液或直接接触井壁与地层连通，就像埋入地下的裸导线或是更像深埋入地层的长电极，这样用长电极上电流扩散的数学模型来描述电磁波传输通道更为简洁、清晰、易于计算，但是长电极的源在地表上，电极的电流由上向下扩散，而电磁波系统的源在地下，电流由下向上扩散，由此得出电流由下向上传导时，在钻柱上各深度的电流幅度：

$$I(z) \approx I_0 \cdot e^{-z/\delta} \tag{3-25}$$

式中 I_0——源点处信号电流的最大幅度，A；

z——钻柱上某点距信号电流源点的距离，m；

δ——是电流在地层中的屈服系数。

从（3-25）式中看出在信号源电流幅度 I_0 不变的条件下，钻柱上某点的电流强度取决于地层的电阻率 ρ 和信号的频率 f，以及这点距信号源的距离 z。如果信号的频率和地层电阻率不变，钻柱上的信号电流 I（z）将会随距离 z 的增加按单一指数规律减小。

因此，随钻电磁波无线测量技术特点可以说是围绕着“一个基础、两个方面、四个核心模块”展开的。“一个基础”就是以建立“钻柱—地层”电磁信道方法为基础。“两个方面”：一方面是研究如何通过电磁信道发射井下信号；另一方面是研究如何在地面接收井下传上来的弱电磁信号。“四个核心模块”是：（1）井下绝缘钻铤式电偶极子发射天线；（2）井下大功率自适应电磁信号发射器；（3）井下大功率电源；（4）地面弱信号接收机和接收天线（图3-97）。

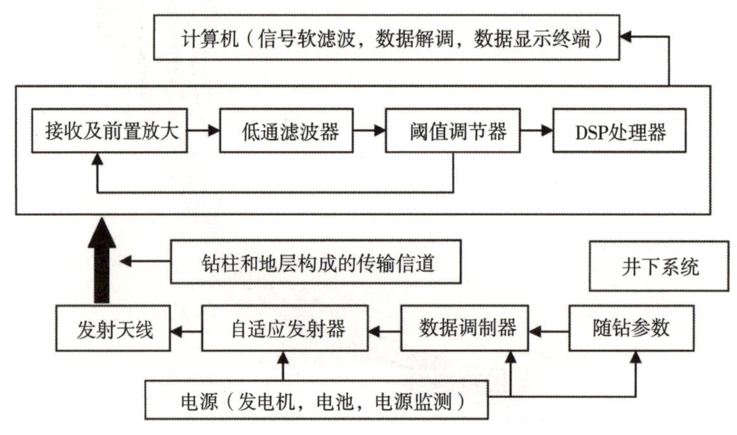

图3-97 随钻电磁波无线测量系统原理框图

2）结构及工作原理

主要包括井下系统及地面接收系统两部分，其中，井下系统构成井下钻具组合的一部分，地面接收系统用来实时接收、分离、转换和记录有用信号。

井下系统构成如图3-98所示，主要包括：

（1）井下仪器总成，包括：电源系统（发电机及电池组）、数据调制与发射电路、测量传感器总成；

（2）绝缘电偶极子发射天线；

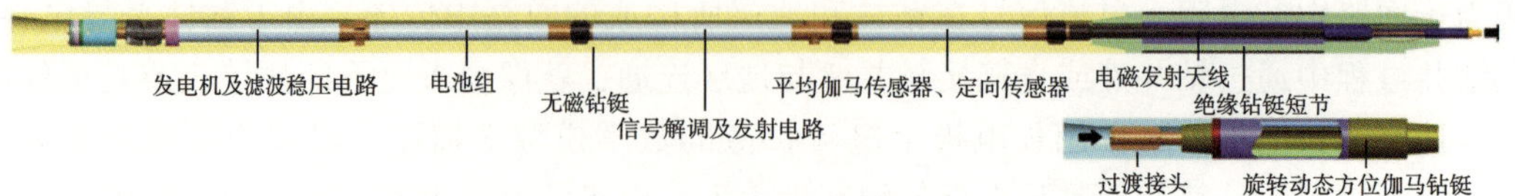

图3-98 随钻电磁波无线测量装备井下系统结构图

（3）钻铤系（无磁钻铤+绝缘钻铤+动态方位伽马钻铤）。

地面接收系统的构成如图 3-99 所示，主要包括：

（1）地面接收机，包括：前置放大器、低通滤波器、阈值调节器和 DSP 处理器；

（2）计算机，包括：信号滤波及数据解调软件、数据及图形显示界面软件；

（3）司钻显示器。

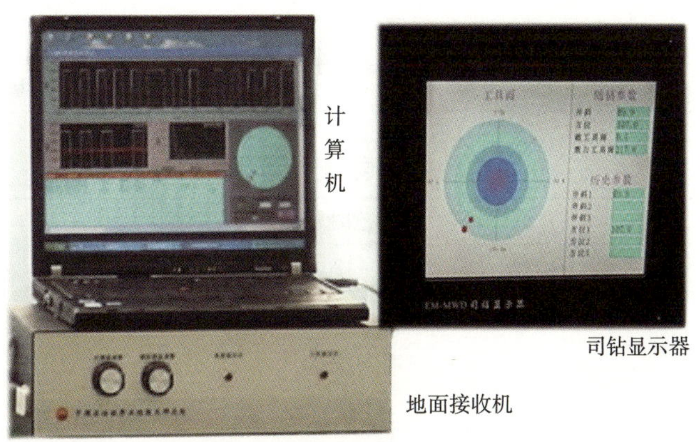

图 3-99　随钻电磁波无线测量装备地面接收系统图

工具工作原理：井下测量装备由绝缘的电磁发射天线分隔为两个电极，其中一个电极经由钻柱传导至地面井台，另一个电极则由地层传输至地面的接收天线，地面接收机分别与这两个电极连接构成闭合回路，在井下随钻测量仪器工作时，接收天线和钻柱之间的地层中有电流通过，地面接收到的信号是两者之间的电位差，被接收到微弱电压信号经地面接收机降噪、放大及解码后发送到计算机，并在屏幕上显示及存储。

3）技术参数

电磁波随钻地质导向工具技术参数及传感器测量参数见表 3-53、表 3-54。该工具可以分别在 3.5Hz、6Hz 和 11Hz 的发射频率下工作，频率越高，通过地层的信号衰减越大，传输距离相应也就越浅，但传输速率更快。

表 3-53　电磁波随钻地质导向工具技术参数

工具尺寸，mm		120.6	171.5
长度，m	含发电机	11.2	11.2
	无发电机	9.6	9.6
最大钻压，kN		16000	72000
推荐上扣扭矩，kN·m		14.5	40
工具对外连接螺纹	上	310（NC38）	410（NC50）
	下	311（NC38）	411（NC50）
最高工作温度，℃		125	125
最高抗压，MPa		120	120
抗冲击		1000G 1ms 半正弦波	1000G 1ms 半正弦波
抗振动		20Grms 5～1000Hz	20Grms 5～1000Hz

续表

钻井液密度 1. 3g/cm³ 时，最大压降，MPa		0. 92（23L/min）	0. 55（34L/min）
最大狗腿度（°）/30m	滑动	25	18
	转动	12	9
测点距工具下端面距离，m	探管	3. 81	3. 81
	伽马	1. 59	1. 59
电池工作时间，h		120～180（受地层电阻率影响）	120～180（受地层电阻率影响）

表 3-54 传感器测量参数

参数	范围	精度	
井斜	0°～180°	±0. 1°	
方位	0°～360°	±2°	井斜 5°
		±1°	井斜 10°
		±0. 3°	井斜 90°
工具面	0°～360°	±0. 1°	
伽马测量范围	0°～255°API	±5%	
伽马最大探测深度（8in 井眼）	236mm	—	

4）现场应用情况

（1）定向井应用。

陕西省韩城某井井位海拔 882m，区块构造位置为鄂尔多斯稳定地块东南缘，井型为定向井，造斜点为 120m，造斜至 320m 井斜 20. 03°、方位 314. 11°，后稳斜钻至靶点。根据定向设计要求，ϕ4171. 45mm 随钻电磁波无线测量工具应用于造斜井段，现场钻具组合为“ϕ215. 9mm 钻头×0. 25m+ϕ165mm 单弯螺杆×5. 79m+ϕ172mm 浮阀接头×0. 48m+ϕ172mm 无磁钻铤×9. 72m（无动态方位伽马钻铤）+ϕ159mm 通用无磁钻铤×18. 72m+ϕ127mm 钻杆”，施工过程中定向钻进与复合钻进交替进行，地面接收信号清晰、准确（表 3-55），良好的软件接收界面更方便了定向工程师的现场判断与决策。

表 3-55 现场随钻测量数据

测点井深 m	测量结果			多点测量结果	
	井斜角，（°）	方位角，（°）	温度，℃	井斜角，（°）	方位角，（°）
120	0. 11	—	30. 2	0. 15	—
200	9. 13	313. 58	33. 5	9. 07	313. 66
280	15. 21	314. 21	38. 2	15. 28	314. 13
360	20. 05	314. 08	42. 3	20. 01	314. 05
450	20. 02	314. 15	47. 8	20. 07	314. 12

随钻电磁波无线测量装备此次现场定向应用累计入井时间81h，其中纯钻进工作时间67h，随钻进尺335m，螺杆钻定向钻进时，装备测出井斜角跳动小于0.3°、方位角跳动小于0.5°、工具面角跳动小于2°，较高的传输数据稳定性，显著减少了无效钻时。随钻时，从301m至455m井深处遇二叠系石千峰组砂岩地层，井下振动剧烈，仪器出井后检测依旧完好无损。

（2）水平井导向应用

山西省晋城某井位于沁水盆地南部斜坡沁水煤层气田郑庄区块，为煤层气多分支水平井。郑庄区块主要含煤地层为二叠系下统山西组地层，该地层由深灰色—灰黑色泥岩、砂质泥岩、粉砂岩夹煤系地层组成，底部普遍发育灰色中细粒砂岩、含细砾粗砂岩，厚度34~72m，一般60 m左右，该组有煤层4层，自上而下编为1-4层，其中3#煤层地层宽阔平缓，地层倾角2°~7°，其内断层较少，局部小型构造发育，以狭长褶曲为主，延伸长度数百至数千米，这为通过多分支水平井方式增加煤层内井眼长度、扩大煤层泄气面积、提高煤层产气能力创造了良好条件。

该井与洞穴直井连通后井深904m，井斜91.3°，此时钻头位于山西组3#煤层，3#煤层好煤厚度仅为1.6m，为提高煤层钻遇率，要求随钻仪器的地层伽马测点尽量靠近钻头，因此，接有动态方位伽马钻铤的4¾in DREMWD无线电磁波随钻测量工具直接接于螺杆上方，方位伽马钻铤短节测点距钻头5.6m，定向单元测点距钻头8.7m。方位伽马短节在钻具旋转转进时可以分别输出其上下两端地层的伽马值，而在定向钻进时可以测得地层的平均伽马值，这样的设计有利于在任何随钻状态测得地层伽马值，不会存在导向盲区。

此次导向应用，随钻电磁波无线测量装备一次下钻完成一个主支及两个分支的全段导向作业，仪器井下连续导向112h，水平段总进尺1491m，煤层钻遇率超过98%。在应用过程中，主支一及分支二分别遭遇大地层倾角煤层，倾角大于8°，地面工程师正是借助装备配置的动态方位伽马短节及时地判断煤层的上、下边界，保证了井眼轨迹一直在煤层中行进。仪器出井后，监测电池电量依然充足，说明了井下发电机在导向时正常运作，节约了电池电量，延长了工具一次下钻的工作寿命。

3. 小直径煤层界面识别与层厚测量系统

在煤层气钻井中，为最大限度提高煤层气的采收率，需保证钻头始终在煤层中钻进，当钻头进入煤层后，就需随钻测量煤层的顶板和底板界面，保证钻头处于煤层中的最佳位置。然而，在实际钻进过程中，虽然采用伽马、电阻率、中子等方法能测出煤层与其上下盖层的差别，但是这些方法仅能定性的判断而无法定量或相对准确地测量钻头与煤层顶底板间的距离，因此可能会导致钻具在储层与盖层间反复进出，降低了煤层的钻遇率，从而影响煤层气的采收率。因而，准确识别煤层顶底板界面对煤层气钻井就有着十分重要的意义[29]。

针对上述问题，基于探地雷达技术，研制了小直径煤层界面识别与层厚测量系统，其主要功能是在钻具进入煤层后，向地层中发射中心频率在100MHz以上的高频电磁波，电磁波在地下介质传播过程中，当遇到存在电性差异的煤层与盖层分界面时，电磁波便会发生反射，反射回的反射波会被接收机接收到，通过对接收到的电磁波的波形、振幅强度变化等特征进行分析，从而精确计算钻具与煤层顶底板之间的距离，实现地质导向，从而指导施工人员控制钻头始终穿行在储层中，最大限度地提高了储集层的钻遇率。

1）测量原理与系统结构

（1）测量原理：

图 3-100 展示了一束电磁波在穿过电特性不同的岩层时电磁波在分界面处会发生反射和折射。$X—Z$ 平面为电磁波入射平面，Y 轴垂直于 $X—Z$ 平面，电场方向也垂直于 $X—Z$ 平面，即此电磁波为 TE 波、入射波、反射波和折射波的电场强度幅值。

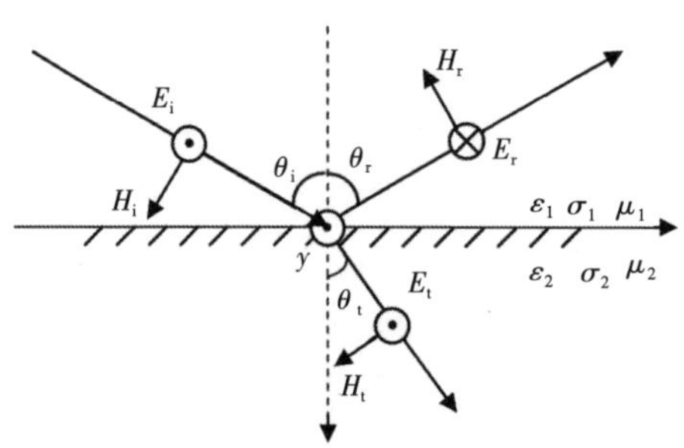

图 3-100 电磁波在不同岩层分界面上反射和折射

电磁波从岩层 1 入射到岩层 2 的分界面时反射能量与入射能量之比为[3]。

$$\Gamma = \frac{E_r}{E_i} = \frac{\cos\theta_i - \sqrt{\frac{\varepsilon_2}{\varepsilon_1} - \sin^2\theta_i}}{\cos\theta_i + \sqrt{\frac{\varepsilon_2}{\varepsilon_1} - \sin^2\theta_i}} \tag{3-26}$$

式（3-26）中，Γ 为反射系数。电磁波的反射波能量除与入射角有关外，仅与分界面两侧的介电常数有关，且两种岩层的介电常数差异越大，反射系数越大，在入射波能量一定的情况下，反射波的能量越强。

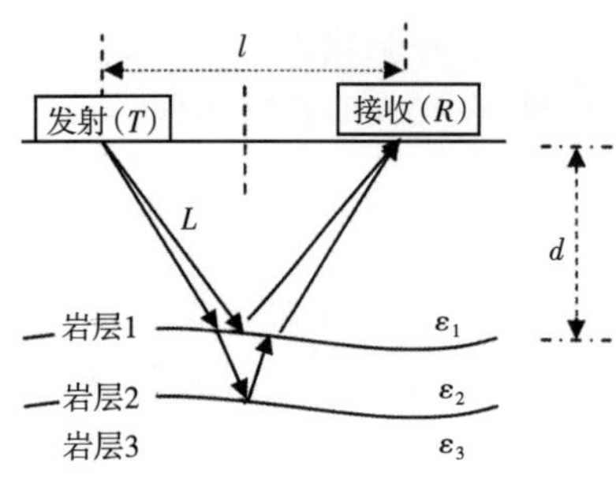

图 3-101 小直径煤层界面识别与层厚测量系统测距原理图

图 3-101 为小直径煤层界面识别与层厚测量系统测距原理图。l 是发射天线与接收天线间距离；L 是电磁波在岩层 1 中往返传播的距离；d 是天线平面与岩层 1 和岩层 2 分界面间的距离。

以水平井钻井为例，电磁波在水平井的井眼环空内的传播速度为 v_1，在岩层 1 中的传播速度为 v_2，电磁波在环空内传输的时间，即直达波到达接收天线的时间为 t_0，直达波与反射波的时间差为 Δt，则有下式：

$$l = v_1 t_0 \tag{3-27}$$

$$L = v_2(t_0 + \Delta t) \tag{3-28}$$

$$d = \frac{1}{2}\sqrt{L^2 - l^2} \tag{3-29}$$

其中，l 为已知量，当钻井方式采用气体钻井时，$v_1 \approx 3\times10^8$m/s，近似等于电磁波在真空中的传播速度；当采用水基钻井液时，$v_1 \approx 0.33\times10^8$m/s，近似等于电磁波在纯水中的传播速度，则 v_1 为已知量。

因此，为求出天线所在的平面与岩层 1 和岩层 2 分界面间的距离 d，关键在于测出直达波与反射波的时间差 Δt，以及电磁波在岩层 1 中的传播速度 v_2。

①直达波与反射波的时间差 Δt 测算方法。

图 3-102 为小直径煤层界面识别与层厚测量系统接收天线接收波形图。将电磁波信号从发射天线发出的时间设定为时间起始点，t_0 表示时间起始点与直达波波峰之间的时间差，Δt_1 表示接收到的岩层 1 与岩层 2 分界面处产生的反射波与直达波峰值的时间差，Δt_2 表示接收到的岩层 2 与岩层 3 分界面处产生的反射波与直达波峰值的时间差。从图中可以看出，Δt_1 和 Δt_2 均可由测量系统通过鉴幅方法测得。

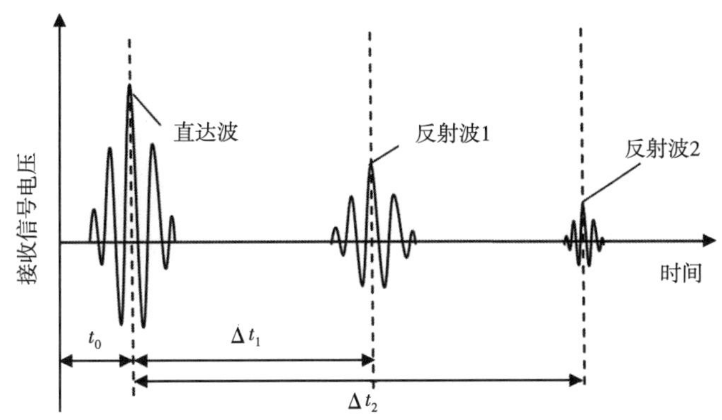

图 3-102 小直径煤层界面识别与层厚测量系统接收天线接收波形图

②电磁波在岩层 1 中的传播速度 v_2 测算方法。

电磁波在介质中的传播波速是一个十分重要的物理量，而且由电磁波波长公式 $\lambda = \dfrac{v}{f}$ 可知，电磁波波速同时决定了电磁波的波长，进而可以计算出测量系统测距精度，即整套测距系统的分辨率。

决定电磁波波速的主要参数是介电常数。工程上，普遍采用下式估算电磁波在介质中的传播速度：

$$v = \frac{1}{\sqrt{\varepsilon\mu}} = \frac{1}{\sqrt{\varepsilon_0\varepsilon_r\mu_0\mu_r}} = \frac{c}{\sqrt{\varepsilon_r,\ \mu_r}} \tag{3-30}$$

式中 c——电磁波在真空中的传播速度（$c=3\times10^8$m/s），m/s；

ε_0——真空介电常数（$\varepsilon_0=8.8540\times10^{-12}$，F/m），F/m；

ε_r——相对介电常数；

μ_0——真空磁导率（$\mu_0=12.5664\times100^{-7}$H/m），H/m；

μ_r——相对磁导率。

对于大部分的地层，几乎不含有铁磁性物质，因此 $\mu_r\approx1$。因此，决定地层中电磁波速的主要参数为相对介电常数 ε_r，式（3-30）可改写为下式[31]：

$$v = \frac{c}{\sqrt{\varepsilon_r}} \tag{3-31}$$

然而，针对油气钻井，由于地层未知，并且由于钻井液对岩层的污染，导致被测地层非均质，因此若采用常规方法计算电磁波传播速度，会存在较大的测量误差。

由此，提出了一种不测量相对介电常数，通过增加一个接收天线，间接求解电磁波波速的测量方法[2]。

图 3-103 所示的是电磁波波速测量示意图。发射天线 T 与接收天线 R_1 间的距离为 l_1，R_1 接收到的电磁波在储集层中往返时间为 t_1，往返传播距离为 L_1，发射天线与接收天线 R_2 间的距离为 l_2，R_2 接收到的电磁波在储集层中往返时间为 t_2，往返传播距离为 L_2。

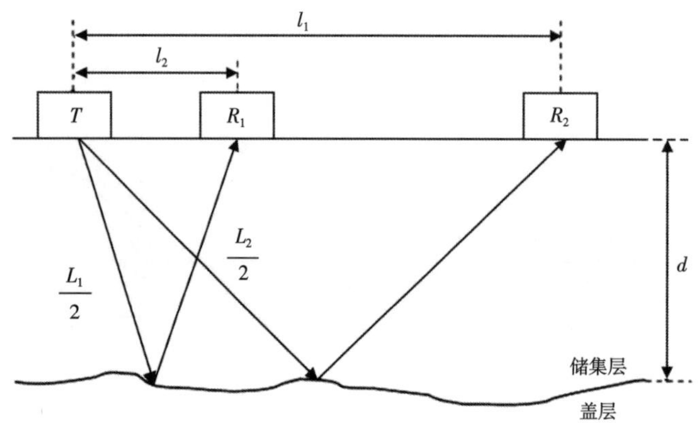

图 3-103　电磁波波速测量示意图

钻具所在平面与煤层顶板或底板间的距离公式为：

$$d = \frac{1}{2}\sqrt{(vt_1)^2 - l_1^2} = \frac{1}{2}\sqrt{(vt_2)^2 - l_2^2} \tag{3-32}$$

电磁波波速公式为：

$$v = \sqrt{\frac{l_2^2 - l_1^2}{t_2^2 - t_1^2}} \tag{3-33}$$

式（3-33）就是电磁波在储集层中的传播公式，求出电磁波波速后，可将式（3-33）代入式（3-31）中，即可求出储集层的相对介电常数，进而可以估算出储集层电阻率等常用测井数据[3]。

由于在实际工程中，井眼中钻具与井壁间会存在距离为几厘米的环空，经式（3-33）所计算的电磁波波速，以及式（3-32）所计算的钻具所在平面与储集层边界面的距离，并未考虑到此环空的影响，因此计算距离与实际距离会存在误差，同时此电磁波在井壁处会发生反射与折射，因此实际的电磁波传播路径与图 3-94 中相比会有些许的差异，同样会对式（3-32）和式（3-33）的计算带来误差，但是总的来说，此误差在几厘米之内，在实际的应用中可以忽略不计。

将式（3-33）代入式（3-32）中，可得

$$d_1 = \frac{1}{2}\sqrt{\left(\frac{l_2^2 - l_1^2}{t_2^2 - t_1^2}\right) \cdot t_1^2 - l_1^2} \tag{3-34}$$

$$d_2 = \frac{1}{2}\sqrt{\left(\frac{l_2^2 - l_1^2}{t_2^2 - t_1^2}\right) \cdot t_2^2 - l_2^2} \tag{3-35}$$

$$\bar{d} = \frac{1}{2}(d_1 + d_2) \tag{3-36}$$

由式（3-34）和式（3-35），可计算出钻具所在平面与储集层和盖层间分界面间的距离，即可实现探层测距功能。

（2）系统结构。

小直径煤层界面识别与层厚测量系统主要由主控单元、信号发射单元、信号接收单元三部分构成，如图 3-104 所示。

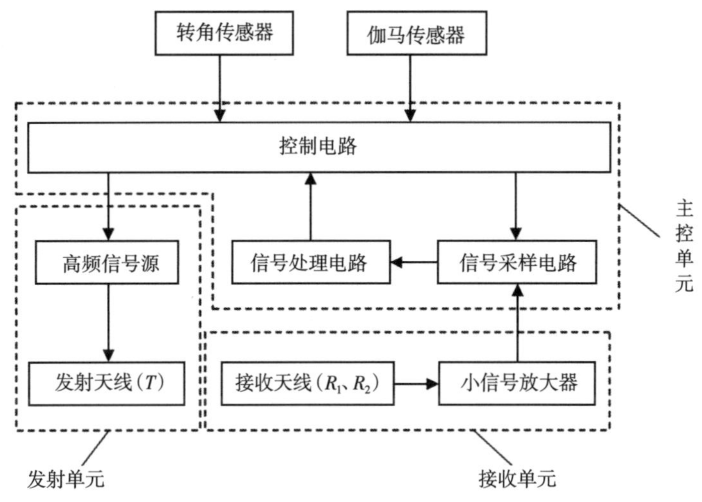

图 3-104　小直径煤层界面识别与层厚测量系统总体结构

主控单元：主要包括信号采样电路、信号处理电路以及控制电路。主要任务为：一是对来自接收天线的高频雷达反射波信号进行高速采样、数字化，并进行处理和解算；二是为系统各部件提供启动信号和必要的控制信号。

发射单元：主要包括高频信号源与发射天线。根据雷达体制的不同，高频信号源与发射天线的类型也有所不同：若信号源发出信号为宽带信号，为保证信号能量最大程度输出，则发射天线须选用宽带天线；若信号源发出信号为微带信号，发射天线和接收天线则应优先选用微带天线，这样可以保证发射天线在能较不失真地将电磁波信号发射出去后，接收天线只接收该频率的信号，可以起到防干扰和滤波的作用。

接收单元：主要包括接收天线与小信号放大器。接收天线与发射天线的类型相同，小信号放大器用以放大接收天线接收到的微弱信号。

工作流程为：当伽马传感器检测到钻具钻入储层后，转角传感器检测到天线所在平面的朝向（水平朝上或朝下）时，主控单元控制高频信号源发射高频电磁波信号，经由发射天线 T 将此信号发射出去，电磁波会在储集层与盖层间的分界面处发生反射，接收天线 R_1、R_2 分别接收到反射信号，接收到的反射波信号经小信号放大器放大后，再对两个接收天线 R_1、R_2 接收到的信号进行采样和处理，分别得到反射波双程走时，再将此数据传给控制电路进行进一步处理，从而解算出电磁波在介质中的传播速度，进而计算钻具与储集层边界之间的距离。

①控制单元。

控制单元核心模块主要由上位机 ARM 控制电路、FPGA 与 DSP 组成的信号处理电路、高速 A/D 采样电路、存储电路等组成（图 3-105）。主控单元的主要功能是实时对发射单元进行控制，为高频信号源提供精确定时启动触发信号，同时触发控制高速 A/D 采样电路对直达波信号和反射波信号进行采样，再通过 FPGA 和 DSP 组成的信号处理电路，对采样后的数字信号进行消噪、滤波、放大等处理，提取接收到信号的特征信息（幅度、频谱）等，将此特征信息传到上位机 ARM 处理器，计算得到钻具所在平面与储集层的边界面的距离信息。

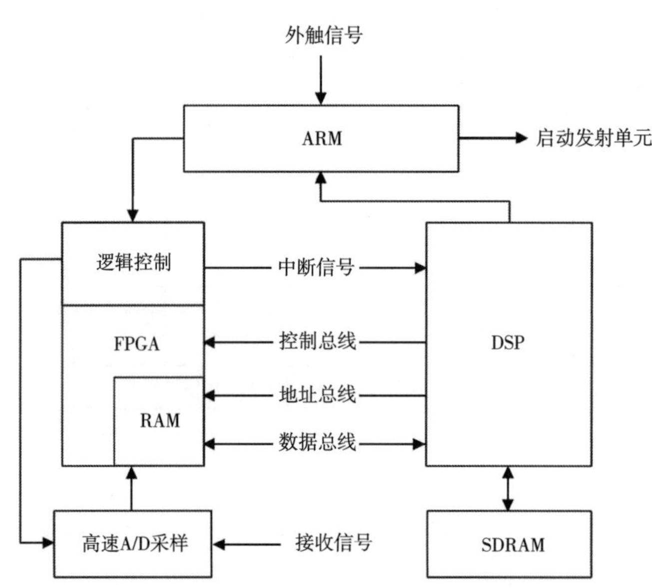

图 3-105　小直径煤层界面识别与层厚测量系统控制单元结构框图

②高频信号源。

单频调制脉冲信号源是单频调制脉冲雷达的核心部件，发出的信号为单频连续波信号，通过时域开关电路进行调制后，形成时域脉冲宽度在 ns 级的包络信号，同样可以有效地保证测量系统具有较高的探测分辨率。另外，必须外接功率放大器件，以保证足够的发射功率，从而有效地保证测量系统具有较高的探测深度。

③ 收发天线单元。

在空气中，收发天线（图 3-106）的中心频带约为 500MHz，驻波比；在水中，天线的工作频带发生偏移，约为 300MHz，驻波比。

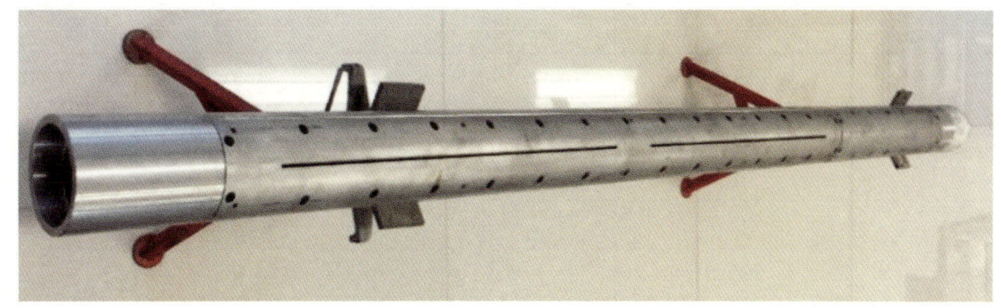

图 3-106　收发天线

2）室内实验情况

实验室内以混凝土砖、水、煤块为研究对象的情况下，进行小直径煤层界面识别与层厚测量系统探边实验。

图 3-107、图 3-108、图 3-109 分别显示了以混凝土砖块、清水、煤块为被测介质，接收电磁波电场强度随时间变化的时域波形图。由接收电路接收到的波形图可以得到直达波与反射波的时间差，再结合电磁波在上述 3 种介质中的传播速度，即可实现探边功能。得到的实验数据及实验结果见表 3-56。

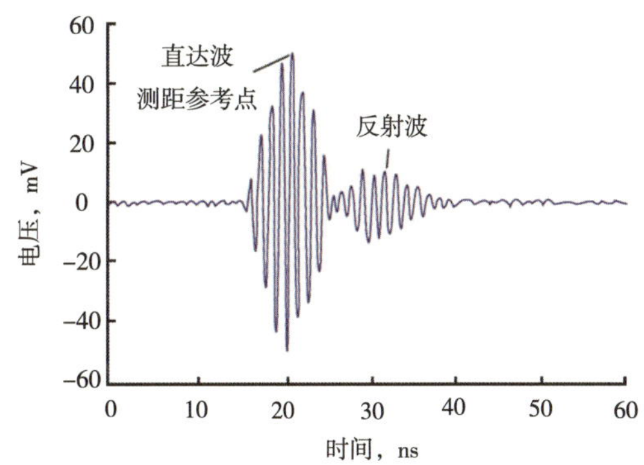

图 3-107　混凝土砖块中测距接收波形

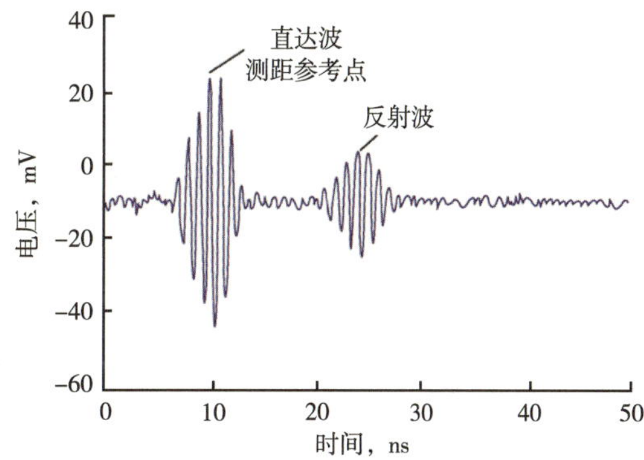

图 3-108　清水中测距接收波形

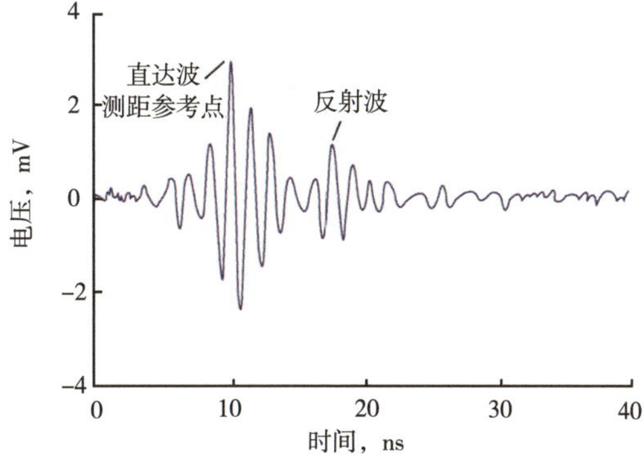

图 3-109　煤块中测距接收波形

表 3-56　小直径煤层界面识别与层厚测量系统探边实验数据及结果

介质名称	实际距离，cm	时间差，ns	测量距离，cm	测量误差，cm
混凝土砖	38.2	7.7	38.3	0.1
	57.2	11.3	55.7	1.5
	76.3	15.0	73.4	2.9
水	50.0	29.3	48.2	1.8
	100.0	58.3	96.9	3.1
	150.0	88.0	146.0	4.0
煤	60.0	11.6	57.7	2.3
	105.0	18.8	101.7	3.3

由表3-56中所测的实验数据和结果可知，在不同介质、不同距离条件下，研究的小直径煤层界面识别与层厚测量系统测量误差不超过±4cm，满足工程需要，证明了研究的小直径煤层界面识别与层厚测量系统以及探边方法的正确性和可行性。

参考文献

[1] 岳前升，邹来方，蒋光忠，等．煤层气水平井钻井过程储层损害机理［J］．煤炭学报，2012，37（1）：91-95.

[2] 何振奎．页岩水平井斜井段强抑制强封堵水基钻井液技术［J］．钻井液与完井液，2013（2）：43-46.

[3] 袁进平．威远区块页岩气水平井固井技术难点及其对策［J］．天然气工业，2016，36（3）：55-62.

[4] 黄志强，蒋光忠，郑双进，等．煤层气储层保护钻井关键技术研究［J］．石油天然气学报，2010. 32（6）：116-118.

[5] 岳前升，马玄，陈军，等．沁水盆地煤层气水平井井壁垮塌机理及钻井液对策研究［J］．长江大学学报，2014（32）：73-76.

[6] 杨恒林，汪伟英，田中兰．煤层气储层损害机理及应对措施［J］．煤炭学报，2014，39（增1）：158-163.

[7] 岳前升，陈军，邹来方，等．沁水盆地基于储层保护的煤层气水平井钻井液的研究［J］．煤炭学报，2012，37（增2）：416-419.

[8] 陈军，马玄，岳前升，等．沁水盆地清水钻井液对煤储层损害机理［J］．煤矿安全，2014，45（11）：68-71.

[9] 汪伟英，陶杉，黄磊，等．煤层气储层钻井液结垢伤害实验研究［J］．石油钻采工艺，2010，32（5）：35-38.

[10] 岳前升，李贵川，李东贤，等．煤层气水平井破胶技术研究与应用［J］．煤矿安全，2015，46（10）：77-79.

[11] 岳前升，张育，胡友林，等．煤矿井下瓦斯抽采钻孔冲洗液研究［J］．煤矿安全，2013，44（2）：1-3.

[12] 岳前升，马玄，马认琦，等．无固相活性盐水钻井液在柳林地区煤层气水平井中的应用［J］．长江大学学报，2015（22）：34-40.

[13] Zhang Lisong，Yan Xiangzhen，Yang Xiujuan，et al. Failure probability analysis of coal crushing induced by uncertainty of influential parameters under the condition of in-situ reservoirs［J］. Journal of Central South University，2014，21（6）.

[14] 张立松，闫相祯，杨秀娟，等．煤岩破碎失效概率的可靠性分析及分级应用［J］．煤炭学报，2012，37（11）：1823-1828.

[15] 张立松，闫相祯，杨秀娟，等．基于 Hoek-Brown 准则的深部煤层钻井坍塌压力弹塑性分析［J］．煤炭学报，2013，38（1）：85-90.

[16] 张立松，闫相祯，杨恒林，等．基于测井信息的煤岩 GSI-JP 破碎分级预测［J］．岩土工程学报，2011（7）：1091-1096.

[17] 温庆阳，杨秀娟，杨恒林，等．基于三角模糊数的煤层气欠平衡钻井风险评估模型研究［J］．科学技术与工程，2012（12）：2951-2955.

[18] Li Jingbin，Li Gensheng. The Self-Propelled Force Model of a Multi-Orifice Nozzle for Radial Jet Drilling［J］. Journal of Natural Gas Science and Engineering，2015.

[19] 姜维寨，王锁涛，孟宪军，等．扩大煤层气分支井控制面积探索［J］．中国煤层气，2013（5）.

[20] 姜维寨，黎铖，张君子，等．煤层气 EM-MWD 导向方法应用探讨［J］．中国煤层气，2014，11（5）：31-35.

[21] 申瑞臣，夏焱．煤层气井气体钻井技术发展现状与展望［J］．石油钻采工艺，2011（3）：74-77.

[22] 王帅，徐明磊，张旭，等．充气欠平衡钻井技术在煤层气井中的应用［J］．内蒙古石油化工，2014（3）：93-95.

[23] 崔金榜，陈必武，颜生鹏，等．沁水盆地在用煤层气钻井液伤害沁水 3#煤岩室内评价［J］．石油钻采工艺，2013（4）：47-50.

[24] 张小宁，李根生，黄中伟，等．地层水侵入对连续管泡沫钻井参数的影响［J］．大庆石油学院学报，2010（1）：68-71.

[25] 闫立飞，申瑞臣，袁光杰，等．近坍塌压力的防塌钻井流体樊庄煤层气井实践［J］．煤炭学报（增刊），2015：144-150.

[26] 闫立飞，申瑞臣，夏焱，等．煤层气全井欠平衡钻井技术柳林实践［J］．中国煤层气，2014（6）：7-10.

[27] 李林，滕鑫淼，盛利民，等．水平井地质导向中储集层边界识别与测距［J］．石油勘探与开发，2014，41（1）：108-111.

[28] 乔磊，申瑞臣，黄洪春，等．武 M1-1 煤层气多分支水平井钻井工艺初探［J］．煤田地质与勘探，2007（1）：34-36.

[29] 乔磊，孟国营，范迅，等．煤层气水平井组远距离连通机理模型研究［J］．煤炭学报，2011（2）：199-202.

[30] Jin Au Kong. 电磁波理论［M］．吴季，等译．北京：电子工业出版社，2003.

[31] 陈明．川东北地区优化井身结构的探索与实践［J］．天然气勘探与开发，2010（3）：55-58.

第四章　海外重点地区钻完井技术

中国石油海外油气业务建成中亚、中东、亚太、非洲、拉美五大油气合作区，成功地完成了在全球的战略布局，为保障国家能源安全和集团公司国际化做出了重大的贡献。2011 年起海外油气作业产量油气当量超过 1×10^{8}t，权益产量达到 5000×10^{4}t 以上，海外油气业务进入优质、高效、可持续发展的新阶段。“十二五”期间，坚持先进实用技术集成应用与科技创新并重，突破制约油田开发生产的瓶颈技术，极大地提升了海外油气田钻完井工程技术水平。

海外项目油气田开发地质地貌复杂、油藏类型多、储层物性及流体差异大、井型及完井方式多样化，需针对不同特点匹配先进适用的钻完井工程技术实现油气田有效开发。围绕海外重点地区钻完井技术难题，开展了浅层丛式三维大位移水平井钻井平台布井优化、以地层三压力分析为核心的复杂地层井身结构优化、丛式三维水平井及盐层水平井轨迹设计与控制技术优化、以提高可钻性差的花岗岩潜山地层钻井速度为目的的钻头优选、适应地层特点的强抑制封堵防塌钻井液、盐膏层钻井液及多压力体系储层保护钻井液技术、钻井液不落地处理工艺技术、提高多漏层段固井质量及抗盐岩蠕变固井配套技术、井下复杂及事故控制技术等科技攻关与技术集成，形成了委内瑞拉浅层丛式三维水平井钻井技术、乍得 H 区块优快钻井技术、伊朗北阿地区复杂储层安全快速钻完井技术及阿姆河气田大斜度井钻井技术等海外油气田综合配套技术。

第一节　委内瑞拉胡宁 4 丛式三维水平井钻井技术

委内瑞拉奥里诺克胡宁 4 区块储层埋藏浅，地层疏松，丛式三维大位移水平井具有水平位移大（1300m 以上），水垂比高（3.1~4.5），井眼曲率大（7°/30m ~10°/30m）的特点，钻井作业面临井眼轨迹控制难、摩阻扭矩大、井壁稳定性差以及尾管下入困难等技术难点；通过丛式大平台优化布井技术、浅层三维水平井轨迹控制技术、疏松砂岩地层大位移长水平段钻井液技术以及套管/筛管安全下入技术的应用，有效解决了因垂深浅、水平段长引起的钻具摩阻扭矩大与托压问题，以及弱固结性疏松砂岩储层井壁失稳和储层保护等技术难题；形成的委内瑞拉浅层丛式三维水平井钻井技术可为国内外浅层油气田高效开发提供技术借鉴。

一、平台优化布井技术

委内瑞拉重油带胡宁区块浅层三维大位移丛式水平井钻井工程中，存在着丛式水平井平台外侧井的水平段不能钻达设计井深、区块内平台控制面积存在“棱形”采油盲区影响油藏的有效开发等问题，通过平台优化和掌型错位布井实现了平台控制面积和油藏的有效开采。

1. 已建成平台

胡宁 4 区块计划钻 2328 口水平井，其中生产井 1627 口，注汽井 701 口，在区块 $325km^2$ 的面积上建设 44 个丛式水平井平台，每个平台控制面积 $7.28km^2$，各井水平段延伸末端呈“平行等齐”展布。单个平台布 8 口井，水平段井距 300m，分布在不同矩形区域内，填满整个区块。油藏实际垂直深度大于 300m 的区域，水平井的水平段长度为 1000m，实际垂直深度小于 300m 的区域，钻长水平井有难度，水平段长度为 500m。图 4-1 为典型丛式平台井场/井型的设计图。

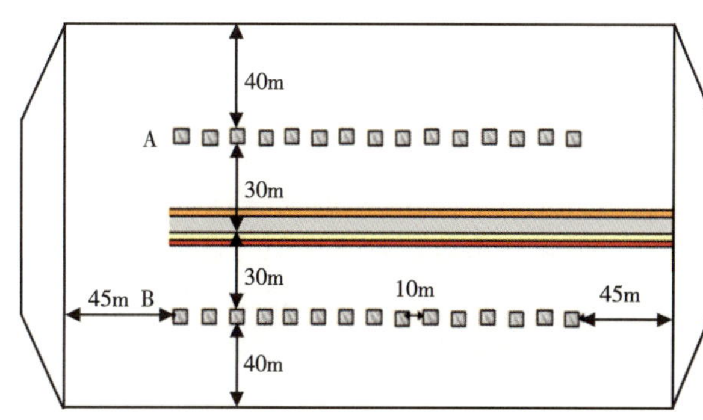

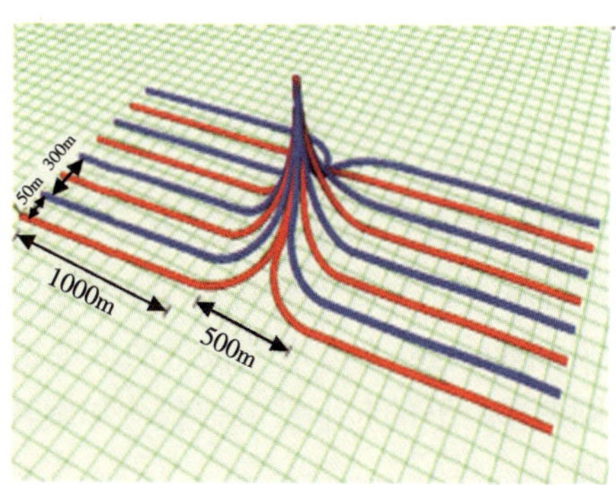

图 4-1 丛式井平台井场布置示意图

井场设计使用丛式井平台布井以节约空间建设投资费用，减少对环境的影响，同时可达到预期的采收率。每个平台的井数取决于油藏特征。平台的面积由井数和平台上建设的地面设施（多相泵、多重阀和/或多端口阀、蒸汽发生器等）决定。

2. 掌形错位设计与平台优化

1）不同偏移距下水平井极限井深理论计算

钻井实践表明，水平段长度是无法一直延伸下去的，影响水平段延伸重要因素就是钻柱的摩阻和扭矩。在大位移水平井钻进过程中，垂直段和低造斜井段钻具可以依靠自身重力克服井壁的不规则和井眼形状改变所带来的摩阻载荷，当钻具进入高造斜井段后，由于钻具自身的刚度以及和井壁的摩擦，钻具受到摩阻力的作用，向下运动的趋势减弱。当钻柱的重力产生的下滑分力小于钻柱受到的摩阻时，滑动状态下钻柱就无法继续下放了，这时候就需要依靠外界力来给钻柱施加压力。目前现场使用钻铤和加重钻杆加重以及顶驱加压来实现加压，受摩阻扭矩的限制，水平段的延伸会有一个极限值，当所有的外界力都加上以后，钻柱的摩擦阻力超过钻柱的下滑分力，钻柱就无法继续下放。特殊情况下，如果井眼轨迹控制不够好，产生的局部过度弯曲、钻井液性能不好以及岩屑床的存在，会导致摩阻系数过高，钻柱的摩阻增加过快，钻柱无法提供足够钻压，最终导致提前完钻。

水平段定向滑动钻进过程中井下钻具的受力情况如图 4-2 所示。

摩阻、扭矩对大位移水平井钻井有着重大影响，而目前国内外的研究模型用于计算大位移井的摩阻、扭矩误差高达 20%~50%。国外的摩阻扭矩模型大都采用了管柱变形曲线与井眼曲线一致的假设，这与实际有较大差别，但由于采用了反算摩阻系数的方法，这一误差被包含进了可变的摩阻系数之中。这对于常规定向井和水平井，基本上能满足工程技术的需要。

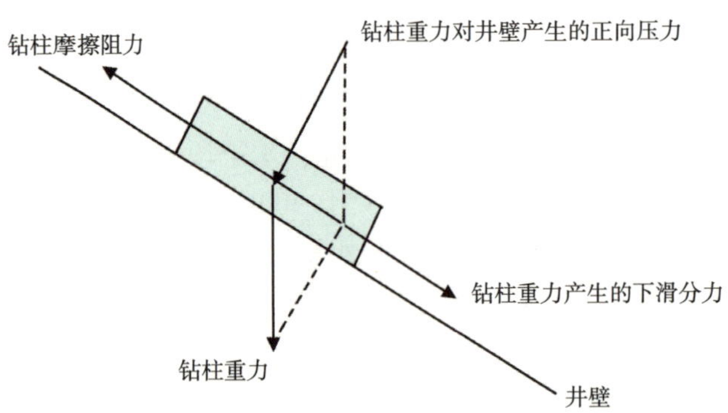

图 4-2 水平段定向滑动钻进时钻柱受力情况

根据摩阻系数敏感性分析，结合几口实钻井的不同工况下的大钩载荷数据，反算215.9mm井眼在技术套管内摩擦系数取值0.3、裸眼摩擦系数取值0.35，该摩阻系数取值为Schlumberger在委内瑞拉重油带现场实钻经验值。应用水平井摩阻扭矩计算软件，计算不同偏移距下的起下钻大钩载荷和旋转钻进扭矩，进而确定水平井在不同偏移距下的极限延伸。

计算结果表明，随着偏移距的增大，水平井极限延伸越短，并且由于三开井段要消除一部分偏移距，导致水平段的长度明显缩短，这就造成了平台最外侧指端的油藏无法动用，并且越往外面积越大。

依据地质油藏方面提供的胡宁4区块F2平台14口设计数据，通过工具软件计算出同向7口偏移距不同井的极限钻井深度，见表4-1和如图4-3所示。

表 4-1 F2 平台不同偏移距下极限井深计算结果

井号	垂深，m	偏移距，m	极限井深，m	套管鞋，m	水平段长，m
F2-01	440	900	1940	670	1270
F2-03	440	600	1990	670	1320
F2-05	440	300	2040	670	1370
F2-07	440	0	2090	670	1420
F2-09	440	300	2040	670	1370
F2-11	440	600	1990	670	1320
F2-13	440	900	1940	670	1270

理论计算结果（表4-1）和图4-3中的F2平台7口水平井展布显示：其井眼轨迹和水平段极限长度为掌形（扇形）分布，恰好与胡宁4及邻区（胡宁5/胡宁6）已钻井实际情况相吻合。通过丛式水平井极限井深理论计算，优化完钻井深设计，降低钻井工程水平段后期作业风险，平均单井作业周期缩短了4d。

2）掌形错位布井

实钻数据和理论计算结果表明，原平台设计中的平行等齐方案在现场实施过程中无法实现，实钻水平井呈扇形分布。如果原方案在全区大面积推广，必将导致产生大量的无法

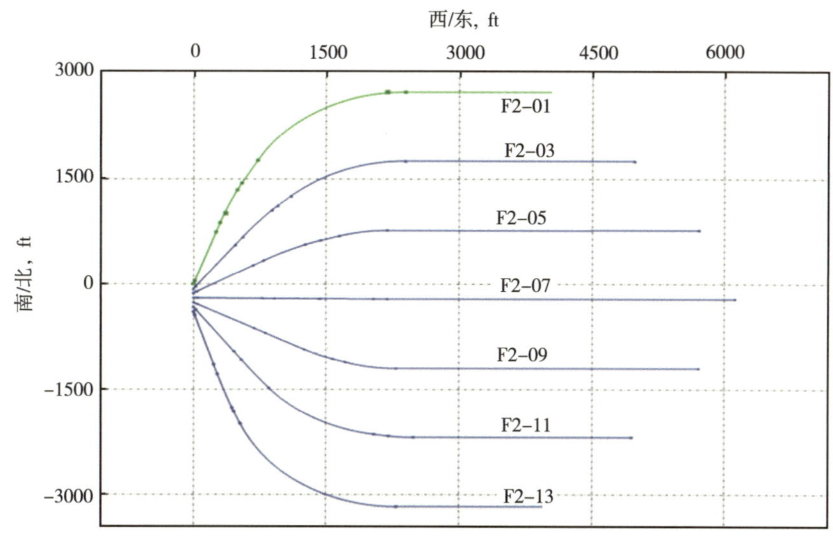

图 4-3 F2 平台不同偏移距下极限井深

动用油藏，不利于开发目标的实现（图 4-4）。因此，提出了合理设计水平段延伸，平台由“平行等齐”优化为“掌形错位”或根据油藏特点进行组合的思路，为油藏平台优化布置提供了新的方案（图 4-5）。

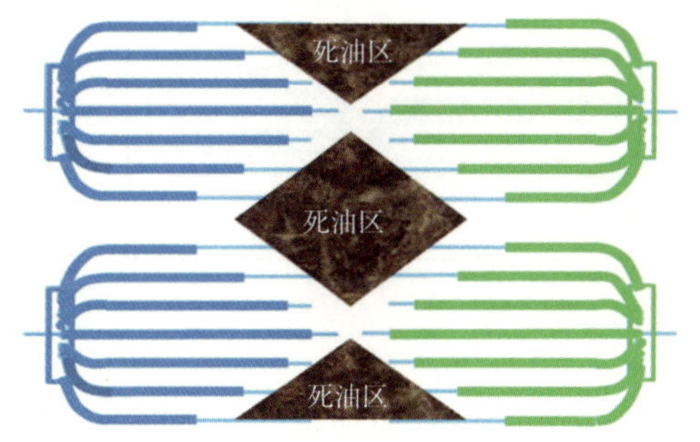

图 4-4 原方案实施后产生无法动用油藏

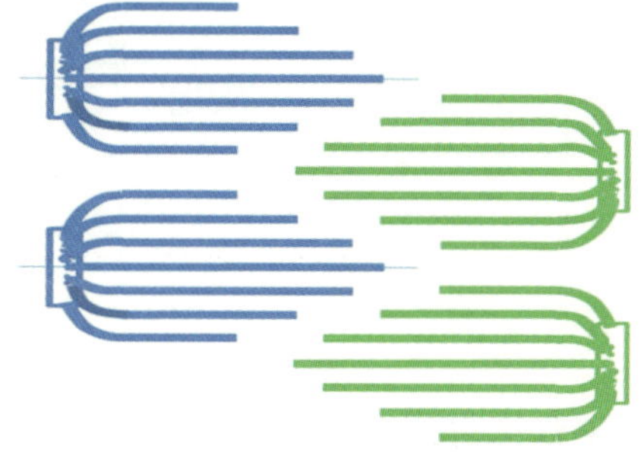

图 4-5 优化后“掌形错位”平台布置

计算得出无法动用的平台内单个棱形“死油区”面积为 1.46km^2，胡宁 4 区块含油面积 323.5km^2 内共有这样的棱形区域（折合）42 个，合计“死油区”面积为 $42\times1.46=61.32$km^2。

3）新的平台布井与平台大小优化

平台优化是计算在地面无任何约束情况下，用各种不同的平台形式去开发同样面积的均质含油区块，哪种平台形式最优的问题。

一般地，当一个区块地下井位（水平井井位部署）确定之后，并决定用丛式井开发时，所面临的一个重要的问题便是，平台建在什么位置、用多少个平台、每个平台打多少口井等对油田建设投资最有利的规划问题。

（1）扇形平台控制区域设计。

采用长水平段水平井钻井，增加油层泄油段长度是动用稠油的有效手段。随着泄油段长度的增加，油藏累计产量呈逐渐增加的趋势。但是在平行布井井网条件下，水平段长度随偏移距增加是逐级递减的。水平段的延伸受摩阻扭矩的限制，存在一个技术极限值。

根据油藏研究，储层厚度 50ft，水平井泄油段长度 4000ft 可以满足油藏开发的需要。先导性试验中，三开水平段长度基本上达到或接近 4000ft。说明扇形平台布置不影响油藏对于水平段长度的要求。

（2）区域平台错位布置。

扇形平台布置虽然可以满足油藏开发需要，但是在平台的端部会形成大片的无法控制油藏。为了增加油藏动用面积，创新式提出了“掌形错位平台”布井方式（图 4-6）。

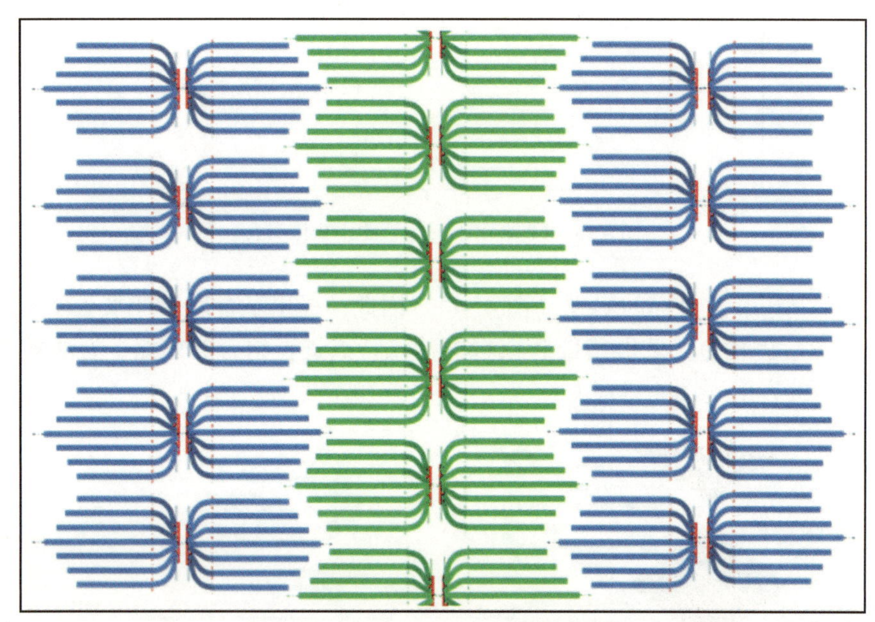

图 4-6 “掌形错位”平台布井方案

该平台优化布井技术总结分析胡宁区块丛式水平井钻井过程中存在的共性问题，提出了丛式水平井掌形错位平台优化设计，实现了大油藏动用面积平台布置方法的技术创新，有效解决了因工程因素造成的地下油藏开采存在的盲区，为油田储层有效开发提出新的丛式平台水平井部署方案。该方案的好处是可以在不增加或少增加平台的条件下，尽量多的增加油藏动用面积。弥补了平台边部无法动用油藏的问题，更加经济合理的利用平台展布，提高整体开发效益。

二、三维水平井轨迹控制技术

委内瑞拉胡宁地区有三维浅层大位移水平井钻井的成功经验，但也有失败的教训；尤其是该区块的主力油藏埋深比其他区块浅 60m 左右，这将会给钻井施工带来很大难度，特别是疏松地层井眼轨迹控制方面需要加强技术攻关和研究，做到精准轨迹控制，满足油藏地质需求，提高储层砂岩钻遇率，为安全高效油气开发提供技术支撑，保障水平井钻井安全有效生产。

1. 浅层大位移水平井施工难点分析

通过收集到胡宁2、胡宁5、胡宁6以及PETROMACOLEO等重油带已钻完井资料，分析钻井生产过程中出现的问题，重油带浅层大位移三维水平井钻井存在以下技术难点：

（1）目的层地层浅，地层砂层多，成岩性差，地层松软，难以实现高造斜率，井眼轨迹控制困难，施工过程中，除了选用高造斜能力的螺杆钻具（单弯或者双弯），还要控制钻压、控制机械钻速，以实现设计造斜率。

（2）井眼轨迹的控制难度大（其造斜段在可钻性极好的软地层、钻进参数对井眼的轨迹影响很大）；为减少后期水平段施工的难度，上部造斜段狗腿度控制在设计范围之内，避免狗腿度过大（超过10°/30m）造成钻柱及完井管柱弹性形变量过大产生的附加摩阻。

（3）垂深浅、水垂比大、摩阻大，滑动钻进困难，靶前定向井段短，长水平段井眼不稳定，存在井眼润滑、清洁等问题。

（4）直井段短，钻柱悬重轻，井眼曲率大，水平段长，随着井深和水平位移的延伸，摩阻不断增加，钻具传递钻压与套管下入困难，必须考虑入井管柱（钻具与套管）的井口加压问题。钻进中应将加重钻杆和钻铤始终安置于小井斜井段及直井段，以实现钻具重量的合理安置，需要经常频繁的倒换钻具。

（5）井眼安全风险大，对钻井液及钻井技术要求高。

针对胡宁4区块，钻井工程面临更大的挑战，主要表现为：

（1）大刚度钻具与高造斜率之间的矛盾；

（2）有限的垂深，使井眼轨迹控制几乎没有回旋余地；

（3）地层疏松砂岩使得在水平段旋转稳斜钻进难度极大；

（4）钻速高达400~800ft/h，对仪器信号的及时传送要求极高；

（5）地层胶结差，极易垮塌，对钻井液的造壁性、携砂性、抑制性、润滑性是极大的挑战；

（6）地层变化大，要求高超的井眼轨迹调整技术，确保油层钻遇率；

（7）严格控制全角变化率，确保起下钻、下筛管顺利；

（8）丛式井平台钻井井数多达28口井，存在井碰风险，对定向井钻井技术要求较高。

2. 井身结构

重油带胡宁地区井身结构基本都采用统一的井身结构设计，一开16in钻头140m左右，下入13⅜in J55套管，封固地表疏松地层和地表水；二开12¼in钻头定向钻进至水平段窗口，下入9⅝in N80套管，固井封固中间段，为下部水平段钻井施工提供井筒安全保障；三开8½in钻头钻至设计井深，下入7in或5½in筛管完井（图4-7）。

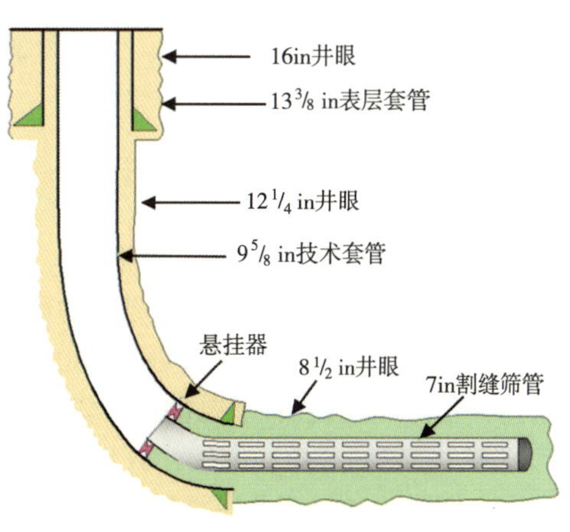

图4-7 井身结构示意图

一开：16in钻头钻表层，下13⅜in表层套管，封固上部疏松砂泥岩地层及浅水层。表层提前造斜。

二开：技术套管下至目的油层，12¼in

钻头钻至水平段着陆点以下 5m 左右，下 9⅝in 技术套管至水平着陆点。

三开：8½in 钻头钻至完钻井深，用 7in 割缝筛管完井，7in 割缝筛管应悬挂至上层套管以上 50m 左右。

3. 轨道设计与轨迹控制技术

1）轨道设计

鉴于胡宁 4 区块的开发方案要求，借鉴邻区水平井施工经验，拟定了井眼轨道结构设计：直井段—增斜段—稳斜段—增扭段 1—增扭段 2—扭方位段—水平段（表 4-2 与图 4-8）。

表 4-2　井眼轨道设计参数表

项目	直井段	增斜段	稳斜段	增斜扭方位段 1（着陆点）	增斜扭方位段 2	扭方位段	直水平段
垂深，m	±45	±350	±380	±400	±420	±420	±420
斜井段，m	0～±45	～450	～500	～±610	～±760	～±1220	～±1980
进尺，m	45	405	50	110	150	460	760
井斜角，(°)	0	0～70	70	80～84	70～90	90	±90
方位角变化，(°)	0	0	0	±10	±20	±20～±60	0
全角变化率 (°)/30m	0	5.0～7.5	<1.5	5.0～7.5	4.5～3.5	<4.0	<3.0

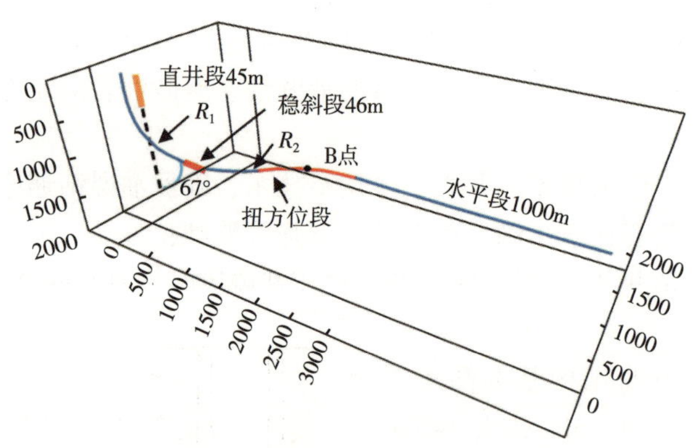

图 4-8　实钻三维井眼轨迹图

（1）直井段控制。地层倾角很小，且地层松软，在 50m 左右的直井段钻井施工中，一般加不上钻压，主要考虑钻井参数的影响，控制排量和钻速，确保直井段垂直。

（2）增斜井段控制。油层垂深 380～430m，造斜点选在 50～70m 之间，至 450m 要达到约 70°井斜，要求造斜率要保持平均 6°/30m。在此井段增斜钻至 155m 完成一开井段钻进，下表层套管固井后，继续二开增斜钻进。

（3）稳斜井段。此井段是螺杆泵的置放段，井斜不得大于 70°，全角变化率不得大于 1.5°/30m，垂深在着陆点垂深以上 20m，由于此段的存在，使得着陆点井斜难于达到 85°以上，这样一般需要在三开段继续造斜至 90°，垂深将下行至低于油中垂深 3～10m，然后上调井斜赶上油中垂深，再水平钻进。这也是因垂深受限所至。

（4）增斜扭方位段 1。此井段将在全角变化率在 7°~8°/30m。全力增斜至 80°~86°，微调方位 3°~5°，钻至着陆点，即油层中上部，完成二开井段钻进。

（5）增斜扭方位段 2。此段将井斜增至 90°，依据具体情况或许继续增斜至 90°~92°，以赶上油中垂深，同时增加方位变化速度。

（6）扭方位井段。此段微调井斜，全力增方位至设计水平段方位，全角变化率控制在 4.0°/30m 以下。

（7）直水平段。在此段维持方位，依据电阻+伽马随钻电测曲线调整井斜，尽力保持全角变化率在 3.0°/30m 以下，确保油层钻遇率。

2）轨迹控制技术要点及措施

入窗精准控制是造斜段到水平段（目的层）的关键一环。由于入窗时井斜已近 90°，井斜对垂深调整及位移的“放大”效应突出。技术要点：略高勿低，造斜率应有 10%~20%余量；早扭方位，稳斜探顶；动态监控，寸高必争，矢量进靶。“矢量进靶”直观地给出了对着陆点位置、井斜角、方位角等状态参数的综合控制要求，形象地表现为靶窗内的一个位置矢量。

现场施工中采取的措施：

（1）结合地质资料和实钻情况，提高卡层（垂深、倾角、走向）准确性；

（2）实时分析计算工具造斜、调整能力，为入窗提供有力保障；

（3）及时进行多点测量，校核轨迹数据，为使用短无磁打好基础；

（4）现场派驻油藏地质人员实时跟踪地层变化，对比分析；

（5）使用短无磁，增加入窗的精度；

（6）合理选择马达角度，调整马达斜坡钻杆等钻具组合，做到导定结合，加快钻井速度，有条件的做到导向入窗，在设计轨迹允许的情况下保持 87°~88°探油层；

（7）准确全面记录工具面、钻压、泵压等参数的变化，对比测量结果，及时预测，准确调整。

3）水平井段控制

水平段是水平井的关键井段，更是控制困难最多的井段。

（1）水平段轨迹控制工艺措施。

水平段钻具组合的选型应加强平稳能力，力争减少水平段轨道调整的工作量；同时应具备一定的造斜能力，通过导向为主、定向辅助相结合，在水平段尽量平稳钻进。水平段控制的实钻轨迹在垂直剖面图上是一条上下起伏的波浪线，当判断钻头到达边界的某一位置时，对后期的转折点及转折后的后效需做充分的预测，避免滞后效应造成脱靶。另外，要随时测量预测分析，定时定量短起下修整井壁。

水平井段要保证在油层中钻进，必须减少测斜盲区，使用短钻铤代替无磁抗压缩钻杆，配合使用多点测斜仪，及时准确掌握井眼轨迹的变化趋势。与现场地质录井相结合，及时掌握录井方面的数据，了解地层厚度、走向、倾角、岩性以及盖层等相关情况；施工过程跟踪分析，知已知彼，预测及时，提前控制。

水平段主要选择 1.5°和 1.25°两种不同型号的马达（一般水平井油层井段建议选择导向安全性较高的 1.25°或 1°的导向马达）。

（2）水平段轨迹地质控制工艺措施。

探油顶和着陆段主要技术难点是如何及时准确地识别出油顶和准确着陆钻入水平段，其主要技术措施是：采用 LWD+导向钻具进行井眼轨迹控制，利用 LWD 的伽马和电阻率测量及时了解地层值的变化，为及时准确地识别出油层和进行井眼轨迹调整，提供了可靠的依据。

常规 LWD 地质导向轨迹控制：LWD 电阻率测点距离钻头 18~20m，MWD 测点距离钻头约 25m，电阻率径向探测深度约 1.5m。适用于地质情况熟悉的，油层较厚且平缓的井况。

径向测井 LWD 地质导向轨迹控制：LWD 电阻率测点距离钻头约 11m，伽马距离钻头 9m，MWD 测点距离钻头约 20m，电阻率径向探测深度约为 5m。适用于地质情况不清楚，油层比较薄的井况。在胡宁 4 的 E3-01、E3-22 井施工中由于地质情况比预想的有很大的变化，在水平井段钻井中使用了该设备，获得较好的效果，E3-01 井油层钻遇率 100%，E3-22 井也及时地检测到了泥岩断层的位置，减少了不必要的进尺。

4）防碰技术

根据委内瑞拉能矿部开发要求和环保限制，油田均采用丛式水平井钻井技术，平台钻井数量多，井口间距为 10m，三维井眼轨迹复杂，防碰绕障问题非常严重，需要制定严格的防碰设计和施工措施，确保钻井安全。

（1）防碰井网设计。

邻井眼轨迹间距不得小于 6m，以消除已完井套管对在钻井的定向仪器的磁场干扰，邻井造斜点要相对错开至少 10m，定向井设计中要精确做出防碰设计，圈定不安全区域。

（2）防碰施工措施：

① 加密测斜，确保井眼轨迹准确无误。

② 接近防碰警示区严格监视钻头工作状况，返出岩屑成分（是否有水泥块）。

③ 密切监视 MWD 的磁场强度信号。

④ 如发现上述危险征兆，立即停止钻进，待核查确定无相碰风险后恢复钻进。或调整绕障轨迹设计，依据设计谨慎施工。

5）钻具组合设计

合理的钻井组合是保证水平井井眼轨迹控制和安全钻井施工的物质保证，通过钻柱力学分析和设计，以及水平井施工要求，形成了一套适合委内瑞拉胡宁区块的各井段钻具组合。

（1）16in 表层井段：

16in 牙轮钻头+井下动力组合（8in 马达 1.5°弯头+15¾in 扶正器）+8$\frac{1}{16}$in 浮阀接头+8in MWD+8in 定向接头+8in×6¾inX-O +2 根 6¼inDC +6 根 6¼in HW+6½in 震击器+6 根 6¼in HW。

（2）12¼in 井眼中间段：

12¼in 牙轮钻头+8in 马达 1.83°弯头及浮阀接头+ 8in LWD+8in MWD+8in NMDC9.26m+8in 定向接头+5in HWDP+6¾in 震击器+1 根 5in HWDP+3 根 5in DP+15 柱 5in HWDP+2 柱组合钻具（2 根 6½in DC+1 根 5in HWDP）。

（3）8½in 水平段（随着井深变化一般有三套不同组合）：

8½in PDC 钻头+6¾in 马达 1.5°弯头+6¾in 浮阀接头+6¾in LWD/MWD+6¾in 无磁钻铤+5in HWDP+6¾in 震击器+5in HWDP+5in DP×22 立柱+5in（2×HWDP+1×DP）×10 立柱+5in HWDP×50 根+ 5in HWDP×6 立柱+40 根 5inHWDP。

在钻井施工过程中，通过对钻柱载荷、摩阻扭矩分析以及不同井段井眼轨迹的要求，不断调整钻具组合、上下倒换钻具来满足水平井钻井施工要求。

6）现场技术措施

（1）钻进垂直井段轻压吊打，确保垂直井段质量，严格按设计井斜方位定向，施工时必须严格控制钻速，密切观察，发现异常立即停钻检查。

（2）造斜段和第一稳斜井段尽力吸收上直段、工具和地层等因素对井眼轨迹控制和探油顶所造成的各种偏差，保证水平井的垂深、井斜和水平位移协调一致。

（3）斜井段采用 MWD+LWD 钻具和合理的钻进参数进行井眼轨迹控制。

（4）钻达着陆点之前斜井段上，砂、泥岩层厚度与参照井中相应层段厚度的对比。

（5）定向造斜前对上部直井段进行多点测斜，根据上部井眼实际轨迹对待钻井眼轨迹进行修正和精确定向，在井斜较小的情况下，将井眼轨迹调整到设计线，以利于下部井眼轨迹控制。

（6）为避免磁干扰，采用陀螺测斜仪定向，待井眼钻出磁干扰区域后，再采用导向马达和 MWD 钻进。

（7）严把测量仪器校验关，测量仪器需经过有资质的计量检定机构进行精度校验，达不到标准要求的仪器不得下井。

（8）加强振动筛返出岩屑的监控，现场驻井地质监督及时跟踪砂样岩性变化。

（9）加强井眼轨迹的监测、预测与控制，注意垂深和井斜的匹配，做到寸高必争，防止垂深对造斜率的某种误差放大作用，给后继探油顶和着陆带来不利影响，做好与邻井的防碰分析。

（10）在满足井眼轨迹控制所需造斜率的要求下，尽力实施旋转钻进，提高井眼轨迹的圆滑度，破坏岩屑床，提高井眼的清洁。

（11）应用 LWD 对井眼轨迹进行随钻监测，利用伽马、电阻率测井的探测半径，跟踪砂岩和及时准确判断钻头位置，并根据需要及时对井眼轨迹进行调整，使水平井水平段始终沿着油层最佳位置钻进。

三、钻井液技术

胡宁 4 区块油层具有重油油藏的三高特征，即孔隙度高、渗透率高、含油饱和度高。Oficina 组下段下部地层以砂岩为主。Oficina 组下段上部地层以灰色泥岩为主，发育煤层和碳质页岩夹层，也有少量砂岩发育，砂层厚度较薄。砂岩主要为石英砂岩，细到粗粒。泥岩主要矿物成分为高岭石，含少量伊利石。高岭石含量一般大于 65%，个别层段超过 90%。砂岩为未固结疏松石英砂岩。新近—古近系渐新世 Merecure 组地层以中细粒石英砂岩为主。通过对胡宁地区使用的钻井液情况分析，各井段钻井液配方及性能基本能满足该区块安全钻井需要，但是二开地层造浆严重，固控设备设备使用效率低，钻完各开次都需清罐、重新配制钻井液，增加了成本，而且钻井液遇稠油会胶结增稠，形成稳定的高黏度水包油乳状液，因此需对钻井液方案进行优化设计。

1. 钻井液设计考虑的因素

（1）稳定井壁：二开大段泥岩造浆严重，井眼易缩径，三开弱胶结，疏松砂岩易坍塌造成砂卡，也易发生压差卡钻，钻井液需具有良好的抑制造浆及封堵护壁防塌能力。

（2）提高润滑性和携岩性：长水平段井眼钻具摩阻扭矩大，井眼清洁困难，易形成岩屑床，钻井液应具有良好的润滑性和携岩能力。

（3）储层保护：高孔高渗储层易发生固相伤害，稠油遇钻井液后形成的胶结物易堵塞筛管，因此钻井液与稠油应具有良好的相容性，对储层大孔喉能形成有效封堵。

（4）降本增效：钻完各开次清罐和重新配制钻井液，浪费时间，增加钻井液和废液处理成本，优化钻井液配方，强化固控，实现二、三开钻井液共用和钻井液重复利用。

2. 钻井液体系

全井采用了水基钻井液体系，优化配方设计，满足全井段疏松地层井壁稳定、长水平段井眼清洁和储层保护等要求。具体参数见表4-3、表4-4。

表4-3　二开钻井液性能表

名称		性能	名称	性能
钻井液密度，g/cm^3		1.22~1.27	30min FL_{API}，mL	6
漏斗黏度，s		53~56	MBT，lb/bbl	5~7.5
塑性黏度，mPa·s		9~12	含砂量，%	0.5
屈服点，$lbf/100ft^2$		9~13	pH值	8.8~9.1
切力，$lbf/100ft^2$	10s	3~4	含油，%	6
	10min	4~5		

表4-4　三开钻井液性能表

名称		性能	名称	性能
钻井液密度，g/cm^3		1.11~1.17	30min FL_{API}，mL	5
漏斗黏度，s		51~54	MBT，lb/bbl	5
塑性黏度，mPa·s		14~15	含砂量，%	<1
屈服点，$lbf/100ft^2$		33	pH值	9.8~10
切力，$lbf/100ft^2$	10s	8~10	含油，%	6
	10min	10~12		

1）表层段

表层使用膨润土水基钻井液体系，具有良好造壁性能与携屑性能，保证井底岩屑充分带出，防止卡钻，并具有一定的高黏度和防渗漏功能，同时也考虑了120m左右的地下水以及浅层气对钻井液的伤害。

主要处理剂和配方：H_2O+0.3%~0.5%Na_2CO_3+5%~8%膨润土+0.1%~0.5%CMC等聚合物处理剂。

维护处理方法与要求：

（1）膨润土浆预水化16h以上，然后加入各种处理剂。

（2）使钻井液具有良好造壁性与携岩性，保证井底钻屑能被充分带出，防止卡钻，并具有一定的防渗漏功能。

2）中间段

选用无土相强抑制性聚合物水基钻井液体系。二开井斜方位变化大，狗腿度严重，泥岩段易膨胀造成井眼缩径，要求二开钻井液体系应具有较强的悬浮、清洁井眼及造壁的能力，性能稳定，具有防粘、防卡、储层保护及防漏作用。

主要处理剂和配方：H_2O+7%~10%醋酸钾+0.5%~1.5%CMC+2%~3%改性淀粉+0.2%~0.3%黄原胶+0.5%~1.5%杀菌剂+0.3%~0.5%大分子包被絮凝剂+碳酸钙加重。

维护处理方法与要求：

（1）为抑制地层造浆，钻井液应足量加入醋酸钾（维持 K^+浓度≥30000mg/L）。

（2）为及时有效的清除钻井液中的劣质固相，应在充分使用四级固控设备的同时，向钻井液中持续加入大分子聚丙烯酰胺类包被絮凝剂。

（3）用碳酸钙做加重剂，为将二开钻井液转化为三开钻井液创造条件。

通过有效控制地层自然造浆，维持钻井液的低固相、低 MBT 值，才能实现将二开钻井液转化为三开钻井液，以节约时间、降低成本；要求振动筛筛布尺寸≥120 目，高速离心机使用率>80%，离心机处理量≥40m^3/h。

3）水平段

采用无土相黏弹性聚合物水基钻井液体系。水平井段全部在油层中穿过，由于油层胶结疏松且渗透率极高，井眼容易坍塌造成砂卡和压差卡钻，因此要求钻井液具有以下性能：

（1）很好的造壁性能，很好的润滑性，防止井眼坍塌卡钻。

（2）低失水防止卡钻。

（3）较强的携屑性和悬浮能力，保证井底岩屑充分带出。

（4）低固相防油层伤害。

主要处理剂和配方：H_2O+5%~7%醋酸钾+0.5%~1.5%CMC+2%~3%改性淀粉+0.2%~0.3%黄原胶+0.5%~1.0%PAC+0.5%~1.5%杀菌剂+1%~2%流型调节剂（根据需要）+8%~12%柴油或矿物油+0.5%~1.5%乳化剂+合理级配碳酸钙。

4）维护处理方法与要求

（1）为防止岩屑床形成，应确保钻井液动塑比≥1，及时添加流型调节剂材料，提高钻井液携岩能力。

（2）以封堵大孔喉（60~100μm）为重点，优化选择 20~30μm、40~45μm、70~75μm 三种粒径的 $CaCO_3$ 级配，考虑 160μm 大孔喉的存在，可添加少量 115~120μm 粒径的 $CaCO_3$。

（3）形成具有高效封堵作用的高质量含 $CaCO_3$ 滤饼，既有利于疏松砂岩水平段的井壁稳定，同时还可有效防止钻井液侵入储层。

（4）为减少钻井液与稠油相容性差造成的储层伤害，应优化钻井液配方，向钻井液中加入约 10%的柴油及适量乳化剂，溶解、乳化混入钻井液中的稠油，提高钻井液与稠油的相容性，同时还可提高钻井液的润滑性和护壁防塌能力。

为降低钻具摩阻、扭矩，必须加强对钻井液泥饼摩阻系数的检测，确保形成光滑、薄的优质滤饼，保证钻井液具有良好的润滑性能。

四、应用情况

委内瑞拉胡宁4区块成功完成了7口三维大位移长水平段钻井作业，其中E3-23井完钻井深1984.1m，垂深375.3m，水平位移1688.4m，水垂比达到4.5，成为目前已钻完井中水垂比最大的三维水平井（表4-5）。

表4-5　委内瑞拉胡宁4区块7口三维大位移长水平段井作业情况

井号	井深 m	垂深 m	水平位移 m	水垂比	造斜点 m	最大狗腿度 (°)/30m
IZJ-0008	1 780	429	1398	3.26	45.7	9.08
IZJ-0009	1 768	398	1387	3.48	45.7	9.98
IZJ-0011	1 989	429	1466	3.42	45	8.6
IZJ-0012	1 981	427	1609	3.77	34	8.93
IZJ-0013	1 984	375	1688	4.50	45	9.07
IZJ-0016	2 041	431	1792	4.16	45	8.15
IZJ-0021	1 900	436	1618	3.71	44	7.01

委内瑞拉胡宁4区块丛式三维水平井钻井技术，通过平台优化、井眼轨迹优化与控制技术和钻井液技术的应用，节约了钻井周期，保证了胡宁4区块浅层大位移长水平段三维水平井的安全施工作业，与胡宁2、胡宁5和胡宁6等其他邻区块的水平井作业相比钻井周期提高21%以上，实现钻井成功率100%，消除了项目启动初期大家对胡宁4区块浅层大位移丛式三维水平井钻井工程施工难以实现的顾虑。

五、小结

（1）掌型错位平台优化布井技术已得到了委内瑞拉国家石油公司PDVSA技术人员的认可，已经在奥里诺科重油带后续开发方案中推广应用。

（2）井眼轨迹优化和控制技术的应用，实现了浅层疏松砂岩地层高造斜率和长水平段井眼轨迹控制。

（3）通过对防碰问题的研究，制定了防碰技术措施，现场严格施工，密切监视，有效地解决了井网之间的碰撞问题。

（4）在原钻井液体系基础上进行了配方与处理剂优化，提出了各井段钻井液维护处理方法和要求，最大限度地解决了井壁坍塌和井眼清洁问题，更好地保护了储层，为疏松砂岩长水平段安全钻进提供了技术保证。

（5）现场采用顶驱自重进行井口加压，简单易行，在下套管时，现场加工“顶驱加压接头”，使用方便，在套管下放过程中可以随时加压，值得推广应用。

第二节　乍得H区块优快钻井技术

乍得H区块是中国石油海外面积最大的风险勘探项目，涵盖Lake Chad、Madiago、Bongor、Doba、Doseo、Salamat和Erdis七个沉积盆地的全部或部分区域，沉积盆地面积约占区块面积的25%，有效勘探面积达$6\times10^4km^2$。

一、钻完井难点分析

乍得H区块Bongor盆地地处非洲乍得湖东南部，中、西非裂谷系交汇部位，是受中非剪切带影响发育起来的中—新生代裂谷盆地。盆地包括Ronier、Mimosa、Prosopis、Great Baobab、Daniela、Raphia、Lanea和Phoenix八个含油气区块。目前共有Baobab、Mimosa、Phoenix、Raphia、Lanea五个潜山带已获得工业油流突破。

乍得H区块上部主要由砂岩和泥岩组成，中部为页岩和砂泥岩互层，底部为致密的花岗岩，不同区带基底岩性存在明显差别，第一类基底为花岗片麻岩，如Baobab C-1井，第二类基底类似石英岩，如Cassia W-1井。从已钻井的数据来看，基岩钻遇深度从最浅1100m（Baobab N-7井），到最深2533m（Cassia N-2井）。

温度梯度为3.8~4.9℃/100m，其中地表平均温度27.3℃，油藏温度为51.7~98.2℃。

压力系数为0.9~1.10，属于正常的压力系统，其中Dan W-1区块PI层属异常高压，压力系数为1.33。

通过对乍得H区块已钻井资料分析，钻进过程中主要存在以下钻井难点：

（1）井眼缩径，井壁垮塌。乍得H区块已钻井几乎每口井都存在起钻超拉、下钻遇阻的情况，为了保证井眼畅通，被迫采取每钻进200~300m或钻进36h短起下钻一次，起下钻时间占到总时间的17%以上，图4-9为Baobab N-8短起下钻和起下钻情况统计。

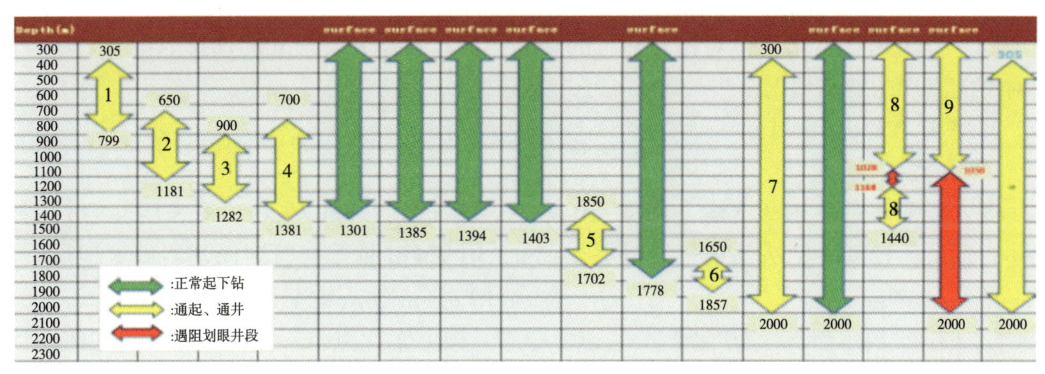

图4-9　Baobab N-8短起下钻起下钻情况统计

潜山地层以裂缝、溶洞等次生孔隙为主要储集层，地层压力低，容易发生漏失和井涌等事故，尤其是后期完钻卡界面时，易发生严重井塌；当钻至潜山逆断层造成的花岗片麻岩破碎带时，地层坍塌严重，且掉块粒度大、密度和硬度高，极易发生卡钻。如Cassia W-1在基岩钻进过程中发生大型漏失，堵漏处理时间3.16天，损失钻井液$156m^3$，被迫在2340m提前完钻；Baobab C-1从进入基岩到完井共发生6次漏失，总共损失钻井液约$230m^3$。

（2）机械钻速慢，钻井周期长。H区块潜山构造岩性主要是花岗岩，地层岩石致密、可钻性低、研磨性高、破碎困难，常规钻具钻中生界地层时，机械钻速很低，钻进过程中，间断性出现的蹩跳现象，导致钻头先期失效亦制约着钻井速度的提高，钻头平均机械钻速0.5~1.5m/h。

（3）高温高压给施工带来诸多不利因素。随着井深的增加，地层温度和压力不断增大，高温高压条件下钻井液稳定性变差，极易失效，处理维护比较困难。

（4）施工区块地处灌木丛林环境，环保要求苛刻。

二、井身结构优化设计技术

井身结构优化设计是钻井成功实施的一项关键技术，它不仅关系到钻井施工的安全，而且关系到油田开发的经济性。合理性的井身结构设计应对钻井地质条件（包括岩性、地下压力特性、复杂地层的分布、井壁稳定性、地下流体特性等）加强认识，利用已钻井测井资料、实钻钻井液密度、地破试验或地层完整性试验、漏失、溢流及井壁失稳阻卡记录等数据，预测形成地层三压力剖面并结合前期完成井实钻情况，同时根据开发及采油工程的要求，确定井身结构设计原则，经过现场应用效果评价与完善，形成最终井身结构方案。

1. 井身结构设计原则

（1）满足发现和保护油气层的目的，最后一层中间套管坐进潜山 2~5m；为防止揭开潜山顶界风化壳过多，导致井漏，要求揭开程度以 2~5m 为宜。

（2）完井方式要满足对油、气、水层的进一步认识及分层开采的需要，完井井眼尺寸能使各种测试以及各种增产措施便于实施。

（3）以地层孔隙压力、破裂压力为设计依据，以坍塌压力预测结果为参考，尽可能避免在同一裸眼井段内出现 2 个以上不同压力系统的地层。

（4）充分考虑复杂层位对钻井施工的影响，在井眼及套管尺寸的选择上留有余地，以应对可能出现的特殊情况。

2. 井身结构优化

1）方案一

此方案采用三开井身结构（图 4-10），表层钻进到 300m 左右，下表层套管封固新近—古近系，$12\frac{1}{4}$in 钻头钻到基岩以下 2~5m，用 $9\frac{5}{8}$in 技术套管封固基岩以上地层，然后用 $8\frac{1}{2}$in 钻头钻至目的层。

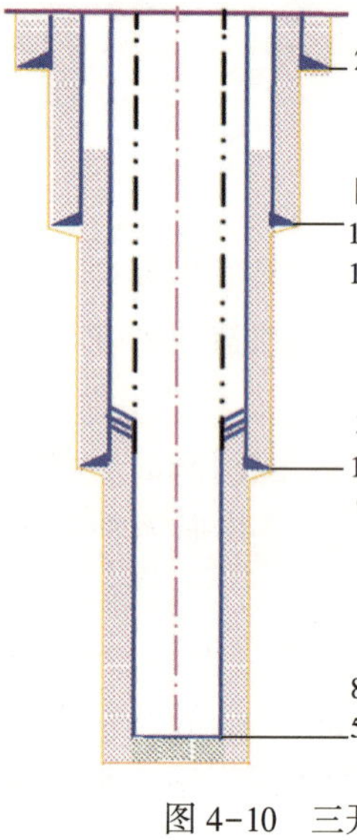

20in导管 × 12m

固井水泥浆返至地面

$17\frac{1}{2}$in钻头 / $13\frac{3}{8}$in套管 × 300m左右

水泥返高根据上部油层高度

$12\frac{1}{4}$in钻头 / $9\frac{5}{8}$in套管 × 进入基岩2~5m

$8\frac{1}{2}$in钻头 / $5\frac{1}{2}$in尾管 × TD

图 4-10　三开井身结构图

该方案优点：一是可以兼顾潜山储层和上部砂岩储层；二是用技术套管封固了上部易坍塌地层，保证潜山地层钻进时的井下安全；三是潜山储层压力一般比较低，容易发生井漏，使用技术套管后，可以在潜山地层钻进时适用较低的钻井液密度，从而减少漏失和降低钻井液对潜山储层的伤害；四是使用技术套管后，可以防止钻井液对上部储层的长时间浸泡，减少井下事故的发生和减轻钻井液对上部储层的伤害；五是 $8\frac{1}{2}$in 井眼有利于提高机械钻速；六是三开采用裸眼完井，不需要下套管固井，降低了作业成本和作业风险。

2）方案二

该方案主要针对井深在 3000m 以内的井，如井深超过 3000m，不推荐使用此方案。

此方案采用二开井身结构（图 4-11），表层 12¼in 钻头钻进到 300m 左右，下表层套管封固新近—古近系，二开用 8½in 钻头钻至目的层。

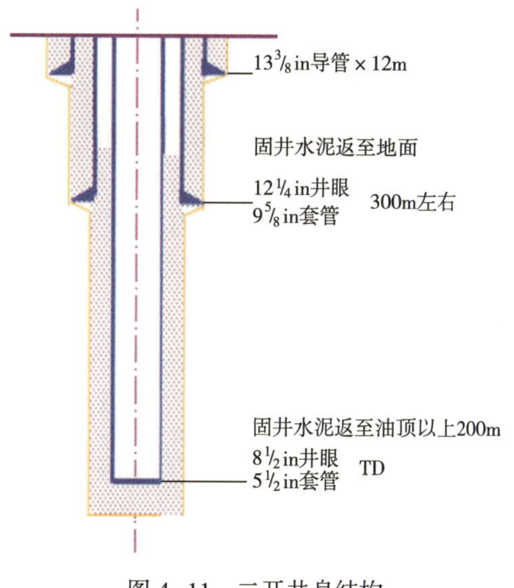

图 4-11　二开井身结构

该方案优点：一是套管程序少，可以减少套管成本和固井成本；二是常规 8½in 井眼有利于提高机械钻速。该方案的缺点：一是二开裸眼段太长，上部泥岩井眼容易垮塌掉块，存在井下安全风险；二是潜山地层钻井速度慢，钻井液对井壁浸泡时间过长，容易造成泥页岩水化膨胀、垮塌存而造成卡钻等井下事故，而且容易造成上部砂岩储层伤害；三是采用这种井身结构时，为了平衡上部地层压力，防止上部砂岩储层油气侵，钻井液密度较高，容易造成潜山地层漏失，伤害潜山储层。

从勘探开发需要和井下安全角度综合考虑，开发井（直井和定向井）及井深小于 2000m 兼探潜山的探井采用第二种井身结构方案；井深大于 3000m 兼探潜山的探井采用第一种井身结构方案。

井身结构优化技术在乍得 H 区块推广应用 40 余口井，累计节约钻井成本 300 余万美元。

三、钻头优化选型及参数优化

1. 岩石可钻性分析

岩石力学参数是反映岩石综合性质的基础数据，选取 Bongor 盆地中 Cassia 区块已完成井 Cassia W-1 的测井数据，利用井的声波时差和密度测井数据，计算了三个区块的地层岩石抗压强度、抗剪强度和可钻性级值，计算结果见表 4-6。

表 4-6　Casssia W-1 井各地层岩石力学性能

地层	地层顶界 m	抗压强度 MPa	抗剪强度 MPa	岩石密度 g/cm^3	可钻性级值
Ronier	383	3. 20~46. 00	9. 00~30. 90	2. 06~2. 45	2. 50~3. 97
Kubla	1055. 5	10. 40~55. 20	11. 40~31. 90	2. 15~2. 48	3. 31~4. 96
Mimosa	1763	3. 60~71. 20	11. 22~51. 60	2. 22~2. 51	4. 09~5. 52
Cailcedra	2190. 5	16. 01~73. 20	14. 70~53. 40	2. 25~2. 55	4. 10~6. 91

2. 已钻井钻头使用情况

统计并分析了 11 口已钻井共使用的钻头 32 只（多数钻头为二次甚至三次入井，统计时未进行区分），总进尺 19047m，平均每口井使用钻头 3. 8 只，平均单只钻头进尺 453m，平均单只钻头机械钻速是 8. 67m/h。一开井段：只有 DS-1 井，一开钻深 449. 5m，单只钻头机械钻速为 18. 38m/h；其余井一开井段，井深（218～349m）的机械钻速为 27. 92～43. 28 m/h；二开井段采用 PDC 钻头，PDC 单只钻头平均机械钻速 1. 63～17. 61m/h，钻遇基岩极硬地层换用牙轮钻头钻进，基岩牙轮钻头平均机械钻速 1. 29～3. 52m/h。

3. 钻头选型

根据区块的地层岩石可钻性级别及已使用钻头情况，确定区块钻头优化选型。

已钻井一开 ϕ311. 1mm 井眼只用一只 IADC117 牙轮钻头，机械钻速大于 30m/h，因此，一开继续推荐使用 IADC117 牙轮钻头。

已钻井二开 ϕ215. 9mm 井眼，采用的 16mm 齿 5 刀翼钻头，平均机械钻速 9m/h 左右，没有出现崩齿情况，磨损等级在 1 左右，说明基岩以上的下白垩系地层的可钻性较好。为进一步提高钻头牙齿吃入地层的能力，二开使用 19mm 齿 5 刀翼钻头，IADC 编码 M223。

基岩段主要是致密的花岗岩，地层岩石致密、可钻性低、研磨性高、破碎困难，采用 IADC 517 或 IADC537 牙轮钻头，试用 M433、6 刀翼、13～16mm 切削齿 PDC 钻头。

（1）开发井（直井和定向井）钻头选型和钻井参数见表 4-7。

表 4-7　开发井（直井和定向井）钻头选型及钻井参数

<table>
<tr><th>井段
m</th><th>地层</th><th>钻头尺寸
mm</th><th>IADC
编码</th><th>数量
只</th><th>钻压
kN</th><th>转速
r/min</th><th>排量
L/s</th><th>泵压
MPa</th></tr>
<tr><td>0～(300～350)</td><td>Q+T</td><td>311. 1</td><td>117</td><td>1</td><td>30～80</td><td>90～120</td><td>45～60</td><td>6～10</td></tr>
<tr><td rowspan="2">～TD</td><td rowspan="2">R，K，
M，P</td><td rowspan="2">215. 9</td><td>M223</td><td>1</td><td>60～140</td><td>50～60
+螺杆转速</td><td>35～40</td><td>15～21</td></tr>
<tr><td>517 或 537</td><td>1</td><td>30～100</td><td>65～110</td><td>35～40</td><td>6～21</td></tr>
</table>

注：二开备用一只 IADC517 或 IADC537 牙轮钻头，可用于钻塞或定向用，或钻入基岩段使用，如果用 PDC 钻头钻塞，那么必须是可钻式浮鞋、浮箍。

（2）兼探潜山探井（井深小于 2000m）钻头选型和钻井参数见表 4-8。

表 4-8　兼探潜山探井（井深小于 2000m）钻头选型及钻井参数

<table>
<tr><th>井段
m</th><th>地层</th><th>钻头尺寸
mm</th><th>IADC
编码</th><th>数量
只</th><th>钻压
kN</th><th>转速
r/min</th><th>排量
L/s</th><th>泵压
MPa</th></tr>
<tr><td>0～(300～350)</td><td>Q+T</td><td>311. 1</td><td>117</td><td>1</td><td>30～80</td><td>90～120</td><td>45～60</td><td>6～10</td></tr>
<tr><td rowspan="2">～进入基岩
2～3m</td><td rowspan="2">R，K，
M，P</td><td rowspan="2">215. 9</td><td>M223</td><td>1</td><td>60～140</td><td>50～60
+螺杆转速</td><td>35～40</td><td>15～21</td></tr>
<tr><td>517 或 537</td><td>1</td><td>30～100</td><td>65～110</td><td>35～40</td><td>6～21</td></tr>
<tr><td>～TD</td><td>基岩</td><td>152. 4</td><td>517 或 537</td><td>1</td><td>80～120</td><td>60～90</td><td>12～15</td><td>15～21</td></tr>
</table>

注：二开备用一只 IADC517 或 IADC537 牙轮钻头，可用于钻塞。

（3）兼探潜山探井（井深大于3000m）钻头选型和钻井参数见表4-9。

表4-9 兼探潜山探井（井深大于3000m）钻头选型及钻井参数

<table>
<tr><th>井段
m</th><th>地层</th><th>钻头尺寸
mm</th><th>IADC
编码</th><th>数量
只</th><th>钻压
kN</th><th>转速
r/min</th><th>排量
L/s</th><th>泵压
MPa</th></tr>
<tr><td>0~(300~350)</td><td>Q+T</td><td>444.5</td><td>117</td><td>1</td><td>30~80</td><td>90~120</td><td>50~65</td><td>6~10</td></tr>
<tr><td rowspan="2">~进入基岩
2~3m</td><td rowspan="2">R，K，
M，P</td><td rowspan="2">311.1</td><td>M223</td><td>1</td><td>60~160</td><td>50~60
+螺杆转速</td><td>45~60</td><td>18~21</td></tr>
<tr><td>517或537</td><td>1</td><td>30~100</td><td>65~110</td><td>45~60</td><td>6~21</td></tr>
<tr><td rowspan="2">~TD</td><td rowspan="2">基岩</td><td rowspan="2">215.9</td><td>517或537</td><td>1</td><td>60~140</td><td>60~90</td><td>30~35</td><td>18~21</td></tr>
<tr><td>试用M433</td><td>1</td><td>80~140</td><td>50~60
+螺杆转速</td><td>30~35</td><td>18~21</td></tr>
</table>

注：二开备用一只IADC517或IADC537牙轮钻头，可用于钻塞，如果用PDC钻头钻塞，那么必须是可钻式浮鞋、浮箍。

4. 钻井参数优选

1）水力参数优选

ϕ444.5mm井眼处于上部表层井段，地层松软，可钻性好，适当控制排量和泵压钻进。

ϕ311.1mm井眼在上部地层（Mimosa层以上），岩石可钻性较好，PDC配合螺杆钻具，增大钻头压降，缩小喷嘴，适当加大排量（50~60L/s），可增大钻头水功率；Mimosa以下地层可钻性逐步降低，使用6刀翼PDC配合螺杆或适用HJT447G牙轮钻头。三开井水力参数设计见表4-10。

进入基岩后，岩石可钻性差，研磨性强，容易发生井漏，采用ϕ215.9mm牙轮钻头，适当增大喷嘴，降低排量。

2）机械参数优选

ϕ444.5mm钻头主要靠强化机械参数来提高钻速。井深300m以浅，以适当钻压、高转速来提高速度。

ϕ311mm钻头，上部PDC配合螺杆钻具，钻压一般在30~120kN，转速60~70r/min+马达转速，下部牙轮钻头在相同水力参数条件下，钻压可提高到280kN，转速85r/min。

ϕ215.9mm钻头采用高钻压、低钻速钻进，钻压180~200kN，转盘钻速在70r/min左右。

表4-10 三开井水力参数设计

<table>
<tr><th>序号</th><th>井段
m</th><th>钻头尺寸
mm</th><th>钻头型号</th><th>钻压
kN</th><th>转速
r/min</th><th>当量喷嘴直径
mm</th><th>泵压
MPa</th><th>排量
L/s</th><th>泵功率
kW</th><th>环空返速
m/s</th></tr>
<tr><td>1</td><td>0~300</td><td>444.5</td><td>HAT117G</td><td>50~80</td><td>120</td><td>24.04</td><td>17.78</td><td>65.00</td><td>1155.7</td><td>0.46</td></tr>
<tr><td rowspan="2">2</td><td rowspan="2">300~进入
基岩2m</td><td>311.1</td><td>DSX104HGW</td><td>30~120</td><td>60+motor</td><td>24.00</td><td>18.49</td><td>50~60</td><td>1109.3</td><td>0.95</td></tr>
<tr><td>311.1</td><td>HJT447G</td><td>200~300</td><td>70~90</td><td>22</td><td>18~19</td><td>50~60</td><td>1109.3</td><td>0.91</td></tr>
<tr><td>5</td><td>进入基岩
2m ~TD</td><td>215.9</td><td>HJT517G
HJT537</td><td>180~200</td><td>70</td><td>17.72</td><td>19</td><td>30</td><td>534.4</td><td>0.85</td></tr>
</table>

5. 钻具组合优化

（1）一开钻具组合：17½in钻头+3接头×8in DC+3接头×6½in DC+6接头×5in

HWDP+5in DP。

（2）二开钻具组合：二开上部钻具组合：12¼in PDC+210 马达+8in DC×1 +12¼in 稳定器×1+8in×5+7in DC×6½in DC×6+ 5in HWDP ×18+5in DP。

二开下部钻具组合：12¼in 牙轮钻头+2×8in DC+12¼in 稳定器+11×8in DC+9 ×7in DC +10×6½in DC+15×5in HWDP+5in DP。

（3）三开钻具组合：8½in 牙轮钻头+6½in DC×2+8½in 稳定器+6½in DC×24+5in HWDP×15+5in DP 。

钻头优选等技术在乍得H区块应用40余口井，机械钻速大幅提高，钻进周期大幅缩短，平均机械钻速从14.5m/h提高至19.3m/h，提高33.1%，平均日进尺从203m/天提高至325m/天，提高60.1%，处理井眼复杂时间由原来的23.5%减少至8.7%，非生产时效从1.5%减少至0.3%，节约钻进时间46天，中完时间累计节约109天。

四、强抑制封堵防塌胺基钻井液技术

1. 井壁失稳机理研究

乍得H区块存在大段泥页岩，经常遇到上部松散砂岩地层井径扩大严重、下部泥页岩地层剥蚀掉块、井径不规则、坍塌现象严重等井壁失稳问题。Mimosa、Prosopis 地层岩屑及掉块情况如图4-12、图4-13所示。

图4-12　Mimosa 地层岩屑及掉块

图4-13　Prosopis 地层掉块

选取H区块Baobab N-8井易坍塌掉块的Mimosa、Prosopis地层取到的岩心，用X射线衍射法进行全岩矿物和黏土矿物组成分析，其全岩矿物和黏土矿物分析结果分别见表4-11和表4-12。

表4-11　乍得H区块Baobab N-8泥页岩地层的全岩矿物分析结果

分析号	井段 m	岩性	矿物种类和含量,%								黏土矿物总量,%
			石英	钾长石	钠长石	方解石	白云石	菱铁矿	方沸石	非晶质	
2011-4165	1050	泥岩岩屑	5.3	4.4	4.7	6.0	—	2.4	2.7	44.6	29.9
2011-4166	1350	泥岩岩屑	5.5	8.6	7.1	5.5	—	3.9	2.8	33.6	33.0
2011-4167	1995	泥岩岩屑	8.0	—	5.2	12.8	—	6.5	0.3	34.8	32.4

表 4-12 乍得 H 区块 Baobab N-8 泥页岩地层的黏土矿物分析结果

分析号	井段 m	岩性	黏土矿物相对含量,%						混层比,%S	
			蒙脱石	伊/蒙混层	伊利石	高岭石	绿泥石	绿/高混层	伊/蒙混层	绿/高混层
2011-4165	1050	泥岩岩屑	—	80	7	8	5	—	50	—
2011-4166	1350	泥岩岩屑	—	75	8	11	6	—	50	—
2011-4167	1995	泥岩岩屑	—	74	5	15	6	—	40	—

从以上分析结果可见，乍得 H 区块 Baobab N-8 泥页岩地层的矿物组成相似，表现在地层岩性均为典型的泥页岩，黏土矿物总量在 30%左右，黏土类型均以伊蒙混层为主，占 70%以上，而且间层比均在 40%以上。

对 Baobab N-8 井 Mimosa、Prosopis 地层的岩样进一步进行了阳离子交换容量的试验，试验标准参照 SY/T 5613《泥页岩理化性能试验方法》进行，分别计算泥页岩的阳离子交换容量（CEC）和泥页岩的膨润土相当量（MBT）值，试验结果见表 4-13 和表 4-14。

表 4-13 乍得 Baobab N-8 井泥页岩阳离子交换容量

分析号	井段 m	岩性	页岩交换容量 mmol/100g	b，g	CEC mmol/kg	MBT g/L
2011-4165	1050	泥岩岩屑	13. 5	1. 0	135	192. 8
2011-4166	1350	泥岩岩屑	11. 2	1. 0	112	160
2011-4167	1995	泥岩岩屑	10. 7	1. 0	107	152. 8

表 4-14 乍得 Baobab N-8 井泥页岩岩屑在蒸馏水中的岩屑回收率和线性膨胀率

分析号	井段，m	岩性	岩屑回收率,%	线性膨胀率,%
2011-4165	1050	泥岩岩屑	38. 5	54. 38
2011-4166	1350	泥岩岩屑	24. 9	36. 3
2011-4167	1995	泥岩岩屑	30. 8	45. 7

试验结果表明：乍得 H 区块 Mimosa、Prosopis 地层泥页岩交换容量（毫克容量）为 10. 7~13. 5 mmol/100g，蒸馏水的岩屑回收率在 30%左右，线性膨胀率在 45%左右，结合全岩矿物和黏土矿物分析结果，确定乍得 H 区块 Mimosa、Prosopis 地层泥页岩属于易坍塌页岩，具有遇水非均匀膨胀，孔隙压力异常高，容易沿裂缝断裂，遇淡水严重垮塌等特点。

乍得 H 区块 Mimosa、Prosopis 地层泥页岩矿物扫描电镜分析：为了全面了解所取岩样的结构特征，分别对岩石矿物全貌和局部进行了分析，乍得 H 区块 Baobab N-8 井 Mimosa、Prosopis 地层岩样扫描电镜的分析结果如图 4-14、图 4-15 所示。

从图 4-14 和图 4-15 中可以看出，岩样中有许多的层面和纹理，从局部放大图中可以看出微裂缝发育丰富，且呈平行排列分布。这些连接比较弱的面容易吸水，因此是良好的

图 4-14 乍得 Baobab N-8 井 Mimosa、Prosopis 地区岩样的扫描电镜全貌图

图 4-15 乍得 Baobab N-8 井 Mimosa、Prosopis 地区岩样的扫描电镜局部图

毛细通道，钻井液滤液极易沿裂缝侵入地层深部，对整个近井壁地带的岩石进行网状分割。

综合以上研究，得出 H 区块 Mimosa 地层井壁坍塌的机理：丰富的裂隙为钻井液滤液的快速、大量侵入提供了客观条件。黏土矿物中伊/蒙混层含量较高，钻井液滤液侵入伊/蒙混层后，因水化能不同产生不同的膨胀压，不均匀膨胀压力使泥页岩产生裂缝，降低泥岩胶结强度，导致泥页岩剥落掉块。微裂缝发育，表明在地层中存储着较大的构造应力。井眼的形成，使原有的应力平衡遭到破坏，失去平衡的构造应力为达到新的平衡会将应力向最薄弱的井眼释放而导致井塌。

2. 封堵剂优选

体系选用微球封堵聚合物 ISP-1 作为主要封堵剂。该处理剂根据反相悬浮聚合原理制备而成，具有良好的封堵防塌作用，能有效抑制黏土的水化分散，防止油层水敏性伤害；聚合物弹性微球具有较好的弹性，在压差作用下会发生弹性变形，以适应不同形状和尺寸的孔喉，对较宽尺寸的孔喉产生良好封堵作用，形成致密滤饼，降低钻井液向油层渗滤，是配制钻井液优良的封堵防塌剂和油层保护剂。

通过实验对比了 ISP-1 与磺化沥青封堵孔隙性能：用 CL-Ⅱ高温高压岩心滤失实验仪测定同一中等渗透率的岩心分别被 ISP-1 和磺化沥青污染前后的进口压力变化情况［钻井液配方：蒸馏水+3% ISP-1（或磺化沥青 FT-1）］。

实验结果表明，磺化沥青能提高突破压力 1.7MPa，而同等条件下微球封堵聚合物 ISP-1 可提高 3.5MPa。因此，微球封堵聚合物比磺化沥青能更有效阻止或减缓液相通过储层，从而稳定井壁、保护储层。

3. 抑制剂优选

钻井液用胺基抑制剂 SIAT 是针对泥页岩易水化分散难题而研发的一种新型高效泥页岩抑制剂。SIAT 分子尺寸适中，能渗入黏土片层，分子中含有极性胺基，与水分子争夺黏土颗粒上的连结部位，胺基易被黏土优先吸附，固定黏土片层的间距，降低黏土水化膨胀，具有良好的抑制效果，可直接加入各种水基钻井完井液中。室内研究中，把水基钻井液体系常用的抑制剂 KCl、小阳离子抑制剂 CSW 与新型泥页岩抑制剂 SIAT 进行抑制性能对比。评价依据：体系抑制性能越强，添加膨润土对体系的流变性能影响越小，体系的膨润土容量限越高。各体系每次添加 2.5%的膨润土，测试结果见表 4-15、表 4-16。

表 4-15　每次添加膨润土后不同转速下各体系的最大读数（70℃下热滚 16h）

膨润土加量 %	清水				2% KCl 溶液				2% CSW 溶液				2% SIAT 溶液			
	Φ_{600}	Φ_{300}	Φ_3	$G_{10'}$ Pa	Φ_{600}	Φ_{300}	Φ_3	$G_{10'}$ Pa	Φ_{600}	Φ_{300}	Φ_3	$G_{10'}$ Pa	Φ_{600}	Φ_{300}	Φ_3	$G_{10'}$ Pa
2. 5	2. 5	1. 4	0	0	2	1	0	0	2	1	0	0	1	1	0	0
5. 0	18	13. 5	5	13	2. 5	1. 5	0	0	2. 5	1. 5	0	0	1. 5	1	0	0
7. 5	43. 5	34. 5	20	46	3	2	0	0	4	2. 5	0	0	2	1	0	0
10. 0	104. 5	86. 5	54	77	5	3	2	2	4	3	0. 5	0. 5	2. 5	1. 5	0	0
12. 5	—	—	—	—	12	9. 5	5	4	6	4	1	0. 5	3	2	0	0
15. 0	—	—	—	—	24	20	12	20	10	7	3. 5	4	3	2	0	0
17. 5	—	—	—	—	59	54	36	42	25	20	8	11	3. 5	3	0	1
20. 0	—	—	—	—	138	130	65	86	40	32	11	14	4	3. 5	0	0
22. 5	—	—	—	—	—	—	—	—	82	68	30	32	5	4	1	1
25. 0	—	—	—	—	—	—	—	—	236	220	106	144	6	5	2	2
27. 5	—	—	—	—	—	—	—	—	—	—	—	—	10	7	4	5

注：“—”表示超出读数范围。

表 4-16　每次添加膨润土后各体系的流变性能（70℃下热滚 16h）

膨润土添加量 %	清水			2% KCl 溶液			2% CSW 溶液			2% SIAT 溶液		
	AV mPa·s	*PV* mPa·s	*YP* Pa	*AV* mPa·s	*PV* mPa·s	*YP* Pa	*AV* mPa·s	*PV* mPa·s	*YP* Pa	*AV* mPa·s	*PV* mPa·s	*YP* Pa
2. 5	1. 25	0. 9	0. 35	1	1	0	1	1	0	0. 5	0	0. 5
5. 0	9	4. 5	4. 5	1. 25	1	0. 25	1. 25	1	0. 25	0. 75	0. 5	0. 25
7. 5	21. 75	9	12. 75	1. 5	1	0. 5	2	1. 5	0. 5	1	1	0
10. 0	52. 25	18	34. 25	2. 5	2	0. 5	2	1	1	1. 25	1	0. 25
12. 5	—	—	—	6	2. 5	3. 5	3	2	1	1. 5	1	0. 5
15. 0	—	—	—	12	4	8	5	3	2	1. 5	1	0. 5
17. 5	—	—	—	29. 5	5	24. 5	12. 5	5	7. 5	1. 75	0. 5	1. 25
20. 0	—	—	—	69	8	61	20	8	12	2	0. 5	1. 5
22. 5	—	—	—	—	—	—	41	14	27	2. 5	1	1. 5
25. 0	—	—	—	—	—	—	118	16	102	3	1	2
27. 5	—	—	—	—	—	—	—	—	—	5	3	2

注：“—”表示超出读数范围。

膨润土在清水中很容易吸水膨胀分散，添加 2. 5%的膨润土后，体系因膨润土分散使得黏度显著增大而无法测出其流变性能参数，而体系中添加 KCl、CSW 或 SIAT 后，体系均对膨润土的分散显示出了不同程度的抑制性能，其中添加泥页岩抑制剂 SIAT 的溶液体系测得的流变性能参数值小且前后非常接近，表明泥页岩抑制剂 SIAT 有良好的抑制性能，且在所评价的化合物当中抑制性能最佳。

4. 强抑制封堵防塌胺基钻井液配方及性能

经室内实验及现场应用，确定强抑制封堵防塌胺基钻井液配方体系（表 4-17）如下：

2.5%膨润土+0.4%NaOH+0.8%DSP-2+0.3%PAC-LV+ 1.0%铵盐+0.2%EMP+2%微球聚合物 ISP-1+3%无荧光防塌剂 YLA+8%KCOOH+1.5%SIAT+重晶石（根据需要）。

表 4-17　强抑制封堵防塌胺基钻井液体系性能

密度 g/cm³	FV s	AV mPa·s	PV mPa·s	YP Pa	pH 值	FL_{API} mL	T ℃	FL_{HTHP} mL	K_f	岩屑回收率,%
1.04	82	34.5	27	6.5	11	5	26			
1.23	66	32.5	23	9.5	10	5	28			
	65	32	20	12	10	5	45			
1.4	66	38.5	25	13.5	10	4.4	30		0.11	
热滚后	56	33.5	24	9.5	9	4	50	15.4		97.32

选用 H 区块 Mimosa 地层泥页岩岩屑，在 120℃热滚 16h 后测回收率，分别对钻井液密度由基浆 1.04g/cm³ 分别加重至 1.23g/cm³、1.40g/cm³ 后进行了性能评价，由表 4-17 可知，在密度分别为 1.04g/cm³、1.23g/cm³、1.40g/cm³ 下，强抑制封堵防塌胺基钻井液流变性良好，能有效悬浮各种固相颗粒及岩屑，API 滤失量控制在 5.0mL 以下，HTHP 滤失量为 15.4mL，说明钻井液生成了薄而致密的滤饼，能够有效减少钻井液滤失，减少滤液向井壁及地层深处的渗透，从而减少泥页岩裂缝的产生或扩大，防止泥页岩剥落掉块。

现场应用结果表明：优选的体系配方不仅防塌效果好，而且可抗 120℃高温，抗钻屑污染达到 10%，抗钙达到 1%，抗 NaCl 达到 10%，防塌及流变性能好。该体系在 H 区块已应用 60 余口井，该体系成功解决了 H 区块泥页岩井壁失稳难题，井壁稳定，井径规则，完井电测一次成功；在不增加钻井液材料成本的前提下，钻井复杂事故率减少 80%以上，平均钻井月速度提高 15%以上，单井钻井综合成本显著降低，成功解决了大段泥页岩井壁垮塌难题。

五、钻井液不落地处理装备与工艺技术

1. 废弃钻井液处理装备

全套设备分固废处理、污水处理两个部分，主要设备包括两套岩屑收集装置、一套污水脱稳气浮装置、一套氧化过滤装置、一套钻井液脱稳固液分离、一套污水脱稳压滤装置、两套缓冲存储装置和一套岩屑传输系统。通过钻井液破胶脱稳和固液分离、污水脱稳气浮、污水高效絮凝及氧化、污水精细过滤等逐步去除液体中有毒有害化学成分。主要设备如下：

（1）岩屑收集传输装置。该装置摆放在振动筛、离心机、除砂器等固控设备的导砂槽出口，收集岩屑，输入固化混拌机，与各种固化剂进行充分混拌反应、固化处理、转运堆放。

（2）钻井液破稳机械分离装置。将废弃钻井液导入此装置，先对废弃钻井液进行破胶处理，然后通过离心机进行固液分离，分离后的液相进入污水处理流程，分离后的固相进入固化系统，固化处理后集中堆放。

（3）气浮装置。加入破稳剂对含油污水破稳，然后通过溶气泵注入微气泡，利用微气泡的吸附与悬浮作用进行油水分离，去除污水中的原油。处理后污水石油类含量≤10mg/L。

（4）压滤装置。加入混凝剂、絮凝剂等对污水进行处理，然后通过固液压滤机进行固液分离，分离出的泥饼固化转运至堆放场，污水进入下步处理。

（5）污水氧化、过滤装置。对混凝反应处理后的污水进行深度氧化处理，氧化后的污水再通过组合过滤装置砂滤、吸附、膜过滤，达标回用或排放。

2. 随钻钻井液处理工艺技术

随钻钻井液处理工艺流程如图 4-16 所示。

图 4-16　废弃钻井液钻屑无害化处理流程

钻井液不落地处理作业需要额外的岩屑接收罐和钻井液缓存池来取代钻井液坑，主要包括：

（1）岩屑收集罐。钻井液不落地处理作业所需岩屑收集罐主要用于替代传统钻井液坑，具有接收岩屑、排废弃钻井液、清罐等功用，包括一个 $40m^3$ 的岩屑收集罐（图 4-17）和一个 $20m^3$ 的微粒收集罐，$1^\#$钻屑收集罐置于振动筛下，$2^\#$置于离心机下，分别用于随

图 4-17　岩屑收集罐

钻收集振动筛筛出的钻屑和离心机分离出的微细颗粒。罐内侧设筛板，将较大的固体颗粒挡在收集罐的一侧，便于液体钻井液回收。根据现场情况，用翻斗车（经改造）和钻井液罐车及时将钻屑和废弃钻井液转运至废弃物处理站进行处理。

（2）钻井液暂存池。钻井液暂存罐是指一个 200m^3 的钢骨架软体钻井液暂存池（图 4-18），主要用于临时存储一开废弃钻井液或完井钻井液以备循环利用。单井一开结束后，将循环罐内水基钻井液泵入钻井液暂存池，随后转走或直接装罐车转走。完井清罐时，将完井钻井液泵入钻井液暂存池，部分钻井液将在下口井循环利用，剩余部分转运至废弃物处理站进行处理。

图 4-18　钻井液暂存池

（3）转运。钻井液坑取消之后，井场存储岩屑和废弃钻井液的能力大幅削减，需要合理安排设备及时转运。在施工过程中，钻井液不落地处理井场常驻挖沟机、自卸车和水罐车对岩屑和钻井液进行转运。

钻井液不落地处理工艺技术的应用，提高了钻井液重复利用率，大幅降低了钻井液费用，该钻井液闭环处理系统已成为乍得钻井的标配模块。在 Prosopis C3-1 井首次实施钻井液不落地处理作业，获得圆满成功，收集、转运和处理过程中无任何污染，完全实现了环保作业；在 Baobab C1-4 井施工作业中，三开潜山地层钻进过程中因地层安全密度窗口窄，多次发生溢流和井漏复杂情况，其中溢流 17 次，向 CPF 和 WMC 转运原油 520m^3，借助钻井液不落地处理工艺作业的优势，将溢出原油完全控制在设备中，实现井筒产出液的闭环回收，保证了原油不落地，消除了环保风险，最终顺利完钻。12 口井采用了钻井液不落地处理作业模式，较原模式每口井钻井成本平均节省 25.32 万美元。

第三节　伊朗北阿地区复杂压力体系钻井技术

1999 年，北阿油田开钻了两口探井，发现了迄今为止仍未完全开发的陆上大油田。遗憾的是，由于地貌复杂、开发难度大以及钻井技术难题多，加上伊朗政府缺乏充足的技术和资金[1]，该油田一直没有得到有效的开发。2009 年，中国石油成功竞标北阿油田，取得了该油田的作业权，随后针对钻完井工程难题开展了一系列的科技攻关，形成了伊朗北阿地区复杂储层安全快速钻完井技术。

一、北阿丛式水平井轨迹设计与控制技术

丛式井是指一组定向井或水平井的井口集中在一个有限范围内的井，它大量应用在海上钻井平台、沼泽湿地的钻井平台及人工岛[2]。北阿油田合同面积460km^2，大部分为沼泽湿地，井场四周是2~3m水深的芦苇荡。而且，作业区有两伊战争期间留下的大量地雷等爆炸物，修建井场及道路等钻前工程难度大，建设费用高昂，适合采用丛式井开发[3,4]。

1. 井眼轨道整体优化设计

1）丛式井井场及井口布置

北阿油田主要为沼泽湿地，为了节约投资，经过经济可行性评价，决定采取丛式井场开发。根据开发部署，丛式井井场一共有4个方井，5个井眼，一般井眼间距为9m，备用井眼与其他井眼距离为3m。

2）整体优化布井技术

整体优化布井技术主要包括了虚拟矢量井口理念以及三段制设计程序。数字井口就是通过上部井段预造斜的防碰处理，将原来的地面二维井口转换成为由横坐标、纵坐标、井深、井斜、方位组成的地下井口。三段制设计程序为井口槽上部直井段防碰设计、地质目标设计、井眼轨道连接段设计。为了便于防碰设计，可以将防碰区域划分为高度危险区、危险区、相对安全区以及安全区四个区。通过软件计算，由于相距3m的密集井口属于防碰高危井，这些井在500m以内已经有防碰的可能性，需要200~300m开始浅造斜。北阿地区的轨道优化设计还考虑了井眼初始造斜方位；井眼造斜窗口的确定和造斜点的选择、造斜率和井斜角的选择、防碰段与地质目标段间轨道优化设计等。

3）优选造斜点及造斜率

造斜点的选择应在稳定、均质、可钻性较高的地层；造斜率尽量选择中–长半径，有利于丛式水平井的顺利施工。结合北阿油田实际情况，第一造斜段的造斜点应综合考虑地层特性、上部地层井斜情况及直井段防碰安全距离要求。在Gachsaran地层（垂深1300~1900m）定向钻井风险较高，但是在Gachsaran复杂地层以下才开始定向造斜无法满足防碰需要。此外，大多数丛式井组的最近井口槽间距仅为3m，上部井段防斜和防碰必不可少。因此，建议进入Gachsaran地层之前开始定向造斜，有利于上部井段防碰和减少复杂地层中定向段长度。推荐第一造斜点深度范围为200~500m。

第二造斜段均位于8½in井眼Pabdeh地层（垂深约2300m）至Gurpi（垂深约2500m）地层。应综合考虑复杂地层及深层定向钻进难度，尽可能避免在井漏风险比较高的Asmari地层（垂深约2200m）、存在硫化氢风险且深度较大的Ilam地层（垂深约2600m）定向钻进，力争在Pebdeh地层完成第二造斜段施工。

4）优化稳斜段长度及井斜角

考虑到制裁情况下，旋转导向等技术无法在伊朗应用，故为了降低在Laffan等复杂情况及事故多发地层的钻井难度，特别是采用滑动钻进方式增斜时可能存在摩阻扭矩问题、井眼清洁问题、随钻堵漏问题等，应采用复合钻进方式或常规旋转钻井方式，以稳斜或微增斜并适当控制井斜角来穿越Laffan等复杂地层。

5）防碰技术

防碰技术要求：一是丛式井设计时尽量减小防碰问题出现的机会；二是施工时采取必

要措施防止井眼相碰。北阿地区后期进行了开发方案调整，大量备用井眼也开展了钻井施工。因此，防碰设计非常必要。利用 Landmark 软件，分别对“先两边，再中间”或“自东向西间隔”施工次序及浅防碰设计开展了对比研究。如图 4-19 所示。

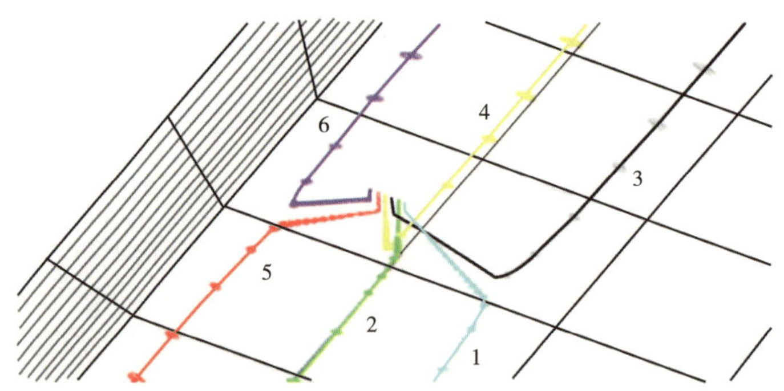

图 4-19　井口位置及施工次序

在整个丛式井设计时，把防碰考虑体现在设计原则中：北阿相邻井的造斜点可以考虑上下错开 30~50m；用外围的井口打位移大的井，造斜点较浅，中间井口打位移较小的井，造斜点较深；按整个井组的各井方位，尽量均布井口，使井口与井底连线在水平面上的投影图尽量不相交，且呈放射状分布，以方便轨迹跟踪；尽量做到每一口井的轨迹都有最安全的通道。其次，利用计算机防碰程序协助轨迹控制。在防碰问题出现的井段使用计算机防碰程序算出有关数据，绘出较大比例尺的防碰图，如图 4-20 所示。

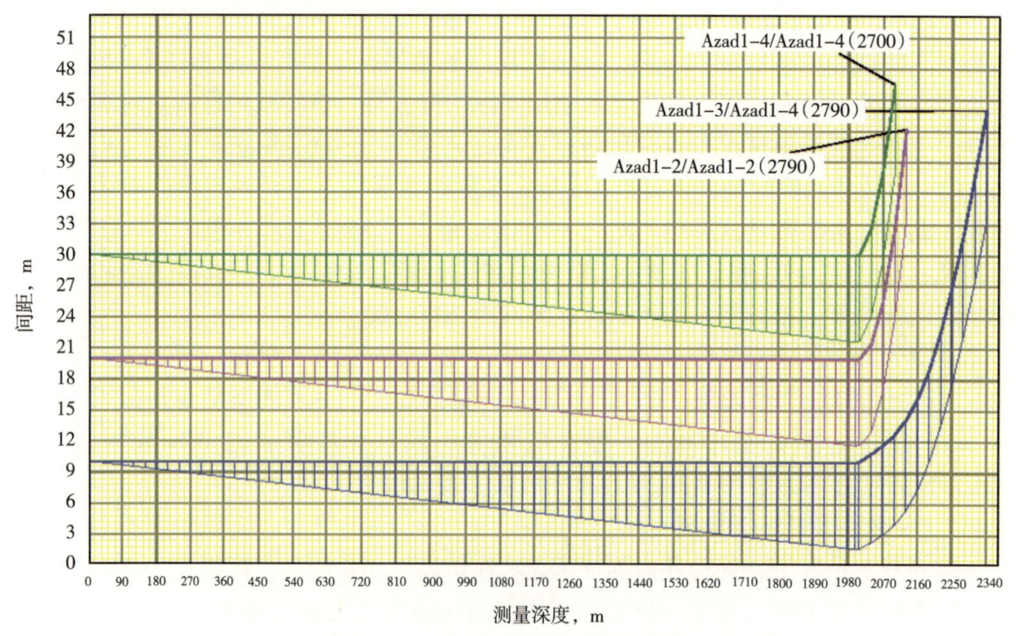

图 4-20　北阿油田丛式井防碰扫描图

在防碰井段，密切注意机械钻速、扭矩和钻压等的变化和 MWD 所测磁场有关数据的情况，并密切观察井口返出物，以此来辅助判断井眼轨迹的位置。经过理论计算，9m 间距的丛式井平台在0~2000m范围内相碰的机率比较大，钻井方案推荐第一口井和第四口井上部井眼打直，中间两口井，从井深200m左右以1.5°/30m的造斜率开始造斜，至500m，井底位移向反方向23m，然后以1.5°/30m的降斜率降斜，到700m时，井斜角回到0°。采取以上防碰方案，在多个丛式井平台上进行了施工，没有发生一起井眼相撞事件。

2. 丛式水平井轨迹控制工艺技术

北阿地区根据地面布井平台设计优化了井眼轨迹、钻具组合和不同井眼的钻井参数，形成了适合该地区的二维、三维井井眼轨迹控制技术。有效地解决了上部大尺寸井眼的防碰问题和下部井段的快速钻井问题，摸索出一套适应于北阿水平井施工的钻具组合、施工措施、施工参数及施工经验，其丛式井作业要点主要包括如下几方面。

（1）不断完善单井设计并适时跟踪。

推荐在平台第一口井设计井位钻一个导眼井，进行岩屑及电测录取全套资料，建立单井地质模型和修改上部标准层及油层顶部构造图。这样可以根据导眼井新资料修改水平井单井设计数据。钻完直井段投测电子多点，同时，在进入A点前加强跟踪调整，校正各标准层。

（2）采用带自动平移的模块化钻机和先进设备。

北阿油田模块化钻机的主要特点就是可以实现自动平移，搬家时间从14天缩短到2天。钻机设备包括：可移动式井架JJ450/49-T井架、JC-70D-2电动钻机、4台CAT发电机、顶驱系统、3台F-1600钻井泵、3台高速线型振动筛、3台离心机、岩屑传送及集收系统。其他的定向设备包括多点测斜仪、无线随钻测斜仪MWD及动力钻具等。

（3）严格执行丛式井钻井工程质量标准。

只有严格执行丛式井工程质量标准，才能满足油田开发的整体要求，并使丛式井的钻井做到高速度和高效率。

通过现场应用，北阿多个丛式井平台中的三维水平井不仅轨迹完全合格，没有发生一起防碰事故，而且井眼质量优良：中靶率100%、目的层钻遇率100%、水平段电测成功率100%。在水平井施工中，侧钻时对钻头类型、侧钻施工参数进行了优选，所有水平井侧钻均一次成功[10]。四开8½in井眼定向时，优选了5刀翼PDC钻头和1.5°单弯螺杆，在保证轨迹同时，加大了复合钻进比例，8½in定向段复合钻进比例达到51%~60%，极大地保证了井下安全。五开水平段，针对石灰岩特点与轨迹要求，对钻具组合、钻井参数进行优选，采用双稳扶正器组合，五开水平段的滑动比例仅为4%，保证轨迹符合设计的同时大大加强了复合钻进比例，提高了机械钻速35%。

二、多压力体系储层保护钻井液技术

北阿地区开发的储层为Sarvak和Kazhdumi储层，裂缝性地层严重漏失以及1000m以上水平段摩阻扭矩大是主要挑战[5]。针对这些挑战，在对储层物性开展精细研究的基础上，结合了合理的钻井液密度控制，添加了适当的润滑剂，同时采用了屏蔽暂堵技术。这些技术的成功应用确保了井眼净化和携带，提高了钻井速度和质量，降低了钻井成本，减少了环境污染。

1. 储层压力剖面

北阿油田各油藏均为未饱和油藏，正常温度系统，正常压力系统。北阿油田Sarvak、Kazhdumi储层为正常压力，其压力系数为1.14~1.26；Sarvak储层温度为96℃，压力系数为 1. 14~1. 26；Kazhdumi 储层温度为 115℃，压力系数为 1. 1。北阿地区各层油藏地温梯度在 2. 4~2. 6℃/100m 范围内，均属正常温度梯度。Gachsaran、Gadvan 及 Fahliyan 等地层存在异常高压，压力剖面见表 4-18。

表 4-18 北阿地区各个地层的压力剖面

地层	顶界，m	孔隙压力梯度，g/cm^3	坍塌压力梯度，g/cm^3	破裂压力梯度，g/cm^3
AGHAJARI	14. 5	1. 03	0. 9	1. 75
GACHSARAN	1218	2. 19	1. 87	2. 21
ASMARI	1825	1. 11	1. 14	1. 94
PABDEH	2176	1. 13	1. 05	1. 84
TARBOURMB	2505	1. 14	1. 01	1. 85
GURPI	2564	1. 14	1. 09	1. 88
ILAM	2689	1. 15	1. 03	1. 88
LAFAN	2788	1. 15	1. 02	1. 89
SARVAK	2796	1. 19	1. 05	1. 25
KAZHDUMI	3443	1. 22	1. 1	1. 35
DARIYAN	3695	1. 25	1. 4	1. 66
GADVAN	3896	1. 55	1. 62	2. 07
FAHLIYAN	4096	1. 85	1. 78	2. 17

2. 钻井液技术难点

1）裂缝性地层严重漏失

Gachsaran-Asmari-Pabdeh-Savark 等井段，实测某些井的钻井液密度窗口只有 0. 01~0. 04g/cm^3。钻井过程中，漏、溢同时发生，到下部井段窗口越来越小，导致井下复杂。例如 AZNN-003 井在 Sarvak 灰岩地层的 8½in 井段发生了严重漏失，损失钻井液 756m^3。统计资料表明，有 17 口井发生过不同井段的漏失，井漏非常严重。

2）长水平段摩阻大，携岩能力差

北阿三维水平井的水平段长达 1200m，井底水平位移长达 1500m，在滑动钻进中，钻具躺在下井壁，易使钻具与井壁的接触面积增大，致使钻井施工过程中摩阻升高、扭矩增大。岩屑上返过程中，由于井深达 4200m，岩屑通过的路程很长，需要钻井液有良好的携岩能力，避免岩屑被磨得很细，难以从钻井液中清除。

3. 多压力地层井漏的预防与处理

为尽可能减少井漏损失，预防与处理原则：首先从井身结构、钻井液体系和密度选择入手来预防井漏；对于上部地层的漏失，如果漏失非常厉害，则可以采用强钻下套管封隔的方法；在钻开漏层前，提前准备好堵漏材料或配制堵漏钻井液；在储层钻进，尽可能使用随钻堵漏；停钻堵漏优先使用桥接堵漏[6]。

在储层钻井时，由于储层孔隙、裂缝发育，地层对压力相对敏感，且井漏后易引发气侵并可能出现又漏又喷的井下复杂，因而在储层段钻井时，防漏工作是重点。

（1）储层井段井漏预防技术。

①确保 7in 尾管下至设计位置。按设计要求，实钻中 8½in 钻头钻穿 S2 组底部的泥岩（井深±2780m），套管下至 S3 顶部，将整个 Laffan 和 S2 组的易垮塌页岩层段封隔。当 7in

尾管下到预定位置后，6in 的 Sarvak 储层钻井就具备了降低钻井液密度的条件，避免 Sarvak 水平段使用较高密度钻井液造成储层频繁井漏的情况。

②维持合理的钻井液密度进行近平衡钻井。根据已钻井数据统计和通用钻速方程的理论计算，钻井液密度降低 0.2g/cm^3 可提高钻速 15%。为了有效防止井漏，储层五开井段采用近平衡钻井，推荐钻井液密度为 1.21～1.26g/cm^3，但是不能局限于 1.21g/cm^3 的下限，推荐以钻到 A 点的钻井液密度完成 1200m 水平段的钻井。在实钻中，钻井液密度取低限值，然后根据井下情况，若需要提高钻井液密度时，则采用分阶段均匀逐步提高的方式进行，每个循环周钻井液密度提高不超过 0.02/cm^3。

③合理的钻井液黏切与排量。储层段五开井较深，对于钻井液循环压耗产生的附加压力可能引发的井漏不可忽视。若在斜井中，井深进一步增加，循环压耗产生的附加压力比直井更大，作用在钻头处的钻井液循环当量密度更高。储层需要确保润滑性定期测量及准备充足的润滑剂；保持合适的钻井液黏度，水平井段钻井液漏斗黏度控制在 42～55s，起钻前钻井液黏度不高 50s；适当控制钻井液失水，API 中压失水小于 5mL，进油层小于 4mL。

④适当的钻压、转速。从井漏的角度考虑，控制机械钻速，钻进时加小钻压，适当转速，控制环空中钻井液里固相的含量，有利于防止井漏。例如 AZNN-008 井在 6in 钻进至 3345m 时，钻压 6tf，转速 110r/min，泵压 18.5MPa，钻井液密度 1.26g/cm^3，排量 1200L/min，瞬时机械钻速 0.8min/m，钻时比较快，导致钻头上部环空钻井液中钻屑含量局部相对较高，造成井漏。后经过堵漏、划眼恢复钻进时采用 4tf 钻压、80r/min 转速、15L/s 排量钻进该层位时没有发生漏失。

（2）储层井段堵漏技术。

邻井资料分析表明，储层段可能发生部分漏失，漏速一般为 10～20m^3/h，对这类井漏，首先选用桥接堵漏。桥接堵漏配方：井浆+2%～3%LCM-M+3%～4%LCM-F+3%～5%随堵剂。堵漏方法与工艺如下：

①桥接段塞随钻堵漏：按配方要求配制 30～60m^3 堵漏浆液，注入井下正常钻井，当随钻堵漏浆液返出井口时，停止使用振动筛。3～4 个循环周不漏后筛除堵漏材料。

②全井桥接随钻堵漏：按配方要求在钻井液中加入堵漏材料，维持钻井，当井漏停止后筛除堵漏材料。

③桥接段塞停钻堵漏：按配方要求配制 30～60m^3 堵漏浆液，泵入井下后，起钻至堵漏浆面上，关井将堵漏浆液小排量（5L/s）挤入漏层，并控制套压不超过 5MPa。

4. 多压力体系钻井液关键技术

1）合理控制钻井液密度

在实际钻进中认真测量液面，观察钻井参数变化，发现溢流及时提高钻井液密度，既保持适当的正压差压住盐水层，又要尽量减小正压差以保持快速钻进。对于水平井的井壁稳定性，由于井身发生倾斜，其井壁稳定性与直井有显著的差别，井壁稳定性不仅与井眼轨迹（井斜角、井斜方位）有关，而且与地应力方位还有关。尽管北阿油田所钻水平井最大斜角 91°，所使用钻井液密度均超过地层坍塌压力。根据理论计算结果，合理控制北阿油田的钻井液密度在 1.21～1.26g/cm^3 有利于长水平段的安全钻井。

2）适当加入润滑剂

在地质条件复杂、水平段长达 1000～1200m，完成井斜为 86°以上的水平井钻井，对钻井液润滑防卡能力有极高的要求，液体润滑剂与固体润滑剂复合防卡是一种实用高效的水平井防卡技术。AZNN-044井采用上述润滑技术，在完钻井深4170m、斜井段长1400m、水平位移1050m、最大井斜94.9°的整个施工期间安全无事故，无任何阻卡情况出现，起钻最大提升阻力不超过50kN，钻井周期缩短到84.5d。

3）确保井眼净化

井眼净化是水平井钻井的一个主要组成部分。由于水平井的井斜角较大、斜裸眼段长等情况，岩屑上返过程中在大斜度段携砂困难、易下滑堆积形成砂床、造成摩擦阻力增加、钻具悬重增加扭矩增大、起钻困难、下转划眼等恶劣情况，甚至出现卡钻事故。另外，一些非人为因素造成的频繁停泵、测斜、接单根时间长等许多工程因素影响增大风险。因此，要求钻井液具有良好的流变性，较强的悬浮携砂能力，保持良好的井眼净化效果。

4）采用屏蔽暂堵技术

由于裂缝发育、水平段长达1200m、固相含量高，钻井液对油气层的污染不容忽视，采取油气层保护措施很有必要。按照通用办法，采用屏蔽暂堵技术是保护油气层的关键。钻井进入油气层前，在钻井液中加入2%的油溶性暂堵剂，3%的酸溶性暂堵剂。在选择抗盐处理剂时可以使用1%聚合醇来提高钻井液的防塌和封堵能力，控制高温高压滤饼厚度，保持滤饼薄、韧、可压缩性好、渗透率低。在钻遇北阿油田多压力体系储层时，应优化钻井液的性能和暂堵颗粒的粒径分布，提高暂堵层质量，将压差连续改变对储层伤害的影响降到最低。

三、多漏层段提高固井质量工艺技术

根据北阿油田的地层特性、储集层特点、漏失特征及油、气、水窜程度，利用平衡压力固井原理，进行一系列研究及现场试验。对7in尾管所在的窄密度窗口地层采取了控压固井技术，解决了漏失及盐水窜问题，提高了固井质量，探索、总结出北阿油田多漏层段低压易漏失、活跃油层的固井技术。

1. 固井难点

1）固井漏失

由于7in尾管深度3200m以上，连续封固段长达1400m，注水泥量大，液柱压力高，易出现井漏或加剧井漏等复杂情况的发生，造成水泥浆低返；另外井漏会造成液柱压力降低，引起下部井段的油气上窜，第一及第二界面胶结强度低，导致固井质量不合格。据现场统计，有12口井发生固井过程中井漏，包括严重漏失和完全漏失，比如北部的AZNN-021和AZNN-15井。固井漏失主要发生在Gachsaran层，南部的Pabdeh层和Sarvak层等。

2）密度窗口窄

北阿油田现场数据分析表明12¼in及8½in井眼的密度窗口小，现场实测表明有的井只有0.02g/cm^3。因此，固井施工难以做到既要压稳地层又要防止压漏地层，难以实现平衡固井；由于7in尾管固井工艺较复杂，难以保证喇叭口处的有效密封；单井个体差异大，造成固井工艺配方有一定的局限性。比如AZNN-003井四开8½in井眼溢流当量钻井液密度为1.26g/cm^3，漏失当量钻井液密度为1.30g/cm^3，最终钻井液密度维持在1.285g/cm^3。钻井过程中的最高排量为1.8m^3/min，油气上窜速度依然大于30m/h，远高于固井所允许的后效范围。由此可知，整个固井过程中环空液柱当量钻井液密度必须精确控制在 1.26～1.30g/cm^3 之间，否则会引起高压油气窜、漏失、井控险情等复杂情况。

3）小间隙尾管固井质量差

固井难点如下：

① 井深、温度高，井底静止温度高达 100℃，悬挂器顶部温度为 80℃，上下温差大，水泥石顶部强度发展缓慢，对水泥浆性能要求较高，对固井外加剂选用较苛刻。

② 裸眼段长，长裸眼段小间隙固井施工时环空流动阻力会产生过高的环空动液柱压力，使得循环及施工压力高，顶替效率会受到影响，如果最后一趟循环洗井不干净，岩屑极易在悬挂器喇叭口处堆积堵塞，出现环空憋堵造成井漏或其他复杂情况。

③ 地层裂缝发育，地层漏失压力低（部分井当量密度窗口只有 0.02g/cm^3），固井压力窗口窄，环空间隙小，循环阻力大，固井时易发生漏失。

④ 环空间隙小，水泥环薄。斜井段井斜大，裸眼井段长，下尾管困难，扶正器安放数量受限，造成套管不易居中，影响固井顶替效率，固井质量不能保证。

⑤ 尾管固井，工艺复杂。固井完循环出多余水泥浆，采用正循环，尾管悬挂器上部套管容积大，循环时间长，且不易洗净，对井内钻具风险大；反循环洗井，钻井液流动阻力大，易发生漏失，造成部分井段漏封[7]。

2. 平衡压力固井技术

平衡压力固井技术的核心是高效顶替、整体压力平衡。在保证高效顶替和尽量减少对储层污染的前提下，使井下不同深度固井流体所形成的环空总的动液柱压力，小于相应深度地层的破裂压力，且当水泥浆被顶替到设计的环空井段后，在水泥浆凝固和失重条件下，仍能保持环空液柱压力大于储层压力，以达到控制地层油气水窜的目的。正确选用和合理搭配固井施工压力、水泥浆的密度、施工排量三个参数是平衡压力固井成败的关键和固井质量的保障。

1）固井施工压力

固井注水泥时，如何保持环空压力与地层压力的平衡，是获得注水泥成功的关键。如何合理确定安全压力窗口是进行模拟计算的依据，实际工程中，确定安全压力窗口的具体方法有如下几方面：用三压力进行预测；利用随钻工作液参数记录和泵压记录；利用漏失实验数据；利用憋泵压力和循环启动泵压数据。

在注水泥期间环空压力由下式计算：

$$p_{t_0} = \sum p_{\mathrm{m}} + p_{\mathrm{sp}} + p_{\mathrm{sl}} + p_{\mathrm{af}}$$

式中 p_{t_0}——t_0 时刻的环空压力；

p_{m}——钻井液液柱压力；

p_{sp}——前置液液柱压力；

p_{sl}——水泥浆液柱压力；

p_{af}——液体在环空的流动阻力。

理论上，环空的循环压耗计算首先要根据流变模式的判别公式筛选宾汉、幂律或是赫巴模式来得出相应的循环压耗计算结果。在固井施工注替过程中，井下不同深度固井流体所形成的环空总的动液柱压力包括环空各种固井液体静液柱压力与流动阻力之和，应小于相应深度的地层破裂压力。水泥浆被置换到设计的环空井段后，在“失重”条件下，仍能保持环空静液柱压力大于产层压力，控制油、气、水侵。

$$p_p < p_{t_0} < p_f$$

式中 p_p——产层压力；

p_f——地层破裂压力。

在注水泥过程中，各部分的压力是变化的。因此，在安全窗口非常小的情况下，要保证在整个注水泥过程中，满足以上压力平衡式，是非常困难的[8]。从前面公式知道，在环空液柱压力中，钻井液、水泥浆以及前置液的静液柱压力的和要远大于环空的流动阻力。一般而言，环空流动阻力占不到静液柱压力的10%。因此，控制流体在环空中的静液柱压力是平衡注水泥的关键。

2）确定地层压力窗口

为了更好地实现平衡压力固井，必须获取地层压力剖面，掌握地层孔隙压力，包括正常地层孔隙压力和异常高、低压层孔隙压力、地层破裂压力，充分了解井下情况，比如钻进过程中是否有井漏，是否有井涌，是否有后效，油气上窜速度是多少等，使整个注替过程中固井流体液柱压力控制在相应的压力范围内，才能获得平衡压力固井。固井施工前循环压力偏小，带不出井底沉砂，可能造成憋泵；固井施工中注、替浆压力过大，造成井漏；固井结束后井口压力施加不当，发生油、气、水窜，都会严重影响固井质量。

3）选择合理的环空流体结构

选择环空流体结构的目的是通过环空流体的合理组合，达到控制环空的静液柱压力。在固井中，一般的流体组合有：

（1）常规固井：钻井液+前置液（冲洗液/隔离液）+水泥浆（尾浆）。

（2）双级双凝：钻井液+前置液（冲洗液/隔离液）+水泥浆（领浆+尾浆）。

（3）双级固井：钻井液+前置液（冲洗液/隔离液）+水泥浆（尾浆）。

在设计环空流体结构时，应在常规结构的基础上进行压力校核，如不能满足液体流动压力的要求，再考虑使用后两种结构。为平衡环空压力，在满足设计水泥浆封固长度的前提下，可适当调整前置液的长度来达到平衡环空液柱压力的目的。

4）固井水泥浆密度

水泥浆设计是平衡压力固井设计的重要内容之一，也是固井的核心。在水泥浆性能满足的条件下，应当对水泥浆的密度进行调节，以满足平衡压力固井的要求。封固段长度确定后，密度的变化影响环空动、静液柱压力。对水泥浆的密度进行适当的调整可以实现平衡压力固井。水泥浆密度的调整可以通过加大水灰比、加入减轻剂或加重剂来实现。北阿油田在封固段长、存在低压地层的 Sarvak 四开固井中，采用 G 级水泥加上漂珠或微硅的低密度水泥浆；在高压井的固井中，选用 G 级水泥配成凝固时间不同的高密度水泥浆。由于外掺料的加入会影响水泥浆的混配稳定性、流变性、失水和抗压强度，对水泥浆密度的设计应合理考虑。另外，可根据井下情况，进行高、低密度复合的浆柱结构设计。

5）固井排量

设计固井排量应从了解井眼的特性开始，如井眼尺寸与冲刷情况、不规则性、井眼角度和“狗腿”严重程度、井内滤饼，管柱的几何形态，井下条件，套管的居中度等。在了解这些特性后，运用流体流变模式，制定有关置换水泥浆的决策，从而计算出固井施工各个阶段的施工排量。排量的设计还会受到水泥车、钻井泵等条件、管线条件因素的影响，使得注替排量局限在一定的范围内。

平衡压力固井条件下的固井排量设计基于流体的流变特性，排量的计算是在有效顶替的前提下，保证固井施工过程中的压力平衡。固井的目的就是使用水泥建立层间封隔，因此，它首先能够有效地从井眼中清除钻井液。在确保井下安全的前提下，通过控制施工排量，实现有效驱替，提高注水泥的顶替效率是避免钻井液窜槽、保证水泥胶结质量和水泥环密封效果的基本前提。对易产生水泥浆部分漏失的地层，如果在顶替过程井漏，通过降低排量是可以缓和的；对易产生严重漏失的地层，如果在顶替过程井漏，通过降低排量是不可以缓和的。因此，从一开始就得严格设计泵速，控制施工排量。当前可以利用计算机技术建立计算机数学模型和流体动力学特性模拟井下条件、置换参数，观察到各种排量下井眼清洗效果，取代不合理的排量设计导致严重代价的现场作业方法。

在固井三参数的设计和施工方案中必须考虑固井注替过程中的“U”型管效应。由于钻井液和水泥浆的密度差，造成水泥浆在套管内自由下落，使井内实际流量不等于泵入排量，实际流量过大产生过大的环空流动阻力，易造成井漏；实际排量过小造成顶替效率低。所以密度、排量、压力的调解范围是有限的，根据施工中的具体情况优化固井三参数设计是固井中的有效措施。

6）实例计算

此处以 AZNN-040 井 7in 尾管固井为例。首先根据该井在钻井施工、地层漏失时和发生油气侵钻井液的密度，计算出中完时的静态当量密度，然后筛选出下套管后的最佳循环排量，最后按照合理的水泥浆密度分别计算对应的固井注水泥时的循环排量。所有计算的目的均在于尽量确保整个尾管固井施工过程中施加在井底的静态当量密度基本一致，固井时做到平衡压力固井。

（1）钻井中完时当量密度。

8½in 井眼中完井深 3000m，钻井液密度 1.28g/cm^3，钻具为 5in 钻杆，井眼直径取 230mm（井眼扩大率 6.5%），则完钻前钻具循环管外压耗计算见表 4-19。

表 4-19 钻井中完时当量密度表

排量，m^3/min	管外压耗，MPa	对应当量密度，g/cm^3	折合静态当量密度，g/cm^3
1.2	2.176	0.074	1.354
1.3	2.562	0.087	1.367
1.4	2.953	0.1	1.38
1.5	3.4	0.116	1.396
1.6	3.878	0.132	1.412
1.7	4.357	0.148	1.428
1.8	4.896	0.167	1.447

由于受螺杆等诸多因素限制，实际钻井中的排量为 1.6m^3/min，则折合的静态当量密度为 1.412g/cm^3，固井过程中也应保持这个当量密度才能实现平衡压力固井。

（2）套管管外循环压耗。

下完 7in 尾管后可以计算管外循环压耗，取钻井液密度 1.28g/cm^3，则计算结果见

表 4-20。

表 4-20　套管外循环压耗表

排量，m^3/min	1600m 钻具压耗，MPa	1400m 套管压耗，MPa	套管外循环总压耗，MPa
0.5	0.2	1.209	1.409
0.6	0.29	1.756	2.046
0.7	0.397	2.403	2.8
0.8	0.513	3.106	3.819
0.9	0.653	3.95	4.603
1.0	0.809	4.896	5.705

从表 4-20 可以看出，为了保持井底静液柱压力平衡，下完套管后的循环排量应该取 0.8m^3/min。

（3）固井时的循环压耗。

7in 尾管的水泥段长度 1200m，套管斜深 3000m，垂深 2892m，钻井液密度 1.28g/cm^3，取水泥浆密度 1.4g/cm^3 时的管外压耗计算结果见表 4-21。

表 4-21　取水泥浆密度 1.4g/cm^3 时的管外压耗

排量 m^3/min	1600m 钻具压耗 MPa	1400m 套管压耗 MPa	水泥增加压耗 MPa	管外循环压耗 MPa
0.3	0.073	0.48	1.44	1.993
0.4	0.13	0.862	1.44	2.432
0.5	0.2	1.323	1.44	2.963
0.6	0.29	1.92	1.44	3.881
0.7	0.397	2.629	1.44	4.536

从表 4-21 可以看出，若水泥浆密度 1.4g/cm^3 时，为了保持井底静液柱压力平衡，注水泥时循环排量 0.6m^3/min 比较合理。

取水泥浆密度 1.35g/cm^3 时的管外压耗计算结果见表 4-22。

表 4-22　取水泥浆密度 1.35g/cm^3 时的管外压耗

排量 m^3/min	1600m 钻具压耗 MPa	1400m 套管压耗 MPa	水泥增加压耗 MPa	管外循环压耗 MPa
0.3	0.073	0.463	0.84	1.376
0.4	0.130	0.831	0.84	1.801
0.5	0.200	1.276	0.84	2.316
0.6	0.290	1.852	0.84	2.982
0.7	0.397	2.535	0.84	3.812

从表 4-22 可以看出，若水泥浆密度 1.35g/cm^3 时，为了保持井底静液柱压力平衡，取注水泥时循环排量 0.7m^3/min。该井 7in 尾管固井后的 CBL/VDL 表明固井质量优良，第一和第二界面均胶结良好。

总之，固井施工参数的设计不仅是水泥浆量和替浆量的计算，更重要的是进行施工压力、水泥浆密度、施工排量的综合设计。根据钻井、测井、地质资料进行科学的计算和优化，避免不合理的施工参数引起井漏、井壁垮塌、顶替效率低下等影响固井质量。

四、北阿井下复杂及事故控制技术

北阿油田存在 Sarvak、Kazhdumi 及 Gadvan 等多套油层，地质条件复杂，漏、溢、卡、塌问题比较突出，前期所钻的井资料统计表明，有 42.1%的井发生过油气水侵，有 78.9%的井发生过井漏，有 52.63%的井发生过井塌、缩径、卡钻，复杂井几率占到 73.68%。在分析研究该油田地质情况和前期所采用的钻井技术基础上，利用较先进的钻井技术，成功地解决了多种井下复杂与事故的难题，使得钻井成功率 100%。在井下复杂事故的预防上，已由当初的打“成功井”向打“效益井”转变。当然，由于地质的复杂性以及钻井作业的隐蔽性，随着井数的增加，井下复杂发生的几率也会逐渐增大，如果处理得不好，会导致事故的发生，甚至造成部分井眼或全部井眼报废[9]。开展大规模钻井作业，有时候面对突发的井下复杂及事故时，处理事故工具不能及时配套，为此，开发了一些特殊工具和事故处理方法，对海外钻完井事故处理起到了借鉴作用。

1. 北阿井下复杂事故的特征分析

1）北阿油田复杂事故的主要特点

在分析研究北阿油田地质情况和已钻井历史的基础上，在对复杂及事故统计结果进行分析后，我们得出该地区的钻井施工中井下复杂事故有以下主要特点：

（1）因油气溢流、水侵而不得不提高钻井液密度，导致压漏地层或发生卡钻的井较多。

如 AZNN-003、AZNN-004、AZNN-005、AZNN-009、AZNN-010、AZNN-012、AZNN-014、AZNN-017、AZNN-020、AZNN-021、AZNN-024、AZNN-029、AZNN-027等井都发生过因提高钻井液密度而压漏地层的事故；AZNN-031、AZNN-036、AZNN-039等井因气侵提高密度导致卡钻；AZNN-021、AZNN-032、AZNN-026 等井就曾因严重气侵、水侵而多次加重钻井液，从而引发井漏、卡钻，最后被迫填井侧钻。

（2）下套管或筛管过程中的复杂及事故井比较多。

北阿油田钻完井作业中，下套管过程中出现过卡套管的井有 AZNN-005、AZNN-031等井；下筛管过程中出现的卡筛管井有 AZNN-006、AZNN-009、AZNN-014、AZNN-021、AZNN-032 等井；AZNN-032、APP-02 等井出现下完套管循环不通的问题。

（3）固井中的复杂情况多。AZNN-010、AZNN-037、AZNN-040、AZNN-043 等井在 7in 尾管固井时水泥倒返；AZNN-025、AZNN-012、AZNN-013、AZNN-019、AZNN-022、AZNN-027 等井发生下完套管后溢流，需要节流固井；NAZ-01、AZNN-021 等井多次进行尾管挤水泥；APP-01、AZNS-027、AZNN-033 等井出现 9⅝in 套管注水泥漏失、注水泥过程中突然泵压上升等多种复杂情况。

2）井下复杂事故的原因分析

由于北阿油田地质情况复杂，整个 Sarvak 油藏呈马鞍形分布，大大增加了井下复杂及事故的发生几率。结合地质分层对复杂及事故统计结果进行分析，得出了如下钻井复杂和事故情况发生的原因：

（1）上部 Ahjaran 地层压力低，岩性为泥岩、石灰岩、泥灰岩互层，岩性胶结疏松，渗透性好，存在潜在的垮塌和井漏。

（2）Gachsaran 地层岩性以石膏、盐岩为主、中间夹薄层泥岩、泥质灰岩形成不等厚互层。而且，Gachsaran 层底部含有高压盐水层，密度窗口窄，极易卡钻或固井失败。

（3）Sarvak 地层的钻井液密度窗口窄，下套管发生井漏失返，因此固井设计的钻井液密度主要考虑防止漏失，不能对地层出水兼顾，使得以上的 Asmari 和 Pabdeh 地层出盐水对钻井液污染严重。Laffan 泥页岩地层容易坍塌卡钻。

（4）Gadvan 与 Fahaliyan 为异常高压油层，地层压力与漏失压力接近，钻井液密度安全窗口小，极易造成溢流、井漏同时发生的恶性事故。

（5）在下筛管之前，钻井液内掺入了 10%的柴油，对于部分大斜度井下入的 2~3 个管外遇油膨胀封隔器，其最大外径为 146mm，可能提前膨胀，造成下入管柱遇卡。

3）地层复杂事故的预防提示

结合该地区的井下复杂及事故的统计和分析，得出了地层复杂事故提示，见表 4-23。

表 4-23　北阿油田地层复杂事故提示

地质年代	深度 m	地层	钻井复杂事故提示	备注
第四系	14.5	AGHAJARI	泥岩膨胀，轻微坍塌、钻头泥包	井径扩大率在 15%~30%，振动筛出现比较大的掉块，起下钻可能遇阻
	1218	GACHSARAN	高压盐水侵、漏失、存在中度到严重卡钻风险	钻具遇阻时候可以划眼通过，但是有卡死后需要震击解卡或者侧钻风险
新近—古近系	1825	ASMARI	漏失、缩径	小漏—中漏比较多
	2176	PABDEH	缩径、卡钻	含有一定的泥页岩，易缩径造成遇阻卡
	2564	GURPI	漏失、轻微卡钻	遇阻后可划眼通过
	2689	ILAM	井漏、溢流	井漏比较厉害，存在气、水层造成溢流
	2788	LAFAN	坍塌、卡钻	由于泥页岩水化膨胀，可以达到 40%~60%井径扩大，坍塌造成卡钻
	2796	SARVAK	井漏、溢流、卡钻	在大斜度井或水平井中易发生键槽卡钻
	3443	KAZHDUMI	井漏、溢流	窄密度窗口，易井漏和溢流
	3695	DARIYAN	坍塌、卡钻	过渡地层，容易坍塌、存在卡钻风险
	3896	GADVAN	溢流、卡钻	由于溢流后压井增大压差，易压差卡钻
侏罗系	4106	FAHLIYAN	溢流、缩径、断钻具	由于井较深，在交变应力作用下，钻具容易疲劳失效，压力高，易溢流

2. 井下复杂及事故的预防和处理

北阿油田井漏、溢流、井塌和卡钻等井下复杂和事故频发。因此，研究预防和处理井下复杂及事故的技术措施显得尤为重要。

1）井漏复杂情况预防及处理

（1）钻表层可适当提高钻井液黏度以防止井漏。

（2）钻至易漏层段前，要搞好预防工作，可提前在钻井液中加综合堵漏剂、暂堵剂等材料以防井漏。

（3）井径不规则、垮塌严重的，严禁开泵过猛，单泵循环正常后再开双泵，以免憋漏地层。

（4）在钻井液触变性较大、静止时间较长的情况下，下钻要分段循环钻井液，防止憋漏地层。

（5）下钻时控制速度，防止压力激动过大而造成憋漏地层。要有专人观察钻井液返出情况和钻井液液面，遇漏失时要详细记录其漏失量、漏失速度、漏失位置和漏失时钻井液性能。

（6）钻进时若发生井漏可先起几个立柱，处理正常后再划眼到底，不奏效时可将堵漏剂打至漏失层段静止堵漏，如漏失严重可直接打水泥堵漏，但油层段严禁用水泥堵漏。

（7）施工中控制合理的钻井液密度，利用排量大小微调井筒内的当量静液柱压力，防止钻进中压漏地层。

（8）应备足钻井液，并备足加重材料，以备井漏时能保持循环。

2）井塌复杂情况预防及处理

（1）坚持搞好随起钻随灌浆工作，钻具起完井筒内必须灌满钻井液。

（2）控制钻井液密度及其性能的变化幅度，控制好失水，仔细观察岩屑返出情况。

（3）进入垮塌井段，要注意观察井下情况，加强钻井液维护，保持钻井液性能的相对稳定，避免大起大落，钻井液密度变化在短期内不应超过 $0.02g/cm^3$。提高钻井液的抑制性与护壁减阻性，避免井眼出现掉块。

（4）大排量循环，及时将掉块带出地面。

（5）禁止在易塌井段高速起下钻，以免抽汲过大而导致井塌。

（6）停钻时不能在同一井深长时间大排量循环钻井液，以防冲塌井壁。

（7）防止加重过猛压漏地层，导致井下压力失去平衡而造成更严重的井塌。

（8）若井塌卡钻，能开泵则小排量开泵，然后缓慢增大排量，直至恢复正常循环，上下活动钻具解卡。

（9）若井塌卡钻，在建立循环后可采用泡解卡剂，如盐酸、柴油等，泵入解卡剂，静止6~8h，顶出一些浸泡液，间断活动钻具解卡，若仍然无效则爆炸松扣套铣。

3）卡钻事故的预防及处理

卡钻事故一般发生在钻进、接单根、循环钻井液和起下钻过程中[2]。不同性质的卡钻事故，有不同的处理程序。总体而言，大多数的卡钻事故处理方法都会遵循以下的处理程序：

一通，保持水眼畅通，恢复钻井液循环；

二动，活动钻具，上下提拉或扭转，以提拉为主；

三泡，注入解卡剂，对卡钻部位进行浸泡；

四震，使用地面震击器震击；

五倒，直接倒扣或爆炸松扣；

六侧钻，在鱼顶以上进行侧钻。

在卡钻事故的预防方面，根据北阿的现场经验，使用无扶正器螺杆钻具，既简化了钻具组合，同时通过调整钻压控制井斜、调整转速来控制方位漂移，稳斜效果比较好，减少了滑动钻进进尺，大大降低了卡钻风险。

由于海外项目单井综合日费高、事故处理时间越长越不利，需要采取果断措施解除复杂。比如当卡钻倒扣后井下还存有部分钻具，采取切割或者磨铣等办法耗时长，此时推荐直接填井侧钻。

针对伊朗北阿存在多套地层压力体系、易井漏、易井塌、平台井三维井眼摩阻扭矩大、卡钻事故多等现状，经过“十二五”系列的钻井科技攻关，形成了伊朗北阿油田碳酸盐岩地层安全快速钻完井配套技术。经过两轮的现场技术应用，效果显著。机械钻速提高35%，井下复杂减少55%，单井平均钻井周期从2011年的121天下降到2012年113天，2013年缩短到108天，2014年缩短到106天，单井成本节约20%~30%，累计节约成本上亿美元。

第四节　阿姆河气田复杂地层钻井技术

阿姆河右岸天然气项目示范区内所钻遇的地层具有“高压盐水层、高压目的层、高产储层、巨厚盐膏岩”等“三高一厚”的特征，导致钻井事故频发、钻井周期长，工程报废率高达30%。为了实现“稀井高产、少井高效”的开发目的，需要大规模实施大斜度井整体开发。高压巨厚盐膏岩下伏气藏大斜度井钻井主要面临两方面的挑战：一是盐膏岩厚达1000m左右，局部含有高压盐水，所钻报废井70%以上的事故都发生在该井段；二是储层与盐膏岩直接接触，大斜度井钻井必须在盐膏岩中造斜和稳斜，井眼轨迹控制难度大。针对上述难题，以盐岩蠕变规律和高压盐水压力研究为基础，采用盐膏岩“压住打”的原则，通过优化井身结构及轨道设计、优选定向工具及钻具组合、优选与盐膏岩相配伍的欠饱和—饱和盐水钻井液体系及抗盐水泥浆体系、采用外加厚高抗挤套管封固盐膏岩，形成了一套盐膏岩中造斜、稳斜大斜度井钻井配套技术，通过现场试验和方案优化，成功实施第一口高压大斜度井B-P101D井，并推广应用50口井，钻井成功率100%，解决了长期困扰气田开发的钻完井技术难题，并实现快速建产的目标，获得良好的社会效益和经济效益，为巨厚盐膏岩下伏气藏大斜度井整体开发提供了重要技术保障。

一、复杂地层井身结构优化技术

1. 阿姆河右岸地质情况概述

阿姆河右岸区块沉积层从下向上由侏罗系、白垩系、古近系和新近系—第四系组成。中下侏罗统滨海相碎屑岩为该区主力烃源岩，目的层为上侏罗统卡洛夫-牛津阶碳酸盐岩，厚度330~410m，有低渗透夹层。上覆巨厚盐膏层厚达750~1000m，局部含有高压盐水，为区域性盖层。上部地层岩性以泥岩、砂岩为主，夹有薄层灰岩、盐岩和石膏。该区块的布哈尔层、谢农阶、阿尔布阶以及盐膏层地层不同程度存在盐水。特别是基末利阶长段盐膏层，所含“透镜状”的异常高压盐水和大段石膏层是最大的复杂根源。其地质分层数据见表4-24。

表 4-24　阿姆河右岸地区地层分层情况

统	阶（亚阶、层）	组	厚度 m	岩性	地层压力系数	井下复杂提示
古近系	布哈尔层		140	浅灰色灰岩夹灰白色石膏	1.2	防漏 防跨 防卡 防泥包 防喷
白垩系	谢农阶		570	以泥岩为主夹砂岩、粉砂岩		
	土仑阶		214	上部为泥岩夹粉砂岩，下部为大段泥岩		
	赛诺曼阶		306	以泥岩为主，上部夹粉砂岩，下部夹粉砂岩及石灰岩		
	阿尔布阶		274	大段泥岩夹砂岩薄层		
	阿普特阶		78	上部为泥岩夹砂岩，下部为泥岩与粒屑灰岩互层		
	巴雷姆阶		88	以泥岩为主，近底部夹粒屑灰岩，底为灰白色石膏		
	戈捷里夫—凡兰吟阶		122	以大段棕红色泥岩为主，底为灰白色石膏		
侏罗系	提塘阶		84	顶为绿灰色泥岩，中下部棕红色泥岩夹石膏、砂岩	1.3	
	基末利阶	上石膏层	9	灰白色石膏	1.60～1.75	防盐膏 污染 防卡
		上盐层	283	以大段盐岩为主，上部夹石膏薄层		
		中石膏层	44	石膏为主，近顶部夹盐岩薄层		
		下盐层	116	大段盐岩		
		下石膏层	21	灰白色石膏		防喷 防漏
	卡洛夫—牛津阶	硬石膏、灰岩互层	37	灰白色石膏与浅灰色灰岩不等厚互层	1.2～1.96	
		层状灰岩层	65	大段层状灰岩		
		块状灰岩层	97	灰褐色、褐灰色生物灰岩、生物礁灰岩、石灰岩		
		礁上层	46	灰褐色、褐灰色、灰色灰岩		
		X Va1	6	灰色云岩		

阿姆河气田目的层埋深 2500～4200m，地层压力 22.75～67.27MPa。压力系统受储层沉积相带影响，生物堤礁带气藏分布面积较大，连通性好，属正常压力系统；生物点礁气藏和逆掩断裂构造气藏为异常高压系统，压力系数 1.5～1.91；仅亚希尔杰佩气田地层压力系数只有 0.78，为异常低压系统；因渗透性好，目的层压力敏感性强；储层地层温度 94～129℃，地温梯度 2.9℃/100m，属正常温度系统。

2. 巨厚盐膏层大斜度井钻井难点及风险

通过对阿姆河右岸地质特点的认识和分析可以看出，该地区地质特征十分鲜明突出，土库曼斯坦早期在此所钻探的全部为直井，勘探成功率仅有 40%，因工程原因报废的井高达 30%。在该区通过实施定向井、水平井工艺提高勘探开发效益面临巨大挑战，主要风险和难点有：

（1）基末利阶巨厚膏盐层给定向井、水平井施工带来极大的困难：

①目的层上方紧临膏盐层，用水平井开发时造斜段无法避开膏盐层，钻遇膏盐层井段较直井更长，加之必须实施滑动钻进手段，使安全钻井及轨迹控制难度大大增加。

②盐岩层地层软，易形成台阶，造成钻具或套管下入困难；或形成键槽，造成卡钻事

故。尤其是套管串中带管外封隔器和较多的套管稳定器时，套管下入风险更大。

③巨厚膏盐层塑性变形幅度大、应力强，易造成缩径卡钻或塑性变形挤毁套管，在钻井液性能较差的情况下，可能溶解形成大肚子，在斜井段造成携砂困难。

④该区块巨厚膏盐层中内含高压盐水，且盐水分布规律及压力系数难以准确预计，给定向施工带来一定的安全隐患，一旦出现盐水浸，存在盐析造成井下事故的风险。

⑤基末利阶下部与牛津—卡洛夫阶上部存在硬石膏层，可钻性差，钻时慢，且该段紧邻目的层段，水平井在该段井斜一般在 55°以上，定向滑动钻进时卡钻风险较大。

（2）该区块不同位置目的层压力可能存在差异，且储层物性相对较好，目的层施工中可能存在漏、喷的风险，加之水平井储层暴露面积大，且气藏含硫化氢和二氧化碳，一定程度的增加了井控风险。

（3）储层位于垂厚变化大的巨厚高压膏盐层之下，优质块状灰岩储层深度预测困难，增加了井眼轨迹着陆和水平段地质跟踪难度。

（4）层状灰岩与块状灰岩的区分较困难，能否卡准层位，提供优良的井眼轨迹，避免水平段钻入水层，确保水平段井眼距离气水界面达到一定安全高度，是水平井长期高产的关键。

3. 大斜度井身结构优化

大斜度井/水平井钻井已成为油气田高效开发的主要手段。但阿姆河右岸含有高压巨厚盐膏层和高压碳酸盐岩储层，且盐膏层下方紧临目的层，这些因素的存在导致以往钻井工程报废率高达 24%，其中 90%以上为盐膏层卡钻和产层井喷报废。受技术瓶颈问题制约，中国石油进入前，阿姆河右岸尚未采用大斜度/水平井开发方式。为实现中国石油高效勘探开发的目标，进行了大斜度/水平井技术攻关，成功钻成了大斜度/水平井先导性试验井，并推广应用。该技术的应用为气田的快速上产提供了技术支撑。

1）必封点选择

对同区已钻直井的实钻情况分析表明，该区纵向上存在两个必封点：

必封点一：土伦阶上部。由于上部地层含浅层水，且稳定性较差，应予以封隔，以减少下部钻井垮塌、卡钻等风险。

必封点二：卡洛夫—牛津阶硬石膏底部。该层以下储层物性较好，压力系数较低，为避免出现储层斜井段钻井发生井漏、井喷等复杂事故，采用套管分隔储层上下不同的压力体系。

2）井身结构设计（表 4-25 和图 4-21）

一开：ϕ339.7mm 套管下至土伦阶上部地层，封隔浅层地下水、垮塌层。

二开：ϕ244.5mm 套管下至卡洛夫—牛津阶硬石膏底部（储层顶）。

三开：ϕ215.9mm 钻头钻完水平段 ϕ139.7mm 筛管完成目的层。

表 4-25　大斜度井井身结构设计

钻井井段	井眼尺寸			套管			水泥返高
	钻头尺寸 mm	井深 m	垂深 m	管径 mm	下深 m	垂深 m	
导管	人工挖埋			508	15		人工预埋
一开	444.5	1420	1420	339.7	1419	1419	地面
二开	311.2	3272	3060	244.5	2000	2000	地面
				250.8	3271	3060	

续表

钻井井段	井眼尺寸			套管			水泥返高
	钻头尺寸 mm	井深 m	垂深 m	管径 mm	下深 m	垂深 m	
三开	215.9	3878	3140	177.8	3072	2994	地面
				177.8	3210	3050	
				139.7 筛管	3876	3138	

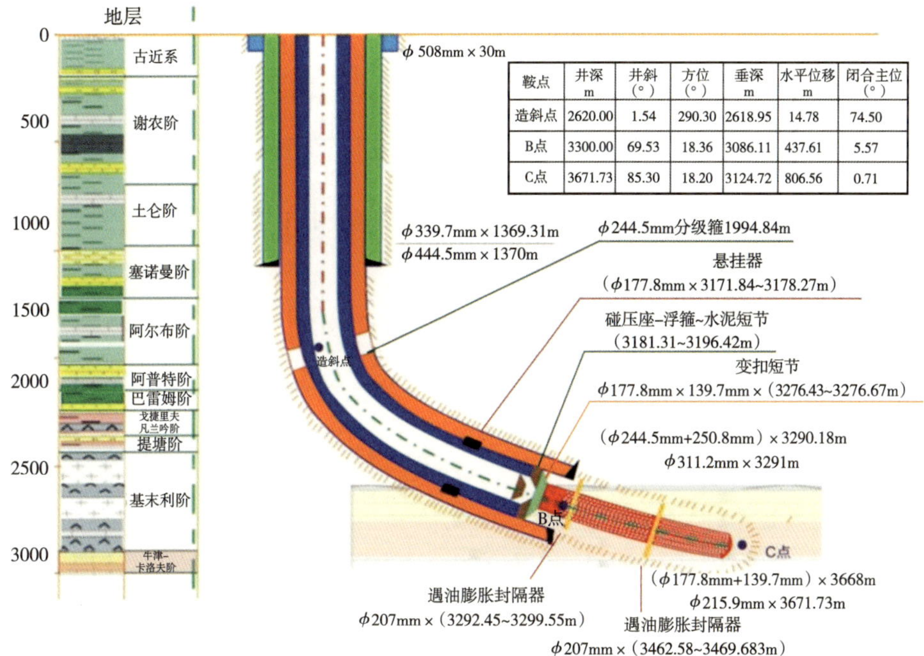

图 4-21　大斜度井井身结构设计

4. 抗盐岩蠕变套管串选型

为防止盐岩蠕变挤毁套管，盐膏层段技术套管选用 ϕ250.8mm 高抗挤套管。因产层含有硫化氢，生产套管选用气密封抗硫型螺纹（表 4-26）。

表 4-26　套管柱分段选型表

套管程序	井段 m	钻井液密度 g/cm^3	规范		长度 m	钢级	壁厚 mm
			尺寸，mm	螺纹			
表层套管	0~180	1.15	508	BTC	179	J55	11.13
技术套管 1	0~1150	1.2	339.7	BTC	1149	N80	12.19
技术套管 2	0~1000	1.35	244.5	BTC	1000	L80	11.99
	1000~1800		244.5	BTC	800	P110	11.99
	1800~2365		250.8	BTC	564	125TT	15.88
油层套管	0~2690	1.10	177.8	SLA	2688	90SS	10.36

5. 抗盐岩蠕变套管串强度校核

（1）套管强度设计依据见表 4-27。

表 4-27　套管强度设计依据表

套管程序	套管尺寸 mm	套管下深 m	下套管时 钻井液密度 g/cm³	下次钻进 钻井液密度 g/cm³	设计校核方法
表层套管	508. 0	0~279	1. 20	1. 25~1. 30	按 100%掏空设计
技术套管 1	339. 7	0~1779	1. 30	1. 87~1. 95	按 60%掏空设计
技术套管 2	244. 5	0~2150	1. 95	1. 91~1. 99	按 40%全掏空设计
	250. 8	2150~3320			
生产套管	177. 8	0~3120	1. 99	—	按 100%掏空法设计

注：已考虑补心高 10. 0m。

（2）设计安全系数选定。抗挤设计安全系数：1. 0；抗内压设计安全系数：1. 10；抗拉设计安全系数：1. 30；三轴设计安全系数：1. 25。

（3）套管柱强度校核见表 4-28。

表 4-28　套管柱强度设计表

套管程序	井段 m	套管尺寸 mm	套管规范			段长 m	重量			安全系数		
			钢级	壁厚 mm	螺纹		每米重量 kg/m	段重 tf	累重 tf	抗挤	抗内压	抗拉
表层套管	0~279	508. 0	J55	11. 13	BTC	279	139. 88	39. 03	39. 03	1. 08	1. 38	7. 29
技术套管 1	0~1779	339. 7	N80	12. 19	BTC	1779	101. 2	180. 03	180. 03	1. 24	1. 97	3. 73
技术套管 2	0~2150	244. 5	P110	11. 99	BTC	2150	69. 94	150. 37	259. 74	1. 37	2. 10	3. 27
	2150~3320	250. 8	125TT	15. 88	BTC	1170	93. 48	109. 37	109. 37	2. 27	1. 63	6. 64
油层套管	0~3120	177. 8	90S	12. 65	SAL	3120	52. 09	162. 52	162. 52	1. 28	1. 56	2. 94

6. 固井施工

盐膏层固井由于水泥浆溶解大量的盐后，失水、流变、稠化、强度等性能会发生很大的变化，给固井施工带来很大的风险。而塑性盐层也可能在水泥浆凝固之前侵蚀套管。

对此研究了 SD 系列外加剂的综合性能，得出了 21 套水泥浆配方，SD 系列外加剂可以在较宽的温度范围内配制出密度达 2. 0~2. 4g/cm³ 的盐水水泥浆。该系列水泥浆流动性好，游离液含量低，失水可控制在 100mL 以内，水泥石 48h 强度大于 14MPa，稠化时间可任意调整，且能满足不同井深和井下温度条件下膏盐层固井作业要求。

7. 现场效果

合理的井身结构设计、套管选型和配套固井施工有效地减少了井下复杂事故，保证了井筒完整性，为实现阿姆河右岸大斜度井长期高效开发奠定了基础；钻井周期平均缩短了

60%，钻井成本平均节约了25%，为油田的降本增效提供了技术支撑。

二、盐膏层钻井液技术

1. 盐膏层钻井液技术难点

根据阿姆河右岸的地质特点和钻井工程面临的主要问题，要求选用的钻井液体系突出下列技术特性：

（1）良好的抑制性和控制地层造浆的能力；

（2）能抗饱和盐水和石膏污染的能力；

（3）深井高密度、高矿化度条件下优异的流变特性，降低钻井液流动阻耗和压力激动值；

（4）对裂缝和孔隙具有良好的封堵能力，以实现防漏与保护油层的功效；

（5）深井段钻井液维护工艺简单、处理量小、稳定周期长，避免钻井液频繁处理，密度的大幅波动诱发漏、喷等复杂情况。

2. 盐层钻井液体系研究

膏盐层钻进中，钻井液面临盐/钙污染、井眼缩径卡钻、盐重结晶、流变性和失水控制问题，还有可能钻遇的高压盐水对钻井液性能的破坏导致井下复杂等技术难题。因此研制了抗盐抗钙能力强的饱和盐水钻井液，该钻井液在高温、高密度条件下具有好的流变性和失水造壁性，并能很好地解决高压盐水的污染和盐重结晶等技术难题。

1）体系与配方

采用饱和盐水聚磺钻井液体系，其基本配方为：1%～2%预水化膨润土浆+0.5%～1.0%NaOH+0.3%～0.5%FA367+4%～6%SMP－3+1.5%～2.0%PAC－LV+3%～4%RSTF+0.3%～0.5%HTX+0.3%～0.5%SP80+1.0%～1.5%KEJ+0.3%～0.5%NTA－2+30%～35%NaCl+重晶石。

2）性能评价

针对阿姆河右岸中西部地区不同的地层特征，开展了室内实验，优选出了适合中西部地区的钻井液性能（表4-29）。

表4-29 饱和盐水聚磺钻井液性能

序号	SG	pH值	PV mPa·s	YP Pa	$G_{10''}/G_{10'}$ Pa/Pa	FL_{API} mL	FL_{HTHP} mL	Cl^- mg/L	Ca^{2+} mg/L
3#	1.35	9.5	41	13.5	2.0/6	3.5	10.2	186，00	515
4#	1.95	9.5	52	15	3.0/6.5	3.0	9.0	185，00	502

注：3#用于西部地区盐膏层钻进，在高温120℃滚动16h后测试相关性能，其高温失水测试温度为120℃；4#可用于中部地区盐膏层钻进，在高温150℃滚动16h后测试相关性能，其高温失水测试温度为150℃；所有流变性在49℃下测定。

实验表明，高密度（SG=1.95）饱和盐水聚磺钻井液能有效防止膏盐污染。建议现场钻井液的日常维护处理采用石灰、SMP－3、PAC－LV、FA367等处理剂以胶液方式补充，确保聚合物处理剂充分水化。维护处理主要目标是保证一定的氯离子及钙离子浓度。

3. 盐膏层钻井液密度确定

1）岩膏层井眼缩径方程

岩盐蠕变是指在恒定的载荷作用下，岩盐试件的变形随时间变化的力学现象。岩盐的稳态蠕变速率与岩盐的结构组成及所受温度压力密切相关。钻井工程主要采用的岩盐蠕变模式为：

$$\dot{\varepsilon}_{\mathrm{s}} = A \cdot \exp\left(-\frac{Q}{RT}\right) \cdot \mathrm{sh}(B\sigma) \tag{4-1}$$

式中　$\dot{\varepsilon}_s$——稳态蠕变速率，s^{-1}；

Q——盐岩的激活能，cal/mol；

R——气体摩尔常数（R=1.987cal/mol · K）；

σ——应力差，MPa；

T——热力学温度，K；

A、B——流变常数。

A、B、Q 可以根据不同的温度、压力条件下的蠕变速率试验结果，通过非线性回归获得，A、B、Q 确定后蠕变的特性也就确定了。

2）盐膏层钻井液密度计算

（1）蠕变参数 A、B、Q。

岩盐的流变机制属于错位滑移。其蠕变的本构方程为：

$$\dot{\varepsilon}_{\mathrm{s}} = A \cdot \exp(-Q/FT) \cdot \sinh(B\sigma) \tag{4-2}$$

可以通过实验，多元非线性回归拟合，求得 A、B、Q。而对于纯岩盐，其蠕变性质有着大致相同的基本规律。

（2）计算的基础数据。

岩盐的稳态蠕变速率与岩盐的结构组成及所受温度压力密切相关。根据 B 区块地层资料，深度 2655~3558m 是高压膏盐层井段，盐膏层的温度为 110℃，最大水平地应力梯度为 2.18g/cm^3。借鉴 A 区的井身结构，盐膏层的井径为 12¼in。确定蠕变特性和所需的安全钻井液密度，即井眼缩径方程：

$$\rho_1 = 100\left\{\sigma_{\mathrm{H}} - \int_a^{\infty} \frac{2}{\sqrt{3}} \times \frac{1}{Br}\ln\left[\frac{Da^2 n(2-n)}{2}\left(\frac{a}{r}\right)^2 + \sqrt{\left(\frac{Da^2 n(2-n)}{2}\right)^2\left(\frac{a}{r}\right)^4 + 1}\right]\mathrm{d}r\right\}/H \tag{4-3}$$

$$D = \frac{2}{\sqrt{3}A \cdot a^2}\exp(Q/RT) \tag{4-4}$$

式中　A、B、Q——岩石的蠕变参数；

a——井眼半径，mm；

H——井深，m；

σ_{H}——水平最大地应力，MPa；

R——气体摩尔常数（R=1.987cal/mol · K）；

T——热力学温度，K。

3）钻井液密度选择

阿姆河右岸西区 Sam-45-1 井盐岩层井深 1786~2337m，钻井施工用聚磺盐水钻井液，密度为 1.65~1.70g/cm³，上覆岩层压力系数 2.30，采用的计算参数为：膏盐层上覆地层压力梯度 2.30，最大水平地应力梯度 2.33g/cm³，最小水平地应力梯度 1.89g/cm³，单轴抗压强度 70MPa，杨氏弹性模量 40GPa，泊松比 0.24。确定该区块钻井液密度图版如图 4-22 所示。

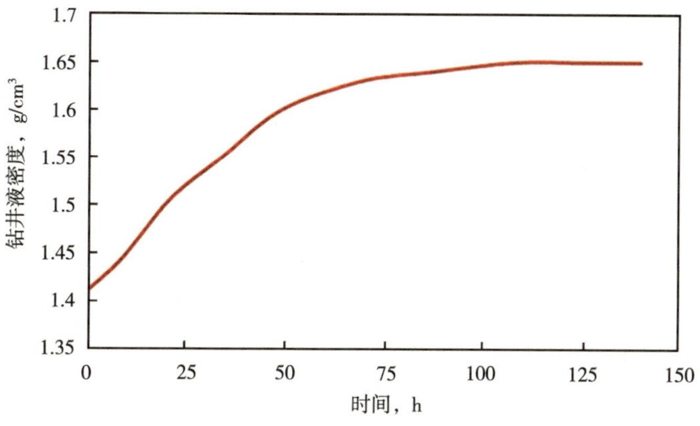

图 4-22 右岸西部地区钻井液密度图版

阿姆河右岸中部地区深度 2655~3558m 是高压膏盐层井段。此井段施工应用聚磺盐水钻井液钻穿高压膏盐层，使用的钻井液密度 1.88~1.90g/cm³，钻采用的计算参数为：膏盐层上覆地层压力梯度 2.30g/cm³，最大水平地应力梯度 2.18g/cm³，最小水平地应力梯度 2.05g/cm³，单轴抗压强度 70MPa，杨氏弹性模量 40GPa，泊桑比 0.24。确定钻井液密度图版如图 4-23 所示。

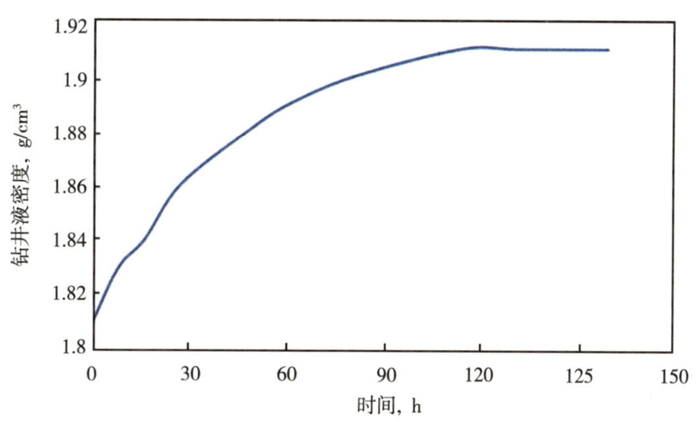

图 4-23 右岸中部地区钻井液密度图版

右岸中西部地区钻井施工按照各自的图版设计钻井液密度。西部平均缩径速率为 0.097~0.146mm/h，中部平均缩径速率为 0.0735~0.162mm/h。

4. 现场效果

针对气田盐膏层特点和难点，结合室内研究成果，形成了一套比较成熟盐膏层钻井液体系，并在现场得到成功应用。其中已完钻井65口，盐膏层无事故发生，钻井成功率100%，与水泥浆配伍性良好，固井合格率100%，优质率51.96%。

三、盐层定向轨迹控制技术

阿姆河右岸地区目的层之上600m左右的膏盐层中硬石膏与软盐岩层交互，极易在施工中形成台阶，给井眼轨迹控制带来很大的困难。对此，开展了针对目标区的井眼轨迹控制技术研究。

1. 盐膏层造斜点优选

1）造斜点选择的依据

盐岩蠕变导致井眼缩径，平均缩径速率是0.0735～0.162mm/h，使用合适密度的钻井液来平衡盐膏层并做好定期维护是确保盐膏层稳定的关键；根据现场试验结果，定向工具在盐膏层定向造斜，造斜率可达定向造斜率7.0°/30m，复合钻进造斜率仅3.5°/30m，但是复合钻进钻速快，定向过程中优先采用复合钻进。经综合分析比较，选择在基末利阶上盐层中造斜，该盐层主要为纯岩盐。由于纯岩盐蠕变严重，故适当增加钻进液密度（1.90g/cm^3），并且在钻进过程中定时（100h）对其进行维护，使岩盐缩径率小于现场安全钻进的缩径率，确保安全钻进。且此方案钻具组合不会产生屈曲，能够实现钻压的有效传递，实现井眼轨迹的正常控制。

2）盐膏层稳定性

侏罗系地层含巨厚纯盐膏层，由于盐膏层的盐溶、塑性蠕变以及盐膏层的非均质性，易发生盐膏层井塌和缩径。B区块膏盐层上覆地层压力梯度约为2.30g/cm^3，最大水平地应力梯度约为2.18g/cm^3，最小水平地应力梯度约为2.05g/cm^3。单轴抗压强度为70MPa，杨氏弹性模量40GPa，泊桑比0.24，根据井径测井资料反演，计算得出井径缩径速率，表4-30是根据测井资料分析计算的部分井盐岩蠕变速率。

表4-30　膏盐层段井眼直径缩径速率（井眼裸眼时间按3天计算）

区块	井号	井段 m	地层	钻头直径 mm	平均井径 mm	缩径速率 mm/h	平均缩径速率 mm/h
B	Ya-21	2450～2525	齐顿阶 泥岩夹石膏层	311.2	308.5	0.09	0.0735～0.162
B	Ca-21	3225～3400	基末利阶下石膏层	311.2	309.5	0.057	
B	Uz-21	2650～3100	基末利阶上盐层/ 中石膏层/下盐层/ 下石膏层	215.9	205.73	0.339	

盐岩蠕变导致井眼缩径，B区块平均缩径速率是0.0735～0.162mm/h。因此要用合适密度的钻井液来平衡，尽可能地减少缩径，增加钻井液密度有利于控制缩径，但是不能超过最小主应力，否则会引起地层破裂，导致井漏。对于易缩径的膏盐岩地层，钻井液密度增加，缩径变形率减小，井眼发生同等变形缩径所需要的时间就要延长，井眼就可以较长的时间内保持在稳定的范围，有利于钻井施工。钻井液密度增加过大，易压裂地层，发生漏失，而缩径变形率减小有限。从钻井工程出发，从钻井液密度—缩径变形率变化曲线找

出临界钻井液密度，钻进时，钻井液密度高于此密度并掌握钻井作业时间是保持正常钻进、不发生缩径卡钻的必要条件。钻进时钻井液密度不必过高，可以允许有少量的缩径发生，这部分缩径可以通过短起下钻方式消除。

2. 方案优选

1）不同造斜点方案

根据A区大斜度井、水平井钻井实践，在盐膏层中可以完成定向施工，为提高机械钻速，可把B区大斜度井、水平井造斜点选在盐层段。

根据盐膏层的地层情况，分别对比在各小层中造斜的结果，有以下几种方案（表4-31）。

表4-31 造斜点优选方案

方案	造斜点所在层位	垂深，m
方案一	基末利阶上石膏层	2214~2222
方案二	基末利阶上盐层	2222~2673
方案三	基末利阶中石膏层	2673~2733
方案四	基末利阶下盐层	2733~2977
方案五	戈提里夫阶	1877~2005

（1）方案一：拟在基末利阶上石膏层中造斜，该小层厚度为8m，主要为淡红色—白色硬石膏。其主要参数见表4-32。

表4-32 方案一：井眼轨道主要参数

测量深度 m	井斜角 (°)	方位角 (°)	垂直深度 m	狗腿度 (°)/30m	造斜速率 (°)/30m	真实速率 (°)/30m	工具面角 (°)
0.00	0.00	0.00	0.00	0.000	0.000	0.000	0.00
2218.00	0.00	0.00	2218.00	0.000	0.000	0.000	0.00
2632.00	69.00	18.00	2538.94	5.000	5.000	0.000	18.00
4085.98	69.00	18.00	3060.00	0.000	0.000	0.000	0.00 A1
4239.22	87.90	18.00	3090.54	3.700	3.700	0.000	0.00
5588.87	87.90	18.00	3140.00	0.000	0.000	0.000	0.00 B1

造斜点深度为2218m，第一段造斜率为5°/30m，第二段造斜率为3.7°/30m，设计的井眼轨道定向段在盐膏层的井眼长度为1867m，盐膏层中井眼长度为1871m。

（2）方案二：拟在基末利阶上盐层中造斜，该层厚度为452m，主要为纯岩盐，分布较稳定。其主要参数见表4-33。

表4-33 方案二：井眼轨道主要参数

测量深度 m	井斜角 (°)	方位角 (°)	垂直深度 m	狗腿度 (°)/30m	造斜速率 (°)/30m	真实速率 (°)/30m	工具面角 (°)
0.00	0.00	0.00	0.00	0.000	0.000	0.000	0.00
2320.00	0.00	0.00	2320.00	0.000	0.000	0.000	0.00

续表

测量深度 m	井斜角 (°)	方位角 (°)	垂直深度 m	狗腿度 (°)/30m	造斜速率 (°)/30m	真实速率 (°)/30m	工具面角 (°)
2722.00	69.00	18.00	2636.45	5.000	5.000	0.000	18.00
3806.00	69.00	18.00	3060.00	0.000	0.000	0.000	0.00 A2
3975.46	87.90	18.00	3096.62	3.700	3.700	0.000	0.00
5159.34	87.90	18.00	3140.00	0.000	0.000	0.000	0.00 B2

造斜点深度为 2320m，第一段造斜率为 5°/30m，第二段造斜率为 3.7°/30m，设计的井眼轨道定向段在盐膏层的井眼长度为 1486m，盐膏层中井眼长度为 1592m。

（3）方案三：拟在基末利阶中石膏中造斜，该层厚度为 62m，主要为硬石膏，横向分布较稳定。其主要参数见表 4-34。

表 4-34　方案三：井眼轨道主要参数

测量深度 m	井斜角 (°)	方位角 (°)	垂直深度 m	狗腿度 (°)/30m	造斜速率 (°)/30m	真实速率 (°)/30m	工具面角 (°)
0.00	0.00	0.00	0.00	0.000	0.000	0.000	0.00
2690.00	0.00	0.00	2690.00	0.000	0.000	0.000	0.00
3064.10	68.59	18.00	2980.95	5.500	5.500	1.444	18.00
3280.62	68.59	18.00	3060.00	0.000	0.000	0.000	0.00 A
3439.55	84.48	18.00	3096.90	3.000	3.000	-0.001	-0.02
3887.56	84.48	18.00	3140.00	0.000	0.000	0.000	0.00 B

造斜点深度为 2690m，第一段造斜率为 5.5°/30m，第二段造斜率为 3°/30m，设计的井眼轨道定向段在盐膏层的井眼长度为 590m，盐膏层中井眼长度为 1066m。

（4）方案四：拟在基末利阶下盐层中造斜，该层厚度为 305m，主要为纯度较高的岩盐。其主要参数见表 4-35。

表 4-35　方案四：井眼轨道主要参数

测量深度 m	井斜角 (°)	方位角 (°)	垂直深度 m	狗腿度 (°)/30m	造斜速率 (°)/30m	真实速率 (°)/30m	工具面角 (°)
0.00	0.00	0.00	0.00	0.000	0.000	0.000	0.00
2800.00	0.00	0.00	2800.00	0.000	0.000	0.000	0.00
3076.92	60.00	18.02	3029.01	6.500	6.500	0.000	18.02
3138.90	60.00	18.02	3060.00	0.000	0.000	0.000	0.00 A4
3417.90	87.90	18.02	3136.38	3.000	3.000	0.000	0.00
3516.77	87.90	18.02	3140.00	0.000	0.000	0.000	0.00 B4

造斜点深度为2800m，第一段造斜率为6.5°/30m，第二段造斜率为3°/30m，设计的井眼轨道定向段在盐膏层的井眼长度为380m，盐膏层中井眼长度为924m。

（5）方案五：为对比方案，该方案仍在盐膏层上部的戈捷里夫阶开始造斜。其主要参数见表4-36。

表4-36 方案五：井眼轨道主要参数

测量深度 m	井斜角 （°）	方位角 （°）	垂直深度 m	狗腿度 （°）/30m	造斜速率 （°）/30m	真实速率 （°）/30m	工具面角 （°）
0.00	0.00	0.00	0.00	0.000	0.000	0.000	0.00
1950.00	0.00	0.00	1950.00	0.000	0.000	0.000	0.00
2645.00	69.50	0.00	2486.67	3.000	3.000	0.000	0.00
4282.11	69.50	0.00	3060.00	0.000	0.000	0.000	0.00 A5
4466.11	87.90	0.00	3095.90	3.000	3.000	0.000	0.00
5699.60	87.90	0.00	3140.00	0.000	0.000	0.000	0.00 B5

造斜点深度为1950m，第一段造斜率为3°/30m，第二段造斜率为3°/30m，设计的井眼轨道定向段在盐膏层的井眼长度为2068m。

2）各方案钻时预测

根据该地区已钻井钻时记录，可以估算出该地区盐膏层中平均钻时为61.8min/m。见表4-37。

表4-37 各方案盐膏层中钻进时间

方案	造斜点位置	盐膏层中钻井时间，h
方案一	上石膏	1927
方案二	上盐层	1639
方案三	中石膏	1097
方案四	下盐	951
方案五	戈捷里夫阶	2130

比较盐膏层钻井时间，筛选掉时间较长的方案一和方案五；结合现场造斜工具的能力（3°~5.5°/30m），排除造斜率较大的方案四；对比方案二和方案三，方案二中上盐层厚度远大于方案三中石膏层的厚度，且分布稳定，更容易卡准层位，故选择方案二。

3. 钻具组合优化

1）钻具优选

B区储层上部存在900m左右的巨厚膏盐层，硬石膏与较软的盐岩层交错频繁，极易在施工中形成台阶，给井眼轨迹控制带来很大的困难。综合分析了该地区地质特征，结合国内长段石膏层钻探经验，先后采用多种弯壳体螺杆钻具和井下组合进行试验，实施情况见表4-38。

表 4-38　井各井段不同型号螺杆效能情况

序号	井段 m	钻具组合	层位、岩性	钻压 kN	效能分析
1	1760~1793.77	ϕ311.2mm 牙轮+ϕ216mm 1.5°弯螺杆	戈捷里夫阶 棕红色泥岩为主， 薄层石膏	80~120	定向造斜率 7.0°~7.3°/30m
2	1793.77~1918	ϕ311.2mm 钻头+ϕ216mm 1.25°弯螺杆	戈捷里夫阶 棕红色泥岩为主， 薄层石膏	80~120	定向造斜率 6.5°~7.1°/30m， 复合 2.0°~ 3.0°/30m
3	1934~1997.18	双扶正器间隔 16m	提塘阶 泥岩夹粉砂岩 及薄层石膏	40~140	造斜率 1.64°~ 0.93°/30m
4	2089~2152	带扶正块弯螺杆+扶正器	基末利阶 石膏	定向 0~30 复合 0~40	造斜率-0.9°~ -0.8°/30m
5	2294~2366	双扶正器间隔 10m	基末利阶 石膏	30~60	井斜 42.1°↗42.3°； 方位 124.55°↘ 123.25°
6	2405~2429	PDC 钻头+ϕ216mm 1.25°弯螺杆	基末利阶 下盐岩	40~60	工具面控制困难， 降斜钻进稳斜效果
7	2429~2472	ϕ215.9mm 牙轮钻头+ϕ165mm 1°螺杆	基末利阶 下盐岩	定向 150~160 复合 60~80	定向效果好 定向 6.0°~7.1°/30m 复合 2.5°~3.5°/30m
8	2565~2664	ϕ215.9mm 牙轮钻头+ϕ165mm 1°螺杆	牛津—卡洛夫 阶灰岩	复合 40 定向 80	定向 9°~10.2°/30m 复合 1°~1.5°/30m
9	2664~2698	双扶正器间隔 8m	牛津—卡洛夫 阶灰岩	40-50	造斜率 0.54°/30m
10	2698~2860	PDC 钻头+ϕ165mm 1°弯螺杆	牛津—卡洛夫 阶灰岩	定向 70~100 复合 10~40	定向 10°/30m 复合 2.1°~3.2°/30m
11	2860~2985.64	带扶正块弯螺杆+ϕ213mm 扶正器	牛津—卡洛夫 阶灰岩	定向 70~100 复合 10~40	复合钻进降斜率 0.3°~0.4°/30m， 定向增斜率 4°/30m， 定向易压死螺杆
12	3261~3333	带扶正块弯螺杆+ϕ210mm 扶正器	牛津—卡洛夫 阶灰岩	定向 70~180 复合 20~35	复合钻进增斜率 0.8°~1°/30m， 定向降斜率 4°/30m， 定向时，易压死螺杆

根据实验数据，在盐膏层中造斜率不宜过大，在蠕变严重的盐膏层段减小造斜率，设计为3°~5.5°/30m。

2）摩阻扭矩分析

利用摩阻扭矩分析软件对优选出的盐膏层上盐层造斜时钻具组合受力情况进行分析，结果如图4-24~图4-33所示。

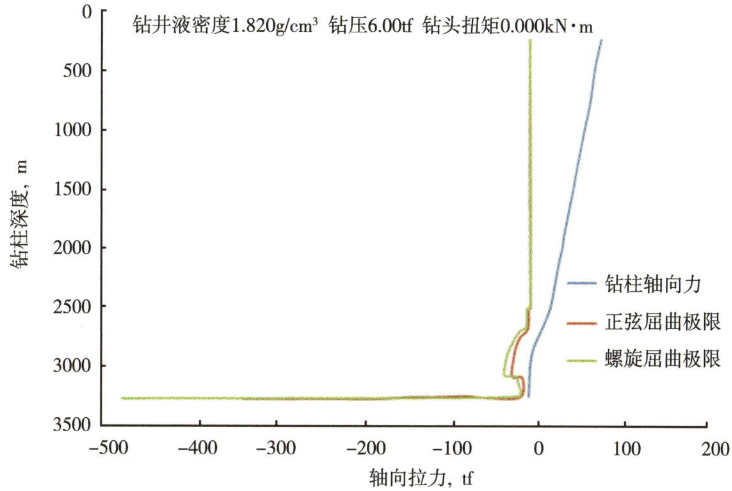

图4-24 ϕ311.2mm井眼滑动钻进钻具屈曲分析

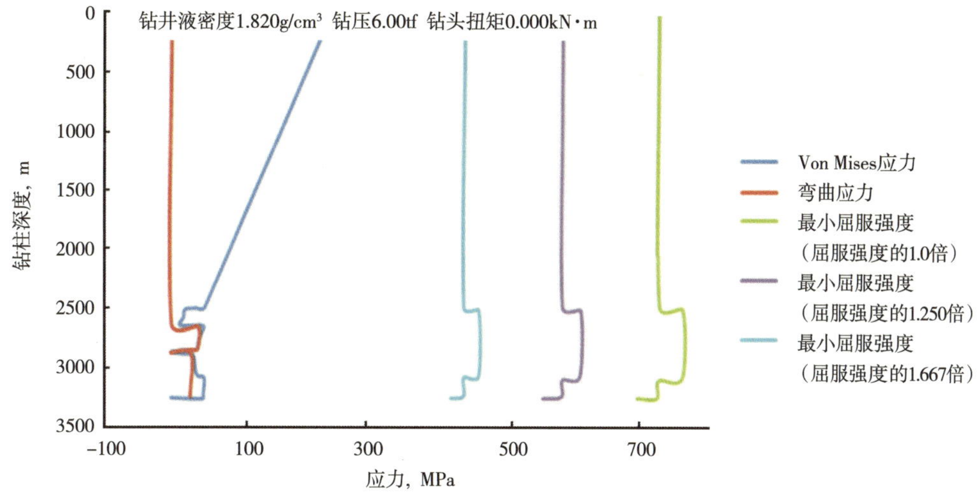

图4-25 ϕ311.2mm井眼滑动钻进三轴应力分析

综上所述，表明钻具组合能够实现ϕ311.2mm井眼和ϕ215.9mm井眼的滑动和复合钻进，钻具不会产生屈曲，实现钻压的有效传递，能够实现井眼轨迹的正常控制。

4. 井眼轨迹控制

目的层之上600m左右的膏盐层中硬石膏与软盐岩层交互，极易在施工中形成台阶，给井眼轨迹控制带来很大的困难。对此，开展了针对目标区的井眼轨迹控制技术研究。

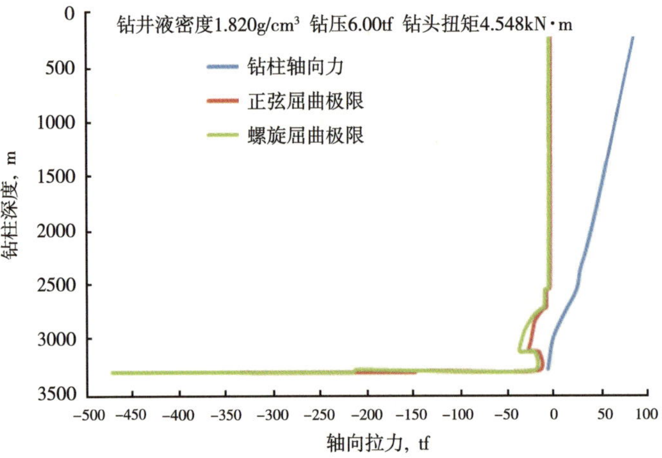

图 4-26 ϕ311. 2mm 井眼旋转钻进钻具屈曲分析

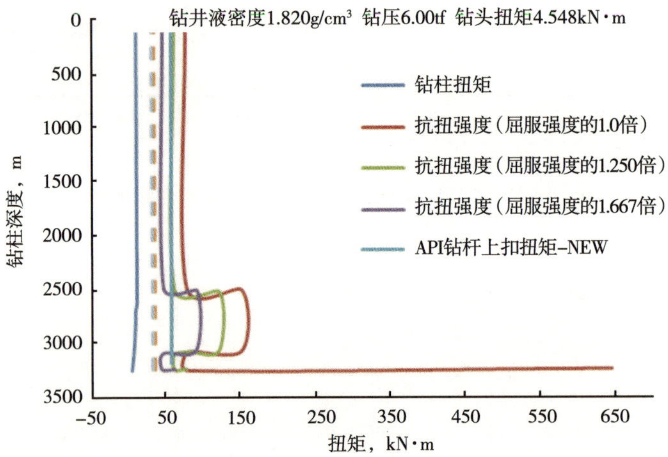

图 4-27 ϕ311. 2mm 井眼旋转钻进钻具抗扭强度分析

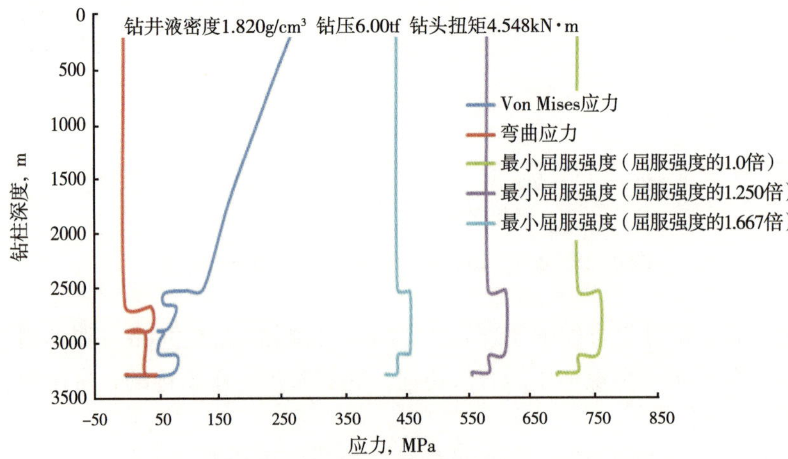

图 4-28 ϕ311. 2mm 井眼旋转钻进钻具三轴应力分析

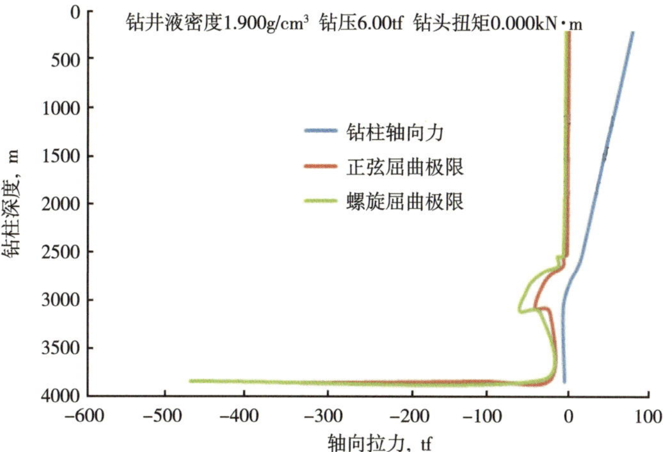

图 4-29 ϕ315.9mm 井眼滑动钻进钻具屈曲分析图

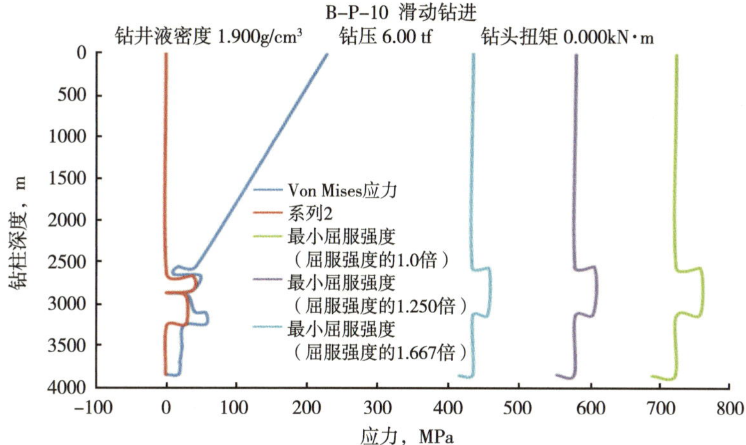

图 4-30 ϕ215.9mm 井眼滑动钻进三轴应力分析图

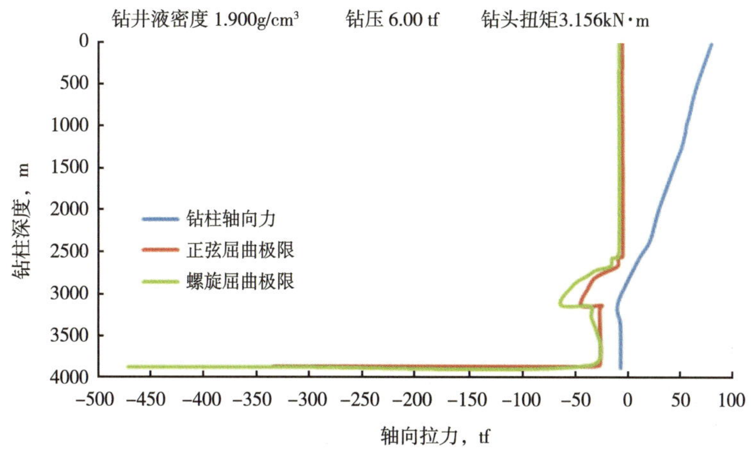

图 4-31 ϕ215.9mm 井眼旋转钻进钻具屈曲分析图

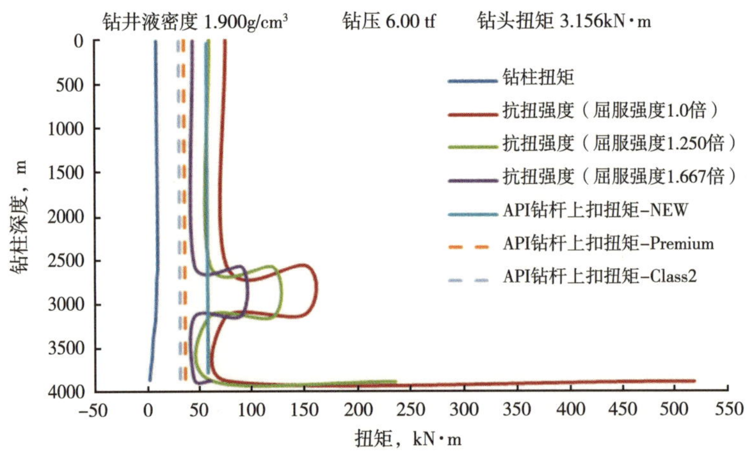

图 4-32　ϕ215.9mm 井眼旋转钻进钻具抗扭强度分析图

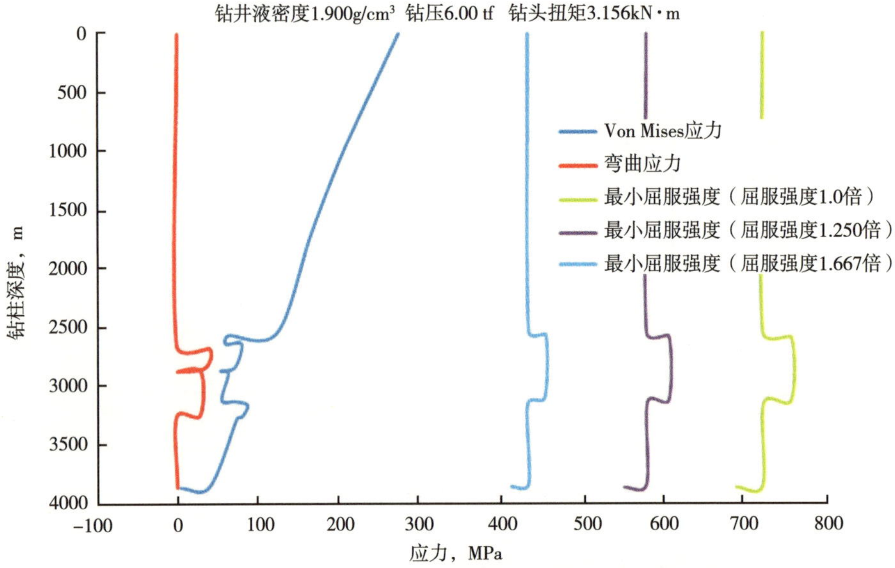

图 4-33　ϕ215.9mm 井眼旋转钻进钻具三轴应力分析图

1）定向工具的选择

可调螺杆与固定角度螺杆与阿姆河右岸的造斜率基本相同，但可调式螺杆在定向施工脱压现象比较严重，因此选用固定角度的 1.25°、1.0°螺杆和用于水平段稳斜穿行的 0.75°螺杆。

2）膏盐层轨迹控制措施

膏盐层定向钻进中，可能出现井斜、方位突变，井眼缩径等现象，需根据井下情况及时对井眼轨迹控制措施进行调整，避免出现脱靶、卡钻等复杂情况。

（1）全程采用螺杆钻具配合 MWD 随钻监测仪，实时跟踪控制轨迹。

（2）滑动钻井与复合钻井方式交替进行，严格控制造斜率，防止出现过大的全角变化率。

（3）及时对已钻轨道进行描述，计算与设计轨道参数的偏差，掌握工具的造斜能力，对井底状态做出较准确的预测，计算出待钻井眼所需造斜率，提前采取工程技术措施，实现轨迹“平稳着陆”和“矢量进靶”，防止轨迹大幅波动。

（4）定时记录钻井参数和钻具扭矩、摩阻情况，及时分析对比并采用短起下、扩划眼等对应措施。

（5）盐膏层钻进采用“进一退三”原则，每钻进 1m 上提 3m 划眼到底，如划眼无阻卡、无蹩劲显示则可逐渐增加钻进段长和划眼行程。但每钻进 4~5m 至少上提划眼一次。

（6）每次测斜前，先划眼 2 次，井下正常后，才开始停泵测斜。

（7）坚持短起下钻，每钻 50~100m，短起下一次；在盐层中钻进 4h（或更短），短起钻过盐层顶部，全部划眼到底，若无阻卡显示，可适当延长短起钻间隔，但不超过 30h。

（8）接立柱前，反复拉划井眼，井下无异常才开始接立柱。接立柱时，尽可能延长开泵时间，钻具坐于转盘后方可停泵，接立柱速度要快。

（9）对全角变化大的滑动钻进井段，使用复合钻扩划眼，及时修整井眼，保证轨迹平滑。

5. 现场效果

通过优化井眼轨迹设计，加强井眼轨迹控制，简化钻具结构，有效解决了 ϕ311.2 mm 井眼和巨厚盐膏层定向钻进的难题和大斜度井定向钻进过程中的托压问题。现场已推广应用 50 余口井，钻井成功率 100%，测试 15 口井，测试无阻流量达到 $100\times10^4 m^3/d$，为直井 5~10 倍。目前大斜度钻井已成为阿姆河右岸主要增产技术，为勘探开发安全高效目标的实现提供了技术保障。

参考文献

[1] 胡泉，冯亚平，等. 伊朗回购合同的执行与油气服务市场［J］. 国际石油经济，2009（10）.

[2] 王同良. 国外水平井大位移井钻井技术新进展［J］. 世界石油工业，1997，1（1）：37-41.

[3] 李荣，冯亚平，等，伊朗北阿回购合同模式下的钻完井 FEED 运作思考［J］. 北京石油管理学院学报，2011（1）.

[4] Li Rong，Feng Yaping. How to meet in Zero dischargein goal in a sensitive N. Azadegan field wetland environment. Provided by POCE. SPE 156152，Doha May，2012.

[5] Li Rong，Luo Huihong. Lessons Learned from Perforated Liner Stuck in N. Azadegan Field. Provided by Middle EasT Oil and Gas Show and Exhibition held in Manama. SPE 164450，Bahrain，10-13 March 2013.

[6] 李荣，汪绪刚，等. 可循环微泡沫钻井液研究及在伊朗 Baba1 探井的应用［J］. 钻井液与完井液，2009，26（5）.

[7] 马开华. 关于国内尾管悬挂器技术发展问题的思考［J］. 石油钻采工艺，2008，30（6）.

[8] 赵金洲，张桂林. 钻井工程技术手册. 北京：中国石化出版社，2011.

[9] 刘汝山，曾义金. 钻井井下复杂问题预防与处理. 北京：中国石化出版社，2005.

[10] Li Rong，Zhou Yunzhang. An integrated approach to improve drilling performance and save cost in North Azadegan field. APDT，SPE 155928，Tianjin，July，2012.

第五章　钻井新技术新装备与前沿技术

自2006年以来，中国石油钻井装备与井下工具均取得了较大进步，解决了油田现场生产实际问题，提升了中国石油钻完井技术装备的核心竞争力。研制的8000m超深井钻机和四单根9000m交流变频钻机、新型顶部驱动钻井装置、顶驱下套管装置及钻机管柱自动化处理系统，很好地满足了川渝、塔里木地区深井超深井油气藏勘探开发的需要；研制的120m水深海洋钻井平台，扩大了中国石油海上钻井的施工能力，为开拓钻井市场提供了优良的装备，已经过多次拖航移位、升降桩及多口钻修井的实际使用；形成的新型复合钻头、膨胀式尾管悬挂器、膨胀管封堵技术及工具、衡扭矩钻井工具、全金属井下动力钻具、可循环钻柱旋转系统、遇油/水封隔器、免钻分级注水泥器、岩屑清除工具等系列钻完井工具，为现场生产瓶颈技术问题的解决，提供了很好的助力；开发的LG360/50大管径连续管作业机以及连续管喷砂射孔环空压裂和钻磨等连续管井下工具，进行了连续管分段/分层压裂、拖动酸化以及长水平井段钻磨桥塞等应用，成为了低渗透油气田和页岩气等非常规油气开发的工程利器；研制的连续管钻机和系列连续管钻井井下工具，进行了连续管老井加深和连续管侧钻现场试验，取得了很好的效果；自主研制的高速大容量信息传输钻杆及声波信息传输技术可实现井下或地面信号快速传输；随钻动态方位自然伽马测量工具将伽马测井技术与方位测量技术相结合，可有效获取地层层位信息，提高目的层钻遇率；德玛钻井参数仪集工程参数测量、监控于一体，可使工程技术人员及时获得钻井参数，为安全钻井提供可靠的保证。

从钻机与配套装备、钻完井井下工具、连续管钻井装备、新型随钻测量技术与装备等四个方面系统地总结“十二五”期间钻井装备技术的开发与创新成果。

第一节　钻完井装备与工具

“十二五”期间，中国石油通过技术攻关形成了一系列钻完井工具，解决了现场生产瓶颈技术问题，同时为提升中国石油钻完井技术核心竞争力和创新能力提供了技术保障。主要包括新型复合钻头、膨胀管定位分支井工具、膨胀式尾管悬挂器、膨胀管封堵技术研究及应用、衡扭矩钻井工具、全金属井下动力钻具、可循环钻柱旋转系统、遇油/水封隔器、免钻分级注水泥器、岩屑清除工具、油套管螺纹气密封检测装置等钻完井工具。

一、新型复合钻头

1. 结构特点与破岩机理

难钻地层钻井效率低的问题是制约钻井提速的技术瓶颈。为攻克这一难题，近年来，国内外钻头技术研究者们在新结构钻头及破岩新方法方面开展了一些颇有价值的研究工作，美国Baker Hughes公司开发的PDC-牙轮复合钻头即为其中一个成功的案例[1-3]。实钻结果表明：该复合钻头能在致密泥页岩、不均质地层等难钻地层条件下高效钻进；能显著减小钻头扭矩，降低扭振，减少黏滑趋势，提高钻头的导向钻进能力[4,5]。

“十二五”期间，由宝鸡石油机械有限责任公司、西南石油大学、川庆钻探工程有限公司联合攻关，开展了复合钻头的工作理论、破岩机理、个性化设计技术及制造技术研究，开发出复合钻头系列化产品，并成功地进行了现场应用。提出了一种由 PDC 刀翼与滚刀式牙轮相复合的复合钻头新技术构想，研制成功具有自主知识产权的 PDC-滚刀式牙轮复合钻头专利产品[6,7]。

1）PDC-牙轮复合钻头结构特点

PDC-牙轮复合钻头是将 PDC 钻头和牙轮钻头两种不同工作原理的切削结构有机地结合在一起，形成的一种新的钻头品种及新的钻头破岩方式。复合钻头主要由钻头体、PDC 切削结构（固定刀翼）、牙轮切削结构（含轴承系统）、水力系统构成，其中 PDC 固定刀翼与钻头体为一体式结构，牙轮与牙爪装配后构成的牙轮部件焊接在钻头体上，如图 5-1 所示。

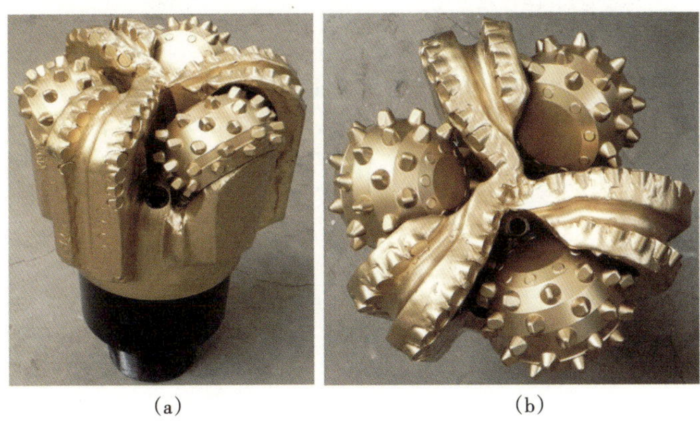

(a)　　(b)

图 5-1　PDC—牙轮复合钻头

复合钻头上的 PDC 刀翼结构与常规 PDC 钻头的刀翼结构基本相同，PDC 刀翼是钻头的主切削结构，PDC 齿覆盖了井底全部径向区域。复合钻头上的牙轮与常规牙轮钻头的牙轮结构原理基本相同，但也有区别，复合钻头上的牙轮牙齿只覆盖在钻头上 PDC 齿最易发生磨损的径向外部区域，也就是说，只依靠牙轮无法对井底岩石的全面破碎。因而，牙轮切削结构是复合钻头的辅助切削结构。复合钻头以 PDC 齿刮切破岩为主，牙轮牙齿压碎破岩为辅。复合钻头旋转钻进时，在 PDC 与牙轮共同覆盖的区域，PDC 齿与牙轮牙齿共同作用于井底岩石，牙轮牙齿压出破碎凹坑（图 5-2），PDC 齿侵入并刮切岩石。

图 5-2　PDC—牙轮复合钻头的井底模式

2）复合钻头破岩机理

（1）复合钻头破岩机理实验研究。

为开展复合钻头的破岩机理实验研究，设计加工了结构参数可调的复合钻头实验装置[8]。如图 5-3 所示，复合钻头实验装置（即组合式实验钻头）由 2 个固定 PDC 切削单元和 2 个牙轮单元组合而成。实验装置的可调参数包括：

①牙轮结构参数：移轴距、轴倾角、布齿密度和齿型。

②PDC 结构参数：布齿密度（刀翼数）和 PDC 齿直径。

③复合结构参数：切削轮廓形状和复合高差（PDC 与牙轮的布齿轮廓高度差）。

图 5-3 装配完成的 PDC—牙轮实验钻头

为了测试 PDC 切削单元和牙轮切削单元的钻压分配比例，研制了专用的力传感器，该传感器与钻柱传感器一起工作，能为复合钻头钻进过程的分析提供定量的工作载荷数据。

利用此实验装置，分别在武胜砂岩（较硬）、嘉一灰岩（硬）、花岗岩（极硬）3 种岩石上进行了不同结构参数下的钻岩实验。测试了牙轮轴倾角、牙轮牙齿齿型、牙轮布齿密度、刀翼冠部形状、刀翼布齿密度、复合高差等因素对钻头破岩机理的影响规律。

测试参数包括：钻压、扭矩、机械钻速、PDC 及牙轮切削单元的钻压分配等。

图 5-4 为实验钻头在武胜砂岩、嘉一灰岩及花岗岩上钻出的井底。图 5-5 为复合钻头与常规 PDC 钻头、牙轮钻头的扭矩响应曲线。

(a) 武胜砂岩

(b) 嘉一灰岩

(c) 花岗岩

图 5-4 实验钻头井底模式照片

（2）复合钻头破岩机理实验结果分析：

①PDC 刀翼和牙轮的复合产生了明显的有益效果：牙轮的作用体现在两方面：其一，牙轮牙齿直接破碎井底岩石，在井底凿出破碎坑；其二，在井底齿坑及临近区域形成裂

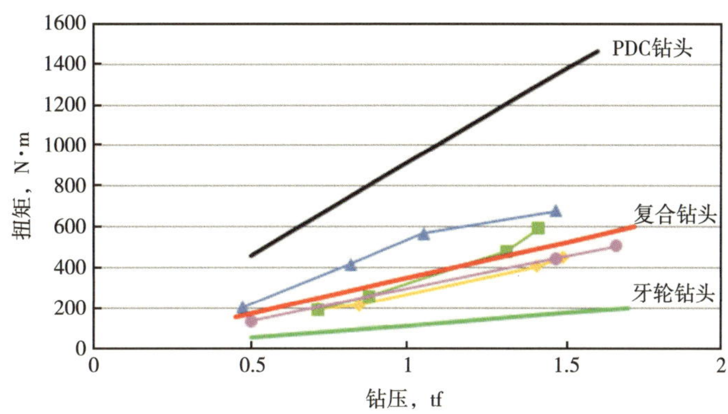

图 5-5 复合钻头、PDC 钻头、牙轮钻头扭矩响应曲线

纹。上述作用所产生的直接效果是：牙轮牙齿形成的凹凸不平的井底形貌以及在齿坑区域造成的裂纹，显著降低了 PDC 齿前方切削区域的岩石强度，因而 PDC 齿能达到更大的侵入深度，使硬岩钻进中的切削齿侵入难题得到有效解决，钻头钻速得以提高。PDC 齿刃上的应力集中程度下降，有利于减少 PDC 齿的崩损失效。PDC 齿的工作过程为断续刮切，能显著减少 PDC 齿的摩擦生热，有利于减小 PDC 齿的热磨损。总之，牙轮虽然是复合钻头中的辅助切削结构，但其预破碎、预损伤作用对于提升 PDC 主切削结构在硬地层的工作能力具有至关重要的支撑作用。

②牙轮牙齿侵入岩石需要的载荷明显高于 PDC 齿，所以复合钻头在软地层的破岩效率反而不如 PDC 钻头。也就是说，复合钻头一般不适合用于在较软地层中钻进。

③复合钻头在软硬交错的夹层以及含砾岩层中钻进时，由于牙轮牙齿具有较强的托压、缓冲作用，所以 PDC 齿的侵入深度不易因岩石软硬变化而发生大的突变，PDC 齿的工作载荷对复杂振动的敏感性也能得到有效缓解，PDC 齿冲击崩损失效的现象可得到显著改善。此外，牙轮牙齿的凿击作用对不均质岩层的破碎比较有效。因此，复合钻头对不均质岩层的适应能力优于常规 PDC 钻头。

④复合钻头的扭矩特性与 PDC 钻头、牙轮钻头均有差异，它主要取决于 PDC 与牙轮这两类切削结构之间的钻压分配规律，牙轮承担的钻压越大，钻头的扭矩就越小，越趋近于牙轮钻头。尽管 PDC 刀翼是复合钻头的主切削结构，但在通常情况下，复合钻头的工作扭矩却显著低于 PDC 钻头，更接近于牙轮钻头。这既能有效降低钻头的扭振，减少黏滑趋势，又有利于导向钻井的工具面控制。因此，复合钻头在定向、水平井钻进中具有较明显的优势。

（3）复合钻头破岩机理仿真分析：

复合钻头的切削结构既包含了 PDC 刀翼，也包括了牙轮，因此，钻头与岩石的互作用关系比单纯的 PDC 钻头或牙轮钻头更加复杂。为了科学地进行复合钻头的个性化设计，就必须拥有能对钻头破碎岩石的过程进行定量分析、评价的技术手段。为此，开展了复合钻头破岩数字仿真分析技术的研究，复合钻头破岩数字仿真分析系统的对象是 PDC 齿、牙轮牙齿、井底岩石。数字仿真系统就是先将系统对象数字化，然后采用面向进程的仿真策略，即将时间离散成许多间隔相等的时间点，系统依序在每个时间点上计算分析仿真对象（钻头牙齿与井底岩石）之间的相对位置和相互作用关系，然后依据分析结果完成井底的更新，记录钻头—岩石互作用的分析数据，再依序进行下一个时间点的计算，直至完成仿真时间段内的全部时间点。将前后相序的全部时间点的数据综合起来，就可以得到钻头上各个牙齿与岩石互作用的动态信息，以及岩石发生逐步破碎的状况。这样便可以达到分析评价钻头性能的仿真目的。

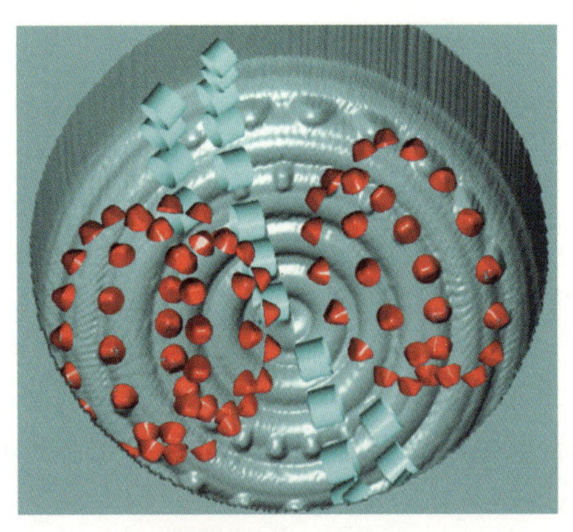

图 5-6　PDC—牙轮复合钻头与岩石互作用仿真钻进形成的井底

如图 5-6 所示，为复合钻头在岩石上钻进所形成的井底。由仿真实验分析知，复合钻头上的 PDC 齿以刮切方式破碎岩石，而牙轮上的牙齿则以冲击压碎的方式破碎岩石，在井底冲压出一个个凹坑。在 PDC 与牙轮共同覆盖的井底区域，PDC 的刮切与牙轮牙齿同时工作，牙轮牙齿冲压出破碎凹坑，辅助 PDC 齿侵入并刮切岩石。

有了复合钻头破岩数字仿真分析技术，就等于拥有了一个能进行复合钻头破岩过程仿真实验的“数字实验室”。这对于分析、预测、优化复合钻头在特定钻井条件下的工作性能至关重要，因此，它是复合钻头个性化设计的核心技术。

2. 复合钻头个性化设计与产品开发

1）复合钻头个性化设计的基本原理

如前所述，牙轮作为复合钻头中的辅助切削结构，其主要功能是通过预破碎、预损伤作用降低井底岩石的强度，提升 PDC 主切削结构在难钻地层的工作能力。然而，用于支承牙轮的牙掌与 PDC 刀翼均在同一个钻头体上，钻头钻压是由两套切削结构共同承担的，牙轮承担的钻压份额越大，就意味着 PDC 刀翼承担的钻压越小。如果牙轮分担的钻压过大，PDC 刀翼的破岩作用就会被严重弱化，钻头的破岩效率必然受到严重制约。反之，如果牙轮分担的钻压过小，则牙轮的作用难以得到有效发挥，PDC 齿在复杂难钻地层的侵入能力低、工作寿命短的问题就难以解决。

钻压的分配只是形式，两套切削结构之间的破岩机械能量的合理匹配才是问题的实质。应用条件（特别是地层条件）不同，就需要不同的能量匹配方式。也就是说，复合钻头与 PDC 钻头、牙轮钻头一样，都需要针对具体的钻井条件进行个性化设计，才能使钻头具备更优良的工作性能。但由于复合钻头的结构和工作原理更复杂，影响钻头性能的因素也更多，所以复合钻头个性化设计的难度必然更高，其侧重点也与 PDC 钻头、牙轮钻头有显著区别。复合钻头个性化设计的主要任务就是通过匹配性设计，实现输入能量在两套切削结构之间的合理分配，使牙轮的辅助破岩作用与 PDC 刀翼的主体切削作用在特定钻井条件下达到更好的配合效果，最终实现提升钻头整体工作性能的目标。这就是复合钻头个性化设计的基本原理，也即能量优配原理。在钻头设计的具体过程中，能量优配原理体现为如下优化设计原则：在保障牙轮牙齿强度的条件下，将其对井底岩石的损伤效果控制在能使刀翼 PDC 齿达到最大的侵入深度，而不发生崩损失效的程度。显然，凡是对能量分配有影响的结构因素，都是钻头个性化设计需要考虑的因素，认清这些结构因素对能量分配的影响规律，就是钻头个性化设计理论研究需要解决的主要问题。

2）PDC与牙轮的径向复合

虽然从理论上说可以将牙轮布置在复合钻头的各个位置，但实际上，PDC钻头切削齿磨损速度最快的通常是冠顶及以外的区域（特别是钻头半径的外1/3区域）。在复杂难钻地层钻进时，正是该区域PDC齿的快速磨损直接导致钻头的整体失效。若以磨损速度的角度看，该区域正是PDC钻头最“薄弱”的部位。所以，牙轮牙齿就应该布置在该区域，以利用其对岩石的压碎、损伤作用，间接帮助提高PDC切削结构的破岩能力，减少热磨损，从而延长PDC齿的寿命。图5-7为复合钻头PDC刀翼与牙轮两种切削结构的径向布齿覆盖位置示意图。

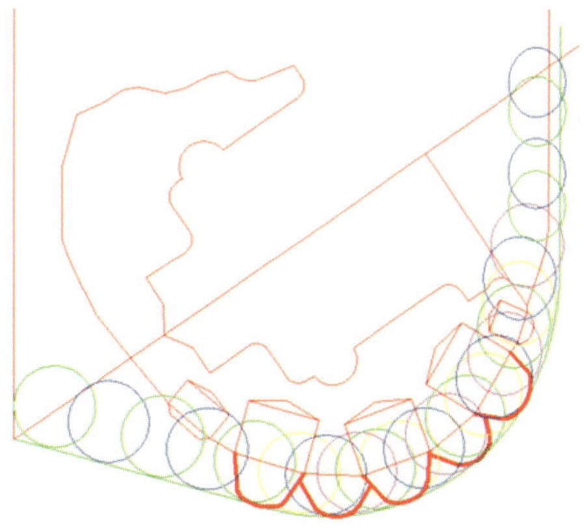

图5-7 PDC—牙轮复合钻头两种切削结构径向布齿覆盖示意图

3）PDC与牙轮的纵向复合

PDC与牙轮的纵向复合是指PDC刀翼切削轮廓与牙轮切削轮廓的纵向（轴向）相对高度的复合设计。将PDC刀翼和牙轮分离来看，它们各自具有自己的切削轮廓线（即井底轮廓线）。可以按照多种不同的方法进行两条轮廓线的复合，最常见的就是两条轮廓线彼此互相吻合，除此而外，还可采用牙轮轮廓线突出（位于PDC轮廓线之外）、缩进（位于PDC轮廓线之内）的方案，甚至还可有部分突出部分缩进（两条轮廓线彼此不平行）的设计方法。这些不同的设计思路各自适用于不同的工作条件。显然，牙轮切削轮廓设计得越突出，牙轮承担的钻压就越大，牙轮所分配的破岩能量也越大，牙轮就能发挥更大的辅助破岩作用。所以，就地层条件而言，岩石越硬，就越趋向于采用突出式设计，突出的量也可以越大；同理，如果岩石硬度不够高，就可以采用缩进式设计。需要注意的是：（1）无论是突出式设计还是缩进式设计，两条轮廓线的高差一般均不宜过大，否则难以实现钻头两套切削结构的有机配合；（2）缩进式设计的价值不及吻合式和突出式，因为复合钻头一般是为难破碎地层设计的，如果岩石硬度不高，采用常规PDC钻头即可达到较好的破岩性能。

4）复合钻头的冠部轮廓

复合钻头的主切削结构是PDC刀翼，故钻头的冠部轮廓实际就是由PDC刀翼所决定的切削轮廓。最重要的复合钻头冠部轮廓结构参数是冠部高度，尽管从理论上讲，除了已基本废弃的很长的冠高外，一般高度的冠部轮廓均可用于复合钻头，但设计复合钻头冠部轮廓时还是应该遵循一个基本原理，即尽可能采用较平坦的冠形，冠部较平坦时，冠部轮廓曲线的外侧圆弧半径小，可使更多的牙轮齿圈以更接近于钻头钻压的方向作用于井底，牙轮牙齿的作用能得到更充分的发挥。很多复合钻头产品（特别是新开发的产品）冠部都很平，即采用短冠形设计，原因就在于此。

5）复合钻头的牙齿齿型

复合钻头并不像PDC钻头或牙轮钻头那样，是适用范围很宽的通用钻头类型。复合钻头的适用范围比较窄，就地层而言，仅适用于常规PDC钻头比较难钻的地层（主要是硬地层、不均质地层）。所以，复合钻头的牙齿齿型的选用范围也相对比较窄。

（1）牙轮牙齿。在复合钻头中，牙轮切削结构的任务就是在相对较小的钻压下尽可能达到较强的破岩效果。如果一种必须要在大钻压下才能高效破岩的齿型，显然是不适合复合钻头的。因此，牙轮牙齿的选择原则就是在保障牙齿强度的条件下，尽可能选用较尖的齿型。最常用的是锥形齿、楔形齿。

（2）PDC齿。复合钻头的适用地层一般比较硬，而且PDC齿要和牙轮牙齿的尺寸相匹配，所以直径过大、过小的复合片通常都是不合适的。比较适宜的直径规格范围一般是13～16mm。

6）复合钻头的布齿密度

复合钻头上固定刀翼数量的选择范围通常比较受限（8½in钻头一般用2个刀翼，12¼in及以上钻头多用3个刀翼），所以PDC齿的布齿密度相对比较好确定。困难在于如何确定牙轮的布齿密度，更具体地说，如何确定牙轮的齿圈数。牙轮的齿圈数并非越多越好，齿圈数过多，意味着同时接触井底的牙轮牙齿数越多，在同等钻压条件下，每个牙齿上分配的比压就越小，牙齿难以形成对岩石的有效破碎，也就难以达到较好的辅助破岩效果。所以，齿圈数的选择一定要适当，同时一定要兼顾其他相关结构参数。确定齿圈数时需要和牙齿齿型纵合起来做考虑，原则上牙轮齿圈的分布宽度要足以覆盖PDC齿易磨损区域（通常为径向外三分之一区域），齿圈数量多时宜选用较尖锐形状的牙齿，同时，齿圈上牙齿的齿间距应取较稀疏的数值。

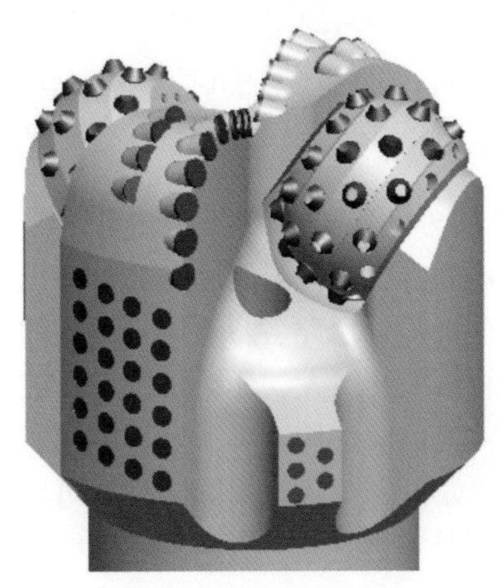

图5-8　PDC—牙轮复合钻头独立保径结构示意图

7）复合钻头的保径设计

复合钻头的保径可以有多种方式：刀翼保径、牙轮—刀翼复合保径、设置独立保径块以及单独采用牙轮保径等四种保径方式。刀翼保径与PDC钻头的保径结构相同；牙轮—刀翼复合保径就是刀翼和牙轮同时参与井壁切削，及与牙轮钻头保径类似，让牙轮上的切削结构，如牙轮外排齿圈、牙轮背锥、牙爪爪背等参与保径；设置独立的保径块，是指在钻头体上设置相对独立的保径结构（图5-8），这种独立结构不仅能起到保径作用，还能作为限制钻头横向振动的扶正结构，有利于提高钻头的工作稳定性。上述四种保径方式中常用的是第一种和第三种。

8）复合钻头水力结构设计

水力结构的合理设计能够提高复合钻头水力效率，改善钻头清洗和冷却效果，有利于提高钻头性能。复合钻头的水力结构设计方法与PDC钻头很相似，但也有其特殊性，主要体现在两方面：（1）钻头中心部位空间相对较狭窄，心部区域的水眼设计往往需要给予特殊考虑；（2）应在PDC刀翼与相近牙轮之间留出足够空间，通常可采用将牙轮偏向前方刀翼的措施来确定牙轮的周向位置。除了要向PDC钻头一样重视井底流场的合理分布，以保障PDC齿的良好冷却、井底的良好清洗以外，由于钢质牙轮本体的耐冲蚀能力很有限，故在复合钻头水力结构设计中还必须特别重视避免高速喷嘴射流对牙轮本体的冲刷，这是分析研究复合钻头井底流场的基本出发点。

井底流场分析主要依靠计算机流体动力学仿真技术。一个好的复合钻头井底流场应具备以下特点：

（1）较高的井底压降（井底范围内最高压力与最低压力的压差），一方面这将保证高的流速，以使岩屑被液流带离井底；另一方面也可以这样认为，让井底有尽量高的流速分布。

（2）钻头体尤其是刀翼上流速的分布原则是：尽量让高流速区分布在各刀翼的主切削齿上，避免在主切削齿附近出现低流速区，进而影响切削齿的清洗和冷却效果。牙轮体上则尽量有高流速流体对牙轮齿进行清洗，并尽量避免高速液流冲刷在牙轮体上。

（3）较小的旋涡。这将减轻岩屑被返回井底的几率。

如图 5-9 所示，为一只复合钻头（2 刀翼+2 牙轮）的井底流场分析图。

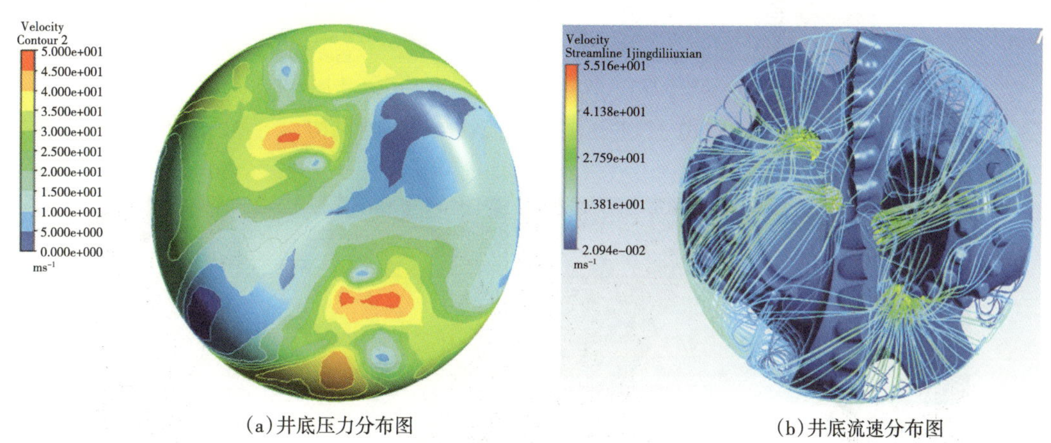

(a)井底压力分布图　　(b)井底流速分布图

图 5-9 PDC—牙轮复合钻头井底流场分析

9）复合钻头的牙轮轴承设计

复合钻头的牙轮轴承结构原理与牙轮钻头相同，但在受力特点方面却有不同于牙轮钻头之处。一方面，复合钻头牙轮轴承的钻压显著低于同尺寸的三牙轮钻头，且轴承的动载荷也比较小；另一方面，复合钻头牙轮轴承的受力中心向轴承根部移动。这都是由复合钻头的结构特点和工作原理所决定的。复合钻头的轴承一般采用小于同尺寸三牙轮钻头的轴承直径，而适当增加大轴颈的长度。小轴颈的作用很小，其长度可减小［图 5-10（a）］，甚至可以取消小轴颈［图 5-10（b）］。

实践经验表明，牙轮轴承的寿命常常成为制约复合钻头工作能力的短板，所以，轴承系统的性能对复合钻头而言特别重要。复合钻头轴承技术的要点首先在于密封，其次是适应高转速的能力。此外，轴承以外的因素也可能严重影响轴承性能，例如，如果钻头制造中的牙轮等高性超差，可能导致牙轮轴承严重偏载，进而影响轴承寿命。

针对复合钻头牙轮轴承进行了专门优化设计与分析。如图 5-11 所示，对取消小轴颈后的轴承结构进行了优化改进。

复合钻头制造工作主要由宝石机械成都装备制造分公司来完成。针对不同的地层情况和钻井条件，进行了复合钻头个性化设计与制造开发。已成功开发出复合钻头个性化系列

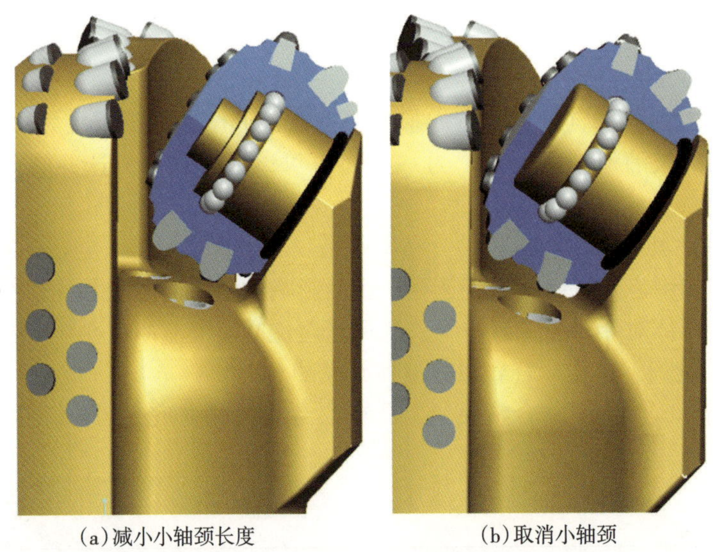

（a）减小小轴颈长度　　（b）取消小轴颈

图 5-10　PDC—牙轮复合钻头牙轮轴承结构

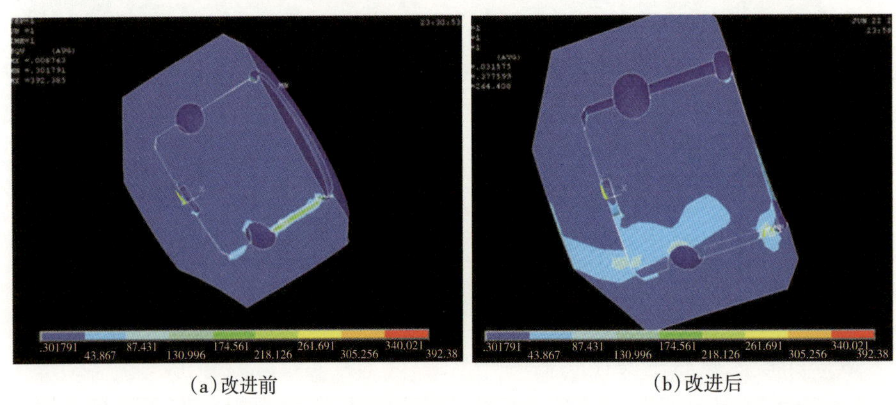

（a）改进前　　（b）改进后

图 5-11　PDC—牙轮复合钻头轴承优化分析（优化前后轴颈和牙轮整体受力分布规律）

产品，主要包括从 6～17½in 的各种尺寸的系列化产品。如图 5-12 所示为部分型号尺寸的复合钻头产品。

3. PDC-滚刀式牙轮复合钻头新技术

在进行复合钻头研究开发的同时，提出了一种创新型结构的复合钻头技术——PDC-滚刀式牙轮复合钻头（以下简称“滚刀式复合钻头”），并开展了深入研究。滚刀式复合钻头的结构特点与常规复合钻头不同，其破岩机理也有本质的区别。

1）滚刀式复合钻头结构特点与工作原理

滚刀式复合钻头由滚刀式牙轮切削结构和固定切削结构组成，如图 5-13 所示。滚刀式牙轮结合了盘式钻头齿圈优势[9-11]及硬质合金牙齿材质优势[12]，在牙轮上采用硬质合金宽顶尖齿横镶的方式，形成类似于滚刀的较连续齿圈，使其在保留盘式钻头稳定高效破岩特点的同时，还具有比普通钢质盘刀硬度高、耐磨性强、牙齿与岩石接触应力大的优点。

(a) $8^1/_2$in型复合钻头产品

(b) $12^1/_4$in型复合钻头产品

图 5-12　研制的部分 PDC—牙轮复合钻头产品

如图 5-14 所示，滚刀式复合钻头工作过程中，在钻压与扭矩的驱动下，滚刀式牙轮上的横镶宽齿以近似静压的方式碾压、楔入破碎岩石，形成压碎凹槽和裂纹，相邻凹槽间岩石内裂纹延伸甚至相互贯通，降低了岩石的强度，压碎凹槽在井底形成较连续的环形沟槽状压裂破碎痕(图 5-15)。形成的破碎槽和裂纹对井底岩石产生明显的预损伤作用，使固定切削结构上的 PDC 齿更易于吃入井底岩石和刮切破岩，能明显提升固定切削结构的破岩效率。滚刀式切削结构上较连续的齿圈，可以降低常规牙轮切削结构存在的因牙齿交替冲压井底而产生的纵振，使牙轮和钻头工作更平稳，既能提高复合钻头轴承的使用寿命，又可以减小 PDC 齿的冲击损坏。

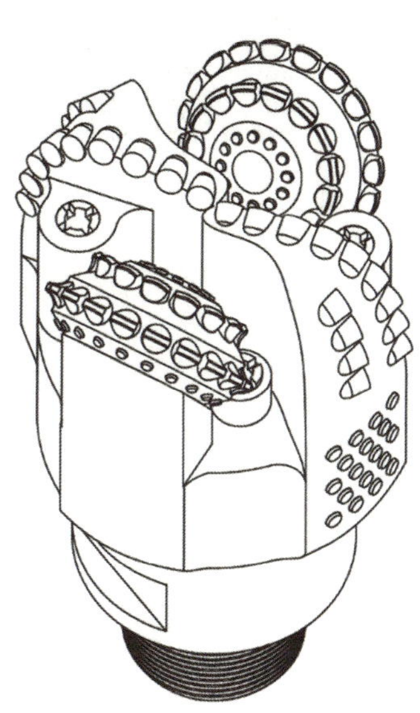

图 5-13　滚刀式复合钻头结构

滚刀式复合钻头将横镶宽齿碾压、楔入的破岩方式和固定切削结构的刮切破岩方式有机结合，兼顾了滚刀式牙轮对井底岩石预损伤效应高、牙轮钻进工作稳定的优点和 PDC 钻头刮切破岩效率高、机械钻速快之优势，能明显提高钻头的破岩效率，延长钻头使用寿命。

因此，将滚刀式牙轮与固定 PDC 切削结构的破岩优势有机地结合起来，所形成的滚刀式复合钻头，有望在难钻硬地层中比常规复合钻头具有更优的工作性能。

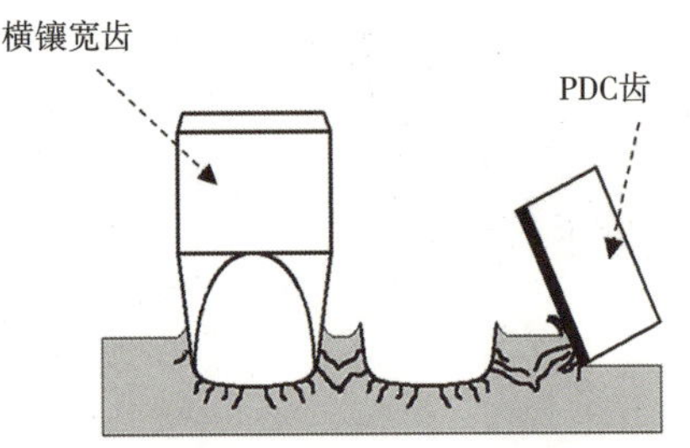

图 5-14　滚刀式复合钻头破岩原理图

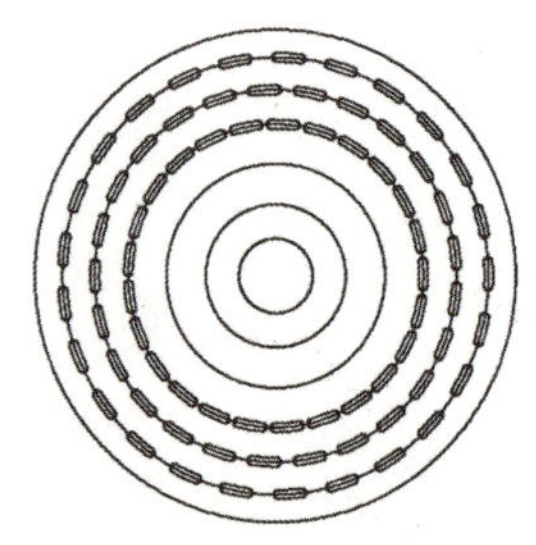

图 5-15　滚刀式复合钻头井底模式

2）滚刀式复合钻头破岩机理实验研究

针对滚刀式复合钻头的结构特点，从基础实验开始，进行了横镶宽齿的单齿压入破岩实验和齿圈破岩实验，并开展了滚刀式复合钻头的全钻头钻进实验。图 5-16 为全尺寸滚刀式复合钻头的钻进实验照片；图 5-17 为滚刀式复合钻头和常规复合钻头的井底模式对比。

图 5-16　滚刀式复合钻头的全钻头钻进实验

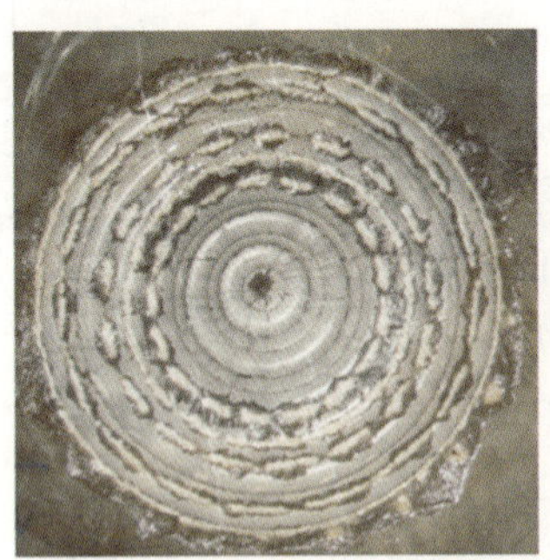
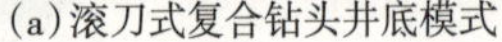

(a) 滚刀式复合钻头井底模式

(b) 常规复合钻头井底模式

图 5-17　两种复合钻头钻出的井底模式对比

滚刀式复合钻头破岩机理实验研究表明：

（1）不同于常规复合钻头，滚刀式复合钻头的滚刀式齿圈更连续，对井底岩石的破碎覆盖率高，横镶宽齿以近似静压的方式碾压、楔入破碎岩石，在 PDC 切削岩石之前，先在井底岩石上形成破碎环槽，对硬岩的预损伤作用更明显，有助于 PDC 齿的吃入和刮切。

（2）滚刀式复合钻头在硬地层中的机械钻速比常规复合钻头高约 30%，且工作扭矩相对要低，因此更适合于难钻硬地层的钻进。

（3）滚刀式复合钻头钻压波动比常规复合钻头降低了15%~25%，具有更高的钻进稳定性，有利于PDC齿及轴承寿命的提高，延长钻头使用寿命。

滚刀式复合钻头结合了滚刀式牙轮和PDC固定切削结构的破岩优势，是解决硬地层钻进效率低、钻头寿命短的有潜力的新型破岩工具。

3）滚刀式复合钻头产品开发

（1）滚刀式牙轮齿开发。

根据滚刀式复合钻头的工作原理和新型复合钻头的破岩机理实验研究成果，进行了滚刀式牙轮齿的设计开发，开发出的新型滚刀牙轮齿如图5-18所示[13]。已开发出不同齿径的滚刀牙轮齿，以备不同齿圈及不同滚刀牙轮及钻头尺寸的选用。

图5-18 开发出的新型滚刀牙轮齿

（2）滚刀式复合钻头产品研制。

滚刀式复合钻头的基本结构与常规复合钻头类似，其制造工艺也与常规复合钻头基本相同。

结合滚刀式复合钻头的工作原理和破岩机理，针对不同的地层情况和钻井条件，进行了滚刀式复合钻头个性化设计与制造开发。如图5-19所示为研制出的滚刀式复合钻头新产品。

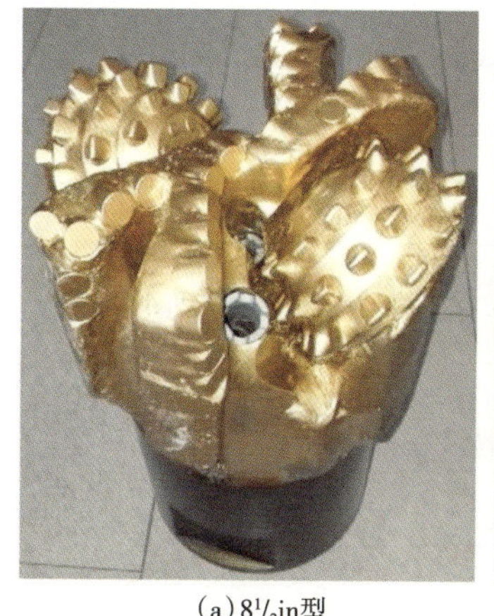

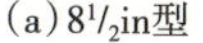

（a）$8^1/_2$in型

（b）$12^1/_4$in型

图5-19 研制出的滚刀式复合钻头新产品

4. 复合钻头应用与推广

1）复合钻头现场试验

“十二五”期间开展复合钻头现场试验近 20 井次，部分现场试验情况及指标对比见表 5-1。

表 5-1　部分复合钻头现场试验情况及指标对比表

<table>
<tr><th rowspan="2">序号</th><th rowspan="2">钻头型号</th><th rowspan="2">试验井号</th><th rowspan="2">井段
m</th><th rowspan="2">地层</th><th rowspan="2">岩性</th><th rowspan="2">纯钻时间
h</th><th rowspan="2">进尺
m</th><th rowspan="2">机械钻速
m/h</th><th colspan="2">对比其他钻头提高率，%</th></tr>
<tr><th>机械钻速</th><th>进尺</th></tr>
<tr><td>1</td><td>8½
SH422</td><td>麻 002-H1</td><td>1015.86～1232.34</td><td>须家河组四段～二段</td><td>细砂岩、灰黑页岩、砂岩、页岩</td><td>51.42</td><td>216.5</td><td>4.21</td><td>51.4</td><td>42.1</td></tr>
<tr><td>2</td><td>8½
SH422</td><td>大 51 井</td><td>4231～4302</td><td></td><td></td><td>53.4</td><td>71</td><td>1.33</td><td>43.0</td><td>173.1</td></tr>
<tr><td>3</td><td>8½
SH442-2</td><td>北 203</td><td>2581.34～2715.62</td><td>登娄库组</td><td>杂色、灰色含砾细砂岩、砂砾岩、细砂岩与棕色、灰色泥岩呈不等厚互层</td><td>20</td><td>134.3</td><td>6.71</td><td>68.3</td><td>61.8</td></tr>
<tr><td>4</td><td>8½
SH442-2</td><td>北 203</td><td>3322.46～3372</td><td>营城组</td><td>杂色、灰色含砾细砂岩、细砂岩</td><td>24.5</td><td>50</td><td>2.04</td><td></td><td></td></tr>
<tr><td>5</td><td>8½
SH522-1</td><td>南堡 2-33</td><td>2816.74～3131.43</td><td>东营组东一、二</td><td>泥岩、粉砂质泥岩与浅灰色细砂岩、粉砂岩不等厚互层，泥岩比较发育</td><td>28.62</td><td>314.6</td><td>11.0</td><td>70.0</td><td>76.7</td></tr>
<tr><td>6</td><td>8½
SH542-1</td><td>南堡 5-28</td><td>3061.43～3388.03</td><td>东营组东二</td><td>深灰色泥岩与灰色细砂岩、砂砾岩呈不等厚互层，上部发育玄武岩</td><td>30.1</td><td>326.6</td><td>10.85</td><td>64.5</td><td>105.4</td></tr>
<tr><td>7</td><td>8½
SH542-1</td><td>ZK601</td><td>2638.05～2687.1</td><td>须家河组</td><td>灰黑色页岩夹中粒长石砂岩以及砂质泥岩</td><td>64</td><td>49.05</td><td>0.77</td><td>146.4</td><td>63.5</td></tr>
<tr><td rowspan="2">8</td><td rowspan="2">8½
SH542-2</td><td rowspan="2">拐参 1</td><td>3519.35～3550.22</td><td>巴二段</td><td>灰黑色泥岩、灰色泥质粉砂岩、灰黑色页岩</td><td>18.27</td><td>30.87</td><td>1.69</td><td rowspan="2">80</td><td rowspan="2">19.2</td></tr>
<tr><td>3558.85～3613.72</td><td>巴二段</td><td>灰黑色页岩、灰黑色泥岩</td><td>23.17</td><td>54.87</td><td>2.37</td></tr>
<tr><td>9</td><td>9½
SH522-1</td><td>哈 601H</td><td>2921～2936</td><td>沙三</td><td></td><td>7.1</td><td>15</td><td>2.1</td><td></td><td></td></tr>
<tr><td rowspan="2">10</td><td rowspan="2">12¼
SH533-1</td><td rowspan="2">龙岗 022-H8</td><td>2177.6～2182.2</td><td>沙二～沙一</td><td>暗红色泥岩夹砂岩</td><td>9.4</td><td>4.6</td><td>0.5</td><td></td><td></td></tr>
<tr><td>2711.77～2715.91</td><td>凉高山组上段</td><td>黑色页岩夹灰色细砂岩、灰质粉砂岩</td><td>6</td><td>4.14</td><td>0.69</td><td></td><td></td></tr>
<tr><td>11</td><td>12¼
SH533-1</td><td>洋渡 003-H2</td><td>2458.91～2460.60</td><td>珍珠冲</td><td>泥砂岩</td><td>4.7</td><td>1.69</td><td>0.36</td><td></td><td></td></tr>
<tr><td>12</td><td>12¼
SH533-4</td><td>龙岗 022-H9</td><td>1713.8～1946</td><td>沙二～沙一</td><td>暗紫红色泥岩夹砂岩、底为叶肢介页岩</td><td>114.38</td><td>232.2</td><td>2.03</td><td>-3.8</td><td>139.4</td></tr>
</table>

续表

序号	钻头型号	试验井号	井段 m	地层	岩性	纯钻时间 h	进尺 m	机械钻速 m/h	对比其他钻头提高率，%	
									机械钻速	进尺
13	12¼ H533-4	门西 001-H9	2398~ 2428	珍珠冲底~ 须家河顶	灰绿色泥质粉砂岩、灰白色砂岩	22	30	1.36		
14	17½ SH633-2	包 004-X4	0~100		砂泥岩	10.5	100	9.52	33.3	
15	17½ SH633-2	莲探 1	252.3~ 425.8	灌口组~ 夹关组	棕红色泥岩、细砂岩、中砂岩夹紫红色泥岩	28.62	173.5	6.06	108.2	

（1）首只复合钻头现场试验：

首只复合钻头在川渝地区麻 002-H1 井进行现场钻进试验，图 5-20 所示是首只复合钻头入井前和出井后的照片。该复合钻头钻进井段为 1015.86~1232.34m，中低速转盘驱动，采用“高钻压，低转速”的钻进方式，钻头总体钻进情况见表 5-2。钻头钻遇地层包括须家河组的须四段、须三段、须二段，钻头起钻原因是钻至造斜点，起钻更换钻具组合。

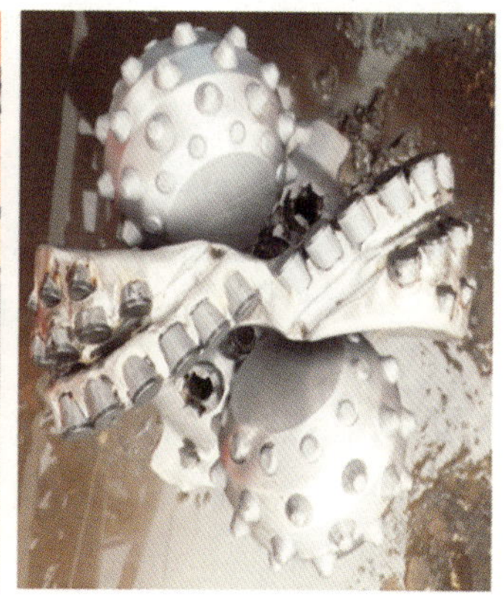

图 5-20 首只复合钻头下井试验

表 5-2 首只复合钻头钻进情况表

井号	井段，m	层位	钻压 kN	转速 r/min	进尺 m	纯钻时 h	机械钻速 m/h	起钻 原因
麻 002-H1	1015.86~ 1232.34	须家河组 四段~二段	90~115	75~80	216.48	51.42	4.21	至造斜点

邻井同井段钻头钻进指标情况见表 5-3。首只复合钻头在麻 002-H1 井的提速效果明显，复合钻头的机械钻速为 4.21m/h，进尺 256.14m，平均机械钻速比邻井提高了 54.1%，单只钻头进尺比邻井提高了 42.1%。

表 5-3　邻井同井段钻头钻进指标情况表

井号	层位	井段，m	钻头类型	钻头数量 只	合计进尺 m	平均单只进尺 m	机械钻速 m/h
麻 6	须家河组 须四—须二	996～1296	PDC 钻头	2	300	150	3.40
麻 5		1088～1285		1	170	170	2.30
麻 14		1045～1333		3	287.5	95.83	1.86
麻 15		1189～1497		1	308	308	4.00
麻 18		1270～1308		1	38	38	3.98

（2）复合钻头在定向井中的现场试验：

2015 年 11 月，首只用于定向井的复合钻头在冀东油田南堡 2-33 井下井试验。南堡 2-33 井为井斜角达 57°的大位移井，是一口预探井。如图 5-21 所示是钻头入井前和出井后的照片。

图 5-21　首只定向用复合钻头下井试验

钻头钻进采用滑动导向造斜钻进和复合钻进交替进行的方式。复合钻头的钻井井段为 2816.74～3131.43m，复合钻头滑动导向时造斜率达 7.45°～9.22°/30m，钻头工具面很稳定，方位相对稳定，造斜性能与牙轮钻头相当，钻进过程中扭矩波动不大，扭矩反馈接近牙轮钻头。

复合钻头的钻进指标见表 5-4，对比邻井南堡 2-31 井各钻头的使用指标（表 5-5）可知，该复合钻头的机械钻速和单只钻头进尺均明显高于同井段的其他钻头，比邻井同井段其他钻头的平均机械钻速提高 70.0%，平均进尺提高 76.7%。

表 5-4　南堡 2-33 井复合钻头使用情况表

尺寸 mm	钻头类型	钻进井段，m		所钻地层	进尺 m	机械钻速 m/h
		自	至			
8½	复合钻头	2816.74	3131.43	东一、东二	314.6	11.0

在定向井中，复合钻头的钻进效率优于牙轮钻头和 PDC 钻头，且造斜率高。复合钻头的扭矩反馈比 PDC 钻头小，工具面很稳定，不易失方位，与牙轮钻头相当，并有效缓

解了钻进过程中憋泵的危害。

表 5-5 南堡 2-33 井邻井南堡 2-31 井牙轮钻头使用情况

钻头尺寸 mm	类型	钻进井段，m		所钻地层	进尺 m	机械钻速 m/h
		自	至			
8½	HJ517G	3244	3370	馆陶	126	6.3
8½	HJ517G	3370	3535	东一	165	7.5
8½	HJ517G	3535	3771	东一	236	7.15

复合钻头须根据地层的实际情况进行针对性的个性化设计和开发，且须结合地层及钻井实际情况进行现场应用。现场试验和应用表明，复合钻头在复杂难钻地层（高硬度地层、致密难钻地层、软硬交错地层、复杂夹层等）和导向钻井中有明显优势，是难钻地层中钻井提速的良好工具。

2）滚刀式复合钻头现场试验

“十二五”期间，开展了滚刀式复合钻头现场试验 2 井次。2015 年 12 月，研发的首只 8½in 的滚刀式复合钻头在冀东油田南堡 43-P4008 井下井试验。钻头入井与出井照片如图 5-22 所示。

图 5-22 首只滚刀式复合钻头下井试验

表 5-6 为南堡 43-P4008 井滚刀式复合钻头与同一井中同井段前后相邻钻头使用情况对比。图 5-23、图 5-24 分别为滚刀式复合钻头的机械钻速、进尺与同一井中同井段前后相邻钻头的平均机械钻速、平均进尺的对比曲线。

表 5-6 南堡 43-P4008 井钻头使用情况表

序号	钻头类型	井段 m	地层	岩性	进尺 m	机械钻速 m/h
1	MD517X 三牙轮钻头	3797～4036	东二	细砂岩、泥岩	239	4.78
2	SHG542-1 滚刀式复合钻头	4036～4298	东三	泥岩、细砂岩	262	5.54
3	MD517X 三牙轮钻头	4298～4432	东三	泥岩、细砂岩	134	2.46
4	SMD517X 三牙轮钻头	4432～4530	东三	泥岩、细砂岩	98	2.86
5	SMD517X 三牙轮钻头	4530～4635	东三	泥岩细、砂岩	105	3.26

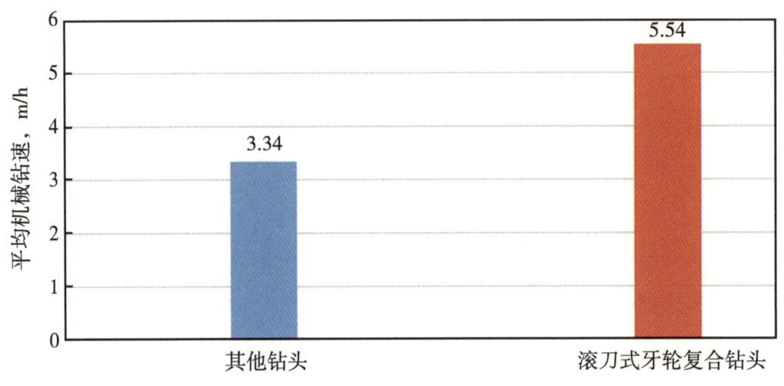

图5-23　南堡43-P4008井钻头平均机械钻速对比

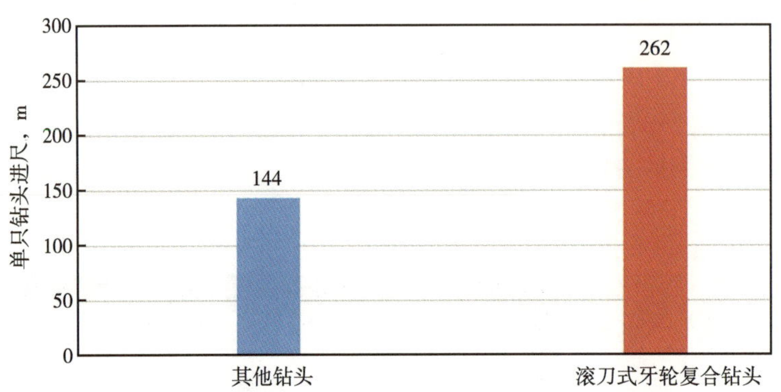

图5-24　南堡43-P4008井钻头平均进尺对比

与同一井中同井段前后相邻钻头相比，滚刀式复合钻头的机械钻速比其他钻头中最快机械钻速钻头高15.9%，比其他钻头中的最高进尺高9.6%；比其他钻头的平均机械钻速高65.9%，比其他钻头的平均进尺高81.9%。该钻头定向钻进时，造斜率高（6.6°~10.2°），工具面相对稳定。

滚刀式复合钻头还进行了用于定向井钻进中的现场试验，同样到达了良好的钻进效果：与同井中同井段前后相邻钻头相比，机械钻速比其他钻头的平均机械钻速高60.0%，比其他钻头的平均进尺高64.5%；造斜率达12°/30m；工具面很稳定，方位相对稳定，与牙轮钻头相当。滚刀式复合钻头显示出极好的定向适应性，定向段中的钻井效率高——造斜率高、机械钻速快、工具面稳定，具有明显的优势。

滚刀式复合钻头的破岩机理不同常规复合钻头，从已完成的破岩机理实验研究和现场试验来看，滚刀式复合钻头表现出良好的钻进特性，特别是在硬地层中和定向钻井中具有明显的技术优势和应用潜力。

二、膨胀管定位分支井工具

1. 膨胀管定位分支井技术优势

多分支井是在一个主井筒中的不同深度上钻出几个井筒用于开采不同深度油层的井，可以增大泻油面积，提高油井产量，全面减少油藏开发成本。分支井的关键技术主要集中在分支井眼与主井眼的分支接口处，其技术水平主要体现在接口支撑、接口密封和支井重入三个方面[14,15]。

以“膨胀管定位”这一创新技术为核心开展了分支井钻完井技术攻关，制定了按国际4级完井水平的多分支井钻完井技术总体方案，研制了井下配套工具。

“膨胀管定位”这一创新技术不仅能够很好地解决用卡瓦定位所带来的诸多技术难题，而且具有其独特的优点，并使整套系列工具的设计和施工工艺大大简化，提高了工具的可靠性和施工的成功率。该分支井特色技术具有如下优点：(1) 膨胀管在井下形成了分支井的永久定位，实现了对斜向器和分支井重入斜向器的可靠定位；(2) 膨胀管在井下可承受很大的钻压和扭矩，完全满足开窗、侧钻、平磨、套铣等施工要求；(3) 膨胀管的使用使主井筒的内径最大，保证以后的采油、修井和油层改造等作业能够正常进行；(4) 膨胀管的使用可在同一主井筒中打出多个分支井，分支井数目不受限制；(5) 膨胀管的使用适合小尺寸套管内老井侧钻分支井；(6) 与膨胀管配合使用，斜向器同时具备可开窗、可钻井、可固井、可套铣、可回收等功能，简化了施工工艺和作业难度；(7) 套铣、回收尾管重叠部分和斜向器一趟钻完成；(8) 与膨胀管配合使用，分支井重入斜向器实现了各分支井的选择性重新进入；(9) 膨胀管定位装置与套管之间采用金属密封，最大完井井深不受限制；(10) 各工具在井下的施工信号明显，司钻易于操作[16]。

2. 结构原理

1) 结构

膨胀管定位多分支井工具主要由定向接头、膨胀管定位工具、轴承短节、斜向器总成、尾管丢手总成、套铣鞋、重进斜向器总成等组成。如图 5-25～图 5-30 所示和见表 5-7。

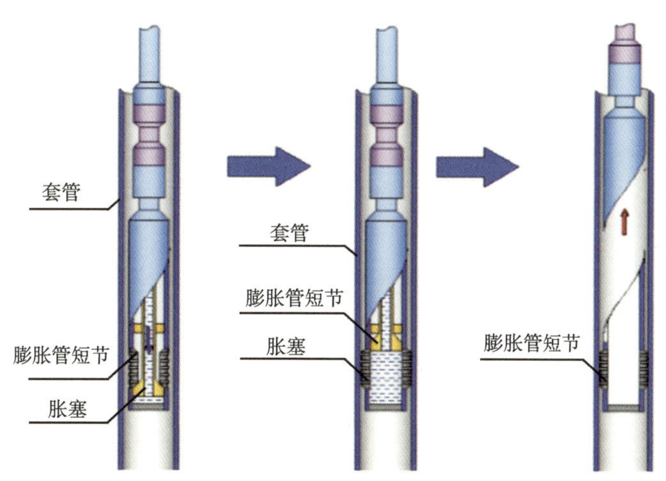

图 5-25 膨胀管定位多分支井工具

2) 工作原理

钻完下分支井眼后在主套管内下膨胀管定位工具，在其上下入斜向器准备套管开窗作业，下开窗铣锥开窗、开窗结束后下钻打上分支井眼，完钻后下入尾管串固井，用专用套铣鞋套铣回收可取式斜向器，然后钻除膨胀管定位工具中的铝堵、沟通下分支。下入后续

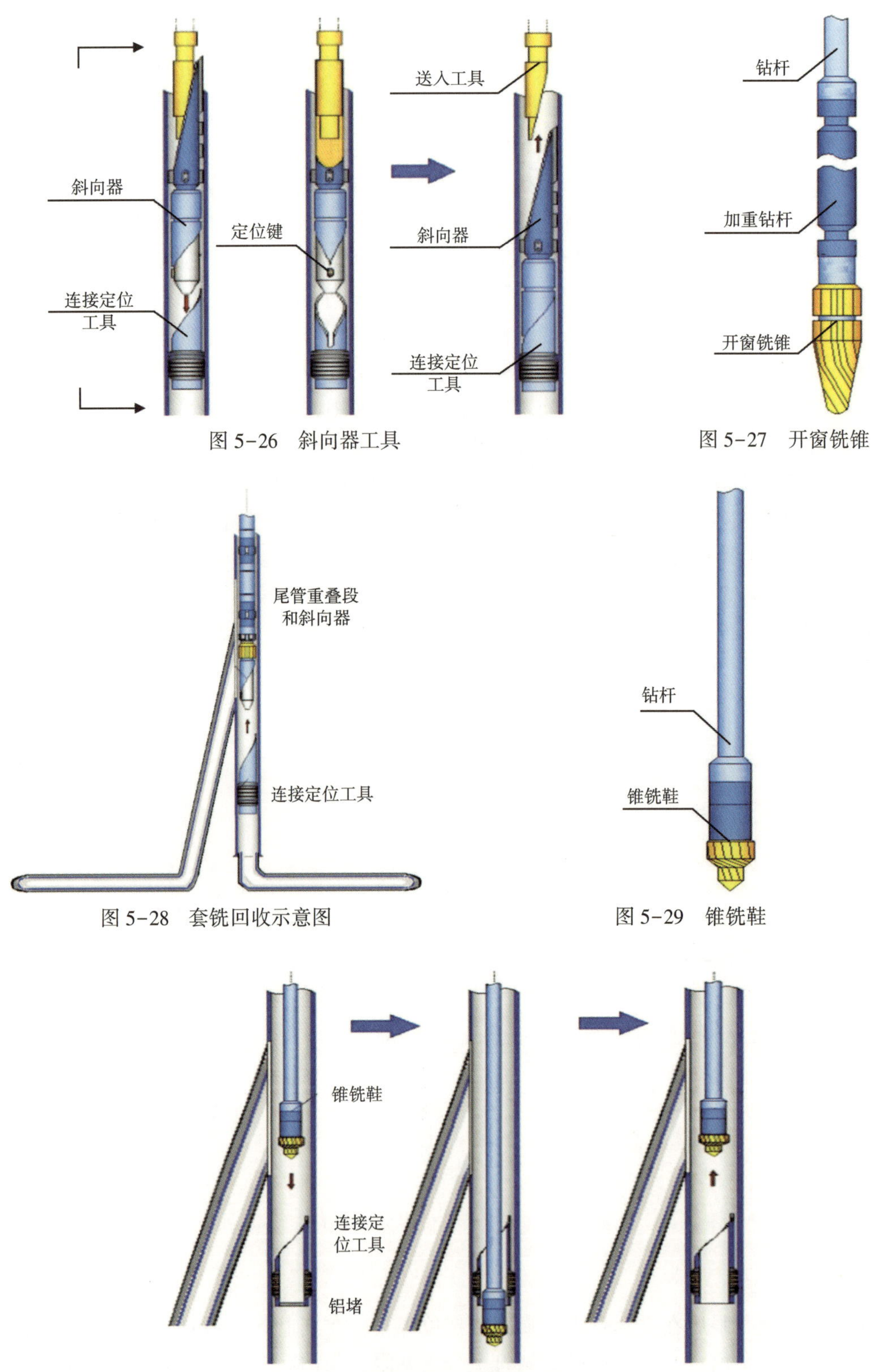

图 5-26　斜向器工具

图 5-27　开窗铣锥

图 5-28　套铣回收示意图

图 5-29　锥铣鞋

图 5-30　沟通主井眼示意图

工具进行投产作业。

进行修井作业或其他需要进入分支井眼作业时，下入重进斜向器，作业完成后，回收斜向器，恢复作业。

膨胀管定位多分支井工具适用于 5½in 、7in 、9⅝in 套管；适用于多分支井 4 级及以下作业。

表 5-7 主要工序与所使用的专用工具

主要工序	主要工具
刮管	牙轮钻头+刮管器
通径	通径规
下膨胀管	定向接头+膨胀管定位总成
下斜向器	轴承短节+斜向器总成
下尾管固井	可旋转尾管丢手总成+翻板阀+可套铣扶正器
套铣	套铣鞋+扶正器+套铣管+转换接头
钻铝堵	锥铣鞋
下重进斜向器	重进斜向器总成
回收重进斜向器	重进斜向器回收工具总成
其他工序	平底磨鞋，斜向器打捞母锥，试压泵

3. 创新点

膨胀管定位分支井工具和技术取得的技术创新为：

（1）膨胀管定位低压坐封技术和工具，有效降低了胀管膨胀所需的打压压力，省去了压裂管柱等高压装备，简化了作业程序，提高了作业和工具设备的安全性。

（2）特殊的膨胀管胀力自平衡结构，打压时钻杆不受拉压作用，彻底解决了打压时上顶钻杆和下顶胀管等问题。

（3）新型膨胀管密封结构，密封能力达 42MPa 以上，承载能力达 84tf 以上，承扭达 85kN · m 以上，完全满足现场施工要求。

（4）可回收式钻完井一体化斜向器，同时具备可开窗、可钻井、可固水泥、可套铣、可回收等功能，解决了分支井主支井交汇处可能挤水泥封固水层并能够回收斜向器等难题，是一项斜向器设计创新技术。另外，该结构斜向器同井下膨胀管定位装置配合具备自动定位后锁紧功能。

4. 应用效果及推广前景

膨胀管定位多分支工具及技术，解决了国内外小尺寸套管老井侧钻分支井的诸多技术难题。先后在中海油渤海埕北油田、长庆油田、伊朗阿瓦士油田成功完成膨胀管定位分支井工具 6 口井的现场应用。

实践证明，膨胀管定位多分支工具和技术，解决了国内外小尺寸套管老井侧钻分支井的诸多难题。膨胀管定位多分支工具各项性能指标已经达到了现场应用阶段，是分支井领域中的一项创新技术。该技术现场作业简单、易操作，作业费用低，可靠性高，它的应用将为油田带来极大的经济效益，具有广阔的应用前景。

三、膨胀式尾管悬挂器

在石油钻井中，膨胀式尾管悬挂器作为尾管固井、筛管完井工艺中一项新型工具，可以成功地解决常规悬挂器因其原理和结构特点带来的固井施工难题及重叠段固井质量差等问题，并可解决尾管固井中的环空泄漏问题，节约固井综合成本[17,18]。尤其在水平和大位移钻井中膨胀式尾管悬挂器有着常规尾管悬挂器无法比拟的技术优势，具有广阔的应用前景。

1. 结构原理及性能参数

1）工具结构

膨胀式尾管悬挂器主要由连接机构、悬挂机构、扭矩传递机构、回接机构等部分组成，包括：本体、膨胀锥、中心管、尾管固井胶塞、钻杆胶塞、下接头等部件组成；其中，外筒体用于连接钻具及尾管、膨胀锥、膨胀管及中心管等组成悬挂机构用于实现膨胀作业，连接机构用于与上端钻柱组合及下端尾管连接，如图5-31所示。

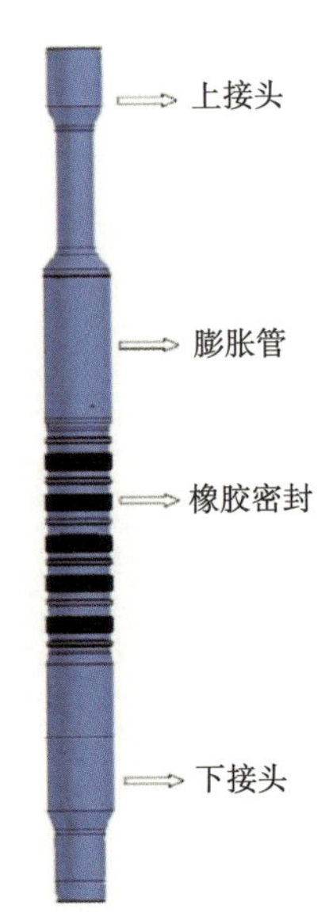

图5-31 膨胀式尾管悬挂器结构示意图

2）工艺原理

下钻具组合：钻杆+膨胀式尾管悬挂器+尾管串+碰压环+浮鞋+引鞋。

当膨胀式尾管悬挂器下入到悬挂位置，投钻杆胶塞，开始常规注水泥工艺；钻杆胶塞在尾管胶塞处复合一起下行，在碰压环处碰压，完成注水泥施工；压力继续上升，膨胀锥上行，挤压膨胀管内壁，使之膨胀变形贴合至上一级套管内壁上；当悬挂器完全膨胀后，管内压力掉零；上提钻具，循环出多余的水泥，试压，将钻具从井内提出，完成施工（图5-32）。

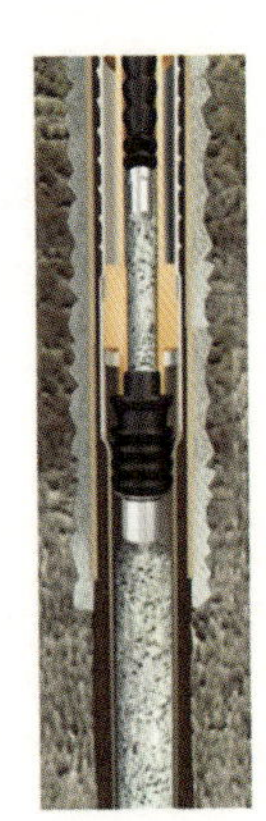

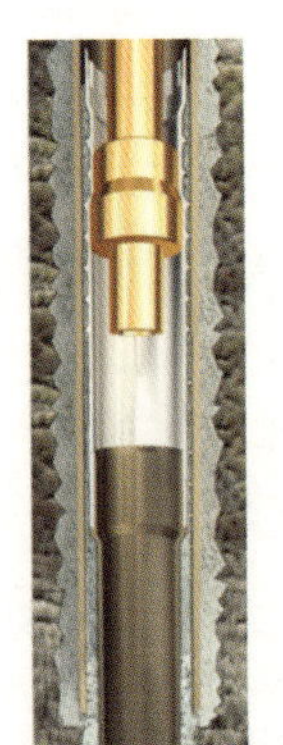
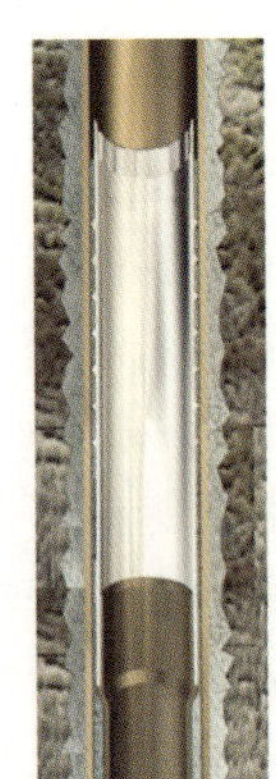

图5-32 膨胀式尾管悬挂器工艺原理图

3）性能参数

膨胀式尾管悬挂器主要尺寸及性能参数见表5-8。

表 5-8 膨胀式尾管悬挂器的主要尺寸及性能参数

型号	上层套管规格			膨胀管本体规格		额定负荷 kN	坐封压力 MPa	复合胶塞可承受的正向压差 MPa	环空密封承压 MPa	尾管胶塞剪钉剪切压力 MPa	复合胶塞承受回压 MPa
	外径 mm	壁厚 mm	内径 mm	外径 mm	坐封后内通径 mm						
PZXG140×89 PZXG140×102	140	9. 17	121. 40	114	98	800～1000	≤35	≥45	≥35	4～12	≥10
		7. 72	124. 30								
		6. 99	125. 70								
PZXG168×114 PZXG168×127	168	10. 59	147. 10	142	125	1800～2200					
		8. 94	150. 40								
		7. 32	153. 60								
PZXG178×114 PZXG178×127 PZXG178×140	178	13. 72	150. 40	146	124		≤35	≥45	≥35	4～12	≥10
		12. 65	152. 50								
		11. 51	154. 80								
		10. 36	157. 10	150	132						
		9. 19	159. 40								
		8. 05	161. 70								
PZXG194×127 PZXG194×140	194	15. 11	163. 50	156	130	2000～2400	≤35	≥45	≥35	4～12	≥10
		14. 27	165. 10								
		12. 7	168. 30								
		10. 92	171. 80	160	138						
		9. 53	174. 60								
		8. 33	177. 00								
		7. 62	178. 40								
PZXG219×127 PZXG219×140 PZXG219×168 PZXG219×178	219	14. 15	190. 80	176	150	2000～3500	≤35	≥45	≥35	4～12	≥10
		12. 7	193. 70								
		11. 43	196. 20								
		10. 16	198. 80								
		8. 94	201. 20	184	162						
		7. 72	203. 60								
		6. 71	205. 70								
PZXG245×140 PZXG245×178 PZXG245×194	245	13. 84	216. 80	200	174	2400～4500	≤35	≥45	≥35	4～12	≥10
		11. 99	220. 50								
		11. 05	222. 40								
		10. 03	224. 40	210	188						
		8. 94	226. 60								
		7. 92	228. 60								

续表

型号	上层套管规格			膨胀管本体规格		额定负荷 kN	坐封压力 MPa	复合胶塞可承受的正向压差 MPa	环空密封承压 MPa	尾管胶塞剪钉剪切压力 MPa	复合胶塞承受回压 MPa
	外径 mm	壁厚 mm	内径 mm	外径 mm	坐封后内通径 mm						
PZXG273×178 PZXG273×194 PZXG273×219	273	13.84	245.40	224	195	2000～4500	≤35	≥45	≥35	4～12	≥10
		12.57	247.90								
		11.43	250.20								
		10.16	252.70	235	212						
		8.89	255.30								
		7.09	258.90								

注：(1) 对非标套管，由客户和供应商共同商定相关参数。

(2) 坐封压力和复合胶塞可承受正向压差仅适用于液压膨胀式尾管悬挂器。

(3) 抗扭能力仅适用于可旋转膨胀式尾管悬挂器。

2. 创新点

(1) 金属、橡胶复合密封。设计了全新的金属、橡胶复合密封方式，环空密封压力35MPa，耐温350℃，避免了传统卡瓦封隔器密封封堵易失效、可靠性差的缺点重叠段环空密封不严的问题。

通过金属与金属过盈配合的方式进行悬挂，避免了常规卡瓦式悬挂器对井筒的损伤，提供更安全的井下作业环境，且能提供更大悬挂力。

(2) 井筒尺寸大。膨胀式尾管悬挂器通过膨胀后与常规卡瓦式悬挂器相比较，可以获得更大的通径，提供更大采油通道，可下入更大的采油工具，提高油井产量，提升经济效益。

3. 膨胀式尾管悬挂器应用案例

膨胀式尾管悬挂器已应用182井次，其中海外应用151井次，成功应用于不同完井方式，包括尾管固井、筛管完井、筛管顶部固井（表5-9，图5-33～图5-35）。

表5-9 膨胀式尾管悬挂器典型完井施工案例

型　号	适用套管/筛管	悬挂尾管	类型	井型	最深井深 m	悬挂位置 m	悬挂处井斜 (°)
PZXG 245×178	9⅝in	7in	筛管完井	探井	3500	2500	89
PZXG 178×140	7in	5½in	半程固井	侧钻井	650	350	0
PZXG 178×127	7in	5in	套管固井	探井	3900	3100	0
PZXG 178×114	7in	4½in	筛管完井	水平井	1200	650	45
PZXG 168×114	6⅝in	4½in	筛管完井	水平井	650	350	60
PZXG 146×102	5¾in	4in	半程固井	侧钻井	3500	2600	0
PZXG 140×102	5½in	4in	套管固井	侧钻井	3500	2800	0

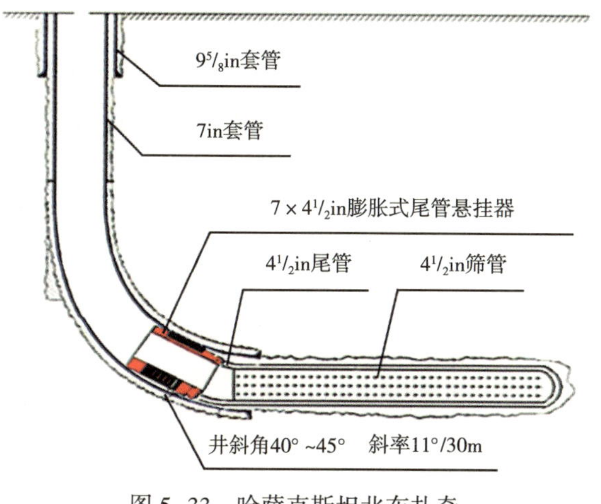

图 5-33 哈萨克斯坦北布扎奇油田筛管完井

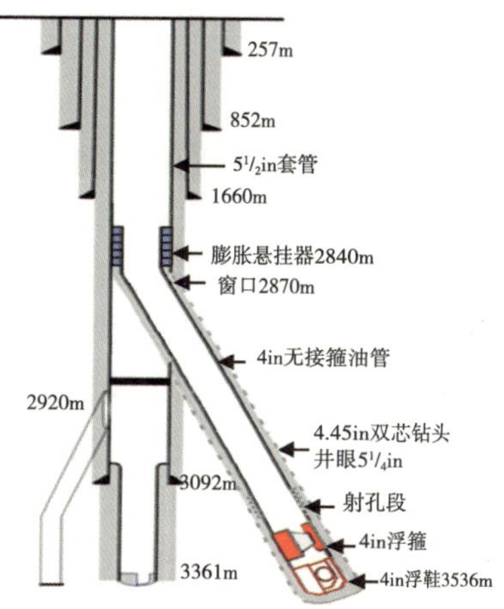

图 5-34 哈萨克哈萨克斯坦北布扎奇油田尾管完井

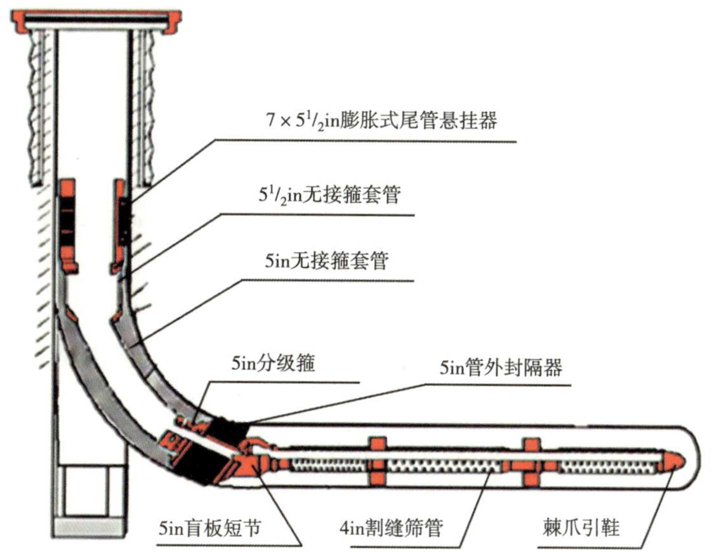

图 5-35 哈萨克斯坦北布扎奇油田顶部筛管完井

4. 应用效果及推广前景

膨胀式尾管悬挂器有效地解决了各种复杂井施工难的问题，并且减少了完井作业中井下复杂事故的发生，比起常规尾管悬挂器操作更加简单，更加经济，膨胀式尾管悬挂器具有高可靠的悬挂和密封性能以及旋转功能，且几乎不改变原套管内部通径，大大降低了包括修井在内的固井综合成本，相比传统方法具有重大的技术进步，大幅降低了工具成本和现场服务费用。例如：哈萨克斯坦北布扎奇油田的膨胀式尾管悬挂器的成功应用，标志着中国石油在膨胀管悬挂技术方面已获得重要突破，同时，也为北布扎奇油田浅层尾管井、侧钻水平井的井身结构优化提供了一项新型工艺技术。尾管悬挂器应用数量也将不断增加，将促进该项技术未来更大范围的推广与应用。

四、膨胀管侧钻井完井技术

膨胀管技术在钻井过程中的应用主要用于解决钻井过程中漏失、套管下放不到位和高低压同层等问题。特别是在深井和超深井的钻井中，膨胀管技术可提供足够的作业通道，确保钻达目的层时井眼尺寸较大，方便后续的完井以及采油作业。

膨胀管钻完井技术是21世纪油气井钻井工程领域的重大新技术之一，它能改善传统建井模式，降低油气井建井成本和提高建井安全可靠性，同时可以经济地开采深层的油气藏。该技术主要牵涉到金属的变形机理、金属的弹塑性力学原理以及固井工艺原理，同时它还与具体的施工工具和环境有密切的关系。建立等直径井眼的油气井成功应用依赖于多个关键技术的有机结合，其中主要的技术关键包括膨胀管管材、膨胀管连接方式、施工配套工具及建井工艺过程等。

1. 膨胀管管材与连接方式

1）膨胀管管材

通过膨胀管管材方面的技术研究，选择适合的膨胀管材料，并为膨胀管的选择提供筛选标准，同时为工程应用提供前提和理论依据。该方面研究主要包括膨胀管管材选择、膨胀管的加工及表面处理、膨胀管胀管行为仿真研究等。

（1）膨胀管管材的选择。

用于钻井过程中膨胀管的膨胀率在15%~25%，远大于修井、完井领域应用的膨胀率，通过对管材机械性能研究、有限元模拟和室内实验相结合的方式，选择适合的膨胀管材料。

管材要满足膨胀过程中的应力—应变性能要求，具有足够的强度和良好的塑性变形能力。同时，要求管材的机械性能均一、应力集中尽可能的低，不同的管材分别达到API标准中的J55、N80要求或者更高标准[19]。中国石油集团钻井工程技术研究院在膨胀管套损井补贴系统中已经研发了4种尺寸系列13种规格的膨胀管，见表5-10；在膨胀管侧钻完井系统中已经研发了适用于5½in和7in套管的2种规格膨胀管。

表5-10 膨胀管套损井补贴系统规格型号

产品型号规格	基础套管，mm				可膨胀套管系统								API抗压 MPa	
	外径	壁厚	内径	通径	膨胀前，mm			膨胀器外径 mm	膨胀后，mm			膨胀系数 %	内挤	外压
					外径	内径	壁厚		外径	内径	通径			
KBT 114×5½in	139.7	6.2	127.3	124.1	114	98	8	121	124	108	106.5	10.2	45.2	30
KBT 114×5½in	139.7	6.98	125.7	122.6	114	98	8	120	123	107	105.5	9.2	45.5	30
KBT 114×5½in	139.7	7.72	124.3	121.6	114	98	8	118	122	106	104.5	8.2	45.9	30.3
KBT 108×5½in	139.7	9.17	121.4	118.2	108	94	7	117	119	105	102.5	10.6	41.5	27.4
KBT 146×7in	177.8	8.05	161.7	158.5	146	130	8	156	159	143	141.5	10	35.2	22.1
KBT 146×7in	177.8	9.19	159.4	156.2	146	130	8	153	156	140	138.5	7.7	35.9	22.5
KBT 146×7in	177.8	10.36	157.1	153.9	146	128	9	151	154	136	134.5	11.5	40.9	25.7
KBT 146×7in	177.8	11.51	154.8	151.6	146	128	9	149	152	134	132.5	9.8	41.4	26
KBT 203×9⅝in	244.5	10.03	224.4	220.4	203	181	11	217	220	198	196.5	9.4	35	17.5

续表

产品型号规格	基础套管，mm				可膨胀套管系统								API 抗压 MPa	
	外径	壁厚	内径	通径	膨胀前，mm			膨胀器外径 mm	膨胀后，mm			膨胀系数 %	内挤	外压
					外径	内径	壁厚		外径	内径	通径			
KBT 203×9⅝in	244.5	11.05	222.4	218.4	203	181	11	215	218	196	194.5	8.3	35.3	17.7
KBT 203×9⅝in	244.5	11.99	220.5	216.5	203	181	11	213	216	194	192.5	7.2	35.6	17.8
KBT 203×9⅝in	244.5	13.84	216.8	212.8	203	181	11	210	213	191	189.5	5.5	36.2	18.1
KBT 203×9⅝in	244.5	15.11	214.2	210.3	203	181	11	207	210	188	186.5	3.9	36.7	18.3

通过筛选对 8in×9⅝in 管材进行了有限元模拟分析，管材的膨胀率达到 20%~22%，膨胀压力范围在 24~28MPa，壁厚为 9.7mm，膨胀过程管材的极限应力为 440MPa 左右（图 5-36~图 5-38）。

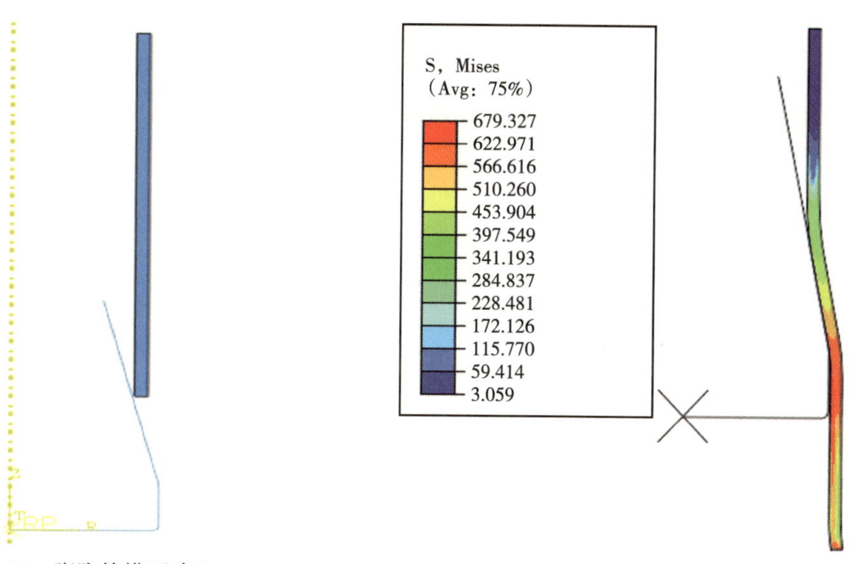

图 5-36 膨胀管模型建立

图 5-37 膨胀管材料应力分布

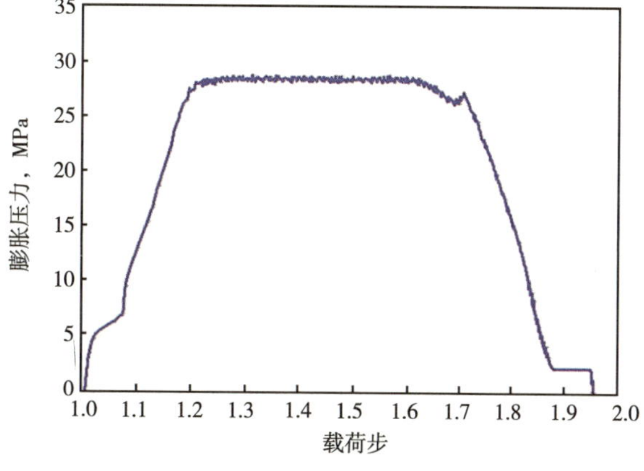

图 5-38 膨胀管膨胀压力曲线

通过膨胀试验后管材取样作拉伸试验得知，膨胀前管材的非比例延伸强度为 300MPa，抗拉强度 465 MPa，当膨胀率为 21.3%时，膨胀后管材的非比例延伸强度抗拉强度达到 460 MPa，抗拉强度达到 570 MPa，达到了 API 标准中 J55 钢级非比例延伸强度 379～552 MPa 之间；抗拉强度大于 517 MPa 的要求（表 5-11）。

表 5-11 J55 材料拉伸试验参数表

拉伸前			膨胀率 %	拉伸后		API 要求	
管材 mm×mm	$R_{p0.2}$ MPa	R_m MPa		$R_{p0.2}$ MPa	R_m MPa	$R_{p0.2}$ MPa	R_m MPa
ϕ203×10	300	465	21.3	460	570	379～552	>517

注：$R_{p0.2}$是指管材试样标距部分的非比例伸长达到原始标距 0.2%时的应力，即非比例延伸强度，MPa；R_m 是指管材的抗拉强度，MPa。

（2）膨胀管的加工及表面处理。

通常，钢厂出厂的膨胀管管材不宜直接下井进行膨胀作业，一般需要经过磷化处理后才可应用于膨胀作业。

磷化处理属于一种金属化学表面转化处理工艺，是用含有磷酸、磷酸盐和其他化学药品的稀溶液处理金属，金属表面在上述溶液中与磷酸、磷酸盐介质发生化学反应，转变为完整的、具有中等防腐蚀作用的不溶性磷酸盐层。这种磷酸盐层在金属塑性变形加工、减少金属零件的摩擦阻力、防止金属零件擦伤磨损、提高金属零件使用寿命等方面也做出重要贡献，给拔丝工业、拔管工业、冷挤压加工工业带来极大的经济效益，也可以用作硅钢片的绝缘层，而且在防止金属腐蚀方面起到重要作用[20]。

2）膨胀管连接方式

选择适合的膨胀管间连接方式以及膨胀管间搭接方式，确保连接部位的密封、悬挂的安全可靠性。该方面研究主要包括连接螺纹的选择和搭接方式的选择等。

膨胀套管连接方式研究是实施膨胀管钻完井技术的重点和难点之一。膨胀管之间的连接螺纹一般采用不同于 API 螺纹的特殊螺纹，它要求这种螺纹在膨胀前后和膨胀过程中都能保持较好的密封性能和较高的连接强度，这对于一般的螺纹是很难做到的，必须是经过专门设计的特殊螺纹才能达到这一要求。另外，膨胀管管段间的悬挂、密封、锚定技术（搭接技术），是确保膨胀后能获得相同井眼通径的关键；也是保证膨胀管的使用寿命、井下操作安全可靠性的关键。

（1）膨胀螺纹。

通常，两段膨胀管由可膨胀螺纹连接，该螺纹在胀管作业过程中参与膨胀[21]。可膨胀螺纹一般采用常规偏梯型螺纹，要求其在膨胀前后和膨胀过程中都能保持较好的密封性能和较高的连接强度。保证膨胀螺纹膨胀前后连接的结构完整性和密封完整性是判断整个膨胀作业成功与否的关键。目前已经研发了常规偏梯型和负角偏梯型两种膨胀螺纹。同时，对这两种类型的膨胀螺纹在不同膨胀率下的变形特征和膨胀压力进行了分析，并通过室内试验进行了验证，所得结果可为膨胀螺纹的选用和优化设计提供指导[22]。

应用非线性有限元分析软件 ABAQUS 对膨胀管进行膨胀过程模拟，其中连接螺纹分别为上述标准偏梯扣螺纹（以下简称标准螺纹）和负角螺纹。由于螺纹带有螺旋线，并非轴对称结构，为了简化计算，忽略螺旋线升角对螺纹膨胀的影响，整个膨胀螺纹按照轴对称结构进行处理，并做如下假设：膨胀管材质均匀、各向同性、壁厚均匀，为理想管材；膨胀锥和膨胀管的几何形状和所受载荷都是轴对称的，即在任一个圆形截面内，应力分布是均匀的。基于以上假设建立有限元模型如图 5-39 所示。膨胀过程中膨胀锥自下而上运动，膨胀管下端部轴向约束。

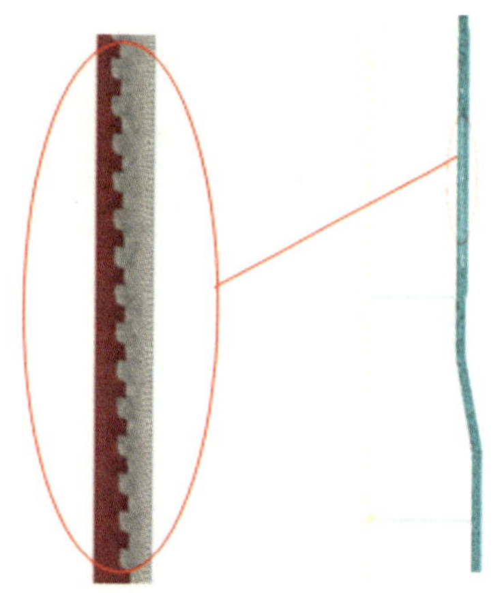

图 5-39　螺纹膨胀有限元网格模型

在 9.8%和 20.2%两种膨胀率下分别对 ϕ203mm×10mm 膨胀管标准连接螺纹和负角螺纹进行了膨胀过程模拟，对比分析了螺纹变形情况，以及相应的膨胀压力变化规律，据此判断哪种螺纹膨胀后密封性能更好。由于螺纹膨胀率在材料的允许范围内，故不存在强度问题，将不讨论应力分布状况，而主要对比标准螺纹和负角螺纹在不同膨胀率时的变形情况。

①当内径膨胀率为 9.8%时。

图 5-40 为标准螺纹膨胀 9.8%后的变形位移云图，图 5-41 为负角螺纹膨胀 9.8%后的变形位移云图。膨胀管被膨胀锥胀大，螺纹连接部位由于膨胀自然产生间隙，施工过程中会产生密封不严的问题，甚至泄漏高压液体。从图中可以直观地观察到，对于标准螺纹膨胀后前 7 组螺纹扣，螺纹变形较大，存在较大间隙；而负角螺纹扣则扣合紧密，间隙较小，因为负角螺纹由于结构原因会越胀越紧。

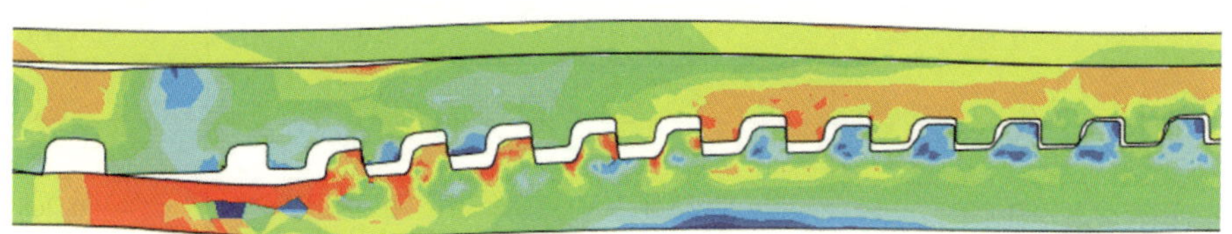

图 5-40　标准螺纹膨胀 9.8%后的变形位移云图

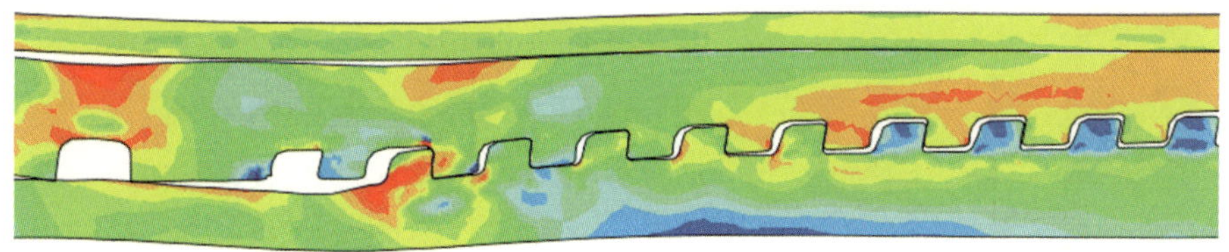

图 5-41　负角螺纹膨胀 9.8%后的变形位移云图

②当内径膨胀率为 20.2%时。

图 5-42 为常规螺纹膨胀 20.2%后变形位移云图，图 5-43 为负角螺纹膨胀 20.2%后的变形位移云图。从图中可以看出，随着膨胀率的增大，螺纹间隙增大。常规螺纹膨胀后间隙较大，很难满足密封要求；而负角螺纹随着膨胀率的增大，间隙并未增大，而是扣合更加紧密。

通过以上变形云图，可以看出负角螺纹膨胀后的密封性能要比常规螺纹性能要好。表 5-12 列出了膨胀后内外螺纹螺牙的间距，据此绘制图 5-44 中的曲线。

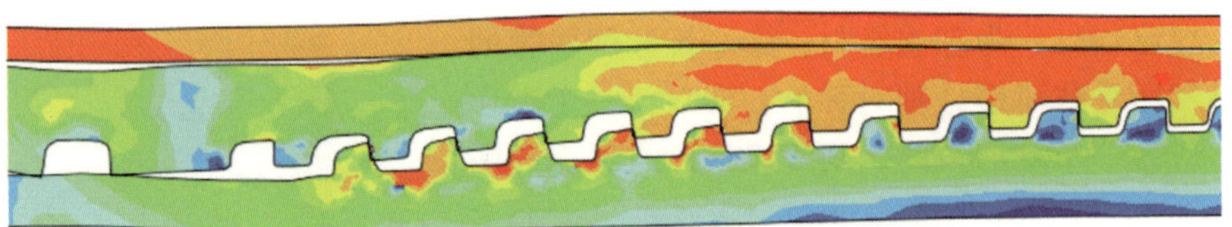

图 5-42　标准螺纹膨胀 20.2%后的变形位移云图

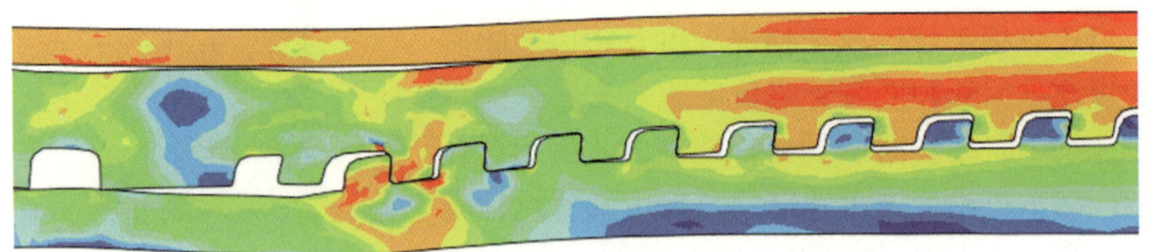

图 5-43　负角螺纹膨胀 20.2%后变形位移的云图

表 5-12　螺纹膨胀后的螺牙间距

序号	螺牙膨胀后间距，mm			
	膨胀 9.8%-标准	膨胀 20.2%-标准	膨胀 9.8%-负角	膨胀 20.2%-负角
1	0.685	0.601	0.188	0.278
2	0.777	0.734	0.042	0.048
3	0.865	0.905	0.042	0.076
4	0.857	1.03	0.12	0.111
5	0.784	1.02	0.193	0.223
6	0.648	0.909	0.238	0.268
7	0.502	0.744	0.238	0.291

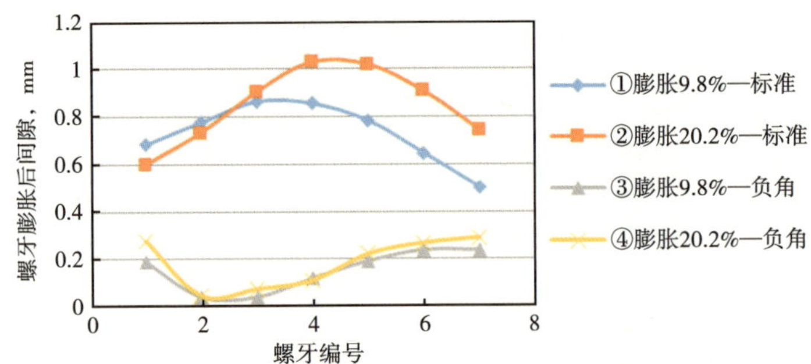

图 5-44　螺纹膨胀后螺牙间距对比曲线

通过图 5-44 可以看出，无论标准螺纹还是负角螺纹，膨胀率越大，膨胀后的螺纹间隙越大，但是负角螺纹间隙受膨胀率的影响要小很多，而标准螺纹受膨胀率的影响较大。对于同种膨胀率，标准螺纹间隙远大于负角螺纹间隙[23,24]。

通过分析提取了膨胀锥的行走反力，已知膨胀锥的受压面积，从而得到膨胀压力，针对膨胀管作业过程中，不同膨胀率以及不同锥角的膨胀压力进行了分析。研究结果发现，膨胀率为 9.8%时，标准膨胀螺纹段行走压力为 22MPa，负角膨胀螺纹段膨胀压力为 23MPa，比正角膨胀压力略高；当膨胀压力为 20.2%时，标准螺纹和负角螺纹膨胀螺纹段压力差距很小，约为 31MPa。因此，对于同种膨胀率，两种螺纹类型的膨胀压力差别不大。

根据以上仿真结果进行了室内实验，当膨胀管的膨胀率为 9.8%时，试验压力为 22~23MPa，当膨胀管的膨胀率为 20.2%时，膨胀压力为 32~33MPa。膨胀试验后并做了螺纹切片，图 5-45 为标准螺纹膨胀 9.8%后的螺纹切片，从图中可以看出，膨胀后螺纹间隙较大，与仿真结果基本相似，这种结构密封效果差，目前很难实现满足大膨胀的需求。图 5-46 为负角螺纹膨胀 20.2%的螺纹切片，与仿真结果基本吻合。

图 5-45 标准螺纹膨胀 9.8%后的螺纹切片

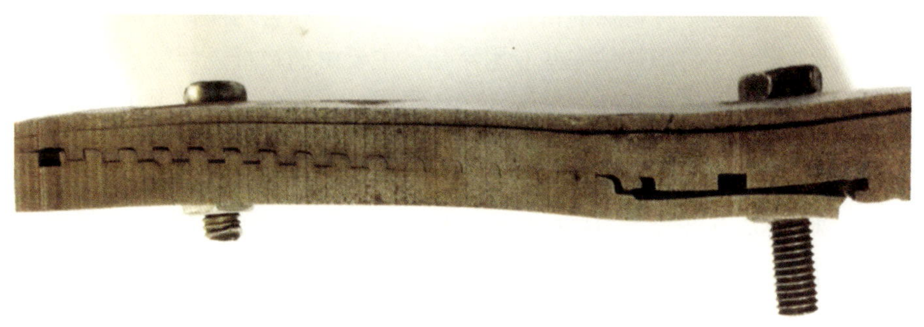

图 5-46 负角螺纹膨胀 20.2%的螺纹切片

（2）膨胀管悬挂密封技术。

膨胀管管段间的悬挂、锚定密封技术亦称膨胀管搭接技术[25,26]，膨胀管胀后应该与上层套管内壁或裸眼井壁形成良好的密封与悬挂，是确保膨胀管膨胀后能获得相同井眼通径的关键；也是保证膨胀管的使用寿命、井下操作安全可靠性的关键。

目前已经研发出 3 种类型的悬挂密封技术，分别是金属悬挂密封、橡胶悬挂密封和金属橡胶复合悬挂密封，如图 5-47 所示。

2. 施工配套工具及工艺过程

1）施工配套工具

施工配套工具主要包括高性能膨胀锥、专用浮鞋等。

（1）高性能膨胀锥。

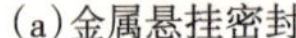
(a)金属悬挂密封

(b)橡胶悬挂密封

(c)金属橡胶复合悬挂密封

图 5-47　膨胀管悬挂密封类型

密封锥主要由密封环座、密封环和限位套组成。密封锥上端连接钻杆，下端连接高性能膨胀锥。密封锥的结构是：密封环放在密封环座的圆环形台阶上，密封环的大端靠在密封环座突出的圆环形台阶的上部。密封环通过限位套固定在密封环座上。限位套有螺纹孔，限位套通过螺纹连接并固定在密封环座上。由于采用螺纹连接型式，所以整个密封锥易于装配和拆卸。

密封锥工作时，密封锥放置于膨胀管内部。密封环外壁上端的圆锥面紧贴在膨胀管初始膨胀位置的内壁处，使膨胀工具组合与膨胀管形成密闭压力腔，为胀管施工作业提供膨胀压力。

（2）专用浮鞋。

膨胀管钻完井工艺是一种特殊的钻井工艺，常规浮鞋和自动灌钻井液浮鞋无法满足其工艺要求，为此，设计了膨胀管钻完井专用浮鞋，主要由插接杆、浮鞋连接短节、浮鞋引导短节、浮鞋剪钉座、浮鞋单向阀、浮鞋外壳体组成；浮鞋单向阀主要由阀体、阀芯、弹簧、弹簧座组成。插接杆下端开有密封槽和剪钉孔，通过剪钉和剪钉座相连；浮鞋连接短节的上端的外表面有密封槽，下端开有剪钉孔，通过剪钉和剪钉座相连，浮鞋连接短下端通过内螺纹和浮鞋外壳体相连；浮鞋引导短节的上端内表面开有喇叭口，浮鞋引导短节的外表面有密封槽，下端通过内螺纹和浮鞋剪钉座相连；浮鞋剪钉座的上端的外表面有密封槽，浮鞋剪钉座的下端通过内螺纹和浮鞋单向阀相连；浮鞋单向阀的阀体上端的外表面有密封槽，阀体的中间有泄流孔；浮鞋外壳体的底部开有流体流出孔。

注水泥固井时，水泥通过插接杆流入浮鞋单项阀的腔体，在水泥和弹簧的作用下单向阀的阀芯向下运动，露出泄流孔，水泥从泄流孔中流出，从而进入单向阀阀体与浮鞋外壳体之间的环空，再通过浮鞋外壳体上的流体流出孔流出进行固井。膨胀时，上提插接杆至浮鞋引导短节之上，从而使液体通过插接杆进入插接杆和浮鞋连接短节间的环空。

2）工艺过程

膨胀管侧钻井完井技术进行了相应的实验室台架试验、试验井先导性试验，并成功地进行了 3 口井的现场应用，为该技术的发展奠定了良好的基础。

如图 5-48 所示，钻杆 1 用于将膨胀管下入至预定井深位置，并与地面的高压泵连接为打压膨胀作业提供高压液体通道。防尘帽 2 防止钻屑等固体颗粒进入膨胀管内部影响膨胀管顺利地膨胀。悬挂器 3 用于将膨胀管回接并密封悬挂于上层套管内，悬挂器 3 也是基于膨胀管制造的，也因此堵漏施工作业后，井径减小约 2 倍膨胀管壁厚。悬挂器 3 外表面硫化有密封橡胶套 4。膨胀管 8 之间用膨胀螺纹 6 连接，膨胀螺纹 6 外表面装配有保护套 5。扶正环 7 使膨胀锥总成 11 在胀管时居中。连接插头 9 和插接短节 10 用于连接钻杆 1 与膨胀锥总成 11。膨胀锥总成 11 在注入的高压液体的驱动下将膨胀管 8 沿径向膨胀，膨胀锥总成 11 安装于发射腔 12 中。钻杆胶塞 13 用于注水泥固井，碰压后起密封作用，将膨胀锥总成 11 下部的浮箍 14、引鞋 15 的流体通道封死，使后续的打压膨胀作业可以建压。

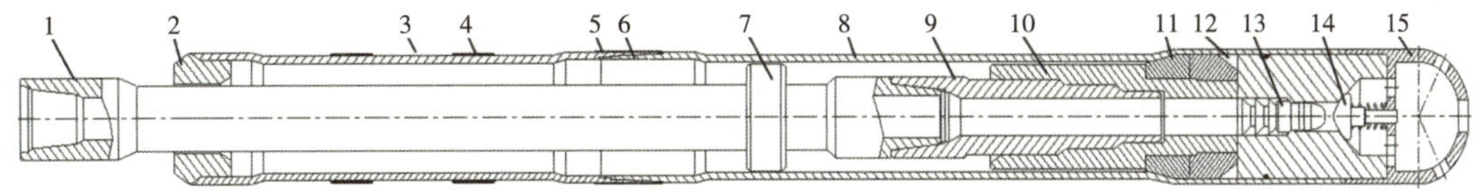

图 5-48　膨胀管柱

1—钻杆；2—防尘帽；3—悬挂器；4—密封橡胶套；5—保护套；6—膨胀螺纹；7—扶正环；8—膨胀管；9—连接插头；10—插接短节；11—膨胀锥总成；12—发射腔；13—钻杆胶塞；14—浮箍；15—引鞋

将图 5-48 所示工具，依次连接钻杆柱下入井内并置于待完井的复杂井段，再按照图 5-49 所示施工工艺开展相应施工。首先，开展定径刮铣作业，将悬挂段进行处理确保悬挂密封可靠性；经测井井眼符合要求后，下膨胀管到设计位置，循环 1 周以上开始注水泥，投入钻杆胶塞顶替水泥，钻杆胶塞碰压后，继续在地面用高压泵注入液体建立内压，膨胀锥总成在注入的高压液体的驱动下相对于膨胀管向上运动，膨胀管在膨胀锥总成的挤压作用沿径向下发生永久的塑性变形，膨胀管的内径被膨胀为与膨胀锥的外径相等，继续打压膨胀，直至悬挂器将膨胀管密封悬挂于上层套管内。钻杆、连接插头、插接短节和膨胀锥总成自动地与悬挂器丢手，起钻。水泥凝固后，下入磨鞋磨铣膨胀管下部的固井附件，恢复井眼通道，继续钻进。

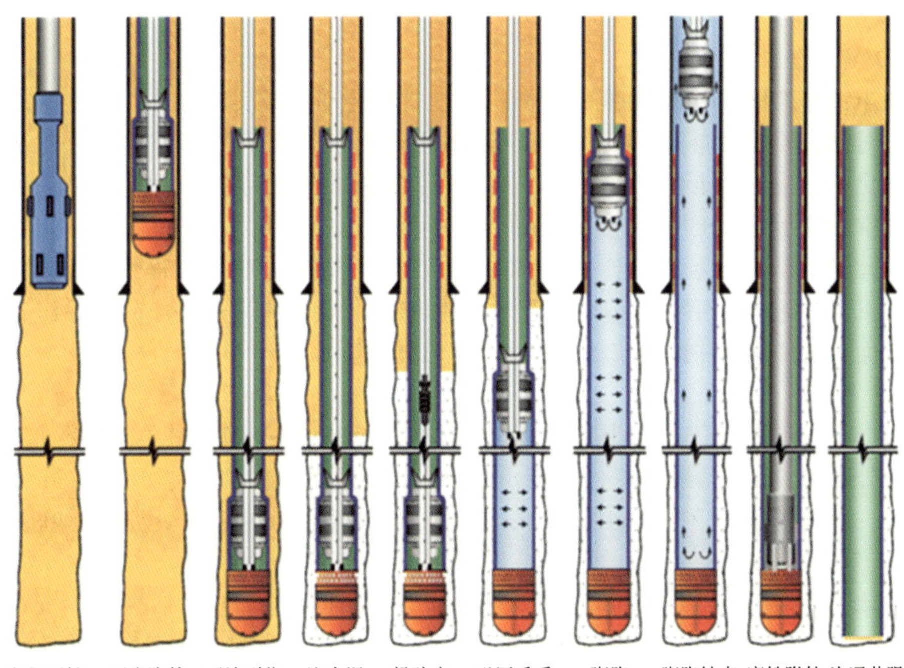

图 5-49　膨胀管施工工艺

五、衡扭矩钻井工具

在直井、定向井和水平井，尤其是在大位移水平井及复杂地层作业时，钻头钻遇硬地层、耐磨地层时“黏滑”“蹩跳钻”现象严重，经常导致顶驱过载、MWD 等精细部件损坏、钻具粘扣、单只钻头进尺低及机械钻速低等问题。通常主要采用减振器、轴向冲击器及扭转冲击器等工具应对“黏滑”“蹩跳钻”问题。衡扭矩钻井工具创新地采用弹簧+螺旋导向机构的机械传动方式实时存储、释放钻井扭矩能量，通过对钻头的破岩能量实时优化实现钻井扭矩波动的“消峰填谷”。通过对钻压、扭矩的调优化整，该工具能够有效解决难钻地层钻井时的“黏滑”“蹩跳钻”等问题，实现钻头的平稳、高速钻进[27,28]。

1. 结构原理及性能参数

1）结构

衡扭矩钻井工具主要由密封机构、储能机构及压扭转换机构等部分组成，如图 5-50 所示。其中，储能机构包括密封、弹性元件及活塞等，压扭转换机构包括密封、导向体和心轴等。

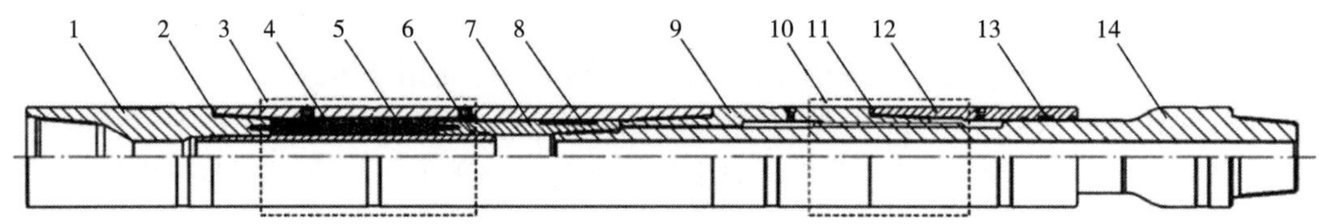

图 5-50　衡扭矩钻井工具结构示意图

1—上接头；2、6、8、11、13—密封；3—储能机构；4—弹性元件；5、12—外筒体；7—活塞；9—导向体；10—压扭转换机构；14—心轴

2）工作原理

衡扭矩钻井工具采用弹簧+螺旋导向机构的机械传动方式实时存储、释放钻井扭矩能量，通过对钻头的破岩能量实时优化实现钻井扭矩波动的“消峰填谷”。通过对钻压、扭矩的调优化整，该工具能够有效地解决难钻地层钻井时的“黏滑”“蹩跳钻”。钻井过程中出现异常大扭矩时，压扭转换机构会在大扭矩及差速作用下发生转动，并使储能机构产生压缩，此时下部钻具会被提升一定距离，释放部分反扭矩，整个过程中部分扭矩会被储存到储能机构并随着反扭矩的减小而逐步释放。该过程会在易失速井段的钻井作业中持续反复，从而自动调整钻井扭矩波动，起到“消峰填谷”作用[29,30]。

3）主要技术参数

“十二五”期间，研制了适用与 8½in 井眼的衡扭矩钻井工具，其技术参数如下：

最大外径：178mm；最大工作扭矩：20kN · m；最大工作拉力：160tf；最大工作温度：150℃；平衡扭矩范围：4～10kN · m；两端连接扣型：NC50；工具长度：4089mm。

2. 创新点

经过攻关，衡扭矩钻井工具取得了以下 4 个方面的技术创新：

（1）工具能够根据井下扭矩情况对扭矩、钻压进行实时调整，实现扭矩波动的削峰填谷，可简化司钻作业，有效提高钻头在难钻地层的机械钻速及进尺。

（2）采用弹簧+螺旋导向机构的机械驱动方式，工具内部无液力冲击部件，工具结构简单、成本低，对使用钻头及钻井液无特殊要求。

（3）螺旋导向机构采用恒压密封结构，有效提高密封可靠性及工具扭矩平衡力的精确控制。

（4）通过调整机构可调整弹簧的刚度，实现不同井况的扭矩平衡临界值优化调整。

3. 应用效果及推广前景

衡扭矩钻井工具先后在吉林、长庆油田成功完成衡扭矩钻井工具 4 口井的现场应用，其中在长庆油田庆 1-14-68 井实现了刘家沟地层单只钻头进尺同比提高了 100%以上。

典型案例：长庆油田庆 1-14-68 井，井身结构图见图 5-51，该工具钻进刘家沟组地层及石千峰组地层。主要钻井技术难点有：庆城地区刘家沟组地层上部粗砂岩及泥岩交错地层，下部为砾岩层，可钻性很差，憋跳钻严重，钻头寿命低，机械钻速低；在刘家沟组下段地层 3640~3680m 的 8½inPDC 钻头进尺仅为 40m，平均机械钻速 1.9m/h，钻进过程中井口扭矩波动大（3~18kN·m），顶驱多次憋停。采用衡扭矩钻井工具成功钻穿刘家沟组最硬的砾岩层 90m，又在石千峰组砂岩和泥岩交错地层钻进 229m，钻进至 3999m。

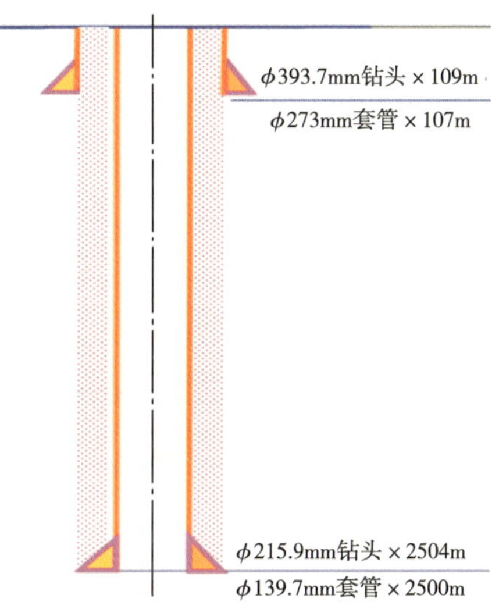

图 5-51 庆 1-14-68 井井身结构图

衡扭矩钻井工具现场应用效果明显：钻井过程中井口扭矩变化平稳（1~5kN·m），无憋跳钻；在刘家沟进尺 90m，总进尺 319m，远远超过了上只钻头 40m 进尺寿命。

国内勘探开发逐渐向深层、非常规等领域发展，难钻地层越来越多，钻头工作环境越来越恶劣，对钻井提速降本的需求越来越大。作为能够提高钻速、保护钻头的衡扭矩钻井工具是实现提速提效的重要工程手段之一。随着难钻地层越来越多，钻头工作环境越来越恶劣，作为能够提高钻速、保护钻头的衡扭矩钻井工具将具有广阔的应用前景。

六、全金属井下动力钻具

钻井工程中广泛应用螺杆钻具其定子采用性能相对薄弱的橡胶材料，因此，其耐温和耐腐蚀性能成为了难以克服的“瓶颈”问题。随着油气勘探开发进一步面向深层、复杂区块和低品位油气资源，井下工况更趋复杂，安全、快速钻井及油气藏高效开发对井下动力钻具产品提出更高要求，尤其面向微小井眼钻/修井作业、高温井、复杂钻井液体系，迫切需要一种新型井下动力钻具满足油气钻井工程技术发展的特殊需求。为此，中国石油集团钻井工程技术研究院北京石油机械厂提出并研制一种全新结构的容积式金属叶片马达，其定子采用全金属材料，在不降低输出性能的前提下，克服了传统螺杆钻具马达定子橡胶材料的不足，更好地适应复杂钻井液体系及井底高温，为油气勘探开发钻/修井作业提供了一种新工具。

1. 全金属井下动力钻具结构

全金属井下动力钻具的总体结构设计主要包括定子、转子、阀口节流棒、配流壳体、轴承组、连接轴和传动轴总成等。整个金属叶片马达至少需要两级构成，且两级转子之间相位差为 90°，从而实现转子 360°连续旋转。

在钻进过程中，流体通过两级转子形成两个高压区和两个低压区，在压力作用下产生力偶驱动转子旋转。当驱动第一级转子旋转 90°后，压力处于平衡状态，此时处于相对位置的第二级转子继续旋转 90°，以此循环完成圆周运动。流体在高压区形成压力做功，按照流体势能减少方向流动排泄到马达外。上述马达转子的运动属于同心旋转运动，即可以在结构上省略万向节的设计又可降低钻柱的振动，提高作业效率，改善井眼质量。

图 5-52 是金属叶片马达结构原理图。设在区域 1 形成的压力为 p_1，在区域 2 形成的压力为 p_2。当 $p_1>p_2$ 在转子两侧形成压力差，同时形成力偶驱动转子旋转。而压力腔的形成是靠阀口节流棒的运动决定的，阀口节流棒运动自如是压力腔形成的根本因素。

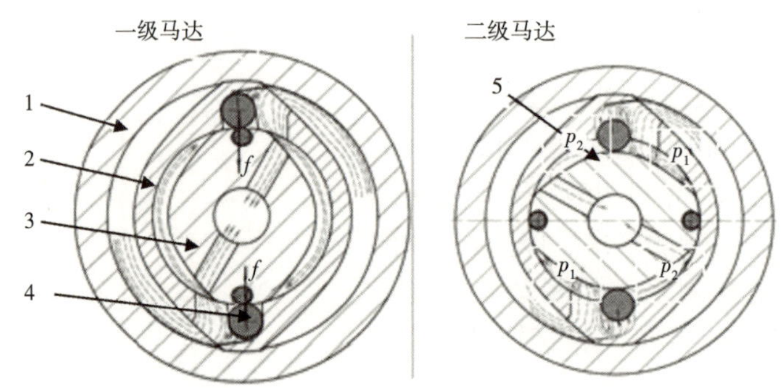

图 5-52　金属叶片马达结构原理图

1—定子壳体；2—定子配流壳体；3— 一级转子；4—阀口节流棒；5—二级转子

如上所述，实现金属叶片马达转子同心旋转运动的关键在于高、低压力腔的形成，而阀口节流棒和配流壳体既是形成压力腔的关键部件。

2. 创新点

（1）金属马达与螺杆马达对比，转子为同心旋转运动。金属马达转子的同心旋转运动，在钻井过程中可减少钻头的振颤，提高井眼质量。

（2）金属马达定子为全金属结构。定子全金属结构相比传统螺杆钻具定子橡胶衬套结构，更适于特殊高温钻井工况，最高耐温可达 240°，且能够提高马达耐油基钻井液能力。

（3）全金属井下动力钻具在马达和传动轴之间增加了柔性连接。有效避免了钻井过程中钻头所受冲击传递到马达部分，影响金属马达运转平稳性和工作效率。

（4）全金属井下动力钻具结构完全不同于传统螺杆钻具、涡轮钻具等井下动力钻具。金属马达的独特结构实现了一种“正容积式马达”，又克服了涡轮钻具输出扭矩、转速“偏软”的不足。且全金属井下动力钻具的长度与相同外径螺杆钻具长度接近。

（5）特别适用于深井、小井眼、高温井、连续管钻/修井作业。

3. 全金属井下动力钻具工程使用注意事项

全金属井下动力钻具工程使用应满足以下要求：

（1）钻井液的使用要求。

全金属井下动力钻具适用于以清水、水基无固相钻井液、油基无固相钻井液、空气为工作介质的钻、修井作业。为了提高一次下井连续工作时间（MTBF），应当对钻井液进行有效的分离净化，使其具有尽可能低的固相含量。一般要求钻井液密度不大于1.25g/cm^3，钻井液固相颗粒直径小于120μm。钻井液中固相含量过高或含砂量过高会引起马达转子卡死，泵压突然升高等现象。钻井液的pH值最好在5~10.5之间，pH值过低或过高会对全金属井下动力钻具的零件产生一定的损坏，缩短钻具的使用寿命。

（2）马达流量、钻压要求。

新研制的外径95mm全金属井下动力钻具流量为5~10L/s，马达压降一般为6~10MPa，比同种规格螺杆钻具马达压降高3~5MPa。工具使用钻压为5~10kN。

（3）清洗要求。

必须对钻杆（包括方钻杆）和地面管线进行清洗，将钻杆和地面管线孔壁中的硬质颗粒清洗干净。建议在方钻杆上加装过滤器（网），避免颗粒或者其他杂质等随钻井液进入钻杆内孔。

4. 金属井下动力钻具应用

2015年3月，研制的SDM95全金属井下动力钻具（简称SDM95钻具）在大港油田扣38-17井修井作业中首次应用即获得成功，该井套管固井作业使用SDM95钻具钻水泥塞25m，该钻具配牙轮钻头，泵车排量6L/s，钻压10kN，与常规螺杆钻具机械转速相同，整个钻塞过程SDM95钻具输出性能稳定。

SDM95钻具动力部分是一种全新结构的容积式马达，马达的定子和转子全部采用金属材料，最高耐温可达240℃，因此该产品相比传统的螺杆钻具更适于特殊高温的钻井工况。另外，SDM钻具对钻井液洁净度要求高，为此，渤海钻探工程有限公司施工队伍针对固控要求专门为压井液水罐配置了振动筛等过滤装置及带隔板专用水罐，并提前对管线进行清洗，为这次SDM95钻具的成功应用提供了保障。

全金属井下动力钻具着重开发了小尺寸全金属井下动力钻具用于微井眼钻井领域，为微小井眼钻井作业、水平井、中短半径井眼钻井作业等提供一种新型的井下动力钻具，解决高温井、超深井、地热井、油基钻井液、腐蚀性钻井液钻井等特殊井况中井下动力钻具遇到的困难，提供一种新的解决方法。

全金属井下动力钻具能有效解决微小井眼钻井领域井下动力问题。同时，能够解决渤海滨海高温井、辽河混油卤水钻井液、大庆火山岩地区异常高温、新疆超深井等区块小井眼钻/修井作业中井下动力钻具所遇到的瓶颈问题，为钻井提速、提效做出贡献。

七、连续管钻机

连续管钻井系统主要由连续管钻机、循环系统、井控系统、辅助设备、井下钻具组合等硬件系统和连续管钻井工艺、专用软件等软件系统构成[33]。其中连续管钻机、钻井液循环系统、井控设备、辅助设备等构成了连续管钻井地面系统。

为了适应钻井工艺的需要，连续管钻机型式从简单的单功能连续管钻机，发展到复合型全功能连续管钻机。为了适应不同的作业用途、工况和道路条件的要求，单功能连续管钻机有用于陆上和海上的两种。陆上钻机安装在拖车上，采用吊车或“U”形井架支撑注入头；而海上钻机装在滑动底座上，采用吊车组装塔式井架来支撑注入头。单功能连续管钻机不具备钻表层和起下管柱的能力，因此主要用于老井加深或侧钻井作业。在20世纪90年代后期国际上研制了复合连续管钻机，复合型连续管钻机将常规钻机和连续管作业设备集成在一起既能用常规钻杆作业，又可以用连续管作业，具备表层钻井、下套管、处理井下事故的能力，是连续管钻机的发展方向之一。

为了实现老油田挖潜与稳产，开发剩余油气，以及煤层气、致密气及页岩气开发的需要，“十二五”期间，中国石油开展了连续管钻井技术与装备研制。基于中国在连续管钻井主要应用于老井加深和开窗侧钻实际情况，同时，为了经济、快速地研制出用于连续管钻井的装备、工具，选择研制单模式连续管钻机。经“十二五”攻关，成功研制的连续管钻机适应管径 $2\frac{7}{8}$in 和 $3\frac{1}{2}$in，名义井深 3500m（$2\frac{7}{8}$in）和 2100m（$3\frac{1}{2}$in），完成了 6 口井连续管钻井现场试验。

1. 结构原理与性能参数

1）结构原理

连续管钻机由主机部分和钻井液循环固控系统、油水系统、发电机组 MCC 房等地面配套部分组成。

主机部分采用陆地油田用两车装载。其中，主车为三轴半挂拖车，装载独立动力系统、控制室、滚筒、软管滚筒等；辅车为汽车底盘，装载注入头、可升降钻台等，如图 5-53 和图 5-54 所示。

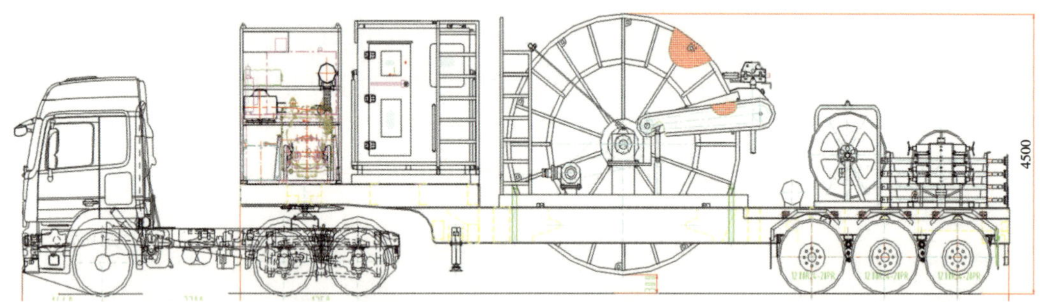

图 5-53 连续管钻机主车运输状态

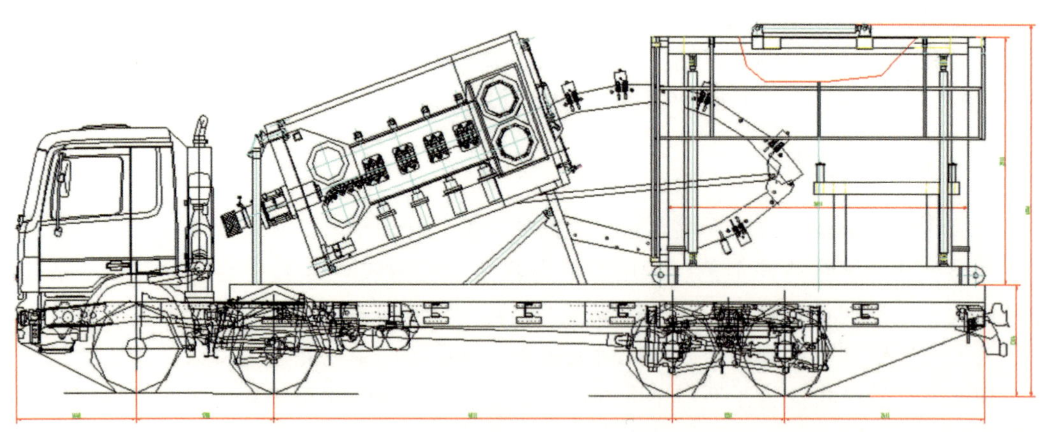

图 5-54 连续管钻机辅车运输状态

(1) 注入头采用两台液压马达驱动两副链条，提供起下连续管的动力。还包含有四组夹紧液缸和两组张紧液缸，配有双向载荷传感器计量注入头推力和起升力大小，安装的编码器，用于测量连续管上下运行的距离和速度。

(2) 滚筒采用液压马达通过链条驱动滚筒正反转，满足连续管的起下井作业。为了实现有缆连续管钻井，专门设计了双通道机构。

(3) 可升降的钻台，用于安装注入头，如图 5-55 所示。可升降改变高度的结构，为不同组合的井控装置提供满足要求的安装空间。钻台由大小两个钻台组成，可分别由液缸实现升降。大钻台升降设计有带导轨的立柱和人梯，保证顺利平稳升降和操作人员上下钻台。钻台面设计有两个注入头安装固定位置及窗口，方便注入头在施工过程中的移放。

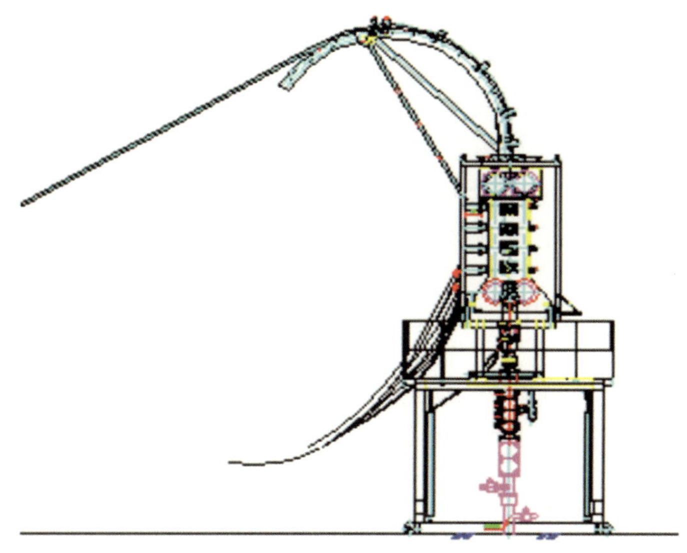

图 5-55 连续管钻机可升降钻台工作状态

(4) 钻井参数仪，采集显示钻井的主要运行参数：起下速度、井深数据、钻井液循环压力、排量、注入头载荷，还特别提供了钻压和钻时参数显示。在数据采集上，还为地质录井和定向井服务商提供接口和通信。

2) 主要参数

注 入 头：最大提升力 580kN，最大起升速度 40m/min

适应连续管管径 60~89mm（2⅜~3½in）；

滚筒容量：ϕ60mm×5200m、ϕ73mm×3500m、ϕ89mm×2100m；

防喷系统：防喷器，通径 130/180mm，工作压力 70MPa；

防喷盒，适应管径 73/89mm（2⅞in 和 3½in），工作压力 70MPa；

钻　　台：工作高度 4100~5900mm，最大载荷 350kN；

主　　车：18420mm×3400mm×4500mm，总质量 82t；

辅　　车：11690mm×2500mm×4300mm，总质量 28t。

2. 创新点

(1) 基于整机动力控制系统设计与优化、整机机—电—液系统集中控制、注入头与滚筒协同动作、大功率注入头设计技术、钻井滚筒设计技术、注入头起下时的载荷自适应控制技术等关键技术突破，及连续管钻机总体方案设计优化，集成创新研制连续管钻井装备。

（2）突破现有设计理念与规范，解决滚筒容量与外形受限难题，开发了最大连续管容量下沉式滚筒，该滚筒具有双通道连续管滚筒，可同时循环钻井液和进行电信号传输，装载 73mm 连续管 3500m 或 89mm 连续管 2100m，更好地适应中国油田道路及井场条件，满足连续管钻井要求。

（3）基于注入头夹持系统受力与包络优化、注入头夹持块特殊结构设计和特殊表面处理技术、链条超重载轴承及特殊结构的夹紧梁推板设计、注入头动力传动优化，创新研制满足连续管钻井要求的大推拉力、大功率注入头。

（4）带双离合控制系统的自动/强制排管装置。实现连续管缠绕整齐排列，系统冗余设置更可靠，大大延长无故障工作时间。

（5）机—电—液一体化控制技术，操作台集中了主机的操作、控制和作业参数显示、记录，以及钻井液泵的控制、井场重要部位的监控系统。

（6）适用于钻井作业的数据采集处理系统及参数设置、显示功能。可以实现时间轴/深度轴的钻井参数实时显示，能读取载荷、井深、起下钻速度、钻压、钻时、泵压、排量等参数。

（7）可升降的钻台，适用不同高度的井口进行作业，保证钻井工况下注入头的稳定，可承受较大的载荷。

（8）用于大管径、大壁厚连续管穿入注入头的导入装置。重量轻、效率高，大大降低连续管安装劳动强度，提高了操作的安全性。

（9）优化的工具串连接、入井工艺，节省安装时间、降低劳动强度。

（10）基于连续管钻机单元调试方法和整机联调技术的研究，形成高效、安全、可行的连续管钻机地面组合试验方法。

3. 型式试验

依据型式试验大纲，在 1000m 井深的试验井，进行了型式试验（图 5-56）。

图 5-56　连续管钻井井场安装布置图

根据试验大纲要求，完成了设备装运、井场布置和设备安装，钻井工具串连接及地面试验。试验过程中，连续管钻机主机、固控系统、钻井液循环系统、油水系统、发电机及控制系统、井下工具等设备运行正常，设备和工具安装顺利，为进行连续管老井加深和侧钻井现场试验积累经验。

4. 现场试验及应用前景

自 2012 年至 2015 年分别在辽河油田和大港油田完成了 6 口井连续管钻井试验。其中，1 口井为老井加深钻井试验，5 口井为套管开窗侧钻井试验（表 5-13）。连续管钻机整机运行平稳，连续管钻井工具稳定性、可靠性得到逐步实现。完成了用连续管通井、刮铣管、坐挂斜向器、开窗、定向造斜和稳斜钻进的侧钻井整体工艺钻成 1 口井，探索出了一套连续管快速开窗、定向、扭方位钻井技术方法，基本掌握了连续管侧钻井设计、装备与钻具组合、施工操作、井眼质量控制等配套技术，形成了一套现有装备和工具条件下的连续管侧钻井技术，填补了连续管精确定位斜向器和开窗、连续管旋转定向钻具和连续管钻机完成开窗侧钻全过程等多项国内技术空白。随着中国连续管钻井装备和工艺技术的发展和进步，使老油田挖潜增产、非常规油气开发中，通过老井加深、开窗侧钻实现经济开采的需要，得到有效的满足。连续管钻井装备和工艺技术，将得到广泛应用，并为油田带来很好的经济效益。

表 5-13 连续钻机 6 口井现场试验情况

序号	井号	试验内容	试验井段，m	井斜角，(°)	机械钻速，m/h
1	马 758C	直井段加深钻进	2157.6~2166.5（8.9m）	12.48	3.7
2	东 3-2K	稳斜段自由钻进	1804~1864（60m）	26.84	2.5
3	港 7-71K	稳斜段带 MWD 钻进	1715~1866（151m）	13.92	7.08
4	女 S67-43K	开窗+稳斜段带 MWD 钻进	1625~2015（170m）	16.88	8.47
5	官 142-2K	开窗+定向+稳斜	1506~1909（403m）	25.93	7.08
6	港 3-57-2K	开窗+定向+稳斜	844~1112（268m）	12.90	7.8

1）马 758C 井老井加深现场试验

2012 年在辽河油田兴隆台区马 758C 井实施了老井加深现场试验。试验采用全套连续管钻井装备实施钻井施工作业，验证了连续管钻机对钻井工况的适应性和基本技术参数，为后续开窗侧钻试验打下了坚实的基础。马 758C 试验井条件见表 5-14，井场布置如图 5-57 所示。

表 5-14 马 758C 试验井条件

<table>
<tr><td colspan="2">井 别</td><td colspan="2">油 井</td><td colspan="2">原完井日期</td><td colspan="2">1986.9.26</td></tr>
<tr><td colspan="2">完钻井深</td><td colspan="2">2175.88m</td><td colspan="2">人工井底</td><td colspan="2">2160.39m</td></tr>
<tr><td>套管程序</td><td>套管尺寸
mm</td><td>壁厚
mm</td><td>下深
m</td><td>钢级</td><td>联入
m</td><td>水泥返高
m</td><td>固井
质量</td></tr>
<tr><td>表层套管</td><td>ϕ244.47</td><td>—</td><td>392.96</td><td>—</td><td>—</td><td>未返地面</td><td>—</td></tr>
<tr><td>油层套管</td><td>ϕ139.7</td><td>6.98</td><td>2160.39</td><td>J55</td><td>4.50</td><td>1410</td><td>—</td></tr>
</table>

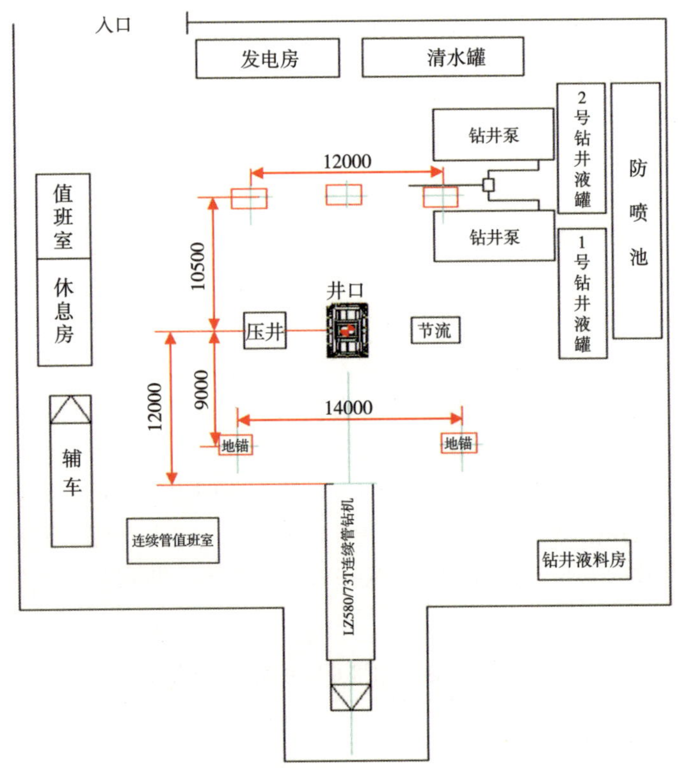

图 5-57　马 758C 井老井加深井场布置

该井试验进尺 8.9m，纯钻时 2.4h，平均机械钻速 3.7m/h；共起下管柱 8980m 左右。钻机经历了 4000km 长途跋涉，其越野性和移运性经受了考验和验证；验证了连续管下入长工具串的施工工艺；摸索了连续管钻井施工控制参数，初步形成了连续管钻井工艺。钻机主机系统的主要参数和能力得到了验证：钻机各系统、部件运转正常，满足钻井工况的技术要求。确定了作业人员在钻井施工的岗位责任、人员配置、井控安全管理、井下复杂情况分析和处理技术等。

2）官 142-2K 井开窗侧钻现场试验

2015 年在大港油田成功地进行了连续管开窗侧钻现场试验，采用连续管钻机主机部分与车装钻修机联合作业，在国内首次完成了用连续管钻机开窗、定向造斜和稳斜钻进的侧钻井整体工艺钻成 1 口井。

试验井条件：原井眼官 142-2K 井构造位置在大港王官屯油田官 195 断块，完钻日期 1988 年 9 月，完钻井深 2790m，井型为二开直井（表 5-15）。

表 5-15　官 142-2K 试验井情况

井身结构	表层套管	生产套管
套管尺寸，mm	339.7	139.7
套管下入深度，m	91.91	2782.68
壁厚，mm	9.65	7.72

续表

井身结构	表层套管	生产套管
内径，mm	320.4	124.26
钢级	J55	J55、N80
水泥返深，m	未返地面	1220
固井质量	合格	合格

设计井身结构为：ϕ120.6mm 钻头×（1510.0~1909.0m）+ϕ95.25mm 尾管×（1440.0~1905.0m），水泥返至井深 1440m。井身剖面设计见表 5-16。

表 5-16 官 142-2K 开窗侧钻井身剖面设计

井段	测深 m	井斜角 （°）	方位角 （°）	垂深 m	狗腿度 （°）/30m	井斜变化率 （°）/30m	方位变化率 （°）/30m	视平移 m
侧钻点	1510.00	0.51	194.06	1509.90	0.000	0.000	0.000	-3.78
造斜终点	1701.04	25.93	166.70	1694.37	4.000	3.991	-4.296	39.42
靶点	1818.49	25.93	166.70	1800.00	0.000	0.000	0.000	90.71
油层底界	1874.08	25.93	166.70	1850.00	0.000	0.000	0.000	114.99
井底点	1909.00	25.93	166.70	1881.41	0.000	0.000	0.000	130.24

该井现场试验在井段 1506~1515m 完成开窗钻进，进尺 9m，开窗质量优良，后续起下钻过窗口顺滑；在 1515~1714m 井段实施造斜井段钻井，进尺 199m；在 1714~1909m 井段实施稳斜井段钻井，进尺 195m；总进尺 403m。井斜及方位角符合钻井设计要求，实际靶区距靶点 6.51m。该井试验共有 12 套工具串 14 次入井施工，整个试验过程，连续管钻机、井下工具工作正常，地面设备正常运行 580h，实现预期试验目标，亦达到了钻井工程设计目标。

通过这次试验，连续管钻机稳定性、可靠性得到进一步验证。在国内首次完成了用连续管通井、刮铣管、坐挂斜向器、开窗、定向造斜和稳斜钻进的侧钻井整体工艺钻成 1 口井，探索出了一套连续管快速开窗、定向、扭方位钻井技术方法，基本掌握了连续管侧钻井设计、装备与钻具组合、施工操作、井眼质量控制等配套技术，填补了连续管精确定位斜向器和开窗、旋转定向钻具和连续管侧钻一口井等多项国内技术空白。

八、连续管侧钻井工具

1. 连续管侧钻井技术优势

连续管侧钻井技术是在定向井、水平井和连续管技术基础上发展起来的综合钻井技术，是利用连续管钻井装备和井下工具在老井原有井筒某一特定深度开窗，从窗口钻出新井眼，然后进行完井的一整套工艺技术。

利用连续管侧钻是一种可靠、安全、经济的对现存老井眼进行侧钻的有效方法，可使套损井、停产井等死井复活，改善油藏开采效果，有效地开发各类油藏，提高采收率及油井产量，减少钻井作业费用，节约套管使用费用及地面设施建设费用等，降低综合开发成本，有利于环境保护。连续管侧钻与常规侧钻相比，主要具备以下几个方面的优势：

（1）能够安全地实现欠平衡压力钻井作业，有利于保护油气层，提供钻速。

（2）可以进行过油管钻井作业，无须取出老井中现有的生产设备，从而实现边采边钻的目的，可显著节约钻井成本。

（3）地面设备少，占地面积小，特别适合于条件受限制的地面或海上平台作业，减少对周围环境的影响，降低井场维护费用，同时设备移运安装快捷、方便、灵活。

（4）连续管可以内置电缆，有利于实现自动控制和随钻测量。

（5）减少施工队伍的作业人员。

连续管侧钻既可在裸眼井中进行也可在套管井中进行，在套管井中，如果没有生产油管，可以采用下常规斜向器或者其他方法开窗，也可以采用过油管的方法开窗；根据是否要将老井隔离开，既可以采用注水泥的方法，也可以用不注水泥的方法；注水泥开窗有两种：一种是将斜向器注水泥固定来开窗；另一种是采用注水泥塞控时钻井的方法开窗。“十二五”期间，主要开发了应用常规斜向器法进行开窗侧钻工艺，施工工序主要包括井眼准备（通井、刮壁）、下定位器总成、下斜向器、开窗、造斜、定向钻进等，如图 5-58 所示。

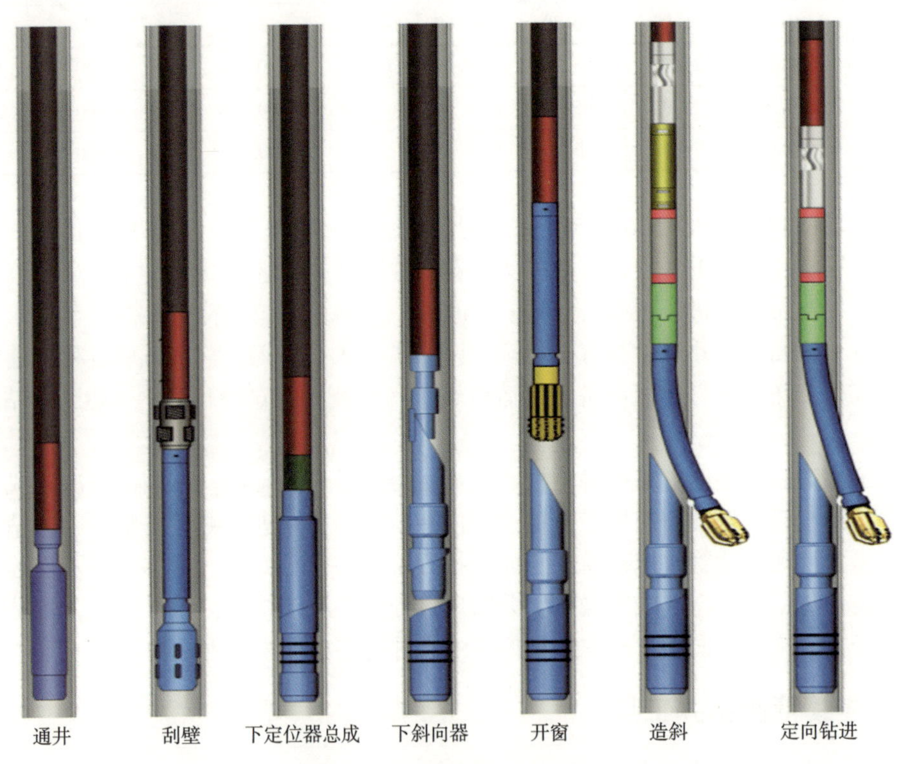

图 5-58　连续管侧钻施工工序

2. 连续管侧钻钻井工具组合

连续管侧钻钻井工具组合（BHA）由多种元件组成，具有为井下作业提供破岩动力、调整钻头工作面、测量钻井工程参数等作用。连续管侧钻时，使用合理的 BHA 有利于减少钻井费用和时间，以及提高井眼轨迹的准确程度。

目前，连续管侧钻主要有钻井液脉冲系统底部钻具组合和电缆系统底部钻具组合。实际运用中，现场作业人员应对 BHA 的适用性和可靠性综合考虑后再选择使用。

一般来说，连续管定向钻井对井下钻具组合的要求比钻垂直井的要高，对钻具作业功能的要求更多，导致钻具结构更复杂。钻井液脉冲系统底部钻具组合和电缆系统底部钻具组合钻定向井时，都必须配备的基本工具短节。

（1）连续管连接器通过螺纹或夹紧作用使连续管与底部钻具组合相连，其自身具有比连续管更高的抗拉/抗扭能力。连续管连接器通常有螺钉式、卡瓦式、嵌压式和螺纹式，其中螺钉式连接器优越的抗扭、抗过载拉伸和抗振动的能力，使其被广泛应用于钻井作业。

（2）止回阀用于限制流体流动方向，阻止环空流体回流进连续管，保证作业安全，通常与连续管连接器相连。连续管钻井使用的止回阀有双瓣止回阀和双球座止回阀，其中双瓣止回阀通径较大，适合大流量和复杂工艺作业。

（3）紧急分离工具用于钻具遇卡时使连续管与下部钻具组合分离，并使液压和电力通信安全切断。目前使用的紧急分离工具的工作原理分为液力释放式、拉伸/剪切释放式和电控释放式。当使用电缆钻具时，则不能使用液力释放式工具，而要换作拉伸/剪切释放式或电控释放式紧急分离工具。

（4）循环阀循环接头位于紧急分离工具下方，投球循环至球座后发挥作用。循环接头减少了通过 BHA 的压力损失和流速限制，从而允许增大流速，较高的流速可改善井眼清洁效果。

（5）定向工具用于连续管定向钻井时调整井下马达的工具面，主要类型有液力定向器、电驱动/控制定向器和智能无线定向器。

（6）随钻测量工具（如 MWD、LWD 等）用于在钻井过程中对定向数据、地层参数和井下钻井参数进行测量与上传。随钻测量工具向地面传递测量数据的方法有 2 种，即钻井液脉冲遥测和连续管电缆系统传递，前者仅限用于不可压缩型钻井液，后者不受钻井液类型的影响。

（7）井下马达为钻头提供破岩动力，通常具有可调弯外壳。目前连续管钻井使用的马达种类有螺杆马达（容积式马达）和电动马达，其中使用最多的是螺杆马达。在钻穿油层时，推荐使用无磁定子/转子组合马达，以减少磁干扰，从而改善井眼轨迹的控制。

（8）连续管侧钻钻头转速常常比常规钻井高，而能够施加的钻压又比常规钻井低，所以，钻头的选用应与高转速、低钻压作业相适应。目前，在软到中硬地层普遍采用 PDC 钻头，在硬到坚硬地层使用金刚石钻头。

此外，连续管侧钻钻井作业时，常常根据实际需要加入一些其他工具短节，如非旋转接头、振荡器、助推器、挠性接头、钻铤等。通常情况下，连续管侧钻时钻具工具短节的上下连接顺序相对固定，但是也需要根据钻具的类型和作业工艺的需要，适当调整工具短节的相互位置。

连续管侧钻施工各阶段所需钻具的钻具组合见表 5-17。

表 5-17　连续管侧钻施工钻具组合

施工工序	钻　具　组　合
通井	通径规+加重钻杆+转换接头+马达头+连接器+连续管
刮壁	定径刮铣器+螺杆马达+转换接头+弹簧式刮削器+加重钻杆+转换接头+马达头+连接器+连续管

续表

施工工序	钻 具 组 合
下定位总成	定位总成+存储式电子陀螺仪+加重钻杆+转换接头+马达头+连接器+连续管
下斜向器	斜向器总成+转换接头+轴承短节+转换接头+加重钻杆+转换接头+马达头+连接器+连续管
开窗	铣锥+螺杆马达+转换接头+加重钻杆+转换接头+马达头+连接器+连续管
造斜	钻头+单弯螺杆马达+转换接头+ MWD 浮阀+钻压/扭矩短节 +MWD+转换接头+转向器+转换接头+加重钻杆+转换接头+马达头+连接器+连续管
定向钻进	钻头+螺杆马达+转换接头+ MWD 浮阀+ 钻压扭矩短节+MWD+加重钻杆+转换接头+（水力振荡器）+马达头+连接器+连续管

3. 连续管侧钻关键井下工具

1）井下定位斜向器系统

井下定位斜向器系统包括井下定位装置、定向斜向器、定向测量存储单元，如图 5-59 所示。

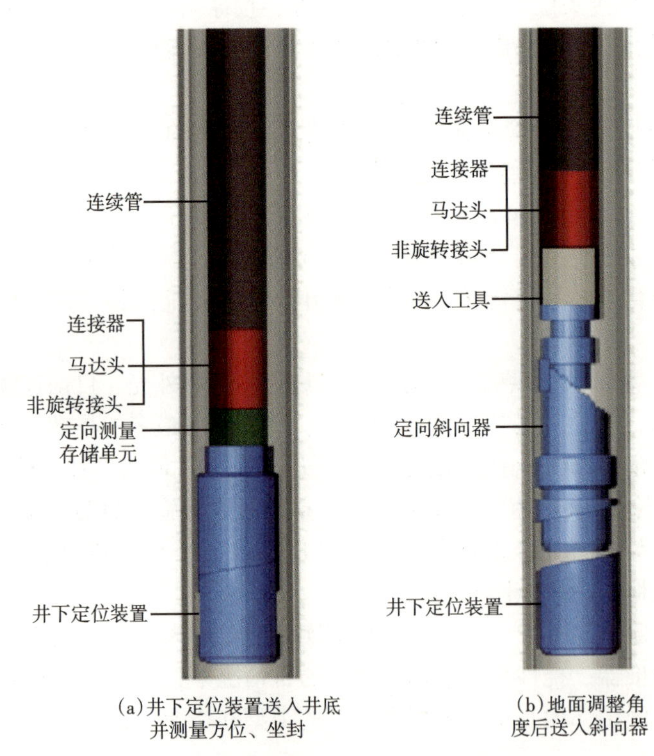

图 5-59　连续管侧钻井下定位斜向器系统

（1）结构与工作原理。

井下定位装置为定向斜向器在井底的基座，利用连续管将其送到预定井深后，即可将其激活并在井底进行永久坐封。当井下定位装置在井底坐封后，将定向斜向器利用送入工具送到井底插入井下定位装置，两者即可锁定。定向测量存储单元主要用于测量井下定位装置键槽在井底的方位。根据测量结果，通过在地面预先设置定向斜向器的角差，可以保证斜向器坐封后造斜面的方位满足设计要求。

（2）技术特点：

①能够实现井下精确开窗定位，开窗方位角误差仅为5°；

②机械锁定，可靠性高；

③可密封上下井眼。

（3）井下定位装置。长度2000mm，外径116mm，坐封压力28MPa，坐封力60t，丢手方式为坐封后自动丢手，连接尺寸2⅜in REG Box（top）。如图5-60所示。

图5-60 井下定位装置

（4）定向斜向器。长度4458mm，外径116mm，丢手方式为下入后上提4tf剪切丢手，连接尺寸2⅜in REG Box（top），如图5-61所示。

图5-61 定向斜向器

2）连续管开窗螺杆马达

由于连续管不可旋转，井下开窗钻头/铣锥需要增加井下旋转动力源。开窗螺杆马达是用来为井下开窗钻头/铣锥提供驱动力的动力源，通过液力传输，将流体能转化为动能传递给钻头/铣锥进行破窗。传统的钻杆开窗，其转速由井口转盘或顶驱控制，其转速在20~100r/min之间变化，因此开窗马达的选择需要低转速、大扭矩。通过计算分析以及地面试验，5½in套管内开窗使用额定转速可以达到65~105r/min，满足开窗需求。开窗螺杆马达技术参数见表5-18。

表5-18 开窗螺杆马达技术参数

技术参数	参数值	技术参数	参数值
公称直径	102mm	输出功率	15~32kW
井眼尺寸	114~149mm	钻头水眼压降	1.4~7MPa
推荐流量	8~13L/s	推荐钻压	2.5tf
钻头转速	64.7~105r/min	最大钻压	5tf
马达头数	7:8	钻具长度	5605mm
马达级数	3	钻具重量	207kg
马达压降	2.4MPa	上部连接螺纹	2⅞in TBG
工作扭矩	2048N·m	下部连接螺纹	2⅞in TBG
滞动扭矩	2550N·m		

3）液压定向器

（1）结构与工作原理。

该定向器依靠钻井液脉冲进行工作，钻井液泵启动一次，工具内部的活塞直线往复运动一次，通过换向机构，活塞的直线往复运动转变为定向器输出轴的正向转动。钻井液泵停泵后，活塞回位，离合器锁住当前工具面位置。当钻井液泵再次启动后，重复上一个动作，定向器输出轴带动下部工具串继续正向转动，直到调整到设计要求。结构如图5-62所示。

图5-62 液压定向器结构示意图

（2）技术特点：

①由钻井液提供定向动力，不需要在连续管中放置电缆；

②纯机械工具，可靠性高；

③定向完成时，能够通过离合器锁住当前工具面角；

④受钻井液类型限制，不能应用于两相钻井液及欠平衡钻井。

（3）工具参数：

液压定向器参数见表5-19，扭矩如图5-63所示。

表5-19 液压定向器参数

外径，mm	内径，mm	长度，mm	螺纹	旋转角度，（°）
95	25	1705	上下2⅞in REG	45

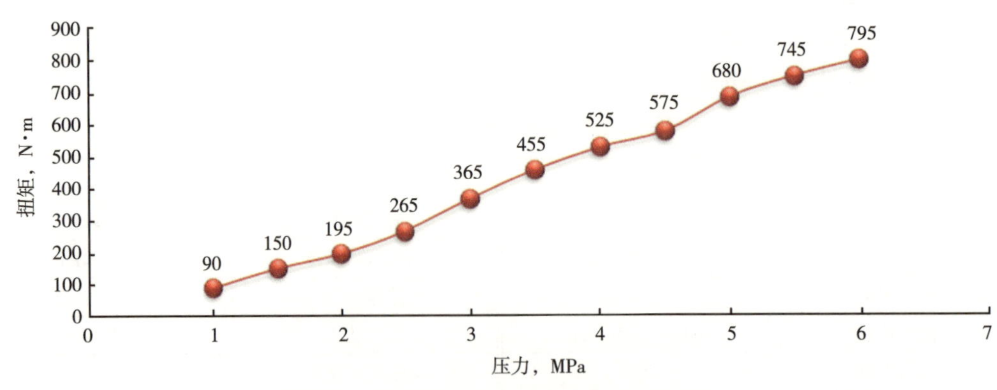

图5-63 液压定向器扭矩数据曲线图

4）钻井螺杆马达

钻井螺杆马达主要技术参数见表5-20。

表 5-20　钻井螺杆马达主要技术参数

技术参数	参数值	技术参数	参数值
外径	95mm	推荐钻压	35kN
井眼尺寸	4½~5⅞in	最大钻压	70kN
马达头数	5/6	功率	17.6~47.8kW
马达流量	5~13.3L/s	长度	5.49m
输出转速	140~380r/min	弯点到钻头距离	1.33/0.93m
马达压降	5.2MPa	重量	250kgf
额定扭矩	1200N·m	上部连接螺纹	2⅞in REG
最大扭矩	1920N·m	下部连接螺纹	2⅞in REG

第二节　破岩新技术

针对当前和未来对钻井技术的需求，开展了脉冲射流提速技术、钻井实时优化技术、粒子冲击钻井技术和热力射流钻井技术研究。脉冲射流提速技术大幅提高水力机械破岩效率，提高井底岩屑上返速度，消除井底岩屑重复破碎，提高钻头破岩效率，延长钻头进尺；钻井实时优化技术以钻井能效为核心，通过监控钻井动态参数变化，实时反馈钻井参数的优劣，提示井下情况，识别井下造成低效的瓶颈因素，实时指导施工人员不断采取改进措施，在钻头选择、井控、BHA 设计、定向靶点尺寸等领域再设计，从而实现提速的目标；粒子冲击钻井技术是利用从钻井泵和立管之间注入到钻井液中的钢质粒子流，高速冲击破碎岩石，是一种冲击破岩为主、机械破岩和水力破岩为辅的崭新钻井技术，其钻井速度是常规钻井速度的 2~4 倍，粒子冲击钻井技术将成为未来一种经济、高效的深井硬地层钻井的新方法，有望解决深部硬地层存在的钻井速度慢、钻井周期长、钻井成本高等难题；热力射流钻井技术是未来一段时期内解决难钻地层钻速慢的经济有效方法，有望引领未来破岩技术变革，推动我国深井钻井速度再上新的台阶。破岩新技术的研发对于支撑油气勘探开发业务快速发展并向海外扩展、提高我国钻井技术能力、抢占高端技术制高点，具有极其重要和现实的意义，具有广阔的应用前景和开发价值。

一、脉冲射流提速技术

1. 脉冲射流作用

实践表明，在不增加地面设备能力的前提下，合理利用水力能量或以水力能量驱动适当井下工具辅助破岩，是有效提高深部地层钻井速度的途径之一。利用井底水力脉动，或对钻头施加适当的周期性冲击作用力，改善井底附近岩石或钻头的受力状况，提高钻头的破岩钻进效率，是已为实践证明的有效的技术手段。

脉冲射流提速工具将机械强制脉冲与自激振荡脉冲结合，将常规的连续地钻井液流动转换成脉冲流动，使钻头水眼处产生具有一定周期、幅值的间歇流动。脉冲流动能有效地提高井底岩屑上返速度，避免岩屑重复破碎，既能提高钻头破岩效率、避免岩屑重复破碎，又能有效提高钻头进尺。由于产生脉冲射流，钻头水眼处脉冲射流速度周期性变化，脉冲射流能提高钻头水眼钻井液流速，钻井液流速的增加能有效提高水力冲蚀效率，特别是在软—中硬地层，水力辅助破岩能大幅提高钻头破岩效率。周期性的脉冲射流能使井底产生周期性负压，使井底岩石处于周期性交变应力状态下，能一定程度上降低岩石破岩能耗，岩石破岩能耗的降低能间接地提高钻头破岩效率。脉冲射流还能够避免软地层钻进过程中钻头泥包，减少井下复杂，提高钻井效率。新型的脉冲射流提高工具能根据地层岩石强度，通过工具参数的调整获取最优的脉冲频率和幅值，以最大化地利用水马力，实现钻头进尺和机械钻速的提高。

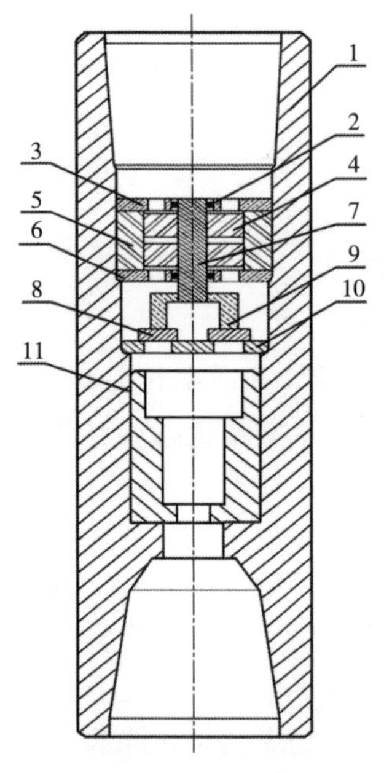

图 5-64 脉冲提速工具结构示意图
1—外壳体；2—轴承；3—上固定孔板；4—导流叶片；5—配合筒；6—下固定孔板；7—中心轴；8—转动密封块；9—偏心轴；10—周期导流板；11—谐振脉冲腔

2. 脉冲射流提速工具结构及工作原理

脉冲射流提速工具首先是将钻井液的部分动能通过涡轮动力系统转化为中心轴旋转机械能。中心轴的旋转带动转动密封块的旋转，转动密封块与周期导流板的扰流通孔形成具有一定频率开、闭的钻井液通道。这种周期性开、闭的流体通道将连续的钻井液流动转化为具有一定频率的脉冲流体。脉冲流体进入谐振脉冲腔后，脉冲振幅增大。钻头喷嘴处的钻井液处于脉冲流动状态，脉冲射流一方面降低了钻头周围岩石的“压持效应”，同时还能周期性的降低井底压力，这有助于提高破岩效率和钻井速度。

脉冲射流提速工具结构如图 5-64 所示，外形为圆柱状，上部与钻井管柱相连接，下部直接与钻头相连接。脉冲射流提速工具能根据地层特性使钻头水眼产生合适频率和幅值的脉冲射流，高效地实现水力机械联合破岩，达到提高破岩效率的目的。脉冲射流提速工具包括外壳体、涡轮动力系统、脉冲调制系统、谐振脉冲系统。

（1）外壳体外形为圆柱体，外壳体上部螺纹用于工具与上部钻井管柱的连接，下端螺纹用于与钻头连接。

（2）涡轮动力系统包括轴承、上固定孔板、导流叶片、配合筒、下固定孔板、中心轴。涡轮动力系统通过配合安装在外壳体的 I 段孔处。涡轮动力系统主要作用是将部分钻井液的动能转化为旋转的机械能。

（3）脉冲调制系统的作用是产生具有一定频率开、闭的钻井液通道，将连续流动的钻井液转换成脉冲流动。

（4）谐振脉冲腔为的作用是对脉冲射流的脉冲幅值进一步放大，脉冲射流的频率未发生变化，脉冲幅值压力大幅增加。

3. 脉冲射流提速机理

周期负压提高破岩效率，脉冲射流产生的局部负压效应，使井底周期性的出现欠平衡状态，改变井底岩石受力状态，提高钻头破岩效率，以达到提高钻头机械钻速的目的。欠平衡钻井是指在钻井过程中钻井液液柱作用在井底的压力（p_b）（包括钻井液柱的静液压力和循环压降）低于地层孔隙压力（p_p）。欠平衡钻井时，井底压力小于地层孔隙压力，$\Delta p=p_b-p_p<0$。此时允许产层流体流入井内，并可将其循环到地面，地面可有效地处理并控制。

同时水力脉冲工具在钻井工况下产生瞬时负压（p_M）（负压由工具产生），即水力脉冲射流钻井过程中将在井底产生瞬时负压（p_M）（负压由钻井方式产生），此负压会在井底起到降低岩石的破碎强度和促进井底已破碎岩石及时脱离井底、减少反复切削及压持效应的作用，从而达到提高机械钻速的目的。

井底岩石的受力为非均匀的三向压缩状态，如果井底压力为 p_b，地层孔隙压力为 p_p，则作用在井底表层岩石某点的有效主应力为：

$$\begin{cases}\sigma_{ne}=p_b-p_p\\ \sigma_{He}=p_H-p_p\\ \sigma_{he}=p_h-p_p\end{cases} \tag{5-1}$$

式中 σ_{ne}——法向有效主应力，MPa；

σ_{He}——最大水平有效主应力，MPa；

σ_{he}——最小水平有效主应力，MPa。

对于平衡压力钻井，σ_{ne} 理论上为零；常规油井钻井中，σ_{ne} 用当量密度表示，一般为 0.05~0.10g/cm³，并且随钻井液密度的增加而增加。两个水平主应力 σ_{He} 和 σ_{he} 代表了井底岩石的骨架应力。由（5-1）式可知，增大 p_b 将使 σ_{ne} 增加。根据如图 5-65 所示的岩石破碎 Mohr 强度准则，当 σ_{He} 不变时，随着 σ_{ne} 的增大，σ_{He} 和 σ_{ne} 形成的 Mohr 圆变小，对应的有效剪应力将处在岩石破坏包络线范围之内，岩石变得不容易破碎。

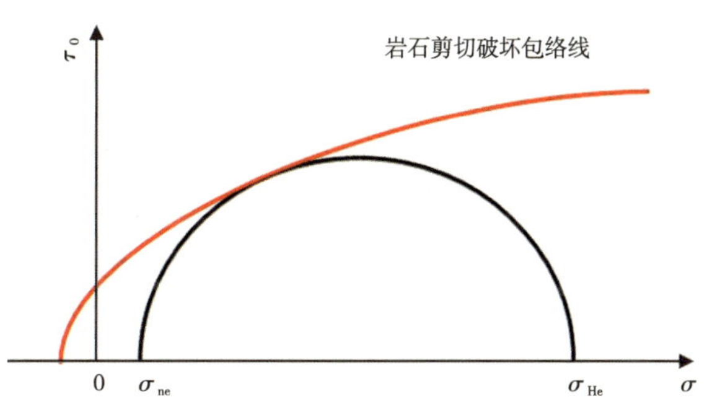

图 5-65 岩石破碎 Mohr 强度准则

水力脉冲射流钻井过程中在井底产生瞬时负压（p_M），即减小 p_b 时，σ_{ne} 将减小。当 σ_{He} 不变时，随着 σ_{ne} 的减小，σ_{He} 和 σ_{ne} 形成的 Mohr 圆变大，对应的有效剪应力将超出岩石的破坏包络线范围，此时的岩石不经过施加外力即可能发生破碎。即当井底产生瞬时负压（p_M）时，随着 σ_{ne} 的降低，岩石的塑性和破碎强度也随之降低。在相同破碎载荷作用下，较低破碎强度状态下的岩石的破碎效率提高。

负压脉冲促使岩屑及时脱离井底，假设井底岩石在钻头作用下，已经形成了某一骨架结构基本独立的岩屑，此时，岩屑尚未脱离岩石母体且受到多种力的作用。岩屑所受到的法向压持力即为 p_b；岩屑与岩石母体间的裂纹内流体的压力仍近似为 p_p。将整块岩屑视为一个独立体，那么，在（p_bA+W）$>p_pA$ 的条件下，要使岩屑脱离井底（离开岩石母体），则必须提供一个克服井底岩屑摩擦的最小水平推力（F），该水平推力可近似由摩擦定律给出：

$$F=\mu(p_b-p_p)A+W \tag{5-2}$$

式中 F——克服井底岩屑摩擦的最小水平推力，N；

μ——岩屑与岩石母体间的综合表面摩擦系数，大小与接触面的形状和钻井液流体的性质等因素有关；

W——岩屑的重量，N；

A——岩屑与井底的接触面积，m^2。

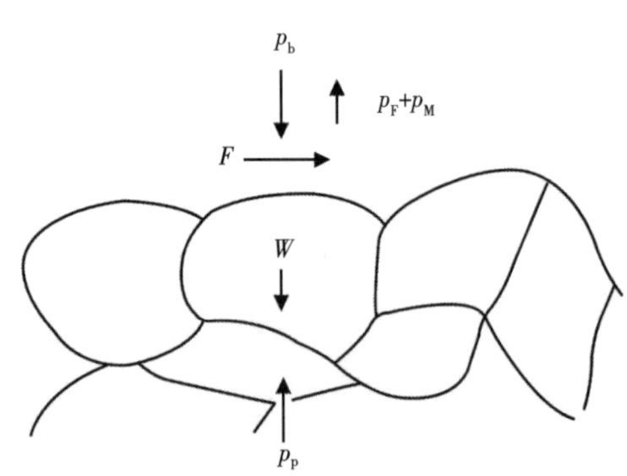

图5-66　井底岩屑受力示意图

采用不同的钻头，μ 值不同，采用同一种钻头和相同的钻井液破岩钻进时，μ 值相对固定，变化不大。式（5-2）说明 p_b 越大，岩屑脱离井底所需的水平应力载荷越大，即压持效应越强，岩屑越不容易脱离岩石母体，从而导致岩屑的重复破碎，钻速越低。

水力脉冲射流钻井过程中在井底产生瞬时负压（p_M），在负压波动持续时间内，井底岩屑所受的总压持力（p_b-p_p）$A+W-p_M A$ 降低。根据式（5-2），岩屑脱离井底所需的横向载荷也相应降低。尤其当 p_F+p_M 较强，满足（p_b-p_p）$A+W-p_M A<0$ 时，由图5-66可知，此时岩屑在井底所受的法向合力向上，此时井底无“压持效应”，岩屑一旦产生就具有自动脱离井底岩石母体的趋势。

脉冲射流提高射流冲击力，在地表泵排量不变的情况下，单位时间内钻头水眼的钻井液排出总量也不变。由于在流道关闭状态，此时钻头水眼将无钻井液通过。待流道完全打开时，钻头水眼的钻井液流速将增加。由于脉冲喷嘴喷出的脉动射流具有很高的动压力，在井底岩屑岩石上造成拉应力，同时给岩屑一个周期性应力，因此动压力越大，井底净化效果更好，这是消除或减小了井底岩屑压持效应所致。由图5-67可知，在相同条件下，脉冲射流轴心冲击动压力比普通连续射流提高1.7倍。

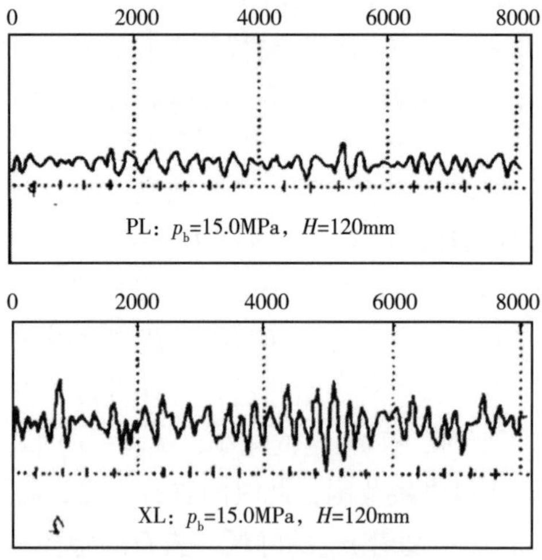

图5-67　脉冲射流与连续射流轴向压力对比

4. 脉冲射流应用效果

脉冲射流提速工具在大港、华北、长庆、玉门、吐哈、塔里木等油田累计应用超过50余井次，累计进尺超过30000m，机械钻速提高18.9%~47.8%，平均机械钻速提高32.1%，见表5-21。脉冲工具应用最大井深超过6800m，单只工具纯钻时间超过150h。脉冲射流提速工具结构简单、可靠性高、能有效提高钻头进尺和机械钻速，具有广阔的应用前景。

表 5-21 脉冲射流提速工具应用结果

编号	井号	入井深度 m	出井深度 m	进尺 m	机械钻速 m/h	提高幅值 %
1	SU120-38-96	2925	3411	486	5.73	28.5
2	SU14-21-50	2318	3096	778	9.42	18.92
3	ZG15-H3	5346	5761	415	2.85	24.45
4	H13-8	5522	6259	737	3.52	53.04
5	H8-6	6260	6374	114	2.81	22.17
6	XK9005	5717	6385	668	4.78	30.60
7	RP3015	5252	5364	112	2.86	23.81
8	KX95	1533	4421	2888	34.29	47.80
9	ZH28-31L	2808	3294	486	9.06	27.8
10	X31-2	361	2850	2489	38.9	43.7
11	Q1-15	3113	3750	637	3.22	36.2
12	Y5-2H	1723	2321	598	1.38	29.5
13	Q2	1510	5234	3724	15.8	28.5
平均提高幅值						32.1

二、粒子冲击钻井技术

粒子冲击钻井技术是利用从钻井泵和立管之间注入到钻井液中的钢质粒子流，高速冲击破碎岩石，是一种冲击破岩为主、机械破岩和水力破岩为辅的崭新钻井技术，其钻井速度是常规钻井速度的 2~4 倍。粒子冲击钻井技术将成为一种经济、高效的深井硬地层钻井的新方法，有望解决深部硬地层存在的钻井速度慢、钻井周期长、钻井成本高等难题。

粒子钻井系统主要包括三大关键部分：粒子注入系统、粒子冲击钻头和粒子回收系统。粒子注入系统将一定比例钢质粒子，均匀、连续、稳定的注入到地面钻井高压管汇中；粒子冲击钻头实现粒子冲击联合钻头机械破岩，提高钻头的破岩效率；粒子回收系统将从井底返出来的粒子分离回收，实现粒子的循环利用。

1. 粒子注入系统

设计的粒子注入系统工作原理如图 5-68 所示。总体思路是先把粒子装入高压罐（图 5-69），然后把罐中的粒子注入到地面管汇。高压注入罐按工作内容及压力的不同可以分为四个阶段：粒子加料阶段，此时注入罐在常压下工作，由钻井液携带粒子进入容器；粒子罐增压阶段，此时注入罐内的压力逐步增大；粒子注入阶段，此时注入罐在泵压下工作；泄压阶段，此时粒子注入完毕，切断注入罐与钻井泵的连通，将压力卸掉。

在系统的设计中使用了螺旋输送机作为粒子注入的控制装置，高压粒子罐底部并不是直接与地面钻井管汇连接，而是把螺旋输送机的上下部分别跟高压粒子罐跟地面管汇连接起来。通过螺旋输送机的输送作用，可以保证粒子以预期的量通过输送机内部螺杆结构进入管汇，把粒子注入量变为可控因素，实现了粒子冲击钻井对注入系统均匀性的要求。使螺旋输送机螺杆保持固定的转速就会使粒子注入量保持稳定，调节螺杆转速便可以调节粒子注入量的多少。

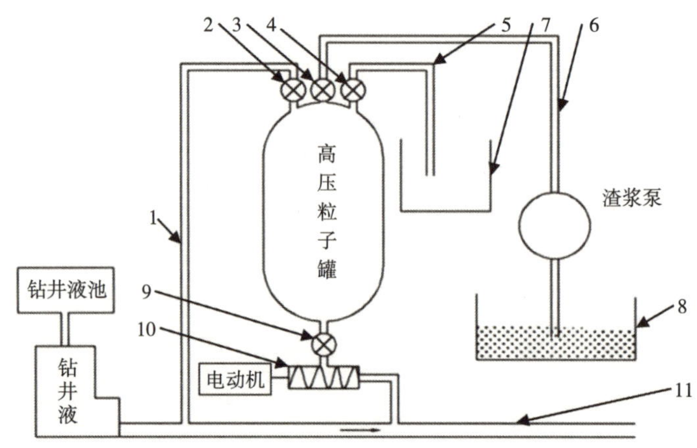

图 5-68 粒子注入系统原理示意图

1—压力平衡管路；2—压力平衡阀；3—填料阀；4—溢流阀；5—溢流管路；6—填料管路；7—溢流钻井液池；8—粒子储池；9—注入阀；10—螺旋输送机；11—钻井主管汇

图 5-69 30MPa 高压粒子注入罐实物图

高压螺杆泵的工作参数：输送物料为浸润在钻井液中的钢制粒子粒径 1～2mm；额定输送量为 7.8t/h（1%）；输送机倾角为 0°（水平放置）；输送距离为 1.5m；物料堆积密度为 4.8t/m³。如图 5-70 所示。

图 5-70 高压螺杆泵

2. 粒子冲击钻头（PID）

冠部形状对钻头的破岩性能具有较大影响，PID 钻头按照硬地层的钻进特点进行设计，与 PDC 钻头轮廓不同，PID 钻头轮廓的设计要满足切削齿布置的要求，同时要实现钻头切削地层破岩所生成的岩石环脊结构，从而保证钻进时的稳定性。根据钻头侧翼与中心体结构，轮廓设计为如图 5-71 所示。

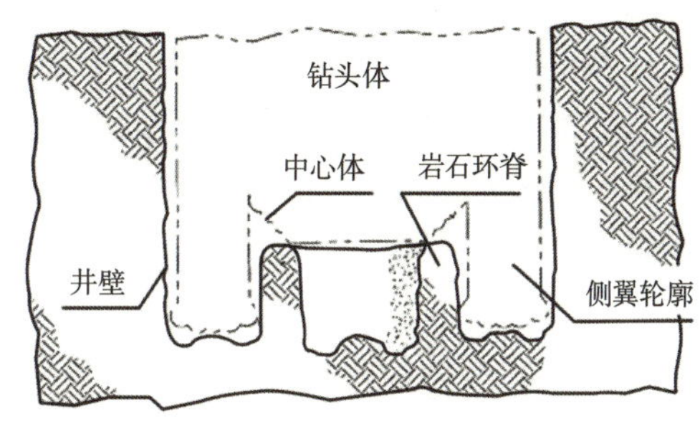

图 5-71 PID 钻头冠部轮廓

钻头的两个侧翼围绕中心体，以一定角度呈圆弧状分布，侧翼底部采用平面形状，加工简单、布齿方便、坚固耐用；中心体采用凸面圆锥状。平面形状和凸面形状相配合，在井底形成岩石环脊，满足粒子冲击钻井破岩要求，同时增加钻头钻进时的稳定性。

PID 钻头选用单齿式布齿方式，将切削齿单独布置在钻头冠部，构成单独的切削元件，可提高切削结构的耐磨性，钻头吃入性好，布齿区域大，但切削结构强度低、在黏性地层中易产生泥包，因此适用于硬地层。

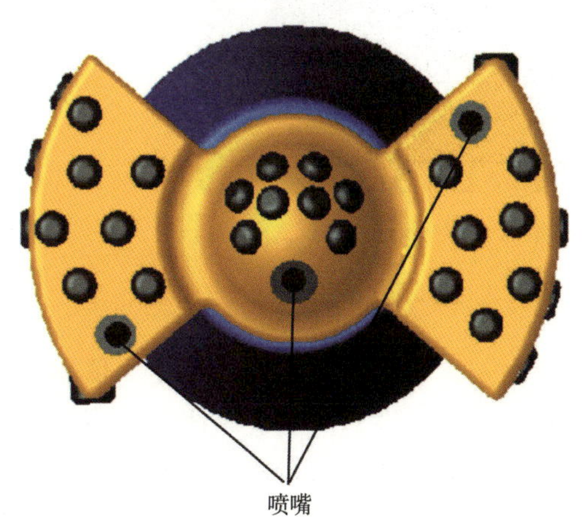

图 5-72 钻头周向布齿图

周向布齿是将一定数量的切削齿按一定方式分布在钻头冠部表面上，反映了切削齿在钻头平面布齿的方位情况，如图 5-72 所示。切削齿以一定的间距分布在钻头 2 个侧翼和中心体端面上；侧翼设计和切削齿的分布有利于提高钻头的稳定性和水力清洗、冷却效果。球形齿布置在钻头侧翼底面和中心体的端面上，边齿向外倾斜以解决边齿强度和磨损等问题。中心体上切削齿的工作角可根据井底岩石环脊的倾斜角度设计。

PID 钻头的水力结构关系到钻头的工作

性能好坏和寿命的长短。喷嘴的布置决定了粒子破碎岩石的效果和钻头的寿命。在钻头旋转钻进过程中，将粒子射流喷嘴安装在切削齿的前面，实现先粒子冲击，后切削齿破岩的效果。

在喷嘴设计时，侧翼应使用等径喷嘴或相邻序号的两种喷嘴。等径喷嘴的中心压力相等，液流分布合理，减少喷嘴数目，适当增大喷嘴直径，可以增大井底漫流速度，减少喷嘴堵塞的可能性。中心喷嘴直径大于或者等于倾斜喷嘴的直径，这种喷嘴组合的井底压力分布有利于钻头清洗。

圆锥带圆柱出口段型喷嘴几何参数主要有：喷嘴的收缩角 α、出口直径 d、圆柱段长度 L。扩散型喷嘴长度与直径比在20左右，钻井液与粒子进入喷嘴后加速，粒子对喷嘴的冲击磨损小，阻力小。

根据冲击钻井现场数据：钻井液流量在30L/s，粒子的流量在0.9L/s，由于粒子冲击钻井粒子注入属于前混合方式，粒子在钻柱内经过充足时间加速后，粒子的速度与射流的速度接近。射流速度100m/s以上，钻头喷嘴出口段的流量系数 $C=0.9$，钻井液密度为 $1.2g/m^3$。

钻头设计有3个喷嘴，分别为1个中心喷嘴，2个侧翼喷嘴。经计算，可取中心喷嘴出口直径14mm，侧翼喷嘴出口直径11mm。

PID钻头采用大排泄槽，有利于钻井液携带粒子、岩屑等进入环空，减少对钻头和喷嘴的磨损和冲蚀。增加钻头排屑槽的深度，一方面可以使射流反弹到钻头体的能量大大降低；另一方面可以使钻头表面的过流面积增大，对喷嘴射流在冲击井底后向周围漫流的阻力明显降低，减轻了粒子磨料射流对钻头基体的冲蚀。研制出粒子冲击钻井PDC钻头如图5-73所示。

 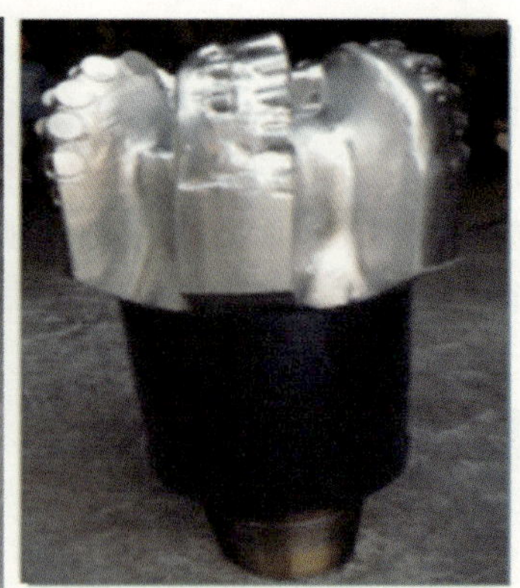

图5-73　粒子冲击钻井胎体PDC钻头

3. 粒子回收系统

粒子回收系统是粒子冲击钻井技术的三大系统之一。它的工作原理是：首先依靠磁铁的磁性分离出钻井液中粒子，分离出的粒子会带有一部分磁性，而出现磁团聚的现象，为此需要脱磁器对其脱磁，然后对粒子进行储存；其次是钻井液中的岩屑通过振动筛进行分离。根据粒子回收系统的工作原理和回收系统的安装方式得到了粒子回收系统方案。如图5-74、图5-75所示。

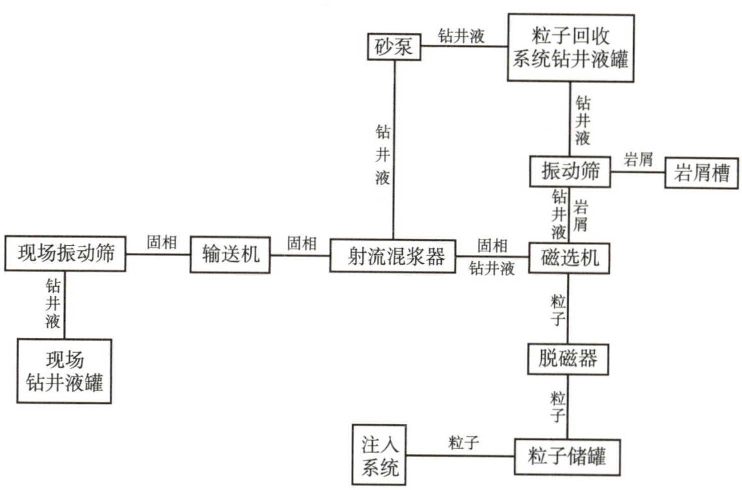

图 5-74　粒子回收系统的粒子分离方案

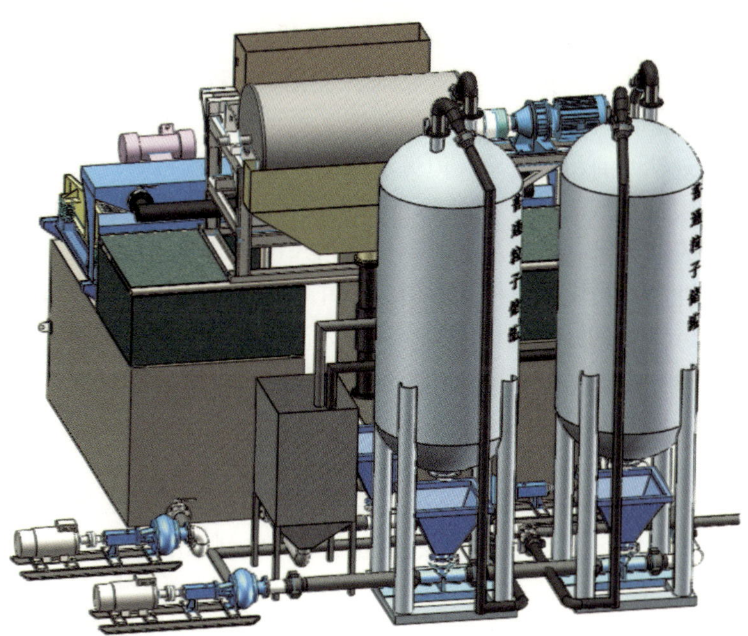

图 5-75　粒子回收系统的示意图

4. 创新点

粒子冲击钻井技术的创新点：

（1）利用复合材料喷嘴及钻头体表面硬化技术研制出粒子冲击钻井专用钻头；

（2）利用二级混合与螺杆挤压方式研制出高压粒子注入系统；

（3）基于离心分离原理研制出多级分离与粒子回收系统。

5. 粒子冲击提速技术试验应用效果与推广前景

2013 年 8 月，粒子钻井系统在西南油气田龙岗 022-H7 井须家河组地层进行试验，粒的注入浓度1%~2%，注入压力20MPa，粒子注入量7.7t，现场试验粒子回收率为90%，各项功能达到了预期目标，比该井相同层段平均钻速提高了86%。

采用高压螺杆输送机，解决了粒子的均匀注入问题，粒子注入系统额定压力为30MPa，粒子注入浓度为1%~3%；采用磁选和振动分离装置，解决了粒子的分离和回收问题，粒子回收系统室内分离效率95%以上，粒子分离装置处理的液体量达70~120m^3/h；研制的专用粒子钻井牙轮钻头和PDC钻头，牙轮钻头已经下井试验，工作时间56.5h，钻速同比提高了91.7%，起出后完好，解决了井下工作寿命问题。

在深井坚硬地层钻井过程中，在相同条件下，粒子冲击钻井技术能将机械钻速提高到常规钻井技术的1~3倍，大幅缩短钻井周期，降低钻井成本，因而大大提高了能量的利用率，将会成为一种经济、高效的深井硬地层钻井新方法，具有广阔的发展和应用前景。

三、钻井参数实时优化钻井技术

优化钻井是现代科学化钻井的标志，其特点是建立定量反应钻井规律的数学模型（主要是机械钻速模型、钻头牙齿磨损速度模型和轴承磨损速度模型），利用邻井完钻数据，应用先进的计算机技术进行统计、分析、评估和计算，确定提高钻井效率潜力最大的参数组合，为钻井施工提供最优化的设计，形成最终的优化钻井过程，最后将其用于现场施工。过去的优化钻井方法以经验型井间（钻前）优化和工程技术优化为主，前者主要是传统的完钻井数据综合统计与分析法，将实钻数据（机械钻速）与邻井的统计平均值进行偏差分析，虽然能体现钻井的相对效率，但无法挖掘一定钻井设备和地质条件下的最大钻速潜力，且具有地域限制；后者主要是从整个工程技术角度考虑，根据详细的钻后资料分析，有针对性的研发新技术和新产品，以期提高钻井技术水平。无论是井间优化还是工程技术优化，传统优化钻井技术主要停留在对完钻井数据的分析评价上，钻井效率的评价主要是通过机械钻速，而机械钻速受很多操作人员无法控制的因素所限制，缺乏钻井效率的定量评价方法。此外，不能对井下随钻信息和地面录井信息进行融合评价，当遇到不可预知的井下复杂事故或者影响钻速的不确定因素时，上述优化方法将无法实时地提供应急策略和解决方案。

进入21世纪以后，钻井技术向信息化、智能化和自动化方向迈进，井下信息实时检测与传输技术推动了实时优化钻井技术的快速发展。随钻测量（MWD）、随钻测井（LWD）、随钻地震（SWD）及随钻地层评价（FEWD）技术的发展，使钻井过程中的井下地质参数、钻井参数、流体参数和导向工具位置及状态参数能够实现实时测试、传输、分析、执行、反馈及修正，这种连续不断地实时“下情上报”和“上令下达”的循环往复，促进了钻井参数实时优化技术的形成和发展。该技术以钻井能效为核心，通过监控钻井动态参数变化，实时反馈钻井参数的优劣，提示井下情况，识别井下造成低效的瓶颈因素，实时指导施工人员不断采取改进措施，在钻头选择、井控、BHA设计、定向靶点尺寸等领域再设计，从而实现提速的目标。钻井参数实时优化钻井技术能够弥补传统钻井优化方法中的不足，是进一步提高钻井速度和降低钻井成本的方式之一。

1. 钻头破岩能效及影响因素

在钻井过程中，要实现钻井过程优化，就要使钻头一直处于最佳破岩效率的状态，即破岩效率的量化评价方法是实现钻井优化的关键问题。根据能量综合优化原理，将破碎单位体积岩石所需能量与钻头的破岩效率关联起来，即将钻头输出能整合成一个综合指数量化评价钻头破岩状态，称为基于能量平衡的机械比能法（Mechanical Specific Energy，MSE）。MSE 值越大则说明钻速越低、钻头与地层的适应性越差，钻井参数有待优化。该技术方法在钻井过程中实时进行破岩效率的量化评价并不断优化设计，实现钻井过程的闭环优化。

为了明晰钻头破岩能效优化钻井技术的应用模式，有必要对钻头钻进方式和影响破岩效率的主要瓶颈因素进行识别和分析。在钻进过程中，钻压作用于钻头的切削齿连续切入岩石，利用钻头旋转产生的横向运动粉碎岩石，实现破岩。钻压的大小决定了切削齿切入深度和岩石破碎体积，因此钻压是影响钻头破岩效率最直接和最显著的因素之一。通过试钻试验，能够优化钻头性能，得到钻头破岩的力学机理。典型的试钻过程中钻压和机械钻速的关系如图 5-76 所示，区域一中钻压过低，钻头延迟切入地层不足，钻头能量严重浪费，导致钻头破岩效率低，机械钻速较低；进入区域二，随着钻压的提高，钻头牙齿切入深度足够时，钻头性能开始稳定，钻压和机械钻速呈正比例线性关系，在这一区域破岩能量充分应用；随后进入区域三，钻压继续提高达到某一稳定点，井下各种瓶颈因素的出现导致钻速不再同钻压呈线性关系，不稳定点处已经接近当前钻井系统可能获得的最高钻速。

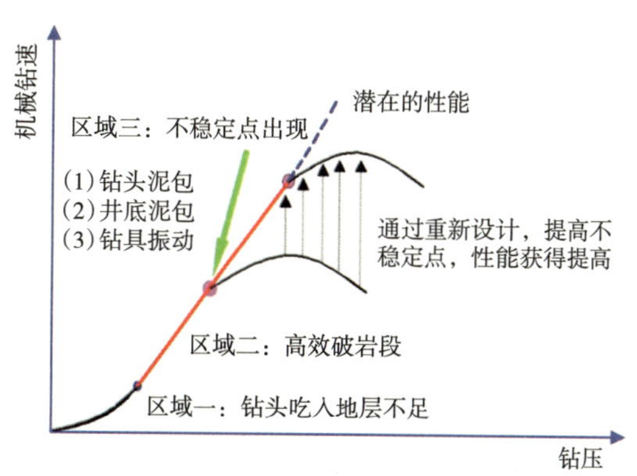

图 5-76　钻压和机械钻速关系

区域三中引起不稳定点出现的因素主要包括钻头泥包、井底泥包及钻具振动等。在一定水力条件下，井底形成岩屑逐渐增多，井底净化不够，在压差作用下大量岩屑附在刀翼和井底，形成钻头泥包和井底泥包，阻碍了机械能量的有效传输，破岩效率降低，机械钻速变慢。随着钻压的增大，导致钻具产生弯曲，且在高转速条件下使钻具与井壁接触，产生涡动。继续施加钻压时，则产生黏滑。严重的涡动和黏滑的同时发生，导致钻具振动剧烈，能量严重浪费，破岩效率降低，如图 5-76 所示。钻进过程中若进入区域三后出现不稳定点，在设备配套允许的情况下，为进一步提高钻速，需要重新设计和优化钻井参数，扩展限制极限，提高不稳定点位置。钻井过程中无法消除稳定点的出现，只能尽可能在保持较高钻压的条件下采取有效的手段提高不稳定的位置。

2. 钻头破岩能效实施优化思路及流程

以优化钻头破岩能效（MSE）为核心，通过有线电缆（或 Wifi）监控钻井动态参数变化，钻井过程中将“地表+井下”工程数据、邻井地质数据、钻具组合及钻井液性能等参数实时融合，实时计算和量化评价井下钻头破岩效率、钻柱运动状态，跟踪识别影响破岩效率的关键因素（泥包、井眼清洁度等），优选钻速与破岩能耗的最佳匹配模式，在当前地质条件下、钻井设备条件下最大限度的挖掘钻速潜力，同时降低井下高强度振动的发生风险，延长钻头寿命。尤其当机械钻速变低、钻时变长，能够自动提示司钻是钻头的问题还是地层变化的原因，指导司钻如何按照优化钻井参数施加，提高钻井效率，图 5-77 所示。

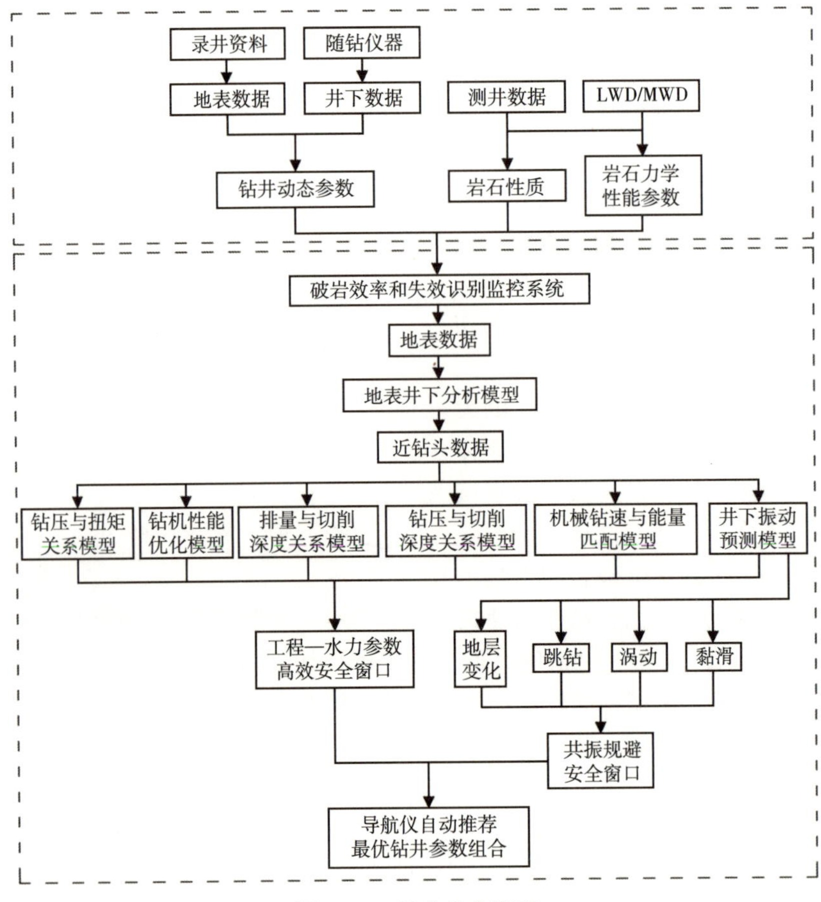

图5-77　钻井优化流程

1）破岩效率监测与评价

（1）根据不同参数仪数据类型及通信协议，形成了多参数融合的数据通信接口，解决了不同数据通信接口的兼容性问题，实现钻、录、测数据融合分析。

（2）地面数据和井底动态数据的实时测量、传输和获取，保证有充足且可靠的数据来源，以确保计算结果的准确性。

（3）基于钻完井资料、录井资料和测井资料的计算与分析，确定待钻井的岩石强度剖面和岩性剖面，结合完钻井最优机械钻速统计结果，确定比能基线；利用微井段分析法预测可能的机械钻速，便于与实际钻速进行对比，配合比能变化情况诊断钻井工况。

（4）将机械能量和水力能量二者有机结合起来，形成井底真实条件下的破岩比能理论。水力—机械比能（Hydro-Mechanical Specific Energy，HMSE）包括钻头钻压、扭矩以及水力能量对破岩效果的综合影响，更加准确地对钻头破岩能效进行量化评价。

2）钻具振动强度评价方法及优化

（1）建立“拉力—扭矩”钢杆模型。考虑地质参数、ECD、井眼轨迹及BHA等影响因素，形成了地表与近钻头参数融合方法。能够更加准确地描述复杂地层钻井过程中相关地质参数与工程参数对钻具振动的表征与解释，确定井下钻具振动响应特征基线提供依据。

（2）利用数值方法建立频率域下单自由度、有阻尼的钻柱受迫振动评价模型，形成钻具振动强度评价指数（Vibration Strength Estimate，VSE），实现井下钻具振动强度量化评价。

（3）分别针对井下轴向振动、横向振动及扭摆振动，形成缓解方法及处理流程，利用存储式井下振动测量短节（50Hz）对模型及优化流程验证，高强度振动强度有一定程度缓解，机械钻速显著提高。

3）最优钻速与破岩能效匹配

（1）钻井过程中，随着地质条件、钻进工况的变化，钻井实时数据所反映的钻井信息随之改变，因此需要对实时采集数据及计算数据进行贝叶斯变点分类分析，达到针对特定工况调整参数，优化机械钻速的目的。

（2）基于卡尔曼滤波算法，建立了钻井参数实时修正算法，提高计算精度。

（3）利用最优化方法，考虑到钻机性能、井底清洁度等因素对破岩效率的影响，建立了机械钻速、钻压、转速、排量等实时数据处理，得到破岩能耗、机械钻速与钻压、转速的最优匹配函数关系。

（4）通过钻速与能耗最优匹配，实时构建钻井安全高效破岩窗口。

3. 软件系统研发

1）框架设计

系统采用C/S架构，客户端与数据库、模型库、数据采集模块完全分开，在客户端上运行了大部分服务，如信息配置、实时计算、实时展示等。每一个客户端都存在数据库引擎，并且每个客户端与数据库服务器建立独立的数据库连接（DB Connection）。

该结构最大的优点在于结构简单，开发和运行的环境简单，开发周期相对较短。该系统结构具有以下特点：

（1）可伸缩性：使用组件技术，当系统的规模增大时，通过系统结构的配置而不必修改代码就可以适应新的应用需求。

（2）灵活性：业务逻辑的改变可以不影响客户应用和数据层，并且局部的业务逻辑变化可以不影响其他的业务组件，可以对单个组件进行调试和测试，实现组件或者客户应用时对语言的选择有很大的灵活性。

钻井参数闭环优化系统采用三层服务应用程序模式，三层体系结构如图5-78所示。

三层分别是：

（1）表示层。表示层是专家系统的用户接口部分，它担负着用户、专家与系统间的对话功能，在这里主要是.NET技术的使用。

（2）业务层。业务层是实现地面参数闭环优化的关键，包括钻头优选、机械钻速预测、参数优化、井下工况识别等工作，由大量的组件构成。

（3）数据层。数据层是持久化存储机构，存储系统所处理的所有数据，包括录井数据库、井下传感器数据及邻井数据等各类数据的访问。

2）模块开发

（1）开发环境：

①操作系统：Win7；

②后台数据库管理：SQL Server 2005；

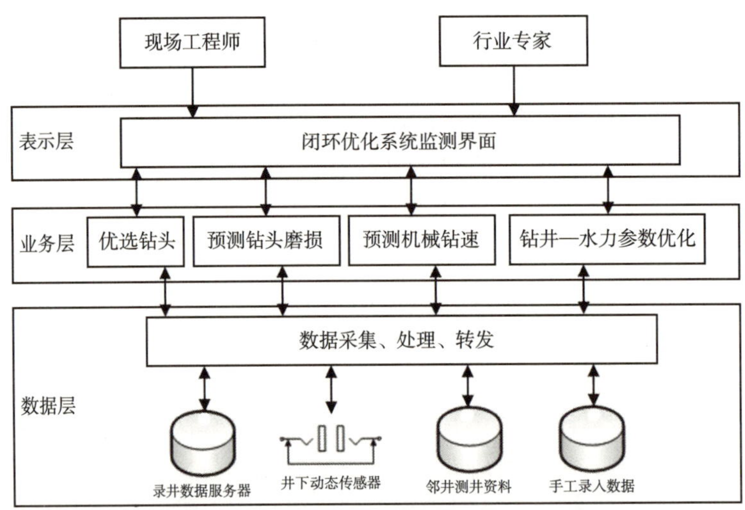

图 5-78　钻井参数实时优化软件系统设计框图

③前台软件开发工具：Visual Studio 2010 用来做系统界面及接口、计算。

（2）关键技术：

①Net Winform；

②多线程技术；

③WITS 传输规范；

④Iocompiplot 控件。

（3）功能模块：

开发了实时优化与数据采集两个子系统，包括 8 个功能模块（图 5-79、图 5-80），主要功能包括：

①预测和实时显示比能（MSE）基线，以数据和曲线形式显示接收参数和派生参数，数据实时存储与导出；

②可选参数、可选时限或可选井段的显示与导出；

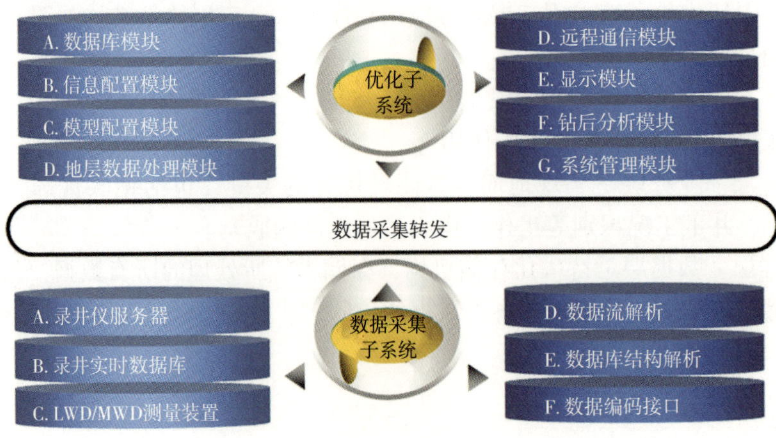

图 5-79　钻井参数闭环优化综合提速系统主要功能模块

③满足 WITS 标准协议，预留其他非标准协议接口；
④钻头使用参数有效性分析与参数优化导航；
⑤机械钻速预测；
⑥对下部钻具组合有效性进行诊断与决策；
⑦钻井参数使用极限预警提示；
⑧系统适用于各类井型；
⑨能处理复合钻井、空气锤钻井等特殊情况。

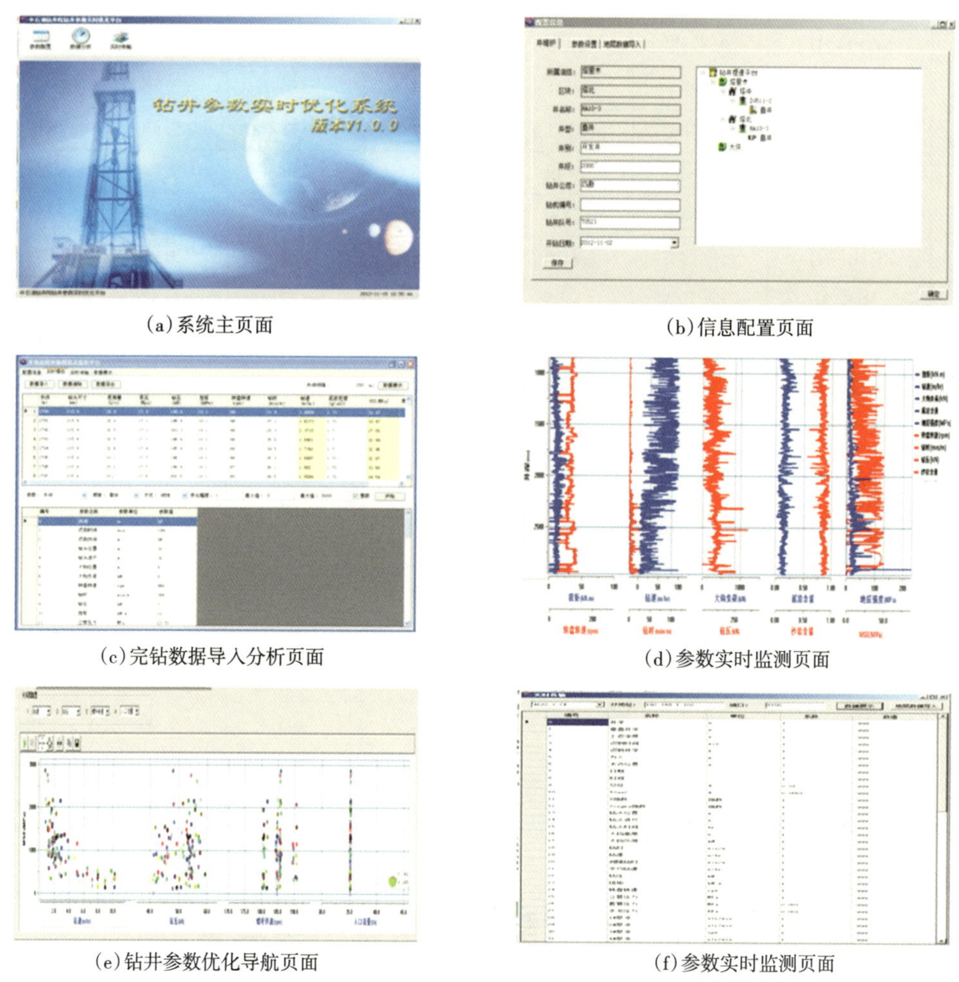

(a)系统主页面 (b)信息配置页面
(c)完钻数据导入分析页面 (d)参数实时监测页面
(e)钻井参数优化导航页面 (f)参数实时监测页面

图 5-80 钻井参数实时优化软件系统主页面

4. 现场应用

2012—2016 年，已在玉门、西南、大庆及塔里木等油气田开展了 50 余井次的现场应用，累计进尺超过 20000m，机械钻速平均提高 18.5%～46.8%，见表 5-22。其中，2014 年 7 月，在玉门油田雅布赖区块雅探 603 井现场试验，创造了雅布赖区块 1450m 的单只钻头进尺纪录。2015 年 5 月，在西南油气田部署在自贡地区页岩气区块的自 202 井进行了首次商业化现场提速服务。2016 年，在玉门油田全面推广应用 13 口井。

表 5-22　2012—2016 年钻井参数实时优化软件系统现场应用概况

油田	井名	井型	起始井深 m	终止井深 m	进尺 m	机械钻速 m/h	提速效果 %
塔里木	HA601-22	直井	4938	5113	176	1.93	30.00
	HA10-3	直井	1372	2199	827	4.11	31.40
	ZG511-2	直井	3193	3505	312	3.71	36.10
	TZ83-H5	水平井	4206	4755	549	2.83	21.13
	TZ82-TH	水平井	3833	4089	256	1.09	25.30
	ZG17-2H	水平井	4439	4785	347	0.89	20.70
	博孜 103	直井	6247	6623	376	2.26	23.29
大庆	达深 16	直井	3391	3932	541	5.63	46.80
	宋深 103H	水平井	2749	3106	358	0.74	23.20
大港	ZH29-38L	大位移井	3200	3537	337	4.43	18.50
	ZH30-31L	大位移井	3079	3505	425	3.97	27.50
华北	束探 3	直井	3435	3657	222	1.82	21.00
西南	磨溪 009-X2	定向井	4522	4592	71	1.46	26.50
	磨溪 103	直井	4429	4572	143	1.43	39.20
	磨溪 105	直井	1531	1799	268	3.19	29.20
玉门	雅探 603	直井	1200	2330	1131	6.65	46.00
	鸭西 117	直井	2573	2730	157	3.41	21.13
		直井	2731	2838	107		
	鸭西 12	直井	3351	3784	311	4.83	20.60
		直井	4172	4278	107		
	鸭西 104	直井	1521	1821	300	3.00	36.00
		直井	1897	2302	405		
		直井	2346	2678	332		
	鸭 6-13	直井	1942	2562	620	9.96	35.00

第三节　新型随钻测量技术与装备

“十二五”期间，中国石油自主研制了高速大容量信息传输钻杆及声波信息传输技术、随钻动态方位自然伽马测量工具、德玛钻井参数仪等一系列新型随钻测量技术与装备，对于提升中国在石油、天然气或非常规油气开采领域的装备水平有着非常重要的意义。高速大容量信息传输钻杆及声波信息传输技术利用钻柱的连接，形成一条自井底至地面的连续信道，使井下或地面信号实现快速传输；随钻动态方位自然伽马测量工具将伽马测井技术与方位测量技术相结合，可有效获取地层层位信息，提高目的层钻遇率；钻井参数仪集工程参数测量、监控于一体，可使工程技术人员及时获得钻井参数和 H_2S 参数，为安全钻井提供可靠保证。

一、高速大容量信息传输钻杆及声波井筒数据传输技术

1. 高速大容量信息传输钻杆

井下高速信息传输钻杆技术是指通过在钻柱连接的同时，形成一条自井底沿钻柱到达地面的连续信道，使井下或地面信号实现快速传输的一项专门技术。具有这种连接与传输功能的钻杆称信息传输钻杆（也称有缆钻杆或智能钻杆），该整体系统称为井下高速信息传输系统。

信息传输钻杆与现在应用较广泛的随钻仪器脉冲传输技术及电磁波传输技术相比，具有高速数据传输、大容量、实时双向通信的特点，主要用于解决多个测控设备及大量随钻测量数据的实时传输问题，并适用于包括欠平衡钻井、气体钻井在内的任何井况，使得现场人员可以随时监控井眼轨迹走向和相应的地质参数变化，及时采取措施，有效控制井眼轨迹走向，显著提高钻井效率，缩短钻井周期，从整体上降低钻井成本，准确控制井眼轨迹穿行于储层中有利于产油的最佳位置，具有极好的发展前景[34,35]。

1）原理与结构

信息传输钻杆技术究其原理归类于有缆钻杆传输技术。根据有线钻杆传输技术的原理及工作方式分为感应式（非接触式）和对接式（接触式）两种，其中前者利用磁场感应方法在内、外螺纹接头之间转换电磁信号，达到传输数据目的，接头结构图如图 5-81 所示；后者在钻杆本体和电接头中嵌入导线，通过连接的导线直接传输信息和电力[36]。信息传输钻杆采用非接触方式。应用最基本的电磁感应原理，以非接触感应作为钻杆接头之间传输数据的方法，为钻杆的数据传输建立了可靠、高速的信息通道。这种方式，解决了有线传输中钻杆相互连接时非接触以及钻杆相互连接时对通信线的磨损问题。通过多节感应环，需要对信号进行调制和解调，实现信号通过多根钻杆连接形成的有缆钻柱信道传输到井下。

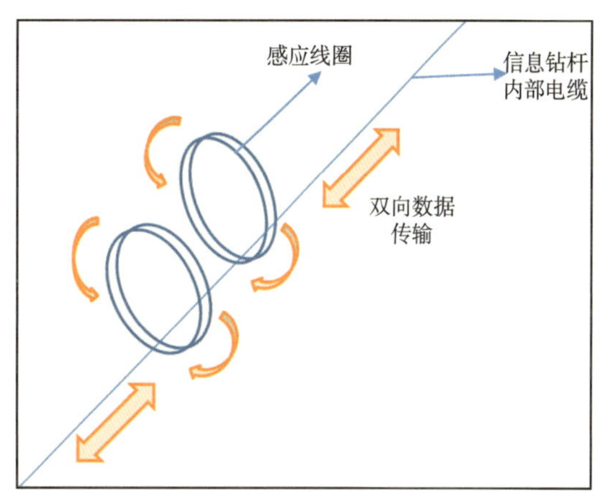

图 5-81 磁感应耦合接头结构分解

信息传输钻杆系统主要结构包括数据接口短节、信息传输钻杆、井下信号增强处理短节、顶驱旋转部件四部分：

（1）数据接口短节。此短节用来连接信息传输钻杆与常规井下 MWD、LWD 或其他测井仪器，实现与这些仪器的双向通信。哈里伯顿、贝克休斯、斯伦贝谢和威德福等公司都各自设计生产了与 InterlliServ2 联合使用的接口短节。

（2）信息传输钻杆（智能钻杆）。信息传输钻杆是此系统的核心，如图 5-82 所示。感应线圈放置在二次扭矩台肩的保护槽内。当两连接接头螺纹连接在一起时，外螺纹的线圈终端就和相应的内螺纹的线圈终端靠得很近，但是不需要直接接触，外螺纹和内螺纹配合后在两个感应环之间存在一个微小的间隙。一个载波信号如果改变了任何一个感应线圈内电流的方向，会产生一个变化的电磁场，从而在另一个感应线圈里产生电流，然后把这

个信号传给下一个接头。信号不需要动力源，直到传输线路中信号衰减至需要放大为止。

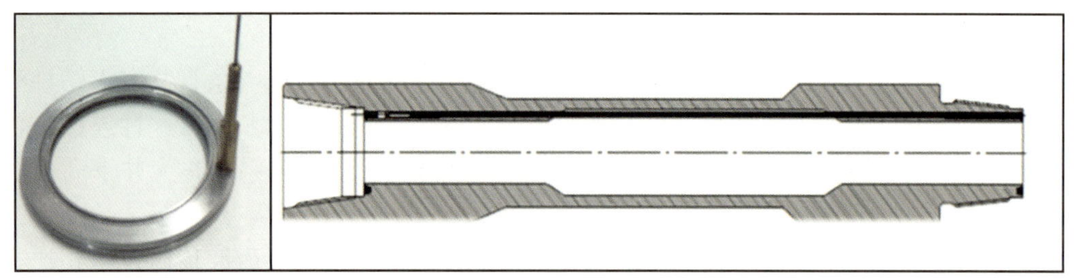

图 5-82　感应耦合环和信息传输钻杆结构示意图

钻铤接头采用双台肩设计，大大提高了强度，使得对现有优质接头进行必要的改进成为可能。加重钻杆和钻铤采用与信息传输钻杆相同的设计[37,38]。

（3）井下信号增强处理短节。此短节中电路由锂电池进行供电（电池寿命一般为90天），可将信号进行放大，防止信号丢失，在此电路中还可以增加井眼环空压力、温度、流量和钻柱振动等参数的测量。其形状如图5-83所示。

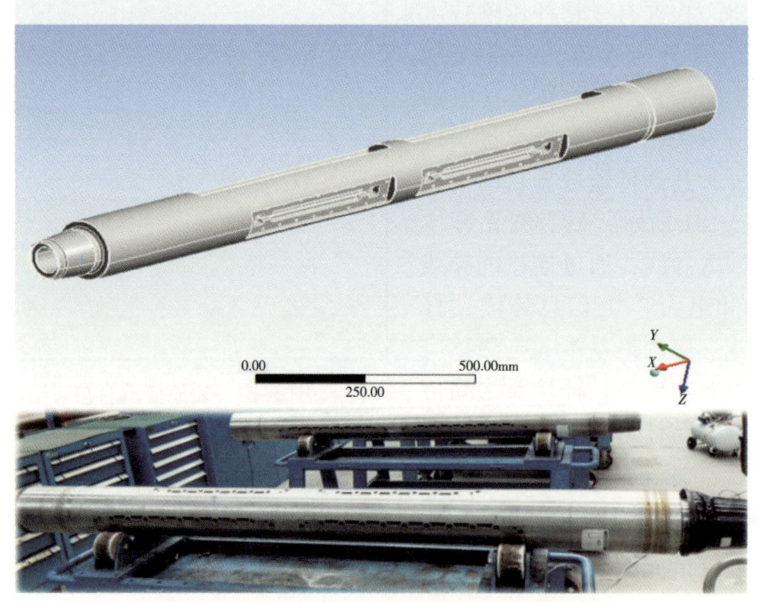

图 5-83　井下信号增强处理短节三维图及实物

（4）顶驱旋转部件。顶驱旋转部件如图5-84所示，放置在顶驱和钻杆最上部钻杆接头之间，能够接收到从智能钻杆传输的信号，将数据传递至地面数据采集系统中。

图5-85为北京石油机械厂自主研发的高速大容量信息传输钻杆系统结构。系统结构主要包括地面系统、旋转接头、有缆方钻杆、有缆钻杆、中继短节、收发短节和随钻测量工具等，其中地面系统包括PC工作站、司钻显示器和数据服务器等。其主要原理是通过研制特殊的有缆钻杆，组成有缆传输钻柱，使得信息能够在钻柱内通过电缆进行传输，而有缆钻杆之间的连接处使用无线感应耦合方式将信号耦合后传输，从而构建一个从井下到地面的有缆钻柱高速通信信道，实现高速大容量的数据信息传输。

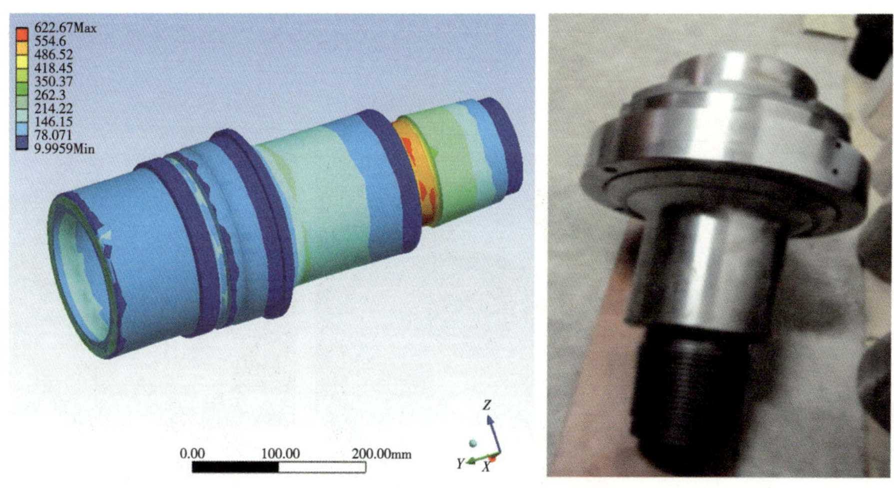

图 5-84 顶驱旋转部件三维设计图及实物

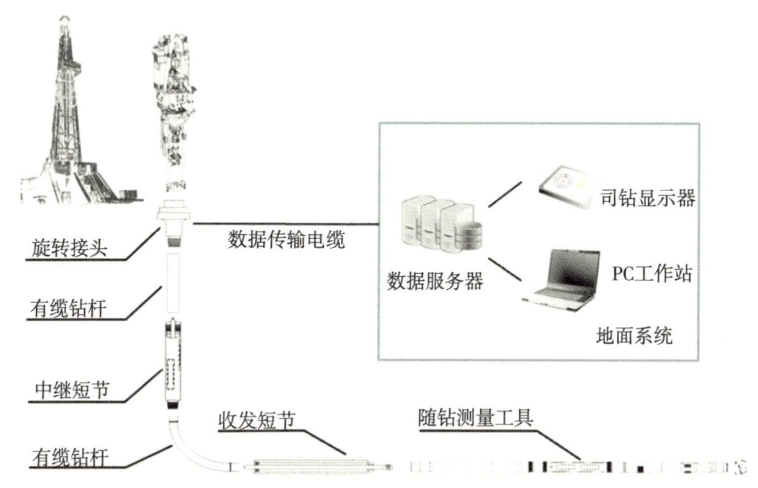

图 5-85 信息传输钻杆系统结构图

该系统的主要性能与特性优势在于：

①传输速率极高。最高传输速率可达到 2Mbps，实际传输速率已达到 100kbps，是传统钻井液脉冲或电磁波信道的 5000 多倍。

②不受地层和井筒流体介质的局限。

③可进行地面—井下信号的双向传输。

④可实现沿井筒的分布式连续测量。

⑤信息传输不因起下钻、接单根等操作方式的改变而中断，是一条具有“全天候”“开放式”的信息通道。

2）主要创新点

信息传输钻杆系统技术创新点主要包括感应耦合环（图 5-86）制造技术、高速调制解调器设计、天线分级调谐技术和有缆钻杆封装技术等。

感应耦合环制造技术：感应耦合环是信息钻杆信息传输的重要部件，是负责信息上下传输的桥梁，耦合环的性能直接关系到信息钻杆的传输效率，采用优质磁性材料作为载体，通过多种测试获得最佳性能参数。

图 5-86　感应耦合环实物及安装位置

高速调制解调器优化技术：应用节能、抗干扰、软件冗余等技术，实现数据高速双向收发信息，达到工业应用水平。

天线分级调谐技术：大幅缩短调谐时间，提高无中继传输距离，降低系统成本，满足工业现场应用需求。

有缆钻杆封装技术：有效提高有缆钻杆布线结构的可靠性，降低传输损耗。

3）试验与检测技术

（1）组网功能测试软件。该测试工具可直接与所有网络节点通信，完成编码、解码等所有功能，显示数据块内容、智能判断出错结果、显示全部指令过程，并显示组网各个节点功能。

（2）双向视频通讯展示软件。用于在地面展示信息钻杆传输高速双向实时视频通信的效果。

（3）现场用便携式 LED 测试工具（图 5-87）。研制了带有 LED 便携式有缆钻具的测试工具，操作简便，可以大大缩短现场测试准备时间，已多次应用于油田现场测试。

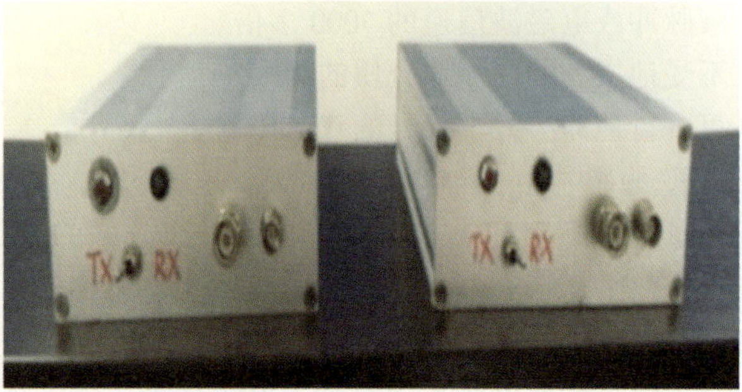

图 5-87　便携式 LED 测试工具实物

(4) 用于干扰测试的便携式测试装置(图 5-88)。为了方便现场测试，专门组装了使用简便，便于携带的装置。

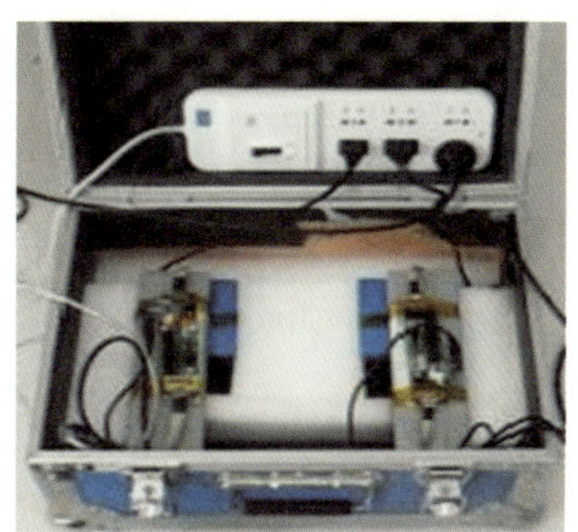

图 5-88 便携式抗干扰测试装置

4) 应用效果

高速大容量信息传输钻杆系统已形成工业样机，2015 年 9 月，系统整机在大庆油田完成下井试验 1 次，试验效果良好(图 5-89)。井下与地面数据双向通信速率达到 100kbps，实现了高速双向、组网通信以及系统节电等功能。

该技术在钻井工程领域内推广，将带来如下好处：

(1) 可实现深井窄压力窗口高压气井安全钻井；

(2) 可实现深水表层井段安全钻井；

(3) 实现井下闭环导向钻井，通过高速双向通道，钻头位置可实现高精度实时定位；

(4) 全天候信道保证了井控安全，尤其是在起下钻过程中，避免井喷事故发生；

(5) 分布式测量对井漏、井涌层位的准确定位，有助于提高复杂排除效率；

(6) 分布式测量对钻井理论的认识与升华具有重要的推动作用，如实时监测地层压力、坍塌压力等；

(7) 多参数测量与传输可实时掌握井下工况，降低了井下复杂与风险，工艺参数得到及时有效优化；

(8) 可大幅度节约复杂油气井开采成本，如页岩气、复杂水平井等。通过高速传输实时随钻地层测量数据，既能用于地质导向，指导钻进，又能对复杂井、复杂地层的含油气情况进行评价。

图 5-89 信息钻杆现场应用

该技术在油气勘探领域推广将会带来的好处如下：

(1) 解决了随钻垂直地震剖面 VSP (Vertical Seismic Profiling) 的信息传输速率瓶颈难题。

假设VSP以ms级采样，井下1~3个检波器，要求的信号传输速率达到32~96 kbps。信息传输钻杆目前能达到100 kbps，能满足要求。

（2）随钻VSP对于复杂岩层卡层，提高非均质碳酸盐储集单元单井钻遇率以及钻井井下复杂预警、钻井参数的优化都有好处。

（3）解决了储层的精确评价问题，可替代常规测井。通过信息传输钻杆多参数连续随钻地层评价，如成像测井等，提高评价的精度，对油气田开发方案的优化提供了可靠依据。

（4）解决了钻井液录井瓶颈制约，可替代传统录井。利用信息传输钻杆，可实现钻井液录井从地面向井下的即时评价，彻底消除钻井液录井井下—地面迟到时间给钻井液录井造成瓶颈难题，实现近钻头录井，使录井更真实，钻井更安全。

2. 声波井筒数据传输技术

1）技术背景

近年来随着空气、雾化、泡沫、充气钻井等特种钻井技术的迅猛发展，以及控压钻井、导向钻具等新技术的开展，对随钻测量与数据传输的要求越来越高，现有的基于钻井液脉冲和电磁波的传输系统，不仅在传输速率或传输距离上不能满足要求，而且对钻井流体或地层特性具有选择性要求，因此存在很大局限性，基于应力波的无线传输技术成为研究热点，也称为声波井筒数据传输技术[39]。该技术具有传输速度快、测量时间短、综合成本低等明显优势，较常规钻井液脉冲及电磁波传输取得更好的经济效益。

声波井筒数据传输技术主要研究内容是研制一种通过钻柱声波来传递信号的井筒通信系统，其原理是通过钻具应力波动（Stress waves）来传输信号，具体而言，是指具有惯性和可变形性的固体，在受到随时间变化的外载荷作用时，质点之间发生相对运动而产生的能量传递过程，地震波、固体中的声波、超声波以及冲击波等都是应力波的常见例子，有些文献将应力波传输技术称为声波传输技术。基于声波的信息传输系统主要原理是：井下发射机将来自传感器的数据进行编码调制、放大，由发射换能器将载荷作用到钻柱上激发随信号节律变化的应力波，应力波（声波）沿钢制钻柱向上传播；接收换能器安装在钻台以上的旋转钻柱上，将接收到的声波信号通过调频电磁波转发到地面接收机，经模数转换后由计算机进行信号处理及数据分析，并显示和存储，从而形成一个适合现场需要的、开放式的井筒数据通信平台。因此，声波信号传输数据不受钻井流体及地层特性影响，且传播速度和工作频率是钻井液脉冲传输的10~20倍，可广泛应用于各种钻井方式。

美国太阳石油公司（Sun Oil Company）1948年开始研究；日本国家石油公司1996年利用磁致伸缩换能器传输1914m（连续钢钻杆），传输速率10bps；哈里伯顿公司（Halliburton）最新研制的井下无缆声波遥测工具（ATS），通过油管用声波传输数据，数据采用间歇发射的形式，不用中继装置情况下实现了传输距离达1900多米距离，但更长距离的传输处于试验阶段，尚未商业应用[40]。2009年的资料显示，加拿大XACT井下遥测公司宣布，该公司成功地完成了4口井的试验，这4口井的深度为7600ft，用空气钻的水平井，使用的是3节点分布式MWD系统等。哈尔滨工业大学研究了油管声波传输，西北工业大学研究了基于双旋转振子的声波油管传输方法，清华大学开展了基于声波导原理的声波传输原理研究。2011年至今，西部钻探工程有限公司和西安石油大学联合开展了声波井筒数据传输技术研究，通过研究应力波数据传输、超微中继器、换能器和涡轮发电机等关键技术，研制的声波井筒数据传输系统样机完成了下井试验，成功传输了井眼轨迹数据[41]。

2）原理与结构

（1）原理。声波井筒数据传输系统的井下发射机将来自传感器的数据进行编码调制、功率放大，由发射换能器将载荷作用到钻柱上激发随信号节律变化的应力波（声波）沿钻柱向上传播；安装在钻台以上的旋转钻柱上的接收换能器将应力波（声波）信号通过电磁波转发到地面接收机，同时接收的还有现场振动噪声和环境声波噪声，信号和两类噪声都经过低噪声放大器放大后，经模数转换后由计算机进行信号处理及数据分析，结果送司钻显示器等终端设备。

（2）结构。声波井筒数据传输系统主要结构可分为五个子系统：井下仪器总成；井下声波发射换能器；钻柱转发器（含长距离中继器）；地面信号接收机（含接收换能器）；地面数据处理及输出终端。系统的基本结构示意图如图 5-90 所示。

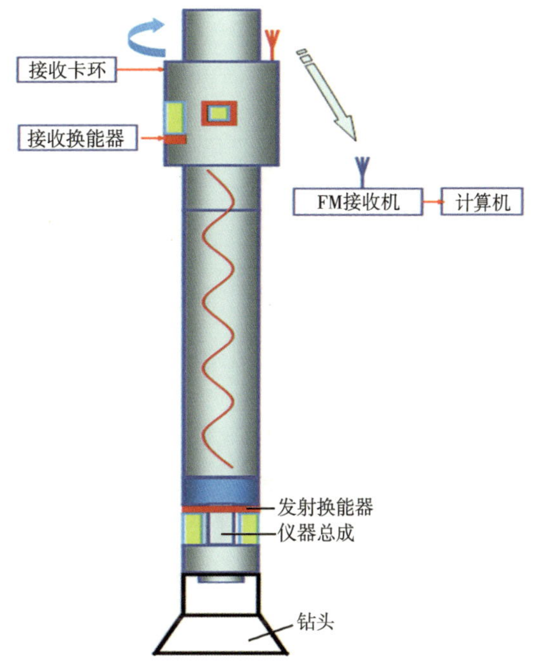

图 5-90 声波井筒信息传输系统示意图

①井下仪器总成。井下仪器总成可以是三轴加速度计、三轴磁通门等位置传感器，也可以是地层电阻率、伽马传感器等地质信息传感器，构成数据采集仪器，完成井下信息采集，传输给井下声波发射换能器。

②井下声波发射换能器。声波发射借助发射换能器，根据井下仪器采集的数据激发发射相应声波信号，并通过钻铤进行传输，实现低频声波信号的无线传输。其中，电/声换能器作为一个不可或缺的关键部件，发射换能器是用于在钻柱中产生声波，有机械式、射流式、电磁式及压电式等很多方式，并有环状、片状及柱状等多种形式，可根据不同的应用环境考虑选用或加工，其性能的优劣以及其特殊应用环境下的可实现性成为制约声波技术向更高层次发展的关键。

西部钻探工程有限公司研制的井下发射器结构如图 5-91 所示，采用压电陶瓷激励方式。井下发射换能器由专门设计的钻铤构成，两个半环激励振子对扣成环，包裹在钻台凹槽内，由保护筒密封防护，保护筒隔离钻井液，承受钻井液液柱压力。

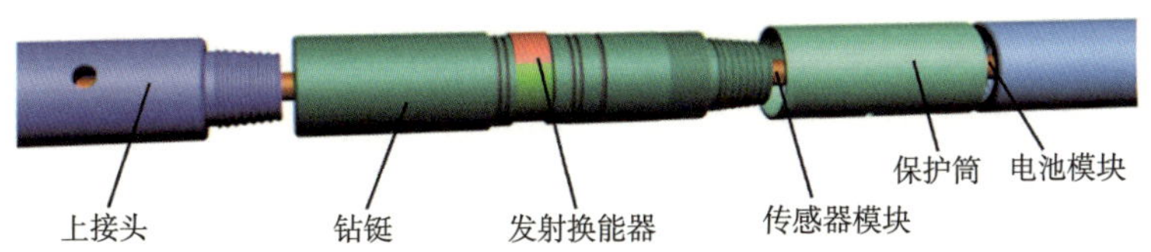

图 5-91 西部钻探工程有限公司研制的井下发射器结构图

井下声波发射系统可以由电池或涡轮发电机供电，经过电源管理模块对电源进行处理换能变换，从传感器获得信号，将该信号进行 A/D 变换后，经 DSP 编码，输出调制信号，经功率放大，然后控制陶瓷应力波发生器工作[42]。

涡轮发电机（图 5-92）：井下大功率涡轮发电机是给井下用电系统提供动力的装备。其工作原理是利用压力流体钻井液对叶轮的冲击作用，使叶轮旋转，叶轮带动与其相连的转轴转子驱动负载线圈旋转，从而在定子上产生电流。其本质上是一种涡轮机构驱动的永磁同步交流发电机。然而由于涡轮发电机处于深井下恶劣的工作环境条件，特别是钻井空间要求系统小型化设计，对其结构紧凑性和工作高效性提出了很高的要求。

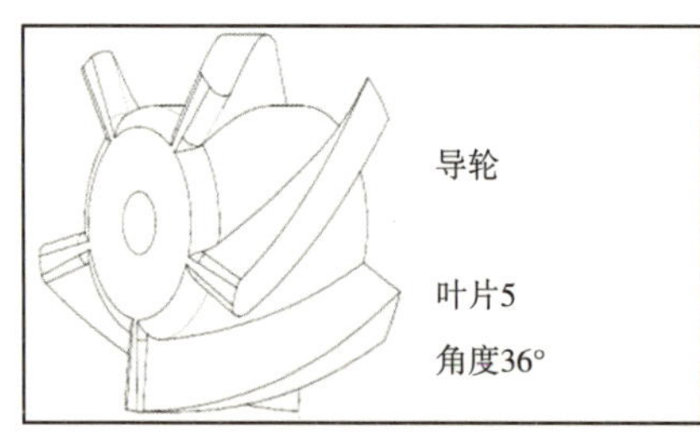

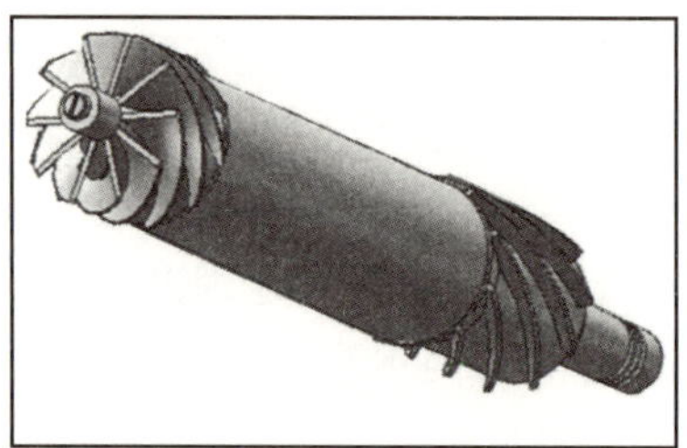

图 5-92　涡轮发电机结构图

③钻柱转发器（包含超微中继器）（图 5-93）。井筒内钻柱是声波信息传输的信道，但当传输距离较长时，必须使用中继器。可采用冗余超微中继转发技术，该技术是将整个钻柱视为一个无线传感器网络，可以使用很多微中继节点，它的发射功率很小，距离近，但传输速率快，双向传输，可靠性高。超微中继器就是井下数据链路的一个节点，链路由多个节点构成多路通道，声波信号依据冗余网络协议，从井底或所需测点发出，通过中继器接收转发，最终到达接收终端。

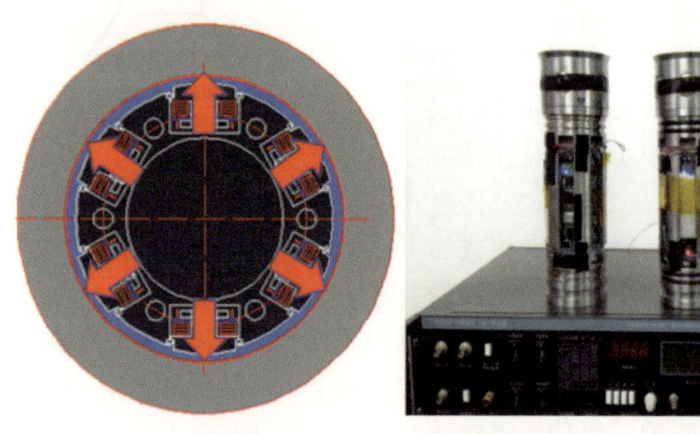

图 5-93　超微中继器结构图

④地面信号接收机（含接收换能器）。声波接收借助接收换能器，接收通过钻柱传输到的井下声波信号，并使用信号接收机内部电路进行解码、信号处理，提取传输的声波信号，实现低频声波信号的无线传输。

⑤地面数据处理及输出终端（图 5-94）。地面接收转发器安装在放钻杆上部，能够将旋转钻柱上声波信号采集、处理后，通过 Wifi 无线高速转发到地面静止的计算机上，计算

机通过无线网卡接收数据，然后对收到的数据进行滤波、解码等操作。接收卡环安装在旋转的钻柱上，其上装有声波传感器、数据转发器及电池。

图 5-94 地面数据接收转发系统组成

西部钻探工程有限公司和西安石油大学通过研究微型机械加工技术、机电一体化技术、冗余互联技术、混沌相变信号识别技术、虚拟时间反转镜技术、声波阵列换能器技术和井下涡轮发电技术等，研制出满足现场应用要求的工业样机，并完成下井实验，该系统基于超微中继的声波信息通信样机，具有传输速度快、误码率低、安装使用方便的特点。

3）主要创新点

（1）钻柱内超微中继器及超微电路。完成了钻柱内置式声波微中继器机械结构及配套电路的加工（图 5-95）。超微中继器采用三环一体空心结构，独立、标准、易用；采用径向耦合避免了纵向耦合对强度的影响；采用了弹性变径匹配，克服了由于钻柱内径的不严格规范造成的中继耦合接触困难，实现了耦合所需的紧密配合。

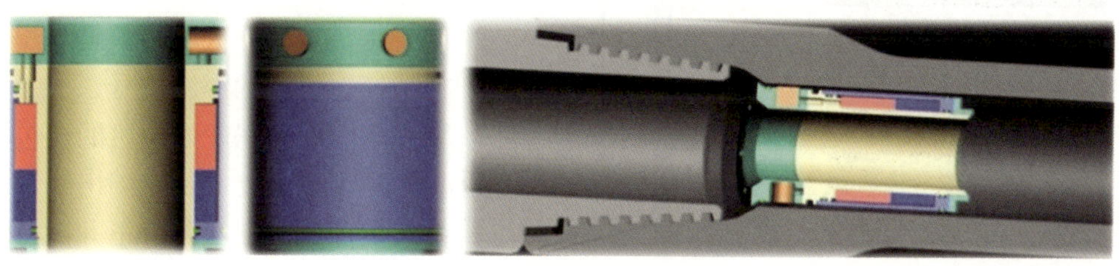

图 5-95 超微中继结构图

（2）适应超微中继的信号处理程序与冗余中继互联软件包。应用中继节点互联部署技术与算法、冗余中继节点编码与识别、冗余中继互联软件调试等（图 5-96）。

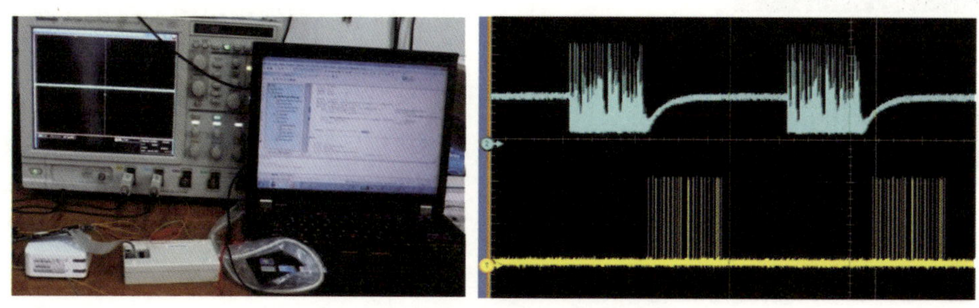

图 5-96 超微中继硬件及软件调试

（3）井下大功率涡轮发电机及电源变换系统（图 5-97）。井下大功率涡轮发电机完成全尺寸钻井液循环条件下的试验。18～32L/s 排量下，输出功率可达 200～2400W，耐温实验为 125℃。

图 5-97　井下大功率涡轮发电机

（4）突破了不改变钻具结构情况下的声波耦合技术（图 5-98）。通过伪随机序列调制、自相关捕获、码分多址和动态路由，实现冗余互联功能，形成了独具特色的超微中继声波数据链路，通过码分多址无冲突协议和动态路由协议，实现冗余互联功能，形成了独具特色的超微中继声波数据链路。

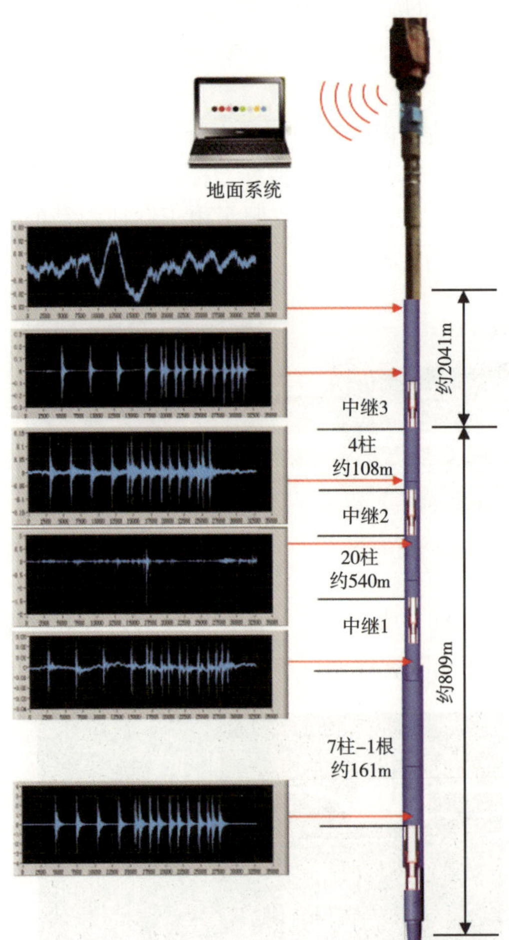

图 5-98　声波传输系统现场试验

①研制了双谐振低频换能器，提供了适于在钻杆上传输的声波信号。

②井下大功率涡轮发电机的线包 125°C 耐温的设计制造技术及双端出线涡轮发电机结构设计，方便与各种下井随钻仪器配接。

4）应用效果与推广前景

研制出了基于超微中继的声波井筒数据通信样机，并将时间反转信号聚焦方法在井筒中继通信中得到了应用，验证了同步、接收、解码和转发功能，传输速率达到 18.46bps，误码率为 4.37%；完成了冗余中继互联软件包设计；研制成了双谐振低频换能器及井下发电机；井下随钻声波传输系统大功率阵列声波换能器：发射功率 200W，双谐振频率；井下随钻声波传输系统大功率井下涡轮发电机：发电功率

400W，耐温 125℃。

2015 年 12 月在新疆油田进行了现场试验，该井设计井深 2850m。下入井下声源及中继，每柱测试记录数据约 2min，现场试验过程中系统中继工作正常，验证了同步、接收、解码和转发功能。

通过研究无线电、水声通讯领域国际前沿技术，突破了遇到的关键技术瓶颈；实现了井筒数据的快速中继远传，加快了石油先进装备开发步伐；全部采用自主知识产权的超微中继器、信号处理等技术及结构设计，完成的声波通信系统试验成功。有效地解决了井筒信息传输慢，开发成本高等问题，为今后信息传输技术的更大发展提供成功经验。

二、钻井参数仪

DML 钻井参数仪是由中国石油天然气集团公司自主研制生产的、具有国际先进水平的钻井仪表。该仪表是集工程参数测量、监控于一体的智能化仪器仪表，可使工程技术人员及时获得钻井参数和 H_2S 参数，为安全钻井提供可靠的保证，可以广泛应用于陆地、海上钻井施工作业。

DML 钻井参数仪已广泛应用于陆地、沙漠石油勘探和海上石油钻井平台等危险区域的油气勘探开发现场，目前已得到录井人的广泛认同，不但服务于国内各大油田，而且已经走出国门，服务于伊拉克、印度尼西亚、委内瑞拉等 10 多个国家和地区。

DML 钻井参数仪满足了当前在石油天然气钻井勘探作业领域对作业现场实时监控，满足了安全优质钻井需求，得到客户和甲方一致好评。

1. 工作原理

DML 钻井参数仪将传感器系统采集钻井工程中的实时数据，通过总线方式，使用安全隔离技术将所有传感器输出的 0~20mA 的电流信号传输到采集服务器中；然后由采集系统将电流信号转换成计算机可识别的 0~5V DC 信号，采集服务器处理后，将数据存入 My SQL 数据库；井场上的所有客户端工作站和钻台防爆触摸屏用户都可以通过局域网系统共享采集服务器中的实时数据。当传感器输出异常的实时数据时，采集服务器可准确作出判断，同时向声光报警系统发出触发信号。钻井参数仪连接如图 5-99 所示。

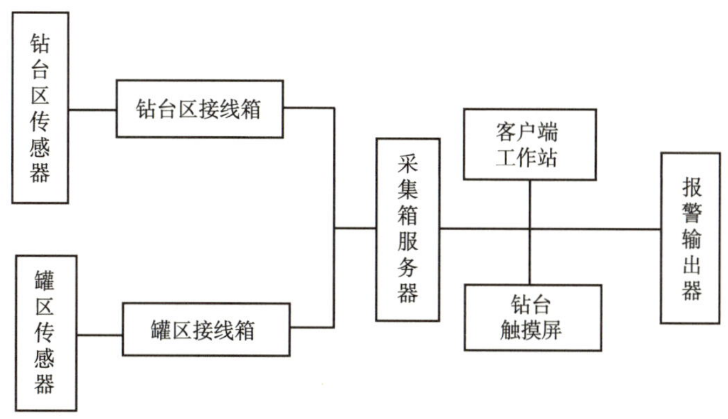

图 5-99　DML 钻井参数仪系统图

2. 主要技术指标

电源电压：输入 AC 220X（1 +10%）V、45~60Hz；

采集速率：10kHz、信号噪声≤0.5mV；

仪器整机噪声：≤70dB；

防爆等级：IP65；

工作环境温度：-40~60℃；

DML 钻井参数仪具有以下主要功能特性：

（1）DML 钻井参数仪系统采用防爆设计，符合国际标准，可应用于陆上、海洋钻井施工现场。

（2）系统稳定性好，自动化程度高、可无人值守。

（3）应用网络信息技术和远程传输技术，实现资源和信息共享；

（4）模块化电路设计，易于维护；

（5）内置微型 UPS，可在供电电源异常时独立供电 20min，保护系统连续稳定的工作。

（6）32 道模拟信号、8 道脉冲信号、4 道程控输出，通道可根据现场需求任意拓展；

（7）信号采集采用隔离栅技术、抗干扰、防雷击，安全可靠；

（8）系统采用声、光两级智能报警；

（9）软件功能强大，内置模板丰富，具有仪表仿真显示、智能报警等功能；

（10）具有历史数据即时查询和对比功能。

3. 设备组成

DML 钻井参数仪由采集服务器、钻台防爆触摸屏、客户端工作站、传感器系统及声光报警器和 DML2.0 软件组成。可实时监测钻井工程、钻井液体积、H_2S 及可燃气体等参数，服务器、钻台触摸屏及线缆连接均采用防爆设计，功能强大，操作方便，智能化报警，现已广泛用于陆上及海洋钻井作业施工中，是各类钻机优选的仪器、仪表配套设备，如图 5-100 所示。

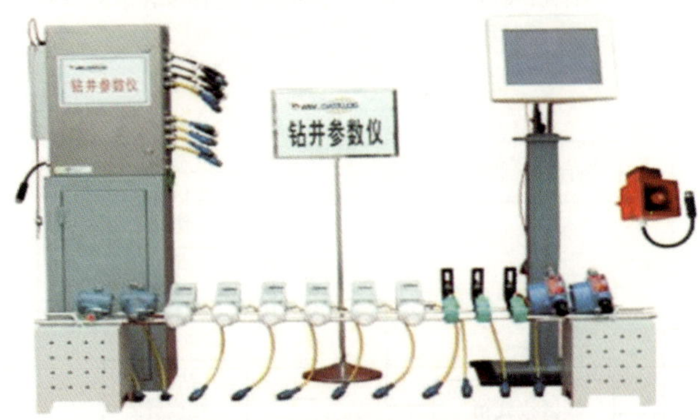

图 5-100　钻井参数仪连接示意图

1）采集服务器

DML 钻井参数仪采集服务器提供 16 道模拟信号、8 道脉冲信号、4 道程控输出，并可根据现场需求可任意拓展；服务器数据采集平稳，服务器采集卡采样频率可达每秒 10kHz

以上。

服务器箱体由 600mm×380mm×220mm 的不锈钢箱体、PC104 计算机、集信号接口、隔离栅处理模块、网络交换机、电源、微型 UPS 组成。集采集、处理于一身，具有体积小、隔离防爆、断电延时工作、整体抗雷击的功能。CPU 采用的是 PIII 566 MHz 处理器，内存 512MB，硬盘 80GB，具有 4 个 COM 口输出，10/100 M 的网卡。内置微型 UPS 可保证在断电情况下供电 10～30min，确保现场的数据采集和监视功能。4 个 COM 口提供 RS485/RS232 的数据接口，可与第三方数据进行通信。内置 1 个 5 口微型网络交换机，用于与触摸屏和工作站之间进行网络数据交换。交换机采用轨道式安装方式，方便操作，易于维护。采集卡选用自主设计研发的 32 道模拟信号输入接口的 DML-DAQ 采集卡。隔离栅选用 GM 公司生产的安全隔离栅，信号回路电流小于 25mA，将外部可能存在的危险信号隔离，避免环境的干扰，同时可兼容不同类型的传感器，保证钻井参数仪的适用性和安全可靠性（图 5-101）。

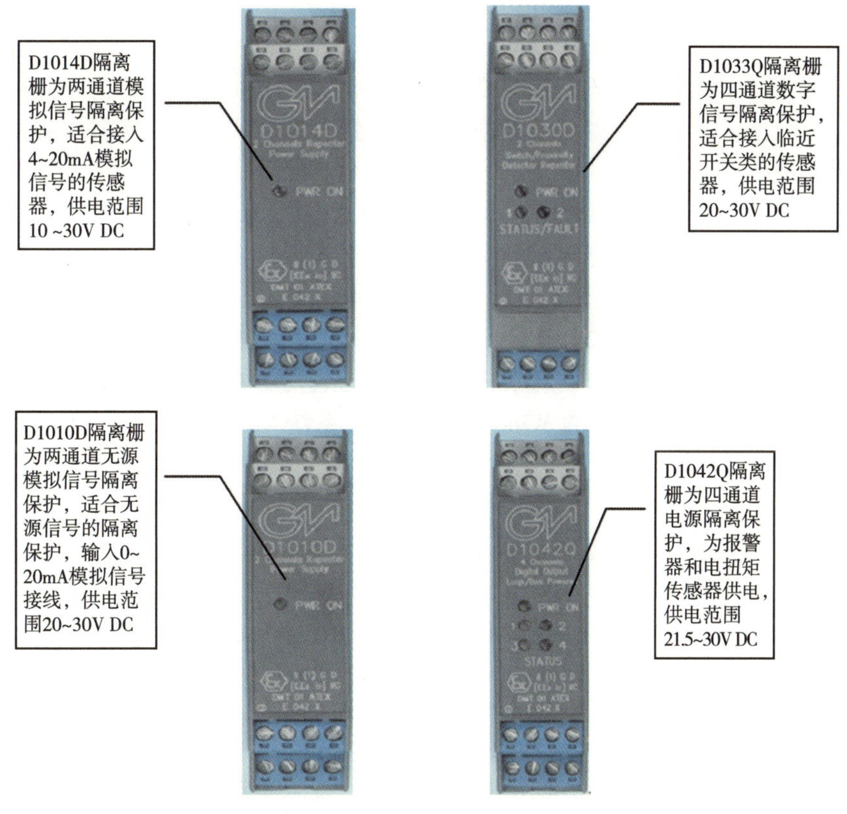

图 5-101 隔离栅

2）防爆触摸屏

DML 防爆触摸屏采用限制呼吸型防爆，防爆等级 EX-IP65，如图 5-102 所示。司钻可自主选择符合自己习惯爱好的数据、曲线和仪表仿真。防爆触摸屏主要功能：

（1）实时数据显示。

（2）各种参数屏幕选择，全井曲线屏幕回放。

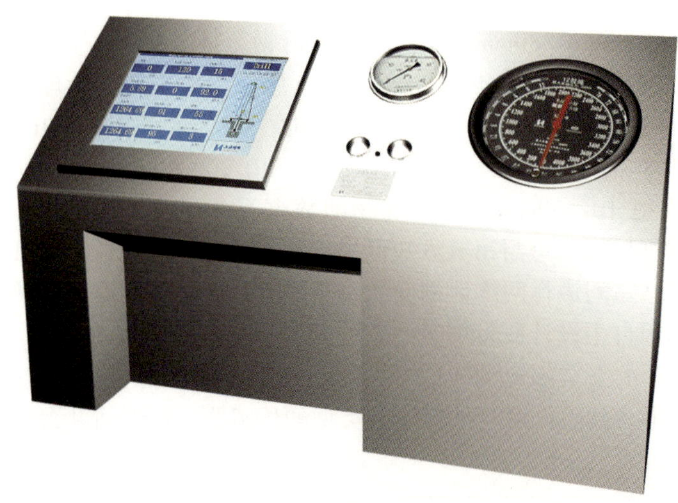

图 5-102　钻台防爆触摸屏示意图

（3）钻台防爆触摸屏拥有对所有参数进行调整的权限，可以对所有的钻井参数用于设置报警、监视数据、曲线，可以对报警进行开关设置。钻台防爆触摸屏整体防爆设计，可以工作于Ⅰ类地区。

（4）钻台防爆触摸屏安装于司钻旁易于观察的地方，可以采用支架式安装，也可以坐于司钻房内，屏幕采用的是高亮显示屏，可以工作于各种气候环境，可在阳光直照下和雨水中清晰显示。

（5）钻台触摸屏的电源为 24VDC，由采集服务器进行自动控制。当由于外界原因造成停电，采集服务器的电池将自动启动，保证屏幕的监视功能。

（6）钻台触摸屏运行标准的 Windows XP 操作系统，可以方便地进行中/英文语言切换。

3）传感器系统

DML 钻井参数仪配备的传感器有绞车传感器、大钩负荷传感器、立管压力传感器、大钳扭矩传感器、池体积传感器、出口流量传感器、泵冲传感器、硫化氢传感器和可燃气体传感器。所有传感器电缆都采用耐磨聚氨酯护套，并通过了 UL 垂直燃烧试验（UL60）。

所有传感器都通过 ZONE 1 认证达到了本安防爆等级，防护等级 IP67，传感器、线缆都配备了标准航空快速连接头，适用于钻井工程中的危险作业环境。

DML 传感器采用 4～20mA 电流信号，具有如下优点：

抗扰能力强：在恶劣的工作环境中，传感器很容易受到井场的电磁干扰，使用电流模式可以起到很好的抗干扰特性。

故障检测：通过传感器的电流检测，可以判断出传感器电缆是否有短路、破损。当传感器信号异常时，则可通过电流信号判断出传感器是否存在故障。

（1）绞车传感器。绞车传感器主要用来测量大钩高度。在传感器中安装有两个相位角相差 90 的电磁感应开关，在其轴上安装有 20 个等距齿的金属片，用以切割电磁感应开关的磁力线，输出开关脉冲信号。传感器安装在绞车滚筒的导气龙头轴端，如图 5-103 所示。

性能指标：

①工作温度：25～60℃；

②工作电压：+8VDC；

③动作响应开关频率：3000 Hz；

④输出信号：脉冲信号；

⑤分辨率：80 脉冲/圈。

（2）压力传感器（包括大钩负荷、立管压力传感器）。压力传感器用来测量绞车悬吊系统负荷和高压立管处的泵压，如图 5-104 所示，通过游动系统死绳固定器和立管压力转换器，将悬吊系统负荷和钻井液压力转换为液压油的压力，将传递压力应变信号转换为电流模拟信号。

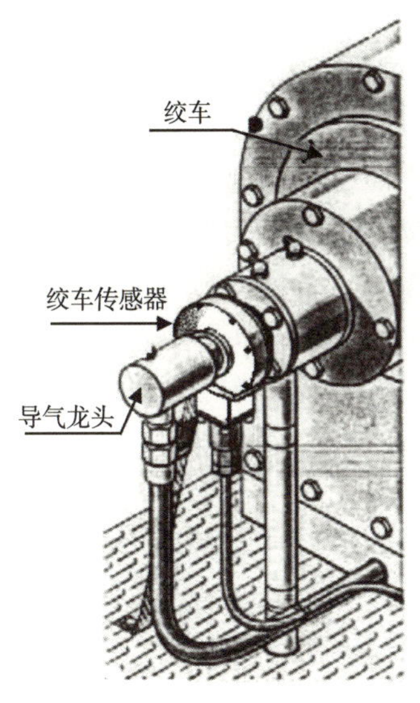

图 5-103 绞车传感器安装位置

图 5-104 大钩负荷传感器

压力传感器具有调零（ZERO）和增益（RANGE）电位器，用于调节传感器的零位和满量程时的输出电流（零位和满量程输出必须在校验台上检验时调整）。

性能指标：

①工作温度：-40～85℃；

②工作电压：24VDC；

③测量范围：大钩负荷 0～7MPa；立管压力 0～40MPa；

④测量精度：±0.25%FS；

⑤输出信号：4～20mA。

（3）硫化氢传感器。硫化氢传感器用于测量井场空气中的 H_2S 浓度，如图 5-105 所示。它是通过电化学反应来检测硫化氢浓度。

性能指标：

①环境温度：-40～60℃；

②环境湿度：5%～95%RH；

③工作电压：24VDC；

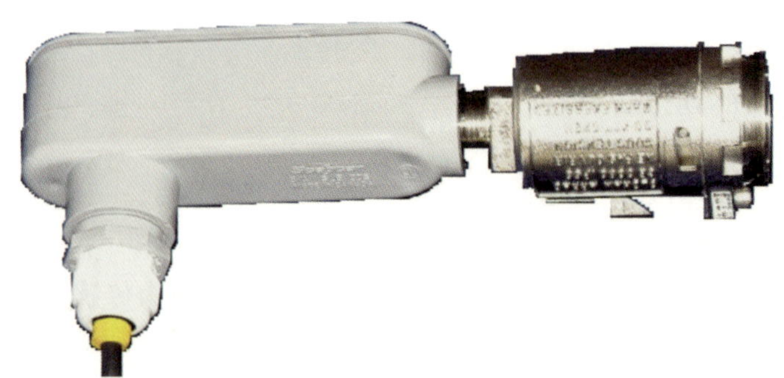

图 5-105　H_2S 传感器

④测量范围：0~100μg/g；

⑤测量精度：1μg/g；

⑥信号输出：4~20mA；

⑦响应时间：3s，峰值响应时间<50s；

⑧防爆等级：CSA 和 FM 机构认证为Ⅰ级 1 类 B、C、D 组。

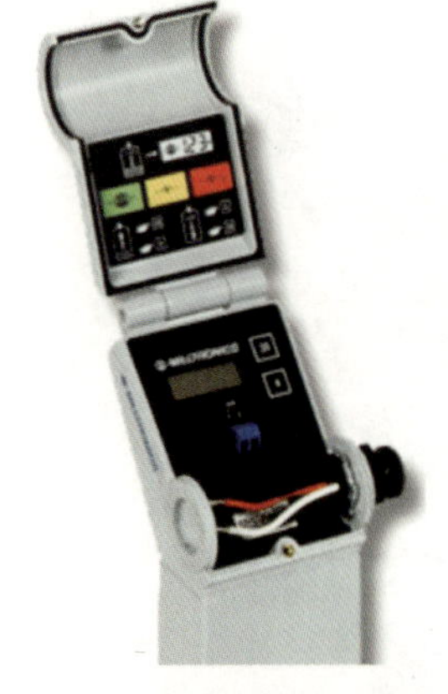

图 5-106　超声波钻井液池体积传感器

（4）超声波池体积传感器。超声波池体积传感器是利用超声波的特性来测量钻井液池体积，如图 5-106 所示。超声波池体积传感器将超声波信号传播到被测物并返回的时间，经温度补偿后转换成距离。

性能指标：

①工作温度：-40~60℃；

②工作电压：24VDC；

③测量范围：0.25~5m（可调）；

④测量精度：0.25%FS；

⑤输出信号：4~20mA；

⑥测量盲区：0.25m。

（5）转速、泵冲传感器。转速、泵冲传感器用于测量转盘转速和泵冲速，如图 5-107 所示，通过邻近传感器的感应来进行计数。

性能指标：

①工作温度：-25~60℃；

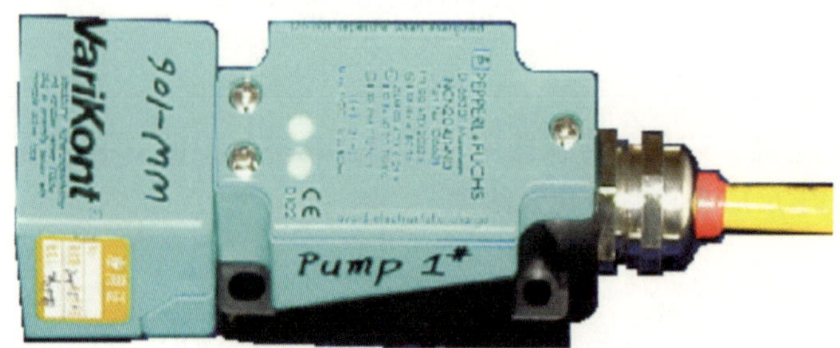

图 5-107　转速、泵冲传感器

②工作电压：24VDC；

③动作响应开关频率：2000 Hz；

④输出信号：脉冲信号；

⑤防护等级：IP67。

（6）出口流量传感器。出口流量传感器用于测量高架槽内钻井液出口流量，如图 5-108 所示。利用流体连续性原理和伯努力方程及挡板受力分析，测量流量相对变化值。

性能指标：

①工作温度：-20～60℃；

②工作电压：24VDC；

③测量范围：0～100 %；

④最大变化角度：45°；

⑤信号输出：4～20 mA；

⑥防护等级：IP67。

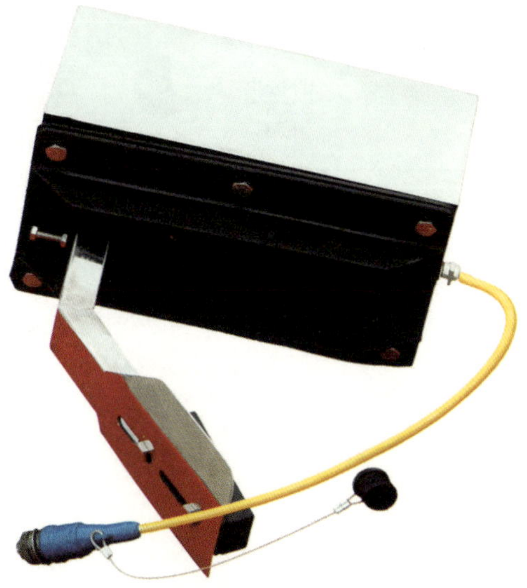

图 5-108 出口流量传感器

（7）可燃气体传感器。可燃气体传感器用于测量井场空气中的可燃气体浓度，如图 5-109 所示。它是通过电化学反应来检测硫化氢浓度。

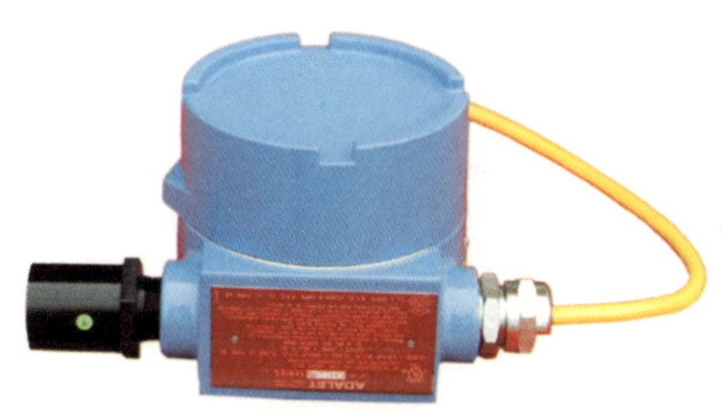

图 5-109 可燃气体传感器

性能指标：

①环境温度：-40～60℃；

②环境湿度：5%～95% RH（不凝露）；

③工作电压：24V DC；

④测量范围：0～100 %；

⑤测量精度：±10% FS；

⑥信号输出：4～20mA；

⑦响应时间：3s，峰值响应时间：<50s；

⑧防爆等级：CSA 和 FM 机构认证为 I 级 1 类 B、C、D 组。

4）DML 软件系统

DML 钻井参数仪使用自主开发的 DPI（Drill Parameter Indicator）软件系统。DPI 软件系统运用 Microsoft Visual C++6.0 开发而成。系统面向对象，采用 32 位标准源代码编写；DPI 软件系统采用标准的 Windows 应用程序界面，操作简洁，具有仪表仿真显示、智能报警等功能；软件可在 Windows NT、Windows 2000、Windows XP、Windows Vista 系统下运行；数据管理采用 Microsoft SQL Server 2005 数据库结构，为 DML 钻井参数仪数据的网络管理和共享提供了功能强大的客户和服务器平台。

（1）前台采集软件（DPI Server）负责现场所有传感器的实时数据采集和储存。

（2）客户端软件（DPI Client）负责现场用户和远程用户的实时数据、信息的共享和输出（图 5-110）。功能如图 5-111～图 5-117 所示。

另外，DPI 系统采用声光两级报警系统，根据现场的具体情况设置报警参数和报警上下限，为现场的准确采集数据和安全施工提供了强有力的保证（图 5-118）。

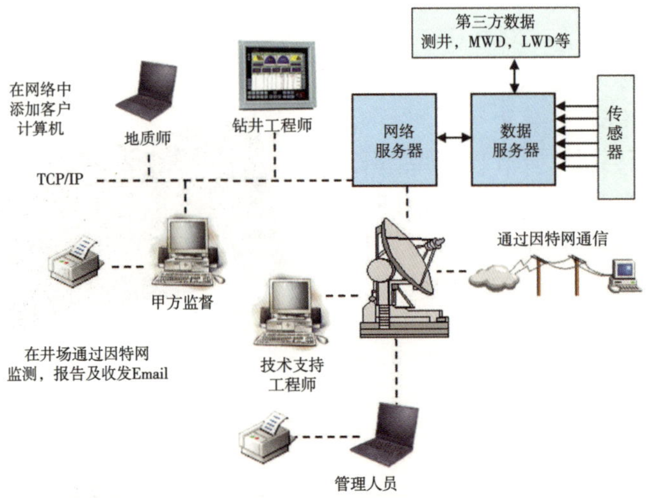

图 5-110　DML 软件系统资源共享构架

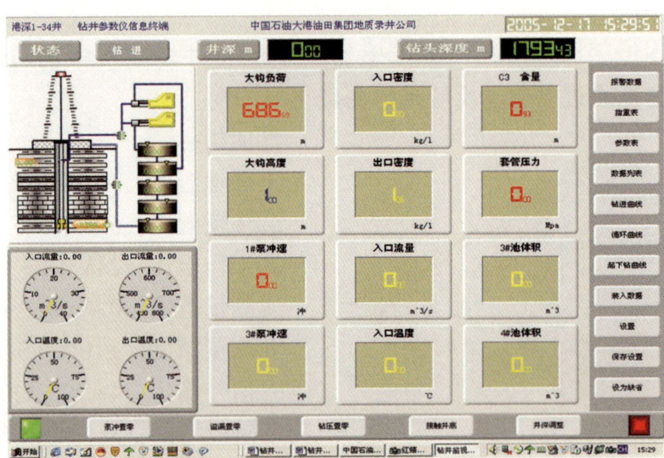

图 5-111　DPI Server 软件主界面

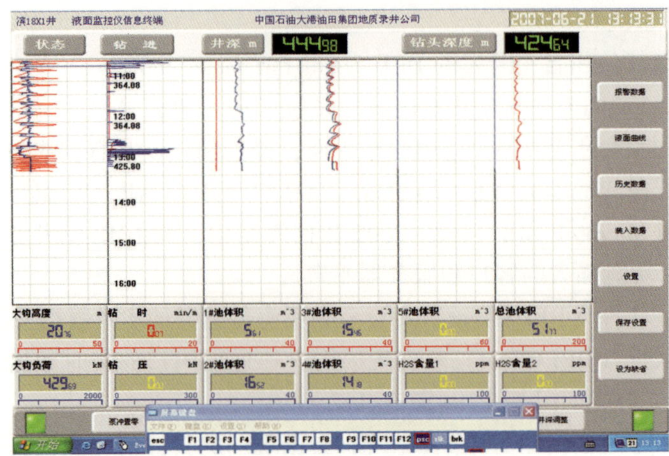

图 5-112　DPI Client 客户端显示界面

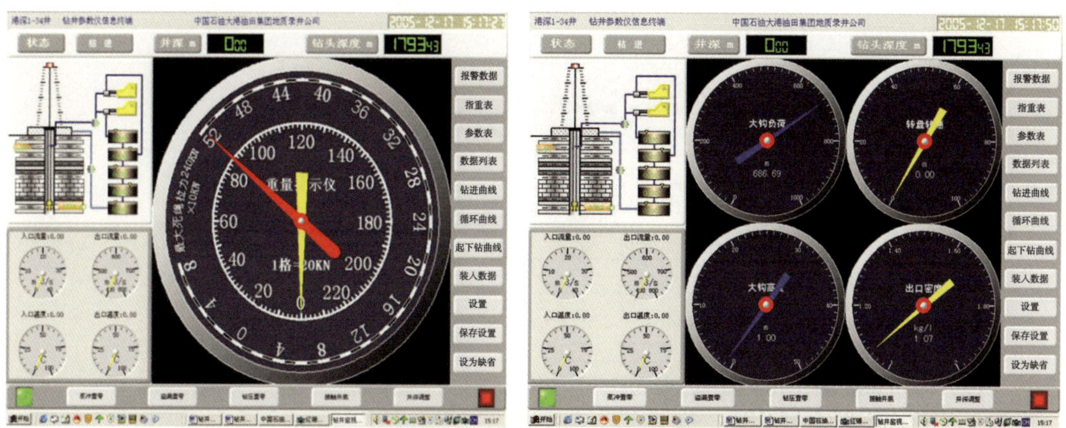

图 5-113　仪表仿真显示界面

图 5-114　DPI 简洁、方便的功能快捷键

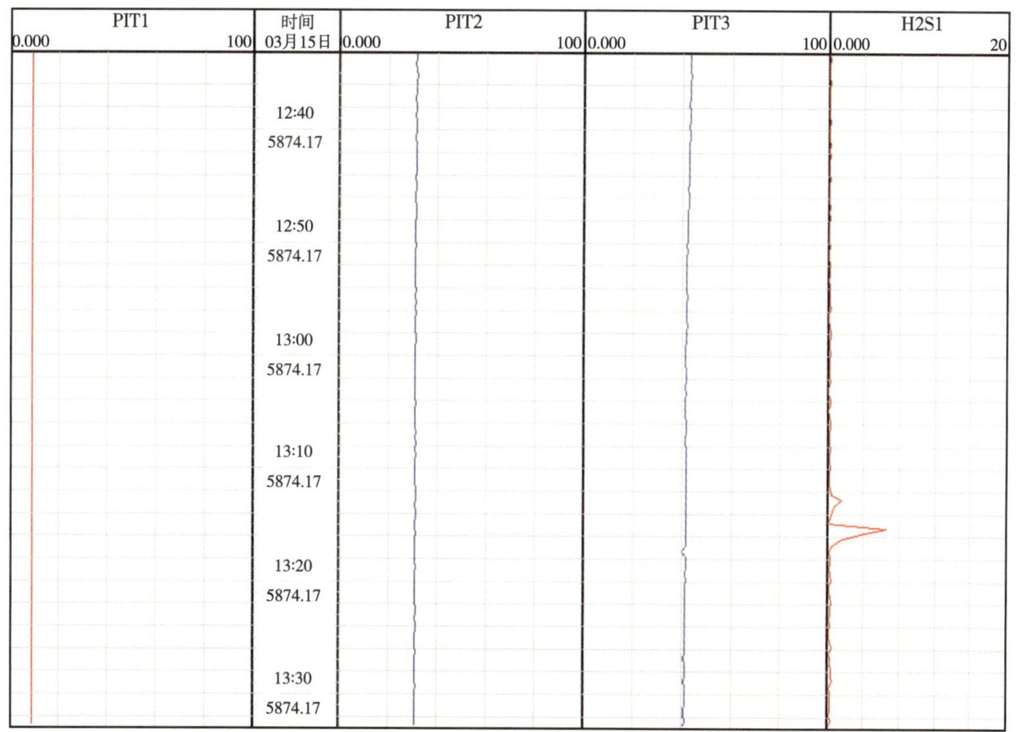

图 5-115　工程数据实时监测曲线

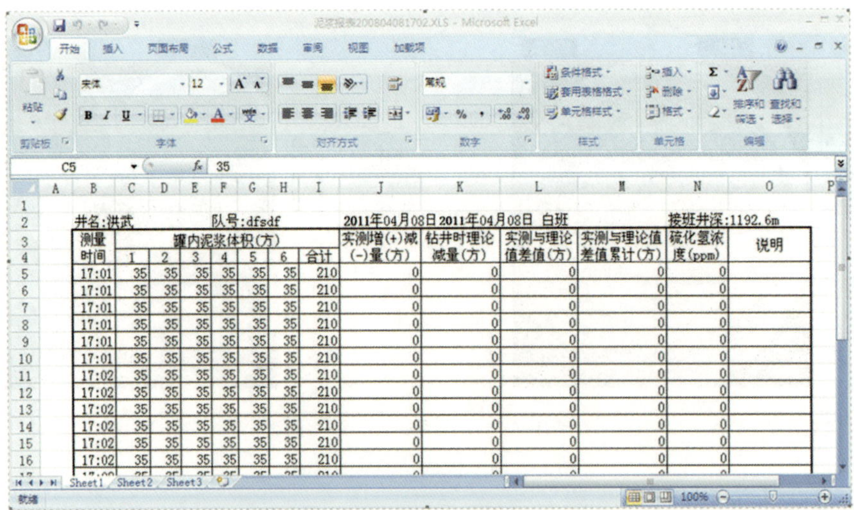

井名:洪武　队号:dfsdf　2011年04月08日 2011年04月08日 白班　接班井深:1192.6m

测量时间	罐内泥浆体积(方) 1	2	3	4	5	6	合计	实测增(+)减(-)量(方)	钻井时理论减量(方)	实测与理论值差值(方)	实测与理论值差值累计(方)	硫化氢浓度(ppm)	说明
17:01	35	35	35	35	35	35	210	0	0	0	0	0	
17:01	35	35	35	35	35	35	210	0	0	0	0	0	
17:01	35	35	35	35	35	35	210	0	0	0	0	0	
17:01	35	35	35	35	35	35	210	0	0	0	0	0	
17:01	35	35	35	35	35	35	210	0	0	0	0	0	
17:01	35	35	35	35	35	35	210	0	0	0	0	0	
17:02	35	35	35	35	35	35	210	0	0	0	0	0	
17:02	35	35	35	35	35	35	210	0	0	0	0	0	
17:02	35	35	35	35	35	35	210	0	0	0	0	0	
17:02	35	35	35	35	35	35	210	0	0	0	0	0	
17:02	35	35	35	35	35	35	210	0	0	0	0	0	
17:02	35	35	35	35	35	35	210	0	0	0	0	0	

图 5-116　强大的报表自动处理功能

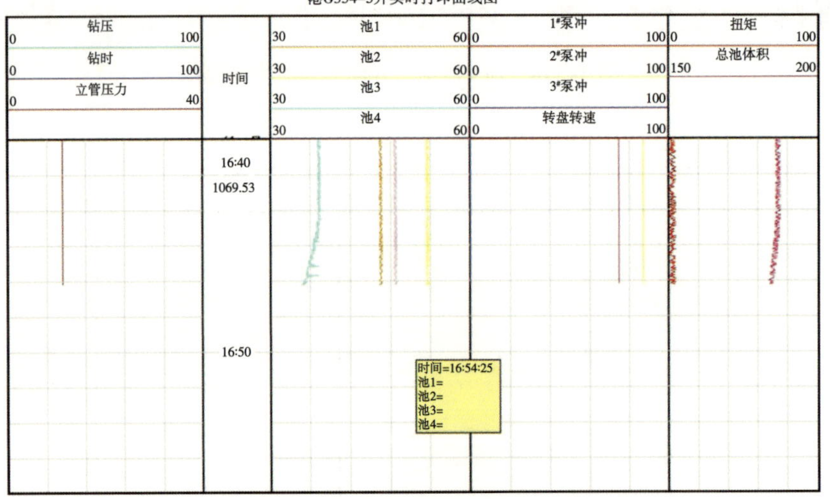

图 5-117　资料实时打印功能

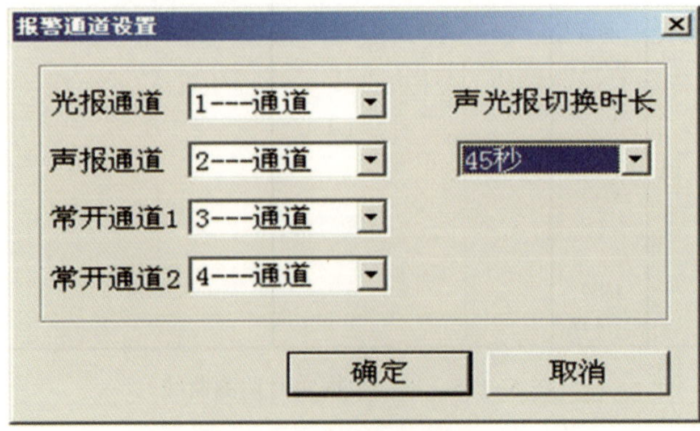

图 5-118　报警通道设置

三、随钻测井系统

随着钻井工艺的日趋复杂，随钻测井技术已成为钻井能力与水平的标志性技术。随钻测井仪器集随钻信息测量、传输于一体，通过在钻井过程中对井下地质参数与工程参数进行实时监测，为随时调整钻进方向、保持油层高钻遇率提供依据。它广泛应用于水平井、大位移井等复杂结构井的地质导向和地层评价，使钻井成功率、单井产量及采收率都得到大幅提高，并大大降低了油田开发与生产成本，实现油田的高效开发。

1. 随钻电磁波电阻率测井系统

GW-LWD 随钻测井系统是中国石油集团长城钻探工程有限公司具有自主知识产权的随钻测井系统（图 5-119），是我国自主设计和制造的首套随钻电磁波电阻率测井仪器，已通过中石油集团公司产品鉴定、工程技术新产品发布及集团公司自主创新重要产品认证，并纳入中国石油产品采购目录。拥有 BWR-120、BWR-172 和 BWR-203 全尺寸型号（图 5-120）。

图 5-119　GW-LWD 随钻测井系统

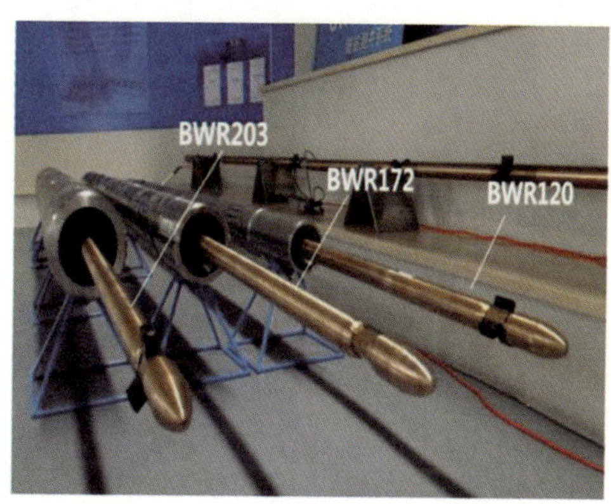

图 5-120　GW-LWD（BWR）系列产品

系统能够在钻井过程中实时监测井下工程参数与地质参数，实现动态控制导向钻井。广泛应用于水平井、大位移井等复杂结构井的地质导向和地层评价，是提高油层钻遇率，高效开发油田的尖端利器。

1）结构与原理

GW-随钻测井系统（BWR）能在 150℃、140MPa 的高温高压环境下工作，实时测量 3 个井眼轨迹控制参数、1 条自然伽马测井曲线，并提供 8 条不同探测深度的电磁波电阻率曲线。

GW-随钻测井系统（BWR）结构如图 5-121 所示，由地面软硬件平台、正脉冲随钻测量系统（MWD）、电磁波电阻率测井仪与自然伽马测井仪四部分构成，如图 5-122 和图 5-123 所示。

（1）地面软硬件平台。

地面软硬件平台包括地面数据处理器、传感器、信号传输电缆及地面软件系统等。地面系统对井下钻井液脉冲信号、井深信号通过传感器进行采集，通过 CAN 总线传到 PC 机，由地面软件进行解码和处理，并将井下信息实时显示和记录。

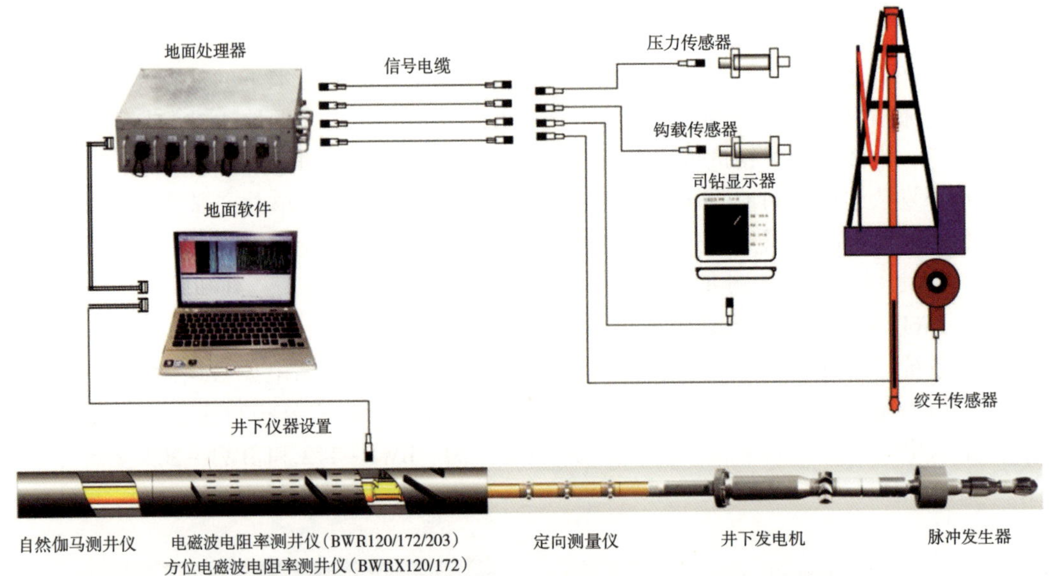

图 5-121　GW-随钻测井系统（BWR）结构图

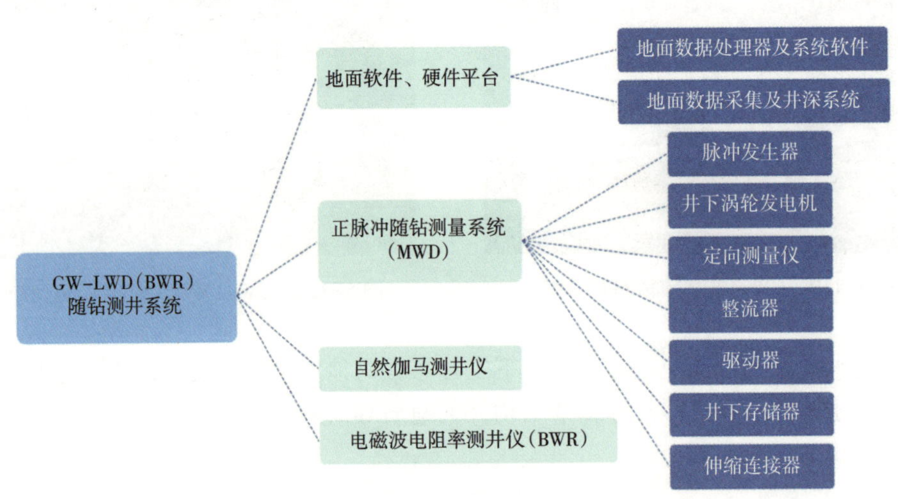

图 5-122　GW-随钻测井系统（BWR）系统组成

系统硬件（图 5-123）具有可靠性高、防水、防爆等特点，数字处理器具有独立系统软件，能够实现与司钻显示器间的远程高速通信。中英文版 LWD 软件平台 V1.0（图 5-124），包括以下 6 个相关软件模块：

①井下工具通信设置模块；

②脉冲信号解码模块；

③数据库模块；

④深度跟踪模块；

⑤司钻阅读器数据显示模块；

⑥测井曲线处理与显示模块。

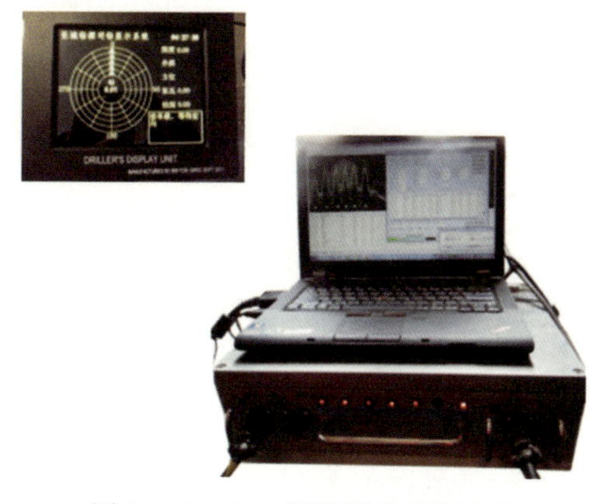

图 5-123　GW-随钻测井系统地面处理器、司钻显示器

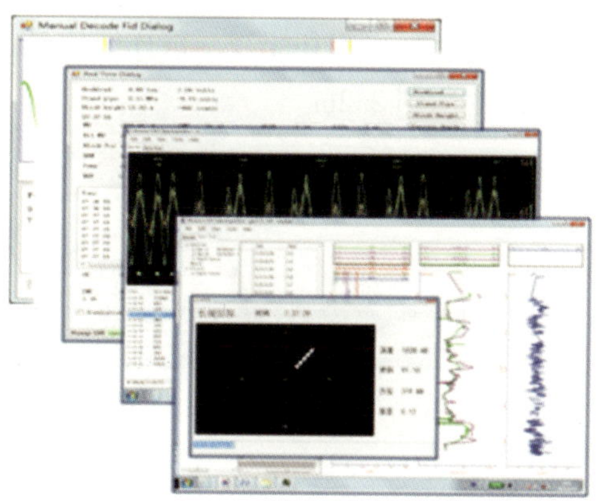

图 5-124　GW-随钻测井系统的软件平台

（2）正脉冲随钻测量系统（MWD）。

正脉冲随钻测量系统（MWD）主要由正脉冲发生器、井下涡轮发电机、定向测量仪（井下中央处理器）几部分构成，配套有驱动控制器、整流器和井下存储器等相关短节（图 5-125）。

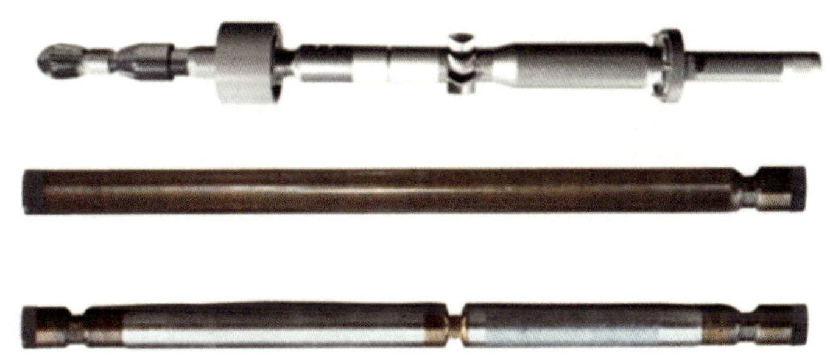

图 5-125　正脉冲随钻测量系统（MWD）的主要部件

此部分主要提供包括井斜、方位、工具面等定向测量及辅助参数；能够同其他测量模块通信，接收和储存其他测量数据；实现脉冲信号编码（脉宽可调）及控制脉冲器发生信号。

GW-LWD（BWR）设计并采用了大功率井下涡轮发电机，开发了基于排量调节的控制信号下传技术，使正脉冲系统具有抗干扰能力强、工作稳定可靠的特点，并能实现开泵状态下定向参数的精确测量。

（3）电磁波电阻率测井仪器。

随钻电磁波电阻率测井仪是随钻测井系列中的关键内容，它的关键技术是在高温、高压、振动和冲击等复杂的钻井环境中实现电磁信号的检测，并通过多频、多线圈信号采集、处理，消除各种可能的干扰。

GW-LWD 采用四发双收六天线模式（图 5-126），天线在钻铤上对称安装，其测量点位于两个接收线圈的中点。利用电磁波在地层中传播时，不同地层对电磁波的吸收差异，通过交替发射 2MHz 和 500KHz 的正弦电磁波，分别测量两个接收线圈的幅度比和相位差，并进一步转化得到地层的电阻率信息。

系统设计了井下双 64M 存储系统，在井下存储 32 个测量参数，提供 8 条不同探测深度的电磁波电阻率测井曲线，可连续测量 300h。并实时提供深浅电阻率测井曲线，最大有效探测深度达到 2.2m。

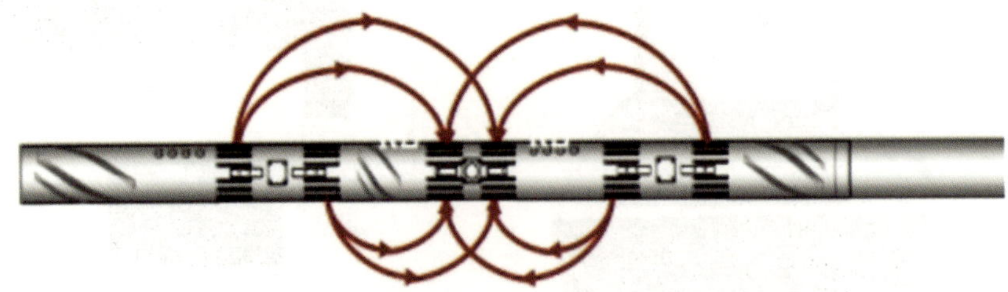

图 5-126　电阻率测井仪器四发双收的天线结构

（4）自然伽马测井仪器。

随钻地层自然伽马测量井下工具，能够与 MWD 和其他测量模块连接通信，提供地层自然伽马测量数据。GW-LWD 集成了高精度伽马射线检测传感器，并设计了与其相匹配的伽马接口电路、独立高压电源和自适应滤波器，实现伽马精确测量。

2）主要性能参数

GW-随钻测井系统（BWR）技术指标先进，具体参数见表 5-23。

表 5-23　GW-随钻测井系统（BWR）技术参数

通用技术条件			
含砂量	不高于 1%		
最高温度	155°C		
最高压力	140MPa		
钻井泵	双缸或三缸泵		
振动	加速度 196m/s^2（扫频范围 20Hz~200Hz~20Hz）		
冲击	加速度 455m/s^2（半正弦波行）		
全角变化率	定向：16°/30m、旋转：9°/30m		
工具面更新时间	11s、24s 或 35s		
全测量时间	55s		
通用技术指标			
仪器外径	203mm	172mm	120mm
仪器总长	13.40m	13.48m	12.33m
井眼尺寸	311mm	215mm/241.3mm	149mm/172mm
全角变化率	定向：8.2°/30m 旋转：8.2°/30m	定向：16°/30m 旋转：9°/30m	定向：30°/30m 旋转：12°/30m
排量	18~69L/s	12~50L/s	12~18L/s

续表

<table>
<tr><th colspan="5">定向测量仪技术参数</th></tr>
<tr><td colspan="3"></td><td>测量精度</td><td>测量范围</td></tr>
<tr><td colspan="3">井斜角</td><td>±0. 1°</td><td>0~180°</td></tr>
<tr><td colspan="3">方位角</td><td>±0. 25°</td><td>0~360°</td></tr>
<tr><td colspan="3">工具面</td><td>±0. 5°</td><td>0~360°</td></tr>
<tr><th colspan="5">电阻率测井仪技术参数</th></tr>
<tr><td rowspan="4">500kHz 电阻率测井仪</td><td rowspan="2">相位</td><td>范围</td><td colspan="2">0. 1~500Ω · m</td></tr>
<tr><td>精度</td><td colspan="2">±2% (0. 1~25Ω · m); ±1s/m (>25Ω · m)</td></tr>
<tr><td rowspan="2">幅度</td><td>范围</td><td colspan="2">0. 1~150Ω · m</td></tr>
<tr><td>精度</td><td colspan="2">±5% (0. 1~10Ω · m); ±2s/m (>10Ω · m)</td></tr>
<tr><td rowspan="4">2MHz 电阻率测井仪</td><td rowspan="2">相位</td><td>范围</td><td colspan="2">0. 1~500Ω · m</td></tr>
<tr><td>精度</td><td colspan="2">±2% (0. 1~50Ω · m); ±0. 3s/m (>50Ω · m)</td></tr>
<tr><td rowspan="2">幅度</td><td>范围</td><td colspan="2">0. 1~100Ω · m</td></tr>
<tr><td>精度</td><td colspan="2">±2% (0. 1~25Ω · m); ±1s/m (>25Ω · m)</td></tr>
</table>

3）创新点

（1）6 大关键技术。

①精确的电磁波电阻率计算图版建模，实现电磁波电阻率更宽的测量范围；

②完善的电磁波电阻率测井仪刻度系统，保证电阻率测量数据的真实性与可靠性；

③独创高速稳定的 FS33 网络通讯协议，实现了仪器的可扩展性；

④国际领先的钻井液脉冲编码以及解码技术，可实现在恶劣环境下的信号传输；

⑤完整的数据处理算法，能够在开泵状态下进行定向参数的精确测量；

⑥大功率发电机与高性能正脉冲系统，满足后续仪器挂接供电，实现大数据量信息上传。

（2）3 项国际技术创新。

①自适应发射功率调整技术，增大了接收信号动态范围，提高了测量信噪比；

②脉冲信号解码时间摄动技术，可提高高噪声环境下的解码率；

③人机交互式智能解码技术，避免了二次开泵，节省作业时间。

（3）3 项技术指标国际领先。

①电阻率测井仪探测深度；

②系统数据传输速率和存储量；

③钻井液脉冲信号解码能力。

（4）应用效果与推广前景。

截至 2016 年年底，GW-LWD（BWR）系统已完成制造 23 套（其中 BWR-172 系统 13 套、BWR-120 系统 9 套、BWR-203 系统 1 套），并陆续在辽河、吉林、四川、内蒙古等地区和哈萨克斯坦等累计应用 248 口井，总进尺 105867m，总工作时间 38630h。其中，最大井深为 3752m，单次入井最长测量井段为 968. 13m，最长井下零故障连续工作时间 401h。系统的应用效果良好，与同井的电缆双侧向测井、感应测井进行对比，具有相同的曲线走向（图 5-127 和图 5-128），对井下地质情况能够真实反映，为调整井眼轨迹提供了可靠的判断依据（图 5-129）。

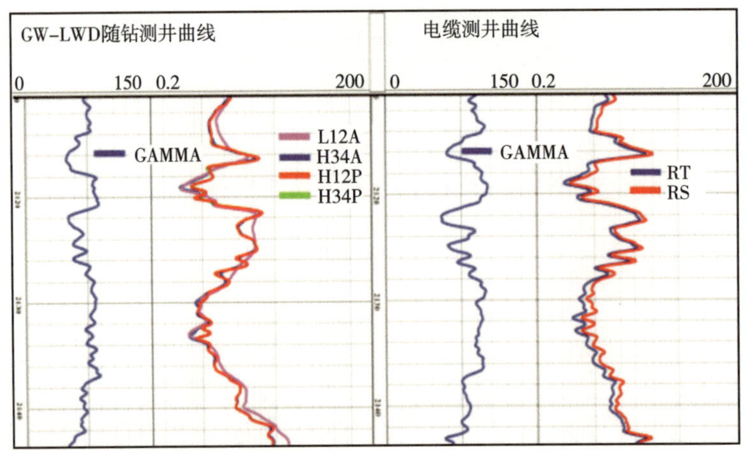

图 5-127　GW-LWD 在辽河油田茨某井测井曲线与电缆双侧向测井曲线对比

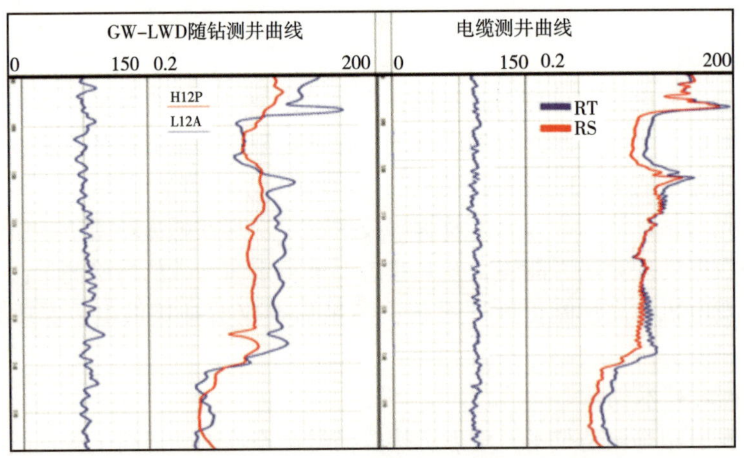

图 5-128　GW-LWD 在辽河油田茨某井测井曲线与电缆感应测井曲线对比

［实例 1］在哈萨克斯坦让那若尔地区高阻地层成功应用。

2014 年，GW-LWD（BWR-120）在哈萨克斯坦让那若尔地区应用，该区块为海相碳酸盐岩油田，地层电阻率高，是业界公认的难施工层位。应用 GW-LWD 单井进尺 400m，测量地层电阻率最高值达到 433Ω · m，波形稳定、数据准确，连续工作 230h 零故障，在油层厚度不足 1m 的情况下钻遇率达到 90% 以上，取得了良好的效果，获得甲方的高度认可。

［实例 2］在内蒙古海拉尔贝边际薄油层保持高钻遇率。

2012 年 5 月，GW-随钻测井系统（BWR）在内蒙古海拉尔贝 14-平某井应用。该井所在区块为边际薄油层，油层厚度不到 2m，周边井平均油层钻遇率不及 60%。GW-LWD（BWR）井下工作 250h 无故障，数据采集准确率 100%，油层情况反映及时准确，油层钻

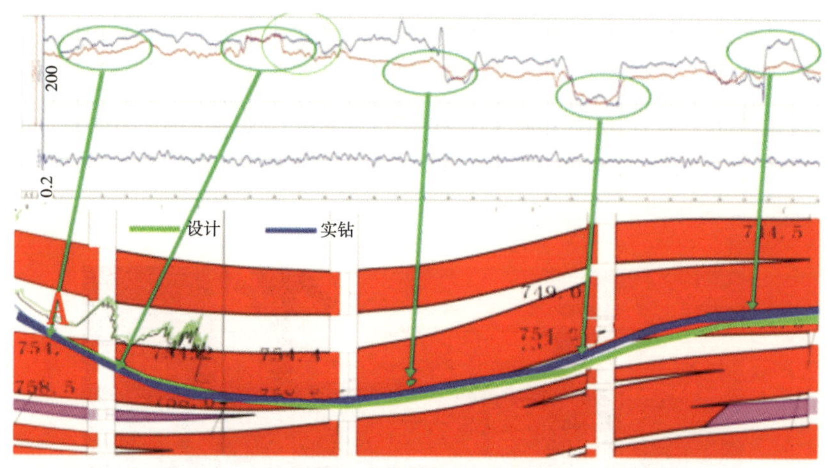

图 5-129 GW-LWD 在辽河油田茨某井根据测井曲线进行轨迹调整的案例分析图

遇率达到 93%以上，极大提高工程与地质技术人员对待钻地层的预测准确度。

［实例 3］在重庆彭水区块页岩气井应用。

2012 年底，GW-随钻测井系统（BWR）在重庆彭页某 hf 井应用。彭水区块为新登记区，勘探程度较低，彭页某 hf 井是一口井眼开窗侧钻页岩气水平井，属于一口非常重要的评价井。施工过程采用油基钻井液，仪器工作稳定，连续测试 436h 无故障，曲线反映清晰明显，配合良好的定向施工，钻遇率达到 100%，为所在区块地层评价准确度打下了良好基础。

2. 方位电磁波电阻率测井系统

GW-LWD（BWRX）方位电磁波电阻率测井系统是中国石油集团长城钻探工程有限公司自主研发的随钻方位电磁波电阻率测井仪，打破了目前国际上仅三大石油公司拥有该类仪器的垄断局面。相比于常规 LWD 仪器，它不但可以判断井眼是否接近了泥岩或进入了泥岩，还可以测量井眼是在哪个方向上接近了泥岩，以便调整井眼走向（图 5-130）。方位电阻率测井仪的应用极大提高了水平地质导向的准确率，提高地质导向 LWD 在水平井地质导向钻井的应用效果。

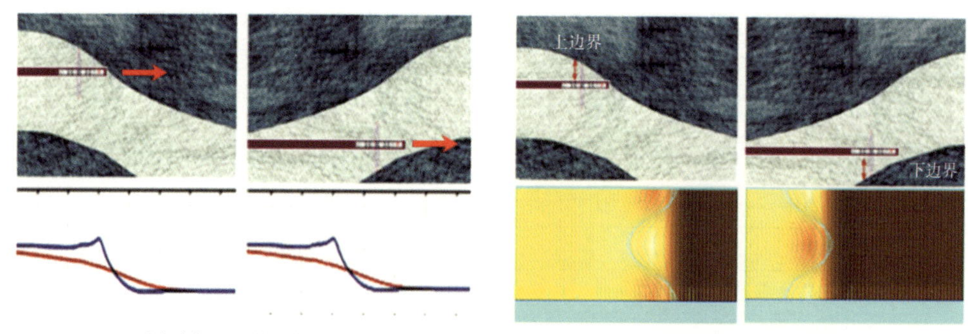

(a) 常规LWD的局限性　　(b) 随钻方位电阻率成像

图 5-130 方位电磁波电阻率对比常规电阻率的显著优势

1）结构与原理

GW-LWD（BWRX）方位电磁波电阻率测井系统是在GW-LWD（BWR）的平台上进行研发的，所以井下MWD部分、地面软硬件平台与GW-LWD（BWR）基本相同，除了伽马短节有技术改进之外，方位电磁波电阻率短节也可以替换GW-LWD（BWR）的常规电磁波电阻率短节（图5-131，电阻率短节部分可以替换），使得整个系统的灵活性和适用性更强。

图5-131　方位电磁波电阻率测量短节

GW-LWD（BWRX）方位电磁波电阻率测井系统拥有360°（8扇区）井眼围岩成像功能，能够钻前探测边界的距离和方位，实时进行精确的地质导向。系统具有5项国际专利，独创“交联天线”和四发三收天线设计，具有2MHz和500KHz两种发射频率，能够生成8条不同探测深度的电阻率曲线。系统首次将复镜像理论应用于方位电阻率测井仪的地层边界算法，大大提高了边界探测的计算速度，提高了仪器性能。

2）主要性能参数

GW-LWD（BWRX）方位电磁波电阻率测井系统技术指标先进，具体参数见表5-24。

表5-24　GW-LWD（BWRX）方位电磁波电阻率技术参数

通用技术指标	
仪器外径	172mm/120mm
最高温度	155°C
最高压力	140MPa
数据传输速率	5bits/s
测量频率	2MHz/500Hz
测量方式	四发四收
测量参数	8个水平方向参数，8个径向参数
地层边界探测距离	3m
全测量时间	55s

续表

测量范围		
2MHz	垂直相位电阻率	0. 1～500Ω·m
	垂直幅度电阻率	0. 1～100Ω. m
	水平接收机电压	0～±10V
500kHz	垂直相位电阻率	0. 1～500Ω·m
	垂直幅度电阻率	0. 1～150Ω·m
	水平接收机电压	0～±10V
方位成像伽马测井仪技术参数		
测量范围	0～380API	
成像扇区	8 个扇区，45°/扇区	
测量精度	±3%满量程	
垂直分辨率	15. 3cm	

3）取得的创新点

（1）提出了“交联天线”新概念，建立了基于交联天线的方位电阻率测量新理论；

（2）采用四发三收，对称加不对称的天线结构（C 型天线），使得仪器长度明显缩短，地质导向更精确；

（3）方位电阻率测井仪地层边界探测快速算法，提高了测量速度。

4）应用效果与推广前景

GW-LWD（BWRX）随钻方位电磁波电阻率测井系统拥有 BWRX-120 和 BWRX-172 两个尺寸型号。截至 2016 年底，已完成水平井随钻边界测量现场应用 22 口，总进尺 4644m，总钻进时间 1100h，一次下井成功率 100%。

3. 随钻动态方位自然伽马测量工具

随钻自然伽马测量技术已广泛应用于油气井钻井领域，可有效提高目的层产出率，该技术是在随钻测量工具内安装自然伽马传感器，通过传感器内的计数管来获取其周围岩层中放射出的 γ 射线的能级宽度，然后采用 API 刻度传输至地面，以判断地层的平均伽马[43]，而由于其没有方位信息，虽然能较好地指示钻头是否在目的层中行进，但当钻头出层后则无法及时指明如何重返其中。伴随着国内油气藏的不断开采，剩余资源多分布于地质条件复杂且厚度不均的地层，使得该技术存在明显不足。

为此，开发了方位自然伽马测量技术，是对现有的自然伽马测量技术进行改造，使其可对指定区域地层进行测量及明确边界，拾取地层倾角，确定地层厚度，尤其适合地质条件相对复杂的油气藏开采领域。

1）结构与原理

实现方位自然伽马对方位的识别，该技术包含自然伽马传感器、磁通门传感器及测控电路三部分[44,45]。要使得传感器周围的伽马射线只有特定的方向可以被探测到，这要求在自然伽马传感器的其他方向遮挡有屏蔽材料，同时，结合磁通门传感器测量的数据，经过模数转换后发至测控电路，确定自然伽马传感器的探测方向，以实现伽马射线的方向性探测。

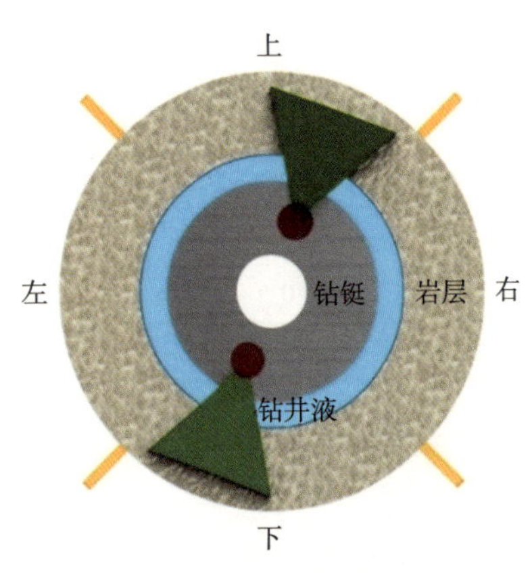

图 5-132　方位伽马测量方法示意图

经屏蔽处理后的方位自然伽马传感器布置于钻铤短节的侧壁，测量窗口指向钻铤外部，传感器的数量可以是一个或多个，并均匀分布于钻铤横截面（图 5-132），当钻铤短节旋转时，能对短节周围的伽马数值进行定向扫描，方位自然伽马传感器的数量越多，越有利于钻铤短节周围各个方位自然伽马数值的测量速率的提高[40]；磁通门传感器 Z 轴与井眼轴向一致，X 轴与某一方位自然伽马传感器开窗方向一致或成某角度，地面软件对这一角度进行角差补偿，确定方位自然伽马的空间测量方向。

2）结构总成

方位自然伽马测量工具由钻铤短节本体、测控电路、磁通门传感器、两组方位自然伽马传感器、密封压盖、偏心过线机构等组成（图 5-133）。

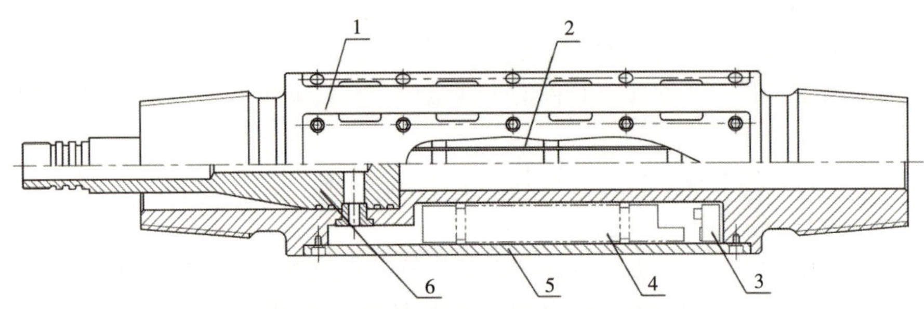

图 5-133　方位伽马测量短节结构图

1—钻铤短节本体；2—测控电路；3—磁通门传感器；4—方位伽马传感器；5—密封压盖；6—偏心过线机构

钻铤短节本体由高强度无磁材料加工而成，密封压盖与钻铤本体贴合面处布置有端面密封槽，密封槽内布置相应氟橡胶密封圈，然后使用螺钉将压盖锁紧，保证短节侧壁内的传感器及测控电路在密封空间内工作；测控电路及磁通门传感器的外表面灌封有减振胶，以增强二者本身的抗振性能，方位自然伽马传感器亦作轴向及径向抗振处理；偏心过线机构的设计目的是使信号线能够从工具钻铤侧壁引至轴向中心，确保测控电路测得的自然伽马数值能够传输至其上部无磁钻铤内居中放置的信号发射电路。

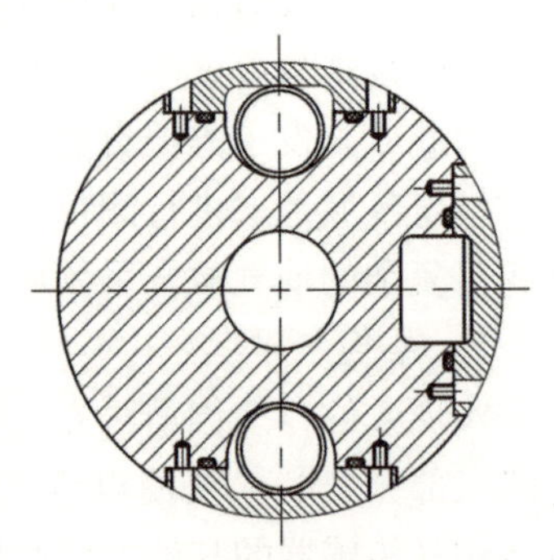

图 5-134　随钻动态方位自然伽马测量工具截面图

钻铤短节内部做挖空处理，确保钻井液流动顺畅（图 5-134），其侧壁布置有三个槽，一组方位自然伽马传感器和磁通门传感器共同放置在上部槽内，布置时，方位自然伽马的探测方向与磁通门传感器 X 轴方向一致，另外一组传感器与其成 180°槽内放置，与上述两槽成 90°的方形槽内放置测控电路，此处 180°对置方位伽马传感器的目的是在水平导向时，地质工程师主要关心目的层的上、下两个边界，而这样的放置方法确保了地面可最高效地接收到这两个方向地层的自然伽马数值。

3）有限元模型分析

根据钻铤侧壁开槽情况，采用商业有限元软件对其进行了有限单元离散分析：钻铤短节本体选用的材料为钛合金 TC4，弹性模量 108 GPa，泊松比 0.37，弹性极限 750MPa，屈服强度 825MPa，密度为 $4.5\times10^3kg/m^3$。单元尺寸设定为 0.005mm，并对倒角处的局部曲线进一步进行了细化。该钻铤共划分了 95234 个三维实体 6 面体单元和 124189 个三维实体 4 面体单元，共有 139359 个节点（图 5-135），采用该离散方案，单元划分已经足够密集，满足钻铤的整体应力和键槽的局部应力描述需求。

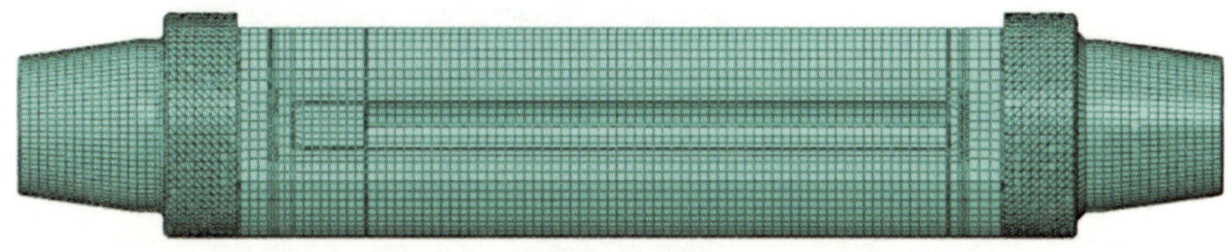

图 5-135 钻铤有限单元离散划分效果图

根据煤层气水平导向工况，模型边界条件设为一端固定，一端施加 10tf 钻压及 8000N · m 扭矩，钻铤全局应力云图如图 5-136 所示。

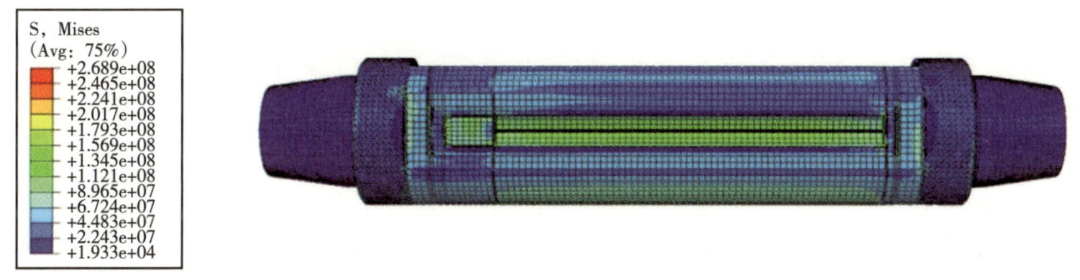

图 5-136 钻铤全局应力云图

从全局应力分布数据中找到了最大 Mises 应力单元，该处位于钻铤开槽右侧边缘，由此确定了钻铤的最大 Mises 应力截面，此截面的应力云图如图 5-137 所示。

由图 5-137 看出，最大应力峰值为 269MPa，小于所用材料（钛合金）的屈服强度 825MPa，说明在该工况中，钻挺受力仍然处于弹性变形范围内，安全系数达到 2.8，侧边开槽深度合理。

4）测控电路设计

测控电路包括有：两组信号放大器、比较器、模数转换器及 CPU 微处理器（图 5-138）。方位自然伽马传感器的输出信号经信号放大器 1 放大后传输至比较器，整形后传输至 CPU 微处理器进行计数，实现伽马数值的记录；磁通门传感器的输出信号经另外一组信号放大器放大后传输至模数转换器，CPU 微处理器读取数字信号后，计算所测量的位置信息。两组数据经 CPU 微处理器运算后，得出所测自然伽马数值对应的测量方位，然后经通信接口传输至随钻仪器单元的井下发射电路，结合了磁通门传感器的方位数据，测控电路可以在工具钻铤旋转时测量井壁 360°全方位自然伽马数据。

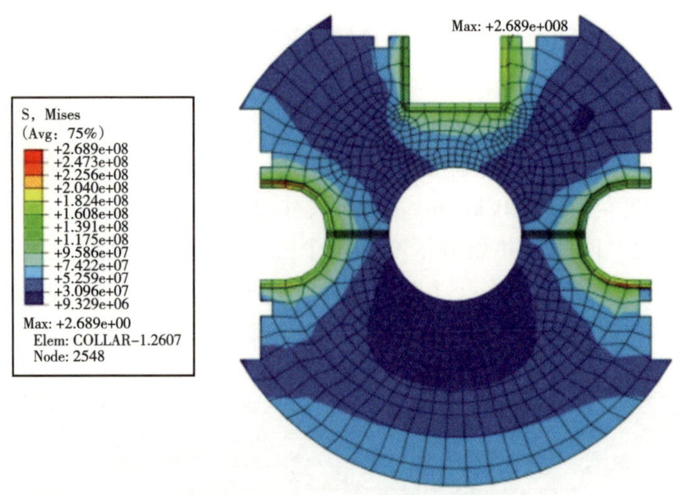

图 5-137　钻铤截面应力云图

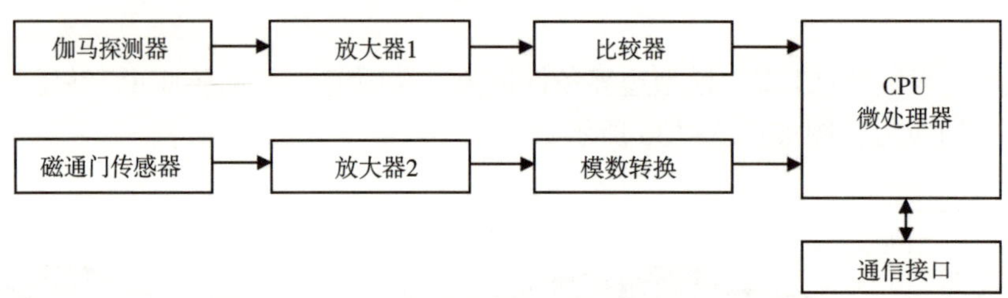

图 5-138　测控电路原理图

5）性能特点

随钻导向技术的关键在于控制钻头在目的层中行进，由于目的层及其上下边界岩层的自然伽马数值存在差异，可通过近钻头方位自然伽马测量工具实时测量其上下区域地层伽马数值，监测这两组伽马数值即可判断钻头从哪一边界出层以控制井眼轨迹在目的层中运行。一般来讲，目的层的伽马数值最低，在钻进时，结合短节所测量的上下伽马数值变化趋势，对钻头的行进轨迹进行预判，当上下伽马数值均增大时，说明钻头偏离目的层，此时，若上伽马高于下伽马数值，说明钻头向目的层顶部行进，需做降斜操作；若下伽马高于上伽马数值，说明钻头向目的层底部行进，需做增斜操作。

方位自然伽马测量工具在使用时，采用螺纹连接的方式接于螺杆上方并旋紧，为使测量工具所测量的上、下地层伽马数值更接近钻头处地层信息，短节直接接于螺杆上方，这样做到测点距钻头最近。在复合钻进时，工具随螺杆旋转可实时测量其周围360°地层任意方向的自然伽马数值，实现方位自然伽马成像，尤其是上、下方位的自然伽马数值对于现场导向工作十分必要；在定向钻进时，则只可测量自然伽马传感器开窗方向地层的自然伽马数值，可近似认为此数值为地层平均伽马数值。

在计算地层倾角方面，则需满足特定条件才可算出，即短节需要穿越一个地层层面，这样才能获取该点处层面的地层倾角信息，利用上、下伽马计算地层倾角的公式为：

$$\alpha = \arctan(d/L) + \beta - 90° \tag{5-3}$$

式中 α——地层倾角，(°)；

d——井径，m；

L——上、下伽马数值相等时钻进距离，m；

β——井斜角，(°)。

6) 主要技术参数

外径：120.6mm；

长度：0.8 m；

测量动态范围：0~255API；

测量精度：±5API，在 100API 环境及 60r/min 转速条件下；

测量半径：236mm，受地层岩性影响；

钻具转速范围：0~180r/min；

最大钻压：100kN；

最高工作温度：150℃；

最高工作压力：140MPa（20300 psi）。

7) 现场应用情况

(1) 常规油气井应用。

甘肃省合水地区某水平开发井，该井设计垂深 1814m、水平段长 1800m，目的层为油层砂岩，存在厚度不均、侧向尖灭和砂泥夹层等特性，属低孔、超低渗储层，对地质导向随钻仪器性能要求较高。4¾in 方位自然伽马测量工具在水平段 A 点（2022m）下入开始工作，在前 300m 时，油气显示良好，当钻至井深 2310m 时，工具计算目的层倾角在 89.5°~90°范围，而在此处钻井设计井斜要求 90.4°，若按此要求继续钻进则有出层的风险，现场技术人员决定后续井段主要依据方位自然伽马测量工具的实时数据，按 90°±0.5°井斜钻进，借助工具地层边界扫描的功能，确保了钻头始终在目的层中钻进，该井钻至井深 4007m 完钻，实钻水平井段长度 2025m，超出设计长度 225m。

此次现场应用，工具连续下钻 2 次，累计随钻时间 310h，创造了该地区水平井段长度新纪录，储层钻遇率 97.8%。

(2) 煤层气井应用。

山西省沁水盆地某煤层气井多分支水平开发井，该井由工艺井 H 井和排采井 V 井共同组成，H 井主支穿过 V 井在某煤层段的洞穴后，在该煤层区域钻多分支水平井，此段煤层好煤厚度仅为 1.6m，为提高煤层钻遇率，螺杆上方直接连接 4.75″方位自然伽马测量工具，伽马测点距钻头 6.5m，考虑到钻头在煤层中机械钻速高，且该段煤层断层较少，延伸长度可达数百甚至数千米，因此在测量工具入井前设置只传输上、下方位自然伽马值，以适用于现场煤层导向作业[41-43]。

此次现场应用，工具一次下钻完成一个主支及两个分支的全段导向作业，井下工作 112h，水平段总进尺 1491m，减少无效钻时 15%，煤层钻遇率超 98%。

8) 结论

(1) 油气井或煤层气井导向作业中，相对于传统自然伽马测量技术而言，方位自然伽马测量技术的测量值与空间方位相关联，具有及时发现、及时调整的优势。

（2）依靠方位自然伽马测量短节测得的地层上、下伽马数值的差异及变化趋势，可以正确判断钻头在目的层内的位置，而当钻头通过目的层面时，又可以计算该层面的地层倾角信息，真正地实现了随钻地质导向实时决策。

（3）在使用中发现，随钻方位自然伽马测量工具无法做到贴靠井壁，其测量结果受钻井液物理特性及井眼尺寸等因素影响，设计人员需在应用中进一步研究规律，设计专有软件对自然伽马数值予以校正。

四、成对水平井钻井轨迹磁定位精确控制系统

1. 技术背景

稠油在世界油气资源中占有较大的比重，是石油烃类能源中的重要组成部分。据统计，世界稠油、超稠油和天然沥青的储量约为 1000×10^8t。中国重油沥青资源分布广泛，已在 12 个盆地发现了 70 多个重质油田，资源量可达 300×10^8t 以上。在世界石油资源被大量采出后，这些难以开采的稠油和超稠油资源将是今后的开采方向。开采稠油和超稠油资源的有效方式之一是蒸汽吞吐开采，但随着生产规模不断扩大，常规蒸汽吞吐开发的矛盾逐渐暴露出来。为了进一步提高油田采收率，保持油田稳产，转换开采方式已迫在眉睫。实践证明蒸汽辅助重力泄油技术（Steam Assisted Gravity Drainage 技术，简称 SAGD 采油技术）可将采收率提高至 60%左右，比常规水平井蒸汽吞吐开采采收率高出 30%。

SAGD 采油技术实施方法如下：在靠近油藏位置钻一对水平段平行的水平井，上部水平井注蒸汽，注入的蒸汽向上超覆在地层中形成蒸汽腔并不断向上面及侧面扩展，与原油发生热交换，加热的原油和蒸汽冷凝水靠重力作用泄流到下部的生产水平井中，再用举升的办法进行生产（图 5-139）。

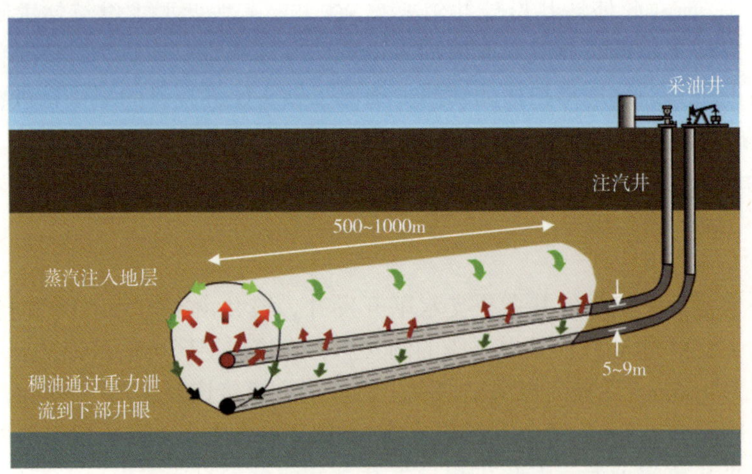

图 5-139 利用蒸汽辅助重力泄油技术开采原理图

该技术的实施关键在于如何精确地控制两口水平井的水平段，既要获得固定的空间距离（5m±0. 5m），又要整体控制在储层砂体内延伸。这就对井眼轨迹的精确测量和层间位置的准确计算提出了很高的要求。目前常规的轨迹控制仪器如 MWD、陀螺仪等，因累积误差原因，精度远不能满足要求，而利用磁定位测距技术进行成对水平井的井眼轨迹控制

则可满足精度要求。

20 世纪 80 年代，艾伯特石油技术研究所（AOSTRA）进行了蒸汽辅助重力泄油（SAGD）的试验。研究人员在艾伯特的一个地下试验基地钻成了世界上的第一对 SAGD 成对水平井，但是这对水平井是从地下的矿井井筒开始钻的。从地表开始，钻成对水平井的技术在那个年代还不成熟。直到 1993 年，加拿大 Sperry Sun Dring Services 公司和美国的 Vector Magnetics 公司联合研制出了用于 SAGD 成对水平井磁定位导向钻井用的 MGT 仪器，从地表开始钻成对水平井的技术才发展起来。1995 年美国 Vector Magnetics 公司研制出旋转磁场测距系统（Rotating Magnet Ranging Service，简称 RMRS），并在 1999 年得到了进一步的发展并走向成熟。目前 RMRS 技术在 SAGD 超稠油开采、煤层气开采、地下可溶性矿物开采、救援井等领域都得到了广泛的应用。

目前，世界范围内钻成的 SAGD 成对水平井大部分由哈里伯顿、康普乐、独立石油及斯伦贝谢等国际著名服务公司的技术与仪器完成。中国石油集团西部钻探工程有限公司钻井工程技术研究院所研发的 RMS-Ⅰ型磁定位系统，率先在国内实现了现场应用。

2. 结构与原理

RMS-Ⅰ型磁定位系统主要由旋转磁场发生器、磁场和加速度探测器、信号传输系统和定位导向软件四个部分组成（图 5-140）。钻头在钻进的过程中，钻头中的磁场源跟随钻头一起旋转，在特定区域内产生具有强度和方向的旋转磁场。磁场和加速度探测器测量磁场和重力加速度，信号传输系统将测得信号进行编码后传输到地面接收器。定位导向软件将磁场探测传来的数据，采集到计算机中并进行滤波、地磁信号分离，完成动态跟踪和精确定位计算。通过计算确定两井的相对空间位置，将井眼轨迹控制在设计目标靶窗范围内，从而有效地解决在 SAGD 成对水平钻井施工中的轨迹偏移问题。

具体工作原理如下：在成对水平井上部注气井的水平段布置一个三轴磁场探测器，在下部参考井的水平段布置一个螺线管磁场发生器（图 5-141）。下部参考井水平段与上部注气井水平段距离为 5m 左右，且接近平行。给旋转磁场发生器中的螺线管磁场源通交变电流，使其在区域内产生具有一定强度和方向的磁感应信号，当旋转磁场发生器经过三轴磁场和加速度探测器时，可测得一个明显的磁场变化（图 5-142）。在第一个井深位置进行测量后，将磁场源向前移动一段距离，在第二个井深位置进行第二次测量，通过两次测

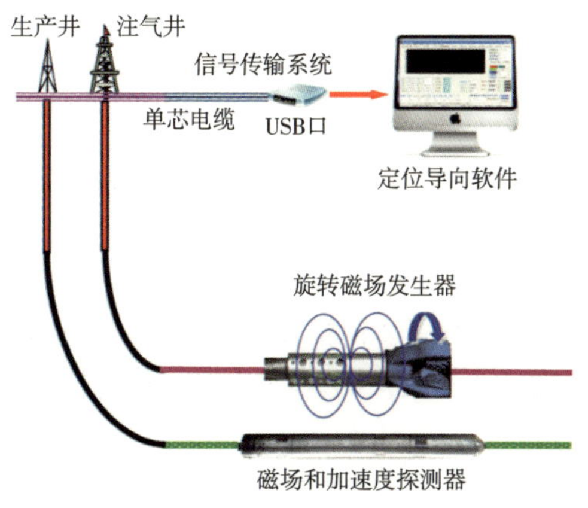

图 5-140 RMS-Ⅰ型磁定位系统组成

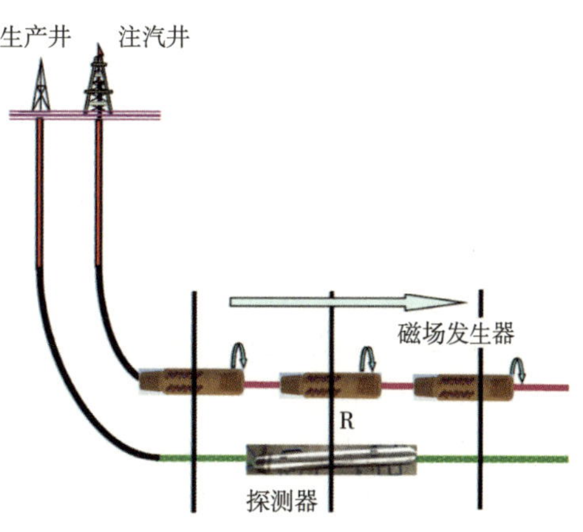

图 5-141 磁定位动态测量原理图

量的结果以及距离的增加值来进行分析计算，可以求取两井之间的距离和偏移角，其测量原理如图 5-143 所示。

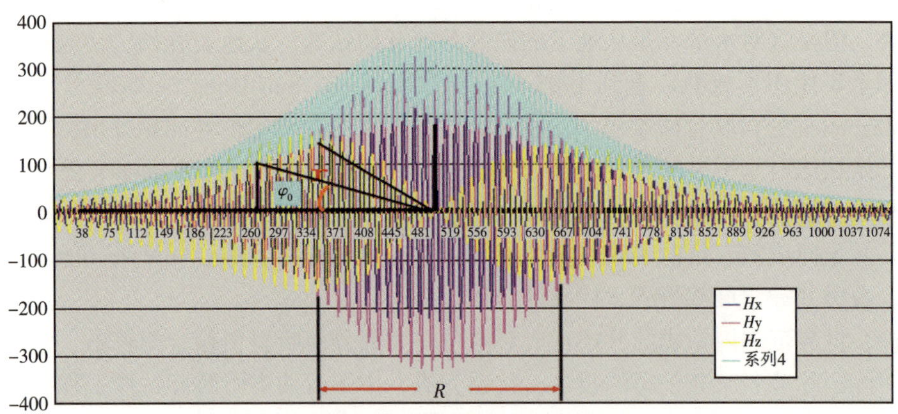

图 5-142　磁场源经过探测器的过程中磁场变化曲线

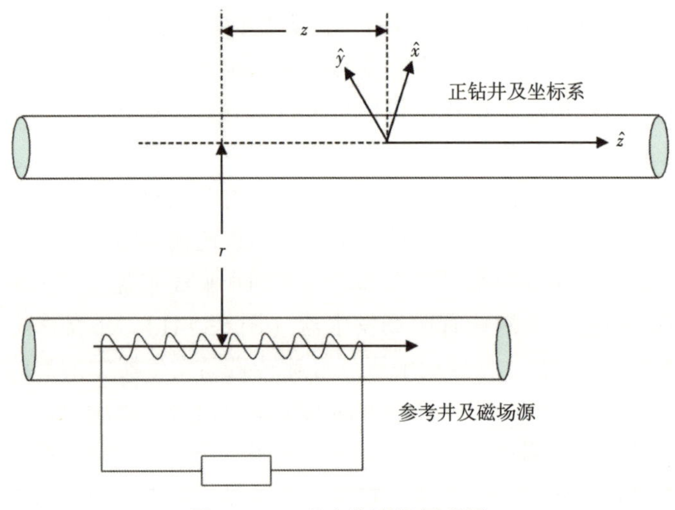

图 5-143　磁定位测量原理图

3. 技术成果

磁定位系统是国内一项开创性的研究课题，涉及钻井工艺、机械设计与加工、电子电路设计以及信号传输等技术集成研究。此前，掌握该项技术主要是哈里伯顿、康普乐、独立石油等国际著名服务公司。近年，国内研究机构相继对磁定位导向技术进行了研究，并研制出相关产品，但多用于两井连通的磁定位导向钻井，可用于 SAGD 成对水平井导向钻井的磁定位系统未见报道。中国石油集团西部钻探工程有限公司钻井工程技术研究院自主研发的 RMS-Ⅰ型磁定位系统，经过了 60 余次室内试验和多次的现场应用验证，其测量精度和稳定性达到国际同类仪器的先进水平（表 5-25）。

开发 RMS-Ⅰ型磁定位系统 取得了如下技术成果：

（1）开发形成了基于 DSP 架构的可同步、实时采集三轴磁场和加速度数据的三轴磁场和加速度探测器，磁场测量精度达 0. 1nT。

表 5-25 RMS-Ⅰ型磁定位系统测量精度与国际同类仪器测量精度对比

测量距离，m	MGT	RMRS	RMS-Ⅰ型
5~10	2%（0. 1~0. 2m）	5%（0. 25~0. 5m）	2%（0. 1~0. 2m）
10~25	5%（0. 5~1. 25m）	5%（0. 5~1. 25m）	5%（0. 5~1. 25m）
25~50	超范围	5%（1. 25~2. 5m）	超范围

（2）成功研制了具有磁性强、耐温性能好、抗冲击并具有一定强度的可产生高精度磁场信号的永磁体磁场发生源。

（3）采用磁信号正交测量和双峰距离测量方法，建立了适用于 SAGD 成对水平井磁定位导向钻井过程中实时跟踪、精确定位计算模型，属国内首创。

（4）设计开发了可满足 SAGD 成对水平井钻井过程中测点目标精确定位的磁定位软件。

（5）自主研发了单总线井下信号发送和地面信号接收装置，形成了单总线信号传输系统。

（6）首创套管内磁定位导向作业，显著提高着陆点前的轨迹控制精度。

（7）形成了一套成对水平井钻井轨迹磁定位精确控制系统及配套施工工艺。

4. 试验与检测技术

1）测量精度测试

采用仪器校验方法，在测量过程中，磁定位系统测量的结果与激光测距仪，激光直角仪测量的结果进行分析对比，得到仪器误差曲线（图 5-144 和图 5-145）。

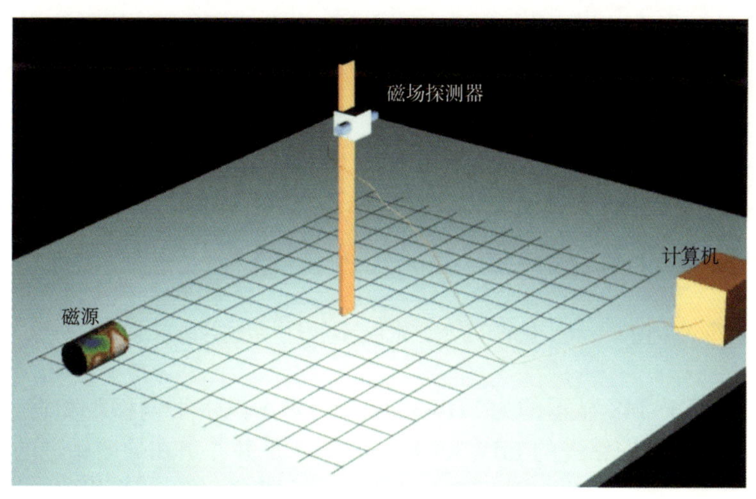

图 5-144 磁定位测量校验

2）抗振动测试

振动测试台，将三轴磁场传感器固定在振动测试台，按实验要求、启动程序运行振动台，振动台上有冲击测量传感器，经专用计算机采集测量软件，采集测量冲击大小。

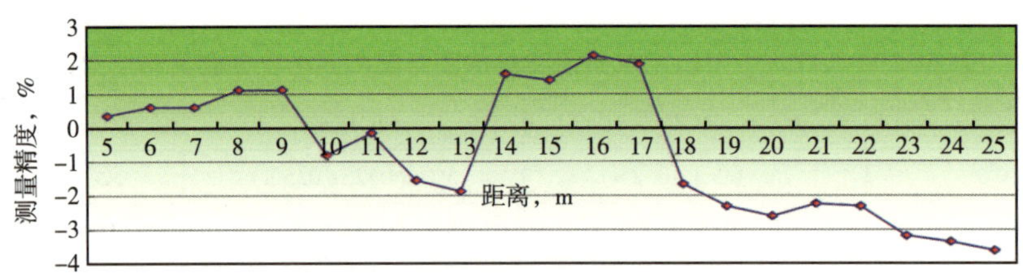

图 5-145　磁定位测量精度分析图

3）抗冲击测试

冲击测试台，将三轴磁场传感器固定在测试台滑块上，启动上提滑动测试块到设定高度，释放滑动块，使其快速下落，冲击在底座上，滑动块上有冲击测量传感器，经专用计算机采集测量软件，采集测量冲击大小。

5. 现场应用效果

中国石油集团西部钻探工程有限公司钻井工程技术研究院自主开发的磁定位导向系统在新疆油田风城稠油油田进行了 30 多对井的现场应用。以重 18 井区 3089SAGD 井组的现场应用为例，对该系统的应用效果和系统本身性能进行分析。

FHW3089 井组位于准噶尔盆地风城油田重 18 井区 SAGD 开发试验区，设计井深 908.87m，垂深 422.30m，目的层位为侏罗系齐古组（J_3q^3）。应用 RMS-Ⅰ型磁定位系统导向钻进井段为 514~913m，进尺 399m（图 5-146）。

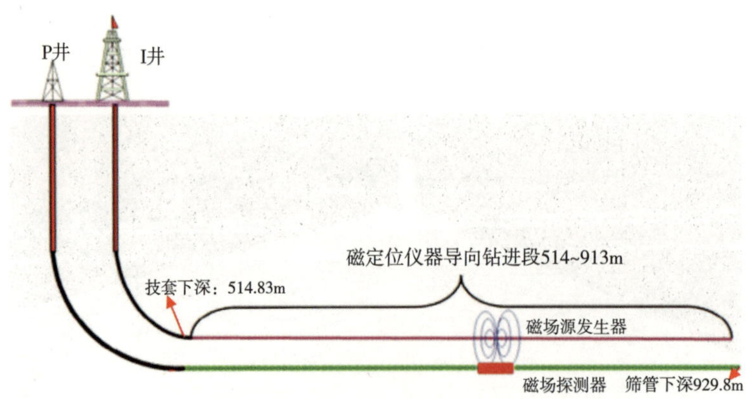

图 5-146　RMS-Ⅰ型磁定位系统导向钻进井段示意图

图 5-147 和图 5-148 显示的为 FHW3089 井组水平段水平偏移距和垂直偏移距曲线。由此可知，由磁定位导向钻进的 FHW3089SAGD 双水平井井组在导向钻进的过程中数据测量准确、轨迹控制合理，成功实现两双水平井按设计要求完钻，证明 RMS-Ⅰ型磁定位系统的数据测量精度和稳定性均符合设计要求，满足磁定位导向钻井施工要求。

1）经济效益与社会效益分析

2012 年至今，成对水平井钻井轨迹磁定位精确控制系统已在新疆油田成功推广应用 34 对 SAGD 成对水平井，创造了显著经济效益。

SAGD（蒸汽辅助重力驱油技术）技术是一项钻采新工艺，涉及许多新的钻井工艺和

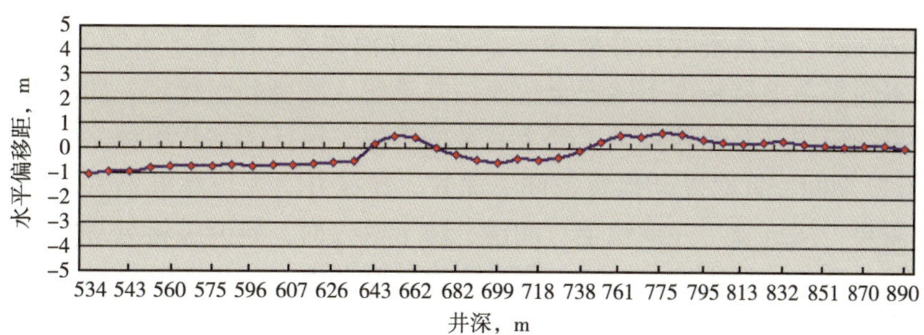

图 5-147　FHW3089 井组水平段水平偏移距曲线

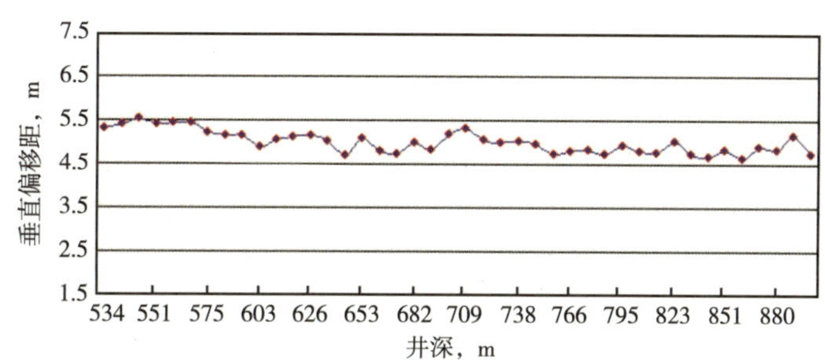

图 5-148　FHW3089 井组水平段垂直偏移距曲线

设备，起关键作用的磁定位测量技术。随着生产规模的不断扩大，稠油资源转换开采方式已势在必行，而 SAGD 技术已成为一项稠油开发的有效采油技术，因此大力完善和推广磁定位技术，对于提高我国油田稠油油藏开发效率具有非常重要的意义。

2）推广应用前景

新疆风城油田稠油资源丰富，其中适合采用 SAGD 成对水平井技术进行开采的储量大约为 2.3×10^8t，根据新疆油田公司的统一部署，SAGD 成对水平井技术将作为稠油热采的首要接替技术，随着稠油、超稠油资源的不断开发利用和生产规模的不断扩大，成对水平井钻井轨迹磁定位精确控制系统作为利用 SAGD 技术进行稠油开采的核心钻井装备，具有广阔的应用前景。

中国稠油、超稠油资源分布广泛，已在 12 个盆地发现了 70 多个重质油田，资源量可达 300×10^8t 以上，而要提高这些稠油、超稠油的采收率，采用 SAGD 成对水平井采油技术是最有效的技术手段，在各稠油油田必将得到广泛的推广和应用。

第四节　钻井液新技术

钻井液的研究与应用经历了起步、发展、完善和提高四个阶段。正是由于新材料、新处理剂的发展，钻井液技术有了长足进步，钻井液由分散到不分散，到低固相、低或/和无黏土相钻井液发展过程中不断完善配套。

不分散低固相聚合物钻井液、“三磺”钻井液、饱和盐水钻井液、聚磺钻井液、聚磺钾盐钻井液、两性离子聚合物钻井液、阳离子聚合物钻井液、正电胶钻井液、硅酸盐钻井液、氯化钙钻井液、有机盐钻井液、甲基葡萄糖苷钻井液、聚合醇钻井液、胺基抑制钻井液、超高温钻井液、超高密度钻井液等一系列钻井液体系，解决了不同时期、不同阶段、不同地区和不同复杂地质条件下的安全快速钻井难题。围绕井壁稳定、防漏堵漏机理和方法的研究成果的应用，有效地减少了井下复杂的发生，保证了钻井质量。

“十二五”期间，针对复杂地质条件下深井、超深井、大位移井钻井，以及页岩气水平井钻井的需要，从抗温、井壁稳定、润滑、防卡等方面，研究关键处理剂，实现处理剂系列化。在胺基钻井液低密度钻井液、高温海水基钻井液、仿生固壁钻井液及钻井液用纳米新材料等方面取得了进步，促进了钻井液技术发展。

一、低密度钻井液技术

1. 可循环泡沫技术

新型可循环自动发泡钻井液体系，主要组分包括：生物聚合物、表面活性剂、发泡剂 A、发泡剂 B。生物聚合物的主要功能是用来提高钻井液体系的黏度，使体系保持良好的携屑能力，确保井眼的清洁，如黄原胶、改性淀粉等；表面活性剂的主要功能是稳定所形成的泡沫；发泡剂 A、B 的功能是产生气泡。该体系自动发泡的机理是，当发泡剂 A 和发泡剂 B 在钻井液体系中混合后，发生化学反应而产生气泡，进而形成泡沫钻井液体系。体系中形成气泡的数量可通过发泡剂 A 和发泡剂 B 的量及其配比来调控，产生气泡的稳定性可通过优选表面活性剂来达到预期的目标。

1）表面活性剂的优选

对十二烷基硫酸钠、十二烷基磺酸钠、十二烷基苯磺酸钠及十六醇聚氧乙烯（3）醚磺酸钠四种表面活性剂的起泡性和稳泡性进行评价。测试的实验结果见表 5-26。

四种评价的表面活性剂中，低浓度下，十二烷基硫酸钠的发泡性能和稳泡性能最佳；而在较高浓度下，十六醇聚氧乙烯（3）醚磺酸钠的发泡性能和稳泡性能最佳；综合对比，优选十六醇聚氧乙烯（3）醚磺酸钠作为可循环自动发泡钻井液配方中的表面活性剂。

表 5-26　四种表面活性剂不同浓度下的起泡性能和稳泡性能

表面活性剂	浓度 %	泡沫体积，mL									半衰期 s
		初始	30s	3min	5min	10min	15min	20min	25min	30min	
十二烷基磺酸钠	0. 10	545	508	440	420	323	235	175	153	130	135
	0. 20	665	645	615	595	585	550	440	338	258	180
	0. 40	770	760	730	700	683	580	390	275	175	214
	0. 80	765	758	720	695	660	548	395	270	255	203
	1	760	750	715	690	660	565	395	285	220	198
十二烷基硫酸钠	0. 10	540	515	473	445	408	378	358	325	293	140
	0. 20	775	768	730	703	683	640	543	478	420	197
	0. 40	825	813	778	755	733	643	515	428	378	187
	0. 80	830	810	780	758	725	613	485	393	325	180
	1	835	818	785	758	725	580	498	395	315	179

续表

表面活性剂	浓度 %	泡沫体积，mL									半衰期 s
		初始	30s	3min	5min	10min	15min	20min	25min	30min	
十二烷基苯磺酸钠	0. 10	570	550	510	478	435	370	290	188	110	170
	0. 20	745	740	700	665	625	550	443	353	235	197
	0. 40	775	768	731	700	668	600	480	370	285	191
	0. 80	800	788	763	715	670	635	508	373	263	184
	1	803	790	773	750	713	643	520	385	280	179
十六醇聚氧乙烯（3）醚磺酸钠	0. 10	500	490	440	370	295	270	250	240	230	164
	0. 20	640	620	600	575	553	525	498	465	428	162
	0. 40	780	773	755	733	700	675	625	568	515	216
	0. 80	780	775	745	725	695	635	555	490	435	202
	1	790	788	763	740	720	644	570	490	435	205

注：各表面活性剂的发泡液体积均为100mL，其性能均在50℃下测得。

2）协同稳泡聚合物的优选

泡沫钻井液体系除起泡能力强外，还要求其稳泡性能好。泡沫钻井液体系中常通过添加稳泡剂改善泡沫液膜质量，以实现泡沫的稳定性能。评价了十六醇聚氧乙烯（3）醚磺酸钠中分别添加盐、聚丙烯酰胺、两性离子聚合物包被剂 FA367、聚阴离子纤维素 PAC、黄原胶 XC 等五种产品的稳泡性能，评价的实验结果如图 5-149 所示。

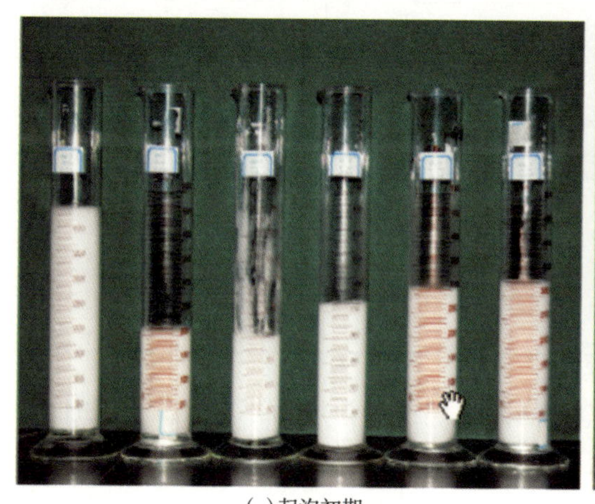

(a)起泡初期

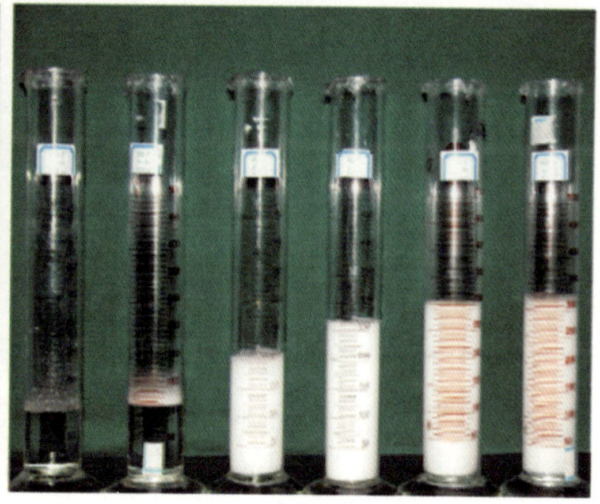

(b)4h后

图 5-149 实验结果（从左至右依次是：无、盐、聚丙烯酰胺、FA367、PAC、XC）

从评价的实验结果可以看出，聚阴离子纤维素（PAC）和黄原胶（XC）的稳泡效果最好，因此，在可循环自动发泡钻井液体系的配方设计中，选用 PAC 和 XC 既可能保证其稳泡效果，也能发挥它们自身降滤失和提黏提切的功能。

3）可循环自动发泡钻井液体系

在优选表面活性剂、协同稳泡聚合物的基础上，可循环自动发泡钻井液体系配方选用黄原胶（XC）、聚阴离子纤维素（PCA-HV）、细目碳酸钙（300 目）、十六醇聚氧乙烯

（3）醚磺酸钠、发泡剂 A、发泡剂 B、流变性能稳定剂等处理剂进行优化组合，其中细目钙有利于形成滤饼，流变性能稳定剂用于稳定体系流变性能及 pH 值。

根据可循环自动发泡钻井液体系的配方，设计了几种具体的配方组成。表 5-27 是几种可循环自动发泡钻井液体系的配方组成。

表 5-27　可循环自动发泡钻井液体系的配方组成

体系编号	具体配方组成，g/L						
	XC	PAC，HV	细目钙（300 目）	发泡剂 A	表面活性剂	流变性能稳定剂	发泡剂 B（50%）
1#	12	3	30	30	12	6	12
2#	3	12	15	15	9	4.5	12
3#	9	6	60	30	9	1.5	12
4#	7.5	6	45	15	15	6	12
5#	4.5	9	45	15	9	6	12

在聚合物基液中添加发泡剂 B 进行发泡，发泡后，所测试的钻井液体系性能参数见表 5-28。

表 5-28　发泡后钻井液体系所测试的性能参数

体系编号	聚合物基液性能参数（发泡后）		
	pH 值	密度，g/cm^3	API 滤失量，mL/30min
1#	7.12	0.34	7.4
2#	6.80	0.37	7.7
3#	7.00	0.41	4.6
4#	6.80	0.39	6.4
5#	6.90	0.38	8.8

结果表明以上五种配制的聚合物基液完全能满足煤层气的常规钻井需求，当添加发泡剂 B 后，各配方均具有很好的综合性能，适合煤层气的欠平衡钻井，因此，可循环自动发泡钻井液体系可根据煤层气现场钻井的需要，实现常规钻井和欠平衡钻井之间的切换。综合成本考虑，优选第二种配方，具体配方组成为：0.3%XC+1.2%PAC-HV+1.5%细目钙（300 目）+1.5%发泡剂 A+0.9%表面活性剂+0.45%流变性能稳定剂+1.2%发泡剂 B（50%）。

2. 抗高温泡沫技术

地热具有持续稳定、不受天气影响、可全天候供应等独特优点，是新能源中最现实并最具竞争力的能源之一。高温地热资源通常储集于板块边缘，即储集于火层岩地层中，高温、裂缝、低压、岩石坚硬是它的储集特点。

这类地层常规钻井液很难满足钻井施工要求。泡沫钻井液本身因其低密度、高黏度，有利于提高坚硬地层的机械钻速，良好的携屑能力，保持井眼清洁和防漏堵漏能力。

采用高级脂肪醇、氨基苯磺酸、N，N-二甲基十二烷胺和乙二胺四乙酸等原料制备出高温封堵型发泡剂（DRfoam-3），按照 SY/T 5350《钻井液用发泡剂评价程序》评价发泡剂形成泡沫的能力，包括发泡体积和半衰期两个参数。通过不同加量发泡剂在清水中发泡性能的评价，确定最佳发泡剂加量，如图 5-150 所示。

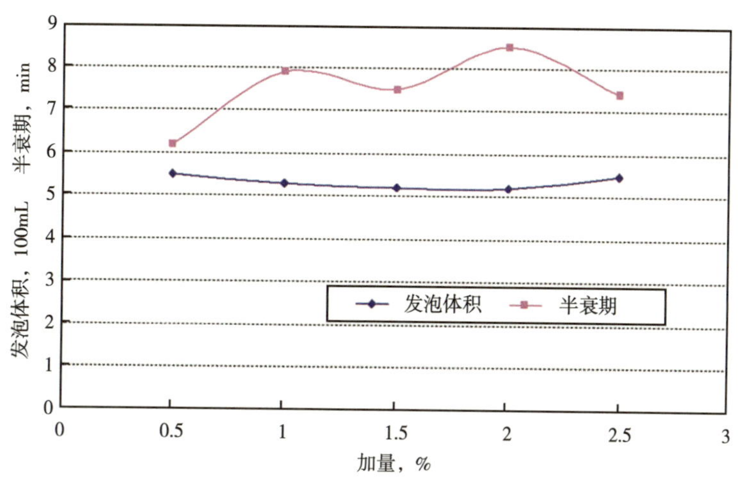

图 5-150 不同加量 DRfoam-3 的泡沫性能

高温封堵型发泡剂从加量 0.5%产生的发泡体积与加量 2.5%时的发泡体积差异不大，而半衰期随着加量的增加，呈上升趋势，发泡剂加量越多，形成的泡沫越稳定。评价结果表明该发泡剂具有良好的泡沫性能。

地层环境极其复杂，钻井过程中会遇到各种不同污染物侵入到钻井液中，钻井液对这些污染物的抵抗能力是钻井液应该具有的能力。通过对发泡剂在模拟地层水污染后的泡沫性能，确定泡沫的稳定性，如图 5-151 所示。

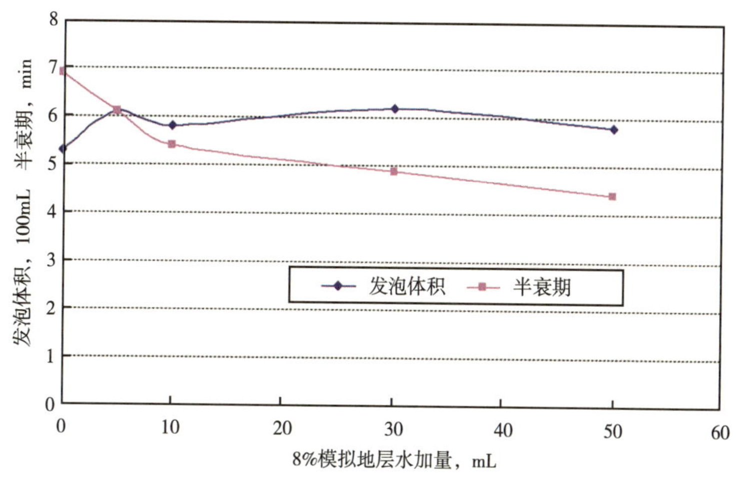

图 5-151 8%模拟地层水对 Drfaom-3 泡沫性能的影响

随着 8%模拟地层水加入到 DRfoam-3 形成的泡沫液中，其发泡剂增加，半衰期降低，这是由于发泡剂的有效含量在减少，基液增多，使形成的泡沫体积增大，而稳定性逐渐降低。

泡沫在高温环境下的适应性是高温地热井的关键指标之一，DRfoam-3 在不同模拟地层水浓度下经过 220℃热滚 16h 后的泡沫性能如图 5-152 所示。

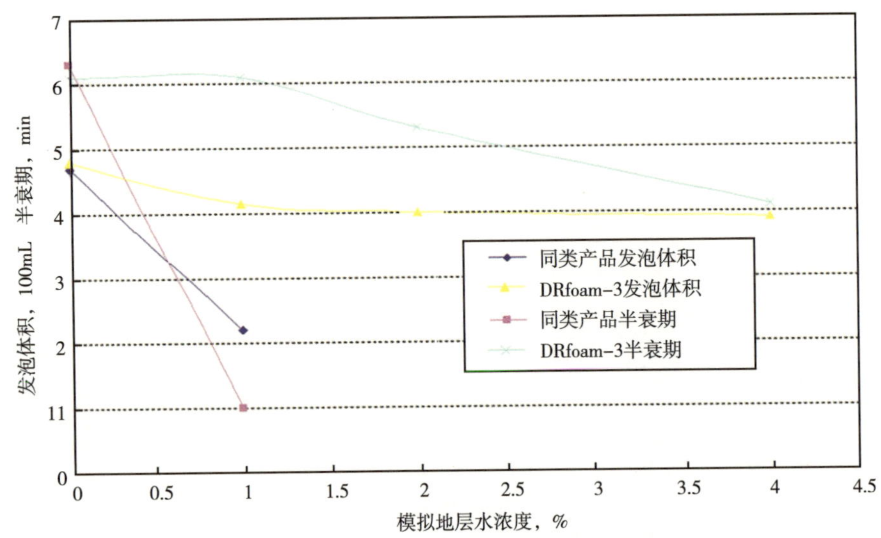

图 5-152 DRfoam-3 在不同模拟浓度地层水浓度中的泡沫性能（220℃/16h）

220℃ 16h 热滚后同类产品在 2%模拟地层水中已不能满足泡沫钻井液所需性能，而 DRfoam-3 在 4%模拟地层水中仍具有良好的泡沫性能。在不同含量和浓度盐水中，同类产品的泡沫性能指标均低于 DRfoam-3。

3. 高抗油泡沫技术

高抗油泡沫钻井液技术以油相抑制页岩水化膨胀、地层造浆，防止储层发生水敏而伤害储层，以泡沫降低钻井液密度，封堵防漏，以微泡沫为连续相实现泵送，该技术已成为钻探高温深井、大斜度定向井、水平井、各种复杂井段和储层保护的重要手段。高抗油泡沫钻井液与水基钻井液相比，具有以下优点：有利于提高钻井速度、抗污染能力强适用于液相欠平衡钻井、防漏能力强、防塌能力强、抗温能力强、润滑性好、抑制性强。

室内实验采用 MQ7H 井现场取样钻井液，现场钻井液配方如下：30%井浆+70%原油+2%RHJ+3%CaO+0. 5%降滤失剂+0. 5%DF-1。

选用新型高抗油钻井液发泡剂 Drfoam-2，实验采用高速搅拌器发泡配制高抗油泡沫，其发泡原理是通过搅拌器叶轮在油水混合物中高速旋转，空气进入基液而形成泡沫流体。采用该方法评价了高抗油泡沫发泡剂 Drfoam-2 在高抗油钻井液中的发泡能力。

高抗油钻井液发泡剂 Drfoam-2 加量为 0. 1%~0. 5%时，发泡体积随加量增加呈线性增加，密度可降至 0. 70g/cm^3；加量为 0. 5%~0. 7%时，发泡体积可超过 200%，发泡高度可达 890mL，密度可降至 0. 40g/cm^3。图 5-153 为高抗油钻井液发泡剂与发泡高度关系图，图 5-154 为高抗油钻井液发泡剂加量与钻井液密度关系图。实验证明高抗油发泡剂 Drfoam-2 可有效解决在非极性溶剂中发泡的问题。

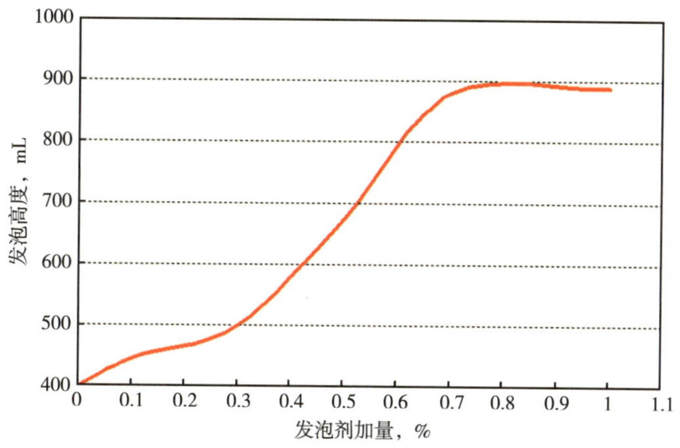

图 5-153　高抗油钻井液发泡剂加量与发泡高度关系图

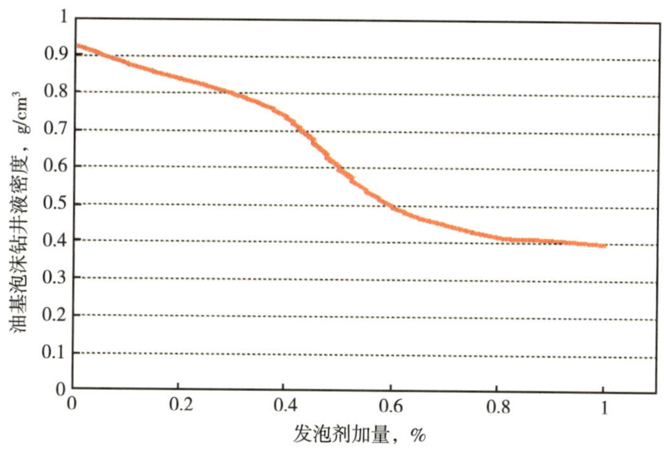

图 5-154　高抗油钻井液发泡剂加量与钻井液密度关系图

二、高温海水基钻井液技术

1. 低毒高温极压润滑剂 HGRH-1

通过室内合成，以天然植物油和混合多元醇胺为主料，然后接入极压抗磨元素以提高润滑剂的极压抗磨能力，再引入乳化剂以增强润滑剂在钻井液中的分散能力，反应一段时间后，制得棕红色半透明液体润滑剂 HGRH-1。

1）HGRH-1 对钻井液体系润滑性能的影响

在海水钻井液体系中加入 HGRH-1，高温老化后对其进行极压润滑系数测试，结果见表 5-29。海水钻井液体系的配方：海水基浆+0.5%提切降滤失剂+2%抗高温改性天然聚合物+重晶石（根据密度需要添加）。

随着 HGRH-1 加量的增加，钻井液极压润滑系数下降明显。加量 1.0%时，海水钻井液体系的润滑系数均下降 70%以上；加量 2%时，润滑系数下降 80%以上，表现出良好的润滑性能和适应性；HGRH-1 加入各钻井液后，体系的密度基本不变，说明 HGRH-1 不会引起钻井液起泡，这有利于现场施工。

表 5-29　润滑剂 HGRH-1 对海水钻井液润滑性能的影响

HGRH-1 加量，%	实验条件	密度，g/cm^3	润滑系数	润滑系数降低率，%
0	—	1.25	0.4668	—
1.0	150℃/16h	1.25	0.1254	73.14
1.5	150℃/16h	1.25	0.1137	75.64
2.0	150℃/16h	1.25	0.0921	80.27

2）HGRH-1 的抗温性能

将 2%HGRH-1 加入密度为 1.12g/cm^3 的钻井液基浆中，测定经过 120℃、150℃、180℃、200℃老化 16h 后的流变性、滤失量和润滑系数，见表 5-30。基浆配方为：5%钠膨润土+2%SPNH+ 2.0%NH_4-HPAN +2%SMP-Ⅱ+0.1%提切剂+重晶石。

表 5-30　润滑剂 HGRH-1 的抗温性能

HGRH-1 加量，%	实验条件	*PV* mPa · s	*YP* Pa	FL_{API} mL	润滑系数
0	老化前	24	11.5	4.2	0.343
2	老化前	23	9.5	3.2	0.107
2	120℃/16h	22.5	10.0	3.2	0.069
2	150℃/16h	23	8.5	3.6	0.058
2	180℃/16h	21	8.5	3.8	0.051
2	200℃/16h	19.5	8.0	4.0	0.047

与钻井液基浆性能相比，加入 2% HGRH-1 后钻井液的流变性基本不变，滤失量减小，润滑系数大幅降低；随着老化温度的增加，钻井液的塑性黏度和切力略有下降，润滑系数逐渐减小，表明润滑剂 HGRH-1 具有良好的高温润滑性能，与钻井液体系的配伍性良好，而且对钻井液不产生增黏作用，抗温达 200℃。

3）HGRH-1 毒性分析

根据行标 SY/T 6788《水溶性油田化学剂环境保护技术评价方法》，采用发光细菌法对 HGRH-1 的毒性进行了评价，测得的 EC50 值为 6.23×10^4 mg/L。参照 SY/T 6787《水溶性油田化学剂环境保护技术要求》生物毒性分级标准，HGRH-1 无毒，易生物降解。

2. 抗高温改性天然聚合物降滤失剂 SDAA

淀粉作为钻井液降滤失剂，当应用于深度较深的井时，便会丧失降滤失剂的性能。在保留淀粉本身性能条件下，采用改性的办法，使其具有作为降滤失剂所需要的水溶性及抗温耐盐性。为保证降滤失剂的功能，接枝共聚物需要具有吸附能力和水化能力，即淀粉接枝物要有吸附及水化功能的基团。

根据三种基团，即非离子吸附基团、阳离子吸附基团及阴离子水化基团的分析，选择丙烯酰胺、苯乙烯磺酸钠及 2-丙烯酰胺基-2-甲基丙磺酸作为淀粉接枝共聚的单体。

（1）SDAA 在盐水基浆中的性能见表 5-31。

表 5-31 SDAA 在盐水基浆中的性能

SDAA 加量 %	表观黏度 mPa·s	塑性黏度 mPa·s	动切力 Pa	FL_{API} mL
0	8	5	3	37
0.5	12	8	4	19.7
0.8	17	12	4	11.2
1.0	21	15	5	7.1

在盐水基浆中加入 SDAA 降滤失剂后，API 滤失量明显下降；同时表观黏度及塑性黏度也随之上升，动切力明显提高。

（2）SDAA 在饱和盐水基浆中的性能见表 5-32。

表 5-32 SDAA 在饱和盐水基浆中的性能

SDAA 加量 %	表观黏度 mPa·s	塑性黏度 mPa·s	动切力 Pa	FL_{API} mL
0	6	4	2	91
0.5	9	5	4	30
0.8	13	6	4	11.6
1.0	17	12	5	10

在饱和盐水基浆中加入 SDAA 降滤失剂后，API 滤失量明显下降；同时表观黏度及塑性黏度也随之上升，动切力明显提高。

（3）SDAA 在海水基浆中的性能见表 5-33。

表 5-33 SDAA 在海水基浆中的性能

SDAA 加量 %	表观黏度 mPa·s	塑性黏度 mPa·s	动切力 Pa	FL_{API} mL
0	5	4	1	96
0.5	9	8	1.5	30
0.8	11	9	1.5	9.6
1.0	15	12	3	8.5

饱和盐水基浆加入 SDAA 降滤失剂后，API 滤失量明显下降；同时表观黏度及塑性黏度也随之上升，动切力明显提高。

（4）抗温性见表 5-34。

随着温度的升高，SDAA 钻井液性能稳定，滤失量增加较少；150℃时，还能维持 HTHP 滤失量在 11.8mL，表明 SDAA 产品抗温性良好，抗温可达 150℃。

根据 SY/T 6788《水溶性油田化学剂环境保护技术评价方法》，采用发光细菌法对 SDAA 的毒性进行了评价，测得的 EC50 值为 1.11×10^6mg/L。参照 SY/T 6787《水溶性油田化学剂环境保护技术要求》生物毒性分级标准，SDAA 无毒。

表 5-34　SDAA 抗温性能

基浆	温度 ℃	表观黏度 mPa·s	塑性黏度 mPa·s	动切力 Pa	FL_{API} mL	FL_{HTHP} mL
淡水	90	22	15	7	0.8	—
	120	20	15	5.5	1	—
	150	16	13	5	2	8.6
盐水	90	20	15	5	1.5	—
	120	17	13	4	1.9	—
	150	12	9	3	3.2	11.8

三、仿生固壁钻井液技术

近年来，稳定井壁技术的发展趋势是实现物理与化学耦合，在井壁外围形成保护膜，阻止水、外来固相进入地层，稳定井壁。其代表性的钻井液技术有：高性能水基钻井液、成膜水基钻井液、井壁贴膜技术、油基钻井液、纳米封堵剂和纳米固体弹性石墨等。

对井壁失稳机理的研究，过去仅局限于在钻井液化学影响下的力学分析，尽量避免对井壁的不利影响，未真正实现物理—化学耦合，未从井壁岩石内因和外因相结合角度解决固壁问题。开发了一些钻井液材料，形成了成膜钻井液技术、胺基聚合物钻井液和提高地层承压能力等稳定技术等。

从疏水性仿生材料与钻井液技术相结合的角度出发，研制出一种疏水性仿生材料，使之能吸附在井壁上，形成一层疏水性薄膜，从而减小或阻止钻井液滤液向水敏性地层的侵入，有效地解决钻井过程中的井壁稳定。将疏水仿生性材料与钻井液相结合，其中以两亲性嵌段聚合物选为契合点，通过两亲性嵌段聚合物在水基钻井液中应用，使它的亲疏水端吸附井壁，疏水端朝向井内，在井壁上形成一层疏水性半透膜，改变井壁原有的表面性能，使钻井液难以润湿井壁或渗入地层，从而起到稳定井壁的作用。

1. 疏水仿生材料

丙烯酸氟烷基酯类聚合物由于其优异的耐候性、化学稳定性、疏水疏油性等性能，已被广泛地应用在涂料、疏水生物等材料的表面改性。采用 RAFT 聚合法合成了两亲性嵌段聚合物，通过在含氟聚合物主链上引入羧酸基团，改变共聚物的溶液性能和成膜性能。

1）两亲性嵌段共聚物的合成

采用 RAFT 法合成 P（MMA—CO—MAA）大分子链转移剂。将 MMA、MAA、AIBN、DTE 并溶于环己酮中，室温下充分搅拌至单体完全溶解，在 N_2 保护下于恒温 80℃ 的油浴中反应一定时间后，用环己烷沉淀得到共聚物。后将聚合物通过丙酮溶解、环己烷沉淀 3 次提纯，得到 P（MMA—CO—MAA）大分子引发剂。

按预定共聚物结构来计量称取 FMA 单体和 P（MMA—CO—MAA）大分子引发剂，将其一起混合后溶于环己酮中，室温下充分搅拌至单体完全溶解，在 N_2 保护下于恒温 80℃ 的油浴中继续反应，反应一定时间后，用环己烷沉淀得到共聚物，后通过丙酮溶解、环己烷沉淀三次提纯，得到嵌段聚合物 DRF。

2）含氟嵌段聚合物的疏水性能研究

称取所合成的含氟嵌段聚合物配制成 7.5mg/mL 浓度的溶液，超声波振荡溶解完全，取定量的溶液滴在洁净的铝片（1cm×2cm）上，在干燥密封的环境中预定温度下使溶剂自然挥发成膜。采用 Dataphysics OCA15 接触角/界面张力测量仪测定接触角，扫描电子显微镜（SEM）采用 Hitachi S4800 观察。

由于甲苯是聚甲基丙烯酸甲酯（PMMA）的良溶剂，是聚甲基丙烯酸（PMAA）和聚甲基丙烯酸全氟烷基酯（PFMA）的不良溶剂，这种溶解状态的差异导致表面形貌发生很大变化，结果表明，在氟含量相近时（10%左右），当甲基丙烯酸的含量较低时（R1，MMA/MAA 摩尔比为9:1），共聚物在甲苯中溶解较易，此时溶液呈无色澄清溶液，这是由于共聚物链上溶解性较差的 PMAA 链段含量较少，共聚物链在甲苯中的溶解行为主要由 PMMA 链段决定，溶解性良好，在成膜时，溶剂挥发，形成宏观平滑透明、微观呈橘皮状的表面（图 5-155，R1），没有形成粗糙结构，疏水性差。

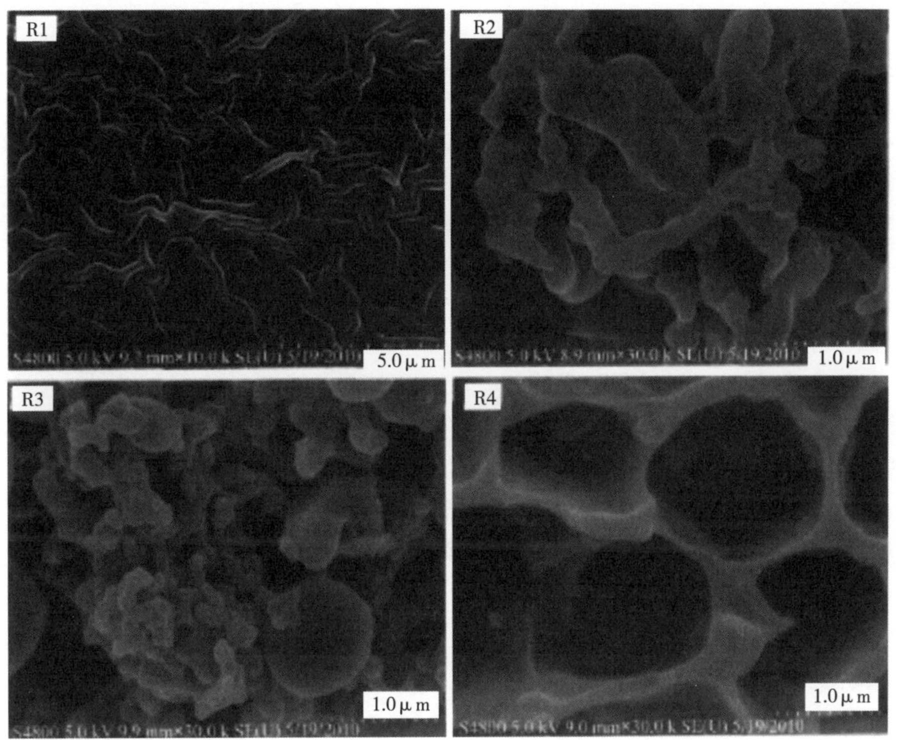

图 5-155　组成不同的嵌段共聚物成膜的 SEM 图

随着体系中甲基丙烯酸的含量逐渐增加，MMA/MAA 摩尔比增至 7:1 和 5:1 时，由于 PMAA 部分增加，同时伴随链段上氢键的存在，链段卷曲缠结，聚合物在甲苯中的溶液性变差，溶液外观表现为蓝色散光的均相，成膜时，随着甲苯溶剂的挥发，形成多孔粗糙结构（图 5-155，R2，R3），膜发白且不透明，得到超疏水性的膜，其静态接触角大于 150°，滚动角小于 10°。

当 MAA/MMA 的摩尔比增至 1:1，由于不溶组分 PMAA 的继续增加，溶解的 PMMA 链段已不能使共聚物完全溶解分散，在超声分散作用下，共聚物在甲苯中形成半透明的浑浊液，成膜时，氢键及分子链段之间应力的共同作用，形成口径为几百纳米到几微米的蜂窝状的多孔超疏水膜（图 5-155，R4），静态接触角达到 153°，滚动角小于 8°。

2. 疏水仿生材料在钻井液中的性能

1）在淡水基浆中的降滤失性能

在 4%的土浆中分别加入 0.6%的 DRF、AMPS/AM/AA 三元共聚物和 DRISCALD，并在常温、热滚后、10%NaCl、0.1%$CaCl_2$ 等不同条件下测试其 API 滤失量，结果见表 5-35。结果表明，DRF 有良好的降滤失效果和抗温、抗盐、抗钙能力。在相同条件下，加入了 DRF 的土浆的降滤失性明显优于其他配方，由于嵌段聚合物亲水端易吸附着在黏土颗粒，以改善滤饼的致密性，而裸露的疏水端排列在外，对滤液侵入起到很好的地疏水阻隔作用，从而降低滤失量。

表 5-35 抗温、抗盐钙降滤失性能对比

配　方		空白样滤失量	抗 10% NaCl 滤失量	抗 0.1%$CaCl_2$ 滤失量
4%土浆	常温	29.1	106.1	32
	热滚 16h	40.5（220℃）	202（160℃）	37（160℃）
4%土浆+0.6%DRF	常温	10.4	12.3	10.6
	热滚 16h	12.6（220℃）	40（160℃）	10.4（160℃）
4%土浆+0.6% AMPS/AM/AA 三元共聚物	常温	13.4	41	13.4
	热滚 16h	17（220℃）	85（160℃）	13.9（160℃）
4%土浆+0.6%国外 DRISCALD	常温	13.9	15.2	17.4
	热滚 16h	24.6（220℃）	151.5（160℃）	14.4（160℃）

2）在聚合盐钻井液中的性能

在聚合盐钻井液配方中加入 0.6%DRF，并分别测试加入前与加入后的流变性能，其中聚合盐钻井液配方：4%膨润土 + 0.2%KOH + 15%JN-2（有机盐）+ 4%PHT（防塌润滑剂）+ 1.5% LVCMC + 3%RSTF（降滤失剂）+ 7%KCl +2%MFG（有机硅）+重晶石（加重至密度 1.60g/cm^3），实验数据见表 5-36。

结果表明，加入 0.6%DRF 后，聚合盐钻井液的流变性无明显变化，然而由于其亲水端吸附在黏土矿物或井壁表面，疏水端排列在外，可形成一层吸附膜，降低渗透率，减小滤失量，其滤失性能明显改善，其中 HTHP 滤失量显著降低，从原来的 12.6mL 降至 8.6mL。

表 5-36 加入 DRF 前后聚合盐钻井液的性能对比

钻井液类型		密度 g/cm^3	AV mPa·s	PV mPa·s	YP Pa	$G_{10''}/G_{10'}$ Pa/Pa	pH 值	FL_{API} mL	FL_{HTHP} mL
聚合盐钻井液	常温	1.60	46.5	40	6.5	0.5/9.5	9.5	5.2	—
	120℃/16h	1.60	50.5	44	6.5	0.5/5	9	4.8	12.6
聚合盐钻井液+0.6%DRF	常温	1.60	43	40	3	1.5/3	9	3.0	—
	120℃/16h	1.60	51.5	47	4.5	2.5/9	9	3.6	8.6

3）岩心污染伤害评价

分别测试聚合盐钻井液、加入 0.6%DRF 的聚合盐钻井液、油基钻井液在模拟井下条件下对岩心的污染伤害情况，结果见表 5-37。

在加入0.6%氟嵌段两亲性聚合物DRF后，岩心渗透率恢复值从73.14%提高到82.15%，但与油基钻井完井液相比，还有一定的差距。通过岩心污染伤害实验表明添加DRF后，由于DRF疏水端的疏水效应，疏水端的氟元素具有较低的表面能，可以改变原有的表面性能，对滤液侵入起到很好地疏水阻隔作用，使钻井液难以润湿或渗入，从而具有良好的岩心防污染伤害效果。

表5-37 聚合盐钻井液优化配方的岩心污染伤害评价结果

岩心编号	钻井液类型	渗透率，mD				K恢复值 %
		K_g	地层水渗透率 K_b	伤害前油相 K_o	伤害后油相 K'_o	
051-38	聚合盐钻井液	65.15	4.56	0.578	0.423	73.14
051-37	聚合盐钻井液+0.6%DRF	69.33	5.85	2.631	2.161	82.15
051-43	油基钻井液	59.22	3.67	1.590	1.389	87.39

在实际应用中，添加该嵌段聚合物，利用其亲疏水端易吸附井壁，疏水端朝向井内，在井壁上形成一层疏水性聚合物膜，改变井壁原有的表面性能，使钻井液难以润湿井壁或渗入地层，从而起到稳定井壁的作用。

四、钻井液纳米新材料

当前我国页岩气资源勘探开发备受重视，针对页岩气的成藏特征，页岩气开发以大位移井、丛式水平井布井为主。由于页岩地层发育微裂隙、水敏性强，长水平段钻井中易发生严重的井壁稳定问题，严重制约了页岩气勘探开发进程。暗色富有机质页岩性脆、质硬，层理、微裂缝十分发育，呈三维网络状分布。钻遇裂缝性页岩地层后，在井底压差、毛细管力、化学势差等驱动力作用下，钻井液滤液优先沿着微裂缝或层理面侵入页岩内部，造成近井壁地层孔隙压力增加，削弱了钻井液液柱压力对井壁的有效力学支撑；钻井液滤液侵入改变了地层原有的物理化学平衡，发生水化作用，同时，钻井液滤液的“楔入”作用促使微裂缝的开裂、扩展、分叉、再扩展，直至相互贯通，最终发生宏观破坏。因此，维持井壁稳定的关键是加强对微孔、微裂隙的封堵，减少滤液侵入及压力传递效应。页岩具有极低的渗透率和极小的孔喉尺寸，传统封堵剂难以在页岩表面形成有效的滤饼阻止液相侵入，只有纳米级颗粒才能封堵页岩的孔喉，阻止液相侵入地层，维护井壁稳定，保护储层。

1. 油基钻井液纳米封堵剂

1）纳米封堵剂研发

由于聚合物纳米粒子的热敏性及黏弹性，如果制备纳米粒子，不能用粉碎、研磨等普通的方法，因此一般采用聚合的方法制得，主要有乳液聚合法和微乳液聚合法。

将Span80溶于油相单体配成油相，K12、交联剂溶于蒸馏水中作为水相。乳化机调至4000r/min，用注射器将油相缓慢注入水相形成水包油乳液（O/W），待油相完全注入后，乳化20min后，在3000r/min搅拌速度下乳化10min以形成稳定的预乳液。

将少量预乳液转移到4支圆底烧瓶中，通氮30min，水浴温度缓慢升至80℃，以

100r/min 的搅拌速度搅拌一段时间后，滴加少量引发剂引发反应。反应 20~30min 后，可见乳液边缘有淡蓝色荧光，继续以一定速率滴加剩余的预乳液和引发剂，滴加完毕后保温 1.5~2h，过滤出少量不溶物即制得聚合物乳液。乳液产物无须特殊处理即可用于油基钻井液封堵性能评价试验，有效加量为 1%。

2）性能表征

基本性能主要包括：流变性、API 滤失量、HTHP 滤失量等。选用低渗岩心（15mD），利用岩心渗透率试验仪，通过对比空白钻井液配方及外加封堵乳液配方污染低渗岩心后岩心的渗透率及其恢复值来对乳液封堵及解堵性能进行评价；利用 HORIBA 激光粒度仪对乳液聚合物颗粒粒度分布进行分析。油基钻井液基本配方：主乳化剂+辅乳化剂+润湿剂+有机土+提切剂+降滤失剂+CaO+重晶石。

利用 HORIBA 激光粒度仪分析乳液粒度，乳液聚合物颗粒粒径在 50~300nm 分布，平均粒径在 100nm，如图 5-156 所示。封堵剂粉末扫描电镜如图 5-157 所示，封堵剂为均匀的球形颗粒，粒径在 100nm 左右。

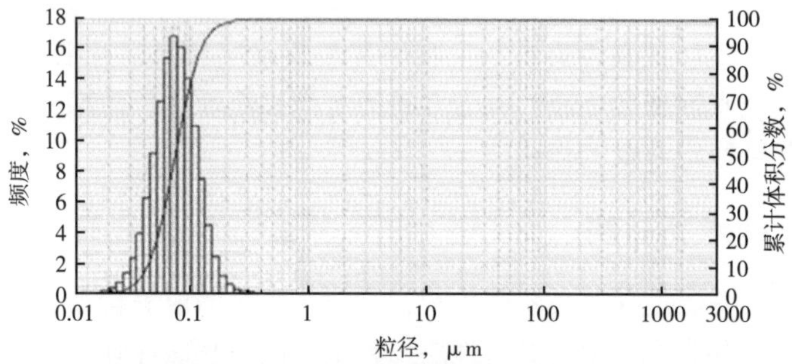

图 5-156 封堵剂乳液激光粒度分布图

图 5-157 封堵剂粉末扫描电镜

3）纳米封堵剂的性能评价

纳米颗粒是比传统聚合物性能更为理想的封堵物。聚合物通常渗入井壁形成“内滤饼”，不仅不利于井壁稳定，甚至会影响储层渗透率恢复值，伤害储层；一定粒度分布宽度的纳米颗粒能有效架桥，形成“外滤饼”，有利于井壁稳定。所合成的封堵乳液能有效改善滤饼质量，如图 5-158 所示。

(a)未加封堵剂API滤失量形成滤饼　　(b)加入1%封堵剂API滤失量形成滤饼

图 5-158　加入封堵剂前后滤饼质量对比

Kumar 用一种渐窄的楔形沟槽来模拟地层裂缝，并成功地评价了纤维及固体颗粒对裂缝封堵的压力条件及封堵性能，沟槽直径在 1000~2500μm 之间分布，而页岩微裂缝孔隙通常为纳米级；金属割缝板缝宽为几十微米。上述两类模型均不适用于模拟页岩微裂缝封堵。由于封堵物种类繁多，其封堵物物性差异较大，尤其是粒度分布。针对所研制封堵剂的粒度分布，选用渗透率 15mD 低渗人造岩心来模拟页岩微裂缝。

油基钻井液体系中外加 1% 自制封堵剂，其封堵率接近 100%，渗透率恢复值可达 99.6%（图 5-159）。

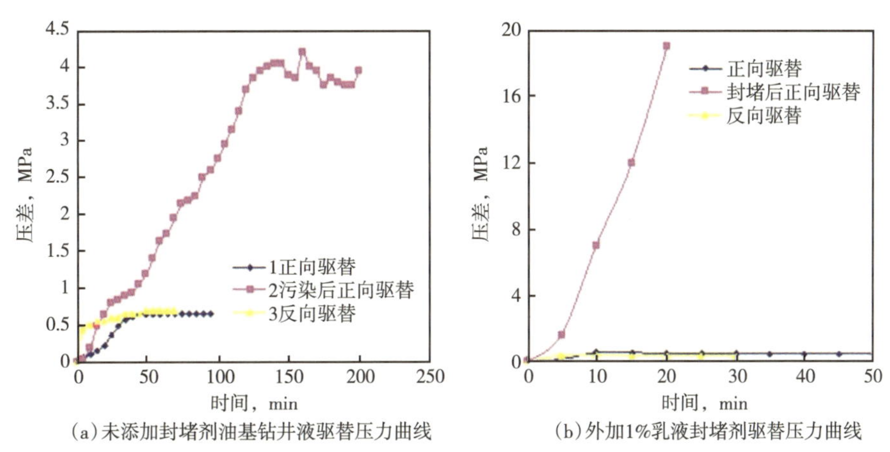

(a)未添加封堵剂油基钻井液驱替压力曲线　　(b)外加1%乳液封堵剂驱替压力曲线

图 5-159　乳液封堵剂低渗岩心封堵及反排性能

所研制封堵剂对低渗岩心（15mD）有良好的封堵性能，并预期能够有效封堵页岩微裂缝，从而解决页岩气井井壁稳定的问题。

2. 水基钻井液纳米封堵剂

1）纳米封堵剂研制

采用硅烷偶联剂 KH570 对纳米 SiO_2 进行超声表面改性，引入乙烯基功能基团，采用乳液聚合法，以苯乙烯、甲基丙烯酸甲酯为单体，过硫酸钾为引发剂与表面改性纳米 SiO_2 进行接枝共聚，制备了一种具有核壳结构的 P（St-MMA）/纳米 SiO_2 复合封堵剂。

图 5-160 为纳米 SiO_2 改性前后的 TEM 照片。可以看出，表面处理前纳米 SiO_2 形状不规则，粒度不均匀，团聚、粘连现象严重，密集成块状；KH570 表面接枝改性之后，纳米 SiO_2 粒子分散性好，形状规则（基本为球形），粒度均匀（15～20nm），KH570 在纳米 SiO_2 粒子表面形成一层薄膜将其隔开，粒子间不存在粘连、团聚现象。

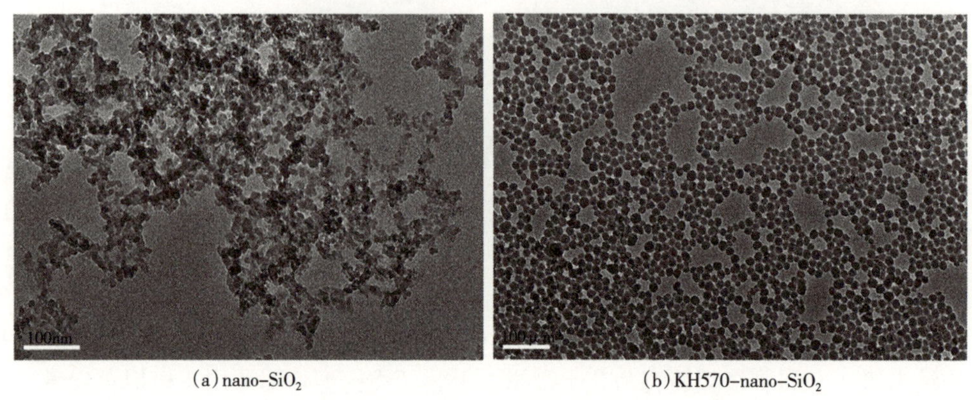

(a) nano-SiO_2　　(b) KH570-nano-SiO_2

图 5-160　纳米 SiO_2 表面改性前后 TEM 测试图

测试浓度为 0.001%P（St-MMA）/nano-SiO_2 复合封堵剂水溶液的粒径分布及比表面积，结果表明，P（St-MMA）/nano-SiO_2 有着非常大的比表面积（26830m^2/kg），吸附能力强；粒径分布范围较窄（80~360nm），D90 值为 243nm，粒径测试结果（图 5-161）与 TEM 表征结果一致，进一步验证了产物的合成实现了设计目标。

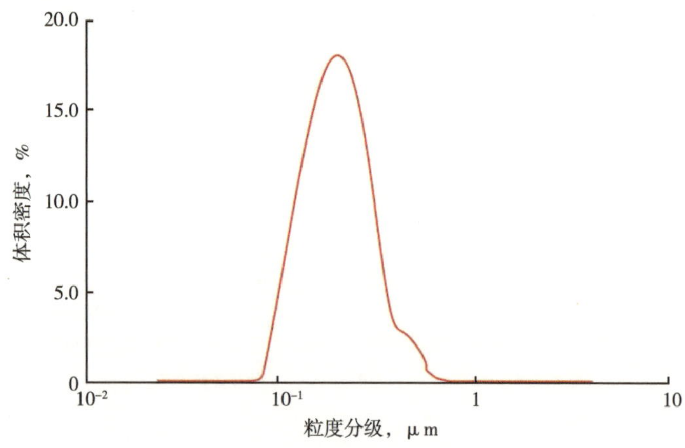

图 5-161　P（St-MMA）/nano-SiO_2 纳米封堵剂粒度分布曲线

2）纳米封堵剂特性评价

采用纳米微孔滤膜（150nm，图 5-162），180℃/3.5MPa 下，评价钻井液体系对页岩地层纳米级微孔、微裂缝的封堵性能。加有纳米封堵剂的配方与基础配方相比，常规滤纸 6h 滤失量仅降低了 10.81%，而纳米微孔滤膜 6h 滤失量降低高达 55.56%（图 5-163）。表明与常规滤失相比，纳米微孔滤膜是评价纳米封堵剂的一种更为有效的手段；同时纳米封堵剂能有效地封堵页岩纳米级微孔、微裂缝。

图 5-162 纳米微孔滤膜（150nm）

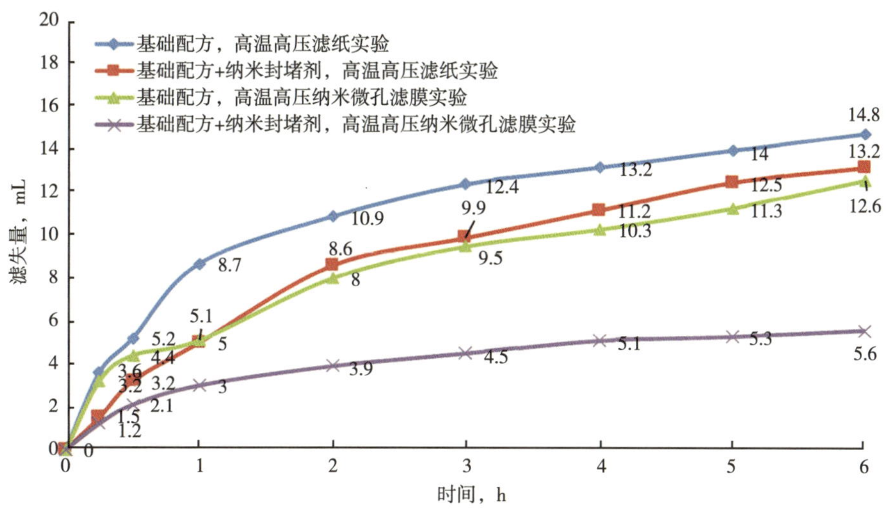

图 5-163 高性能水基钻井液纳米微孔滤膜封堵实验结果

第五节 固井新技术

固井是油气井建井过程中重要的环节之一，是一个涉及面广、风险大、作业要求高、技术性很强的隐藏性井下作业工程。固井质量的好坏，直接影响到该井能否继续钻进、能否顺利生产、油气井寿命以及油气藏的采收率。随着石油天然气勘探开发工作的不断深入，复杂深井、复杂天然气井、非常规天然气井、酸性油气藏井、枯竭气藏储气库及盐穴储气库井等越来越多。由于勘探开发目标趋于复杂，更容易引起水泥环密封失效，严重影响了天然气井生产和安全，缩短天然气井寿命。

“十二五”期间，中国石油部署了固井完井新技术等系列技术研究，通过深入持续攻关，初步形成了提高井筒封固性能的技术方法，在固井基础理论、固井工艺、水泥浆体系等方面取得了进步，在井筒密封失效机理方面形成新认识，抗高温、韧性、高效冲洗隔离液等功能性水泥浆、隔离液技术取得发展，初步形成提高井筒封固性能的技术方法，较好解决了深井、复杂井固井的问题，为油气安全高效勘探开发提供了工程技术保障。

一、韧性水泥浆体系

1. 开发韧性水泥的目的及作用

韧性水泥在同等应力状态下变形能力大于普通油井水泥，其主要力学特征表现为：杨氏模量明显低于普通油井水泥，而抗压强度、抗拉强度变化不大。

1）开发韧性水泥的作用

随着天然气、储气库、页岩气、致密气井固井数量的增多，以及开采时间延长，随着“水平井+体积压裂”高效开发模式的推广，部分井环空气窜或环空带压问题突出，严重影响了气井的安全生产，增加了安全隐患。高性能增韧材料研制、韧性膨胀水泥开发及水泥环密封改性是保证井筒密封的关键。

由于水泥石是“先天”带有大量微裂纹和缺陷的脆性材料，普通水泥浆体系难以满足需求。因此需要开发新的增韧材料实现水泥“高强度低弹性模量”特性，利用高强度抵御地层载荷，低弹性模量降低载荷传递系数，从而达到保持水泥石力学完整性的目的，增强水泥环和套管之间的胶结能力，从而有利于套管—水泥环—地层耦合的稳定。

2）开发韧性水泥的主要难点

韧性水泥开发的技术关键是优选综合性能好的增韧材料，合适的增韧材料选择需要解决以下三个问题：

（1）水泥石韧性与抗压强度之间的矛盾（弹性模量低则抗压强度低）；

（2）韧性水泥与安全施工之间的矛盾（增韧材料加量大施工存在困难或风险）；

（3）外加剂与弹性材料配伍性好，水泥浆浆体稳定性好，水泥石体积不收缩性，早期强度发展快，并有长期的强度稳定性。

开发合适的韧性膨胀水泥浆体系既要保证安全施工，又要保证短期（24~72h）及长期的固井质量，水泥石要达到高抗压强度、低弹性模量、强抗冲击性，且与地层相适应。

2. 韧性水泥技术方案及主要性能

1）水泥弹塑性改造方案确定

为提高水泥石的液态性能及水泥石的韧性，设计水泥浆由增韧材料、超细活性材料及配套外加剂组成。增韧材料主要用来提高水泥石的韧性，同时增韧材料和水泥浆具有良好的配伍性，和其他外加剂体系兼容；在水泥浆中加入超细活性材料的目的是提高水泥浆的悬浮稳定性，提高水泥石中的固相含量及抗压强度，提高水泥浆的综合性能。在此基础上，根据具体的井况对水泥浆及水泥石的性能进行具体调整，既满足安全施工的需要，又满足对环空封隔及交变载荷条件下长期安全运行的需要。

2）韧性水泥主要性能

通过深入持续研究，开发了4种高性能水泥石增韧材料，形成了DRE中温韧性膨胀水泥（30~100℃）、高温韧性膨胀水泥（100~200℃）。

（1）中温增韧材料适应温度30~120℃，耐强碱性（pH=11~14），与水泥浆外加剂配伍性好，对水泥浆稠化时间无影响，与水泥石基体相容性好。

（2）高温增韧材料适应温度90~200℃，耐强碱性（pH=11~14），与水泥浆外加剂配伍性好，对水泥浆稠化时间无影响，与水泥石基体相容性好。

（3）低密度韧性水泥浆体系稠化时间可调性好，温差范围内抗压强度不小于10MPa/48h，弹性模量不大于4GPa/7d，渗透率不大于0.05mD，线性膨胀率大于0。

（4）常规密度韧性水泥浆体系稠化时间可调性好，温差范围内抗压强度不小于16MPa/48h，弹性模量不大于6GPa/7d，渗透率不大于0.05mD，线性膨胀率大于0。

3. 技术突破及技术创新点

由于水泥石内部存在一定的孔隙，增韧材料颗粒的掺入充填在孔隙处，形成桥接并抑制了缝隙的发展。当外界作用力作用在水泥石上时，增韧材料利用自身的低弹性模量特性，降低外界作用力的传递系数，减弱外界作用力对水泥石基体的破坏力，达到保护水泥石力学完整性的目的。

根据以上原则，在室内进行了大量实验研究，开发的4种水泥石增韧材料（DRT-100L、DRT-100S、DRE-100S、DRE-200S），最高使用温度可达200℃，水泥石弹性模量较常规水泥石降低20%~40%。

1）降失水剂选择

目前常用的降失水剂按降失水机理可分为两类：一类是超细固体颗粒材料；另一类是水溶性高分子材料。针对枯竭气藏型储气库井的固井要求，综合考虑降失水剂的效果、敏感性、适应性等，最终选用降失水剂DRF-300S和AMPS类降失水剂DRF-100L作为配套的降失水剂比较合适。

降失水剂DRF-300降失水性能优异，加量在2%（BWOC）以上可以控制API失水在50mL以内，能很好地满足固井的要求，对抗压强度和稠化时间影响较小，能有效提高水泥浆的稳定性，见表5-38。降失水剂DRF-100L的特点是在高温下依然能控制水泥浆API失水在100mL以内，但在低温下有一定的缓凝性，因此考虑配合其他外加剂在高温使用DRF-100L调节水泥浆的失水。

表5-38 降失水剂DRF-300S对水泥浆的性能影响

DRF-300S加量 %	温度 ℃	水灰比 W/C	稠化时间 min	24h抗压强度 MPa
0	50	0.44	118	17.4
1.2	50	0.44	142	17.6
1.6	50	0.44	145	18.0
2.0	50	0.44	146	18.1
2.5	50	0.44	152	17.9

续表

DRF-300S 加量 %	温度 ℃	水灰比 W/C	稠化时间 min	24h 抗压强度 MPa
0	70	0.44	90	20.1
1.2	70	0.44	118	21.2
1.6	70	0.44	114	21.5
2.0	70	0.44	120	20.8
2.5	70	0.44	127	21.0

由表5-35可以看出，在30~70℃之间，加入DRF-300S对水泥浆的稠化时间的影响较小，对水泥石的强度发展几乎没有影响。

2）增韧材料优选

（1）胶乳DRT-100L与乳胶粉DRT-100S。

胶乳DRT-100L与乳胶粉DRT-100S都能起一定的防窜和增韧的作用，在温度低于120℃时，乳胶粉能保持较好的弹性，并能起一定填充作用；而胶乳在高温下依然能有较出色的性能，故考虑在中低温条件下使用乳胶粉DRT-100S，高温下使用胶乳DRT-100L提高水泥浆的防窜与增韧性能，见表5-39。

表5-39　不同围压条件下水泥石力学性能评价

水泥浆体系	长度 mm	直径 mm	围压 MPa	弹性模量 MPa	最大轴向应力 MPa	实验后状态
纯水泥	50.50	24.89	0.1	7903.45	30.08	破坏
纯水泥	50.29	24.89	20	5378.24	58.28	未破坏
纯水泥	49.86	24.82	40	3732.02	52.28	未破坏
胶乳水泥	51.10	25.02	0.1	4982.64	20.71	破坏
胶乳水泥	51.21	25.02	20	3708.71	39.55	未破坏
胶乳水泥	51.036	24.94	40	2735.35	33.72	未破坏

（2）增韧材料DRE-100S、DRE-200S。

增韧材料DRE-100S、DRE-200S都是利用橡胶颗粒填充降低水泥石的脆性。DRE-100S的“拉筋”作用能很好地阻止裂缝发展，自身具有较好的弹性；DRE-200S材料本身抗高温性能强。因此，考虑在中低温条件下使用DRE-100S，高温条件下使用DRE-200S对水泥石进行韧性改造，DRE韧性水泥指标见表5-40。

表5-40　DRE韧性水泥浆与国外公司产品的性能对比

关键技术指标	国内产品	国外公司产品
使用温度，℃	200	200
弹性模量降低率（较常规水泥），%	20~40	30~40
膨胀率，%	0~2	0~2
水泥浆密度，g/cm^3	1.5~2.5	1.2~2.2

纯水泥与加入 DRE-100S 水泥石破坏后碎裂状态对比可以看出，在水泥石中，DRE-100S 的存在会使水泥石的脆性降低，水泥石遭到破坏后裂而不碎。

这是由于 DRE-100S 分散在水泥石，吸收应力对裂纹尖端起止裂作用，同时，由于自身具有较高弹性，对已产生的裂纹起“拉筋”作用。

4. 韧性水泥使用措施与注意事项

韧性水泥使用时，首先要选择合适的理想的弹性材料。通过研究以及在大量室内试验的基础上，理想的增韧材料应具备的性能及粒度要求：

（1）与水泥浆具有良好的亲和性，即溶于水泥浆体系；

（2）良好的弹塑性性能，即增强水泥石的弹性性能，不破坏其他性能；

（3）良好的耐温耐碱性能；

（4）良好的粒度分布，即能均匀分散在水泥浆体系中；

（5）与水泥浆配套外加剂配伍，无副作用。

主要弹性材料有以下几种：丁基橡胶、丁腈橡胶、氯丁橡胶、氟橡胶、硅橡胶、苯丙乳胶、丁苯胶乳等。确定合适的弹性材料，一方面要确定综合性能好的弹性材料；另一方面要确定的合理的粒径。见表 5-41。

表 5-41 弹性材料粒度优选原则

弹性材料粒度	配浆过程	浆体稳定性
20 目	良好	增韧材料上浮
30 目	良好	增韧材料略有上浮
40 目	良好	浆体稳定
60 目	较好	浆体稳定
80 目	配浆困难	浆体稳定

该技术方案主要包括冲洗隔离液技术、平衡压力固井技术、井眼准备技术、提高套管居中度技术、DRE 膨胀韧性水泥浆技术五个方面。以华北苏桥储气库为例来具体说明：（1）冲洗隔离液技术：采用新型加重材料与油基钻井液冲洗液，增加前置液用量（1.15g/cm^3、40m^3），提高冲洗与隔离效果。（2）平衡压力固井技术：固井作业前做好承压试验；采用双凝双密度水泥浆技术（领浆：1.55g/cm^3 胶乳低密度水泥浆、尾浆：1.90g/cm^{3}DRE 膨胀韧性水泥浆）。（3）井眼准备技术：下套管前采用“三扶”通井，调整钻井液性能（低黏切）。（4）提高套管居中度技术：采用固井软件模拟，合理设计扶正器的种类和数量，保证套管居中度大于 67%。（5）DRE 膨胀韧性水泥浆技术：对水泥石进行韧性改造，以提高水泥环的长期力学完整性。

5. 现场应用效果与推广前景

开发的 DRE 韧性膨胀水泥浆体系，配合高性能的冲洗隔离液、提高顶替效率的综合措施，在华北苏桥、大港板南、长庆等储气库成功应用 21 口井、26 井次，固井质量全部合格，盖层连续优质段均超过 25m，扭转了华北苏桥、大港板南储气库前期固井被动的局面，为储气库的长期运行奠定了基础。

1）在华北苏桥储气库的现场应用情况

华北苏桥储气库地质结构复杂，井深、温度高，是世界最深的储气库，固井难度大，要求高。DRE 韧性膨胀高温水泥浆体系、高效冲洗隔离液及固井配套技术在华北苏桥储气库成功试验 10 口井。2012 年下半年盖层固井先期实施 4 口，固井质量平均优质率 81.4%，平均合格率 93.2%，盖层连续优质段平均 55m，彻底扭转了前期固井被动的局面，固井取得新突破。后期又成功试验 6 口井，固井质量均满足要求，为华北苏桥储气库的成功建设及保证安全运行提供了工程技术保障。

2）在大港板南储气库的现场应用情况

大港板南储气库对保证京津及华北地区安全稳定供气有重要意义。DRE 韧性膨胀水泥浆体系、高效冲洗隔离液及固井配套技术在白 6 库 1 井等现场试验 5 口井。其中 2012 年先期实施的白 6 库 1 井、板 G1 库 4 井 2 口井全井优质，2013 年又试验 3 口井（1 口水平井、2 口直井），固井质量全部优质，为板南储气库成功建设、后期的长期运行奠定了基础。

3）韧性水泥推广前景

目前枯竭气藏储气库建设处于快速发展阶段，盐穴储气库处于快速扩张阶段；非常规天然气步入接替领域，我国主要盆地和地区的页岩气资源量为（15～30）$\times10^{12}m^3$，致密砂岩气资源量约为 $12\times10^{12}m^3$，具有良好的发展前景；中国石油 2020 年页岩气产量预计 $200\times10^8m^3$，水平井+多段压裂技术对固井质量及水泥环密封性要求高。韧性水泥的开发为天然气井、储气库及非常规天然气井保证固井质量、保证长期安全密封，防止后期窜气、带压等问题的发生提供了有效的技术途径，应用前景广阔。

二、抗盐胶乳水泥浆体系

胶乳实际上是一种乳化的聚合物体系，是直径 200～500nm 的聚合物球形颗粒分散在黏稠的胶体体系中，再加入一定的表面活性剂以防止聚合物颗粒聚结而形成的。通常这种体系的固相含量为 50%，乳液密度为 $1.02g/cm^3$。胶乳水泥浆由胶乳与配套水泥外加剂组成。

胶乳水泥浆具有优异的降失水性能、防窜性能、耐腐蚀性能，因此被广泛应用于高温高压井、气井和复杂结构井以及水平井固井施工中。胶乳水泥外加剂又称优质非渗透剂，可有效抑制微环隙——微裂缝的形成和发育。当应用胶乳水泥浆封固气层时，随着水泥水化反应的进行，环绕水泥颗粒的水被消耗，胶乳局部体积分数升高，产生颗粒聚集，形成空间网络状非渗透薄膜，完全填充水泥颗粒间空隙，避免环空窜流发生。水泥石的弹性及抗拉强度高，抗冲击能力强，能桥堵微裂缝，抑制微裂缝的扩展，降低射孔时水泥环的破裂。能有效提高第一界面、第二界面的胶结强度，有利于层间分隔，水泥石对应力变化、腐蚀等有较强的抵抗能力，能延长油气井寿命。

开发了 BCT-800L 胶乳，具有良好的耐温性能，适用温度可达 200℃以上，但抗盐能力一般，仅达到 5%～10%BWOW，无法适应大段盐膏层固井要求，因此，开发了综合性能好的抗盐胶乳水泥，以扩大应用范围。

1. 抗盐胶乳水泥开发方案及主要性能

1）抗盐胶乳水泥技术方案

考虑胶乳的成膜性（直接与防窜性能相关），同时兼顾胶乳的耐高温性能，采用下列方法研究了胶乳的化学稳定性（钙离子稳定性）、抗盐性以及高温稳定性，作为优选胶乳的依据。

为优选综合性能好的胶乳，采用了以下方法与指标：

（1）钙离子稳定性：聚合物乳液中加入一定浓度的 $CaCl_2$ 溶液，摇匀，并静置 48h。若不出现凝胶且无分层现象，则抗钙性能即为对应的胶乳所能承受的 $CaCl_2$ 溶液的最大浓度。

（2）抗盐性初步表征：取 20mL 的一定浓度（5%、10%、20%、30%以及饱和浓度）的 NaCl 溶液，然后向其中滴加数滴纯胶乳溶液，观察是否出现团聚、絮凝情况，则不出现絮凝的最大浓度的 NaCl 溶液，为对应样品的抗盐性指标。

（3）高温稳定性的表征：将 50g 胶乳样品装入带磨口的玻璃瓶中，在恒温烘箱中 60℃下保持 5 天，取出样品，观察样品是否出现沉淀和凝胶现象，若未出现上述现象，则表明其高温稳定性好。

（4）机械稳定性：胶乳机械稳定性的测定参照 GB 2955《合成胶乳高速机械稳定性测定法》，取 200g 胶乳置于浆杯中，并在瓦楞搅拌机以 5000r/min 搅拌 5min 后，考察乳液的凝胶量。

运用上述方法，着眼于胶乳的抗盐性、化学稳定性以及高温稳定性几个指标，从十种胶乳中优选出 BCT-880L 胶乳。BCT-880L 胶乳的性能试验结果见表 5-42。

表 5-42　BCT-880L 胶乳的耐钙离子、耐盐、机械稳定性及高温稳定性试验结果

项目	性能指标
外观	乳白色（带蓝色乳光、粒径较小），颗粒均匀
固相含量，%	48
黏度，mPa·s	60
钙离子稳定性	饱和
抗盐性	饱和
机械稳定性	无凝胶
室温储存稳定性	1 年

BCT-880L 胶乳在 15%$CaCl_2$ 溶液中静置 48h，量筒壁以及筒底均无可见的颗粒析出，整个乳液中亦无可见颗粒悬浮，乳液不分层。由此可见，BCT-880L 胶乳钙离子稳定性高。

图 5-164 为高掺量 BCT-880L 胶乳 90℃的稠化曲线，从图中可以看出，BCT-880L 胶乳掺量为液体量的 32%时，稠化曲线仍很正常。

此外，为保证 BCT-880L 胶乳在水泥石中的发挥作用，保证胶乳具有较好的热稳定性是必要的。BCT-880L 胶乳的热失重试验表明，胶乳在 250℃下没有明显降解。BCT-880L 胶乳综合性能较优，能较好满足固井需求。

2）抗盐胶乳水泥主要性能

根据胶乳的电性特点，研究开发相配套的固井水泥外加剂体系，水泥外加剂主要包括降失水剂、调凝剂、分散剂等。在胶乳水泥浆体系中，它们除具备本身应有功能外，必须和胶乳相容。

（1）缓凝剂：

采用缓凝剂是 BXR-200L 和 BCR-300L 来调节水泥浆的稠化时间，大量室内试验表明，高温缓凝剂 BXR-200L 和 BCR-300L 稠化曲线正常，缓凝剂加量与稠化时间规律性

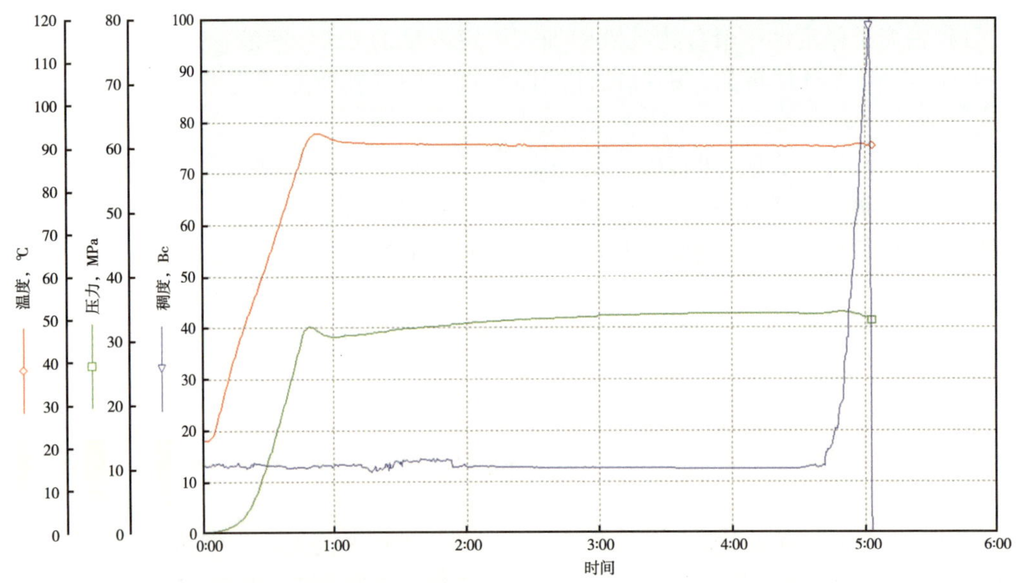

图 5-164　胶乳掺量为液体量32%的BCT-880L胶乳在90℃的稠化曲线

好，满足施工要求。

随着深层勘探的进行，深钻的数量和钻入深度进一步在加大。为了可以用于7000m以上超深井固井的水泥浆体系与隔离液体系（使用温度范围大于240℃）。同时，还对BCR-300L缓凝剂进行了优化改进，使用温度拓宽至200℃，如图5-165所示。

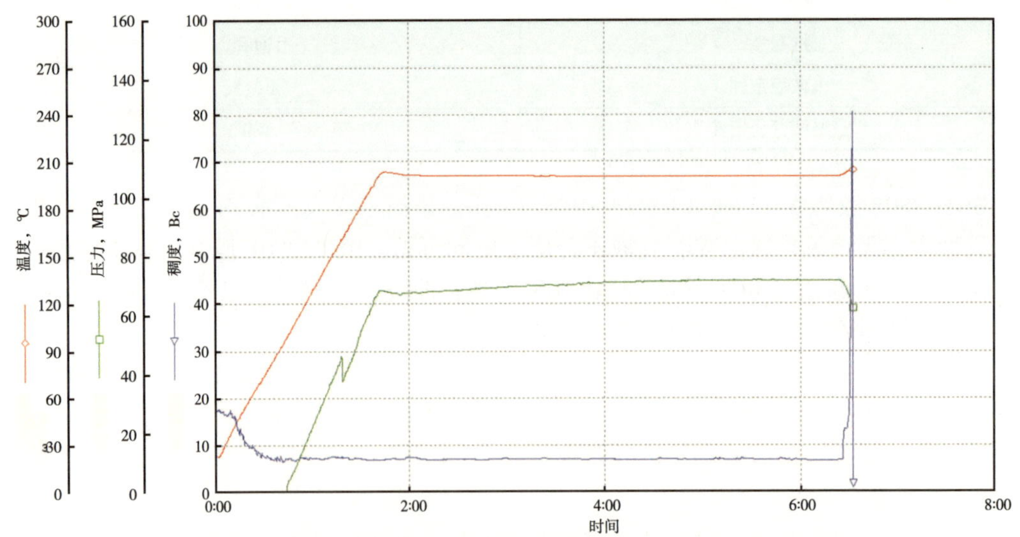

图 5-165　常规密度水泥浆在200℃下稠化曲线（稠化时间为392min）

（2）降失水剂：

以AMPS为主通过多元共聚合成高分子聚合物BXF-200L降失水剂，在高含盐、高温情况下很稳定，不会盐析，不易断链。该降失水剂具有良好的降失水性能，掺量和失水量线性关系较好，克服目前油田常用降失水剂的缺陷；而且这种高分子聚合物的功能团的极性和胶乳乳化剂体系完全相容，对胶乳有保护作用。

由于盐的存在会使得高分子链发生坍塌，导致聚电解质的控制失水能力减弱，从而较相同配方的非盐体系失水大。通过含盐 15%BWOW 和含盐 30%BWOW 胶乳水泥浆体系的 BXF-200L 掺量与 API 失水量试验可以看出，由于胶乳的存在，显著地提高含盐水泥浆体系的失水控制能力，在不含降失水剂的情况下，含盐胶乳水泥浆的 API 失水能控制在 40mL 以内。与降失水剂协同作用，可将含盐胶乳水泥浆的 API 失水进一步控制在 20mL 以内。

3）水泥浆性能

考虑到胶乳水泥浆体系的复杂性，为了全面评价胶乳水泥浆的抗盐性，保证其施工安全性，必须研究胶乳水泥浆在高温、高压下耐盐能力。

耐盐胶乳水泥浆体系由嘉华 G 级水泥、BCT-880L、硅粉、降失水剂 BXF-200L、分散剂 BCD-210L、适应于含盐环境的消泡剂 DF 以及缓凝剂 BXR-200L、BCR-300L 组成。实验结果表明，胶乳水泥浆体系稳定，稠化时间可调，API 失水可以降到 50mL 以内，水泥石 24h 抗压强度大于 14MPa。

2. 技术创新点

开发了抗盐胶乳 BCT-880L 及抗盐分散剂 BCD-210L 等配套外加剂，形成高密度抗盐防窜水泥浆体系。该水泥浆体系在哈萨克斯坦肯基亚克现场试验 16 井次、推广应用 4 井次，在玉门酒东地区应用 32 井次，固井质量较以往明显改善。

（1）通过技术攻关，形成了高温耐盐胶乳 BCT-880L，通过耐钙离子、耐盐、机械稳定性及高温稳定性测试，该胶乳综合性能优良。

（2）开发了与胶乳配套的外加剂，包括降失水剂、缓凝剂和分散剂，优化改进的缓凝剂能够延长 200℃下水泥的稠化时间。

（3）对胶乳水泥浆的综合性能进行了测试，包括流变、沉降稳定、强度发展、防窜等，结果表明，该水泥浆综合性能优良，其耐盐能力达到 30%（BWOW），耐温能力可达 200℃。

（4）开发了耐盐胶乳 BCT-880L，通过对胶乳聚合物的结构设计，引入抗盐能力强的基团及乳化剂，研制出耐盐胶乳 BCT-880L。配制的水泥浆抗盐能力可达 30%，耐温达 200℃，解决了胶乳在盐层中无法应用的问题。

（5）开发了抗盐分散剂 BCD-210L，基于分散剂作用机理，通过优选不同结构的分散剂，开发了抗盐分散剂 BCD-210L。可有效分散高含盐水泥浆体系，防止浆体絮凝，保持浆体良好流变性能。

3. 使用措施与注意事项

由于中亚地区冬季极为寒冷，胶乳将结冰，由于水变成冰后体积增大，导致在冰晶间的胶乳粒子产生巨大的压力从而迫使粒子相互接近，轻则使得融后胶乳黏度变大，重则使之越过凝聚积发生聚结。

对于肯基亚克而言，四季温差大，必须考虑耐盐胶乳在-30℃冻融稳定性。冻融稳定性研究结果表明，BCT-880L 胶乳冻融后表观黏度基本不变，稠化曲线正常，不会危及施工安全。但值得注意的是，稠化时间有减小趋势，因此，在注胶乳水泥浆之前，要认真复核体系稠化时间，以免影响施工安全。

4. 现场应用效果

1）在玉门油田的应用

开发的水泥浆技术完成先导性试验32井次：2010—2011年，高密度抗盐防窜水泥浆技术在玉门油田酒东区块进行先导性试验32井次，固井质量综合评价合格率100%，声幅测井优质段长所占比例达到56.5%，固井质量较往年有大幅度提升，射孔后均未发生油、气、水窜现象，油水层得到有效封隔。

2）在哈萨克斯坦的应用

在哈萨克斯坦扎那若尔、希望区块应用26井次，2012年固井井段平均合格率达到96%，固井质量综合评价合格率100%。

2012年，在哈萨克斯坦的肯基亚克现场应用16井次，固井合格率从45%提高到提高至77.4%，固井质量综合评价合格率100%，解决了盐膏层固井和环空带压难题。

通过玉门油田高温高密度防窜水泥浆试验、扎那诺尔高密度抗盐水泥浆试验，实现在肯基亚克盐下高温高密度抗盐防窜的技术集成试验，有效地提高了海外复杂地区的固井质量。为中亚地区油气高效开发提供了固井技术支持与保障，提高了中国石油固井技术在海外的竞争力，并带动自主高端产品进行海外作业。

三、高强度低弹模微膨胀水泥浆体系

1. 开发高强度低弹模微膨胀水泥的目的及作用

1）开发高强度低弹模微膨胀水泥的目的

水泥石在高温条件下养护易出现强度衰退现象，这将严重影响水泥石的力学性能，尤其是在热应力和交变应力条件下，水泥石会因脆化和应力集中而发生结构破坏，致使环空水泥环密封失效。常规抗高温衰退材料如目数为240目左右的硅粉，在高密度水泥浆体系中由于粒度比较粗，在一定程度上会影响水泥浆的高温稳定性和抗压强度发展。因此需要开发在高温水泥石强度不衰退的水泥浆体系，以保证高压气井、复杂高温高压的固井质量。

通过对油井水泥增强材料高温增强机理的分析，依据最紧密堆积原理和水泥水化机理，而开发出了一种高温强度增强材料，该物质的粒径为2400目左右，可有效防止水泥石高温强度衰退，配合其他外加剂及外掺料（增韧材料），通过优化水泥浆性能，开发了高强度低弹模微膨胀水泥，较好满足了复杂井眼条件下高温气井，如安岳气田气井的固井质量。

2）高强度低弹模水泥浆的作用

安岳气田是迄今我国发现的单体规模最大的碳酸盐岩整装气藏，探明天然气地质储量 $4403.83\times10^8m^3$。该气田磨溪—高石梯地区整体固井质量较好，但ϕ177.8mm尾管固井质量较差，该井段集中了6大固井技术难点位于同一井段（高密度水泥浆、跨温度敏感点、温差大、存在高压气及水层、尾管固井、五开降钻井液密度），多家固井公司在此地区采用了不同的防窜水泥浆体系进行了现场试验，均未很好地解决该难题。

针对ϕ177.8mm尾管固井存在的封固段长、安全密度窗口窄、温度高、温差大、水泥浆密度高等难题，研发出了低弹模高强度膨胀韧性防窜水泥浆体系，配合其他气井固井技术措施很好地解决了该气田ϕ177.8mm尾管固井技术问题。

2. 高强度低弹模微膨胀水泥开发技术方案及主要性能

1）技术思路

通过对水泥石膨胀增韧、高温增强机理研究，开发出性能优越的膨胀增韧材料和高温增强材料。依托膨胀增韧材料、高温增强材料、加重材料及抗高温外加剂等配套固井材料，研发出低弹模高强度膨胀韧性防窜水泥浆体系，其中重点是开发高性能的膨胀增韧材料和高温增强材料。

2）技术方案

通过对水泥石膨胀增韧、高温增强机理研究，开发出水泥石膨胀增韧材料，形成膨胀韧性防窜水泥浆体系，克服高密度水泥浆韧性改造难度大的难题，使弹性模量较常规水泥石降低 20%～40%；开发出水泥石高温增强材料，保证水泥石高温（110～200℃）长期强度无衰退，加快大温差条件下低温段水泥石强度发展。解决高压气井高密度水泥石脆性大、大温差条件下强度发展慢、高温下水泥石长期强度衰退等问题，有效防止安岳气田高压深井环空微环隙的产生。

3）高强度低弹模微膨胀水泥主要性能

通过大量室内研究，开发了以加重材料（铁矿粉、精铁矿粉、赤铁矿等）、高温增强材料 DRB-2S、膨胀增韧材料 DRE-2S 以及大温差外加剂（缓凝剂 DRH-200L 和降失水剂 DRF-120L）等外加剂，以上述外加剂、外掺料为基础，开发了高强度低弹模微膨胀水泥。该体系抗温能力可达 200℃，水泥石弹性模量降低率 20%～40%，体积膨胀率 0～2%；密度范围 2.0～2.5g/cm³，使用温差 70℃左右，低温强度发展迅速，高温强度无衰退，综合性能良好等特点。

根据安岳气田 ϕ177.8mm 尾管固井的难点及要求，对高密度水泥浆体系的综合性能进行评价，以密度为 2.35g/cm³ 的水泥浆为例，结果见表 5-43。从表中可以看出，浆体高温稳定、失水量小、稠化过渡时间短、强度发展快，且水泥浆稠化时间可通过调整缓凝剂加量进行有效调节；此外，该水泥浆体系的稠化时间对温度和密度变化不敏感，且在大温差条件下水泥浆柱顶部强度发展迅速，弹性模量低，故该高密度膨胀韧性防窜水泥浆体系综合性能优良，能够满足固井作业要求。

表 5-43 2.35g/cm³ 水泥浆综合性能评价

水泥浆配方	470g 夹江 G 级+20g 高温增强材料+97g 铁矿粉+DRE-2S+DRF-120L+DRH-200L+0.9%微硅+DRS-1S+DRK-3S+DRX-1L+DRX-2L+水					
试验条件	105℃×50min×100MPa				井底温度,℃	135
密度，g/cm³	2.35	2.35	2.35	2.35	2.35	2.40
失水量，mL	24	24	24	24	24	24
游离液量,%	0	0	0	0	0	0
初始稠度，Bc	23.8	13.8		13.8	27	27
100Bc 稠化时间，min	372	381	—	176	138	146
24h 抗压强度，MPa	7.6	8.4	10.6	13.7		15.8
48h 抗压强度，MPa	16.8	17.9	21.8	26.4		28.9
7d 弹性模量，GPa	6.58					

3. 技术创新点

1）膨胀增韧材料 DRE-2S 研究

依据高分子基质塑化型韧性改造机理、无机材料晶格膨胀基质膨胀机理、无机纤维“三维搭桥”阻裂型韧性改造机理等，对膨胀增韧材料进行改进和优化，使其满足高温复杂条件下固井水泥石的增韧、膨胀性能要求，保证固井水泥环在交变应力（热应力、机械应力）下的密封完整性，继而开发出了膨胀增韧材料 DRE-2S。

2）高温增强材料 DRB-2S 研究

根据增强材料的表面性能，从材料的高温增强机理、抑制无胶结相晶体增强、促进纤维、柱状晶体增强、促进胶结相晶体增强及消除高温晶相的应力集中等方面出发，开发出了性能优良的高温增强材料 DRB-2S。

室内考察了不同温度下高温增强剂 DRB-2S 对水泥石抗压强度的影响，结果见表 5-44，从表中结果可知，不含高温增强剂的水泥浆抗压强度在高温条件下存在衰退现象，而含有高温增强材料的水泥浆体系在不同温度下的水泥石强度均无衰退，高温增强材料 DRB-2S 的推荐最优加量为油井水泥的 25%。

表 5-44　DRB-2S 对水泥石强度的影响

DRB-2S 加量 %	养护温度 ℃	2d 抗压强度 MPa	7d 抗压强度 MPa	备注
0	120	46.5	28.6	强度衰退严重
25	80	24.2	40.8	无衰退
25	90	30.2	43.5	无衰退
25	120	54.3	62.7	无衰退
25	150	53.8	58.6	无衰退
25	180	64.9	>80	无衰退
30	180	68.1	>80	无衰退
35	180	72.4	>80	无衰退
35	200	76.8	>80	无衰退

注：水泥浆基础配方为：G 级油井水泥（HSR）+高温增强材料+水，水泥浆密度 1.90g/cm^3。

4. 使用措施与注意事项

1）主要材料的作用及使用措施

安岳气田高石梯—磨溪区块资源丰富，但由于该区块气井的油、气、水同层现象较为普遍，开采难度大，安全风险高。针对 ϕ177.8mm 尾管固井难点，开发了高强度低弹模微膨胀水泥。其中，膨胀增韧材料的主要作用是提高水泥石的韧性、降低水泥石的弹性模量；在水泥浆体系中掺入紧密堆积设计的高温增强材料的目的是为了防止高温条件下水泥石的长期强度衰退，改善水泥石结构致密性；加重材料是用于调整水泥浆的密度；针对喇叭口与套管鞋温差大的问题，水泥浆体系中使用大温差外加剂，以提高水泥浆柱顶部强度发展速度，有效防止环空气窜；配套外加剂选择的原则，主要是使配制出的水泥浆流变性好、失水量可控，综合性能满足工程要求。因此，合理的固井材料对保证水泥浆/石性能起着关键性作用。

2）其他配套措施

固井作业是一项施工作业要求高、技术性强的系统工程，同时又是一项涉及面广、风险大的隐藏性井下作业工程。具体应用时，需要进行针对性的方案设计，根据具体井况采取其他配套措施，在磨溪—高石梯现场固井中，在应用高强度低弹模微膨胀水泥的同时，采取了以下技术措施：

（1）降低温度系数，由原来的 0.85 降低至 0.78，大幅度减小了封固段的温差，有利于封固段顶部水泥浆的早期强度发展；

（2）提高两凝界面至上层套管鞋处，采用稠化过渡时间短、速凝、早强的尾浆，封固高压水层、气层，降低地层流体的窜流风险；

（3）优化工艺参数，提高泵注及顶替排量，保证冲洗顶替效率；

（4）采用带有顶部封隔器的悬挂器，憋压坐封封隔器候凝 72h，实现候凝过程中防窜，并保证水泥浆的强度发展；

（5）平衡压力固井技术，实现固井前、固井中、固井后的三压稳。

5. 现场应用效果

针对安岳气田磨溪—高石梯地区的固井技术难题，开发出水泥石膨胀增韧材料，攻关了高温高密度水泥石韧性改造难度大、复杂井眼条件下提高顶替效率及压稳、防窜的技术难题，配套技术成功试验 3 井次，固井平均合格率 94.5%，优质率 74.8%，攻克了该固井技术难题，创该地区固井质量最好纪录，后期全面推广应用，为安岳气田的经济安全高效开发奠定了基础。

配套固井技术在中国石油风险探井双探 3 井 ϕ177.8mm+ϕ193.68mm 复合尾管固井中进行了成功应用，复杂尾管下深 7403m，一次封固长度达 3954.28m，固井质量合格率达 82.4%，创川渝地区该尺寸尾管下深及悬挂长度、尾管浮重最大、水泥面上下温度最大等 4 项纪录，为西南油气田双鱼石构造勘探开发提供了工程技术支撑，也增加了川渝地区超深井固井技术储备。

开发了具有高性能的低弹模高强度韧性水泥浆体系可以满足高压天然气井、大型体积压裂条件下页岩气及致密油气井固井对水泥环密封的要求，奠定了长期安全生产的基础，该水泥浆体系应用前景广阔。

四、高效冲洗隔离液体系

固井的主要目的就是要对套管外环空进行永久性封固，为满足这一要求，就必须彻底驱替环空内的钻井液，使环空充满水泥浆。随着油气勘探开发工作的不断深入，勘探开发对象日益复杂，深井超深井、复杂结构井、长封固段井越来越多，地质条件越来越复杂，给有效驱替复杂井眼条件下的顶替效率提出了很大挑战。

为提高复杂深井钻井液顶替效率低的难题，在室内开发高效冲洗隔离液体系。该体系与钻井液及水泥浆具有良好的相容性，兼有冲洗液和隔离液的双重作用。可在较短的时间内，实现良好的冲洗和顶替，为保证深井超深井、复杂结构井、复杂地质条件下钻井液的良好顶替创造了条件。

1. 高效冲洗隔离液开发方案及主要性能

1）技术思路

针对高温深井、长封固段井、复杂井眼条件下顶替效率低的难题，开发抗高温隔离液悬浮稳定剂、油基钻井液冲洗液、特色加重材料，研发出高效冲洗隔离液体系，以克服固井过程中冲洗效果差、顶替效率低、相容性差等技术难题。

2）技术方案

针对复杂井眼条件下固井驱替中钻井液与水泥浆污染严重、难以冲洗干净等问题，通过对污染机理、冲洗作用机理等的研究，开发出由抗污染剂、冲洗剂、高温悬浮稳定剂、加重剂及配套外加剂组成的抗污染/冲洗隔离液体系。抗污染剂可以改善水泥浆、钻井液、隔离液三者的兼容性；高温悬浮稳定剂主要用来提高冲洗隔离液在高温下的稳定性，防止隔离液出现沉降；冲洗剂主要用于清洗粘附在套管壁和井壁上的钻井液，同时对套管壁和井壁起到润湿返转的作用；加重剂是用于调整隔离液的密度以压稳地层和提高冲洗效率。同时，隔离液外加剂之间要有良好的配伍性，且与水泥浆具有良好的相容性。

3）开发高效冲洗隔离液主要性能

针对复杂井眼条件下提高顶替效率难的问题，开发了高效冲洗隔离液体系，隔离液 180℃温度下上下密度差 0.03g/cm^3，相容性好，可将冲洗效率提高 1 倍以上。该体系主要包括 2 种隔离液悬浮剂（悬浮剂 DRY-S1、高温悬浮剂 DRY-S2）、1 种油基钻井液清洗液（DRY-100L 油基清洗液）、1 种隔离液加重材料（DRW-2S 加重剂），一种新型的抗污染剂 DRP-1L。

（1）稳定性试验。

对于加重隔离液体系来说，较为重要的评价指标就是体系的悬浮稳定性，同时这也是该项技术的难点之一。为此进行了密度在 1.10～2.40g/cm^3 范围内的隔离液的沉降稳定性（指配制冲洗隔离液 24h 上下密度差）评价试验，试验结果见表 5-45。冲洗隔离液体系在常温及加热条件下冲洗隔离液上下密度差均在 0.02g/cm^3 以内，具有黏度低、沉降稳定性好的特点。

表 5-45　DRY 冲洗隔离液流变性及稳定性试验数据（150℃养护冷却至常温）

序号	隔离液密度，g/cm^3	n	K，Pa·s^n	沉降稳定性，g/cm^3
1	1.10	0.630	0.282	≤0.02
2	1.20	0.540	0.510	≤0.02
3	1.30	0.546	0.527	≤0.02
4	1.40	0.523	0.628	≤0.02
5	1.50	0.529	0.643	≤0.02
6	1.60	0.508	0.751	≤0.02
7	1.70	0.534	0.658	≤0.02
8	1.80	0.539	0.674	≤0.02
9	1.90	0.497	0.878	≤0.02
10	2.00	0.503	0.889	≤0.02
11	2.10	0.534	0.823	≤0.02
12	2.20	0.521	0.934	≤0.02
13	2.30	0.525	0.949	≤0.02
14	2.40	0.527	0.956	≤0.02

（2）冲洗隔离液的性能评价。

取华北苏桥储气库现场钻井液（密度为 1.48g/cm³）用六速旋转黏度计进行室内模拟冲洗评价实验，分别用清水、未加重冲洗液和密度为 1.50g/cm³ 的隔离液进行对比，见表 5-46。

表 5-46　冲洗评价实验

冲洗时间，s	清水	冲洗液	加重冲洗液
60	未净	未净	未净
90	未净	未净	冲洗干净
150	未净	冲洗干净	
200	冲洗干净		

评价结果表明：钻井液用清水的冲净时间为 200s，未加重冲洗隔离液冲净时间为 150s，加重冲洗隔离液的冲净时间为 90s。说明采用加重冲洗隔离液可在较短的时间内，实现井下环空界面的冲洗和顶替。

（3）相容性实验。

该体系与钻井液及水泥浆具有良好的相容性，兼有冲洗液和隔离液的双重作用，可在较短的时间内，实现良好的冲洗和顶替，为保证复杂井眼条件下的固井质量创造了条件。为了保证固井施工的安全性，做冲洗隔离液与井下相邻浆体间的相容性实验，从各混合浆体间的六速黏度计结果来看，冲洗隔离液与水泥浆、钻井液相容性良好，无絮凝增稠等现象。

2. 取得的技术成果

1）隔离液抗污染剂 DRP-1L

针对高石梯—磨溪区块高压气井固井过程中钻井液与水泥浆污染严重、难以冲洗干净的问题，开发出了隔离液抗污染剂 DRP-1L，有效解决了水泥浆与钻井液的污染增稠问题，保证施工安全，提高冲洗顶替效率。

（1）抗污染剂 DRP-1L 对污染体系流变性能的影响。

抗污染剂 DRP-1L 对钻井液处理剂增稠有抑制性，可提高污染体系的流动性，见表 5-47。

表 5-47　抗污染剂 DRP-1L 对污染体系流变性能的影响

钻井液处理剂	加量，%	常流	高流
生物增黏剂	2	25	干稠
	0.5	25	15
生物增粘剂+抗污染剂 DRP-1L	2	27	28
	0.5	29	30
防塌剂聚丙烯酰胺钾盐 KPAM	0.3	干稠	—
	0.1	干稠	—
防塌剂聚丙烯酰胺钾盐 KPAM+抗污染剂 DRP-1L	0.3	19	23
	0.1	22	26

（2）抗污染剂 DRP-1L 对污染体系稠化时间的影响。

掺有抗污染剂 DRP-1L 的隔离液体系对钻井液与水泥浆的污染具有很强的分散稀释性，可有效防止钻井液与水泥浆的污染，见表 5-48。

表 5-48 抗污染剂 DRP-1L 对污染体系稠化时间的影响

名称	水泥浆	抗污染隔离液	冲洗隔离液	钻井液	稠化时间
1	70%	—	30%	—	240min/20Bc
2	70%	—	—	30%	49min/70Bc
3	70%	10%	—	20%	240min/17Bc
4	70%	10%	10%	10%	240min/12Bc

2）特殊加重材料 DRY-2S

加重材料的种类很多种，但由于一般的加重材料的加工工艺不同，其颗粒的形状也有所不同。圆度较高的颗粒悬浮能力虽然较好，但对界面冲刷力不强。为此改进加工工艺，通过特殊工艺技术措施，研制了一种颗粒形状（150 目）呈不规则棱形加重材料，在冲洗隔离液体系流动过程中，通过颗粒碰撞，增大颗粒棱形边角的作用力，配合冲洗隔离液体系中的其他成分，会极大地增强冲洗隔离液体系对井下环空界面剪应力，提高冲刷和顶替能力，达到瞬时有效冲洗和顶替的效果。

3. 高效冲洗隔离液使用措施与注意事项

（1）前置液设计内容主要包括配方及性能、使用数量和使用方法等。

（2）设计前置液的密度和用量时，应考虑平衡压力固井及井下安全的需要，满足提高顶替效率及提高固井质量的要求。

（3）前置液设计体积量一般占裸眼环空高度 300~500m 或满足接触时间 7~10min 的要求。在保证环空液柱动态压力平衡和井壁稳定的前提下，产层固井可适当增加前置液用量。

（4）隔离液密度可调节，宜大于钻井液密度而小于水泥浆密度。一般情况下隔离液密度宜比钻井液高 0.12~0.24g/cm^3，比水泥浆密度低 0.12~0.24g/cm^3。

（5）冲洗液流变性应接近牛顿流体，对滤饼具有较强的浸透力，冲刷井壁、套管壁效果好。在循环温度条件下，经过 10h 老化试验，性能变化应不超过 10%。

（6）隔离液应具有良好的悬浮顶替效果，与钻井液、水泥浆相容性良好，能控制滤失量，不腐蚀套管，对水泥浆失水量和稠化时间影响小，有利于提高界面胶结强度，高温条件下上下密度差应不大于 0.03g/cm^3。

（7）采用油基钻井液钻井或水基钻井液中混油时，应采用驱油型前置液。

4. 现场应用效果

高效冲洗隔离液成功在华北苏桥、大港板南、长庆储气库，以及安岳气田磨溪-高石梯地区的高压酸性气井固井中进行了成功应用，表 5-49 为部分井的应用情况。

华北苏桥储气库苏 49K-4X 井四开井深 4830m，为保证尾管顺利下入，钻井液中混入部分原油，因此需采用油基冲洗液。现场配制油基冲洗液 16m^3，密度 1.40g/cm^3 的隔离液 30m^3，整个固井施工顺利，测井结果表明，固井质量优质，表明采用高效冲洗隔离液冲洗效果良好。

表 5-49 DRY 高性能冲洗隔离液体系在部分井的中应用

储气库名称	井号	套管尺寸，mm	井深，m	用量，m^3	固井质量
华北苏桥储气库	苏 49K-2X	177.8	4570	52	优质
	苏 4K-2X	177.8	4537	55	合格
	苏 4K-3X	177.8	4564	30	合格
	苏 4K-4X	177.8	4477.3	30	合格
	苏 49K-4X	177.8	4830	46	合格
大港板南储气库	白 6 库 1	177.8	2880	20	优质
	板 G1 库 4	177.8	3099	20	优良
长庆储气库	苏 203-6-9H	244.5	4233	30	合格

参考文献

[1] Rolf Pessier, Michael Damschen. Hybrid Bits Offer Distinct Advantages in Selected Roller-Cone and PDC Bit Applications [C]. SPE 128741-MS, 2010.

[2] Anton F. Zahradnik et al. Hybrid Drill Bit with Fixed Cutters as the Sole Cutting Elements in the Axial Center of the Drill Bit [P]. US 7841426B2, 2010.

[3] Anton F. Zahradnik et al. Hybrid Drill Bit and Method of Drilling [P]. US 7845435B2, 2010.

[4] Tisha Dolezal, Floyd Felderhoff, et al. Expansion of Field Testing and Application of New Hybrid Drill Bit [C]. SPE 146737-MS., 2011.

[5] W Rickard, A Bailey, et al. KymeraTM Hybrid Bit Technology Reduces Drilling Cost [C]. Thirty-Ninth Workshop on Geothermal Reservoir Engineering, February 24-26, 2014.

[6] 杨迎新，陈炼，徐彤，等. 一种复合钻头 [P]. ZL 201310063815. X，2015.

[7] 杨迎新，陈炼，徐彤，等. 一种牙轮-固定切削结构复合钻头 [P]. ZL 201310063996. 6，2015.

[8] 董博. PDC-牙轮混合钻头的破岩机理实验研究 [D]. 西南石油大学，2013.

[9] 刘清友，吴泽兵，马德坤. 盘式钻头及其破岩机理 [J]. 天然气工业，1998，18 (1)：53-55.

[10] Placido J C R, Friant J E. The Disc Bit-A Tool for Hard-Rock Drilling [J]. SPE Drilling & Completion, 2004, 19 (04): 205-211.

[11] Frenzel C, Käsling H, Thuro K. Factors Influencing Disc Cutter Wear [J]. Geomechanikund Tunnelbau, 2008, 1 (1): 55-60.

[12] 杨迎新，陈炼，任海涛，等. 一种镶齿牙轮钻头 [P]. ZL 201310063631. 3. 2016.

[13] 刘八仙. 类盘式牙轮钻头破岩机理与齿型研究 [D]. 西南石油大学，2016.

[14] Westgard D . Multilateral TAML Levels Reviewed, Slightly Modified [J]. JPT , 2002 , 54 (9): 24-28 .

[15] 杨道平，王凤屏. 分支井钻井的几项关键技术 [J]. 新疆石油科技，2003 ，13 (3)：1-4 .

[16] 张燕萍，任荣权，等. 基于膨胀管定位系统的多分支井钻完井技术 [J]. 石油勘探与开发，2009，36 (6)：768-771 .

[17] 张燕萍，任荣权，等. 一种新型的膨胀式尾管悬挂器//第七届钻井院所长会议论文集 [M]. 北京：石油工业出版社，2007.

[18] Kenneth K Dupal, Donald B Campo, John E Lofton, et al. Solid Expandable Tubular Technology—A Year of Case Histories in the Drilling Environment [J]. SPE 67770, 2001.

[19] 韦奉，毕宗岳，张峰，等. 膨胀套管的研究现状 [J]. 钢管，2013 (1)：6-10.

[20] 李秀程，尚成嘉，袁胜福，等. 新型膨胀套管材料研发及其商业前景 [J]. 金属世界，2015，(5)：

73-76.

[21] 唐明，滕照正，吴柳根，等．膨胀套管螺纹连接技术研究［J］．钻采工艺，2016（5）：58-61+104.

[22] 郭慧娟，杨庆榜，徐丙贵，等．实体膨胀管数值模拟及膨胀锥锥角优化设计［J］．石油机械，2010（7）：30-32+91-92.

[23] 郭慧娟，徐丙贵，吕明杰，等．膨胀锥斜面角对膨胀管裸眼系统的影响分析［J］．石油机械，2015（8）：32-36.

[24] 刘鹏，谢新华，同武军，等．膨胀管外橡胶模块有限元分析与密封计算［J］．石油矿场机械，2017（1）：17-21.

[25] 徐丙贵，吕明杰，黄翠英，等．井径钻井技术概述［J］．石油钻采工艺，2011（2）：12-15.

[26] 唐明．等井径膨胀套管螺纹接头的应力分析［J］．石油机械，2015（6）：11-15.

[27] 韩春杰，闫铁．大位移井钻柱“黏滞—滑动”规律研究［J］．天然气工业，2004，24（11）：58-60.

[28] 韩飞，郭慧娟，戴杨，等．PDC 钻头扭矩控制技术分析［J］．石油矿场机械，2012，41（12）：69-70

[29] Knut Sigve Selnes. Drilling Difficult Formations Efficiently With the Use of an Anti-stall Tool［C］. SPE/IDAC 111874-MS.

[30] 韩飞，黄印国，等．衡转矩钻井工具在长庆油田的应用［J］．石油矿场机械，2016，45（3）：83-85

[31] 苏义脑．螺杆钻具研究及应用［M］．北京：石油工业出版社，2001.

[32] 万邦烈，李继志．石油矿场水力机械［M］．北京：石油工业出版社，1990.

[33] 贺会群．连续管钻井技术与装备．石油机械，2009，37（7）：1-6.

[34] 毕宗岳．连续油管及其应用技术进展．焊管，2012，35（9）：5-12.

[35] 窦宏恩．当今世界最新石油技术［J］．石油矿场机械，2003，32（2）：1-4.

[36] Arps J J. Continuous logging while drilling-apractical reality［C］. SPE Annual Fall Meeting，New Orleans，1963，10.

[37] 刘新平，房军，金有海．随钻测井数据传输技术应用现状及展望［J］．测井技术，2008，32（3）：250-251.

[38] 杨利．“智能钻杆”技术走向全面商业化［J］．国外油田工程，2006，22（2）：15-16.

[39] 王子臣，陆其军，潘智勇．一种智能钻杆的现场试验显示了其技术实用性［J］．国外油田工程，2006，22（5）．21-27.

[40] 刘海，冯泽东，等．方位伽马测井装置［P］．中国专利：202090912U，2011-12-28.

[41] 杜志强，郝以岭，张国龙，等．方位伽马随钻测井在冀东油田水平井地质导向中的应用［J］．录井工程，2008，19（1）：18~21.

[42] 罗维，杨洪，邢鹏云，等．应力波井筒数据传输技术综述［J］．新疆石油天然气，2011，7（3）：29-31.

[43] 罗维，陈若铭，李晓军．应力波随钻测量技术研究进展［J］．新疆石油天然气，2009，5（3）：87-89.

[44] 苏现波，陈江峰，孙俊民，等．煤层气地质学与勘探开发［M］．北京：科学出版社，2001：118-119.

[45] 吴振华，陈颖杰．近钻头方位伽马射线成像工具在超薄油藏中的地质导向新技术［J］．国外测井技术，2011，182（2）：65.

第六章　钻完井技术展望

“十二五”以来，在中国石油天然气集团公司科技管理部的精心组织下，通过依托国家油气科技重大专项和集团公司重大科技项目的攻关，钻完井工程技术领域取得了丰硕成果，自主研发了窄密度窗口安全钻井配套装备、气体钻井成套装备、复杂深井随钻测录配套装备、连续管钻机、煤层气远距离穿针工具、钻井工程设计与工艺软件、高温大温差固井水泥浆体系等系列重大装备、工具、软件和材料，填补了国内空白，形成具有自主知识产权的钻井核心装备和技术，解决了制约勘探开发进程和效益的钻井技术瓶颈问题，提高了我国钻完井整体技术水平和核心竞争力，为国家石油资源安全战略提供了重要的工程技术支撑。

第一节　钻完井技术的新挑战

随着勘探开发的不断深入，全球油气勘探开发重心正从常规油气藏向非常规油气藏发展，从浅海向深海发展，从浅层向深层、超深层发展。“十二五”期间中国石油钻完井技术与装备发展迅速，基本满足常规油气勘探开发需求，但面对资源品质劣质化、油气目标复杂化、安全环保严格化等严峻形势，钻井工程技术遇到了新挑战：一是在常规油气方面，井越来越深，井深、复杂地质环境、复杂结构井等造成作业效率低、可靠性差、能耗高，劳动强度大、钻井速度慢、成本高、安全环保压力大；二是在非常规油气方面，既有井深不断增加带来的现有成熟技术不经济的问题，也有成熟技术在新的区域不经济的问题，还有成熟技术在成熟地区持续面对低油/气价和增加可采经济储量的问题。现有钻井技术与装备已不能完全满足勘探开发需求，需要持续探索攻关先进钻井技术与装备，保障我国油气资源的长期安全供给。

（1）我国深层剩余油气资源40%以上分布在5000m以下的深部地层，近年来中国石油新发现11个大型油气田，深层占8个，塔里木库车山前、四川安岳、渤海湾深层平均井深超过6000m，克深接近7000m，一批勘探开发的优势储层深度超过8000m，深井、超深井钻井起下钻频繁导致井下复杂多、起下钻时效持续增加，深部坚硬地层破岩效率低、钻井周期长，深部高温高压对管柱、井下工具、仪器损坏严重，深井井口带压较多，高压地层对井控安全要求严格，井下信息远距离输送信道可靠性差等。

深井超深井钻井技术与国际差距：钻机及配套装备的自动化、智能化程度低，作业效率不高、钻井周期较长，破岩工具能耗大、效率低，井下工具寿命短，井下信息远距离传输可靠性变差，钻井液抗高温能力不足，固井水泥环密封质量差等。

（2）我国页岩气可采资源量达$25\times10^{12}m^3$，焦石坝、威远—长宁等均获突破，工业生产已经起步，2015年全国页岩气产量$45\times10^{8}m^3$。页岩气区域地质构造复杂，地层可钻性差，南方海相页岩气示范区内溶洞/裂缝型恶性漏失严重，威远—长宁、昭通地区目的层压力高（压力系数>2.0），导致井身结构复杂、钻井效率低、垮塌等复杂事故多、钻井成本居高不下，长水平段固井质量难以保证，压裂施工压力高，套管变形数量多，影响单井产量等。

（3）我国致密气可采资源量 $10\times10^{12}m^3$，致密油可采资源量 20×10^8t，主要分布在鄂尔多斯、渤海湾、准噶尔和松辽等盆地，其中松辽盆地北部中浅层致密油剩余地质资源量 18×10^8t，环玛湖凹陷三叠系致密油控制储量 1.6×10^8t。致密油气长水平段钻井效率低、成本高、固井质量难以满足多段压裂要求，水平段摩阻扭矩大、井眼轨迹控制难度大，单井产量及采收率低，钻井废弃物处理难度大等。

页岩气、致密油气钻完井技术与国际先进水平的差距：钻井效率低，井壁稳定性差，水平段延伸能力不足，钻井周期长，成本高，环保压力大，难以保证固井水泥环长期有效密封。

（4）预计到2020年，我国新增煤层气探明地质储量 $1\times10^{12}m^3$，煤层气产能力争达到 $400\times10^8m^3$，将沁水盆地和鄂尔多斯东缘建成煤层气产业化基地。煤层气开发目标明确，需求与技术挑战巨大。煤层气钻井和完井存在的突出问题：①多分支水平井生产效果总体较差，单井产量低，平均4900~8900m^3/d，远低于计划和设计产量；②水平井钻井过程事故复杂频发，实施多分支水平井98口，38口井发生煤层坍塌卡钻，占总井数38.8%；③煤层气直井产量低，平均500m^3/d，经济效益不理想；④没有形成适用于煤层气开采的有效钻完井技术体系。

煤层气钻完井技术与国际差距：煤层气井钻完井方式适应性差、煤储层垮塌严重、单井产量低、效益差。

第二节　钻完井技术的发展趋势

针对制约深层、非常规等领域勘探开发的钻完井工程技术瓶颈，通过深井超深井、页岩气、致密油气、煤层气、海洋深水钻完井关键技术攻关，形成一批具有自主知识产权的高端装备、工具、材料及成套技术，总体达到国际先进水平，部分达到国际领先水平。具备超深井施工能力，实现深井、页岩气、致密油气井筒完整性及储层改造相关技术和工具，达到国际先进水平。实现高端装备国产化率达到80%，市场占有率提高到60%，新技术对油气增储上产的贡献率达到30%。全面提升钻完井工程技术的服务保障能力和核心竞争力，为提高深层、非常规、海洋油气资源动用率和开发效益提供强有力的技术支撑，为加快国家油气产业转型升级和保障国家油气安全提供技术支持。

面对油气勘探开发新形势及低油价挑战带来的技术瓶颈问题，钻完井工程技术亟需解决以下问题：

（1）解决深井、超深井地质条件复杂、高温高压、钻井速度慢、作业效率低、复杂地层预测难度大、可靠性差、井筒完整性问题突出等难题。

针对钻井速度慢、作业效率低等难题，研制高效自动化钻井技术与装备、高效钻头、长寿命井下破岩工具等；针对地质条件复杂、地层预测难度大等难题，研发复杂地层随钻旋转前探技术、压力控制技术、事故预防与处理技术等；针对高温高压、远距离信息传输可靠性差等难题，研制抗高温长距离高速信息传输系统、抗高温井下工具、抗高温钻井液等；针对深层高压、储层改造、生产交变应力等带来的大压差条件下的固井挑战，研发井筒完整性评价与控制技术、高温高压水泥浆、抗高温压裂液、高温高压井测试装备等。

重点研发连续钻井、井筒闭环压力智能控制等重大装备，系列垂直钻井工具、高效破岩工具等深井超深井专用工具和仪器，高温钻井液、完井液等专用井筒工作液，解决“三超井”井筒完整性等安全钻井问题，确保塔里木克深、大北 7000m 超深井钻井周期控制在 250 天以内，实现万米深井钻井技术与装备配套，提高作业效率，保证钻井安全，降低钻井成本，显著改善井筒完整性，加快超深层油气资源高效动用。

（2）解决页岩气钻井效率低、成本高、井壁稳定性差、水平段延伸能力不足、环境问题突出、固井水泥环密封质量差等难题。

针对工厂化作业特殊要求，研发低成本、高效的钻完井装备；针对页岩气长水平井段井壁稳定性差、安全环保问题，研发高性能钻井液、环保型钻井液；针对页岩气水平段跟踪工程、地质“甜点”的要求，研制高效旋转导向系统、适合一趟钻的井下工具、仪器、钻头等；针对储层改造、生产交变应力带来的固井挑战，研发高性能水泥浆材料、井筒密封完整性设计及评估技术；针对单井产量低的难题，研制 50~100 级以上高效完井工具。

重点研制高效旋转导向等重大装备，“一趟钻”钻井、工厂化钻完井、油基钻井液和高性能水基钻井液、长水平井段水平井固井等专用装备、工具、液体与技术，形成页岩气高效钻完井配套技术。2020 年实现页岩气水平井钻井周期降低 30%、钻完井和压裂成本降低 20%，确保 2020 年 $300\times10^8m^3$ 页岩气产能建设目标实现。

（3）解决致密油气钻井成本高、井壁稳定性差、储层易伤害、单井产量及采收率低、钻井废弃物处理难度大等难题。

针对致密油单井产量低的问题，利用储层地质力学一体化研究方法，优化钻井工程设计；针对单井产量低、采收率低、储层保护、防塌难题，研制高效钻完井液，研发致密油气增产技术、水平井钻完井与压裂改造一体化技术；针对钻井废弃物处理难度大难题，研发新型废弃物处理技术和装备，降低废弃物处理成本；针对钻井成本高难题，研制低成本旋转导向、长水平段水平井井下专用工具等。

重点研制低成本旋转导向、钻井远程专家实时决策系统、钻井废弃物处理等重大装备，形成储层保护钻井液、水平井钻完井与体积改造一体化、连续管长水平段多级压裂、重复压裂技术与装备，结合储层岩石力学分析与设计技术，提高钻井效率和单井产量，减少井下复杂，加快致密油气资源的高效动用，实现致密油气区单井产量大幅提高。

（4）解决煤层气井钻完井方式适应性差、煤储层垮塌严重、单井产量低、效益差等难题。

针对储层伤害、完井方式单一，开展无限级滑套增产工具、电脉冲解堵增产技术、玻璃钢筛管完井技术等研究；为了提高煤炭资源综合利用效率，开展煤气化井建井设计技术、施工技术、燃烧控制工具及配套装备的开发；针对水平井井型单一、垮塌严重等问题，开展仿树形多分支井、顶底板多分支井及多元钻井液技术等，提高水平井产量；针对煤层气钻井设备现状，开展连续管复合钻机、连续管钻井工艺及配套工具等研究；针对直井产量低、效益差的局面，完善和推广径向井钻井、欠平衡钻井等经济适用配套技术，提高经济效益；完善和开发电磁波地质导向工具、磁导向工具、顶底板测量工具等，提高水平井眼轨迹控制精度和效率，保证储层钻遇率。

重点研发电脉冲解堵、高效射孔工具、筛管等煤层气完井增产技术、连续管复合钻井技术与装备、煤气化建井技术及配套工具、同心管欠平衡多分支井钻井、顶底板多分支井等煤层气钻完井技术与装备，突破煤层气低产低效局面，为 2020 年煤层气 $400\times10^8m^3$ 产能建设提供钻完井配套技术支撑。

（5）推广应用连续管钻井与储层改造技术，实现降本增效。

完善连续管钻机及配套工具，提高可靠性，针对连续管侧钻水平井摩阻大、托压严重、井下随钻测量与控制难题，研制连续管减阻加压工具、定向工具、随钻测量与导向控制工具；完善连续管径向水平井和连续管多级压裂技术，促进规模应用，为提高直井单井产量、降低水平井增产改造成本提供手段；提高连续管作业设备、工具、工艺技术的可靠性，在老油田、低渗透和非常规领域大规模推广应用，转变井下作业模式实现降本增效；开发连续管综合作业软件，提高连续管作业效率、水平和安全性。

依托连续管钻井、作业及储层改造技术，持续提高连续管钻机、作业机及配套工具的可靠性，研制连续管钻井随钻测量与控制工具，研发连续管综合作业软件，形成连续管钻井、连续管径向水平井、连续管多级压裂及降本增效作业技术并规模应用，实现示范区吨油增产和修井作业成本降低 30% 以上，带动连续管技术应用 6000 井次以上，为老油田、非常规、低渗透等降本增效提供强有力的技术支撑。

通过“十三五”持续攻关，中国石油钻完井工程技术将在连续钻井装备、井筒闭环压力智能控制装备等高端成套装备、系列高效破岩钻头与工具等关键工具、高温高密度油基钻井液等工作液体系、深井超深井钻井设计及工艺分析软件等钻井软件、井下高速信息传输以及井筒完整性评价与控制技术等配套技术等方面取得重大突破，使中国完全步入掌握复杂超深井钻井技术的先进国家行列，为油气增储上产提供重要技术手段。